Georg Christoph Mehrtens

Technische Mechanik fester, flüssiger und luftförmiger Körper

(Mechanik der Wärme)

bremen university press

Georg Christoph Mehrtens

Technische Mechanik fester, flüssiger und luftförmiger Körper

(Mechanik der Wärme)

ISBN/EAN: 9783955623173

Auflage: 1

Erscheinungsjahr: 2013

Erscheinungsort: Bremen, Deutschland

bremen
university
press

Handbuch der Baukunde.

Eine
systematische und vollständige Zusammenstellung
der

Resultate der Bauwissenschaften mit den zugehörigen Hülfswissenschaften.

Veranstaltet

den Herausgebern der Deutschen Bauzeitung und des Deutschen Baukalenders.

Abtheilung I.:

Hülfswissenschaften.

3. Heft.

Technische Mechanik
fester, flüssiger und luftförmiger Körper.
Mechanik der Wärme.

Technische Mechanik

fester, flüssiger und luftförmiger Körper.

(Mechanik der Wärme.)

Bearbeitet

Mehrtens,
Eisenbahnbau- und Betriebs-Inspektor.

Mit 600 Illustrationen im Text.

Inhalts-Verzeichniss.

V. Mechanik fester Körper. Seite 487—717.

A. Grundbegriffe; Aufgabe und Geschichte der Mechanik.

Seite 488—500.

B. Allgemeine Mechanik. Seite 501 — 552.

I. Statik. Seite 501—523.

VII. Hydrometrie. Seite 753—796.

VIII. Mechanik der Wärme. Seite 797—820.

IX. Mechanik der gas- und dampfförmigen Körper.

Seite 821—844.

I. Statik. Seite 821—835.

II. Dynamik. Seite 836—844

V.

Mechanik fester Körper.

Bearbeitet von **G. Mehrtens,** Eisenbahn-Bau- u. Betriebs-Inspektor in Frankfurt a. O.

Litteratur (nach chronologischer Folge geordnet und auch die Angaben bezüglich der Abschnitte Mechanik der tropfbar flüssigen und der gasförmigen Körper berücksichtigend).

a. Grund legende Werke, die der Geschichte angehören.

1. Archimedes (287—212 v. Chr.). Deutsche Ausgabe seiner Werke von Ernst Nizze; Stralsund 1824. — 2. Leonardo da Vinci (1452—1519). Seine Manuskripte benutzt von H. Grothe in dessen Schrift: Leonardo da Vinci als Ingenieur und Philosoph; Berlin 1874. — 3. Guido Ubaldi *e Marchionibus Montis* (1545—1607). *Mechanicorum liber;* Pesaro 1577. — 4. S. Stevinus (1548—1620). *Beghinselen der Waagkonst;* Leiden 1585. *Hypomnemata mathematica;* Leiden 1608. — 5. Galilei (1564—1642). *Discorsi e dimostracioni matematiche;* Leiden 1638. Viele Gesammt-Ausgaben der Galilei'schen Werke. — 6. Kepler (1571—1630). *Astronomia nova;* Heidelberg 1609. *Harmonices mundi;* Linz 1615. *Stereometria doliorum;* Linz 1615. Gesammt-Ausgabe von Frisch; Frankfurt 1858. — 7. Marcus Marci (1595—1667). *De proportione motus;* Prag 1639. — 8. Descartes (1596—1650). *Principia philosophiae;* Amsterdam 1644. — 9. Roberval (1602—1675). *Sur la composition des mouvements.* Anc. Mém. de l'Acad. de Paris, T. VI. — 10. Guericke (1602—1686). *Experimenta Magdeburgica;* Amsterdam 1672. — 11. Fermat (1608—1665). *Varia Opera;* Paris 1679. — 12. Torricelli (1608—1647). *Opera geometrica;* Florenz 1644. — 13. Wallis (1616—1703). *Mechanica sive de motu;* London 1670. — 14. Mariotte (1620—1684). *Oeuvres;* Leiden 1717. — 15. Pascal (1623—1662). *Récit de la grande expérience de l'équilibre des liqueurs;* Paris 1648. *Traité de l'équilibre des liqueurs et de la pésanteur de la masse de l'air;* Paris 1662. — 16. Boyle (1627—1691). *Experimenta physico mechanica;* London 1660. — 17. Huyghens (1629—1695). *The laws of motion on the collision of bodies;* Philos. Trans. 1669. *Horologium oscillatorium;* Paris 1673. *Opuscula posthuma;* Leiden 1703. — 18. Wren (1632—1723). *The law in the collision of bodies;* Philos. Trans. 1669. — 19. Lami (1640—1715). *Nouvelle manière de démontrer les principaux théorèmes des élémens des méchaniques;* Paris 1687. — 20. Newton (1642—1726). *Philosophiae naturalis principia mathematica;* London 1686. — 21. Leibnitz (1646—1716). *Acta eruditorum* 1686, 1695; *Leibnitzii et Joh. Bernoullii comercium epistolicum;* Lausanne und Genf 1745. — 22. Jakob Bernoulli (1654—1705). *Opera omnia;* Genf 1744. — 23. Varignon (1654—1722). *Projet d'une nouvelle mécanique;* Paris 1687. — 24. Johann Bernoulli (1667—1748). *Acta erudit.* 1693; *Opera omnia;* Lausanne 1742. — 25. Maupertuis (1698—1759). *Mém. de l'Acad. de Paris* 1740. *Mém. de l'Acad. de Berlin* 1745, 1747. *Oeuvres;* Paris 1752. — 26. Maclaurin (1698—1746). *A complete system of fluxions;* Edinburgh 1742. — 27. Daniel Bernoulli (1700—1782). *Comment. Acad. Petrop.;* T. I. *Hydrodynamica;* Strassburg 1738. — 28. Euler (1707—1783). *Mechanica sive motus scientia;* Petersburg 1736. *Methodus inveniendi lineas curvas;* Lausanne 1741. Viele Abhandlungen in den Schriften der Berliner und Petersburger Akademie. — 29. Clairault (1713—1765). *Théorie de la figure de la terre;* Paris 1743. — 30. D'Alembert (1717—1783). *Traité de dynamique;* Paris 1743. — 31. Lagrange (1736—1813). *Essai d'une nouvelle méthode pour déterminer les maxima et minima.* — *Misc. Taurin.* 1762. *Mécanique analytique;* Paris 1788. — 32. Laplace (1749—1827). *Mécanique céleste;* Paris 1799. — 33. Fourier (1768—1830). *Théorie analytique de la chaleur;* Paris 1822. — 34. Gauss (1777—1855). *De figura fluidorum in statu aequilibrii. Comment. societ.* Göttingen 1828. Neues Prinzip der Mechanik; Crelle's Journal; IV. 1829. *Intensitas vis magneticae terrestris ad mensuram absolutam revocata,* 1833. Ges.-Ausgabe. Göttingen 1863. — 35. Poinsot (1777—1859). *Eléments de statique;* Paris 1804. — 36. Poncelet (1788—1867). *Cours de mécanique;* Metz 1826. 37. Belanger (1790—1874). *Cours de mécanique;* Paris 1847. — 38. Möbius (1790—1867). Statik; Leipzig 1837. — 39. Coriolis (1792—1843). *Traité de mecanique;* Paris 1829. — 40. C. G. J. Jacobi (1804—1851). Vorlesungen über Dynamik; herausgegeben von Clebsch; Berlin 1866. — 41. R. Hamilton (1805—1865). *Lectures on Quaternions* 1853; Abhandlungen. — 42. Grassmann (1809—1881). Ausdehnungslehre; Stettin 1844.

b. Neuere Geschichtswerke.

43. Jolly. Prinzipien der Mechanik; Stuttgart 1852. — 44. Dühring. Kritische Geschichte der allgemeinen Prinzipien der Mechanik; Berlin 1878. — 45. Dr. Ernst Mach. Die Mechanik in ihrer Entwicklung historisch-kritisch dargestellt; Leipzig 1883. — 46. Rühlmann. Vorträge über Geschichte der theoretischen Maschinenlehre; Braunschweig 1882—1885.

A. Grundbegriff, Aufgabe und Geschichte der Mechanik.

I. Kraft und Bewegung.

Alle Dinge im Weltenraume befinden sich in steter Bewegung; die Ursachen dieser Bewegung suchen wir in dem Wirken von Kräften. Die Kräfte sind an den Stoff oder die Materie gebunden; die Menge (Masse) der im Weltenraum vorhandenen Materie ist unveränderlich.

Die Bewegung eines Körpers bestimmt sich im allgem. aus der Bewegung jedes einzelnen seiner Punkte und die Bewegung eines Punktes durch die Gestalt seiner Bahn und den in derselben in der Zeiteinheit zurück gelegten Weg: seine Geschwindigkeit.

Die Erfahrung lehrt, dass die Gestalt der Bahn eines bestimmten Körpers allein von der Richtung und der Lage des Angriffspunktes, die Zunahme oder Abnahme der Geschwindigkeit in der Zeiteinheit (Beschleunigung bezw. Verzögerung) aber nur von der Grösse der bewegenden Kraft abhängig ist. Die Bahn eines Punktes bildet entweder eine gerade oder eine krumme Linie. Dabei kann die Bewegung des Körpers, zu dem der Punkt gehört, eine fortschreitende sein — wenn jede Gerade in ihm stets parallel zu sich selbst bleibt — oder eine drehende, wenn ein Punkt oder eine Gerade (Axe) in ihm unbeweglich bleibt, während alle andern Punkte Kreise oder Kreisbögen beschreiben. Bewegt sich auch der Drehpunkt oder die Drehaxe, so ist die Bewegung des Körpers aus einer fortschreitenden und drehenden zusammen gesetzt. Auf eine solche Zusammensetzung lässt sich im allgem. jede beliebige Bewegung eines Körpers zurück führen.

II. Die Schwerkraft.

Wir messen die Grösse einer Kraft durch Vergleich ihrer Wirkung mit derjenigen der Schwerkraft, vermöge welcher alle unserm Planeten zugehörigen Körper sich nach dem Mittelpunkte der Erde hin bewegen, d. h. zu fallen streben. Bewegt sich dabei der Körper vollkommen frei, so geschieht dies in gerader Linie in der Richtung der Schwerkraft und, abgesehen vom Luftwiderstande und bei nicht zu grossen Entfernungen von der Erde — wo die Gesetze der Gravitationskraft Platz greifen, — mit einer konstanten Beschleunigung g, die für mittlere geographische Breiten 9,8088 ^{m} beträgt.

Wenn ein Körper nicht frei fallen kann, sondern auf einer festen Unterlage (oder an einem festen Faden hängend) ruht, so äussert sich die Schwerkraft dadurch, dass sie sowohl in den Widerstand leistenden Körpern (der Unterlage oder dem Faden) als auch im zu betrachtenden Körper selbst eine Spannung erzeugt. Diese Spannung ist entweder ein Druck oder ein Zug und die Grösse derselben ist gleich dem absoluten Gewicht des Körpers. (Ueber das scheinbare Gewicht der Körper s. weiterhin).

III. Aeussere und innere Kräfte; Gleichgewicht.

Der Schwerkrafts-Wirkung analog betrachten wir alle zur Zeit bekannten Kräfte als stetig wirkende und als solche, deren unmittelbare Aeusserung in einem Zuge oder einem Drucke besteht. Ausserdem unterscheiden wir äussere Kräfte und innere Kräfte (Spannungen). Letztere stehen mit den Bewegungen der kleinsten Theilchen des Körpers, hervor gerufen durch die von den äussern Kräften verursachte Formänderung desselben, im Zusammenhange.

Verharrt ein Körper unter der Einwirkung von äussern Kräften im Zustande der Ruhe, so befindet er sich im Gleichgewicht; d. h. die äussern Kräfte heben sich in ihren Wirkungen dergestalt auf, dass keine Bewegung des Körpers eintreten kann. Auch die innern Kräfte befinden sich in diesem Falle unter einander im Gleichgewicht.

IV. Masse.

Die Erfahrung lehrt uns:

Verschiedene Kräfte sind proportional den Beschleunigungen, welche sie einer und derselben Masse ertheilen und verschiedene Massen sind umgekehrt proportional den Beschleunigungen, welche ihnen von einer und derselben Kraft ertheilt werden.

Die Masse eines Körpers definirt sich danach wie folgt:

Betrachten wir als Massen-Einheit diejenige Stoffmenge, welcher durch die Krafteinheit eine Beschleunigung = 1 ertheilt wird, so muss die Grösse der Beschleunigung g, welche das Gewicht γ eines Körpers seiner Masse m zu ertheilen vermag, durch die Gleichg.

$$g = \frac{\gamma}{m} \quad (1)$$ ausgedrückt werden.

Daraus folgt: $$m = \frac{\gamma}{g} \quad (2)$$

D. h. Masse = Gewicht dividirt durch die Beschleunigung des freien Falls. (1) enthält das erste Grundgesetz der Mechanik: „Kraft gleich Masse mal Beschleunigung".

Ist die Kraft = 0, so folgt: Beschleunigung = o; d. h. die Bewegung ist eine gleichförmige. Diese Eigenschaft der Masse, im Zustande der gleichförmigen Bewegung zu verharren, auch wenn das Wirken der Kraft aufgehört hat, nennt man ihre Trägheit.

Aus (2) folgt: Die Massen verschiedener Körper verhalten sich direkt wie ihre Gewichte.

V. Der materielle Punkt u. das System von materiellen Punkten.

In der Mechanik betrachten wir die physikalischen Körper als geometrische, in deren Raumtheilen bestimmte Quantitäten von Materie ihren Sitz haben. Da die Bewegung des Körpers nur durch die Bewegung seiner einzelnen Punkte bestimmt werden kann, so betrachten wir ferner den physikalischen Körper als ein System von materiellen Punkten, indem wir unter einem materiellen Punkte einen mit Masse begabten geometrischen Punkt verstehen, dessen Bewegungsbahn also als eine Linie angesehen werden darf. Ein fester Körper ist danach ein System von unveränderlich mit einander verbundenen materiellen Punkten.

VI. Arbeit.

Die Arbeit einer Kraft nennt man das Ueberwinden gewisser Widerstände längs gegebener Wege. Die bei der Bewegung eines Körpers zu überwindenden Widerstände sind im allgem.: seine Schwere, die Widerstände der Bahnlinie und die Widerstände, die er einer Formveränderung entgegen stellt.

Die Grösse der Arbeit misst man durch das Produkt aus der Grösse der Kraft und der Länge des Weges, den ihr Angriffspunkt in der Kraftrichtung während des betrachteten Zeitraums zurück legt.

Die Arbeit = 1 Pferdekraft („Pfdkr."; „H. P".) schätzt man z. B. auf 75 ^{mkg} in der Sekunde, die Arbeit eines Menschen an der Kurbel oder ähnlichen Vorrichtungen durchschnittlich zu etwa 10 ^{mkg} pro Sek. Erfahrungs-Resultate über Arbeitsleistungen s. am Ende des Abschn. Ueber Formänderungs-Arbeit vergl. den Abschn. Baumechanik. —

VII. Arbeitsvermögen einer bewegten Masse.

Wenn die Arbeit einer Kraft eine Masse in Bewegung gesetzt hat, so kann die bewegte Masse in einem bestimmten Augenblicke sich selbst überlassen und, falls sich ihr keinerlei Widerstände (Luftwiderstand oder Reibung) entgegen setzen, ebenso viel Arbeit wiedergeben, wie bis zu jenem Augenblicke für ihre Bewegung aufgewendet worden ist. Man nennt das Arbeitsvermögen einer sich bewegenden Masse, ihre lebendige Kraft — eine gerade nicht sehr passend gewählte Bezeichnung. Die lebendige Kraft einer Masse kann nie verloren gehen; wo sie scheinbar vernichtet wird, nimmt sie nur eine andere Erscheinungsform an. Z. B. beim Stoss oder bei der Reibung von Körpern verwandelt sie sich in Wärme. Die Erfahrung hat gelehrt, dass z. B. für 1 Meterkilogramm (^{mkg}) Arbeit, welches verloren geht, immer eine genau bestimmte Menge Wärme wieder gewonnen wird, und umgekehrt, dass wenn durch Wärme Arbeit gewonnen wird, für 1 ^{mkg} Arbeit wiederum jene selbe Menge Wärme verschwindet.

VIII. Prinzip von der Erhaltung der Kraft (Energie).

Aus zahlreichen Versuchen der Chemiker und Physiker geht hervor, dass das Naturganze einen Vorrath wirkungsfähiger Kraft besitzt, welcher weder vermehrt noch vermindert werden kann, dass also die Quantität der wirkungsfähigen Kraft in der unorganischen Natur ebenso ewig und unveränderlich ist, wie die Quantität der Materie. Dieser Satz enthält das allgemeine Prinzip von der Erhaltung der Kraft oder Energie. Für beschränkte Gebiete der Natur-Erscheinungen war dies Prinzip schon im vorigen Jahrhundert von Newton und D. Bernoulli ausgesprochen worden; wesentliche Erweiterung fand es durch die Resultate der Forschungen von Rumford und Humphrey Davy auf dem Gebiete der Wärmelehre. Die Möglichkeit seiner allgemeinen Gültigkeit sprach zuerst (1842) der Arzt Dr. Julius Robert Mayer aus Heilbronn aus, während gleichzeitig, unabhängig von ihm, der englische Techniker James Prescott Joule in Manchester eine Reihe wichtiger und schwieriger Versuche über das Verhältniss zwischen Wärme und Arbeit durchführte.*)

IX. Aufgabe der Mechanik.

Die Wissenschaft der Mechanik handelt von den bewegenden Kräften und den Bewegungen, sowie von den Leistungen und Wirkungen der Kräfte und bewegten Massen. Die zu betrachtenden Körper können sich im Zustande der Ruhe (des Gleichgewichts) oder der Bewegung befinden. Danach unterscheiden wir 2 Haupt-Abtheilungen der Mechanik: die Statik**) und die Dynamik.***)

In der Baumechanik finden die Lehren der allgemeinen Mechanik (Statik und Dynamik) Anwendung bei der Untersuchung der Stabilität und Tragfähigkeit von Baukonstruktionen, insbesondere bei Ermittelung der innern Kräfte derselben aus den gegebenen äussern Kräften.

X. Kurze Geschichte der Prinzipien der Mechanik.

Wir wissen, dass den orientalischen Völkern des Alterthums schon in frühester Zeit ein gewisses Maass von praktischer Mechanik eigen war; über den Stand ihrer theoretischen Kenntnisse sind wir aber ganz im Dunkeln. Erst die griechischen Ueberlieferungen verbreiten über die Anfänge der theoretischen Mechanik einiges Licht.

Der Grieche Archytas (400 v. Chr.) soll das erste Werk über Mechanik geschrieben haben. Die älteste uns erhaltene Schrift „*Quaestiones mechanicae*" rührt von Aristoteles (384—322 v. Chr.) her; er ergeht sich darin aber nur in unklaren Spekulationen.

Als eigentlicher Begründer der wissenschaftlichen Mechanik gilt der Syrakusaner Archimedes (287—212 v. Chr.). In seinen beiden uns erhaltenen Schriften: „Ueber das Gleichgewicht der Ebenen" (*de aequiponderantibus*) und: „Ueber die schwimmenden Körper" (*de iis quae vehuntur in aqua*)****), von denen letztere in lateinischer Schrift auf uns gekommen ist, bilden die Lehre vom Schwerpunkt, einschliesslich der darauf Bezug habenden mathematischen Untersuchungen und die Stabilitäts-Verhältnisse eingetauchter und schwimmender Körper den Hauptgegenstand. Archimedes' Erörterungen bleiben streng auf dem Gebiete der Statik; ebenso sind seine Methoden rein statische. Man kann darin schon die ersten Anfänge einer geometrischen Methode erblicken.

In der ersten Schrift geht Archimedes von dem Grundsatz aus, dass „gleich schwere Grössen, die in gleichen Entfernungen wirken, im Gleichgewicht sind" und entwickelt daraus das allgemeine Hebelprinzip, dessen Tragweite der grosse Denker durch den bekannten Ausspruch: „*Da mihi ubi consistam, et terram movebo*" am treffendsten versinnlichte. — Aristoteles kannte zwar auch schon das Hebelprinzip, wusste dasselbe aber nicht recht zu beweisen und zu verwenden.

Als Nachfolger des Archimedes ist Hero d. Aeltere (200 v. Chr.), ein Schüler des berühmten Ktesibios, des Erfinders zahlreicher pneumatischer und hydraulischer Maschinen, zu nennen. Er schrieb zu Alexandria, wo 100 Jahre vor ihm Euklides gelebt und gelehrt hatte, seine „Einleitung in die Mechanik", das vollständigste Werk dieser Art, welches die Alten besassen; ferner, ausser andern Werken auch eine „*Mechanica*", in welcher er aus der Theorie des Hebels die der übrigen mechanischen Potenzen ableitet.

---

*) Helmholtz. Populäre wissenschaftliche Vorträge; 1865, I. S. 99 u. 137.

**) Von *statikós:* stehen machend und *stenai:* stehen.

***) Von *dynamis:* Kraft.

****) Von Commandinus 1565 nach einer lateinischen Uebersetzung heraus gegeben.

Der Römer Vitruv (um Chr. Geb.) giebt in seiner bekannten Schrift *„de architectura“* nur einige Anwendungen der Mechanik auf Baumaschinen. Im 9. Buche derselben berichtet er auch, durch welchen Zufall Archimedes im Bade seinen bekannten Satz über den Auftrieb der in Flüssigkeiten getauchten Körper fand.

Mit dem Verfall des römischen Reiches und dem Untergange der klassischen Kultur wurden auch die Wissenschaften auf lange Zeit zu Grabe getragen, bis sie im Anfange des 13. Jahrhunderts mit der Gründung der Universitäten auf italischem Boden wieder auferstanden. Aber erst durch die Erfindung der Buchdruckerkunst (im 15. Jahrh.) wurden ihre Errungenschaften allmählich ein Gemeingut der gebildeten Kreise. Als dann nach der Eroberung von Konstantinopel durch die Türken (1453) die flüchtigen Griechen durch die mitgebrachten alten Schriften dem Abendlande neue Anregungen gaben, waren es auf dem Gebiete der Mechanik hauptsächlich die Werke des Archimedes, mit denen sich die bedeutendsten Forscher beschäftigten. Der antike, rein statische Standpunkt des Archimedes blieb bis zum Beginn des 16. Jahrhunderts mehr oder weniger der Ausgangspunkt für alle neuen Untersuchungen.

Erst Galilei (1564—1642) legte den Grundstein zu einer neuen Wissenschaft: der Dynamik. Aber auch einige Vorgänger Galilei's, die dem grossen Manne den Weg zur klaren Erkenntniss der „neuen Wissenschaften“ (*nuove scienze*) — wie er sie auf dem Titel seiner Hauptschrift nannte — ebneten (obwohl es dahin gestellt bleiben muss, ob und wann Galilei von ihren Arbeiten Kenntniss erhalten hat) sind vorab zu nennen.

In erster Linie Leonardo da Vinci (1452—1519)*), berühmt als Künstler, Ingenieur und Philosoph. „Die Mechanik“, sagt Leonardo, „ist das Paradies der mathematischen Wissenschaften, weil man mit ihr zur Frucht des mathematischen Wissens gelangt.“**) Von seinen diese Gegenstände berührenden zahlreichen Schriften ist leider nur ein Bruchtheil erhalten. Doch bekunden die Fragmente, dass Leonardo das Gesetz für die Bewegung auf der schiefen Ebene, ferner einen erheblichen Theil der Eigenschaften des freien Falls und (wenn auch nur in der ersten Idee) das Prinzip der virtuellen Verschiebungen oder Geschwindigkeiten erfasst haben muss; er ist so den von Galilei definitiv und in ihrem ganzen Umfange fest gestellten Wahrheiten nahe gekommen.

Als Vertreter vereinzelter Vorstellungen dynamischer Art ist Benedetti (gest. 1570) zu erwähnen. Er wusste, dass im leeren Raume die Körper unabhängig von ihrer Masse mit gleicher Geschwindigkeit fallen, kannte ferner die Zentrifugalkraft und sprach es deutlich aus, dass die Körper, sich selbst überlassen, in der Richtung der Tangente fort gehen; endlich war ihm auch der Begriff des „Moments“ in dem heute üblichen Sinne des Wortes klar.

Unter den ältern Zeitgenossen Galilei's ist, neben dem Marquis del Monte (1545—1607), gewöhnlich Guido Ubaldi genannt, der ein vortrefflicher Kenner der Mechanik der Alten war, aber bei seinen Betrachtungen über den antiken Standpunkt der reinen Statik nicht hinaus kam, als Bahnbrecher auf dem Gebiete der Statik der holländische Geometer Simon Stevin (1548—1620), Ingenieur und Mathematiker des Prinzen von Oranien, rühmlich zu nennen.

Stevin gab in seinem 1586 erschienenen *„Beghinselen de Waaghkonst“* (Prinzipien des Gleichgewichts) die erste richtige Darstellung der Grundeigenschaft der schiefen Ebene und löste dadurch ein uraltes Problem, an welchem das Alterthum sich vergeblich versucht hatte. Ferner kam er bei Anwendung des gefundenen Prinzips auf die übrigen einfachen Maschinen indirekt zur Kenntniss der statischen Verhältnisse der Seilmaschine und des Satzes vom Parallelogramm der Kräfte. Letztern fand er allerdings zunächst nur für den Fall, dass zwei Kräfte-, bezw. Schnurrichtungen einen rechten Winkel bilden.

Seine Versuche, das Prinzip der Zusammensetzung und Zerlegung der Kräfte in allgemeiner Form anzuwenden, sind nicht gelungen.

Stevin löste auch viele hydrostatische Aufgaben und bemerkte bei Untersuchung des Gleichgewichts der Rollen und Rollenzüge zuerst die Gültigkeit des

*) *Venturi. Essai sur les ouvrages physico-mathématiques de Léonard de Vinci.* Paris 1797.
**) *Libri. Histoire de sciences mathématiques en Italie.* Paris 1838—41. Bd. III. S. 80.

Prinzips der virtuellen Verschiebungen (Geschwindigkeiten), das später in seiner allgemeinen Form eine so grosse Rolle in der Mechanik spielen sollte. —

Das Auftreten Galilei's bedeutet einen Wendepunkt in der Geschichte der Mechanik. Seine grossartigen Leistungen sind um so mehr zu bewundern, als ihm zu damaliger Zeit nur primitive mathematische Hilfsmittel zu Gebote standen. Auch bewegte man sich in jener Zeit noch ganz auf dem griechischen, speziell aristotelischen unklaren Standpunkte. Das Sinken der schweren und das Steigen der leichten Körper (z. B. in Flüssigkeiten) erklärte man sich dadurch, dass man annahm, ein jedes Ding suche seinen Ort; der Ort schwerer Körper sei unten, derjenige leichter Körper oben. Die Bewegungen theilte man in „natürliche", wie die Fallbewegung, und „gewaltsame", wie z. B. die Wurfbewegung; man bildete sich ein, schwere Körper fallen rascher, leichtere dagegen langsamer u. s. w.

Galilei beseitigte diese Aristotelischen Wahn-Ideen ein für alle Mal. Er wurde Schöpfer der heutigen „Dynamik", ihrer Grundsätze und wichtigsten Hauptlehren und zugleich auch Verbesserer der Statik, wobei er beide Gebiete der Mechanik in klarer Weise mit einander in Zusammenhang zu bringen wusste.

Wir verdanken ihm die Auffindung der Gesetze des freien Falles, der Bewegung eines Körpers auf der schiefen Ebene, die ersten Beobachtungen über Pendelschwingungen, die Bestimmung der Wurfparabel und noch sehr viel Anderes. Auch nennen wir ihn mit Recht den Begründer der Baumechanik, weil er die erste — allerdings auf falscher Annahme basirte — Theorie der Bruchfestigkeit aufstellte. — Er bekämpfte das Vorurtheil, dass man durch Maschinen an Kraft gewinnen könne, weil er klar nachwies, dass das, was am Wege gewonnen wird, an Kraft verloren geht. Das bedeutsamste seiner Werke, das die Grundlegung der Dynamik zum Gegenstande hat, (*Discorsi e dimostracioni matematiche intorno a due nuove scienze* u. s. w.) gelangte merkwürdiger Weise erst 4 Jahre vor seinem Tode (1638) zur Veröffentlichung. Berühmter noch als dieses, und zwar durch die Schicksale, welche sie seinem Verfasser bereitete, ist die 1632 veröffentlichte 2. Hauptschrift: „*Dialogo intorno ai due massimi sistemi del mondo.*" Von seinen übrigen mathematischen Arbeiten sei nur noch die früheste 1612 unter dem Titel: „*Discorso intorno alle cose che stanuo in su l'acqua o che in quella si muovono*" ausgegebene Schrift erwähnt, in welcher er u. a. die hydrostatischen Sätze des Archimedes gegen Angriffe vertheidigt, die aber besonders dadurch wichtig und interessant ist, dass sie die Anwendung des auch bei vielen andern Gelegenheiten von ihm benutzten Prinzips der virtuellen Geschwindigkeiten auf das Gleichgewicht und die Bewegung in Flüssigkeiten enthält. —

Ungläubig und widerwillig stiessen die damaligen Gelehrten die neuen Lehren ihres Kollegen von sich. „Du bist beinahe der Einzige", schreibt Galilei an seinen etwas jüngeren Geistesverwandten Kepler (1571—1630), den grossen Empiriker in der Mechanik des Himmels, „der meinen Angaben vollkommenen Glauben beimisst. Als ich den Professoren zu Florenz die 4 Jupiter-Trabanten durch mein Fernrohr zeigen wollte, wollten sie weder diese noch das Fernrohr sehen; sie verschlossen ihre Augen vor dem Lichte der Wahrheit." —

Genau 100 Jahre nach dem Tode des unsterblichen Italieners erblickte Newton (1642—1726) das Licht der Welt. Ihm war es vorbehalten, das von Archimedes und Galilei gegründete und im Fortgange der Geschichte unter den Händen neu erstehender Männer der Wissenschaft an Umfang und Inhalt gross gewordene Gebäude der Mechanik zu vollenden und zu krönen. Was nach Newton in der Mechanik geleistet worden ist, bezieht sich nur auf Formulirung und Ausbildung bereits gewonnener Prinzipien. —

In der grossen Reihe von berühmten Forschern in der Periode von Galilei bis auf Newton ragt als gewaltigster auf dem Gebiete der Mechanik Huyghens (1629—1695), der Zeitgenosse Newtons, hervor. Ausserdem machen sich zwei Gruppen von Forschern besonders bemerkbar. Zuerst die kleine Gruppe der französischen Mathematiker, an der Spitze Cartesius (Descartes 1596—1650), der Philosoph und Erfinder der analyt. Geometrie, gleichzeitig ein entschiedener Gegner Galileis; neben ihm Roberval (1602—1675) und Fermat (1608—1665). Ersterer ist bekannt durch seine Arbeit über die Zusammensetzung der Bewegungen, letzterer ist Urheber des sogen. Prinzips der geringsten Wirkung. Dann — noch bedeutsamer in ihrer Wirkung auf den Geist der Zeit — die Gruppe der Entdecker und Bahnbrecher auf hydrostatischem und aerostatischem Gebiete: Toricelli, Pascal, Otto v. Guericke, Boyle und Andere.

Toricelli (1608—1647), der in Rom Mathematik studirt hatte und durch seinen Freund Castelli, einen Schüler Galileis, in die Geheimnisse der neuen Lehren des grossen Meisters eingeführt war, wurde (1643) fast zufällig, als eine Pumpe im grossherzogl. Garten in Florenz nicht 32 Fuss hoch Wasser saugen wollte, zu seiner hoch wichtigen Entdeckung über die Wirkung des Luftdrucks und zu seinem Versuche über Messung der Grösse des Luftdrucks durch die Höhe einer Quecksilber-Säule hingeführt. Bisher hatte man sich die Saugwirkung durch den „*horror vacui*, den Abscheu der Natur vor dem leeren Raume" zu erklären versucht.

Im folgenden Jahre kam die Kunde von dem Toricelli'schen Versuche zur Kenntniss des französischen Gelehrten Pascal (1623—1662), bekannt durch seine intressanten hydrostatischen Versuche und die korrekte Anwendung des Prinzips der virtuellen Geschwindigkeiten auf die Statik der Flüssigkeiten. Pascal wurde dadurch auf die Idee gebracht, die Quecksilber-Säule zur Bestimmung der Höhe von Bergen zu benutzen, eine Idee, welche auch mit günstigem Erfolge am 19. Septbr. 1648, auf dem Puy de Dôme durch Pascal's Schwager Pèrier zur Ausführnng kam.

Otto v. Guericke, der Magdeburger Bürgermeister und kurbrandenburgische Staatsrath (1602—1686), hörte erst viel später als Pascal, auf dem Reichstage zu Regensburg (1654), wo er seine aerostatischen Experimente vorführte, durch Valerianus Magnus von dem Toricelli'schen Versuche. Er ist also bei seinen Leistungen auf dem Gebiete der Aerostatik ganz selbständig vorgegangen. Mit Hülfe eines Kupfergefässes von vollkommener Kugelgestalt gelang ihm, nach vielen vergeblichen Bemühungen, (1650) die Herstellung des Vakuums. Einen geradezu überwältigenden Eindruck auf die Zeitgenossen machten seine urwüchsigen Experimente mit der bald darnach konstruirten ersten Luftpumpe und die begleitenden Erscheinungen im Vakuum. Guericke zeigte, dass im Vakuum die Glocke nicht tönt und eine brennende Kerze erlischt, dass Vögel daselbst sterben, Fische anschwellen und schliesslich bersten. Eine Traube erhält sich über ½ Jahr frisch. Eine aus zwei aneinander gelegten Hälften bestehende leer gepumpte Kugel konnte nur durch die Kraft von 16 Pferden mit gewaltigem Knall zerrissen werden. Durch das plötzliche Entleeren eines Luftzylinder-Kolbens zieht Guericke vor versammeltem Reichstage 20 Personen, die an einem Seile den Kolben festhielten, in die Höhe u. s. w. —

Der Engländer Boyle (1627—1691) führte Guerike's Untersuchungen fort. Er beboachtete u. a. die Fortpflanzung des Lichts im Vakuum, die Wirkung des Magneten durch den leeren Raum und das Sieden warmer Flüssigkeiten sowie das Frieren des Wassers beim Evakuiren. Auch ist er der eigentliche Entdecker des gewöhnlich nach Mariotte (1620—1684) genannten Gesetzes über die Spannkraft der Luft; er wusste sogar, dass das Gesetz nicht genau gelte, während dieser Umstand Mariotte entgangen zu sein scheint.

Die glänzenden Leistungen einzelner Männer der besprochenen Gruppen sinken mehr oder minder in den Schatten, sobald wir den beiden Leuchten der mechanischen Wissenschaften: Huyghens und Newton, näher treten.

Beide waren ebenbürtige Nachfolger Galilei's. Huyghens war weniger Philosoph als Galilei, besass aber mehr geometrisches Talent. Newton überraschte durch die Kühnheit seiner Phantasie; die ihm eigenen mathematischen Methoden leisteten ihm fast dieselben Dienste, wie die später von seinem Zeitgenossen Leibnitz eingeführten Infinitesimal-Methoden. Wer der Grössere von Beiden war, ist eine müssige und schwierig zu beantwortende Frage. Wenn auch Huyghens ganzes Denken sich nur auf nahe liegende Gegenstände, insbesondere auf das Studium der Pendeluhr konzentrirte, während Newtons Gedanken in die unendliche Ferne schweiften, um das tausendjährige Räthsel der Planeten-Bewegung zu ergründen, so sind die Leistungen Beider auf mechanischem Gebiete doch wohl gleichwerthige.

Ebenso aufrichtig wie Galilei legt Huyghens in seinem 1673 erschienenen *„Horologium oscillatorium“* die Mittel und Wege dar, die ihn zu seinen Erfindungen und Entdeckungen geführt haben. Die wichtigsten in dieser Schrift zum ersten Male behandelten Gegenstände sind: Lehre vom Schwingungs-Mittelpunkt; Erfindung und Konstruktion der Pendeluhr; Erfindung der Unruhe; Bestimmung der Beschleunigung (g) des freien Falles durch Pendel-Beobachtungen; Sätze über die Zentrifugalkraft wie über die mechanischen und geometrischen Eigenschaften der Zykloide; Lehre von den Evoluten und dem Krümmungskreise.

Unter der reichhaltigen Auslese interessanter neuer Probleme war das wichtigste die Aufgabe, den Schwingungs-Mittelpunkt zu bestimmen, mit der sich ausser Huyghens fast alle bedeutenderen Naturforscher der damaligen Zeit beschäftigten. Huyghens fand zuerst eine allgemeine Lösung und ging dabei noch einen bedeutenden Schritt weiter als Galilei, indem er die Bewegung mehrerer Körper bestimmte, die sich gegenseitig beeinflussen, während Galilei stets nur die Dynamik eines Körpers behandelt hatte.

Die Tiefe der von Huyghens gewonnenen Anschauungen beleuchtet u. a. das folgende Beispiel: Als eine Pendeluhr, welche (1671—1673) durch Richer von Paris nach Cayenne gebracht worden war, einen verzögerten Gang annahm, erklärte Huyghens diese Erscheinung zutreffend durch die scheinbare Veränderung der Beschleunigung des freien Falles in Folge der Zunahme der Zentrifugal-Beschleunigung der rotirenden Erde nach dem Aequator hin.

Huyghens behandelte auch eingehend die Theorie des Stosses, mit welcher sich Galilei erfolglos und — mit etwas besserm Erfolge — auch schon Galilei's Zeitgenosse, der Prager Professor Marcus Marci (1595—1667) beschäftigt hatte. —

Die erste ausführliche Behandlung der Stoss-Gesetze wurde im Jahre 1668 durch die „Königl. Gesellschaft“ in London angeregt. Die 3 berühmten Physiker Wallis (26. Novbr. 1668), Wren (17. Dezbr. 1668), Huyghens (4. Januar 1669) legten der Gesellschaft auf Wunsch ihre Arbeiten vor, in welchen sie in von einander unabhängiger Weise die Stossgesetze entwickelten. Wallis behandelte nur den Stoss unelastischer, Wren und Huyghens nur den Stoss elastischer Körper. Auf die Wren'schen Versuche bezieht sich Newton bei Aufstellung seiner Prinzipien; auch wurden diese Versuche bald darauf von Mariotte in einer besondern Schrift *„Sur le choc des corps“* beschrieben. —

Wir gelangen nun zu den Leistungen Newtons. Dieselben waren auf physikalischem Gebiete von so gewaltiger Rückwirkung auf das Nachbar-Gebiet der reinen Mechanik, dass sie hier nicht übergangen werden dürfen. Seine Entdeckung der allgemeinen Gravitation führte ihn, unter Anlehnung an Galilei's und Huyghens Sätze über die Wurfparabel und die Zentrifugal-Bewegung, zur mathematischen Begründung der bereits von Kepler, nach Tycho de Brahe's und den eigenen Beobachtungen empirisch fest gestellten Gesetze für die Bewegung der Planeten um die Sonne:

1. Die Planeten bewegen sich in Ellipsen, um die Sonne als Brennpunkt;
2. Der von der Sonne nach einem Planeten gezogene Fahrstrahl beschreibt in gleichen Zeiten gleiche Flächenräume;
3. Die Kuben der grossen Bahnaxen verhalten sich wie die Quadrate der Umlaufs-Zeiten.

Die Natur der Beschleunigung der krummlinigen Bewegung der Planeten um die Sonne und auch des Mondes um die Planeten war damit klar gestellt. Aber auch eine ganze Reihe von Sätzen über die Wirkung von Kugeln auf beliebige ausserhalb oder innerhalb derselben belegene andere Körper, Untersuchungen über die Veränderung der Erdgestalt, besonders durch Rotation, sowie auch das Räthsel des Fluth-Phänomens, dessen Zusammenhang mit dem Monde man schon lange vermuthet hatte, flossen dem kühnen Forscher aus den gewonnenen Anschauungen zu.

Newton setzt in seinem Hauptwerke: *„Philosophiae naturalis principia mathematica“*, welches 1687 auf Kosten Halley's zu London erschien, seine Anwendung der physikalischen Mechanik auf das Sonnensystem unter dem Titel „Vom Weltsystem“ als 3ten Abschnitt an das Ende, während er in den beiden vorher gehenden Abschnitten mit dem Titel „Ueber die Bewegung der Körper" rein mechanische Prinzipien behandelt. Durch diese Voranstellung der gewonnenen mechanischen Einsichten scheint er selbst andeuten zu wollen, dass darin der Schwerpunkt seiner Arbeit zu suchen sei.

Wir finden in jenem Werke als seine hervor ragenden Leistungen auf dem Gebiete der Mechanik, so weit sie dem Standpunkte Galilei's und Huyghens gegenüber als Fortschritte zu bezeichnen sind:

1. Die Verallgemeinerung des Begriffs „Kraft";
2. Die Aufstellung des Begriffs „Masse";
3. Die klare und allgemeine Fassung des Satzes vom Parallelogramm der Kräfte;
4. Die Aufstellung des Prinzips der Gleichheit von Wirkung und Gegenwirkung.

Den Satz vom Parallelogramm der Kräfte haben, zu gleicher Zeit mit Newton und unabhängig von ihm, sowohl Varignon (1654--1722) in einem der Pariser Akademie vorgelegten, aber erst nach Varignons Tode gedruckten Werke (*Projet d'une nouvelle mécanique*), als auch Lami (1640—1715), in einer kleinen (im Litteratur-Nachweis oben angegeben) Schrift ausgesprochen.

Newtons' Erkenntniss und Werthschätzung des Massenbegriffs stellt ihn über seine Vorgänger und Zeitgenossen. Galilei hielt Masse und Gewicht für etwas Gleichbedeutendes; auch Huyghens setzt überall die Gewichte statt der Massen. Er sagt z. B. in seiner Schrift „*de percussione*" immer „*corpus majus*" und „*corpus minus*" wenn er die grössere oder kleinere Masse meint.

Newton rechnet fast ausschliesslich mit den Begriffen Kraft, Masse, Bewegungs-Grösse. Mit seinen Prinzipien kann man, wenn man will, jeden Fall der Mechanik, ob er nun der Statik oder Dynamik angehören mag, ergründen. Man würde dabei nur auf Schwierigkeiten formeller (mathematischer), keineswegs aber prinzipieller Natur stossen.

Die Galilei-Newton'sche Periode ist danach für das Gebiet der Prinzipien der Mechanik die abschliessende. Auch die wichtigsten der heute gebräuchlichen Rechnungs-Ausdrücke wurden in dieser Periode bereits gefunden und benutzt, wenn auch die uns heute geläufigen Namen dafür zum Theil neuern Datums sind.*)

Fast gleichzeitig mit dem ersten Erscheinen des Newtonschen Hauptwerkes regte sich auf dem Festlande das Streben zu einer mehr analytischen Behandlung mechanischer Aufgaben. Die Newtonsche „Fluxions-Rechnung", welche in systematischer Form durch die Veröffentlichung des Leibnitzschen Aufsatzes: „Ueber eine neue Methode für die Maxima und Minima" in den *Acta Eruditorum* (1684) bekannt wurde, ebenso wie auch die Leibnitz'sche neue Methode bildeten sich allmählich, namentlich durch die Bemühungen der Brüder Jacob und Johann Bernoulli (1654—1705, bezw. 1667—1748) zu einer vollständigen Differential- u. Integral-Rechnung aus. Euler (1707—1783), d'Alembert (1717—1783) u. Lagrange (1736—1813) übertrugen die neuen Methoden auf das Gebiet der Mechanik.

Euler, der grosse deutsche Mathematiker, war der erste, der sowohl eine Gesammt-Darstellung der neuen analytischen Methoden, als auch eine analytische Bearbeitung der Mechanik mit Ausschluss der Statik (*Mechanica sive motus scientia analytice exposita, 1736*) vollendete. Er zerlegte aber noch die Kräfte bei krummlinigen Bewegungen in Tangential- und Normalkräfte.

Die Zerlegung nach 3 unveränderlichen Richtungen führte Maclaurin (1698—1746) zuerst ein.

Im Jahre 1743 folgte d'Alemberts „*Traité de dynamique*", durch welche auch das nach ihm benannte wichtige Prinzip, welches dazu diente, die Aufgaben der Dynamik in solche der Statik zu verwandeln, bekannt wurde. Wenige Jahre später fanden Euler und Daniel Bernoulli (1700—1782) den Satz von der Erhaltung der Flächen, welcher in ähnlicher Weise, wie die bereits von Newton

*) Der Ausdruck „Quantität der Bewegung" (mv) rührt von Descartes her. Leibnitz nennt den Ausdruck mv^2 „lebendige Kraft"; Coriolis (1792—1843) nimmt dafür $\frac{mv^2}{2}$ und führt die Bezeichnung „Arbeit" für das Produkt aus Kraft mal Weg ein. Poncelet befestigt diesen Gebrauch u. setzt das Meter-Kilogr. als Arbeits-Einheit fest. — Den Ausdruck $\Sigma\,(mr^2)$ nennt zuerst Euler „Trägheitsmoment"; doch rechnete schon Huyghens mit diesem Ausdruck.

entwickelten Sätze über die Erhaltung der Quantität der Bewegung und des Schwerpunkts ein bequemes Hilfsmittel zur raschen Lösung von Aufgaben über frei bewegliche Massen-Systeme bildet.

Das berühmte Lagrange'sche Werk (*Mécanique analytique*) erschien 1788, also etwa 100 Jahre nach dem Bekanntwerden der Newton'schen „Prinzipien". Während Newton seine Sätze mit Hilfe von Konstruktionen an der Figur rein geometrisch (synthetisch) entwickelte, gab Lagrange in seinem ganzen Werke nicht eine einzige Figur, weil er sich prinzipiell bemühte, jeden Fall mit möglichst wenigen Mitteln in Formeln darzustellen.

In der Statik stellt Lagrange das Prinzip der virtuellen Geschwindigkeiten an die Spitze und in der Dynamik legte er allen Entwickelungen das d'Alembert'sche Prinzip zu Grunde. Die Statik und Dynamik der Flüssigkeiten giebt er als besondere Fälle der Anwendung der allgemeinen Mechanik im Schlusskapitel. Seine Arbeit ist heute noch das unübertroffene Fundamental-Werk der analytischen Mechanik; es bildet den glanzvollen Abschluss der auf allgemeine Systematisirung und Entwickelung gerichteten Bestrebungen in der Periode Newton-Lagrange. Auch die am Ende des 18. Jahrhunderts erschienene „*Mécanique céleste*" von Laplace (1749—1827) fällt dagegen nicht in die Waagschale. —

Die bedeutendsten Erscheinungen des 19. Jahrhunderts sind die Erweiterung der mechanischen Grundbegriffe (Kräftepaare, Trägheits-Ellipsoid und Zentral-Ellipsoid) sowie die Einführung neuer synthetischer Methoden durch Poinsot (1777—1859) und die Entdeckung des mechanischen Wärme-Aequivalents durch Robert Mayer (1842), mit welcher das bereits von Huyghens angedeutete, von Johann und Daniel Bernoulli in allgemeinere Form gekleidete Prinzip der lebendigen Kraft zu hoher Bedeutung gelangt und gleichzeitig auch der von Descartes in seinen Prinzipien der Philosophie ausgesprochene Satz: „dass die anfangs erschaffene Menge der Materie und der Quantität der Bewegung unverändert bleibe, wie dies allein mit der Beständigkeit des Schöpfers der Welt verträglich sei", Bestätigung findet. —

Mit dem bedeutungsvollen Hervortreten der Technik im 19. Jahrhundert, durch die gewaltigen Fortschritte im Berg-, Maschinen- und Eisenhüttenwesen und durch die Einführung neuer Verkehrsmittel, insbesondere der Eisenbahnen, nimmt auch in ihrer weitern Entwickelung die Mechanik mehr und mehr ein technisches Gewand an. Es bildet sich allmählich auf dem Gebiete der allgemeinen Mechanik ein besonderer Zweig, die technische Mechanik oder Baumechanik aus, welche auch den hauptsächlichsten Anlass dazu giebt, dass neben der analytischen die synthetische Methode zu grösserer Vollendung gelangt, bis sie sich endlich zu derjenigen Methode ausbildet, die wir heute die grafische nennen. —

XI. Kurze Geschichte der Baumechanik.

Wir beschränken uns darauf, den Gang der Entwickelung der Baumechanik nur übersichtlich anzudeuten und trennen dabei die beiden Hauptgebiete derselben: „Elastizitäts-Lehre"*) und „Statik der Baukonstruktionen."

Zu Anfang des 17. Jahrhunderts finden wir Galilei mit Fragen über die Festigkeit beschäftigt. Er zeigt, dass hohle Röhren eine grössere Biegungs-Festigkeit darbieten, als massive Stäbe von gleicher Länge, und wendet diese Erkenntniss an, um die Formen der Thierknochen zu erläutern. Bei seiner Theorie der Bruch-Festigkeit — der ersten die aufgestellt wurde — betrachtete er einen eingemauerten Balken, der am freien Ende belastet ist. Dabei ging er aber von der falschen Annahme aus, dass die elastische Linie eine Parabel sei, legte die horizontale Gleichgewichts-Axe durch den tiefsten Punkt des Querschnitts und betrachtete die Spannungen für alle Querschnittspunkte als konstant. Mit scharfem Blick erkannte er aber, dass bei einer parabolischen Begrenzung der Unterfläche des Balkens sein Widerstand in allen Querschnitten gleich gross sei und man dadurch $1/3$ an Material sparen könne.

*) Für die Elastizitäts-Lehre ist in 1. Linie der „Abriss der Geschichte der Elastizitäts-Lehre" von Winkler (Techn. Blätter 1871. I. S. 22) benutzt worden.

Vergl. auch Winkler. Vorträge über Statik der Baukonstruktionen, gehalten an der k. techn. Hochschule in Berlin. I. Heft: Festigkeit gerader Stäbe. I. Th. III. Aufl.; als Manuskript gedruckt. 1883.

Seine Theorie wurde durch die Italiener Blondel, Marchetti, Fabri und Grandi (1660—1700) weiter ausgebildet. Man erkannte, dass auch ein mit beiden Enden auf Stützen ruhender Balken eine parabolische Form haben müsse, wenn er eine Einzellast trägt.

Der Architekt Fr. Blondel (1661) und der Professor Al. Marchetti (1669) zeigten, dass die Form elliptisch sein müsse, wenn die Einzellast alle möglichen Lagen einnehmen könne. —

Galilei's Theorie, deren Hauptmangel darin lag, dass sie eine Elastizität des Materials nicht berücksichtigte, gewann erst festern Boden, nachdem im Jahre 1660 der Engländer Hooke durch Versuche mit Stahlfedern das sogen. Elastizitäts-Gesetz fand — nach welchem die Längenänderung der Faser proportional der Spannung ist (*ut tensio sic vis*) —, ein Gesetz, das heute noch die Grundlage der Elastizitäts-Lehre bildet.

Das Hooke'sche Gesetz wurde bestätigt durch die Entdeckung Huygheus, dass die Schwingungs-Zeiten elastischer Stäbe von der Amplitude unabhängig sind, und durch Versuche des Holländers s'Gravesande (1688—1742) mit Metalldrähten, welche horizontal gespannt und in der Mitte belastet wurden.

Mariotte hat das Elastizäts-Gesetz ebenfalls — und wahrscheinlich unabhängig von Hooke — gefunden. Er machte (1679) Versuche mit kleinen Stäben aus Holz, Metall und Glas und fand, dass sich die Körper unter der Wirkung von Lasten proportional den letztern ausdehnen oder zusammen drücken, aber nach Beseitigung der Last wieder in die frühere Lage zurück gehen; er zeigte auch, dass sich das Material eines gebogenen Körpers auf der konvexen Seite ausdehnt und auf der konkaven Seite zusammen drückt.

Durch Versuche mit Glasstäben fand Mariotte, dass der Stab in seiner Mitte eine doppelt so grosse Last trägt, wenn er an den beiden Enden eingespannt ist, als wenn er nur frei aufliegt, und dass der Stab hierbei ebenso leicht in der Mitte als an den Enden brechen könne.

Auf Grund seiner Versuche bewies er 1680 in seinem „*Traité du mouvement des eaux*" zum ersten Male die Unzulässigkeit der Hypothesen Galilei's, was Leibnitz veranlasste, diesem Gegenstande ebenfalls Aufmerksamkeit zu schenken. Mariotte — sowie auch Leibnitz in seinem „*Demonstrationes novae resistentia solidorum*" (1684) — nahmen aber noch an, dass die horizontale Gleichgewichts-Axe in der Mitte der Höhe des Querschnitts liege; jedoch setzten sie die Spannung eines Querschnitts-Punktes nicht konstant, sondern proportional dem Abstande von jener Axe.

Parent (1710)*) führte den richtigen Nachweis, dass die Summen der Spannungen auf beiden Seiten der Axe gleich sein müssen, und legte dadurch den Grund zur genauen Bestimmung der neutrale Axe.**) Parent machte auch einige Versuche über die Bruchfestigkeit von Stäben aus Tannen- und Eichenholz und berechnete hiernach Tabellen für den praktischen Gebrauch.

Mit dem interessanten Problem der Biegung beschäftigten sich im vorigen Jahrhundert auch die grossen Theoretiker Jakob Bernoulli, Euler, Lagrange und Coulomb (1736—1816).

Jakob Bernoulli untersuchte zuerst die Form der elastischen Linie, wobei er nachwies, dass der Krümmungs-Radius dem Biegungs-Moment umgekehrt, proportional ist.

Euler vervollkommnete die Bernoulli'sche Theorie der elastischen Linie in ausgedehnter Weise. Er unterschied 9 Formen der elastischen Linie und bemerkte, dass die Messung der Durchbiegung eines Stabes dazu dienen könne, die absolute Elastizität zu bestimmen. Die erste Form der Euler'schen elastischen Kurven bildet den Fall, wo die Kraft in der Richtung der Stabaxe wirkt. Für diesen Fall führt er den Namen „Säulenfestigkeit" ein. Er findet, dass eine Biegung, welche in einer Sinuslinie vor sich geht, nur eintreten könne, wenn die Kraft eine gewisse Grösse habe; dass bei einer solchen Grösse der Kraft der Stab jede mögliche Ausbiegung annehmen könne, also auch

*) *De la véritable Mécanique des résistances relatives des solides, et réflexions sur le système de M. Bernoulli de Bâle; essais et recherches de mathematiques et de physiques. 3. volume. 1713.*

**) Der Name „neutrale Linie" wurde erst gegen 1820 von Tredgold eingeführt.

eine Biegung, bei welcher der Bruch erfolgt; dass endlich diese Kraft umgekehrt proportional dem Quadrat der Länge des Stabes und dabei nicht von der Festigkeit, sondern von der Elastizität des Materials abhängig sei.

Euler behandelte ausser verschiedenen andern Belastungs-Fällen auch zuerst die Theorie der krummen Stäbe.

Lagrange bestätigte in einer Arbeit über die Gestalt der Säulen (Turiner Akademie, 1770—1773, im allgemeinen die von Euler erlangten Ergebnisse, zeigte dabei aber zuerst, dass der auf Knickfestigkeit beanspruchte Stab sich je nach der Grösse der Kraft in zwei, drei und mehr Abtheilungen wellenförmig biegen kann.

Die erste wissenschaftliche, auf richtigen Grundsätzen beruhende Arbeit über die einfachsten Fälle der Festigkeits-Lehre veröffentlichte Coulomb (1736—1806), in seinem „*Essai sur une application des règles de Maximis et Minimis à quelques problèmes de statique relatifs à l'Architecture*, 1773" und in den „*Recherches théoriques et expérimentales sur la force de torsion et l'élasticité des fils de métal, lu en 1784. Académie des sciences; volume de 1784; publié en 1787.*" Coulomb nimmt im gebogenen Körper ausgedehnte und zusammen gedrückte Fasern an, und bestimmt die neutrale Axe (wahrscheinlich ohne die Arbeit Parent's zu kennen) durch die Bedingung, dass die Summe der Spannungen der ausgedehnten Fasern = sein müsse der Summe der Spannungen der zusammen gedrückten Fasern. Er findet, dass die neutrale Axe bei symmetrischen Querschnitten in der Mitte der Höhe liegt und erkennt auch, dass sie beim Bruch ihre Lage ändern könne. Coulomb erkennt ferner zuerst, dass sich in einem Querschnitt Kräfte entwickeln müssen, welche in der Ebene des Querschnitts selbst wirken, da sonst kein Gleichgewicht mit der äussern Kraft bestehen könnte. Diese Kräfte, die wir jetzt „Schubspannungen" nennen, bestimmt er zwar nicht, weiss aber, dass ihre Summe = der äussern Kraft ist, dass sie also nicht von der Länge des Körpers abhängen können, wie die Zug- und Druckspannungen. Er bemerkt daher, dass die von ihm gegebene Berechnung der Bruchfestigkeit nur richtig sein könne, wenn diese Schubspannungen auf das Bestreben zur Trennung nur wenig Einfluss haben, oder, wenn der Hebelarm des Gewichts viel grösser ist, als die Höhe des Stabes. Coulomb stellt auch die ersten Untersuchungen über die Torsions-Elastizität an, indess nur für den Kreis-Zylinder und ohne tieferes Studium. Er findet durch eine einfache Betrachtung, dass das Moment der verdrehenden Kraft proportional ist der Verdrehung pro Längeneinheit und proportional der 4. Potenz des Durchmessers.

Der englische Gelehrte Thom. Young (1773—1829) unterscheidet ausser dem Zerreissen, Zerdrücken und Zerbrechen noch den Widerstand gegen Abscheren, den er *detrusion* nennt. Er sagt, derselbe trete ein, wenn eine Kraft auf einen Körper in der Weise wirkt, wie die Schneiden eines Paares von Meisseln oder die Schenkel einer Schere. Er führt hierauf die Torsions-Festigkeit oder den Widerstand gegen Abwürgen zurück. Er zeigt sodann auch, dass Körper von konstanter Festigkeit, mit Rücksicht auf die Festigkeit gegen Abscheren an den Enden, nicht in eine verschwindende Dicke auslaufen können. (*A course of lectures on natural philosophy and the mechanical arts, 1807*).

Während die vorbenannten grossen Männer sich um die Theorie der Elastizitäts-Lehre verdient machten, waren andere Männer, insbesondere der berühmte holländische Physiker Muschenbroek (1692—1761) nach dem Vorgange von Hooke, Mariotte, Parent u. A. mit Eifer bemüht, die Gesetze der Elastizität durch Versuche zu ergründen.

Muschenbroek machte Versuche über die Zug- und die Bruch-Festigkeit verschiedener Holzsorten und einiger Metalle. Auch über Zerdrücken der Stäbe durch Kräfte, welche in ihrer Längenrichtung wirken, hat Muschenbroek Versuche angestellt, welche lehrten, dass die Last, welche der Stab tragen kann, dem Quadrat der Länge umgekehrt proportional ist, ein Satz, den Euler erst später theoretisch entwickelte. Selbst mit runden und quadratischen Platten machte M. Bruch-Versuche. (*Introductio ad cohaerentiam corporum firmorum; 1729. — Introductio in philosophiam nationalem; 1739*).

Unter den ältern Versuchen des vorigen Jahrhunderts erwähnen wir kurz noch die Versuche Belidor's (1729) und Buffon's (1740) über die Bruchfestigkeit der Hölzer, die Versuche des Marquis Poleni (1742) mit Schmiedeisen (angestellt um zu einer Verstärkung der Kuppel der Peters-Kirche in Rom die nöthigen Grundlagen zu gewinnen); ferner die Versuche Duhamel's über die Durchbiegung von Eichenholz-Stäben, die auf 2 Stützen lagern, wobei er durch auf der konkaven Seite angebrachte Sägeschnitte konstatirte, dass sich beim Bruche die vertikale Axe nach der Seite der ausgedehnten Fasern hin verschiebt. (*Memoires de l'Académie des sciences, 1768*); endlich die Versuche von Gauthey, Perronet und Rondelet über die Druckfestigkeit der Steine.

Es ist aber den Gelehrten des 18. Jahrhunderts trotz der eifrigsten Forschungen nicht gelungen, das Problem der Biegungs-Festigkeit endgültig zu lösen. Dem berühmten französischen Ingenieur Navier (1785—1836) war es vorbehalten, in dieser Richtung einen entscheidenden Schritt vorwärts zu thun. Er bewies, dass die neutrale Axe durch den Schwerpunkt gehen müsse, und leitete den bekannten Ausdruck: $N = \frac{Mv}{I}$ für die Spannung ab, worin, wie Persy (1834) zuerst nachweist, I das Trägheitsmoment des Querschnitts ist.

Navier's Leistungen bezeichnen einen wichtigen Abschnitt in der Geschichte der Baumechanik. Ihm verdanken wir nicht allein die Auffindung Grund legender Gleichungen der Elastizitäts-Lehre, sondern — was für die nachwachsenden Generationen der Techniker von viel höherer Bedeutung ist — auch die erste wissenschaftliche Behandlung der gesammten Baumechanik. Seine „Mechanik der Baukunst" (1826) ist zuweilen auch heute noch eine Quelle für wissensdurstige Forscher.

In rascher Folge (1827—1829) erschienen dann weitere Arbeiten von Poisson und Cauchy, welche das Gleichgewicht und die Bewegung elastischer Körper unter Anwendung der Molekular-Theorie zum Gegenstande hatten; ausserdem gelangten Navier's Lehren, namentlich durch seine Landsleute Poncelet, de Saint-Venant und Bresse zur weitern Ausbildung.

Auf Grund des Elastizitäts-Gesetzes wurden die allgemeinen Eigenschaften der im Innern eines Körpers auf eine beliebige Fläche wirkenden Spannung (1827) zuerst von Cauchy (*Exercices de mathématique*) entwickelt und von Lamé (*Leçons sur la théorie mathématique de l'élasticité des corps solides*) 1852 in geometrische Form gebracht. Cauchy giebt zuerst den Satz vom Deformations-Ellipsoid und Lamé den Satz vom Spannungs-Ellipsoid und den Haupt-Spannungen.

Das Problem der Biegungs-Festigkeit in der allgemeinsten Form wurde von de Saint-Venant aufgestellt, welcher auch in dem sogen. de St. Venant'schen Problem den genauen Zusammenhang der Gleitung mit der Dehnung zeigt, und die von Poinsot herrührende Theorie der Trägheits-Ellipse bei seinen Ableitungen einführte, während sein Kollege Bresse (1854) zuerst den Kern des Querschnitts anwendete.

Neben den genannten Männern beschäftigten sich in der nämlichen Periode in hervor ragender Weise Eytelwein (1764—1849), der erste Direktor der Berliner Bauakademie, der österreichische Ingenieur Gerstner (1756—1832) und der englische Ingenieur und Professor Rankine auf dem Gebiete der Elastizitäts-Lehre. Die Bestrebungen zur exakten Ausbildung dieser Theorien durch Clebsch, Clausius, Kirchhoff und Pochhammer sind neuern Datums (1848—1884).

Erwähnenswerth ist auch die wahrscheinlich zuerst durch Castigliano (1848—1884) (*Théorie de l'équilibre des systèmes élastiques et ses applications; Paris 1880*) erfolgte Anwendung des Satzes vom Minimum der Formänderungs-Arbeit, der übrigens kein neues Prinzip enthält, sondern nur die Anwendung des von Fermat und Maupertuis ausgesprochenen und vielfach benutzten Prinzips der geringsten Wirkung auf die Festigkeits-Lehre ist. —

In der Geschichte der Statik der Baukonstruktionen spielen in erster Linie die Theorieen des Erddrucks und der Gewölbe eine Rolle. Die ersten — schwachen — Anfänge dieser Theorieen reichen bis zum Ende des 17ten und Anfang des 18ten Jahrhunderts, wo die Franzosen Bullet und Couplet eine Theorie des Erddrucks und Lahire (1710) eine Gewölbe-Theorie aufstellten, zurück. Seither beschäftigte sich eine grosse Reihe berühmter Männer, hauptsächlich französische Ingenieure, mit diesen interessanten Problemen. Wir nennen für die Erddruck-Theorie im 18ten Jahrhundert Sallonyer, Rondelet, Tersac de

Montlong, Blaveau, Belidor, Gadroy, d'Antony und Gauthey und im Anfange unsers Jahrhunderts, als besonders fruchtbar, zuerst Coulomb, dann Prony, Mayniel, Francais, Navier und Poncelet. Neben den Franzosen waren in der nämlichen Periode auf diesem Gebiete nur die schon genannten Deutschen Eytelwein und Gerstner thätig.

Trotz der unzweifelhaften Bereicherung, welche die genannten Theorien durch die vielseitigen Forschungen dieser zahlreichen Fachmänner erfahren haben, ist auch der jüngern Generation darin noch Vieles zu thun übrig geblieben. Das beweisen die zahlreichen neuern Arbeiten über Erddruck, z. B. von: Rankine (1856), Scheffler (1857), St. Guilhelm (1858), Culmann (1866), Levy (1867), Considère (1870), Rebhann (1871), Winkler (1872), Mohr (1881) und über Gewölbe von: Hagen (1862), Drouets (1865), Schwedler (1868), Dupuit (1870), Perrodel (1872), Belpaire (1877), Winkler (1880). — Auf dem Gebiete der Gewölbe-Theorie machen sich Bestrebungen geltend, die Gewölbe als Bögen zu behandeln, welche dem Elastizitäts-Gesetze unterliegen, während man die Erddruck-Theorie unter Zugrundelegung des Druckes im unbegrenzten Erdreich weiter auszubilden trachtet.

Der gewaltige Aufschwung des Brückenbaues in unserm Jahrhundert hat besonders auf die Ausbildung der Statik der Stabsysteme und der Theorie verschiedener Brücken-Systeme und Eisenkonstruktionen hingewirkt. Hervor ragende Leistungen auf diesem Gebiete sind diejenigen von: Ritter (1861), Maxwell (1864), Culmann (1864), Cremona (1872). Diese neuern Leistungen liegen meist noch ausserhalb der Grenzen einer historischen Betrachtung.

Ein Schlusswort sei:

XII. Den Methoden der Mechanik

gewidmet.

Die ersten Andeutungen der synthetischen Methode finden sich schon in den Schriften des Archimedes. In vollendeter Weise erscheint sie in Newtons „*Philosophiae Naturalis Principia Mathematica*". Zur Zeit als Monge (1746—1818) den Grundstein zur „Darstellenden Geometrie" legte, als Poinsot, im Gegensatze zu Lagrange und Carnot (1753—1823), in seinen 1804 erschienenen „*Élements de statique*" die geometrische Methode entschieden bevorzugte, standen sich die Ansichten über die zweckmässigste Methode der Behandlung mathematischer Probleme schroff gegenüber. Durch „Die Statik" von Möbius (1837) erhielt die geometrische Methode wichtige Bereicherungen. Die erste vollständig geometrische Mechanik, die weder Materie noch Kraft in den Kreis ihrer Betrachtung zieht, war Ampères Werk: „*Essai sur la Philosophie des sciences*" (1835). Ampère führte auch die Bezeichnung „*Kinematik*" (von *kinein*, bewegen) ein.

Cousinery, in seinem „*Calcul de trait*" (1838) war wohl der Erste, der bei Stabilitäts-Untersuchungen versuchte, die Geometrie direkt anzuwenden. Poncelet (1788—1867) benutzte zwar ebenfalls die Geometrie; aber seine Lösungen waren immer nur Uebersetzungen vorher entwickelter analytischer Ausdrücke. Der eigentliche Begründer der grafischen Statik ist Culmann (1821—1881), der 1866 seine „Grafische Statik" vollendete. Culmanns Arbeit war eine ganz selbständige und Grund legende; Poncelet und Cousinery lieferten ihm nur unwesentliche Beiträge. Er erkannte die Fruchtbarkeit der Beziehungen zwischen dem Kräfte- und Seilpolygon und ihre Wichtigkeit für die Lösung praktischer Aufgaben der Technik.

Nach Culmann verdienen die Leistungen von Mohr und Cremona besondere Erwähnung. Mohr fasst die elastische Linie als Seilpolygon auf und findet dadurch das Mittel zur grafischen Behandlung der kontinuirlichen Träger. Cremona giebt, von der Theorie der reziproken Polyeder ausgehend, die allgemeinen reziproken Beziehungen zwischen Kraft- und Seilpolygon. —

B. Allgemeine Mechanik.

(Behandelt mit Berücksichtigung der grafischen Methoden).

Litteratur.

1. v. Gerstner. Handbuch der Mechanik; Prag 1831—34. — 2. Whewell. Elementar-Lehrbuch der Mechanik. Nach der 5. Auflage des Englischen von Schnuse; Braunschweig 1841. — 3. Willis. *Principles of Mechanism;* London 1841. — 4. Eytelwein. Handbuch der Mechanik fester Körper und der Hydraulik; herausgegeben von v. Forstner, 3. Auflage; Berlin 1842. — 5. Bresson. *Traité élémentaire de mécanique;* Paris 1842. — 6. Laboulaye. *Traité de Cinématik;* Paris 1849. — 7. Jullien. *Problèmes de mécanique rationelle;* Paris 1856. — 8. Morin. *Notions géometriques sur les mouvements et leurs transformations, ou éléments de Cinématique;* Paris 1857. — 9. Freycinet. *Traité de mécanique rationelle;* Paris 1858. — 10. Rühlmann. Grundzüge der Mechanik im Allgemeinen und der Geostatik im Besondern; 3. Auflage Leipzig 1860. — 11. Jacobi. Vorlesungen über Dynamik; herausgegeben von Clebsch; Berlin 1866. — 12. Delaunay. Lehrbuch der analytischen Mechanik. 4. Auflage; aus dem Französischen von Krebs; Wiesbaden 1868. — 13. Bour. *Cours de mécanique et machines;* Paris 1865—74. — 14. Ritter. Lehrbuch der analytischen Mechanik; Hannover 1873; 2. Auflage 1883.

I. Statik.

Die Wirkung einer Kraft ist durch Grösse, Richtung und Lage ihres Angriffspunktes bestimmt. Zwei Kräfte sind einander gleich, wenn man unter denselben Umständen eine für die andere setzen kann.

Eine Kraft, welche unter gleichen Umständen dieselbe Wirkung ausübt, wie mehrere einzelne Kräfte zusammen, nennt man Mittelkraft, Resultante oder Resultirende dieser Kräfte. Die einzelnen Kräfte, aus denen sich die Mittelkraft zusammen setzt, nennt man Komponenten oder Seitenkräfte. Das:

1. Grundgesetz der Mechanik: Kraft gleich Masse mal Beschleunigung, ward bereits in der Einleitung erörtert.

2. Grundgesetz: Unter der gleichzeitigen Einwirkung von mehreren Kräften bewegt sich ein materieller Punkt in der Richtung der Resultirenden aller derjenigen Bewegungen, welche er ausführen würde, wenn jede der Kräfte einzeln auf ihn einwirkte.

Auf dieses Gesetz stützt sich der nachfolgende Satz vom Parallelogramm und Parallelepiped der Kräfte.

3. Grundgesetz: Jede Kraft erzeugt einen Widerstand, welcher der Grösse der Kraft gleich und ihrer Richtung entgegen gesetzt ist.

a. Die Kräfte wirken auf einen Punkt.

Fig. 208.

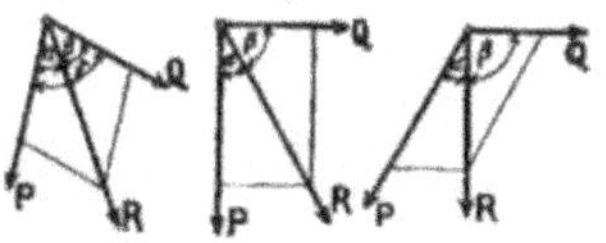

α. Die Kraftrichtungen fallen in eine und dieselbe Gerade.

Die Resultante R ist gleich der algebraischen Summe aller Einzelkräfte. — In gleichem Sinne gerichtete Kräfte sind bei der Summirung mit gleichem Vorzeichen einzuführen. — Zwei gleiche und entgegen gesetzt gerichtete Kräfte befinden sich im Gleichgewicht.

Fig. 209.

β. Die Kraftrichtungen schneiden sich unter einem beliebigen Winkel.

Die Grösse und Richtung der Resultante R zweier Kräfte P und Q, Fig. 208, ist durch die Diagonale eines Parallellogramms bestimmt, dessen Seiten Grösse und Richtung der beiden Kräfte darstellen.

$$R = \sqrt{P^2 + Q^2 + 2PQ\cos\gamma};\quad \frac{P}{R} = \frac{\sin\beta}{\sin\gamma};\quad \frac{Q}{R} = \frac{\sin\alpha}{\sin\gamma}.$$

Für $\gamma = 90^0$ wird: $R = \sqrt{P^2 + Q^2}$; $P = R\sin\beta$; $Q = R\sin\alpha = R\cos\beta$.

„ $\beta = 90^0$ „ : $R = \sqrt{P^2 - Q^2}$; $P = \frac{R}{\cos\alpha}$; $Q = R\,\mathrm{tg}\,\alpha$.

Die Umkehrung dieses Satzes lautet: Jede Einzelkraft lässt sich in ihrer Ebene nach zwei, einen beliebigen Winkel mit einander einschliessende Axen zerlegen.

Trägt man die beiden Kräfte P und Q ihrer Grösse und Richtung nach an einander, Fig. 209, so wird die Grösse und Richtung der Resultante R durch diejenige Gerade dargestellt, welche den Kräftezug zu einem Dreieck schliesst. Das Dreieck wird Kräfte-Dreieck genannt. Der Sinn der Richtung der Resultante R ist dem Sinne des Kräftezuges entgegen gesetzt.

γ Das Kräfte-Polygon (Kraft-Polygon).

Wenn drei Kräfte P_1, P_2 und P_3 in einem Punkte einer Ebene angreifen, so kann man die Resultante S der ersten beiden Kräfte, Fig. 210, mit der 3. Kraft P_3 wieder zu einer Resultante R zusammen setzen. Die Resultante R schliesst in diesem Falle den Kräftezug P_1, P_2, P_3 zu einem Viereck.

Fig. 210.

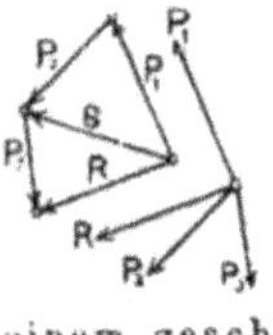

Das Vorstehende ist allgemein auch für beliebig viele Kräfte in der Ebene gültig:

Die Kräfte 1, 2, 3, 4, 5 und 6, Fig. 211, in beliebiger Folge ihrer Grösse und Richtung nach aneinander gereiht, bilden den Kräftezug und die das Kräftepolygon (Kraftpolygon) schliessende Gerade R stellt die Resultante aller Kräfte nach Grösse und Richtung dar; der Sinn der Richtung ist dem Sinne des Kräftezuges entgegen gesetzt.

Im Gleichgewicht befindliche Kräfte lassen sich zu einem geschlossenen Kräftepolygon zusammen setzen, Fig. 212.

Fig. 211.

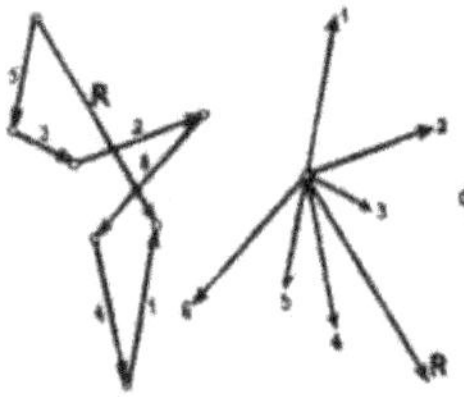

Fig. 212.

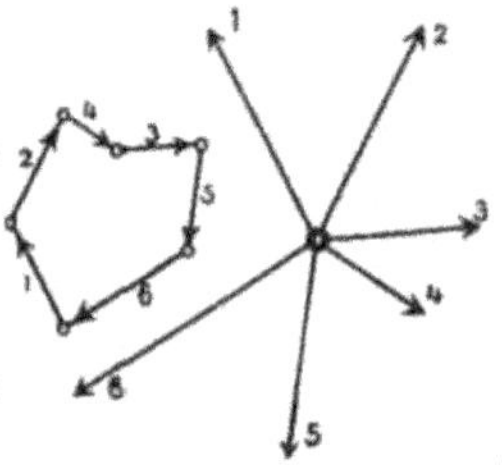

Fig. 213.

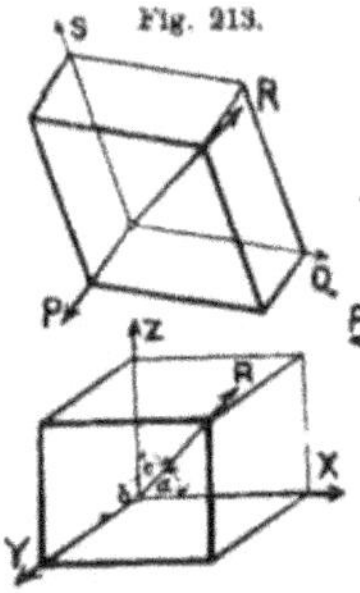

Fig. 214.

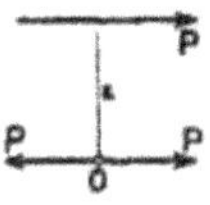

δ. Kräfte im Raume.

Die vorigen Sätze vom Kraftpolygon gelten auch, wenn die auf den Punkt wirkenden Kräfte beliebige Lagen im Raume einnehmen. Die Grösse und Richtung der Resultante R aus 3 Kräften, P, Q und S, welche nicht in einer Ebene liegen, ist durch die Diagonale eines Parallelepipeds bestimmt, dessen Kanten die Grösse und Richtung der 3 Kräfte darstellen, Fig. 213.

Die Umkehrung dieses Satzes lautet: Jede Einzelkraft lässt sich nach 3, beliebige Winkel mit einander einschliessende Koordin.-Axen zerlegen.

Zerlegt man jede der 3 Kräfte P, Q und S nach 3 orthogonalen Koordin.-Axen und bezeichnet die algebraische Summe der Komponenten der 3 Axen bezw. mit X, Y und Z, so ist: $R = \sqrt{X^2 + Y^2 + Z^2}$. (1)

Schliesst die Resultante R mit den 3 Axen bezw. die Winkel, a, b und c ein, so ergiebt sich:

$$\left.\begin{array}{l} X = R \cos a;\ Y = R \cos b;\ Z = R \cos c \\ \cos^2 a + \cos^2 b + \cos^2 c = 1 \end{array}\right\} \quad (2)$$

Die vorstehenden Gleich. gelten auch allgemein für beliebig viele Kräfte, wenn man jede Kraft nach den orthogonalen 3 Axen zerlegt denkt und, wie vor, sich unter X, Y, Z bezw. die algebraische Summe der Komponenten vorstellt.

b. Kräfte, die in einer Ebene wirken.

α. Die Wirkung einer Einzelkraft P

in Bezug auf einen beliebigen Punkt O der Ebene, Fig. 214, kann man sich dadurch versinnlichen, dass man in O zwei entgegen gesetzt gerichtete, der Kraft P gleiche und parallele Kräfte angebracht denkt, wodurch an der Wirkung der Kraft P in Bezug auf die Ebene nichts geändert wird. Als Ersatz für die Kraft P erhält man dann eine ihr gleiche und gleich gerichtete Kraft in O und 2 parallele, gleiche und im entgegen gesetzten Sinne wirkende Kräfte.

Letztere bilden ein Kräftepaar oder Drehpaar. Die Grösse der Drehwirkung eines solchen Paares wird durch das statische Moment (Moment) desselben — d. i.: das Produkt aus einer der Kräfte in den normalen Abstand (Hebelarm) beider — gemessen. Moment = Kraft × Hebelarm.

Unter dem statischen Moment Pa der Einzelkraft P in Bezug auf den beliebigen Punkt O versteht man also die Wirkung eines solchen Drehpaares. Die in O ausserdem wirkende Kraft P hat kein Moment, weil ihr Hebelarm $= 0$ ist.

Höhere Momente nennt man solche, in denen der Hebelarm der Kraft mindestens im 2. Grade vorkommt.

β. Eigenschaften der Kräftepaare.

Jede Normale zur Ebene des Paares nennt man die Axe desselben. Man kann sich denken, dass das Paar um diese Axe dreht, Fig. 215.

Fig. 215.

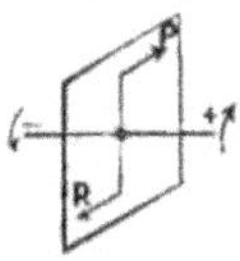

Der Drehsinn desselben wird positiv in Rechnung gesetzt, wenn es — vom Endpunkt der Axe aus gesehen — wie der Zeiger der Uhr — nach rechts — dreht; nach links drehende Paare sind mit negativem Moment anzusetzen.

Zwei in derselben Ebene wirkende Paare halten einander im Gleichgewicht, sobald sie gleiche Momente und entgegen gesetzten Drehsinn haben. Die Summe ihrer Momente in Beziehung auf irgend einen Punkt der Ebene ist Null.

Ein Paar kann in seiner Ebene in jede beliebige Lage versetzt werden, ohne seine Wirkung zu ändern, wenn nur Moment und Drehsinn desselben dabei unverändert bleiben.

Eine Einzelkraft und ein Kräftepaar lassen sich zu einer einzigen Resultante mit bestimmter Lage zusammen setzen.

Mehrere in einer Ebene wirkende Paare lassen sich zu einem resultirenden Paare mit beliebigem Hebelarme zusammen setzen. Das Moment dieses Paares ist = der algebraischen Summe der Momente der Einzelpaare. Dieser Satz gilt auch für das Moment der Resultante mehrerer Einzelkräfte.

γ. Parallelkräfte, Fig. 216.

Die Grösse der Resultante R ist = der algebraischen Summe der Einzelkräfte und ihre Richtung diesen parallel.

Fig. 216.

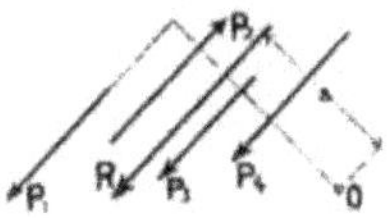

Die Lage oder den Angriffspunkt der Resultante bestimmt man wie folgt: Das Moment Ra der Resultante R in Bezug auf den beliebigen Punkt O der Ebene ist = der Summe der Momente $[\Sigma(\mathfrak{M})]$ der Einzelkräfte für denselben Punkt. Daraus folgt: $a = \frac{\Sigma(\mathfrak{M})}{R} = \frac{\Sigma(\mathfrak{M})}{\Sigma(P)}$ (3)

δ. Beliebig gerichtete Kräfte.

Die Grösse und Richtung der Resultante ist aus:

$$R = \sqrt{X^2 + Y^2} \text{ und } X = R \cos a,\quad Y = R \cos b$$

zu entnehmen, weil für die Ebene $c = 90^0$ und $Z = 0$ ist.

Die Lage der Resultante bestimmt sich, wie vor, aus dem statischen Moment in Bezug auf einen beliebigen Punkt. $a = \frac{\Sigma(\mathfrak{M})}{R} = \frac{\Sigma(\mathfrak{M})}{\sqrt{X^2 + Y^2}}$.

ε Grafische Zusammensetzung der Kräfte; Seilpolygon.

Die Grösse und Richtung der Resultante der beliebig gerichteten Kräfte P_1, P_2, P_3 und P_n findet man aus dem Kräftepolygon. Die Lage der Resultante bestimmt man aus dem Seilpolygon, das sich mit Hilfe des Kräftepolygons konstruiren lässt.

Fig. 217.

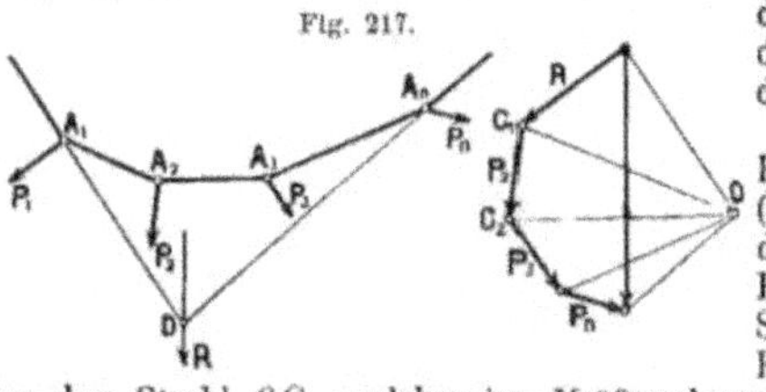

Man nehme im Kräftepolygon, Fig. 217, einen beliebigen Punkt O (den Pol) an und verbinde denselben durch Strahlen mit den Ecken des Kräftepolygons. Parallel zu diesen Strahlen ziehe man zwischen je 2 Kraftrichtungen eine Gerade; z. B. zu dem Strahl OC_1, welcher im Kräftepolygon die Ecke zwischen der Kraft P_1 und P_2 trifft, eine Parallele zwischen den zugehörigen Richtungslinien der

Kräfte P_1 und P_2; zu dem Strahl OC_2 eine Parallele zwischen den Richtungslinien der Kräfte P_2 und P_3 u. s. f. Den auf solche Weise zwischen den Kraft-Richtungen konstruirten zusammen hängenden Polygonzug nennt man **ein Seilpolygon**. Die beiden äussern Seilpolygon-Seiten oder deren Verlängerungen schneiden sich in einem Punkte D. **Durch diesen Punkt muss die Resultante der Kräfte P_1, P_2, P_3 und P_n gehen. Allgemein lässt sich beweisen, dass die Resultante aller zwischen zwei beliebigen Seiten des Seilpolygons wirkenden Kräfte durch den Schnittpunkt der Verlängerungen dieser Seiten gehen muss.**

Beweis: Das Seilpolygon ist die Gleichgewichts-Form eines Seils, an welchem in beliebigen Punkten Kräfte angreifen, oder auch einer aus gelenkartig verbundenen, **gewichtlosen** Stäben gedachten Kette, an welcher Kräfte in den Gelenkpunkten angreifen. In jedem Gelenk- oder Knotenpunkte halten nämlich die beiden Seilspannungen der dort angreifenden Kraft das Gleichgew., weil das zugehörige Kräftedreieck im Kräftepolygon geschlossen ist. Verlängert man 2 belieb. Seilpolygon-Seiten, z. B. die äussern, bis zum Durchschn. D, so entsteht das Polygon $A_1\ D\ A_n\ A_3\ A_2\ A_1$, welches ein geschlossenes Seilpolygon wird, sobald in der Ecke D eine Kraft wirkt, welche der Resultante aller übrigen im geschlossenen Seilpolygon wirkenden Kräfte gleich und entgegen gesetzt gerichtet ist.

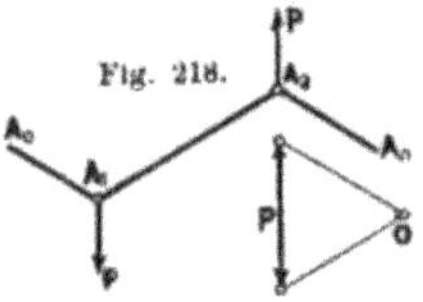

Fig. 218.

Die äussern Seiten $A_0\ A_1$ und $A_2\ A_n$ eines zu einem Kräftepaare P, P gezeichneten Seilpolygons, Fig. 218, schneiden sich in der Unendlichkeit; sie sind parallel. Ein Kräftepaar hat also keine Resultante.

ζ. Die Summe der Momente beliebig vieler Kräfte

kann mit Hilfe des Seilpolygons grafisch bestimmt werden; vergl. S. 502.

Ausserdem giebt es noch andere Methoden: z. B. die Reduktion jedes Moments auf einen beliebig gewählten Hebelarm h, Fig. 219.

Fig. 219.

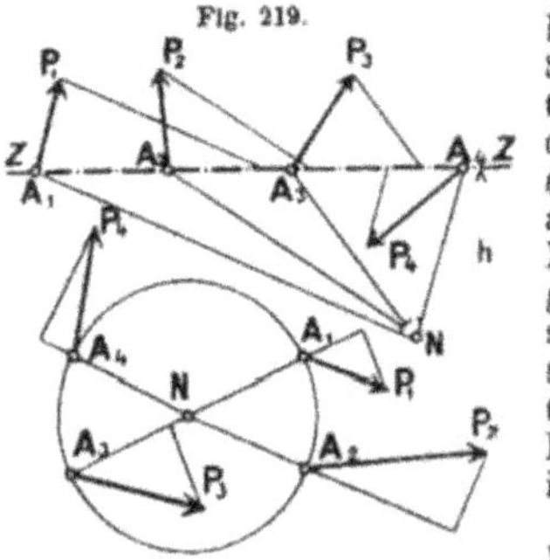

Man ziehe im Abstand h vom Momenten-Punkt N eine Gerade $Z\ Z$, verbinde die Schnittpunkte A_1, A_2, A_3 und A_4 der Richtungen der gegebenen Kräfte mit N, trage die Grösse der Kräfte auf den Kraftrichtungen als Strecken $A_1\ P_1$, $A_2\ P_2$, $A_3\ P_3$ und $A_4\ P_4$ auf; ziehe endlich durch P_1, P_2 .... Parallelen zu $N A_1$, $N A_2$, ... Dann giebt die Summe der dadurch auf $Z\ Z$ abgeschnittenen Strecken, multiplizirt mit h, die gesuchte Momenten-Summe, weil die in die Richtungen $A_1\ N$, $A_2\ N$ .. .. fallenden Komponenten von P_1, P_2 .... kein Moment in Bezug auf N haben.

Man kann auch mit dem beliebig gewählten Hebelarm h als Radius vom Momenten-Punkte N als Zentrum einen Kreis schlagen, welcher die Kraftrichtungen in A_1, A_2 ...... schneidet. Zieht man dann die Radien $N A_1$, $N A_2$ ...... und fällt von den Endpunkten der die Kräfte darstellenden Strecken $A_1\ P_1$, $A_2\ P_2$ ..... Normalen auf die genannten Radien, so stellt die Summe der Normalen-Längen, multiplizirt mit h, ebenfalls die Momenten-Summe dar.

c. Kräfte, die im Raume oder auf einen Körper wirken.

α. In verschiedenen Ebenen wirkende Kräftepaare.

Ein Paar kann nicht allein in seiner Ebene, sondern in jede beliebige Parallel-Ebene versetzt werden, ohne seine Wirkung zu ändern, wenn Moment und Drehsinn desselben unverändert und die neuen Angriffspunkte mit den alten fest verbunden bleiben.

Zwei Paare, die in verschiedenen sich schneidenden Ebenen liegen, lassen sich zu einem resultirenden Paare zusammen setzen, in dessen Ebene die Durchschnittslinie der beiden andern liegt. Umgekehrt lässt sich jedes Paar in 2 andere in verschiedenen Ebenen liegende Paare zerlegen, sobald nur die Ebene der Komponenten-Paare mit jener des resultirenden Paares sich in derselben oder in parallelen Geraden schneidet.

Mit Hilfe der Axen der Paare kann man sie ebenso zusammen setzen, wie Einzelkräfte: Man trägt das Moment eines jeden Paares nach Richtung seiner Axe auf und konstruirt dann das Parallelogramm oder Parallelepiped der Paare.

In einer Ebene senkrecht zur resultirenden Axe wirkt dann das resultirende Paar, sein Moment ist = der resultirenden Axe.

β. In beliebigen Punkten angreifende Einzelkräfte.

Man wähle im Körper einen beliebigen Punkt O und versetze dorthin alle Einzelkräfte $P_1, P_2 \ldots \ldots P_n$, jede Kraft parallel zu sich selbst verschiebend; bringe, um die Wirkung der Einzelkräfte nicht zu ändern, in den entsprechenden Ebenen je ein Kräftepaar an, dessen Moment = ist dem Moment der in der Ebene wirkenden Einzelkraft in Beziehung auf den Punkt O. Dann lässt sich die Wirkung aller Einzelkräfte (nach dem Vorhergehenden) zurück führen auf eine in O angreifende Resultante R und ein resultirendes Kräftepaar K, dessen Ebene im allgem. mit der Richtung von R einen Winkel bilden wird. Der Punkt O lässt sich aber so wählen, dass dieser Winkel = 90^0 wird.

Die Grösse und Richtung der in O angreifenden Resultante R ergeben sich aus den Gleichgn. (1) u. (2) S. 502. Das Moment des resultirenden Paares ist:

$$K = \sqrt{L^2 + M^2 + N^2}. \qquad (4)$$

L, M, N sind die Komponenten-Paare:

$$\left.\begin{array}{lll} L = \Sigma[P(z\cos\beta - y\cos\gamma)] & \text{in der } YZ \text{ Ebene; dreht um } OX \\ M = \Sigma[P(x\cos\gamma - z\cos\alpha)] & \text{„ „ } XZ \text{ „ „ „ } OY \\ N = \Sigma[P(y\cos\alpha - x\cos\beta)] & \text{„ „ } XY \text{ „ „ „ } OZ \end{array}\right\} \qquad (5)$$

α, β, γ sind die Winkel, welche eine Einzelkraft P, Fig. 220, bezw. mit den 3 Koordin.-Axen einschliesst, x, y, z die Koordin. ihres Angriffspunkts. Die Lage derjenigen Ebene, in welcher das resultirende Paar K wirkt, ergiebt sich aus der Grösse der Winkel λ, μ und ν, welche die Axe A desselben bezw. mit den 3 Koordin.-Axen einschliesst:

Fig. 220.

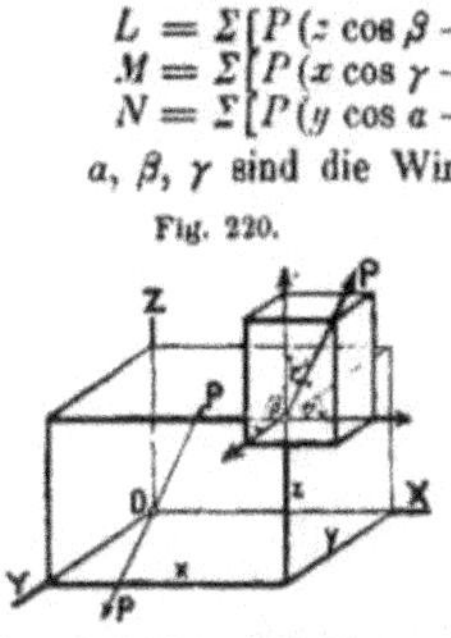

$$\cos\lambda = \frac{L}{A}; \quad \cos\mu = \frac{M}{A}; \quad \cos\nu = \frac{N}{A} \qquad (6)$$

In dem speziellen Falle, dass sämmtliche Einzelkräfte $P_1, P_2 \ldots P_n$ nur eine einzige Resultante ergeben, muss diese in der Ebene des resultirenden Paares oder in einer Parallel-Ebene dazu liegen; d. h. die Axe des resultirenden Paares muss senkrecht zur Ebene von R sein.

Letzteres ist der Fall, wenn: $\cos\lambda\cos a + \cos\mu\cos b + \cos\nu\cos c = 0$.

Die Lage dieser einzigen Resultante bestimmt sich aus den Koordin. x, y, z ihrer Schnittpunkte mit den Koordin.-Ebenen:

$$x = \frac{M}{Z} = -\frac{N}{Y}; \; y = \frac{N}{X} = -\frac{L}{Z}; \; z = \frac{L}{Y} = -\frac{M}{X}.$$

γ. Gleichgewicht der Kräfte.

Ein Körper befindet sich unter der Einwirkung beliebiger Einzelkräfte $P_1, P_2 \ldots P_n$ im Gleichgewicht, wenn 1. die nach den Richtungen der 3 Koordin.-Axen zerlegten Komponenten in jeder Axe unter sich, und 2. die entsprechenden Paare in jeder der 3 Koordin.-Ebenen unter sich im Gleichgewicht sind.

Daraus ergeben sich die 6 allgemeinen Gleichgewichts-Bedingungen:

$$\begin{array}{l} X = 0; \; Y = 0; \; Z = 0; \\ L = 0; \; M = 0; \; N = 0. \end{array} \qquad (7)$$

aus denen sich die 3 Bedingungen für das Gleichgewicht der Kräfte in einer Ebene, z. B. der XY-Ebene: $X = 0$; $Y = 0$; $N = 0$ (8) direkt ableiten lassen. (S. Gleichg. (1) — (4) S. 502 ff.)

Für grafische Behandlung lauten die Bedingungen (8) für die Ebene:

1. Die Kräfte müssen sich zu einem geschlossenen Kräftepolygon vereinigen lassen;

2. Zwischen den Kraftrichtungen muss ein geschlossenes Seilpolygon zu zeichnen sein.

d. Eigenschaften und Anwendung des Seilpolygons.

α. Die Polaraxe.

Wenn man für ein gegebenes Kräftesystem der Ebene 2 Seilpolygone für 2 verschiedene Pole O und O_1 konstruirt, so liegen die Schnitt-Punkte je zweier entsprechenden Seilpolygon-Seiten auf einer und derselben Geraden, der Polaraxe, welche zur Verbindungs-Geraden OO_1 der beiden Pole parallel ist.

Es sei $C_0\,C_1\,C_2\,C_3$, Fig. 221, das Kräftepolygon, O der Pol, das in starken Linien ausgezogene Polygon das (nach S. 503 ff. konstruirte) erste Seilpolygon, O_1 der neue beliebig gewählte Pol. Zieht man dann die Polaraxe XX parallel zu OO_1, so müssen nach obigem Satze die beiden äussern Seiten des neuen mit O_1 zu konstruirenden Seilpolygons bezw. durch die Schnittpunkte D_0 und D_4 der Polaraxe mit den äussern Seiten des 1. Seilpolygons gehen. Desgl. müssen sich die korrespondirenden Seilpolygon-Seiten zwischen den Kräften P_1 und P_2, P_2 und P_3 bezw. in den Punkten A_0 und A_4 der Polaraxe schneiden.

Fig. 221.

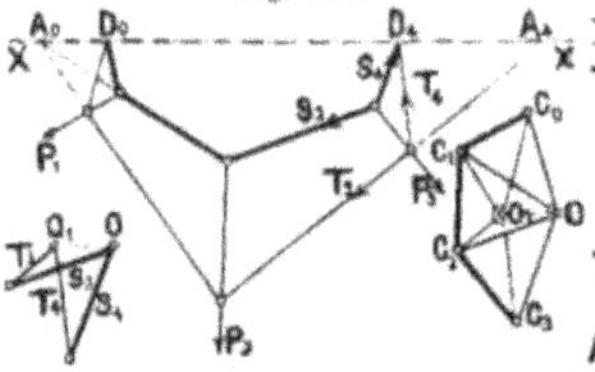

Fig. 222.

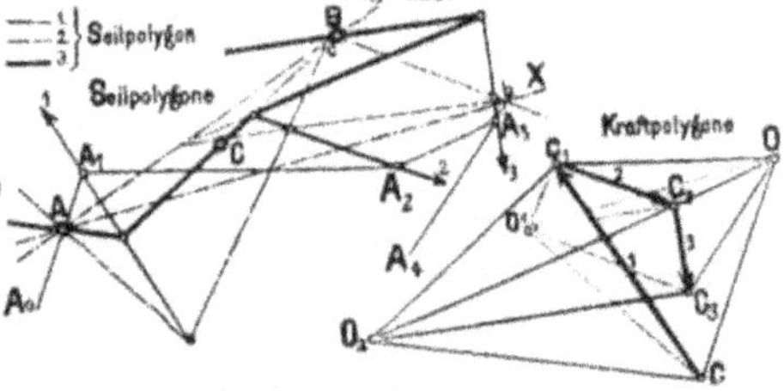

Der Beweis dieses Satzes erhellt direkt aus der Figur. Die Seilspannungen S_3 und $-T_3$, S_4 und $-T_4$ bezw in den Knotenpunkten, durch welche die Kraft P_3 verläuft, halten sich im Gleichgewicht, da das betr. Viereck im Kräftepolygon sich schliesst.

Die Resultante von S_3 und $-T_3$ hat dabei gleiche Grösse und Lage mit der Resultante von S_4 und $-T_4$, aber entgegengesetzten Sinn. Sie ist nach dem Kräftepolygon gleich und parallel der OO_1; folglich müssen die Schnittpunkte D_4 und A_4 in einer Geraden liegen, welche der OO_1 parallel ist. Dasselbe gilt von den übrigen Knotenpunkten der beiden Seilpolygone. Die Schnittpunkte der entsprechenden Seilpolygon-Seiten müssen daher alle in einer und derselben Parallelen zur OO_1 liegen. — Den Satz von der Polaraxe kann man u. a. benutzen, um ein bestimmtes Seilpolygon, das z. B. durch 2 oder 3 gegebene Punkte gehen soll, zu konstruiren.

Es lassen sich zu den nach Lage, Grösse und Richtung gegebenen Kräften unendlich viele Seilpolygone durch 2 Punkte legen; durch 3 Punkte ist aber nur ein einziges Seilpolygon möglich.

β. Legung eines Seilpolygons durch 3 gegebene Punkte.

Die Punkte seien A, B und C, Fig. 222; und zwar möge je eine äussere Seilpolygon-Seite (oder deren Verlängerung) durch A bezw. B, und die zwischen den gegebenen Kraftrichtungen 1 und 2 liegende Seite durch C gehen.

Zu dem Kräftepolygon mit beliebig gewähltem Pol O zeichne man zuerst ein Seilpolygon, dessen äussere Seite $A_0\,A_1$ von vorn herein, parallel zum Strahl OC, so eingelegt wird, dass sie durch den gegebenen Punkt A verläuft. Nun lege man eine beliebige Polaraxe (z. B. die AX) durch A, verlängere die Seilpolygon-Seite $A_3\,A_4$ bis sie die AX in b schneidet und ziehe die Bb. Dann bestimmen die im Kraftpolygon durch O und C_3 bezw. zur Polaraxe und zur Bb gezogenen Parallelen durch ihren Schnittpunkt O_1 einen neuen Pol, den man benutzt, um ein 2. Seilpolygon zu zeichnen, dessen beide äussern Seiten bezw. durch A und B verlaufen.

Für das letzte Seilpolygon, welches auch durch C gehen soll, ist die neue Polaraxe durch die Punkte A und B fest gelegt.

Die zwischen den Kraftrichtungen 1 und 2 liegende Seite des 2. Seilpolygons schneidet diese Polaraxe in c. Durch c muss also auch die betr. Seite des gesuchten Seilpolygons gehen. Ziehe durch O_1 eine Parallele zur Polaraxe AB und von C_1 aus eine Parallele zur Cc; dann liegt im Schnittpunkt beider Parallelen der gesuchte Pol O_2, mit dessen Hilfe das Seilpolygon durch A, B und C gelegt werden kann.

Diese Konstruktion findet bei der Bestimmung der Stützlinie für ein Gewölbe Anwendung.

γ. Resultanten-Polygon oder Mittelkraft-Linie.

Die Resultanten R_1, R_2, R_3 . . . der auf einander folgenden Kräfte P_1, P_1 und P_2; P_1, P_2 und P_3 u. s. w. liegen in den Seiten eines Seilpolygons, welches man konstruiren kann, wenn man den Pol in diejenige Ecke des Kräftepolygons verlegt, in der P_1 und P_n zusammen stossen.

Die Konstruktion eines solchen Resultanten-Polygons ergiebt sich direkt aus dem Satze von der Polaraxe. In Fig 223 seien 1, 2, 3, 4, 5 und 6 die gegebenen Kräfte welche in den Ecken eines geschlossenen Seilpolygons wirken. Die Polaraxe fällt hier mit der zwischen den Kraftrichtungen 1 und 6 liegenden Seite des Seilpolygons zusammen. Die dieser Seite entsprechende Seite des gesuchten Resultanten-Polygons kann beliebig gelegt werden, weil ein Strahl für sie im Kräftepolygon nicht existirt. Hiernach ist in Fig. 223 das Resultanten-Polygon (durch starke Linien ausgezeichnet) konstruirt worden.

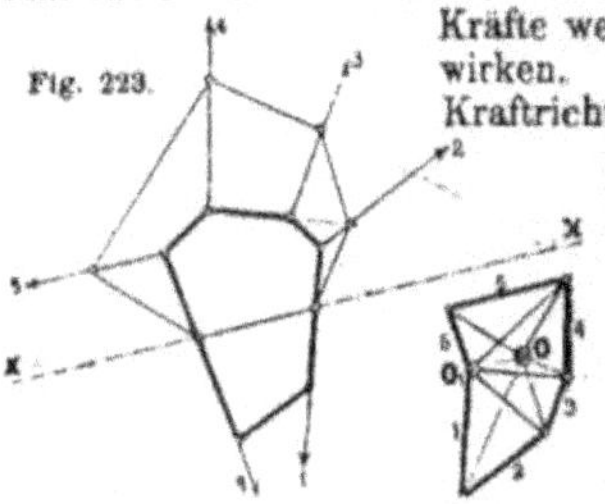

Fig. 223.

Bekannte Beispiele von Resultanten-Polygonen sind die Stützlinien in Gewölben und Mauern.

δ. Statisches Moment der Resultante beliebig gerichteter Kräfte.

Das Moment der Resultante der Kräfte P_1, P_2, P_3 und P_n in Beziehung auf den beliebigen Punkt N der Ebene, Fig. 224, soll gesucht werden.

Fig. 224.

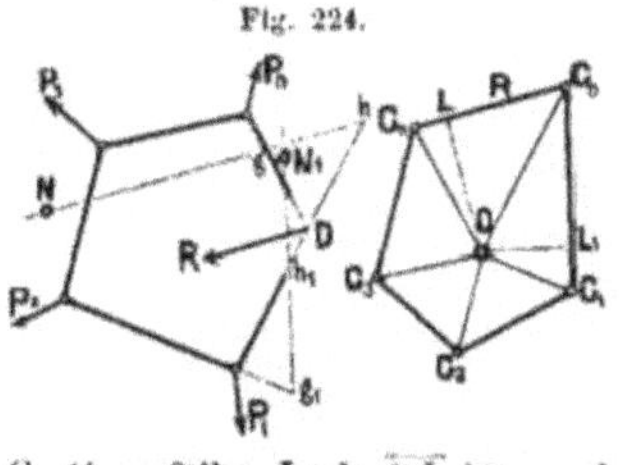

Man konstruire das Kräftepolygon, nehme den beliebigen Pol O an und zeichne dann ein Seilpolygon zwischen den Kraftrichtungen.

Nach S. 504 geht die Resultante, deren Grösse und Richtung im Kräftepolygon durch die Seite $C_0\,C_n$ dargestellt wird, durch den Schnittpunkt D der beiden äussern Seilpolygon-Seiten. Letztere schneiden auf der durch N zur Resultante gezogenen Parallelen das Stück $\overline{gh}$ ab. Das Produkt aus $\overline{gh}$ in das von O auf $C_0\,C_n$ gefällte Loth $\overline{OL}$ ist $=$ dem gesuchten Moment der Resultante.

Der Beweis folgt direkt aus der Aehnlichkeit der Dreiecke OC_0C_n und Dgh.

Das von O aus im Kräftepolygon auf die Resultante gefällte Loth nennt man die Poldistanz. Allgemein lautet der Satz demnach:

Das Moment der Resultante beliebig vieler Kräfte ist $=$ dem Produkt aus der Poldistanz und der zwischen den entsprechenden Seilpolygon-Seiten liegenden Strecke einer durch den Momentpunkt gehenden Parallelen zur Resultante.

Dabei ist zu beachten, dass die Poldistanz stets als Kraft nach Gewichts-Einheiten und die Strecke nach Maass-Einheiten zu nehmen ist.

Dieser Satz gilt für jede Einzelkraft und auch für eine beliebige Reihe von Kräften. Z. B. ist das Moment der Kraft P_1, in Beziehung auf den Punkt N_1, $=$ der Poldistanz $\overline{OL_1}$, multiplizirt mit der Strecke g_1h_1, welche durch die an P_1 stossenden Seilpolygon-Seiten auf der durch N_1 zur Richtung von P_1 gezogenen Parallelen abgeschnitten wird.

Für Parallelkräfte geht das Kräftepolygon in eine Gerade über. Die Poldistanz H ist konstant und stellt bei Vertikalkräften die konstante Horizontal-Komponente der Seilspannung dar.

Fig. 225.

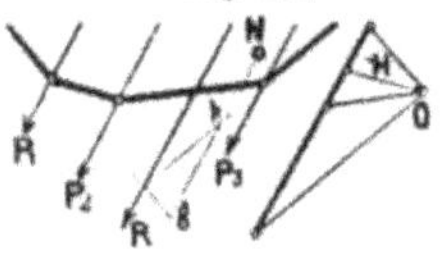

Das Moment der Resultante der Parallelkräfte P_1, P_2, P_3 in Bezug auf N, Fig. 225, ist $= H.gh$ gh ist die von den äussern Seilpolygon-Seiten auf der durch N gehenden Parallelen zur Resultante R abgeschnittenen Strecke. Die Ermittelung des Moments kann ebenfalls mit Hilfe des Seilpolygons geschehen.

Ueber die Konstruktion der Momente 2. Grades (Trägheits-Momente) s. Elastizit.-Lehre.

ε. Kraftkurve und Seilkurve.

Wenn die Kräfte nicht isolirt, sondern gleichmässig vertheilt sind, oder stetig neben einander liegen, so geht das Kraftpolygon in eine Kraftkurve und das Seilpolygon in eine Seilkurve über, Fig. 226. Die in der beliebigen Strecke A_0 A_1, der Seilkurve angreifenden Kräfte lassen sich zu einer Resultante P_1 zusammen setzen, deren Grösse und Richtung durch die Sehne C_0 C_1 des entsprechenden Theils der Kraftkurve bestimmt ist.

Fig. 226.

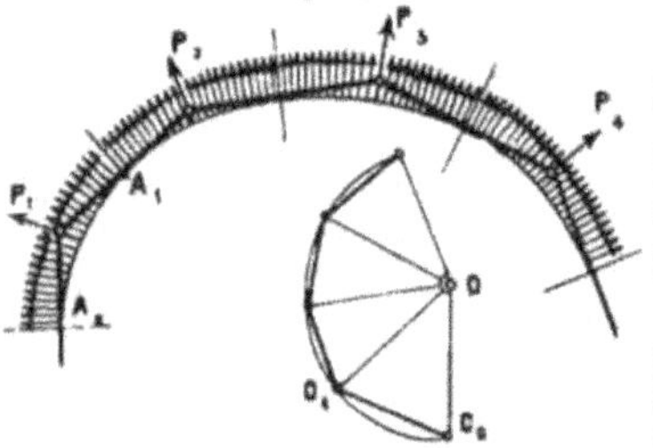

Der Angriffspunkt von P_1 ist (nach S. 504) zugleich Schnittpunkt der an die Strecke A_0 A_1 stossenden Seilpolygon-Seiten, d. h. also Schnittpunkt der Tangenten an die Seilkurve in A_0 und A_1.

Man kann daher die Seilkurve in der Weise zeichnen, dass man in die Kraftkurve zuerst ein beliebiges Polygon einschreibt. Zu diesem Polygon konstruirt man mit beliebigem Pol O das die Seilkurve umschreibende Seilpolygon.

Die Seilkurve tangirt in den Mitten der Seilpolygon-Seiten und ist um so genauer zu zeichnen, je grösser die Anzahl der Seilpolygon-Seiten gewählt wird.

e. Mittelpunkt der parallelen Kräfte; Schwerpunkt.

Die Gewichte der einzelnen Massentheilchen eines Körpers kann man genau genug als vertikal abwärts wirkende und unter einander parallele Kräfte ansehen. Die Resultirende aus den parallelen Schwerkräften geht — in welche Lage man den Körper auch bringen möge — immer durch einen und denselben Punkt, den Mittelpunkt oder Schwerpunkt. Der Schwerpunkt ist also derjenige Punkt, in welchem man sich das ganze Gewicht des Körpers vereinigt denken kann, oder welcher unterstützt oder fest gehalten werden muss, wenn der Körper unter alleiniger Einwirkung seiner Schwere in jeder Lage in Ruhe bleiben soll.

Eine Gerade oder eine Ebene, die durch den Schwerpunkt geht, nennt man eine Schwer-Linie, bezw. Schwer-Ebene.

α. Allgemeine Gleichungen für die Lage des Schwerpunkts.

1. Die Koordinaten X_0, Y_0 und Z_0 des Schwerpunkts eines beliebig gestalteten Körpers, bezogen auf ein dreiaxiges rechtwinkliges Koordin.-System, bestimmen sich direkt nach Analogie der Gleichg. (3), S. 503:

$$X_0 = \frac{\Sigma(q\,x)}{Q}\,;\; Y_0 = \frac{\Sigma(q\,y)}{Q}\,;\; Z_0 = \frac{\Sigma(q\,z)}{Q}. \qquad (9)$$

Darin bezeichnen: Q das Gesammtgewicht des Körpers; q das Gewicht eines unendlich kleinen Theilchens; $\Sigma(q\,x)$, $\Sigma(q\,y)$, $\Sigma(q\,z)$ bezw. die Summen der statischen Momente der Gewichts-Theilchen in Beziehung auf den Fusspunkt ihrer Koordin. x, y, z.

Die Gleichgn. (9) gelten auch für den Fall, wo man Körper oder Flächen in einzelne Theile zerlegen kann, deren Schwerpunkts-Koordin. bereits bekannt sind. Es treten dann an Stelle von x, y und z diese bekannten Schwerpunkts-Koordinaten.

Die Summe der statischen Momente der Gewichts-Theilchen in Bezug auf eine Schwer-Ebene ist = Null.

2. Die Gleichgn. (9) gehen, wenn man homogene Körper voraus setzt, ferner das Volumen V und das Gewicht γ pro Kubikeinh. des Volumens einführt — weil $q = \frac{dV}{\gamma}$ und $Q = \frac{V}{\gamma}$ ist — über in:

Fig. 227.

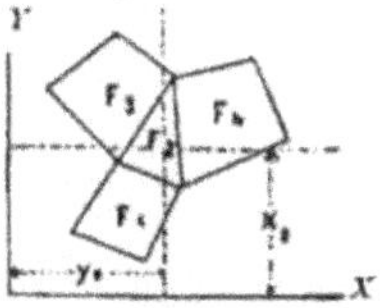

$$x_0 = \frac{\int x\,dV}{V} = \frac{\int x\,dx\,dy\,dz}{\int dx\,dy\,dz}$$
$$y_0 = \frac{\int y\,dV}{V} = \frac{\int y\,dx\,dy\,dz}{\int dx\,dy\,dz} \qquad (10)$$
$$z_0 = \frac{\int z\,dV}{V} = \frac{\int z\,dx\,dy\,dz}{\int dx\,dy\,dz}$$

3. Die Lage des Schwerpunkts ebener Flächen ist bestimmt durch:

$$x_0 = \frac{\int x\,dx\,dy}{\int dx\,dy}; \quad y_0 = \frac{\int y\,dx\,dy}{\int dx\,dy}.$$

Letztere Gleichgn. können einfacher: $x_0 = \frac{S_x}{F}$ und $y_0 = \frac{S_y}{F}$ geschrieben werden, wenn F den Flächen-Inhalt der Figur und S_x und S_y bezw. das statische Moment der betr. Flächen-Elemente vorstellen. Darnach ist z. B., Fig. 227

$$x_0 = \frac{F_1 x_1 + F_2 x_2 + F_3 x_3 + F_4 x_4}{F_1 + F_2 + F_3 + F_4}; \quad y_0 = \frac{F_1 y_1 + F_2 y_2 + F_3 y_3 + F_4 y_4}{F_1 + F_2 + F_3 + F_4}$$

Für eine Fläche, welche von einer beliebigen Kurve, einer Geraden und von 2 auf der Geraden senkrecht stehenden Ordin. begrenzt wird, Fig. 228, ergiebt sich danach unter Anwendung der Simpson'schen Regel:

$$x_0 = \frac{(b_0 h_0 + b_n h_n) + 4\,(b_1 h_1 + b_3 h_3) + \ldots) + 2\,(b_2 h_2 + b_4 h_4 + \ldots)}{(h_0 + h_n) + 4\,(h_1 + h_3 + \ldots) + 2\,(h_2 + h_4 + \ldots)}$$

$$y_0 = \frac{1}{2}\,\frac{(h_0^2 + h_n^2) + 4\,(h_1^2 + h_3^2 + \ldots) + 2\,(h_2^2 + h_4^2 + \ldots.)}{(h_0 + h_n) + 4\,(h_1 + h_3 + \ldots.) + 2\,(h_2 + h_4 + \ldots.)}$$

4. Die Lage des Schwerpunkts einer ebenen, geraden oder krummen Linie ist bestimmt durch: $x_0 = \frac{\int x\,ds}{\int ds}$; $y_0 = \frac{\int y\,ds}{\int ds}$.

Fig. 228.

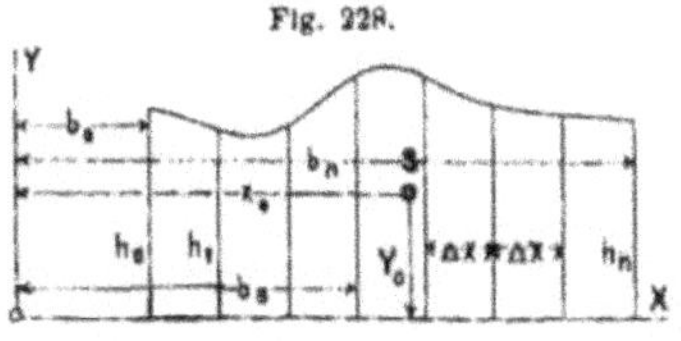

Fig. 229.

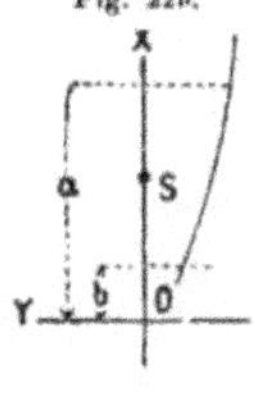

Fig. 230.

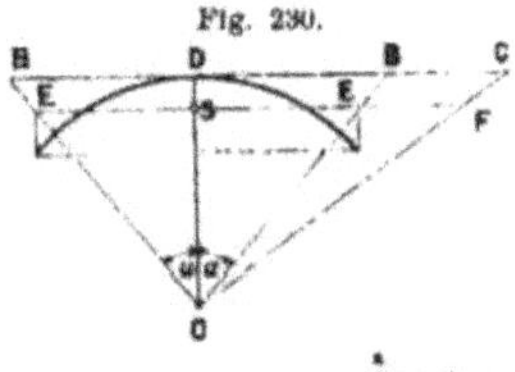

desgl. der einer Umdrehungsfläche, Fig. 229. $x_0 = OS = \frac{\int_b^a xy\,ds}{\int_b^a y\,ds}$

6. desgl. der eines Umdrehungs-Körpers: $x_0 = \overline{OS} = \frac{\int_b^a xy^2\,dx}{\int_b^a y^2\,dx}$.

β. Schwerpunkte geometrischer Linien, Flächen und Körper.

Der Schwerpunkt ist in allen folgenden Figuren mit S bezeichnet. S liegt stets in einer Symmetrie-Axe, bei 2 Symmetrie-Axen im Durchschnitt derselben.

1. Gerade Linie. S liegt in halber Länge.

2. Kreisbogen. Länge b; Sehne s; Zentriwinkel 2α; Radius r, Fig. 230:

$$OS = \frac{rs}{b} = \frac{r \sin \alpha}{\alpha}$$

Durch Konstruktion: a. Mache die Scheitel-Tangente $DB = \frac{1}{2}\, b$; ziehe OB und durch die Endpunkte des Bogens je eine Vertikale, welche die OB in E schneidet. Dann verläuft die zur BB parallele EE durch S. — b. Ziehe eine Tangente an den Scheitelpunkt; trage $OC = b$ von O aus ab, so dass der Endpunkt C in der Tangente liegt; mache $OF = s$. Dann trifft eine Parallele zur Tangente durch F den Schwerpunkt.

Halbkreis: $\overline{OS} = \frac{2r}{\pi} = 0{,}637\, r$.

4. Dreiecks-Umfang, Fig. 231. S liegt im Mittelpunkt eines Kreises, der demjenigen Dreiecke eingeschrieben ist, dessen Ecken in die Mitten der Dreiecks-Seiten a, b, c fallen. Es ist der normale Abstand von a:

Fig. 231.

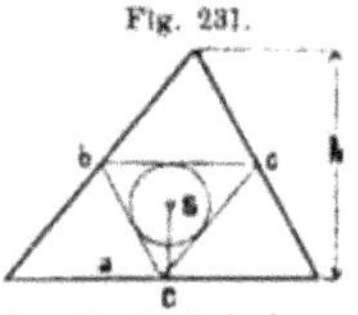

Fig. 232.

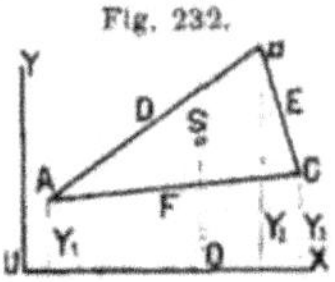

Fig. 233.

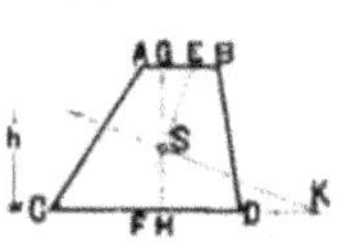

$$\overline{CS} = \left(\frac{b+c}{a+b+c}\right)\frac{h}{2}$$

5. Dreieck, Fig. 232. S liegt, von irgend einer Seite als Basis genommen, in $^1/_3$ der Dreieckshöhe; oder, wenn AE, BF, CD die Halbirungslinien der Dreiecks-Seiten sind, im Schnittpunkt derselben.

$$\overline{CS} = \frac{2}{3}\,\overline{DC}; \quad \overline{OS} = \frac{y_1 + y_2 + y_3}{3}$$

6. Trapez, Fig. 233. $AB = a$; $CD = b$. Verlängere AB um b und CD um a in entgegen gesetzter Richtung; verbinde die Endpunkte I und K der Verlängerungen durch eine Gerade. Dann liegt S im Schnittpunkt dieser Geraden und der Halbirungs-Geraden EF der Seiten a und b. Ist GH eine Senkrechte durch S zur Grundlinie, so ist:

Fig. 234.

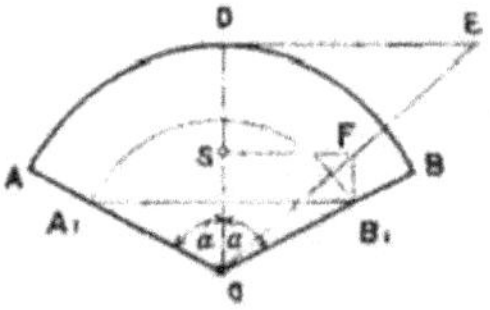

$$\overline{GS} = \frac{h}{3}\,\frac{a+2b}{a+b}; \quad \overline{HS} = \frac{h}{3}\,\frac{b+2a}{a+b}.$$

7. Parallellogramm. S liegt im Schnittpunkt der Diagonalen.

8. Kreisausschnitt. Bogenlänge $AB = b$; Sehne s; Radius r; Zentriwinkel 2α, Fig. 234:

$$\overline{OS} = \frac{2}{3}\,\frac{rs}{b} = \frac{2}{3}\,\frac{r \sin \alpha}{\alpha}$$

Durch Konstruktion: Schlage einen konzentr. Bogen $A_1 B_1$ mit dem Radius $\frac{2}{3}\, r$; errichte im Scheitel D eine Senkrechte $DE = \frac{1}{2}\, b$ zur Symmetrie-Axe OD; ziehe parallel zur OD durch B_1 eine Gerade, welche die OE in F schneidet. Dann ist $FS \perp$ zur OD (vergl. auch die Konstr. unter 2).

9. Halbkreis-Fläche: $\overline{OS} = \frac{4}{3}\,\frac{r}{\pi} = 0{,}425\, r$.

10. Viertelkreis-Fläche: $\overline{OS} = \frac{8}{3}\,\frac{r}{\pi\sqrt{2}} = 0{,}6\, r$.

11. Kreisabschnitt: Sehne s; Flächeninhalt F; Radius r; Zentriwinkel 2α. Der Abstand OS vom Zentrum aus in der Symmetrie-Axe gemessen ist:

$$\overline{OS} = \frac{s^3}{12F} = \frac{2}{3}\,\frac{r^3 \sin^3\alpha}{F} = \frac{2}{3}\,\frac{r \sin^3\alpha}{\alpha - \frac{\sin 2\alpha}{2}}.$$

12. Halbe Ellipsenfläche. Halbaxen a und b, Fig. 235. $\overline{OS} = \frac{4}{3} \cdot \frac{b}{\pi}$.

$\overline{OS}$ ist also unabhängig von a. Für $a = b = r$ (den Halbkreis) ist $\overline{OS} = \frac{4r}{3\pi}$.

13. Parabel-Segment. Sehne $2y$; zugehöriger Durchm. x, Fig. 236.

Fig. 235.

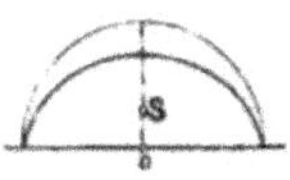

Fig. 236.

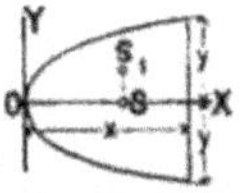

$$\overline{OS} = \frac{3}{5}x.$$

Der Schwerpunkt S_1 des halben Parabel-Segments desselben Durchmessers findet sich aus:

$$\overline{OS} = \frac{3}{5}x; \quad \overline{SS_1} = \frac{3}{8}y.$$

14. Ringstück. Radien R und r; Zentriwinkel 2α. Abstand OS vom Zentrum

$$\overline{OS} = \frac{2}{3} \frac{R^3 - r^3}{R^2 - r^2} \frac{\sin \alpha}{\alpha}.$$

15. Halbkreisförmiges Ringstück. $\overline{OS} = \frac{4}{3\pi} \frac{R^3 - r^3}{R^2 - r^2}$.

16. Kugelzone (Kalotte). S liegt in der halben Höhe.

17. Beliebige Fläche auf der Halbkugel. Eine beliebige, in sich zurück kehrende Linie bilde eine Fläche des Inhalts F. F' sei der Inhalt der Projektion der Fläche auf eine die Halbkugel abschliessende Ebene. Dann ist der Schwerpunkts-Abstand x_0 von dieser Ebene: $x_0 = \frac{F'}{F} r$.

18. Prisma und Zylinder. S liegt in der Mitte der Verbindungslinie zwischen den Schwerpunkten der Endflächen.

19. Pyramide und Kegel. S liegt in $\frac{1}{4}$ der Höhe auf der Verbindungslinie zwischen dem Schwerp. der Basis und der Spitze, von der Basis aus gemessen.

20. Abgestumpfte Pyramide. Höhe h; Endflächen F und f. Schwerp. Abstd. von der Basis: $x_0 = \frac{h}{4} \frac{F + 3f + 2\sqrt{Ff}}{F + f + \sqrt{Ff}}$.

21. Abgestumpfter Kegel. Höhe h; Endflächen mit Radien R und r, desgl.

$$x_0 = \frac{h}{4} \frac{R^2 + 2Rr + 3r^2}{R^2 + Rr + r^2}.$$

22. Kugel-Ausschnitt. Zentriwinkel 2α; Radius r. $x_0 = \frac{3}{8}(1 + \cos\alpha) r$.

23. Halbkugel: $x_0 = \frac{3}{8} r$.

24. Kugel-Abschnitt. Höhe h; Radius r, $x_0 = \frac{3}{4} \frac{(r - h)^2}{3r - h}$.

25. Elliptisches Paraboloid. Halbaxen der Endfläche a und b; Höhe h. Der Schwerpunkt liegt in $\frac{1}{3}$ der Höhe von der Endfläche aus gemessen.

26. Halbes Ellipsoid. Halbaxen a, b und c. Von der Endfläche (mit den Halbaxen a und b) aus gemesssen ist der Schwerpunkts-Abstand: $z_0 = \frac{3}{8} c$.

z_0 ist also unabhängig von a und b. Für $a = b = c = r$ (Halbkugel) ist:

$$z_0 = \frac{3}{8} r.$$

Fig. 237.

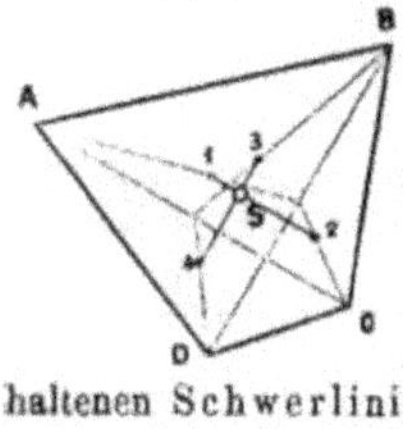

γ. Grafische Schwerpunkts-Bestimmungen.

Die vorstehend für den Kreisbogen, das Dreieck, Trapez, Parallelogramm und den Kreisausschnitt angegebenen Konstruktionen sind für diese Figuren einfacher als das nachfolgende allgemeine Verfahren.

Bei unregelmässigen Vierecken, Fig. 237, kann man beide Diagonalen ziehen, 4 Dreiecks-Schwerpunkte bestimmen und durch den Schnittpunkt der beiden so erhaltenen Schwerlinien den gesuchten Schwerpunkt finden.

In Fig. 237 sind z. B. 1, 2, 3 und 4 die vier Dreiecks-Schwerpunkte. S liegt im Schnitt von 1—2 und 3—4. In allen übrigen Fällen empfiehlt sich die Anwendung des folgenden Verfahrens:

1. Schwerpunkte von Linien und Flächen. Man zerlegt Linien oder Flächen in Elemente, deren Schwerpunkts-Lage bekannt ist. Die Länge jedes Linien-Elements oder den Inhalt jedes Flächen-Elem. fasst man als eine Kraft auf, welche im Schwerpunkt des Elem. angreift. Die einzelnen so erhaltenen Kräfte setzt man zu einem Kraftpolygon zusammen, das in diesem Falle, weil alle Kraftrichtungen einander parallel laufen, eine Gerade von bestimmter Länge darstellt. Mit Hilfe eines beliebigen Pols zeichnet man dann zwischen den Kraftrichtungen ein Seilpolygon und findet durch den Schnittpunkt der äussern Seilpolygon-Seiten die Lage der ersten Resultante.

Hatte man bei der Zeichnung dieses Seilpolygons z. B. die Richtung der Kräfte vertikal angenommen, so wird man behuf Zeichnung eines 2. Seilpolygons diese Richtung beliebig anders, am besten horizontal, annehmen. Auch im 2. Seilpolygon bestimmt man wieder die Lage der Resultante.

Der Schnittpunkt der gefundenen horizontalen und vertikalen Resultante giebt den Schwerpunkt.

Zur Kontrole der Richtigkeit der Konstruktion nimmt man zweckmässig noch eine 3. Richtung der Kräfte an. Die gefundene 3. Resultante muss dann durch den Schnittpunkt der beiden andern Resultanten gehen.

Fig. 238.

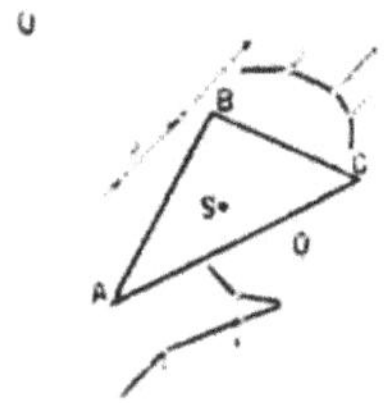

Fig. 239.

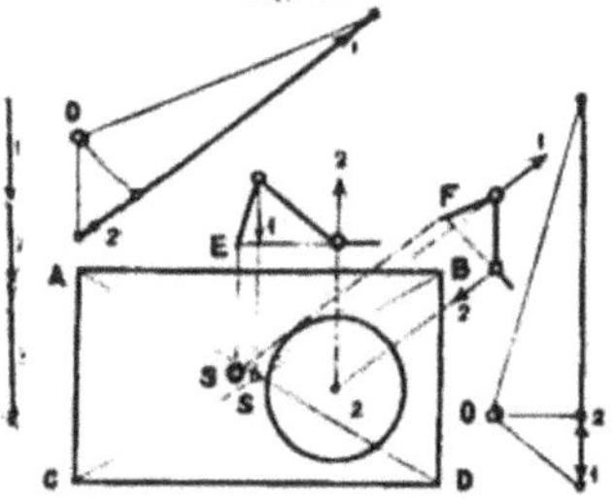

In Fig. 238 ist als Beispiel der Schwerpunkt eines Dreiecks-Umfangs ABC konstruirt. Die Längen der Seiten sind (in halber Grösse) als Kräfte aufgetragen. Die 1. Richtung der Kräfte ist vertikal, die 2. unter 45° geneigt angenommen worden.

Ein Vieleck würde in Dreiecke zu zerlegen, ein Ringstück als die Differenz von 2 Kreis-Ausschnitten, ein Kreisabschnitt als die Differenz eines Kreisausschnitts und eines Dreiecks aufzufassen sein u. s. w. Dabei ist auf den Sinn der Kraftrichtungen zu achten und jede Kraft ihrem Sinne entsprechend im Kraftpolygon einzureihen. — In Fig. 239 ist als Beispiel der Schwerpunkt eines mit einer Kreisöffnung versehene Rechtecks $ABCD$ ermittelt. $AB = 5{,}5$; $BD = 3{,}0$; Radius der Kreisöffnung = 1,0. Die Kräfte 1 und 2 (bezw. die Flächeninhalte des Rechtecks und des Kreises) greifen bezw. in den Schwerpunkten S_1 und S_2 an. Dabei haben 1 und 2 entgegen gesetzte Richtung. Die Resultante von 1 und 2 geht im ersten Seilpolygon durch E, im zweiten durch F. S liegt daher im Schnitte der Parallelen zur Kraftrichtung durch E und F.

2. Schwerpunkt von Körpern. Weil die Projektion der Resultante paralleler Kräfte im Raume = der Resultante der Projektionen ist, oder weil die Resultante aus den Projektionen paralleler Kräfte gleich der Projektion der Resultante der parallelen Kräfte ist, so kann man, um den Schwerpunkt von beliebig gestalteten Körpern zu finden, denselben in passende Theilkörper zerlegt denken, die Schwerpunkte derselben bestimmen und die Richtungen der dort angreifenden Parallelkräfte — welche den Inhalten der Theilkörper proportional sind — auf 2 Koordin.-Ebenen projiziren.

Die Lage der Resultante in jeder Projektions-Ebene bestimmt man wie unter 1). Dadurch kann man die Lage einer Schwer-Ebene und einer Schwer-Linie erhalten, in deren Schnittpunkt der gesuchte Schwerpunkt liegt.

Um die Schwer-Linie zu erhalten, muss man in der betr. Projektions-Ebene 2 Resultanten für 2 verschiedene Kraftrichtungen bestimmen.

Körper die von ebenen Flächen begrenzt sind, theilt man am besten in Tetraeder, deren einzelne Schwerpunkte nach 19 S. 511) bestimmt sind.

Von krummen Flächen begrenzte Körper theilt man dagegen am besten durch parallele Ebenen in Prismatoide, deren Höhen so klein zu bemessen sind, dass ihr Schwerpunkt im Schwerpunkt des Schnittes, der sie halbirt, angenommen werden kann.

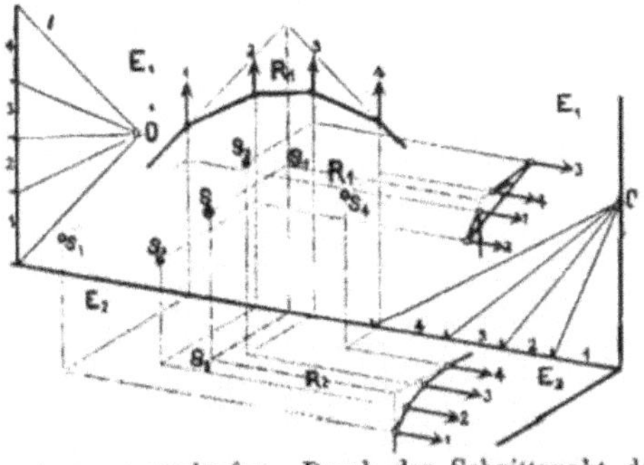
Fig. 240.

In Fig. 240 sind E_1 und E_2 die beiden senkrecht auf einander stehenden Projektions-Ebenen. 1, 2, 3, 4 sind die in den Schwerpunkten s_1, s_2, s_3 und s_4 der zugehörigen Theilkörper angreifenden Kräfte.

In der Ebene E_1 der Figur sind 2 Seilpolygone gezeichnet; eins für Horizontal- und eins für Vertikalkräfte, welche durch die Projektionen der Punkte s_1, s_2, s_3, s_4 verlaufen. Durch den Schnittpunkt der betr. Resultanten R_1 und R_1' ergiebt sich die Projektion S_1 von S in E_1.

In der Ebene E_2 ist nur ein Seilpolygon für horizontale Kraftrichtungen gezeichnet. Die Lage der Resultante dieses Seilpolygons bestimmt den Schwerpunkt S.

f. Widerstände fester Stützpunkte.

Die Widerstände fester Stützpunkte sind ihrer Grösse und Richtung nach stets als äussere Kräfte in die Betrachtung einzuführen.

α. Ein einziger Stützpunkt.

Wirkt auf den im Punkte o gestützten Körper, Fig. 241, nur das im Schwerpunkt S angreifende Eigengewicht, so befindet derselbe sich im Gleichgewicht, wenn die Punkte o und S in einer Vertikalen liegen. Der Gleichgew.-Zustand ist ein stabiler (Fall a) oder ein labiler, (Fall b), je nachdem das bei einer Aenderung der Lage des Körpers entstehende statische Moment der Kräfte bestrebt ist, den frühern Gleichgew.-Zustand wieder herzustellen oder nicht. Indifferent ist der Gleichgew.-Zustand (Fall c), wenn nach der Lagen-Aenderung kein Moment eintritt, also jede benachbarte Lage ebenfalls eine Gleichgew.-Lage ist.

Fig. 241.
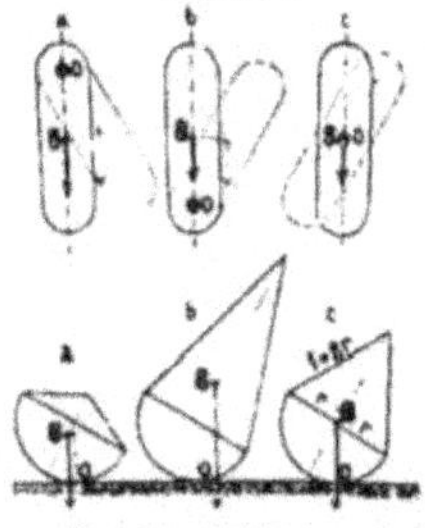

Die drei verschiedenen Zustände des stabilen, labilen und indifferenten Gleichgew. treten bezw. ein: wenn der Punkt o über, oder unter dem Schwerpunkte S liegt, oder mit letzterm zusammen fällt.

β. Zwei Stützpunkte. Statisch bestimmte und unbestimmte Fälle.

Im Falle des Gleichgew. der äussern Kräfte müssen sich Grösse und Richtung der Stütz- oder Lagerdrücke aus der Bedingung ergeben: dass ihre Richtungen mit der Richtung der Schwerkraft (oder mit der Richtung der Mittelkraft aus allen äussern Kräften) sich in einem Punkte schneiden.

Fig. 242.
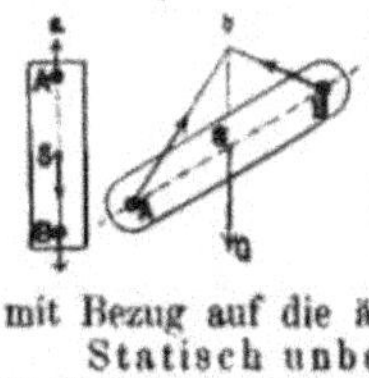

Ist es in Folge besonderer Lage der Stützpunkte oder der Art und Weise der Unterstützung nicht möglich, aus dieser Bedingung Grösse und Richtung der Stützen-Drücke zu bestimmen, so ist der betrachtete Fall mit Bezug auf die äussern Kräfte ein statisch unbestimmter.

Statisch unbestimmt ist — wenn die Art und Weise der Befestigung in den Punkten A und B nicht bekannt ist — z. B. der Fall a, Fig. 242, wo die 3 in Frage kommenden Kraftrichtungen in eine Gerade fallen. Desgl. der Fall b, wenn nicht mindestens die Richtung eines der Stützen-Drücke bekannt ist, da die Bedingung, dass die beiden Lagerdrücke in A und B mit der Kraft G sich in einem Punkte schneiden, auf unendlich viele verschiedene Arten erfüllt werden kann.

Fig. 243.

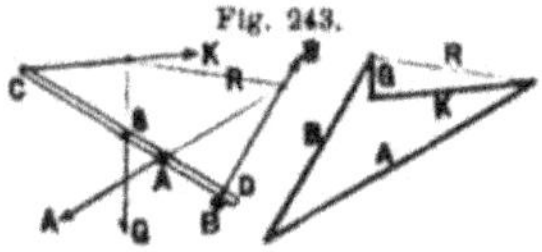

Statisch bestimmt ist der Fall, Fig. 243, wo die Berührungs-Ebene zwischen dem Körper CD und einer seiner Stützen B eine Horizontal-Ebene ist, so dass dort nur ein vertikaler Lagerdruck stattfinden kann.

In diesem Falle finden sich Grösse und Richtung des Lagerdrucks A, sowie die Grösse des Normal-Lagerdrucks B aus dem Kraftpolygon, welches aus der bekannten Mittelkraft der äussern Kräfte G und K — das ist R — und den bekannten Richtungen von A und B konstruirt wird.

Fig. 244.

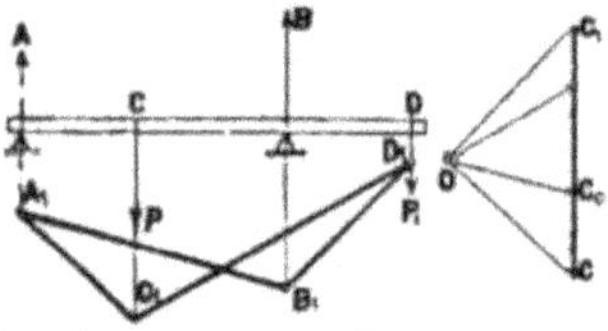

Sobald aber, wie in Fig. 244, sämmtliche Kraftrichtungen parallel laufen, ist die Zeichnung eines Kraftpolygons nicht möglich. Die Lagerdrücke sind in diesem Falle aus dem Gesetz der statischen Momente rechnerisch oder grafisch zu bestimmen.

Man zeichne z. B. mit Hilfe eines beliebigen Pols O, Fig. 244, das Seilpolygon $A_1\,C_1\,D_1\,B_1$ zwischen den Kraftrichtungen; ziehe die sogen. Schlusslinie $A_1\,B_1$. Dann erhält man ein geschlossenes Seilpolygon und die im Kraftpolygon zur $A_1\,B_1$ gezogene Parallele $O\,C_0$ theilt die Kraftlinie $C\,C_1 = P + P_1$ nach dem Verhältniss der Lagerdrücke A und B. Es ist $C\,C_0 = A$ und $C_1\,C_0 = B$.

γ. Kennzeichen statisch bestimmter Fälle der Ebene.

Die Möglichkeit der Ermittelung der unbekannten Lagerdrücke auf rein statischem Wege hängt von der Art und Weise der Lagerung ab.

Im allgem. kann man den Körper in jedem seiner Stützpunkte in dreifach verschiedener Art gelagert denken:

1. Der Körper ist verschiebbar gelagert, so dass die Richtung des Lagerdrucks durch die Beschaffenheit der lagernden Flächen gegeben ist. Dann ist nur eine Unbekannte zu bestimmen: die Grösse des Lagerdrucks;

2. der Körper ist unverschiebbar aber drehbar (gelenkartig) gelagert, so dass das Moment für den Stützpunkt = 0 ist. Dann bleiben 2 Unbekannte: die Komponenten des Lagerdrucks nach 2 Axen-Richtungen zu bestimmen;

3. der Körper ist fest gelagert. Dann erscheinen drei Unbekannte. Nämlich, ausser den beiden Komponenten, wie vor, noch das Moment über der Stütze.

Der Gleichgew.-Zustand liefert nur 3 Beding.-Gleichgn. (vergl. S. 505). Danach ist ein Fall in der Ebene mit Bezug auf die äussern Kräfte stat. bestimmt, wenn die durch die Lagerungs-Art bedingte Zahl d. Unbekannten nicht 3 überschreitet.

Z. B. sind die Fälle in Fig. 242 mit Bezug auf die äussern Kräfte stat. unbestimmt, weil die vorhandenen 2 Stützpunkte mindestens $2 \times 2 = 4$ Beding.-Gleichgn. erfordern. Die Fälle in Fig. 243 und 244 sind dagegen stat. bestimmt, weil in jedem derselben die beiden Auflager zusammen höchstens $1 + 2 = 3$ Beding.-Gleichgn. erfordern. Stat. unbestimmt sind ferner z. B. der Balken auf mehr als 2 Stützen, und der an zwei Enden eingespannte Balken.

Stat. unbestimmte Fälle können nur unter Zuhilfenahme gewisser Bedingungen ermittelt werden, die sich aus der elastischen Deformation des Körpers ergeben.

Fig. 245.

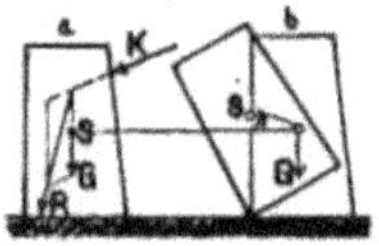

δ. Stabilitäts-Moment und dynamische Stabilität.

Bei einem auf horizontaler Unterlage an mehr als 3 Stellen unterstützten Körper, Fig. 245, ist die Vertheilung des Druckes auf die Stützpunkte eine unbestimmte.

Die durch die äussersten Stützpunkte gelegten Geraden sind Dreh- oder Kippkanten, um welche eine Drehung oder ein Kippen des Körpers unter Einwirkung der äussern Kräfte event. erfolgen kann. Die Stabilität des Körpers ist aber gesichert, sobald die Richtung der Mittelkraft R aller auf ihn wirkenden Kräfte innerhalb der Drehkanten bleibt. Das stat. Moment des Körpergewichts in Bezug auf eine event. Dreh- oder Kippkante nennt man das Stabilitäts-Moment des Körpers. Je grösser dasselbe, desto grösser ist die Stabilität.

Diejenige Arbeit (A), welche eine Kraft K verrichten muss, um einen Körper vom Gewichte G aus der Ruhelage a, Fig. 245,* in die labile Gleichgew.-Lage b zu bringen, nennt man das dynamische Stabilitäts-Moment und es ist: $A = Gh$ wenn h die Höhe ist, um welche der Schwerpunkt gehoben werden muss, um aus der Lage a in die Lage b zu gelangen.

Für einen rechteckigen Querschnitt der Grundlinie a und der Höhe b, ist:

$$h = \frac{\sqrt{a^2 + b^2} - b}{2}$$

Beispiel. Um einen parallelepipedischen Granitblock von 2 m Höhe, 1 m Breite und 1 m Tiefe, der pro cbm 2,5 t. wiegt, umzukanten, ist eine Arbeit von:

$$2 \cdot 2{,}5\,\frac{\sqrt{1+4} - 2}{2} = 0{,}59^{\,mt} = 590^{\,mkg} \text{ erforderlich.}$$

ε. Zwei sich gegenseitig stützende Stäbe.

In Fig. 246 seien A, B und C Gelenkpunkte, welche eine Drehung der Stäbe AC und BC um die senkrecht zur Bildebene stehende Axe gestatten. Das System ist mit Bezug auf die äussern Kräfte statisch bestimmt, weil die Richtungen der Kräfte P_1 und P_2 sich mit den Richtungen der Gelenkdrücke in A und C, bezw. B und C in den Punkten E_1 und E_2 schneiden müssen.

Fig. 246.

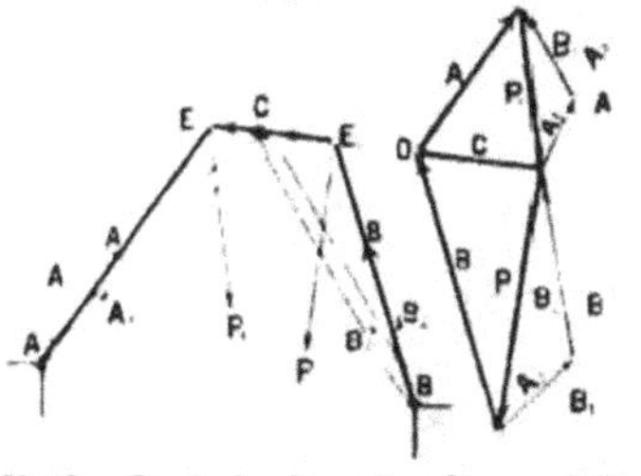

Die Wirkung der Kraft P_2 für sich allein betrachtet bringt in A einen Gegendruck A_2 hervor, dessen Richtung mit der Stangenrichtung AC zusammen fallen muss. Das Kräfte-Dreieck P_2, A_2, B_2 ergiebt die Grössen der zugehörigen Stützendrücke A_2 und B_2. P_1 bringt für sich allein in B einen Gegendruck B_1 hervor, dessen Richtung mit der Stangenrichtung BC zusammen fällt. Das Kräfte-Dreieck P_1, A_1, B_1 ergiebt die Grössen A_1 und B_1. Die Zusammensetzung von A_1 u. A_2 zu einer Resultante A, desgl. von B_1 u. B_2 zu einer Resultante B ist in der Fig. in den Kräfte-Dreiecken A_1, A_2, A und B_1, B_2, B ausgeführt.

Man kann die Gelenkdrücke A, B und C auch dadurch finden, dass man ein Seilpolygon $A\,E_1\,E_2\,B$ zwischen den Kraftrichtungen P_1 und P_2 zeichnet, welches durch die 3 Gelenkpunkte A, B und C verläuft. (vergl. S. 506.) Das zugehörige Kraftpolygon mit dem Pol O ist in der Figur mit starken Linien gezeichnet.

Fig. 247.

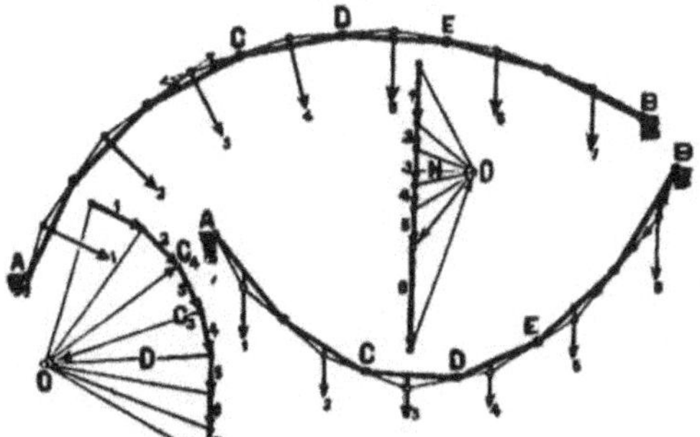

ζ. Mehrere sich gegenseitig stützende Stäbe.

Das Stabsystem in Fig. 247 (mit stehenden Gliedern) kann unter Einwirkung einer und derselben (beliebig gerichteten) Belastung in unendlich viele labile Gleichgew.-Lagen gebracht werden. Sobald aber für ein belieb. Paar von benachb. Stäben, z. B. CD und DE, die Lage vorgeschrieben ist, giebt es nur eine einzige Gleichgew.-Lage, welche mit Hilfe des Resultanten-Polygons (vergl. S. 507) gezeichnet werden kann. Aus dem Gelenkdruck D, welcher sich nach der in Fig. 246 gezeigten Konstruktion ergiebt, und den

Kräften 1, 2, 3 bis 7 setze man ein Kraftpolygon zusammen und verlege den Pol in die Ecke O.

Die Seiten des zugehörigen Resultanten-Polygons verlaufen dann durch die Stützpunkte des Stabsystems. Dadurch ist die Lage sämmtlicher Stützpunkte bestimmt.

Die erhaltene Gleichgew.-Form des Stabsystems nennt man auch die Stützlinie. Die in den Gelenk- oder Stützpunkten auftretenden Widerstandskräfte ergeben sich aus dem Kraftpolygon. Es sind bei dem System mit stehenden Stäben lauter Druckkräfte, wie z. B. die Pfeilrichtungen in dem Kraft-Dreieck $O\,C_3\,C_4$, dessen Seite $O\,C_3$ den Druck im beliebigen Gelenkpunkte C repräsentirt, ergeben.

Für den andern Fall in Fig. 247, (mit hängenden Stäben) der ganz analog dem ersten zu behandeln ist, sind alle an den Gelenkpunkten auftretenden Widerstandskräfte Zugkräfte, und der Gleichgew.-Zustand ist ein stabiler. Weil die Kraftrichtungen alle vertikal angenommen sind, so ergiebt sich (nach S. 508) die horizontale Spannung in jedem Gelenkpunkte = der Polardistanz H.

g. Reibungs-Widerstand.

Reibungs-Widerstand entsteht bei der Bewegung zweier Körper auf einander in Folge von Unebenheiten und Rauheiten der Berührungsflächen. Er wirkt stets der Richtung entgegen, in welcher sich ein Körper bewegt oder bewegen würde, falls Reibungs-Widerstd. nicht vorhanden wäre. Man unterscheidet im allgem. die gleitende und die rollende Reibung.

α. Gleitende Reibung.

Der fortschreitenden Bewegung eines Körpers auf seiner Unterstützungs-Fläche stellt sich ein Widerstand entgegen, dessen Grösse von der Beschaffenheit der beiden Berührungs-Flächen und dem Druck des Körpers gegen die Berührungsstelle abhängig ist. Dieser Widerstand W — der Reibungs-Widerstand. — ist proportional dem Normaldruck N, der zwischen dem Körper und der Berührungs-Ebene stattfindet, und wirkt in dieser Ebene, der Bewegungs-Richtung des Körpers entgegen. Es ist: $W = f\,N$. f heisst der Reibungs-Koeffizient.

Der Reibungs-Widerstd. ist am grössten beim Uebergange des Körpers aus der Ruhelage in die Bewegung, d. h. im Augenblicke des Gleichgew. der wirkenden äussern Kräfte, unmittelbar vor oder während der gleichförmigen Bewegung.

So lange das Gleichgew. der Kräfte, bezw. die gleichf. Bewegung des Körpers andauert, ändert der Reibungswiderstd. seine Grösse nicht; mit wachsender Geschw. der Bewegung nimmt aber seine Grösse ab.

β. Reibungs-Winkel.*)

Der Gegendruck R der Berührungs-Fläche weicht in Folge der Einwirkung der Reibung (bei gleichf. Bewegung des Körpers, oder im Falle des Gleichgew. der wirkenden Kräfte unmittelbar vor der Bewegung) von der Richtung des Normaldrucks N um einen Winkel φ — den Reibungs-Winkel — ab, dessen Grösse aus dem mit den Grössen N, $f\,N$ und R gezeichneten Kraftdreieck, Fig. 248, sich ergiebt: $\tan \varphi = \frac{f\,N}{N} = f$.

Je nach der Richtung von $f\,N$ ist φ positiv oder negativ einzuführen.

Fig. 248.

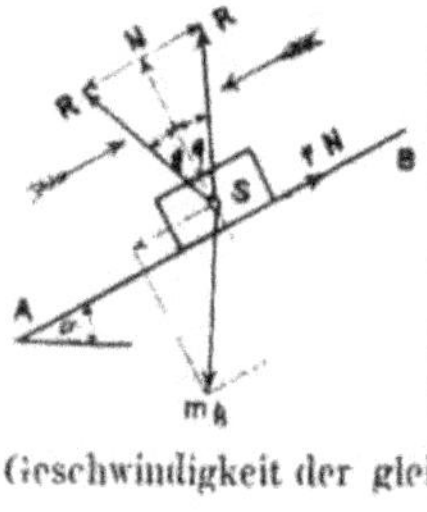

Sobald die Neigung einer Ebene $A\,B$ zum Horizont den Reibungs-Winkel φ erreicht hat, tritt für einen auf der Ebene ruhenden Körper der Zustand ein, in welchem die abwärts parallel zur Ebene gerichtete Komponente der Schwerkraft $m\,g\,\sin\alpha$ = dem in entgegen gesetzter Richtung wirkenden Reibungs-Widerstd. $f\,m\,g\cos\alpha$ wird.

Eine Vergrösserung von α über φ hinaus führt ein Gleiten des Körpers längs der Ebene herbei.

Durch Versuche mit einem auf schiefer Ebene gleitenden Körper kann man den „Reibungs-Koeffiz. der Ruhe" und den „Reibungs-Koeffiz. der Bewegung" bestimmen. Der letztere gilt aber jedesmal nur für diejenige Geschwindigkeit der gleichförmigen Bewegung, welche gerade beobachtet wurde. —

*) Spezialschrift. Herrmann. Der Reibungswinkel; Braunschweig 1882, Vieweg & Sohn.

γ. Schiefe Ebene.

Die allgem. Bedingung für die gleichförmige Bewegung eines Körpers vom Gewicht Q längs der schiefen Ebene unter Einwirkung einer Kraft K, deren Richtung mit der Ebene den Winkel β einschliesst, ist, Fig. 249,: $K = Q \dfrac{\sin(\alpha \pm \varphi)}{\cos(\beta \pm \varphi)}$.

Fig. 249.

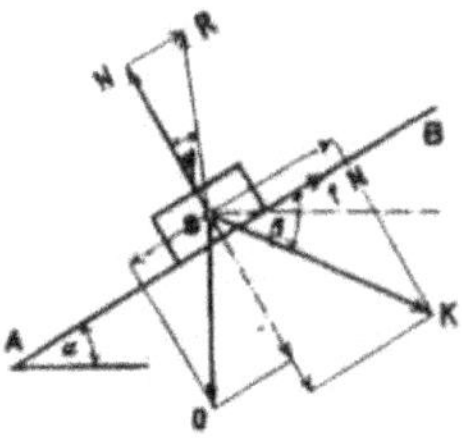

φ ist der Reibungs-Winkel, also $f = \tan\varphi$. Das Zeichen $+$ gilt für eine Kraft K, welche den Körper bergan ziehen soll, das Zeichen $-$ für eine Kraft K, welche verhindern soll, dass die Bewegung des Körpers beim Bergabgleiten eine beschleunigte werde.

Für $\beta = \alpha$ (horizontale Kraft K) wird:

$$K = Q \tan(\alpha \pm \varphi).$$

Für $\beta = 0$ (zur Ebene parallele Kraft K):

$$K = Q(\sin\alpha \pm f\cos\alpha).$$

δ. Rollende Reibung.

Der Widerstand W der rollenden Reibung kann als eine im Schwerpunkt des rollenden Körpers angreifende, der fortschreitenden Bewegung desselben entgegen wirkende Kraft angesehen werden.

W ist dem Normaldruck Q des rollenden Körpers gegen seine Unterlage direkt und dem Radius r desselben umgekehrt proportional. $W = \psi \dfrac{Q}{r}$.

ψ ist der Koeffiz. der rollenden Reibung.

Ein Zylinder vom Radius r fängt auf einer gegen den Horizont um den Winkel α geneigten Ebene an zu rollen, wenn $\tan\alpha = \dfrac{\psi}{r}$ ist.

Das Moment, welches erforderlich ist, um einen Zylinder vom Radius r und Gewicht Q, Fig. 250, auf der horizontalen Ebene fort zu rollen ist $= \psi\, Q$. Die Kraft P zur Fortbewegung der Last Q auf zwei zylindrischen Walzen vom Radius r und auf horizontaler Bahn ist: $P = \dfrac{Q}{2r}(\psi + \psi_1)$.

Fig. 250.

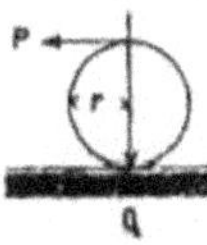

Fig. 250a.

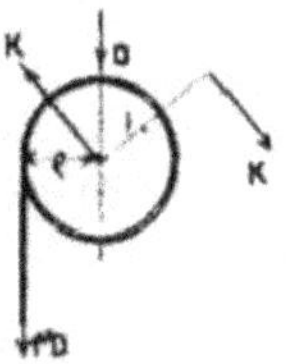

Fig. 251.

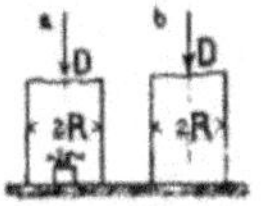

Fig. 252.

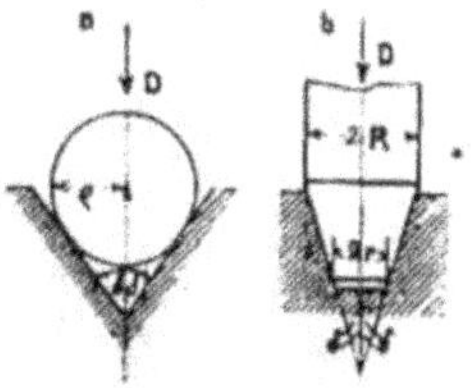

ψ und ψ_1 bezw. Koeffizienten der rollenden Reibung für Last und Walzen bezw. Walzen und Bahn.

ε. Zapfen-Reibung.

Ist D der Zapfendruck gegen die Lagerschale eines Tragzapfens (liegender Zapfen), f' der Koeffiz. der gleitenden Reibung zwischen Zapfen und Lagerschale, ρ der Zapfenhalbmesser, so ist das Moment $\mathfrak{M}$ der Zapfenreibung, welches ein den Zapfen drehendes Kräftepaar Kl zu überwinden hat: $\mathfrak{M} = f' D \rho$ (1)

Diese Gleichg. ist durch Fig. 250a veranschaulicht.

Für einen ringförmigen Stützzapfen, Fig. 251a., von den Halbmessern R und r ist: $\mathfrak{M} = f' D \left(\dfrac{R+r}{2}\right)$ (2)

Für einen Stützzapfen mit kreisf. Endfläche, Fig. 251b: $\mathfrak{M} = f' D \dfrac{R}{2}$

Bei gewöhnlichen Zapfen in Keilnuthen-Lagern, Fig. 252a., und Stützzapfen mit kegelf. Endflächen, Fig. 252b, ist für f' (genügend genau) in

Gleichg. (1) bezw. (2) der Werth $\frac{f'}{\sin\delta}$ zu setzen, wenn δ den Neigungswinkel der Lagerflächen zur Vertikalen bezeichnet.

ζ. Umwandlung gleitender Reibung in rollende.

Das Zapfenreib.-Moment $\mathfrak{M}$ für den nach Fig. 253a. durch die beiden Frikt.-Rollen vom Halbm. R unterstützten Zapfen ist annähernd: $\mathfrak{M} = f' \frac{r}{R} D\rho$ (3)

Fig. 253.

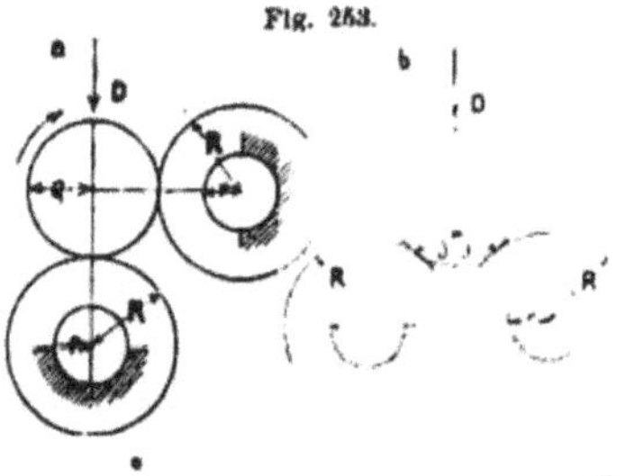

für den nach Fig 253b. unterstützten Zapfen: $\mathfrak{M} = \left(\frac{f'}{\sin\delta}\right)\left(\frac{r}{R}\right) D\rho,$ (4)

also um das Verhältniss $\frac{r}{R}$ kleiner als bei gewöhnlicher, bezw. Keilnuthen-Lagerung. r = Zapfenhalbm. einer Friktionsrolle. In Gleichg. (4) muss, damit die Wirkung der Reibungs-Widerstände vermindert werde, $\frac{1}{\sin\delta}\,\frac{r}{R} < 1$ sein.

η. Zahnreibung.

Zwei Zahnräder, das treibende mit m Zähnen, das getriebene mit n Zähnen, greifen von aussen in einander ein und der in den beiden Theilkreisen stattfindende Zahndruck sei P. Dann wirkt unter gewöhnlichen Umständen — d. h. wenn der Eingriffsbogen gleich der Theilung ist — tangential zum Theilkreise der Bewegung jedes Rades ein Reibungs-Widerstand: $W = f''\pi\left(\frac{1}{m} + \frac{1}{n}\right)P.$

f'' = Koeffiz. der Zahnreibung (nach „Anhang" für gusseiserne Räder = 0,16).

Sind R und r bezw. die Theilkreis-Halbm. und ist: $\tau = \frac{2\pi R}{m} = \frac{2\pi r}{n}$ die Theilung, so nimmt obige Gleichg. die Form an: $W = \frac{f''}{2}\left(\frac{1}{R} + \frac{1}{r}\right)P\tau.$

Ist das Treibrad eine Zahnstange (R und $m = \infty$), so wird $\frac{1}{R} = \frac{1}{m} = 0.$

Wirkt das Treibrad von innen, so sind r und m negativ einzuführen.

Fig. 254.

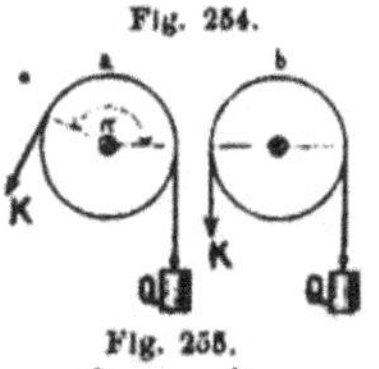

Fig. 256.

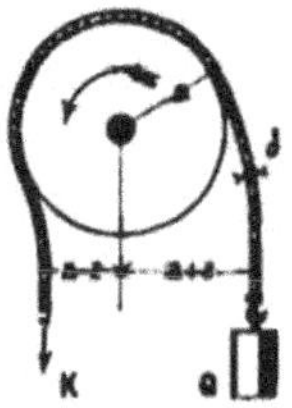

Fig. 255.

ϑ. Seilreibung.

f Koeffiz. der Reibung zwischen dem Seil und der glatten Rolle (für hölzerne Rollen durchschn. = 0,5, für gusseiserne = 0,3); N Normaldruck zwischen Rolle und Seil. Die zum Ziehen bezw. Halten des Gewichts Q, Fig. 254, erforderliche Kraft ist: $K = Q \pm \Sigma(fN)$. Ist ferner α der vom Seil umspannte Bogen, so wird $K = Qe^{\pm f\alpha}$. Das Zeichen + oder — gilt je nachdem die Kraft K die Last Q mit gleichf. Geschw. heben, oder nur das Niedersinken derselben verhindern soll.

Beispiel. Fig. 254b: $\alpha = \pi$, $Q = 100^{kg}$, $f = 0{,}4$ gesetzt. $K = 100\,e^{\pm 0{,}4 \cdot 3{,}14} = 351^{kg}$, bezw. $28{,}5^{kg}$. Für das ruhende Seil ist in diesem Falle die Fortdauer des Ruhestandes an die Bedingung geknüpft, dass K nicht grösser als 351^{kg} und nicht kleiner als $28{,}5^{kg}$ sein darf.

Ist die zylindrische Fläche der Rolle nicht glatt, sondern keilnuthenförmig gestaltet, Fig. 255, so wird für f der Werth $\frac{f}{\sin\delta}$ einzusetzen sein*).

*) Durch eine wellenförmige Führung der Nuth kann die Reibung noch weiter beträchtlich vergrössert werden; vergl. D. Bauzeitg. 1882, S. 523.

ι. Kettenreibung und Seilbiegungs-Widerstände.

Die Kettenreibung bezw. Seilbiegung, Fig. 256, wird am einfachsten dadurch in Rechnung gezogen, dass man die Last Q ohne ihren Hebelarm zu ändern, um die Grosse des Reibungs-, bezw. Biegungs-Widerstandes (W_s) vermehrt. Für das Auf oder Abwickeln von Gelenkbolzen-Ketten kann — unter Berücksichtigung der Kettenreibung, welche durch relative Drehung der Kettenglieder gegen einander an der An- und Ablaufstelle entsteht — annähernd gesetzt werden: $W_s = f\frac{\delta}{a} Q$. Für gleichzeitiges Auf- und Abwickeln ist das Doppelte dieses Werthes zu rechnen. δ Dicke des Gelenkbolzens; a der um die halbe Kettendicke vermehrte Rollenhalbmesser; f Reibungskoeff. für Kettenglieder und Gelenkbolzen (durchschnittl. = 0,20). Die Grösse des Seilbiegungs-Widerstandes ist durch Versuche von Coulomb und Prony annähernd fest gesetzt worden. Diese Versuche werden für lose geschlagene Hanfseile am besten durch die Eytelwein'sche empirische Formel $W_s = 18\frac{\delta^2}{a} Q$*). — a Rollenhalbm. in ^{m} ausgedrückt. Für den Widerstands-Koeff. μ. (Verhältniss $K : Q$) kann nach Vorstehendem, wenn auch die Zapfenreibung mit berücksichtigt wird, gesetzt werden:

bei Seilrollen: $\mu = \frac{K}{Q} = 1 + 18\frac{\delta^2}{a} + 2f'\frac{\rho}{a}$

bei Kettenrollen: $\mu = \frac{K}{Q} = 1 + f\frac{\delta}{a} + 2f'\frac{\rho}{a}$.

Das Gewicht der Rolle ist hierbei vernachlässigt.

κ. Reibungs-Koeffiz. u. Widerstands-Koeffiz. von Seil- u. Kettenrollen.

Vergl. „Anhang."

h. Einfache Maschinen und deren Theile.

(Als Beispiele zur Gleichgew.-Lehre).

Maschinen sind Vorrichtungen, durch welche Kräfte in den Stand gesetzt werden, mechanische Arbeit zu verrichten. Das Verhältniss der Kraft zur Last wird unter der Voraussetzung bestimmt, dass die Bewegung der Last eine gleichförmige sei. Dies wird der Fall sein, wenn in jedem Augenblicke Kraft, Last und Widerstände an der Maschine sich das Gleichgewicht halten.

An jeder Maschine wird so viel an Geschw. verloren, als man an Kraft gewinnt oder umgekehrt. Die Leistung oder der Effekt einer Maschine wird durch die in der Zeiteinheit verrichtete mechanische Arbeit gemessen.

Nutzleistung oder Nutzarbeit ist der beabsichtigte, sichtbar verrichtete Effekt, Nebenleistung oder Nebenarbeit der durch die passiven Widerstände verloren gehende Effekt. Gesammt-Leistung oder Arbeit ist = Nutzleistung + Nebenleistung, also die ganze vom Motor abgegebene Arbeit.

Der Wirkungsgrad ist $= \frac{\text{Nutzarbeit}}{\text{Gesammt-Arbeit}}$.

α. Hebel, Fig. 257.

Es sei G das Eigengewicht des Hebels; c der Abstand seines Schwerpunktes S vom Drehp. O; r der Radius des Drehzapfens O; tang $\varphi = f'$ = Zapfenreibungs-Koeffiz. Dann ist das Verhältniss der in A angreifenden Kraft K zu der in B wirkenden Last Q (mit Berücksichtigung der Zapfenreibung) auszudrücken durch:

Fig. 257.

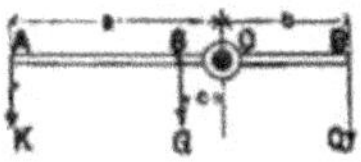

$$K = \frac{Q\,b + r \sin\varphi\,(Q + G) \mp G\,c}{a - r \sin\varphi}.$$

Fig. 258.

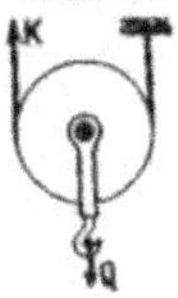

Die Kraft K, welche ein Sinken der Last Q verhindert, erhält man durch Umkehrung der Vorzeichen der Summanden $r \sin\varphi$.

β. Feste und lose Rolle.

μ sei der (S. oben) für eine Ketten- oder Seilrolle berechnete Widerstands-Koeffiz. Für eine feste Rolle, Fig. 254, ist die Kraft K zum Aufziehen der Last Q: $K = \mu Q$. Sie dient hiernach nur zur Richtungs-Veränderung und giebt keinen Kraftgewinn.

*) Redtenbacher setzt $W_s = 13\frac{\delta^2}{a} Q$ (in Metern).

Für die **lose Rolle**, Fig. 258, ist die Kraft K zum **Aufziehen** der Last Q: $K = \dfrac{Q}{\left(1+\dfrac{1}{\mu}\right)}$. Ohne Widerstände (für $\mu = o$), und für zur Last parallele Seilrichtungen, ist $K = \dfrac{Q}{2}$.

Bei Anwendung einer **losen** Rolle wird also an Kraft gewonnen; die Geschw., mit der die Last gleichförmig gehoben wird, verringert sich aber im Verhältniss des Kraftgewinns. — Für das **Niederlassen der Last** ist bei beiden Rollen K mit Q zu vertauschen.

γ. Rollenzug.

Ist n die Anzahl der **losen** Rollen des Rollenzuges, Fig. 259, so ergiebt sich **ohne Beachtung der Widerstände**, und für **gleiche** Rollen-Durchmesser

Fig. 259.

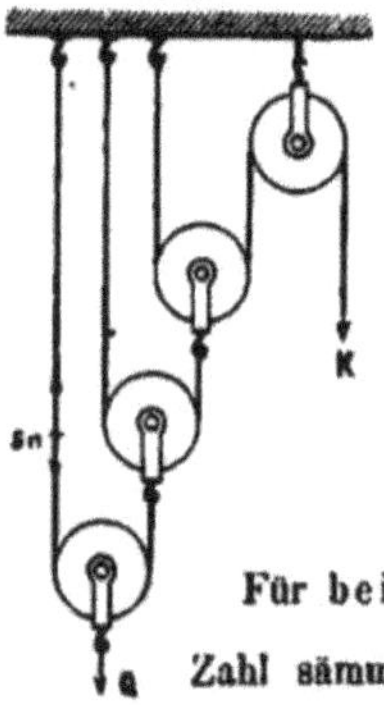

$$K = \frac{Q}{2^n}.$$

Mit Berücksichtigung der Widerstände ergiebt sich für den Rollenzug: $K = Q\dfrac{\mu}{\left(1+\dfrac{1}{\mu}\right)^n}$

Für den umgekehrten Fall (Q die **Kraft**, K die Last) hat man $\mu = \dfrac{1}{\mu}$ einzusetzen und erhält: $K = \dfrac{Q}{\mu(1+\mu)^n}$

Die Seilspannung S_n der $n$ten losen Rolle beträgt: $S_n = \dfrac{Q}{\left(1+\dfrac{1}{\mu}\right)^n}$

δ. Flaschenzug.

Für **beide** Anordnungen in Fig. 260 und Fig. 261 gilt, wenn n die Zahl sämmtlicher Rollen ist: $K = Q\left(\dfrac{\mu^{n+1} - \mu^n}{\mu^n - 1}\right)$.

Fig. 260. Fig. 261. Fig. 262.

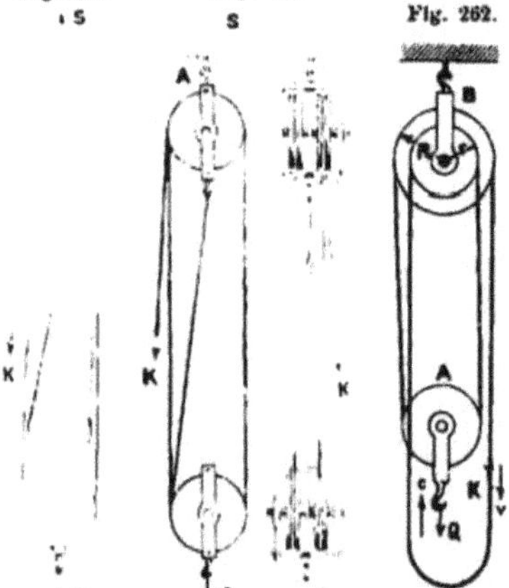

Ohne Beachtung der Widerstände wäre: $K = \dfrac{Q}{n}$.

Spannung S im Seil b. A ist: $S = Q + K$ $= K\left(\dfrac{\mu^{n+1} - 1}{\mu^{n+1} - \mu^n}\right) = Q\left(\dfrac{\mu^{n+1} - 1}{\mu^n - 1}\right)$

μ ist event. für den mittleren Rollen-Durchmesser zu bestimmen.

Für den Fall, dass Q die Kraft und K die Last vorstellt, ist $\mu = \dfrac{1}{\mu}$ zu setzen.

Die grösste Wirkung, die man bei einer Anzahl der Rollen $= \infty$ erzielen könnte, wäre:

für **Seile**: $K = \dfrac{Q}{7{,}3}$

für **Ketten**: $K = \dfrac{Q}{24}$.

Ueber das Verhältniss der Kraft K zur Last Q bei Flaschenzügen vergl. „Anhang".

ε. Differential-Flaschenzug, Fig. 262.

Er besteht aus einer losen Rolle A und **zwei auf derselben** Axe befestigten Rollen B, mit den Radien R und r.

Für das Aufziehen der Last Q ergiebt sich: $K = Q\dfrac{\mu^2 - \dfrac{r}{R}}{1+\mu}$

Für das Niederlassen der Last: $K = Q \dfrac{\left(\frac{1}{\mu}\right)^2 - \frac{r}{R}}{1 + \frac{1}{\mu}}$.

Für Kettenrollen kann $\mu = 1{,}05$ gesetzt werden.

Die Geschw. c, mit welcher die Last gehoben wird, ist wenn v die Geschw. der Kraft K bezeichnet: $c = \frac{v}{2}\left(1 - \frac{r}{R}\right)$.

Die frei schwebende Last soll durch die Widerstände im Gleichgew. gehalten werden, so dass ein Niedersinken derselben, auch wenn $K = 0$ ist, nicht eintreten kann. Die Bedingung hierfür ist: $\frac{r}{R} > \left(\frac{1}{\mu}\right)^2 > \frac{10}{11}$.

Ohne Vorhandensein der Widerstände wäre: $K = \frac{Q}{2}\left(1 - \frac{r}{R}\right)$.

ζ. Wellrad, Haspel und Göpel.

Die am horizontal gelagerten **Wellrade**, Fig 263a, vom Gewicht G, angreifende Kraft K hat bei Hebung der Last Q Zapfenreibung- und Seilbiegungs-Widerstand zu überwinden. Es ist:

$$K = \frac{r}{R}\left\{Q + f'\frac{\rho}{r}(K + Q + G) + 13\frac{\delta^2}{r}Q\right\}.$$

Fig. 263.

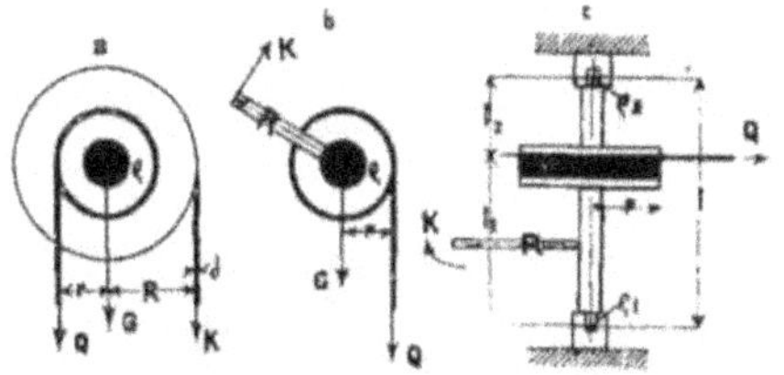

Bei dem **Haspel**, Fig. 263b, tritt an Stelle der Scheibe mit dem Radius R, ein Hebel der Länge R. Hier ist: $K = \frac{r}{R}\left\{Q + f'\frac{\rho}{r}(Q + G) + 13\frac{\delta^2}{r}Q\right\}$

Der **Göpel**, Fig. 263c, ist ein vertikal angeordnetes Wellrad. Hier ist:

$$K = \frac{Qr}{R}\left\{1 + f'\frac{\rho_1 l_2 + \rho_2 l_1}{r l} + 13\frac{\delta^2}{r}\right\} + \frac{2}{3} f' \frac{G\rho_1}{R}.$$

η. Keil.

Unter der Voraussetzung, dass keine Drehung des Keils stattfinden kann, was vermieden wird, wenn die Richtung der Kraft K und die Richtungen der um den Reibungswinkel (φ bezw. φ_1) von der Normalen abweichenden Drücke auf die reibenden Keil-Gleitflächen sich in einem Punkte schneiden, findet zwischen K und den Normaldrücken Q und Q_1 (bei gleichförmiger Bewegung) mit Bezug auf Fig. 264 folgende Beziehung statt:

Fig. 264.

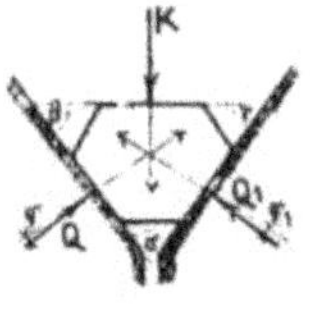

Fig. 265.

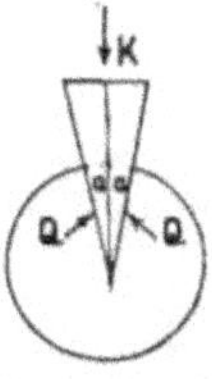

$$K = \frac{(1 - f f_1)\sin\alpha + (f + f_1)\cos\alpha}{\sin\gamma - f_1\cos\gamma} Q;$$

$$\frac{Q}{Q_1} = \frac{\sin\gamma - f_1\cos\gamma}{\sin\beta - f\cos\beta}.$$

Ist $f = f_1 = \operatorname{tang}\varphi = \operatorname{tang}\varphi_1$, ferner $Q = Q_1$, $\gamma = \beta$ und der untere Keilwinkel $= 2\alpha$, Fig. 265, so wird: $K = 2Q(\sin\alpha \pm f\cos\alpha)$.

Das Zeichen $+$ gilt, wenn K die Widerstände Q überwinden, das Zeichen $-$, wenn K ein Zurückgehen des Keils verhindern soll.

Damit der Keil nicht von selbst zurück springt, muss $\alpha < (\varphi + \varphi_1)$ gemacht werden, voraus gesetzt, dass β und γ spitze Winkel sind.

ϑ. Schraube.

1. **Flachgängige Schraube** (mit rechteckigem Gewinde), Fig. 266. Q sei der Widerstand, der sich der fortschreitenden Bewegung der Schraube entgegen stellt; r der mittlere Radius, α der Steigungswinkel, s die Steigung oder Gang-

höhe der Schraube $\left(\left(\tang \alpha = \frac{s}{2r\pi}\right)\right)$; $f = \tang \varphi$ der Reibungs-Koeff. Dann ist die am Hebelarm R drehende Kraft: $K = \frac{r}{R}\, Q \tang(\alpha \pm \varphi) = \frac{r}{R}\, Q\, \frac{s \pm 2r\pi f}{2r\pi \mp fs}$.

Fig. 266.

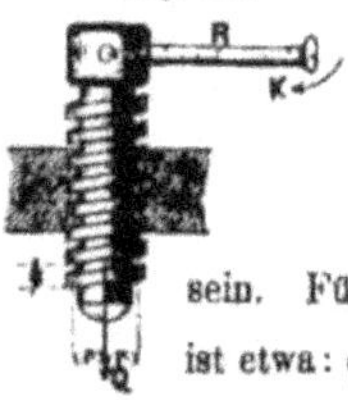

Die obern Vorzeichen gelten für das Ueberwinden des Widerstandes Q, wenn dieser der gleichförm. fortschreitenden Bewegung der Schraube entgegen gesetzt gerichtet ist, die untern für den umgekehrten Fall, wo die fortschreitende Bewegung in der Richtung von Q erfolgt. Soll in letzterm Falle unter Einwirkung von Q ein selbstthätiges Lösen, bezw. Niedergehen der Schraube verhindert werden, so muss $\alpha < \varphi$ sein. Für normale schmiedeis. und gusseiserne oder bronzene Muttern ist etwa: $\varphi = 10^0\, 10'$, $s = 0{,}4\, r$ und daher: $K = 0{,}23\, \frac{r}{R}\, Q$ zu setzen.

Der Wirkungsgrad $\eta = \frac{\tang \alpha}{\tang(\alpha + \varphi)}$ wird ein Maximum für $\alpha = 41^0\, 25'\, 30''$. Dann ist: $\eta = 0{,}7786$.

2. **Scharfgängige Schraube** (mit dreikantigem Gewinde). Unter Beibehaltung der vorigen Bezeichnungen ergiebt sich, wenn die Erzeugungslinie der Schraubenfläche mit der Horizontalen den Winkel β bildet, Fig. 267:

Fig. 267.

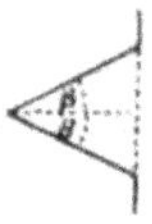

$$K = \frac{r}{R}\, Q\, \frac{\tang \alpha \pm f \cos \alpha \sqrt{1 + \tang^2 \alpha + \tang^2 \beta}}{1 \pm f \sin \alpha \sqrt{1 + \tang^2 \alpha + \tang^2 \beta}}.$$

K wird ein Minimum für $\beta = o$, also für rechteckige Gewinde. Letztere eignen sich deshalb am besten zu Kraftmaschinen oder Bewegungs-Mechanismen; die dreikantigen Gewinde dagegen am besten zu Befestigungs-Schrauben. Gewöhnlich ist der Winkel 2β nahezu 55^0 und α sehr klein. Dies voraus gesetzt, ergiebt sich: $K = \frac{r}{R}\, Q\, \frac{\tang \alpha + 1{,}15\, f}{1 - 1{,}15\, f \tang \alpha}$.

3. **Bei Befestigungs-Schrauben**, Fig. 268, kommt auch noch die Reibung der Mutter auf ihrer Unterlage in Betracht. Ist der Koeffiz. für diese Reibung $= f_1$, so ergiebt sich für normale Dimensionen der Mutter:

Fig. 268.

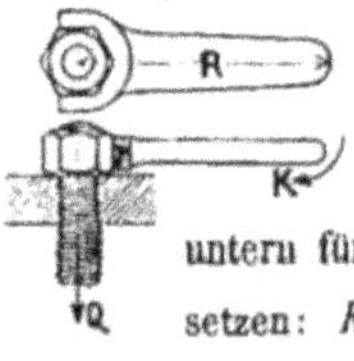

$$K = \pm \frac{r}{R}\, Q \left(\frac{\tang \alpha \pm 1{,}15\, f}{1 \mp 1{,}15\, f \tang \alpha} + \frac{14}{q}\, f_1 \right).$$

Die obern Vorzeichen gelten für das Anziehen, die untern für das Lösen der Schraube. Näherungsweise kann man auch setzen: $K = \frac{r}{2R}\, Q$.

ι. Friktionsräder.

Der Druck D, mit welchem die Umfänge zweier Friktionsräder, Fig. 269, gegen einander gepresst werden müssen, damit die dadurch entstehende Reibung allein im Stande ist, die am Hebelarm r wirkende Last Q mit gleichförm. Geschw. zu heben ist: $D \gtrless \frac{Qr}{fR}$.

Fig. 269.

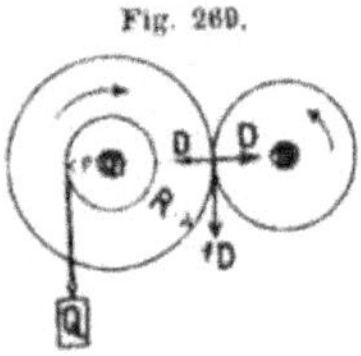

Fig. 270.

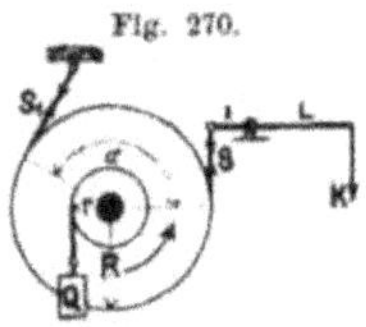

Für Keilnuthen-Umfänge ist $f = \frac{f}{\sin \delta}$ zu setzen, D also kleiner.

κ. Bremsräder.

Soll durch ein Bremsband, Fig. 270, eine Beschleunigung der Drehung der Welle verhindert werden, so muss das Moment des Reibungs-Widerst. dem Moment des Gewichts Q gleich sein. Wird der Reibungs-Widerst. bezw. die Bremswirkung durch die Kraft K am 2armigen Hebel erzeugt, so ist: $K = Q \frac{l\,r}{L.R} \frac{1}{e^{f\alpha} - 1}$

l und L Hebelarme; r und R bezw. Halbm. der Welle und der Bremsscheibe; f und α die bekannten Werthe für die in Frage kommende Reibung (vergl. S. 518).

Bei der Differenzial-Bremse, Fig. 271 u. 272, wird die Wirkung dadurch erhöht, dass man beide Enden des Bremsbandes mit dem beweglichen Hebel verbindet und dabei den Befestigungs-Punkt für das stärker gespannte Ende so wählt, dass die von demselben auf den Bremshebel übertragene Kraft fördernd auf die Drehung desselben einwirkt. Wenn das Verhältniss der Hebelarme von S und S_1, so gewählt wird, dass $S.a = S_1.b$ wird, oder $\frac{b}{a} = \frac{S}{S_1} = e^{f\alpha}$, so halten S und S_1 allein den Bremshebel im Gleichgewicht und es wird der kleinste Werth von Q schon hinreichen, um eine Beschleunigung bei Drehung der Bremsscheibe zu verhindern.

Fig. 271.

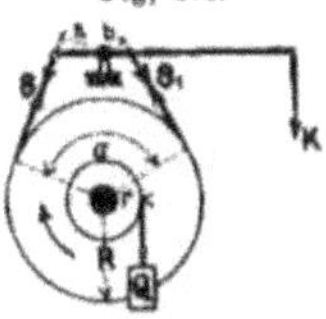

Fig. 272.

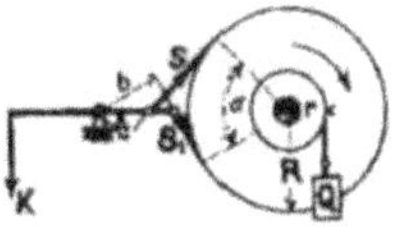

λ. Riemen-Scheiben.

Wenn der Riemen auf der getriebenen (kleinern) Scheibe B, Fig. 273, bei gleichf. Hebung der Last Q nicht gleiten soll, so müssen seine Spannungen S und S_1 den Bedingungen genügen:

Fig. 273.

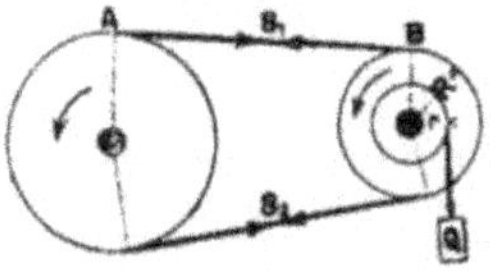

$$S_1 \geqq Q \frac{r}{R} \frac{e^{f\alpha}}{e^{f\alpha} - 1}; \quad S_2 \geqq Q \frac{r}{R} \frac{1}{e^{f\alpha} - 1}.$$

Die Spannung S, welche dem Riemen vor Beginn der Bewegung mindestens ertheilt werden muss, ist annähernd zu setzen: $S = \frac{S_1 + S_2}{2}$.

Für den Fall, dass die treibende Scheibe A kleiner ist, als die getriebene Scheibe B, ist für A für α der kleinere Werth des umspannten Bogens einzusetzen.

II. Dynamik.

Absolute Ruhe und Bewegung ist im Weltenraum nirgends wahrzunehmen. Ein Beobachter an der Erdoberfläche befindet sich in relativer Ruhe oder in Bewegung und eine Bewegung, welche auf ihn den Eindruck einer absoluten macht, nennen wir eine scheinbare. Im Folgenden wird stets nur die absolute Bewegung betrachtet, sofern nicht ausdrücklich von der relativen die Rede ist.

Die Lehre von der Bewegung geometrischer Gebilde unter Ausschluss der Begriffe Kraft und Masse nennt man geometrische Bewegungslehre (Kinematik*).

a. Bewegung des geometr. Punktes.

Die Bewegung ist gleichförmig, wenn sie mit konstanter, ungleichförmig, wenn sie mit veränderlicher Geschwindigkeit erfolgt. Ist die Zunahme oder Abnahme der Geschw. (Beschleunigung od. Verzögerung) konstant oder veränderlich, so sprechen wir bezw. von einer gleichförmig oder ungleichförmig beschleunigten, bezw. verzögerten Bewegung. Die Verzögerung ist als negative Beschleunigung aufzufassen.

Fig. 274.

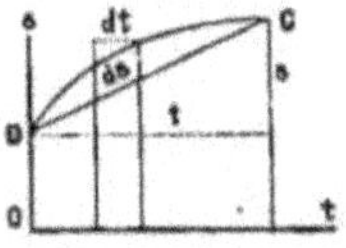

α. Geschwindigkeit u. Beschleunigung der geradlinigen Bewegung.

Stellt man die Beziehungen zwischen der Zeit t und dem Wege s grafisch dar, Fig. 274, so erhält man allgem. eine Kurve DC der Gleichg. $s = f(t)$.

---

*) Von „kinein": bewegen.

Die Geschw. v und die Beschleunigung bezw. Verzögerung p ergeben sich:

$$v = \frac{ds}{dt} = f'(t);\ p = \frac{dv}{dt} = \frac{d_2 s}{dt^2} = f''(t). \qquad (1)$$

Für **gleichförmige** Bewegung geht die Kurve in eine Gerade der Gleich. $\frac{s}{t} = c$ (2) über. c = konstante Geschw. $s = ct$.

Stellt man die **Beziehungen zwischen der Zeit** t **und der Geschw.** v **grafisch** dar, Fig. 275, so folgt aus $ds = v\,dt$: $s = \int v\,dt$.

Fig. 275.

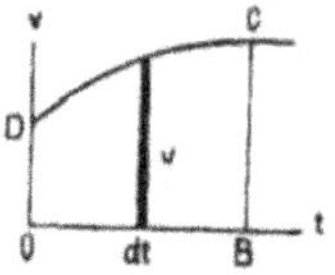

Fig. 276.

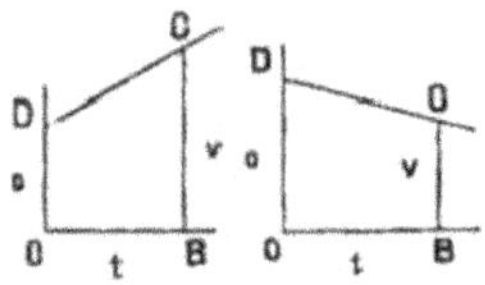

d. h. der in der beliebigen Zeit $t = OB$ zurück gelegte Weg s ist gleich dem Inhalt d. Fläche $OBCD$.

Bei der **gleichförm. beschleunigten**, bezw. **verzögerten** Bewegung geht die Kurve DC in eine Gerade über, Fig. 276, und es ist: $s = \frac{v+c}{2}t$; $p = \frac{v-c}{t}$, (3)

wenn v und c bezw. die Geschwindigkeiten in B und O sind.

Aus (3) folgt ferner: $s = \frac{v^2 - c^2}{2p}$; $s = ct + \frac{pt^2}{2}$; $s = vt - \frac{pt^2}{2}$.

β. Zusammensetzung mehrerer geradlinigen Bewegungen.

Führt ein Punkt innerhalb der Zeit t gleichzeitig nach verschiedenen Richtungen hin geradlinige Bewegungen aus, so nennt man die durch Zusammenwirkung der verschiedenen Seiten-Bewegungen in der Zeit t entstehende wirkliche Bewegung desselben die **resultirende**. Bewegt sich z. B. ein geometrischer Punkt A, Fig. 277, innerhalb der Zeit t in der Ebene F von A nach B, während gleichzeitig die Ebene F nach F_1 um die Wegelänge AD fortschreitet, so wird der Punkt A nach Ablauf der Zeit t nach C gekommen sein.

Fig. 277.

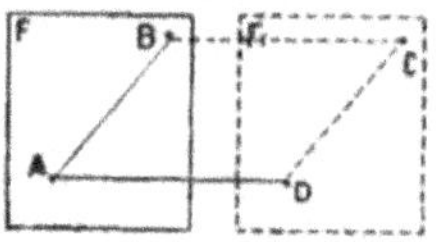

Der Punkt A unterliegt also 2 Seiten-Bewegungen, welche in ihrer Zusammenwirkung die **resultirende** Bewegung von A nach C hervor bringen.

Aus beliebig vielen gleichf. Bewegungen resultirt wieder eine gleichf. und geradlinige Bewegung; desgl. aus beliebig vielen gleichf. beschleunigten Bewegungen — welche alle gleichzeitig mit der Geschw. = o anfangen — eine gleichf. beschleunigte und geradlinige Bewegung.

Alle andern Zusammensetzungen von geradlinigen Bewegungen ergeben, sofern sie einen Winkel mit einander bilden, als resultirende eine krumme Bahnlinie.

Das Zusammensetzen der einzelnen Bewegungen zu der resultirenden, gleichartigen, geradlinigen Bewegung kann ganz nach Analogie der Zusammensetzung von Kräften (vergl. S. 502 ff.) geschehen. Trägt man nämlich die verschiedenen Geschw. oder Beschleunigungen ihrer Richtung und Grösse nach wie Kräfte in einem Punkte A zusammen, so kann man die aufgetragenen Strecken wie Kräfte behandeln und in bekannter Weise für die **Ebene** das **Parallelogramm**, Fig. 278, für den **Raum** das **Parallelepiped**, Fig. 279 u. 280, konstruiren. Die Diagonale des Parallelogramms bezw. Parallelepipeds stellt die resultirende geradlinige Bahnlinie, bezw. auch die Grösse und Richtung der Geschw. oder Beschleunigung der resultirenden Bewegung dar.

Fig. 278.

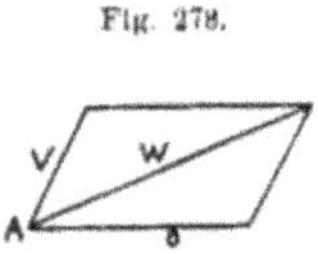

Fig. 279.

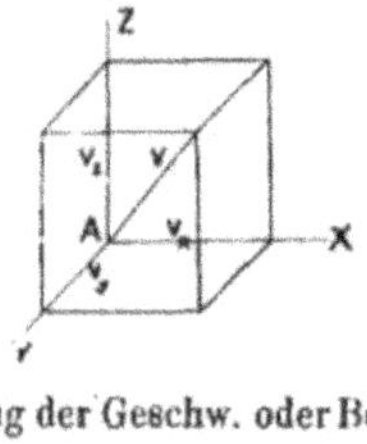

Fig. 280.

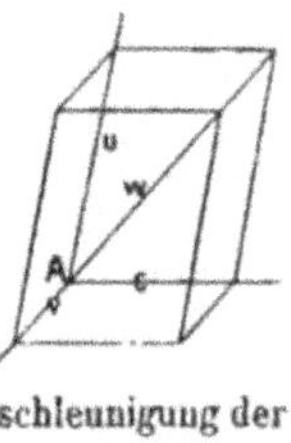

Sind die zusammen zu setzenden Seiten-Bewegungen nicht alle gleichf. oder gleichf. beschleunigte, in welchem Falle die resultirende Bahn eine krumme Linie ist' — so giebt die nach Vorstehendem konstruirte Diagonale nur in ihren Endpunkt den wirklichen Ort des Punktes nach der Zeit t an. Will man die krummlinige Bahn genau zeichnen, so muss man für eine genügend grosse Anzahl von Zeitabschnitten jedesmal die Konstruktion der Diagonale ausführen. Man erhält dann einen Diagonalen-Polygonzug, welcher der wirklichen, ebenen oder räumlichen Kurve umschrieben ist.

γ. Geschwindigk. u Beschleunigung der krummlinigen Bewegung.

Man kann die Bewegung eines Punktes im Raume so auffassen, als ob derselbe gleichzeitig drei geradlinige Seiten-Bewegungen in den Richtungen der 3 Koordin.-Axen ausführte. Diese Seiten-Bewegungen sind für jedes Bahnelement ds bezw. identisch mit den Projektionen desselben auf die 3 Axen. Ferner ist die Geschw. oder Beschleunigung der Projektion bezw. = der Projektion der Geschw. oder Beschleunigung.

Fig. 281.

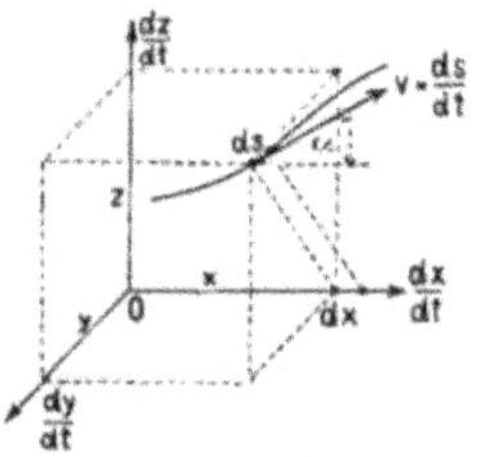

Fig. 281 a.

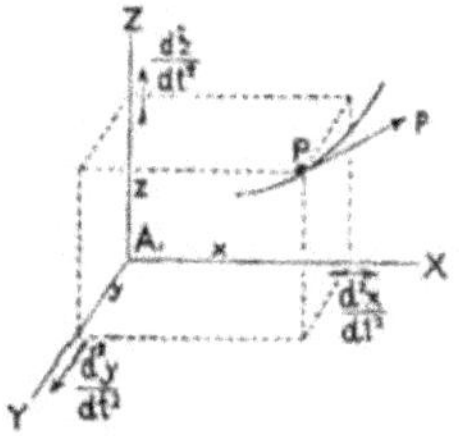

Dieser Satz in Form von Gleichgn. ausgedrückt, giebt mit Bezug auf Fig. 281 und 281 a.:

$$\frac{dx}{dt} = \frac{ds}{dt}\cos\alpha;$$

$$\frac{dy}{dt} = \frac{ds}{dt}\cos\beta;$$

$$\frac{dz}{dt} = \frac{ds}{dt}\cos\gamma;$$

$$\frac{d^2x}{dt^2} = \frac{d^2s}{dt^2}\cos\alpha; \quad \frac{d^2y}{dt^2} = \frac{ds}{dt^2}\cos\beta; \quad \frac{d^2z}{dt^2} = \frac{d^2s}{dt^2}\cos\gamma;$$

$$v = \sqrt{\left(\frac{dx}{dt}\right)^2 + \left(\frac{dy}{dt^2}\right)^2 + \left(\frac{dz}{dt}\right)^2}; \quad p = \sqrt{\left(\frac{d^2x}{dt^2}\right)^2 + \left(\frac{d^2y}{dt^2}\right)^2 + \left(\frac{d^2z}{dt^2}\right)^2}.$$

δ. Tangential- und Normal-Beschleunigung.

Man kann die krummlinige Bewegung im Raume im allgemeinen in jedem Augenblicke auch als die Resultirende zweier ungleichartigen, geradlinigen Bewegungen auffassen. Hat der Punkt in A die Geschw. v und in B nach Verlauf der Zeit $\triangle t$ die Geschw. $v + dv$, so ist $v + dv$ die Resultirende von $v = OP$ und PQ, Fig. 282, mithin der augenbl. Geschwindigkeits-Zuwachs $= \lim\left(\frac{PQ}{dt}\right)$. Zerlegt man PQ in PN und NQ, so ist der augenbl. Geschwindigk.-Zuwachs in der Richtung von $v: \lim\left(\frac{PN}{dt}\right) = \frac{dv}{dt}$ in der Richtung normal zu $v: \lim\left(\frac{QN}{dt}\right) = v\,\frac{d\alpha}{dt}$.

Fig. 282.

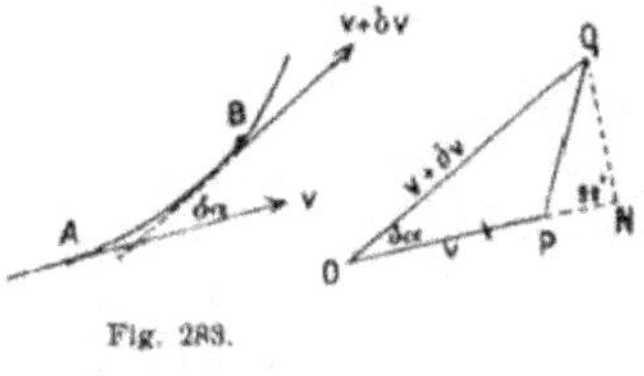

Fig. 283.

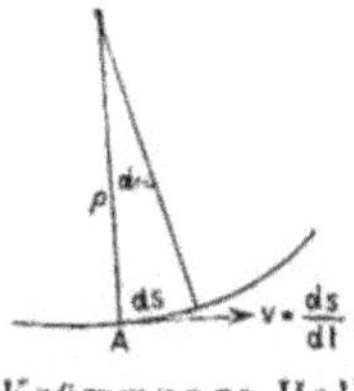

Ist ρ der Krümmungs-Halbm. im Punkte A, Fig. 283, so ist: $\frac{ds}{dt} = \frac{\rho\, d\alpha}{dt} = v$; also $v\,\frac{d\alpha}{dt} = \frac{v^2}{\rho}$.

$\frac{dv}{dt}$ heisst die Tangential-Beschleunigung; $\frac{v^2}{\rho}$ die Normal-Beschleunigung (Zentripetal-Beschleunigung), deren Grösse durch die Geschw. und den Krümmungs-Halbmesser der Bahn bestimmt ist.

Die wirkliche oder totale Beschleunigung p ist die Resultirende aus der Tangential-Beschleunigung und der Normal-Beschleunigung: $p = \sqrt{\left(\frac{dv}{dt}\right)^2 + \left(\frac{v^2}{\rho}\right)^2}$

Sie wird = der Tangential-Beschleunigung, wenn die Richtung von v stets dieselbe bleibt, d. h. bei der geradlinigen Bewegung; sie wird = der Normal-Beschleunigung, wenn die Grösse von v stets dieselbe bleibt, d. h. bei gleichf. Bewegung in krummliniger Bahn.

Es stellt daher die Tangential-Beschleunigung den Beitrag dar, den die Grössen-Aenderung von v zu der Gesammt-Beschleunigung liefert, und die Normal-Beschleunigung den Beitrag, der die Richtungs-Aenderung von v liefert.

Fig. 284.

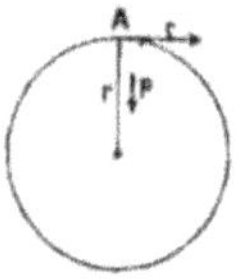

Nach Vorstehendem ist z. B. die gleichf. Bewegung eines Punktes in einer ebenen Kreisbahn, Fig. 284, aufzufassen als die Resultirende aus einer gleichf. geradlinigen Bewegung der Geschw. v und einer gleichf. beschleunigten Bewegung der Zentripetal-Beschleunigung $p = \frac{v^2}{r}$, welche beide in jedem Augenblicke sich dergestalt ändern, dass stets die Richtungen von p und v normal zu einander bleiben und die Richtung von p durch das Zentrum des Kreises verläuft.

b. Bewegung des geometrischen Körpers.

α. Vorbemerkungen.

Bei der fortschreitenden Bewegung eines Körpers haben alle Punkte desselben in jedem Augenblicke gleiche Geschwindigkeit.

Durch die Bewegung eines Punktes — einerlei in welcher geraden oder krummen Bahn sie erfolgt — ist daher die Bewegung des ganzen Körpers bestimmt.

Die Drehbewegung eines Körpers kann in verschiedener Weise erfolgen. Erfolgt sie um eine einzige feste Axe, d. h. eine Axe, die weder im Körper noch im Raume ihre Lage ändert, so nennen wir sie eine einfache. Eine zusammen gesetzte Drehbewegung entsteht, wenn die Axe, um die der Körper dreht, ihre Lage im Raume dadurch ändert, dass sie selbst wieder eine Drehung um eine Axe oder um mehrere Axen ausführt.

Eine Axe, die in jedem Augenblicke, sowohl im Körper als auch im Raume ihre Lage ändert, nennen wir eine augenblickliche Drehaxe.

Jede beliebige vollkommen freie Bewegung eines Körpers von einer Lage A in eine andere Lage B kann man sich zusammen gesetzt denken aus einer fortschreitenden Bewegung — überein stimmend mit der wirklichen Bewegung eines beliebig auszuwählenden Punktes an der Oberfläche oder im Innern des Körpers von der Lage A aus in eine Lage B und einer gleichzeitig stattfindenden Drehung des Körpers um diesen Punkt. Man kann sich also die Bewegung eines Körpers in dieser Weise auf unendlich viele Arten zusammen gesetzt denken.

Denkt man sich die beiden Lagen des Körpers als zwei unmittelbar auf einander folgende (unendlich nahe) Lagen der wirklichen Bewegung, so ist nachzuweisen, dass die Bewegung des Körpers in jedem Zeitpunkte als zusammen gesetzt betrachtet werden kann aus einer Drehung um eine bestimmte (augenbl.) Drehaxe und einem gleichzeitigen Fortschreiten in der Richtung dieser Axe, d. h. als eine Schrauben-Bewegung.

β. Drehung um eine feste Axe.

Die Geschw. von 2 verschiedenen Punkten A und B verhalten sich wie die zugehörigen Halbm. r und r_1 ihrer Bahnlinien. Die Geschw. ω eines Punktes, dessen Bahnlinie von einem Halbm. = der Längeneinheit beschrieben wird, nennt man die Winkel-Geschwindigk. Sie ist für alle Punkte des Körpers im nämlichen Augenblicke dieselbe. Die Geschw. v eines beliebigen Punktes A mit dem Radius r, Fig. 285, ist: $v = r\omega$.

Fig. 285.

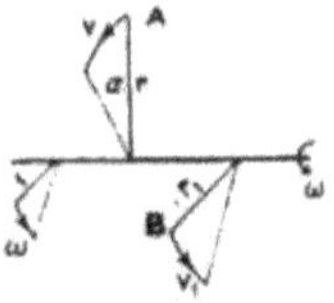

Die Winkel-Geschw. kann demnach auch das Verhältniss der Geschw. eines Punktes zum Radius seiner Bahnlinie genannt werden. $\omega = \frac{v}{r} = \frac{\left(\frac{ds}{dt}\right)}{r} = \frac{d\alpha}{dt}$, wenn α den Drehwinkel bezeichnet, der in der Zeit t zurück gelegt wird; $\alpha = f(t)$.

Die Winkel-Beschleunigung φ ergiebt sich: $\varphi = \frac{d\omega}{dt} = \frac{\left(\frac{d^2 s}{dt^2}\right)}{r} = \frac{d^2\alpha}{dt^2}$

Kennt man die Zahl der Umdrehungen U, welche der Körper bei gleichf. Bewegung in der Zeit t macht, so erhält man: $\omega = \frac{2\pi U}{t}$; $v = \frac{2 r \pi U}{t}$.

Fig. 286.

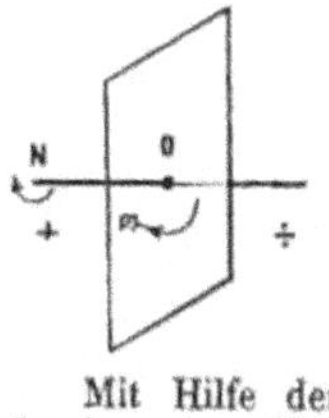

Man kann die Grösse der Winkel-Geschw. ω, Fig. 286, durch ein bestimmtes Stück ON der Drehaxe darstellen und dabei gleichzeitig den Sinn der Drehung ausdrücken, indem man das Stück immer so aufträgt, dass, vom Endpunkte N desselben aus gesehen, die Drehung gleichgerichtet mit der Zeigerbewegung einer Uhr erscheint.

Das in dieser Weise aufgetragene Stück ON belegen wir (nach Analogie der Momenten-Axe) mit dem Namen Geschwindigkeits-Axe.

γ. Drehung um bewegliche Axen.

Mit Hilfe der Geschw.-Axen kann man beliebig viele gleichzeitige Winkel-Geschw. eines Körpers nach Analogie der Zusammensetzung von Kräften zu einer resultirenden Winkel-Geschw. vereinigen. Man konstruirt dabei zunächst aus den wie Kräfte zu behandelnden Axen eine imaginäre resultirende Axe. Dann erhält man die resultirende Winkel-Geschw. des Körpers in einem beliebigen Augenblicke — seine augenbl. Winkel-Geschwindigkeit — dadurch, dass man seine Bewegung in diesem Augenblicke so auffasst, als ob sie um die imaginäre resultirende Axe erfolge. Die Grösse und der Sinn der resultirenden Winkel-Geschw. entsprechen der Grösse und Lage der resultirenden Axe.

1. Beliebig viele Drehungen um eine und dieselbe Axe. Die resultirende Winkel-Geschw. ω_0 ist — nach Analogie der Zusammensetzung von Kräften, die alle in eine Gerade fallen — gleich der algebraischen Summe der einzelnen Winkel-Geschwindigkeiten.

2. Drehung um Parallel-Axen. Die resultirende Drehung des betrachteten Körpers ist in jedem Augenblicke — d. h. bei einer beliebigen, aber bestimmten räumlichen Lage der Drehaxen — so aufzufassen, als ob sie mit der Winkel-Geschw. $\omega_0 = \Sigma\,(\omega)$ um eine resultirende Axe erfolge, deren Lage (nach Analogie der Zusammensetzung von Parallelkräften (S. 503) aus den Gleich.: $x_0 = \frac{\Sigma\,(\omega x)}{\Sigma\,(\omega)}$; $y_0 = \frac{\Sigma\,(\omega y)}{\Sigma\,(\omega)}$ zu finden ist. x und y bezeichnen allgem. die Abstände einer der Axen von zwei beliebigen parallelen Koordin.-Ebenen.

Die Lage der resultirenden Axe entspricht also der Lage der Mittelkraft aus den wie Kräfte zu behandelnden Geschw.-Axen.

Fig. 287.

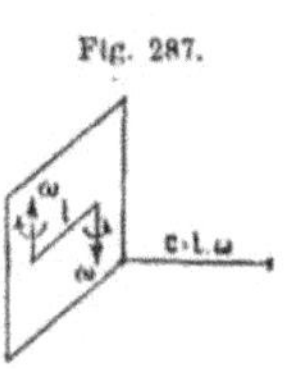

Fig. 288.

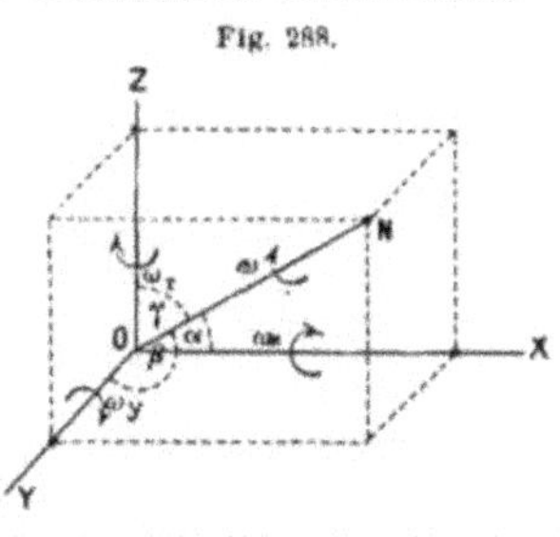

3. Drehung um zwei Parallel-Axen in verschiedenem Sinne, Fig. 287. Sind die Winkel-Geschw. gleich, aber entgegen gesetzt gerichtet, so ist: $\Sigma\,(\omega) = 0$; $x_0 = \infty$. D. h. die resultirende Axe liegt in der Unendlichkeit und die Geschw. c der resultirenden Bewegung erscheint als diejenige einer fortschreitenden, deren Richtung normal zur Ebene der Drehaxe steht.

Die Grösse der resultirenden fortschreitenden Geschw. ist: $c = l\,\omega$, wenn l den Abstand der beiden Drehaxen bedeutet. Die Analogie hierzu bietet ein Kräftepaar ω mit dem Arm l dessen Moment (Axe) $= l\,\omega$ ist.

4. Alle Drehaxen schneiden sich in einem Punkte. Man findet die Richtung und die Grösse der resultirenden Axe in jeder Lage der Bewegung aus der Diagonalen ON, Fig. 288, des mit den betr. Geschw.-Axen ω_x, ω_y und ω_z der Koordin-Axen konstruirten Parallelepipeds. Die Grösse von ON entspricht der Grösse der Winkel-Geschw. ω der resultirenden Bewegung, welche so aufgefasst werden kann, als ob sie in einer Ebene senkrecht zu ON und in einem Sinne erfolge, der sich aus der Lage des Endpunktes N zu dieser Ebene ergiebt. Es ist ferner nach Analogie zu S. 502:

$$\omega_x = \Sigma(\omega \cos\alpha);\quad \omega_y = \Sigma(\omega\cos\beta);\quad \omega_z = \Sigma(\omega\cos\gamma);\quad \omega = \sqrt{\omega_x^2 + \omega_y^2 + \omega_z^2};$$

$$\cos\alpha = \frac{\omega_x}{\omega};\ \cos\beta = \frac{\omega_y}{\omega};\ \cos\gamma = \frac{\omega_z}{\omega}$$

5. Beliebige Anzahl und Lage der Drehaxe. Nach Analogie der Zusammensetzung beliebig vieler Kräfte im Raume (S. 505) kann man einen beliebigen Punkt A als Koordin.-Ursprung wählen.

Fig. 289.

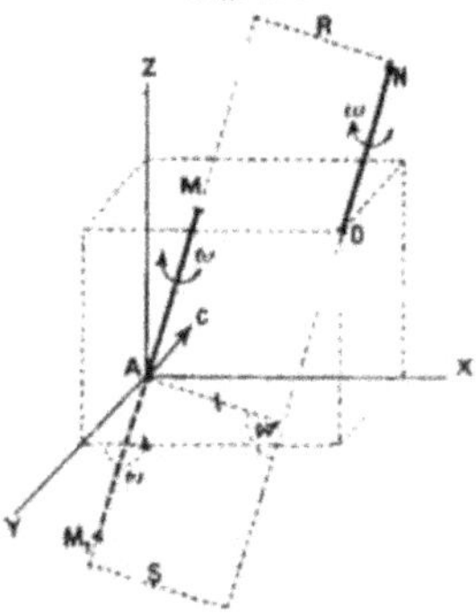

Es sei dann z. B. ON, Fig. 289, eine der Geschw.-Axen. Wird ON parallel zu sich selbst in die um den Abstand l entfernte Lage AM nach A verschoben und wird ferner, um die Wirkung dieser Verschiebung wieder aufzuheben, in A eine der AM gleich und entgegen gesetzt gerichtete Geschw.-Axe AM_1 abgetragen, so resultirt eine Winkel-Geschw. ω um die Axe AM und ein Drehungspaar ON und AM_1. Letzteres erzeugt (nach 3 oben) eine Fortschritts-Geschw. $c = l\,\omega$ senkrecht zur Ebene AM_1 ON, welche ihrer Richtung und Grösse entsprechend in A abgetragen werden kann.

Die weitere Zerlegung und Zusammensetzung nach bekannter Weise fortgeführt, Fig. 290, ergiebt:

a. eine resultirende Winkel-Geschw. ω_0 um die durch A gehende resultirende Axe $\omega_0 = \sqrt{\omega_x^2 + \omega_y^2 + \omega_z^2}$; und

Fig. 290.

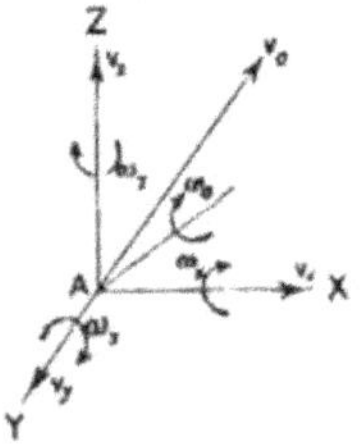

b. eine resultirende Fortschritts-Geschw. v_0, deren Richtung im allgemeinen mit der resultirenden Axe einen Winkel bildet, $v_0 = \sqrt{v_x^2 + v_y^2 + v_z^2}$.

Man kann jedoch, weil sich bei der Verschiebung von A nicht die Grösse und Richtung der resultirenden Axe, sondern nur die Grösse und Richtung von v_0 ändert, den Ursprung A so wählen, dass die Richtung von v_0 der resultirenden Axe parallel läuft.

Die resultirende Bewegung kann daher in jedem Augenblicke als eine Schrauben-Bewegung aufgefasst werden.

β. Augenblicklicher Drehpunkt und augenbl. Drehaxe.

Wenn ein geometrischer Körper sich so bewegt, dass die Bahnlinie jedes seiner Punkte stets parallel zu einer bestimmten festen Ebene E bleibt — was z. B. der Fall ist, wenn der Körper gleichzeitig um mehrere parallele Axen dreht — so lässt sich seine Bewegung auf die Bewegung einer ebenen Figur in ihrer (zur E parallelen) Ebene zurück führen.

Fig. 291.

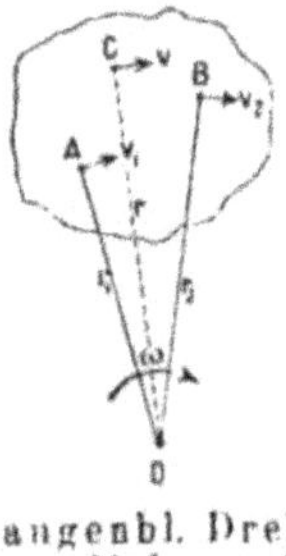

Die augenbl. Bewegung einer ebenen Figur ist bestimmt durch die augenbl. Bewegung zweier mit der Figur fest verbundener Punkte A und B, Fig. 291.

Wenn nun die zur Bewegungs-Richtung von A und B gezogenen Normalen sich im Punkte O schneiden, so kann man die augenbl. Bewegung der Figur als eine augenbl. Drehung um O auffassen. O ist der augenbl. Drehpunkt für die Figur und die durch O, senkrecht zur Ebene der Figur, gehende Axe ist die augenbl. Drehaxe für den Körper.

Sind v_1 und v_2 die Geschw. von A und B, ferner r_1 und r_2 die Längen der

Normalen AO und BO, so ist die augenbl. Winkel-Geschw.: $\omega = \frac{v_1}{r_1} = \frac{v_2}{r_2}$, nach welcher die Geschw. v eines beliebigen dritten Punktes c aus: $v = r\,\omega$ zu berechnen ist.

Bei der Bewegung der ebenen Figur in ihrer Ebene wird sich im allgem. die Lage des augenbl. Drehpunktes stetig ändern; der geometrische Ort aller dieser Punkte ist eine krumme Linie, z. B. eine Kurve, $O_1\,O_2\,O_3\,O_4$, Fig. 292.

Fig. 292.

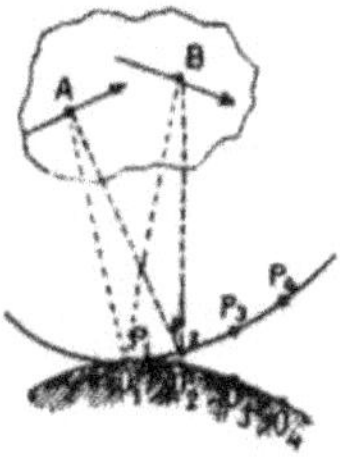

Eine 2. Kurve $P_1\,P_2\,P_3\,P_4$ erhält man, wenn man die Figur in ihrer Anfangsstellung als in Ruhe befindlich annimmt und zu den verschiedenen Bewegungs-Richtungen der spätern Lagen von A und B im voraus die augenbl. Drehpunkte sucht. Die Bewegung der Figur kann dann aufgefasst werden als das Rollen einer mit ihr fest verbundenen Kurve $P_1\,P_2\,P_3\,P_4$ auf einer festen Kurve $O_1\,O_2\,O_3\,O_4$, wobei nach einander die Punkte P_2 P_3 und P_4 — und zwar in dem Augenblicke, wo ihre Geschw. $= 0$ ist — bezw. in den Punkten O_2 O_3 und O_4 zusammen fallen. —

ε. Anwendung der Lehre vom augenbl. Drehpunkt.

1. Aus der gegebenen Geschw. c der Kurbelwarze A, Fig. 293, ergiebt sich die Geschw. des Punktes B der Lenkstange AB, weil $\frac{u}{a} = \frac{c}{l} = \omega$.

Fig. 293.

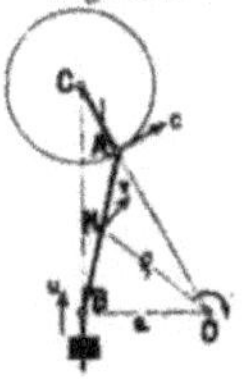

Fig. 294.

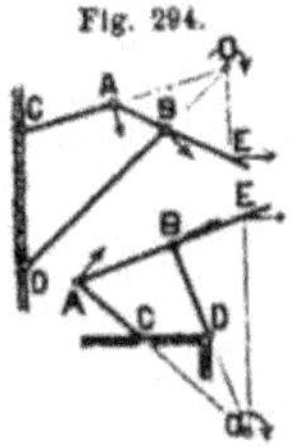

l und a sind bezw. die zu den Beweg.-Richtungen von A und B gefällten Normalen; O ist augenblickl. Drehp. Die Beweg.-Richtung eines belieb. Punktes N der Lenkstange steht normal zu $ON = \rho$ und die Grösse der Geschw. v des Punktes N ist: $v = \rho\,\omega$.

2. Der augenbl. Drehpunkt für die starren Stabsysteme der Fig. 294, in denen C und D fest gelagerte und A und B verschiebbare Gelenkpunkte sind, liegt im Schnitt der Verlängerungen von AC und BD. Der Punkt E, welcher sich in der gezeichneten Lage der Systeme im nächsten Augenblicke horizontal bewegen wird, liegt im Schnitt der Vertikalen OE und der Stabrichtung AE.*)

3. Wenn die Endpunkte A und B einer Geraden, Fig. 295, gezwungen werden, sich bezw. in der Vertikalen UY und der Horizontalen UX zu bewegen, so beschreibt jeder Punkt der Geraden und ihrer Verlängerung im allgem. eine Ellipse; der Halbirungspunkt der Geraden beschreibt einen Kreis. Die von einem belieb. Punkt C beschriebene Ellipse kann man mit Hilfe des augenbl. Drehpunkts konstruiren, welcher für jede Lage der Geraden im Schnitt der Horizontalen durch A und der Vertikalen durch B liegt. Die in C zur OC errichtete Normale ist Tangente an die Ellipse im Punkte C. —

Fig. 295.

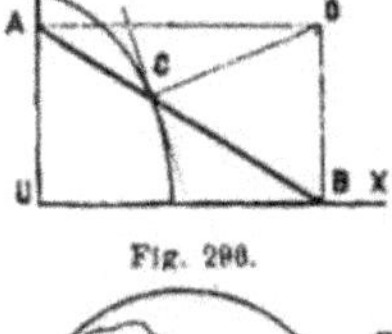

ζ. Drehung des Körpers um einen festen Punkt.

Fig. 296.

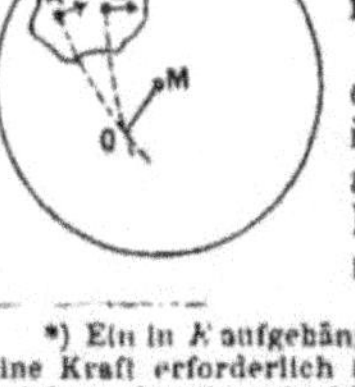

Bei der Drehung werden alle vom festen Drehpunkte gleich weit abstehenden Punkte des Körpers sich in einer Kugelfläche bewegen.

Die Drehung eines Körpers um einen festen Punkt kann daher auf die Bewegung einer sphärischen Figur in ihrer Kugelfläche zurück geführt, bezw. aus der gegebenen augenblickl. Bewegung von 2 Punkten A und B der sphärischen Figur, Fig. 296, bestimmt werden. Legt man durch A und B, normal zu der Bewegungs-Richtung jedes dieser Punkte, je

*) Ein in E aufgehängtes Gewicht wird keine Bewegung des Systems herbei führen, da hierzu eine Kraft erforderlich ist, die in der Richtung von E wirkt. E ist also derjenige Punkt, in welchem das Gewicht hängen muss, damit das System im Gleichgewicht sei.

einen grössten Kugelkreis, und verbindet den Schnittpunkt O der Kreise mit dem Kugel-Mittelpunkt M, so ist die augenbl. Bewegung von AB und ebenso die augenbl. Bewegung eines mit der sphärischen Figur fest verbundenen, beliebig gestalteten geometr. Körpers als eine Drehung um die augenbl. Axe OM zu betrachten. Der geometr. Ort aller Punkte O der Kugelfläche ist eine Kurve, z. B. die O_1 $O_2 \ldots O_5$, Fig. 297, und die von den auf einander folgenden augenbl. Drehaxen OM gebildete Fläche O_1 M O_5 ist eine Kegelfläche.

Fig. 297.

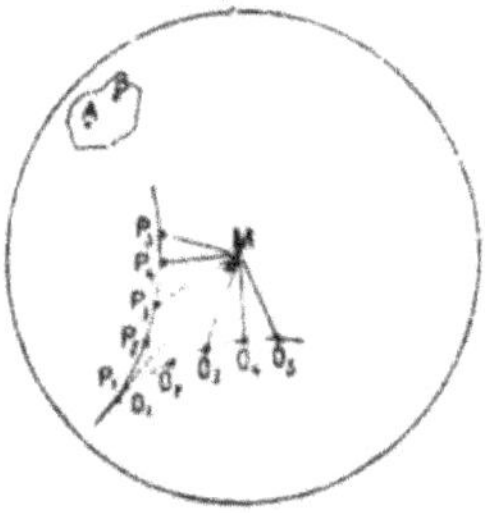

Eine 2. Kegelfläche O_1 M P_5 erhält man, wenn man die sphärische Figur in ihrer Anfangs-Stellung als in Ruhe befindlich annimmt und zu den verschiedenen Bewegungs-Richtungen der spätern Lagen im voraus die augenbl. Drehaxen aufsucht.

Die Bewegung von A u. B, bezw. eines mit A u. B fest verbundenen Körpers um den festen Punkt M kann dann aufgefasst werden als das Rollen einer mit A u. B fest verbundenen Kegelfläche P_1 M P_5 auf einer fest liegenden Kegelfläche O_1 M O_5.

η. Freie Bewegung des geometr. Körpers.

Man kann den Körper stets durch zwei Operationen aus irgend einer augenbl. Lage in die nächst folgende überführen. Zuerst lässt man ihn eine fortschreitende Bewegung machen, durch welche ein beliebiger Punkt A an der Oberfläche oder im Innern in seine neue Lage B einrückt. Dann dreht man den Körper um den Punkt B, der nunmehr seine Lage nicht mehr ändern darf, für so lange, bis alle andern Punkte die gegebene Stellung eingenommen haben. Es wird stets eine einzige durch B verlaufende Axe geben, um welche die zweite Dreh-Operation erfolgen kann.

Die erste Operation kann auf unendlich viele verschiedene Arten erfolgen. Doch wird es möglich sein, den Punkt A so zu wählen, dass die Richtung der fortschreitenden Bewegung AB mit der Richtung der augenbl. durch B verlaufenden Drehaxe zusammen fällt.

Man kann daher die freie Bewegung eines geometr. Körpers in jedem Augenblicke als eine Schrauben-Bewegung auffassen.

Die freie Bewegung ist in jedem Augenblicke bestimmt, wenn Grösse und Richtung der Geschw. von drei Punkten des Körpers gegeben sind.

Fig. 298.

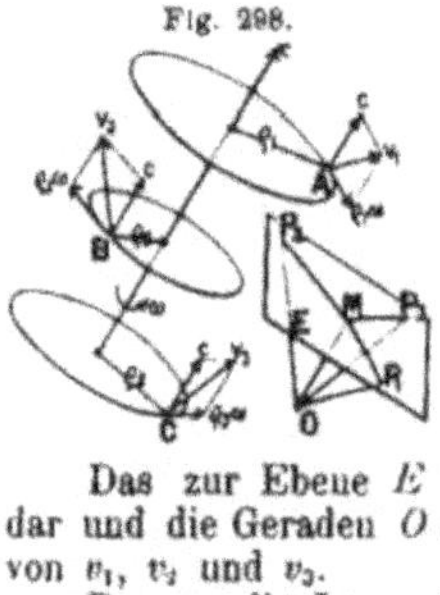

A, B und C, Fig. 298, seien die 3 Punkte des Körpers mit den zugehörigen Geschw. v_1, v_2 und v_3.

Die Geschw. v_1 zerlegt sich in die Geschw. c der fortschreitenden Bewegung und eine Dreh-Geschw. $\rho_1 \omega$. ρ_1 Abstand von der augenbl. Drehaxe, welche der Richtung von c parallel ist; ω Winkel-Geschw. um die augenbl. Drehaxe. Analog zerlegen sich v_2 und v_3.

Führt man diese Zerlegung grafisch an einer beliebigen Stelle des Raumes, z. B. im Punkte O aus, so fallen die Dreh-Geschw. $\rho_1 \omega_1 = M P_1$, $\rho_2 \omega_2 = M P_2$, $\rho_3 \omega_3 = M P_3$ in eine und dieselbe Ebene E.

Das zur Ebene E gefällte Loth OM stellt die Grösse und Richtung von c dar und die Geraden $O P_1$, $O P_2$, $O P_3$ entsprechen bezw. der Grösse und Richtung von v_1, v_2 und v_3.

Da nun die Lage einer Ebene durch 3 Punkte fest gelegt ist, so sind auch die Richtung der Schraubenaxe (parallel zur OM), die Grösse der fortschreitenden Geschw. c in Richtung dieser Axe ($= OM$) und die Grösse der Winkel-Geschw. ω um die Schraubenaxe durch die Geschw. der 3 Punkte A, B und C bestimmt.

Endlich findet man die Lage der augenbl. Drehaxe im Raume, wenn man die 3 Punkte A, B und C auf die Ebene E projizirt und für das in der Ebene E sich bewegende Projektions-Dreieck den augenbl. Drehpunkt sucht. Durch letztern muss die augenbl. Drehaxe verlaufen. —

c. Relative Bewegung des geometr. Körpers.

α. Bewegung in Bezug auf den bewegten Raum.

Wenn der Körper innerhalb eines Raumes, Fig. 299, eine beliebige Bewegung (1) und der Raum selbst eine Bewegung (2) ausführt, so nennt man (1) die relative Bewegung des Körpers in Bezug auf den Raum. Die wirkliche Bewegung des Körpers ist die Resultirende aus (1) und (2). Die relative Bewegung ist die Resultirende aus der wirklichen Bewegung und der im entgegengesetzten Sinne hinzu gefügten Bewegung des Raumes (3).

Fig. 299.

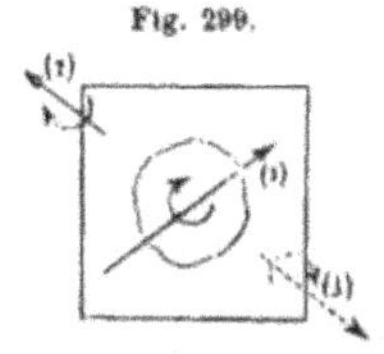

Die Ermittelung der augenbl. relativen Bewegung eines Körpers reduzirt sich auf die Bestimmung der relativen Bewegung eines Punktes des Körpers in Bezug auf einen andern Punkt, d. h. auf den Schnittpunkt der Axen eines mit dem Raume sich bewegenden Koordin.-Systems. Man muss aber in dem Falle, wo auch der Raum eine beliebige Bewegung ausführt, diese in bestimmter Weise zerlegen, indem man nämlich als fortschreitende Bewegung die Bewegung desjenigen Raumpunktes auswählt, mit welchem der betrachtete Körperpunkt gerade koinzidirt. Die Drehung des Raumes um jenen Punkt hat auf die relative Geschw. keinen Einfluss.

β. Bewegung eines Körpers in Bezug auf einen andern bewegt. Körper.

Sind die augenbl. Bewegungen von 2 Körpern A und B, Fig. 300, gegeben, so ist die relative Bewegung von B in Bezug auf A die Resultirende aus den wirklichen Bewegungen von B und den in entgegen gesetztem Sinne hinzu gefügten wirklichen Bewegungen von A.

Fig. 300.

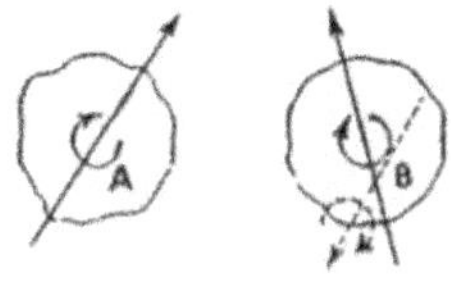

Fig. 302.

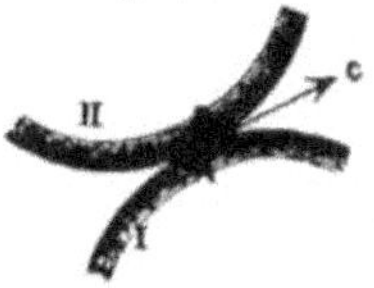

Wenn 2 sich berührende Kreise, Fig. 301 (Theilkreise von Zahnrädern), bezw. um die parallelen Axen A und B im verschiedenen Sinne mit den Winkelgeschw. ω bezw. ω_1 rotiren, so erfolgt darnach die relative Bewegung des um A rotirenden Kreises in Bezug auf B mit einer Winkelgeschw. $\omega + \omega_1$ um die augenbl. Drehaxe C, deren Lage stets der Gleichg. $r\omega = r_1\omega_1$ genügt.

Fig. 301.

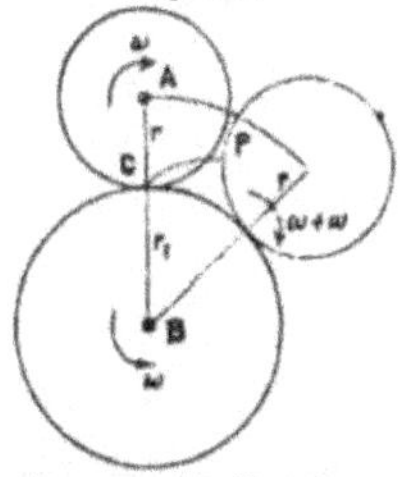

Fig. 303.

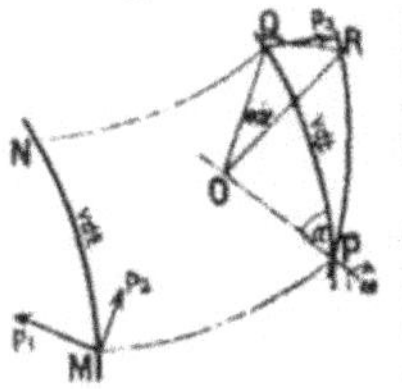

Die relative Bewegung eines in der nämlichen Weise rotirenden Zylinders A in Bezug auf einen Zylinder B besteht in einem Rollen längs der Peripherie des letztern, welches in jedem Augenblicke als eine um die Berührungslinie als Drehaxe mit der Winkelgeschw. $\omega + \omega_1$ erfolgende Drehbewegung aufgefasst werden kann. Die relative Bahnlinie irgend eines Punktes P in der Peripherie des rollenden Kreises ist eine Epycikloide.

Bewegt sich die Kurve oder der Zylinder II, Fig. 302, gegen eine Kurve oder einen Zylinder I derart, dass eine stete Berührung beider stattfindet, jedoch der Berührungspunkt auf der einen Kurve einen grössern Weg zurück legt, als in derselben Zeit auf der andern, so findet in der Richtung der augenbl. gemeinschaftl. Tangente ein Gleiten statt, dessen augenbl. Geschw. c die absolute Geschw. des Gleitens der beiden Kurven im gegebenen Augenblicke genannt wird.

γ. Beschleunigung.

Wenn Körper und Raum je für sich beliebige Bewegungen ausführen, so muss man, wie bereits oben bemerkt wurde, die Zerlegung der Bewegung des Raumes in eine fortschreitende und eine Drehbewegung in demjenigen Raumpunkte ausführen, welcher mit dem zu betrachtenden Körperpunkte im gegebenen Augenblicke koinzidirt.

MN in Fig. 303, sei das relative Bahnelement des Körperpunktes, v die relative

Geschw., p_1 die Beschleunigung im relativen Bahnelement. Durch die fortschreitende Bewegung des Raumes mit der Beschleunigung p_2 gelange MN in die Lage PQ; gleichzeitig führe aber der Raum eine augenbl. Drehbewegung mit der Winkel-Geschw. ω um eine durch P gehende Axe OP aus, durch welche Q nach R gelangt.

Dann ist die wirkliche Beschleunigung p des Körperpunktes die Resultirende aus den Beschleunigungen $p_1\, p_2$ und einer Beschleunigung p_3, welche von der augenbl. Drehbewegung herrührt und aus der Gleich.: $QR = p_3 \frac{dt^2}{2}$ zu berechnen ist. Ist α der Winkel, den das relative Bahnelement PQ mit der augenbl. Drehaxe einschliesst, so ergiebt sich, weil $QR = v\, dt \sin\alpha\; \omega\, dt$ ist: $p_3 = 2\, v\, \omega \sin\alpha$.

Die Richtung von p_3 steht rechtwinklig zur Ebene, welche das Bahnelement und die augenbl. Drehaxe enthält, und entspricht dem Sinne der Drehbewegung des Raumes.

Die relative Beschleunigung p_1 eines Körperpunktes in Bezug auf den Raum ist in jedem Augenbl. die Resultirende aus der wirklichen Beschleunigung p und den im entgegen gesetzten Sinne hinzu gefügten Beschleunigungen p_2 und p_3.

p_2 und p_3 werden die scheinbaren Beschleunigungen genannt. p_3 wird $= 0$, sobald der Raum nur eine fortschreitende Bewegung ausführt.

d. Bewegung des materiellen Punktes.

Die Begriffe Kraft, Masse, materieller Punkt und Arbeit, sowie die drei Grundgesetze der Mechanik sind bereits S. 488 ff. erörtert.

Da die Bewegungsbahn des materiellen Punktes als eine Linie anzusehen ist, so gelten für dieselbe alle Sätze über die Bewegung des geometr. Punktes.

α. Prinzip der lebendigen Kraft.

Die parallel zu 3 rechtwinkligen Koordin.-Axen gerichteten Seitenkräfte X, Y, Z, Fig. 304, der auf den materiellen Punkt m wirkenden Kraft K sind:

Fig. 304.

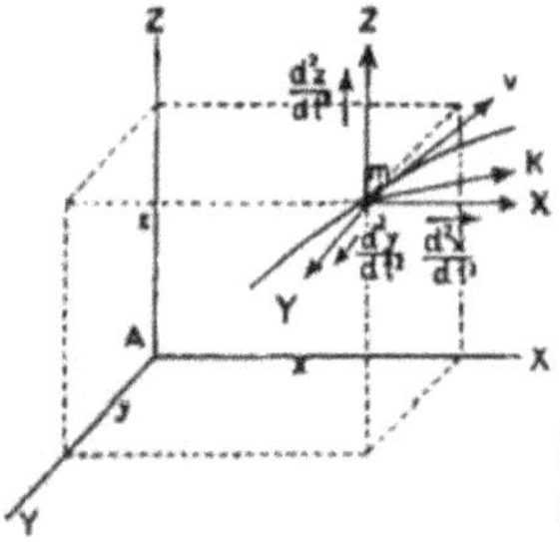

Fig. 305.

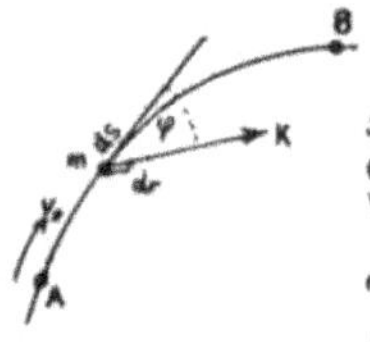

$$X = m\frac{d^2x}{dt^2};\quad Y = m\frac{d^2y}{dt^2};$$

$$Z = m\frac{d^2z}{dt^2}.$$

x, y und z sind die Koordin. des Punktes m. Aus diesen Werthen entwickelt sich die Gl.

$$d\left(\frac{m v^2}{2}\right) = X dx + Y dy + Z dz = K ds \cos\varphi. \qquad (1)$$

φ ist der Winkel, welchen die Richtung der Kraft in jedem Augenblicke mit dem Bahnelement ds bildet, Fig. 305. Das Produkt $\frac{m v^2}{2}$ nennt man die lebendige Kraft des materiellen Punktes. Der Ausdruck $K ds \cos\varphi$ ist: Kraft mal Weg in der Richtung der Kraft, also der allgemeine Ausdruck für die elementare mechanische Arbeit (vergl. S. 489). Die Gleich. (1) besagt gleichzeitig, dass die von der Mittelkraft K in dem Zeitelement dt verrichtete mechanische Arbeit = ist der Summe der von ihren Seitenkräften X, Y und Z während derselben Zeit verrichteten mechanischen Arbeiten.

Durch Integration ergiebt sich:
$$\frac{m v^2}{2} - \frac{m v_0^2}{2} = \int K ds \cos\varphi. \qquad (2)$$

v_0 Aufangsgeschw. des materiellen Punktes, v Geschw. in einem beliebigen Augenblicke.

Die Gleich. (2) enthält die allgemeine Form des „Prinzips der lebendigen Kraft". In Worten: Die Zunahme der lebendigen Kraft innerhalb eines bestimmten Zeitraums ist = der Summe der während derselben Zeit von den einzelnen auf den materiellen Punkt wirkenden Kräften — oder von der Resultirenden derselben — verrichteten mechan. Arbeiten.

β. Bewegung auf vorgeschriebener Bahn.

Für die Bewegung eines materiellen Punktes auf vorgeschriebener Bahn gelten dieselben Gesetze, wie für die freie Bewegung im Raume, sobald man zu den auf den Punkt wirkenden Kräften den Widerstand der Bahnlinie als äussere Kräfte hinzu fügt.

Diesen Widerstand kann man sich immer in zwei Seitenkräfte zerlegt denken, von denen die eine tangential, die andere normal zur Bahnlinie gerichtet ist. Die tangential gerichtete Seitenkraft — der Reibungs-Widerstand — wirkt erfahrungsmässig stets derjenigen Richtung entgegen, in welcher der materielle Punkt entweder wirklich sich bewegt, oder in der er ohne das Auftreten der Reibung sich bewegen würde.

Das Verhältniss des Normaldrucks N zum Reibungs-Widerstand fN wird der Reibungs-Koeffiz. (f) genannt.

Die Grösse des Normaldrucks bestimmt sich aus der Gleichg. der Bahnlinie.

γ. Bewegung in einer Kurve.

Fig. 306.

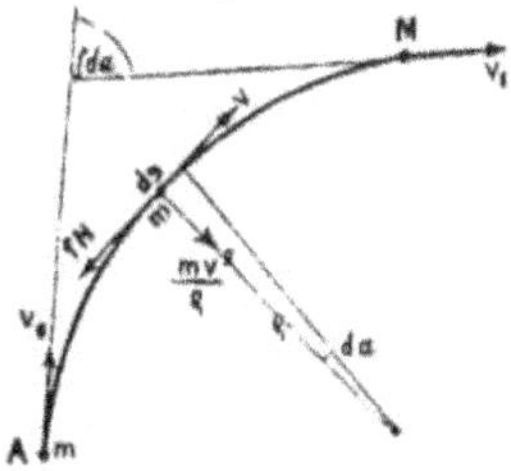

Ist die vorgeschriebene Bahn eine Kurve, so hat auf die Grösse des Normaldrucks N, Fig. 306, in irgend einem Augenblicke, ausser den auf den materiellen Punkt m wirkenden äussern Kräften auch noch die der Zentripetal-Beschleunigung $\frac{v^2}{\rho}$ (vergl. S. 525) entsprechende Zentripetalkraft $\frac{m\,v^2}{\rho}$ Einfluss.

Die von der Zentripetalkraft erzeugten Widerstände — von gleicher Grösse und entgegen gesetzter Richtung — nennen wir die Zentrifugalkraft und es ist, Fig. 306, $N = \frac{m\,v^2}{\rho}$ und ferner $\frac{dv}{dt} = \frac{fN}{m}$.

Während der materielle Punkt das Bahnelement $ds = \rho\,d\alpha$ durchläuft, ändert sich die Richtung seiner Bewegung um den Winkel $d\alpha$. Dann resultirt für die Endgeschw. v_1 der Bewegung: $v_1 = v_0 e^{-f\int d\alpha}$. $\int d\alpha$ ist die Summe aller unendlich kleinen Aenderungen, welche die Geschw.-Richtung des materiellen Punktes während des Weges von A bis M nach und nach erleidet. Für eine ebene Kurve bezeichnet also $\int d\alpha$ den Winkel, welchen die Richtungen von v_0 und v_1 mit einander bilden. Für eine doppelt gekrümmte Raumkurve ist der Werth von $\int d\alpha$ aus der Kegelfläche zu bestimmen, welche man erhält, wenn man von einem beliebigen Raumpunkte aus die auf einander folgenden Lagen aller Tangenten des Stückes AM der Raumkurve abgetragen denkt.

Damit die Bewegung eines materiellen Punktes in einer horizontalen Kurve möglich sei, muss der Normaldruck der Bahn die Mittelkraft aus der Zentrifugalkraft und der Schwerkraft sein.

δ. Relative Bewegung.

Nach dem Satze über die Beschleunigung (S. 531) hat man die Kraft mp_1, unter deren alleiniger Einwirkung ein materieller Punkt der Masse m im ruhenden Raume eine mit der relativen Bewegung überein stimmende Bewegung ausführt, als Resultirende von 3 Kräften mp, mp_2 und mp_3 zu betrachten.

Die Kraft mp ist die gegebene Mittelkraft aller auf den Punkt wirkenden Kräfte.

Die Kraft mp_2 entspricht ihrer Grösse nach der Beschleunigung desjenigen Raumpunktes, welcher mit dem materiellen Punkte im zu betrachtenden Augenblicke gerade koinzidirt; ihre Richtung ist jener Beschleunigung entgegen gesetzt. Die Kraft mp_3 steht senkrecht zur Ebene, welche das relative Bahnelement und die augenbl. Drehaxe der Raumbewegung enthält und ihr Sinn ist der letztern Bewegung entgegen gesetzt.

Ihre Grösse entspricht der Beschleunigung p_3; $mp_3 = 2\,m\,\omega v \sin\alpha$, worin v relative Geschw., α Winkel des relativen Bahnelements mit der augenbl. Drehaxe, um welche der Raum mit der Winkelgeschw. ω dreht. mp_2 und mp_3 nennt man die scheinbaren Kräfte der relativen Bewegung.

Die relative Bewegung eines materiellen Punktes m in Bezug auf den Raum findet man danach, wenn man zu den wirklichen Kräften, die auf m wirken, die beiden scheinbaren Kräfte hinzu fügt und nun, ohne auf die Bewegung des Raumes Rücksicht zu nehmen, die resultirende Bewegung bestimmt.

Bei der Bestimmung der relativen Bewegung eines materiellen Punktes in Bezug auf einen andern materiellen Punkt ist $\omega = 0$, daher auch $p_3 = 0$. Man kann sich in diesem Falle den 2. Punkt als Schnittpunkt von 3 in fortschreitender Bewegung begriffenen Koordin.-Axen denken. (Vergl. S. 531.)

e. Beispiele zur Bewegungslehre des materiellen Punktes.

α. Freier Fall im luftleeren Raume.

Anfangs-Geschw. 0; End-Geschw. v; Fallhöhe h. — Nach dem Prinzip der lebendigen Kraft ist: $\frac{mv^2}{2} - 0 = mgh$. Daraus: $h = \frac{v^2}{2g}$; $v = \sqrt{2gh}$.

h wird auch Geschw.-Höhe genannt. Ferner ergiebt sich: $v = gt$ und $h = \frac{gt^2}{2}$, wenn t die Zeitdauer des Falls (in Sek.) ist.

Ein vertikal mit der Anfangs-Geschw. v in die Höhe geworfener Körper steigt im luftleeren Raume bis zur Höhe $h = \frac{v^2}{2g}$, hat dort die Geschw. 0 und kommt mit derselben Geschw. v wieder am Ausgangspunkte an; in gleichen Abständen vom Kulminations-Punkte hat er beim Aufsteigen und Herabfallen gleiche aber entgegengesetzt gerichtete Geschwindigkeiten.

$g = 9{,}81\ ^m = 31{,}25'$ preuss. $= 32{,}18'$ engl.

$\frac{1}{g} = 0{,}102\ ^m = 0{,}032'$ $= 0{,}031'$ „

$\sqrt{2g} = 4{,}429\ ^m = 7{,}906'$ „ $= 8{,}022'$ „

Tabelle der Fallhöhen für Endgeschw. von 0 bis 30 m ($g = 9{,}81$ m).

$v = \sqrt{2gh}$	$h = \frac{v^2}{2g}$	$v = \sqrt{2gh}$	$h = \frac{v^2}{2g}$	$v = \sqrt{2gh}$	$h = \frac{v^2}{2g}$	$v = \sqrt{2gh}$	$h = \frac{v^2}{2g}$
0,00	0,000000	1,45	0,10716	3,3	0,55504	11,0	6,1672
0,05	0,000127	1,50	0,11468	3,4	0,58919	11,5	6,7406
0,10	0,000510	1,55	0,12245	3,5	0,62436	12,0	7,3394
0,15	0,001147	1,60	0,13048	3,6	0,66055	12,5	7,9638
0,20	0,002039	1,65	0,13876	3,7	0,69776	13,0	8,6137
0,25	0,003186	1,70	0,14730	3,8	0,73598	13,5	9,2890
0,30	0,004587	1,75	0,15609	3,9	0,77523	14,0	9,9898
0,35	0,006244	1,80	0,16514	4,0	0,81549	14,5	10,7161
0,40	0,008155	1,85	0,17444	4,1	0,85678	15,0	11,4679
0,45	0,010321	1,90	0,18400	4,2	0,89908	15,5	12,2452
0,50	0,012742	1,95	0,19381	4,3	0,94241	16,0	13,0479
0,55	0,015418	2,00	0,20387	4,4	0,98675	16,5	13,8761
0,60	0,018349	2,05	0,21419	4,5	1,0321	17,0	14,7299
0,65	0,021534	2,10	0,22477	4,6	1,0785	17,5	15,6091
0,70	0,024975	2,15	0,23560	4,7	1,1259	18,0	16,5138
0,75	0,028670	2,20	0,24669	4,8	1,1743	18,5	17,4430
0,80	0,032620	2,25	0,25803	4,9	1,2238	19,0	18,3996
0,85	0,036825	2,30	0,26962	5,0	1,2742	19,5	19,3807
0,90	0,041284	2,35	0,28147	5,5	1,5418	20	20,3874
0,95	0,045999	2,40	0,29358	6,0	1,8349	21	22,4771
1,00	0,050968	2,45	0,30594	6,5	2,1534	22	24,6687
1,05	0,056193	2,5	0,31855	7,0	2,4975	23	26,9623
1,10	0,061672	2,6	0,34455	7,5	2,8670	24	29,3578
1,15	0,067406	2,7	0,37156	8,0	3,2620	25	31,8552
1,20	0,073394	2,8	0,39959	8,5	3,6825	26	34,4546
1,25	0,079638	2,9	0,42864	9,0	4,1284	27	37,1560
1,30	0,086137	3,0	0,45872	9,5	4,5999	28	39,9592
1,35	0,092890	3,1	0,48981	10,0	5,0968	29	42,8644
1,40	0,099898	3,2	0,52192	10,5	5,6193	30	45,8716

Für die Geschw. des **freien Falls aus grossen Höhen**, Fig. 307, erhält man unter Berücksichtigung des Newton'schen Gravitations-Gesetzes:

Fig. 307.

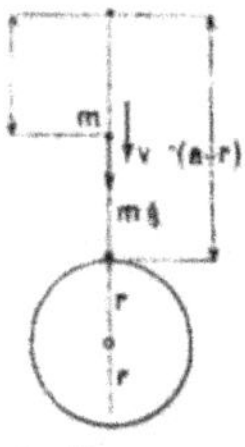

$v = \sqrt{\frac{2gr^2x}{a(a-x)}}$; Erdhalbmesser; a Entfernung des Körpers oder materiellen Punktes vom Erdmittelpunkte am Anfang der mit der Geschw. $= 0$ beginnenden Bewegung. v Geschw. im Augenblicke, wo die Wegestrecke x zurück gelegt ist.

Die Endgeschw. v_1 an der Erdoberfläche ist: $v_1 = \sqrt{\frac{2gr(a-r)}{a}}$

β Freier Fall mit Berücksichtigung des Luftwiderstandes.

Der Luftwiderstand W kann proportional dem Quadrat der Geschw. des fallenden Körpers angenommen werden. $W = Av^2$.

Die durch die Erfahrung fest zu stellende Geschw. k, mit welcher ein Körper der Masse m sich bewegen müsste, damit $W =$ dem Körper-Gewicht werde, entspricht der Gleichg.: $mg = Ak^2$. Daraus: $W = mg\frac{v^2}{k^2}$

Aus der Grundgleichg.: $\frac{dv}{dt} = \frac{mg - W}{m} = g\left(1 - \frac{v^2}{k^2}\right)$ ergiebt sich dann:

Fallhöhe $h = \frac{k^2}{2g} \, logn\left(\frac{k^2}{k^2 - v_1^2}\right)$; Endgeschwindigkeit $v_1 = k\sqrt{1 - e^{-\frac{2gh}{k^2}}}$

Die Anfangs-Geschw. ist hierbei $= 0$ angenommen.

Die Steighöhe h eines mit der Anfangs-Geschw. c vertikal nach oben geworfenen Körpers ist: $h = \frac{k^2}{2g} \, logn\left(1 + \frac{c^2}{k^2}\right)$.

Die Geschw. u, mit der ein mit der Anfangs-Geschw. c vertikal nach oben geworfener Körper unten am Anfangspunkte seiner Bewegung wieder ankommt, ist:

$u = \frac{c}{\sqrt{1 + \frac{c^2}{k^2}}}$. Die der Fallhöhe h entsprechende Falldauer ist:

$$t = \frac{k}{g} \, logn\left\{ e^{\frac{gh}{k^2}} + \sqrt{e^{\frac{2gh}{k^2}} - 1} \right\}$$

Die der Steighöhe h entsprechende Steigdauer: $t = \frac{k}{g} \operatorname{arc\,tang} \frac{c}{k}$.

Die Geschw. k kann man annähernd aus der Erfahrungs-Formel für die Grösse des Luftwiderstandes $W = \xi\gamma\frac{Fv^2}{2g}$ berechnen, wenn man v mit k und W mit Q, dem Gewicht des fallenden Körpers, vertauscht.

F die rechtwinklig zur Bewegungsrichtung genommene grösste Querschnitts-Fläche des Körpers; γ das Gewicht der Kubikeinheit Luft. Der Koeffiz. ξ ist für kugelförmige Körper etwa 0,5.

γ. Wurfbewegung im luftleeren Raume.

Ein von A aus, Fig. 308, unter dem Winkel α gegen den Horizont mit der Anfangs-Geschw. u aufwärts geworfener materieller Punkt m beschreibt eine Parabel, deren Axe senkrecht steht.

Fig. 308.

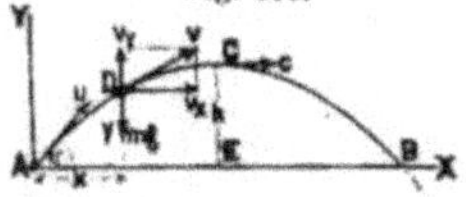

Die Geschw. v im Punkte D, wohin der materielle Punkt von A aus nach t Sekunden gelangt sei, erhält man aus: $v_x = u\cos\alpha$; $v_y = u\sin\alpha - gt$;

$$v = \sqrt{v_x^2 + v_y^2} = \sqrt{u^2 - 2gy}.$$

Die Koordin. von D sind: $x = u\cos\alpha t$; $y = u\sin\alpha t - \frac{gt^2}{2}$.

Für den Kulminations-Punkt C ist:

$$v_x = c = u\cos\alpha;\ v_y = 0;\ \text{also}\ t_c = \frac{u\sin\alpha}{g}.$$

Hieraus folgt die Steighöhe $h = \frac{u^2 \sin^2 \alpha}{2g}$; die halbe Wurfweite $AE = \frac{u^2 \sin 2\alpha}{2g}$, also die ganze Wurfweite $AB = L = \frac{u^2 \sin 2\alpha}{g}$.

Dieselbe wird bei gleichen Anfangs-Geschw. u ein Maximum für $\alpha = 45°$. Die Scheitelgleichung der parabolischen Bahn ist: $x_1 = 2\frac{u^2 \cos^2 \alpha}{g} \cdot y_1 \mp 2\frac{c^2}{g} y_1$.

Erreicht der materielle Punkt entweder den Punkt B nicht, oder setzt derselbe seine Bewegung über B hinaus fort, so lässt sich mit Hilfe letzterer Gleichg. jeder beliebige Punkt der Flugbahn leicht bestimmen.

δ. Wurfbewegung mit Berücksichtigung des Luftwiderstandes.

Behält man die Bezeichnungen unter (β) bei und setzt: $W = Av^2 = (m\alpha)v^2$, so ist $\alpha = \frac{g}{k^2}$.

Fig. 309.

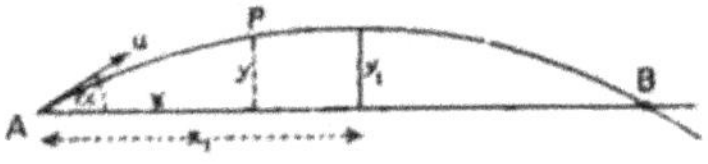

Dann ergiebt sich für einen sehr kleinen Winkel α, welcher gestattet, dass man für den Bogen AP, Fig. 309, seine Horizontal-Projektion in Anrechnung bringen kann: $t = \frac{e^{ax} - 1}{au \cos \alpha}$ *);

$$x = \frac{1}{a} \operatorname{logn}(1 + au \cos \alpha t)$$

$$y = x\left\{\operatorname{tang} \alpha + \frac{g}{2au^2 \cos^2 \alpha}\right\} + \frac{g}{4a^2u^2 \cos^2 \alpha}(1 - e^{2ax})$$

$$\sin 2\alpha = \frac{g}{2a^2u^2}\left\{\frac{e^{2aL} - 2aL - 1}{L}\right\}; \; L = \text{Wurfweite } AB.$$

Für die Lage des Kulminations-Punktes der Bahnlinie erhält man, wenn $\frac{k^2}{2g} = H$, also $H = \frac{1}{2a}$ gesetzt wird: $x_1 = H \operatorname{logn}\left\{1 + \frac{u^2}{k^2} \sin 2\alpha\right\}$

$$y_1 = x_1\left\{\operatorname{tang} \alpha + \frac{g}{2au^2 \cos^2 \alpha}\right\} + \frac{g}{4a^2u^2 \cos^2 \alpha}(1 - e^{2ax_1})$$

x_1 ist stets grösser als $\frac{L}{2}$.

Die ganze Dauer T des Wurfs von A nach B ist: $T = \frac{k^2}{g}\left(\frac{e^{\frac{gL}{k^2}} - 1}{u \cos \alpha}\right)$.

ε. Bewegung auf schiefer Ebene.

Bewegt sich ein Körper vom Gewichte mg, Fig. 310, unter alleiniger Wirkung der Schwerkraft auf einer gegen den Horizont um den Winkel α geneigten Ebene abwärts, so führt er eine gleichf. beschleunigte Bewegung aus, wenn vorausgesetzt wird, dass der Reibungswiderstand von der Geschw. unabhängig ist.

Fig. 310.

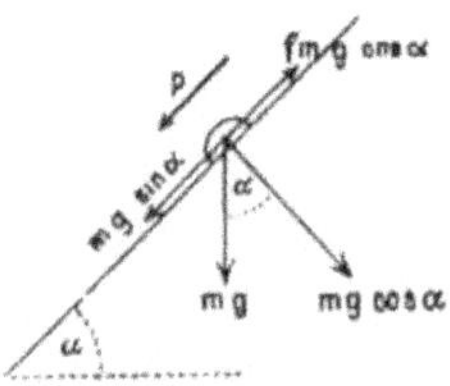

Fig. 311.

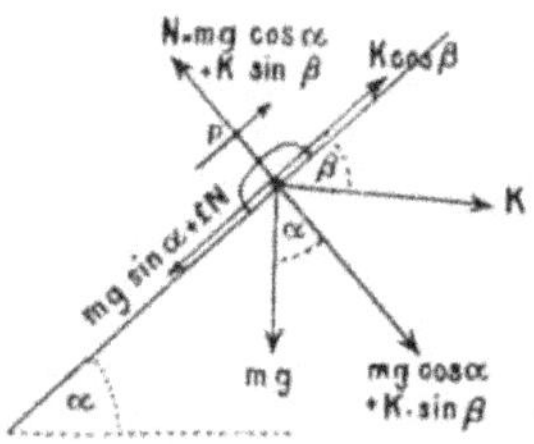

Die Beschleunigung dieser Bewegung ist:

$$p = g(\sin \alpha - f \cos \alpha)$$

Bewegt sich derselbe Körper vom Gew. mg, Fig. 311, unter der Einwirkung der Kraft K auf der geneigten Ebene bergan, so ist die Beschleunigung der Bewegung: $p = \frac{K}{m}(\cos \beta - f \sin \beta) - g(\sin \alpha + f \cos \alpha)$.

*) $e = 2{,}7182818$.

Die Zeit t, welche der materielle Punkt m, Fig. 312 gebraucht, um unter alleiniger Wirkung der Schwerkraft die gegen den Horizont um den Winkel α geneigte Gerade $AB = l$ zu durchlaufen, ist:

Fig. 312.

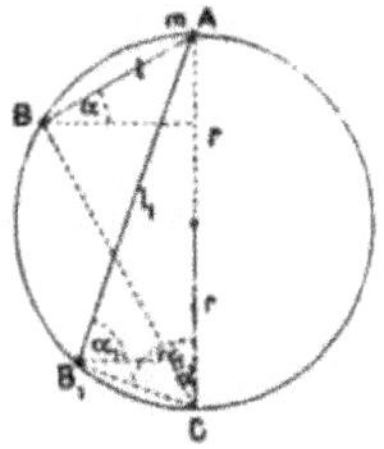

$$t = \sqrt{\frac{2}{g}\,\frac{l}{\sin\alpha}} = \sqrt{\frac{4r}{g}}.$$

Ebenso ergiebt sich für die Bewegungs-Dauer des Punktes m auf AB_1:

$$t_1 = \sqrt{\frac{2}{g}\,\frac{l_1}{\sin\alpha_1}} = \sqrt{\frac{4r}{g}}$$

Es wird also jede, von A (oder C) aus in dem Kreise ABC gezogene Sehne von einem materiellen Punkte m, dessen Anfangsgeschw. 0 war, in derselben Zeit (t) durchlaufen.

ζ. Prinzip der Zentrifugalbahn.

Fig. 313.

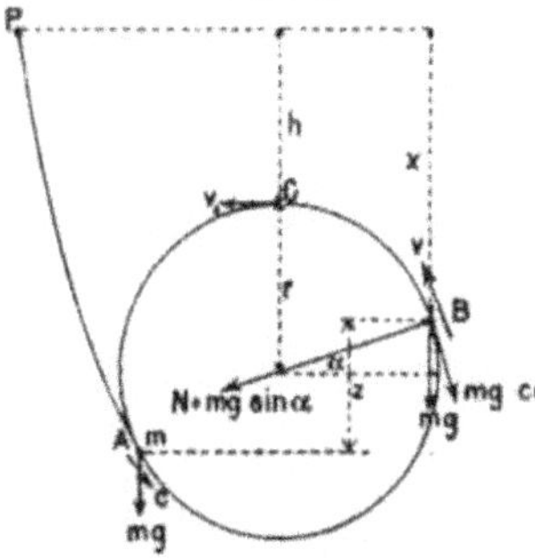

Bewegt sich ein mater. Punkt m, Fig. 313, ohne Reibung, nur unter Wirkung der Schwere, in einer Kreislinie, die in vertikaler Ebene liegt, von A nach B, so folgt aus:

$$\frac{m v^2}{2} - \frac{m c^2}{2} = m g z \text{ seine Geschw. in } B\text{:}$$

$$v = \sqrt{c^2 - 2gz}.$$

Wird die Geschw. c im Punkte A dadurch hervor gerufen, dass m, von P herab laufend, bei A in die Kreisbahn hinein geleitet wird, so ist auch: $v = \sqrt{2gx}$ oder:

$$v^2 = 2gx = 2g\,[h + r\,(1 - \sin\alpha)].$$

Der Normaldruck N der Bahn im Punkte B ist:

$$N = \frac{m v^2}{r} - m g \sin\alpha = 2 m g \left(\frac{h}{r} + 1 - \frac{3}{2}\sin\alpha\right).$$

Für $\alpha = 90^\circ$ erhält man den Normaldruck der Bahn in deren Kulminationspunkte C: $N_c = 2 m g \left(\frac{h}{r} - \frac{1}{2}\right)$.

• Für $\frac{h}{r} = \frac{1}{2}$ wird $N_c = 0$ und für $\frac{h}{r} < \frac{1}{2}$ negativ, d. h.: Soll der materielle Punkt m im Stande sein, den Kulminationspunkt C der Kreisbahn auch ohne innere Führung zu durchlaufen, so muss $h > \frac{r}{2}$ sein. Die Geschw. v an dieser Stelle ist: $v_c = \sqrt{2gh}$.

Aus $N = 2 m g \left(\frac{h}{r} + 1 - \frac{3}{2}\sin\alpha\right)$ erhält man für $N = 0$:

Fig. 314.

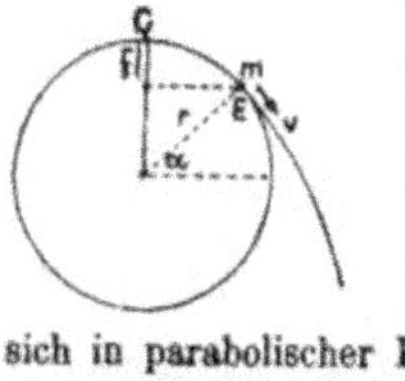

$\sin\alpha = \frac{2}{3}\left(1 + \frac{h}{r}\right)$ und für $h = o$: $\sin\alpha = \frac{2}{3}$; D. h.: lässt man den materiellen Punkt m, Fig. 314, vom Kulminationspunkt C einer Kreisbahn an der äussern Seite desselben herab laufen, so wird er im Punkte E, welcher um $\frac{r}{3}$ unter C liegt, diese mit der Geschw. $v = \sqrt{2g\left(\frac{r}{3}\right)}$ verlassen und sich in parabolischer Bahnlinie weiter bewegen.

η. Mathematisches Kreispendel.

Der materielle Punkt schwinge an einem gewichtlosen Faden von der Länge l im Kreise, Fig. 315. Die Zeitdauer T einer Schwingung von A nach B ist:

$$T = \pi\sqrt{\frac{l}{g}}\left\{1 + \left(\frac{1}{2}\right)^2\left(\frac{h}{2l}\right) + \left(\frac{1\,.\,3}{2\,.\,4}\right)^2\left(\frac{h}{2l}\right)^2 + \left(\frac{1\,.\,3\,.\,5}{2\,.\,4\,.\,6}\right)^2\left(\frac{h}{2l}\right)^3 + \qquad\right\}.$$

Für einen sehr kleinen Winkel α ist annähernd genau: $T = \pi \sqrt{\frac{l}{g}}$ D. h. die Dauer einer Schwingung ist vom Ausschlagwinkel 2α unabhängig. Hieraus folgt die Länge eines Sekunden-Pendels: $l = \frac{g}{\pi^2} = 0{,}994\ m$. Die Geschw. v des Pendels im Punkte C ist: $v = \sqrt{2gh}$, folglich die dort stattfindende Faden-Spannung: $N = mg + \frac{mv^2}{l} = mg\left(1 + \frac{2h}{l}\right)$.

ϑ. Cykloiden-Pendel.

Wird der materielle Punkt gezwungen, in einer Cykloide zu schwingen, Fig. 316, so ist die Schwingungs-Dauer: $T = \pi\sqrt{\frac{L}{g}}$; $(L = 4r)$, also unabhängig von h. Aus diesem Grunde heisst die Cykloide „ταυτοχρόνη"*) oder „ἰσοχρόνη"**). Die Cycloide hat ferner die Eigenschaft, dass auf ihr ein Körper in der kürzesten Zeit von einem ihrer Punkte zu einem tiefer gelegenen herab fällt, wenn ihre Grundlinie horizontal liegt, und heisst deshalb auch „βραχυστοχρόνη"***).

ι. Zentrifugal-Regulatoren.

Beim konischen Pendel, Fig. 317, (Zentrifugal-Regulator) ist die Spannung im Pendelarm als der Bahndruck anzusehen.

Fig. 315.

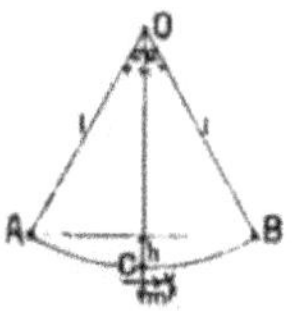

Fig. 316.

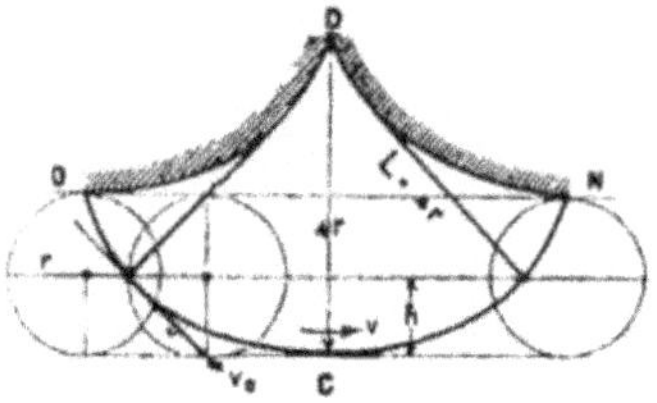

Fig. 317.

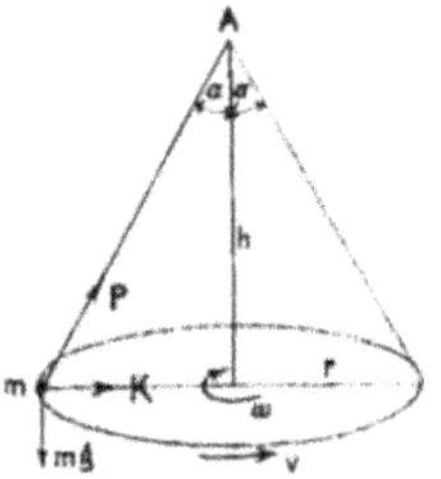

Bewegt sich das Gewicht m eines konischen Pendels mit gleichf. Geschw. $v = r\omega$ in der Peripherie eines horizontalen Kreises, so ist die Zentrifugalkraft $K = \frac{mv^2}{r} = mr\omega^2$; $\frac{K}{mg} = \frac{v^2}{rg} = \operatorname{tang}\alpha = \frac{r}{h}$; also $v = r\sqrt{\frac{g}{h}}$ und $\omega = \sqrt{\frac{g}{h}}$. Die Zeitdauer eines Umlaufs (in Sek.) ist: $t = 2\pi\sqrt{\frac{h}{g}}$. D. h. die Umlaufszeit ist, ebenso wie die Winkel-Geschw. ω, nur abhängig von der Höhe h des konischen Pendels.

Fig. 318.

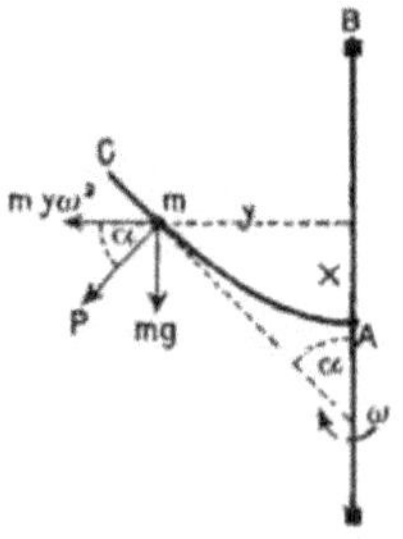

Ist der materielle Punkt m, Fig. 318, auf einer mit der vertikalen Axe AB fest verbundenen gekrümmten Bahn AC verschiebbar, so wird er sich in jedem Punkte der Bahn AC, bei gleichf. Drehung der Axe AB mit der Winkel-Geschw. ω, im Gleichgewicht befinden, wenn die Mittelkraft P aus der Zentrifugalkraft $my\omega^2$ und der Schwerkraft mg normal zur Bahnlinie steht, also wenn: $\operatorname{tang}\alpha = \frac{dy}{dx} = \frac{g}{y\omega^2}$, oder: $y^2 = 2\frac{g}{\omega^2}x$, d. h. die Bahn AC eine Parabel bildet, deren Parameter $\frac{g}{\omega^2}$, deren Scheitel A und deren Axe die Rotations-Axe AB ist (parabolischer Zentrifugal-Regulator).

*) Tautochrone. — **) Isochrone. — ***) Brachystochrone.

κ. Schienen-Ueberhöhung in Eisenbahn-Kurven.

Bei Feststellung der Ueberhöhung h der äussern Schiene eines nach dem Halbmesser r gekrümmten Eisenbahngleises, Fig. 319, wird von der Bedingung ausgegangen, dass für eine bestimmte Fahr-Geschw. v die Resultirende der im Schwerpunkt S des Fahrzeugs angreifenden Zentrifugalkraft $\frac{Mv^2}{r}$ und der Schwerkraft Mg normal auf der durch die Schienenköpfe gelegten Ebene stehe. Ist s die Entfernung von Mitte zu Mitte der beiden Schienen, so muss sein:

Fig. 319.

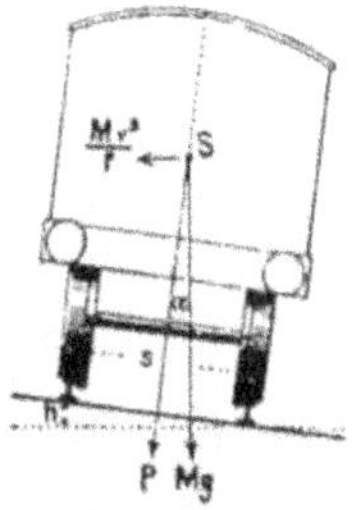

Fig. 320.

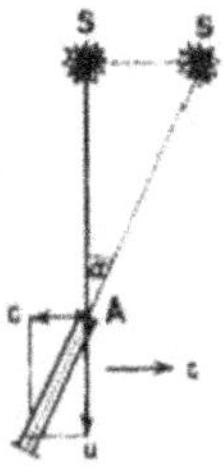

$$\text{tang}\,\alpha = \frac{h}{s} = \frac{v^2}{gr}, \text{ oder } h = \frac{v^2}{gr}\,s.$$

λ. Aberration des Lichts.

Mit Rücksicht auf die Gesetze der relativen Bewegung kann man die Richtung bestimmen, welche dem Fernrohr eines an der fortschreitenden Bewegung der Erde theilnehmenden Beobachters gegeben werden muss, damit dasselbe den von einem Fixstern S, Fig. 320, ausgehenden Lichtstrahl SA auffange. Es muss sein:

$\text{tang}\,\alpha = \frac{c}{u} = 0{,}0001.$ u Geschw. des Lichts = 41900 Meilen per Sek.; v Erd-Umfangsgeschw. = 4,113 Meilen. Daraus der Aberrations-Winkel $\alpha = 20$ Sek.

μ. Wahres und scheinbares Gewicht der Körper.

Ein Ort, dessen geogr. Breite $= \varphi$ ist, durchläuft während der Drehung der Erde den Umfang eines Kreises vom Radius $r\cos\varphi$, Fig. 321. Die Zentrifugalkraft einer daselbst befindlichen Masse m wirkt in der Richtung des Drehungs-Halbmessers nach aussen und hat die Grösse $mr\cos\varphi\,\omega^2$, wenn ω die Winkel-Geschw. der Erdumdrehung ist. Das scheinbare Gewicht mg, oder diejenige Kraft, welche gewöhnlich das Gewicht des Körpers genannt wird, ist die Mittelkraft aus jener Zentrifugalkraft und dem wahren Gewichte mp.

Fig. 321.

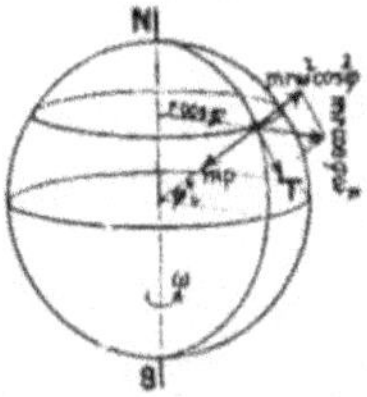

Da die Grösse des scheinbaren Gewichts von der tangentialen Seitenkraft $T = mr\omega^2\cos\varphi\sin\varphi$ unerheblich beeinflusst wird, so folgt:

$$mg = mp - mr\omega^2\cos^2\varphi = mp - mr\omega^2(1 - \sin^2\varphi); \quad \text{oder: } g = g_0 + r\omega^2\sin^2\varphi.$$

Hierbei bedeutet g_0 denjenigen Werth, welchen g annimmt, wenn $\varphi = 0$ gesetzt wird, also die Beschleunigung des freien Falls am Aequator, für welche durch direkte Beobachtungen (mittels des Pendels) 9,7806 m gefunden worden ist.

Betrachtet man die Erde als Kugel vom Halbmesser $r = 6370$ (km), und setzt für ω seinen Werth $= \frac{2\pi}{86164{,}1 \text{ Sek.}} = 0{,}00007292$*), so folgt:

$$g = 9{,}7806 + 0{,}03387\sin^2\varphi.$$

Die Erfahrung lehrt, dass mit Rücksicht auf die Sphäroid-Gestalt der Erde diese Gleichg. der Korrektion bedarf. In Wirklichkeit ist: $g = 9{,}7806 + 0{,}0506\sin^2\varphi$.

f. Gleichgewicht und Bewegung eines Systems materieller Punkte.

Bei der Untersuchung ist im allgemeinen zu beachten:

1. die fortschreitende Bewegung des Systems,
2. die Drehbewegung desselben und
3. die etwa gleichzeitig stattfindende Verschiebung der einzelnen materiellen Punkte gegen einander.

Bei der Betrachtung der Bewegung fester Körper braucht auf den Punkt 3 nicht Rücksicht genommen zu werden.

Sobald der feste Körper nur eine fortschreitende Bewegung inne hat, kann man ihn als einen einfachen materiellen Punkt behandeln.

*) Die Zeit einer Erd-Umdrehung ist 23h 56′ 4,1″ = 86164,1 Sek.

α. Prinzip der virtuellen Geschwindigkeiten.

Ein System von materiellen Punkten befindet sich im Gleichgewicht, wenn an jedem einzelnen Punkte die Mittelkraft aller auf ihn wirkenden Kräfte = 0 ist. Daraus folgt unmittelbar der Satz:

Für den Gleichgew.-Zustand eines Systems von materiellen Punkten muss die Summe der mechanischen Arbeiten aller auf die einzelnen Punkte wirkenden Kräfte bei einer gedachten, unendlich kleinen Verschiebung des Systems = 0 sein.

Für das System von unveränderlich mit einander verbundenen Punkten, bezw. für den Gleichgew.-Zustand fester Körper ist die Arbeits-Summe der innern Kräfte und der äussern Kräfte je für sich = 0, voraus gesetzt, dass die gedachte unendlich kleine Verschiebung eine mögliche, d. h. mit den Bedingungen des Systems vereinbare, war. Dabei brauchen die Arbeiten derjenigen äussern Kräfte (wie die Widerstände fester Punkte, die Gegendrücke einer Bahnfläche, sobald dieselben stets normal zur Bewegungs-Richtung stehen und die Gegendrücke zweier beständig mit einander in Berührung stehenden Flächen) nicht mit in Rechnung gezogen zu werden, welche bei der gedachten Verschiebung des Systems entweder die Geschw. = 0 in der Richtung der Kraft besitzen, oder die, wie Druck und Gegendruck, paarweise auftreten, so dass die Summe ihrer Arbeit stets = 0 ist.

β. d'Alembert's Prinzip und Gesetz der Bewegung des Schwerpunkts.

Befindet sich ein System materieller Punkte unter Einwirkung irgend welcher Kräfte in beliebiger Bewegung und sind in irgend einem Augenblicke die Beschleunigungen eines Punktes m des Systems nach den 3 Koordin.-Axen-Richtungen $\frac{d^2x}{dt^2}$; $\frac{d^2y}{dt^2}$; $\frac{d^2z}{dt^2}$, während auf diesen Punkt die Kräfte X, Y und Z nach den 3 genannten Richtungen wirken, so wird Gleichgewicht im System hergestellt werden, wenn man überall zu den vorhandenen Kräften die den betr. Beschleunigungen entsprechenden Kräfte in den den Beschleunigungen entgegen gesetzten Richtungen hinzu fügt.

Ertheilt man alsdann dem ganzen System eine unendlich kleine Verschiebung, die auf Punkt m bezogen nach den 3 Koordin.-Axen in dx, dy und dz zerlegt werden kann, so wird nach dem Prinzip der virtuellen Geschw. die Summe aller nunmehr verrichteten mechanischen Arbeiten = 0 sein müssen; d. h.:

$$\Sigma\left[\left(X - m\frac{d^2x}{dt^2}\right)dx + \left(Y - m\frac{d^2y}{dt^2}\right)dy + \left(Z - m\frac{d^2z}{dt^2}\right)dz\right] = 0. \quad (1)$$

Setzt man hierin der Reihe nach dy und $dz = 0$; dx und $dz = 0$ und dy und $dz = 0$, so dass jedesmal der Körper eine Verschiebung nur in der Richtung einer der Koordin.-Axen erfährt, so wird:

$$\Sigma(X) = \Sigma\left(m\frac{d^2x}{dt^2}\right); \Sigma(Y) = \Sigma\left(m\frac{d^2y}{dt^2}\right) \text{ und } \Sigma(Z) = \Sigma\left(m\frac{d^2z}{dt^2}\right). \quad (2)$$

Sind x_0, y_0 und z_0 die Schwerpunkts-Koordin. des Körpers in dem betrachteten Augenblicke, so ist, wenn $\Sigma(m) = M$:

$$Mx_0 = \Sigma(mx); \; My_0 = \Sigma(my); \; Mz_0 = \Sigma(mz). \quad (3)$$

Durch zweimalige Differentiation nach der Zeit und Umformung mit Hilfe der Gleichg. (2) entsteht: $\frac{d^2x_0}{dt^2} = \frac{\Sigma(X)}{M}$; $\frac{d^2y_0}{dt^2} = \frac{\Sigma(Y)}{M}$; $\frac{d^2z_0}{dt^2} = \frac{\Sigma(Z)}{M}$

D. h. die Bewegung des Schwerpunkts eines Körpers findet so statt, als ob derselbe ein materieller Punkt der Masse $M = \Sigma(m)$ des Körpers wäre und sämmtliche auf den Körper wirkende Kräfte in ihm ihren Angriffspunkt hätten.

Erfolgt die Bewegung des Systems ausschliesslich unter der Wwirkung von innern Kräften, so ist $\Sigma(X) = 0$; $\Sigma(Y) = 0$; $\Sigma(Z) = 0$, und daraus folgt:

$$\frac{dx_0}{dt} = \text{Konst.}; \quad \frac{dy_0}{dt} = \text{Konst.}; \quad \frac{dz_0}{dt} = \text{Konst.}$$

D. h. der Schwerpunkt bewegt sich gleichförmig.

Hieraus wieder folgt z. B., dass **beim Stosse** zweier oder mehrerer Körper gegen einander die Bewegung ihres gemeinschaftlichen Schwerpunkts nicht verändert wird, weil die Drücke, welche die Körper an den Berührungsstellen auf einander gegenseitig übertragen, in Bezug auf das ganze, aus diesen Körpern gebildete System, als innere Kräfte zu betrachten sind.

Der Schwerpunkt einer Bombe, z. B. die an irgend einer Stelle ihrer parabolischen Flugbahn explodirt, wird seine parabolische Bewegung ungeändert fortsetzen, so lange, bis ein Stück der Bombe auf ein Hinderniss stösst, d. h. bis wieder eine äussere Kraft auf das System zur Wirkung kommt.

Die totale lebendige Kraft des Systems setzt sich im allgem. zusammen aus der lebendigen Kraft, welche der Schwerp.-Bewegung entspricht, und der lebendigen Kraft, welche der relativen Bewegung der einzelnen materiellen Punkte in Bezug auf den Schwerp. entspricht. Bei einem System von unveränderlich mit einander verbundenen Punkten ist die relative Bewegung der einzelnen Punkte in Bezug auf den Schwerpunkt = 0.

γ. Drehung des Systems um eine feste Axe.

Geht die Winkel-Geschw. ω_1 eines um die Axe O rotirenden Körpers, Fig. 322, nach Verlauf der Zeit t in die Winkel-Geschw. ω_2 über, so wird dabei von den auf den Körper wirkenden Kräften eine mechanische Arbeit:

$$A = \Sigma\left(\frac{m v^2_2}{2}\right) - \Sigma\left(\frac{m v^2_1}{2}\right) = \frac{\omega^2_2}{2}\,\Sigma(m\rho^2) - \frac{\omega^2_1}{2}\,\Sigma(m\rho^2) = J\left(\frac{\omega^2_2}{2} - \frac{\omega^2_1}{2}\right)$$

Fig. 322.

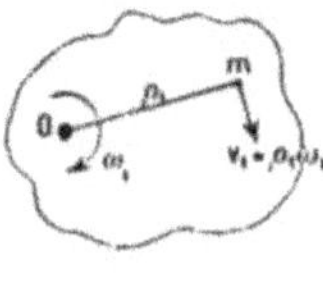

Fig. 323.

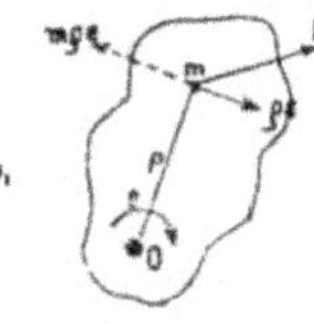

verrichtet. $J = \Sigma(m\rho^2)$ ist **das Trägheitsmoment des Körpers in Bezug auf die Drehaxe.**

Ist ferner ε die augenbl. Winkel-Beschleunigung des um O rotirenden Körpers, Fig. 323, und $\mathfrak{m}$ das stat. Moment der auf einen belieb. Punkt m des Körpers wirkenden Mittelkraft K, so ist:

$$\Sigma(\mathfrak{m}) = \varepsilon\,\Sigma(m\rho^2),$$

d. h. die Winkel-Beschleunigung:

$$\varepsilon = \frac{\mathfrak{M}}{J} = \frac{\text{Kraftmoment}}{\text{Trägheitsmoment}}.$$

Wenn man den Werth für das Trägheitsmoment $J = Mr^2$ setzt, so nennt man M **die auf den Radius r reduzirte Masse.** Derjenige Werth von r, für welchen die reduzirte Masse gleiche Grösse mit der wirklichen Masse des Körpers hat, wird der **Trägheits-Radius** genannt.

δ. Allgemeine Eigenschaften der Trägheitsmomente.

Das Trägheitsmom. J eines beliebigen Körpers bezogen auf die Axe OX, Fig. 324, kann durch die Gleichg.:

$$J = A\cos^2\alpha + B\cos^2\beta + C\cos^2\gamma - 2D\cos\alpha\cos\beta -$$
$$- 2E\cos\alpha\cos\varphi - 2F\cos\beta\cos\gamma$$

Fig. 324.

ausgedrückt werden. Darin bedeuten:

α, β, γ bezw. die Winkel der OP mit den 3 Koordin.-Axen;

$A = \Sigma[m(y^2 + z^2)]$ = Trägheitsmom. in Bezug auf die X-Axe.

$B = \Sigma[m(x^2 + z^2)]$ = " " " " " Y

$C = \Sigma[m(x^2 + y^2)]$ = " " " " " Z

$D = \Sigma(mxy)$; $E = \Sigma(mxz)$; $F = \Sigma(myz)$.

Um das Gesetz zu finden, nach welchem sich J mit der Aenderung der Lage von OP ändert, trage man auf jede Lage der OP die Grösse $L = \frac{1}{\sqrt{J}}$ ab; dann liegen sämmtliche Endpunkte P in der Fläche eines Ellipsoids, welches das **Ellipsoid der Trägheitsmomente** genannt wird.

Sind X, Y, Z die Koordin. des Punktes P, so ist die Gleich. dieses Ellipsoids: $AX^2 + BY^2 + CZ^2 - 2DXY - 2EXY - 2FYZ = 1$. Wählt man die 3 Axen des Ellipsoids als Koordin.-Axen, so geht die letzte Gleich. über in:

$$AX^2 + BY^2 + CZ^2 = 1.$$

Diese Axen nennt man die 3 **Hauptaxen** für den Punkt O und die Grössen A, B, C die drei **Haupt-Trägheitsmomente**.

Es giebt demnach für jeden beliebigen Punkt O drei einander rechtwinklig in diesem Punkte schneidende Axen, für welche als Koordin.-Axen die Grössen D, E und F je für sich $= 0$ sind.

Kennt man die Lage der 3 Hauptaxen und berechnet für sie die Grössen der 3 Haupt-Trägheitsmom. A, B und C, so folgt: $J = A \cos^2\alpha + B \cos^2\beta + C \cos^2\gamma$. Wählt man für den Punkt O den Schwerpunkt des Körpers, so nennt man das entstehende Ellipsoid der Trägheitsmom. das **Zentral-Ellipsoid**.

Ist J_s das Trägheitsmom. in Bezug auf eine der Schwerpunkts-Axen eines Körpers von der Masse M und J_0 das Trägheitsmom. desselben Körpers in Bezug auf eine zu dieser Schwerpunkts-Axe parallele Axe, ferner l der senkrechte Abstand beider Axen, so folgt: $J_0 = J_s + Ml^2$.

Nach dieser Gleich. kann man, sobald das Zentral-Ellipsoid gegeben ist, für jede beliebige Axe im Raume das Trägheitsmom. bestimmen, weil das Trägheitsmom. für jede Schwerp.-Axe durch den in diese Axenrichtung fallenden Radiusvektor der Zentral-Ellipsoid-Fläche gegeben ist.

Der grössten Hauptaxe entspricht das kleinste der drei Haupt-Trägheitsmom., welches zugleich das kleinste von allen möglichen Trägheitsmom. ist.

Fig. 325.

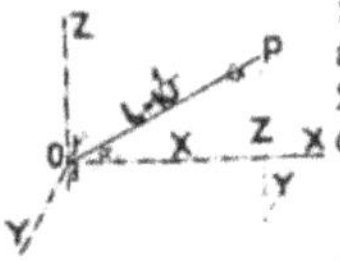

Um für irgend einen Körper die 3 Hauptaxen zu finden, nimmt man zunächst eine belieb. Lage der OP, Fig. 325 an und ermittelt dann [s. Gl. (1)] aus den Gleich.:
$2D \cos\alpha \cos\beta = 0$; $2E \cos\alpha \cos\gamma = 0$; $2F \cos\beta \cos\gamma = 0$ diejenigen Werthe von α, β und γ, für welche:
$$J = A \cos^2\alpha + B \cos^2\beta + C \cos^2\gamma \text{ wird.}$$

Bei symmetrischen Körpern fallen die Hauptaxen mit den Symmetrie-Axen zusammen.

Trägheitsmomente verschiedener Körper.

Die Axe, auf welche das Trägheitsmoment bezogen wurde, ist durch den Index am Fuss des J angedeutet. M bedeutet stets die Gesammtmasse des betrachteten Körpers. Ist γ die Dichtigkeit eines vollkommen homogenen Körpers, so ist allgemein: $J = \Sigma(m\rho^2) = \gamma \int dx\, dy\, dz\, \rho^2$.

1. **Materielle Kreislinie**, Fig. 326; $J_0 = Mr^2$.

Fig. 326.

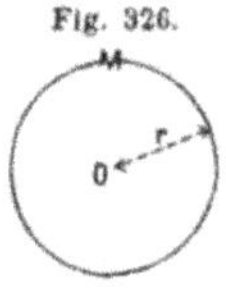

Fig. 327.

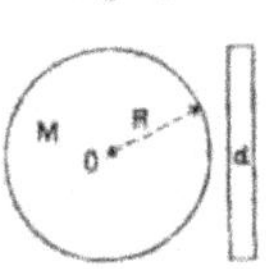

Fig. 328.

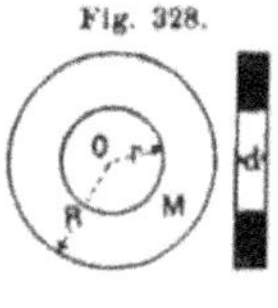

Fig. 329.

2. **Kreisscheibe**, Fig. 327, $J_0 = \gamma d \dfrac{\pi}{2} R^4 = \dfrac{M}{2} R^2$.

$\dfrac{M}{2}$ ist die auf den Umfang der Scheibe reduzirte Masse.

3. **Ring**, Fig. 328, $J_0 = \gamma d \dfrac{\pi}{2}(R^4 - r^4) = M\left[\dfrac{R^2 + r^2}{2}\right]$. Ist die Breite des Ringes $(R - r)$ im Vergleich zu R sehr klein (z. B. bei Schwungrädern), so ist annähernd $J_0 = M\left(\dfrac{R + r}{2}\right)^2$.

4. **Materielle gerade Linie**, die mit der Drehaxe OX den Winkel α einschliesst, Fig. 329; γ Masse pro Längeneinheit. $J_{0x} = \dfrac{1}{3}\gamma l^3 \sin^2\alpha = \dfrac{1}{3} M(l \sin\alpha)^2$.

Für $\alpha = 0$ wird: $J_0 = \dfrac{1}{3}\gamma l^3 = \dfrac{1}{3} Ml^2$. Die auf den Endpunkt B reduzirte

Masse ist in beiden Fällen $= \frac{M}{3}$. Schliesst die Linie mit der XY-Ebene den Winkel α ein, rotirt dabei um die Axe OX und ist der XZ-Ebene parallel, Fig. 330, so ist:

$$J_{ox} = M\left(a^2 + \frac{1}{3}\,l^2 \sin^2 \alpha\right).$$

Fig. 330.

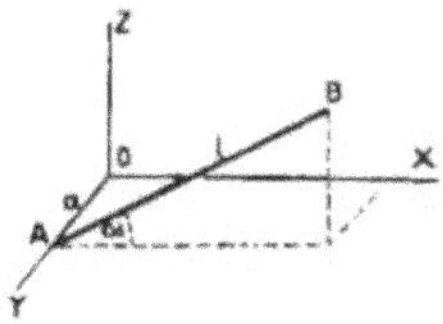

5. **Zwei um 90° gegen einander geneigte Linien** von gleicher Länge und gleicher Masse M, Fig. 331:

$$J_x = \frac{1}{3}\,M\,l^2.$$

6. **Kreuz mit 4 gleich langen Armen**, von denen jeder die Masse M hat, bei beliebiger Lage gegen die Drehaxe XX, Fig. 332: $J_x = \frac{2}{3}\,M\,l^2$.

7. **Rechteckige Platte von sehr geringer Dicke**, Fig. 333: $J_x = \frac{1}{3}\,M\,h^2$.

Fig. 331.

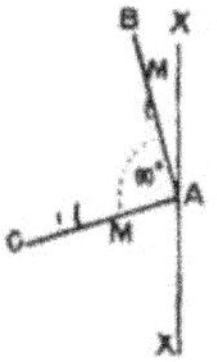

Fig. 332.

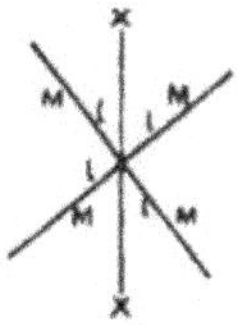

Fig. 333.

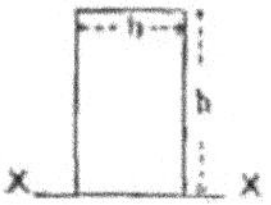

Fig. 334.

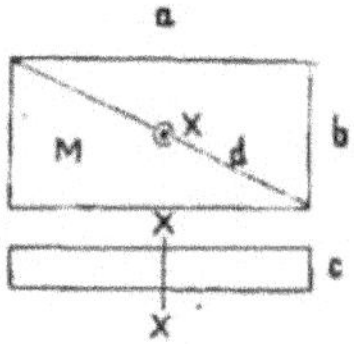

Fig. 335.

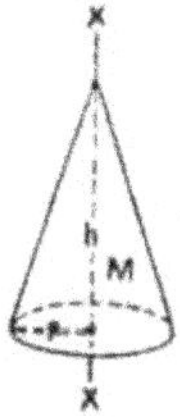

Desgl. mit Seitenlängen a und b und Dicke c, Fig. 334: $J_x = \frac{1}{12}\,M\,(a^2 + b^2)$.

8. **Gerader Kegel**, Fig. 335: $J_x = \frac{3}{10}\,M\,r^2$.

9. **Rotations-Paraboloid**, Fig. 336: $J_x = \frac{1}{3}\,M\,r^2$.

10. **Ellipsoid**, Fig. 337:

$$J_z = \frac{1}{5}\,M\,(a^2 + b^2);\; J_y = \frac{1}{5}\,M\,(a^2 + c^2);\; J_x = \frac{1}{5}\,M\,(b^2 + c^2).$$

Fig. 336.

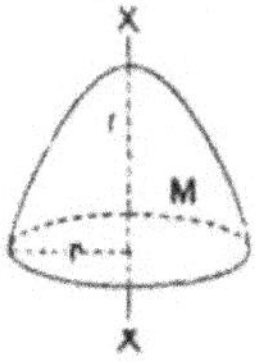

Fig. 337.

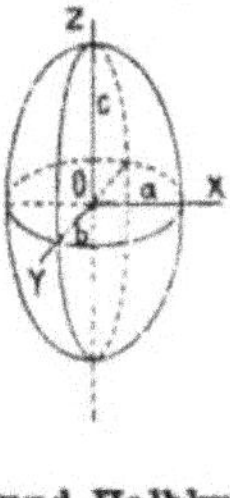

Fig. 338.

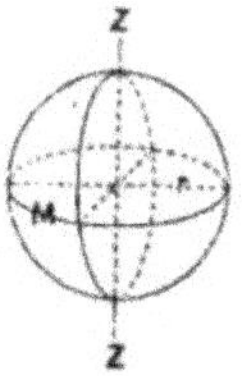

Fig. 339.

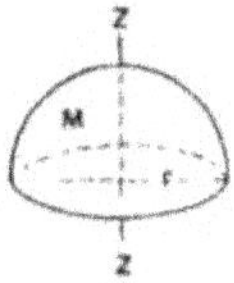

Fig. 340.

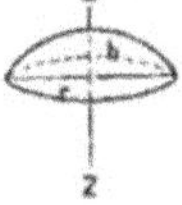

Fig. 341.

11. **Kugel und Halbkugel**, Fig. 338 u. 339: $J_z = \frac{2}{5}\,M\,r^2$.

12. **Kugelabschnitt**, Fig. 340: $J_z = \gamma\pi\left\{\frac{2}{3}\,r^2 h^3 - \frac{1}{2}\,r\,h^4 + \frac{1}{10}\,h^5\right\}$.

13. **Kugel, deren Mittelpunkt um l von der Drehaxe entfernt ist**, Fig. 341: $J_o = \frac{2}{5}\,M\,r^2 + M\,l^2 = M\,l^2\left\{1 + \frac{2}{5}\left(\frac{r}{l}\right)^2\right\}$. Ist $\frac{r}{l}$ sehr klein, so: $J_o = M\,l^2$.

g. Beispiele zur Bewegungslehre des Systems materieller Punkte.

α. Beschleunigte Drehung einer Radwelle.

Die tangential am Umfange der Welle wirkende Kraft K, Fig. 342a., ertheilt der ganzen um die Axe O rotirenden Masse eine Winkel-Beschleunigung $\varepsilon = \frac{Kr}{J_o}$

Fig. 342.

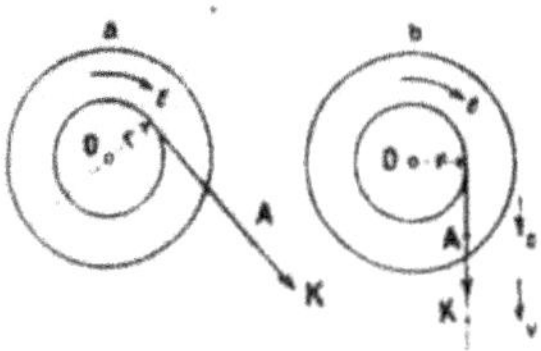

Die Beschleunigung p, mit welcher der Angriffspunkt A der Kraft K sich in der Richtung derselben bewegt, ist: $p = r\varepsilon = \frac{Kr^2}{J_o} = \frac{K}{\mu}$ (1)

μ ist die auf den Radius r reduzirte Masse. Verändert sich unter Einwirkung von K die Winkel-Geschw. ω in ω_1, so erhält man, mit Bezug auf Fig. 342b, für die von K während dieser Zeit verrichtete mechanische Arbeit: $\mathfrak{A} = \frac{\mu v^2}{2} - \frac{\mu c^2}{2}$. (2)

Die Gleichg. (1) und (2) zeigen, dass der Punkt A sich stets wie ein materieller Punkt bewegt, dessen Masse μ = der auf den Umfang der Welle reduzirten ganzen rotirenden Masse ist.

β. Schwungräder-Berechnung.

Die treibende konstante Kraft K wirke stets in vertikaler Richtung am Endpunkt B der Kurbel OB, Fig. 343, der Widerstand W als konstante Tangentialkraft im Umfange des Kurbelkreises vom Radius r. Das veränderliche Gesammtmoment $Kr \cos\alpha - Wr$ bedingt veränderliche Winkel-Geschw Soll dieselbe jedesmal am Ende einer halben Umdrehung wieder ebenso gross sein, wie zu Anfang derselben, so muss sein: $K 2 r = W r \pi$ oder $K = \frac{\pi}{2} W$ (1)

Fig. 343.

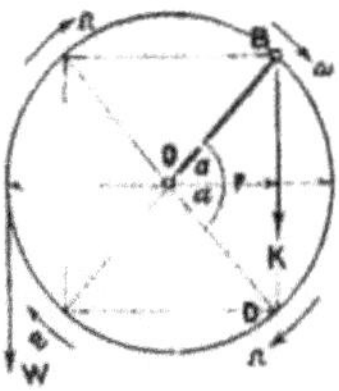

Diejenige Kurbelstellung OB, bei welcher die Winkel-Beschleunigung = 0 ist, findet sich aus: $Kr\cos\alpha - Wr = K\frac{2r}{\pi}$.

Das giebt: $\cos\alpha = \frac{2}{\pi} = 0{,}6366$. (2)

In D erreicht die Winkel-Beschleunigung ihren höchsten Werth. Nach dem Prinzip der lebendigen Kraft ist demnach, wenn die Winkel-Geschw. in B und D bezw. mit ω und Ω bezeichnet werden:

$$J\left\{\frac{\Omega^2}{2} - \frac{\omega^2}{2}\right\} = K 2 r \sin\alpha - W 2 r \alpha. \qquad (3)$$

Setzt man das arithm. Mittel zwischen ω und Ω (oder die mittlere Winkel-Geschw. $= \theta$, ferner $\frac{\theta}{\Omega - \omega} = n$, so bezeichnet n den Grad der Gleichförmigkeit der Bewegung. Unter Berücksichtigung der Gleichg. (1) und (2) nimmt Gleichg. (3) dann die Form an: $J = 0{,}661\,\frac{n}{\theta^2}\,Wr$.

Ist M die Masse, Q das Gewicht, R der Radius des Schwungringes und ist ferner das Trägheitsmom. der Welle selbst (sowie der sonstigen mit der Welle umlaufenden Masse), klein genug, um vernachlässigt werden zu können, so ergiebt sich endlich: $Q = 0{,}661\,\frac{ng}{R^2\theta^2}\,Wr$. Soll z. B. die Veränderlichkeit der Winkel-Geschw. $\frac{1}{30}$ der mittlern Winkel-Geschw. betragen, und macht die Welle 60 Umdrehungen in der Min., so ist $n = 30$ und $\theta = 2\pi$ zu setzen.

γ. Physikalisches Pendel, Fig. 344.

Die Länge l desjenigen mathem. Pendels, welches bei gleichem Ausschlag-Winkel α gleiche Schwingungsdauer mit einem gegebenen physikal. Pendel der

Masse M hat, dessen Schwerpunkt S um r von der horizontalen Axe O absteht, findet sich aus der Gleichsetzung der betr. Winkel-Beschleunigungen:

$$\frac{M g r \sin \alpha}{J_o} = \frac{m g l \sin \alpha}{m l^2} \text{ oder: } l = \frac{J_o}{M r}.$$

Ist $OJ = l$, so heisst J der Schwingungspunkt des physikal. Pendels.

Fig. 344.

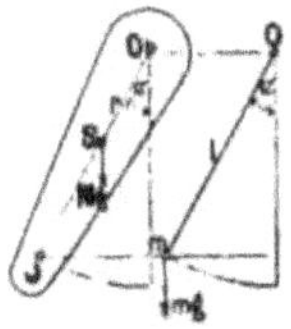

Macht man den Schwingungspunkt J zum Aufhängepunkt, so wird O zum Schwingungspunkt. Auf letztere Eigenschaft stützt sich der Gebrauch des Reversions-Pendels, mit dessen Hülfe man auf experimentellem Wege die Länge l des mathemat. Pendels und auch das Trägheitsmom. eines Körpers bestimmen kann.

Um das Trägheitsmom. zu bestimmen, benutzt man die Gleich.: $J_o = M r l$ und $J_s = M r (l - r)$. l und r müssen durch Experim. gefunden werden. J_s ist das Trägheitsmom. in Bezug auf die zur Drehaxe parallele Schwingungsaxe.

δ. Rollende Bewegung auf horizontaler und schiefer Ebene.

Die Bedingung des Rollens auf horizontaler Ebene ist: $\omega = \frac{v}{r}$, die ganze lebendige Kraft L, Fig. 345:

Fig. 345.

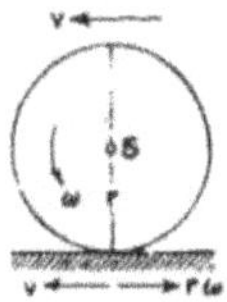

Fig. 346.

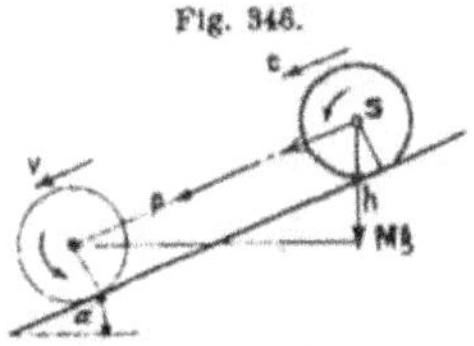

$$L = \frac{M v^2}{2} + \frac{J}{2} \left(\frac{v}{r}\right)^2 = \frac{v^2}{2} (M + \mu).$$

M die Masse und μ die auf den Umfang des Rollkreises reduzirte Masse.

Rollt derselbe Körper unter alleiniger Einwirkung der Schwerkraft auf schiefer Ebene, Fig. 346, so ist allgemein:

$$\frac{(M+\mu) v^2}{2} - \frac{(M+\mu) c^2}{2} = M g h.$$

Daraus ergiebt sich für $c = o$ die Endgeschw.: $v = \sqrt{\frac{2 g h}{1 + \frac{\mu}{M}}}$.

Für einen Zylinder ist $\mu = \frac{M}{2}$ und $v = \sqrt{\frac{4}{3} g h}$.

Für eine Kugel ist $\mu = \frac{2}{5} M$ und $v = \sqrt{\frac{10}{7} g h}$.

Die Neigung der schiefen Ebene gegen den Horizont darf den Werth: $\tang \alpha = \left(1 + \frac{M}{\mu}\right) f$ nicht überschreiten, wenn ein vollkommenes Rollen des Körpers (ohne Gleiten) stattfinden soll. f ist der Koeffiz. der gleitenden Reibung.

Fig. 347.

Für einen Zylinder darf $\tang \alpha$ nicht grösser als $3 f$, für eine Kugel nicht grösser als $3{,}5 f$ sein.

Unter Berücksichtigung des Widerstandes der rollenden Reibung, ergiebt sich die Beschleunigung p der Bewegung des Körpers längs der schiefen Ebene im Falle des vollkommenen Rollens:

$$p = \frac{M g (\sin \alpha - \psi)}{M + \mu}.$$ ψ ist der Koeffiz. der rollenden Reibung.

Ein Körper der durch Umwickelung mit einem Faden zu einer vertikalen rollenden Bewegung gezwungen wird, Fig. 347, bewegt sich mit der Beschleunigung $p = \frac{M g}{M + \mu}$.

Ist dieser Körper ein Zylinder vom Halbmesser R und hat der Rollkreis den Halbmesser r, so ist $p = \frac{g}{1 + \frac{1}{2} \frac{R^2}{r^2}}$.

ε. Fuhrwerke. Zugkraft. Widerstands-Koeffizienten.

Wenn an der Drehaxe des rollenden Körpers, wie bei Fuhrwerken, noch eine Masse M aufgehängt ist, Fig. 348, welche nur an der fortschreitenden Bewegung desselben Theil nimmt, so ergiebt sich:

Fig. 348.

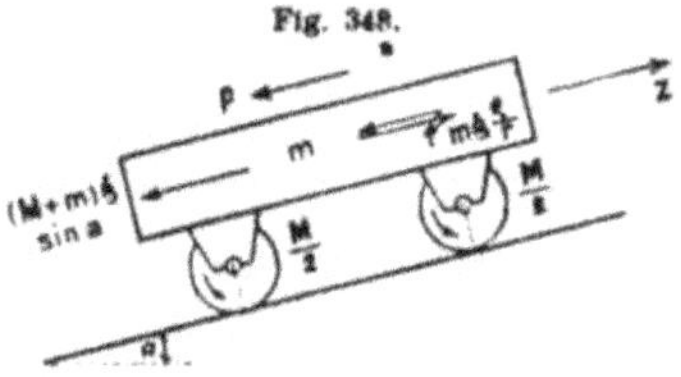

$$p = \frac{(M+m)\,g\left(\sin\alpha - \frac{\psi}{r}\right) - f'\,mg\,\frac{\rho}{r}}{M+\mu+m}.$$

Das Glied $f'mg\frac{\rho}{r}$ zeigt den Einfluss der Zapfenreibung. ρ Zapfenhalbmesser; f' Zapfenreibungs-Koeffiz.

Die Zugkraft Z, welche erforderlich ist, um einen Wagen gleichförmig bergan zu ziehen, ist: $Z = (M+m)\,g\left(\sin\alpha + \frac{\psi}{r}\right) + f'\,mg\,\frac{\rho}{r}$.

Erfahrungs-Resultate über die Grösse der Zugkraft des Menschen und thierischer Motoren, sowie über Widerstands-Koeffizienten für Fuhrwerke auf geneigter Bahn finden sich weiterhin im „Anhang".

ζ. Gleitende Bewegung eines rotirenden Körpers auf schiefer Ebene.

Gleiten findet statt, wenn $\tan\alpha > \left(1+\frac{M}{\mu}\right)f$ ist.

Die gleitende Bewegung geht in eine rollende über, sobald die Geschw. der Berührungsstelle $= 0$ geworden ist.

Fig. 349.

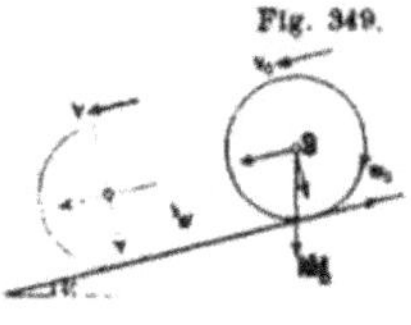

Für die Endgeschw. des gleitenden und die Anfangsgeschw. der rollenden Bewegung erhält man, Fig. 349:

$$v = \frac{v_0 - \frac{\mu}{M}\left(1+\frac{\tan\alpha}{f}\right)\omega_0}{1+\frac{\mu}{M}\left(1-\frac{\tan\alpha}{f}\right)}. \qquad (1)$$

ω_0 ist die anfängliche Umfangs-Geschw. der rotirenden Bewegung. Die Gleichg. (1) gilt ganz allgemein für positive und negative Werthe, sowohl der Anfangs-Geschw. ω_0 und v_0 als auch des Neigungswinkels α. Letzterer ist als positiv oder negativ einzuführen, je nachdem die Anfangs-Geschw. bergab oder bergan gerichtet ist.

Setzt man in Gleich. (1) $\tan\alpha = \left(1+\frac{M}{\mu}\right)f$, so wird $v = \infty$, d. h. die Bewegung geht nie in eine rollende über.

Setzt man $\tan\alpha = f$, so wird $v = v_0$, d. h. der Körper bewegt sich gleichförmig bergab oder bergan, je nachdem v_0 positiv oder negativ ist.

η. Schrauben-Bewegung.

Ist c die Geschw. der Schraubenspindel in der Axenrichtung, $r\omega$ die der Drehbewegung entsprechende Anfangs-Geschw., so ist das Steigungs-Verhältniss $\tan\alpha = \frac{c}{r\omega}$. Daraus ergiebt sich die lebendige Kraft L der Bewegung: $L = \left(M + \frac{\mu}{\tan^2\alpha}\right)\frac{c^2}{2}$, worin M und μ die bekannten Werthe der an der Drehung Theil nehmenden Massen vorstellen; $\mu = \frac{J}{r^2}$.

Die Beschleunigung p der Bewegung ist: $p = \dfrac{P}{M + \dfrac{\mu}{\tan\alpha\,\tan(\alpha-\varphi)}}$, worin P die in der Axenrichtung wirkende Kraft und φ den Reibungswinkel bedeutet. Für den in Fig. 350 angedeuteten Fall, dass die Masse der Schraubenspindel gegen die in der Entfernung R von der Axe angebrachten Schwungmassen vernachlässigt werden kann, und für $P = Mg$ erhält man annähernd:

Fig. 350.

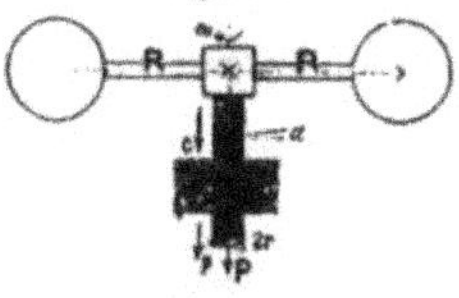

$$p = \frac{g}{1 + \frac{R^2}{r^2 \operatorname{tang} \alpha \operatorname{tang}(\alpha \mp \varphi)}}.$$

Das Zeichen + gilt für die sinkende, das Zeichen — für die steigende Bewegung.

Fig. 351.

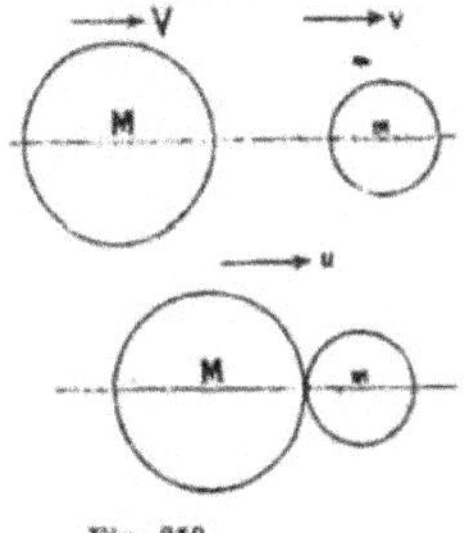

h. Der Stoss.

Der Stoss heisst zentral, wenn die Senkrechte auf der Berührungsebene beider Körper im Berührungspunkte errichtet, durch die Schwerpunkte beider Körper geht, und gerade, wenn die Richtungen der Geschw. beider Körper in diese Normale fallen, Fig. 351. Den Gegensatz zum zentralen bildet der exzentrische, den Gegensatz zum geraden der schiefe Stoss.

α. Gerader, zentraler und vollkommen unelastischer Stoss, Fig. 351.

Haben zwei Massen M und m vor dem Stosse die Geschw. V und v, so werden sie sich nach erfolgtem

Fig. 352.

Zusammenstoss mit der gemeinschaftl. Geschw. $u = \frac{MV \pm mv}{M + m}$ in derselben Richtung weiter bewegen. Das Zeichen + gilt für gleich gerichtete, das Zeichen — für entgegen gesetzt gerichtete Geschw.

Fig. 353.

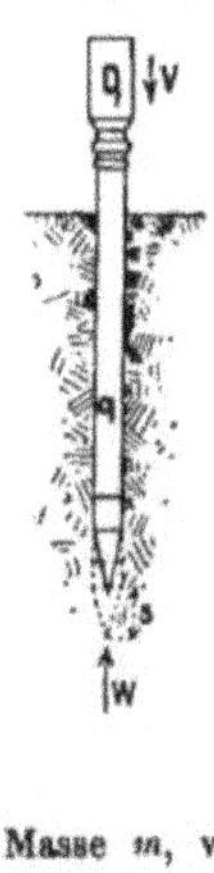

Der durch den Stoss herbei geführte Verlust an lebendiger Kraft ist: $\mathfrak{V} = \frac{Mm}{M+m}\left(\frac{V^2 \mp v^2}{2}\right)$. Hat die Masse m vor dem Stosse die Geschw. $v = 0$, so wird: $\mathfrak{V} = \frac{MV^2}{2}\left(\frac{1}{1 + \frac{M}{m}}\right)$.

Der von der ursprüngl. vorhandenen lebend. Kraft $\frac{MV^2}{2}$ verbleibende Rest ist: $\mathfrak{R} = \frac{MV^2}{2}\left(\frac{1}{1 + \frac{m}{M}}\right)$. Sind Q bezw. q die Gewichte der Massen M und m und setzt man $\frac{V^2}{2g} = H$ (Geschw.-Höhe), so wird: $\mathfrak{V} = QH\frac{q}{Q+q}$ und $\mathfrak{R} = QH\frac{Q}{Q+q}$.

β. Beispiele zum unelastischen Stoss.

1. **Eintreiben eines Nagels** (nach Ritter). Die Hammer-Masse M, vom Gewicht $Q = 1{,}5$ kg, Fig. 352, treffe den Nagel der Masse m, vom Gewichte $q = 0{,}1$ kg im Augenblick des Zusammenstosses mit der Geschw. $V = 5{,}6$ m. Dann ist $\frac{MV^2}{2} = QH = 1{,}5\frac{5{,}6^2}{2 \cdot 9{,}8} = 2{,}4$ mkg; $\mathfrak{R} = 2{,}4\frac{1{,}5}{1{,}5 + 0{,}1} = 2{,}25$ mkg. Beobachtet man, dass der Nagel unter dem Schlage um die Strecke $s = 0{,}005$ m eindringt, so ist der dem Eintreiben sich entgegen setzende Widerstand W zu berechnen aus $Ws = 2{,}25$ mkg; $W = 450$ kg.

2. **Einrammen von Pfählen**, Fig. 353. Unter der Annahme, dass beim Aufschlagen des aus der Höhe $H = \frac{V^2}{2g}$ auf den Kopf des Pfahls herab fallenden

Rammbärs ein vollkommen unelastischer Stoss stattfindet und dass der Widerstand W, welcher beim Eindringen des Pfahles längs der Strecke s überwunden werden muss, konstant sei, ist: $QH\frac{Q}{Q+q}+(Q+q)s=Ws$. Aus der Grösse von s, die sich für den letzten Schlag des Rammbärs in der letzten Hitze ergiebt, lässt sich W und hieraus die zulässige Tragfähigkeit des Pfahls berechnen. Da $\mathfrak{V}$ nur auf Deformation des Pfahlkopfes wirkt, so muss man $\mathfrak{N}$ — oder Q im Verhältniss zu q — möglichst gross zu machen suchen.

3. **Wirkung der Fallhämmer.** Beim Stoss eines Fallhammers, wo man möglichst die ganze lebendige Kraft desselben für die Deformation des zu schmiedenden Stückes ausnutzen will, ist $\mathfrak{B}$ möglichst gross, $\mathfrak{N}$ dagegen klein zu machen; d. h. das Hammergewicht Q ist im Verhältniss zum Gewicht q des Ambos möglichst klein zu wählen. Zweckmässig ist es, $q > 10Q$ zu machen.

Aus der Grösse s, um welche das Eisenstück bei einem Hammerschlage zusammen gedrückt worden ist, ergiebt sich die ausgeübte Wirkung W.

$$QH\frac{q}{Q+q}=Ws.$$

Beispiel. Das Hammergewicht ist = 10^t, die Fallhöhe = $2{,}4^m$, das Gewicht des Ambos einschliesslich des Schmiedestücks = 50^t, die Tiefe des Eindringens $s = 0{,}02^m$. Dann ist der ausgeübte Druck: $W=\frac{10\,.\,2{,}4\,.\,50}{(10+50)\,0{,}02}=1000^t$.

γ. Gerader, zentraler und vollkommen elastischer Stoss.

Haben die Massen M und m vor dem Stoss die gleich gerichteten Geschw. V und v und nach dem Stoss die Geschw. C und c, so ist:

$$C=V-\frac{2(V-v)}{1+\frac{M}{m}}\text{ und }c=v+\frac{2(V-v)}{1+\frac{m}{M}}.$$

Der Verlust an lebendiger Kraft ist hierbei $=0$. Ist $M=m$, so wird $C=v$ und $c=V$; d. h. die beiden Massen haben ihre Geschw. ausgetauscht.

Setzt man $v=0$ und das Verhältniss $\frac{M}{m}=n$, so wird:

$$C=\frac{n-1}{n+1}V\text{ und }c=\frac{2n}{n+1}V.$$

Ist $v=0$ und m gegen M sehr gross, so dass $n=0$ gesetzt werden darf, so wird $C=-V$. Sind die Geschw. V und v entgegen gesetzt gerichtet, so ist v überall negativ zu setzen.

δ. Gerader, zentraler und unvollkommen elastischer Stoss.

Hier ist: $V-C=\frac{(1+\delta)\,V-v}{1+\frac{M}{m}}$ und $c-v=\frac{(1+\delta)\,V-v}{1+\frac{m}{M}}$.

δ ist der Koeffizient der Stoss-Elastizität: $\delta=\frac{u-C}{V-u}=\frac{c-u}{u-v}$, wenn mit u die Geschw. bezeichnet wird, mit welcher der Schwerpunkt der Gesammt-Massen vor dem Stosse sich bewegte.

Unter gewöhnlichen Umständen variirt der Werth von δ zwischen 0 und 1. Er nähert sich dem Grenzwerth 0 um so mehr, je grösser die Differenz $V-v$ und je geringer die Elastizität der Körper ist, dem Grenzwerthe 1 dagegen um so mehr, je kleiner die Differenz $V-v$ und je grösser die Elastizität der Körper ist. Auch bei sehr elastischen Körpern kann δ nahezu 0 werden, wenn $V-v$ sehr gross war u. s. w.

Ist $V-v$ klein, so darf für Elfenbein $\delta=\frac{8}{9}$, für Stahl und Kork $\delta=\frac{5}{9}$ gesetzt werden.

Der Verlust an lebendiger Kraft ist: $\mathfrak{B}=(1-\delta^2)\frac{Mm}{M+m}\frac{(V-v)^2}{2}$.

ε. Stoss rotirender Körper; exzentrischer Stoss.

Für den Stoss zweier um feste, einander parallele Axen sich drehender Körper gelten die vorstehenden Betrachtungen ebenfalls, wenn statt der Geschw. V, v und C, c der Schwerpunkte die den Drehbewegungen entsprechenden Umfangs-Geschw. der Stosspunkte und statt der wirklichen Massen M, m bezw. die auf die Stosspunkt-Kreise reduzirten Massen $\mathfrak{M}, \mathfrak{m}$ eingesetzt werden.

Es seien z. B., Fig. 354, M und m bezw. die Massen der um A rotirenden Daumenwelle und des um a schwingenden Hammers, L und l bezw. die Abstände der Stosspunkte BB von den Drehpunkten A und a, V und v die Umfangs-Geschw. der Punkte BB vor dem Stosse, $\mathfrak{M}$ und $\mathfrak{m}$ die auf die letztern Punkte reduzirten Massen M und m, so ist bei Voraussetzung eines vollkommen unelastischen Stosses der Verlust an mechanischer Arbeit, weil $v = 0$ ist: $\mathfrak{V} = \frac{\mathfrak{M} v^2}{2} \cdot \frac{1}{1 + \frac{\mathfrak{M}}{\mathfrak{m}}}$. Dieser Verlust wird um so kleiner, je grösser $\frac{\mathfrak{M}}{\mathfrak{m}}$ ist und da in vorliegendem Falle m und l, also meistens $\mathfrak{m}$ gegeben ist, so wird $\mathfrak{M}$ durch Anbringung eines schweren Schwungrades möglichst gross zu machen sein.

Fig. 354.

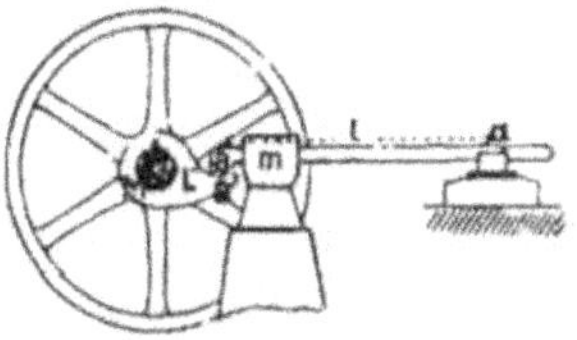

Die Stosswirkung in Fig. 354 ist eine exzentrische. Soll die Wirkung davon sich nicht auf die Lagerung des Zapfens bei a übertragen, so muss der Stosspunkt B in Bezug auf die Drehaxe a ein sogen. Mittelpunkt des Stosses sein. Dies ist der Fall, wenn B in Bezug auf a der Schwingungspunkt der Masse m ist (vergl. S. 545). Eine Stosswirkung in a findet dann nicht statt.

ζ. Zentraler, schiefer Stoss.

Sind V und v die Geschw. der beiden Massen M und m, vor dem Stoss, Fig. 355, und die Winkel, welche jene mit der Verbindungslinie der beiden Schwerpunkte bilden, α und β, so bleiben während und nach dem Stoss die Seiten-Geschw. $V \sin \alpha$ und $v \sin \beta$ unverändert, sobald eine Reibung zwischen den zusammen stossenden Körpern als nicht vorhandenen angenommen wird.

Fig. 355.

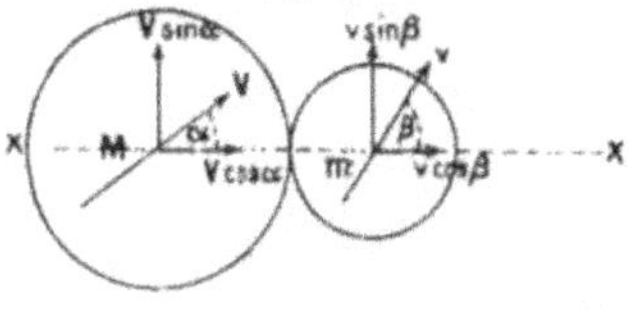

Setzt man $V \cos \alpha = V_x$ und $V \cos \beta = v_x$, so sind die Geschw. von M und m nach dem Stosse in der Richtung XX:

$$V_x - C_x = (1 + \delta) \frac{V_x - v_x}{1 + \frac{M}{m}} \qquad c_x - v_x = (1 + \delta) \frac{V_x - v_x}{1 + \frac{m}{M}}$$

und die wirklichen Geschw. von M und m:

$$C = \sqrt{C_x^2 + V^2 \sin^2 \alpha} \text{ und } c = \sqrt{c_x^2 + v^2 \sin^2 \beta}.$$

Für den vollkommen unelastischen Stoss ist $\delta = 0$ und für den vollkommen elastischen Stoss ist $\delta = 1$. —

III. Anhang: Arbeitsleistungen und Widerstände beim Bewegen von Lasten durch Menschen und Thiere.

a. Koeffizienten der gleitenden Reibung für Ruhe und Bewegung; nach Morin u. A. (Vergl. S. 516 ff).

Material-Gattung		Reibende Körper	Lage der Fasern	Zustand der Oberflächen	Koeffiz. der gleitenden Reibung für Ruhe	Koeffiz. der gleitenden Reibung für Bewegung
Metall auf Metall	1.	Gusseisen auf Gusseisen oder Bronze .		wenig fettig	0,16	0,15
				mit Wasser	—	0,31
	2.	Schmiedeisen auf Gusseisen od. Bronze		trocken	0,19	0,18
	3.	Schmiedeisen auf Schmiedeisen . . .		trocken	—	0,44
				wenig fettig	0,13	—
	4.	Bronze auf Gusseisen		trocken	—	0,21
	5.	Bronze auf Schmiedeisen .		etw. fettig	—	0,16
	6.	Bronze auf Bronze		trocken	—	0,20

Material-Gattung		Reibende Körper	Lage der Fasern	Zustand der Oberflächen	Koeffiz. der gleitenden Reibung für Ruhe	für Bewegung
Metall auf Holz	7.	Gusseisen auf Eiche	=	trocken	—	0,49
			=	mit Wasser	0,65	0,22
			=	trock. Seife	—	0,19
	8.	Schmiedeisen auf Eiche	=	mit Wasser	0,65	0,26
			=	mit Talg	0,11	0,08
	9.	Messing auf Eiche	=	trocken	0,62	—
Holz auf Holz	10.	Eiche auf Eiche . .	=	trocken	0,62	0,48
			=	trock. Seife	0,44	0,16
			+	trocken	0,54	0,34
			+	mit Wasser	0,71	0,25
			⊥	trocken	0,43	0,19
	11.	Holz auf Eiche, im Mittel	=	trocken	0,55	0,38
Leder etc. auf Holz oder Eisen	12.	Rindsleder auf Eiche	Leder flach	trocken	0,61	—
			hohe Kante	trocken	0,43	0,33
				mit Wasser	0,79	0,29
	13.	Lederriemen auf Eichentrommel .	=	trocken	0,47	0,27
	14.	Lederriemen auf Gusseisen	flach	trocken	0,28	0,56
			flach	mit Wasser	0,38	0,36
	15.	Rindsleder als Kolbenliderung	flach	mit Wasser	0,62	—
			flach	Oel, Seife	0,12	—
	16.	Hanfseil auf Eiche	=	trocken	0,80	0,52
Stein auf verschiedenen Materialien	17.	Steine oder Ziegel auf denselben, grösster Werth	glatt bearb.	trocken	0,73	—
		kleinster "		trocken	0,53	—
	18.	Steine oder Ziegel auf einander, grösster Werth	mit frisch. Mörtel	—	0,70	—
		kleinster "		—	0,50	—
	19.	Steine auf Schmiedeisen		trocken	0,45	—
	20.	Steine auf Hirnholz . .		trocken	0,64	—
	21.	Steine auf Holz, mittel		trocken	0,60	—
	22.	Mauerwerk auf Beton		trocken	0,76	—
	23.	Mauerwerk auf gewachsenem Boden .		trock. u. hart	0,65	—
				mittel	0,45	—
				nass u. lettig	0,3	—

Bedeutung der Zeichen in vorstehender Tabelle:

= Bewegung in Richtung der Fasern beider Körper.
+ Bewegung normal gegen die Fasern des gleitenden Körpers.
⊥ Bewegung von Hirnholz auf Langholz in der Faserrichtung des letztern.

b. Koeffizienten der gleitenden Reibung für die Bewegung; nach Rennie.*)

Druck der reibenden Körper gegen einander in kg pro qcm	Reibende Körper. Schmiedeisen auf Schmiedeisen.	Gusseisen auf Schmiedeisen.	Stahl auf Gusseisen	Messing auf Gusseisen.	Bemerkungen.
8,8	0,140	0,174	0,166	0,157	Die Oberflächen wurden geschmiert und dann abgewischt, so dass keine dazwischen befindliche Lage Schmiere die innige Berührung hindern konnte.
13,1	0,250	0,275	0,300	0,225	
15,7	0,271	0,292	0,333	0,219	
18,3	0,285	0,321	0,340	0,214	
21,0	0,297	0,329	0,344	0,211	
23,6	0,312	0,333	0,347	0,215	
26,2	0,350	0,351	0,351	0,206	
27,4	0,376	0,363	0,353	0,205	
31,5	0,395	0,365	0,354	0,208	
34,1	0,403	0,366	0,356	0,221	
36,8	0,409	0,366	0,357	0,223	
39,4	—	0,367	0,358	0,233	
42,2	—	0,367	0,359	0,234	
44,6	—	0,367	0,367	0,235	
47,2	—	0,376	0,403	0,233	
50,0	—	0,434	—	0,234	
55,1	—	—	—	0,232	
57,6	—	—	—	0,273	

*) *Artizan* 1860, S. 63. Zeitschr. d. Hannov. Archit.- u. Ingen.-Vereins 1861, S. 346.

c. **Koeffizienten der rollenden Reibung** (für Centimeter-Maasse).

Pockholz auf Pockholz	0,047
Ulmenholz auf Pockholz	0,081
Gusseisen auf Gusseisen . .	0,046
„ „ Eisenbahnschienen	0,052.

Ueber Widerstände der Seil- und Kettenreibung, s. Seite 518.

d. **Zapfenreibungs-Koeffizienten.**

Material der reibenden Körper Zapfen	Lager	Zustand der Oberflächen	Reibungskoeffiz. Die Schmiere wird erneuert auf gewöhnliche Art	ununterbrochen
Gusseisen	Gusseisen	geschmiert	0,07 — 0,08	0,054
		fettig	0,14	—
Gusseisen	Bronze	geschmiert	0,07 — 0,08	0,054
		fettig	0,16	—
		wenig fettig	0,19	—
Schmiedeisen	Gusseisen	geschmiert	0,07 — 0,08	0,054
Schmiedeisen	Bronze	geschmiert	0,07 — 0,08	0,054
		fettig	0,19	—
		wenig fettig	0,25	—
Gusseisen	Pockholz	geschmiert	0,07	0,09
		fettig	0,19	
Schmiedeisen	Pockholz	geschmiert	0,11	
		fettig	0,19	
Pockholz	Pockholz	geschmiert	—	0,07
Bronze	Bronze	trocken	0,10	—

e. **Arbeitsleistungen von Menschen und Thieren.**

Bei Innehaltung gewisser mittlerer Werthe für die Geschw. v, die Zeit t und die Kraft K wird ein Mensch oder ein Thier die grösste Arbeitsleistung $\mathfrak{A}_{max.} = Kvt$ erzielen. Erfolgt die Arbeit nicht mit der mittlern Geschw. v, sondern mit der Geschw. v_1, so muss die zur Erzielung einer (relativen) Maximal-Leistung erforderliche Kraft $K_1 = \left(3 - 2\frac{v_1}{v}\right) K$ sein.

Grösste Arbeitsleistungen, bei mittlerem K, v und t.

	Motor und Art der Arbeit	K kg	v pro Sekunde m	Arbeit in der Sekunde mkg	Tägliche Arbeits-Zeit Stunden	Tägliche Arbeitsleistung. mkg (abgerundet)
	I. Bei Maschinen.					
1.	Ein Pferd am Göpel im Schritt	45	0,90	40,50	8	1166 000
2.	„ Ochs desgl.	65	0,60	39,0	8	1123 000
3.	„ Pferd am Göpel im Trab .	30	2,00	60,0	4,5	972 000
4.	„ Maulesel am Göpel im Schritt	30	0,90	27,0	8	778 000
5.	„ Esel am Göpel im Schritt .	14	0,80	11,60	8	334 000
6.	„ Mensch am Steigrad	64	0,15	9,60	8	278 000
7.	„ Mensch an einem Tret- oder Laufrad im Niveau der Achse	60	0,15	9,00	8	259 000
8.	„ Mensch desgl. im untern Theil des Rades unter 24° . .	12	0,70	8,40	8	251 000
9.	„ Mensch an der Kurbel . .	10,12	0,79	7,94	8	229 000
10.	„ Mensch am Göpel .	12,75	0,6	7,65	8	219 000
11.	„ Mensch am Hebel . . .	5,35	1,1	5,88	8	160 000
	II. Horizontale Zugkräfte.					
12.	Pferd . .	60	1,25	75	8	2160 000
13.	Maulesel .	50	1,1	55	8	1584 000
14.	Ochs .	60	0,79	47,4	8	1350 000
15.	Esel . .	40	0,79	31,6	8	900 000
16.	Mensch .	15	0,79	11,8	8	339 000

Die Arbeitsleistung des einzelnen Zugthiers nimmt mit der Zunahme der Kopfzahl der Bespannung ab. Wird die am einspännigen Fuhrwerk erzielte Leistung eines einzigen Thieres = 1 gesetzt, so ist die Leistung pro Thier im Zweigespann = 0,95

pro Thier im Drei-Gespann = 0,85 pro Thier im Fünfer-Gespann = 0,73

„ „ Vierer-Gespann = 0,80 „ „ Sechser-Gespann = 0,64

Die normale Zugkraft eines Thieres soll $^1/_4$ bis $^1/_5$ seines Eigengewichts betragen; die maximale Zugkraft, d. i. diejenige, die ein Thier momentan ganz kurze Zeit ausüben kann, soll bis zur vollen Höhe des Eigengewichts steigen können.

f. Widerstands-Koeffiz. beim Fortbewegen von Lasten auf horizontalen und geneigten Wegen.

α. Zugkraft auf horizontalen Wegen.

Beim Fortbewegen von Lasten mittels Wagen auf horizontalen Strassen sind nur die Bewegungs-Widerstände: die Zapfenreibungen der Räder, die gleitende, bezw. rollende Reibung derselben auf der Strasse und die durch Stösse und Klemmungen eintretenden Widerstände zu überwinden. Alle diese Widerstände sind in einen Widerstandskoeffiz. zusammen gefasst, der durch Versuche folgendermaassen bestimmt ist.

β. Widerstandskoeffizient k für verschiedene Strassenarten.

1. Chaussirte Strasse, mit Theer und Pech gedichtet 0,010
2. Asphaltstrasse 0,013
3. Vorzügliches Steinpflaster 0,013
4. Chaussirte Strasse; gewöhnl. Schotter, in vorzügl. Zustande 0,015
5. Gutes Holzpflaster 0,018
6. „ Steinpflaster 0,020
7. Chaussirte Strasse in gutem Zustande 0,023
8. Chauss. Strasse mit Staub etc. gedeckt 0,028
9. Geringes Steinpflaster 0,033
10. Chaussirte Strasse mit Schlamm, Gleisen bedeckt, (auch neue) 0,035
11. Erdwege, vorzüglich gut 0,045
12. Chaussirte Strasse von sehr geringer Beschaffenheit 0,050
13. Erdwege gut 0,080
14. „ schlecht . 0,160

Ist die fortzubewegende Last einschl. Wagen $= Q$, so ist die erforderliche Zugkraft auf horizontaler Bahn $Z = k Q$.

γ. Für die Bewegung eines Schlittens mit hölzernen Kufen auf einer glatten Holz- oder Steinbahn ist der Widerstandskoeffizient k:

in ungeschmiertem Zustande .	0,38	für Holzkufen auf Schnee und Eis . .	0,035
geschmiert mit trockener Seife	0,15	für beschlagene Kufen auf Schnee	
geschmiert mit Talg	0,07	und Eis	0,02

δ. Zugkraft auf ansteigender Strasse.

Ist der Neigungswinkel der Strasse $= \alpha$, ihre Steigung $\tan \alpha = s$, das Gewicht des Wagens mit Ladung $= Q$, das Gewicht des Zugthiers $= G$, der Widerstands-Koeffiz. der Strasse $= k$, die Zugkraft $= Z$, so ist sehr angenähert: $Z = kQ + (G + Q)s$; $Q = \frac{Z - Gs}{k + s}$; $s = \frac{Z - kQ}{G + Q}$.

g. Widerstandskoeffiz. für Seilrollen, Kettenrollen und Flaschenzüge.

α. Tabelle der Widerstands-Koeffiz. (μ) für Seilrollen bei halber Umfangsspannung ($\alpha = \pi$).

$a = 4\,\delta$; Zapfenreibungs-Koeffiz. $f' = 0{,}08$, Zapfendurchmesser $= \varrho = 0{,}4\,\delta$.

No.	Seil- oder Kettendurchmesser δ	16	20	23	26	29	33	36	39	46	52
1	$\mu = \frac{K}{Q}$ für Seile . .	1,088	1,106	1,120	1,133	1,147	1,165	1,178	1,192	1,223	1,250
	Wirkungsgrad für feste Rollen										
2	$\eta = \frac{1}{\mu}$ und $\alpha = \pi$ für Seile . .	0,919	0,904	0,893	0,882	0,872	0,859	0,849	0,839	0,818	0,800
3	Desgl. für $\alpha = \frac{\pi}{2}$	0,923	0,908	0,897	0,886	0,876	0,862	0,852	0,843	0,821	0,803

β. Widerstandskoeffiz. (μ) für Kettenrollen bei halber Umfangsspannung ($\alpha = \pi$)
$a = 10\,\delta$; Zapfenreibungs-Koeffiz. $f' = 0{,}08$; Zapfen-Durchmesser $\varrho = 1{,}5\,\delta$.

$\mu = \frac{K}{Q}$ für Ketten von beliebiger Stärke $= 1{,}044$. Wirkungsgrad $\eta = \frac{1}{\mu}$ für feste Rollen:

wenn $\alpha = \pi$ 0,958, wenn $\alpha = \pi/2$ . . 0,964.

γ. Tabelle über Wirkungsgrade der Flaschenzüge.

(Anmerk.: Bei ungerader Rollenzahl enthält die obere Flasche eine Rolle mehr als die untere.)

			Rollenzahl.						
			$n = 2$	3	4	5	6	7	8
für Seile	$\delta = 16$	$\eta =$	0,882	0,847	0,814	0,782	0,752	0,724	0,697
„	„ $= 20$	„ $=$	0,861	0,820	0,782	0,747	0,713	0,681	0,653
„	„ $= 23$	„ $=$	0,846	0,801	0,760	0,722	0,686	0,653	0,622
„	„ $= 26$	„ $=$	0,831	0,783	0,739	0,698	0,661	0,626	0,594
„	„ $= 29$	„ $=$	0,817	0,765	0,719	0,676	0,637	0,601	0,567
„	„ $= 33$	„ $=$	0,788	0,734	0,686	0,641	0,601	0,565	0,531
„	„ $= 39$	„ $=$	0,772	0,712	0,658	0,609	0,566	0,527	0,492
„	„ $= 46$	„ $=$	0,743	0,678	0,620	0,569	0,524	0,484	0,449
„	„ $= 52$	„ $=$	0,720	0,651	0,590	0,540	0,492	0,452	0,416
für Ketten		„ $=$	0,937	0,918	0,899	0,880	0,862	0,845	0,828

Der Wirkungsgrad der Ketten-Rollenzüge ist wie der der einzelnen Rollen unabhängig von den Kettenstärken, sobald man, wie vorstehend voraus gesetzt, die Rollen-Abmessungen in konstanten Verhältnissen zur zugehörigen Kettenstärke wählt. —

B. Baumechanik.*)

In der Baumechanik finden die Lehren der allgemeinen Mechanik, insbesondere die der Statik, bei Untersuchung der Stabilität und Tragfähigkeit der Bau-Konstruktionen, im speziellen bei Ermittelung der innern Kräfte derselben aus den äussern Kräften, Anwendung.

Bei diesen Untersuchungen betrachtet man den Gesammtkörper jeder Baukonstruktion im allgemeinen als ein System von Elementar-Körpern und die Querschnitte als geometrische Figuren. Die vorherrschende Form der Elementar-Körper ist die Stabform; doch unterscheidet man auch flächenförmige, plattenförmige Elementar-Körper oder solche, die nach den 3 Dimensionen des Raumes nahezu gleich ausgedehnt sind. Dächer und Brücken oder dergl. Konstruktionen in Eisen oder Holz betrachtet man z. B. als Stabsysteme, Balken, Säulen, Mauern und Gewölbe können als einfache gerade, bezw. krumme Stäbe, event. als anders gestaltete Körpertypen angesehen werden.

Für die nachfolgende Bearbeitung ist die Baumechanik in 2 Theile: I. Elastizitäts-Lehre (auch Festigkeits-Lehre oder Lehre von der Elastizität und Festigkeit) und II. Statik der Baukonstruktionen eingetheilt.

In der Elastizitäts-Lehre handelt es sich um elementare Körpertypen; in der Statik der Baukonstruktionen wird die Untersuchung über die hauptsächlichsten der bekannten Baukonstruktionen ausgedehnt, unter Benutzung der Resultate der allgemeinen Gleichgew.- und Elastizitäts-Lehre. —

I. Elastizitäts-Lehre.**)

Litteratur:

1. Werke allgemeinen Inhalts.

1. Lamé. *Leçons sur la théorie mathematique de l'élasticité des corps solides;* Paris 1852. — 2. Morin. *Leçons de mécanique pratique. Résistance des materiaux;* Paris 1853. — 3. De Saint-Venant. *Mémoire sur la torsion des prismes, avec des considérations sur leur flexion ainsi que sur l'equilibre interieur des solides élastiques en général etc.;* Paris 1853. — 4. Rebhann Theorie der Holz- und Eisenkonstruktionen; Wien 1856. — 5. Clebsch. Theorie der Elastizität fester Körper; Leipzig 1862. — 6. Navier. *Résumé des leçons données à l'école des ponts et chaussées sur l'application de la mécanique. I. Sect. De la résistance des corps solides. Avec des notes et des appendices par M. de Saint-Venant;* Paris 1864. — 7. Winkler. Die Lehre von der Elastizität und Festigkeit; Prag 1867. — 8. Stoney. *The theory of strains in girders and similar structures;* London 1873. — 9. Müller. Elementares Handbuch der Festigkeitslehre; Berlin 1875. — 10. Baker. *On the strength of beams, columns and arches;* London 1870. — 11. Dr. Kurz. Taschenbuch der Festigkeitslehre. Ein Anhang zu Lehrbüchern der reinen Mechanik; Berlin 1877. — 12. Klein. Theorie der Elastizität, Akustik und Optik; Leipzig 1877. — 13. Grashof. Theorie der Elastizität und Festigkeit (2. Auflage der Festigkeitslehre von 1866); Berlin 1878. — 14. Pochhammer. Untersuchungen über das Gleichgewicht des elastischen Stabes Kiel 1879. — 15. Weyrauch. Theorie elastischer Körper; Leipzig 1884.

2. Spezielle Zweige.

16. Weyrauch. Festigkeit und Dimensionen-Berechnung der Eisen- und Stahlkonstruktionen mit Rücksicht auf die neueren Versuche; Leipzig 1876. — 17. Winkler. Wahl der zulässigen Inanspruchnahme der Eisenkonstruktionen; Wien 1877. — 18. Ritter, W. Die elastische Linie und ihre Anwendung auf den kontinuirlichen Balken; 2. Auflage; Zürich 1883.

a. Grundbegriffe und Aufgabe der Elastizitäts-Lehre.

α. Elastizität.

Unter Einwirkung äusserer — d. h. von andern Körpern herrührender — Kräfte erleidet ein fester Körper eine Formänderung (Deformation), d. i. im allgem. eine Aenderung des Volumens und der Gestalt, oder eine gegenseitige Verschiebung aller seiner Punkte. Sobald aber die Einwirkung der äussern Kräfte aufhört, nimmt der Körper die ursprüngliche Gestalt mehr oder weniger wieder an. Diese Eigenschaft der festen Körper nennt man ihre Elastizität. Vollkommen elastische Körper, welche ihre ursprüngliche Form ganz wieder annehmen und vollkommen unelastische Körper, welche die Formänderung ganz beibehalten, giebt es nicht.

Jede Formänderung setzt sich daher aus einer elastischen (d. h. einer solchen, die nach Aufhören der äussern Einwirkung ganz wieder verschwindet) und

*) Auch „Ingenieur-Mechanik", „Mechanik der Baukonstruktionen" genannt. **) Festigkeitslehre oder Lehre von der Elastizität und Festigkeit.

einer bleibenden zusammen. Letztere ist — bis zu einer gewissen Grenze der Beanspruchung des Körpers durch äussere Kräfte — so verschwindend klein, dass sie für die Untersuchung der Baumechanik als nicht vorhanden betrachtet werden kann. Die Grenze, bezw. diejenige Grösse der äussern Kräfte, welche noch keine bleibende Formänderung hervor bringt, heisst Elastizitäts-Grenze oder auch Grenz-Koeffizient.

β. Festigkeit.

1. Bei fortgesetzter Steigerung des Deformations-Zustandes materieller Punkte des Körpers findet endlich eine Trennung der Körpertheile an der betr. Stelle statt: es tritt ein Bruch des Körpers ein. Diejenige Grösse der äussern Kräfte, welche gerade genügt, um einen Bruch des Körpers herbei zu führen, nennt man seine Festigkeit. Die Festigkeit pro Flächeneinheit eines Querschnitts nennt man wohl den Festigkeits-Koeffizienten oder ebenfalls kurzweg die Festigkeit.

In der Praxis beansprucht man die Konstruktionen nur mit einem nach Erfahrung als zulässig anerkannten bestimmten Theile des Festigkeits-Koeffizienten, welchen man die zulässige Inanspruchnahme nennt; die Theilzahl heisst der Sicherheitsgrad.

2. Bei allen Untersuchungen der Elastizitäts-Lehre wird bisher, der Einfachheit wegen, angenommen, dass die Grösse der Festigkeit — d. i. nach obigem die Bruchbelastung — unabhängig ist von der Zeitdauer der Belastung, oder Beanspruchung des Körpers durch die äussern Kräfte. Sowohl die sogen. elastische Nachwirkung — worunter man diejenige Formänderung versteht, welche noch eintritt, wenn der Körper unter der Wirkung der äussern Kräfte bereits zur Ruhe gekommen ist — als auch der Einfluss wiederholter Belastungen, insbesondere wenn sie abwechselnd in verschiedenem Sinne erfolgen, haben Einfluss auf die Grösse der Festigkeit. Erfahrungsmässig nimmt nämlich die Grösse der Festigkeit mit wachsender Zeitdauer der Belastung und auch mit wachsender Zahl der Wiederholungen ab. Die Kenntniss dieser Erscheinungen ist aber bisher noch zu mangelhaft, als dass es schon möglich wäre, eine mathematische Theorie des Einflusses der elastischen Nachwirkung und der wiederholten Belastungen aufzustellen.

Man begnügt sich vorläufig damit, den fraglichen Einfluss durch die Beobachtung praktischer Regeln bei der Dimensionirung der Konstruktionstheile so viel wie möglich in Rechnung zu ziehen. Dies geschieht dadurch, dass man die zulässige Inanspruchnahme nicht mehr als einen Theil des Festigkeits-Koeffiz. in Rechnung zieht, vielmehr sie durch eine besondere Methode fest setzt, welche in der „Statik der Baukonstruktionen" näher dargelegt wird.

γ. Aufgabe der Elastizitäts-Lehre.

Dieselbe umfasst die Ermittelung: 1. der Beziehungen zwischen den äusseren Kräften und der Formänderung; 2. der Bedingungen, unter welchen die Körper gegen bleibende Formänderung oder gegen Bruch eine für die Praxis hinreichende Sicherheit bieten.

Um die Aufgabe zu lösen, ist es nothwendig, verschiedene Deformations-Zustände einer hinreichenden Anzahl von Körpertypen mathematisch zu untersuchen und dabei innere Kräfte (Spannungen) als Hilfsgrössen einzuführen.

δ. Innere Kräfte oder Spannungen.

Die durch die Formänderung hervor gerufenen innern Kräfte, mit denen die — unendlich kleinen — Körperelemente an ihren Berührungsflächen gegenseitig auf einander wirken, nennt man auch Spannungen. Unter der Spannung p im beliebigen Punkt P eines Körpers verstehen wir die auf das Flächenelement df einer durch P gehenden beliebigen ebenen Fläche F bezogene innere Kraft, mit welcher die an die Fläche F beiderseits angrenzenden Körpertheile bei P gegenseitig auf einander wirken. Man nimmt an, dass die Spannung p sich über das Flächenelement df gleichmässig vertheilt und nennt die „Spannung pro Einheit" der Fläche df auch wohl die „spezifische Spannung". Die Richtung der Spannung bildet im allgem. einen Winkel mit der Fläche df. Die senkrecht zur Fläche stehende Komponente der Spannung wird Normalspannung genannt.

Diese Komponente kann entweder ein Zug oder ein Druck sein, je nachdem sie die auf beiden Seiten der Fläche df befindlichen Körperelemente von einander zu entfernen, oder sie zu nähern strebt. Ein Zug wird als positive, ein Druck als negative Spannung in die Rechnung eingeführt. Die in die Fläche df fallende Komponente der Spannung sucht die auf beiden Seiten der Fläche liegenden Körperelemente gegen einander zu verschieben (abzuscheren). Man nennt sie daher Schubspannung oder Scherspannung.

ε. Spannungs-Ellipsoid und Haupt-Spannungen.

1. Der Spannungs-Zustand in einem Körperpunkte P, dessen Koordin. in Bezug auf 3 in ihm sich rechtwinklig schneidende Ebenen x, y und z sind — d. h. die Grösse und Richtung der Spannung p — ist durch folgende 6 Seitenkräfte von p:
σ_x, σ_y, σ_z die Normalspannungen nach den Richtungen der 3 Koordin.-Axen und:
τ_x, τ_y, τ_z, die Schubspannungen, welche bezw. die Ebenen XY und XZ, YZ und YX, ZX und ZY affiziren,
bestimmt.

Der Gleichgew.-Zustand des materiellen Körperpunktes wird durch folgende Beziehungen der 6 Grössen unter einander bedingt:

$$\frac{d\sigma_x}{dx} + \frac{d\tau_z}{dy} + \frac{d\tau_y}{dz} + X = 0; \quad \frac{d\tau_y}{dx} + \frac{d\sigma_y}{dy} + \frac{d\tau_x}{dz} + Y = 0;$$
$$\frac{d\tau_y}{dx} + \frac{d\tau_x}{dy} + \frac{d\sigma_z}{dz} + Z = 0.$$

X, Y, Z sind die Komponenten der auf den materiellen Punkt selbst, etwa nach den 3 Axenrichtungen, noch wirkenden äussern Kräfte.

Die Winkel, welche die Spannung p und eine Normale PN zur belieb. Ebene in P mit den Koordin.-Axen einschliessen, seien λ, μ, ν bezw. α, β, γ. Dann ergiebt sich:

$$p \cos \lambda = \sigma_x \cos \alpha + \tau_z \cos \beta + \tau_y \cos \gamma;$$
$$p \cos \mu = \tau_z \cos \alpha + \sigma_y \cos \beta + \tau_x \cos \gamma;$$
$$p \cos \nu = \tau_y \cos \alpha + \tau_x \cos \beta + \sigma_z \cos \gamma.$$

Das Gesetz, nach welchem sich die Grösse der Spannung p mit ihrer Richtung ändert, lautet:

Wenn für alle durch P gehenden Ebenen die Grösse der Spannung p auf ihrer Richtungslinie von P aus als Strecke abgetragen wird, so liegen die Endpunkte aller Strecken in der Fläche eines Ellipsoids und 3 konjugirte Halbmesser desselben stellen nach Grösse und Richtung die Spannungen für 3 im Punkte P sich rechtwinklig schneidende Flächen dar. Dies Ellipsoid nennt man das Spannungs-Ellipsoid.

2. In jedem Punkte P des Körpers giebt es 3 zu einander senkrechte Ebenen, in denen die Schubspannungen für diesen Punkt $= 0$ und zu denen also die betr. Spannungen p senkrecht sind. Diese Spannungen heissen die Hauptspannungen (besser Haupt-Normalspannungen). Ihre Richtung und Grösse fällt mit den Hauptaxen des Spannungs-Ellipsoids zusammen. Daraus folgt, dass — absolut genommen — eine der Hauptspannungen die grösste, eine andere die kleinste aller Normal-Spannungen ist, die im Punkte P für beliebige durch ihn gelegte Ebenen erhalten werden.

Die Schubspannung wird ein Maximum für 6 Ebenen, von denen je 2 durch eine Hauptaxe gehen und gleichzeitig die Winkel der beiden andern Hauptaxen halbiren. Diese grössten Schubspannungen werden Haupt-Schubspannungen genannt; sie stehen also bezw. senkrecht zu den Haupt-Normal-Spannungen.

ζ. Deformations-Ellipsoid.

Im Innern eines von äussern Kräften beanspruchten Körpers erleidet ein unendlich kleines Parallelepiped, das in einer Ecke den Punkt P enthält, eine

Formänderung, die im wesentlichen aus Längen-Aenderungen (Dehnungen) der Kanten und Verschiebungen (Schiebungen oder Gleitungen) der Seitenflächen gegen einander besteht. Ist nach der Richtung einer Spannung die Dehnung der Längeneinheit $= \varepsilon$, so ist die Dehnung pro Längeneinheit nach jeder hierzu senkrechten Richtung $= -\frac{\varepsilon}{m}$. Hier ist m eine Konstante, deren Grösse von der Beschaffenheit des Materials abhängt.

Durch die Grösse der Dehnungen und Gleitungen wird der Deformations-Zustand im Punkte P in analoger Weise bestimmt, wie der Spannungs-Zustand daselbst durch die Spannungen p aller durch den Punkt P verlaufenden Ebenen.

Am anschaulichsten kann der Deformations-Zustand im Punkte P durch die Deformation eines Massenelements dargestellt werden, das im ursprünglichen Zustande des Körpers — d. h. vor seiner Deformation in Folge der Einwirkung äusserer Kräfte — von einer um P als Mittelpunkt mit einem unendlich kleinen Halbmesser ds beschriebenen Kugelfläche begrenzt wird. Das unendlich kleine kugelförmige Körperelement geht durch die Deformation in ein Ellipsoid über, dessen je 3 konjugirte Durchmesser ursprünglich zu einander senkrecht waren. Dies Ellipsoid wird Deformations-Ellipsoid genannt. Bei isotropen — d. h. nach allen Richtungen gleiche Elasticität besitzenden — Körpern fallen die Axen des Deformations-Ellipsoids mit den Axen des Spannungs-Ellipsoids zusammen.

Ist eine der Hauptspannungen $= 0$, so gehen das Spannungs- bezw. Deformations-Ellipsoid in eine Spannungs- bezw. Deformations-Ellipse über.

η. Formen der zu untersuchenden Körper-Typen.

Es genügt, 3 Klassen zu unterscheiden:

1. stabförmige Körper oder Stäbe (vorwiegend nach einer Dimension ausgedehnt),
2. plattenförmige Körper oder Platten (geringe Dicke im Vergleich zur Länge, Breite und Ausdehnung),
3. Körper, welche nach allen 3 Dimensionen nahezu gleich ausgedehnt sind.

Stäbe mit sehr kleinem Querschnitt können als materielle Linien, Platten in sehr geringer Stärke als materielle Flächen aufgefasst werden.

Die nachstehenden Untersuchungen beschäftigen sich vorzugsweise mit der Stabform. Man denkt sich diese dadurch entstanden, dass eine ebene Fläche (der Querschnitt), die ihre Figur stetig ändern kann, in ihrem Schwerpunkt senkrecht auf einer Leitkurve (der Axe) fortgleitet. Eine beliebige, parallel zur Axe gelegene materielle Linie nennen wir eine Faser. Zwei sehr nahe aneinander belegene Querschnitte (Nachbarquerschnitte) begrenzen eine Scheibe. Ferner unterscheiden wir, je nach der Form der Axe: gerade, einfach gekrümmte und doppelt gekrümmte Stäbe.

ϑ. Formänderung eines Stabes unter Einwirkung äusserer Kräfte.

1. Um die Wirkungen zu untersuchen, die in einem Querschnittt O eines stabförmigen Körpers, Fig. 356, durch dessen Belastung hervor gerufen werden, ist es gleichgültig, ob man den links oder rechts von O liegenden Stabtheil betrachtet, weil im Falle des Gleichgewichts auf beide Theile die nämlichen Resultanten, nur in entgegen gesetztem Sinne gerichtet, wirken.

Fig. 356.

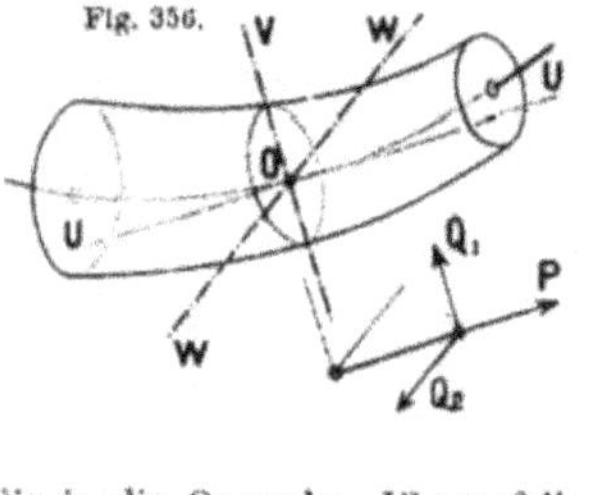

Alle äussern Kräfte, welche auf einen belieb. durch den Querschn. O getrennten Theil des Stabes wirken, lassen sich durch eine im Schwerp. des Querschn. angreifende Einzelkraft und ein resultirendes Kräftepaar ersetzen. Die eine Tangente an die Stabaxe (Leitkurve) bildende Seitenkraft P der Einzelkraft wird Axialkraft, die in die Querschn.-Ebene fallende Seitenkraft Q derselben Transversalkraft genannt. (Q kann wieder in 2 Seitenkräfte Q_1 und Q_2 zerlegt werden.) Das Moment des resultirenden Paares zerlegt sich in ein Biegungsmoment, dessen

Paar in einer senkrecht zum Querschn. stehenden Ebene liegt, und ein Torsionsmoment, dessen Paar in einer zur Querschn.-Fläche parallelen Ebene wirkt. Ist der Stab ein gerader, so fällt die Richtung der Axialkraft für eden Querschn. mit der Stabaxe zusammen.

2. Unter Einwirkung der äussern Kräfte können im betrachteten Stabtheile folgende Arten von Aenderungen in der Lage des Querschn. O, seinem Nachbarquerschn. gegenüber, eintreten:

a. Die beiden Querschn. entfernen sich von einander oder nähern sich einander, ohne dass ihre gegenseitige Lage sich sonst dabei ändert. Dieser Fall, bei dem es sich nur um einen Zug oder einen Druck, also um Normal-Elastizität handelt, tritt ein, wenn nur die Axialkraft (P) wirkt, das Moment des resultirenden Paares und die Transversalkraft aber, je für sich $= 0$ sind.

b. Die beiden Querschn. verschieben sich gegenseitig, ohne dabei ihren Abstand zu ändern und ohne sich zu drehen. Dieser Fall — reine Schub-Elastizität — tritt ein, sobald nur die Transversalkraft vorhanden, also Axialkraft und Moment, je für sich, $= 0$ sind.

c. Der eine Querschn. dreht sich gegen den andern um eine in seiner Ebene liegende und durch seinen Schwerp. gehende Axe. Dieser Fall — reine Biegungs-Elastizität — tritt ein, wenn nur ein Paar resultirt, welches in einer zur Querschn.-Fläche senkrechten Ebene wirkt. Axialkraft und Transversalkraft sind dann $= 0$.

d. Der eine Querschn. dreht sich gegen den andern in seiner Ebene um seinen Schwerp. Dieser Fall — reine Torsions-Elastizität — tritt ein, wenn nur ein Paar resultirt, welches in einer zur Querschn.-Fläche parallelen Ebene wirkt. Axialkraft und Transversalkraft sind, je für sich, $= 0$.

3. Die 4 eben berührten Fälle der Formänderung sind: „einfache Fälle der Elastizität". Man fasst sie auch wohl unter der kurzen Bezeichnung: „Einfache Elastizität" zusammen. Kombinationen der einfachen Fälle unter einander nennt man „zusammen gesetzte" Fälle der Elastizität oder kurzweg „zusammen gesetzte Elastizität." Die reine oder einfache Biegungs-Elastizität kommt in der Praxis fast gar nicht vor. Aus diesem Grunde ist auch die Biegungs-Elastizität weiterhin als ein zusammen gesetzter Fall, speziell als eine Kombination von Normal-, Schub- und Biegungs-Elastizität behandelt. Zur zusammen gesetzten Elastizität gehören auch die Fälle, wo ein Stab exzentrisch oder auf Knickung beansprucht wird. —

Die Bezeichnungen Elastizität und Festigkeit werden häufig mit einander vertauscht. Daher findet man auch die Benennungen: einfache, zusammengesetzte, Zug-, Druck-, Schub-, Biegungs- und Torsions-Festigkeit in Fällen angewendet, wo eigentlich nur die betreff. Elastizität in Frage steht. Die Festigk. im besondern bedeutet immer nur die Grösse der zum Bruche führenden Belastung.

Wo nicht ausdrücklich die Stabform anders bezeichnet wird, ist im Nachfolgenden stets von geraden Stäben, die Rede.

b. Einfache Elastizität und Festigkeit.

α. Normalspannung.

Normal-Elastizität liegt für den belieb. Querschn. DE, Fig. 357, eines geraden Stabes vor, wenn daselbst nur eine Axialkraft P wirkt, deren Richtung mit der Stabaxe zusammen fällt. Es sei: P_0 die im Endquerschn. A, P_1 die im Endquerschn. B wirkende Kraft, ferner γ das Gewicht der Kubikeinh. des Stabes, l die Länge der Stabaxe, x die Entfernung des belieb. Querschn. von A, F der veränderliche Flächeninhalt des belieb. Querschn. Dann ist, im Falle des Gleichgew. der äussern Kräfte, die in C wirkende Kraft:

Fig. 357.

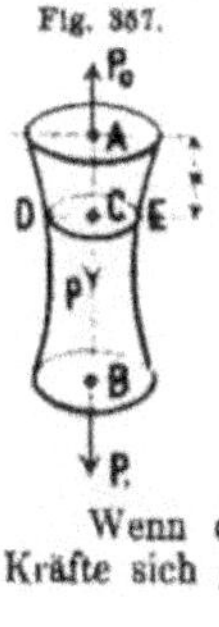

$$P = P_0 \pm \gamma \int_0^x F dx. \qquad (1)$$

Das obere oder untere Vorzeichen gilt, je nachdem die Endfläche A, in welcher P_0 wirkt, die obere oder untere Endfläche des Stabes ist.

Wenn der Stab prismatisch ist und die an seinen Endflächen wirkenden Kräfte sich gleichmässig über die Flächen vertheilen, so üben die Fasern eines Querschn. keinen Druck gegen einander aus und ändern ihre gegenseitige Lage nicht. Die Querschn. bleiben also eben und die Normalspannungen sind für alle Punkte eines Querschn. konstant. Unter dieser Voraussetzung, und wenn N die spezif. Normalspannung im belieb. Querschn. bezeichnet, folgt aus (1):

$$N = \frac{P}{p} = \frac{P_0}{F} \pm \frac{\gamma}{F} \int_0^x F dx. \qquad (2)$$

β. Axiale Längenänderung.

Die Erfahrung lehrt, dass die elastische Längenänderung ($\triangle l$) der spezif. Normalspannung (N) in axialer Richtung nahezu proportional ist. Dies Gesetz — das Elastizitäts-Gesetz — gilt nur innerhalb der Elastizitätsgrenze und lautet für konstanten Querschn.: $\frac{\triangle l}{l} = \frac{N}{E} = \frac{P}{EF}$ (3)

und für veränderlichen Querschn.: $\triangle l = \frac{1}{E} \int_0^l \frac{P}{F} dx.$

Dabei gilt die Voraussetzung, dass die Axialkraft sich gleichmässig über die Querschn. — welche eben bleiben — vertheilt. Die Grösse E, eine Erfahrungsgrösse, wird Elastizitäts-Koeffizient oder Elastizitäts-Modul genannt.

Für $N = E$ wird in (3): $\triangle l = l$. Darnach kann man den Elastiz.-Koeffiz. auch als diejenige Spannung pro Flächeneinheit definiren, welche nach dem Elastiz.-Gesetz eine der Stablänge gleiche Längenänderung hervor bringt.

Für einen spezif. Druck $= E$ würde der Stab auf eine Länge $= 0$ reduzirt werden. Daraus folgt die Unzulänglichkeit des Gesetzes*), welches jedoch für alle in Baukonstruktionen vorkommende Materialien hinreichend genaue Resultate liefert.

Beispiel. Ein 10 cm langer schmiedeiserner Stab von 1 cm Seite des quadrat. Querschn. erleidet einen Zug von 1 t und zeigt dabei eine elastische Längenänderung von 1/20 mm. Danach ist: $E = \frac{1 \cdot 10}{1 \cdot 1/20} = 2000$ t.

γ. Transversale Längenänderung.

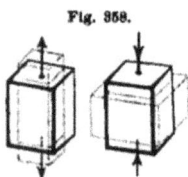

Erfahrungsmässig erleiden Stabquerschn. in Folge der axialen Längenänderung $\triangle l$, deren Grösse das Elastiz.-Gesetz bestimmt, eine Veränderung ihrer Figur, die bei Druck-Beanspruchung sich in einer Verlängerung, bei Zug-Beanspruchung in einer Verkürzung der Querschn.-Fasern äussert, Fig. 358. Diese Längenänderung kann man im Gegensatz zu der axialen „transversale" nennen. Durch Versuche hat sich ergeben, dass die transversale relative Längenänderung $\left(\frac{\triangle a}{a}\right)$ der axialen Längenänderung $\left(\frac{\triangle l}{l}\right)$ nahezu proportional ist. Es ist demnach: $\frac{\triangle a}{a} = \frac{1}{m} \frac{\triangle l}{l}$.

Fig. 358.

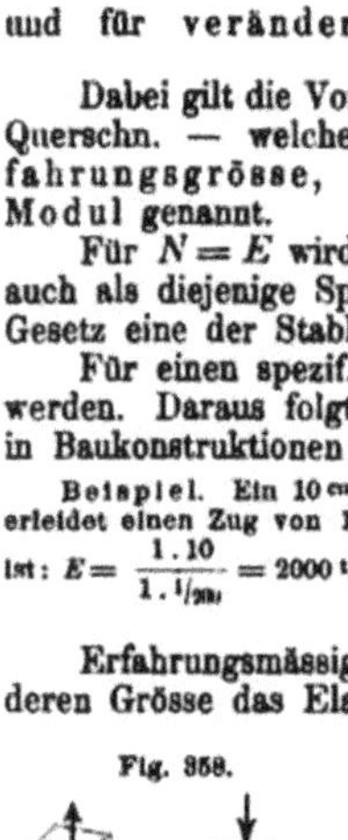

Die Konstante m ändert sich mit der Beschaffenheit des Stabmaterials. Meist ist sie < 4, welch letztern Werth die Molekular-Theorie liefert. Für isotrope, d. h. nach allen Richtungen gleiche Elastizität besitzende Körper (zu denen Gusseisen, Messing, auch Schmiedeisen, Stahl und viele Steine gerechnet werden) kann man $m = 3$ bis 4 setzen.

Fig. 359.

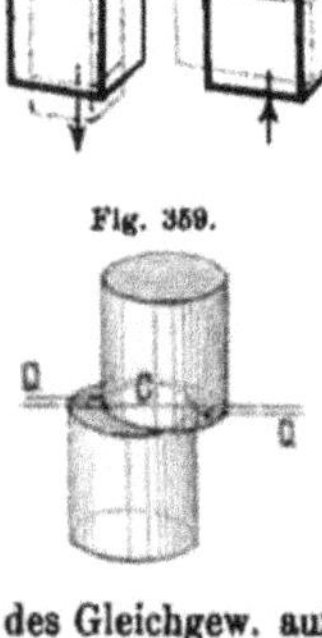

δ. Schubspannung.

1. Schubspannung tritt im Querschn. C, Fig. 359, auf, wenn nur die Axialkraft Q vorhanden ist. Q wirkt im Falle des Gleichgew. auf den obern und untern Stabtheil nach entgegen gesetzter Richtung. Unter der Annahme, dass sich die Schubspannung über die ganze Querschn.-Fläche gleichmässig vertheilt, ist die spezif. Schubspannung $T = \frac{Q}{F}$. (4)

2. Durch die Wirkung der Transversalkraft Q wird nicht allein die Schubspannung T im Querschn. erzeugt, sondern es werden in Ebenen, die gegen die

*) Vergl. Köpcke. D. Bauztg. 1882 S. 164 u. 460.

Querschn.-Fläche geneigt liegen, noch andere Spannungen hervor gerufen. Auf das unendlich kleine Prisma, Fig. 360, dessen Kanten senkrecht zur Richtung

Fig. 360.

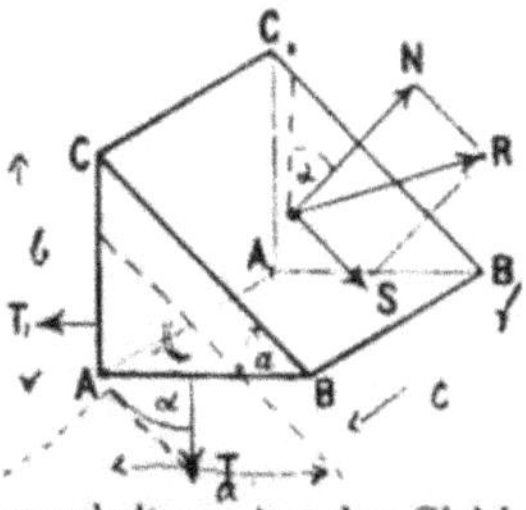

Fig. 361.

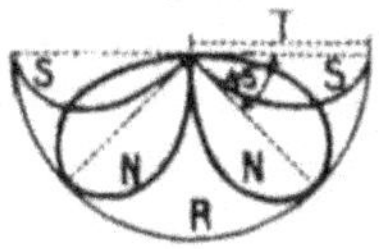

von Q stehen, während die Grundfläche $A B B_1 A_1$ in der Querschn.-Fläche liegt, wirken folgende Kräfte: Auf die um den Winkel α gegen die Ebene $A B B_1 A_1$ geneigte Ebene $B C C_1 B_1$ die spezif. Spannung R, welche sich in die Normalspannung N und die Schubspannung S zerlegt; auf die Ebene $A B B_1 A_1$ die spezif. Schubspannung T und auf die Ebene $A C C_1 A_1$ eine spezif. Schubspannung T_1, welche vorhanden sein muss, um das Gleichgew. des Prismas gegen Drehung zu erhalten. Aus den Gleichgew.-Bedingungen folgt dann: $T = T_1$; $N = T \sin 2\alpha$; $S = -T \cos 2\alpha$; $R = \sqrt{N^2 + S^2} = T\sqrt{\sin^2 2\alpha + \cos^2 2\alpha} = T$.

Diese Resultate sind in Fig. 361 grafisch dargestellt. $N_{max.} = \pm T$ findet für $\alpha = 45^0$ und $\alpha = 135^0$ statt; für diese Lage der Ebene ist $S = 0$. $S_{max.} = \pm T$ tritt für $\alpha = 0^0$ und $\alpha = 180^0$ ein. Die Schubspannung T im Querschn. erzeugt also in Ebenen, welche gegen den Querschn. um 45° geneigt sind, eine ihr an Grösse gleiche Zug- oder Druckspannung.

Fig. 362.

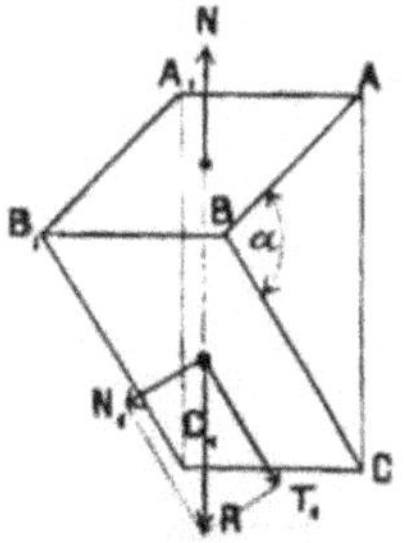

3. Durch eine Axialkraft kann eine Schubspannung nur in Ebenen erzeugt werden, die nicht Querschn. sind. Die Kanten AC und $A_1 C_1$ des unendlich kleinen Prismas in Fig. 362 seien parallel zur Stabaxe; die Ebene $A B B_1 A_1$, in welcher die spezif. Normalspannung N wirkt, liege im Querschn. In der um den Winkel α gegen die Ebene $A B B_1 A_1$ geneigten Ebene $B C C_1 B_1$ wirken die durch eine Axialkraft hervor gerufene spezif. Normalspannung N_1 und die spezif. Schubspannung T_1. Die Gleichgew.-Bedingungen ergeben:

$$N_1 = N \cos^2\alpha;\quad T_1 = \frac{1}{2} N \sin 2\alpha.$$

Die Resultate sind in Fig. 363 grafisch dargestellt.

Fig. 363.

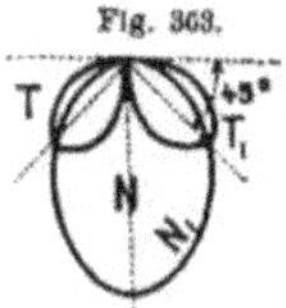

$N_{1max.} = N$ tritt für $\alpha = 0$ ein; $T_{1max.} = \pm \frac{1}{2} N$ findet für $\alpha = 45^0$ und $\alpha = 135^0$ statt.

ε. Gleitung und Gleitungs-Koeffizient.

Ein unendlich kleiner Würfel, Fig. 364 geht unter der Einwirkung der Schubspannung T, welche die im Querschn. liegende Grundebene $A B B_1 A_1$ affizirt, in ein schiefwinkliges Parallelepiped über und dabei deformirt sich das Quadrat $A B D C$ in ein Parallelogramm $A B D_1 C_1$; dann nennt man den Winkel $D B D_1 = \angle C A C_1 = \gamma$ die Gleitung des Querschnitts.

Fig. 364.

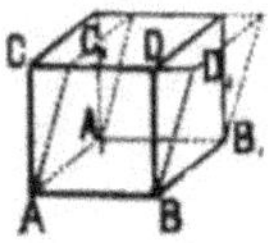

Geometrische Betrachtungen ergeben, dass die eintretende Verlängerung $\triangle d$ bezw. die Verkürzung $\triangle d_1$ der Diagonalen $AD = d$ und $BC = d$ nahezu gleich gross sind; u. z. näherungsw.:

$$\frac{\triangle d}{d} = \frac{\triangle d_1}{d} = \frac{1}{2}\gamma.$$

Da in der Richtung dieser Diagonalen (nach Obigem) die spezif. Normalspannungen $+ T$ und $- T$ wirken, so ergeben sich unter Berücksichtigung der axialen und transversalen Längenänderungen auch folgende Werthe:

$$\frac{\triangle d}{d} = \frac{T}{E} + \frac{1}{m}\frac{T}{E};\quad \frac{\triangle d_1}{d} = -\frac{T}{E} - \frac{1}{m}\frac{T}{E}$$ woraus folgt: $$\gamma = \frac{2(m+1)}{m}\frac{T}{E} = \frac{T}{G};$$

$$G = \frac{m}{2(m+1)} E \ldots (5).$$ G ist der sogen. Gleitungs-Koeffiz.

Für $m = 3$ wird $G = {}^3/_8\, E$; für $m = 4$ wird $G = {}^2/_5\, E$.

Beispiel. Zugfestigkeit gezogener Drähte. Gezogener Draht ist nicht als ein homogener stabförmiger Körper, sondern als aus einem Kerne und einer härtern Kruste bestehend, anzusehen. Sind F, F', F'' bezw. die Inhalte des Gesammt-Querschn., des härtern Ringes der Stärke δ und des Kerns, Fig. 365, bezeichnen ferner E', E'' und N', N'' die betr. Elastiz.-Koeffiz. und bezw. Normalspannungen, so ist die Axialkraft:

Fig. 365.

$$P = N' F' + N'' F''.$$

Aus der Bedingung, dass die Längenänderungen = sein müssen, folgt ferner: $\frac{N'}{E'} = \frac{N''}{E''}$. Da die Kruste weniger dehnbar ist, als der Kern, wird jene zuerst reissen und sodann der Kern. Die Kruste zerreisst, wenn N' den Grenzwerth des Zugfestigk.-Koeffiz. Z erreicht: $N = Z$.

Ist Z_1 der durchschnittl. Zugfestigk.-Koeffiz. für den ganzen Querschn. (Durchm. d), so ist die den Draht zerreissende Kraft: $P = Z_1 F = Z_1 \frac{d^2 \pi}{4}$. Durch Verbindung der entwickelten Gleichg. resultirt endlich, wenn ausserdem ein Glied mit δ^2 vernachlässigt wird:

$Z_1 = Z + \frac{C}{d}$; $P = \frac{\pi}{4} d (Zd + C)$ worin die Konstante $C = 2 Z \frac{E'' - E'}{E'}$ nach Erfahrung zu bestimmen bleibt.

Wenn auch die vorstehende Entwickelung ungenau ist, namentlich weil das Elastiz.-Gesetz nicht bis zum Bruche gültig bleibt, so bestätigt doch die Erfahrung, dass die den Draht zerreissende Kraft: $P = A d^2 + B d$ ist, worin unter A und B Erfahrungs-Werthe verstanden sind, die durch das Ausglühen der Drähte verringert werden und zwar B im höhern Grade als A.

ζ. Stäbe von konstanter Normalfestigkeit, Fig. 366.

Unter Beibehaltung der S. 557 eingeführten Bezeichnungen ergiebt sich für die Bedingung, dass in jedem Querschn. des Stabes gleiche Festigkeit herrsche aus (1):

Fig. 366.

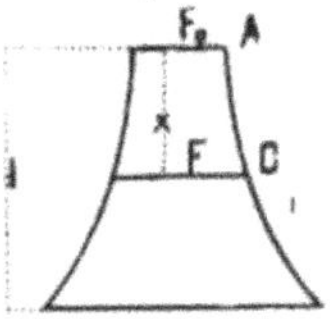

$$P = P_0 \pm \gamma \int_0^x F dx = Z F,$$

worin Z Zugfestigk.-Koeffiz. ist. Durch Differentiation und nachherige Integration folgt daraus: $x = \frac{Z}{\gamma} \log n \frac{F}{F_0}$; (6)

$$F = F_0 e^{\frac{\gamma x}{Z}} = F_0 \left[1 + \frac{\gamma x}{Z} + \frac{1}{2} \left(\frac{\gamma x}{Z} \right)^2 + \ldots \right];$$

F_0 ist Fläche des Endquerschn. A.

Bei Benutzung letzterer Gleichg. zur Konstruktion des Profils von Brückenpfeilern, Schachtgestängen u. s. w. ist — der thatsächlichen Beanspruchung entsprechend — der Zugfestigk.-Koeffiz. Z mit dem Koeffiz. für die zulässige Inanspruchnahme pro Flächeneinheit des Materials zu vertauschen.

Fig. 367.

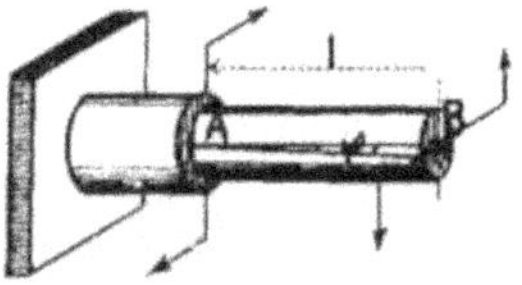

η. Torsionsspannung und Torsionswinkel.

1. Vollkommene Torsion tritt ein, wenn der gerade Stab von Kräftepaaren in Anspruch genommen wird, deren Ebenen die Stabaxe rechtwinklig schneiden. Für jeden Querschn. des Stabstücks AB, Fig. 367, zwischen zwei auf einander folgenden Kräftepaaren ist das Moment konstant. Daher ist für das Stabstück AB die prismatische Form, weil dabei die Querschn. von gleicher Torsionsfähigkeit sind, die vortheilhafteste.

Die Wirkung des Moments äussert sich in einer Verdrehung zweier Nachbar-Querschn. gegen einander, wobei in den betr. Querschn.-Flächen Schubspannungen erzeugt werden. Die Grösse der erzeugten Formänderung drückt man durch den spezif. Torsions- oder Drehungswinkel ϑ aus, d. i. des Winkels, um welchen zwei Querschn. gegen einander verdreht werden, deren Abstand = der Längeneinheit ist. Er wird durch Division des Verdrehungswinkels von 2 Nachbar-Querschn. durch ihren Abstand gefunden. Der Torsionswinkel φ für das Stück AB der Länge l ist also $= \vartheta l$.

2. Für prismat. Stäbe mit zwei sich rechtwinklig kreuzenden Symmetrie-Axen bleibt die Stabaxe während der Torsion in unveränderter Lage. Die für solche Stäbe aus den Bedingungen des Gleichgew. der innern und äussern Kräfte und der Bedingung, dass die Schubspannung T am Umfange des Querschn. tangential zu denselben gerichtet sein muss, sich ergebenden Werthe der Maximal-Schubspannung S des Querschn. und des spezif. Torsionswinkels sind für verschiedene Querschn.-Formen nachstehend zusammen gestellt.

Querschnittsformen		Maximal-Schubspannung S	Spezif. Torsionswinkel ϑ (theoret. Werth)
Kreis; Fig. 368.		$\frac{M r}{J_0} = \frac{2 M}{\pi r^3}$	$\frac{M}{G J_0} = \frac{2 M}{\pi G r^4}$
Kreisring; Fig. 369.		$\frac{M r}{J_0} = \frac{2 M R}{\pi (R^4 - r^4)}$	$\frac{M}{G J_0} = \frac{2 M}{\pi G (R^4 - r^4)}$
Ellipse; Fig 370.	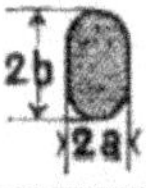	$\frac{2 M}{\pi a^2 b}$ (für $y = \pm b$ und $x = 0$.)	$\frac{M (a^2 + b^2)}{\pi G a^3 b^3}$
Rechteck; Fig. 371.		$\frac{9}{2} \frac{M}{b^2 h} \left(\text{für } y = \pm \frac{h}{2} \text{ und } x = 0.\right)$	$\frac{9 M (b^2 + h^2)}{32 G b^3 h^3}$
Quadrat; Fig. 372.		$\frac{9}{2} \frac{M}{a^3}$	$\frac{9 M}{G a^4}$

J_0 bezeichnet das polare Trägheitmom., welches bestimmt ist durch:

$$J_0 = \int \rho^2 \, df = \int x^2 \, df + \int y^2 \, df.$$

Um den spezif. Drehungswinkel in Graden zu erhalten, ist die Bogenlänge ϑ mit $\frac{180}{\pi}$ zu multipliziren*).

3. Der praktisch vortheilhafteste Querschn. ist der kreisförmige, weil ihm bei gegebenem Moment und Flächeninhalt die kleinste Maximal-Schub-Spannung zukommt.

Beispiel. Der Durchmesser d einer Transmissionswelle berechnet sich nach Vorigem zu: $d = \sqrt[3]{\frac{16}{\pi S} M}$.

Ist $\mathfrak{N}$ die Zahl der Pferdekr., welche durch das betr. Wellenstück bei n Umdrehungen in der Min. zu übertragen sind, so wird $\mathfrak{N} = \frac{M 2 \pi n}{60 \, . \, 7500} = \frac{M n}{71620}$ und $d = 71{,}5 \sqrt[3]{\frac{\mathfrak{N}}{S n}}$ (cm).

Eine schmiedeiserne Welle für die $n = 100$ und welche dabei 50 Pfdkr. zu übertragen hat muss, wenn S nicht über 500 kg p. qcm betragen soll, den Durchm.: $d = 71{,}5 \sqrt[3]{\frac{50}{500 \, . \, 100}} = 7{,}15$ cm erhalten.

Ueber Torsions-Arbeit und dynamische Beanspruchung, vergl. weiterhin unter „Formänderungs-Arbeit".

4. Bei gegebenen Werthen von M und S wird ein möglichst grosser Torsionswinkel — wie er z. B. bei Anstellung von Versuchen etc. wünschenswerth ist — erhalten, wenn entweder die Ellipse als Kreis, bezw. das Rechteck als Quadrat, oder die Figur der Ellipse bezw. des Rechtecks nach dem Verhältniss $\frac{b}{a}$ bezw. $\frac{b}{h} > 7{,}6$ genommen wird.

Beim quadrat. Querschn. ergiebt sich die Verdrehuug in dem Verhältniss 1,042:1 grösser als beim kreisförmigen; doch stimmt der auf theoret. Wege entwickelte Werth von ϑ für den quadrat. Querschn. mit den aus angestellten Versuchen erlangten am wenigsten überein. Durch Messung des Torsionswinkels prismat. Stäbe aus

*) Eine beachtenswerthe Arbeit über Torsions-Spannung u. s. w. ist: E. Herrmann, Mittheilung in der Zeitschr. d. Oesterreich. Ingen.- u. Archit.-Vereins 1881, S. 169 ff.

nahezu isotropem Material fand nämlich Wertheim, dass für $G = 0{,}38\,E$ ($m = 3{,}18$) die theoret. Formel für den Torsionswinkel nur bei kreisförm., kreisringförm. und ellipt. Querschn. mit den Versuchs-Resultaten überein stimmte, für den rechteckigen Querschn. dagegen im allgem. zu grosse Werthe lieferte. Er fand allgemein: $\vartheta = \frac{n}{4}\frac{M}{G}\left(\frac{1}{\mathfrak{J}} + \frac{1}{\mathfrak{J}'}\right)$; $\mathfrak{J}$ und $\mathfrak{J}'$ Haupt-Trägheitsmom., $n = 1$ für kreisförmige u. elliptische, $n = 1{,}2$ für quadratische, $n = 1{,}2 - 1{,}5$ für mehr und mehr längliche rechteckige Querschn. Dabei konstatirte Wertheim ferner, dass das Verhältniss $\frac{G}{E}$ für verschiedene Materialien ungleich, und der Koeffiz. n nicht allein von der Querschn.-Form, sondern in etwas auch von M und von der Länge l des Stabes abhängig ist, und zwar so, dass n mit M wächst und mit l abnimmt.

Fig. 373.

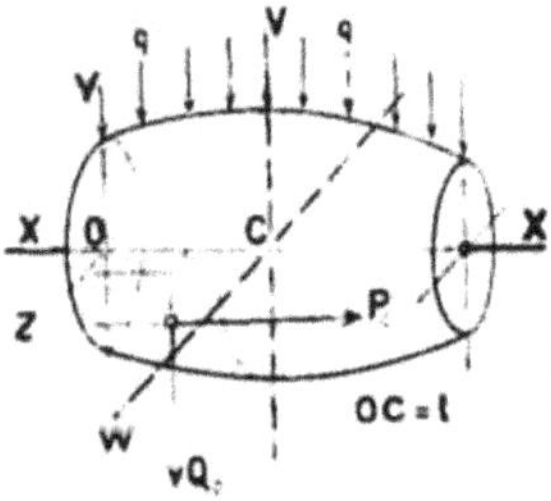

c. Biegungs-Elastizität gerader Stäbe.

α. Aeussere Kräfte.

Auf den in Fig. 373 dargestellten Stab, dessen Axe mit der Axe OX und dessen Endfläche mit der YZ-Ebene eines rechtwinkl. Koordin.-Systems zusammen fällt, mögen äussere Kräfte derart wirken, dass die Resultanten derselben alle in der durch die OX-Axe gehenden XY-Ebene — der Kraftebene — liegen. Die äussern Kräfte mögen bestehen: aus einer gleichmässig vertheilten Last pro Längeneinheit $= q$; aus beliebig. vielen Einzelkräften R_0, welche im belieb. Punkte der Koordin. x_0 und y_0 angreifen und deren Komponenten P_0 und Q_0 bezw. parallel zur X-Axe und Y-Axe genommen sind.

Ist C der Ort eines belieb. Querschn. in der Entfernung a von O, so lassen sich für den links oder rechts von C liegenden Stabtheil die äussern Kräfte zu einer Axialkraft P, einer Transversalkraft Q und einem Moment M zusammen setzen. Für den links liegenden Stabtheil ist:

$$\left.\begin{aligned} P &= \Sigma(P_0); \quad Q = \Sigma(Q_0) + \int_0^a q\,dx. \\ M &= \sum_0^a [Q_0(a - x_0)] + \sum_0^a (P_0 y_0) + \int_0^a q\,dx\,(a - x). \end{aligned}\right\} \qquad (7)$$

P, Q und M gelten als positiv, wenn auf den linken Stabtheil P nach links, Q nach oben und M rechts drehend, oder wenn auf den rechten Stabtheil P nach rechts, Q nach unten und M links drehend wirkt.

Im Falle des Gleichgew. gelten die Werthe von P, Q und M für den rechts liegenden Theil, sobald die Vorzeichen umgekehrt werden. Streng genommen gelten die Gleichg. (7) nur bis zum Eintritt der Formänderung. Da aber voraus gesetzt wird, dass diese nur eine geringe sei, so kann man die Werthe für P, Q und M auch noch während der Formänderung als unveränderte gelten lassen und ein eventl. eintretendes Torsionsmoment als verschwindend klein vernachlässigen.

Aus den Gleichg. (7) ergeben sich folgende wichtigen Beziehungen:

$$\frac{dQ}{dx} = -q; \quad \frac{dM}{dx} = Q; \quad \frac{d^2M}{dx^2} = -q; \qquad (8)$$

In Worten ausgedrückt und weiter interpretirt: 1. Der Different.-Quotient der Transversalkraft ist = der negativen Last pro Längeneinheit; 2. Der Different.-Quotient des Biegungsmom. ist = der Transversalkraft; daher wird M für denjen. Querschn. zum analyt. Maximum, für welchen $Q = 0$ wird. 3. Wirken nur Einzelkräfte, — d. h. ist $q = 0$ — so ist auf der Länge zwischen 2 benachbarten Einzelkräften die Transversalkraft konstant und das Moment daselbst in Bezug auf x linear. Grafisch wird daher in diesem Falle Q durch eine Staffellinie und M durch ein Polygon dargestellt.

β. Innere Kräfte.

Von den im Innern eines Körpers auf die Flächen eines unendlich kleinen Parallelepipeds, Fig. 374, wirkenden Spannungen betrachten wir nur die Normalspannung N (Faserspannung), die in Folge der durch die Biegung hervor gerufenen Längenänderung der Fasern entsteht, und die Schubspannung T, welche in Folge Einwirkung der Transversalkräfte auftritt. Die Schubspannung T_1, Fig. 374, ist $= T_1$ weil im Fall des Gleichgew. je 2 eine und dieselbe Kante des Prismas schneidende Schubspannungen einander gleich sind. Die in den übrigen Flächen entstehenden Normal- und Schubspannungen sind bei ihrer geringen Grösse zu vernachlässigen.

Fig. 374.

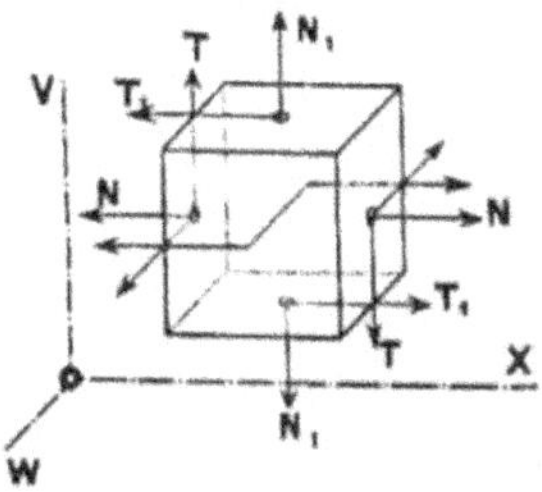

1. Das Gleichgew. der innern und äussern Kräfte für den Stabtheil OC, Fig. 373, wird durch folgende Gleichg. ausgedrückt:

$$\int N df = P; \int T df = Q; \quad (9) \qquad \int N v df = M; \int N w df = 0; \quad (10)$$

v und w sind die Koordin. eines belieb. Querschn.-Punktes. Die Axe der v liegt in der Kraftebene. df bedeutet das Flächen-Differential $(du\,dv)$ des Querschnitts C. Die Integration hat sich über den ganzen Querschn. zu erstrecken.

2. Unter der Voraussetzung, dass die relative Aenderung $\frac{\triangle dx}{dx}$ des ursprünglichen Abstandes dx, den 2 Nachbar-Querschn. haben, in einem belieb. Punkte derselben in Beziehung auf die Koordin. v und w dieses Punktes vom 1. Grade ist — wobei die Querschn. nicht eben zu sein brauchen — ergiebt sich für die Faserspannung N ein Ausdruck von der Form: $N = a + bv + cw$, (11) worin a, b und c Konstante sind. Durch die Verbindung der in (9) und (10) enthaltenen 3 Bedingungen für N erhält man die 3 unbekannten Konstanten und aus (11) folgt endlich der allgemeinste Ausdruck für die Faserspannung N:

$$N = \frac{P}{F} + \frac{M\,(J'v + Hw)}{JJ' - H^2} \qquad (12)$$

Darin sind ausser den schon bekannten Grössen: $J = \int v^2 df$ und $J' = \int w^2 df$; Trägheitsmom. der Querschn.-Fläche F bezw. für die Axen der w und v und ist $H = \int vw df$.

Ein allgemeiner Ausdruck für die Schubspannung T lässt sich aus (9) und (10) nicht entwickeln. Die Ermittelung auf anderm Wege folgt weiterhin.

γ. Allgemeine Eigenschaften der Trägheitsmomente.

1. Die S. 541 ff. entwickelten allgem. Sätze über das Ellipsoid der Trägheitsmom., die Hauptaxen, die Haupt-Trägheitsmom. und das Zentral-Ellipsoid, auf welche verwiesen wird, gelten auch hier; nur mit dem Unterschiede, dass an Stelle des Körpers die Querschn.-Fläche F und an Stelle der Masse m das Flächenelement $df = du\,dv$ tritt; dass ferner die Z-Axe und die Winkel β und γ verschwinden und an Stelle der X- und Y-Axe die in der Querschn.-Ebene liegenden Axen der w und v treten. Wir haben es demnach bei der Biegungs-Elastizität mit einer Trägheits-Ellipse und einer Zentral-Ellipse des Querschn. zu thun, deren Axen Hauptaxen sind.

Der kleinsten 1. Hauptaxe entspricht das grösste der beiden Haupt-Trägheitsmom., welches zugleich auch das grösste von allen möglichen Trägheitsmom. ist. Umgekehrt entspricht der grössten 2. Hauptaxe das kleinste Haupt-Trägheitsmoment.

2. Unter Bezugnahme auf die S. 541 entwickelten Gleich. erhält man für ein, auf die in der Querschn.-Ebene beliebig belegene, mit der Axe der w den Winkel α einschliessende W_1-Axe bezogenes Trägheitmom. J_1, Fig. 375:

$$J_1 = J\cos^2\alpha + J'\sin^2\alpha - H\sin 2\alpha \ldots\ldots \qquad (13)$$

Trägt man auf alle möglichen Lagen der W_1-Axe, welche bei Drehung derselben um den belieb. Punkt O des Querschn. entstehen, die entsprechende

Grösse $\frac{1}{\sqrt{J_1}}$ von O aus als Strecke ab, so liegen die Endpunkte der erhaltenen Strecken in einer Ellipse, der Trägheits-Ellipse. — Ist O der Schwerp. des Querschn., so entsteht die Zentral-Ellipse.

3. Sind ferner v und w die Koordin. eines Ellipsen-Punktes, bezogen auf die Axe der w und v, so ist die Gleich. der Trägheits-Ellipse: $Jv^2 + J'w^2 - 2\,Hvw = 1$. (14)

Wählt man die Hauptaxen $\mathfrak{W}$ und $\mathfrak{V}$ der Ellipse als Axen der w und v, so wird $H = 0$ und die Ellipsen-Gleich. geht über in: $\mathfrak{J}v^2 + \mathfrak{J}'\mathfrak{w}^2 = 1$ ..... (15)

Kennt man die Lage der Hauptaxen $\mathfrak{W}$ und $\mathfrak{V}$ der Trägheits-Ellipse und berechnet für sie die Haupt-Trägheitsmom. $\mathfrak{J}$ und $\mathfrak{J}'$, so findet man jedes belieb. Trägheitsmom. für eine andere durch O gehende Axe nach (13) — weil H in diesem Falle $= 0$ ist — aus: $J_1 = \mathfrak{J}\cos^2\alpha + \mathfrak{J}'\sin^2\alpha$ .... (16)
worin α den Winkel bedeutet, den die neue Axe mit der $\mathfrak{W}$-Axe einschliesst.

Bei symmetr. Querschn. müssen die Hauptaxen mit den Symmetrie-Axen zusammen fallen.

Ueber Konstruktion der Trägheits-Ellipse s. weiterhin.

δ. Faserspannung (N) des Querschnitts.

Sobald eine Hauptaxe in die Kraftebene fällt, geht der allgemeinste Ausdruck für N in (12) über in: $N = \frac{P}{F} + \frac{Mv}{J}$ (17)

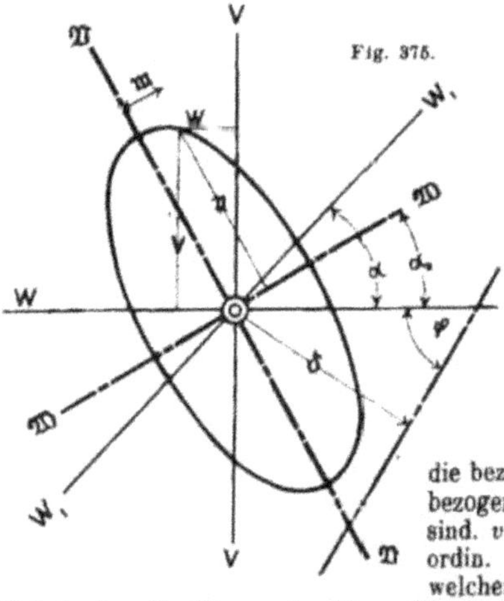

Fig. 375.

M und J beziehen sich auf diejenige Hauptaxe, welche senkrecht zur Kraftebene steht. v ist positiv event. negativ zu nehmen. Resultirt ausserdem keine Axialkraft, so ist: $N = \frac{Mv}{J} = \frac{M}{W}$. (18)

$W = \frac{J}{v}$ wird das Widerstandsmoment des Querschn. genannt.

Liegt keine der Hauptaxen in der Kraftebene, so ist, bei vorhandener Axialkraft:

$$N = \frac{P}{F} + \frac{\mathfrak{M}v}{J} + \frac{\mathfrak{M}'w}{J'} \quad (19)$$

worin $\mathfrak{M} = M\cos\alpha_0$, $\mathfrak{M}' = M\sin\alpha_0$, die bezw. auf die grosse und kleine Hauptaxe bezogenen Seiten-Mom. des Biegungs-Mom. M sind. v und w bedeuten, wie immer, die Koordin. eines belieb. Querschn.-Punktes, für welchen N berechnet werden soll. α_0 ist der Winkel, den die Ebene des Mom. M mit der kleinen (1.) Hauptaxe einschliesst.

ε. Neutrale Axe.

Diejenige Faser, in welcher die Spannung $N = 0$ herrscht, wird die neutrale Axe oder Nullaxe genannt. Ihre Lage ergiebt sich aus: $\frac{P}{F} + \frac{\mathfrak{M}v}{J} + \frac{\mathfrak{M}'w}{J'} = 0$. (20)

Auf der einen Seite der neutralen Axe finden positive, auf der andern Seite negative Spannungen statt, welche sich proportional ihrem Abstande von der neutralen Faser ändern. Die Maximal-Faserspannung findet also in einem Querschn.-Punkte statt, der am weitesten von der neutralen Axe entfernt ist.

Bezeichnet φ den Winkel, den die neutrale Axe mit der Axe der w — welche, wie vor, stets senkrecht zur Kraftebene angenommen wird — einschliesst, und δ ihren senkr. Abstand vom Schwerp., Fig. 375, so wird die Gleich. der neutralen Axe durch die Beziehung: $\delta = v\cos\varphi - w\sin\varphi$ ausgedrückt.

Daraus folgt durch Verb. mit: (20) $\operatorname{tang}\varphi = \frac{\mathfrak{M}'\mathfrak{J}}{\mathfrak{M}\mathfrak{J}'}$; $\frac{1}{\delta} = \frac{F}{P}\sqrt{\left(\frac{\mathfrak{M}}{\mathfrak{J}}\right)^2 + \left(\frac{\mathfrak{M}'}{\mathfrak{J}'}\right)^2}$. (21)

Fallen die Hauptaxen mit den Axen der v und w zusammen, d. h. liegt eine der Hauptaxen in der Kraftebene, so ist $a_0 = 0$, also $\mathfrak{M} = M$ und $\mathfrak{M}' = 0$. Dann ist aber auch, nach (21): $\varphi = 0$.

Die neutrale Axe steht also in diesem Falle senkr. zur Kraftebene und es ist: $\delta = \frac{P}{F} \cdot \frac{J}{M}$. (22) Ist ausserdem keine Axialkraft vorhanden, so ist auch $\delta = 0$; d. h. die zur Kraftebene senkr. neutrale Axe geht durch den Schwerp. des Querschnitts.

ζ. Kern des Querschnitts.

Es werde voraus gesetzt, dass sich alle äussern Kräfte auf einer Seite des Querschn., d. i. für den linken oder rechten Stabtheil — zu einer Resultante zusammen setzen lassen, welche den Querschn. in einem Punkte R, Fig. 376, schneidet.

Fig. 376.

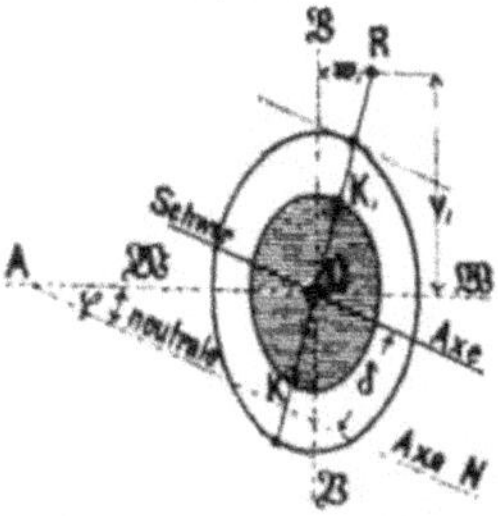

Die Koordin. des Punktes R, bezogen auf die Hauptaxen der Zentral-Ellipse seien v_1 und w_1. Dann ist $\mathfrak{M} = Pv_1$ und $\mathfrak{M}' = Pw_1$. Mit der Lagen-Aenderung des Punktes R wird sich darnach auch die Lage der neutralen Axe ändern.

Konstruirt man nun für alle möglichen, die Querschn.-Figur tangirenden Lagen der neutralen Axe die zugehörigen Punkte R, so beschreibt dabei der Punkt R eine Linie, welche man die Kernlinie und deren Punkte man die Kernpunkte nennt. Die von der Kernlinie eingeschlossene Fläche nennt man den Kern (Zentral-Kern) des Querschn. So lange in einem bestimmten Belastungsfalle der Angriffspunkt R der Resultante innerhalb des Kerns bleibt, so lange liegt auch die neutrale Axe ausserhalb des Querschn.; d. h., es tritt im Querschn. nur einerlei Art von Spannung (Zug oder Druck) auf. Fällt der Angriffspunkt R in die Kernlinie, so tangirt die neutrale Axe den Querschn., und die untere Grenze des Druckes oder die obere Grenze des Zuges daselbst ist $= 0$. Fällt aber der Angriffspunkt R ausserhalb des Kerns, so liegt die neutrale Axe im Querschn. und auf beiden Seiten derselben findet verschiedene Spannung statt, auf der einen Druck, auf der andern Zug. Es lässt sich ferner nachweisen, dass die der neutralen Axe parallele Schweraxe und die Durchschn.-Linie RO der Kraftebene konjugirte Durchm. der Zentral-Ellipse sind. In Fig. 376 ist AN die zum Punkte R gehörige neutrale Axe. K und K_1 sind die in der RO liegenden Kernpunkte, d. h. diejenigen Orte von R, welche sich ergeben, wenn die neutrale Axe parallel zur AN den Querschn. tangirt.

η. Schubspannung (T) bei konstantem Querschnitt.

1. Unter der Annahme, dass die in einem zur Stabaxe parallelen Längsschnitte wirkende Schubspannung in der ganzen Breite der Sehne BB_1, Fig. 377, in welcher der Längsschnitt den Querschn. schneidet, konstant bleibt, und bei wenig veränderlichem oder konstantem Querschn. ergiebt sich aus dem Gleichgew.-Zustande des abgeschnittenen schraffirten Scheibentheils die

Fig. 377.

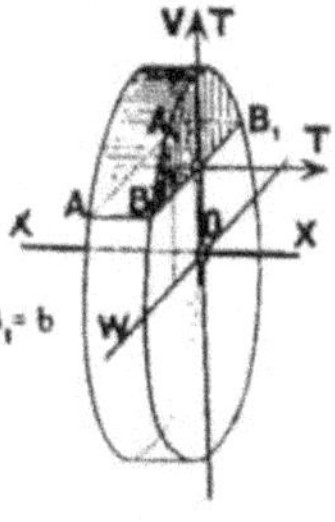

$BB_1 = b$

spezif. Schubspannung: $T = \frac{QS}{Jb}$ (23)

Darin bedeuten: Q die Transversalkraft für den Querschn.; $S = \int v\,df$ das stat. Mom. des durch den Längsschnitt abgetrennten Querschn. Theils bezogen auf eine zur neutralen Axe parallele Schweraxe; J das Trägheitsmom. des Querschn., bezogen auf die genannte Axe; b die Länge der Schnittlinie BB_1. Die Schubspannung pro Längeneinheit des Stabes ist: $Tb = \frac{QS}{J}$. (24)

Dieser Ausdruck gilt für jede belieb. Lage der Schnittlinie, so dass der Querschn. vom Längsschnitte auch in einer krummen oder gebrochenen Linie geschnitten werden kann. Z. B. wirkt der Schub Tb nach (24) auch in der Fläche $abdc$ der Fig. 378.

2. Die Voraussetzung, dass T in allen Punkten von BB_1 konstant sei, wird nur in solchen Fällen als erfüllt angesehen werden können, wo die Breite b den übrigen Querschn.-Dimensionen gegenüber klein ist und sich mit der Aenderung des Abstandes vom Schwerp. nur wenig ändert. Man legt dann den Schnitt so, dass er die Querschn.-Figur in B u. B_1 möglichst unter gleichen Winkeln trifft, wie das z. B. in Fig. 379 geschehen ist, wo T für die gezeichneten Schnitte als konstant angenommen werden kann.

Fig. 378.

T erreicht für einen vertikal belasteten Balken das Maximum am Auflager in der neutralen Axe, das Minimum an jeder Stelle des Balkens in der äussern Faser.

Fig. 379.

Fig. 380.

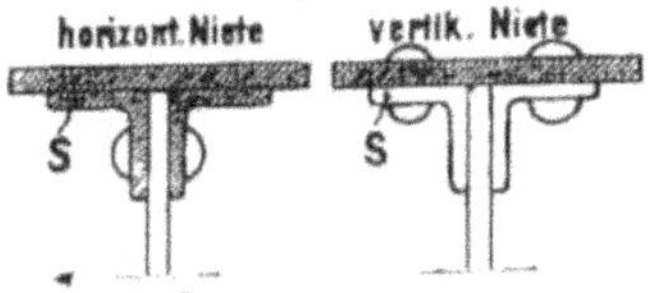

Für den rechteckigen Querschn. wird $T_{max.} = \frac{3\,Q}{2\,b\,h}$ und allgemein:

$$T = \frac{3}{2}\,\frac{Q}{b\,h}\left(1 - 4\,\frac{v^2}{h^2}\right) \tag{25}$$

Beispiel. Die Niet-Enfernung e in den Gurten eines Blechträgers, Fig. 380, berechnet sich aus (24) und aus der Bedingung: $T\,b\,e = \frac{2\,d^2\,\pi}{4}\,k_1$ zu $e = \frac{k_1\,\pi\,d^2\,J}{2\,Q\,S}$. (26)

d Niet-Durchmesser; k_1 zulässige Inanspruchnahme des Nietenmaterials auf Schub; J Trägheitsmom. des ganzen Querschn. ohne Nietabzug; S stat. Mom. des zu befestigenden Theils (in der Fig. schraffirt). Also ist bei der Berechnung der Entfernung der vertik. Niete das stat. Moment S für die Lamellenfläche eines Gurtes und bei der Berechnung der Entfernung der horizontalen Niete für die Lamellenfläche eines Gurtes + der Fläche beider ∟ Eisen zu bestimmen.

ϑ. Schubspannung (T) bei veränderlichem Querschnitt.

Unter der Annahme eines mit x veränderl. Querschn. ergiebt sich:

$$T\,b = \frac{Q\,S}{J} + \frac{P\,d\frac{f}{F}}{d\,x} + M\,\frac{d\,\frac{S}{J}}{d\,x} \tag{27}$$

f ist der durch den Längsschnitt abgetrennte Theil der Querschn.-Fläche F. Die übrigen Grössen sind bekannt. Der Einfluss der Veränderlichkeit des Querschn. ist oft sehr bedeutend.

Fig. 381.

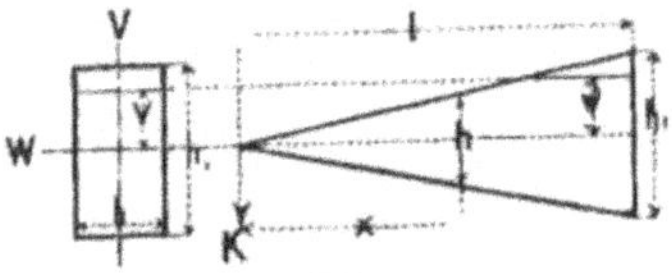

Beispiel. Auf den Keil mit konstanter Breite b Fig. 381 wirke am Schneiden-Ende senkr. zur Symmetr.-Ebene WW, die Kraft K, so dass $Q = K$ und $M = K\,x$.

Für einen beliebigen Querschnitt in der Entfernung x wird: $J = \frac{1}{12}\,b\,h^3$; $S = \frac{1}{8}\,b\,(h^2 - 4\,v^2)$. Ist h_1 die Höhe der Endfläche des Keils in B, l seine Länge, so geht (27), wenn beachtet wird, dass $\frac{d\,h}{d\,x} = \frac{h_1}{l}$ und $l\,h = x_1\,h_1$ ist, nach entsprechender Umformung über in: $T\,b = \frac{12\,K\,v^2}{h^2}$.

Bei konstantem Querschn. hätte man $T\,b = \frac{3\,K}{2\,h}\left(1 - \frac{4\,v^2}{h^2}\right)$ erhalten.

Bei konstantem rechteck. Querschn. wird also T für $v = 0$ (in der neutralen Axe) zum Maximum und für $v = \frac{1}{2}\,h$ (in der äussersten Faser) $= v$. Dagegen erreicht T bei dem veränderl. rechteck. Querschn. in Fig. 381 sein Maximum für $v = \frac{1}{2}\,h$ (in der äussersten Faser) und wird für $v = 0$ (in der neutralen Axe) $= 0$.

Der Einfluss der Querschn.-Veränderlichkeit zeigt sich in diesem Beispiel als ein ganz wesentlicher.

ι. Spannungs-Ellipse und Hauptspannungen.

1. Die Seite BC des unendlich kleinen 3seitigen Prismas ABC Fig. 382 liege in der Querschn.-Fläche, die Seite AC stehe senkrecht zu BC; $\angle BAC = \alpha$. Auf die belieb. gegen die Querschn.-Fläche geneigte Fläche AB des Prismas wirke eine Spannung R. — Wird R in 2 Seitenspannungen X und Y zerlegt, welche bezw. der in der AC wirkenden Schubspannung T und der in der BC wirkenden Spannung K (der Resultante aus N und T daselbst) parallel sind, so geben die Gleichgew.-Bedingungen die Beziehung: $\frac{X^2}{T^2} + \frac{Y^2}{K^2} = 1$. Hieraus folgt der Satz: Wenn man die auf ein belieb. Flächenelement AB wirkende spezif. Spannung nach Grösse und Richtung durch eine vom fraglichen Punkte ausgehende Gerade darstellt, so liegt der Endpunkt dieser Geraden auf einer Ellipse, von welcher 2 konjugirte Durchmesser die Richtung von T und K haben. Man nennt diese Ellipse die Spannungs-Ellipse und die durch ihre Halbaxen dargestellten Spannungen die Hauptspannungen (Vergl. S. 555).

Fig. 382.

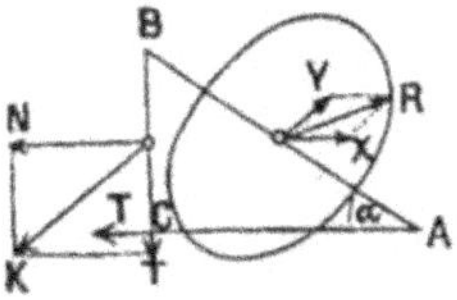

2. Dasjenige Flächenelement, welches von einer Hauptspannung affizirt wird, muss senkrecht zur Richtung desselben stehen. Die Hauptspannungen sind also zugleich Normalspannungen. Bezeichnet H allgemein eine Hauptspannung, so ergiebt sich aus den Gleichgew.-Bedingungen:

$$H = \tfrac{1}{2} N \pm \sqrt{\tfrac{1}{4} N^2 + T^2}. \qquad (28)$$

Das obere Vorzeichen giebt stets einen positiven, das untere stets einen negativen Werth für H, einerlei ob N positiv oder negativ ist. Die eine Hauptspannung ist also der Maximal-Zug, die andere der Maximal-Druck, welcher überhaupt das Flächenelement affiziren kann. Die Summe beider ist gleich der Normalspannung N des Querschn.

Die Lage der Spannungs-Ellipse und damit auch die Lage der Fläche, in welche der Maximal-Druck und der Maximal-Zug wirken, ist bestimmt durch die Gleichg.: $\tan \alpha_0 = \frac{H}{T}$ oder: $\tan 2\alpha_0 = -2\frac{H}{N}$.

3. Ein weiterer Zusammenhang zwischen Normal-, Schub- und Hauptspannungen ergiebt sich aus der Betrachtung des Gleichgew.-Zustandes der Kräfte, die an den Flächen des unendlich kleinen Prismas ABC, Fig. 383, wirken.

Fig. 383.

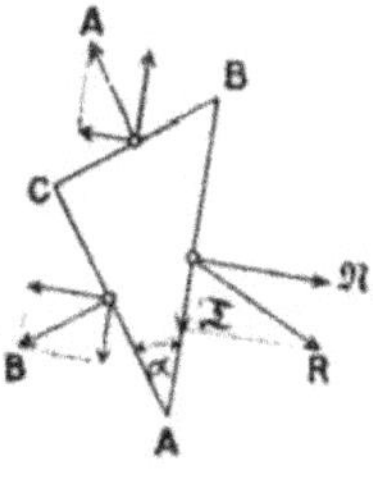

Sind BC und AC die von den Hauptspannungen A und B (Maximalzug und Maximaldruck) affizirten Flächen, so folgt für eine unter dem belieb. Winkel α geneigte Fläche AB:

Normalspannung: $\mathfrak{N} = A \sin^2\alpha + B \cos^2\alpha$;

Schubspannung: $\mathfrak{T} = \tfrac{1}{2}(A - B) \sin 2\alpha$.

$\mathfrak{N}$ wird zum Maximum für $\alpha = 0$ oder $\alpha = 90^0$; $\mathfrak{T}$ für $\alpha = 45^0$ oder $\alpha = 135^0$.

Die Flächen, in welchen die Schubspannung zum Maximum wird, halbiren also die Winkel zwischen den Hauptspannungen.

$$\mathfrak{T}_{max.} = \sqrt{\tfrac{1}{4} N^2 + T^2}; \quad \mathfrak{N}_{max.} = \tfrac{1}{2} N \pm \sqrt{\tfrac{1}{4} N^2 + T^2} \qquad (29)$$

N und T beziehen sich stets auf die Querschn.-Fläche. Ist letztere verhältnissmässig gross, so wird T klein und kann vernachlässigt werden. Für diesen Fall ist:

$$\mathfrak{T}_{max.} = \tfrac{1}{2} N; \quad \mathfrak{N}_{max.} = N.$$

Fig. 384.

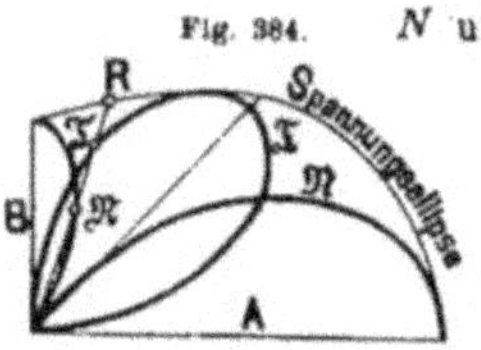

In Fig. 384 ist der Zusammenhang zwischen A, B, $\mathfrak{N}$ und $\mathfrak{T}$ und der Resultante R aus $\mathfrak{N}$ und $\mathfrak{T}$ grafisch dargestellt.

κ. Deformations-Ellipse und ideale Hauptspannungen.

Eine unendlich kleine materielle Fläche im Innern eines Stabes geht durch die Formänderung in eine Ellipse, die Deformations-Ellipse, über, in deren

Axen das Maximum der Längenänderungen stattfindet. Für isotrope Körper fallen die Axen der Deformat.-Ellipse mit den Axen der Spannungs-Ellipse zusammen. Die Wirkung der beiden Hauptspannungen A und B, von denen jede in ihrer Richtung eine axiale und in der Richtung der andern Hauptspannung eine transversale Längenänderung hervor bringt, lässt sich ersetzt denken durch 2 ideale Hauptspannungen $\mathfrak{A}$ und $\mathfrak{B}$, von denen jede in ihrer Richtung allein diejenige Deformation bewirkt, welche die Hauptspannungen A und B zusammen hervor rufen.

Die ideale Hauptspannung $\mathfrak{H}$ ist allgemein:

$$\mathfrak{H} = \frac{m-1}{2m} N \pm \frac{m+1}{m} \sqrt{\frac{1}{4} N^2 + T^2}. \qquad (30)$$

Das obere Vorzeichen gilt für $\mathfrak{A}$, das untere für $\mathfrak{B}$. Für den Werth $m = 3$ des Koeffiz. der transvervalen Längenänderung, wird: $\mathfrak{H} = \frac{1}{3} N \pm \frac{4}{3} \sqrt{\frac{1}{4} N^2 + T^2}$.

Ueber das Spannungs-Ellipsoid und das Deformat.-Ellipsoid vergl. S. 555.

d. Allgemeine Behandlung der Querschnitte.

Es handelt sich hier um die allgemeine Bestimmung der Querschn.-Grössen (Fläche, Schwerp., stat. Mom., Trägheitsmom. und der Hilfs-Figuren des Querschn. (Trägheits- und Zentral-Ellipse, neutrale Axe u. Kern), welche auf analytischem oder grafischem Wege oder auch unter gleichzeitiger Benutzung beider genannten Methoden erfolgt. Die Querschn.-Grössen werden häufig auch mit Hilfe von besondern Instrumenten (Planimeter, Momenten-Planimeter) ermittelt.

α. Analytische Bestimmung der Querschn.-Grössen.

1. Wenn aus der Querschn.-Form für die Grössen: $F = \int df$, $S = \int v\,df$, $J = \int v^2 df$ sich nicht einfachere Ausdrücke herleiten lassen, so wendet man zweckmässig Simpson's Regel an.

Für die horizontale Lamellentheilung, Fig. 385, ist:

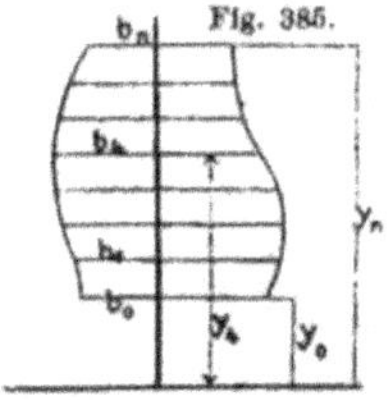

Fig. 385.

$$F = \frac{e}{3} \left[(b_0 + b_n) + 4\,(b_1 + b_3 \ldots) + 2\,(b_2 + b_4 + \ldots) \right]$$

$$S = \frac{e}{3} \left[(b_0 y_0 + b_n y_n) + 4\,(b_1 y_1 + b_3 y_3 + \ldots) + 2\,(b_2 y_2 + b_4 y_4 + \ldots) \right]$$

$$J = \frac{e}{3} \left[(b_0 y_0^2 + b_n y_n^2) + 4\,(b_1 y_1^2 + b_3 y_3^2 + \ldots) + 2\,(b_2 y_2^2 + b_4 y_4^2 + \ldots) \right]$$

Für die vertikale Lamellentheilung, Fig. 386, ist:

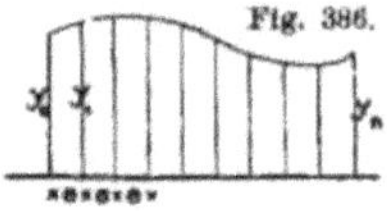

Fig. 386.

$$F = \frac{e}{3} \left[(y_0 + y_n) + 4\,(y_1 + y_3 + \ldots) + 2\,(y_2 + y_4 + \ldots) \right]$$

$$S = \frac{e}{6} \left[(y_0^2 + y_n^2) + 4\,(y_1^2 + y_3^2 + \ldots) + 2\,(y_2^2 + y_4^2 + \ldots) \right]$$

$$J = \frac{e}{9} \left[(y_0^3 + y_n^3) + 4\,(y_1^3 + y_3^3 + \ldots) + 2\,(y_2^3 + y_4^3 + \ldots) \right]$$

2. Affine Querschnitte sind solche, bei denen die Abszissen und Ordin. entsprechender Punkte der Umriss-Figur in nämlichen Verhältniss zu einander stehen, wobei jedoch das Verhältniss der Abszissen zu einander ein anderes sein kann, als dasjenige der Ordin. zu einander. Z. B. sind alle Rechtecke, gleichschenkl. Dreiecke, Ellipsen u. s. w. affine Querschn.

Bei affinen Querschn. verhalten sich die Flächen wie die Produkte aus Breite und Höhe, die Trägheitsmom. wie die Produkte aus Breite und Kubus der Höhe und die Widerstandsmom. wie die Produkte aus Breite und Quadrat der Höhe. Es ist also:

$$\frac{F_1}{F} = \frac{b_1 h_1}{b h}; \quad \frac{J_1}{J} = \frac{b_1 h_1^3}{b h^3}; \quad \frac{W_1}{W} = \frac{b_1 h_1^2}{b h^2}.$$

Unter Breite (b) und Höhe (h) werden die Querschn.-Dimensionen nach Richtung der v- und w-Axe verstanden.

Sind 2 Querschn. affin verwandt, so sind es auch alle Konstruktions-Linien, welche zur Bestimmung der Zentral-Ellipse dienen.

Ein spezieller Fall der Affinität, die Aehnlichkeit, tritt ein, wenn $\frac{b}{b_1} = \frac{h}{h_1}$ ist.

Für ähnliche Querschn. erhält man demnach:

$$\frac{F_1}{F} = \left(\frac{b_1}{b}\right)^2 = \left(\frac{h_1}{h}\right)^2; \quad \frac{J_1}{J} = \left(\frac{b_1}{b}\right)^4 = \left(\frac{h_1}{h}\right)^4; \quad \frac{W_1}{W} = \left(\frac{b_1}{b}\right)^3 = \left(\frac{h_1}{h}\right)^3$$

β. Grafische Bestimmung der Querschn.-Grössen.

Bei Anwendung eines Instruments erfolgt die Bestimmung am zweckmässigsten mit Hülfe des Polarplanimeters von Amsler, der so eingerichtet ist, dass beim Umfahren der Umriss-Figur eine Rolle die Fläche, eine zweite das stat. Moment und eine dritte das Trägheitsmom. der Figur für eine belieb. Axe, auf welche das Instrument eingestellt wird, angiebt.

1. Das grafische Verfahren von Nehls, Fig. 387, stellt das für eine belieb. Axe XX zu bestimmende stat. Mom. oder Trägheitsmom. durch eine Fläche dar.

Fig. 387. Fig. 388.

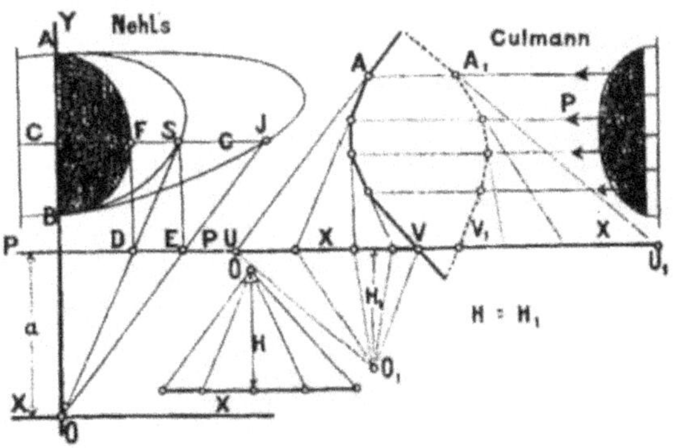

Ziehe 2 Parallelen zu XX, die PP im beliebigen Abstande a und die CC durch den beliebigen Punkt F der schraffirten Umriss-Figur. Mache $FD \perp PP$, ziehe durch den beliebigen Punkt O der Axe und durch D einen Strahl, der die CC in S schneidet. Mache $SE \perp PP$, ziehe einen Strahl durch O und E, welcher die CC in J schneidet.

Sind so die Punkte S und J für eine genügende Anzahl von Punkten der Umriss-Fig. konstruirt und bezeichnet man die dann erhaltenen Flächen ASB und AJB mit F_s und F_i, so ist:

$$S = F_s a; \quad J = F_i a.$$

Wählt man $a = 1$, so wird: $S = F_s$; $J = F_i$.

Der rein geometrische Beweis ist leicht zu führen.

2. Das grafische Verfahren von Culmann, Fig. 388, stellt die Werthe von S und J durch eine Linie dar, vermeidet also die Flächen-Berechnung, erfordert aber eine umständlichere und genauere Konstruktion. Parallel zur Axe XX, auf welche die Querschn.-Grössen bezogen werden sollen, theilt man die Querschn.-Figur in eine genügende Anzahl von Streifen oder Lamellen. Der Inhalt jeder einzelnen Lamelle wird berechnet und als horizontale Kraft P im Schwerp. derselben angreifend gedacht. Konstruirt man ferner zu diesen Kräften P das Seilpolygon, so stellt die von diesem und dem letzten Strahl AU desselben auf der Axe abgeschnittene Strecke VU die Summe der stat. Momente der Kräfte P in Bezug auf die Axe dar (vergl. S. 507). Demnach ist:

$$\overline{VU} \,.\, H = S \text{ und wenn die Poldistanz } H = 1 \text{ gewählt wird: } S = \overline{VU}.$$

Um J zu finden, betrachtet man die stat. Momente der einzelnen Lamellen in Bezug auf die Axe als Kräfte und konstruirt mit der Poldistanz H_1 ein 2. Seilpolygon. Dieses und der letzte Strahl $A_1 U_1$ desselben schneiden auf der Axe eine Strecke $\overline{V_1 U_1} \,.\, H \,.\, H_1 = J$ ab; VU und $V_1 U_1$ sind nach dem Längen-Maassstabe, H ist nach dem Flächen-Maassstabe abzumessen. Macht man $H = H_1 = 1$, so wird: $J = \overline{V_1 U_1}$.

Fig. 389.

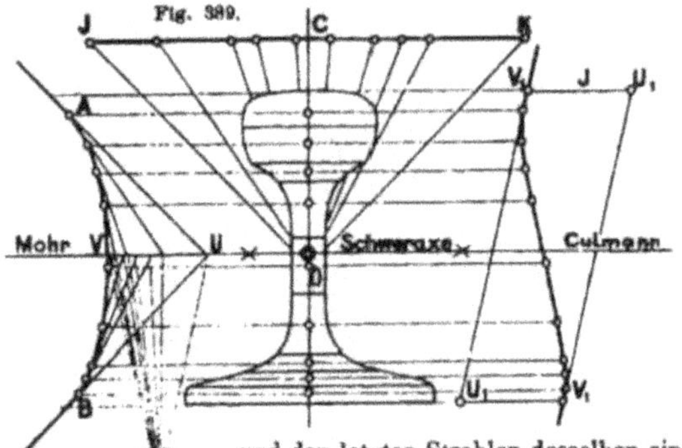

3. Das grafische Verfahren von Mohr, Fig. 389, unterscheidet sich von dem Culmann-schen dadurch, dass dabei nur das 1. Seilpolygon ganz wie vor konstruirt, dann aber zur Bestimmung von J die Fläche f berechnet wird, welche von diesem Seilpolygon und den letzten Strahlen desselben eingeschlossen wird. Es ist:

$$J = 2H \,.\, f; \quad \text{für } 2H = 1 \text{ ist: } J = f \text{ und für } H = \frac{F}{2}: J = Ff.$$

In der Figur ist das Trägheitsmom. für eine Eisenbahnschiene, rechts nach Culmann's, links nach Mohr's Verfahren konstruirt; die Poldistanz OC ist $= \frac{F}{2} = \frac{\overline{JK}}{2}$ gemacht; $f =$ Fläche $AUBV$; $J = \overline{V_1 U_1}$.

Der Schwerp. der Querschn.-Fläche bestimmt sich bei dem Verfahren unter 2 oder 3 direkt aus dem Schnittp. der Endstrahlen des Seilpolygons. (Vergl. S. 512).

γ. Konstruktion der Trägh.-Ellipse, Fig. 390.

1. Die Lage der Hauptaxen für einen beliebigen Punkt O des Querschn. bestimmt sich aus demjenigen Werthe von α in (13) für welchen J_1 zum Max. oder Min. wird. $\frac{dJ_1}{d\alpha} = 0$ giebt: $\operatorname{tang} 2\alpha_0 = \frac{2H}{J' - J}$ (31)

Fig. 390.

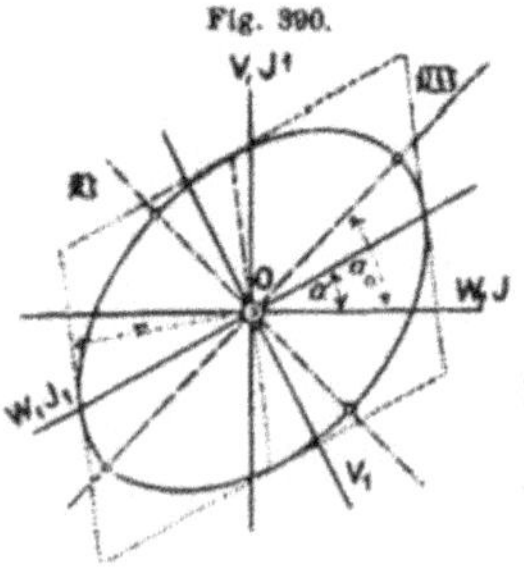

J' und J berechnet man direkt für 2 belieb. in O senkr. auf einander stehende Axen V und W. H ergiebt sich aus (13), wenn darin $\alpha = 45^0$ gesetzt wird: $H = \frac{1}{2}(J + J') - J_1$.

J_1 muss ebenfalls direkt und zwar für einen um 45^0 gegen die Axe der W geneigte W_1-Axe berechnet werden. Sobald danach α_0 aus (31) gefunden ist, ergeben sich auch die Haupt-Trägheitsmom. $\mathfrak{J}$ und $\mathfrak{J}'$.

Setzt man nämlich α_0 für α in (13) so folgt, weil H in diesem Falle $= 0$ ist:

$J' = \mathfrak{J} \cos^2\alpha_0 + \mathfrak{J}' \sin^2\alpha_0$. Ferner $90 + \alpha_0$ für α eingesetzt:

$J = \mathfrak{J} \sin^2\alpha_0 + \mathfrak{J}' \cos^2\alpha_0$.

Daraus: $\mathfrak{J} + \mathfrak{J}' = J + J'$; $\mathfrak{J} - \mathfrak{J}' = \frac{J - J'}{\cos 2\alpha_0}$. (32)

Aus (32) folgt der allgem. Satz: Die Summe der Trägheitsmom. für 2 belieb. durch O gehende auf einander senkr. stehende Axen ist konstant.

Durch $\mathfrak{J}$ und $\mathfrak{J}'$ und die Lage der Hauptaxen ist die Trägh.-Ellipse gegeben.

2. Anstatt die Länge der Halbaxen a und b der Ellipse $= \frac{1}{\sqrt{\mathfrak{J}}}$ bezw. $\frac{1}{\sqrt{\mathfrak{J}'}}$ oder allgem. die Länge eines jeden Fahrstrahls $s = \frac{1}{\sqrt{J_1}}$ zu machen, wie es S. 564 angenommen wurde, kann man dieselben auch nach einem bestimmten konstanten Verhältniss grösser zeichnen. Zweckmässig führt man dabei den sogen. Trägheits-Radius $r = \sqrt{\frac{J_1}{F}}$ ein. Macht man nämlich die Halbaxen a und b = dem Trägh.-Radius, also $= \sqrt{\frac{\mathfrak{J}}{F}}$ bezw. $\sqrt{\frac{\mathfrak{J}'}{F}}$, so wird der senkrechte Abstand r einer belieb. Tangente an die Ellipse von dem zur Tangente parallelen Durchm. = dem auf letzteren bezogenen Trägh.-Radius sein, Fig. 390. Aus der Beziehung $J_1 = Fr^2$ ergiebt sich dann für jeden belieb. Durchm. der Ellipse das zugehörige Trägheitsmom. J_1.

In den spätern Beispielen ist die Trägh.-Ellipse stets mit Hülfe des Trägh.-Radius gezeichnet worden.

Fig. 391.

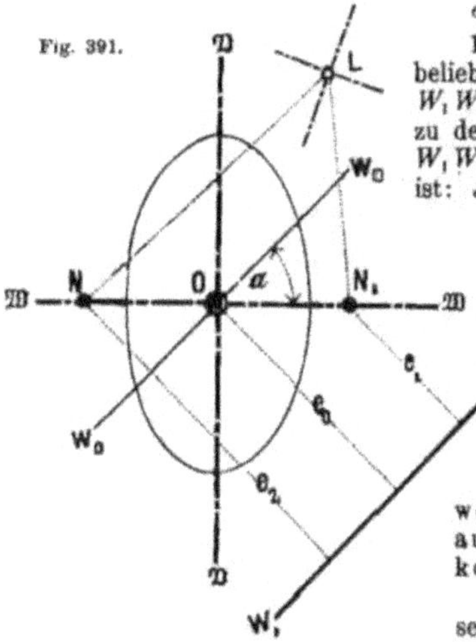

δ. Fixpunkte der Zentral-Ellipse.

1. Ein Trägheitsmom. J_1, bezogen auf eine belieb. in der Querschn.-Fläche F belegene Axe $W_1 W_1$, Fig. 391, steht in einfacher Beziehung zu dem Trägheitsmom. $\mathfrak{J}_1$, bezogen auf eine zu $W_1 W_1$ parallele Schwerp.-Axe $W_0 W_0$. Es ist: $J_1 = \mathfrak{J}_1 + F e_0^2$ . . . (33)

e_0 ist der senkrechte Abstand beider in Frage kommenden Axen.

2. Bezeichnen a und b bezw. die grosse und kleine Hauptaxe der Zentral-Ellipse, so giebt es für jeden Querschn. in der kleinen Hauptaxe im Abstande $\sqrt{a^2 - b^2}$ vom Schwerp. 2 Punkte N und N_1, Fig. 391 — die sogen. Fixpunkte — für welche das Trägheitsmom., bezogen auf eine belieb. durch N gehende Axe, konstant wird.

Mit Benutzung der Fixpunkte, deren senkr. Abstände von der zur Schweraxe parallelen W_1-Axe bezw. e_1 und e_2 seien, lässt sich (33) in andere Form bringen:

$$J_1 = F(a^2 + e_1 e_2) \quad . \quad . \quad (34)$$

Mit Hilfe der Fixpunkte kann man demnach für jede belieb. im Querschn. belegene Axe das Trägheitsmom. leicht bestimmen.

Die Fixpunkte haben noch eine andere Eigenschaft: Die Axen der Trägheits-Ellipse für einen belieb. Punkt L des Querschn. halbiren d. Winkel zwischen den Geraden LN und LN_1. —

Fig. 392.

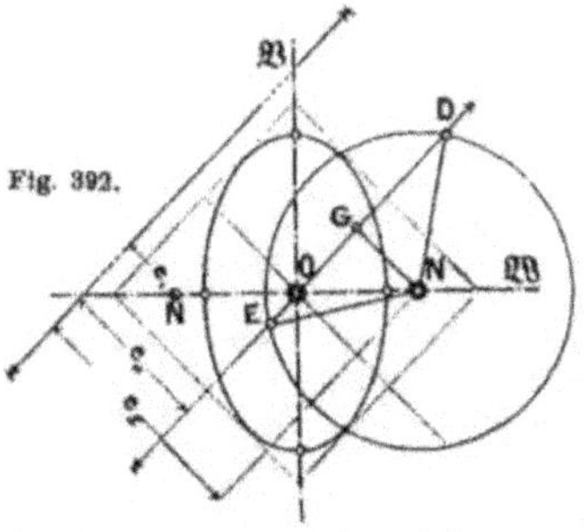

3. Die Konstruktion der Zentral-Ellipse mit Hilfe der Fixpunkte geschieht wie folgt: Um einen der Fixpunkte als Zentrum, Fig. 392, schlage mit dem Radius $= a$ einen Kreis, der eine belieb. gelegte Axe in D und E schneidet. Mache $NG \perp DE$; dann ist für die Axe EOD: $\mathfrak{J}_1 = F . \overline{DG^2}$. DG ist also der Trägh.-Radius r. Im Abstande DG

von der belieb. Axe erhält man demnach eine zur Axe parallele Tangente an die Zentral-Ellipse.

ε. Konstruktion der neutralen Axe und des Kerns, Fig. 393.

1. Bezeichnet R den Punkt, in welchem der Querschn. von der Resultante aller auf einer Seite desselben liegenden Kräfte getroffen wird (vergl. S. 565), e den senkr. Abstand des Punktes R von der zur neutralen Axe parallelen Schweraxe, dann ist aus Vorstehendem nachzuweisen:

Fig. 393.

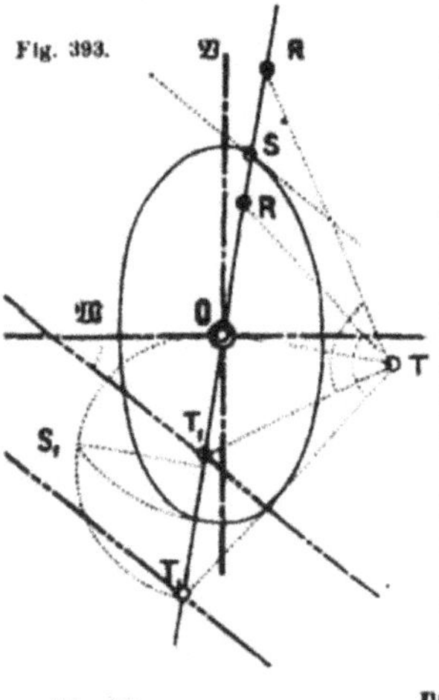

a. Die der neutralen Axe parallele Schweraxe und die Durchschnittslinie RO der Kraftebene sind konjugirte Durchmesser der Zentral-Ellipse.

b. Der Trägheits-Radius für eine zur neutralen Axe parallele Schweraxe ist die mittlere Proportionale zwischen δ und e, $\left(\delta = \frac{r^2}{e}\right)$ oder auch: Der in der Durchschn.-Linie gemessene halbe Durchm. OS der Zentral-Ellipse ist die mittlere Proportionale zwischen den in derselben Geraden gemessenen Abstände des Punktes R und der neutralen Axe vom Schwerpunkt.

c. Die neutrale Axe und eine durch R gehende Senkrechte RU zu derselben sind Axen der Trägh.-Ellipse für den Punkt U.

Aus (a) und (b) folgt die Konstruktion: Errichte zur OR in O eine Senkrechte; mache auf der letztern $OT = OS$. Verbinde R mit T, ziehe TT_1 senkr. zu RT; dann ist T_1 ein Punkt der neutralen Axe, welche parallel zu OT und auch parallel zur Tangente an die Zentral-Ellipse im Punkte S ist.

Fig. 394.

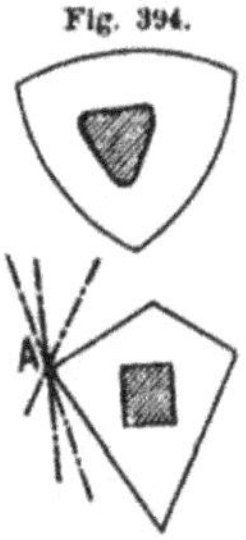

Fig. 395.

2. Die Darstellung des Kerns geschieht entweder durch Berechnung der Koordin. und des Angriffspunkts R bezogen auf die Hauptaxen der Zentral-Ellipse: $\mathfrak{v}_1 = \frac{a^2}{\delta} \cos\varphi$; $\mathfrak{w}_1 = \frac{b^2}{\delta} \cos\varphi$ oder durch Umkehrung der unter a gezeigten Konstruktion für alle den Querschn. tangirenden Lagen der neutralen Axe. Für den Fall, dass $OT_1 > OS$ ist, kann man auch folgende Konstruktion wählen, Fig. 393: Ueber OT_1 schlage einen Halbkreis; mache OS_1 von O aus = dem Durchm. OS der Zentral-Ellipse. Fälle von S_1 auf OT_1 ein Loth, so schneidet dasselbe auf der OT_1, von O aus gemessen, eine Strecke = OR ab. Es ist zu beachten, dass der Punkt R eine gerade Linie beschreibt, so lange die neutrale Axe um einen Punkt (eine Ecke A) des Querschn. dreht und dass diese gerade Linie diejenige ist, welche zur neutralen Axe werden würde, wenn A der Angriffspunkt wäre. Es muss also jeder Ecke des Querschn. eine gerade Seite der Kernlinie und jeder geraden Seite eine Ecke des Kerns entsprechen, Fig. 394. Jeder konkaven Seite eines Querschn. entspricht nur eine einzige tangirende neutrale Axe, weil die geometr. Tangenten den Querschn. schneiden würden, Fig. 395.

Fig. 396.

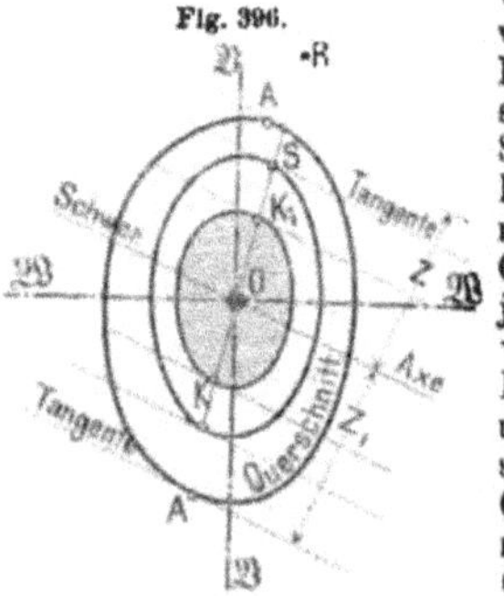

ζ. Benutzung des Kerns bei Bestimm. der Maximal-Faserspannung, Fig. 396.

1 Der einfachste Ausdruck für die Maximal-Faserspannung N ergiebt sich unter Zuhilfenahme der Kernpunkte K_1 und K, welche in der durch O und R gelegten

Geraden liegen. Es ist unter Berücksichtigung des vorstehenden nachzuweisen, dass allgemein: $N = \pm \frac{Mz}{J} = + \frac{M}{W} = \pm \frac{\text{Moment}}{\text{Widerstandsmom}}$ (35)
wird, wenn man unter M das Moment der äussern Kräfte in Beziehung auf die durch einen Kernpunkt zur neutr. Axe gelegte Parallele versteht und wenn ferner z den grössten senkr. Abstand einer Zug- oder Druckfaser von der zur neutr. Axe parallelen Schweraxe, auf welche auch J bezogen werden muss, bezeichnet. $W = \frac{J}{z}$ ist das Widerstandsmom.

Liegt der Punkt A des Querschn., für welchen N bestimmt werden soll, oberhalb der Schweraxe, so ist die Momentenaxe durch den unterhalb derselben liegenden Kernpunkt K zu legen und umgekehrt. Sobald — was in praktischen Fällen gewöhnlich stattfindet — eine Hauptaxe des Querschn. in der Kraftebene liegt, reduzirt sich die Momentenaxe auf die in dieser Axe liegenden Kernpunkte K und K_1.

2. Eine allgem. grafische Darstellung von N ergiebt sich aus der Beziehung $r^2 = \frac{J}{F} = z\mathfrak{k}$. $\mathfrak{k}$ sei der normale Abstand eines Kernpunktes von der zur neutralen Axe parallelen Schweraxe; Gleichg. (17) geht danach über in:

$$N = \pm \frac{M}{F\mathfrak{k}} = \pm \frac{P(e + \mathfrak{k})}{F\mathfrak{k}} \quad (36)$$

Fig. 397.

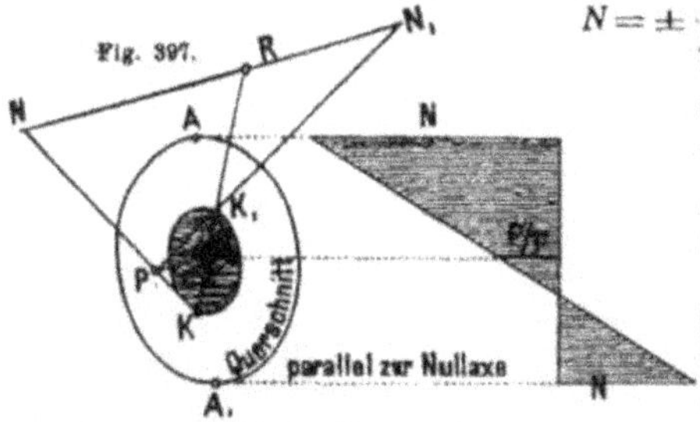

Weil man für die senkr. Abstände e und $\mathfrak{k}$ auch die betr. Abstände OR und OK, in der Durchschnittlinie der Kraftebene gemessen, setzen kann, die zu einander im nämlichen Verhältniss stehen, so mache man auf einer belieb. durch O gelegten Geraden, Fig. 397, $OP = \frac{P}{F}$, d. i. = der im Schwerp. O auftretenden spezif. Normalspannung und ziehe durch K, K_1 und P zwei Gerade, die eine durch R zu OP gelegte Parallele in N und N_1 schneiden. Dann stellen die Strecken RN und RN_1 bezw. die in den äussersten Fasern A und A_1 des Querschn. herrschenden spezif. Normalspannungen dar. Diese Konstruktion gilt nur, wenn eine Axialkraft P vorhanden ist, weil für den Fall, wo $P = 0$ wird, der Angriffsp. R der Resultante in die Entfernung $= \infty$ rückt.

e. Spezielle Behandlung der Querschnitte.

S und J sind stets, wenn nicht eine andere Axe besonders genannt wird, auf die Schweraxe bezogen.

α. Rechteckige Querschnitte (Höhe h, Breite b).

1. Man erhält: $S = \frac{1}{8} b (h^2 - 4v^2)$; $J = \frac{1}{12} bh^3$. Die beiden Haupt-Trägh.-Radien r und r_1 (das sind nach S. 571 die Längen der Hauptaxen der Zentral-Ellipse) berechnen sich aus: $\mathfrak{J} = Fr^2$ und $\mathfrak{J}' = Fr_1^2$ mit $r = \frac{h}{6}\sqrt{3} = 0{,}289\ h$ $r_1 = \frac{b}{6}\sqrt{3} = 0{,}289\ b$. Die Koordin. der Punkte 1, 2, 3, 4 des Kerns, Fig. 398, bestimmen sich nach (S. 572) für (1) u. (3), da $\varphi = 0$ und $\delta = \pm \frac{h}{2}$: $\mathfrak{v}_1 = \pm \frac{1}{6} h$ und $\mathfrak{w}_1 = 0$; für (2) und (4), da $\varphi = 90^0$ und $\delta = \pm \frac{b}{2}$: $\mathfrak{w}_1 = \pm \frac{1}{6} b$ und $\mathfrak{v}_1 = 0$. Die Kernpunkte liegen also in den Hauptaxen, um $^1/_3$ der Querschnitts-Höhe vom Rande entfernt.

Grafisch ermittelt man die Kernpunkte wie folgt: Zuerst sei AB die neutrale Axe. Ueber OT_1 wird ein Halbkreis geschlagen; von O aus wird der zugehörige halbe Durchm. der Zentral-Ellipse — d. i. also h — als Sehne abgetragen, und vom Endpunkt der Sehne ein Loth auf die OT_1 gefällt. Dies Loth schneidet auf der OT_1 die Strecke $e = O1$ ab. Während die neutrale Axe nun um A sich dreht, bis sie in die Lage AD gelangt, beschreibt der Punkt R die gerade Linie 1 — 2. In der Fig. 398 sind in analoger Weise durch die Halbkreise über OD und OT_1 noch zwei andere entsprechende Kernpunkte gefunden worden.

Fig. 398.

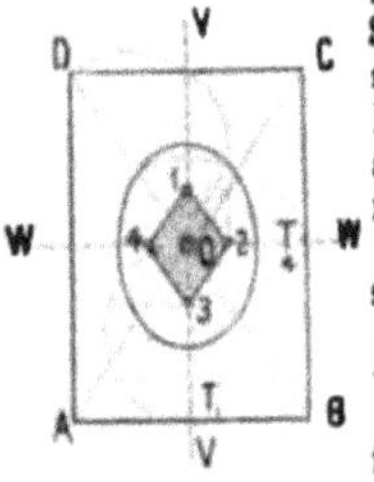

2. Die Spannungen des rechteck. Querschn. ergeben sich für den Fall, wo keine Axialkraft vorhanden ist: $N = \frac{12 M v}{b h^3}$; $T = \frac{3(h^2 - 4v^2) Q}{2 b h^3}$. N wird stets zum Maximum für $v = \pm h$; T für $v = 0$: $N_{max.} = \frac{6M}{bh^2}$; $T_{max.} = \frac{3Q}{2bh}$.

Beispiel. Für einen an den Enden auf Stützen ruhenden und pro Längeneinheit mit q gleichmässig belasteten Stab erhält man für einen Punkt der im Abstande x von einem Ende liegt:

$$N = \frac{6 q r x (l - x)}{b h^3}; \quad T = \frac{3 q (h^2 - 4 r^2)(l - 2x)}{4 b h^3}.$$

Die Hauptspannung H und ideale Hauptspannung $\mathfrak{H}$ ergeben sich nach (28) und (30) durch Einsetzen der Werthe für N und T (für $m = 3$):

$$H = \frac{6M}{bh^3}\left[v \pm \sqrt{v^2 + \frac{Q^2}{16 M^2}(h^2 - 4v^2)^2}\right];$$

$$\mathfrak{H} = \frac{4M}{bh^3}\left[v \pm \sqrt{v^2 + \frac{Q^2}{16 M^2}(h^2 - 4v^2)^2}\right].$$

Das analyt. Maximum von H und $\mathfrak{H}$ ist hiernach bestimmbar. Man braucht dasselbe aber in der Praxis nicht, da H und $\mathfrak{H}$ auch zum wirklichen Maximum für $v = 0$ oder $v = \pm \frac{h}{2}$ werden und wenn man das analyt. Maximum von $\mathfrak{H}$ für verschiedene Fälle berechnet, sich heraus stellt, dass dasselbe für alle Werthe $Qh < 2{,}883\ M$ stets kleiner ist, als das wirkliche Maximum von $\mathfrak{H}$, welches für $v = \pm \frac{h}{2}$ eintritt und dass es ferner für alle Werthe $Qh > 2{,}883\ M$ von dem wirklichen Maximum von $\mathfrak{H}$, das für $v = 0$ eintritt, nur sehr wenig abweicht. Man kann daher für die Praxis annehmen, dass $\mathfrak{H}$ zum Maximum wird:

wenn $Qh > 2{,}88\ M$ ist, für $v = 0$. Dann ist $\mathfrak{H} = \pm \frac{2Q}{bh}$;

wenn $Qh < 2{,}88\ M$ ist, für $v = \pm \frac{h}{2}$. Dann ist $\mathfrak{H} = \pm \frac{6M}{bh^2}$.

3. Die Dimensionirung des rechteck. Querschn. hat, wenn die Hauptspannungen dabei überhaupt beachtet werden sollen, derart zu geschehen, dass der kleinste Werth der zulässigen Inanspruchnahme für die beiden verschiedenen Grenzen von $Qh = \mathfrak{H}$ zu setzen ist.

Beim hölzernen Stabe wird z. B. ein Bruch entweder durch Zerreissen in demjen. Querschn., für welchen M zum Maximum wird, oder ein Abscheren für $v = 0$ in demjen. Querschn., für welchen Q zum Maximum wird, eintreten. Für den gleichmässig belasteten Stab auf 2 Stützen ist $M_{max.} = \frac{1}{8} q l^2$ und $Q_{max.} = \frac{1}{2} q l$.

Daher lauten die Festigkeits-Bedingungen für denselben:

$$k_1 = \frac{6 M_{max.}}{bh^2} = \frac{3ql^2}{4bh^2}; \quad k_2 = \frac{3 Q_{max.}}{2bh} = \frac{3ql}{4bh}.$$

k_1 und k_2 bezw. zulässige Inanspruchnahme für Druck und Schub.

Das Abscheren wird also eher eintreten als das Zerdrücken, wenn:

$\frac{h}{l} = \frac{k_2}{k_1}$ ist. Das Verhältniss $\frac{k_2}{k_1}$ ist für Nadelholz ungefähr $= \frac{1}{14}$, für Eichenholz $= \frac{1}{9}$.

β. Rechteckige Querschn. von konstanter Biegungs-Festigkeit.

Für einen Stab von konstanter Biegungsfestigkeit sind nach Vorigem folgende Bedingungen zu erfüllen:

$$1.\quad b\,h = \frac{2\,Q}{k},\ \text{wenn } Q\,h > 2{,}883\,M \text{ ist,}$$

$$2.\quad b\,h^2 = \frac{6\,M}{k},\ \text{wenn } Q\,h < 2{,}883\,M \text{ ist.}$$

Dabei bezeichnet k den kleinsten Werth der zulässigen Inanspruchnahme.

Der Stab wird sonach im allgem. aus 2 verschieden geformten Theilen bestehen, deren Querschn. bezw. der Bedingung unter (1) und (2) entsprechen. Die Länge des Stabes wird in den folgenden speziellen Fällen mit l und die Dimensionen eines End-Querschn. werden mit b_1 und h_1 bezeichnet.

1. An einem Ende eingespannter Stab, der am freien Ende mit G belastet ist. Im Abstande x vom freien Ende ist: $Q = G$; $M = G\,x$. Das giebt:

für konstante Höhe, Fig. 399: $b = \frac{b_1 h_1}{3\,l}$; $b = \frac{b_1 x}{l}$;

für konstante Breite, Fig. 400: $h = \frac{h_1^2}{3\,l}$ $h = h_1 \sqrt{\frac{x}{l}}$.

2. An einem Ende eingespannter Stab, gleichmässig mit q pro Längeneinh. belastet. Im Abstande x vom freien Ende ist: $Q = q\,x$; $M = \frac{1}{2}\,q\,x^2$. Das giebt:

für konstante Höhe, Fig. 401: $b = \frac{2\,b_1 h_1 x}{3\,l^2}$; $b = \frac{b_1 x^2}{l^2}$;

für konstante Breite, Fig. 402: $h = \frac{2\,h_1^2\,x}{3\,l^2}$; $h = h_1 \frac{x}{l}$;

für ähnliche Querschn., Fig. 403: $h = h_1 \sqrt[3]{\frac{2\,h_1\,x}{3\,l^2}}$; $h = h_1 \sqrt[3]{\frac{x^2}{l^2}}$.

Fig. 401, 402, 403.

Fig. 399, 400.

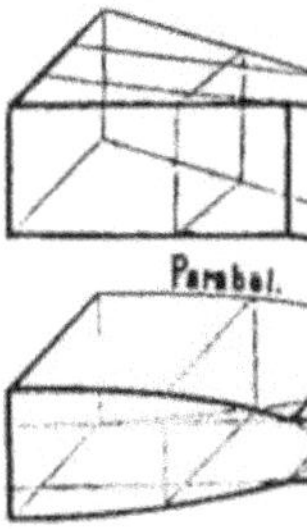

Fig. 404, 405.

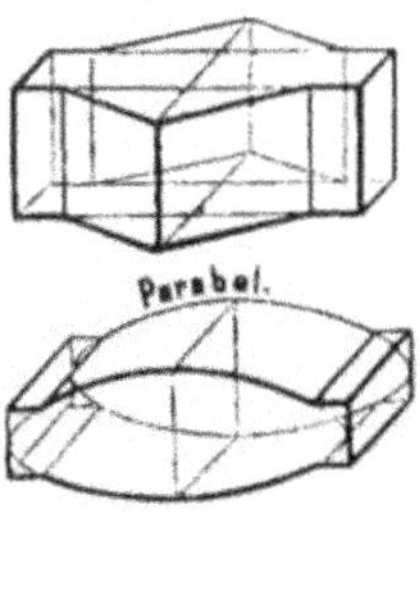

Fig. 406, 407.

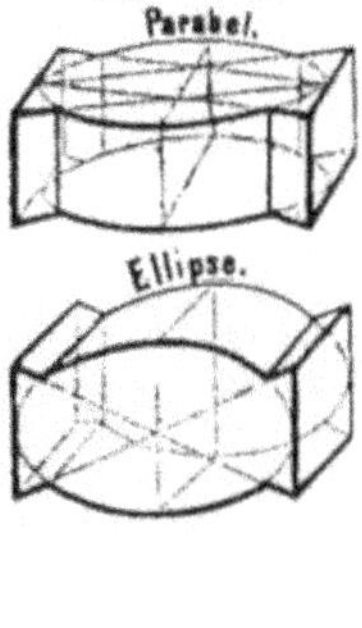

3. An beiden Enden unterstützter Stab, in der Mitte mit $2\,G$ belastet. Der Stab besteht hier aus 2 symmetr. Hälften, deren Querschn. nach (1) zu bestimmen sind, Fig. 404 u. 405.

4. An beiden Enden unterstützter Stab, gleichmässig mit q pro Längeneinh. belastet. Im Abstande x von einer Stütze ist: $Q = \frac{1}{2}\,q\,l\,(l - 2\,x)$; $M = \frac{1}{2}\,q\,x\,(l - x)$. Das giebt:

für konstante Höhe, Fig. 406: $h = \frac{4\,b_1 h_1\,(l - x)}{3\,l^2}$; $b = \frac{4\,b_1\,x\,(l - x)}{l^2}$;

für konstante Breite, Fig. 407: $h = \frac{4\,h_1^2\,(l - 2\,x)}{3\,l^2}$; $h = \frac{2\,h_1 \sqrt{x\,(l - x)}}{l}$.

γ. Elliptische Querschnitte.

1. Der Kreisquerschnitt, Fig. 408, $S = \frac{2}{3}\,r^3 \cos^3\varphi$; $J = \frac{\pi}{4}\,r^4$. Die Zentral-Ellipse und die Kernlinie gehen in Kreislinien über. Der Halbm. ρ des

Zentral-Kreises ist $= \frac{r}{2}$ und der Halbm. ρ_1 der Kernlinie $= \frac{r}{4}$. (Ueber Spannungen in einem Stabe von kreisförmigem Querschn. s. weiterhin.)

2. Der Kreisring-Querschnitt, Fig. 409, $J = \frac{\pi}{4}(r^4 - r_1^4)$. Ist $r - r_1 = \delta$ sehr klein: $J = \pi r^3 \delta$.

Das stat. Moment eines Ringstücks, welches zwischen 2 Halbm. liegt, die einen Winkel $+\alpha$ und $-\alpha$ mit der VV einschliessen, ist: $S = \frac{2}{3}(r^3 - r_1^3)\sin\alpha$.

Ist δ sehr klein, so ist $S = 2r^2\delta \sin\alpha$.

Der Halbm. ρ des Zentral-Kreises ist: $\rho = \frac{1}{2}\sqrt{r^2 + r_1^2}$.

Der Halbm. ρ_1 der Kernlinie ist die mittlere Proportionale zwischen r und ρ. Daraus: $\rho_1 = \frac{r^2 + r_1^2}{4r}$. Danach ist die grafische Ermittelung von ρ und ρ_1 in der Fig. 410 ausgeführt. Für sehr geringe Stärke δ des Ringes wird:

$$\rho = \frac{r}{\sqrt{2}} = 0{,}707\, r;\quad \rho_1 = \frac{r}{2}.$$

Fig. 408.

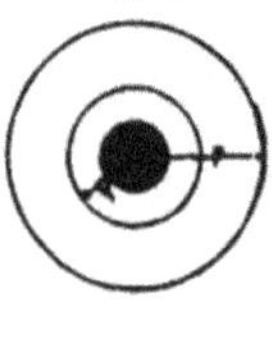

Fig. 409.

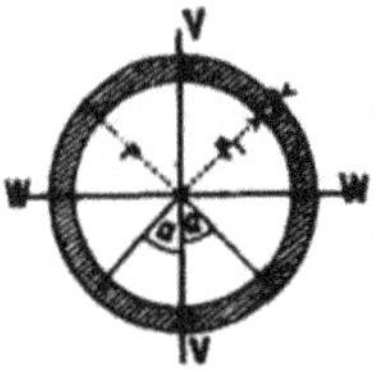

3. Elliptischer Querschn. $J = \frac{\pi}{4} a^3 b$. Die Halbaxen der Zentral-Ellipse sind halb so gross als diejenigen des ellipt. Querschn. Die Kernlinie ist ebenfalls eine Ellipse, deren Halbaxen halb so gross sind, als diejen. der Zentral-Ellipse. Für den ellipt. Ring mit sehr kleiner Stärke δ ist:

$$J = \frac{\pi}{4} a^2 (a + 3b)\delta.$$

Fig. 410.

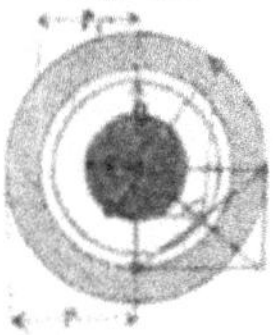

Fig. 411.

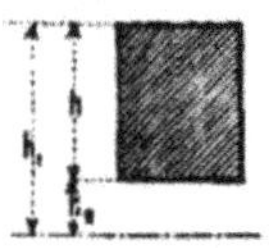

Fig. 412.

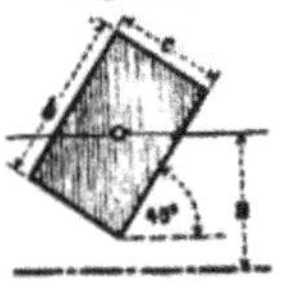

Fig. 413.

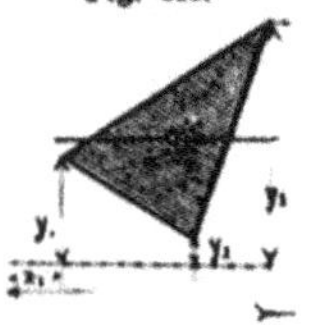

δ. Zusammen gesetzte Querschnitte.

Zusammen gesetzte Querschn. zerlegt man in Elementar-Figuren, deren Querschn.-Grössen bekannt sind. Zentral-Ellipse und Kern bestimmt man nach den S. 571 ff. gegebenen Regeln, welche durch die weiterhin folgenden Beispiele näher erläutert werden.

Im Nachstehenden sind die Querschn.-Grössen der wichtigsten Elementar-Figuren angegeben, mit deren Hilfe man die meisten der in der Technik vorkommenden Querschn. behandeln kann.

1. Rechteck, Fig. 411. $F = bh$;

$$S = \frac{1}{2} b (h_1^2 - h_2^2) = \frac{1}{2} F (h_1 + h_2);$$

$$J = \frac{1}{3} b (h_1^3 - h_2^3) = \frac{1}{3} F (h_1^2 + h_1 h_2 + h_2^2).$$

Für eine Rechteckseite als Axe ($h_2 = 0$; $h_1 = h$) ist: $S = \frac{1}{2} b h^2$; $J = \frac{1}{3} b h^3$.

Für ein unter 45° geneigt gestelltes Rechteck, Fig. 412, ergiebt sich:

$$S = abc;\ J = bc\left(a^2 + \frac{b^2 + c^2}{24}\right).$$

2. Dreieck, Fig. 413. $F = \frac{1}{2}[x_1 (y_2 - y_3) + x_2 (y_3 - y_1) + x_3 (y_1 - y_2)]$;

$$S = \frac{1}{3} F (y_1 + y_2 + y_3);\quad J = \frac{1}{6} F (y_1^2 + y_2^2 + y_3^2 + y_2 y_3 + y_3 y_1 + y_1 y_2).$$

Für eine parallele Schweraxe ist: $J = \frac{1}{18} F (y_1^2 + y_2^2 + y_3^2 + y_2 y_3 + y_3 y_1 + y_1 y_2)$, wenn sich y_1, y_2, y_3 auf die belieb. Schweraxe beziehen

Für parallele Axen, Fig. 414, wird, Axe AB: $S = \frac{1}{6} b h^2$; $J = \frac{1}{12} b h^3$.

Fig. 414.

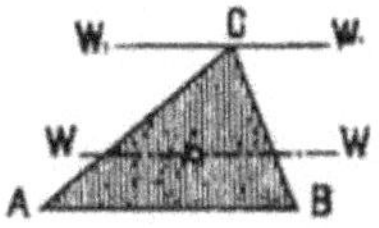

Axe WW: $S = 0$; $J = \frac{1}{36} b h^3$;

Axe $W_1 W_1$: $S = \frac{1}{3} b h^2$; $J = \frac{1}{4} b h^3$.

3. Trapez. Für eine der nicht parallelen Seiten, z. B. AB als Axe, Fig. 415, ist: $F = \frac{1}{2} b (h_1 + h_2)$;

$$S = \frac{1}{6} b (h_1^2 + h_2^2 + h_1 h_2); \quad J = \frac{1}{12} b (h_1 + h_2)(h_1^2 + h_2^2) = \frac{1}{6} F (h_1^2 + h_2^2).$$

Für eine zu den parallelen Seiten parallele Axe, Fig. 416, ist:

$$F = \frac{1}{2} (b_1 + b_2)(h_1 - h_2); \quad S = {}^1/_6\, h [b_1 (2 h_1 + h_2) + b_2 (h_1 + 2 h_2)];$$

$$J = \frac{1}{12} h [(b_1 + b_2)(h_1 + h_2)^2 + 2 b_1 h_1^2 + 2 b_2 h_2^2].$$

Fig. 415. Fig. 416. Fig. 417. Fig. 418.

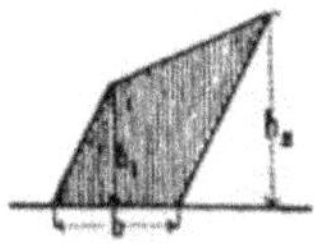

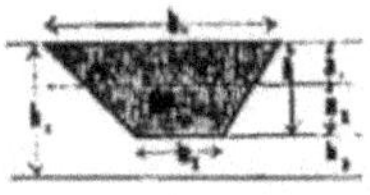

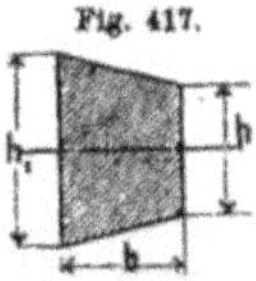

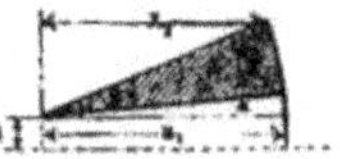

Für die den parallelen Seiten parallele Schweraxe, Fig. 416, ist:

$$a_1 = \frac{2 b_1 + b_2}{3 (b_1 + b_2)} h; \quad a_2 = \frac{b_1 + 2 b_2}{3 (b_1 + b_2)} h; \quad J = \frac{1}{36} \frac{b_1^2 + 4 b_1 b_2 + b_2^2}{b_1 + b_2}.$$

Bei symmetr. Lage gegen die Axe, Fig. 417, ist: $J = \frac{1}{48} b (h_1 + h_2)(h_1^2 + h_2^2)$.

4. Kreisausschnitt. Statt arc α und arc β ist α und β gesetzt; dann ist, Fig. 418: $F = \frac{1}{2} r (\beta - \alpha)$; $S = \frac{1}{6} r^2 [3 a (\beta - \alpha) + 2 (x_1 - x_2)]$;

$$J = \frac{1}{48} r^2 [6 (4 a^2 + r^2)(\beta - \alpha) + 38 a (x_1 - x_2) - 3 r^2 (\sin 2\beta - \sin 2\alpha)].$$

Fig. 419, 420.

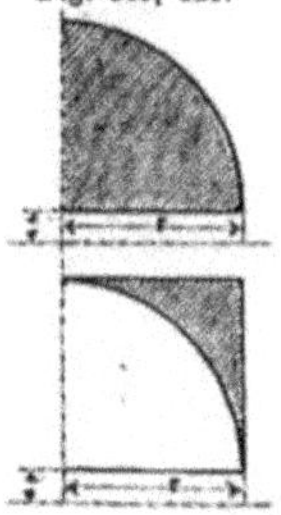

Fig. 421, 422.

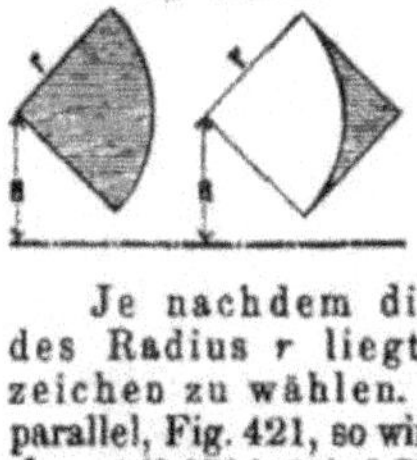

Für den Viertelkreis, Fig. 419, wird hiernach:

$F = 0{,}785\, r^2$; $S = r^2 (0{,}785\, a \pm 0{,}333\, r)$;
$J = r^2 (0{,}785\, a^2 \pm 0{,}667\, a r + 0{,}196\, r^2)$.

Für die Ergänzung des Viertelkreises zum Quadrat, Fig. 420, wird:

$F = 0{,}215\, r^2$; $S = r^2 (0{,}215\, a \pm 0{,}167\, r)$;
$J = r^2 (0{,}215\, a^2 \pm 0{,}333\, a r + 0{,}137\, r^2)$.

Je nachdem die Fläche oberhalb oder unterhalb des Radius r liegt, ist das obere oder untere Vorzeichen zu wählen. Ist die Symmetrieaxe der Momentenaxe parallel, Fig. 421, so wird für den Viertelkreis: $J = r^2 (0{,}0714\, r^2 + 0{,}785\, a^2)$, und für die Ergänzung des Viertelkreises zum Quadrat: $J = r^2 (0{,}0119\, r^2 + 0{,}215\, a^2)$.

5. Kreisabschnitt. S und J beziehen sich auf die der Sehne AB parallele Axe, Fig. 423; J_1 desgl. auf die vertikale Symmetrieaxe.

$$S = \frac{1}{3} r^2 [3 a (\alpha - \sin\alpha \cos\alpha) \pm 2 r \sin^3 \alpha];$$

$$J = \frac{1}{24} r^3 [3(4a^2 + r^2)(\alpha - \sin\alpha\cos\alpha) \pm 2r\sin\alpha(8a\sin^2\alpha \pm 35\cos^2\alpha)];$$

$$J_1 = \frac{1}{24} r^4 (6\alpha - 3\sin 2\alpha - 4\sin^3\alpha\cos\alpha).$$

Fig. 423.

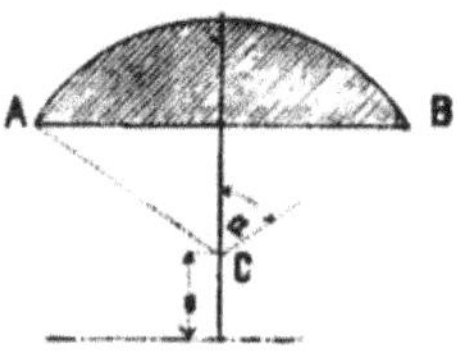

Fig. 424.

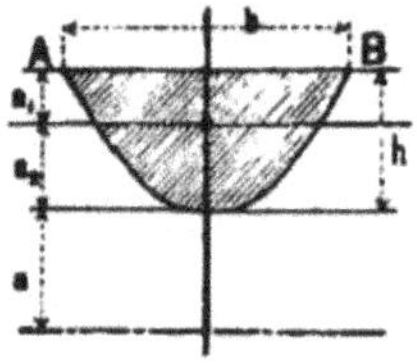

Je nachdem die Fläche oberhalb oder unterhalb von C liegt, gilt oberes oder unteres Vorzeichen.

6. Parabel. S und J beziehen sich auf die der Sehne AB und der Scheitel-Tangente parallele Axe; J_1 auf die vertikale Symmetrieaxe, Fig. 424,

$$F = {}^2/_3\, bh;\quad S = \frac{2}{15} bh(5a + 3h);$$

$$J = \frac{2}{105} bh(35a^2 + 42ah + 15h^2);\quad J_1 = \frac{1}{30} b^3 h.$$

Für die parallele Schweraxe wird: $a_2 = \frac{2}{5} h$; $a_1 = \frac{3}{5} h$; $J = \frac{8}{175} bh^3$.

ε. Näherungs-Regeln für I, ⊥ und ⊔ förmigen Querschnitt.

Näherungsregeln wendet man zweckmässig an, wenn zusammen gesetzte Querschn. mit Rücksichtnahme auf möglichste Material-Ersparniss für eine gegebene Belastung konstruirt werden sollen, weil die Ausdrücke für die direkte Ermittelung der Dimensionen zu komplizirt werden. Man berechnet die Dimensionen zuerst näherungsweise, bestimmt sodann für den gefundenen Querschn. die Spannungen und nimmt event. so lange Aenderungen in den Dimensionen vor, bis der vortheilhafteste Querschn. gefunden ist.

Fig. 425.

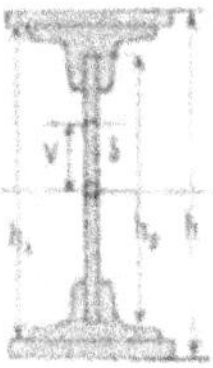

1. Symmetr. I förmiger Querschn., Fig. 425. Die Stegdicke δ sei konstant; der Inhalt eines Gurtes $= f$ und das Trägheitsmoment desselben in Beziehung auf die Schweraxe $= i$. Dann ist,

$$F = 2f + h_2\delta;\quad J = \frac{1}{2} fh_1^2 + \frac{1}{12}\delta h_2^3 + 2i.$$

Das stat. Moment S eines bis zum Abstande v von der Schweraxe gerechneten Querschn.-Theils ist: $S = \frac{1}{2} fh_1^2 + \frac{1}{8}\delta(h_2^2 - 4v^2)$. Die spezif. Normalspannung N in einem belieb. Punkte und die spezif. Schubspannung T in einem belieb. Punkte des Stegs sind (nach (18) u. (23): $N = \frac{Mv}{J}$; $T = \frac{QS}{J\delta} = \frac{Q}{J}\left[\frac{1}{2}\frac{fh_1}{\delta} + \frac{1}{8}(h_2^2 - 4v^2)\right]$.

Fig. 426.

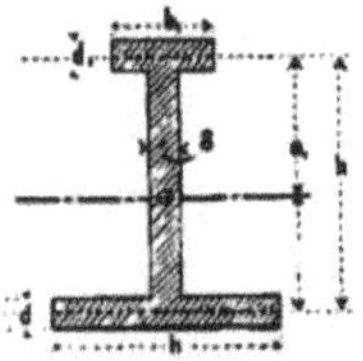

Fig. 427.

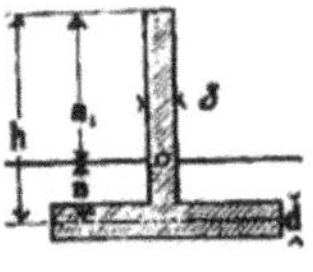

2. Unsymmetr. I, ⊥, ⊔ förmige Querschn. Die Steg- und Gurtdicken seien klein gegen die Höhe h. Gurtflächen f und f_1, Gurtbreiten b und b_1. Die Schwerp.-Abstände a und a_1, Fig. 426, ergeben sich:

$$a = \frac{1}{2} h - \frac{(f - f_1)h}{2F};\quad a_1 = \frac{1}{2} h + \frac{(f - f_1)h}{2F}.$$

$$\text{Ferner: } \frac{a}{a_1} = \frac{F + f_1 - f}{F - f_1 + f} = \frac{2f_1 + h\delta}{2f + h\delta}. \quad (37)$$

Das Trägheitsmom. J für die Schweraxe:

$$J = \frac{1}{12} h^3\delta + \frac{1}{4}(f + f_1)h^2 - \frac{(f - f_1)^2 h^2}{4F}.$$

$$\text{oder: } = \frac{1}{4} Fh^2 - \frac{1}{6} h^3\delta - \frac{(f - f_1)h^2}{4F};\ \text{oder: } = Faa_1 - \frac{1}{6} h^3\delta. \quad (38)$$

Für den ⊥ förmigen Querschn., Fig. 427, wird:

$$a = \frac{1}{2} h - \frac{fh}{2F};\quad a_1 = \frac{1}{2} h + \frac{fh}{2F};\quad J = \frac{1}{12} h^3\delta + \frac{1}{4} fh^2 - \frac{f^2 h^2}{4F}$$

$$= \frac{1}{4} Fh^2 - \frac{1}{6} h^3\delta - \frac{f^2 h^2}{4F} = \frac{1}{12} h^3\delta \frac{4f + h\delta}{f + h\delta}.$$

ζ. Minimum der Querschn.-Fläche bei gegebener Inanspruchnahme.

1. Ist die zulässige Inanspruchnahme für Unter- und Obergurt k und k_1, so sind die zu erfüllenden Festigk.-Bedingungen: $k\,J = M\,a$ und $k_1\,J = M\,a_1$ oder: $\frac{a}{a} = \frac{k}{k_1}$.

Für den Querschn., Fig. 427, erhält man hieraus durch Verbindung mit (37) und (38): $f = \frac{M}{k\,h} + \frac{k_1 - 2\,k}{6\,k}\,h\,\delta$; $f_1 = \frac{M}{k_1\,h} - \frac{2\,k_1 - k}{6\,k_1}\,h\,\delta$;

$$F = \frac{k + k_1}{k\,k_1}\left[\frac{M}{h} + \frac{1}{6}\,(k + k_1)\,h\,\delta\right]. \qquad (39)$$

F wird demnach ein Minimum für: $h = \sqrt{\frac{6\,M}{(k + k_1)\,\delta}}$.

Unter der Annahme einer gleichmässigen Belastung pro Längeneinheit des Stabes, bei konstantem Querschn. und voraus gesetzt, dass die Stegdicke δ der Höhe h proportional, also $h = m\,\delta$ sei, erhält man aus der Bedingung für das Minimum von F folgende Ausdrücke:

$$f = \frac{k_1}{2\,k}\,h\,\delta;\; f_1 = \frac{k}{2\,k_1}\,h\,\delta;\; F = \frac{(k + k_1)^2}{2\,k\,k_1}\,h\,\delta \text{ also } f : f_1 = k_1^2 : k^2.$$

2. Für **Schmiedeisen** ist die Zug- und Druckfestigkeit nahezu gleich. Für **Gusseisen** ist, wenn k sich auf Zug und k_1 auf Druck bezieht, das Verhältniss: $\frac{k_1}{k} = 2{,}1$ bis $2{,}9$, im Mittel $= 2{,}5$. Für Gusseisen gehen demnach die Gleichg. (39) über in:

Fig. 428.

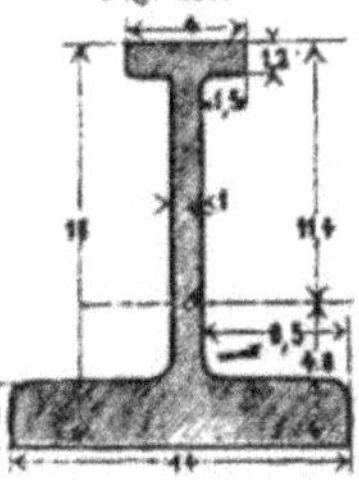

$$f = 1{,}25\,h\,\delta;\; f_1 = 0{,}20\,h\,\delta;\; F = 2{,}45\,h\,\delta;\; \frac{f}{f_1} = 6{,}25.$$

Nach diesen Verhältnissen ist z. B. der Querschn. Fig. 428, konstruirt. **Die Stegdicke ist** $= 1$ **gesetzt.** Für die eingeschriebenen Verhältnisse wird: $J = 1289\,\delta$;

$$\delta = 0{,}207\,\sqrt[3]{\frac{M}{k_1}} = 0{,}153\,\sqrt[3]{\frac{M}{k}}.$$

3. Für **Gusseisen** und das Verhältniss $\frac{k_1}{k} = 2$ hat **Klose** folgende Normal-Querschn. konstruirt. Die Gesammthöhe ist h. **Die Stärke** δ **ist** $= 1$ **gesetzt.**

Fig. 429.

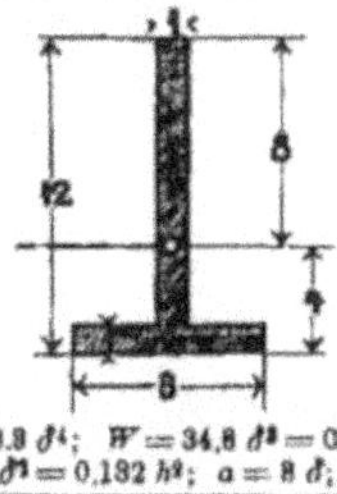

$J = 278{,}8\,\delta^4$; $W = 34{,}8\,\delta^3 = 0{,}0201\,h^3$; $F = 19\,\delta^2 = 0{,}182\,h^2$; $a = 8\,\delta$; $\varphi = 1{,}0$.

Fig. 430.

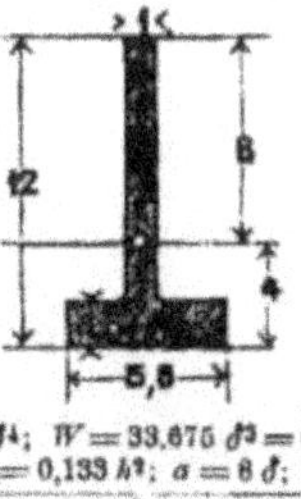

$J = 269{,}4\,\delta^4$; $W = 33{,}675\,\delta^3 = 0{,}0195\,h^3$; $F = 19{,}2\,\delta^2 = 0{,}133\,h^2$; $a = 8\,\delta$; $\varphi = 1{,}028$.

Fig. 431.

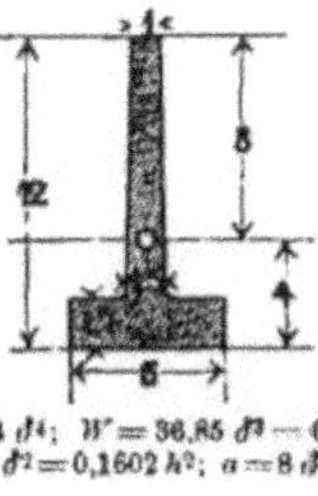

$J = 294{,}84\,\delta^4$; $W = 36{,}85\,\delta^3 = 0{,}0213\,h^3$; $F = 23{,}075\,\delta^2 = 0{,}1602\,h^2$; $a = 8\,\delta$; $\varphi = 1{,}19$.

Fig. 432.

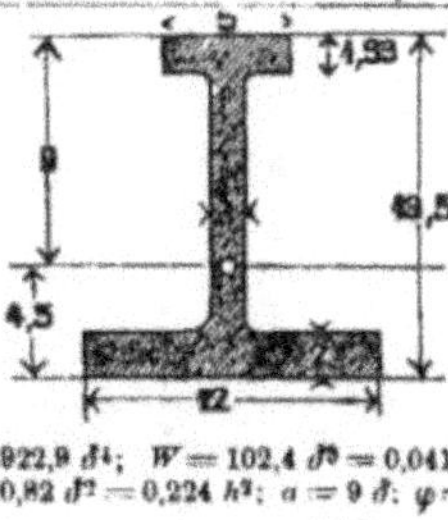

$J = 922{,}9\,\delta^4$; $W = 102{,}4\,\delta^3 = 0{,}0417\,h^3$; $F = 40{,}82\,\delta^2 = 0{,}224\,h^2$; $a = 9\,\delta$; $\varphi = 1{,}04$

Fig. 433.

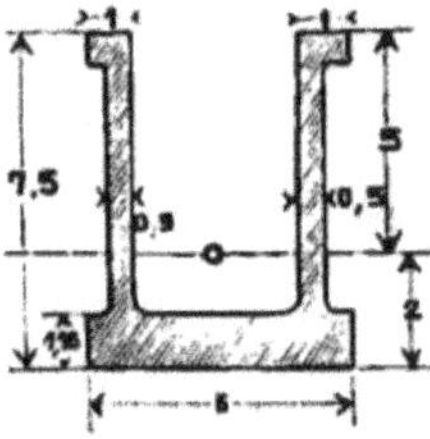

$J = 80,288\,\delta^4$; $W' = 16,075\,\delta^3 = 0,03806\,h^3$;
$F = 13,3\,\delta^2 = 0,24\,h^2$; $a = 5\,\delta$; $\varphi = 0,91$.

Fig. 434.

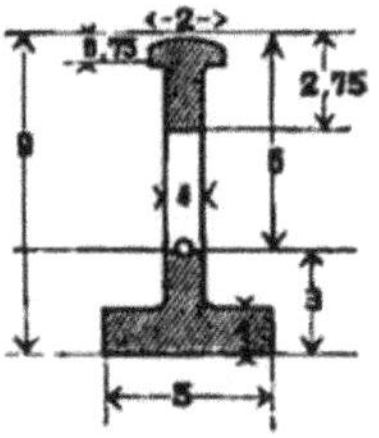

$J = 118,656\,\delta^4$; $W = 19,776\,\delta^3 = 0,271\,h^3$;
$F = 10,5\,\delta^2 = 13\,h^2$; $a = 6\,\delta$; $\varphi = 0,67$.

Fig. 435.

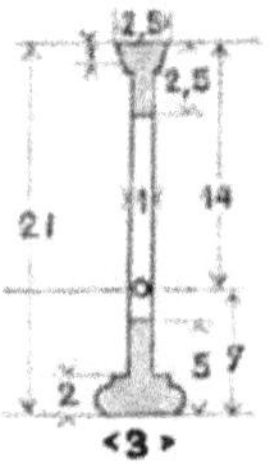

$J = 1202,08\,\delta^4$; $W' = 85,863\,\delta^3 = 0,0093\,h^3$;
$F = 16,9\,\delta^2 = 0,0383\,h^2$; $a = 14\,\delta$; $\varphi = 0,483$.

Fig. 436.

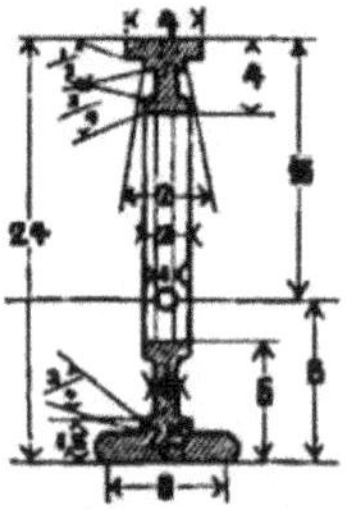

$J = 2318,15\,\delta^4$; $W = 144,884\,\delta^3 = 0,0105\,h^3$;
$F = 23,891\,\delta^2 = 0,0415\,h^2$; $a = 16\,\delta$; $\varphi = 0,483$.

In den Figuren sind die Verhältnisszahlen auf $\delta = 1$ bezogen. Der breitere Gurt oder Flansch muss stets auf Zug beansprucht werden. J und W beziehen sich auf die Schweraxe. a ist die Entfernung letzterer von der äussersten Druckfaser. φ drückt das Verhältniss aus, in welchem die Flächeninhalte der verschiedenen Querschn. zum Inhalt des als Einheit angenommenen Querschn. Fig. 429 stehen, wenn sämmtliche Querschn. gleiche Inanspruchnahme erfahren sollen. —

η. Tabellen.

Tabelle 1. Trägheitsmomente für zusammen gesetzte Querschnitte.

Fig.	Querschn.-Form	Trägheitsmom. J auf die Schweraxe bezogen	Grösster Abstand l der äusserst. Faser
437.	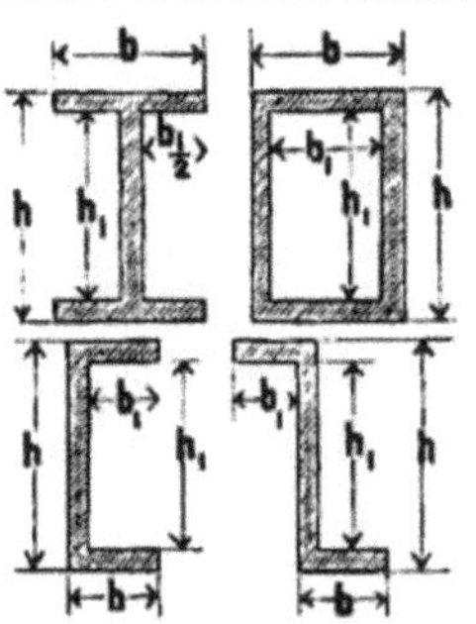	$\frac{1}{12}(b\,h^3 - b_1\,h_1^3)$	$\frac{h}{2}$
438.	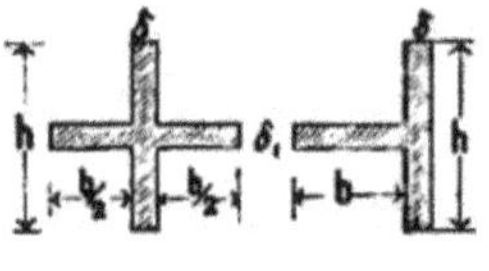	$\frac{1}{12}(\delta h^3 + b\,\delta_1^3)$	$\frac{h}{2}$

Fig.			
439.	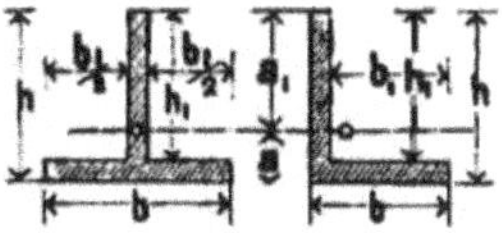	$\frac{1}{3}\left\{(b-b_1)a_1^3 + ba^3 - b_1[a-(h-h_1)]^3\right\}$	$\frac{bh^2 - b_1h_1^2}{2(bh - b_1h_1)}$
440.	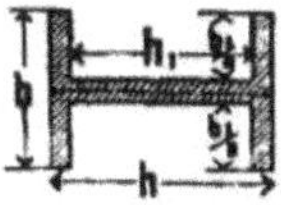	$\frac{1}{12}[(h-h_1)b^3 + h_1(b-b_1)^3]$	$\frac{b}{2}$
441.	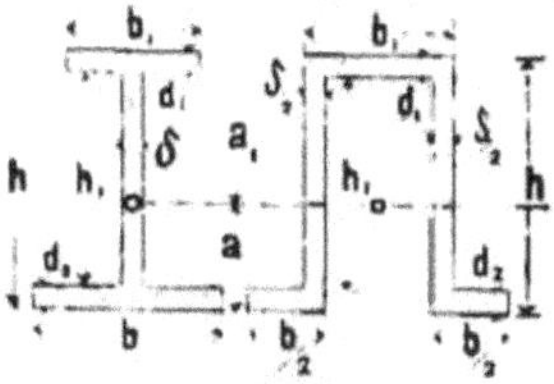	$\frac{1}{3}[b_1a_1^3 - (b_1-\delta)(a-d_1)^3 + ba^3 - (b-\delta)(a-d_2)^3]$	—
442.	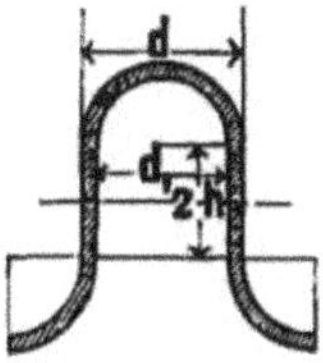	$\frac{\pi}{64}(d^4-d_1^4) + \frac{h^2\pi}{4}(d^2-d_1^2) + \frac{h}{3}(d^3-d_1^3) + \frac{2}{3}(d-d_1)h^3$	$h+\frac{d}{2}$
443.		$J = 2r^3 \text{ arc } \alpha\left[1+2\left(1-\frac{h}{2r}\right)^2\right]\delta - \frac{3}{2}r^2b\left(1-\frac{h}{2r}\right)\delta$ Näherungswerth: $J = (0{,}11\,b + 0{,}16\,h)\,h^2\delta$	$\frac{h}{2}$
444.	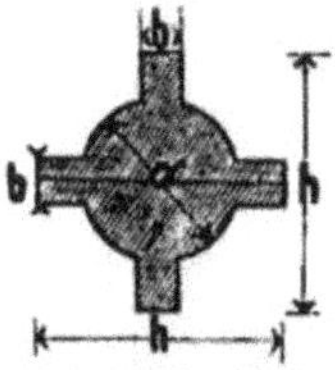	$\frac{1}{12}\left[\frac{3\pi}{16}d^4 + b(h^3-d^3) + b^3(h-d)\right]$	$\frac{h}{2}$
445.	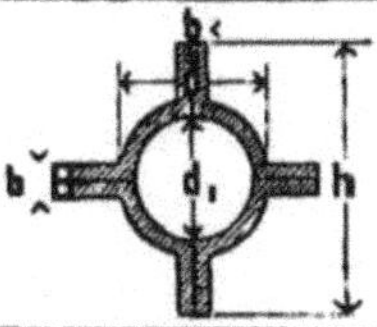	$\frac{1}{12}\left[\frac{3\pi}{16}(d^4-d_1^4) + b(h^3-d^3) + b^3(h-d)\right]$	$\frac{h}{2}$
446.	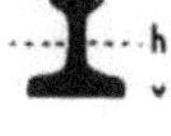		

Eisenbahnschienen von durchschn. 9,15 cm Basis und 5,5 cm Kopfbreite.	Höhe	Gewicht pro 1 m	J für cm	$\frac{J}{a}$ für cm
	13,0 cm	36 kg	919	130
	11,8	34	690	117
	10,5	32	472	95

Tabelle 2. Trägheitsmomente J und Querschn.-Fläche F runder Säulen.

d	Vollsäulen		Hohlsäulen mit einer Wandstärke von 15 mm		20 mm		25 mm		30 mm	
	F	J	F	J	F	J	F	J	F	J
10	78,54	491	40,06	373	50,27	427	58,90	460	65,97	478
10,5	86,59	597	42,41	441	53,41	509	62,83	552	70,69	577
11	95,03	719	44,77	518	56,55	601	66,76	655	75,40	688
11,5	103,87	859	47,12	602	59,69	703	70,69	771	80,11	814
12	113,10	1018	49,48	696	62,83	817	74,61	900	84,82	954
12,5	122,72	1198	51,84	799	65,97	942	78,54	1043	89,54	1111
13	132,73	1402	54,19	911	69,12	1080	82,47	1201	94,25	1284
13,5	143,14	1630	56,55	1034	72,26	1231	86,39	1374	98,96	1475
14	153,94	1886	58,90	1167	75,40	1395	90,32	1564	103,67	1685
14,5	165,13	2170	61,26	1311	78,54	1573	94,25	1770	108,38	1914
15	176,71	2485	63,62	1467	81,68	1766	98,17	1994	113,10	2163
15,5	188,69	2833	65,97	1635	84,82	1975	102,10	2237	117,81	2433
16	201,06	3217	68,33	1815	87,96	2199	106,03	2498	122,52	2726
16,5	213,82	3638	70,69	2008	91,11	2440	109,96	2780	127,23	3042
17	226,98	4100	73,04	2214	94,25	2698	113,88	3082	131,95	3381
17,5	240,53	4604	75,40	2434	97,39	2978	117,81	3405	136,66	3745
18	254,47	5153	77,75	2668	100,53	3267	121,74	3751	141,37	4135
18,5	268,80	5750	80,11	2917	103,67	3580	125,66	4119	146,08	4551
19	283,53	6397	82,47	3180	106,81	3912	129,59	4511	150,80	4995
19,5	298,65	7098	84,82	3459	109,96	4264	133,52	4928	155,51	5467
20	314,16	7854	87,18	3754	113,10	4637	137,44	5369	160,22	5968
20,5	330,06	8669	89,54	4065	116,24	5031	141,37	5836	164,93	6499
21	346,36	9547	91,89	4394	119,38	5447	145,30	6330	169,65	7062
21,5	363,05	10489	94,25	4739	122,52	5885	149,23	6850	174,36	7655
22	380,13	11499	96,60	5102	125,66	6346	153,15	7399	179,07	8282
22,5	397,61	12581	98,96	5483	128,81	6831	157,08	7977	183,78	8942
23	415,48	13737	101,32	5883	131,95	7340	161,01	8584	188,50	9637
23,5	433,74	14971	103,67	6301	135,09	7873	164,93	9221	193,21	10367
24	452,39	16286	106,03	6739	138,23	8432	168,86	9889	197,92	11133
24,5	471,44	17686	108,38	7197	141,37	9017	172,79	10589	202,63	11936
25	490,87	19175	110,74	7676	144,51	9628	176,71	11321	207,35	12778

Ueber die Querschn.-Grössen von Profileisen vergl. auch das Deutsche Normalprofil-Buch.

ϑ. Beispiele.

1. Symmetr. I Eisen, Fig. 447. Bei der Berechnung von J für die zum Steg senkrechte Schweraxe betrachtet man die Hauptfigur als Differenz eines Rechtecks und zweier Trapeze und die Abrundungen in den Ecken als Viertelkreise. Dann ergiebt sich mit Benutzung der Gleich. S. 577:

$$J = \frac{1}{12}\, 15 . 30^3 - 2\,\frac{1}{48}\, 6,8\,(25,4 + 26,6)\,(25,4^2 + 26,6^2)$$
$$+ 4 . 1,4^2 (0,215 . 11,3^2 + 0,333 . 11,3 . 1,4 + 0,137 . 1,4^2) - 4 . 0,7^2\,(0,215 . 14,0^2 - 0,333 . 14,0 . 0,7 + 0,137 . 0,7^2) = 14003.$$

Nimmt man eine Zusammenstellung nur aus Rechtecken an, so würde man:

$$J = \frac{1}{12}\,(15 . 30^3 - 2 . 6,8 . 26^3) = 13831$$

d. h. 1,2 Prozent zu klein erhalten haben.

Fig. 447.

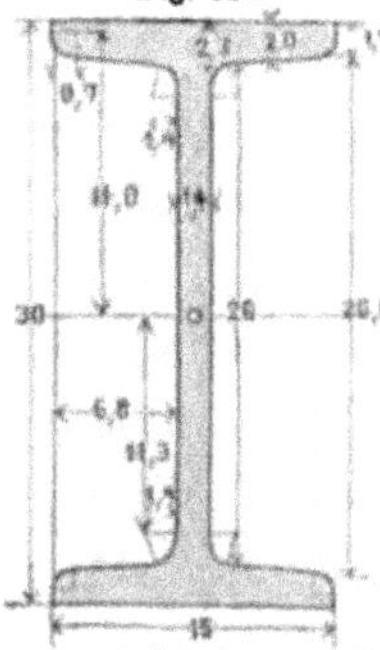

Fig. 448.

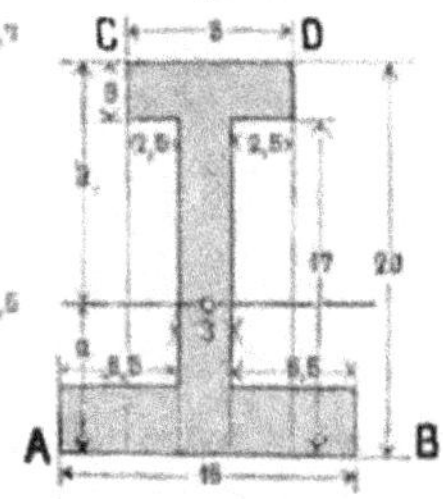

2. Unsymmetr. I förm. Querschn., Fig. 448. Der Querschn. kann als die Summe aus 2 Rechtecken von zusammen $2 . 6,5 = 13$ Breite und 4 Höhe und eines Rechtecks von 8 Breite und 20 Höhe, vermindert um 2 Rechtecke von zusammen $2 . 2,5 = 5$ Breite $20 - 3 = 17$ Höhe betrachtet werden. Man erhält: $F = 13 . 4 + 8 . 20 -$ [illegible] 127,0; S und J_1 für die Axe AB: $S = \frac{1}{2}(13 . 4^2 + 8 . 20^2 - 5 . 17^2) = 981,5$;

$$J_1 = \frac{1}{3}\,(13 . 4^3 + 8 . 20^3 - 5 . 17^3) = 13422,3.$$

Der Abstand a des Schwerp. von AB wird: $a = \frac{S}{F} = \frac{981,5}{127,0} = 7,73$. Das Trägheitsmom. J für die zur AB parallele Schweraxe ist:

$$J = J_1 - Fa^2 = J_1 - Sa = 13422,3 - 981,5 . 7,73 = 5835,3.$$

Die Widerstandsmom. W_1 und W_2 für die Kanten AB und CD sind:

$$W_1 = \frac{5835,3}{7,73} = 754,9. \quad W_2 = \frac{5835,3}{20 - 7,73} = 475,6.$$

3. **T förm. Querschn.**, Fig. 449. Derselbe wird in ein Rechteck von 2 Breite und 20 Höhe und 2 Rechtecke von je 7 Breite, 3 Höhe, welche sich auch zu einem Rechteck von 14 Breite und 3 Höhe vereinigen lassen, zerlegt. Zunächst ist: $F = 2 \,.\, 20 + 14 \,.\, 3 = 82$; S für die Axe AB wird: $S = 2 \,.\, 20 \frac{20}{2} + 14 \,.\, 3 \frac{3}{2} = 463$. Daher ist der Abstand a des Schwerp. von AB: $a = \frac{S}{F} = \frac{463}{82} = 5{,}65$. Das Trägheitsmom. J_1 für die Axe AB: $J_1 = \frac{1}{3}(2 \,.\, 20^3 + 14 \,.\, 3^3) = 5459{,}3$. Daher das Trägheitsmom. J für die parallele Schweraxe: $J = J_1 - Fa^2 = J_1 - Sa = 5459{,}3 - 463 \,.\, 5{,}65 = 2843{,}4$.

Fig. 449.

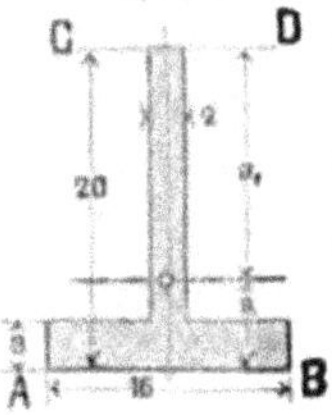

Die Widerstandsmom. W_1 und W_2 für die Kanten AB und CD ergeben sich danach; $W_1 = \frac{2843{,}4}{5{,}65} = 503{,}2$; $W_2 = \frac{2843{,}4}{20 - 5{,}65} = 198{,}2$.

4. Für ein **Rechteck** der Höhe h und Breite b soll das Trägheitsmom. J_1 in Bezug auf eine unter 45^0 gegen die Hauptaxen geneigte Schweraxe gesucht werden. Nach (16) ist:

$$J_1 = \mathfrak{J} \cos^2 45^0 + \mathfrak{J}' \sin^2 45^0 = \frac{1}{12}\left(\frac{bh^3}{2} + \frac{b^3h}{2}\right) = \frac{1}{24} F(b^2 + h^2).$$

Denselben Ausdruck erhält man direkt aus der betr. Gleichg. S. 576, wenn darin $a = 0$ gesetzt wird.

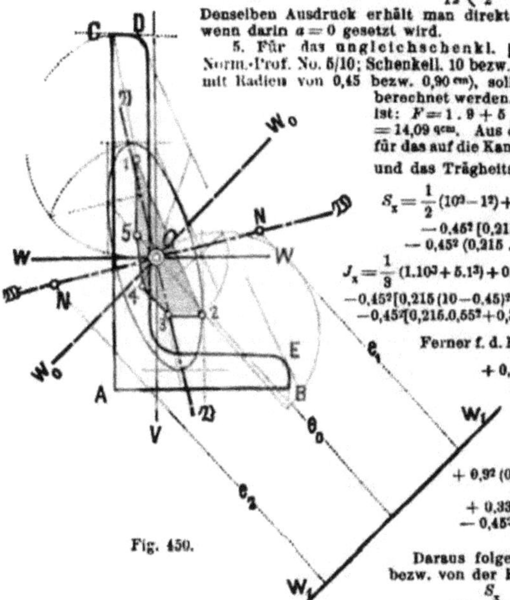

Fig. 450.

5. Für das **ungleichschenkl. ⌊ Eisen**, Fig. 449 (Deutsch. Norm.-Prof. No. 5/10; Schenkell. 10 bezw. 5 cm; Stärke 1 cm; Abrundungen mit Radien von 0,45 bezw. 0,90 cm), soll die **Lage der Hauptaxen** berechnet werden. Der Flächeninhalt des Profils ist: $F = 1 \,.\, 9 + 5 \,.\, 1 + 0{,}215 \,.\, 0{,}9^2 - 2 \,.\, 0{,}215 \,.\, 0{,}45^2 = 14{,}09$ qcm. Aus den Gleichg. S. 577 ergiebt sich für das auf die Kante AB bezogene stat. Moment S_x und das Trägheitsmom. J_x:

$$S_x = \frac{1}{2}(10^2 - 1^2) + \frac{5}{2} 1^2 + 0{,}9^2 (0{,}215 \,.\, 1 - 0{,}167 \,.\, 0{,}9) - 0{,}45^2 [0{,}215 (10 - 0{,}45) + 0{,}167 \,.\, 0{,}45] - 0{,}45^2 (0{,}215 \,.\, 0{,}55 + 0{,}167 \,.\, 0{,}45 = 51{,}59.$$

$$J_x = \frac{1}{3}(1.10^3 + 5.1^3) + 0{,}9^2 (0{,}215.1^2 - 0{,}333.0{,}9 + 0{,}137.0{,}9^2) - 0{,}45^2 [0{,}215 (10 - 0{,}45)^2 + 0{,}333 (10 - 0{,}45) 0{,}45 + 0{,}137.0{,}45^2] - 0{,}45^2 [0{,}215.0{,}55^2 + 0{,}333.0{,}55.0{,}45 + 0{,}137.0{,}45^2] = 330{,}72.$$

Ferner f. d. Kante AC:

$$S_y = \frac{1}{2}(5^2 - 1^2) + \frac{10}{2} 1^2 + 0{,}9^2 (0{,}215 \,.\, 1 - 0{,}167 \,.\, 0{,}9) - 0{,}45^2 [0{,}215 (5 - 0{,}45) + 0{,}167.0{,}45] - 0{,}45^2 (0{,}215 \,.\, 0{,}55 + 0{,}167 \,.\, 0{,}45) = 16{,}80.$$

$$J_y = \frac{1}{3}(1 \,.\, 5^3 + 10 \,.\, 1^3) + 0{,}9^2 (0{,}215 \,.\, 1^2 - 0{,}333 \,.\, 0{,}9 + 0{,}137 \,.\, 0{,}9^2) - 0{,}45^2 [0{,}215 (5 - 0{,}45)^2 + 0{,}333 (5 - 0{,}45) 0.45 + 0.137 \,.\, 0{,}45^2] - 0{,}45^2 [0{,}215 \,.\, 0{,}55^2 + 0{,}333 \,.\, 0{,}55 \,.\, 0{,}45 + 0{,}137 \,.\, 0{,}45^2] = 43{,}95.$$

Daraus folgen die **Schwerp.-Abstände** bezw. von der Kante AB und AC:

$$x_0 = \frac{S_x}{F} = 3{,}66; \quad y_0 = \frac{S_y}{F} = 1{,}19.$$

Ferner die Trägheitsmom. J und J', bezogen auf die zur AB und AC parallelen Schwerp.-Axen: $J = J_x - F^2{}_{x_0} = 142{,}0$; $J' = J_y - F^2{}_{y_0} = 24{,}0$.

Um aus J und J' die Lage der Hauptaxen berechnen zu können, fehlt noch ein Trägheitsmoment J_1, bezogen auf eine zu der Kante AB um 45^0 geneigte Schwerp.-Axe $W_0 W_0$. Da $\sin 45^0 = 0{,}707$ und $\sin^2 45^0 = 0{,}5$ ist, so erhält man zuerst für das stat. Moment S_z und das Trägheitsmom. J_z, bezogen auf eine durch A gehende, unter 45^0 gegen die AB geneigte Axe:

$$S_z = \frac{1}{6 \,.\, 0{,}707}\left(10^2 \frac{1}{2} + 9^2 \frac{1}{2} + 9 \,.\, 10 \frac{1}{2}\right) + 0{,}215.0{,}45^2.9.707 - \frac{1}{6 \,.\, 0{,}707}\left(5^2 \frac{1}{2} + 4^2 \frac{1}{2} + 5 \,.\, 4 \frac{1}{2}\right) + 0{,}215 \,.\, 0{,}45^2 \,.\, 4 \,.\, 0{,}707 = 24{,}60.$$

Der Werth von S_z kann dazu dienen, um die Richtigkeit der bereits gefundenen Schwerp.-Abstände x_0 und y_0 zu kontrolliren. $z_0 = \frac{S_z}{F} = 1{,}75$.

Denselben Werth erhält man aus: $z_0 = (x_0 - y_0) \sin 45^0 = 1{,}75$. Nun ist:

$$J_z = \frac{1}{12 \,.\, 0{,}707}[(10 \,.\, 0{,}707 + 9 \,.\, 0{,}707)(10^2 \,.\, 0{,}5 + 9^2 \,.\, 0{,}5) + (5 \,.\, 0{,}707 + 4 \,.\, 0{,}707)(5^2 \,.\, 0{,}5^2 + 4^2 \,.\, 0{,}5)] - 0{,}45^2 (0{,}0119 \,.\, 0{,}45^2 + 0{,}215 \,.\, 9^2 \,.\, 0{,}5) - 0{,}45^2 (0{,}0119 \,.\, 0{,}45^2 + 0{,}215 \,.\, 4^2 \,.\, 0{,}5) + 0{,}9^2 (0{,}0119 \,.\, 0{,}9^2) = 156{,}60.$$

Das gesuchte Trägheitsmom. J_1 ist demnach: $J_1 = J_s - F x^2_0 = 113,45$. Nach S. 570 ist ferner: $H = \frac{1}{2}(J + J') - J_1 = 30,45$. Also nach (31) $\operatorname{tang} 2\alpha_0 = \frac{2H}{J' - J} = 0,516$; $2\alpha_0 = 27^0 18'$; $\alpha_0 = 13^0 39'$.

Ohne Berücksichtigung der Schenkel-Abrundungen ergiebt sich (Deutsch. Normalprofil-Buch): $\alpha_0 = 13^0 1'$.

6. Für dasselbe ungleichschenkl. ⎣ Eisen ist die Zentral-Ellipse und der Kern zu zeichnen. Aus (32) folgt: $\mathfrak{J} + \mathfrak{J}' = J + J' = 166,0$. $\mathfrak{J} - \mathfrak{J}' = \frac{J - J'}{\cos 2\alpha_0} = \frac{118}{0,888} = 132,9$; daraus die Haupt-Trägheitsmom.: $\mathfrak{J} = 149,45$ und $\mathfrak{J}' = 16,55$ und die Axen a und b der Zentral-Ellipse: $a = \sqrt{\frac{\mathfrak{J}}{F}} = 3,25$; $b = \sqrt{\frac{\mathfrak{J}'}{F}} = 1,08$. Um die Kernpunkte 1, 2, 3, 4 und 5, Fig. 450 zu erhalten, hat man der neutralen Axe nach einander die korrespond. Lagen AB, AC, CD, DE und EB zu heben, für diese Lagen die zugehörigen Tangenten an die Zentral-Ellipse zu legen, und dazu die Trägh.-Radien $r = \sqrt{\frac{J}{F}}$ zu bestimmen.

Die Bestimmung der Lage der Kernpunkte kann dann rechnerich oder grafisch erfolgen. Rechnerisch ergiebt sich z. B. der senkr. Abstand $\mathfrak{k}_1$ des Punktes 1 von der VV aus:

$$\mathfrak{k}_1 = \frac{r_1^2}{x_0} = \frac{J}{S_x} = \frac{142,0}{51,59} = 2,75.$$

Ferner der senkr. Abstand $\mathfrak{k}_2$ des Punktes 2 von der WW: $\mathfrak{k}_2 = \frac{J'}{S_y} = \frac{24,0}{16,8} = 1,43$; desgleichen $\mathfrak{k}_3 = \frac{142,0}{14,09\,(10 - 3,66)} = 1,59$; $\mathfrak{k}_5 = \frac{24,0}{14,09\,(5 - 1,19)} = 0,95$. Den Punkt 4 bezw. $\mathfrak{k}_4$ findet man am besten durch direkte Konstruktion nach S. 572 oder auch dadurch, dass man den zugehörigen Trägheitsradius r_4 und die Grösse des Abstandes der neutralen Axe DE vom Schwerp. aus der Figur entnimmt und dann wie oben rechnet.

In Fig. 450 sind sämmtliche Kernpunkte durch Konstruktion nach S. 572 bestimmt worden; doch ist, um die Figur nicht undeutlich zu erhalten, die Konstruktion darin nur für die Punkte 3 und 5 angegeben.

7. Für dasselbe ungleichschenkl. ⎣ Eisen soll mit Hilfe der Fixpunkte das Trägheitsmom. J für eine unter dem Winkel von 30^0 gegen die erste Hauptaxe geneigte, vom Schwerp. 10 cm weit entfernte, Axe bestimmt werden. Die Entfernung der Fixpunkte N von O ist nach S. 571: $\sqrt{a^2 - b^2} = \sqrt{\frac{\mathfrak{J} - \mathfrak{J}'}{F}} = 3,07$. Die Entfernungen der Fixpunkte von der fragl. Axe sind:

$$e_1 = 10 - 3,07 \,.\, \sin 30^0 = 8,465;\ e_2 = 10 + 3,07 \,.\, \sin 30^0 = 11,535.$$

Daraus: $J = F(a^2 + e_1 e_2) = 14,09\,(3,25^2 + 97,64) = 1525$.

8. Dieselbe Aufgabe löst sich auch mit Hilfe von (16) und (33): Der Winkel, den die fragl. Axe mit der W-Axe einschliesst, ist 30^0, also (nach 16):

$$J_1 = \mathfrak{J} \cos^2 30^0 + \mathfrak{J}' \sin^2 30^0 = 149,45 \,.\, 0,75 + 16,55 \,.\, 0,25 = 116,225.$$

Ferner nach (33): $J = 116,225 + 14,09 \,.\, 10^2 = 1525$.

9. Welches Verhältniss müssen die Seiten b und h eines rechteck. Balkens haben, der aus einem kreisrunden Stamme geschnitten werden und eine möglichst grosse Tragkraft besitzen soll?

Ist d der Durchm. des umschriebenen Kreises, Fig. 451, und setzt man das Verhältniss $b : h = n$, so folgt: $h = \frac{d}{\sqrt{n^2 + 1}}$; $b = \frac{n d}{\sqrt{n^2 + 1}}$.

Fig. 451.

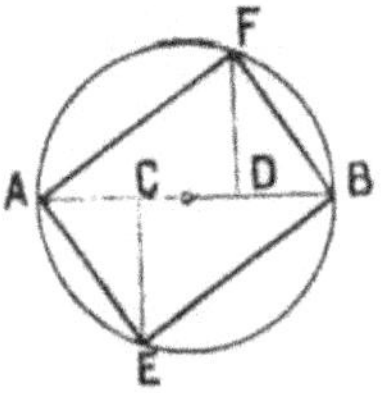

Nach den Bedingungen für die Dimensionirung des rechteck. Querschn. (S. 574) muss $6M = k_1 b h^2 = \frac{k_1 n d^3}{(n^2 + 1)\sqrt{n^2 + 1}}$ sein.

Daraus: $d = \frac{\sqrt{n^2 + 1}}{\sqrt[3]{n}} \sqrt[3]{\frac{6M}{k_1}}$.

d wird bei gegebenem M und k_1 ein Minimum für $2n^2 = 1$ oder: $n = \frac{b}{h} = \frac{1}{2}\sqrt{2} = 0,707$, so dass das günstigste Verhältniss nahezu $b : h = 7 : 10$ ist.

Dies Verhältniss ist in Fig. 451 konstruirt. AB ist in 3 gleiche Theile zu theilen; dann geben die Schnittp. der in den Theilp. C und D errichteten Senkrechten mit dem Kreisumfang die gesuchten Eckpunkte E und F des Querschnitts.

Wenn man aus dem Stamm 2 Balken schneidet, so ergiebt sich $n = \frac{1}{4}\sqrt{2} = 0,354$ (Halbholz).

10. Ein 1,5 m breiter Fussweg soll bei einer Belastung von 0,45 t. pro qm (incl. Eigengewicht) durch gusseiserne Konsolen, welche einen Abstand von 2,5 m haben, unterstützt werden. Es sind die Querschn.-Dimensionen der Konsolen zu bestimmen. Eine Konsole hat die Last $1,5 \,.\, 2,5 \,.\, 0,45 = 1,688$ t zu tragen. Das Moment für die Wurzel der Konsole ist daher: $\frac{1,688 \,.\, 1,5}{2} = 1,266$ Tonnen-Meter = 126 Tonnen-Centim. Setzt man bei 10facher Bruchsicherheit $k = 0,20$, $k_1 = 0,50$ t pro qcm, so wird für (nach S. 579) das Profil, Fig. 452: $\delta = 0,207 \sqrt[3]{\frac{126,6}{0,50}} = 1,30$ cm.

Nimmt man nun nach den Verhältnissen der Fig. 428 für den Untergurt und den Obergurt vorläufig die in Fig 452 angegebenen Dimensionen an, so ist zuerst die noch unbestimmte Höhe h zu ermitteln. Alsdann ist: $f = 25,0$; $f_1 = 8,0$; daher wird nach (39): $25\,h = \frac{M}{0,20} + 0,108\,h^2$;

Fig. 452.

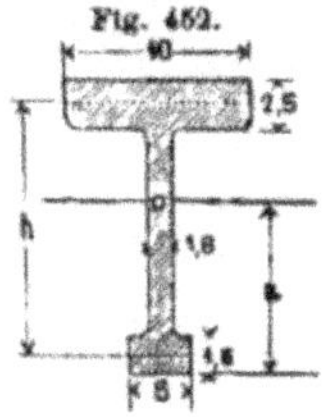

$8\,h = \frac{M}{0,60} - 0,347\,h^2$, oder $h^2 - 231\,h + 46,3\,M = 0$; $h^2 + 23,1\,h - 5,76\,M = 0$.

Im Abstande x vom freien Ende ist: $M = 126,6\,x^2$. Dies eingesetzt und auf h reduzirt, giebt:

$$h = +\,115,5 - \sqrt{13340 - 5862\,x^2}$$
$$h = -\,11,5 + \sqrt{133,4 + 729,2\,x^2}$$

Für	$x = 0$	0,25	0,5	0,75	1,0
ergiebt sich nach der 1. Formel:	$h = 0$	1,6	6,5	15,3	29,1
" " " " 2. "	$h = 0$	1,87	6,27	11,8	17,9
so dass:	$h = 0$	1,87	6,5	15,3	29,1

zu setzen wäre. Die entsprechende Form zeigt Fig. 453. Aus praktischen Gründen wird man jedoch von derselben abweichen.

Fig. 453.

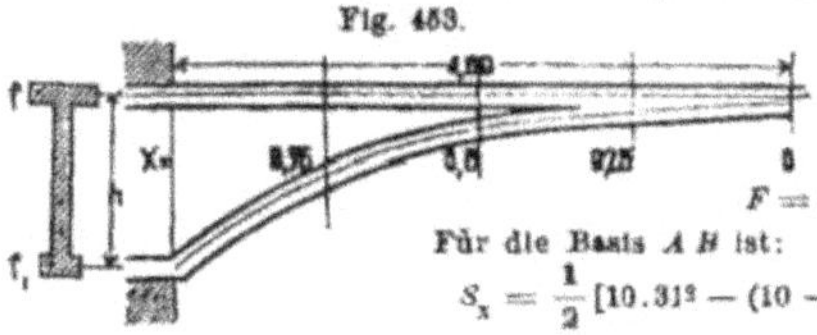

Nimmt man die Gesammthöhe h an der Wurzel der Konsole hiernach zu:

$29,1 + \frac{1}{2}\,2,5 + \frac{1}{2}\,1,6 =$ rot. 31 cm so wird:

$$F = 10\,.\,31 - (10 - 1,3)\,28,5 + (5 - 1,3)\,1,6 = 67,97;$$

Für die Basis $A\,B$ ist:

$$S_x = \frac{1}{2}\left[10\,.\,31^2 - (10 - 1,3)\,28,5^2 + (5 - 1,3)\,1,6^2\right] = 1276,45;$$
$$J_x = \frac{1}{3}\left[10\,.\,31^3 - (10 - 1,3)\,28,5^3 + (5 - 1,3)\,1,6^3\right] = 32175,9;$$

$a = \frac{S}{F} = \frac{1276,45}{67,97} = 18,8$; $a_1 = h - a = 12,2$; $J = J_1 - Sa = 32175,9 - 1276,45\,.\,18,8 = 8178,6$.

Der grösste Zug N und der grösste Druck N_1 werden hiernach: $N = \frac{126,6\,.\,12,2}{8178,6} = 0,19$; $N_1 = \frac{126,6\,.\,18,8}{8178,6} = 0,291$. Eine Höhe von 30 cm würde ausreichen.

f. Formänderung.

In der „Allgemeinen Mechanik“ ist S. 513 bereits auf den Unterschied zwischen den mit Bezug auf die äussern Kräfte statisch bestimmten und statisch unbestimmten Fällen hingewiesen worden. Sobald die Gleichgew.-Bedingungen zur Ermittelung der äussern Kräfte ausreichen, ist der betrachtete Fall stat. bestimmt. In stat. unbestimmten Fällen sind ausser den Gleichgew.-Bedingungen noch andere Bedingungen erforderlich, welche sich aus dem Zusammenhange der äussern Kräfte mit der Formänderung ergeben. Dieser Zusammenhang muss daher untersucht werden, um für alle Fälle der Statik die äussern Kräfte ermitteln zu können.

α. Elastische Linie.

1. Die Gestalt der Stabaxe nach erfolgter Formänderung heisst die elastische Linie. Es werde voraus gesetzt, dass 1) alle Punkte der elast. Linie in der Kraftebene verbleiben, was der Fall sein wird, wenn eine Hauptaxe jedes Querschn. in der Kraftebene liegt; 2) eine Axialkraft nicht wirkt, die neutrale Axe also durch den Schwerp. des Querschn. geht; 3) bei der Deformation die Querschn. eben und senkr. zur Axe bleiben, in welchem Falle der Einfluss der Schubspannungen vernachlässigt werden kann. Ist ferner, mit Bezug auf Fig. 454, $OC = \rho$ der Krümmungs-Halbm. der deformirten Stabaxe im belieb. Punkte C; ε die Längenänderung einer belieb. Längsfaser des Stabes im Abstande v von der neutralen Axe zwischen den Nachbar-Querschn. C und C_1 in der neutralen Axe gemessen, so findet die Relation statt:

Fig. 454.

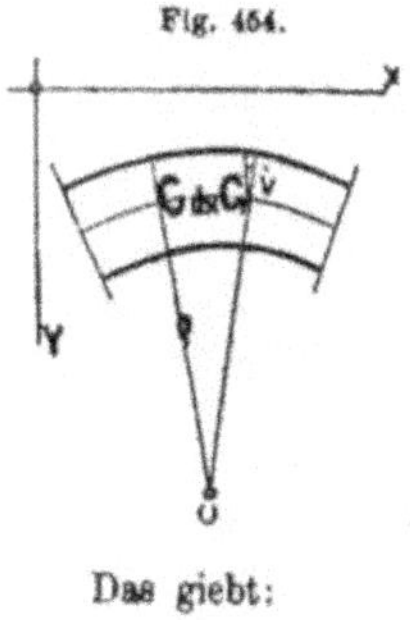

$$\frac{dx}{\rho} = \frac{\varepsilon}{v} \text{ und daraus } \frac{1}{\rho} = \frac{\varepsilon}{v\,dx} = \frac{N}{Ev} = \frac{M}{EJ}.$$

$$\rho = \pm \frac{\left[1 + \left(\frac{dy}{dx}\right)^2\right]^{3/2}}{\frac{d^2y}{dx_2}} \text{ kann annähernd } = \pm \frac{1}{\frac{d^2y}{dx^2}}$$

gesetzt werden.

Das giebt: $$\pm\,EJ\,\frac{d^2y}{dx^2} = M \qquad (40)$$

Aus dieser Fundamental-Gleichg. der Elastizit.-Lehre wird durch zweimalige Integration die Gleichg. der elast. Linie abgeleitet. Darüber, ob das obere oder untere Vorzeichen zu nehmen ist, entscheidet die Lage der elast. Linie gegen die X-Axe. Wenn mit wachsendem X die Tangente des Neigungswinkels der Berührungs-Geraden im Punkte x, y mit der X-Axe zunimmt; d. h. also wenn die elast. Linie gegen die X-Axe konvex liegt, so ist $\frac{d^2y}{dx^2}$ positiv und umgekehrt.

In einem Punkte, für welchen $M = 0$ ist, wird $\rho = \infty$. M und ρ wechseln in diesem Punkte — einem Wende- oder Inflexions-Punkte der elast. Linie — das Vorzeichen.

2. Darnach entwickelt sich allgemein die Gleichg. der elast. Linie für einen auf beiden Enden horizontal und frei gestützten Stab wie folgt:

$\frac{d^2y}{dx^2} = \frac{M}{EJ}$; $\frac{dy}{dx} = \frac{1}{E}\int\frac{M}{J}\,dx$. Da nun: $\int\left(\frac{dy}{dx}\right)dx = x\frac{dy}{dx} - \int x\frac{d^2y}{dx^2}\,dx$ ist,

so folgt:
$$y = x\frac{dy}{dx} - \int\frac{Mx}{EJ}\,dx.$$

Ist der Stab symmetr. belastet, so resultirt daraus — weil für $x = 0$ auch $\frac{dy}{dx} = 0$ — die grösste Durchbiegung δ in der Mitte.
$$\delta = \int_0^{\frac{l}{2}}\frac{Mx}{EJ}\,dx. \qquad (41)$$

β. Grafische Darstellung der elastischen Linie.

Aus der Gleichg.: $\frac{d^2y}{dx^2} = \frac{M}{EJ}$ ergiebt sich eine Uebereinstimmung zwischen der elast. Linie und der Seilkurve, deren Gleichg. für vertikale Belastung $\left(\text{wegen } \frac{dy}{dx} = \frac{qx}{H}\right)$ lautet: $\frac{d^2y}{dx^2} = \frac{q}{H}$. (Vergl. weiterhin unter „Normal-Elastizität".) q Last pro Längeneinh. und H konstante Horizontalspannung.

Ein Vergleich beider Gleich. zeigt, dass die elast. Linie diejenige Seilkurve ist, welche man erhält, wenn man die Grösse $\frac{M}{J}$ als Last pro Längeneinh. und den konstanten Elastiz.-Koeffiz. E als Horizontalspannung einführt. Ist der Stabquerschn., also auch J konstant, so kann man auch EJ als Horizontalspannung und M als Last pro Einheit auffassen.

Um also die elast. Linie zu erhalten, konstruirt man zunächst die Momentenfläche, welche (nach S. 507) direkt durch das 1. Seilpolygon gegeben ist. Dann betrachtet man jene als Belastungsfläche und konstruirt hierfür ein 2. Seilpolygon. Letzteres ist die elast. Linie.

Selbstverständlich müssen die Flächeninhalte der Lamellen, in welche man die Momentenfläche eintheilt, um sie als Kräfte im Kraftpolygon zusammen tragen zu können, auf eine einheitl. Basis reduzirt werden. Wollte man die elast. Linie in natürl. Gestalt erhalten, so müsste man die Maassstäbe für Kräfte und Poldistanz so wählen, dass erstere zu dem zugehörigen Theile der Momentenfläche in demselben Verhältniss stehen, wie letztere zu den Werthen von EJ.

Um ein klares Bild von der Gestalt der elast. Linie zu erhalten, ist es nothwendig, die Gestalt derselben in vertikaler Richtung zu verzerren, d. h. die Durchbiegungen in bestimmten Verhältniss grösser zu zeichnen, als die zugehörigen Abszissen. Die Behandlung eines Spezialfalles erläutert das eben Gesagte.

Beispiel (nach Winkler): Ein Blechträger von 10^{m} Spannw., Fig. 455, hat in den Längen 9, 12, 58, 12, 9^{dm} bezw. die Trägheitsmom.: $J = 17{,}8$; 32,4; 47,7; 32,4; 17,8^{dm}. Er ist symmetr. durch eine Lokomotive mit 3 Achsen von 6,5^{t} Raddruck und 13^{dm} Radstand belastet. Wie gross ist die Durchbiegung in der Mitte und welche Gestalt hat die elast. Linie?

Der Längenmaasstab I ist 1 : 133$\frac{1}{3}$ der natürlichen Grösse. Das Seilpolygon ACB ist zwischen den Kraftrichtungen (nach S. 503) mit $H = 15^{t}$ Poldistanz konstruirt. Die Einheit des Kräftemaassstabes II ist zu 1^cm^ = 6^t^ gewählt worden. Die Linie ADB giebt die Werthe von $\frac{M}{J}$ an, welche aus den Ordinaten des Seilpolygons ACB auf folgende Weise grafisch erhalten werden: Im Querschn. in der Entfernung 9^dm^ von A — und in analoger Weise in allen andern Querschn. — ist $ad = J = 17{,}8$ und $ae =$ einer belieb. Konstanten m gemacht. Dann ist ec parallel zu db gezogen, wodurch $ac = \frac{Mm}{JH}$ abgeschnitten wird; denn es ist (nach S. 507) bekanntlich $ab = \frac{M}{H}$. Damit nun die Ordin. $ac = \frac{M}{J}$ in einem bestimmten Maasst. IV abgegriffen werden könne, muss die Einheit desselben $= \frac{m}{H}$ Einh. des Längenmaassst. I gewählt werden. $ae = m$ ist $= 60$ Einheit. des Maassstabs III für die Trägheitsmom. und $H = 15^t$ gemacht worden. Demnach ist die Einh. des Maasst. IV. für die Werthe von $\frac{M}{J} = \frac{60}{15} = 4$.

Die einzelnen Lamellen der Momenten-Fläche ABD sind nun durch Reduktion auf eine gemeinschaftl. Basis b gebracht worden. Da die Einh. des Maassst. V für ^t^ pro ^qdm^ $= \frac{1}{30}$ der Einh des Maasst. IV gewählt ist, so muss $b = 30$ Einh. des Längenmaassst. I gemacht werden.

Fig. 455.

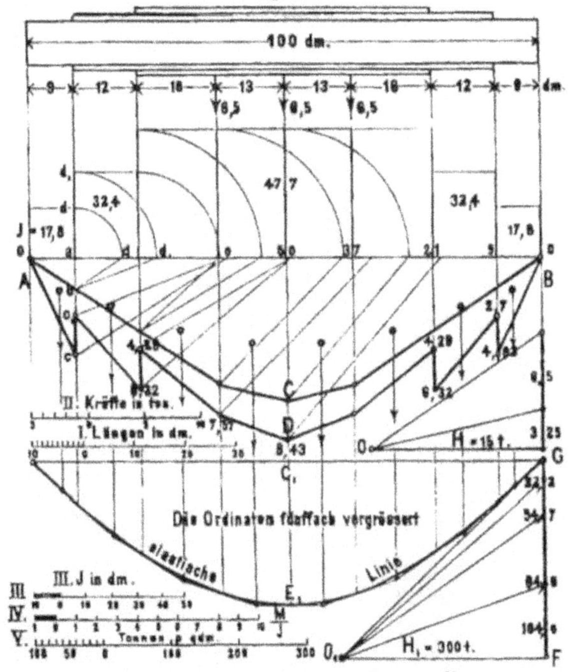

Die in den Schwerp. der Lamellen angreifenden Flächenkräfte sind nach dem Maassstabe V im 2. Kräftepolyg. OFG in ^t^ pro ^qdm^ eingetragen. Da E für Schmiedeisen = 2000^t^ pro ^qcm^ oder 200 000 ^t^ pro ^qdm^ ist, so müsste die Poldistanz O_1F im 2. Kraftpolygon = 200 000 nach dem Maasstabe V gemacht werden, wenn man die Längen in natürl. Grösse aufgetragen hätte. Der Längenmaassst. I ist aber 1 : 133⅓; deshalb wäre $O_1F = 1500$ zu machen, wenn die Durchbiegungen der elast. Linie in natürl. Grösse erscheinen sollten. In Fig. 455 ist aber O_1F nur = 300 angenommen, so dass also die Durchbiegungen 5 fach vergrössert erscheinen. Das mit Hülfe des 2. Kraftpolyg. gezeichnete 2. Seilpolygon umhüllt die elast. Linie. Die Höhe C_1E_1 in der Mitte ergiebt sich auf dem natürl. Maasstabe gemessen zu 21^cm^; die grösste Durchbiegung daselbst beträgt also $\frac{21}{5} = 4{,}2$ ^mm^. —

Auf rechnerischem Wege geht man bei dem vorigen Beispiele von der Gleich. (41) $\delta = \frac{1}{E}\int_0^{\frac{l}{2}} \frac{Mx}{J}\,dx$ aus, welche im vorliegenden Falle durch 2malige Integration aus der Gleich. der elast. Linie erhalten worden ist. Trägt man die Werthe von $\frac{M}{J}$ als Ordin. auf, so bedeutet $\int \frac{Mx}{J}\,dx$ das stat. Moment eines Theils der Momenten-Fläche in Bezug auf diejen. Auflager-Vertikale, von welcher aus die Abszissen x gerechnet werden.

Die berechneten Werthe von $\frac{M}{J}$ sind der Fig. 455 eingeschrieben. Danach ergiebt sich; wenn die Gleich. für das stat. Moment des Trapezes (S. 577) verwendet wird:

$$\int_0^{\frac{l}{2}} \frac{M x}{J} d x = \frac{1}{6} \Big[9 \,.\, 4{,}93 \,.\, 2 \,.\, 9 + 12 \left\{ 2{,}71 \, (2 \,.\, 9 + 21) + 6{,}32 \, (2 \,.\, 21 + 9) \right\}$$

$$+ 16 \left\{ 4{,}29 \, (2 \,.\, 21 + 37) + 7{,}57 \, (2 \,.\, 37 + 21) \right\} + 13 \left\{ 7{,}57 \, (2 \,.\, 37 + 50) + 8{,}45 \, (2 \,.\, 50 + 37) \right\} \Big] = 8353 \text{ dm}$$

$$\text{und: } \delta = \frac{8353}{E} = \frac{8353}{200000} = 0{,}042 \text{ dm} = 4{,}2 \text{ mm}.$$

γ. Durchbiegung vertikal belasteter Stäbe mit konstantem Querschnitt.

Der zu betrachtende Stab sei in seinen Endpunkten entweder gestützt oder eingespannt (eingeklemmt). Auf den Stützen liege der Stab ohne Reibung frei auf und auch an der Einspannungsstelle möge er sich reibungslos verschieben können. Eine Erschwerung dieses Gleitens durch Reibung oder seine Verhinderung durch unwandelbare Befestigung würde eine Axialspannung im Stabe verursachen. Dass eine solche Spannung unter Umständen nicht vernachlässigt werden darf, zeigt das weiterhin vorgeführte Beispiel eines Telegraphendrahtes, dessen Biegungsspannung mit der Axialspannung verglichen sogar verschwindend klein ist. Bei den in der Praxis bei Baukonstruktionen gewöhnlich vorkommenden Fällen mit vertikaler Belastung kann aber der Einfluss der Axialspannung als ganz unerheblich vernachlässigt werden. In den nachfolgenden Fällen ist der Stab durch eine Einzellast P und eine gleichmässig vertheilte Last q pro Längeneinheit belastet angenommen.

1. Der Stab ist an einem Ende horizontal eingespannt, Fig. 456. Aus der Different.-Gleichg.: $E J \frac{d^2 y}{d x^2} = M = P(l - x) + q \left(\frac{l - x}{2}\right)^2$ erhält man durch zweimalige Integration: $E J \frac{d y}{d x} = P\left(l x - \frac{x^2}{2}\right) + \frac{q}{2}\left(l^2 x - l x^2 + \frac{x^3}{3}\right)$

$$E J y = P\left(\frac{l x^2}{2} - \frac{x^3}{6}\right) + \frac{q}{2}\left(\frac{l^2 x^2}{2} - \frac{l x^3}{3} + \frac{x^4}{12}\right).$$

Für $x = l$ werde $\frac{d y}{d x} = \operatorname{tang} \alpha$ und $y = \delta$: $\operatorname{tang} \alpha = \frac{\frac{1}{2} P l^2 + \frac{1}{6} q l^3}{E J}$;

$$\delta = \frac{\frac{1}{3} P l^3 + \frac{1}{8} q l^4}{E J}. \quad \text{Für } q = 0 \text{ ist: } \delta = \frac{P l^3}{3 E J} = \frac{2}{3} l \operatorname{tang} \alpha \tag{42}$$

$$\text{Für } P = 0 \text{ ist: } \delta = \frac{q l^4}{8 E J} = \frac{3}{4} l \operatorname{tang} \alpha \tag{43}$$

Die Tangente an die elast. Linie in B trifft die X-Axe also in einem Punkte der im 1. Falle um $\frac{1}{3} l$, im 2. um $\frac{1}{4} l$ von A entfernt ist.

Fig. 456, 457, 458, 459.

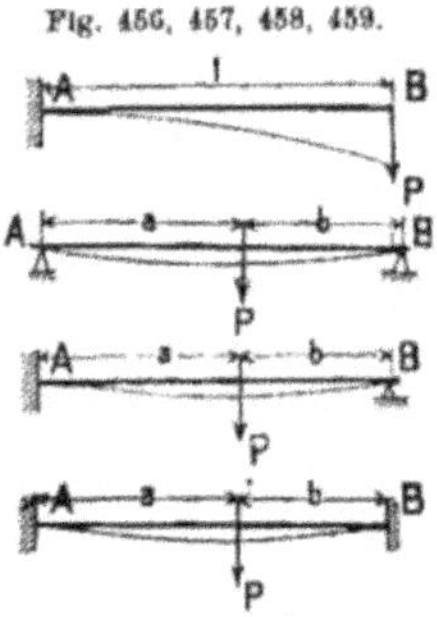

2. Der Stab ist an beiden Enden gestützt, Fig. 457. Die Durchbiegung des Angriffsp. von P ergiebt sich auf demselben Wege wie vor:

$$\delta = \left(P + \frac{l^2 + a b}{8 a b} q l\right) \frac{a^2 b^2}{3 E J l}. \quad \text{Für } a = b = \frac{l}{2}:$$

$$\delta = \frac{\frac{1}{48} P l^3 + \frac{5}{384} q l^4}{E J}. \quad \text{Für } P = 0 \text{ wird: } \delta = \frac{5 q l^4}{384 E J}. \tag{44}$$

$$\text{Für } q = 0 \text{ wird: } \delta = \frac{P l^3}{48 E J}. \tag{45}$$

3. Der Stab ist an beiden Enden horizontal eingespannt, Fig. 459. Die Durchbiegung δ_1 im Angriffspunkte von P ist: $\delta_1 = \frac{1}{E J}\left(P \frac{a^3 b^3}{3 l^3} + q \frac{a^2 b^2}{24}\right)$.

Für $q = 0$ findet die grösste Durchbiegung $\delta = \frac{P}{E J} \frac{2 a^2 b^3}{3 (a + 3 b)^2}$ im Abstande $x_1 = \frac{2 b}{a + 3 b} l$ von der rechten Stütze statt, während in diesem Falle die Durchbiegung im Angriffsp. von P nur: $\delta_1 = \frac{P}{E J} \frac{a^3 b^3}{3 l^3}$ beträgt.

Für $a = b = \frac{l}{2}$ wird: $\delta = \frac{P l^3 + \frac{1}{2} q l^4}{192 EJ}$ in der Stabmitte ein Maximum.

Ist in diesem Falle $q = 0$, so ist: $\delta = \frac{P l^3}{192 EJ}$. 46)

„ „ „ $P = 0$, so ist: $\delta = \frac{q l^4}{384 EJ}$. (47)

4. Der Stab ist in A horizontal eingespannt und bei B gestützt, Fig. 458. Die Durchbiegung im Angriffsp. von P ergiebt sich aus der Gleichg. der elast. Linie: $EJ\delta = P \frac{a^3 b^3 (3a + 4b)}{12 l^3} + q \frac{a^2 b (a + 3b)}{48}$. Für $a = b = \frac{l}{2}$ und $q = 0$ ist: $\delta = 0{,}00932 \frac{P l^3}{EJ}$ im Abstande 0,447 l von der Stütze; desgl. für $P = 0$: $\delta = 0{,}00542 \frac{q l^4}{EJ}$ im Abstande 0,422 l.

δ. Näherungsregeln für die Durchbiegung.

1. Einen gleichmässig belasteten Stab von konstantem Querschn. und konstanter Höhe — z. B. einen Walzeisenträger — berechnet man nach der Gleich.: $\frac{1}{8} q l^2 = \frac{kJ}{\frac{1}{2} h}$, wenn k die zulässige Inanspruchnahme bedeutet. Weil nun nach (47) $\delta = \frac{5}{384} \frac{q l^4}{EJ}$ ist, so folgt daraus: $\frac{\delta}{l} = \frac{5}{24} \frac{kl}{Eh}$. (48)

2. Hat der Stab eine konstante Festigkeit — was bei gut konstruirten Brückenträgern nahezu der Fall sein wird — so ist in jedem Querschn. desselben: $kJ = \frac{Mh}{2}$ oder: $\frac{M}{J} = \frac{2k}{h}$. Demnach folgt aus der Integration von (41): $\frac{\delta}{l} = \frac{1}{4} \frac{kl}{Eh}$. (49)

In praktischen Fällen wird man daher nach den Gleich. (48) und (49)

$$\frac{\delta}{l} = A \frac{k}{E} \frac{l}{h} \text{ setzen können.}$$

A ist eine Konstante, die nach (48) für gewalzte Träger zu $\frac{5}{24} = 0{,}21$ anzunehmen ist. Für Blechträger ist im Mittel $A = 0{,}2$ zu setzen. Für $E = 2000^t$ pro ^{qcm} und $K = 0{,}16^t$ pro ^{qcm} resultirt danach: $\frac{\delta}{l} = \frac{1}{16\,700} \frac{l}{h}$. (50)

Ueber Durchbiegung von Gitterträgern ist der nächstfolgende Abschn. zu vergleichen.

ε. Der Kreisbogen als elast. Linie; Federwerke.

Fig. 460.

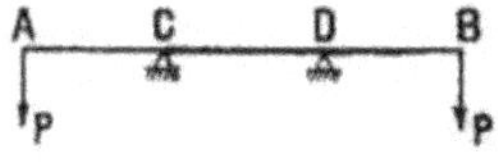

1. Aus der Gleich. für den Krümmungshalbmesser $\rho = \frac{EJ}{M}$ folgt, dass die elast. Linie ein Kreisbogen wird, wenn $\frac{J}{M}$ für alle Stabquerschn. konstant ist. Die Bedingung $\frac{J}{M}$ = Konst. tritt für einen prismat. Stab von konstantem Querschn. nur dann ein, wenn M konstant ist, wie dies z. B. für die Strecke CD des in Fig. 460 dargestellten belasteten Stabes zutrifft.

Fig. 461.

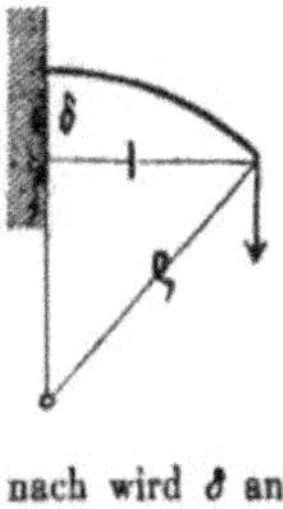

Bei konst. Höhe und veränderl. Querschn. muss der Stab, um der Bedingung $\frac{J}{M}$ = Konst. zu genügen, in jedem Querschn. von gleicher Biegungsfestigkeit (oder von gleichem Widerstande) sein. Die Durchbiegung δ, Fig. 461, kann in diesem Falle nach der Kreisgleichung aus: $l^2 = 2\rho\delta - \delta^2$ berechnet werden. Hiernach wird δ annähernd, wenn man δ^2 vernachlässigt: $\delta = \frac{l^2}{2\rho} = \frac{l^2}{h} \frac{N}{E}$.

h ist die konstante Höhe, N und E stellen bezw. die Normalspannung und den Elastizit.-Koeffiz. vor. Die Durchbiegung ergiebt sich danach 1,5 Mal so gross, als sie unter sonst gleichen Umständen bei einem Stabe von konstanter Breite sein würde.

2. Eine Dreiecksfeder, Fig. 462, ist — abgesehen von den Schubspannungen — ein Stab von gleicher Biegungsfestigk. (vergl. S. 575). Die Durchbiegung δ derselben ist daher: $\delta = \frac{l^2}{h}\,\frac{N}{E}$ oder: $h = \frac{l^2}{\delta}\,\frac{N}{E}$. Die Breite b der Feder berechnet sich aus: $\mathfrak{M} = Pl$ und:

Fig. 462.

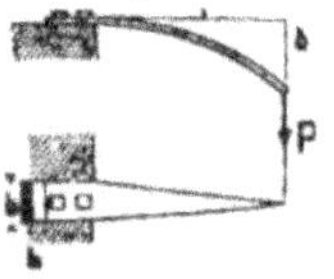

$$\mathfrak{M} = NW = \frac{1}{6}\,Nbh^2;\quad b = \frac{6Pl}{Nh^2}.$$

Beispiel. Berechnung der Dimensionen b und h einer stählernen Feder von 50 cm Länge, welche sich unter Wirkung einer Kraft $P = 15$ kg und bei einer Maximal-Inanspruchnahme von 1500 kg pro qcm um 3 cm durchbiegen soll, wenn der Elastizit.-Koeffiz. E für Stahl zu 2 500 000 kg (pro qcm) angenommen wird: $h = \frac{50^2}{3}\,\frac{1500}{2\,500\,000} = 0{,}5$ cm; $b = \frac{6\,.\,15}{1500}\,\frac{50}{0{,}5^2} = 12$ cm.

3. Wird die einfache Dreiecksfeder durch Parallelstreifen von gleicher Breite, wie in Fig. 463, punktirt angedeutet ist, zerlegt und aus den einzelnen Streifen eine sogen. Schichtfeder zusammen gesetzt, so biegen sich alle einzelnen Blätter derselben nach einem und demselben Kreisbogen, weil der Gegendruck eines untern Federblatts auf das über ihm liegende Blatt am freien Ende desselben $= P$ ist und daher für jedes einzelne Blatt das Moment auf der Strecke von C bis zum Stützpunkte für das unterliegende Blatt, nach Fig. 460, konstant ist. — Die Schichtfeder kann also bezüglich ihrer Anstrengung und Durchbiegung ebenso berechnet werden, wie eine einfache Dreiecksfeder. Für die Breite b ist nur nb zu setzen, wenn n die Anzahl der Blätter bezeichnet, $n = \frac{6\,Pl}{bNh^2}$.

Fig. 463.

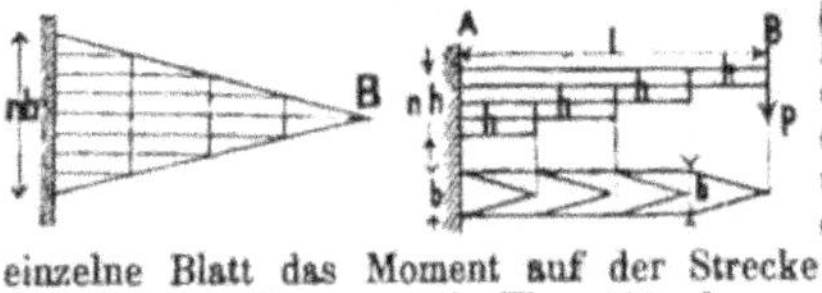

Beispiel. Unter Beibehaltung der Dimensionen des vorigen Beispiels würde man für $P = 90$ kg und bei Anwendung einer einfachen Dreiecksfeder: $b = 72$ cm erhalten. Man kann dafür eine Schichtfeder ausführen, welche entweder aus 4 Blättern von je 18 cm Breite, oder aus 6 Blättern von je 12 cm Breite oder aus 8 Blättern von je 9 cm Breite besteht.

Fig. 464.

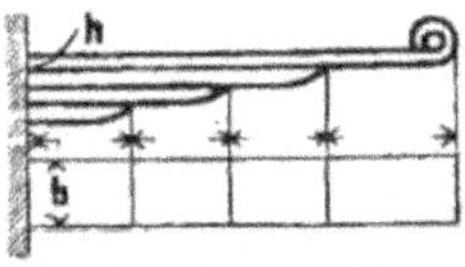

Fig. 465.

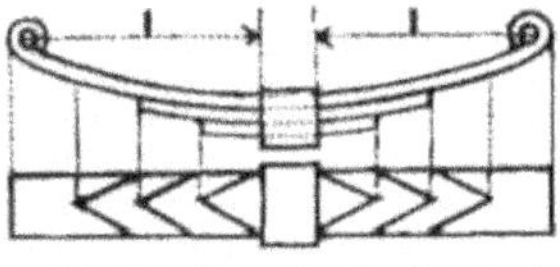

Anstatt das Ende jedes einzelnen Blattes bei konstanter Dicke dreieckig zuzuspitzen, kann man annähernd auch bei konstanter Breite denselben Zweck durch eine entsprechende parabolische Abschrägung der Enden erreichen, Fig. 464.

In der Regel sind 2 Federwerke mit einander verbunden und sie erhalten eine geringe Krümmung, die bei der Rechnung ausser Acht gelassen werden darf, Fig. 465.

g. Formänderungs-Arbeit.

α. Allgemeiner Ausdruck für die Formänderungs-Arbeit.

Die Formänderungs-Arbeit $\mathfrak{A}$ ist die Summe der Formänder.-Arb. da aller unendlich kleinen Körperelemente, d. h. die Summe der Arbeiten, welche ihre allmählig von 0 aus stetig anwachsenden Spannungen, beim Uebergange des Körpers aus seinem ursprünglichen, nicht belasteten Zustande in den fraglichen Formänder.-Zustand verrichten.

Die Formänder.-Zustd. (vergl. S. 556) des auf rechtwinklige Koordin.-Axen bezogenen Körpers sind durch die Dehnungen ε_x, ε_y und ε_z und die Schiebungen oder Gleitungen γ_x, γ_y und γ_z nach den Richtungen der Axen in jedem Punkte x, y, z gegeben. Damit sind auch die auf die Flächen eines unendlich kleinen Parallelepipeds vom Volumen $dx, dy, dz = dV$ im Innern des Körpers wirkenden spezif. Normalspannungen σ_x, σ_y, σ_z und spezif. Schubspannungen τ_x, τ_y und τ_z gegeben. Die Elementar-Arbeit einer jeden Spannung ist = dem halben Produkt aus der Spannung in die von ihr hervor gebrachte Dehnung bezw. Gleitung. Die Summe dieser Element.-Arb. ergiebt, wenn beachtet wird, dass unter der Voraussetzung isotroper Elastizität folgende Relationen stattfinden:

$$\varepsilon_x = \frac{1}{E}\left(\sigma_x - \frac{\sigma_y + \sigma_z}{m}\right); \quad \varepsilon_y = \frac{1}{E}\left(\sigma_y - \frac{\sigma_z + \sigma_x}{m}\right); \quad \varepsilon_z = \frac{1}{E}\left(\sigma_x - \frac{\sigma_z + \sigma_y}{m}\right).$$

$$\gamma_x = \frac{\tau_x}{G}; \quad \gamma_y = \frac{\tau_y}{G}; \quad \gamma_z = \frac{\tau_z}{G}.$$ Für $\mathfrak{A}$ den Werth:

$$\mathfrak{A} = \frac{1}{2E}\int[(\sigma_x^2 + \sigma_y^2 + \sigma_z^2) - \frac{2}{m}(\sigma_y\,\sigma_z + \sigma_z\,\sigma_x + \sigma_x\,\sigma_y)]\,dV$$
$$+ \frac{1}{2G}\int(\tau_x^2 + \tau_y^2 + \tau_z^2)\,dV. \qquad (51)$$

Dieser allgem. in speziellen Fällen sehr zu vereinfachende Ausdruck kann benutzt werden, um die Inanspruchnahme und Formänderung eines Körpers unter dem Einflusse statischer oder dynamischer Kraftwirkungen zu ermitteln.

Für alle praktischen Fälle der Normal-Biegungs- und Torsions- oder Drehungs-Elastiz. wird es genügen, nur die spezif. Normalspannung N und die spezif. Schubspannung T des Querschn. in Rechnung zu ziehen, so dass für diese Fälle der Ausdruck für $\mathfrak{A}$ übergeht in: $\mathfrak{A} = \frac{1}{2}\int\left(\frac{N^2}{E} + \frac{T^2}{G}\right)dV$ (52)

In Fällen der Zug- und der Druck-Elastiz. ist darin $T = 0$ und in den Fällen der Torsions-Elastiz. $N = 0$ zu setzen.

Ueber die durch Temperatur-Einflüsse hervor gebrachten Spannungen und deren Arbeit vergl. den folgenden Abschn. „Statik der Baukonstruktionen".

β. Die Abgeleitete des Ausdrucks der Formänder.-Arbeit.

1. Wenn auf einem Körper belieb. viele Kräfte wirken, deren Grösse, während sich ihr Angriffsp. um die Strecke $= r$ verschiebt, von 0 auf R anwächst, so ist ihre Gesammt-Arbeit: $\mathfrak{A} = \frac{1}{2}\,\Sigma(R\,r)$.

Diese Arbeit der äussern Kräfte muss der Arbeit der innern Kräfte = sein. — Wenn jede Kraft R um dR wächst, so nimmt, während der dadurch herbei geführten Formänder. auch die Verschiebung ihres Angriffspunktes um dr zu, so dass der Zuwachs der Formänder.-Arb. $d\mathfrak{A} = \Sigma(R\,dr)$ ist.

Da aber der Zuwachs dA auch $= \Sigma\left(\frac{\partial\mathfrak{A}}{\partial r}\right)dr$ sein muss, so folgt: $R = \frac{\partial\mathfrak{A}}{\partial r}$ (53)

D. h.: Eine äussere Kraft ist die Abgeleitete der Formänder.-Arbeit, genommen nach der Verschiebung des Angriffsp. dieser Kraft in ihrer Richtung. Dabei ist voraus gesetzt, dass die endlichen, aber sehr kleinen in der Praxis während der Formänder. vorkommenden elast. Verschiebungen als unendlich kleine Grössen behandelt werden können.

2. Aus $\mathfrak{A} = \frac{1}{2}\,\Sigma(Rr)$ folgt: $d\mathfrak{A} = \frac{1}{2}\,\Sigma(Rdr) + \frac{1}{2}\,\Sigma(r\,dR)$.

Weil auch $d\mathfrak{A} = \Sigma(Rdr)$ ist, so folgt ferner: $d\mathfrak{A} = \Sigma(r\,dR)$.

dA muss aber auch $= \Sigma\left(\frac{\partial\mathfrak{A}}{\partial R}\right)dR$ sein, oder: $r = \frac{\partial\mathfrak{A}}{\partial R}$ (54)

D. h.: Die Verschiebung des Angriffsp. einer äussern Kraft in ihrer Richtung ist = der Abgeleiteten der Formänder.-Arb. genommen nach dieser Kraft.

3. Dreht sich der Angriffsp. C der Kraft R um eine senkr. zur Richtung von R stehende Axe, ist ferner ρ der Abstand des Punktes C von der Axe und φ der Drehungswinkel, so ist: $r = \rho\varphi$; $\partial M = \rho\,\partial R$, also: $\varphi = \frac{\partial\mathfrak{A}}{\partial M}$. (55)

D. h.: Die Drehung des Angriffsp. einer äussern Kraft um ihre Axe ist die Abgeleitete der Formänder.-Arb. genommen nach dem Moment dieser Kraft.

γ. Formänder.-Arbeit in Fällen der Normal- und Biegungs-Elastizität.

Hier ist der Ausdruck (52): $\mathfrak{A} = \frac{1}{2}\int\left(\frac{N^2}{E} + \frac{T^2}{G}\right) dV$ in Betracht zu ziehen.

1. Normal-Elastizität. Es ist $T = 0$ und wenn der Querschn. konstant auch N konstant. Demnach folgt: $\mathfrak{A} = \frac{1}{2}\frac{N^2}{E}V.$ (56)

Ist der Querschn. F variabel, F_0 der Inhalt und N_0 die spezif. Spannung des kleineren Endquerschn., so ergiebt sich: $\mathfrak{A} = \frac{N_0^2 F_0^2}{2E}\int\frac{dx}{F}$, wobei sich die Integration über die ganze Länge l des Stabes zu erstrecken hat. Für pyramidenförmige Stäbe ergiebt sich daraus im besondern: $\mathfrak{A} = \frac{N_0^2}{2E}F_0 l\sqrt{\frac{F_0}{F_1}}$ (57)
worin F_0 und F_1 die Endflächen bedeuten.

2. Biegungs-Elastizität. Setzt man für N und T ihre Werthe aus (17) und (23): $N = \frac{P}{F} + \frac{Mv}{J}$ und $T = \frac{QS}{Jb}$, so erhält man nach einigen Umformungen die elementare Formänder.-Arb. für eine zwischen 2 Nachbarquerschn. liegende Scheibe: $d\mathfrak{A} = \frac{1}{2E}\left(\frac{P^2}{F} + \frac{M^2}{J}\right) + \frac{C}{2G}\frac{Q^2}{F}.$ (58)

worin $C = \frac{F}{J^2}\int\frac{S^2 df}{b^2}$ eine nur von der Querschn.-Form abhängige Konstante ist.

Für den rechteck. Querschn. berechnet sich C zu $\frac{6}{5} = 1{,}20$. Für den Kreisquerschnitt ist $C = \frac{4}{3} = 1{,}33$.

Für die gewöhnl. Fälle der Praxis bei vertik. Belastung ist $P = 0$ und kann die Schubspannung vernachlässigt werden. Die Formänder.-Arbeit erhält man dann in der einfachsten Form: $\mathfrak{A} = \frac{1}{2}\frac{1}{E}\int\frac{M^2}{J}dx.$ (59)

Die Integration hat sich über die ganze Stablänge l zu erstrecken. Für einen an einem Ende mit P belasteten, am andern Ende eingespannten Stab von konstantem Querschn. ergiebt sich darnach: $\mathfrak{A} = \frac{1}{2EJ}\int_0^l (Px)^2 dx = \frac{P^2 l^3}{6EJ}.$

Ist der Querschn. ein Rechteck, so wird: $\mathfrak{A} = \frac{1}{18}\frac{N^2}{E}V.$ Für einen Kreisquerschnitt wird: $\mathfrak{A} = \frac{1}{24}\frac{N^2}{E}V$, wenn N die Maximal-Faserspannung und V das Volumen des Stabes bedeutet.

Für einen an beiden Enden frei gestützten, in der Mitte mit P belasteten Stab, desgl.: $\mathfrak{A} = \frac{1}{2EJ}\int\left(\frac{P}{2}x\right)^2 dx = \frac{P^2 l^3}{96EJ}.$ (60)

Für den rechteck. und kreisförm. Querschn. ergeben sich hier bezw. dieselben Ausdrücke, wie bei den an einem Ende eingespannten Stab.

δ. Formänder.-Arb. in Fällen der Torsions- oder Drehungs-Elastizität.

1 Da hier die Biegungsspannung $= 0$ ist, so wird die Formänder.-Arb. aus der Gleich.: $\mathfrak{A} = \frac{1}{2G}\int T^2 dV$ berechnet.

Im besondern wird für einen Kreisquerschn. des Stabes die zwischen 2 Nachbarquerschn. aufgewendete Formänder.-Arb.: $d\mathfrak{A} = \frac{1}{2G}\int T^2 df$, wenn df das Flächenelement bedeutet.

Bezeichnet S die Maximal-Schubspannung am Umfange, so ist: $T = \frac{S\rho}{r}$;

$d\mathfrak{A} = \frac{S^2}{2Gr^2}\int \rho^2\,df = \frac{S^2 J_0}{2Gr^2}$. $J_0 = \int \rho^2\,df$ ist das polare Trägheitsmom. und

darnach: $\mathfrak{A} = \frac{S^2 J_0}{2Gr^2}\int\limits_0^l dx = \frac{S^2 J_0 l}{2Gr^2} = \frac{1}{4}\frac{S^2}{G}V.$ (61)

Weil $S = \frac{Mr}{J_0}$ ist, folgt auch: $\mathfrak{A} = \frac{M^2 l}{2GJ_0}$. Der Gleitungs-Koeffiz. G liegt (nach S. 559) für isotrope Körper zwischen den Werthen $\frac{3}{8}E$ und $\frac{2}{5}E$.

Der Torsionswinkel φ ergiebt sich hieraus, weil nach (55) $\varphi = \frac{\partial\mathfrak{A}}{\partial M}$

ist: $\varphi = \frac{Ml}{GJ_0}$. (62)

Den spezif. Torsionswinkel findet man hieraus durch Division mit l.

2. Wenn man nach vorstehend erläutertem Verfahren die Torsionsarbeit auch für andere Querschn.-Formen entwickelt, so resultirt:

für eine Ellipse mit den Halbaxen a und b, $(a \gtrless b)$: $\mathfrak{A} = \frac{S^2}{2G}\,\frac{a^2+b^2}{4b^2}\,V$,

für ein Rechteck mit den Seiten b und h, $(b < h)$: $\mathfrak{A} = \frac{S^2}{9G}\,\frac{b^2+h^2}{h^2}\,V$,

oder besser mit Bezug auf die prakt. Versuche (S. 562): $\mathfrak{A} = \frac{S^2}{10G}\,\frac{b^2+h^2}{h^2}\,V$,

für ein Quadrat: $\mathfrak{A} = \frac{2}{9}\frac{S^2}{G}V$.

Ferner ergiebt sich, wenn für isotropes Material $G = \frac{m}{2(m+1)}E$ gesetzt wird und für $m = \frac{10}{3}$ die zulässige Torsionsarb. eines Stabes von kreisförm. Querschn.: $\mathfrak{A} = \frac{10}{13}\frac{k^2}{2E}V$; desgl.

eines Stabes von konstanter Biegungsfestigk. (nach S. 575): $\mathfrak{A} = \frac{1}{3}\frac{k^2}{2E}V$.

Also kann bei gleichem Volumen (V) und gleicher Inanspruchnahme (k) ein zylindr. Stab durch seine Verdrehung eine 2,3 Mal so grosse Arbeit in sich aufnehmen, als ein Stab vom rechteck. Querschn. im günstigsten Falle durch seine Biegung.*) Noch grösser ist unter sonst gleichen Umständen die Torsionsarb. eines Ring-Querschnitts.

ε. Virtuelle Arbeit.

Die Differentiation von (52) nach R giebt:

$$\frac{d\mathfrak{A}}{dR} = \int\left(\frac{N}{E}\frac{\partial N}{\partial R} + \frac{T}{E}\frac{\partial T}{\partial R}\right)\partial V \qquad (63)$$

$\frac{\partial N}{\partial R}$ und $\frac{\partial T}{\partial R}$ sind aber diejen. spezif. Spannungen, welche, wenn im Angriffsp. der Kraft R in der Richtung derselben die Kraft 1 wirkt, durch diese Kraft 1 hervor gerufen werden. Werden diese spezif. Spannungen, welche die Kraft 1 erzeugt, mit n und t bezeichnet, so resultirt aus (54) und (63): $r = \int\left(\frac{Nn}{E} + \frac{Tt}{G}\right)dV$ (64)

d. h. die Verschiebung eines Körperp. in einer belieb. Richtung ist = der virtuellen Formänder.-Arb., die eine im betr. Punkte und in der betr. Richtung wirkende Kraft 1 im Körper hervor bringt.

*) Dies ist der Grund für die Vorzüge der Wendt'schen Torsions-Wagenfedern gegenüber den üblichen Schichtfedern. (Vergl. Zeitschr. d. Ver. deutsch. Ingen. 1875, S. 156.)

Beispiel. Die Durchbiegung eines auf 2 Stützen ruhenden, vertikal belieb. belasteten geraden Stabes im belieb. Punkt C, Fig. 466, zu bestimmen. Der Ausdruck für $\mathfrak{A}$ geht bei Vernachlässigung des unerheblichen Einflusses der Schubspannungen und weil hier $P = 0$ ist (nach Gleichg. 59) über in; $\mathfrak{A} = \frac{1}{2E}\int \frac{M^2}{J} dx$, also: $\frac{\partial \mathfrak{A}}{\partial R} = \frac{1}{E}\int \frac{M}{J}\frac{dM}{dR} dx$.

$\frac{dM}{dR}$ ist das Moment m, welches eine im Angriffsp. der Kraft R in Richtung von R wirkende Kraft 1 erzeugt. Demnach ist auch: $y = \frac{1}{E}\int \frac{Mm}{J} dx$, wenn M das durch die Belastung und m das durch eine in C gedachte Vertikalkraft 1 in einem belieb. Querschn. hervor gerufene Moment darstellt. Die durch die Kraft 1 erzeugten Stützendrücke A und B ergeben sich mit Bezug auf die Fig.:

Fig. 466.

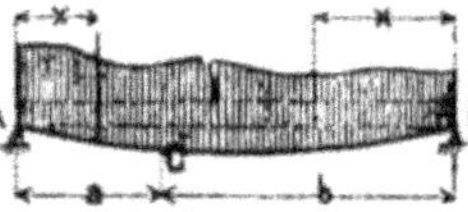

$$A = \frac{b}{l} \text{ und } B = \frac{a}{l}.$$

Das Moment m für einen Querschn. links und rechts von C ist darnach bezw.:

$m = \frac{b}{l} x$ und $\frac{a}{l} x_1$, also:

$$y = \frac{1}{E}\left[\frac{b}{l}\int_0^a \frac{Mx}{J} dx + \frac{a}{l}\int_0^b \frac{Mx_1}{J} dx_1\right].$$

Für $a = b = \frac{l}{2}$ und bei symmetr. Belastung folgt die grösste Durchbiegung δ in der Mitte:

$\delta = \frac{1}{E}\int_0^{\frac{1}{2}l} \frac{Mx}{J} dx$, welche, S. 586, auf anderm Wege abgeleitet wurde.

ζ. Prinzip der kleinsten Formänder.-Arbeit.

Aus der für die Ermittelung der äussern Kräfte in stat. unbest. Konstruktionen hoch wichtigen Fundamental-Gleichg. $r = \frac{\partial \mathfrak{A}}{\partial R}$ ergiebt sich direkt, dass für jede belieb. gerichtete unbekannte äussere Kraft Y, welche eine Verschiebung ihres Angriffsp. nicht herbei führt, $\frac{\partial \mathfrak{A}}{\partial Y} = 0$, d. h. $\mathfrak{A}$ ein Minimum sein muss.

Ebenso gelten für diejenigen äussern Kräfte, welche bei der Formänderg. eines Stabes einen Querschn. desselben in unwandelbarer Lage erhalten — z. B. eine Kraft X und ein Moment M — die Bedingungen: $\frac{\partial \mathfrak{A}}{\partial X} = 0$ und $\frac{\partial \mathfrak{A}}{\partial M} = 0$ oder: $\mathfrak{A}$ = Minimum. Der Satz vom Minimum der Formänder.-Arbeit lautet demnach:

In allen Fällen, wo äussere Kräfte durch die Formänderg. selbst bedingt sind, muss ihre Grösse der Bedingung, dass die Formänderg.-Arb. ein Minimum sei, Genüge leisten.

Dieser Satz lässt sich ebenso für die innern Kräfte und auch ganz allgemein für belieb. gestaltete und unterstützte Körper als gültig nachweisen.

Beispiel. Die Momente für einen an beiden Enden eingespannten Stab zu bestimmen, Fig. 467.

Fig. 467.

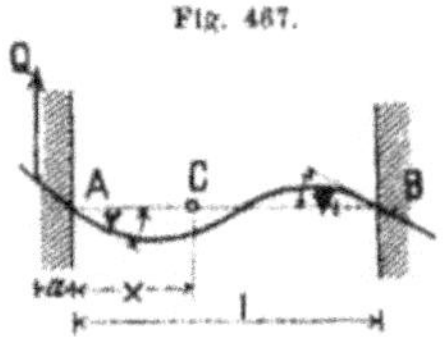

In Folge der festen Einspannung entstehen bei der Formänderg. in A und B bezw. die Momente M_1 und M_2. Ferner entsteht in einem belieb. Punkte C durch die Belastung allein ein Moment $\mathfrak{M}$, welches so zu bestimmen ist, als ob der Stab in A und B frei aufläge. Ist nun die Transversalkraft, welche allein in Folge der Formänderung erzeugt wird, für das linke Stabende $= Q_1$ und a ihr Abstand von A, so ist: $M_1 = Q_1 a$.

Das in Folge der Formänderg. und der Belastung im belieb. Punkte C entstehende Moment folgt daraus: $M = M_1 + Q_1 x + \mathfrak{M}$; Ferner: $M_2 = M_1 + Q_1 l$; oder: $M = M_1 + \frac{M_2 - M_1}{l} x + \mathfrak{M}$.

Werden die Schubspannungen ausser Acht gelassen und wird konstanter Querschn. voraus gesetzt, so folgt die Arbeit $\mathfrak{A}$ nach (58), wenn der Ausdruck für M^2 entwickelt wird:

$$\mathfrak{A} = \frac{1}{2EJ}\left[\frac{1}{l^2}\int_0^l \left\{ M_1^2 (l-x)^2 + 2 M_1 M_2 x (l-x) + M_2^2 x^2 \right\} dx \right.$$
$$\left. + \frac{2}{l}\int_0^l \left\{ M_1 (l-x) + M_2 x \right\} \mathfrak{M} dx + \int_0^l \mathfrak{M}^2 dx \right]$$

Setzt man die Ausdrücke: $\int_0^l \mathfrak{M}\, x\, dx = \mathfrak{N}_1 l^2$; $\int_0^l \mathfrak{M}\,(l-x)\, dx = \mathfrak{N}_2 l^2$ und $\int_0^l \mathfrak{M}^2\, dx = \mathfrak{N}_3^2\, l$ so erhält man nach erfolgter Integration:

$$\mathfrak{A} = \frac{l}{EJ}\left[\frac{1}{6}(M_1^2 + M_1 M_2 + M_2^2) + M_1 \mathfrak{N}_2 + M_2 \mathfrak{N}_1) + \frac{1}{2}\mathfrak{N}_3^2\right].$$

Bezeichnen φ_1 und φ_2 die Winkel, welche Tangenten an die elast. Linie bezw. in A und B mit der ursprüngl. Axe AB einschliessen, so ist nach (55): $\varphi_1 = \frac{\partial \mathfrak{A}}{\partial M_1}$ und $\varphi_2 = \frac{\partial \mathfrak{A}}{\partial M_2}$. Erfolgt die Einspannung horizontal, so wird $\varphi_1 = 0$ und $\varphi_2 = 0$. Daraus ergeben sich die Bed.-Gl.:

Fig. 468.

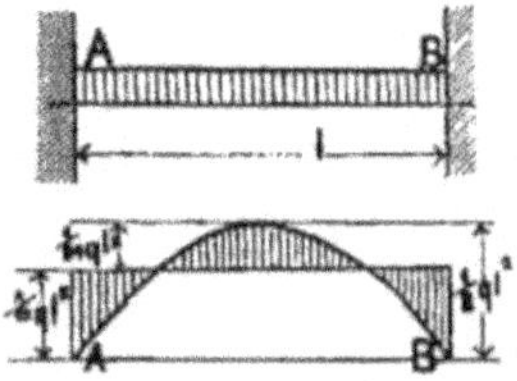

$$\varphi_1 = +\frac{l}{6EJ}(2M_1 + M_2 + 6\mathfrak{N}_2) = 0;\ \varphi_2 = -\frac{l}{6EJ}(M_1 + 2M_2 + 6\mathfrak{N}_1) = 0$$

und endlich die gesuchten unbek. Momente M_1 und M_2:

$M_1 = -2\,(2\mathfrak{N}_2 - \mathfrak{N}_1)$; $M_2 = -2\,(2\mathfrak{N}_1 - \mathfrak{N}_2)$. War der Stab z. B. mit q pro Längeneinh. belastet, Fig. 468, so folgt:

$$\mathfrak{N}_1 = \mathfrak{N}_2 = \frac{1}{l^2}\int_0^l\left(\frac{ql}{2}x - \frac{qx^2}{2}\right)x\,dx = \frac{1}{24}ql^2;\ M_1 = M_2 = -\frac{1}{12}ql^2.$$

Die einfache Mom.-Fläche ist durch eine Parabel begrenzt mit der Höhe $\frac{1}{8}ql^2$ und der Fläche $= \frac{1}{12}ql^3$. Das Mom. in der Mitte wird: $= +\frac{1}{24}ql^2$.

η. Dynamische Formänderung.

Die im Vorigen behandelte Formänderg. war eine rein statische, bei welcher die äussern Kräfte die Geschw. = 0 hatten. Die Grösse derjenigen Formänderung, welche in Folge der dynamischen Einwirkung einer Kraft erzeugt wird, bestimmt sich aus der Bedingung, dass die negative Formänderungs-Arbeit = der positiven Arbeit der äussern Kräfte oder die Summe beider für den Ruhezustand = 0 sein muss.

1. Normal-Elastizität. Die Formänder.-Arbeit, welche die Kraft P, deren Grösse allmählig von 0 bis auf P anwächst, verrichtet, ist (nach S. 592): $\mathfrak{A} = \frac{1}{2}\frac{N^2}{E}V$. Wenn auf das freie Stabende plötzlich ein Gew. Q zu wirken beginnt, welches den Stab um die Strecke δ verlängert, so ist die Arbeit des Gew. während der Verlängerung = der Formänderungs-Arbeit zu setzen:

$Q\delta = \frac{1}{2}\frac{N^2}{E}V = \frac{1}{2}P\lambda$, wenn λ die durch P erzeugte stat. Verlängerung bezeichnet, Fig. 469, und das Volumen v des Stabes $= Fl$ eingesetzt wird. λ wird $= \delta$

Fig. 469. Fig. 470.

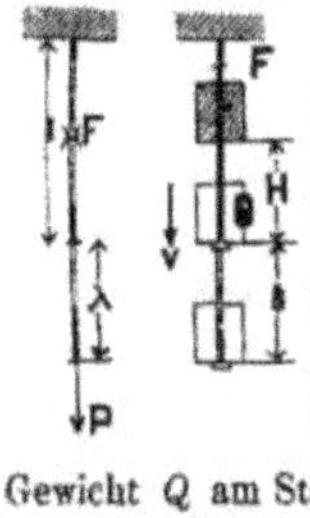

unter der Bedingung: $Q = \frac{1}{2}P$.

Die dynam. Formänderung ist demnach doppelt so gross als die statische.

Wird die Verlängerung δ des Stabes durch ein aus der Höhe H herab fallendes Gewicht Q erzeugt, Fig. 470, so folgt, wenn die Arbeit der Masse des Stabes vernachlässigt wird:

$Q(H + \delta) = \frac{1}{2}\frac{N^2}{E}V = FE\frac{\delta^2}{2l}$, weil $N = \frac{E\delta}{l}$ ist; daraus:

$\delta = \frac{Ql}{FE} \pm \sqrt{\left(\frac{Ql}{FE}\right)^2 + \frac{2Ql}{FE}H}$. Die Geschw. v, mit der das Gewicht Q am Stabende ankommt, ist: $v = \sqrt{2gH}$. Ist H gegenüber δ sehr gross, so wird annähernd: $QH = \frac{1}{2}\frac{N^2}{E}V$ und $V = \frac{QH}{\left(\frac{1}{2}\frac{N^2}{E}\right)}$.

Hierdurch ist der kub. Inhalt eines Stabes bestimmt, welcher bei der Maximal-Faserspannung N und dem Elastizit.-Koeffiz. E im Stande ist, die Arbeit QH aufzunehmen.

2. Biegungs-Elastizität. Die Durchbiegung eines Stabes unter dynam. Einwirkung bestimmt sich nach dem nämlichen Prinzip.

Beispiel 1. Ein quadrat. Stahlstab von $a = 10$ cm Seite liege auf $l = 200$ cm horizontal und an den Enden frei gestützt. 1. Aus welcher Höhe h muss ein Gewicht $Q = 10$ t auf die Stabmitte herab fallen, um eine Inanspruchnahme ($\mathfrak{G}$) bis zur Elastizit.-Grenze herbei zu führen und 2. wie gross ist die dabei entstehende Durchbiegung in der Mitte?

Wenn P dasjenige stat. wirkende Gewicht bezeichnet, welches dieselbe Durchbiegung, wie das herab fallende Gewicht Q hervor bringt, so ergiebt sich die Formänderg.-Arbeit (nach S. 592): $\mathfrak{A} = \frac{P^2 l^3}{96\,EJ}$. Die Normalspannung $\mathfrak{G}$ an der Elastizit.-Grenze ist: $\mathfrak{G} = \frac{\left(\frac{P}{2}\,\frac{l}{2}\right)\frac{a}{2}}{J}$ oder:

$P = \mathfrak{G}\,\frac{8\,J}{a\,l} = \frac{8\,\frac{1}{12}\,10^4}{10\,.\,200}\,\mathfrak{G} = \frac{10}{3}\,\mathfrak{G}$. Also: $\mathfrak{A} = Q\,H = 10\,H = \frac{100\,\mathfrak{G}^2 l^3}{9\,.\,96\,EJ}$.

Nimmt man für die Koeffiz. $\mathfrak{G}$ und E die Werthe: $\mathfrak{G} = 3{,}5^{\,t}$ und $E = 2500^{\,t}$ pro ^{qcm}, so folgt endlich: $H = \frac{100\,.\,3{,}5^2\,.\,200^3\,.\,12}{9\,.\,96\,.\,2500\,.\,10^4} = 544^{\,cm}$.

Die grösste Durchbringung in der Mitte ist: $\delta = \frac{P\,l^3}{48\,EJ} = \frac{14}{15}^{\,cm}$. —

Beispiel 2. Für eine Dreiecksfeder, Fig. 461, ist (nach S. 589): $\frac{M}{J} =$ konstant, also (nach S. 592): $\mathfrak{A} = \frac{P^2 l^3}{4\,EJ} = \frac{1}{6}\,\frac{N^2}{E}\,V$.

Eine Dreiecksfeder, gegen deren Endpunkt eine mit der Geschw. $v = 2{,}0^{\,m}$ ankommendes Gewicht $Q = 100^{\,kg}$ stösst, wird dadurch nur bis zur Elastizit.-Grenze in Anspruch genommen, wenn: $Q = \frac{v^2}{2g} = \frac{1}{6}\,V\,\frac{\mathfrak{G}^2}{E}$ oder: $V = \frac{6\,Q\,E}{\mathfrak{G}^2}\left(\frac{v^2}{2g}\right) = \frac{6\,.\,100\,.\,2500000}{3500^2}\,\frac{200^2}{2\,.\,981} = 2496^{\,ccm}$.

Die Arbeit der Masse der Feder ist als verschwindend klein unberücksichtigt geblieben. —

3. Torsions-Elastizität. Wenn die Drehbewegung einer Welle plötzlich zum Stillstand gebracht wird, so verwandelt sich die lebendige Kraft des Schwungrades — im Vergleich zu welcher die lebendige Kraft der Welle als verschwindend klein vernachlässigt werden kann — in mechanische Arbeit und bringt dadurch eine Torsion in der Welle hervor. Ist μ die auf den Umfang reduzirte Masse und v die anfängliche Umfangs-Geschw. des Schwungrades, so ist die anfängliche lebendige Kraft $= \frac{\mu\,v^2}{2}$. Hierfür kann auch $Q\,H$ gesetzt werden, wenn Q das Gew. μg der Masse und $\frac{v^2}{2\,g}$ die Fallhöhe vorstellt. Danach lassen sich aus: $Q\,H = \frac{1}{4}\,\frac{S^2}{G}\,V$ die Dimensionen der Welle unter der Voraussetzung einer gewissen Maximal-Inanspruchnahme S auf Abscherung berechnen.

Beispiel. Die Umfangs-Geschw. v ist $= 2{,}8^{\,m}$, daher $H = \frac{2{,}8^2}{2\,.\,g} = 0{,}4^{\,m}$. Wiegt der Schwungring $0{,}5^{\,t}$, so ist $Q = 0{,}5$. Für eine schmiedeiserne (isotrope) Welle kann $G = \frac{2}{5}\,E$ gesetzt werden. Soll nun die grösste Scherspannung $0{,}5^{\,t}$ pro ^{qcm} nicht überschreiten, so folgt:

$$V = \frac{8\,Q\,H\,E}{5\,S^2} = \frac{8\,.\,0{,}5\,.\,40\,.\,2000}{5\,.\,(0{,}5)^2} = 256\,000^{\,ccm}.$$

h. Zusammen gesetzte Elastizität und Festigkeit.

α. Kombination von Biegungs- und Normal-Elastizität.

1. Die Biegungs-Elastizit. ist S. 562 ff. bereits als ein Fall der zusammen gesetzten Elastizit., speziell als Kombination von Normal-, Schub- und Biegungs-Elastizit. behandelt worden; denn es wurde bei der Entwickelung ihrer Grundformeln die Wirkung einer Transversalkraft und einer Axialkraft berücksichtigt. Die Grundformel (17) der Biegungs-Elastizit.: $N = \frac{P}{F} + \frac{M\,v}{J}$ lässt sich daher auf alle Fälle einer Kombination von Biegungs- und Normal-Elastizit. anwenden. Praktisches Interesse bieten besonders diejenigen Fälle, in denen schon unter den gegebenen äussern Kräften sich solche befinden, die eine Seitenkraft in der Richtung der Stabaxe haben. Von diesen Fällen werden hier nur die wichtigsten behandelt, u. zw.:

a. Die exzentr. Zug- oder Druckbelastung, wo alle äussern Kräfte parallel zur Stabaxe laufen; und b. die zentr. Druckbelastung, wo die Kräfte in der Stabaxe wirken und der Stab auf sogen. Knickung beansprucht wird.

Streng genommen dürfte schon bei der S. 588 ff. unter „Formänderung“ stets voraus gesetzten Belastung durch transversale (die Stabaxe rechtwinklig schneidende Kräfte), die Axialkraft, welche event. in Folge der Reibung auf den Stützen oder durch die feste Einspannung der Stabenden erzeugt wird, nicht ausser Acht gelassen werden. Doch ist leicht nachzuweisen, dass der begangene Fehler für alle praktischen Fälle ganz ohne Belang ist.

Beispiel. Ein vertikal belasteter, prismatischer Stab liegt horizontal an beiden Enden gestützt; er wird in Folge der Biegung, je nachdem er sehr dünn oder dick ist, auf den Stützen nach einwärts oder auswärts gleiten können. In beiden Fällen wird durch die Reibung zwischen Stab und Stützfläche eine Axialspannung im Stabe erzeugt. Ist die Stützweite $2l$, die Belastung in der Mitte $2Q$, die Entfernung der äussersten, mit k gespannten Faser von der neutralen Axe e, so findet man, dass weder ein Gleiten nach aussen, noch nach innen eintreten wird, wenn $\frac{e}{a} = \sqrt{\frac{2k}{15E}}$ ist. Für Schmiedeisen, wenn $\frac{k}{E} = \frac{1}{2000}$ gesetzt wird, gäbe dies: $\frac{e}{a} = \frac{1}{122}$. Für Holz und für $\frac{k}{E} = \frac{1}{1000}$; $\frac{e}{a} = \frac{1}{87}$.

In der Regel ist $\frac{e}{a}$ viel grösser, so dass ein Gleiten nach aussen und dadurch eine Druckwirkung auf den Stab nach innen eintritt. Das Verhältniss der durch den Druck erzeugten Maximalspannung k_1 zur grössten durch die Biegung hervor gerufenen Maximal-Faserspannung k wird: $\frac{k_1}{k} = \mu \frac{J}{Fae}$ und speziell für den rechteck. Querschn. von der Breite b und der Höhe $2e$: $\frac{k_1}{k} = \frac{\mu}{3} \frac{e}{a}$. — μ bezeichnet den Reibungskoeffiz. für Stab und Stützfläche.

$\frac{k_1}{k}$ ist meistens ein sehr kleiner Bruch, so dass k_1 gegen k vernachlässigt werden kann.

2. Durch eine ähnliche Untersuchung, wie vorstehende, ergiebt sich, dass auch die in Folge der festen Einspannung der Enden im Stabe entstehende Axialspannung k_1 gegenüber der Biegungsspannung k vernachlässigt werden kann, es sei denn dass die Länge des Stabes im Verhältniss zu seiner Dicke ungewöhnlich gross ist.

Wenn man den an beiden Enden fest eingespannten, vertikal belasteten Stab so berechnet, wie es S. 588 ff. und S 594 ff. geschehen ist, nämlich unter der Annahme, er sei an den Enden ohne Reibung nur eingeklemmt, so findet man dadurch die Maximal-Faserspannung um höchstens 1 % zu klein, wenn die Stablänge kleiner als das 40fache der Stabdicke ist.

Die Berechnung eines an den Enden fest, aber in Gelenken drehbar gelagerten Stabes kann danach, falls seine Länge im Verhältniss zur Dicke nicht ungewöhnlich gross ist, ohne erheblichen Fehler so erfolgen, als ob der Stab an den Enden frei gestützt wäre und somit nur auf Biegung in Anspruch genommen würde.

Die eventl. durch Temperatur-Einflüsse entstehende Längenänderung der Stabaxe (s. weiterhin) ist erheblich grösser als der Einfluss, den in dieser Beziehung nach obigem die Belastung äussern kann.

β. Exzentrische Druck- oder Zug-Beanspruchung.

1. Die Entfernung p des Angriffsp. D der Kraft P von der Stabaxe, Fig. 471, heisst die Exzentrizität der Kraft P. Die grösste Ausbiegung sei $= \delta$.

Fig. 471.

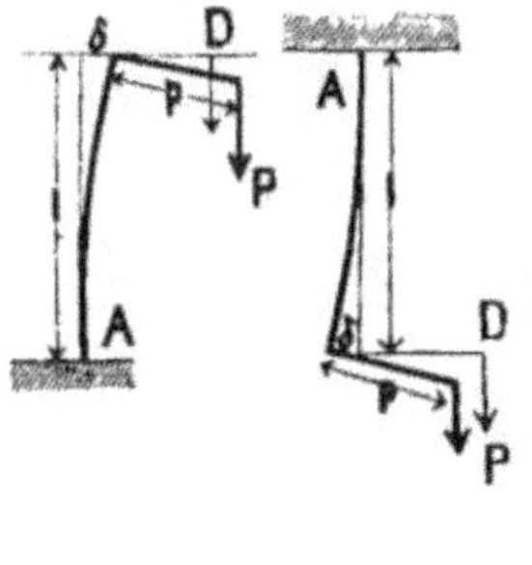

Setzt man $\frac{P}{EJ} = a^2$, so erhält man aus der Differential-Gleichg.: $EJ\frac{d^2y}{dx^2} = P(p + \delta - y)$ nach erfolgter Integration die Gleichg. der elast. Linie: $y - p - \delta = A \sin ax + B \cos ax$, welche nach dem Einsetzen der Konstanten $A = 0$ und $B = -p - \delta$ in die Form:

$$\frac{y}{p+\delta} = 1 - \cos ax \qquad (65)$$

übergeht. Daraus für $x = l$ und $y = \delta$:

$$\frac{\delta}{p+\delta} = 1 - \cos al \qquad (66)$$

und endlich:

$$\frac{y}{p} = \frac{1 - \cos ax}{\cos al}.$$

2. **Die grössten Zug- und Druckspannungen**, k und k_1 ergeben sich aus dem grössten Moment $M = P\,(p + \delta)$ und den entsprechenden Abständen e und e_1 der äussern Faser von der neutralen Axe:

$$k = P\left(\frac{p\,e}{J\cos\alpha l} - \frac{1}{F}\right);\quad k_1 = P\left(\frac{p\,e_1}{J\cos\alpha l} + \frac{1}{F}\right).$$

Diese Formeln sind mit dem Mangel behaftet, dass P oder eine Querschn.-Dimension sich daraus nur durch Probiren finden lassen.

Bei kurzen Stäben, oder wenn die Exzentrizität p gegenüber den Querschn.-Dimensionen gross genug ist, so dass man das Moment für alle Querschn. konstant $= Pp$ setzen kann, erhält man für k und k_1 direkt nach (17):

$$k = P\left(\frac{p\,e}{J} \pm \frac{1}{F}\right);\quad k_1 = P\left(\frac{p\,e_1}{J} \mp \frac{1}{F}\right). \tag{67}$$

Die obern Zeichen gelten für Zugbelastung, die untern für Druckbelastung.

Beispiel. Für den rechteckigen Querschn. mit deu Seiten b und h wird, wenn die Belastung und die eventl. Ausbiegung in der Richtung von h erfolgt — nach (67) $k = \frac{P}{F}\left(\frac{6p}{h} - 1\right)$; $k_1 = \frac{P}{F}\left(\frac{6p}{h} + 1\right)$. Ist $\frac{h}{2}$ die Exzentrizität, so ergiebt sich: $P = \frac{1}{2}kF$ oder $\frac{1}{4}k_1F$; d. h. die Tragkraft ist nur bezw. $\frac{1}{2}$ oder $\frac{1}{4}$ von der Zug- oder Druckfestigkeit.

Für den kreisförmigen Querschn. vom Durchmesser d folgt: $k = \frac{P}{F}\left(\frac{8p}{d} - 1\right)$; $k_1 = \frac{P}{F}\left(\frac{8p}{d} + 1\right)$. Für $p = \frac{d}{2}$ wird: $P = \frac{1}{3}kF$ oder $\frac{1}{5}k_1F$. Die Exzentrizität übt also einen bedeutenden Einfluss auf die Tragkraft aus.

3. Für den in Fig. 472 dargestellten Fall, wo der unter dem Winkel α gegen die Vertikale eingespannte Stab durch die vertikal gerichtete Kraft P auf Zug beansprucht wird, erhält man:

$$k = P\left(\frac{e\,l\sin\alpha}{J} + \frac{\cos\alpha}{F}\right);$$

$$k_1 = P\left(\frac{e_1\,l\sin\alpha}{J} - \frac{1}{F}\right).$$

Fig. 472.

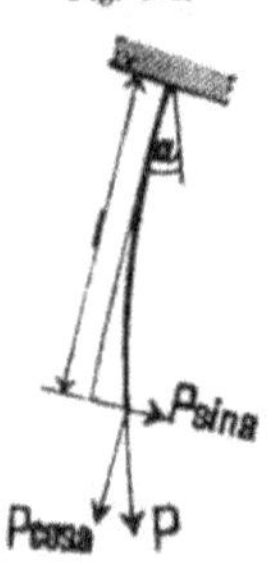

Fig. 473.

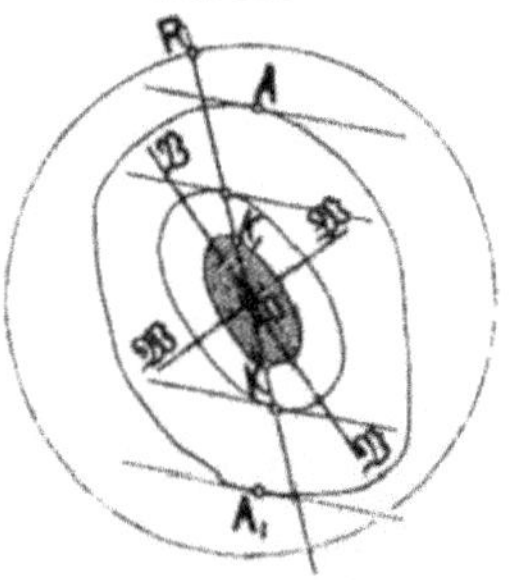

γ. **Gefährlichste Lage der Kraftebene bei exzentrischer Belastung.**

1. Die elast. Linie bleibt bei der Formänderung in der Kraftebene, welche durch die Stabaxe geht. Es giebt nur eine Lage der Kraftebene, für welche die Maximal-Faserspannung im Querschn. ein absolutes Maximum wird.

Stellt OR, Fig. 473, die Durchschn.-Linie der Kraftebene mit dem belieb. Querschn. des Inhalts F dar; bezeichnet ferner e den Abstand des Angriffsp. R der Kraft P vom Schwerp. O; $\mathfrak{k}$ die sogen. Kernweite, d. h. den Abstand eines in der Geraden OR liegenden Kernpunktes K (bezw. K_1) von O, so ist nach (36), S. 573 die Maximal-Faserspannung im belieb. Punkt A des Querschn.-Umfanges allgemein: $N = \pm\frac{M}{F\mathfrak{k}} = \pm\frac{P}{F}\left(1 + \frac{e}{\mathfrak{k}}\right)$. — A und die Kernweiten $\mathfrak{k}$ liegen stets auf verschiedenen Seiten des Querschn., also einander gegenüber.

Denkt mann sich den Angriffsp. R in einem Kreise, mit O als Zentrum, fortrücken, so ändern sich dabei weder M noch F; es ändert sich nur $\mathfrak{k}$. N wird demnach zum Maximum, wenn $\mathfrak{k}$ ein Minimum ist; d. h. die gefährlichste Lage der Kraftebene, bezw. von OR, fällt mit der Lage der kleinsten Kernweite zusammen. Umgekehrt entspricht der günstigsten Lage von OR die Lage der grössten Kernweite.

Um den zu einer belieb. Kernweite $\mathfrak{k}$ gehörigen Punkt A, für welchen (36) gilt, zu finden, hat man (nach S. 572) im Durchschn.-Punkt der OR mit der Zentral-Ellipse an letztere eine Tangente und parallel dazu an den Umfang des

Querschn. eine 2. Tangente zu legen. Die 2. Tangente b rührt den Umfang im Punkt A.

2. **Die kleinste Kernweite** $\mathfrak{k}_0$ ist in jedem Falle leicht zu bestimmen. Man erhält z. B.: 1. Für das **Quadrat**: $\mathfrak{k}_0 = \frac{b}{6\sqrt{2}} = 0{,}118\,b$; Richtung diagonal. — 2. Für das **Rechteck** mit den Seiten b und h: $\mathfrak{k}_0 = \frac{bh}{6\sqrt{b^2+h^2}}$; Richtung senkrecht zur Diagonale. — 3. Für den **Kreis** vom Durchmesser d: $\mathfrak{k}_0 = \frac{d}{8}$; konstant. — 4. Für den **Kreisring** mit den Durchmessern d und d_1: $\mathfrak{k}_0 = \frac{d}{8}\left[1 + \left(\frac{d_1}{d}\right)^2\right]$ oder angenähert: $\mathfrak{k}_0 = \frac{d_1}{4}$; ebenfalls konstant. — 5. Für das **Dreieck**: $\mathfrak{k}_0 = \frac{h_{min.}}{12}$; Richtung parallel $h_{min.}$ — 6. Für das **I Profil**: $\mathfrak{k}_0 = \frac{\mathfrak{k}_1 \mathfrak{k}_2}{\sqrt{\mathfrak{k}_1^2 + \mathfrak{k}_2^2}}$, wenn $\mathfrak{k}_1$ und $\mathfrak{k}_2$ die Kernweiten in den Hauptaxen gemessen sind. — 7. Für die **Kreuzform** (nach **Asimont**): $\mathfrak{k}_0 = \frac{b}{11}$ bis $\frac{b}{12}$, wenn das Verhältniss der Breite b zur Wandstärke zwischen 10 und ∞ liegt.

Ueber die grafische Darstellung der Maximal-Faserspannung vergl. S. 573 über Konstruktion der Zug- und Druckspannungen in Mauern, Pfeilern und Gewölben bei exzentrischer Belastung, den Abschn. „Statik der Baukonstruktionen."

δ Knickfestigkeit. (Zentrische Druckbelastung) Vergl. Note zu S. 601.

Ein aus homogenem Material bestehender Stab mit gerader und vertikaler Axe, würde bei genau zentrischer Belastung nach keiner Seite hin eine Ausbiegung erfahren und nur auf Druck in Anspruch genommen werden. Ein derartiger idealer Belastungsfall ist praktisch unmöglich herzustellen: 1. Kein Stab ist ganz homogen; daher erzeugt der zentrische Druck, wenn er selbst gleichmässig über die Endfläche des Stabes vertheilt wäre, ungleichmässige Spannungen. 2. Die Stabaxe ist selten vollkommen gerade und die Belastung erfolgt meistens mit einer geringen Exzentrizität.

Aus diesen Unvollkommenheiten, bezw. Fehlern ergiebt sich eine seitliche Ausbiegung des Stabes, welche ein **Einknicken** desselben zur Folge haben kann. **Die hierbei zum Zerbrechen erforderliche Kraft heisst die Knickfestigkeit des Stabes.** Nach Analogie der (S. 597) für exzentr. Druckbelastung gefundenen Gleich. ergiebt sich — die Exzentrizität $p = 0$ gesetzt — für den vorliegenden Fall als allgemeine Gleichg. der elast. Linie: $y - \delta = A \sin ax + B \cos ax$, d. h. eine **Wellenlinie, weil jedesmal, wenn** x **um** $\frac{2\pi}{a}$ **wächst, dieselbe Figur der elastischen Linie sich wiederholt.**

Wird der Stab in einzelnen Punkten, welche gleich weit von einander abstehen, festgehalten, so dass er daselbst nicht ausbiegen kann, so ist die Wellenlänge gegeben.

Fig. 474.

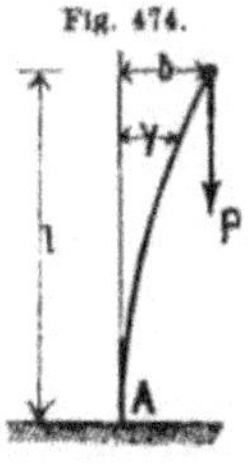

Fig. 475.

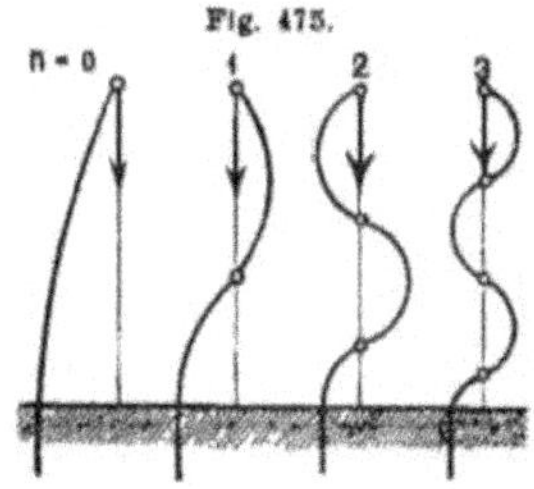

1. Für den **Fundamental-Fall des an einem Ende eingespannten, am andern Ende freien Stabes, Fig. 474, erhält** man ferner aus (66) für $p = 0$: $\cos al = 0$; hiernach muss al ein **ungerades** Vielfaches von $\frac{1}{2}\pi$, also allgemein: $al = \frac{2n+1}{2}\pi$ sein, wenn n eine belieb. ganze Zahl bedeutet. Ist λ die Wellenlänge, so ist $\lambda = \frac{2\pi}{a}$; daraus: $\lambda = \frac{4l}{2n+1}$ In Fig. 475 sind 4 Spezialfälle für $n = 0, 1, 2, 3$ dargestellt.

Wird kein Punkt des Stabes festgehalten, so tritt der Fall $n = 0$ ein, wofür $\lambda = 4l$ ist und $\left(\text{weil } a^2 = \frac{P}{EJ}\right)$: $P = \frac{\pi^2 EJ}{4l^2} = 2{,}467\ \frac{EJ}{l^2}$. (68)

2. Beide Enden des Stabes sind frei und werden dabei in der Axe geführt, Fig. 476. Hier wird $y = A \sin ax$; $\sin al = 0$; $al = n\pi$; $\lambda = \frac{2l}{n}$.

Fig. 476.

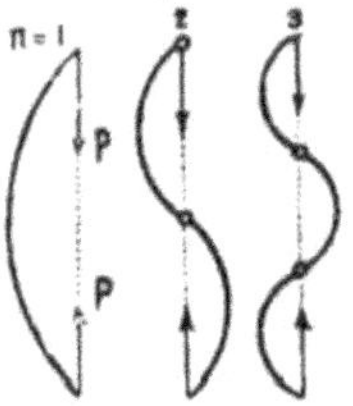

Fig. 477.

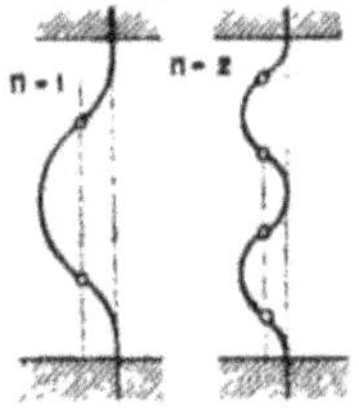

Fig. 476 stellt 3 Fälle für $n = 1$, 2 und 3 dar. Wird kein Punkt des Stabes festgehalten ($n = 1$) so folgt:

$$P = \frac{\pi^2 EJ}{l^2} = 9{,}870\ \frac{EJ}{l^2} \qquad (69)$$

3. Beide Enden des Stabes sind fest eingespannt, Fig. 477. Hier ist:

$$y = \frac{M_0}{P} + A \sin ax + B \cos ax.$$

M_0 bezeichnet das Moment am Stabende, von welchem die x-Werthe gerechnet werden. Ferner: $\cos al = 1$; $\sin al = 0$; $al = 2n\pi$; $\lambda = \frac{l}{n}$.

Fig. 478 stellt 2 Fälle für $n = 1$ und 2 dar. Daraus für den Fall $n = 1$:

$$P = \frac{4\pi^2 EJ}{l^2} = 39{,}478\ \frac{EJ}{l^2} \qquad (70)$$

4. Der Stab ist an einem Ende eingespannt und wird am andern in der Axe geführt, Fig. 478. Bei D entsteht eine horizontale Reaktion H. Es wird: $y = A \sin ax$; $al = \operatorname{tang} al$.

Fig. 478.

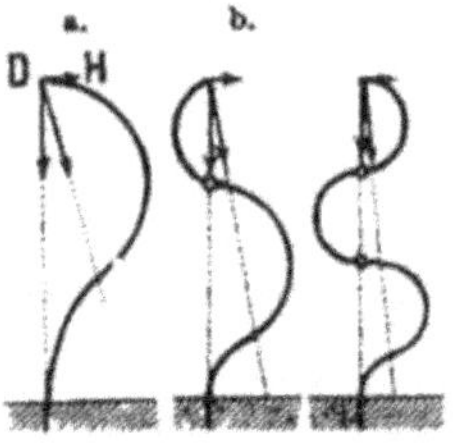

Hieraus folgen für al die Werthe:

$al = 0$
$al = 4{,}493$ oder $257^\circ\ 27'\ 12''$; (Fall a.)
$al = 7{,}725$ „ $442^\circ\ 37'\ 28''$; („ b.)
$al = 10{,}904$ „ $624^\circ\ 45'\ 37''$; („ c.)

und für den Fall a: $P = 20{,}19\ \frac{EJ}{l^2}$. (71)

5. Eine Vergleichung der Tragkraft der 4 Fälle (unter 1 bis 4) ergiebt bezw. die Vergleichszahlen: 1 : 4 : 16 : 8,18, so dass man (wenn für 8,18 genau genug 8 gesetzt wird) allgem. für alle 4 Fälle die zulässige Belastung durch: $P = n\ \frac{\pi^2 EJ}{s\, l^2}$ (72)

ausdrücken kann. n ist darin bezw.: $\frac{1}{4}$, 1, 4 oder 2,

und ferner ist: l die Stablänge, J kleinstes Trägh.-Mom. des Querschn. in Bezug auf die entsprechende Schweraxe, s Sicherheitsgrad.

Aus (72) folgt auch: $J = m\, l^2 P$, worin $m = \frac{s}{n\pi^2 E}$.

Die nachfolgende Tabelle 1 enthält die Werthe von m (wenn π^2 rot. = 10 gesetzt wird), dient daher zur Berechnung von J nach (72); l ist in m und P in t einzusetzen.

Tabelle 1.

Material des Stabes	Tonnen pro qcm D	E	Sicherheits-Koeffizient s	Werth von $m = \frac{s}{n\pi^2 E}$ im Fall 1 $n = 1/4$	Fall 2 $n = 1$	Fall 3 $n = 4$	Fall 4 $n = 2$
Holz	0,400	100	10	400	100	25	50
Gusseisen	6,000	1000	8	32	8	2	4
Schmiedeisen	3,500	2000	6	12	3	0,75	1,5
			5	10	2,5	0,625	1,25

Beim Gebrauch dieser Tabelle ist zu beachten, dass der Querschn. des Stabes nicht zu stark auf Druck beansprucht, sondern dass $P < \frac{DF}{s}$ sei. In vielen Fällen wird es möglich sein, F so gross zu wählen, dass die zulässige Inanspruchnahme pro Flächeneinheit $k = \frac{D}{s}$ gerade erreicht wird; dann konstruirt man mit einem Minimum von Material.

ε. Erfahrungs-Regel von Rankine zur Bestimmung der Knickfestigkeit.

1. Die vorstehend auf theoretischem Wege gefundenen Ausdrücke für P geben nicht immer mit den praktischen Versuchen überein stimmende Resultate. Die zur Zeit am meisten gebrauchte empirische Formel (von Rankine) lautet:

$$P = \frac{DF}{1 + a\left(\frac{l}{r}\right)^2} \qquad (73)$$

und es bedeuten darin: D die Druckfestigk., r den kleinsten Trägh.-Radius des Querschn. F, $(J = Fr^2)$ und a ein Erfahr.-Koeffiz., der für einige der wichtigsten Querschn.-Formen aus Tabelle 2 entnommen werden kann.

Tabelle 2. Versuchs-Resultate über Knickfestigkeit.

	Material und Form der untersuchten Stäbe		Versuche angestellt von	Beide Enden hab. ebene Flächen: D (t)	a	Bemerkungen
1.	Nadelholz Eichenhlz.	Kreisförmiger und rechteckiger Querschnitt.	Hodgkinson, Lamendé u. Rondelet	0,410 0,487	0,000150 0,000135	
2.	Schmiedeisen	Stäbe von 8eckig. Querschn.: 0,2—3,0 m Länge 13—38 cm Dicke 25—150 cm Breite	Hodgkinson (1846—47).	3,34	0,000044	ad 1. Für scharnierartige Enden (Fall 2) ist $a = 0{,}00030$.
3.	desgl.	Röhren von kreisf. Querschn.: Durchm: 6—16 cm Stärke: 0,4—0,25 cm Länge: 3—114 cm	Derselbe.	2,79	0,000038	Ist das untere Ende eingesp., das obere vertikal geführt (Fall 4), dann ist, wenn das obere Ende
4.	desgl.	L, T, I, U und + Eisen: 4,4—7,6 cm Schenkellängen 0,79—0,95 cm Stärke	Davies, Crumlin-Viadukt 1853.	3,13	0,000084	ebene Flächen hat: $a = 0{,}00015$, wenn das obere Ende scharnierartig: $a = 0{,}00008$.
5.	desgl.	Phönix- und Keystone-Säule u. andere amerik. Brückensäulen-Querschnitte	Lovett 1875.	2,75 — 3,46	0,000044	ad 4. Für Scharnier-Enden ist $a = 0{,}000060$; am günstigsten die Phönix-Säule mit $D = 3{,}46$; Mittelwerth von $D = 2{,}80$.
6.	Stahl { milder fester	—	Baker aus: „Strength of beams"	4,74 8,08	0,000039 0,000060	
7.	Gusseisen	Voll- und Hohlsäulen $\frac{l}{r} = 7-175$.	Hodgkinson (1840—46)	5,81	0,000151 0,000164	

2. Setzt man danach für Schmiedeisen durchschnittlich: $a = 0{,}00008$, für Gusseisen $a = 0{,}00016$, so ergeben sich Werthe, die zur leichtern Berechnung von P in folgender Tabelle 3 für eine Anzahl gebräuchlicher Querschn.-Formen und für verschiedene Verhältnisse der Länge l zur kleinsten Querschn.-Breite h zusammen gestellt sind.

Das „Problem der Knickfestigkeit" hat seit Euler Techniker und Gelehrte lebhaft beschäftigt, ohne aber dass eine endgültige Lösung desselben gefunden wäre.

Einige neuere Spezial-Litteratur dazu ist: Winkler im Centr.-Bl. d. Bauverwaltg., 1881, S. 10, 52 u. 92: Ueber die Knickfestigkeit von Stäben mit veränderlichem Querschnitt. — Zimmermann, ebenda, 1883, S. 458: Ueber die Knickfestigkeit d. Bauhölzer. — Ferner: Centr.-Bl. d. Bauverwaltung, 1884, S. 21, 415, 545 u. 550 und Deutsche Bauzeitg., 1874, S. 138, 395 u. 1883, S. 386.

Tabelle 3.

Werthe für: $\beta = 1 + 0{,}00008\left(\frac{l}{r}\right)^2$; $\beta_1 = 1 + 0{,}00016\left(\frac{l}{r}\right)^2$; die Wandstärke δ ist $= \frac{1}{10} h$ angenommen.

$\frac{l}{h}$	Fig. 479.		Fig. 480.		Fig. 481.		Fig. 482.		Fig. 483.		Fig. 484.	
			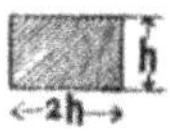		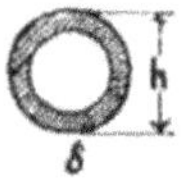		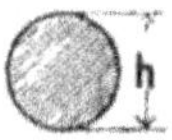		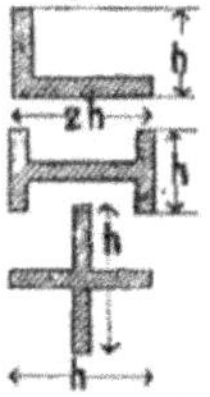		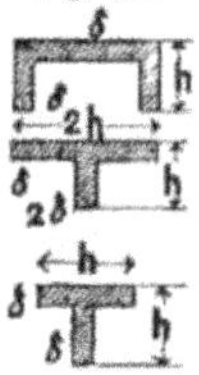	
	β	β_1	β	β_1	β	β_1	β	β_1	β	β_1	β	β_1
5	1,03	1,06	1,02	1,04	1,02	1,04	1,01	1,02	1,04	1,08	1,02	1,04
6	1,06	1,10	1,04	1,08	1,04	1,08	1,02	1,04	1,08	1,16	1,04	1,08
8	1,08	1,16	1,06	1,12	1,07	1,14	1,04	1,08	1,13	1,26	1,06	1,12
10	1,13	1,26	1,08	1,16	1,10	1,20	1,06	1,12	1,18	1,36	1,09	1,18
12	1,18	1,36	1,11	1,22	1,14	1,28	1,08	1,16	1,26	1,52	1,13	1,26
14	1,25	1,50	1,15	1,30	1,19	1,38	1,11	1,22	1,35	1,70	1,18	1,36
16	1,33	1,66	1,20	1,40	1,26	1,50	1,15	1,30	1,45	1,90	1,24	1,48
18	1,42	1,84	1,25	1,50	1,31	1,62	1,19	1,38	1,57	2,14	1,31	1,62
20	1,51	2,02	1,31	1,62	1,38	1,76	1,23	1,46	1,71	2,42	1,38	1,76
22	1,61	2,22	1,38	1,76	1,46	1,92	1,28	1,56	1,86	2,72	1,46	1,92
24	1,73	2,46	1,45	1,90	1,55	2,10	1,34	1,68	2,02	3,04	1,54	2,08
26	1,86	2,72	1,53	2,06	1,65	2,30	1,40	1,80	2,20	3,40	1,64	2,28
28	2,00	3,00	1,61	2,22	1,75	2,50	1,46	1,92	2,39	3,76	1,74	2,48
30	2,15	3,30	1,70	2,40	1,86	2,72	1,53	2,06	2,60	4,20	1,85	2,70
32	2,31	3,62	1,80	2,60	1,98	2,96	1,60	2,20	2,82	4,64	1,97	2,94
34	2,48	3,96	1,90	2,80	2,11	3,22	1,68	2,36	3,05	5,10	2,10	3,20
36	2,66	4,32	2,01	3,02	2,25	3,50	1,76	2,52	3,30	5,60	2,23	3,46
38	2,85	4,70	2,13	3,26	2,38	3,76	1,84	2,68	3,56	6,12	2,37	3,74
40	3,05	5,10	2,25	3,50	2,53	4,06	1,94	2,88	3,84	6,68	2,52	4,04
42	3,26	5,52	2,38	3,76	2,69	4,38	2,03	3,06	4,13	7,28	2,67	4,34
44	3,48	5,96	2,51	4,02	2,86	4,72	2,13	3,26	4,44	7,88	2,84	4,68
46	3,71	6,42	2,65	4,30	3,02	5,04	2,24	3,48	4,76	8,52	3,01	5,02
48	3,95	6,90	2,80	4,60	3,21	5,42	2,35	3,70	5,09	9,18	3,19	5,38
50	4,20	7,40	2,95	4,90	3,40	5,80	2,46	3,92	5,44	9,88	3,37	5,74
55	4,87	8,74	3,36	5,72	3,90	6,80	2,77	4,54	6,37	11,74	3,87	6,74
60	5,61	10,22	3,81	6,62	4,46	7,92	3,11	5,22	7,39	13,78	4,42	7,84
65	6,41	11,82	4,30	7,60	5,06	9,12	3,47	5,94	8,50	16,00	5,01	9,02
70	7,27	13,54	4,83	8,66	5,70	10,40	3,87	6,74	9,70	18,40	5,65	10,30
75	8,20	15,40	5,39	9,78	6,40	11,80	4,29	7,58	11,0	21,0	6,34	11,68
80	9,16	17,32	5,99	10,98	7,14	13,28	4,75	8,50	12,4	23,8	7,07	13,14
90	11,40	21,80	7,32	13,64	8,76	16,52	5,74	10,48	15,4	29,8	8,69	16,38
100	13,80	26,80	8,80	16,00	10,60	20,20	6,85	12,70	18,7	36,4	10,49	19,98

Zur Berechnung der Tragfähigkeit runder, voller und hohler Säulen dient auch die Tab. 2, S. 582, welche die Werthe von J und F für Säulen von 10—25 cm Durchmesser enthält.

3. **Vereinfachung der Rankine'schen Formel nach Asimont.** Asimont*) setzt: $P = F_1 D$, wo F_1 die bei gleichem P der reinen Druckfestigkeit D entsprechende Quersch.-Fläche ist.

Setzt man den Nenner in (73) $= \beta$, so folgt: $\beta = \frac{F}{F_1}$.

Sind die Profile F und F_1 einander ähnlich, so verhalten sich die Flächen wie die Quadrate der zugehörigen Trägheits-Radien: $\frac{F}{F_1} = \frac{r^2}{r_1^2}$. Man setze ferner $r_1^2 = CF_1$, wo C eine für alle ähnlichen Profile konstante Zahl ist. Es ist dann: $CF_1 = \frac{J_1}{F_1}$, also $C = \frac{J_1}{F_1^2}$.

*) Zeitschr. des bayer. Archit.- u. Ingen.-Vereins 1876—77, S. 120.

Für β folgt durch Einsetzen obiger Werthe: $\beta = 0{,}5 + \sqrt{\frac{\alpha l^2}{C F_1} + 0{,}25}$. (74)

Die Werthe von C für verschiedene Querschn.-Formen sind aus der folgenden Tabelle 4 zu entnehmen:

Tabelle 4.

	Quadrat	Kreis	Ringförm. Querschn. d Breite, δ Wanddicke				Kreuzförm. Querschn. h Höhe, δ Stärke der Rippen			
			$\delta = \frac{d}{10}$	$\delta = \frac{d}{20}$	$\delta = \frac{d}{30}$	$\delta = \frac{d}{40}$	$\delta = \frac{h}{5}$	$\delta = \frac{h}{10}$	$\delta = \frac{h}{15}$	$\delta = \frac{h}{20}$
$C =$	0,083	0,080	0,363	0,758	1,156	1,552	0,133	0,233	0,336	0,440

ζ. Neuere Formeln für die Knickfestigkeit.

Die theoretische entwickelte Formel (72) giebt keinen Aufschluss über die Spannungen im Stabe; man erhält dafür unbestimmte Werthe. Daraus ist zu schliessen, dass, wenn bei den gegebenen Verhältnissen Gleichgew. überhaupt möglich ist, dasselbe bei jedem Werthe der Ausbiegung (δ) stattfinden kann. Man hat also keine Sicherheit dagegen, dass die Biegung und die zugehörigen Spannungen anwachsen, so weit, dass sie den Bruch des Stabes durch Zerknicken herbei führen.

Die praktische Formel von Rankine ist bis jetzt die gebräuchlichste. Aber auch sie hat Mängel. Die Querschn.-Form, von welcher die Grösse des Koeffiz. α, wie die Versuche ergeben, wesentlich mit abhängt, ist zu wenig berücksichtigt, die Einführung des kleinsten Trägh.-Radius zu unmotivirt und der Koeffiz. α zu ungenau, weil er aus Versuchen hergenommen ist, welche bis zum Bruche fortgesetzt wurden, obgleich das Elastizit.-Gesetz, auf welches sich die Herleitung der Formel stützt, über die Elastizit.-Grenze hinaus keine Gültigkeit hat

Aus der allgem. Gleichg. für die Maximal-Faserspannung: $N = \frac{M}{F\mathfrak{k}} = \frac{P}{F}\left(1 + \frac{e}{\mathfrak{k}}\right)$ folgt direkt, wenn man auch bei zentrischer Belastung stets eine gewisse unvermeidliche Exzentrizität p voraus setzt: $N = \frac{P}{F}\left(1 + \frac{\delta + p}{\mathfrak{k}}\right)$.*)

Der Abstand e der Resultante von dem Schwerp. des fraglichen Querschn. wird hier $= \delta + p$, d. h. = Durchbiegung + Exzentrizität; $\mathfrak{k}$ ist die Kernweite. N wird ein absolutes Maximum für denjen. Querschn., dessen Schwerp. am meisten von der Belastungs-Vertikalen abweicht und für den kleinsten Werth $\mathfrak{k}_0$ der Kernweite, deren Lage (nach S. 598) der gefährlichsten Lage der Kraftebene für den Querschn. entspricht. $N_{max.} = \frac{P}{F}\left(1 + \frac{\delta + p_0}{\mathfrak{k}_0}\right)$. Hier ist p_0 die in der ungünstigsten Lage der Kraftebene gemessene Exzentrizität.

Als günstigste Querschn.-Form für Knickfestigkeit ergiebt sich danach diejen., bei welcher das Verhältniss $\frac{F}{\mathfrak{k}_0}$ möglichst gross ist.

Lang**) giebt vorstehende Gleichg. für N in der Form:

$$N_{max.} = \frac{P}{F}\left[1 + \lambda \frac{P}{F}\left(\frac{l}{\mathfrak{k}_0}\right)^2\right] \qquad (75)$$

um dieselbe direkt für die Bestimmung der Knickfestigkeit verwerthen zu können. Erfahrungskoeffiz. $\lambda = \frac{\alpha}{E}$; E Elastizit.-Koeffiz.

Es folgt demnach: $\delta + p_0 = \frac{\alpha}{E}\frac{P}{F}\left(\frac{l}{\mathfrak{k}_0}\right)^2$. Der Koeffiz. α bleibt aus Elastizit.-Versuchen, bei denen es auf die Ermittelung der Durchbiegung δ ankommt, zu bestimmen. p_0 ist unfreiwillig und unmessbar, kann aber ohne merklichen Fehler vernachlässigt werden. Aus verschiedenen Versuchen hat Lang folgende durchschnittl. Werthe von λ berechnet.

*) Diese Gleich. wurde in ähnlicher Form schon 1876 vom Professor W. Ritter (Civ.-Ingen. Bd. 22. S. 309) aufgestellt und dann von Asimont (Zeitschr. f. Bauk. 1880. S. 30) entwickelt.

**) Rigaer Industrie Zeitg. 1883 No. 23 u. 1884 No. 22.

Tabelle 5.

	Werthe von $\lambda = \frac{10000000\,a}{E}$ für Stäbe mit		
	flachen Enden	runden Enden	einem runden und einem flachen Ende
Gusseisen . .	0,25	0,50	0,375
Schmiedeisen	0,10	0,20	0,15
Stahl . . .	0,05	0,10	0,07
Holz	1,00	2,00	1,50

P und N sind in ^{t}, F und $\mathfrak{k}_u$ in ^{cm}, l in ^{m} einzusetzen.

Die Werthe von $\mathfrak{k}_u$ sind nach den S. 599 gegebenen Regeln leicht aus der Kernfigur zu ermitteln.

η. Grenze zwischen Druck- und Knickfestigkeit.

Die zulässige Belastung eines Stabes von konstantem Querschn., der an beiden Enden frei geführt wird, auf reinen Druck ist = der zulässigen Belastung auf Knicken, wenn: $kF = \frac{\pi^2 EJ}{s\,l^2}$ ist, oder $l = r\pi\sqrt{\frac{E}{D}}$ ..... (76)

k zulässige Inanspruchnahme auf Druck; s Sicherheitsgrad gegen Knicken, $D = s\,k$ die Druckfestigk. des Stabmaterials, wenn für reinen Druck und Knicken der gleiche Sicherheitsgrad gerechnet wird, $r = \sqrt{\frac{J}{F}}$. Bei grössern Längen kommt nur die Knickfestigk., bei kleinern Längen dagegen nur die Druckfestigk. in Frage.

Tabelle 6.

Stabmaterial	E ^{t} pro ^{qcm}	D ^{t} pro ^{qcm}	$\left(\frac{l}{r}\right)$
Holz	100	0,45	47
Schmiedeisen	2000	3,00	81
Stahl	2500	6,00	64
Gusseisen . .	1000	5,00	44
Feste Steine	400	0,80	70
Mittelfeste Steine . .	250	0,40	71
Feste Ziegel	150	0,20	96

ϑ. Knicken eines Stabes in Folge Temperatur-Erhöhung.*)

Fig. 485.

Beispiel. Fig. 485. Ein Stab erleide einen Axialdruck P und seine Enden A und B seien in festen Gelenken drehbar, so dass die Axe bei der Biegung in A und B belieb. kleine Winkel mit der Geraden AB einschliessen kann, die Entfernung AB aber unveränderlich bleibt. — Bei einer gewissen Temperat. ist der Stab spannungslos, bei allmähliger Erwärmung über diese Temperat. hinaus erleidet er einen gleichförmigen Druck $= E\alpha t$ pro Flächeneinh. des Querschn. F, unter E den Elastizit.-Koeffiz., unter α den linearen Ausdehnungs-Koeffiz. und unter t die Temperat.-Zunahme verstanden. Wächst t über eine gewisse Grenze hinaus, so tritt eine Biegung δ des Stabes ein, welche aus (65) der allgem. Gleichg. der elast. Linie (für $p = 0$); $y = \delta\,(1 - \cos a x)$ zu bestimmen ist

Aus $\frac{dy}{dx} = a\delta \sin a x$ und $ds = \sqrt{1 + \left(\frac{dy}{dx}\right)^2}$ folgt annähernd: $ds = 1 + \frac{1}{2} a^2 \delta^2 \sin^2 a x$.

Die zu einer Wellenlänge gehörige Abszisse x ist allgemein $= \frac{2\pi}{a}$. Daher ist die Bogenlänge s einer Welle: $s = \frac{2\pi}{a} + \frac{1}{2} a\delta^2 \int_{ax=0}^{ax=2\pi} \sin^2 a x\, d\,a x = \frac{2\pi}{a}\left(1 + \frac{a^2\delta^2}{4}\right)$.

Die Verlängerung der Mittellinie durch die Biegung hat daher für jedes Wellenstück der Länge $x = \frac{2\pi}{a}$ die Grösse $\frac{2\pi}{a}\left(\frac{a^2\delta^2}{4}\right)$. Also ist die relative Längenänderung $= \frac{a^2\delta^2}{4}$. Dieselbe wird durch den Ueberschuss der durch Erwärmung verursachten Ausdehnung über die durch den Druck P bewirkte Zusammendrückung hervor gerufen; es ist also nach dem Elastizit.-Gesetz: $\frac{1}{4} a^2\delta^2 = \alpha t - \frac{P}{EF}$. Daraus folgt: $\delta = \frac{2}{a}\sqrt{\alpha t - a^2 r^2}$. — $r^2 = \frac{J}{F}$.

Im speziellen Falle wird (nach S. 600) die Wellenlänge $\lambda = 2l$ und $l = \frac{\pi}{a}$. Demnach ist die grösste Durchbiegung in der Mitte: $\delta = \frac{2\pi}{l}\sqrt{\alpha t - \left(\frac{\pi r}{l}\right)^2}$. Die grösste Biegungs-

*) Nach Grashof.

spannung k also: $k = P\delta \frac{e}{J} + \frac{P}{F}$. Diejenige Temperat.-Erhöhung t_1, bei welcher die Biegung beginnt, folgt aus $\delta = 0$: $t_1 = \frac{\pi^2 r^2}{\alpha l^2}$. Ist k_1 die grösste Druckspannung bei beginnender Biegung des Stabes, so ist: $k_1 = E\alpha t_1$. Endlich ergiebt sich aus Vorstehendem: $\frac{k - k_1}{k_1} = 2 \frac{l}{r} \sqrt{\frac{t - t_1}{t_1}}$. Für $k = m k_1$ erhält man die erforderliche Temperat.-Erhöhung: $t - t_1 = \left(\frac{(m-1) r}{2l}\right)^2 t_1$.

Ein runder schmiedeiserner Stab, vom Halbm. ϱ, mit $l = 100\,\varrho$, anfangs spannungslos, beginnt sich zu biegen, wenn er um: $t_1 = \frac{\pi^2 \left(\frac{\varrho}{2}\right)^2}{0{,}0000118\, l^2} = \frac{\pi^2}{4 \,.\, 0{,}0000118 \,.\, 100^2} = 20{,}9^0$ erwärmt wird. $\alpha = 0{,}0000118$; $\varrho = r$. Seine grösste Druckspannung k_1 ist $= E\alpha t_1 = 0{,}493^{t}$ pro qcm für $E = 2000^{t}$. Zu einer Verdoppelung dieser Spannung bedarf es also nur einer Temperat.-Erhöhung $t - t_1 = \left(\frac{\left(\frac{\varrho}{2}\right)^2}{2\varrho}\right) t_1 = \frac{20{,}9}{16} = 1{,}3^0$.

ι. Weitere Beispiele zur Knickfestigkeit.

1. Eine gusseiserne 4^m hohe, am untern Ende fest mit dem Fundament verbundene Hohlsäule, am obern Ende frei — aber in der Axe geführt — soll bei 5facher Sicherheit gegen Knicken eine Last von 50^t tragen und dabei die Beanspruchung auf Druck $0{,}5^t$ pro qcm nicht überschritten werden. Welche Dimensionen muss sie erhalten? Nach Tab. 1 S. 600 ist für $s = 5$ und $n = 2$ erforderlich: $J = 4 \,.\, 4^2 \,.\, 50 = 3200$; $F_{\text{min.}} = \frac{50}{0{,}5} = 100$ qcm.

Nach Tab. 2, S. 582 wäre demnach zu wählen eine Säule von 18^{cm} Durchm. und 20^{mm} Wandstärke mit $J = 3267$ und $F = 100{,}53$.

2. Dasselbe Beispiel nach der prakt. Formel von Rankine behandelt. Nimmt man vorläufig die Wandstärke $\delta = \frac{1}{10}$ des Durchm. d an, so ergiebt sich: $F = 0{,}2827\, d^2$; $J = 0{,}02898\, d^4$; $r^2 = \frac{J}{F} = 0{,}1025\, d^2$. Also nach (73): $50 = \frac{0{,}5 \,.\, 0{,}2827\, d^2}{1 + 0{,}00016 \frac{400^2}{0{,}1025\, d^2}}$, wonach: $d^4 - 354 d^2 = 88276$ und $d = 22{,}8^{cm}$.

3. Dasselbe Beispiel nach dem Verfahren von Asimont behandelt. $F_1 = \frac{50}{0{,}5} = 100$ qcm und nach Tab. 4 (S. 603): $C = 0{,}363$.

Also nach (74): $\beta = 0{,}5 + \sqrt{\frac{0{,}00016 \,.\, 400 \,.\, 400}{0{,}363 \,.\, 100} + 0{,}25} = 1{,}475$; demnach: $F = 1{,}475 \,.\, 100 = 147{,}5$ qcm.

Daraus folgt: $d = \sqrt{\frac{147{,}5}{0{,}2827}} = 22{,}8^{cm}$.

4. Dasselbe Beispiel nach der Formel (75) von Lang behandelt, ergiebt für $d = 20^{cm}$ und $\delta = 2^{cm}$ (nach S. 599): $\mathfrak{k}_0 = \frac{10^2 + 8^2}{4 \,.\, 10} = 4^{cm}$. Ferner: $F = 0{,}2827\, d^2 = 113$ qcm.

$$\text{Also: } N_{\text{max.}} = \frac{50}{113}\left(1 + 0{,}25 \frac{50}{113} \frac{4^2}{4^2}\right) = 0{,}582^{t} = 582^{kg} \text{ p. qcm.}$$

5. Ein 3^m langer schmiedeiserner Stab von kreuzförm. Querschn., an beiden Enden frei und in der Axe geführt, soll einen Druck von 30^t aufnehmen. Welche Dimensionen muss er erhalten, wenn die Inanspruchnahme 1^t pro qcm nicht überschreiten soll und die Rippenstärke $\delta = \frac{1}{10}$ der Rippenhöhe h gewählt wird? Man findet: $F = 0{,}19\, h^2$; $J = 0{,}0084\, h^4$; $r^2 = 0{,}0442\, h^2$, und für $\alpha = 0{,}00008$ nach Asimont: $F_1 = \frac{30}{1} = 30$ qcm, nach Tab. 4 (S. 603): $C = 0{,}233$, also nach (74): $\beta = 0{,}5 + \sqrt{\frac{0{,}00008 \,.\, 300 \,.\, 300}{0{,}233 \,.\, 30} + 0{,}25} = 1{,}28$; demnach: $F = 1{,}28 \,.\, 30 = 38{,}4$ qcm und $h = \sqrt{\frac{38{,}4}{0{,}19}} = 14{,}2^{cm}$.

6. Dasselbe Beispiel nach Lang behandelt. Da für die Kreuzform (nach S. 599) hier: $\mathfrak{k}_0 = \frac{h}{11} = \frac{14{,}2}{11} = 1{,}3^{cm}$ gesetzt werden kann, so folgt nach (75):

$$N_{\text{max.}} = \frac{30}{38{,}4}\left(1 + 0{,}10 \frac{30}{38{,}4} \frac{3^2}{1{,}3^2}\right) = 1{,}106^{t} \text{ oder } 1106^{kg} \text{ pro qcm.}$$

Nach der Lang'schen Formel müsste demnach ein etwas grösserer Querschn. gewählt werden.

$\varkappa$. Gleichzeitiges Vorkommen von Normal- und Torsions-Elastizität.

Ist P die Axialkraft, S die Maximal-Schubspannung in Folge der Torsion, so ist z. B. für den Kreisquerschn. vom Halbm. r: $N = \frac{P}{r^2 \pi}$ und $S = \frac{2M}{r^3 \pi}$ (nach S. 561).

Die ideale Hauptspannung $\mathfrak{H}$ darf die zulässige Inanspruchnahme k nicht überschreiten. Demnach folgt aus Gleichg. (30), S. 568:

$$k = \frac{P}{r^2 \pi} \left[\frac{m-1}{2m} \pm \frac{m+1}{2m} \sqrt{1 + \left(\frac{4M}{Pr}\right)^2} \right]. \tag{77}$$

Beispiel. Berechnung der Inanspruchnahme einer Pressschraube, Fig. 486, welche einen Druck P ausüben soll und zu dem Zwecke am obern Ende durch ein Moment M gedreht wird.

Fig. 486.

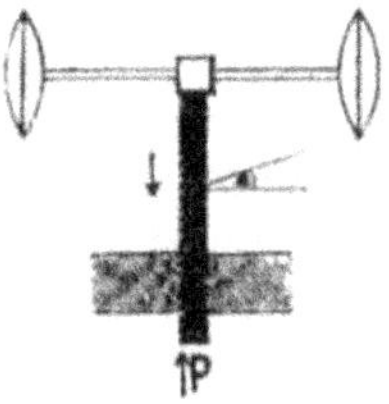

Bezeichnen r_1, r und r_2 bezw. den äussern, mittlern und innern Schraubenhalbm., und nimmt man $m = \frac{10}{3}$, so geht (77), weil für r jetzt r_2 zu setzen ist über in:

$$k = \frac{P}{r_2^2 \pi} \left[0{,}35 + 0{,}65 \sqrt{1 + 16 \left(\frac{r}{r_2}\right)^2 \left(\frac{M}{Pr}\right)^2} \right].$$

Zieht man die Reibung zwischen der Schraube und der Pressplatte u. s. w. mit in Rechnung und reduzirt sie auf den Halbm. r_2, so erhält man für flachgängiges Gewinde (nach S. 522) als Gleichgew.-Bedingung: $M = Pr \operatorname{tang}(\alpha + \varphi) + \frac{2}{3} \mu P r_2$.

α Steigungs-, φ Reibungs-Winkel für Schraube und Mutter ($\operatorname{tang} \varphi = f$); μ Reibungs-Koeffiz. für Schraube und Platte. Für $f = \mu = 0{,}1$ und $r_2 : r : r_1 = 6 : 7 : 8$ folgt: $\frac{M}{Pr} = 0{,}260$; $k = 1{,}36 \frac{P}{r_2^2 \pi}$ und für den äussern Durchm. d_1 der Schraube: $d = 1{,}75 \sqrt{\frac{P}{k}}$.

λ. Gleichzeitiges Vorkommen von Biegungs- u. Torsions-Elastizität.

Dieser Fall tritt ein, wenn die transversalen Kräfte (oder einige davon) windschief gegen die Stabaxe gerichtet sind. Es entsteht dann für einen belieb. Querschnitt ein Biegungsmoment M_1, welches eine Maximal-Faserspannung N und zugleich ein Torsionsmoment M_2, welches eine Maximal-Schubspannung S erzeugt.

Für kreisförm. Querschn., bei denen die betr. Maximal-Spannungen in der Peripherie stattfinden, ergiebt sich darnach aus: $N = \frac{4 M_1}{r^3 \pi}$ und $S = \frac{2 M_2}{r^3 \pi}$ nach (30) die ideale Hauptspannung $\mathfrak{H}$:

$$\mathfrak{H} = \frac{4}{r^3 \pi} \left[\frac{m-1}{2m} M_1 + \frac{m+1}{2m} \sqrt{M_1^2 + M_2^2} \right].$$

Wenn z. B. bei grösserer Länge einer Transmissions-Welle die Umfangskräfte von Schwungrädern u. s. w. nicht so klein sind, oder nicht so nahe den Lagern angreifen, dass ihre biegende Wirkung gegen die verdrehende vernachlässigt werden darf, würde vorstehende Gleichg. für $\mathfrak{H}$ zur Anwendung kommen, um daraus den Wellendurchmesser zu berechnen. —

i. Normal- und Biegungs-Elastizität einfach gekrümmter Stäbe.

Eine Inanspruchnahme auf reine Normal-Elastizit. tritt nur dann ein, wenn die Resultanten der auf die einzelnen Stabscheiben wirkenden äussern Kräfte auf dem Querschn. senkrecht stehen und dabei die Stabaxe überall tangiren. Dies wird nur der Fall sein, wenn zwischen der Form der Stabaxe und der Grösse und Lage der äussern Kräfte eine gewisse Beziehung existirt.

Schlaffe fadenförmige Stäbe, wie Seile oder Ketten nehmen die erforderliche Form — die Seilkurve oder Kettenlinie — von selber an. Diese Form ist eine Stützlinie (S. 557), welche also bei allen nur auf Normal-Elastizit. beanspruchten Stäben mit der Mittellinie derselben (oder der Stabaxe) zusammen fällt.

Genau genommen müsste dazu der Stab nur eine materielle Linie sein; denn sobald die auf ihn wirkenden Kräfte nicht genau in den Schwerp. der Querschn. angreifen, entstehen Schubspannungen. Praktisch kann man jedoch die Schubspannungen des Querschn. ohne merklichen Fehler vernachlässigen, um so eher, je kleiner die Querschn.-Dimensionen im Vergleich zur Länge des Stabes sind. Dies gilt auch für die meisten Fälle der Biegungs-Elastizit., welche nach Vorstehendem eintritt, sobald die Stützlinie nicht mit der Stabaxe zusammen fällt.

α. Normal-Elastizität.

Wie man zu einer gegebenen belieb. stetigen Belastung die Seilkurve konstruirt, ist S. 508 gezeigt worden. Hier handelt es sich um die analyt. Beziehungen zwischen der Form der Stabaxe und der Belastungart.

1. Voraus gesetzt wird, dass die Kraftebene — in welcher die Resultanten der auf die einzelnen Scheiben wirkende Kräfte liegen — mit der Krümmungs-Ebene, d. i. der Ebene des einfach gekrümmten Stabes (XY-Ebene, Fig. 487) zusammen fällt.

Fig. 487.

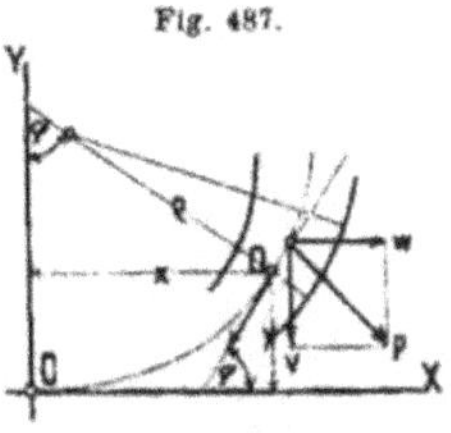

x, y seien die Koordin. eines belieb. Punktes O der Stabaxe. ρ der Krümmungs-Halbm. der Stabaxe in O; φ der Winkel, den dieser Halbmesser mit der Y-Axe oder die Tangente in O mit der X-Axe einschliesst. Auf das belieb. Stabstück CO, dessen Axe in C die X-Axe berührt, wirke eine stetig vertheilte Last p pro Längeneinh. der Stabaxe und zwar unter einem belieb. Winkel geneigt. p zerlegt sich in die Lasten v und w pro Längeneinheit bezw. der X-Axe und Y-Axe.

Wenn dadurch in den Querschn. O und C bezw. die Axialkräfte P und H hervor gerufen werden, so ergeben die Bedingungen für das Gleichgew. des Stabstückes:

$$P\cos\varphi = H - \int_0^y w\,dy;\quad P\sin\varphi = \int_0^x v\,dx = V;\quad \text{daraus: } \frac{dx}{dy} = \operatorname{tang}\varphi = \frac{V}{H - W}$$

wenn V und W bezw. die gesammte auf CO wirkende Vertikal- und Horizontalkraft bezeichnen.

2. Besteht die Belastung nur aus Vertikalkräften, so folgt: $P\cos\varphi = H$ (78), d. h. die Horizontalspannung ist konstant. Ferner: $H\frac{d^2y}{dx^2} = q$ (79), wenn q die vertik. Belastung pro Längeneinh. der X-Axe ist.

Setzt man angenähert: $\frac{1}{\rho} = \frac{d^2y}{dx^2}$, so folgt für den Scheitel: $H = q_0\rho_0$ (80), wenn q_0 und ρ_0 bezw. Belastung und Krümmungs-Halbm. im Scheitel sind. Ferner: $P = q\rho\cos\varphi$.

Die Axialkraft P ist ein Zug oder ein Druck, je nachdem die Stabaxe nach oben zu **konkav** (◡) oder **konvex** (◠) gekrümmt ist, so dass ρ im 1. Falle positiv, im letztern Falle negativ einzuführen ist. Endlich ist: $\operatorname{tang}\varphi = \frac{dy}{dx} = \frac{V}{H}$.

3. Wenn die stetig vertheilte Last senkrecht auf die Stabaxe wirkt, so ist $\alpha = \varphi$. Ferner $P = q\rho =$ konstant. Das Produkt aus der Last pro Längeneinh. der Stabaxe in den Krümmungshalbm. ist = der konstanten Axialkraft.

Beispiel 1; Fig. 488. Welche Form muss der Stab AB erhalten, wenn er bei gleichförm. über die Horizontal-Projektion vertheilter Belastung — also bei konstantem q — nur auf Normalfestigk. in Anspruch genommen werden soll? Die zweimalige Integration von $H\frac{d^2y}{dx^2} = q$ giebt die Gleichg. einer Parabel: $y = \frac{qx^2}{2H}$. Ist l die Bogensehne AB der Parabel, Fig. 488, und h der Pfeil (Stichhöhe) so folgt:

Fig. 488.

$$H = \frac{ql^2}{8h};\quad P = H\sqrt{1 + \left(\frac{hx}{n}\right)^2} \qquad (81)$$

H wächst also vom Scheitel aus nach den Auflagerpunkten A und B.

Beispiel 2. Mit welchem Pfeil h muss bei einer gewissen Temperat. ein Telegraphendraht an den Stangen A und B aufgehängt werden, damit die Axialspannung desselben bei der stärksten möglichen Verminderung der Temperatur das zulässige Maass nicht überschreitet?*)

Weil der Durchhang nur flach ist, kann man das Gewicht des Stückes CO, Fig. 487, ohne in Betracht kommenden Fehler dem Gewicht eines seiner Horizontal-Projektion x an Länge gleich kommenden Stückes gleich setzen und daher den Bogen als Parabel annehmen. Die zur Pfeilhöhe h gehörige halbe Bogenlänge der Parabel ist annähernd: $s = l\left(1 + \frac{8h^2}{3l^2}\right)$. Diese Bogenlänge wird bei Anlage der Leitung und bei einer Temperatur hergestellt, die um t^0 höher, als die niedrigste zu erwartende Winter-Temperatur ist.

Ist nun H_0 die höchste zulässige Scheitelspannung, entsprechend der Pfeilhöhe $h_0 = \frac{ql^2}{8H_0}$

---

*) Nach Grashof.

und der **Maximalspannung** $S = \sqrt{H_0^2 + \left(\frac{ql}{2}\right)^2}$ bei A und B, die nur wenig grösser ist als H_0; ist ferner α der Längenausdehnungs-Koeffiz. des Drahtes, t die Temperat.-Abnahme in Graden, welche erforderlich ist, um die Pfeilhöhe h auf h_0 zu reduziren, so folgt:

$$l\left(1 + \frac{8}{3}\frac{h^2}{l^2}\right) = l\left(1 + \frac{8}{3}\frac{h_0^2}{l^2}\right)(1 + \alpha t).$$

Daraus ergiebt sich angenähert: $h = \sqrt{h_0^2 + \frac{3\alpha t l^2}{8}} = \frac{l}{2}\sqrt{\left(\frac{ql}{8H_0}\right)^2 + 1{,}5\,\alpha t}$. Es lässt sich hiernach eine Tabelle zusammen gehöriger Werthe von t und h berechnen. H_0 ist dabei bestimmt durch die Gleichg.: $H_0 = k\frac{\delta^2\pi}{4}$; — k zulässige Inanspruchnahme für den Draht, δ Draht-Durchmesser.

Fig. 489.

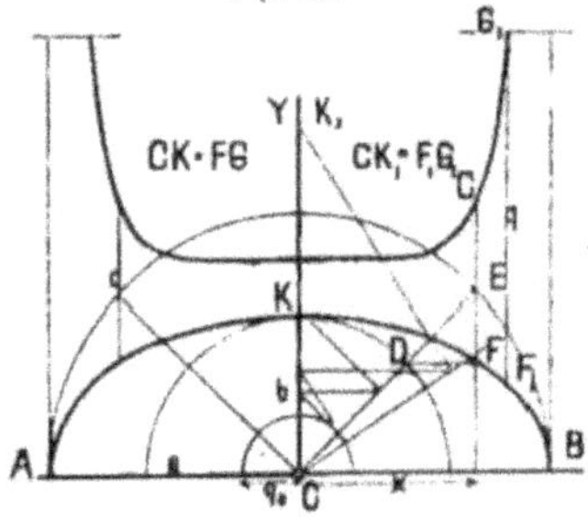

Beispiel 3. Wie muss ein Stab AB, Fig. 489, mit elliptischer Axe belastet werden, damit er nur auf Normalfestigkeit in Anspruch genommen wird.

Schlägt man von C aus mit den Halbaxen a und b der Ellipse Kreise, zieht einen belieb. Halbm., welcher die Kreise in D und E schneidet, so liegt der Punkt F der Ellipse im Schnitt der Parallelen zu den Halbaxen durch D und E. Ist $\angle DCY = \varphi$, so folgt: $x = a \sin\varphi$; $y = b\cos\varphi$. Diese Werthe von x und y in (79) eingesetzt, geben: $q = \frac{Hb}{a^2\cos^2\varphi}$.

Ist die Stabaxe ein Kreis vom Radius r, so wird: $q = \frac{H}{r\cos^3\varphi}$. Weil $H = r q_0$ folgt: $q = q_0 \sec^3\varphi$.

Hiernach ist die Belastungskurve für q zu konstruiren, wie in Fig. 489 angedeutet ist.

Die Axialkraft ist für die Ellipse: $P = \frac{H\sqrt{a^2\cos^2\varphi + b^2\sin^2\varphi}}{a\cos\varphi}$; für den Kreis $P = H\sec\varphi$.

3. Ueber Anwendung der Seilkurven und Kettenlinien vergl. den Abschn. „Statik der Baukonstruktionen".

β. Biegungs-Elastizität im allgemeinen.

1. Bezeichnungen und Voraussetzungen bleiben dieselben, wie unter α. Weiter werde angenommen, dass die Krümmungsebene eine Symmetrie-Ebene des Stabes sei.

Fig. 490.

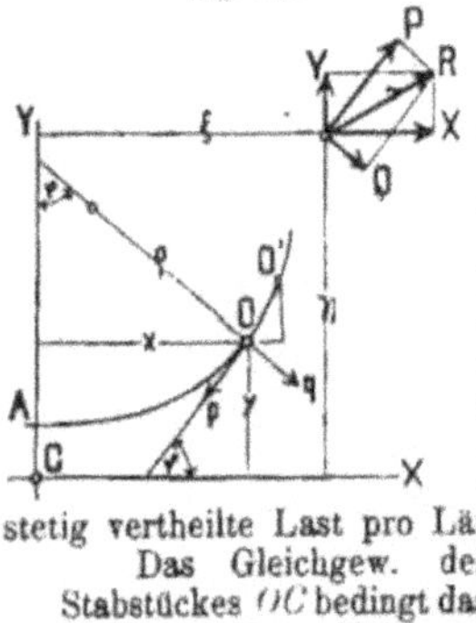

Es bezeichne ferner, Fig. 490, s die Länge der Stabaxe von irgend einem Punkte derselben an gerechnet; R die Resultante der äussern Kräfte, welche auf das durch O abgetrennte Stabstück OC wirken; P, Q die bezw. in der Richtung der Tangente und des Krümmungs-Halbm. in O wirkenden Seitenkräfte von R (Axialkraft u. Transversalkraft); M das stat. Moment von R (Biegungsmom.) in Bezug auf die durch O gehende Biegungsaxe (d. i. die Normale zur Kraftebene); X, Y die Seitenkräfte von R in der Richtung der Koordin.-Axen; ξ, η die Koordin. des Angriffsp. von R; p, q die in O bezw. nach Richtung der Tangente und des Krümmungs-Halbm. wirkende stetig vertheilte Last pro Längeneinh. der Stabaxe.

Das Gleichgew. des Stabstückes OC bedingt das Bestehen der Gleichgn.:

$$\left.\begin{aligned} P &= X\cos\varphi + Y\sin\varphi; \\ Q &= -X\sin\varphi + Y\cos\varphi; \\ M &= X(\eta - y) - Y(\xi - x). \end{aligned}\right\} \qquad (82)$$

Verschiebt man O nach O_1 ($OO_1 = ds$), so ist hiernach die Aenderung von P, Q und M gegeben. Die Verbindung der gefundenen Ausdrücke von dP, dQ und dM mit (82) giebt:

$$\frac{dP}{ds} = \frac{Q}{r} - p; \quad \frac{dQ}{ds} = -\frac{P}{r} - q; \quad \frac{dM}{ds} = Q. \qquad (83)$$

Ausserdem gelten hier die für gerade Stäbe entwickelten Gleichgn. (9) und (10):

$$P = \int N\,df; \quad Q = \int T\,df; \quad M = \int N v\,df. \qquad (84)$$

γ. Faserspannung (N).

1. Es sei: ds_v die Länge einer belieb. Faser im Abstande v von der Stabaxe zwischen zwei Nachbarquerschn. vor der Formänderung und $\triangle ds_v$ die Längenänderung der Faser.

Dann erhält man, unter der für gerade Stäbe S. 563 gemachten Voraussetzung bezüglich der Aenderung des Abstandes zweier Nachbarquerschn. für die Länge $ds_v + \triangle ds_v$ der belieb. Faser nach der Formänderung:

$$ds_v + \triangle ds_v = ds + \triangle ds + v\,(d\varphi + \triangle d\varphi).$$

Darin ist die geringe Aenderung von v vernachlässigt. Die relative Längenänderung der Faser ist:

$$\frac{\triangle ds_v}{ds_v} = \left(\frac{\triangle ds}{ds} + v\,\frac{\triangle d\varphi}{ds}\right)\frac{\rho}{\rho + v} \quad (85), \text{ weil } \frac{d\varphi}{ds} = \frac{1}{\rho}. \text{ Daraus:}$$

$$N = E\left(\frac{\triangle ds}{ds} + v\,\frac{\triangle d\varphi}{ds}\right)\frac{\rho}{\rho + v}. \qquad (86)$$

Bringt man diesen Werth für N in Verbindung mit den Gleichgn (82) bis (84) und führt dabei folgende Abkürzungen ein: $P_0 = P + \frac{M}{\rho}$; $J_0 = \rho \int \frac{v^2 df}{\rho + v}$, so resultirt:

$$\frac{\triangle ds}{ds} = \frac{P_0}{EF}; \;(87)\; \frac{\triangle d\varphi}{d\varphi} = \frac{1}{E}\left(\frac{P_0}{F} + \frac{M\rho}{J_0}\right); \;(88)\; N = \frac{P_0}{F} + \frac{M\rho}{J_0}\left(\frac{v}{\rho + v}\right) \;(89)$$

2. Genau genommen ist N hier nicht mehr in Beziehung auf v linear.

N wird $= 0$ für: $v = -\dfrac{P_0}{P_0 + \dfrac{MF\rho}{J_0}}$.

Ist $P = 0$, dann wird $N = 0$ für: $v = -\dfrac{J\rho}{J_0 + F\rho^2}$.

Die neutrale Axe (Nullaxe) geht also in diesem Falle nicht durch den Schwerp. J_0 kann in praktischen Fällen, wenn ρ im Vergleich zu v sehr gross ist, z. B. bei Bogenbrücken, $= \int v^2 df$ gesetzt werden. Dann erhält man für N denselben Ausdruck, der für die Faserspannung gerader Stäbe in (17) gefunden wurde.

Für Bogenbrücken kann man also genau genug nach den Formeln:

$$\frac{\triangle ds}{ds} = \frac{P}{EF}; \quad \frac{\triangle d\varphi}{d\varphi} = \frac{M\rho}{EJ}; \quad N = \frac{P}{F} + \frac{Mv}{J} \text{ rechnen.}$$

3. Setzt man (nach Grashof): $J_0 = F\rho^2 \alpha$, so erhält man durch Reihen-Entwicklung für einen rechteckigen Querschn. der Höhe $2e$:

$$\alpha = \frac{e^2}{3\rho^2} + \frac{e^4}{5\rho^4} + \frac{e^6}{7\rho^6} + \ldots \qquad (90)$$

Für einen Kreisquerschn. mit dem Halbm. r:

$$\alpha = \frac{r^2}{4\rho^2} + \frac{r^4}{8\rho^4} + \frac{5r^6}{64\rho^6} + \ldots \qquad (91)$$

δ. Schubspannung (T).

Die Ausdrücke (4) und (23), welche für gerade Stäbe entwickelt wurden, können auch hier zur Anwendung kommen, wenn ρ im Vergleich zu den Querschn.-Abmessungen gross ist.

Fig. 491.

Fig. 492.

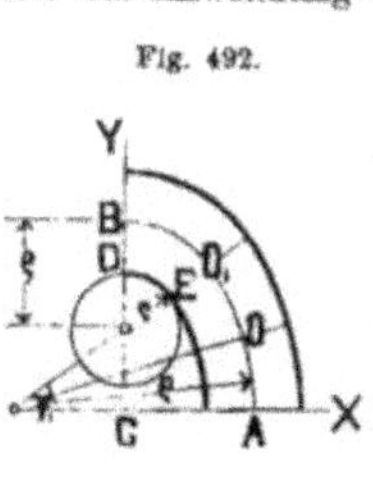

Bei Bogenträgern und andern Konstruktionen kann man T ganz ausser Acht lassen, sofern nicht etwa die Breite, d. i. die zur Krümmungs-Ebene senkrechte Querschn.-Abmessung, gegen die Biegungsaxe hin beträchtlich abnimmt.

Selbst bei krummen Stäben mit verhältnissmässig kleiner Länge der Mittellinie, wie z. B. bei Kettengliedern, wird die grösste Schubspannung viel kleiner, als die grösste Normalspannung, besonders wenn zugleich der Querschn. in der Biegungsaxe am breitesten ist. Wenn aber in gewissen Querschn., das die Normalspannungen vorzugsweise bedingende Moment M sehr klein oder $= 0$ ist, kann es nothwendig sein, die Schubspannungen zu berücksichtigen. Ein solcher Fall liegt beim Kettenhaken, Fig. 491, vor, wo bei der Berechnung der Querschn. als solche vom gleichen Widerstande die Schubspannung der Querschn. in B und dessen Nähe nicht vernachlässigt werden darf.

Beispiel 1. Festigkeit eines Kettengliedes*). 1. Von dem symmetr. Kettengliede braucht nur ein Ring-Quadrant in Betracht gezogen zu werden.

Die Axe des ovalen Kettengliedes, Fig. 492, ist aus zwei Kreisbögen mit den Halbm. ϱ und ϱ_1 zusammen gesetzt. Der konstante Querschn. des Gliedes ist ein Kreis vom Halbm. r. — $CA = a$ und $CB = b$ sind die Halbaxen der Ringfigur der Axe.

$\varrho_1 = 2r$ ist gewählt, damit je 2 auf einander folgende Kettenglieder sich in zwei sich rechtwinklig kreuzenden Kreisbögen berühren, wie Fig. 492 zeigt, wo DE einen solchen Kreisbogen vorstellt. Dadurch wird die Deformation der Stabaxe von B bis O_1 fast ganz verhindert, so dass das Eintreten einer Biegung nur in der Strecke AO_1 angenommen zu werden braucht. — Ist ferner das Verhältniss $\frac{\varrho}{r} = \beta$ gegeben, so folgt für den Bogen $= \varphi_1$, welcher zum Ringstück AO_1 gehört:

$$\varphi_1 = \text{arc tang}\left(\frac{b - \varrho_1}{\varrho - a}\right) = \text{arc tang}\left(\frac{\left(\frac{b}{r}\right) - 2}{\beta - \left(\frac{a}{r}\right)}\right) \quad (92)$$

Die Verhältnisse $\frac{b}{r}$ und $\frac{a}{r}$ sind in bestimmten Fällen gegeben, also auch φ_1.

2. Wird das Kettenglied in der Hauptaxe durch eine Kraft $= 2Q$ in Anspruch genommen, so kann man das Gleichgew. des Ring-Quadranten dadurch herstellen, dass man ihn bei B fest eingespannt und bei A die zum Querschn. senkrechte Axialkraft Q und ein Moment M_0 wirkend denkt.

Im belieb. Querschn. bei O wirken dann: $P = Q\cos\varphi$; $M = M_0 + Q\varrho(1 - \cos\varphi)$;

$$\text{daraus:} \quad P + \frac{M}{\varrho} = \frac{M_0}{r} + Q = P_0.$$

Setzt man: $J_0 = F\varrho^2 a$, so folgt mit Bezug auf (89): $N = \frac{P_0}{F} + \frac{1}{aF}(P_0 + Q\cos\varphi)\frac{r}{\varrho + r}$.

Die Unbekannte P_0 findet sich aus der Bedingung, dass der Querschn. O_1 seine Lage unverändert behält, d. h. dass: $\int_0^{\varphi_1}\left(\frac{\Delta d\varphi}{d\varphi}\right)d\varphi = \frac{1}{EF}\int_0^{\varphi_1}\left(P_0 + \frac{M}{\varrho a}\right)d\varphi = 0$ sein muss.

$$\text{Das giebt:} \quad P_0 = \frac{Q\sin\varphi_1}{(1 + a)\varphi_1} \text{ und: } N = \frac{Q}{F}\left[\frac{\sin\varphi_1}{(1 + a)\varphi_1} + \frac{1}{a}\left(\frac{\sin\varphi_1}{(1 + a)\varphi_1} - \cos\varphi_1\right)\frac{r}{\varrho + r}\right].$$

3. Der grösste Werth von N findet für $v = r$ oder $v = -r$ in den Querschn. bei A oder bei O_1 für $\varphi = 0$ und $\varphi = \varphi_1$ statt. Z. B. berechnet sich für die gewöhnl. Verhältnisse $\frac{a}{r} = 2{,}5$; $\frac{b}{r} = 3{,}6$; $\frac{\varrho_1}{r} = 2$ und $\frac{\varrho}{r} = 4{,}8$ nach (90): $a = 0{,}0111$ und nach (92): $\varphi_1 = 34^0\,50'$.

Für $\varphi = 0$ und $v = +r$ wird $N = -0{,}171\frac{Q}{F}$.

Für $\varphi = 0$ und $v = -r$ wird $N = 2{,}608\frac{Q}{F}$.

Für $\varphi = 34^0\,50'$ und $v = +r$ wird $N = 2{,}615\frac{Q}{F}$.

Für $\varphi = 34^0\,50'$ und $v = -r$ wird $N = -1{,}643\frac{Q}{F}$.

Also: $N_{max.} = 2{,}615\frac{Q}{F}$. —

4. Die Tragkraft einer Kette kann durch Aussteifung der Kettenglieder Fig. 493, wesentlich vergrössert werden. Mit Rücksicht auf die Dicke des eingefügten Stegs ist dabei das Verhältniss $\frac{b}{r}$ grösser zu wählen, als ohne Aussteifung. Die theoret. Behandlung der vorliegenden Aufgabe kann man sich in der Praxis ersparen, weil, wie Versuche beweisen, bei den üblichen Verhältnissen die Tragkraft eines Kettengliedes nur wenig kleiner ist, als diejenige eines geraden Stabes vom Querschn. $= 2F$. (Vergl. die Angaben über Festigkeit von Ketten weiterhin).

Fig. 493.

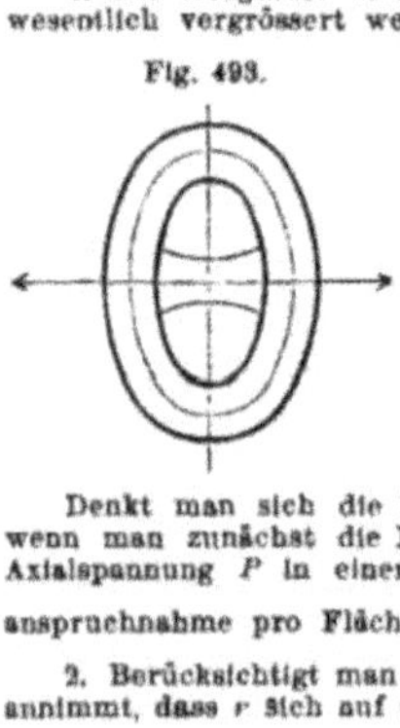

Fig. 494.

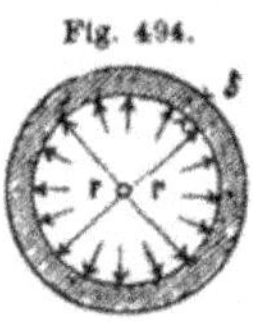

Beispiel 2. Bestimmung der Wandstärke zylindr. Röhren.

1. Eine Röhre der Länge l, mit dem innern Halbm. r, der Wandstärke, δ, Fig. 494, erleide einen innern gleichmässig über die Zylinderfläche vertheilten radial gerichteten Druck p pro Flächeneinheit.

Denkt man sich die Röhre aus Ringen zusammen gesetzt, deren Breite $= 1$, so ist — wenn man zunächst die Formänderung der Röhre ausser Betracht lässt — nach S. 607, die Axialspannung P in einem solchen Ringe konstant und zwar: $P = pr$. Ist k die zuläss. Inanspruchnahme pro Flächeneinh., so ergiebt sich hieraus direkt die Wandstärke: $\delta = \frac{pr}{k}$

2. Berücksichtigt man die Erweiterung der Röhre in Folge des innern Druckes, indem man annimmt, dass r sich auf r_1 erweitere, δ aber dabei sich nicht ändere, so erhält man durch eine besondere Untersuchung: $\delta = r\left(e^{\frac{p}{k}} - 1\right)$ (93). e die Basis der natürl. Logarithmen.

*) Nach Grashof.

Diese von Brix aufgestellte Formel ergiebt, wenn man die Reihen-Entwickelung anwendet, nahezu: $\delta = \frac{p\,r}{k}\left(1 + \frac{p}{2k}\right)$ . . (94) oder etwas weniger angenähert: $\delta = \frac{p\,r}{k}$ (95), das vorhin direkt erhaltene Resultat. —

3. Bei der praktischen Anwendung dieser Formeln muss noch die sogen. additionelle Wandstärke δ_1 hinzu gefügt werden, d. i. diejenige Wandstärke, welche aus prakt. Rücksichten selbst bei ganz geringem Drucke mindestens nothwendig ist.

Bezeichnet n die Atmosphären-Zahl des innern Druckes (also $p = n \cdot 1{,}0336$ kg pro qcm), d den Rohrdurchmesser, k, wie vor, die zulässige Inanspruchnahme, so nimmt (95) die praktische Form: $\delta = 0{,}5168 \frac{n\,d}{k} + \delta_1$ (96) an. n pflegt in der Praxis zu 8 — 10 und höher angenommen zu werden, k und δ_1 sind nur nach der Erfahrung zu bestimmen.

Morin fand die in der folgenden Tabelle angegebenen Werthe:

Material	Zulässige Spannung auf 1 qcm in kg	Formeln für die Röhrenstärke in cm	Material	Zulässige Spannung auf 1 qcm in kg	Formeln für die Röhrenstärke in cm
Schmiedeeisen	600	$\delta = 0{,}00088\,n\,d + 0{,}3$	Kupferblech . .	350	$\delta = 0{,}00147\,n\,d + 0{,}4$
Gewöhnl. Gusseisen, (horizont. gegossen.)	217	$\delta = 0{,}00238\,n\,d + 0{,}85$	Blei	21,3	$\delta = 0{,}0242\,n\,d + 0{,}5$
Feinkörn. Gusseisen, (vertikal gegossen)	300	$\delta = 0{,}0016\,n\,d + 0{,}8$	Zink .	83,3	$\delta = 0{,}0062\,n\,d + 0{,}4$
			Holz . .	16	$\delta = 0{,}0323\,n\,d + 2{,}7$

Anstatt, dass die Röhre der Länge nach sich in 2 Zylinder-Hälften theilt, könnte sie, an beiden Enden geschlossen, auch in Folge des auf die Bodenflächen ausgeübten Druckes abgerissen werden. Diese Trennung der Quere nach erfordert aber unter sonst gleichen Umständen grössern Kraftaufwand als die oben voraus gesetzte Trennung der Länge nach.

Im übrigen ist nochmals zu wiederholen, dass die obigen Formeln nur eine Beanspruchung der Röhren durch innern Druck berücksichtigen, dagegen eine Beanspruchung auf relative Festigkeit, wie sie stattfindet, wenn eine Röhre auf zwei Stützpunkten gelagert durch ihr Eigengewicht belastet wird, oder auch eine Beanspruchung durch äussern Druck, welcher z. B. stattfindet, wenn eine Röhre in die Erde eingebettet wird, ausser Betracht lässt. Letztere Beanspruchung ist in der Formel von Lamé in Betracht gezogen, welche lautet:

$$\delta = \frac{d}{2}\left(\sqrt{\frac{\frac{k}{s} + p}{\frac{k}{s} - p + 2p_1}} - 1\right)$$

Hierin sind die Bezeichnungen wie vor. p_1 bezeichnet aber den äussern Druck, k die Bruchfestigkeit des Materials und s den Sicherheitskoeffiz.; alle Maasse sind in cm u. kg gedacht. Die Lamé'sche Formel giebt für kleine Werthe sowohl von d als von p kleinere Wandstärken als bei gewissen Materialien praktisch herstellbar sind: für derartige Fälle muss also der nach der Formel berechneten Wandstärke wie oben ein additioneller Theil hinzugefügt werden.

(Vergl. über Wandstärke von Röhren: Wertheim. Das Röhrennetz der Wiener Hochquellen-Leitung.)

k. Festigkeits-Koeffizienten und Festigkeit von Seilen und Ketten.*)

α. Elastizit.-Koeffizient (E) und Grenzkoeffizient ($\mathfrak{G}$).

1. Mit Steinen sind noch sehr wenige Elastizit.-Versuche angestellt worden; doch steht fest, dass die Längenänderungen für Zug durchaus nicht der Spannung proportinal sind, während dies für Druck sogar bis zur Elastizitätsgrenze der Fall ist. Der Grenzkoeffiz. (die Elastizit.-Grenze) lässt sich nicht genau angeben, da schon bei kleinen Spannungen bleibende Längenänderungen eintreten. Für die bei Baukonstruktionen vorkommenden Spannungs-Grenzen darf man jedoch das Elastizit.-Gesetz als gültig annehmen und dasselbe auch auf Konstruktionen anwenden, bei denen Biegungsfestigkeit des Steins in Frage kommt (Gewölbe u. s. w.).

Beim Holz ist der Elastizitäts-Koeffizient für Zug und Druck gleich; Wassergehalt des Holzes übt nur einen geringen Einfluss auf die Elastizität aus. Die Elastizit.-Grenze lässt sich nicht scharf bestimmen; wesentliche Unterschiede derselben bei den verschiedenen Holzarten sind nicht erkennbar. Wassergehalt hat auf den Grenzkoeffiz. keinen Einfluss. Bei zunehmender Feuchtigkeit nimmt $\mathfrak{G}$ ab, bei gedörrtem Holze nähert $\mathfrak{G}$ sich stark der Bruchgrenze.

Beim Eisen schwankt der Elastizitätskoeffiz. bei den Stücken einer Eisenkonstruktion nicht mehr als 5—8 %, so dass die Annahme eines konstanten Elastizitätskoeffiz. selbst bei stat. unbestimmten Konstruktionen, deren Berechnung sich auf das Elastizit.-Gesetz stützt, gerechtfertigt erscheint. Die Elastizit.-Grenze kann durch Ueberschreiten (bei wiederholten Durchbiegungen, Hämmern und Walzen

*) Weitere, bezw. umfassendere Angaben insbesondere bei den betr. Abschnitten in Bd. II.

in kaltem Zustande) erhöht, der so erhöhte Koeffiz. aber durch Ausglühen wieder verkleinert werden. Auch vergrössert sich der Grenzkoeffiz. mit der Zunahme des Kohlenstoff- und Phosphorgehalts im Material.

2. Die in nachfolgender Tabelle zusammen gestellten Werthe von E und $\mathfrak{G}$ sind durch Versuche gefunden. Für Steine sind die Biegungsversuche von Tredgold und die Druck- und Zugversuche von Bauschinger und Koepke; für Holz die Versuche von Rankine, Hagen, Rebhann, Morin, Leslie u. A. maassgebend.

Für Eisen liegt eine zahlreiche Reihe bedeutender Versuche vor, z. B. von Lagerhjelm (1826), Brix (1837), Malberg (1843), Kirkaldy (1855), Styffe (1865), Bauschinger & Jenny (1877) u. s. w.

	t pro qcm E	t pro qcm $\mathfrak{G}$		t pro qcm E
Schmiedeisen .	2000	1,800	Dolomit	400—600
Stahl . .	2500	3,500	Mittelkörniger Granit . .	250—500
Gusseisen . .	1000	0,750	Feinkörniger „ .	100—300
Holz .	100	0,250	Sandstein .	50—400

β. Koeffizient (m) der Transversal-Elastizität.

Der durch die Molekular-Theorie für isotrope Körper erhaltene Werth $m = 4$ ist durch angestellte Versuche nicht ganz bestätigt worden. Die Abweichungen rühren theils von den unvermeidlichen Beobachtungs-Fehlern und Nebenumständen der Versuche, theils auch davon her, dass die Versuchskörper nicht wirklich isotrop waren oder blieben.

Es fanden im Mittel:

Für Glas . . Wertheim $m = 3$, Cornu $m = 4$;
„ Messing . . . ders. $m = 3,17$, Kirchhoff $m = 2,58$;
„ glasharten Stahl . . . Kirchhoff $m = 3,40$;
„ verschiedene Stahlarten . . . . Okatow $m = 3,05 - 3,64$;
„ weichen bezw. federharten Stahl: Schneebeli $m = 3,30$ bezw. $3,38$.

Im Mittel also für Eisen $m = 3$ für Stahl $m = 3,5$. —

Das Verhältniss der Fläche des deformirten Querschn. zur Fläche des ursprünglichen Querschn. nennt man auch wohl die Zähigkeit des Materials.

γ. Festigkeit im allgemeinen.

1. **Steine.** Das Zerdrücken der Steine geschieht durch die Schubkraft, deren Maximum (nach S. 559) in einer zur Druckrichtung um 45° geneigten Ebene auftritt und durch Einwirkung der transversalen Längenänderung. Das Abscheren erfolgt nicht immer genau unter dem Winkel = 45°, weil die bei der Verschiebung auftretende Reibung noch mitspielt. Bis etwa zur $1\frac{1}{2}$ fachen Würfelhöhe erfolgt die Zerstörung durch Abtrennung von pyramidenförm. Stücken, bei grösserer Höhe des Steins durch Abtrennung von keilförm. Stücken. Bei etwa der 5 fachen Würfelhöhe äussert schon die Biegung ihren Einfluss.

Die Druckfestigkeit, welche im allgem. mit dem spezif. Gewichte zunimmt, ist bei ähnlichen Körpern pro Flächeneinheit konstant und nimmt mit ab- und zunehmender Höhe des Steins bezw. zu und ab. Dieselbe variirt aber bei denselben Gesteinsarten oft so ausserordentlich, dass Mittelwerthe schwer anzugeben sind; in speziellen Fällen sind daher Versuche anzurathen. — Sandsteine können durch Aufnahme von Wasser bis zu 30% ihrer Festigkeit verlieren.

2 **Holz.** Die Festigkeit nimmt im allgem. mit abnehmendem Wassergehalt zu; am sichersten ist dieselbe durch Biegungs-Versuche zu bestimmen.

3. **Eisen.** Die Zugfestigkeit ist durch Versuche am sorgfältigsten festgestellt. Die Festigkeit wird erhöht durch kalte Bearbeitung, wiederholte Bearbeitung in warmem Zustande, durch Ablöschen des glühend gemachten Eisens und bei Gusseisen durch Umschmelzen.

Die Festigkeit vermindert sich: durch Ausglühen und langsames Abkühlen, durch Schweissen (Schweissstellen nach Kirkaldy 3—4% geminderte Festigkeit), bei Erhitzung (über 200° C. bis zur Rothglühhitze nach Bauschinger 71—82%). Schweisseisen (Puddeleisen, Puddelstahl) ist im allgem. weniger fest, aber zäher als Flusseisen (Bessemer- und Martin-Siemens-Eisen bezw. Stahl*).

*) Vergl. des Verfassers Arbeit über Flusseisen, Schweisseisen u. s. w. in der Deutsch. Bauzeitg. 1882 und den Abschnitt: Eisen als Konstruktions-Material im Bd. II.

Geschmiedetes Eisen derselben Sorte ist fester als gewalztes. Beim Walzen wirkt die Form ein; Stabeisen ist fester als Blech (letzteres in der Walzrichtung um ca. 8% fester, als in der Richtung quer zur Walzrichtung). Façoneisen ist um so weniger fest, je ungleicher die Geschw. waren, mit der die einzelnen Theile des Profils die Walzen passirten. Am ungünstigsten sind **T**- und **I**-Profile, besonders solche mit breiten Flanschen. **L**-Eisen hat ca. 4% geringere Festigkeit als Flacheisen und letzteres ca. 4% geringere als Rund- und Quadrateisen. — Mit der Menge des chemisch gebundenen Kohlenstoffs erhöht sich im allgem. die Festigkeit, besonders beim Gusseisen und Gussstahl. Die Druckfestigkeit ist für Schmiedeisen und Stahl noch nicht näher fest gestellt.

Ueber Gusseisen dessen Druckfestigkeit die des Schmiedeisens übersteigt und sich derjenigen des Stahls stark nähert, liegen zahlreiche Versuche vor, welche darthun, dass dasselbe sich ähnlich verhält wie Steinmaterial. Danach ergab sich die Druckfestigkeit nahezu konstant pro Flächeneinh., wenn die Höhe der Stücke = der 3 — 6fachen Breite war. Bei grösserer Höhe trat Zerstörung theils durch Zerknicken ein.

δ. Festigkeits-Koeffizienten.

Die Koeffiz. für Zug, Druck, Schub und Biegung seien mit Z, D, S und B bezeichnet. Es werden hier nur die wichtigsten Koeffiz. mitgetheilt, welche für die in der Elastizit.-Lehre und in der Statik der Baukonstruktionen angeführten Beispiele nothwendig sind. Speziellere Angaben enthält insbes. Bd. II. des Werks.

1. Bei der Beanspruchung eines isotropen Stabes auf Zug könnte in einer gegen die Richtung des Zuges um 45° geneigten Ebene (nach S. 559) ein Abscheren eintreten, wenn $S < \frac{1}{2} Z$ wäre. Beim Eisen tritt ein solches Abscheren nicht ein, und daher ist bei diesem $S \geqq \frac{1}{2} Z$.

Bei Druckversuchen mit Gusseisen und Stein hat sich zuweilen ein solches Abscheren unter 45° gezeigt.

Bei Beanspruchung eines isotropen Stabes auf Schub könnte (nach S. 559) in einer gegen die Richtung der Transversalkraft unter 45° geneigten Ebene ein Bruch durch Zerreissen eintreten, falls $\frac{\triangle d}{d} = \frac{Z}{E}$ wäre, oder — weil (nach S. 559) $\frac{\triangle d}{d} = \frac{m+1}{m} \frac{S}{E}$ ist — falls $S = \frac{m}{m+1} Z = {}^3/_4 Z$ bis ${}^2/_3 Z$ wäre.

Diese Erscheinung ist beim Eisen durch Versuche nahezu bestätigt worden, beim Stein indessen nicht. Vollkommene Uebereinstimmung der auf theoretischem Wege gewonnene Resultate mit den Versuchen steht aber auch nicht zu erwarten, aus dem Grunde dass die Basis der Theorie — das Elastiz.-Gesetz — nicht bis zum Bruche gültig ist.

2. Für Steine ist, nach Bauschinger, im Mittel $Z = \frac{1}{26} D$; $S = 0{,}075\, D = 2\, Z$; $B = 0{,}16\, D$.

Für Zementmörtel: $S = 0{,}17\, D = 1{,}8\, Z$.

Für Kalkmörtel ist nach Rondelet: $Z = \frac{1}{8} D$.

Bei Bauschingers Versuchen mit Mörtelfugen erfolgte meist eine Trennung im Mörtel, seltener zwischen Mörtel und Stein.

Für Mörtel 1 : 3 aus langsam bindendem Portland-Zement und Sand wird in den „Normen für die Prüfung etc.“ $Z = 0{,}010^{t}$ pro qcm Minimalfestigkeit nach 28tägiger Erhärtung verlangt; die Zemente der meisten deutschen Fabriken geben neuerdings aber mindestens das $1^1/_2$fache dieser Zahl.

Für Holz ist im Mittel: $D = \frac{1}{2} Z$; $B = \frac{3}{4} Z$.

Beim Eichenholz ist S parallel zu den Fasern und S senkrecht zu den Fasern nahezu $= \frac{1}{6} D$ bezw. $\frac{1}{8} B$.

Beim Nadelholz ist S parallel nur $\frac{6}{10}$ von S senkrecht zu den Fasern.

Für Schmiedeisen und Stahl ist annähernd: $Z = B$; $S = \frac{4}{5} Z$.

3. Tabelle der Werthe von Z und D für die wichtigsten Baumaterialien.

Material	Zug (kg pro qcm)	Druck (kg pro qcm)	Material	Druck (kg pro qcm)
A. Metalle.			D. Natürliche Steine.	
Stabeisen (gewalzt) . .	3800	3500	Granit	600—1800
Eisenblech (Walzrichtg.)	3600	3500	Syenit	1000—1200
Stahl (mittel)	5500	7000	Basalt	1200—1800
Gussstahl	6500	8000	Rüdersdorfer Kalkstein	230
Gusseisen .	1300	6000	Marmor	200—1500
Eisendraht	7000	—	Serpentin	800—1200
Stahldraht	13000	—	Oolith	660
Kupfer . .	2500	5000	Sandstein, roth. Nebr.	160
Kupferdraht .	4500	—	„ hell. Nebr. .	360
Messing . .	1200	750	„ Seebrg. weiss	360
Messingdraht	3600	—	„ Rackwitzer	200
Blei (gewalzt)	350	500	„ Heilbronner .	270
Zinn .	280	—	„ v. Trier . . .	550
Zink	500	—	Verschied. Sandsteine aus den Vogesen . .	150—950
B. Hölzer.*)			Brohler Tuffstein .	125
Eichenholz .	950	500	Trachyt	550—900
Fichte und Tanne . . .	800	400	Basaltlava v. Niedermendig .	550—600
Kiefer, Lärche und Esche	1000	600		
Buche	900	550	E. Ziegelsteine.	
C. Portland-Zement-Mörtel.**)			Porös und leicht gebrannt	25—50
			Hart gebrannte	70—200
1 Th. Zement 1 Th. Sand	14	210	Gewöhnliche	80—100
„ 2 „	14	160		
„ 3 „	19	120		

4. Bei der nach den Vorschlägen einer Kommission des Vereins deutscher Eisenb.-Verwaltungen und des Verb. deutsch. Archit.- u. Ingen.-Vereine vorgenommenen Klassifikation der Baumaterialien ist für Steine eine Minimal-Druckfestigk., für Holz eine Minimal-Biegungsfestigk. und für Eisen ausser einer Minimal-Zugfestigk. auch noch eine Minimal-Zähigkeit (Kontraktion oder Zusammenziehung des ursprüngl. Querschn. in Proz.) fest gestellt worden.

Die Streitfrage, ob die Zähigkeit besser durch die Kontraktion — Reduktion des ursprüngl. Querschn. — oder durch die Dehnung — Längenänderung beim Bruche — ausgedrückt wird, ist zur Zeit noch nicht entschieden. Die Eisenb.-Verwaltungen legen als Qualit.-Koeffiz. gewöhnlich die Summe aus Festigkeit in kg pro qmm und Kontraktion in % zu Grunde. Neuerdings wird vielfach vorgeschlagen an Stelle dessen das Produkt der Qualitätszahlen: Festigkeit in kg pro qmm und Dehnung in % zu setzen.***)

ε. Arbeitsfähigkeit des Materials.

Nach (56) S. 592 ist die Arbeit, welche 1 cbm des betr. Materials bei reiner Normalfestigkeit aufnehmen kann, wenn dabei seine Inanspruchnahme die Elastizit.-Grenze ($\mathfrak{S}$) erreicht: $\mathfrak{A} = \frac{1}{2} \frac{\mathfrak{S}^2}{E}$.

Hieraus erhält man für:		Verhältniss-Zahlen
Schmiedeisen	$\mathfrak{A} = \frac{1}{2} \frac{1{,}50^2}{2000} = 0{,}00056$ tcm	1
Stahl	$\mathfrak{A} = \frac{1}{2} \frac{3{,}50^2}{2500} = 0{,}00245$ „	4,4
Gusseisen	$\mathfrak{A} = \frac{1}{2} \frac{0{,}75^2}{1000} = 0{,}00028$ „	0,5
Holz	$\mathfrak{A} = \frac{1}{2} \frac{0{,}25^2}{100} = 0{,}00031$	0,55

*) Mittelwerthe sind schwierig anzugeben; vgl. Winkler. Hölzerne Brücken, Hft. I. S. 12, wo alle bedeutenden Versuchsresultate angegeben sind.

**) Nach 28tägiger Erhärtungs-Dauer.

***) Vergl. des Verf. Arbeit „Notizen über die Fabrikation des Eisens und der eisernen Brücken".

ζ. Festigkeit von Seilen*).

1. Seile werden entweder aus Hanf oder Draht hergestellt. Für die Rollenzüge finden fast nur Hanfseile Verwendung, da Drahtseile unbequem grosse Rollendurchmesser verlangen. Die auf S. 31 ad 8 mitgetheilte Tabelle enthält eine Zusammenstellung der verschiedenen Hanfseil-Stärken, ihrer Gewichte pro 1 m und der zulässigen Belastungen (nach den Angaben der Firma Felten & Guilleaume in Köln).

Aus der Tabelle ergiebt sich, dass bei 8facher Sicherheit 1 qmm Seilquerschnitt durchschn. mit $Q = 1$ kg (die leichtern Kaliber stärker, die schwerern leichter) belastet ist. Unter dieser Annahme folgt für ein Seil vom Durchm. δ die zulässige Belastung: $Q = \frac{\delta^2 \pi}{4}$ und mithin für den Seildurchmesser: $\delta = 1{,}13 \sqrt{Q}$.

2. Drahtseile finden meistens nur bei Hub-Multiplikatoren hydraulischer Aufzüge Verwendung. Man unterscheidet, abgesehen von den flachen Drahtseilen, welche fast ausschliesslich für Bergwerks-Förderungen angefertigt werden, lang geschlagene und kurz geschlagene runde Drahtseile; letztere werden speziell als Kabelseile bezeichnet und sind — bei allerdings geringerer Festigkeit — wesentlich biegsamer als die lang geschlagenen, gestatten also die Anwendung kleinerer Rollen-Durchmesser.

Der Rollen-Durchm. für kurz geschlagene Drahtseile soll mindestens 75 bis 100 Mal grösser als der Seildurchmesser gewählt werden, während für Kabelseile der Rollen-Durchm. auf das 25 fache der Seilstärke beschränkt werden kann, ja in der Praxis bisweilen auf das 20 fache beschränkt wird. Die Tabellen, betr. die Fabrikate der oben genannten Firma sind ebenfalls auf S. 31 mitgetheilt.

Die zulässige Belastung ist unter Berücksichtigung des Eigengewichts des Drahtseils, worüber die Tabellen den erforderlichen Aufschluss geben, = $^1/_5$ bis $^1/_{10}$ der vorstehend angegebenen Bruch-Belastungen zu wählen, je nachdem die Seile mit geringer oder mit grosser Geschw. arbeiten und je nachdem der Sicherheit des Seils gewöhnliche Lasten oder Personen anvertraut werden.

η. Festigkeit von Ketten.

1. Alle Lastketten bestehen aus Gliedern, die entweder aus Rundeisen gebildet oder in ovaler Form durch Schweissung geschlossen sind, oder durch eine Verbindung von Blechlaschen mit Gelenkbolzen hergestellt werden. Ketten der erstern Art werden kurzweg Gliederketten genannt, während man die Ketten mit Laschengliedern als Laschenketten oder, nach ihrem Erfinder, als Galle'sche Gelenkketten bezeichnet.

In den nachstehehenden Tabellen sind die Angaben der Duisburger Maschinenbau-Aktiengesellschaft und der Fabrik von Schlieper u. Sohn in Grüne bei Iserlohn über Ketten zusammen gestellt.**)

Tab. I. **Kurzgliedrige Krahnketten der Duisburger Maschinenbau-Aktiengesellschaft.**

Ketten-eisen-Stärke mm	Zulässige Belastung kg	Ungefähr. Gew. pro 1 m Länge kg	Ketten-eisen-Stärke mm	Zulässige Belastung kg	Ungefähr. Gew. pro 1 m Länge kg	Ketten-eisen-Stärke mm	Zulässige Belastung kg	Ungefähr. Gew. pro 1 m Länge kg
5	250	0,56	14	1960	4,41	30	9 000	20,22
6	360	0,81	15	2250	5,06	33	10 890	24,48
7	490	1,10	16	2560	5,75	36	12 960	29,11
8	640	1,44	18	3240	7,28	39	15 210	34,16
9	810	1,82	20	4000	8,98	43	18 490	41,53
10	1000	2,25	22	4840	10,87	46	21 160	47,53
11	1210	2,72	24	5760	12,94	49	24 010	53,82
12	1440	3,24	26	6760	15,18	52	27 040	60,73
13	1690	3,80	28	7840	17,61			

Die Ketten werden in der Fabrik auf das 2,25 fache der zulässigen Belastung probirt und sollen eine etwa 5 fache Sicherheit gegen Bruch bieten.

Mit Rücksicht auf plötzliche, ruckweise Beanspruchung der Kettenglieder durch etwaige Kettenschläge pflegt man in der Praxis statt der der ruhenden Belastung entsprechenden Kettenstärke, meist die nächstfolgende höhere zu wählen, also

---

*) Nach: Ernst. Die Hebezeuge; Theorie und Kritik ausgeführter Konstruktionen. 1883.

**) Vergl. auch S. 31 wo die Tab. I. etwas weniger vollständig und in einzelnen Zahlen geringe Abweichungen zeigend mitgetheilt ist.

beispielsw. für 9000 kg Last statt einer Kette von 30 mm Eisenstärke, eine solche von 33 mm Eisenstärke, deren zulässige Belastung in der Tabelle mit 10 890 kg angegeben ist. Derselben Regel zu folgen empfiehlt sich auch bei Benutzung der Angaben in Tabelle II.

Tabelle II. **Kurzgliedrige Ketten aus der Fabrik von H. Schleiper & Sohn in Grüne bei Iserlohn.**

Ketteneisen-Stärke rh. Zoll	Ketteneisen-Stärke m	Gewicht pr. 100 m Ketten kg	Garant. Tragfähigkeit kg	Geprüfte Tragfähigkeit kg	Aeuss. Zugkraft kg	Ketteneisen-Stärke rh. Zoll	Ketteneisen-Stärke m	Gewicht pr. 100 m Ketten kg	Garant. Tragfähigkeit kg	Geprüfte Tragfähigkeit kg	Aeuss. Zugkraft kg
$^3/_{16}$	6,5	80	500	1000	2000	$^{11}/_{16}$	18	763	3 500	7 000	14 000
$^4/_{16}$	7	108	750	1500	3000	$^{12}/_{16}$	20	913	4 375	8 750	17 500
$^5/_{16}$	9	160	925	1850	3700	$^{13}/_{16}$	21	1040	5 175	10 350	20 700
$^6/_{16}$	10	223	975	1950	3900	$^{14}/_{16}$	23	1200	5 725	11 450	22 900
$^7/_{16}$	11	320	1250	2500	5000	$^{15}/_{16}$	25	1390	6 575	13 150	26 300
$^8/_{16}$	13	413	1950	3900	7800	1	26	1600	7 375	14 750	29 500
$^9/_{16}$	15	540	2250	4500	9000	$1^1/_4$	33	2400	11 250	22 500	45 000
$^{10}/_{16}$	16	640	2925	5850	11700	$1^1/_2$	40	5320	15 000	30 000	60 000

Aus den vorstehenden Tabellen ergiebt sich für die zulässige Belastung Q im Mittel als Ketteneisen-Stärke einer offenen Gliederkette: $\delta = 0,31 \sqrt{Q}$ und $Q = 10\,\delta^2$. Die Tragfähigkeit einer Stegkette kann, gleiche Eisenstärken voraus gesetzt, zu $^4/_3$ der Tragfähigkeit einer offenen Kette und demnach für die Stegkette: $\delta = 0,28 \sqrt{Q}$ und $Q = 13\,\delta^2$ angenommen werden.

Bei Dampfwinden und schnell hebenden Dampfkrahnen empfiehlt es sich grössere Sicherheiten für die Ketten zu wählen, d. h. diese nur etwa halb so stark zu belasten, als die Angaben der vorstehenden Tabellen und die aus ihnen entwickelten Formeln unter gewöhnlichen Verhältnissen zulassen würden.

2. Die Galle'sche Kette wird aus Eisenblech-Laschen gebildet, die durch zwischengenietete gussstählerne Gelenkbolzen mit einander verbunden werden. Für stärkere Belastungen wird die Kette in allen einzelnen Theilen kräftiger ausgeführt, gleichzeitig aber auch die Zahl der Blechlaschen, welche in jedem einzelnen Gliede auf einem gemeinsamen Bolzen neben einander angeordnet sind, vermehrt, so dass die Glieder der schwächsten Ketten aus je 2 Laschen, die der stärksten aus je 8 Laschen zusammen gesetzt sind. Die Gelenkkette verlangt eine ausserordentlich sorgfältige Herstellung, da die geringste Differenz in den Laschen-Längen eine Ungleichmässigkeit in der Kraftvertheilung hervor ruft, die unter Umständen die Tragfähigkeit der ganzen Kette in Frage stellt.

Der Vortheil der sauberen Ausführung der Gelenkbolzen - Zapfen wird mehr oder minder durch die Reibung der Laschen aneinander aufgehoben und gerade dieser Umstand scheint bisher von Denjenigen wenig beachtet zu sein, welche den Laschenketten vor den gewöhnlichen kalibrirten Gliederketten den Vorzug geben. Die Laschenkette hat ferner den Mangel, dass sie nur in der Drehrichtung um ihre Gelenkbolzen beweglich ist und daher nur Verwendung finden kann, wenn sich ihre Führung in einer und derselben Ebene, oder doch wenigstens sehr annähernd in einer Ebene bewirken lässt. Sie fällt ausserdem naturgemäss wesentlich theurer aus, als die kalibrirte Gliederkette, und erhält bei gleicher Tragfähigkeit ein grösseres Eisengewicht.

Tabelle III. **Ueber Laschenketten (Galle'sche Gelenkketten) aus der Fabrik von Zobel, Neubert & Co. in Schmalkalden.**

Garantirte Belastung kg	Theilung od. Baulänge mm	Länge des mittleren Bolzens mm	Stärke des mittleren Bolzens mm	Zapfen-Stärke mm	Platten- Zahl	Platten- Dicke mm	Platten- Breit mm	Gewicht pro Meter in kg	Garantirte Belastung kg	Theilung od. Baulänge mm	Länge des mittleren Bolzens mm	Stärke des mittleren Bolzens mm	Zapfen-Stärke mm	Platten- Zahl	Platten- Dicke mm	Platten- Breit. mm	Gewicht pro Meter in kg
100	15	12	5	4	2	1,5	12	0,70	3000	50	35	22	17,5	6	3	38	11,11
250	20	15	7,5	6	2	2	15	1,00	4000	55	40	24	21	6	4	40	16,50
500	25	18	10	8	2	3	18	2,00	5000	60	45	26	23	6	4	46	19,00
750	30	20	11	9	4	2	20	2,70	7500	70	50	32	28	8	4,5	52	31,50
1000	35	22	12	10	4	2	26	3,77	10000	80	60	36	32	8	4,5	60	34,00
1500	40	25	14	12	4	2,5	30	5,00	15000	90	70	40	37	8	4,5	70	45,40
2000	45	30	17	14	4	3	35	7,10									

Der wesentlichste Vorzug der Galle'schen Kette liegt in der grössern Sicherheit gegen Bruch, weil die Kette frei von Schweissstellen ist; aber auch dieser Vortheil wird nur bei vorzüglich sorgfältiger Ausführung und Bohrung der Laschen auf Spezialmaschinen gewährleistet.

In der vorstehenden Tabelle sind die Abmessungen, Gewichte und Tragfähigkeiten der üblichen Ausführungen der Gelenkkette zusammen gestellt. Die Tabelle zeigt kleine Abweichungen von den frühern Ausführungen derselben Fabrik. Diese Aenderungen sind auf Grund neuerer Zerreissungs-Versuche eingeführt. Die Sicherheit der Ketten beträgt etwas mehr als das Vierfache der garantirten Belastung. —

I. Berechnung einfacher Holz- und Eisen-Verbindungen (Beispiele zur Elastizit.-Lehre).

α. Holzverbindung durch Verzapfung mit und ohne Versatzung.

Beispiel 1. Eine Strebe, Fig. 495, in welcher der Axialdruck P herrscht, setze sich unter dem (spitzen) Winkel α und mit einem Zapfen der Breite β und der Höhe δ auf einen horizontalen Balken. Dann erleidet der Zapfen den horizontalen Druck $P\cos\alpha$ und den vertikalen $P\sin\alpha$.

Fig. 495, 496.

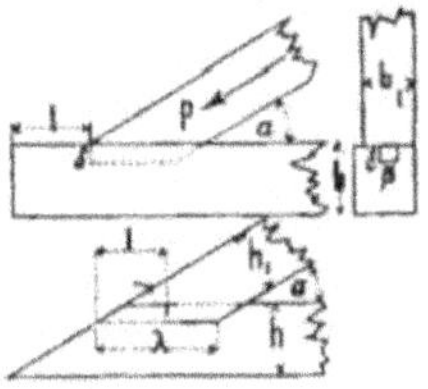

Um eine horizontale Verschiebung der eingezapften Strebe zu verhindern, muss die Festigk. in den Trennungsflächen des vor dem Zapfen stehenden Balkenstücks der Länge l, zusammen mit der Reibung des Zapfens auf seiner Grundfläche der abscherenden Wirkung der Kraft $P\cos\alpha$ Widerstand leisten. Bezeichnet k_2 die zulässige Inanspruchnahme des Holzes gegen Abscheren in der Richtung der Fasern, f den Reibungskoeffiz. zwischen Hirnholz und Langholz, so muss: $k_2 l(\beta + 2\delta) + f P\sin\alpha \geqq P\cos\alpha$ sein. Daraus $l \geqq \frac{P(\cos\alpha - f\sin\alpha)}{k_2(\beta + 2\delta)}$. Nach praktischen Regeln des Zimmermanns ist zu nehmen: $\beta = \frac{b_1}{3}$; $\delta = \frac{h}{3}$. — b_1 Breite der Strebe, h Höhe des Balkens. Also: $l \geqq \frac{3P(\cos\alpha - f\sin\alpha)}{k_2(b_1 + 2h)}$. (1)

Wenn $P = 2^t$, $\alpha = 34^0$, also $\sin\alpha = 0{,}559$ und $\cos\alpha = 0{,}829$, ferner $b_1 = 15^{cm}$, $h = 25^{cm}$, $k_2 = 8^{kg}$ pro ^{qcm} Nadelholz- und $f = 0{,}3$, so wird: $l \geqq \frac{3 \,.\, 2000\,(0{,}829 - 0{,}3 \,.\, 0{,}559)}{8\,(15 + 2 \,.\, 25)} = 8^{cm}$. Lässt man, wie es meist geboten sein wird, die Reibung ausser Betracht so ist:

$$l \geqq \frac{3 \,.\, 2000 \,.\, 0{,}829}{8\,(15 + 2 \,.\, 25)} = 10^{cm}.$$

Eine Untersuchung darüber, ob etwa auch eine Abscherung des Zapfens erfolgen könnte, ist, weil diese in schiefer Richtung gegen die Fasern erfolgen müsste, in der Regel unnöthig.

Beispiel 2. Schneidet man das Ende des horizontalen Balkens nach Richtung der Neigung der Strebe ab, Fig. 496, so macht man, um den Zapfen nicht zu sehr zu schwächen, in der Regel: $l < \frac{3h_1}{5\sin\alpha}$, wenn h_1 die Höhe der Strebe bezeichnet.

Fig. 497.

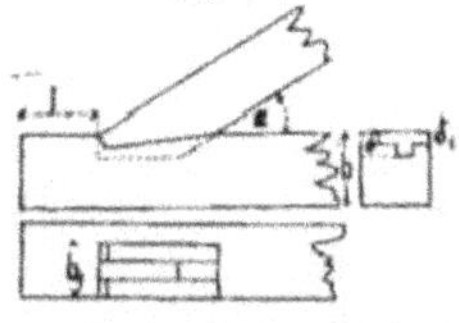

Ergiebt sich die erforderl. Länge l (nach der Rechnung zu 1) grösser, so ist das schiefe Abschneiden des Balkens unzulässig.

Für den Fall im Beisp. 1, wenn $h_1 = 20^{cm}$, wäre das Abschneiden zulässig, weil: $\frac{3h_1}{5\sin\alpha} = \frac{60}{5 \,.\, 0{,}559} = 20^{cm}$.

Beispiel 3. Bei der Verzapfung mit Versatzung, Fig. 497, ergiebt sich unter der (zulässigen) Annahme, dass der Zapfen und die Versatzung das ganze vor ihnen befindliche Balkenstück abzutrennen haben, annähernd: $l \geqq \frac{P(\cos\alpha - f\sin\alpha)}{k_2(b_1 + 2\delta + \delta_1)}$

Die Versatzungstiefe δ_1 wird in der Regel $= \frac{\delta}{2} = \frac{h}{6}$ gemacht. Daher: $l \geqq \frac{2P(\cos\alpha - f\sin\alpha)}{k_2(2b_1 + h)}$

β. Holzverbindung durch Bolzen mit Versatzung; Fig. 498.

Die Strebe wird sich nach Ueberwindung der in ihrer Grundfläche auftretenden Reibung erst fortschieben können, wenn der Schraubenbolzen und dass vor der ($2\beta_1$ breiten) Versatzung stehende Balkenstück abgeschert sind. Die Abscherungsfläche des Bolzens vom Durchm. d ist eine Ellipse des Flächeninhalts $\frac{d^2\pi}{4\sin\alpha_1}$, wenn α_1 den Winkel der Schraubenbolzen-Axe mit der Horizontalen bezeichnet. Die Summe der abzuscherenden Trennungsflächen ergiebt sich annähernd zu $l(3\delta_1 + 2\beta_1)$. Setzt man die zulässige Inanspruchnahme auf Abscheren für den schmiedeisernen Bolzen $= s_2$, so folgt (ohne Berücksichtigung der Reibung):

Fig. 498.

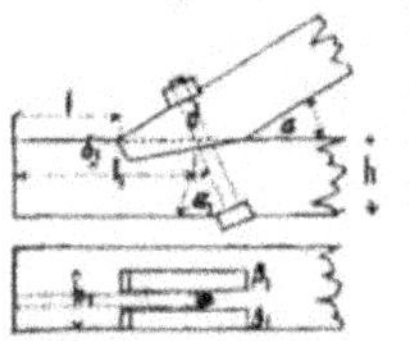

$$\frac{s_2 d^2\pi}{4\sin\alpha_1} + k_2 l(3\delta_1 + 2\beta_1) = P\cos\alpha \quad \text{oder:}$$

$$d^2 = \frac{4\sin\alpha_1}{s_2\pi}\left\{P\cos\alpha - k_2 l(3\delta_1 + 2\beta_1)\right\}.$$

Ausserdem muss auch Sicherheit dagegen vorhanden sein, dass der Bolzen, ohne abzuscheren, die vor ihm stehende Holzmasse nicht heraus dränge. Es muss demnach mit Bezug auf Fig. 498 sein: $k_2[2l_1 h + l(3\delta_1 + 2\beta_1)] \geqq P\cos\alpha$.

In der Regel wird $\delta_1 = \frac{h}{6}$ und $\beta_1 = \frac{h_1}{3}$ genommen. Es sei $P = 5^t$; $\alpha = 24^0$; $\alpha_1 = 78^0$; $b_1 = 21^{cm}$; $h_1 = 25^{cm}$; $b = 25^{cm}$; $h = 30^{cm}$; $\delta_1 = \frac{30}{6} = 5^{cm}$; $\beta_1 = \frac{21}{3} = 7^{cm}$; $l = 12^{cm}$; $l_1 = 40^{cm}$. Ferner $k_2 = 8^{kg}$ und $s_2 = 500^{kg}$ (pro ^{qcm}). Dann ist: $P \cos\alpha = 5000 \,.\, 0{,}913 = 4565^{kg}$.

$$k_2[2l_1 h + l(3\delta_1 + 2\beta_1)] = 8[2.40.30 + 12(15 + 14)] = 21984^{kg}.$$

Ferner: $d^2 = \frac{4 \,.\, 0{,}978}{500 \,.\, 3{,}14}\left\{4565 - 8.12(15 + 14)\right\} = 4{,}52^{qcm}$, also der Durchmesser $d = 2{,}15^{cm}$.

γ. Holzverbindung durch Verdübelung.

Die Entfernung c von Mitte zu Mitte, die Einschnittstiefe δ und die Breite β der Dübel eines aus 2 Balken (der Höhe h' und Breite b) bestehenden verstärkten Trägers, Fig. 499 sind zu bestimmen

Fig. 499.

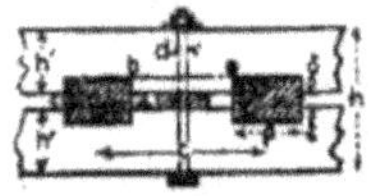

Es seien: d und m bezw. Stärke und Anzahl der auf einen Dübel kommenden Schraubenbolzen; f der Reibungskoeff. für Holz und Eisen; k, k_1, k_2, k_3 die zulässigen Inanspruchnahmen bezw. auf Zug für die schmiedeisernen Bolzen, auf Druck für den Balken, auf Abscheren nach der Querfaser der Dübel, auf Abscheren nach der Längsfaser des Balkens.

1. Verhältniss von $\frac{\delta}{c}$. Der Druck $k_1 b \delta$ in der vertik. Dübelfläche darf nicht grösser werden als die Summe der in der horizontalen Trennungsfläche beider Balken wirkenden Schubkräfte, vermindert um die durch das Anspannen der Schrauben hervor gerufenene Reibung.

Die grösste Schubkraft T pro Flächeneinh. ist nach S. 574 für den rechteckig. Querschn. $= \frac{3Q}{2bh}$ (h Gesammthöhe des Trägers). Die Reibung beträgt, unter der Annahme, dass durch das Anspannen die Schrauben auf ihre volle Festigkeit beansprucht werden: $mf\frac{d^2\pi}{4}k$.

Also:

$$k_1 b \delta = \frac{3Q}{2h} c - mf\frac{d^2\pi}{4}k. \qquad (2)$$

Hieraus ist c oder d zu berechnen, je nachdem man d oder c nach praktischen Regeln annimmt.

2. Die Anzahl und Stärke der Dübel muss nach der Grösse der zwischen den einzelnen zu verdübelnden Balken auftretenden Schubkraft T pro Längeneinheit berechnet werden.

Werden 2 Balken verdübelt, so ist: $T = \frac{3Q}{2h}$,

" 3 " " " $T = \frac{4Q}{3h}$.

Ist die Höhe der einzelnen Balken h', so erhält man:

$$c = a\left(0{,}77 \cdot \frac{\delta}{h'} + 7{,}54\, mf\frac{d^2}{b^2}\right)\frac{M}{Q}; \qquad (3)$$

$$\delta = \left(a_1 \frac{Q}{M} c - 9{,}80\, mf\frac{d^2}{b^2}\right)h'.$$

Darin ist zu setzen:		h'	a	a_1
für 2 Balken	Dübel	$0{,}476h$	2,14	0,608
	Zähne	$0{,}556h$	2,47	0,526
für 3 Balken	Dübel	$0{,}313h$	1,68	0,776
	Zähne	$0{,}385h$	2,06	0,631

Darin kann gesetzt werden: $f = 0{,}5$ für provis. und $f = 0{,}25$ für definit. Konstruktionen; $m = \frac{1}{2}$ und $d = 0{,}16$ für Strassenbrücken; für Eisenbahnbr. in der Nähe der Auflager m und d grösser, etwa $m = 1$ und d bis $0{,}12b$.

M ist das konstante Moment, für welches h berechnet wurde; Q ist variabel.

Nimmt man δ als konstant an (etwa $0{,}10 - 0{,}13h'$), so ergiebt sich c variabel und zwar mit Q nach den Auflagern hin zunehmend. Häufig nimmt man δ und c konstant, oder auch beide Werthe variabel. Im letzteren Falle ist δ zweckmässig an den Enden $0{,}13 - 0{,}16h'$, in der Mitte $0{,}03 - 0{,}06h'$ zu nehmen. –

Ueber die Gesammthöhe h und die Anzahl der erforderlichen Träger für Brückenbauten ist der folgende Abschnitt „Statik der Baukonstruktionen“ zu vergleichen.

3. Die Breite β bestimmt sich, wenn Zwischenlagen zur Anwendung kommen, welche verhindern, dass die Balken durch die Schrauben fest an die Dübel gepresst werden (weil in diesem Falle die Reibung nur in den Zwischenlagen erzeugt wird), aus der Gleichg. für das Abscheren in der Fläche ac, Fig. 500: $k_1 b\delta = k_2 b\beta$. Dies giebt für: $\frac{k_1}{k_2} = \frac{100}{20} = 5 : \beta = 5\delta$.

Fig. 500.

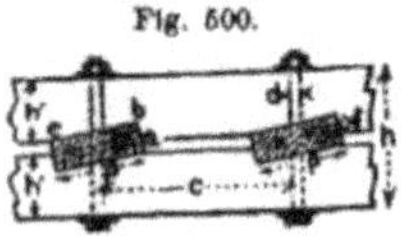

Sind keine Zwischenlagen vorhanden, so wird die Reibung auf dem Dübel selbst erzeugt; bei einer Abscherung des letztern ist also eine Reibung nicht zu überwinden; dann ist: $\frac{3Q}{2h} c = k_2 b\beta$. Die Breite β der Dübel ist danach etwa zu wählen:

bei Anwendung von Zwischenlagen: $\beta = 5\delta$;
ohne " " " $\beta = 5{,}7 - 6{,}3\delta$.

4. Die kleinste zulässige Entfernung der Dübel, genügend, dass kein Abscheren in der Fläche bc erfolge, ergiebt sich bei normal gestellten Dübeln aus: $k_1 b\delta < k_3 b(c - \beta)$, bei geneigten Dübeln, Fig. 500, aus: $k_1 b\delta < k_3 bc$.

Daraus folgen für $\frac{k_1}{k_2} = \frac{100}{9} = 11$ die folgenden Werthe:

Für die kleinste zulässige Entfernung der Dübel:

für normal stehende: $c \gtreqless \beta + 11\delta$

„ geneigt gestellte: $c \gtreqless 11\delta$.

Die Gleichg. (2) und (3) gelten auch für verzahnte Träger, wenn für c die Länge und für d die Höhe der Zähne eingesetzt wird. –

δ. Auf Abscheren beanspruchte Bolzenverbindung.

1. Bei der einschnittigen Verbindung, Fig. 501, tritt nur ein Querschn. $= \frac{d^2\pi}{4}$ des Bolzens der auf Abscherung wirkenden Axialkraft P entgegen. Setzt man die Scherfestigkeit $= \frac{4}{5}$ der Zugfestigkeit $(k_2 = \frac{4}{5}k)$ und bezeichnet F_1 den vollen Querschn. eines der zu verbindenden rechteckigen Stäbe, so muss:

Fig. 501.

$$bh = F = \frac{P}{k}; \quad \frac{d^2\pi}{4} = \frac{5}{4} F \text{ sein, oder } d = 1{,}261\sqrt{F}.$$

Der nutzbare Querschn. im Bolzenauge, senkr. zur Richtung des Zuges P, muss mindestens $= F$, wegen geringerer Festigkeit des Auges und der Abnutzung im Bolzenloche besser $\frac{4}{3} F$ gemacht werden; daher $\delta = \frac{2}{3} d$.

Ferner muss Sicherheit gegen Ausreissen oder Abscheren des Bolzenauges in der Richtung des Zuges P vorhanden sein. Daher: $2b\delta_1 k_2 = Fk$ oder: $\delta_1 = \frac{5}{8} h$.

Fig. 502, 503.

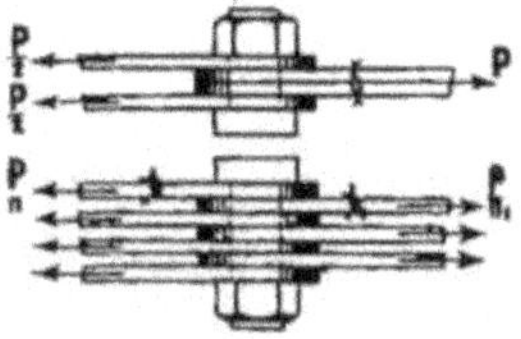

δ_1 ist aus den gleichen Gründen wie die für δ geltenden um etwa $\frac{1}{3}$ stärker zu nehmen, demnach $\delta_1 = 0{,}8\,h$.

2. Bei zweischnittiger Verbindung, Fig. 502, ist: $d = 1{,}261\sqrt{\frac{F}{2}} = 0{,}89\sqrt{F}$.

Bei mehrschnittiger Verbindung, Fig. 503, wo sich auf einer Seite des Bolzens eine gerade Zahl (n) und auf der andern Seite eine ungerade Zahl ($n-1$) Stäbe befinden, wird nicht jeder Stab mit gleicher Kraft gezogen. In jedem der n Stäbe herrscht die Spannung $\frac{P}{n}$ und in jedem der $n-1$ Stäbe die Spannung $\frac{P}{n-1}$. Deshalb soll, wenn alle Stäbe gleich hoch sind, die Stärke jedes der $n-1$ Stäbe: $b_1 = \frac{n}{n-1} b$ sein.

Der Bolzendurchm. d muss für einen Zug $\frac{P}{n}$ und auf einschnittige Abscherung berechnet werden, weil gegen den Zug eines aussen liegenden Stabes nur ein Bolzenquerschn. Widerstand leistet: $k_1 \frac{d^2\pi}{4} = \frac{P}{n} = \frac{kF}{n}$ $\quad d = 1{,}261\sqrt{\frac{F}{n}}$

ε. Auf Abscheren und Biegung beanspruchte Bolzenverbindung.

Hier kommt es darauf an, aus der grössten Biegungsspannung N und der grössten Transversalkraft Q eines Bolzen-Querschn. (nach S. 568) die ideale Hauptspannung zu berechnen.

Fig. 504.

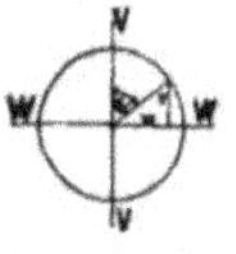

Fig. 505.

Für einen belieb. Punkt P des Umfangs, Fig. 504, dessen Koordin. v und w sind, ist nach S. 564

$$N = \frac{M_1 v + M_2 w}{W};$$

wenn M_1 das Moment der horizontalen Seitenkraft, M_2 das Moment der vertikalen Seitenkraft der äussern Kräfte und W das Widerstandsmoment des betr. Querschn. bezeichnet.

Schliesst der Radius $CP = \frac{d}{2}$ mit der Y-Axe den Winkel α ein, so folgt: $N = \frac{(M_1 \sin\alpha + M_2 \cos\alpha)\,d}{2\,W}$.

N wird demnach ein Maximum für $\tang \alpha = \frac{M_1}{M_2}$ und $N_{max.} = \frac{32}{\pi d^3}\sqrt{M_1^2 + M_2^2}$. Die in horizontaler und vertikaler Richtung im Querschn. auftretenden Schubspannungen sind bezw. $T_1 = \frac{4\,Q_1}{\pi d^2}$; $T_2 = \frac{4\,Q_2}{\pi d^2}$. Die ideale Hauptspannung $\mathfrak{H}$ wird (für $m = 4$) nach S. 568.

$$\mathfrak{H} = \frac{3}{8} N + \frac{5}{4}\sqrt{\frac{1}{4} N^2 + T_1^2 + T_2^2} = \frac{1}{\pi d^3}\left\{12\sqrt{M_1^2 + M_2^2} + 5\sqrt{16(M_1^2 + M_2^2) + (Q_1^2 + Q_2^2)d^2}\right\}$$

Setzt man $\mathfrak{H}$ = der zulässigen Inanspruchnahme k für Zug, ferner zur Abkürzung $M_1^2 + M_2^2 = \mathfrak{M}^2$; $Q_1^2 + Q_2^2 = \mathfrak{Q}^2$, so ergiebt sich die Gleichg.: $k\pi d^3 = 12\,\mathfrak{M} + 5\sqrt{16\,\mathfrak{M}^2 + \mathfrak{Q}^2 d^2}$, aus welcher man d am besten durch fortgesetzte Näherung bestimmt, indem man

$$d = \sqrt[3]{\frac{1}{\pi k}\left\{12\,\frac{\mathfrak{M}}{d} + 5\sqrt{16\,\frac{\mathfrak{M}^2}{d^2} + \mathfrak{Q}^2}\right\}} \text{ oder: } d = \sqrt[3]{\frac{1}{\pi k}\left\{12\,\mathfrak{M} + 5\sqrt{16\,\mathfrak{M}^2 + \mathfrak{Q}^2 d^2}\right\}} \text{ setzt.}$$

Fig. 506 u. 507.

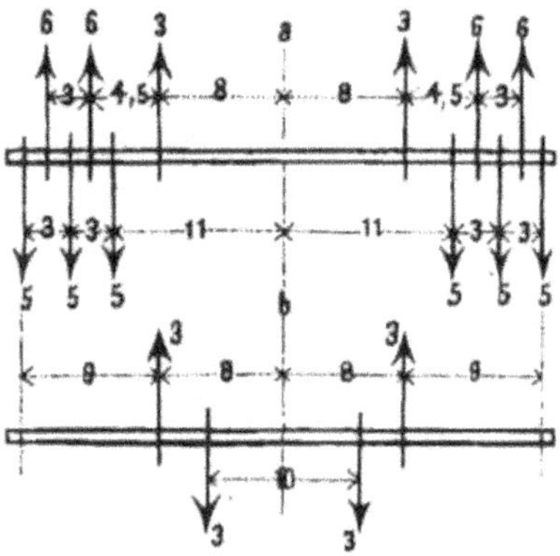

Beispiel 4. Im Knotenpunkte eines Kettengurtes greifen die in Fig. 505 verzeichneten Kräfte an. Fig. 506 zeigt die in der Horizontal-Ebene, Fig. 507 die in der Vertikal-Ebene wirkenden Kräfte. Die in der Diagonale wirkende Kraft 4,2 ist dabei in eine horizontale und eine vertikale Kraft 3 zerlegt.

Die Momente M_1 und M_2 und die Transversalkräfte Q_1 und Q_2 lassen sich jetzt für alle Querschn. berechnen oder konstruiren.

Am Bolzenende, wo M_1 und M_2 also auch $\mathfrak{M} = 0$ und $\mathfrak{Q} = \sqrt{Q_1^2 + Q_2^2} = \sqrt{5^2 + 0}$ ist, ergiebt sich $d = \sqrt{\frac{5\,\mathfrak{Q}}{\pi k}} = \sqrt{\frac{5 \,.\, 5}{3{,}14 \,.\, 0{,}75}} = 3{,}26^{\text{cm}}$, $k = 0{,}75^{\text{t}}$ pro ^{qcm} angenommen. In der Bolzenmitte ist Q_1 und Q_2 also auch $\mathfrak{Q} = 0$.

Ferner: $M_1 = (15 - 12)\,14 - 3 \,.\, 8 = 18^{\text{t}}$

$M_2 = 3\,(8 - 5) = 9^{\text{t}}$; $\mathfrak{M} = \sqrt{18^2 + 9^2} = 20^{\text{t}}$.

Demnach $d = \sqrt[3]{\frac{32\,\mathfrak{M}}{\pi k}} = \sqrt[3]{\frac{32 \,.\, 20}{3{,}14 \,.\, 0{,}75}} = 6{,}50^{\text{cm}}$.

Nimmt man für den Querschn. unmittelbar neben der Stelle, wo $\mathfrak{M} = 20$, $Q_1 = 3$, $Q_2 = 0$ also $\mathfrak{Q} = 3$ ist, d vorläufig zu 7^{cm} an, so erhält man:

$$d = \sqrt[3]{\frac{1}{3{,}14 \,.\, 0{,}75}\left\{12 \,.\, 20 + 5\sqrt{16 \,.\, 20^2 + 3^2 \,.\, 7^2}\right\}} = 6{,}52^{\text{cm}}.$$

Diese Rechnungen zeigen, dass die für die Bolzenmitte berechnete Stärke von $6{,}5^{\text{cm}}$ auch für den gefährlichsten Querschnitt wohl ausreichend sein wird. Durch grafische oder rechnerische Ermittelung der idealen Hauptspannung $\mathfrak{H}$ für alle Querschn. ist übrigens der gefährliche Querschn. direkt noch genauer zu finden.

ζ. Auf Zug und Torsion beanspruchte Schrauben-Verbindung.

Ist d der äussere Durchm. der Schraube und d_1 der kleinste Durchm. im Gewinde, dann kann man $k\left(\frac{d + d_1}{2}\right)^2 \frac{\pi}{4} = P$ setzen. Nach der Whitworth'schen Skala ist: $\frac{d + d_1}{2} = d - 0{,}64\,s$ und die Steigung $s = 0{,}08\,d + 1^{\text{mm}}$. Daraus folgt der mittlere Schrauben-Durchmesser:

$$\frac{d + d_1}{2} = 0{,}95\,d - 0{,}64 \text{ und: } d = 2{,}1\sqrt{\frac{P}{k\pi}} + 0{,}64 \text{ in }^{\text{mm}}.$$

Wegen der im Schraubenbolzen gleichzeitig auftretenden Torsion nimmt man die zulässige Inanspruchnahme k nur klein, nach Morin nur $2{,}8^{\text{kg}}$ auf das ^{qmm}. Dann folgt:

$$d = 0{,}71\sqrt{P} + 0{,}64 \;(^{\text{mm}}). \quad \text{Morin setzt: } d_1 = 0{,}67\sqrt{P}.$$

η. Nietverbindungen; Fig. 508.

1. Bezeichnet F den vollen auf Zug in Anspruch genommenen Blechquerschnitt, d den Nietdurchm., so ist die erforderl. Anzahl n der Niete:

Fig. 508.

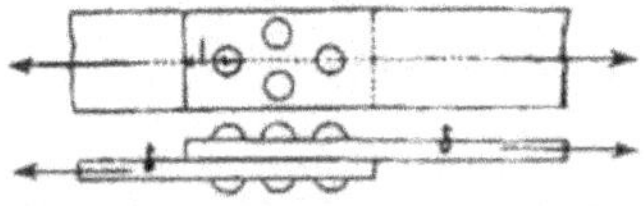

für einschnittige Vernietung: $n = \frac{5\,F}{\pi d^2} = 1{,}60\,\frac{F}{d^2}$;

zweischnittige „ $n = \frac{5\,F}{2\,\pi d^2} = 0{,}8\,\frac{F}{d^2}$.

2. Je grösser der Nietdurchmesser, desto grösser auch der Druck in der Lochwandung. Nach Gerbers Versuchen darf die Inanspruchnahme der Flächeneinheit der Projektion der Lochwandung das Doppelte der Zugbeanspruchung des Bleches nicht übersteigen, wenn nicht ein Aufquetschen der Lochwand und ein Stauchen der zu verbindenden Bleche eintreten soll. Darnach ergiebt sich, wenn δ die Blechstärke und k die zulässige Zugbeanspruchung der Niete und Bleche ist: $\frac{d^2\pi}{4}\,\frac{4}{5}\,k < d\,\delta\,2\,k$, oder: $d < 3{,}2\,\delta$. In der Regel wird $d = 1{,}5$ bis $3\,\delta$ genommen.

Nach den Versuchen von Unwin ist annähernd $d < 1{,}9\,\delta$ zu wählen.

3. Die geringste Entfernung e der Nieten in der Kraftrichtung von einander oder vom Blechrande muss mit Rücksicht auf die Sicherheit gegen Aufschlitzen der Bleche berechnet werden. Regeln hierüber, sowie über die verschiedenen Arten von Nietungen und ihre Abmessungen sind nicht an dieser sondern an anderer Stelle des Buches zu geben, weil die rein theoretische Ermittelung der Abmessungen mit den durch praktische Versuche als zweckmässig fest gestellten nicht immer im Einklange steht.

Ueber die Berechnung der Nietentfernung e in den Gurten eines Blechträgers, vergl. S. 566.

II. Statik der Baukonstruktionen.

Litteratur.

I. Werke allgemeinen Inhalts.

a. Analytisch oder vorzugsweise analytisch.

1. Grunert. Statik fester Körper; Halle 1826. — 2. Eytelwein. Handbuch der Statik fester Körper; Berlin 1826. 3. Aufl. 1842. — 3. Moseley. Die mechanischen Prinzipien der Ingenieurkunst und Architektur. Aus dem Englischen von Scheffler; Braunschweig 1845. — 4. Brix. Lehrbuch der Statik fester Körper; 2. Aufl.; Berlin 1849. — 5. Bresse. *Cours de mécanique appliqué;* 3 Theile; Paris 1859—1865. — 6. Navier. Mechanik der Baukunst. Aus dem Französischen von Westphal; Hannover 1. Aufl. 1851; 2. Aufl. 1879. — 7. Rankine. *Manual of Civil Engineering;* London 1. Aufl. 1862; 12. unver. Aufl. 1877. Deutsch von Kreuter unter dem Titel: „Handbuch der Ingenieur-Baukunst; Wien 1880. — 8. Collignon. *Cours de mécanique appliqué aux constructions;* 2 Bände; Paris 1869—1870. — 9. Weisbach. Lehrbuch der Ingenieur- und Maschinen-Mechanik; 3 Theile 1. Aufl. 1851—1860. 5. desgl. von Herrmann bearb. 2. Theil. 1. Abthl. Die Statik der Bauwerke; Braunschweig 1882. — 10. v. Ott. Vorträge über Baumechanik, I. Theil Erdbau, Futtermauern, Gewölbe; Prag 1870—1873. 2. Aufl. II. Theil, Festigkeitslehre, ist nicht vollständig erschienen. — 11. Ritter. Lehrb. der technischen Mechanik; 2. Aufl.: Hannover 1870. — 12. Ritter. Lehrb. der Ingenieur-Mechanik; Hannover 1875. — 13. Wittmann. Statik der Hochbau-Konstr. 1. Th. Stein: Berlin 1879; 2. Th. Holz: München 1882; 3. Th. Eisenkonstrukt.; München 1884. — 14. Castigliano. *Théorie de l'équilibre des systèmes élastiques et ses applications;* Paris 1880.

b. Grafisch.

15. Culmann. Die grafische Statik; 1. Aufl., Zürich 1866; 2. Aufl. des 2. Th. 1875. — 16. Bauschinger. Elemente der grafischen Statik; München 1871; 2. Aufl. 1880. — 17. Cremona. *Le figure reciproche nelle statica grafica.* Mailand 1872. Deutsch von Migotti (Zeitschr. d. österr. Ingen. u. Archit. Ver. 1873 S. 230). — 18. Weyrauch. Ueber die graphische Statik. Mit Literatur-Verzeichniss; Leipzig 1874. — 19. Levy. *La statique graphique et ses applications aux constructions;* Paris 1874. — 20. Ott. Die Grundzüge des graphischen Rechnens u. d. graph. Statik; 3. Aufl. Prag 1874; 4. bedeutend erweiterte Aufl. 1884. — 21. Favaro. *Statica graphica;* Padua 1875. — 22. Steiner. Die graphische Zusammensetzung der Kräfte; Wien 1875. — 23. Jay du Bois. *The elements of graphical static and their application to framed structures.* 1. Ed., 1875, 2. Ed., New-York 1877. — 24. Wenck. Die graphische Statik. Ein Lehrbuch f. d. Unterricht in Baugew.-Schulen und ähnlichen techn. Bildungsanst.; Berlin 1879 (sehr element. gehalten). — 25. Chalmers. *Graphical determination of forces in engineering structures;* London 1881. — 26. Müller-Breslau. Elemente der graf. Statik der Baukonstruktionen; Berlin 1881.

II. Spezial-Werke.

a. Brückenbau.

27. Laissle u. Schübler. Der Bau der Brückenträger. Stuttgart. 1. Aufl. 1857. 4. Aufl. 1876. — 28. Ritter. Elementar-Theorie und Berechnung eiserner Dach- und Brücken-Konstruktionen; Hannover 1863, 3. Aufl. 1873. — 29. Merril. *Iron truss bridges. Method of calculating strains;* New-York 1870. — 30. Winkler. Theorie der Brücken. I. Aeussere Kräfte grader Träger. Wien 1873, 2. Aufl. 1875. II. Theorie der gegliederten Balkenträger 2. Aufl. Wien 1881. — 31. Weyrauch. Allgemeine Theorie u. Berechnung der kontinuirl. u. einfachen Träger: Leipzig 1873. — 32. Haupt. *General theory of bridge-construction; demonstrations of the principles of the art and their application to practice;* New-York 1875. — 33. Tetmajer. Die äussern und innern Kräfte an statisch bestimmten Brücken- und Dachstuhl-Konstruktionen; Zürich 1875. — 34. Asimont. Berechnung des Tragebalkens mit konzentrirter Verkehrslast; München 1876. — 35. Böhik. Statische Berechnung der Balkenbrücken einer Oeffnung mit durchbrochenen Wandungen; Hannover 1877. — 36. Weyrauch. Theorie der elastischen Bogenträger; München 1879. — 37. Burr. *A cours on the stresses in the bridge and roof trusses, arched ribs and suspension bridges;* New-York 1880. — 38. Engesser. Theorie und Berechnung der Bogenfachwerksträger ohne Scheitelgelenk; Berlin 1880. — 39. Foeppl. Theorie des Fachwerks; Leipzig 1880. — 40. Steizel. Theorie einfacher, statisch bestimmter Brückenträger; Wien 1880. — 41. Müller-Breslau. Theorie und Berechnung der eisernen Bogenbrücken; Berlin 1881. — 42. Allievi. *Equilibrio interno delle pile metalliche secondo le leggi della deformazione elastica;* Rom 1882. — 43. Scheffler. Ueber Gitter- und Bogenträger und über die Festigkeit der Gefässwände; Braunschweig 1882.

b. Gewölbe.

44. Poncelet. *Solution graphique des principales questions sur la stabilité des voutes;* Prag 1835. — 45. Knochenhauer. Die Statik der Gewölbe mit Rücksicht auf ihre Anwendung; Berlin 1842. — 46. Schubert. Theorie und Konstruktion steinerner Bogenbrücken; Dresden und Leipzig 1847. — 47. Tellkampf. Beiträge zur Gewölbe-Theorie. Bearbeitet nach Carvallo; Hannover 1855. — 48. Scheffler. Theorie der Gewölbe, Futtermauern und eisernen Brücken; Braunschweig 1857. — 49. Dejardin. *Routine de l'établissement des voûtes en recueil de formules pratiques et de tables etc.;* Paris 1860. — 50. Hagen. Ueber Form und Stärke gewölbter Bögen und Kuppeln; 2. Aufl. Berlin 1874. — 51. Fabian. Ueber Gewölbe-Theorien mit besonderer Rücksicht auf den Brückenbau; Leipzig 1876. — 52. W. Ritter. Die Statik der Tunnelgewölbe; Berlin 1879. 53. Foeppl. Theorie der Gewölbe; Leipzig 1881. — 54. Schreiber. Tabellen zum Auftragen der Gewölbe-Stützlinien nach Ordinaten; Strassburg 1884.

c. Erddruck und Stützmauern.

55. Poncelet. Ueber die Stabilität der Erdbekleidungen und deren Fundamente; deutsch von Lohmeier; Braunschweig 1884. — 56. Rebhann. Theorie des Erddr. und der Futtermauern; Wien 1870. — 57. Holzhey. Beiträge zur Theorie des Erddr. und graf. Bestimmung der Stärke der Futtermauern; Wien 1871 — 58. Winkler, Neue Theorie des Erddr.; Wien 1872. — 59. Kreuter. Elementare Theorie des Erddr. und Berechnung der Stützmauern; Leipzig 1877. — 60. Weyrauch. Theorie des Erddr. auf Grund der neuern Anschauungen; Wien 1881.

a. Die Konstruktions-Systeme und deren Berechnung im allgemeinen.

Die hauptsächlichsten Baukonstruktionen sind: Decken, Dächer, Brücken, Gewölbe und Stützmauern. Jede besteht im allgemeinen aus 2 wesentlichen Theilen: dem die ruhende oder bewegte Last tragenden Theil — dem Träger — und der mit der Erde in Verbindung stehenden Stütze — Pfeiler, Widerlager, Mauern und Säulen. — Bei den Stützmauern (für Erd- und Wasserdruck) sind tragender Theil und Unterstützung eins.

Die von dem Träger anfzunehmende Gesammtlast besteht aus dem Eigengewicht und der zufälligen Last (Wind-, Schnee- und Materialien-Last) oder der Verkehrslast (Menschen, Thiere, Fuhrwerke, Maschinen u. s. w.).

Die zufällige oder Verkehrlast wirkt entweder unmittelbar auf die Träger oder sie wird mittelbar durch sogen. Zwischenkonstruktionen (Querträger u. s. w.) auf die Hauptträger übertragen.

α. Die Träger.

Nach der äussern Erscheinung der Trägersysteme unterscheidet man vollwandige und Stabsysteme.

Dabei nennt man solche, durch senkrecht gerichtete Lasten beanspruchte Träger, deren Stützen nur einen senkr. Druck erleiden, Balkenträger, während man in der nämlichen Weise belastete Träger, die ausserdem einen horizontalen Druck oder Zug auf ihre Stützen ausüben, im allgemeinen Spreng- oder Hängewerks-Träger nennt, im Brückenbau speziell Bogenbrücken und Hängebrücken.

Ferner giebt es auch noch die zusammen gesetzten Systeme das sind einfache oder mehrfache Verbindungen von Balken, Hängewerken und Sprengwerken (Bogen oder Ketten).

Ein weiteres wichtiges Unterscheidungs-Merkmal ist die Art und Weise der Lagerung des Trägers auf den Stützen.

Die Lagerung hat den Zweck, gewisse durch die Belastung hervor gerufene Bewegungen der Konstrukt. zu verhindern. Um diesen Zweck zu erreichen, kann ein Lagerpunkt entweder ganz festgehalten (festes Lager) oder es kann die Beweglichkeit des Lagers in bestimmter Weise beschränkt werden, (bewegliches Lager). Die Beschränkung kann im letztern Falle darin bestehen, dass man den Lagerpunkt zwingt, sich nach einer gegebenen Linie zu verschieben, (verschiebbares Lager) oder um einen festen Punkt zu drehen. (Gelenklager.)

Die Lagerung ist demnach an gewisse Bedingungen geknüpft. Bei einem verschiebbaren Lager ist eine Lager-Bedingung, bei einem Gelenklager sind zwei und bei einem festen Lager drei Lager-Bedingungen gegeben oder erfüllt, weil z. B. bei einem festen Lager weder eine Verschiebung desselben in horizontaler und in vertikaler Richtung, noch auch eine Drehung um einen Punkt stattfinden kann. Für jeden Träger sind mindestens drei Lager-Bedingungen nöthig, um eine fortschreitende Bewegung desselben zu hindern.

β. Statisch unbestimmte Systeme.

Sobald für die Lagerung eines ebenen Systems nicht mehr als drei Lager-Bedingungen gegeben sind, genügen die drei Gleichgew.-Bedingungen der Ebene zur Ermittelung der unbekannten Lagerdrücke.

Fig. 509.

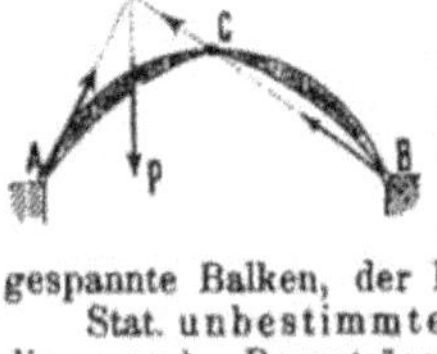

Ein solches System ist hinsichtlich der äussern Kräfte statisch bestimmt.

Sind mehr als drei Auflager-Bedingungen gegeben, so ist das System hinsichtlich der äussern Kräfte statisch unbestimmt und die Lagerdrücke können nur unter Zuhilfenahme gewisser Bedingungen ermittelt werden, die sich aus der Formänderung des Trägers ergeben.

Stat. bestimmte Systeme sind daher z. B.: Der einfache Balken auf 2 Stützen, der an einem Ende eingespannte Balken, der Bogenträger mit 3 Gelenken (3 Lager-Bedingungen).

Stat. unbestimmte Systeme sind: Bogenträger mit 2 Kämpfer-Gelenken (4 Bedingungen), Bogenträger ohne Gelenke und der an beiden Enden eingespannte Balken, (6 Bed.) desgl. der kontinuirl. Träger (Träger auf mehr als 2 Stützen).

Fig. 509 zeigt einen sogen. Dreigelenkträger (Bogenträger mit drei Gelenken). Das System ist stat. bestimmt, weil für jede Hälfte desselben nur 3 Lager-Bedingungen gegeben sind, nämlich im Kämpfergelenk A zwei Bedingungen und im Scheitelgelenk C nur die eine Bedingung, dass der Lagerdruck daselbst die Richtung BC haben muss, welche mit den Richtungen des Lagerdrucks A und der Last P im Punkte D zusammen trifft, weil jede andere Richtung den Gleichgew.-Zustand des Systems stören würde.

Stabsysteme können auch noch mit Bezug auf die innern Kräfte stat. unbestimmt sein. Z. B. bei einem Gitterträger, Fig. 510, mit n Gelenk-Knotenpunkten, v verschiebbaren Lagern und f Gelenklagern, welcher s gleichzeitig widerstandsfähige Stäbe aufweist, sind $v + 2f + s = m$ Unbekannte innerer und äusserer Kräfte zu ermitteln, wozu $2n$ Beding.-Gleich- vorhanden.

Fig. 510.

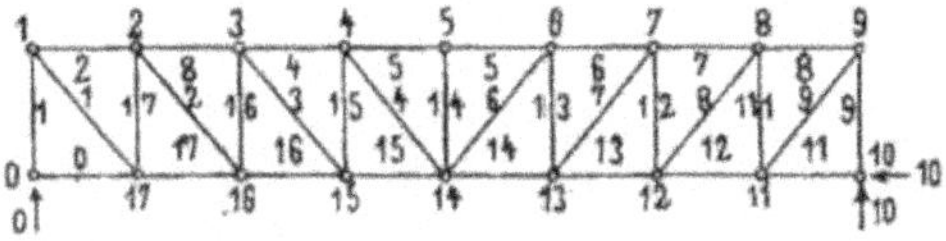

Das System ist mit Bezug auf die innern Kräfte für: $m = 2n$ stabil, dabei auch stat. bestimmt, wenn die m Unbekannten den Knotenpunkten derart zugewiesen werden können, dass auf jeden Knotenp. gerade zwei daselbst eintreffende Unbekannte kommen. Beisp. Fig. 510 wo die zusammen gehörigen Unbekannten durch gleiche Ziffern gekennzeichnet sind; für $m > 2n$ labil, dabei stat. bestimmt, wenn auf jeden Knotenp. wie vor, höchstens zwei Unbekannte kommen; für $m < 2n$, stat. unbestimmt, dabei auch stabil, wenn auf jeden Knotenp. wie vor, mindestens zwei Unbekannte kommen.

Fig. 511.

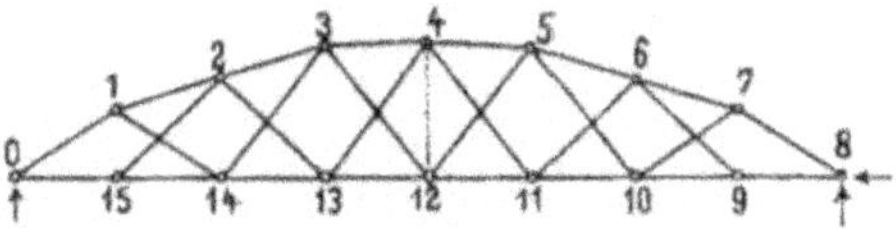

Stabile Systeme haben nur einen Gleichgew.-Zustand; labile Systeme können durch Aenderung der äussern Kräfte Verschiebungen nach Form und Lage erleiden. (Vergl. S. 515.)

Für das in Fig. 511 gezeichnete Stabsystem ist z. B. $m = 1 + 2 + 28 = 31$; $2n = 32$. Das System ist also stat. bestimmt und labil, kann aber durch Einfügung eines Stabes (z. B. der punktirten Mittelvertikale) auch stabil gemacht werden.

Alle Stäbe eines stat. unbestimmten Systems, welche aus statischen Rücksichten nicht nothwendig sind, nennen wir überzählige Stäbe und die nach Entfernung der überzähligen verbleibenden Stäbe des statisch bestimmten Systems die nothwendigen Stäbe.

Demnach wird ein statisch unbestimmtes System mit u Stäben durch Weglassung von $u - s$, oder von $u - 2n + v + 2f$ im allgemeinen beliebige Stäbe, statisch bestimmt. Wenn keine überzähligen Stäbe vorhanden sein sollen, muss $u = 2n - v - 2f$ sein.

γ. Methoden zur Ermittelung der Spannungen im allgemeinen.

Der Hauptzweck der Statik der Baukonstrukt. ist die Ermittelung der innern Kräfte oder Spannungen aller Theile einer Konstruktion aus den ihrer Grösse und Lage nach gegebenen äussern Kräften, d. i. der Belastung. Dieser Zweck wird nach Vorstehendem für die Träger entweder auf dem Wege der reinen Statik oder mit Zuhilfenahme von Bedingungen, welche die Elastizit.-Lehre liefert, zu erreichen sein. Wir haben darnach zwei verschiedene Methoden der Spannungs-Ermittelung zu unterscheiden:

1. für stat. bestimmte und 2. für stat. unbestimmte Systeme. In beiden Fällen — und sowohl für vollwandige als auch für Stabsysteme — ist die erste Aufgabe, die Bestimmung der unbekannten äussern Kräfte, d. h. die Grösse und Richtung der Lagerdrücke und etwa in den Lagerpunkten vorhandener Momente.

Beispiele für die Bestimmung der äussern Kräfte stat. bestimmter Fälle finden sich S. 514. Für stat. unbestimmte Fälle werden die Gleichg. der elast. Linie oder die Sätze von der Formänderungs-Arbeit zur Hilfe genommen (S. 586 u. 590).

Sobald die gefundenen Lagerdrücke in ihrem Angriffsp. der Grösse und Richtung nach als äussere Kräfte wirkend aufgenommen worden sind, wird man bei vollwandigen Trägern zur Bestimmung der Spannung eines belieb. Querschn.-Punktes immer nur mit bekannten Fällen der Elastizit.-Lehre zu thun haben. Es wird sich z. B. bei einem Balken auf zwei oder mehreren Stützen um einen Fall der Biegungs-Elastizit., bei einem Bogen um einen Fall der Normal- und Biegungs-Elastizität handeln u. s. w.

Für die Bestimmung der Spannungen in den einzelnen Stäben der Stabsysteme kommen aber besondere Methoden in Anwendung, die entweder rein statische sind oder bei denen in (mit Bezug auf die innern Kräfte) statisch unbestimmten Fällen ausserdem das Elastizitäts-Gesetz zu Hilfe genommen wird.

Die Berechnung der Spannungen in den entweder vollwandig oder als Stabsysteme konstruirten Stützen erfolgt in analoger Weise.

δ. Schnitt-Methode. (Ritters Methode).

Die Ritter'sche Methode stützt sich auf den Satz, dass für den Gleichgew.-Zustand (nach Anbringung der Lagerdrücke) die Summe der Momente der innern und äussern Kräfte eines durch einen belieb. Schnitt abgetrennten System-Theils in Beziehung auf einen belieb. Punkt = 0 sein muss. Der Schnitt wird in der Regel so geführt, dass stets nur drei sich nicht in einem Punkte schneidende Stäbe getroffen werden, deren Spannungen unbekannt sind, und das Moment wird auf den Durchschnittsp. zweier geschnittenen Stäbe bezogen, wenn die Spannung des dritten Stabes bestimmt werden soll. Wenn bei der direkten Bestimmung der Spannung eines Stabes ein durch denselben gelegter Schnitt mehr als zwei andere Stäbe trifft, so muss zunächst an einer sonstigen Stelle ein Schnitt durch drei Stäbe geführt werden u. s. w.

Der durch das System, Fig. 512, gelegte Schnitt SS treffe z. B. drei Stäbe mit den bezügl. Spannungen P_1 und P_2 und P_3.

Fig. 512.

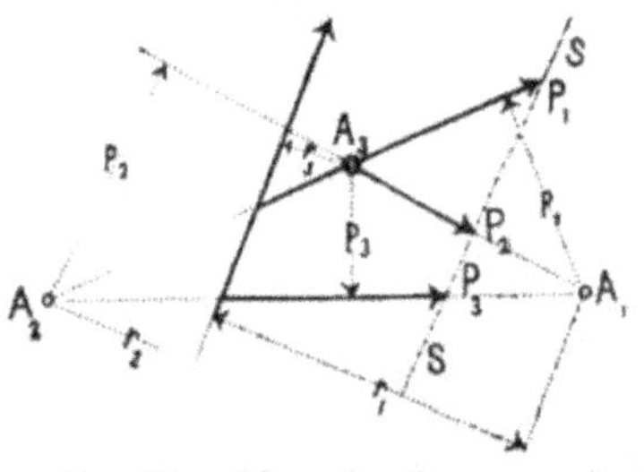

Bezeichnet man die Schnittp. der Spannungs-Richtungen P_2, P_3, P_1, P_3 und P_1, P_2 bezw. mit A_1, A_2 und A_3, die senkr. Abstände dieser Schnittp. von der Richtung der auf den in Betracht kommenden Systemtheil wirkenden Resultante R der äussern Kräfte bezw. mit r_1, r_2 und r_3, desgleichen von den Richtungen der zugehörigen Spannungen mit p_1, p_2 und p_3, so folgt: $P_1 = R\,\frac{r_1}{p_1}$;

$$P_2 = R\,\frac{r_2}{p_2};\quad P_3 = R\,\frac{r_3}{p_3}.$$

Das Vorzeichen der Spannung bestimmt man am einfachsten nach dem Umstande, dass die fragliche Spannung P und die Resultante R entgegen gesetzten Drehungssinn mit Bezug auf den betr. Momentenpunkt A haben müssen. Je nachdem die so bestimmte Richtung der Spannung vom Schnittp. aus nach dem Knotenp. hin oder von demselben weg weist, liegt Druck oder Zug vor.

ε. Grafische Schnittmethode.

Die von Ritter (1861) eingeführte „rechnende Schnitt-Methode" wurde von Culmann (1864) grafisch verwendet. Die grafische Lösung stützt sich auf folgenden Satz:

Die Richtung der Resultante der gesuchten Spannung und der äussern Kraft R muss durch den Schnittp. der beiden andern Spannungen des Schnittes verlaufen.

Ist demnach, Fig. 513, B_1 der Schnittp. der gesuchten Spannung 1 mit der Kraft R so muss die Resultante beider Kräfte die Richtung AB haben.

Hieraus folgt die Konstruktion: Es seien B_1, B_2, B_3 bezw. die Schnittp. der drei Spannungen 1, 2, 3 mit der Kraft R. Man trage die Kraft R ihrer Grösse und Richtung nach auf; dies ist in Fig. 513 a. durch die Strecke CR geschehen. Ziehe durch C drei Parallelen zu den Spannungs-Richtungen und durch R drei Parallelen zu den betr. Verbindungslinien $A_1 B_1$, $A_2 B_2$ und $A_3 B_3$. Letztere Parallelen schneiden dann auf den erstern, den Spannungen 1, 2 und 3 gleiche Strecken CP_1, CP_2 und CP_3 ab. Die Spannungs-Richtung (durch Pfeile angedeutet) ist nach C hin zu nehmen und je nachdem diese Richtung vom betr. Schnittp. des Stabes in Fig. 513 gedacht, nach dem Knotenp. hin oder von demselben weg weist, ist die Spannung ein Druck oder ein Zug. In Fig. 513a ist z. B.: 1 ein Druck, 2 und 3 ein Zug. Die im Gleichgew. befindlichen 4 Kräfte R, 1, 2 und 3 lassen sich, wie die Fig. 513b — 513d zeigen, auch noch in anderer Folge zu einem Kraftpolygon an einander reihen.

Fig. 513. a.

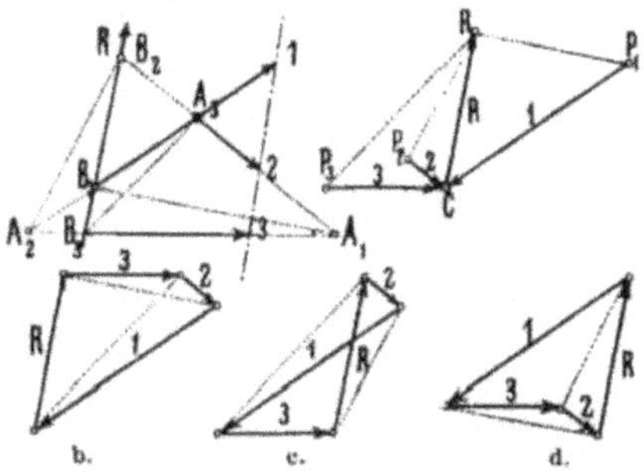

b. c. d.

Die Grösse und Richtung der Resultante R bestimmt sich bei gegebener Lage der äussern Kräfte für jeden Schnitt mit Hilfe des Kraft- und Seilpolygons nach S. 503 ff.

ζ. Cremona'sche oder Polygonal-Methode.

Die Polygonal-Methode stützt sich auf den Satz, dass für den Gleichgew.-Zustand an jedem Knotenp. des Systems die Resultante der äussern und innern Kräfte = 0 sein muss. Wenn also in einem Knotenp. n Stäbe zusammen stossen, so müssen die Spannungen von $n-2$ Stäben bekannt sein; die Spannungen der beiden übrigen Stäbe entnimmt man aus dem sich schliessenden Kraftpolygon. Man beginnt mit der Bestimmung der Spannungen an einem Knotenp., an dem nur 2 Stäbe zusammen stossen — z. B. am Lager — deren Spannung dann das Kraft-Dreieck ergiebt.

Sollte man ein System behandeln müssen, das einen Knotenp., in welchem nur zwei Stäbe zusammen stossen, nicht enthält, so werden besondere geometrische Lösungen einzutreten haben. Event. kann auch die Schnitt-Methode zur Bestimmung der ersten erforderlichen Stabspannung aushelfen.

Es ist nicht zweckmässig, die Kraftpolygone für die einzelnen Knotenp. getrennt zu zeichnen, weil die Kraftpolygone für alle Knotenp. eines stat. bestimmten Systems sich in einer geschlossenen Figur — dem Kräfteplan — darstellen lassen.

Beispiel. Bestimmung sämmtlicher Spannungen in den Stäben eines Systems, Fig. 514. Alle die System-Figur abschliessenden Stäbe seien als Gurtstäbe, die innern Stäbe als Zwischenstäbe bezeichnet. Knotenp. und die daselbst wirkenden äussern Kräfte sind mit Ziffern (1 bis 7) und die Stäbe durch je 2 Ziffern (1 — 2, 2 — 3 u. s. w.) bezeichnet worden.

Fig. 514.

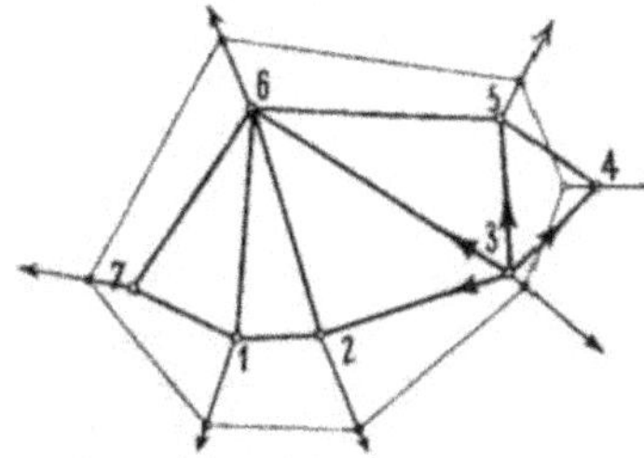

Fig. 514a.

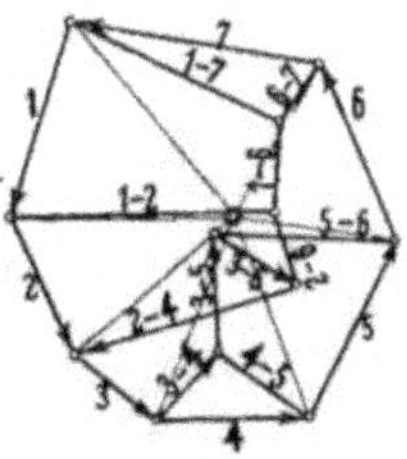

Am rathsamsten ist es, beim Zeichnen des Kräfteplans zunächst die äussern Kräfte nach der Reihenfolge der 7 Ecken des Gurtstab-Polygons zu einem geschlossenen Kraft-Polygon zu vereinigen, Fig. 514a. Dies Kraft-Polygon kann man direkt benutzen, um die gesuchten Stabspannungen einzutragen. Man ziehe zuerst von den betr. Ecken des Kraft-Polygons aus Parallelen zu den Gurtstäben (1 — 2, 2 — 3, 3 — 4 u. s. w.). Für die Knotenp. 4 und 7 erhält man dadurch zwei Kraft-Dreiecke. Von den innern Spitzen derselben anfangend, zieht man nun weitere Parallelen zu den betr. Zwischenstäben (1 — 6, 2 — 6, 3 — 6 und 3 — 5) und erhält dadurch endlich den vollständigen Kräfteplan, Fig. 514a, welcher alle einzelnen Kraftpolygone der 7 Knotenp. mit sämmtlichen innern und äussern Kräften in sich schliesst. Dabei erscheint jede Stabspannung nur ein Mal. Der Sinn der Spannung eines Stabes ergiebt sich durch eine einfache Betrachtung.

Will man z. B. für die im Knotenp. 3 (und analog für alle andern Knotenp.) zusammen stossenden Stäbe den Sinn der Spannung bestimmen, so deute man zuerst im zugehörigen Kraft-

Polygon, bei der gegebenen äussern Kraft 3 anfangend, in bekannter Weise den Sinn der Kräfterichtungen durch Pfeile an, wie dies in Fig. 514a geschehen ist. Weist dann die Pfeilrichtung bei einem Stabe nach dem Knotenp. 3 hin, so hat der Stab Druck, im andern Falle Zug. Darnach werden die im Knotenp. 3 zusammen stossenden Stäbe gezogen, mit Ausnahme des Stabes 3—6, welcher Druck hat.

Die Polygonal-Methode ist vorzüglich da anzuwenden, wo es sich um die Bestimmung der Spannungen für eine bestimmte Belastung, z. B. die Eigenlast oder Gesammtlast handelt*). Sobald aber (wie bei Brücken) bei jedem Stabe eine andere Belastung zu Grunde gelegt werden muss, ist die Methode nicht mehr mit Vortheil anwendbar. In solchen Fällen ist die Schnitt-Methode bequemer oder auch die folgende Methode:

η. Methode der Influenzlinien.

1. Wenn ein Stabsystem oder auch ein vollwandiges System eine veränderliche Belastung erleidet, so kommt es bei der Bestimmung der Spannung eines Stabes, bezw. eines Querschn. darauf an, diejenige Lage der Belastung ausfindig zu machen, welche die Spannung des Stabes, bezw. des Querschn. zu einem Maximum oder Minimum macht. Diese Lage nennt man die gefährlichste Lastlage. Zur Auffindung derselben und zur Bestimmung der Maximal- und Minimalspannung dienen die Influenzlinien.

Wenn man für einen bestimmten Querschn. die veränderliche Grösse der Spannung, des Moments oder der Transversalkraft etc., welche durch eine über den Träger fortschreitende Einzellast G erzeugt wird, als Ordin. in dem jedesmaligen Lastpunkte aufträgt, so erhält man durch Verbindung der Endpunkte der Ordin. die Influenzlinie („Influenz-Polygon", „Influenz-Kurve"). Die von der Influenzlinie und der Trägeraxe eingeschlossene Fläche heisst Influenz-Fläche.

Man kann die Influenzlinie für eine Last, welche unmittelbar auf dem Träger rollt, zeichnen und auch für eine Last, welche mittelbar (z. B. durch Querträger) auf den fraglichen Träger übertragen wird.

Beispiel. In Fig. 515a. u. b. sind die Geraden BG und AG_1 Influenzlinien bezw. für den Lagerdruck in den Punkten A und B (voraus gesetzt, dass $AG = BG_1$ = der Last G gemacht ist). Ferner ist der Linienzug $AC_1\ NB$, Fig. 515a., Influenzlinie für die Transversalkraft im Querschn. C, wenn keine Querträger, und desgl. der Linienzug AN, NB, Fig. 515b., wenn Querträger in den Senkrechten durch N und N_1 vorhanden sind. Ferner ist in Fig. 516 die Parabel der Gleichg. $y = G\,\frac{(l-x)\,x}{l}$ Influenzlinie für das Moment im jedesmaligen Angriffsp. von G; dagegen ist die gebrochene gerade Linie $A\,C_1\,B$ Influenzlinie für das Moment im bestimmten Querschn. C.

Fig. 515.

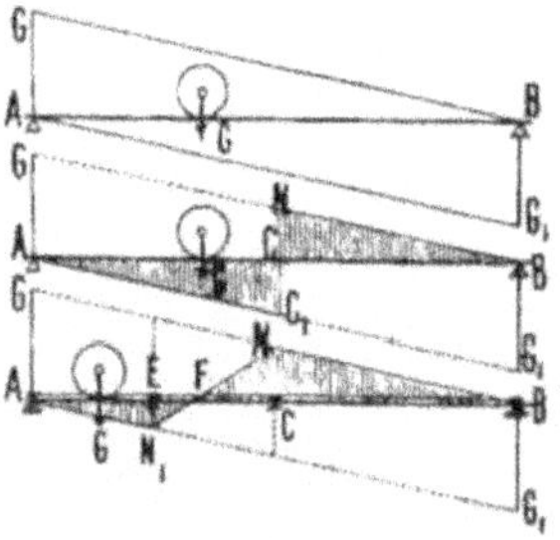

Fig. 516.

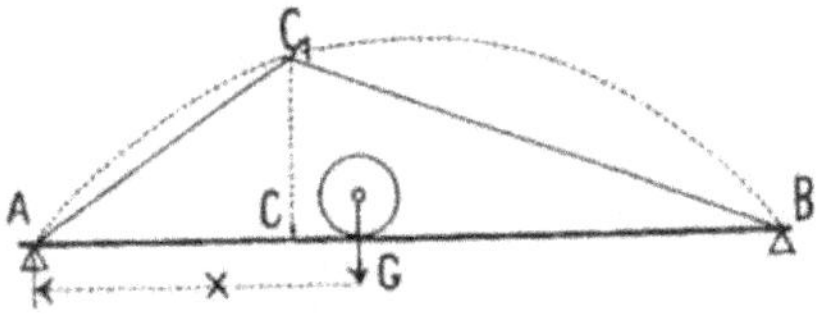

In analoger Weise sind Influenzlinien für Gitterstäbe u. s. w. zu zeichnen, wozu Beispiele weiterhin folgen.

2. Für die Form der Influenzlinie gelten folgende leicht zu beweisende Regeln: Die Influenzlinie ist:

α. zwischen je 2 Querträgern eine Gerade; β. für Balkenträger ein Polygon-Zug, dessen Ecken denjenigen Querträgern entsprechen, zwischen denen der fragliche Querschn. liegt; γ. für Dreigelenk-Bogenträger ein Polygon-Zug, dessen Ecken dem Scheitelgelenk und den unter β genannten Querträgern entsprechen.

3. Die Anwendung der Influenzlinien zur Auffindung der gefährlichsten Lastlage, bezw. der Maximalwerthe von M, Q u. s. w. geschieht wie folgt:

*) Maxwell (1864), und in weiterer Ausbildung Cremona (1872), fassen das Stabsystem mit den gegebenen äussern Kräften als Projektionen zweier reziproken Polyeder auf, bei denen die Ecken des einen die Pole der Flächen des andern sind. Das von Winkler „Polygonal-Methode" genannte Verfahren ist die Maxwell'sche oder Cremona'sche Methode.

Bei gleichmässig vertheilter Last p wird die Spannung u. s. w. in einem bestimmten Querschn. C bei der Belastung der belieb. Trägerstrecke BF, Fig. 515 b, gefunden, indem man die zugehörige Influenz-Fläche BNF mit $\frac{p}{G}$ multiplizirt. Dabei sind event. die Flächen oberhalb und unterhalb der Axe bezw. positiv und negativ zu nehmen.

Den Maassstab für G wählt man am besten so, dass $G = p$ oder $=$ der Einheit, d. h. $\frac{p}{G} = 1$ oder $= p$ wird. Z. B. ist in Fig. 515 b. die Transversalkraft für einen belieb. Schnitt im Felde EC (voraus gesetzt, dass Querträger vorhanden sind) bei Vollbelastung: $=$ (Fläche $\triangle\, FNB$ — Fläche $\Delta\, AN_1F) \frac{p}{G}$, bei Theil-Belastung der Strecke FB: $=$ Fläche $\Delta\, FNB\, \frac{p}{G}$. Auch erhellt sofort, dass allgemein das positive oder negative Maximum einer Spannung oder dergl. eintreten muss, wenn alle diejenigen Trägerstrecken belastet sind, zu denen bezw. positive oder negative Influenz-Flächen gehören. Es tritt also im Felde EC das Maximum von $+ Q$ oder $- Q$ bezw. bei Belastung der Strecken BF oder AF ein. Sind keine Querträger vorhanden, so tritt für den belieb. Querschn. C, Fig. 515 a., das Maximum von $+ Q$ oder $- Q$ bezw. bei Belastung der Strecken BC oder AC ein.

Wenn ein System von Einzellasten vorliegt und man, Fig. 517, bei der gezeichneten belieb. Lage der Lasten (wenn die Influenzlinie $A\,C_1\,B$ für $G = 1$ gezeichnet ist) das Moment in C bestimmen will, so hat man zunächst jede Ordin. in einem Lastpunkte mit der Grösse der betr. Last (I, II, III oder IV) zu multipliziren und die so erhaltenen Produkte zu addiren.

Fig. 517.

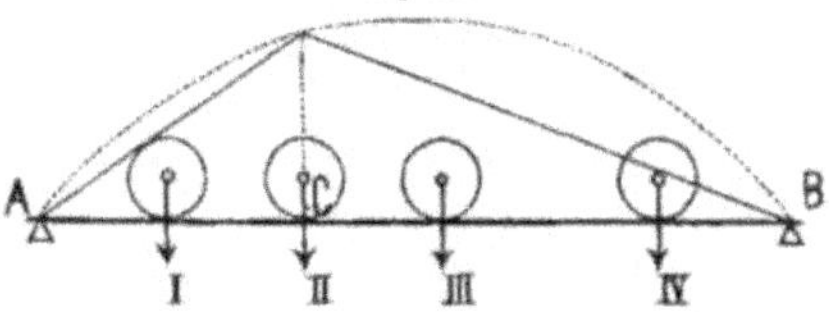

Zur Auffindung der gefährlichsten Lastlage kann man sich direkter grafischer Methoden bedienen; jedoch kommt man meistens rascher und ebenso sicher durch Probiren zum Ziele, wenn man dabei beachtet, dass stets eine Last unter einem Eckpunkt des Influenz-Polygons liegen muss. Man stellt zuerst nach Schätzung das System in die gefährlichste Lage, verschiebt es nach links und rechts und erhält so sehr bald durch Auftragen der jedesmaligen Produkten-Summe das Maximum der fraglichen Spannung u. s. w. (S. die weiterhin folgenden Beispiele).

9. Methode zur Berechnung der innern Kräfte statisch unbestimmter Stabsysteme.

Im Stabsystem Fig. 518 seien n stat. nothwendigen Stäbe mit den Längen l_1, l_2 . . l_n vorhanden. Die u überzähligen Stäbe mit den Längen l', l'' . . $l^{(u)}$ sind punktirt ausgezogen.

Fig. 518.

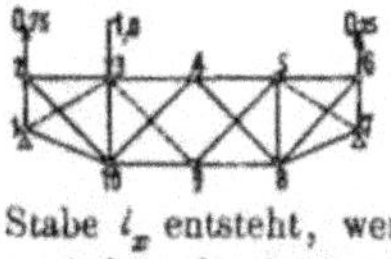

Welche Stäbe man als die überzähligen ansehen will, ist meistens innerhalb gewisser Grenzen gleichgültig.

Es bezeichne ferner:

$s_x^{(z)}$ allgem. eine Spannung, die in einem nothwendigen Stabe l_x entsteht, wenn an Stelle eines überzähligen Stabes $l^{(z)}$ eine Zugkraft $= 1$ an jedem der beiden Knotenp. dieses überzähligen Stabes angebracht wird. Die Spannungen s lassen sich auf stat. Wege bestimmen.

$\mathfrak{S}_1$, $\mathfrak{S}_2$ . . $\mathfrak{S}_n$ seien die Spannungen, welche durch die gegebene Belastung des Systems in den nothwend. Stäben entstehen, wenn die überzähligen fortgelassen werden. Diese Spannungen sind ebenfalls auf stat. Wege bestimmbar.

S_1, S_2 . . . S_n und S', S'', . . . $S^{(u)}$ seien die zu berechnenden wirklichen $n + u$ Spannungen, welche in den nothwendigen, bezw. den überzähligen Stäben des stat. unbestimmten Systems entstehen.

Wenn man die überzähligen Stäbe fortlässt und als Ersatz derselben an den betr. Knotenp. die wirklich in den überzähligen Stäbe auftretenden Spannungen als Zugkräfte angebracht denkt, so erhält man:

$$\left.\begin{array}{l} S_1 = \mathfrak{S}_1 + s_1{}' S' + s_1{}'' S'' + \quad s_1{}^{(u)} S^u \\ S_2 = \mathfrak{S}_2 + s_2{}' S' + s_2{}'' S'' + \quad s_2{}^{(u)} S^u \\ \text{— — — — — — — — — — —} \\ S_n = \mathfrak{S}_n + s_n{}' S' + s_n{}'' S'' + \quad .\ s_n{}^{(u)} S^{(u)} \end{array}\right\} (1).$$

Diese n Gleich. sind symbolisch durch: $S_x = \mathfrak{S}_x + \sum_{z=1}^{z=u} (s_x{}^{(z)} S^{(z)})$ auszudrücken.

Zu den für die vollständige Lösung der Aufgabe noch fehlenden u Gleich. für die Spannungen S', $S'' \ldots S^{(n)}$ gelangt man durch folgende Betrachtung:

Wenn man sich aus einem überzähligen Stabe l^z und aus einem nothwendigen Stabe l_x je ein Stück heraus geschnitten denkt, so kann man den früheren Spannungszustand des Systems wieder herstellen, indem man in den — durchschnittenen — Enden des Stabes l^z die entgegen gesetzt wirkenden Kräfte $+P$ und $-P$ und desgl. am Stabe l_x die Kräfte $+s_x{}^{(z)} P$ und $-s_x{}^{(z)} P$ anbringt.

Setzt man nun alle übrigen Stäbe des Systems als vollkommen starr voraus, so sind die Kräfte P und $s_x{}^{(z)} P$ die einzigen, welche bei der Formänderung mechan. Arbeit verrichten. Es ist demnach:

$$s_x{}^{(z)} P \triangle l_x = P \triangle l^{(z)} \text{ oder: } s_x{}^{(z)} \triangle l_x = \triangle l^{(z)}$$

wenn $\triangle l_x$ und $\triangle l^{(z)}$ bezw. die Längenänderungen der Stäbe l_x und $l^{(z)}$ bei der gedachten Formänderung vorstellen.

Die Gesammt-Längenänderung des Stabes $l^{(z)}$ ergiebt sich, wenn man der Reihe nach die nothwendigen Stäbe sich um die entsprechenden Strecken ändern lässt, demnach zu: $\Sigma \triangle l^{(z)} = s_1{}^{(z)} \triangle l_1 + s_2{}^{(z)} \triangle l_2 + \ldots .\ s_n{}^{(z)} \triangle l_n$. Es ist aber, wenn E den konstanten Elastizit.-Koeffizienten, und F die Querschn.-Fläche eines Stabes bezeichnet: $\Sigma \triangle l^{(z)} = \frac{S^{(z)}}{F^{(z)} E} l^{(z)}$; $\triangle l_x = \frac{S_x}{F_x E} l_x$.

Führt man dann noch allgemein den Koeffizienten $k_x{}^{(z)} = -s_x{}^{(z)} \frac{F^{(z)} l_x}{F_x l_z}$ ein so erhält man endlich:

$$\left.\begin{array}{l} S' = k_1{}' S_1 + k_2{}' S_2 + .\quad .\ k_n{}' S_n \\ S'' = k_1{}'' S_1 + k_2{}'' S_2 + \quad .\ k_n{}'' S_n \\ S^{(u)} = k_1{}^{(u)} S_1 + k_2{}^{(u)} S_2 + .\quad .\ k_n{}^{(u)} S_n \end{array}\right\} (2) \text{ oder symbol.: } S^{(z)} = \sum_{x=0}^{x=n} (k_x{}^{(z)} S_x).$$

Die $n+u$ Gleichg. (1) und (2) genügen zur Ermittelung der $n+u$ Unbekannten S_1, $S_2{}'$ . . S_n und S', S'' . $S^{(u)}$; doch empfiehlt es sich, die Werthe von $S^{(z)}$ aus (2) in die Ausdrücke für S_x in (1) einzusetzen. Man erhält dann:

$$\left.\begin{array}{l} [\Sigma(s_x{}' k_x{}' - 1)]\, S' + \Sigma(s_x{}'' k_x{}' S'') + \ldots .\ \Sigma(s_x{}^{(u)} k_x{}' S^{(u)}) = -\Sigma(k_x{}' \mathfrak{S}_x) \\ \Sigma(s_x{}' k_x{}'' S') + [\Sigma(s_x{}'' k_x{}'' - 1)]\, S'' + \ldots \Sigma(s_x{}^{(u)} k_x{}'' S^{(u)}) = -\Sigma(k_x{}'' \mathfrak{S}_x) \\ \text{— — — — — — — — — — — — — —} \\ \text{— — — — — — — — — — — — — —} \\ \Sigma(s_x{}' k_x{}^{(u)} S') + \Sigma(s_x{}'' k_x{}^{(u)} S'') + \ldots [\Sigma(s_x{}^{(u)} k_x{}^{(u)} - 1)]\, S^{(u)} = -\Sigma(k_x{}^{(u)} \mathfrak{S}_x) \end{array}\right\} (3).$$

Aus diesen u Gleich., in denen die Summirungen stets zwischen den Grenzen $x = o$ und $x = n$ zu nehmen sind, können die Spannungen S', $S'' \ldots S^{(u)}$ ermittelt und darauf nach Einsetzung der erhaltenen Werthe in (1) die Spannungen S_1, $S_2 \ldots S_u$ berechnet werden.

Beispiel. Der in Fig. 518 dargestellte Träger wird im Knotenp. 3 durch eine Last $= 1^t$ beansprucht. Die gegebenen Querschn.-Flächen und Längen der einzelnen Stäbe sind der nachstehenden Tabelle eingeschrieben. Die Spannungen sämmtlicher 20 Stäbe sind zu berechnen.

Da 10 Knotenpunkte und 20 Stäbe vorhanden sind, so ist: $u = 20 - (2 \cdot 10 - 3) = 3$.

Die überzähligen Stücke seien die punktirten Stäbe 1 — 3, 3 — 9 und 5 — 7. Die Spannungen $\mathfrak{S}_1$, $\mathfrak{S}_2$, $\mathfrak{S}_3 \ldots \mathfrak{S}_{17}$ sind durch Rechnung am besten nach der Ritter'schen oder grafisch nach der Polygonal-Methode zu bestimmen.

Es folgt dann in der nämlichen Weise die Bestimmung der Spannungen $s_1{}'$, $s_2{}' \ldots s_{17}{}'$: $s_1{}''$, $s_2{}'' \ldots s_{17}{}''$ und $s_1{}'''$, $s_2{}''' \ldots s_{17}{}'''$, wobei zur Vereinfachung des Verfahrens zu beachten ist, dass die Kraft 1 in allen nothwendigen Stäben, die in einem Knotenp. zusammen stossen, an welchem keine äussere Kraft wirkt, die Spannung $= 0$ hervor ruft.

Mit Hilfe der gefundenen Werthe von $s_x^{(z)}$ und der gegebenen Grössen F_x, $F^{(z)}$, l_x und $l^{(z)}$ sind nun die Werthe $k_x^{(z)}$ zu berechnen.

Tabelle der nothwendigen Stäbe.

	Lfd. No.	Bezeichnung des Stabes	l_x	F_x	$\mathfrak{S}_x$	s'	s''	s'''	k'	k''	k'''	S_x
Gurte	1	2—3	100	25	— 0,750	— 0,894	0	0	+ 0,894	0	0	— 0,299
	2	3—4	100	50	— 0,750	0	— 0,707	0	0	+ 0,103	0	— 0,609
	3	4—5	100	50	— 0,250	0	0	0	0	0	0	— 0,250
	4	5—6	100	25	— 0,250	0	0	— 0,894	0	0	+ 0,894	— 0,107
	5	1—10	112	28	0	— 1,000	0	0	+ 1,000	0	0	+ 0,504
	6	10—9	100	50	+ 0,500	0	— 0,707	0	0	+ 0,103	0	+ 0,559
	7	9—8	100	50	+ 0,500	0	+ 0,707	0	0	— 0,103	0	+ 0,359
	8	8—7	112	28	0	0	0	— 1,000	0	0	+ 1,000	+ 0,160
Vertikalen	9	1—2	50	60	— 0,750	— 0,894	0	0	+ 0,186	0	0	— 0,299
	10	3—10	100	45	— 1,000	— 0,447	— 0,707	0	+ 0,248	+ 0,111	0	— 0,634
	11	5—8	100	45	0	0	+ 0,707	— 0,447	0	— 0,111	+ 0,280	— 0,069
	12	6—7	50	60	— 0,250	0	0	— 0,894	0	0	+ 0,186	— 0,107
Diagonalen	13	2—10	141	36	+ 1,061	+ 1,265	0	0	— 1,238	0	0	+ 0,424
	14	10—4	141	10	+ 0,354	0	+ 1,000	0	0	— 1,000	0	+ 0,153
	15	4—8	141	10	— 0,354	0	— 1,000	0	0	+ 1,000	0	— 0,153
	16	9—5	141	10	0	0	— 1,000	0	0	+ 1,000	0	+ 0,201
	17	8—6	141	36	+ 0,354	0	0	+ 1,265	0	0	— 1,238	+ 0,152
			cm	qcm	t. p. qcm							t. p. qcm

Tabelle der überzähligen Stäbe.

Lfd. No.	Bezeichnung des Stabes	$l^{(z)}$	$F^{(z)}$	$\mathfrak{S}^{(z)}$
1	1—3	112	28	— 0,504
2	3—9	141	10	— 0,201
3	6—7	112	28	— 0,160
		cm	qcm	t. p. qcm

Man hat zum Beispiel:

$$k_9' = +0{,}894 \; \frac{28}{60} \; \frac{50}{112} = +0{,}186,$$

$$k_6'' = +0{,}707 \; \frac{10}{50} \; \frac{100}{141} = +0{,}103,$$

$$k_{17}''' = -1{,}265 \; \frac{28}{36} \; \frac{141}{112} = -1{,}238 \text{ u. s. w.}$$

Die so berechneten Werthe von $k_x^{(z)}$ sind in die erste Tabelle eingetragen. Mit Hilfe dieser Werthe bildet man die Summen-Werthe der Gleich. (3), wobei sich viele derselben auf Null reduziren. Man erhält dann:

$$-\,4{,}6423\,S' - 0{,}1753\,S'' = +\,2{,}3715,$$
$$-\,0{,}0496\,S' - 4{,}3740\,S'' + 0{,}0496\,S''' = +\,0{,}8960,$$
$$+\,0{,}1980\,S' - 4{,}6565\,S''' = -\,0{,}7082.$$

Die Auflösung giebt: $S' = -504$; $S'' = -0{,}201$; $S''' = -0{,}160$. Endlich ergeben sich aus den Grössen S', S'', S''' und den Gleich. (1) $S_1, S_2 \ldots S_{17}$, die in die 1. Tabelle eingesetzt sind.

Zum Beispiel: $S_8 = 0 + 1{,}0 \,.\, 0{,}160 = +0{,}160$.

$S_{10} = -1{,}000 + 0{,}447 \,.\, 0{,}504 + 0{,}707 \,.\, 0{,}201 = -0{,}633$.

ι. Verschiebung der Knotenpunkte eines Stabsystems.

Nach der auf dem Prinzip der Arbeit beruhenden Methode Mohr's kann man die Durchbiegung, Senkung oder Verschiebung eines beliebigen Kuotenp. C nach einer belieb. Richtung für stat. bestimmte oder auch stat. unbestimmte Systeme in einfacher Weise bestimmen.

Es sei E der konstante Elastizitäts-Koeffiz., S die Spannung eines belieb. Stabes in Folge derjenigen Belastung, für welche die Verschiebung δ berechnet werden soll; λ die Stablänge, F der Stabquerschn.; s die Spannung des belieb. Stabes, die man erhält, wenn man in dem Punkte C, für welchen die Verschiebung zu berechnen ist, in der Richtung der Verschiebung eine Last 1 wirkend denkt.

Dann folgt:

$$\delta = \frac{1}{E}\,\Sigma\left(\frac{S\lambda s}{F}\right), \qquad (4)$$

wobei die Summirung sich über sämmtl. Stäbe des Systems zu erstrecken hat.

Fig. 519.

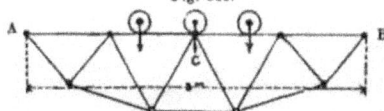

Beispiel. Welche Durchbiegung in der Mitte erleidet ein Fischbauchträger, Fig. 519, von 8 m Spannw., dessen Gurt- und Gitterstäbe-Querschn. bezw. 0,30 und 0,18 (qdm) sind, durch 3 in 1,5 m Abstand symmetr. liegende Lasten von 6 t. Es sind die Spannungen $s_1, s_2 \ldots$ zu bestimmen, die eine in C liegende vertikale Last = 1 erzeugt und die Spannungen $S_1, S_2 \ldots$, welche das gegebene wirkliche Lastensystem erzeugt. Beide Bestimmungen erfolgen nach einer der vorstehend angegebenen Methoden. Die folgende Tabelle enthält die Resultate.

	No.	Querschnitt qdm	Länge λ dm	$\frac{\lambda}{f}$	Spannung s t	Spannung S t	$\frac{s\lambda S}{f}$
Ober-Gurt.	1	0,30	20,0	66,7	— 0,714	— 12,86	612,4
	2	0,30	20,0	66,7	— 1,000	— 16,00	1067,1
Unter-Gurt.	1	0,30	12,2	40,7	+ 0,871	+ 15,69	556,5
	2	0,30	21,5	7,17	+ 0,979	+ 16,71	1173,0
	3	0,30	10,0	33,3	+ 1,333	+ 18,00	799,0
Gitter-Stäbe.	1	0,18	12,2	67,8	— 0,239	— 4,27	69,2
	2	0,18	18,0	100,0	+ 0,165	+ 2,94	48,5
	3	0,18	18,0	100,0	— 0,601	— 5,41	325,1
						Summa	4650,8

Da die Summe nur für den halben Träger berechnet ward, so ist für den ganzen Träger.

$$\Sigma\left(\frac{s\lambda S}{f}\right) = 2 \,.\, 4650{,}8 = 9302.$$

Setzt man $E = 200000$ t pro qdm, so wird $\delta = \frac{9302}{200000} = 0{,}047$ dm $= 4{,}7$ cm.

3. Ist nicht nur die Senkung eines einzigen Knotenp. C, sondern die Senkung mehrerer oder aller Knotenp. zu bestimmen, so lässt sich die Rechnung, wie folgt, vereinfachen:

Unter der Annahme, dass das System auf 2 Stützen A und B mit dem Horizontal-Abstande l ruht, ergiebt sich dann für die vertikale Senkung $\triangle y$ eines belieb. Knotenp. in der Entfernung x von der linken Stütze A die Gleichg.:

$$\triangle y = \left(1 - \frac{x}{l}\right)\frac{1}{E}\sum\left(\frac{s' S\lambda}{F}\right) + \frac{x}{lE}\sum\left(\frac{s'' S\lambda}{F}\right). \qquad (5)$$

s' bezeichnet die Spannung, welche ein linker Stützendruck = 1 in einem Stabe auf der linken Seite von C erzeugt; s'' bezeichnet die Spannung, welche ein rechter Stützendruck = 1 in einem Stabe auf der rechten Seite von C erzeugt. Der Stab ist nach links oder rechts zu rechnen, je nachdem die in C wirkende Last 1 auf den rechten oder linken derjenigen Theile wirkt, in welche das System durch den zur Bestimmung der fraglichen Spannung erforderl. Schnitt zerlegt wird.

Es kann allerdings vorkommen, dass ein von C selbst ausgehender Stab weder zum linken noch zum rechten Systemtheil zu rechnen ist; dann ist dieser Stab gesondert zu behandeln, d. h. das auf diesen Stab bezügliche Glied $\frac{sS\lambda}{F}$ in (5) hinzu zu fügen.

Spezielleres, auch über eine zweite Methode, bei welcher die Verschiebungen mit Hülfe der Aenderung der Dreieckswinkel des Systems bestimmt werden; s. in Winkler, Theorie der gegliederten Balkenträger, II. Aufl. Kap. XVI.

b. Aeussere Kräfte einfacher Träger.

Die grafische Ermittelung der äussern Kräfte ist voran gestellt und die analytische Behandlung am Schlusse in Resultaten klar gelegt worden. Hier, wie auch weiterhin sind die unveränderliche und veränderliche, wie die unmittelbare und mittelbare (durch Zwischenkonstruktionen übertragene) Belastung zu unterscheiden.

Die Belastung kann ferner aus Einzellasten und aus stetig, über gewisse Trägerstrecken vertheilten Lasten bestehen. Die stetig vertheilte Last kann dabei eine gleichmässige oder ungleichmässige sein. Volle Belastung (totale Belastung) ist in Folgendem in der Regel die Summe aus Verkehrlast und Eigenlast genannt; Theilbelastung (partielle Belastung) die Belastung eines bestimmten Trägertheils.

α. Unmittelbare und unveränderliche Belastung.

1. **Das allgemeine Verfahren** (mittels Rechnung oder grafisch durchzuführen) besteht darin, dass man den Balken, auf den sämmtliche gegebenen äussern Kräfte (die Belastung) in vertikaler Richtung wirken, zuerst durch Bestimmung und Anbringung der unbekannten äussern Kräfte (der Lagerdrücke) ins Gleichgewicht setzt, und dann nach den Gesetzen des Gleichgew.-Zustandes für bestimmte

Querschn. die Grösse der Resultante der äussern Kräfte (die Transversalkräfte), das Moment der Resultante und die innern Kräfte (Spannungen) ermittelt. (Vergl. S. 507, 556 und 562).

Die Transversalkraft (S. 562) führt man in der Regel positiv in die Rechnung ein, wenn dieselbe auf den von der Schnittlinie links liegenden Theil nach oben oder auf den rechts liegenden Theil nach unten wirkt; desgleichen das Moment positiv, wenn es auf den linken Theil rechts drehend oder auf den rechten Theil links drehend wirkt.

2. **Grafische Bestimmungen für Einzellasten**, Fig. 520. Für die gegebenen unveränderlichen Lasten P_1, P_2 und P_3 zeichne man (nach S. 503) das Kraft- und das Seilpolygon. Dann ergiebt sich die Grösse der Lagerdrücke A und B dadurch, dass man zwischen ihren Richtungen das Seilpolygon durch die Gerade A_1 und B_1 schliesst und parallell zur Schlusslinie $A_1 B_1$ im Kraftpolygon den entsprechenden Strahl OC zieht. Die Längen $C_1 C$ und $C_4 C$ stellen bezw. die Lagerdrücke A und B dar, durch welche nun auch das Kraftpolygon zum Schluss gebracht ist. (S. 514)

Fig. 520.

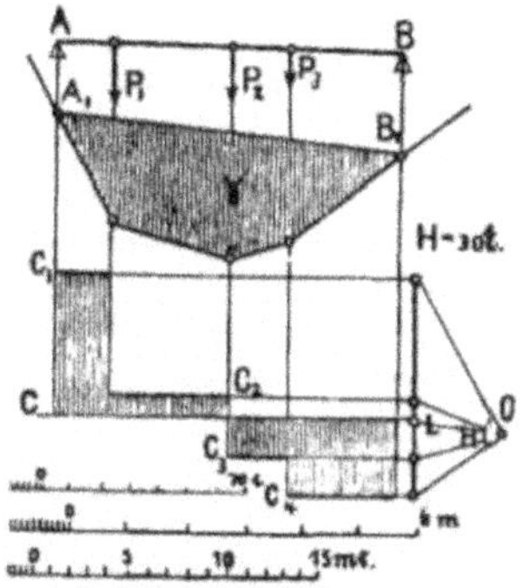

Das Moment für einen belieb. Querschn. wird ferner (S. 507) dargestellt durch das Produkt Hy, wenn H die Poldistanz und y die vertikale Höhe des Seilpolygons für den fraglichen Querschn. bezeichnen. Wählt man $H = 1$, so ist: $M = y$.

Die Transversalkräfte werden bezw. durch die Abstände der Punkte C_1, C_2, C_3 und C_4 von C dargestellt. Ein besseres Bild ihrer Wirkung gewinnt man aber durch Auftragung in der in Fig. 520 angegebenen Weise Die Maximal-Transversalkraft ist = dem Auflagerdruck.

Fig. 521.

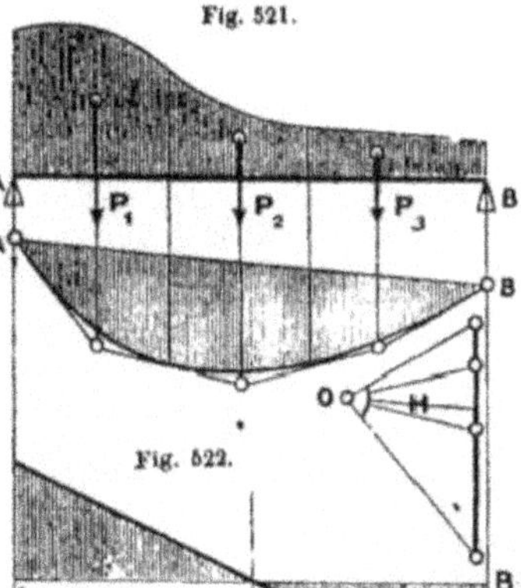

Fig. 522.

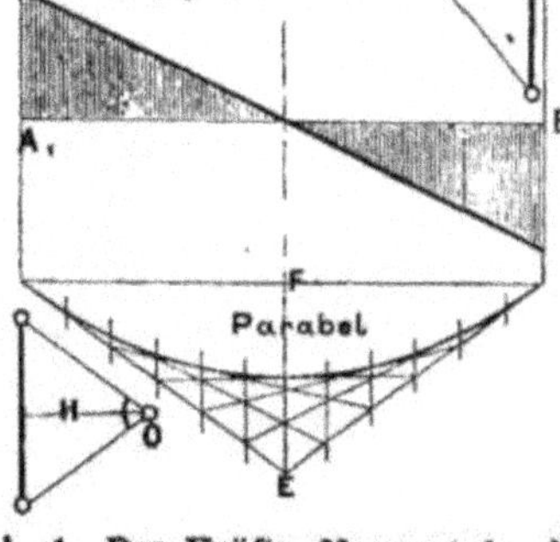

3. **Grafische Bestimmung für stetige Belastung**, Fig. 521. Durch Zerlegung in belieb. Theile konstruirt man für die in der Figur angedeutete belieb. stetige Belastung das Seilpolygon (nach S. 508) und daraus die Seilkurve. Durch die Schlusslinie und deren Parallele im Kraftpolygon bestimmt man die Lagerdrücke u. s. w.

Für totale gleichmässige stetige Belastung (p) verfährt man in der nämlichen Weise. Man erhält dann als Seilpolygon oder Momentenkurve eine Parabel, deren Höhe in der Mitte, falls $H = 1$ angenommen worden ist, $= \frac{pl^2}{8} = M_{max}$ ist. Die Konstruktion der Parabel kann man einfacher auch direkt nach Fig. 522 ausführen, in welcher $EF = \frac{1}{4} pl^2$ gemacht ist. Die Transversalkraft wird durch eine gerade Linie dargestellt.

4. **Der Kräfte-Maassstab.** Nach S. 507 ist H als Kraft nach dem Kräfte-Maassstab und y als Länge nach dem Längen-Maassstabe zu messen. Kann man H nicht = 1 oder = 10 machen, so konstruirt man zweckmässig einen besondern

Momenten-Maassstab, auf welchem die Grösse von y etwa in Tonnenmeter (^{tm}) unmittelbar abgegriffen werden kann. Z. B. ist in Fig. 521: $H = 30^t$ nach dem Kräfte-Maassstab, als Längen-Maassstab $1^m = 0{,}5^{cm}$ angenommen. Daraus ergiebt sich die Momenten-Einheit (^{tm}) $= \frac{1}{30}$ der Längeneinheit $= \frac{1}{20} \, 1{,}0 = 0{,}03333^{cm}$.

β. Gefährliche Lastlage bei veränderlicher Belastung.

1. Unmittelbare Belastung (ohne Zwischen-Konstruktionen). Für gleichförmig vertheilte Last und einen belieb. Querschn. entsteht das Maximum bezüglich des Moments M: bei totaler Belastung; bezüglich der positiven und negativen Transversalkraft Q: wenn bezw. entweder der rechts oder links vom Querschn. liegende Balkentheil voll belastet ist.

Fig. 523.

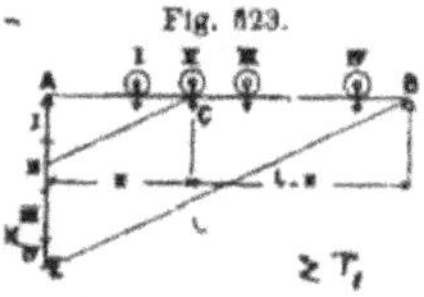

Für Einzellast-Systeme und für einen belieb. Querschn. in der Entfernung x vom linken Auflager entsteht: $M_{max.}$, wenn eine Last im Querschn. liegt und ausserdem die Last pro Längeneinh. der beiden Trägertheile links und rechts möglichst gleich gross wird, das heisst, Fig. 523,

$$\frac{\Sigma(P)}{x} = \frac{\Sigma(P_1)}{(l-x)}.$$

Beispiel. Es sei zu untersuchen, welche Last in Fig. 524 am Querschn. C liegen muss. Liegt die Last II unmittelbar links von C, so ist links: $\frac{\Sigma(P)}{x} = \frac{13+13}{3} = 8\frac{2}{3}$ und rechts $\frac{\Sigma(P_1)}{l-x} = \frac{13+9+9}{7} = 4\frac{3}{7}$. Danach müsste das Lastenschema nach rechts verschoben werden.

Fig. 524.

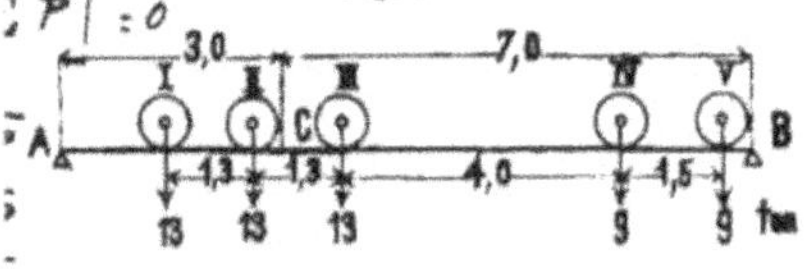

Liegt aber die Last II unmittelbar rechts von C, so ist: $\frac{\Sigma(P_1)}{x} = \frac{13}{3} = 4\frac{1}{3}$

$$\frac{\Sigma(P_1)}{l-x} = \frac{13+13+9+9}{7} = 6\frac{2}{7}.$$

Es muss also nur das Lastenschema nach links verschoben werden; d. h. die Last II muss in C liegen.

Grafisch ermittelt man diejen. Last, welche in einem Querschn. C, Fig. 524, liegen muss, um daselbst $M_{max.}$ zu erzeugen, wie folgt: Trage die Lasten, die auf AB von links nach rechts Platz finden, in A (oder B) vertikal auf, verbinde den Endp. E mit B (oder A) und ziehe durch C eine Parallele zu BE, welche die Strecke der fragl. Last schneidet. $+Q_{max.}$ oder $-Q_{max.}$ entsteht i. d. R., wenn bezw. der rechte oder linke Trägertheil belastet ist und die erste Last unmittelbar vor (am) Querschn. liegt.

Bei Eisenb.-Brücken muss das 1. Lokomotivrad, bei Strassen-Brücken das letzte Wagenrad am Querschn. stehen. Ausnahmsweise, wenn eine kleinere Last voraus geht (z. B. Pferde-Bespannung), ist es möglich, das für das Maxim. die 2. (oder 3.) schwere Last am Querschn. liegen muss.

2. Mittelbare Belastung (durch Zwischen-Konstruktionen). Die Maximalmom. brauchen nur für diejen. Querschn. bestimmt zu werden, in denen Querträger liegen, da hier die Mom. eben so gross sind, als wenn jene fehlten.

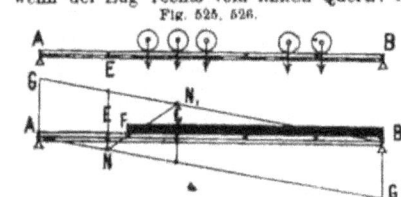

Die Transversalkraft wird für Einzellasten und einen belieb. Schnitt in einem Felde zwischen 2 Quertr. E und C, Fig. 525, in der Regel zum posit. Maxim., wenn der Zug rechts vom linken Quertr. E und dabei das 2. oder 1. Rad beim rechten Quertr. C steht, zum negativen Maxim., wenn das Umgekehrte der Fall ist. (Genaueres weiterhin.)

Fig. 525, 526.

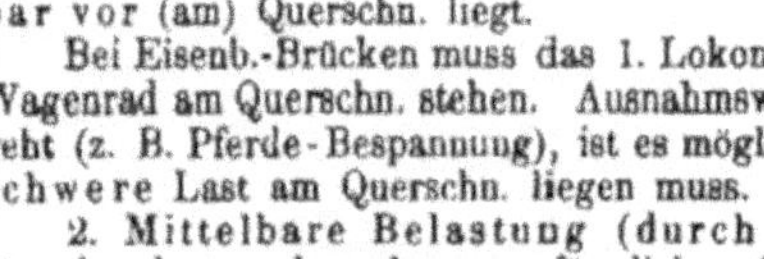

Für gleichmässig vertheilte Verkehrslast bestimmt sich der Punkt F, bis zu dem die Last vorrücken muss, damit $\pm Q_{max.}$ entsteht, am einfachsten nach Fig. 526: Ziehe in belieb. Neigung BG und dazu parallel AG_1, welche die durch die Quertr. E und C gehenden Vertik. bezw. in N und N_1 schneidet; dann liegt F im Schnitt von NN_1 und AB. Es ist: $CF = \frac{a\,x}{(l-a)}$.

γ. Grafische Darstellung der Maximal-Momente.

1. Die Maximal-Momente für volle gleichmässig vertheilte Last (z. B. das Eigengewicht) werden nach Fig. 522 dargestellt. Für unmittelbare Belastung ergiebt sich eine **Parabel**, für mittelbare Belastung ein Polygon, dessen Ecken in der Parabel liegen.

Für veränderliche Einzellasten hat man zunächst ein Mal das Seilpolygon zu zeichnen, Fig. 527, und dann jedes Mal durch entsprechende Verschiebung der Schlusslinie für einen Querschn. und die dazu gehörige gefährlichste

Fig. 527.

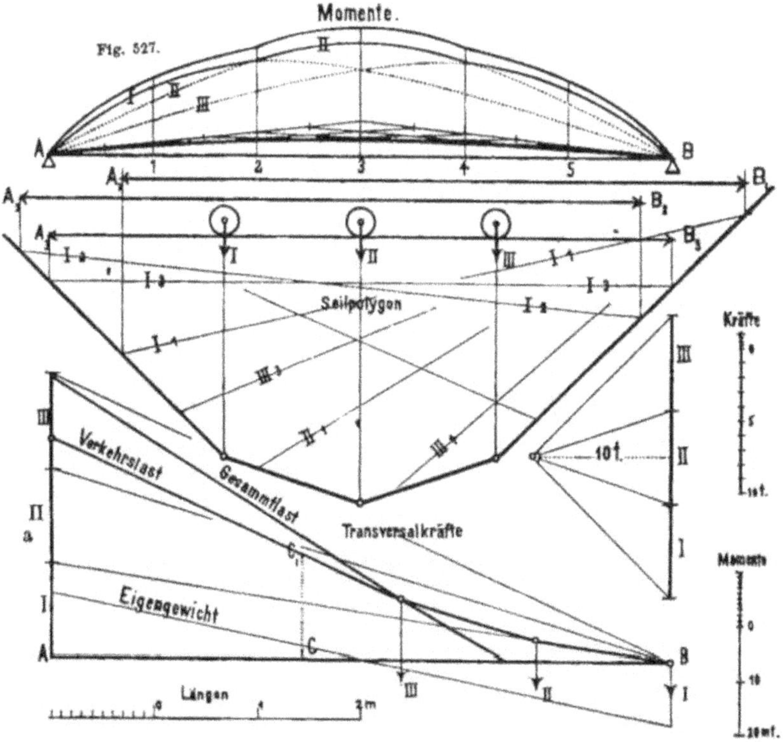

Lage des Lasten-Systems, das zugehörige Maximalmom., (bezw. die Seilpolygon-Höhe), an derjenigen Last abzugreifen, welche im Querschn. liegt. Für unmittelbare Belastung ergeben sich hierbei so viele Parabeln, als verschiedene gefährlichste Lastlagen vorhanden sind; die Durchschnittsp. dieser Parabeln sind daher auch leicht grafisch oder durch Rechnung zu bestimmen. Für mittelb. Belastung erhält man ein Polygon, dessen Endpunkte in verschiedenen Parabeln liegen.

Beispiel, Fig. 527. Bestimmung der Maximalmom. eines Brückenträgers von 6 m Spannweite, der durch eine Lokomotive unmitteib. belastet wird, deren Radstände und Achsdrücke aus Fig. 524 entnommen sind. Da 2 Träger vorhanden sind, kommt auf jeden die Hälfte der Last. Es ist daher zunächst aus den Raddrücken I, II, III das Kraftpolygon zusammen gesetzt und dazu das Seilpolygon gezeichnet. Der Raddruck IV kommt nicht in Betracht, weil er bei allen gefährlichsten Lastlagen ausserhalb der Stützen liegt. Für die belieb. gewählten Querschn. in den Punkten 1, 2, 3, 4 und 5 sollen nun die Maximalmom. bestimmt werden. Zu diesem Zweck hat man (z. B. für Querschn. 1) den Träger sich horizontal so verschoben zu denken, dass der Querschn. 1 in der Figur des Seilpolygons senkrecht über derjenigen Last desselben zu liegen kommt, welche in 1 das Maximum hervor ruft. Diese Last kann man nach S. 632 rechnerisch oder grafisch ermitteln. Uebersichtlicher wird aber die Mom.-Darstellung, wenn man für jeden Querschn. nicht nur die Maximalmom. zeichnet, sondern auch diejenigen Mom., welche durch die andern Lasten daselbst hervor gerufen werden; dies ist in Fig. 527 geschehen. Die stark ausgezogene Polygon-Linie zeigt die Maximalwerthe der Mom., welche sich aus den 3 für die Lasten I, II und III gezeichneten Parabeln ergeben. Im Querschn., welcher dem Schnittp. der Parabeln I und II entspricht, bringt sowohl I als auch II dasselbe Maximum hervor.

Rechnerisch bestimmt man diesen Schnittp. wie folgt:

Liegt die Last I am fraglichen Querschn. in der Entfernung x von A, so ist das Mom. daselbst:

$$\mathfrak{M}_1 = A x = 3 G \left(\frac{l - x - a}{l}\right) x.$$

Liegt die Last II am fraglichen Querschn., so wird:

$$\mathfrak{M}_2 = A x - G a = 3 G \frac{l - x}{l} x - G a.$$

Soll $\mathfrak{M}_1 = \mathfrak{M}_2$ sein, so folgt: $3 G \frac{l - x - a}{l} x = 3 G \frac{l - x}{l} x - G a$ oder: $x = \frac{l}{3}$

Durch ähnliche Rechnungen kann man auch die zur Zeichnung der 3 Mom.-Parabeln I, II und III erforderl. Ordinaten bestimmen. Dabei ist aber zu beachten, dass allgem. die Parabel-Gleich. immer nur so lange gelten, als die bei Aufstellung derselben in Betracht gezogenen Lasten noch innerhalb der Stützen liegen.

In Fig. 527 sind ausser den eben besprochenen Mom. aus der Verkehrslast auch noch die Mom. aus der Eigenlast (0,7 t pro m) und (durch Addition) die Mom. aus der Gesammtlast gezeichnet.

2. Das absolute Maximum der Mom. findet man mit Hilfe folgenden Satzes: **An irgend einer Last wird das Mom. zum absoluten Maximum, wenn diese Last und die Resultante sämmtlicher Lasten von der Mitte des Trägers gleich weit abstehen.**

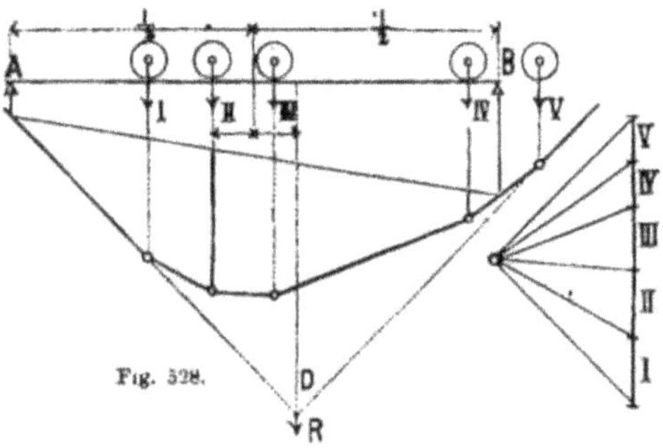

Fig. 528.

Man bestimmt also, wie in Fig. 528 geschehen ist, durch Verlängerung der äussern Seilpolygon-Seiten den Angriffspunkt D der Resultante R. Dann denkt man den Träger so verschoben, dass eine bestimmte Ecke des Seilpolygons von der Trägermitte ebenso weit absteht, wie die Resultante, zieht die Schlusslinie und bestimmt dadurch das Mom. für die fragliche Ecke. Diese Konstruktion wiederholt man für verschiedene Ecken des Seilpolygons, bis das absolute Maxim. gefunden ist. In Fig. 528 liegt das absolute Maxim. unter der Seilpolygon-Ecke, in welcher die Last II. angreift. Die Last V. fällt dabei ausserhalb der Stützen. Die Grösse des Maximalmom. ist im Seilpolygon durch eine starke Ordinate gekennzeichnet.

δ. Grafische Darstellung der Maximal-Transversalkräfte.

1. **Stetige Belastung.** Die Darstellung ist für unmittelbare Belastung, Fig. 529, eine Parabel, welche man am einfachsten dadurch zeichnet, dass man das den Lagerdruck in A darstellende Stück $AE = \frac{pl}{2}$ u. die Spannw. AB in die gleiche Anzahl gleicher Theile zerlegt. Dann ist der Schnittp. einer vertikalen Theillinie und des betr. Strahls BE_1 ein Punkt der Parabel.

Fig. 529 u. 530.

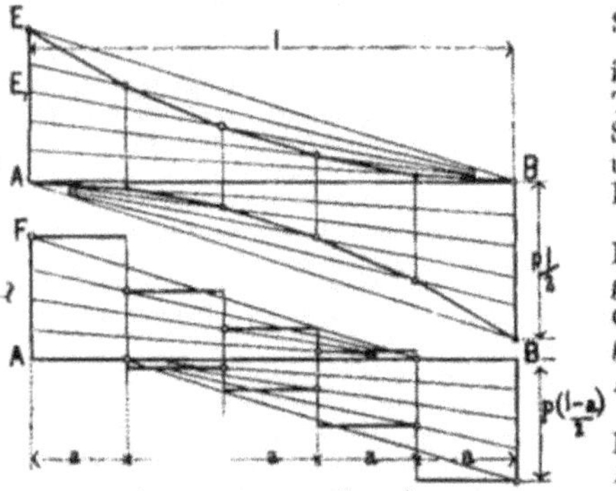

Für mittelbare Belastung, Fig. 530 (z. B. durch Querträger), gilt dieselbe Konstruktion; nur muss die Parabel für eine Spannw. $= l - a$ gezeichnet und $Q_{max.}$ innerhalb des Abstandes von 2 Querträgern als konstant angenommen werden. Die grösste Transversalkraft in A und B ist hier deshalb auch nur: $= p \frac{l}{2} - p \frac{a}{2} = p \frac{(l - a)}{2}$.

2. **Unmittelbar wirkende Einzellasten,** Fig. 527a. Die Werthe von $+Q_{max.}$ und $-Q_{max.}$ für ein bestimmtes Lastenschema werden durch ein zwischen den Lastrichtungen zu zeichnendes Seilpolygon dargestellt, welches man erhält, wenn man die Poldistanz im Kraftpolygon = der Spannw. AB wählt und das Lastenschema bezw. die Lastrichtungen in umgekehrter Reihenfolge derart aufträgt, dass die erste Last (I.) in B zu liegen kommt. Die grösste positive Transversalkraft im belieb. Querschn. C ist demnach z. B. = der Ordin. CC_1 und diesem Maximum entspricht diejenige Lastlage, bei welcher die Last I. in C fällt und der Theil AC unbelastet ist oder bei welcher der Lagerdruck (in A) = CC_1 ist.

In Fig. 527a sind darnach die Maximal-Transversalkräfte aus der Verkehrslast, für das Eigengewicht des Trägers von 6 m Spannw. und (durch Addition) für die Gesammtlast dargestellt.

3. **Mittelbar wirkende Einzellasten,** Fig. 531. Hier zeichnet man in der nämlichen Weise wie vorhin das Seilpolygon, welches ohne weiteres für das belieb.

Fig. 531.

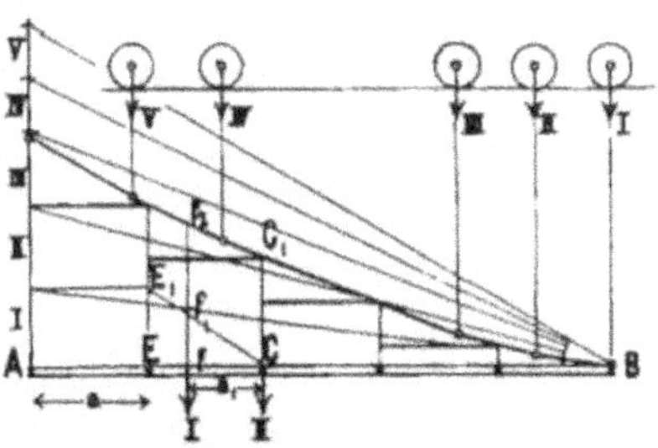

Feld EC die Werthe von $+Q_{max.}$ und $-Q_{max.}$ für diejenige Lastlage angiebt, bei welcher die Last I am Querträger C liegt. Es ist aber noch zu untersuchen, ob nicht etwa, wenn die 2. oder 3. Last u. s. w. am Querträger C liegt, ein grösseres Q für das belieb. Feld EC entsteht, als wenn die 1. Last dort liegt. Liegt z. B. II. in C und I. in f, so ist:

$$Q_{max.} = ff_2 - \mathrm{I}\frac{a_1}{a}.$$

Macht man $EE_1 = \mathrm{I}$ und zieht E_1C, so ist der Abschnitt $ff_1 = \mathrm{I}\frac{a_1}{a}$ und also: $f_1f_2 = Q_{max.}$ Ist nun: $f_1f_2 > CC_1$, so ist die gesuchte Lastlage die gefährlichere. In Fig. 531 ist $f_1f_2 < CC_1$.

In dieser Weise wird für jedes Feld die zugehörige innerhalb des Feldes konstante Maximal-Transversalkraft gefunden.

ε. **Rechnungs-Ergebnisse.**

Das Maximal-Moment $\mathfrak{M}$ findet man für denjenigen Querschn. in welchem: α, bei Einzellasten eine Last liegt und β, die Transversalkraft vom Positiven ins Negative übergeht. Stetig vertheilte Last kann man, wenn nicht eine genaue analyt. Untersuchung verlangt wird, in einzelne Theile zerlegt und durch Einzelkräfte, die in den Schwerp. der Theile angreifen, ersetzt denken.

Ueber die Grösse der Durchbiegung einfacher vertikal belasteter Balken oder Träger vergl. S. 588 ff.

Es bezeichnen:

A und B die Lagerdrücke der linken bezw. rechten Stütze; $Q = ql$ eine gleichm. vertheilte Last (auch Eigengewicht); P eine Einzellast; $\mathfrak{M}$ das grösste Moment (Mom. des gefährlichsten Querschn.); x, y die Abstände des gefährlichsten Querschn. von A und B.

1. Der Träger ist bei A unwandelbar befestigt, bei B belastet; Fig. 532. Es ist: $A = P + Q$; $\mathfrak{M} = \left(P + \frac{Q}{2}\right) l$ (für $x = 0$).

Fig. 532, 533.

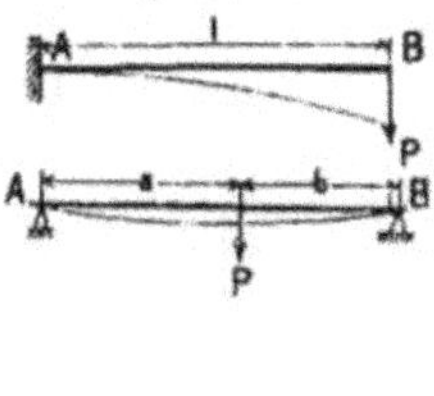

Trägt der Balken ausser der gleichm. vertheilten Last Q mehrere Einzellasten P_1, P_2, P_3, welche in den Entfernungen a_1, a_2, a_3 von A angreifen, so ist:

$$\mathfrak{M} = \Sigma(Pa) + \frac{Ql}{2}.$$

2. Der Träger liegt bei A und B horizontal gestützt; Fig. 533. Es ist, wenn $a < b$:

$$A = P\frac{b}{l} + \frac{Q}{2};\quad B = P\frac{a}{l} + \frac{Q}{2}.$$

Für $\frac{P}{Q} < \frac{b-a}{2a}$ ist: $\mathfrak{M} = \left(P\frac{a}{l} + \frac{Q}{2}\right)^2 \frac{l}{2Q}$ und $y = \frac{Pa}{Q} + \frac{l}{2}$.

Für $\frac{P}{Q} > \frac{b-a}{2a}$ ist: $\mathfrak{M} = \left(P + \frac{Q}{2}\right)\frac{ab}{l}$ und $y = b$.

Für $Q = 0$ wird: $\mathfrak{M} = P\frac{ab}{l}$ und für $a = b$: $\mathfrak{M} = \frac{Pl}{4}$.

Für $P = 0$ wird: $\mathfrak{M} = \frac{Ql}{8}$.

3. Der Träger ist in A und B horizontal und frei gestützt und trägt eine nach der Trapezform symmetrisch angeordnete Belasung P:

Fig. 534. $A = B = \frac{P}{2}$; $\mathfrak{M} = \frac{8a^2 + 3b(4a+b)}{24(a+b)} P$.

Für dreiecksförmige Belastung ($b = 0$) wird: $\mathfrak{M} = \frac{Pl}{6}$.

4. Für den in Fig. 535 dargestellten Belastungsfall desgl.:

$$A = \frac{P(2l-a) + P_1 b}{2l}; \quad B = \frac{P_1(2l-b) + Pa}{2l}.$$

Der Querschn. berechnet sich:

$$\text{für } A \leqq P \text{ aus: } \mathfrak{M} = \frac{A^2 a}{2P}; \quad \text{für } B < P_1 \text{ aus: } \mathfrak{M} = \frac{B^2 b}{2P_1}.$$

Für $A = B = P$ (d. i. für $P = P_1$ und $a = b$) wird: $\mathfrak{M} = \frac{Pa}{2}$.

Fig. 534.

Fig. 535.

Fig. 536.

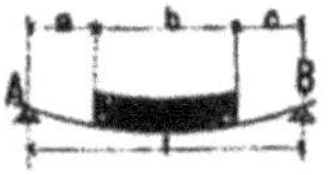

Fig. 537.

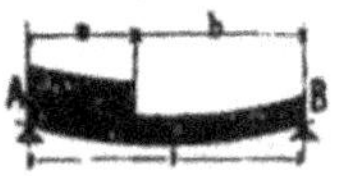

5. Desgl. für den in Fig. 536 dargestellten Belastungsfall:

$$A = \frac{P(2c+b)}{2l}; \quad B = \frac{P(2a+b)}{2l}; \quad \mathfrak{M} = A\left(a + \frac{bA}{2P}\right).$$

6. Desgl. für den Belastungsfall, Fig. 537:

$$A = \frac{P}{2} + P_1 - \frac{P_1 a}{2l}; \quad B = \frac{P}{2} + \frac{P_1 a}{2l}.$$

Zur Querschn.-Berechnung dient:

$$\text{für } A \gtreqless P_1 + \frac{Pa}{l}: \ \mathfrak{M} = \frac{A^2 a l}{2(P_1 l + Pa)}; \quad \text{für } B < \frac{Pb}{l}: \ \mathfrak{M} = \frac{B^2 l}{2P}.$$

c. Aeussere Kräfte der Träger auf mehreren Stützen.

Im Nachfolgenden ist zuerst die grafische Methode für konstanten Trägerquerschn. (mit Benutzung der Arbeiten von Winkler und Steiner) mitgetheilt, und sind im Anschluss daran einige wichtige Resultate der analytisch geführten Theorie beigefügt. Dabei ist nur auf unmittelbare Belastung Rücksicht genommen, weil der Einfluss der Zwischenträger, besonders bei einer grossen Zahl derselben, praktisch im allgemeinen nicht von Belang ist.

α. Konstruktion der elastischen Linie.

Die grafische Darstellung der elast. Linie eines belieb. belasteten Trägers auf 2 Stützen für konstanten und variablen Trägerquerschn. ist in der Elastizitätslehre (S. 586) behandelt worden. Danach ist die elast. Linie diejenige Seilkurve, welche man erhält, wenn man die Grösse $\left(\frac{M}{J}\right)$ als Last pro Längeneinheit und den konstanten Elastizit.-Koeffizienten E als Horizontalspannung einführt.

Ist der Trägerquerschn. also auch J_1 konstant, so kann man auch EJ als Horizontalspannung und M als Last pro Längeneinheit auffassen. Die Gleich. der elast. Linie ist:

$$\frac{d^2y}{dx^2} = \frac{M}{EJ}.$$

Will man nicht die elast. Linie in *ihrem ganzen Verlaufe*, sondern nur die Lage einer Tangente an dieselbe in den Auflagerpunkten A und B zeichnen, so kann man die Momentenfläche behufs Zeichnung eines Seilpolygons innerhalb AB in belieb. Weise sich zerlegt denken, weil die Seilpolygon-Seiten in A und B immer Tangenten an die elast. Linie bleiben (vergl. über Seilkurven S. 508). Z. B. zerlegt man beim *horizontal eingespannten Balken*, Fig. 538, die Momentenfläche II. in eine Mom.-Fläche $\mathfrak{M}$, welche nur positive Mom. enthält und unmittelbar die Mom. für den Fall gäbe, wo der Träger in A und B frei gestützt aufläge, und in die Mom.-Flächen $\mathfrak{M}_1$ und $\mathfrak{M}_2$, welche negativ sind und als End-Ordin. die Mom. M_1 und M_2 besitzen, welche an den Einspannungsstellen entstehen. Das zwischen den Richtungen der in den Schwerp. der betr. Mom. angreifenden Kräfte $\mathfrak{M}$, $\mathfrak{M}_1$ und $\mathfrak{M}_2$ und mit der Poldistanz $H = EJ$ gezeichnete Seilpolygon IV. zeigt, dass die End-Tangenten in A_1 und B_1 nur dann horizontal sein können, wenn im Kraftpolygon: $\mathfrak{M} = \mathfrak{M}_1 + \mathfrak{M}_2$ ist, d. h. *wenn die in II. zu beiden Seiten der Schlusslinie liegenden Mom.-Flächen einander gleich sind.* Jedes der mittleren Felder eines kontinuirl. Trägers verhält sich ähnlich, wie ein an beiden Enden eingespannter Träger. Sobald daher die Tangenten an die elast. Linie in den Stützpunkten gefunden sind, ergiebt sich daraus eine Methode, um *die an den Stützpunkten wirkenden Mom.: die Stützen-Mom. (Normal-Mom.) zu bestimmen.* Sind diese einmal bekannt, so ergeben sich nach Eintragung derselben in das 1. Seilpolygon die bis dahin unbekannten Schlusslinien der einzelnen Felder u. dadurch auch die übrigen Mom. und die Transversalkräfte.

Fig. 538.

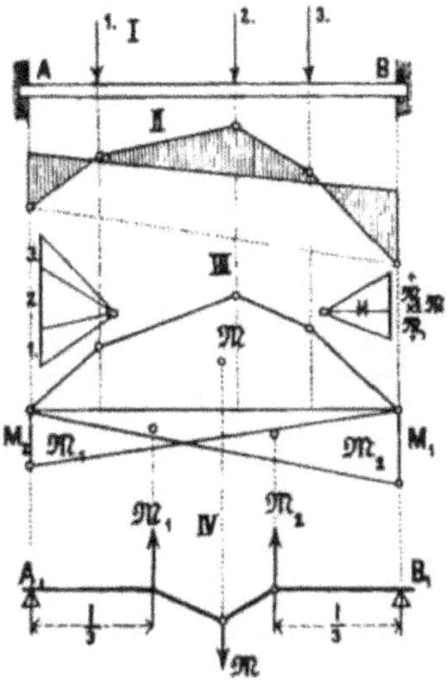

β. Das 2. Seilpolygon u. die Drittels-Vertikalen.

Es kommt darauf an, die Stützen-Mom. für den Fall zu konstruiren, wo *nur ein Feld des Trägers belastet* ist. Man erhält die wirklichen Stützen-Mom. für einen gegebenen Belastungsfall durch algebr. Addition derjenigen verschiedenen Einzelwerthe, welche sich ergeben, wenn je nur ein Feld belastet ist.

In Fig. 539 sei nur das Feld $A_2 A_1$ belastet. Dadurch entstehe die Mom.-Fläche II., deren Stützen-Ordin. aber noch nicht bekannt sind. In III. ist angegeben, auf welche Weise man sich die Mom.-Fläche II. aus positiven und negativen Theilen zusammen gesetzt denken kann.

Alle Kräfte in II., mit Ausnahme der Kraft, welche durch die einfache Mom.-Fläche des belasteten Feldes dargestellt wird, greifen in *Drittelspunkten* der einzelnen Felder an, weil die Lage des Schwerp. der Dreiecksflächen dies bedingt. Zeichnet man nun zwischen den durch III. gegebenen Kraftrichtungen mit Hilfe einer 2. Poldistanz ein Seilpolygon IV., so entsprechen die durch die Stützen gehenden Seiten desselben den Tangenten an die elast. Linie daselbst. Diese Seilpolygon-Seiten werden *Pfeiler-Tangenten* und die im mittleren Drittel eines Feldes liegende Seite wird die *mittlere Seilpolygon-Seite* genannt.

Es lässt sich nachweisen, dass die einer Stütze rechts und links zunächst liegenden mittlern Seilpolygon-Seiten sich stets in Punkten einer bestimmten Vertikalen, der *verschränkten Pfeiler-Vertik.* schneiden.

Diese Vertik. steht von der nächsten Drittel-Vertik. des linken Feldes um ein Drittel der Länge des rechten Feldes ab, und umgekehrt. Bei gleicher Felderweite fällt die verschränkte Pfeiler-Vertik. mit der Pfeiler-Vertik. zusammen.

Die beiden mittlern Seilpolygon-Seiten eines belasteten Feldes kreuzen sich in der Schwerp.-Vertik. der einfachen Mom.-Fläche — bei gleichm. Belastung also in der Feldmitte — und schneiden auf den Stützen-Vertik. dieses Feldes Strecken ab, deren Grösse nur von der Spannweite und der Belastungsart dieses Feldes, nicht aber von den übrigen Feldern des Trägers abhängig ist.

Fig. 539.

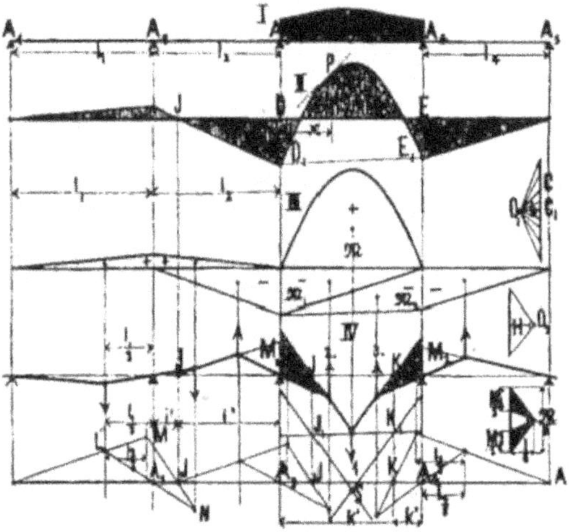

γ. Die Fixpunkte.

Für das 2. Seilpolygon (IV.) lassen sich folgende Eigenschaften nachweisen.

Bei gleicher Höhenlage aller Stützen schneidet, wie immer auch ein Feld belastet sein möge, die mittlere Seilpolygon-Seite jed. unbelasteten Feldes die Trägeraxe AA in einem festen Punkte, welcher dem Wendep. der elast. Linie entspricht. Diese Fixpunkte liegen immer in den äussern Dritteln der Felder. Jedes Feld besitzt 2 solcher Fixpunkte, die entweder in das linke oder rechte Drittel des Feldes fallen, je nachdem das belastete Feld rechts oder links von dem betrachteten Felde liegt. Die beiden mittlern Seilpolygon-Seiten eines belasteten Feldes gehen ebenfalls durch die Fixpunkte.

Die Bestimmung der Fixpunkte ist die erste Operation, welche bei der grafischen Behandlung der kontinuirl. Träger auszuführen ist. Die Konstruktion geschieht, wie auch immer die Belastung der Trägerfelder sein möge, wie folgt:

Von einem Ende des Trägers aus, z. B. von A_1, Fig. 539, aus ziehe man eine belieb. Gerade, welche die Drittel-Vertik. und die verschränkte Pfeiler-Vertik. bezw. in den Punkten L und M schneidet.

Ziehe ferner von L aus durch A_2 eine Linie, welche die Drittel-Vertik. des 2. Feldes in N schneidet. Dann liegt der Fixpunkt J im Schnitt von MN mit der Trägeraxe. Von J aus wiederholt man dasselbe Verfahren für das nachfolgende Feld und so fort, bis alle Fixpunkte bestimmt sind.

Durch Rechnung findet man die Fixpunkte wie folgt: Die Abstände eines linken Fixpunktes J von der linken und rechten Stütze seien bezw. ι' und ι'', desgl. eines rechten Fixpunktes K, von der linken und rechten Stütze bezw. k' und k''. Dann ist für das $n$te Feld l_n, wenn allgemein $\frac{\iota'}{\iota''} = \iota$ gesetzt wird:

$$\iota_n \lambda_n = \frac{1}{2 + \lambda_n (2 - \iota_{n-1})}, \quad \text{wobei: } \lambda_n = \frac{l_{n-1}}{l_n} \text{ ist.}$$

In den Endfeldern fällt die neue Fixpunkt-Vertik. mit den Auflager-Vertik. zusammen; es ist $\iota_1 = 0$. Bei symmetr. Anordnung der Felder brauchen nur die Fixpunkte J bestimmt zu werden; die Punkte K ergeben sich dann aus der Symmetrie. Bei unsymmetr. Feldertheilung zähle man die Felder von der rechten Endstütze aus und bestimme dann den Werth $\frac{k''}{k'} = x$ nach derselben Formel.

Beispiel. Träger auf 4 Stützen. Felderlängen $l_1 = l_3 = \frac{4}{5} \cdot l_2$. Es ist $\iota_1 = 0$:

$$\iota_2 = \frac{1}{2 + \frac{4}{5}(2 - 0)} = \frac{5}{18}; \quad \iota_3 = \frac{1}{2 + \frac{5}{4}\left(2 - \frac{5}{18}\right)} = \frac{72}{299};$$

Daraus folgt: $\iota'_1 = 0$; $\iota'_2 = \frac{5}{23} l$; $\iota'_3 = \frac{72}{371} l_1$.

δ. Anwendung der Kreuzlinien zur Bestimmung der Mom. und Transversalkräfte für ein belieb. belastetes Feld.

Für das belieb. belastete Feld $A_3 A_4$, Fig. 539, zeichnet man mit Hilfe einer belieb. Poldistanz h in bekannter Weise — so als ob das Feld in A_3 und A_4 frei gestützt sei — das 1. Seilpolygon II. Die Schlusslinie $D_1 E_1$ desselben begrenzt die sogen. einfache Mom.-Fläche, in deren Schwerp.-Vertik. die Kraft $\mathfrak{M}$, d. i. der Flächeninhalt der Mom.-Fläche, angreifend gedacht wird. Zeichnet man nun ein 2. Kraftpolygon mit der Poldistanz $= \frac{l}{6}$ und der Kräfte-Vertik. $= \frac{\mathfrak{M}}{l}$, so stellen die durch einen Punkt S der Schwerp.-Vertik. zu den Strahlen des 2. Kräftepolygons parallel gezogenen Linien die sogen. Kreuzlinien dar.

Mit Hilfe der Kreuzlinien findet man die Stützen-Mom.; daraus folgen die übrigen Mom. und die Transversalkräfte. Zieht man nämlich durch die bekannten Fixpunkte des Feldes Vertikalen, welche die Kreuzlinien in den Punkten J_1 und K_1 treffen, so schneidet die durch J_1 und K_1 gelegte Gerade auf den Pfeiler-Vertik. direkt die betr. Stützen-Mom. M_1 und M_2 ab.

Trägt man die so erhaltene Grösse der Stützen-Mom. in II auf, so ergiebt sich dadurch die richtige Schlusslinie DE und zugleich das Mom. M_x für jeden belieb. Querschn. des Feldes. Es ist nicht nothwendig, die Mom.-Flächen in II so darzustellen, dass die Schlusslinien in den einzelnen Feldern mit der Trägeraxe zusammen fallen. Doch ist diese Darstellung, wie in Fig 539 geschehen, durch entsprechende Anlage des 1. Kraftpolygons leicht zu erzielen.

Die Transversalkräfte erhält man aus dem 1. Kraftpolygon, indem man daselbst den zur Schlusslinie $D_1 E_1$ parallelen Strahl $O_1 C_1$ und den zur Tangente im belieb. Punkte P der Parabel II parallelen Strahl $O_1 C$ einträgt. Die Strecke CC_1 stellt dann die Transversalkraft Q_x im Punkte P dar.

Der Beweis für die erläuterte Eigenschaft der Kreuzlinien ergiebt sich, wenn man das Seilpolygon IV für die elast. Linie mit einer Poldistanz $\frac{l}{6}$ gezeichnet denkt, wobei die Kräfte 1, 2, 3 durch die Grössen $\frac{\mathfrak{M}}{l}$, $\frac{1}{2}\frac{M_1 l}{l}$ und $\frac{1}{2}\frac{M_2 l}{l}$ dargestellt erscheinen, leicht aus der Aehnlichkeit der schraffirten Dreiecke.

ε. Zeichnung der Kreuzlinien eines belasteten Feldes für besondere Belastungsfälle.

Man bestimmt die Strecken t_1 und t_2 welche die Kreuzlinien bezw. auf der linken und rechten Stützen-Vertik. abschneiden, wie folgt:

Fig. 540 u. 540 a.

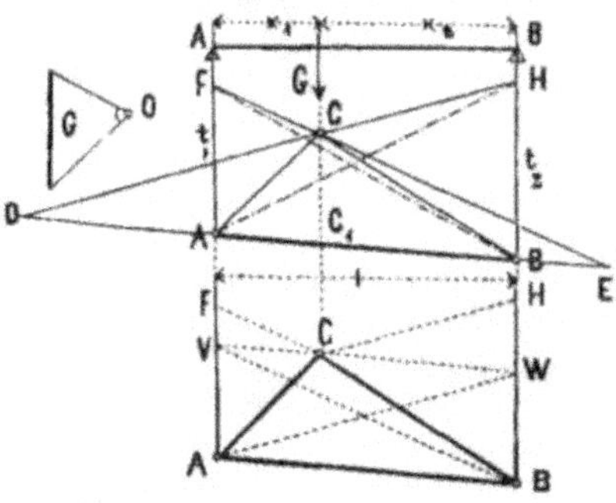

1. Für eine Einzellast G, Fig. 540. Das $\triangle ABC$ stelle die mit belieb. Poldistanz h gezeichnete einfache Mom.-Fläche vor. Macht man dann $DC_1 = EC_1 = AB$ und legt durch D u. C und E und C Gerade, so schneiden diese auf den Pfeiler-Vertik. die Strecken $AF = t_1$ und $BH = t_2$ ab.

Die Rechnung giebt mit Bezug auf Fig. 540:

$$AF = + G\left(\frac{x_1 x_2 (l + x_1)}{l^2}\right);$$

$$BH = + G\left(\frac{x_1 x_2 (l + x_2)}{l^2}\right)$$

AH und BF sind dann die Kreuzlinien.

Andere Konstruktion, Fig. 540a. Durch C lege man zu AB eine Parallele, welche die durch A und B gehenden Vertik. in V und W schneidet; ferner lege man durch C Parallelen zu BV und AW, welche dieselben Vertik in F und H schneiden. Die Geraden AH und BF sind dann die Kreuzlinien.

2. **Für ein System von Einzellasten**, Fig. 541. Je 2 zusammen stossende Seilpolygon-Seiten verlängert man und legt durch die Schnittp. der Verlängerungen mit den beiden Stützen-Vertik. Gerade.

Diese schneiden auf den durch die Seilpolygon-Ecken gehenden Kraftrichtungen die Strecken a, b und c ab. Trägt man diese Strecken dann als Kräfte in einer Kraft-Vertik. CC_3 zusammen, zeichnet mit der Poldistanz l dazu ein 2. Seilpolygon und schneiden die äussern Seiten desselben auf den Stützen-Vertik., bezw. die Strecken DF und EC_3 ab, so ist: $DH = DF + CC_3 = t_1$ und: $EC_3 + CC_3 = t_2$.

Fig. 541.

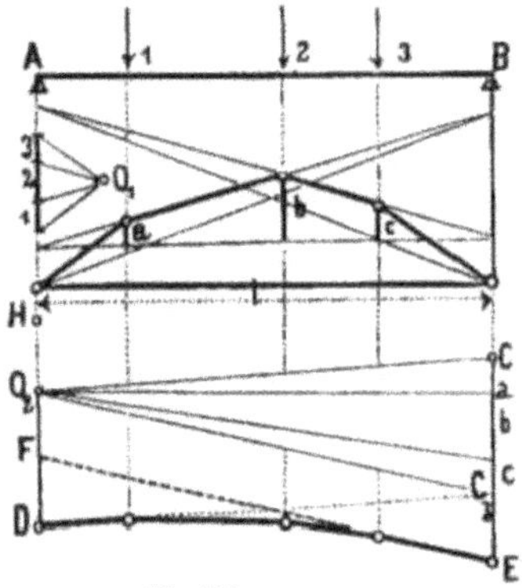

Fig. 542.

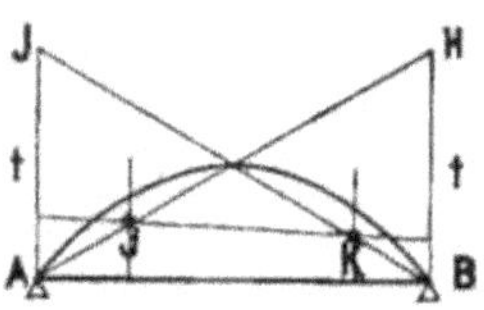

3. **Bei gleichmässiger Vollbelastung** werd. auf den Stützen-Vertik. d. Strecken t_1 und t_2 durch diejenigen Geraden abgeschnitten, welche durch den höchsten Parabelpunkt verlaufen, Fig. 542. Es sind dann AH und BF Kreuzlinien und es ist: $t_1 = t_2 = t = \frac{1}{4} q l^2$.

(q Belastung pro Längeneinheit.)

4. **Für gleichmässige Theil-Belastung**, Fig. 543, besteht die Mom.-Fläche aus dem Parabel-Segment $A_1 C_1$ und dem Dreieck $A_1 B_1 C_1$, dessen Seite $B_1 C_1$ die Parabel in C_1 tangirt. Die beiden Parabel-Tangenten $A_1 D$ und $B_1 E$ schneiden sich in der Entfernung $\frac{x}{2}$ von A_1. Verwandelt man das Parabelstück in ein Dreieck $A_1 C_1 F$ dadurch, dass man dessen Höhe $FH = \frac{2}{3} HL$ macht, so kann man, weil die Schwerp. des Dreiecks $A_1 C_1 F$ und des Parabelstücks in derselben Vertikalen liegen, die Strecken t_1 und t_2 für das Seilpolygon $A_1 F C_1 B_1$ nach dem ad 2. Gesagtem bestimmen.

Fig. 543.

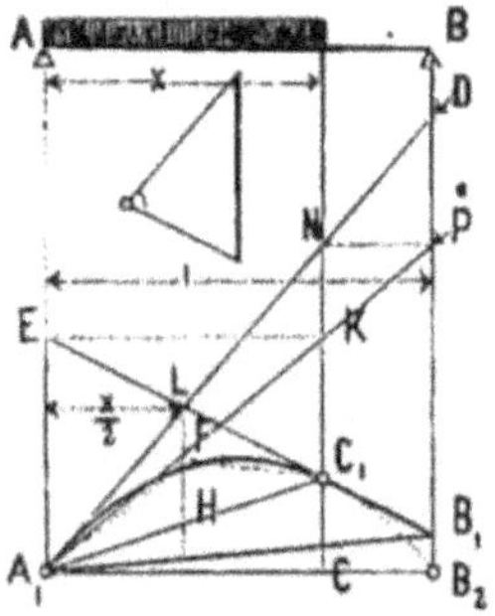

Rascher gelangt man meist durch **Rechnung** zum Ziele. Es ist nämlich, wenn das Verhältniss $\frac{x}{l} = m$ gesetzt, und die Strecke $t = \frac{1}{4} q l^2$ für Vollbelastung eingeführt wird:

$$t_1 = m^2 (2 - m^2)\, t; \quad t_2 = m^2 (2 - m)^2\, t.$$

Dies giebt für:

$m = 0{,}25$	0,50	0,75	1,00
$t_1 = 0{,}1211\ t$	0,4375 t	0,8086 t	1,0000 t
$t_2 = 0{,}1914\ t$	0,5625 t	0,8789 t	1,0000 t

t_1 gilt für diejenige Stütze, bei welcher die Belastung anfängt, t_2 für die andern Stützen, bis zu welchen die Belastung nicht reicht.

Zur raschen und genauen Bestimmung der End-Tang. der Parabel ist die Kenntniss des Abstandes $A_1 E = 2t \left(\frac{x}{l}\right)^2$ bequem.

Man mache $B_2 D = 2t$, so ist $A_1 D$ die linke End-Tang., ziehe ferner vom Schnittp. N der $A_1 D$ mit der Vertikalen durch C_1 eine Parallele zur $A_1 B_2$, welche die $B_2 D$ in P trifft. Die Gerade $A_1 P$ schneidet dann auf der CN das Stück $CK = A_1 E$ ab und die Gerade EC_1 ist Tang. an die Parabel im Punkte C_1.

ζ. Gefährlichste Lastlage.

Zur klarsten Erkenntniss der Wirkung bewegter Einzellasten kommt man hier durch Anwendung der Influenzlinie (vergl. S. 626).

Für stetige bewegte Lasten kann die gefährlichste Lastlage direkt ermittelt werden.

Die **Transversalkraft** wird in einem Querschn. zum positiven oder negativen Maximum, wenn die Belastung im fraglichen Felde sich vom Querschn. bis zur rechten bezw. linken Stütze erstreckt und die übrigen Felder derart abwechselnd belastet sind, dass an den belasteten Theil des fraglichen Feldes ein unbelastetes und an den unbelasteten Theil ein belastetes Feld stösst.

Das Mom. **wird für jeden Querschn. innerhalb der Fixpunkte eines Feldes** zum positiven oder negativen Maximum, wenn das fragliche Feld entweder vollständig belastet oder vollstängig entlastet ist und die übrigen Felder wechselnd so belastet sind, dass an ein belastetes Feld stets ein unbelastetes stösst.

Für Querschn., welche zwischen einer Stütze und dem Fixpunkte eines fraglichen Feldes liegen, wird das Mom. zum positiven Maximum, wenn die Belastung von der genannten Stütze über den Querschn. hinweg bis zu einem Punkte reicht, der zum Wendep. der elast. Linie würde, wenn im Querschn. eine Einzellast läge. Die übrigen Felder sind derart abwechselnd zu belasten, dass an den unbelasteten Theil des betr. Feldes ein belastetes und an den belasteten Theil ein unbelastetes Feld stösst. Bezüglich der negativen Maximal-Mom. ist in diesem Falle diejenige Lastlage die gefährlichste, welche die eben beschriebene zur **vollen** Belastung ergänzt.

Anstatt für einen bestimmten Querschn. die gefährlichste Lastlage zu ermitteln, ist es meist vortheilhafter, für eine bestimmte Theilbelastung ($^1/_4$, $^1/_2$ und $^3/_4$ des Feldes) denjenigen Querschn. aufzusuchen, für welchen dieselbe am ungünstigsten ist.

Der Abstand x dieses Querschn. von der rechten Stütze ist, wenn daselbst für eine von der rechten Stütze aus auf die Länge ξ sich erstreckende Theilbelastung das positive Maximal-Mom. erzeugt werden soll, zu berechnen aus:

$$\frac{x}{l} = \frac{i'(2k' - k'' - \xi)\xi}{(k' - i')l^2 + (2i'' - k'')l\xi - (i' + k'')\xi^2}.$$

i', i'' und k', k'' sind die bekannten (S. 638 angegebenen) Abstände der Fixpunkte. — $M_{x\,max.}$ erhält man durch Subtraktion des gefundenen Werthes für — $M_{x\,max.}$ von dem für die Vollbelastung ermittelten Werthe von M_x.

Fig. 644.

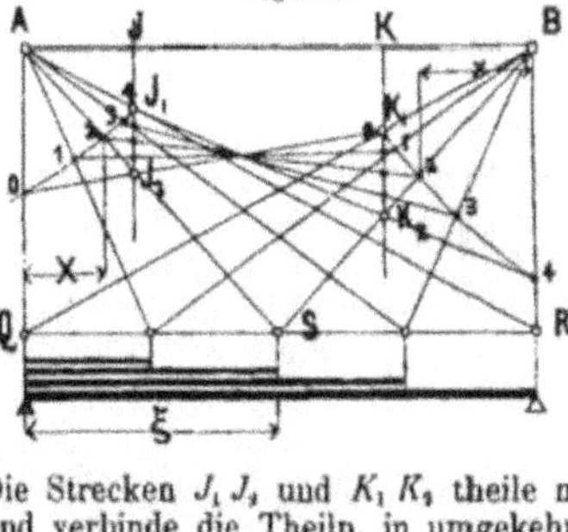

Durch Konstruktion (zuerst von **Mohr** angegeben) findet man den Abstand x, Fig. 544, wie folgt:

Zwischen den Pfeiler-Vertik. ziehe man in belieb. Abstande zwei Parallelen AB und QR und theile QR in eine Anzahl gleicher Theile, welche den verschiedenen Theil-Belastungen entsprechen; meistens werden 4 Theile genügen. Von A nach R und aus der Mitte S von QR ziehe man Gerade, welche die Fixp.-Vertik. J in J_1 und J_2 schneiden; ebenso ziehe man von B nach Q und S Gerade, welche die Fixp.-Vertik. K in K_1 und K_2 schneiden. Die Strecken $J_1 J_2$ und $K_1 K_2$ theile man in ebenso viele gleiche Theile wie QR und verbinde die Theilp. in umgekehrter Reihenfolge durch Gerade. Die Schnittp. derselben mit den von A und B nach den Theilp. in der QR gezogenen Geraden entsprechen den Querschn.-Punkten, für welche das Mom. zum Maximum wird, wenn die Last durch die entsprechenden Theilp. von QR begrenzt ist.

Beispiel. Für den kontinuirl. Träger $ABCD$, Fig. 545, dessen Felderw. sich = 4 : 5 : 4 verhalten, sollen unter Anwendung der **Influenzlinien**, die äussern Kräfte ermittelt werden.

Zuerst sind die Fixpunkte in bekannter Weise zu bestimmen, wie in der Figur ad I. geschehen ist. Dann sind für die Lagen einer belieb. Einzellast G in den Schnitten 1, 2, 3, 4 u. s. w. sowohl die Mom. als auch die Transversalkr. zu bestimmen und aus den erhaltenen Werthen 2 Reihen von Influenzlinien, eine für die Mom. und eine zweite für die Transversalkräfte zu zeichnen.

Im Kraftpolygon ist zu diesem Zweck die Einzellast $G = 1^{cm}$ und der Pol $= 0{,}5^{cm}$ angenommen. Darauf sind für alle Lagen von G die zugehörigen Normal-Mom. nach S. 639 ermittelt worden. Die Konstruktion ist ad II. in jedem Felde **ein** Mal ausgeführt.

In III. sind die gefundenen Normal-Mom. über den Stützen B und C von einer Horizontalen AD aus als Ordin. aufgetragen, wodurch die zugehörigen Mom.-Flächen bestimmt sind. Denn die Mom.-Linien 1, 2 und 3 müssen, weil bei der zugehör. Lastlage das Mittelfeld unbelastet ist, durch den rechten Fixpunkt des Mittelfeldes verlaufen und die Mom.-Linien 5 und 6, bei

Fig. 545.

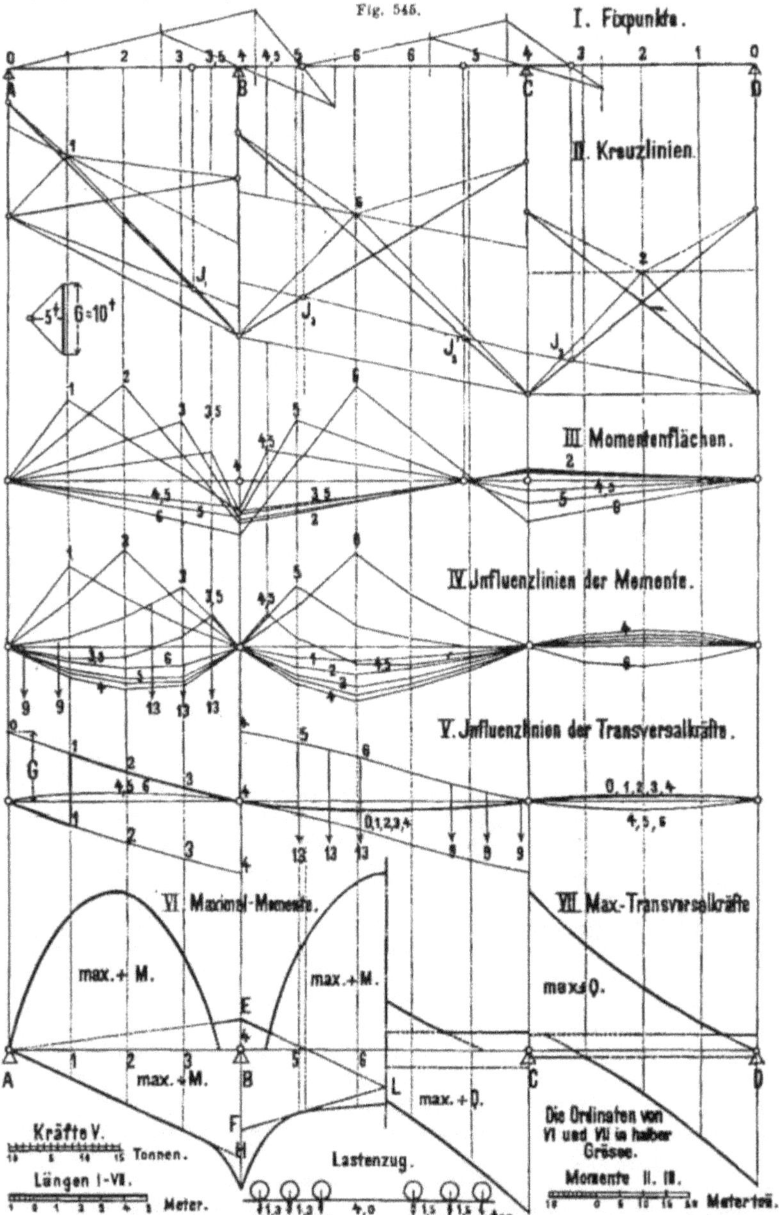

deren Zeichnung das Mittelfeld belastet ist, ergeben sich dadurch, dass man die betr. Endp. der die Normal-Mom. über den Stützen *B* und *C* darstellenden Ordin. mit den Stützp. *A* und *D* verbindet.

Trägt man nun die einzelnen Abstände, welche die Mom.-Linien für die Einzellast auf der Ordin. eines bestimmten Querschn., z. B. 2, abschneiden, der Reihe nach in den Lastp. 1, 2, 3, 4 u. s. w. als Ordin. auf, so erhält man dadurch die **Influenzlinie der Mom.** für den bestimmten Querschn. 2.

ad IV sind sämmtliche Influenzlinien der Mom. zusammen getragen, und durch die beigesetzten Ziffern als zu dem betr. Querschn. gehörig gekennzeichnet.

ad V sind die Influenzlinien für die Transversalkräfte gezeichnet. Man erhält sie in einfacher Weise aus den Mom.-Linien ad III (nach der in Fig. 539 erläuterten Konstruktion). Für den Querschn. 2 erhält man demnach die Influenzlinie der Transversalkräfte wie folgt: Man ziehe zu jeder Mom.-Linie in 2, welche den Lastp. 1, 2, 3 u. s. w. entspricht, eine Parallele im Kräftepolygon; dann ist allgemein der Abstand zwischen dem Schnittp. des Polstrahls und dem Schnittp. einer der Parallelen auf der Last-Vertik. = der Transversalkraft im zugehörigen Lastp. Da im Querschn. 2 die Mom.-Linie 2 eine Ecke bildet, so entsprechen dieser Ecke im Kraftpolygon 2 Parallelen, also auch 2 Werthe der Transversalkraft, ein positiver und ein negativer, welche ad V dem entsprechend nach oben, bezw. nach unten aufgetragen worden sind.

Für alle Querschn. eines und desselben Feldes erhält man in den andern Feldern eine und dieselbe Influenzlinie der Transversalkräfte.

Die Influenzlinien für die Transversalkraft im Querschn. 0, 1, 2, 3 und 4 des 1. Feldes wird z. B. im 2. und 3. Felde durch eine einzige — stark ausgezogene — Linie dargestellt.

Die Influenzlinie für den Querschn. 1 des 1. Feldes ist ebenfalls stark ausgezogen, um den ganzen Verlauf derselben zu veranschaulichen. —

Die vorstehend erläuterten und ad I dargestellten Linienzüge gelten für alle in der nämlichen Weise belasteten Träger, deren Felderweiten sich = 4 : 5 : 4 verhalten.

Setzt man für einen bestimmten Fall die Felderweiten zu 10, 12,5 und 10 = 32,5 m Gesammtweite fest, so ergeben sich die **Maassstäbe** zum Abgreifen der Ordin. für Momente und Transversalkräfte wie folgt:

Der Längenmaassstab für I ist jetzt 1 cm = 3 m Wirklichkeit. Die Einzellast *G* wurde = 10 t angenommen und im Kraftpolygon = 1 cm gemacht; daraus folgt der Kräftemaassstab 1 t = 1 mm. Die Poldistanz wurde zu 0,5 cm = 5 t angenommen; daraus folgt der Mom.-Maassstab zu 1 cm = 3 . 5 = 15 mt.

Mit Hülfe der Influenzlinie und der Maassstäbe kann man nun **für jede belieb. veränderl. Belastung** des Trägers die Maximal-Mom. und Maximal-Transversalkräfte für alle Querschn. bestimmen.

Nimmt man eine Belastung durch Einzellasten an, z. B. durch eine Lokomotive mit den in Fig. 524 angegebenen Radständen und Raddrücken, so ergiebt sich für die genannten Maximal-Werthe die Darstellung ad VI. Für die linke Trägerhälfte sind die positiven und negativen Maximal-Mom., für die rechte Hälfte die posit. und negat. Transversalkräfte gezeichnet, und zwar, Raummangels halber, die Ordin.-Summen nur im halben Maassstabe.

In dieser Darstellung zeigt die gerade Linie *AL* den Einfluss der Belastung des 3. Feldes auf die Mom. des 1. Feldes; die Gerade der negativen Mom.-Fläche des 1. Feldes entsteht bei belastetem Mittelfelde. Die von dieser Geraden nach *B* auslaufende Spitze rührt von der Belastung des 1. Feldes für solche Querschn. her, welche innerhalb des Fixp. dieses Feldes und der Stütze *B* liegen. Ein solcher Querschn. ist $3\frac{1}{2}$. In ähnlicher Weise erklärt sich die Darstellung in den übrigen Feldern.

Man findet z. B. das Maximal-Mom. für den Querschn. 3 aus der Influenzlinie 3, ad IV., indem man das Lasten-System so auf den Träger zu stellen sucht, dass die mit $\frac{13}{10}$ zu multiplizirende Summe der über den Lasten I., II., III. liegenden Ordin. ein Maximum wird. Diese Lastlage ergiebt sich bei Beachtung der S. 627 angegebenen Regeln leicht durch Probiren. Dabei hat man für jeden Querschn. 2 Stellungen der Lokomotive — d. i. Tender vorn oder Tender hinten — zu beachten. Zur Erläuterung des eben Gesagten ist die ungünstigste Stellung des Lasten-Systems ad IV. für das Mom. im Querschn. 2 und ad V. für die Transversalkraft im Querschn. 4 eingetragen. Dabei sind die über den Lasten liegenden, in oben erläuterter Weise zu summirenden Ordin. durch starke Striche etwas hervor gehoben.

Auch für eine **stetige bewegte** Belastung kann man die Influenzlinie benutzen, um die Maximal-Werthe von M und Q zu ermitteln. Diese Ermittelung läuft dann auf eine Berechnung der positiven und negativen Influenzflächen für jeden Querschn. hinaus (vergl. S. 627). Ein Beispiel für die direkte Ermittelung der Maximal-Werthe von M und Q ohne Anwendung von Influenzlinien kann Raummangels halber hier nicht gegeben werden. Sämmtliche für einen beliebigen Fall nothwendigen grafischen Konstruktionen sind auch S. 637—640 bereits erläutert.

Fig. 546.

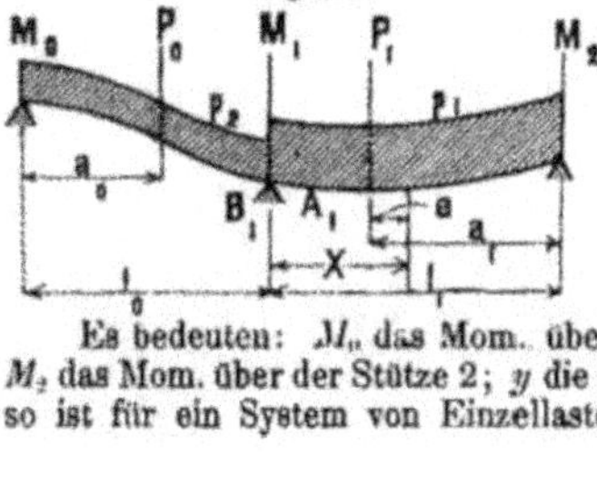

η. Träger auf belieb. vielen Stützen.

1. **Momente über den Stützen.** (**Normal-Mom.**) Fig. 546 stelle 2 belieb. Felder eines Trägers vor.

Es bedeuten: M_0 das Mom. über der Stütze 0, M_1 das Mom. über der Stütze 1, M_2 das Mom. über der Stütze 2; y die Höhe der Stützp. über einer belieb. Horizontalen, so ist für ein System von Einzellasten:

$$6\,EJ\left(\frac{y_1 - y_0}{l_0} + \frac{y_1 - y_2}{l_1}\right) = M_0 l_0 + 2\,M_1 (l_0 + l_1) + M_2 l_1 +$$
$$\frac{\Sigma (P a_0)(l^2_0 - a^2_0)}{l_0} + \frac{\Sigma (P a_1)(l^2_1 - a^2_1)}{l_1} + \frac{1}{4}(p_0 l^3_0 + p_1 l^3_1). \qquad (6)$$

Für einen Träger, welcher nur durch gleichmässig auf den einzelnen Strecken vertheilte Lasten beansprucht wird, erhält man:

$$6\,EJ\left(\frac{y_1 - y_0}{l_0} + \frac{y_1 - y_2}{l_1}\right) = M_0 l_0 + 2\,M_1 (l_0 + l_1) + M_2 l_1 + \frac{1}{4}\,(p_0 l^3_0 + p_1 l^3_1) \quad (7)$$

ein Ausdruck, welcher unter dem Namen Clapeyron'sche Gleichg. bekannt ist.

Sind n Felder, also $n + 1$ Stützen vorhanden, so lassen sich $n - 1$ Gleichg. von der Form (6) aufstellen und es können dann aus diesen und den beiden Gleichg., welche die Art der Befestigungen der Enden des Trägers ergiebt, die $n + 1$ Mom. über den $n + 1$ Stützen berechnet werden.

2. Stützendrücke. Es bedeuten: $B_1, B_2 \ldots\ldots B_n$ die auf der linken Seite unmittelbar am linken Stützp. wirkenden, also von den jedesmaligen linken Feldern herrührenden Theil-Stützendrücke.

$A_0, A_1 \ldots\ldots A_{n-1}$ die Theil-Stützendrücke, welche von den jedesmaligen rechten Feldern herrühren; $D_0, D_1 \ldots\ldots D_n$ die vollen Stützendrücke, so dass also: $D_0 = A_0$; $D_1 = A_1 + B_1$; $D_n = B_n$.

Das Mom. an irgend einer Stelle in der Entfernung x von der Stütze 1 ist:

$$M = M_1 - \frac{p_1 x^2}{2} - \Sigma_0^x (P_1 a) + A_1 x$$

$$\text{und für } x = l_1:\quad M_2 = M_1 - \frac{p_1 l^2_1}{2} - \Sigma (P_1 a_1) + A_1 l_1,$$

$$\text{woraus: } A_1 = \frac{M_2 - M_1}{l_1} + \frac{p_1 l_1}{2} + \frac{\Sigma (P_1 a_1)}{l_1}.$$

$$\text{Analog erhält man: } B_1 = \frac{M_0 - M_1}{l_0} + \frac{p_0 l_0}{2} + \frac{\Sigma (P_0 a_0)}{l_0};$$

mithin den vollen Stützendruck:

$$D_1 = \frac{p_0 l_0 + p_1 l_1}{2} - M_1\left(\frac{1}{l_1} + \frac{1}{l_0}\right) + \frac{M_2}{l_1} + \frac{M_0}{l_0} + \frac{\Sigma (P_1 a_1)}{l_1} + \frac{\Sigma (P_0 a_0)}{l_0}.$$

In folgender Tabelle sind Ergebnisse für Träger zusammen gestellt, welche auf 3 — 9 gleich hohen und gleich weit von einander entfernten Stützen ruhen.

	Anzahl der Stützen							Einheit
	3	4	5	6	7	8	9	
M_1	0,1250	0,1000	0,1071	0,1053	0,1058	0,1056	0,1057	$p l^2$
M_2	—	—	0,0714	0,0789	0,0769	0,0775	0,0773	„
M_3	—	—	—	—	0,0865	0,0845	0,0850	„
M_4	—	—	—	—	—	—	0,0825	„
D_0	0,3750	0,4000	0,3929	0,3947	0,3942	0,3944	0,3943	$p l$
D_1	1,2500	1,1000	1,1428	1,1317	1,1327	1,1337	1,1340	„
D_2	—	—	0,9286	0,9736	0,9616	0,9649	0,9640	„
D_3	—	—	—	—	1,0192	1,0070	1,0103	„
D_4	—	—	—	—	—	—	0,9948	„
M_1 max.	0,0703	0,0800	0,0772	0,0779	0,0777	0,0778	0,0777	$p l^2$
M_2 max.	—	0,0250	0,0364	0,0332	0,0340	0,0338	0,0339	„
M_3 max.	—	—	—	0,0461	0,0433	0,0440	0,0438	„
M_4 max	—	—	—	—	—	0,0405	0,0412	„
X_1	0,375	0,4000	0,3930	0,3947	0,3942	0,3944	0,3943	l
X_2	—	0,5000	0,5357	0,5264	0,5327	0,5281	0,5283	„
X_3	—	—	—	0,5000	0,4904	0,4930	0,4923	„
X_4	—	—	—	—	—	0,5000	0,5026	„
ξ_1	0,750	0,8000	0,7860	0,7894	0,7884	0,7887	0,7887	
ξ_2	—	0,2760	0,2659	0,2680	0,2675	0,2650	0,2680	
	—	0,7240	0,8055	0,7830	0,7899	0,7884	0,7890	
ξ_3	—	—	—	0,1964	0,1960	0,1962	0,1960	
	—	—	—	0,8036	0,7850	0,7897	0,7880	
ξ_4	—	—	—	—	—	0,2153	0,2150	
	—	—	—	—	—	0,7847	0,7900	

Es bezeichnen darin:

M_1, M_2 . . die Mom. über den Stützen;
$M_{1\,max.}$, $M_{2\,max.}$ die Maximal-Mom. auf den einzelnen Feldern;
D_0, D_1 die Stützendrücke;
x_1, x_2 . die Entfernungen der Mom. $M_{1\,max.}$ . . von den zunächst nach links liegenden Stützen;
ξ_1, ξ_2 die Entfernungen der Wendep. der elast. Linien von diesen Stützen;
l . die Länge der einzelnen Felder;
p . . . . . . die Belastung pro Längeneinheit.

Da Alles in Bezug auf die Mitte des Trägers symmetrisch, ist die Rechnung nur bis zur Mitte durchgeführt.

ϑ. **An beiden Enden horizontal unwandelbar befestigter Träger,** Fig. 548.

Wenn $a < b$, so wird:

$$A = P\frac{(3a+b)b^2}{l^3} + \frac{Q}{2};\quad B = P\frac{(a+3b)a^2}{l^3} + \frac{Q}{2}.$$

Fig. 547 u. 548.

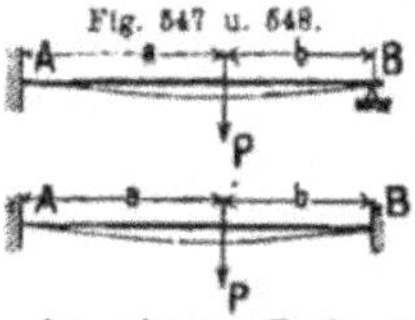

$$\mathfrak{M} = P\frac{ab^2}{l^2} + \frac{Ql}{12}\ (\text{für } x = 0).$$

Für $a = b$ wird: $A = B = \frac{P+Q}{2}$; $\mathfrak{M} = \left(P + \frac{2}{3}Q\right)\frac{l}{8}$.

Für $Q = 0$ ist: $\mathfrak{M} = \frac{Pl}{8}$; für $P = 0$ ist: $\mathfrak{M} = \frac{Ql}{12}$.

An einem Ende unwandelbar horizontal befestigter und am andern Ende frei gestützter Träger, Fig. 547.

Es ist: $A = P\frac{(3a^2+6ab+2b^2)b}{2l^3} + \frac{5}{8}Q$; $B = P\frac{a^2(2a+3b)}{2l^3} + \frac{3}{8}Q$.

Zur Berechnung dient:

$$\mathfrak{M} = \frac{A^2}{2Q}l - \frac{Pab(a+2b)}{2l^2} - \frac{1}{8}Ql, \text{ wenn } x < a \text{ und: } \mathfrak{M} = \frac{B^2}{2Q}l, \text{ wenn } x > a,$$

voraus gesetzt, dass folgende Werthe von $\mathfrak{M}$ nicht grössere Querschnitte liefern:

$$\mathfrak{M} = P\frac{a^2b(2a+3b)}{2l^3} + Q\frac{(3a-b)b}{8l};\quad \mathfrak{M} = P\frac{ab(a+2b)}{2l^2} + \frac{1}{8}Ql.$$

Ferner ist:

$$x = \frac{P}{Q}\,\frac{(3a^2+6ab+2b^2)b}{2l^2} + \frac{5}{8}l < a, \text{ wenn } \frac{P}{Q} < \frac{l^2(3a-5b)}{4b(3a^2+6ab+2b^2)};$$

$$x = \frac{P}{Q}\,\frac{a^2(2a+3b)}{2l^2} + \frac{3}{8}l < b, \text{ wenn } \frac{P}{Q} < \frac{l^2(5b-3a)}{4a^2(2a+3b)}.$$

Ist $a = b$, so wird: $\mathfrak{M} = \left(\frac{3}{2}P + Q\right)\frac{l}{8}$.

$\varkappa$. Träger auf 3 Stützen.

Es bedeutet: g die Eigenlast, p die veränderliche Last } für die Längeneinheit.

$$+Q_{max.} = +\frac{1}{16}\left(1 - \frac{x}{l}\right)^2\left(7 - 2\frac{x}{l} - \frac{x^2}{l^2}\right)pl + \frac{1}{8}\left(3 - 8\frac{x}{l}\right)gl;$$

$$-Q_{max.} = -\frac{1}{16}\left(1 + 10\frac{x^2}{l^2} - \frac{x^4}{l^4}\right)pl + \frac{1}{8}\left(3 - 8\frac{x}{l}\right)gl.$$

Für $x < \frac{4}{5}l$: $+\mathfrak{M}_{max.} = \frac{1}{16}\frac{x}{l}\left(7 - 8\frac{x}{l}\right)pl^2 + \frac{1}{8}\frac{x}{l}\left(3 - 4\frac{x}{l}\right)gl^2$;

$$-\mathfrak{M}_{max.} = -\frac{1}{16}\frac{x}{l}pl^2 + \frac{1}{8}\frac{x}{l}\left(3 - 4\frac{x}{l}\right)gl^2;$$

Für $x > \frac{4}{5}l$: $+\mathfrak{M}_{max.} = \frac{1}{8}\left(16\frac{x}{l} - 4\frac{x^2}{l^2} - 20 + 8\frac{l}{x}\right)pl^2 + \frac{1}{8}\frac{x}{l}\left(3 - 4\frac{x}{l}\right)gl^2$.

$$-\mathfrak{M}_{max.} = -\frac{1}{8}\left(13\frac{x}{l} - 20 + 8\frac{l}{x}\right)pl^2 + \frac{1}{8}\frac{x}{l}\left(3 - 4\frac{x}{l}\right)gl^2.$$

Zur Berechnung dieser Werthe dient die Tabelle 1 im „Anhang". Desgl. auch Tabelle 2 daselbst über die äussern Kräfte des Trägers auf 4 Stützen.

λ. Zweckmässigste Höhenlage der Stützen kontinuirlicher Träger.

Da sich aus einer Veränderung der relativen Höhenlage der Stützen wesentliche Veränderungen in der Beanspruchung des Trägers ergeben, liegt es nahe, zu trachten, durch die Wahl bestimmter Höhenlagen der Stützen Vortheile zu gewinnen.

Zunächst kommt die Materialmenge in Frage.

1. Der Querschnitt wird konstant durchgeführt. Handelt es sich um volle Träger, insbesondere Blechträger, so ist das absolute Maximum der Mom. massgebend. Bei horizontaler Lage der Stützen sind die Mom. an den Mittelstützen die absoluten Maxima. Durch eine Senkung der Mittelstützen lassen sich diese Mom. vermindern; hierbei wachsen aber die positiven Maximalmom. Es ist zweckmässig, die Senkung so weit zu treiben, dass die positiven Maxima = den negativen Maxima werden. Bei noch weiterer Senkung würden die positiven Maxima als die absoluten Maxima auftreten und diese bei fortgesetzter Senkung noch zunehmen. Auf Grund dieser Thatsache ist eine Senkung der Mittelstützen zuerst vom Baurath Dr. Scheffler in Vorschlag gebracht worden.

2. Der Querschnitt wird variabel durchgeführt. In diesem Falle muss die Materialmenge bestimmt und die Höhenlage der Stützen derart ermittelt werden, dass jene zum Minimum wird.

Eine wesentliche Veränderung tritt in der Materialmenge durch eine Veränderung der Höhenlage der Stützen aber nicht ein, weil sich bei letzterer die Mom. und Transversalkräfte zum Theil vergrössern und nur zum Theil vermindern.

d. Belastung und zulässige Inanspruchnahme der Hoch- und Brückenbau-Konstruktionen.

Die Gesammtbelastung der Hochbau-Konstruktionen setzt sich zusammen aus dem Eigengewicht der Konstruktion und der zufälligen Last. Als zufällige Last für Decken, Dächer und Gewölbe kann bezw. Menschengedränge, Wind- und Schneedruck, oder auch eine Belastung durch Materialien in Frage kommen.

Bei den Brücken bildet sich die Gesammtbelastung aus Vertikal- und Horizontalkräften. Die Vertikalkräfte sind: das Eigengewicht der Konstruktion und die Verkehrslast.

Von den Horizontalkräften werden in der Regel nur der Winddruck und event. die Zentrifugalkraft in Rechnung gezogen; doch sollten in speziellen Fällen (bei Berechnung der Querkonstruktionen) auf die durch Seitenschwankungen der Fahrzeuge und die durch plötzliches Bremsen der Züge*) entstehenden Horizontalkräfte Berücksichtigung finden. Temperat.-Einflüsse brauchen nur bei Bogenbrücken beachtet zu werden.

α. Belastung der Zwischendecken.**)

1. Die gebräuchlichen Werthe für die Belastung der Zwischendecken in Wohngebäuden und Fabriken in denen leichte Maschinen aufgestellt sind (Spinnereien, Webereien u. s. w.) sind aus Tab. 1, diejenigen für Fabriken mit schweren Maschinen, Speichern und Tanzlokalen aus Tab. 2 zu entnehmen.

Tabelle 1.

No.	Art der Konstruktion	Eigenlast	Nutzlast	Gesammtlast
		pro qm in kg		
1.	Gewölbte Decke, 1/4 Stein stk. incl. Hintermauerung, zwischen eisern. Trägern für 1 m bis 1,5 m Spannw., incl. Putz- u. Fussboden-Gew.	300	200	500
2.	do., 1/2 St. stk., sonst wie vor	400	200	600
3.	do., 1/2 St. stk., für 2—3 m Spannw., sonst wie vor .	500	200	700
4.	do., aus porösen Steinen, 1/2 St. stk., sonst wie vor	130	200	330
5.	Decke aus Wellblech, Buckelplatten oder Barren-Eisen mit Beton zwischen Trägern, im Beton 13 cm dick	250	200	450
6.	Decken nach französischem System aus Eisen mit Füllung aus Gips erfordern an Eisengewicht 15—30 kg, Gipsgewicht 220 kg, Holzgewicht 25 kg, daher	270	200	470
7.	Holzbalken-Decke mit einfachem Fussboden	80	200	280
8.	do. mit doppeltem Fussboden oder mit einfachem Fussboden und mit Deckenputz	100	200	300
9.	do. mit halbem Windelboden, Fussboden und Deckenputz . .	300	200	500
10.	do. mit ganzem Windelboden, sonst wie vor .	400	200	600

*) Vergl. Huth: Ueber die Inanspruchnahme eiserner Eisenbahn-Brücken durch das Bremsen der Züge. Deutsch. Bauzeitg. 1885.

**) Intze. Tabellen und Beispiele für die rationelle Verwendung des Eisens zu einfachen Brückenkonstruktionen; Berlin 1878. Diese Arbeit ist bei der Abfassung des Abschn., Decken und Stützen benutzt worden.

Tabelle 2.

No.	Art der Konstruktion	Eigenlast	Nutzlast	Gesammtlast
		pro qm in kg		
11.	Holzbalken-Decke mit halbem Windelboden, für Tanzlokale, Heu- und Fruchtböden	350	350	700
12.	Holzbalkenlage mit Bohlenbelag in Salz-Speichern . .	200	600	800
13.	do. mit Bohlenbelag in Kaufmanns-Speichern	350	750—1500	—
14.	Gewölbte Decke, 1/2 St. stk., zwischen eisernen Trägern für 1 bis 1,5 m Spannw., in Fabriken oder Lagerräumen . .	450	500	950
15.	do., 1 St. stk., für 2,0 bis 3,0 m Spannw., sonst wie vor	650	500	1150
16.	Decke aus Wellblech, Buckelplatten oder Barren-Eisen mit Beton (20 cm dick) sonst wie vor .	350	500	850

2. Das Gewicht der Wände pro qm Ansichtsfläche (1 Stein = 25 cm; 1/2 Stein = 12 cm) ergiebt Tabelle 3.

Tabelle 3.

No.	Art der Konstruktion	Totallast pr. qm kg
17.	Fachwand, 1/2 St. stk., in Schwemmsteinen (auch Hohlziegeln, porösen Steinen) ausgemauert, von beiden Seiten verputzt . .	130
18.	do., 1/2 St. stk., in Ziegelst., sonst wie vor	220
19.	Wand, 1 St. stk., in Schwemmst., von beiden Seiten verputzt .	280
20.	do., 1 St. stk., in Ziegelst., sonst wie vor .	460
21.	do., 1 1/2 St. stk., sonst wie vor .	670
22.	do., 2 St. stk., sonst wie vor .	880
23.	do., 2 1/2 St. stk., sonst wie vor	1100
24.	do., 3 St. stk., sonst wie vor .	1300

Für Wände aus andern Materialien erhält man die Belastungen, wenn man die obigen Zahlen für Ziegelmauerwerk mit nachfolgenden Koeffizienten multiplizirt:

No.	Art der Konstruktion	Multiplikat.-Koeffizient
25.	Mauerwerk in Hohlziegeln oder in porösen Steinen . .	0,6
26.	do. in dichtem Kalkstein, Granit oder Trachyt . .	1,5—1,6
27.	do. in Sandsteinen	1,3—1,4
28.	do. in rheinischen Tuffsteinen . . .	0,9—1,0
29.	do. in gepressten Schlackensteinen .	1,0

3. Die Baupolizei in Berlin legt bei Revision von Hochbau-Projekten im allgem. die in Tabelle 4 enthaltenen Zahlenwerthe über Eigengewichte und Gesammt-Belastungen zu Grunde.

Tabelle 4.

Eigengewicht	kg pro cbm	Gesammt-Last	kg pro qm
Ziegelmauerwerk, Erde, Lehm . . .	1600	Balkenlage mit einfacher Dielung . .	280
Desgl. aus porös. oder Lochsteinen	950	Desgl. gestaakter Windelboden mit Lehmstrich	430
Kiefernholz	650	Desgl. ausgest. und verschalt	500
Eichenholz . . .	800	„ bei Tanzsälen	750
Erde und Lehm	1600	„ in Werkstätten	760—1000*
Torf	550	„ mit ganzem Windelboden . . .	580
Roggenschüttung	650	Dachbalkenlage in Wohnhäusern . .	735
Asphalt	1120	Fussboden unter Durchfahrten oder Hofräumen, auf welchen Fuhrwerke verkehren	1000
Basalt . . .	3200	Gewölbte Decken zwischen Eisen-Trägern, ½ Stein stark, mit Hintermauerung, Fussbodenlage und Dielung	1000
Granit .	2700	Dieselbe Decke ohne Fussbodenlage	700—800
Kalkstein	2370	Dieselbe ¼ St. stk. mit Fussboden . .	525 **
Marmor .	2700	Dieselbe ohne Fussboden	485 **
Sandstein	2400	Decke in Salzspeichern, wenn drei Tonnenreihen übereinander liegen	800
Eis . .	910	Balkenlage in Kornspeichern . .	850—1000
Kies	1525	„ „ Wollspeichern	750
Steinkohlen . .	1280	Dachflächen in der Horizontalprojektion gemessen, incl. Schnee- und Winddruck . .	250
Gusseisen	7200		
Schmiedeeisen	7800		
	pro qm		
Zinkblechdach auf Schalung .	40		
Pappdach incl. Sparren . . .	30		
Kronenziegeldach desgl. .	130		
Einfaches Ziegeldach desgl. .	100		
Schieferdach desgl.	75		
Winddruck normal zur Windrichtung	100		
Schneebelastung	100		

* Gewölbte Decken.
** In Berlin unzulässige Konstrukt.

β. Belastung der Stützen.

Die Stützen haben im allgem. Vertikal- und Horizontal-Kräfte aufzunehmen. Bei Hochbauten sind in der Regel, wenn nicht der Winddruck in Frage kommt, nur Vertikalkräfte in Rechnung zu ziehen, die von der Belastung der Dächer, Decken u. s. w. herrühren.

Bei Brückenbauten müssen häufig auch Horizontal-Kräfte (Winddruck, Seitenschübe, Temperatur-Einflüsse) berücksichtigt werden.

Wie aus der Grösse des Axial-Drucks P die Dimensionen einer Stütze oder Säule bestimmt werden, ist in der Elastizit.-Lehre (S. 605 ff.) an verschiedenen Beispielen gezeigt worden.

Die Grösse von P bestimmt man, unter Berücksichtigung der Eigenart der die Druckübertragung vermittelnden Zwischenkonstruktionen, aus der Gesammtlast Q, welche auf der Stütze ruht. Sobald die Gesammtlast Q unmittelbar auf die Stütze wirkt, ist $P = Q$.

Die Druckübertragung kann aber in verschiedener Weise vermittelt werden, wie die Beispiele Fig. 549, 550, 551 veranschaulichen.

Fig. 549.

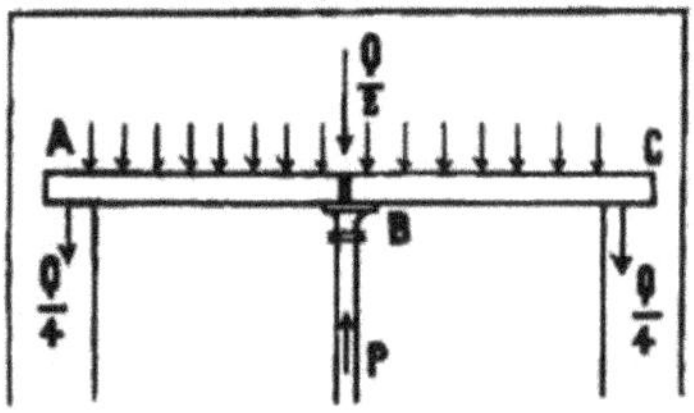

Fig. 550.

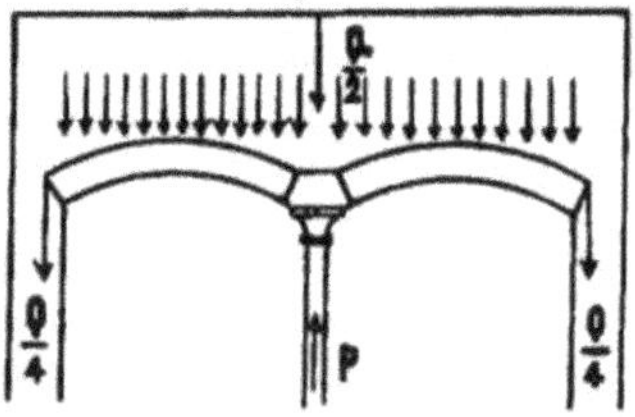

In Fig. 549 ist die über die Länge ABC gleichmässig vertheilte Last Q durch eine in B über der Säule unterbrochene Trägerkonstruktion, in Fig. 550 desgleichen durch zwei Bogenkonstruktionen unterstützt. In beiden Fällen ist $P = \frac{Q}{2}$ und gleichgültig, ob B in der Mitte von AC liegt oder nicht.

Wenn aber die Trägerkonstruktion bei B (in Fig. 549) nicht unterbrochen, sondern die Last Q durch einen kontinuirl. Träger aufgenommen wird, so muss P nach den für kontinuirl. Träger gültigen Gesetzen bestimmt werden. In dem speziellen Falle, wo A, B und C in einer Geraden liegen und B in die Mitte von AC fällt wird dann:

$$P = \frac{5}{8}\, Q.$$

Fig. 551.

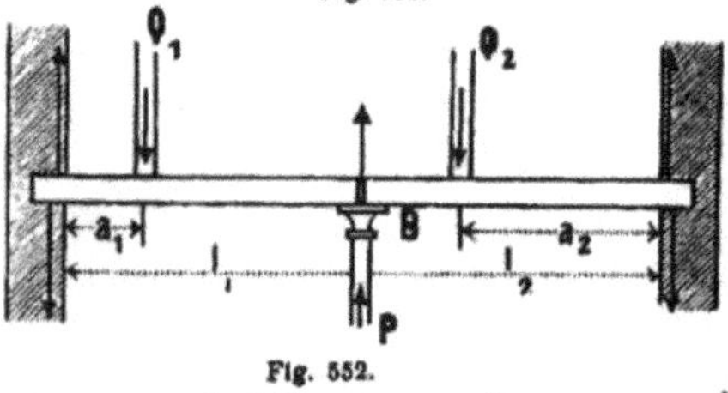

In Fig. 551, wo zwei Einzellasten Q_1 und Q_2 auf 2, über der Säule unterbrochenen Trägerkonstruktionen ruhen, ergiebt sich:

$$P = Q_1 \frac{a_1}{l_1} + Q_2 \frac{a_2}{l_2}.$$

Fig. 552.

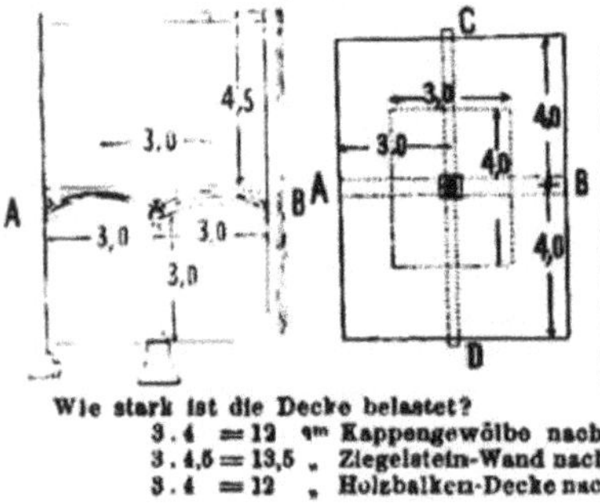

Auch in diesem Falle treten, wenn der Träger bei B nicht unterbrochen ist, die Gesetze für den kontinuirl. Träger in Geltung.

Beispiel. Der Keller eines Speichers, Fig. 552, ist durch ein Kappengewölbe von 1 St. Scheitelstärke und 3 m Spannw. überwölbt. Die Kappen stützen sich gegen einen eisernen Träger CD, der über der tragenden Säule unterbrochen ist. Gegen den Träger und die Säule stützen sich ausserdem zwei Gurtbögen AB, welche eine 1½ St. starke Ziegelsteinwand, auf der eine Holzbalken-Decke mit halbem Windelboden liegt, tragen.

Wie stark ist die Decke belastet?

3 . 4 = 12 qm	Kappengewölbe nach Pos. 15, Tab. 2	à 1 150 kg	= 13 800 kg
3 . 4,5 = 13,5 „	Ziegelstein-Wand nach Pos. 21, Tab. 3	à 670 „	= 9 045 „
3 . 4 = 12 „	Holzbalken-Decke nach Pos. 11, Tab. 2	à 700 „	= 8 400 „
		Gesammtlast	P = 31 245 kg

γ. Belastung der Dächer.

1. Das Eigengewicht der Dächer zerlegt sich in das Gew. der Dachdeckung (eingeschlossen Schalung bezw. Lattung) und das Gewicht der tragenden Konstruktion. Das letztere kann man für eiserne Dächer zu 8—16, durchschn. zu 11 kg pro qm Horizontal-Projektion ansetzen.

Tabelle 5. Gewichte von Dachdeckungen.

Dachdeckung.	Gewicht pro qm kg	Dachdeckung.	Gewicht pro qm kg
Holzzement-Dach	200	Glas auf L-Eisen	50
Kronen-Ziegeldach .	100	Schiefer do.	46
Einfaches-Ziegeldach	85	Wellblech do.	25
Schieferdach mit Holzschalung	65	Theerpappe do.	22

2. Der Winddruck, Fig. 553, auf 1 qm Fläche senkrecht wirkend, wird in der Regel zu $\mathfrak{W}_0 = 0{,}1185\, v^2$ angenommen, wenn v die Geschw. des Windes bezeichnet. Grössere Wind-Geschw. als 30 m kommen in Mittel-Europa nur selten vor*), so dass $\mathfrak{W}_0 = 100$ bis 120 kg pro qm anzusetzen ist. Dabei nimmt man an, dass die Richtung des Windes mit der Horizontalen einen Winkel β einschliesst, welcher in der Regel zu 10° angenommen wird, $\left(\operatorname{tang} \beta \text{ etwa} = \frac{1}{6}\right)$.

Fig. 553.

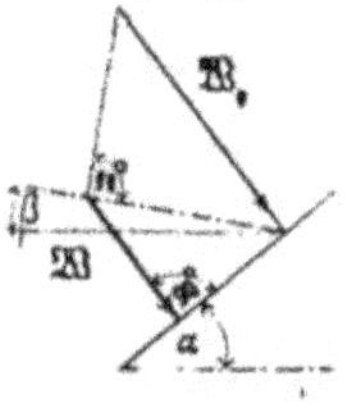

Ist α der Neigungswinkel der Dachfläche gegen die Horizontale, so ist der stat. zur Wirkung gelangende senkr. zur Fläche gerichtete Winddruck:

$$\mathfrak{W} = \mathfrak{W}_0 \sin^2 (\alpha + \beta) \qquad (8)$$

worin $\mathfrak{W}_0 = 100$ bis 120 kg pro qm zu setzen ist. Die Annahme eines vertik. wirkenden Winddrucks ist nur in Fällen gestattet, wo eine genauere Berechnung nicht gefordert wird. Grafisch bestimmt man den Winddruck $\mathfrak{W}$ aus den gegebenen Grössen nach Fig. 553, wo $\mathfrak{W}_0$ senkr. zu einer Fläche aufgetragen worden ist, die um den Winkel $(\alpha + \beta)$ von der Horizontalen abweicht.

Aus (8) erhält man für $\mathfrak{W}_0 = 120$ kg und $\beta = 10^0$ bei verschiedenen Dachneigungen die folgenden Werthe:

Dachneigung $\frac{h}{l} =$	1/2	1/3	1/4	1/5	1/6	1/7	1/8	1/9	1/10
$\alpha =$	45°	33°41′	26°34′	21°48′	18°26′	15°57′	14°2′	12°32′	11°18′
$\mathfrak{W} =$	80	57	42	33	27	23	20	18	16 kg

Bei offenen Hallen u. s. w. ist es nothwendig, auch einen von innen nach aussen wirkenden Winddruck in Betracht zu ziehen. Die Grösse desselben steht noch nicht erfahrungsmässig fest, kann aber mit Rücksicht auf den Umstand, dass meist Oeffnungen zum Entweichen der Luft vorhanden sein werden und der Maximaldruck bei der Uebertragung durch die im Innern der Halle eingeschlossene Luft eine Abschwächung erfährt, etwa zu 60 kg pro qm angenommen werden.

3. Der Schneedruck wird in Norddeutschland in Max. zu 75 kg pro qm horizontaler Fläche eingeführt, was einer Schneehöhe von etwa 0,6 m und einem spezif. Gewicht des Schnees von 0,125 (bei dichter Lagerung) entspricht.**) Man nimmt bei der Berechnung von Dächern die Möglichkeit einer vollen oder einer einseitigen Schnee-Belastung an.

4. Will man die Spannungen der einzelnen Theile nicht je besonders für die Einwirkung des Eigengew. und der zufälligen Last — was aber bei grössern Konstruktionen sehr zu empfehlen ist — sondern nur für die Gesammt-Belastung berechnen, so benutze man die folgende Tabelle, welche die Belastung pro qm Grundfläche (Horizontal-Projektion), einschliesslich Schnee und Winddruck enthält:

*) Vergl. hierzu speziellere Angaben in dem weiterhin folgenden Abschn. „Grundzüge der Meteorologie".

**) Frisch gefallener, noch lose gelagerter Schnee hat bei 0,6 m Höhe der Schicht nur etwa das Gewicht = 40 kg pro qm.

Tabelle 6.

Lfde. No.	Art der Konstruktion	Neigung des Daches: (Dachhöhe : Spannweite) kg pro qm						
		$^1/_{30}$—$^1/_{20}$	$^1/_{10}$—$^1/_{8}$	$^1/_{7}$—$^1/_{6}$	$^1/_{5}$	$^1/_{4}$	$^1/_{3}$	$^1/_{2}$
1.	Einfaches Ziegeldach	—	—	—	—	220	230	260
2.	Doppel- und Kronen-Ziegeldach .	—	—	—	—	240	260	290
3.	Gewöhnliches Schieferdach .	—	—	—	180	190	210	240
4.	Dorn'sches Dach	—	175	175	180	190	210	240
5.	Asphaltdach mit Lehmunterlage (mit Fliesenunterlage 10 % mehr) .	—	175	175	180	190	210	240
6.	Stroh- und Rohrdach	—	—	—	—	—	200	230
7.	Dach aus Zink oder Eisenblech .	—	135	140	150	160	170	200
8.	Theerpappendach	—	135	140	150	160	170	200
9.	Holzzementdach auf Holzbalkenlage . . .	250	—	—	—	—	—	—
10.	Holzzementdach auf leichten Kappen oder Wellblech etc. zwischen eisernen Trägern	325	—	—	—	—	—	—

δ. Verkehrslast der Eisenbahnbrücken.

Man bestimmt dieselbe am besten nach dem Gewichte und den Radständen der schwersten, die betr. Bahn in der Regel befahrenden Lokomotiven und Wagen, auch selbst dann, wenn voraus zu sehen ist, dass in Ausnahmefällen schwerere Verkehrsmittel die Bahn passiren werden.

Für kleinere Spannweiten (bis etwa 40 ^{m}) rechnet man am sichersten mit einem System von Einzellasten, das durch Grösse und Lage der Achsdrücke gegeben ist. Es dürfte vollkommen ausreichen, einen Lastenzug, bestehend aus 2 Lokomotiven mit anhängenden Tendern und Güterwagen zu Grunde zu legen.

Für die Hauptträger von Brücken grösserer Spannweite wird die Berechnung meistens bequemer und genau genug, wenn man die Einzellasten durch eine gleichförm. vertheilte Last ersetzt denkt; für die Berechnung der Querkonstruktionen der Brücke sind jedoch die — ungünstiger wirkenden — Einzellasten beizubehalten.

Wird die gleichförm. vertheilte Last, wie es vielfach geschieht, aus der Bedingung bestimmt, dass dieselbe dem durch die Einzellasten erzeugten Maximalmomente gleich ist, so giebt die Berechnung wohl für die Gurte, nicht aber für das Gitterwerk genügend genaue Spannungszahlen, da die Spannung des Gitters fast nur von den Transversalkräften abhängig ist. Will man genauer rechnen, so sind zwei nach Grösse verschiedene, gleichförm. vertheilte Lasten, bezw. für Gurte und Gitterwerk, einzuführen nach Tab. 7*) (nach Winkler).

Tabelle 7.

Spannweite in ^{m}	gleichförmig vertheilte Last in ^{t} für 1 ^{m} und 1 Gleis	
	für die Momente	für die Transversalkräfte
10 — 50	$4{,}14 + \frac{23}{l}$	$4{,}40 + \frac{34}{l}$
50 — 100	$3{,}08 + \frac{79}{l}$	$3{,}48 + \frac{80}{l}$
über 100	$2{,}65 + \frac{119}{l}$	$3{,}33 + \frac{95}{l}$

Will man aber nur mit einer gleichförm. vertheilten Last rechnen, so kann man, unter Annahme einer Belastung durch einen aus zwei Lokomotiven nebst Tendern und schweren Lastwagen zusammen gesetzten Zug (nach dem Schema Fig. 554) für Hauptbahnen pro Gleis setzen:

Fig. 554.

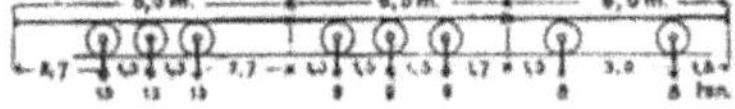

$$\left.\begin{array}{l} l \leqq 25^{m} : p = 4{,}2 + \dfrac{30}{l} \\ l \geqq 25^{m} : p = 2{,}6 + \dfrac{70}{l} \end{array}\right\} \ {}^{t} \text{ pro } {}^{m} \text{ Länge.}$$

Für normalspurige Nebenbahnen wird p nur etwa 0,77 mal so gross.

*) Vergl. hierzu insbes. Winkler. Ueber die Belastungs-Gleichwerthe der Brückenträger in der „Festschrift zur Einweihung des neuen Gebäudes der techn. Hochschule zu Berlin 1884" und darnach im Zentr. Bl. d. Bauverwltg. 1884.

Der grösste zulässige Achsdruck für Lokomotiven beträgt (nach den technischen Vereinbarungen) für Hauptbahnen 14 t, für normalspurige Nebenbahnen 10 t; bei 1 m Spurweite 7,5 t und bei 0,75 m Spurweite 5 t.

Bei der neuern Methode der Querschnitts-Berechnung wird der Einfluss der Stösse der Verkehrsmittel in der rationellsten Weise berücksichtigt.

ε. Horizontalkräfte bei Eisenbahnbrücken.

Die Grösse des der Berechnung zu Grunde zu legenden Winddrucks auf eine zur Windrichtung senkrechte ebene Fläche ist im Einzelfalle der Oertlichkeit entsprechend zu bestimmen. Für die Bestimmung der grösst möglichsten Werthe bieten die bei Orkanen vorgekommenen Unfälle den meisten Anhalt. Es sind nicht nur Eisenbahnwagen durch den Wind umgeworfen, sondern auch viele Brücken-Einstürze durch Winddruck herbei geführt worden. Eine Zusammenstellung solcher Unfälle und der einschl. Litteratur findet sich in: Winkler; Querkonstruktionen II. Aufl. S. 308 u. ff. Für die belastete Brücke kann der Winddruck zu 150 kg pro qm, für die unbelastete Brücke zu 150—250 kg in Ansatz gebracht werden, voraus gesetzt, dass bei einem Winddruck $>$ 150 kg die Brücke von Fahrzeugen nicht mehr passirt wird. In besonders geschützter Lage kann man bis auf 120 kg p. qm heruntergehen. Ebenso wird wohl eine Verminderung bei sehr grossen Spannweiten zulässig sein.

Ueber die Grösse der in Rechnung zu bringenden Fläche ist im Abschnitt „Brückenbau" näher einzugehen.

Ist G der Achsdruck, r der Kurvenradius, v die Zug-Geschw. und g die Erdakzeleration, so ist die Zentrifugalkraft: $C = \frac{G v^2}{g r} = \frac{33}{r} G$ (für $v = 18$ m) (9).

Denkt man sich nun für Spannw. über 20 m die Verkehrslast bezüglich der Transversalkraft an beliebigen Stellen durch eine gleichförm. vertheilte Last von 1,43 t pro m und eine am Kopfe des Zuges wirkende Einzellast von 28 t ersetzt, so ergiebt Gleich. (9) als Ersatz für die Wirkung der Zentrifugalkraft eine gleichförm. vertheilte Horizontallast $= \frac{47}{r}$ (t) pro 1 m Träger und eine am Kopfe des Zuges anzubringende Horizontal-Einzelkraft $= \frac{924}{r}$ (t).

Die Horizontaldrücke durch Bremsen des Zuges und durch Seitenschwankungen der Fahrzeuge kommen meistens nicht zur Berechnung (vergl. übrigens die Note zu S. 646).

ζ. Verkehrslast bei Strassenbrücken.

Sie besteht aus der Belastung durch Menschen und Fuhrwerke. Für die Hauptträger der Brücken bis ca. 20 m Spannw. wirken die Einzellasten der Achsdrücke ungünstiger, als eine Belastung durch Menschen-Gedränge; bei grössern Brücken wirkt letztere Belastung ungünstiger. Für die Berechnung der Querkonstruktionen sind in jedem Falle die ungünstiger wirkenden Einzellasten einzuführen. Für Menschen-Gedränge rechnet man durchschn. (5—6 Menschen auf 1 qm) rund 400 kg pro qm. Bei Lage der Brücken in einem Dorfe weniger (300 kg), in Städten mehr (bis 500 kg). —

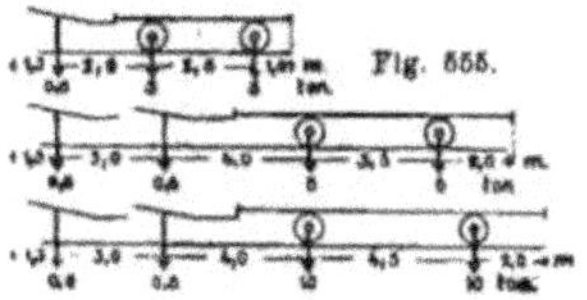

Fig. 555.

Die Belastung durch Fuhrwerke (Schema Fig. 555) wird oft durch eine gleichförm. vertheilte Last ersetzt gedacht, die für einen Wagenzug annähernd folgende ist:

Sehr schwere Wagen	$p = 1{,}0 + \frac{14}{l}$	t pro qm
Schwere Wagen	$p = 0{,}9 + \frac{6}{l}$	t pro qm
Leichte Wagen	$p = 0{,}8 + \frac{2}{l}$	t pro qm

Bei Berechnung eines Trägers sind die Wagenzüge, welche auf der vorhandenen Brückenbreite Platz finden, so gestellt gedacht, dass der Druck auf den Träger möglichst gross wird. Der etwa neben den Zügen noch vorhandene Raum ist mit Menschen besetzt anzunehmen. Breite des Wagenkastens für sehr schwere und schwere Wagen 2,3 m, für leichte Wagen 2,0 m; Spurweite bezw. 1,4 m und 1,3 m.

η. Eigengewicht der Eisenbahnbrücken.

Tabelle 8. Blechträger. (Eingleisig.)
Eigengewicht pro m Stützweite.

Stützweite in m	Fahrbahn oben: Schwerere Konstruktion t	Fahrbahn oben: Leichtere Konstruktion t	Fahrbahn unten: Schwerere Konstruktion t	Fahrbahn unten: Leichtere Konstruktion t
2	0,61	0,41	—	—
3	0,51	0,45	—	—
4	0,57	0,50	—	—
5	0,62	0,55	—	—
6	0,63	0,56	0,84	0,74
8	0,66	0,60	0,95	0,78
10	0,79	0,70	0,97	0,87
12	0,93	0,84	1,09	0,98
14	1,02	0,95	1,15	1,06
16	1,14	1,06	1,22	1,10
18	1,53	1,41	1,32	1,20

Tabelle 9. Gitterträger. (Eingleisig.)
Eigengewicht pro m Stützweite.

Stützweite in m	Parab.-, Schwedler- und Pauli-Träger: Schwerere Konstruktion t	Parab.-, Schwedler- und Pauli-Träger: Leichtere Konstruktion t	Halbparabel- und Parallel-Träger: Schwerere Konstruktion t	Halbparabel- und Parallel-Träger: Leichtere Konstruktion t
25	1,22	1,09	1,28	1,14
30	1,48	1,32	1,54	1,38
40	1,64	1,46	1,74	1,51
50	1,76	1,55	1,82	1,60
60	2,32	2,08	2,38	2,12
70	2,51	2,26	2,56	2,31
80	2,73	2,66	2,78	2,71
90	3,15	2,83	3,27	3,08
100	3,60	3,30	3,76	3,37

Das Eigengewicht g ist für Bogenbrücken (nach Heinzerling)

10 bis 50 m Spannw.: $g = 4{,}07\, l + 795$ kg,
50 „ 100 „ „ : $g = 8{,}65\, l + 575$ kg.

ϑ. Eigengewicht der Strassenbrücken.

Das Gewicht der eisernen Strassenbrücken (Balken- und Bogenträger) hängt namentlich von der Anordnung der Querkonstruktionen (Fahrbahn, Bahngerippe u. s. w.) ab. Das Trägergewicht g_1 fällt in der Regel bedeutend kleiner aus, als das Gewicht g_0 der Querkonstruktionen. Gesammtgew.: $g = g_1 + g_0$.

Tabelle 10. Gewicht der Querkonstruktionen in kg pro qm Brückenbahn.

	Klassifikation	Konstruktion der Fahrbahn	Konstruktion der Fusswege	Gewicht der Querkonstruktionen in kg pro qm: Sehr schw. Wagen	Schwere Wagen	Leichte Wagen	Fussgänger
1.	am schwerst.	Steinpflaster auf Ziegelgewölben	—	1310	1160	920	—
2.	sehr schwer	Schotter auf Steinplatten oder Ziegelgewölben, Steinpflaster auf Bohlen od. Eisen	Stein- od. Holzpflaster auf Eisen	960	840	730	430
3.	schwer	Holzpflaster oder Beton auf Eisen, Schotter auf Bohlen oder Eisen	Beton auf Eisen; Steinplatten	610	550	500	340
4.	leicht	Holzpflaster auf Bohlen	Einf. oder dopp. Bohlenbelag	430	380	330	170
5.	sehr leicht	Einfacher oder doppelter Bohlenbelag	—	310	250	200	—

Tabelle 11. Gewicht der Träger in kg pro qm Brückenbahn.

Spannweite m	Sehr schwere Wagen: Verkehrslast in kg pro qm p	Fahrbahn-Gew. kg sehr schwer g_1	schwer g_1	leicht g_1	Schwere Wagen: Verkehrslast in kg pro qm p	Fahrbahn-Gew. kg sehr schwer g_1	schwer g_1	leicht g_1	Leichte Wagen: Verkehrslast in kg pro qm p	Fahrbahn-Gew. kg sehr schwer g_1	schwer g_1	leicht g_1
5	1440	40	40	40	850	40	40	40	590	40	40	40
10	950	60	60	60	640	60	60	60	510	60	60	60
20	700	90	90	80	530	90	90	80	470	90	80	80
30	620	120	110	100	500	120	110	110	460	110	110	100
40	580	160	140	120	480	160	150	140	450	150	150	140
50	560	220	200	180	470	190	180	160	450	180	170	160
60	540	240	220	200	470	230	210	190	440	210	200	180
70	530	290	260	240	460	270	240	220	440	250	230	210
80	520	330	300	280	460	310	290	250	440	290	270	240
90	510	360	330	300	450	340	310	280	440	320	290	260
100	510	410	370	340	450	380	350	320	440	360	330	300

Wenn sich g_0 um 100 kg pro qm ändert, so ändert sich g_1 um ungefähr 2 bis 5% u. z. bei sehr kleinen Spannw. um 2 bis 3%, bei sehr grossen um 4 bis 5%.

Das Gesammtgew. der Hängebrücken beträgt (nach Heinzerling) pro qm der Brückenbahn bei ausschliessl. Fussgänger-Verkehr: $p = 1{,}36\, l + 153$ kg, bei gepflasterter Bahn: $p = 6{,}5\, l + 90$ kg.

e. Zulässige Inanspruchnahme oder Methode der Querschn.-Bestimmungen im allgemeinen.

α. Die gewöhnliche Methode zur Festsetzung des Sicherheitsgrades.

Dieselbe geht von ziemlich willkürlichen Annahmen aus. Man rechnet als zulässige Inanspruchnahme k pro Flächeneinh. einen bestimmten Theil der Festigkeit, in der Regel bei definitiven Konstruktionen für Eisen und Stahl $^1/_5$—$^1/_3$, für Gusseisen $^1/_5$, für Holz und Stein $^1/_{10}$ der Bruch-Festigk., oder auch etwa $^1/_2$ der Festigk. an der Elastizitäts-Grenze. Man muss diese Zahlen für provisorische Konstruktionen, bei günstigen oder bei ungünstigen Umständen, bei vorkommenden starken Erschütterungen u. s. w. mehr oder weniger abändern; allgemein gebräuchliche Werthe für alle diese Fälle existiren nicht.

Bei Dächern wird die Inanspruchnahme der Konstruktions-Theile unter Voraussetzung der ungünstigsten Vertheilung der Last: einseitiger Winddruck, Schneelast etc. bestimmt. Da die Verhältnisse sich in Wirklichkeit fast nie so ungünstig heraus stellen, so kann für Dachkonstruktionen k verhältnissmässig hoch: für Schmiedeisen zu 1000, Gusseisen zu 800, Holz zu 100 kg angesetzt werden.

Bei Holz-Konstruktionen ist der Werth von k insbesondere abhängig von den Witterungs-Verhältnissen, denen der betr. Konstruktionstheil unterliegt.

Bei der Bau-Polizei in Berlin sind die aus folgender Tabelle ersichtlichen Inanspruchnahmen der Baumaterialien im Gebrauch.

Tabelle 12. Zulässige Inanspruchnahme verschiedener Materialien.

Material	kg pro qcm Zug	kg pro qcm Druck	kg pro qcm Abscherung
Schmiedeisen	750	750	525
Eisenblech	750	750	525
Eisendraht	1 200	—	—
Gusseisen	250	500	190
Gussstahl, gehärtet .	3 000	3 000	2 200
Eschenholz	100—120	66	—
Eichenholz	100—120	66	—
Buchenholz	100—120	65	—
Kiefernholz	100	60	—
Tannenholz	60	50	—
Glas .		75	—
Basalt	—	75	—
Granit	—	45	—
Rüdersdorfer Kalkst.	—	25	—
Nebraer Sandst., roth	—	15	—

Material	kg pro qcm Zug	kg pro qcm Druck
Nebraer Sandst., hell . .	—	30
Ziegelmauerwerk in Kalk, gewöhnlich	—	7
Gutes Ziegelmauerw. (Untermauerg. v. Auflagerpl.) in Zementmörtel	—	11
Bestes Ziegelmauerwerk in Zementmörtel	—	12—14
Poröse Wölbziegel, leicht gebr.	—	3
Desgleichen hart gebrannt .	—	6
Tuffstein aus dem Brohlthale	—	6
Marmor	—	24
Steine aus Zement, Schlacken und scharfem Sand .	—	12*)
Guter Baugrund pro qm	—	25 000

β. Die neuere Methode zur Bestimmung der Querschnitte

strebt eine wissenschaftlichere Bestimmung der Wahl der zulässigen Inanspruchnahme an, u. zw. mit besonderer Rücksicht auf folgende, durch die Wöhler'schen Versuche (1859 — 70) geklärten Thatsachen:

1. Bei wiederholter Beanspruchung eines Stabes zerbricht derselbe endlich bei einer geringern Spannung als derjenigen, die bei ruhender Last seinen Bruch herbei geführt haben würde.

2. Die Anzahl der zum Bruche erforderlichen Beanspruchungen ist um so grösser, je kleiner hierbei die Maximal-Spannung ist, (voraus gesetzt, dass die Minimal-Spannung konstant bleibt) oder je grösser die Minimal-Spannung ist (voraus gesetzt, dass die Maximal-Spannung konstant bleibt).

3. Diejenige Maximal-Spannung, bei der selbst nach einer nahezu unendlich grossen Anzahl von Belastungs-Wechseln ein Bruch nicht eintritt (von Launhardt Arbeitsfestigkeit genannt) ist um so grösser, je grösser die Minimal-Spannung ist.

Launhardt war der erste, der diese Resultate für die Dimensionirung von Eisenkonstruktionen nutzbar machte; dann folgten Gerber, Schaeffer, Weyrauch und Winkler.**)

---

*) Nach vorherigem Nachweis durch Druckprobe.

**) In „Loewe, Die derzeitige Auffassung des Woehler'schen Gesetzes"; Zeitschr. des bayer. Archit.- u. Ingen.-Ver. 1876/77, ist eine Vergleichung der Launhardt-Weyrauch'schen und der Gerber'schen Methode mitgetheilt. — Ueber die Schäffer'sche Methode vergl. Zeitschr. f. Bauw. 1874 und Deutsche Bauztg. 1875/76. Ueber Gerber's Methode vergl. Zeitschr. d. bayer. Archit.- u. Ingen.-Vereins 1874.

1. Verfahren von Winkler.

a. Für Eisenkonstruktionen. Auf Grund der Woehler'schen Versuchs-Resultate findet Winkler die Grösse eines Stab-Querschn. f für Konstruktionen mit ruhender Last: $$f = \frac{P_{max.} - a\,P_{min.}}{(1-a)\,k} \qquad (10)$$

$k = \frac{Z}{n}$ oder $\frac{D}{n}$ die zulässige Inanspruchnahme bei ruhender Last (event. Eigengewicht). Der Stab wird dann, wenn die Spannungen in demselben n Mal so gross geworden, als sie wirklich sind, erst nach einer nahezu unendlich langen Zeitdauer brechen. a = Koeffiz., resultirend aus Woehler's Versuchen: für Schmiedeisen 0,45, für Stahl 0,56. $P_{max.}$ = Maximalspannung; $P_{min.}$ = Minimalspannung des Querschn.

Das Vorzeichen ist algebraisch zu nehmen; je grösser also die Differenz zwischen Maximal-Spannung und Minimal-Spannung, desto stärker wird der Querschn. Für Schmiedeisen resultirt:

$$f = \frac{P_{max.}}{0{,}77} - \frac{P_{min.}}{1{,}70} \quad \text{für vorwiegend gezogene Stäbe}$$
$$f = \frac{P_{max.}}{0{,}72} - \frac{P_{min.}}{1{,}80} \quad \text{für vorwiegend gedrückte Stäbe} \qquad *)$$

Diese Gleich. sind nur für Konstruktionen anzuwenden, bei denen keine Stösse der Verkehrslast vorkommen, wie z. B. bei Dachkonstruktionen.

Beispiel. Ein Stab in einer Dachkonstruktion erleidet folgende Spannungen (t): Eigengewicht + 8,35, Schneedruck + 8,45, Winddruck + 2,54. Danach ist $P_{max.} = 8{,}35 + 8{,}45 + 2{,}54 = 19{,}34$ und $P_{min.} = 8{,}35$. Vorwiegend Zug, also $f = \frac{19{,}34}{0{,}77} - \frac{8{,}35}{1{,}70} = 20{,}5$ qcm.

Für Brücken-Konstruktionen muss die Einwirkung der Stösse berücksichtigt werden; daher sind die aus der Verkehrslast resultirenden Spannungen mit einem Koeffizienten μ zu multipliziren:

für Eisenbahnbrücken: $\mu = 1{,}3$, für Strassenbrücken: $\mu = 1{,}2$.

Dann geht (10), wenn man ausserdem noch P_0, die Spannung aus dem Eigengewicht, P_1 das Maximum der Spannung aus der Verkehrslast und P_2, das Minimum der Spannung aus der Verkehrslast unterscheidet, über in:

$$f = \frac{P_0}{1{,}40} + \frac{P_1}{0{,}60} \pm \frac{P_2}{1{,}30} \;(\text{vorwiegend Zug})$$
$$f = \frac{P_0}{1{,}30} + \frac{P_1}{0{,}55} \pm \frac{P_2}{1{,}40} \;(\text{„ Druck}) \quad \text{für Eisenbahnbrücken.}$$
$$f = \frac{P}{1{,}40} + \frac{P_1}{0{,}64} \pm \frac{P_2}{1{,}40} \;(\text{„ Zug})$$
$$f = \frac{P}{1{,}30} + \frac{P_1}{0{,}59} \pm \frac{P_2}{1{,}50} \;(\text{„ Druck}) \quad \text{für Strassenbrücken.}$$

Das Vorzeichen (+) gilt, wenn P_1 und P_2 verschiedene Vorzeichen, das Vorzeichen (—), wenn P_1 und P_2 gleiche Vorzeichen haben.

Beispiele. Ein Gitterstab einer Eisenbahnbrücke erleidet folgende Spannungen (t): aus dem Eigengew. + 10, aus der Verkehrslast in max. + 15, in min. — 3. Vorwiegend Zug, also:

$$f = \frac{10}{1{,}40} + \frac{15}{0{,}60} + \frac{3}{1{,}30} = 34{,}46 \text{ qcm}.$$

Ein Gitterstab einer Strassenbrücke erleidet folgende Spannungen: aus dem Eigengew. — 2, aus der Verkehrslast in max. — 10, in min. + 4. Vorwiegend Druck, also:

$$f = \frac{2}{1{,}30} + \frac{10}{0{,}55} + \frac{4}{1{,}40} = 20 \text{ qcm}.$$

Für Blechträger, bei denen in einem Querschn.-Theil, entweder nur Zug oder nur Druck vorkommen kann, ist $P_2 = 0$.

2. Für Holzkonstruktionen. Winkler zieht hier die Stösse und die wiederholte Beanspruchung in Rechnung und setzt:

$$f = \frac{P_0}{k_1} + \frac{m\,P_1}{k_1}. \qquad (11)$$

Darin ist für Hochbau-Konstruktionen $m = 1$; für Strassenbau-Konstruktionen $m = 1{,}75$; für Eisenbahnbrücken $m = 2$; der Koeffiz. k ist aus folgender Tabelle zu entnehmen.

*) Druckversuche liegen zwar nicht vor; es ist angenommen worden, dass die Gesetze für Zug auch für Druck gültig sind.

Tabelle 18. Zulässige Inanspruchnahme von Holzkonstruktionen.

Beanspruchungsweise	Definitive Konstruktion		Provisorische Konstruktion	
	Nadelholz	Eichenholz	Nadelholz	Eichenholz
	kg pro qcm			
Zugfestigkeit .	150	180	175	210
Druckfestigkeit	100	120	120	140
Bruchfestigk. für □ und ○ Querschn.	130	160	150	190
Schubfestigk., parallel zu den Fasern .	9	22	10	27
Schubfestigk., senkrecht zu den Fasern	16	22	19	27

2. Verfahren nach Weyrauch-Launhardt.

Hier wird nach den Gleich.:

$$k_1 = k\left(1 + \frac{1}{2}\,\frac{P_{min.}}{P_{max.}}\right) \text{ für Schmiedeisen,}$$

$$k_1 = k\left(1 + \frac{5}{11}\,\frac{P_{min.}}{P_{max.}}\right) \text{ für Stahl}$$

aus dem gewöhnlichen Werthe k (700 kg pro qm für Schmiedeisen, 1100 kg für Stahl) derjenige Werth k_1 der zulässigen Inanspruchnahme berechnet, welcher mit Rücksicht auf die wiederholte Beanspruchung und den Wechsel der Spannungen zu wählen ist. Sobald $P_{min.}$ und $P_{max.}$ ungleiche Vorzeichen haben, ist der zweite Summand rechter Seite algebraisch zu nehmen.

Beispiel. Für den Gitterstab der Eisenbahnbrücke im Beispiel auf vor. Seite ergiebt sich: $k_1 = 0{,}700\left(1 + \frac{1}{2}\,\frac{10-3}{10+15}\right) = \text{rd. } 0{,}8^t$; ferner: $f = \frac{10+15}{0{,}8} = 31{,}3$ qcm.

f. Decken und Stützen.

Balken oder Träger und Belag bilden die tragenden Theile der Decke, welche von Säulen, Pfeilern oder Mauern unterstützt werden.

α. Hölzerne und eiserne Decken.

Die verschiedenen Anordnungen der Decken, insbesondere der mit Hilfe von Wellblechen, Zores-Eisen (Barren-Eisen), Buckelplatten und desgl. zwischen eisernen Trägern hergestellten Decken werden als bekannt voraus gesetzt.

Ueber Tragfähigk. der Hilfskonstruktionen s. die Tab. im „Anhang".

Beispiele.

1. Welche Last pro qm kann eine Balkenlage mit 8facher Sicherheit tragen, wenn die einzelnen 24 cm breiten, 32 cm hohen Balken 5 m Stützweite haben und 0,8 m von Mitte zu Mitte von einander entfernt liegen? Die Bruchfestigkeit des Holzes zu 600 kg angenommen, giebt: $k = \frac{1}{8}\,600 = 75$ kg und $0{,}8\,\frac{(pl)\,l}{8} = \mathfrak{M} = 75\,W$ oder: $p = \frac{3\,W}{10} = \frac{3\,.\,24\,.\,32^2}{6\,.\,10} = 1229$ kg pro qm.

2. Ein I-Träger soll eine 0,25 m starke Wand, die pro cbm 1600 kg wiegt und deren Grösse Fig. 556 angiebt, tragen. Welches Profil ist bei $k = 1000$ kg zu wählen?

Das Gewicht des Wandstücks $abcd$ kann zur Hälfte als in a und in b als Einzellast wirkend angenommen werden.

$$A = \frac{0{,}25\,.\,1600\,[1{,}0\,.\,4\,.\,4{,}5 + 0{,}5\,.\,2\,.\,1{,}5\,(4 + 2{,}5) + 2{,}5\,.\,4\,.\,0{,}5\,.\,2{,}5]}{5} = 3220 \text{ kg.}$$

Die Abszisse x, für welche das Maximal-Moment eintritt, findet sich aus:

$$0 = 3220 - 1600 - 600 - 600 - (x - 2{,}5)\,1600;\quad x = 0{,}2762 \text{ m};$$

$$\mathfrak{M} = 3220\,.\,276{,}2 - [1600\,.\,226{,}2 + 600\,(176{,}2 + 26{,}2) + 1600\,.\,0{,}262\,.\,13{,}1] = 400512 \text{ cmkg} = 1000\,W.$$

$W = 401$, dem das Normal-Profil No. 26 entspricht.

Fig. 556.

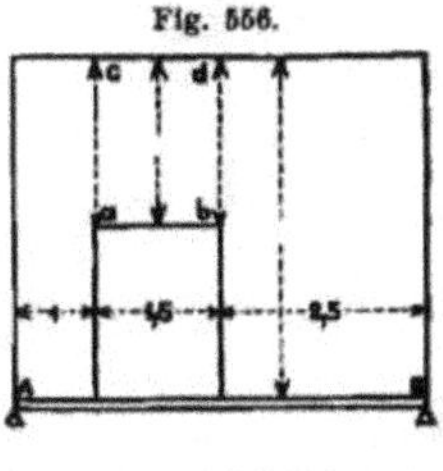

Fig. 557.

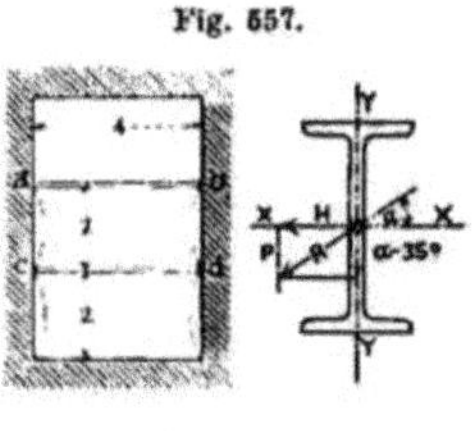

3. Ein I-Träger ab dient einem Kappen-Gewölbe $abcd$ Fig. 557 als Widerlager. Die Richtung der Resultante R des Gewölbeschubes geht durch den Schwerp. des Profils und schliesst mit der Horizontalen den Winkel $\alpha = 35°$ ein. Das Gewicht einer Gewölbehälfte einschl. der zufälligen Last sei $P = 500$ kg pro qm. Welches Profil ist zu wählen, wenn die grösste Inanspruchnahme 1000 kg nicht überschreiten darf?

Auf das I-Profil wirken in der XX der Horizontalschub: $H = \frac{P}{\operatorname{tang}\alpha} = \frac{500}{0{,}7}$ und in der YY die Belastung $P = 500$ kg pro m Träger.

Also: $$N = 1000 = \frac{500\,.\,4\,\frac{400}{8}}{W_y} + \frac{500\,.\,4\,\frac{400}{8}}{W_x};\quad \text{oder } 1 = \frac{100}{W_y} + \frac{143}{W_x}.$$

Dieser Bedingung entspricht das Normal-Profil No. 38 mit $W_y = 1274$ und $W_x = 135$, welches 83,9 kg pro m schwer ist.

Wenn der Horizontalschub H durch Verankerung des Trägers ab mit den übrigen Trägern oder der Wand aufgehoben wird, wirkt auf erstern nur noch die Vertikal-Komponente von R, d. i. P. In diesem Falle wird schon das I-Profil No. 16 (mit $W_y = 118$ und 17,9 kg pro m schwer) genügen.

4. Eine Zwischendecke für ein Tuchlager soll in I-Trägern mit Träger-Wellblech oder Barren-Eisen so hergestellt werden, dass die Gesammt-Eisenkonstruktion möglichst billig wird.

Fig. 558.

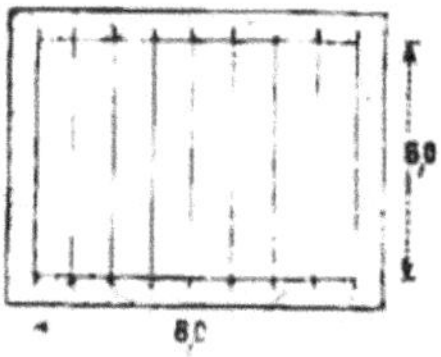

Die Länge des Raumes, Fig. 558, beträgt 8 m, die Tiefe 6 m. Mit Rücksicht auf die Fensterpfeiler ist eine Entfernung der I-Träger von einander zu 2 m anzunehmen.

Wellblech, Träger-Wellblech und Barren-Eisen sollen zu der Wirklichkeit entnommenen Einheitspreisen nebst 10% Zuschlag, I-Träger nach den Normalprofilen zum Preise von 160 M. pro 1 000 kg in Ansatz gebracht werden. Wellblech oder Barren-Eisen können in den Endfeldern einseitig auf vorhandene Mauerabsätze gelegt werden. — Für Barren-Eisen darf der Spielraum höchstens 150 mm betragen.

Für 2 m Trägerabstand sind 3 Träger erforderlich, deren jeder eine Grundfläche von $6 . 2 = 12$ qm zu unterstützen hat. Nach Pos. 16 der Tabelle No. 2 (S. 647) ist pro qm eine Totallast von 850 kg, oder für 1 Träger eine Last von $12 . 850 = 10\,200$ kg zu rechnen, welche als gleichförm. vertheilt anzunehmen ist. Für $P = 10\,200$ und $l = 6$ m, ist das Normal-Profil No. 35 d mit $G = 76,4$ kg nothwendig. Lässt man jeden dieser Träger 0,3 m in die Mauer eingreifen, so hat man eine Totallänge der 3 Träger von $3 . 6,6 = 19,8$ m und ein Totalgewicht derselben von $19,8 . 76,4 = 1\,513$ kg.

1. Für gewöhnliches Wellblech ist bei $l = 2$ m Wellblech mit $G_1 = 30$ kg und einem Kostenaufwande von 10,55 M. pro qm inkl. Anstrich und exkl. der Ueberdeckungen, oder von ca. 11,08 M. inkl. der Ueberdeckungen zu wählen.

Die Kosten dieser Anordnung sind daher:

1 513 kg I-Träger à 0,16 M.		242,08 M.
48 qm Wellblech à 11,08 M.	= 531,84 M.	
10% Zuschlag .	53,18 „	
		585,02 „
	Summa	827,10 M.

2. Als Träger-Wellblech würde solches mit dem Gewicht $G = 25,5$ kg und zum Preise von 10,75 M. pro qm exkl. der Ueberdeckungen oder ca. 11,29 M. pro qm inkl. der Ueberdeckungen erforderlich sein. Die Gesammt-Kosten betragen daher:

1 513 kg I-Träger à 0,16 M.		242,08 M.
48 qm Träger-Wellblech à 11,29 M.	= 541,92 M.	
10% Zuschlag	54,19 „	
		596,11 „
	Summa	838,19 M.

3. Das billigste Barren-Eisen von 850 kg pro qm, bei 2 m frei tragender Länge ist mit 7,05 M. pro qm inkl. Anstrich anzusetzen.

Hierfür betragen also die Gesammtkosten:

1 513 kg I-Träger à 0,16 M.		242,08 M.
48 qm Barren-Eisen à 7,05 M.	= 338,40 M.	
10% Aufschlag	33,84 „	
		372,24 „
	Summa	614,32 M.

Die letzte Anordnung ist demnach die billigste.

β. Eiserne Treppen.

Ist l die Länge eines geraden Treppenarmes AB im Grundriss, Fig. 559, b die Breite dieses Armes, p die Gesammtbelastung pro 1 qm Grundrissfläche der Treppe (rund 400 kg pro qm), so erhält man für das grösste Moment M in der Wangenmitte:

Fig. 559.

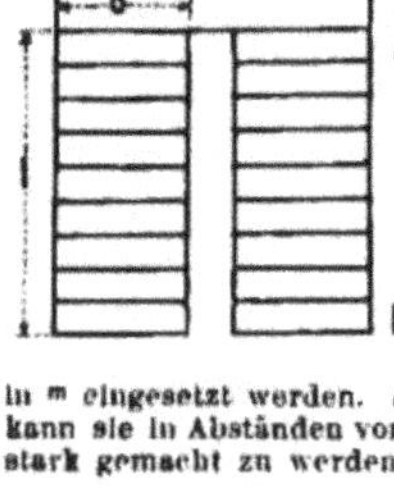

$$M = 400 \frac{bl}{2} \cdot \frac{l}{8} = 2,5\, bl^2 \text{ (mkg)}.$$

Ist W das Widerstandsmom. des kleinsten Wangen-Querschn und wird ferner für die zulässige Beanspruchung k pro qm 750 kg gesetzt, so folgt: $W = \frac{M}{k} = 3,33\, bl^2$, worin W für cm und l (in m) einzusetzen ist.

Beispiel. Besteht die Wange aus glattem Blech von d (cm) Dicke und 20 cm Höhe, so wird: $W = 66,7\, d$. Aus den beiden Werthen für W folgt ferner: $3,33\, bl^2 = 66,7\, d$, oder: $d = \frac{bl^2}{2}$, wenn d in mm, b und l in m eingesetzt werden. d ist nicht unter 6 mm zu wählen. Liegt eine Wange an einer Wand und kann sie in Abständen von ca. 2 m durch Stützeisen gehalten werden, so braucht sie auch nur 6 mm stark gemacht zu werden, selbst wenn der Treppenarm eine grössere Länge hat. —

γ. Gitterpfeiler.

1. Ein obeliskartiger Gitterpfeiler, Fig. 560, werde durch beliebige Kräfte beansprucht. Um die Spannungen der einzelnen Stäbe in der Gitterwand $ABDC$ zu bestimmen, denke man sich in der Symmetrie-Ebene $A_0 B_0 D_0 C_0$ einen Binder, der die Vertikal-Projektion der Gitterwand auf die Symmetrie-Ebene vorstellt. Für diesen senkrecht stehenden Binder ermittelt man dann zunächst die Spannungen.

Fig. 560.

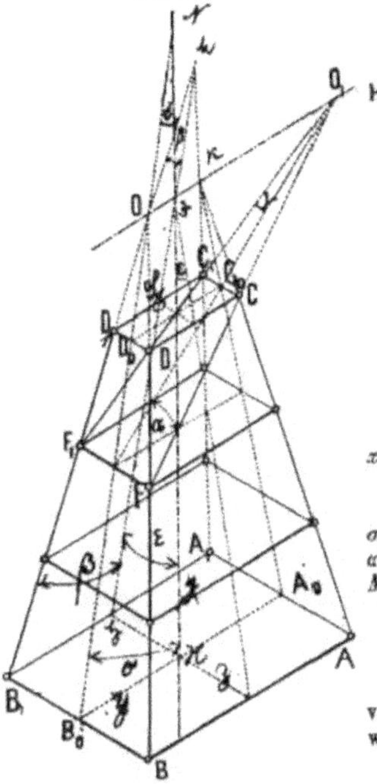

Fig. 561.

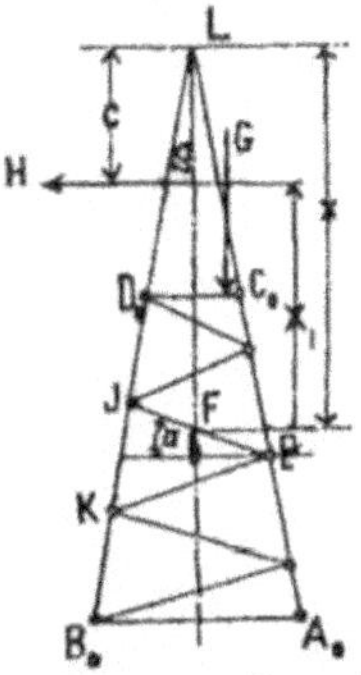

Es bezeichne mit Bezug auf Fig. 561:

S_0: Spannung eines belieb. Säulenstabes (z. B. JK),

P_0: Spannung eines belieb. Gitterstabes (z. B. JE),

b: Breite der Wand im Knotenp. E, welcher dem belieb. Stabe JK gegenüber liegt.

x: Abstand der Mitte F des belieb. Gitterstabes JE vom Schnittp. L der Richtungen beider Pfeilersäulen.

σ: Winkel der Pfeilersäulen mit der Vertikalen.

α: Winkel eines Gitterstabes mit der Horizontalen.

M, M_1: Mom. aller über einen durch E oder den Stab JE gelegten Schnitt wirkenden äussern Kräfte in Beziehung auf den Punkt E bezw. L.

Dann erhält man für die Spannungen, welche von belieb. wirkenden äussern Kräften erzeugt werden:

$$S_0 = -\frac{M}{b \sin \sigma}; \quad P_0 = \frac{M_1}{x \sin \alpha}.$$

Z. B. erzeugt eine im Abstande x_1 vom Punkte E oder im Abstande c von L angreifende Horizontalkraft H die Spannungen:

$$S_0 = \pm \frac{H x_1}{b \sin \sigma}; \quad P_0 = -\frac{H c}{x_1 \sin \alpha}.$$

Aus der Reduktion der Spannungen S_0, P_0, H_0 des ideellen, in der Symmetrie-Ebene $A_0 B_0 D_0 C_0$ liegenden Binders auf die in den Gitterwänden $ABDC$ und $A_1 B_1 D_1 C_1$ wirklich auftretenden Spannungen S_1, P_1, H_1 ergiebt sich:

$$S = \frac{S_0}{2 \sin \beta}; \quad P = \frac{P_0}{2 \sin \gamma}; \quad H = \frac{1}{2} H_0.$$

2β und 2γ sind die Winkel, welche 2 in Frage kommende Pfeilersäulen ($B_1 D_1$ und $A_1 C_1$) bezw. 2 Gitterstäbe (FC und $F_1 C_1$) mit einander einschliessen.

Führt man noch den Winkel ε ein, den die Projektion der Pfeilersäule auf eine zur Ebene $A_0 B_0 D_0 C_0$ senkr. stehende Ebene mit der vertik. Pfeileraxe einschliesst, so erhält man:

$$\frac{1}{\sin \sigma \sin \beta} = \sqrt{1 + \operatorname{tang}^2 \sigma + \operatorname{tang}^2 \varepsilon}; \quad \frac{1}{\sin \alpha \sin \gamma} = \sqrt{1 + \operatorname{tang}^2 \alpha \, (1 + \operatorname{tang} \sigma)}.$$

Es braucht also anstatt des Faktors $\frac{1}{\sin \sigma}$ oder $\frac{1}{\sin \alpha}$ in den vorhin für S_0 und P_0 entwickelten Ausdrücken nur der Faktor:

$$\frac{1}{2} \sqrt{1 + \operatorname{tang}^2 \sigma + \operatorname{tang}^2 \varepsilon} \text{ bezw.: } \frac{1}{2} \sqrt{1 + \operatorname{tang}^2 \alpha \, (1 + \operatorname{tang}^2 \sigma)}$$

gesetzt zu werden, um direkt statt S_0 und P_0 die Spannungen S und P zu erhalten.

Beispiel. Für einen rechteckigen 40 m hohen Pfeiler, dessen Dimensionen, auf der Zeichenebene gemessen, in der Krone 2 m und 4 m, an der Wurzel 5 m und 10 m betragen, ist:

$$\operatorname{tang} \sigma = \frac{0{,}5\,(5-2)}{40} = 0{,}0375; \quad \operatorname{tang} \varepsilon = \frac{0{,}5\,(10-4)}{40} = 0{,}075,$$

$$\text{Also: } \sqrt{1 + \operatorname{tang}^2 \sigma + \operatorname{tang}^2 \varepsilon} = 1{,}004 \text{ und: } S = \frac{1{,}004\, M}{2\,b}.$$

Für einen in der Axe wirkenden Vertikaldruck V wird: $M = V \frac{1}{2} b$; also: $S = 0{,}251\, V$.

Ist ferner für irgend einen Gitterstab: $\operatorname{tang} \alpha = 1{,}51$, so wird:

$$\sqrt{1 + \operatorname{tang}^2 \alpha\,(1 + \operatorname{tang}^2 \sigma)} = 0{,}908 \text{ und } P = \frac{0{,}908\, M_1}{2\,x}.$$

Die Werthe für H ergeben sich aus: $\alpha = 0$, für das betreffende x.

Fig. 562.

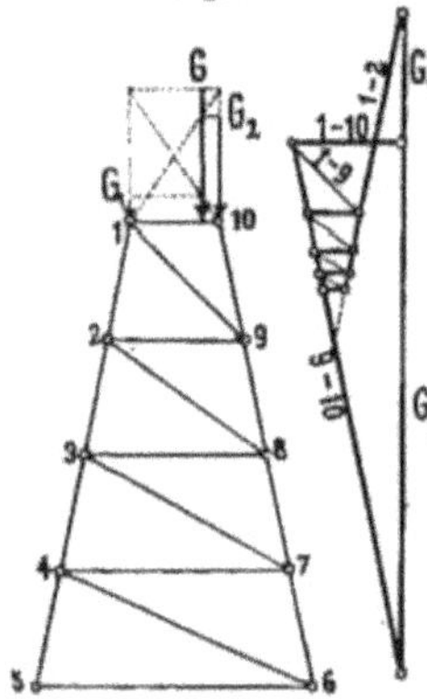

Fig. 563.

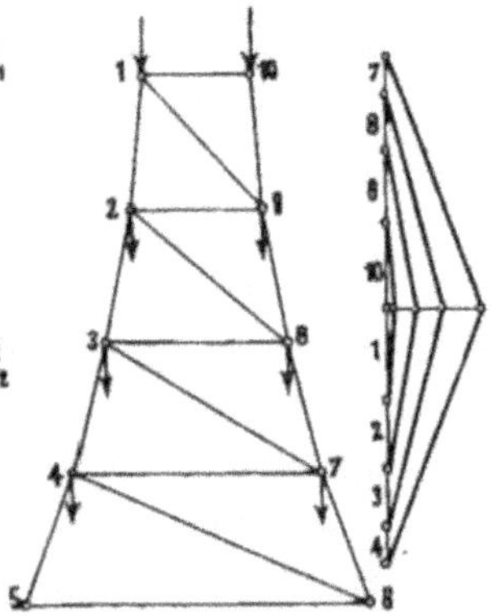

2. Die grafische Bestimmung der Spannungen S_0 und P_0 nach der Polygonal-Methode ist in den Fig. 562—565 in verschiedenen Beispielen erläutert. Druckspannungen sind darin gegenüber den Zugspannungen durch doppelte Linien hervor gehoben.

Man kann diese Methode für jede belieb. Belastungsweise anwenden; doch ist es rathsam, in praktisch. Fällen die Darstellungen für Eigengew., Vertikal- und Horizontal-Druck und Winddrücke gesondert zu behandeln.

Fig. 562 behandelt den Fall der Inanspruchnahme durch eine Vertikallast G, welche in ihre beiden, in den Knotenp. 1 und 10 wirkenden Seitenkräfte G_1 und G_2 zerlegt wurde. Das 1. Kraftdreieck bildet sich aus der Last G_2 und den Spannungen 1—10 und 9—10. Man sieht, wie die Spannung derjenigen Säule, welche der Last am nächsten liegt, ebenso wie auch die Spannung der Gitterstäbe von der Krone nach der Wurzel hin abnimmt, während die Spannung der andern Säule umgekehrt von oben nach unten wächst.

Fig. 564 und 564a.

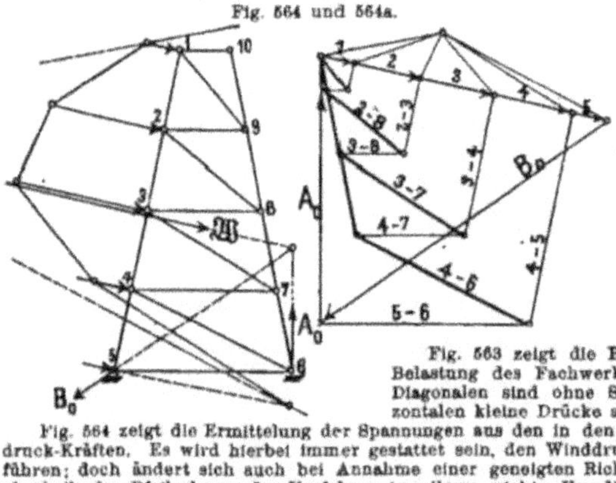

Die Spannung 5—6 kann nur bestimmt werden, wenn man die Art und Weise der Lagerung in 5 und 6 als bekannt annimmt, wie in Fig. 564 geschehen ist.

Fig. 563 zeigt die Behandlung für den Fall der Belastung des Fachwerks durch Eigengewicht. Die Diagonalen sind ohne Spannung, während die Horizontalen kleine Drücke aufzunehmen haben.

Fig. 564 zeigt die Ermittelung der Spannungen aus den in den Knotenp. angreifenden Winddruck-Kräften. Es wird hierbei immer gestattet sein, den Winddruck horizontal wirkend einzuführen; doch ändert sich auch bei Annahme einer geneigten Richtung oder von Winddrücken oberhalb der Pfeilerkrone das Verfahren im allgem. nicht. Um die in den Lagerpunkten 5 und 6 angreifenden Lagerdrücke und die Spannung 5—6 bestimmen zu können, ist angenommen worden, dass in 5 ein Gelenklager und in 6 ein Gleitlager zur Anwendung kommt. Zu den Winddrücken 1, 2, 3, 4, 5 ist mit dem belieb. Pol O in Fig. 564 ein Seilpolygon gezeichnet, um aus dem Schnittpunkte der äussern Seilpolygon-Seiten die Lage des resultirenden Winddrucks $\mathfrak{W}$ zu finden. $\mathfrak{W}$, B_0 und A_0 müssen sich in einem Punkte schneiden. Lage, Richtung und Grösse der Lagerdrücke ist damit gefunden. Die Ermittelung sämmtlicher Spannungen ist aus Fig. 564a. zu ersehen.

In ganz derselben Weise bestimmt man auch die Spannungen, welche sich aus dem Winddruck auf Thurmdächer und dergl. ergeben.

Die Ermittelung der Spannungen S, P aus S_0, P_0 geschieht grafisch wie folgt: In Fig. 565 stellen a und b die beiden Ansichten des Pfeilers in der Zeichenebene dar. Für die Projektion a seien S_0 und P_0 bestimmt. Zieht man BH und $DJ \perp BD$ und macht $BH = A_0 A_1$ und $DJ = C_0 C_1$, so ist S_0 in der Säule BD im Verhältniss von BD zu $\frac{1}{2}\, HJ$ zu vergrössern, um S zu erhalten. Zieht man ferner FK und $CL \perp FC$ und macht $FK = F_0 F_1$ und $CL = C_0 C_1$, so ist die Spannung P_0 des Giterstabes FC im Verhältniss von FC zu $\frac{1}{2}\, KL$ zu vergrössern.

Fig. 565.

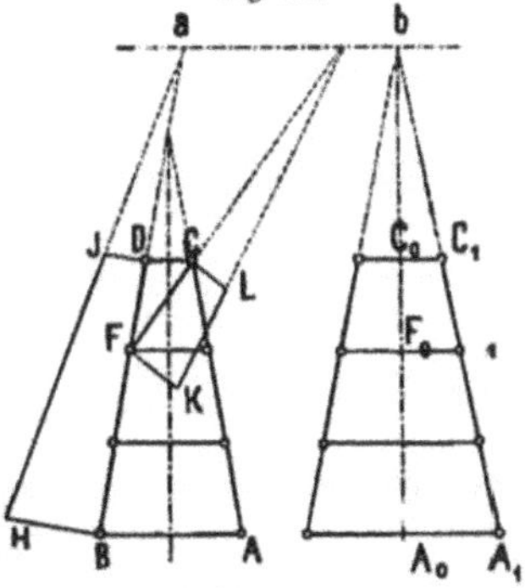

δ. Konsolen.

1. Die Berechnung gusseiserner Konsolen, auch mit Rücksicht auf möglichst günstige Material-Vertheilung, ist in der Elastizitäts-Lehre S. 584 erläutert worden.

Legt man den Schwerp. eines **T**-Profils in $\frac{1}{3}$ der Höhe h, so dass die Maximal-Druckspannung doppelt so gross wird, als die Maximal-Zugspannung, so erhält man für die Konsole, Fig. 566, mit der Breite b und der Rippenstärke nb:

Fig. 566.

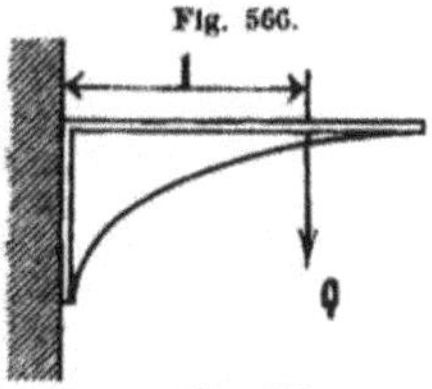

$$Ql = \frac{2}{9}\, k_1 n b h^2;\ \text{für } k_1 = 500^{\text{kg}} \text{ pro }^{\text{qcm}}:\ h = 0{,}095 \sqrt{\frac{Ql}{nb}}.$$

Die Werthe von h, wenn Q, l, b und nb gegeben sind, sind Tab. 3 im „Anhang“ zu entnehmen.

Die Lagerung der Konsole in der Mauer muss so beschaffen sein, dass das die Lagerstelle umgebende Mauerwerk nicht zu sehr beansprucht wird. Hierbei ist zu beachten, dass die Druckvertheilung in der Mauer, wie in Fig. 567 angegeben, stattfindet.

Fig. 567.

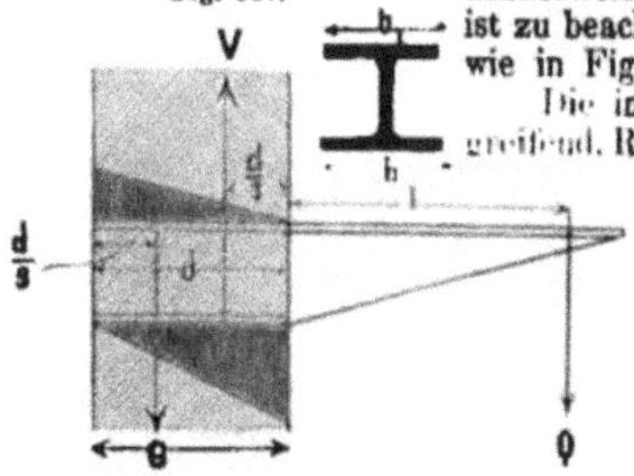

Die in den Schwerp. der schraffirten Dreiecke angreifend. Resultant. V u. G ergeben sich aus den Gleichg.:

$$Q\left(l + \frac{d}{3}\right) = G\,\frac{d}{3} \text{ und: } V = G + Q.$$

Ferner ist, wenn s die zulässige Inanspruchnahme der Flächeneinheit des Mauerwerks bezeichnet:

$$V = \frac{sbd}{2} \text{ und: } G = \frac{sb_1 d}{2},$$

woraus die erforderlichen Breiten b und b_1 bei gegebener Eingriffstiefe d zu berechnen sind. Man erhält: $b = \alpha Q$; $b_1 = \beta Q$ wenn: $\alpha = \frac{6l + 4d}{sd^2}$ und: $\beta = \frac{6l + 2d}{sd^2}$ eingesetzt wird.

Die Werthe von α u. β für praktische Fälle sind in Tab. 4 im „Anhang“ mitgetheilt.

2. Die Spannungen in einer schmiedeisernen Streben-Konsole, Fig. 568 berechnen sich wie folgt: Es sei: l die Ausladung und a die Entfernung zweier tragenden Konsolen von einander; Q die von einer Konsole zu tragende gleichförm. vertheilte Last $= alq$; (q Last pro Einheit der Fläche). Dann ergiebt sich:

Fig. 568.

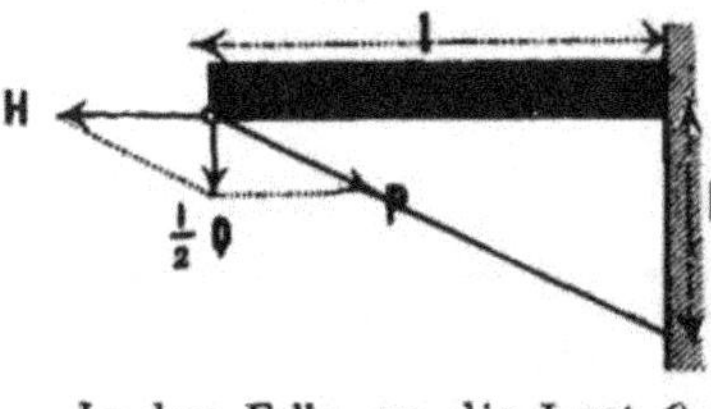

$$H = +\,\frac{Q \operatorname{cotg} \alpha}{2} = +\,\frac{Ql}{2h};$$

$$P = -\,\frac{Q}{2 \sin \alpha} = -\,\frac{Q\sqrt{l^2 + h^2}}{2h}.$$

In dem Falle, wo die Last Q direkt auf der Konsole liegt, erleidet der horizontale Gurtstab noch eine Biegungsspannung: $N = \frac{Ql}{8W}$ (W Widerstandsmom. des Gurtstabes). Ist k die zulässige Inanspruchnahme auf Zug, so folgt:

$$k = \frac{H}{F} + \frac{Ql}{8W} = \frac{Ql}{2Fh}\left(1 + \frac{Fh}{4W}\right).$$

Für ein bestimmtes Profil ist die Fläche F und das Widerstandsmom. W gegeben und darnach die Inanspruchnahme zu berechnen.

Den Querschn. F_1 der Strebe kann man, ohne auf Knicken Rücksicht zu nehmen, unter der Annahme berechnen, dass die zulässige Inanspruchnahme k_1 auf Druck 450 kg nicht übersteigt.

Nimmt man F_1 an, so wird: $F_1 = -\frac{P}{k_1}$ und hieraus: $h = \frac{Ql}{\sqrt{4F_1^2k_1^2 - Q^2}}$.

Praktisch wird man h meistens grösser wählen müssen.

3. Die Spannungen einer Gitter-Konsole sind nach den S. 624 ff. angegebenen Regeln (nach der Ritter'schen oder der Polygonal-Methode) zu bestimmen.

Fig. 569.

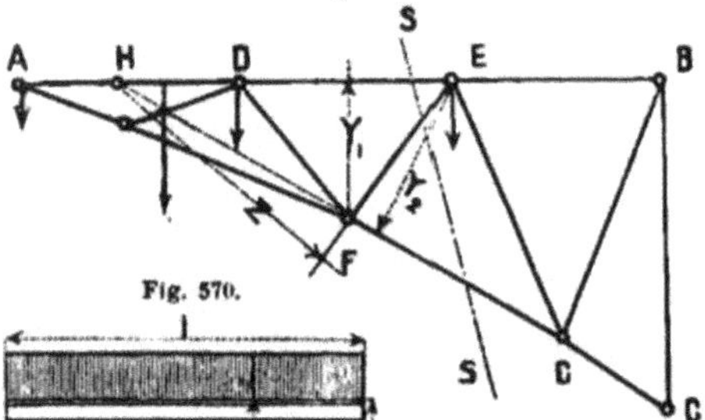

Fig. 570.

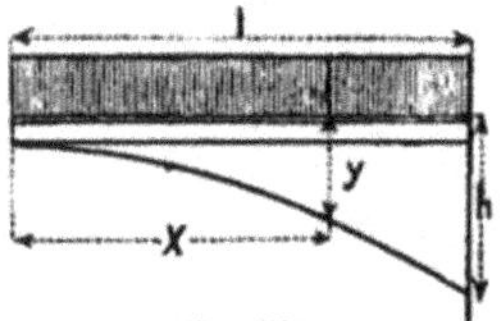

Bezeichnet S_1 und S_2, Fig. 569, bezw. die Spannung eines Stabes im Obergurt oder Untergurt, der durch einen Schnitt SS getroffen wird, so ist:

$$S_1 = +\frac{M_1}{y_1} \text{ und } S_2 = -\frac{M_2}{y_2}$$

y_1 oder y_2 ist bezw. der senkr. Abstand des betr. Stabes von dem ihm gegenüber liegenden Knotenp.; M_1 und M_2 bezw. das Mom. aller links vom Schnitt SS wirkenden äussern Kräfte in Bezug auf den dem Stabe gegenüber liegenden Knotenp. Die Spannung P eines nach links fallenden Stabes FE ist: $P = \frac{M}{z}$. M ist das Mom. der links vom Schnitt wirkenden äussern Kräfte in Beziehung auf den Schnittp. H der betr. mit durchnittenen Gurtstäbe DE und FG, z der Hebelarm von P in Bezug auf H.

Fig. 571.

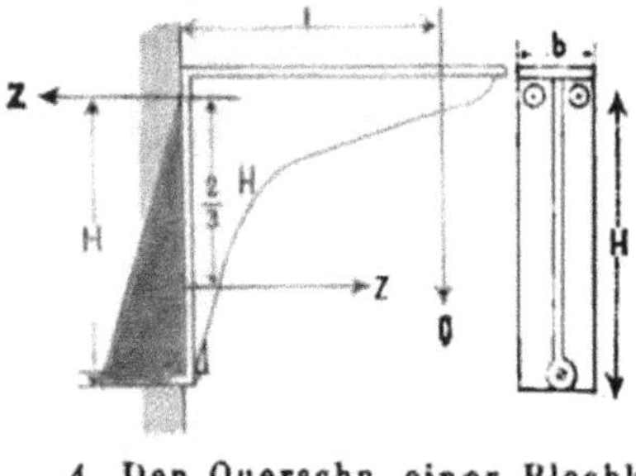

P ist Zug oder Druck, je nachdem M nach rechts oder links dreht. Für einen nach rechts fallenden Stab ist nur das Vorzeichen zu ändern. — Bei geradlinigem Untergurt fällt der Punkt H mit der Spitze A zusammen.

Die grafische Bestimmung der Spannungen erfolgt in bekannter Weise nach der Polygonal- oder Schnitt-Methode.

4. Den Querschn. einer Blechkonsole bestimmt man am einfachsten in der Weise, dass man die Dimensionen der Gurt-L Eisen mit der Dicke δ der Blechwand annimmt, sodann für verschiedene Höhen y des Querschn., Fig. 570, das Widerstandsmom. W ermittelt und hierzu die entsprechenden Abszissen x nach der Gleich. $k_1 W = M$ ausrechnet. Bei gleichmässig vertheilter Last wird:

$$M = \frac{Qx^2}{2l}, \text{ also: } x = \sqrt{\frac{2k_1 Wl}{Q}}$$

Bei einigermassen hohen Konsolen ist indess der untere Theil der Blechwand in Rücksicht auf die Gefahr des Knickens nicht mit anzurechnen.

5. Angeschraubte Konsolen kommen häufig in Werkstätten oder Fabriken vor. Die Verbindung mit der Mauer erfolgt meist durch drei Ankerbolzen, Fig. 571. Diese Bolzen sind in der Regel nicht vollkommen genau angezogen, so dass man

annehmen darf, dass die Druckübertragung durch die Wandplatte etwa nach der in Fig. 571 durch Schraffirung angedeuteten Weise erfolge. Danach findet das Maximum des Druckes auf die Wand an der untern Kante der Platte statt, während der Druck an der obern Kante $= 0$ ist. Es ist daher auch anzunehmen, dass der resultirende Druck Z im untern Drittel von H angreift, wenn H die Höhe der Druckfläche ist. Die beiden obern Bolzen erleiden demnach einen Zug Z.

Ist b die Breite der Konsole und der Wandplatte, l der Hebelarm der Last Q, so folgt: $Ql = \frac{2}{3} ZH$ und ferner: $Z = \frac{s b H}{2}$, wenn s den grössten Druck auf die Wand an der untern Kante der Wandplatte bezeichnet.

Also:
$$Ql = \frac{s b H^2}{3}. \tag{12}$$

Für eine eingemauerte Konsole mit der Rippenhöhe h und der Rippenstärke nb ist S. 659 gefunden worden: $Ql = \frac{2}{9} \cdot k_1 n b h^2$. (13)

Die Verbindung von (12) und (13) giebt für $k_1 = 500$ kg pro qcm Gusseisen: $H = h \sqrt{\frac{1000\, n}{3 s}} = \gamma h$.

Der Ausdruck $\gamma = \sqrt{\frac{1000\, n}{3 s}}$ findet sich aus der folgenden Tabelle:

	Für n = / s in kg	0,05	0,10	0,15	0,20	0,25	0,30
Für gewöhnliches Mauerwerk	7	1,55	2,18	2,68	3,10	3,44	3,78
„ gutes „	10	1,30	1,82	2,24	2,59	2,88	3,16
„ bestes „ . . .	14	1,09	1,54	1,90	2,19	2,43	2,67
„ Hausteine	20	0,92	1,29	1,59	1,84	2,04	2,24
„ Holz	50	0,58	0,81	1,00	1,16	1,28	1,41
		γ					

Die Werthe für h siehe in Tabelle 3 im „Anhang".

ε. Unterlagsplatten.

1. Die Grundfläche F der zur Vertheilung des Druckes P unter Säulen, Trägern, Dachbindern u. s. w. angebrachten Platten muss mindestens die Grösse $\frac{P}{s}$ erhalten, wenn s die zulässige Druck-Inanspruchnahme bezeichnet, welche der von der Platte gedrückte Träger (Fundament u. s. w.) pro Flächeneinheit aushalten kann. Ist die Platte quadratisch ($F = b^2$), so folgt: $b = \sqrt{\frac{P}{s}}$

Hieraus ergeben sich die in der nachfolgenden Tabelle angegebenen Werthe für b.

Tabelle 14. Bestimmung der Breite b quadrat. Unterlagsplatten.

Auf-zunehmende Gesammt-Last (P) t	Art der Unterlage 1. Gewöhnliches Kalkmörtel-Mauerwerk $k_s = 7$ kg	2. Gutes Trassmörtel- od. Zementmörtel-Mauerwerk $k_s = 10$ kg	3. Bestes Zementmörtel-Mauerwerk $k_s = 14$ kg	4. Gute natürliche Steine $k_s = 20$ kg	5. Tannen- oder Fichtenholz $k_s = 50$ kg	6. Eichenholz $k_s = 60$ kg
5	27	22	19	16	10	9
10	38	32	27	22	14	13
15	46	39	33	27	17	16
20	54	45	38	32	20	18
25	60	50	42	35	22	20
30	66	55	46	39	24	22
35	71	59	50	42	26	24
40	76	63	54	45	28	26
45	80	67	57	47	30	27
50	85	71	60	50	32	29
60	93	78	66	55	35	32
70	100	84	71	59	37	34
80	107	90	76	63	40	37
90	113	95	80	67	42	39
100	119	100	85	71	45	41
150	146	122	103	87	55	50
200	169	141	119	100	63	58

2. **Die Stärke der Unterlagsplatte muss, den in ihr auftretenden Biegungsspannungen entsprechend, vom Rande nach der Mitte hin zunehmen.**

Im Querschn. BC, Fig. 572, der Platte wirkt ein Widerstandsmom. $= \frac{1}{6} 2yx^2k$, wenn x und $2y$ die Dimensionen des Querschn. und k die spezif. Normalspannung desselben bezeichnen. Die Grundfl. ABC der Unterlage erleidet einen Druck:

Fig. 572.

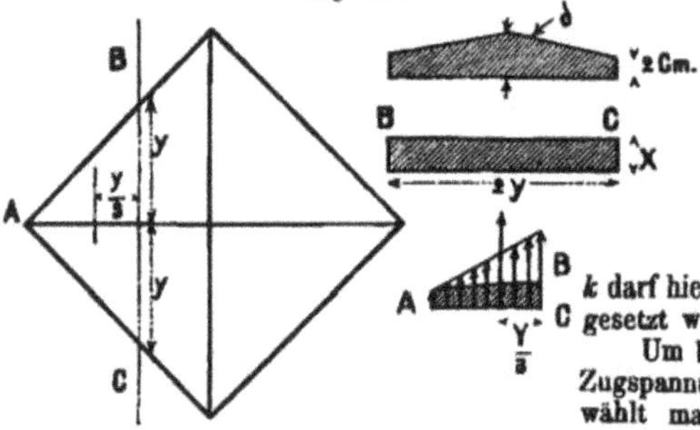

$$D = \frac{2yys}{2} = sy^2.$$

Dieser Druck greift im Schwerp. von ABC an, daher:

$$(sy^2)\frac{y}{3} = \frac{1}{3} yx^2k \text{ oder:}$$

$$x = y\sqrt{\frac{s}{k}}.$$

k darf hierin nicht über 250 kg pro qcm gesetzt werden.

Um bei gusseisernen Platten die Zugspannungen möglichst zu verringern, wählt man anstatt des rechteckigen Querschn. $2xy$ besser einen aus Trapezen zusammen gesetzten, dessen Höhe an den Rändern 2 cm und in der Mitte $\delta = 2x - 2$ cm beträgt, so dass die Querschn.-Fläche wieder $2xy$ wird. Dann folgt:

$$\delta = 2x - 2 = 2y\sqrt{\frac{s}{k}} - 2;$$

k darf für gusseiserne Platten hierin zu 350 kg pro qcm gesetzt werden.

Fig. 573.

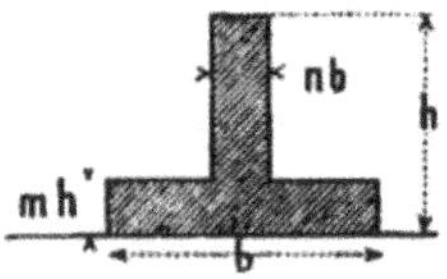

3. Grössere gusseiserne **gerippte Platten** berechnet man nach den in der Elastizit.-Lehre (S. 578) angegebenen Regeln.

Unter der Voraussetzung, dass die grösste Druckspannung (500 kg pro qcm) doppelt so gross wird als die grösste Zugspannung (250 kg pro qcm) erhält man für die gerippte Platte, Fig. 573: $n = \frac{2m - 3m^2}{1 + 2m - 3m^2}$. ($nb$ Dicke einer Rippe od. mehrerer Rippen, welche auf die Gesammt-Breite b kommen).

Fig. 574.

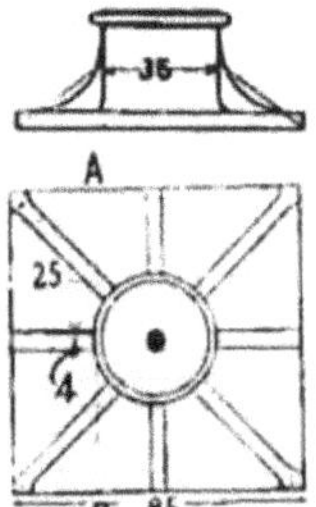

Für die Höhe h erhält man: $h = 0{,}067\, y\sqrt{\frac{s}{n}}$; y ist der Abstand des gefährlichsten Querschn., vom Plattenrande gemessen. Die Werthe von h und m für praktische Fälle sind aus der folgenden Tabelle zu entnehmen:

Tabelle 15.

Werthe von n	1/4	1/5	1/6	1/8	1/10	1/15	1/20	Einer dieser Werthe ist anzunehmen.
Zugehörige Werthe von m .	1/3	1/6	1/8	1/12	1/16	1/22	1/38	
Für s = 7 kg wird: h =	0,34 y	0,40 y	0,43 y	0,50 y	0,56 y	0,68 y	0,79 y	
„ s = 10 „ „ „ =	0,42 y	0,48 y	0,52 y	0,60 y	0,67 y	0,82 y	0,95 y	
„ s = 14 „ „ „ =	0,50 y	0,56 y	0,61 y	0,71 y	0,79 y	0,97 y	1,12 y	
„ s = 20 „ „ „ =	0,60 y	0,67 y	0,73 y	0,86 y	0,95 y	1,16 y	1,34 y	
„ s = 50 „ „ „ =	0,95 y	1,06 y	1,16 y	1,34 y	1,50 y	1,84 y	2,12 y	

Beispiel. Eine Säule von 35 cm Durchm., welche 100 000 kg Druck aushalten muss, soll durch eine gerippte Unterlagsplatte einen Druck von 14 kg pro qcm auf einen in Zementmörtel ausgeführten Mauerpfeiler übertragen. Welche Dimensionen müssen Platte und Rippen erhalten?

Nach der Tabelle No. 14 findet man für $P = 100000$ kg und $s = 14$ kg unter Pos. 3: $b = 85$ cm als Seitenlänge der quadrat. Grundplatte. Der ungünstigste Querschn. AB, Fig. 574, parallel zu einer Seite liegend, hat einen Abstand von 25 cm $= y$ vom Rande.

Nimmt man an, die Platte soll 8 Rippen erhalten, so liegen im Querschn. AB drei Rippen. Hat jede Rippe 4 cm Breite, so ist im Querschn. AB eine Total-Rippenbreite von ca. 15 cm vorhanden, mithin ist $n = 15/85$ oder rot. $^1/_6$. Hierfür ergiebt die vorstehende Tabelle (15) für $d = 14$ kg: $h = 0,61\,y$, oder da $y = 25$ cm: $h = 0,61 \cdot 25 = 20$ cm. Da für $n = {}^1/_6$ nach derselben Tabelle: $m = {}^1/_8$, so muss die Plattendicke $= mh = {}^1/_8\, 20 = 2,5$ cm in diesem Querschn. sein.

Fig. 575.

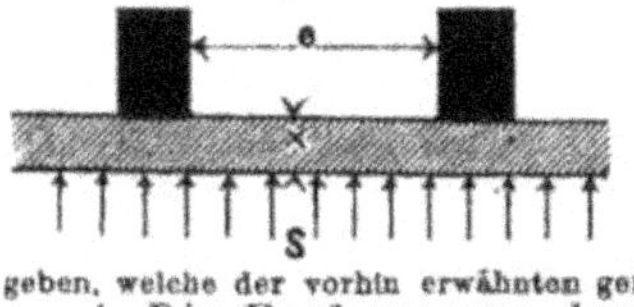

Wenn m und h denselben Werth bis zum Rande behielten, so würde (da $h = 0,61\,y$) die obere Begrenzung der Rippen geradlinig bis zum Rande der Platte verlaufen müssen. Da man indessen im vorliegenden Falle die Plattendicke nicht unter 2 bis 2,5 cm wählen wird, mithin nach dem Rande hin die Plattendicke bei abnehmender Rippenhöhe grösser wird als $^1/_8\,h$, so kann man die Rippenhöhe in der Nähe des Randes einschränken und den Rippen die in Fig. 574 skizzirte, gefälligere geschweifte obere Begrenzung geben, welche der vorhin erwähnten geradlinigen Begrenzung nahe kommt.

4. Die Entfernung e der Rippen von einander, Fig. 575, darf eine gewisse Grenze nicht überschreiten, damit nicht in dem Theile der Platte, welche zwischen den Rippen liegt, eine zu grosse Biegungs-Spannung entstehe.

Die Rechnung ergiebt: $e = x\sqrt{\frac{2k}{s}}$, oder für $k = 250$ kg pro qcm: $e = 22,4\,x\sqrt{\frac{1}{s}}$.

Für das letzte Beispiel erhält man: $e = 22,4 \cdot 2,5 \sqrt{\frac{1}{14}} = 15$ cm.

Es wäre daher, weil bei 8 Rippen die durchschnittl. Entfernung derselben etwa 24 cm wird, gerathener, eine grössere Anzahl Rippen anzunehmen, oder auch die Plattendicke auf etwa 4 cm zu vergrössern.

ζ. Verschiedene Beispiele. (Säulen, Mauern, Pfeiler und Konsolen).

1. Ein 3 m lange schmiedeiserne Säule, deren Enden frei beweglich in der Axe geführt werden, soll einen Axialdruck von 12000 kg mit 5facher Sicherheit gegen Zerknicken aushalten; dabei darf die Druck-Beanspruchung des Querschnitts 1000 kg p. qcm nicht überschreiten.

Welches Profil: L, T, E, ⌒ Eisen (doppelt angewendet) ist das leichteste?

Nach Tab. 1, S. 600 ist für $s = 5$ und $n = 1$ erforderlich:

$$J = 2,5 \cdot 3^2 \cdot 12 = 270; \quad F = \frac{12000}{1000} = 12 \text{ qcm}.$$

Darnach kann gewählt werden: (Norm.-Prof.-B. Tab. I. IIIa, IV, VIa.)

Anordnung	J	F qcm	G kg	Prof.-No.	Anordnung	J	F qcm	G kg	Prof.-No.
⊥	280	37,2	29	9,11 mm st.	I	291	40,8	31,8	6
+	277	45,6	35,6	$\frac{14}{7}$	◇	266	19,0	1,46	14

Das letzte Profil würde daher das zweckmässigste sein.

2. Eine 6 m lange schmiedeiserne Säule, am untern Ende fest mit dem Fundament verbunden, am obern Ende beweglich, soll bei 5fach. Sicherheit gegen Knicken eine Last von 100 t aufnehmen; dabei darf die Beanspruchung auf Druck 1000 kg nicht überschreiten. Es soll die Anordnung von 4 L Eisen (✚) und von 4 Quadrant-Eisen (◇) mit Bezug auf Billigkeit verglichen werden.

Nach Tab. 1, S. 600, ist für den 4. hier vorlieg. Fall ($n = 2$) erforderlich:

$$J = 1,25 \cdot 6^2 \cdot 100 = 4500; \quad F = \frac{100}{1} = 100 \text{ qcm}.$$

		F (qcm)	J	G (kg p. m)
✚	No. 13, 15,5 mm stark	$\frac{15,5}{14}\, 138 = 153$	$\frac{15,5}{14}\, 4140 = 4584$	119
◇	No. 10, 9,5 mm stark	$\frac{9,5}{8}\, 88,1 = 104$	über 5454	79

3. Eine vertikal und frei stehende, mit dem Fundament in AB fest verbundene Mauer, Fig. 576, von 3 m Höhe und 0,5 m Stärke erleidet ausser durch Eigengewicht (p. cbm 1600 kg), senkrecht zur Vorderfläche einen Winddruck von 100 kg pro qm. Wie gross sind die Maximalspannungen in der Grundfläche?

Fig. 576.

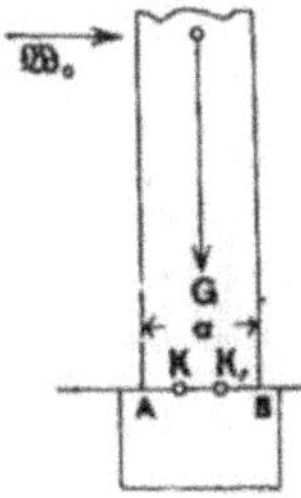

Die Spannung N_1 in A (Moment in Beziehung auf Kernpunkt K_1) ist nach Gl. (85) S. 578:

$$N_1 = + \frac{\left(\mathfrak{W}_0 \frac{h}{2} - G \frac{1}{6} a\right)}{\frac{1}{6} b a^2}.$$

Die Spannung N_2 in B (Moment in Beziehung auf Kernpunkt K)

$$\text{ist: } N_2 = \frac{\left(\mathfrak{W}_0 \frac{h}{2} - G \frac{1}{6} a\right)}{\frac{1}{6} b a^2},$$

b, die Tiefe der Mauer senkrecht zur Bildebene $= 100$ cm gesetzt, ist:

$$N_1 = \frac{6\,(100\,.\,3\,.\,1\,.\,0{,}5\,.\,300) - (1600\,.\,3\,.\,0{,}5\,.\,1\,.\,50)}{100\,.\,50\,.\,50} = 0{,}6^{\,kg} \text{ pro } ^{qcm},$$

$$N_2 = \frac{6\,(100\,.\,3\,.\,1\,.\,0{,}5\,.\,300) - (1600\,.\,3\,.\,0{,}5\,.\,1\,.\,50)}{100\,.\,50\,.\,50} = 1{,}56^{\,kg} \text{ pro } ^{qcm}.$$

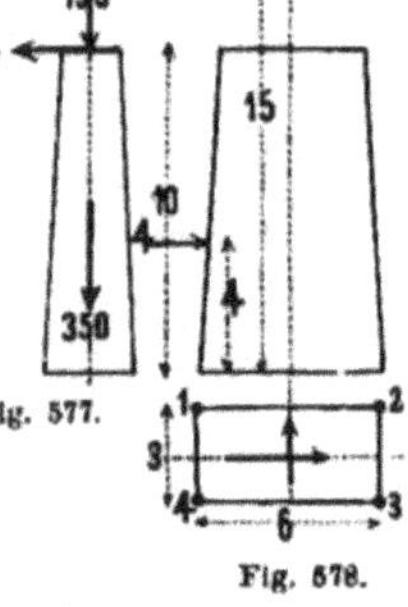

Fig. 577.

4. **Ein steinerner Brückenpfeiler**, Fig. 577, über Terrain 10 m hoch, unten 3 m breit und 6 m tief habe ein Eigengewicht von 350 t. An der Krone wirke ein vertik. Druck von 150 t und ein Längsschub von 2 t. Senkr. zur Vorderfläche wirke in einer Höhe von 4 m ein Winddruck von 4 t, in einer Höhe von 15 m ein Winddruck von 30 t. Wie gross ist die Beanspruchung an der Basis?

Es wird: $N = -\frac{(150 + 350)}{6\,.\,3} \pm \frac{6\,.\,2\,.\,10}{6\,.\,3^2} \pm \frac{6\,(4\,.\,4 + 30\,.\,15)}{6^2\,.\,3}$,

$= -27{,}78 \pm 2{,}22 \pm 25{,}89$ und zwar:

in der Ecke 1: $N = -27{,}78 - 2{,}22 + 25{,}89 = -4{,}11^{\,t}$ pro qm
" " " 2: $N = -27{,}78 - 2{,}22 - 25{,}89 = -55{,}89^{\,t}$ " "
" " " 3: $N = -27{,}78 + 2{,}22 - 25{,}89 = -51{,}45^{\,t}$ " "
" " " 4: $N = -27{,}78 + 2{,}22 + 25{,}89 = +0{,}33^{\,t}$ " "

oder bezw.: $-0{,}41$, $-5{,}59$, $-5{,}15$, $+0{,}03^{\,kg}$ pro qcm.;

5. **Ein Erker**, Fig. 578, soll durch 2 **gusseiserne Konsolen** unterstützt werden. Die Auskragung beträgt 1,25 m, die Breite des Erkers 2,5 m. Die Mauern des Erkers sind $1^1/_2$ Stein stark in Hohlziegeln hergestellt und haben 4 m Höhe; der Fussboden ist durch eine Kappe von $\frac{1}{2}$ Stein Stärke in Hohlziegeln unterstützt. Diese Kappe legt sich gegen die Umfassungsmauer des Gebändes und gegen einen der beiden I Träger, welche die Frontmauer des Erkers tragen und durch die Enden der gusseisernen Konsolen unterstützt sind. Das Erkerdach besteht aus Zink und hat $^1/_8$ Neigung. Die Konsolen können 70 cm in die Mauer eingreifen und dürfen daselbst einen Maximaldruck von 14 kg pro qcm ausüben.

Fig. 578.

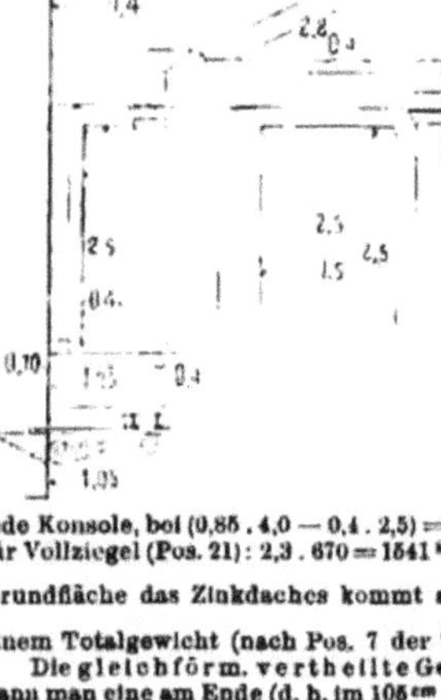

Die Last der Frontmauer des Erkers beträgt bei:

$\left(2{,}5\,.\,4{,}0 + \frac{2{,}5\,.\,0{,}4}{2}\right) - 1{,}5\,.\,2{,}5 = 6{,}75$ qm Fläche und $1^1/_2$ Stein Stärke, nach der Tabelle No. 3 S. 647, für Vollziegel (Pos. 21 das.) : $6{,}75\,.\,670 = 4523^{\,kg}$; daher nach Pos. 25 für Hohlziegel: $4523\,.\,0{,}6 = 2714^{\,kg}$. Der Fussboden giebt für $1{,}7\,.\,0{,}85 = 1{,}45$ qm Fläche nach Pos. 2 der Tabelle 1, S. 646, eine Totalbelastung von $1{,}45\,.\,600 = 870^{\,kg}$; hiervon kommt auf die Frontmauer des Erkers die Hälfte, oder $435^{\,kg}$.

Auf **beide** Konsol-Enden kommt daher eine Last von $2714 + 435 = 3149^{\,kg}$ oder auf **jedes** Konsol-Ende eine Last $1575^{\,kg}$, am Hebelarm $l = 105$ cm wirkend.

Die Last der Seitenmauern des Erkers mit dem hierauf ruhend angenommenen Zinkdach ist nahezu als gleichförmig vertheilt anzusehen und beträgt für jede Konsole, bei $(0{,}85\,.\,4{,}0 - 0{,}4\,.\,2{,}5) = 2{,}3$ qm Wandfläche, für $1^1/_2$ Stein Stärke nach der Tabelle No. 3 für Vollziegel (Pos. 21): $2{,}3\,.\,670 = 1541^{\,kg}$, daher nach Pos. 25 für Hohlziegel: $0{,}6\,.\,1541 = 925^{\,kg}$. Von der Grundfläche das Zinkdaches kommt auf jede Konsole eine Fläche von: $\frac{2{,}8\,.\,1{,}40}{2} = 1{,}96$ qm mit einem Totalgewicht (nach Pos. 7 der Tabelle 6, S. 650, für $\frac{1}{8}$ Dachneigung) von $1{,}96\,.\,140 = 274^{\,kg}$.

Die **gleichförm. vertheilte** Gesammtlast jeder Konsole ist daher: $925 + 274 = 1199^{\,kg}$; hierfür kann man eine am Ende (d. h. im 105 cm Abstand von der Gebäudemauer) der Konsole wirkende Einzellast von der halben Grösse, od. rot. $600^{\,kg}$ annehmen (in Wirklichk. für 105 cm Hebelarm etwas kleiner).

Die Totallast Q, am Hebelarm $l = 105$ cm wirkend gedacht, beträgt $Q = 1575 + 600 = 2175^{\,kg}$. Nimmt man die Dicke der Konsolrippe, d. h. $nb = 3$ cm an, so liegt die erforderliche Rippenhöhe h nach Tabelle No. 3 im „Anhang" zwischen folgenden Grenzen:

für $l = 100$ cm und $Q = 2000^{\,kg}$ ist: $h = 25$ cm, für $l = 110$ cm und $Q = 2500^{\,kg}$ ist: $h = 29$ cm.

Für $l = 105$ cm und $Q = 2175^{\,kg}$ wird daher $h = 27$ cm zu setzen sein.

Für die Konsolplatten-Breite $b = 24$ cm (wegen der Aufmauerung der $1^1/_2$ Stein starken Mauer erwünscht) ist $n = \frac{nb}{b} = \frac{3}{24} = \frac{1}{8}$ und hiernach aus Tabelle No. 15: $m = \frac{1}{12}$, daher als Dicke der Konsolplatte: $mh = \frac{1}{12} h = \frac{1}{12}\, 27 = 2{,}25$ cm, wofür man 2,3 cm nehmen wird.

Fig. 579.

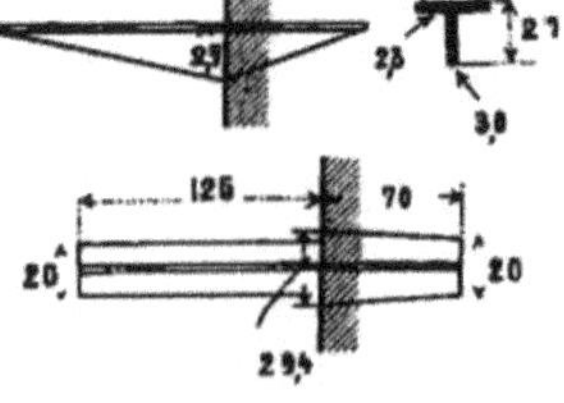

Bei konstanter Plattenbreite (24 cm) und konstanter Rippendicke (3 cm) sowie konstanter Plattendicke (2,3 cm) kann man die Grundform der Rippe genau genug als Dreieck annehmen.

Für den in die Mauer greifenden Theil der Konsole erhält man bei $d = 70$ cm, $l = 105$ cm, $s = 14^{\,kg}$ nach Tabelle No. 4 im „Anhang" (zwischen Pos. 10 u. 11 liegend): $a = 0{,}0135$; daher: $b = aQ = 0{,}0135\,.\,2175 = 29{,}4$ cm.

Nach Pos. 16 derselben Tabelle wird:

$\beta = a - 0{,}002 = 0{,}015$ oder: $b_1 = 0{,}0115\,.\,2175 = 25{,}0$ cm.

Nach den obigen Resultaten erhält man die in Fig. 579 skizzirte Grundform der Konsole.

g. Dächer.

α. Ermittelung der Spannungen in einer Dachkonstruktion im allgemeinen.

Die Berechnung der gebräuchlichsten Dachträger gestaltet sich etwas einfacher als die Berechnung der Brückenträger, weil bei jenen die Ermittelung der gefährlichsten Lastlage eine einfache ist. Man braucht in den meisten Fällen nur eine volle Belastung beider Dachhälften und event. eine einseitige Belastung einer Dachhälfte in Rechnung zu ziehen. Dachträger, bei denen die Ermittelung der gefährlichsten Lastlage nicht in dieser einfachen Weise erfolgen kann, z. B. Parabel-, Sichel- und andere Träger, sind nach den für Brücken geltenden Regeln zu behandeln.

Die Lagerdrücke werden unter der Voraussetzung bestimmt, dass das eine Lager A ein bewegliches ist, welches eine horizontale Verschiebung, also, abgesehen von der Reibung, nur einen vertikalen Lagerdruck zulässt, während das andere Lager B ein festes ist, welches nur eine Drehung gestattet und in welchem demnach durch den Winddruck ein nicht vertikaler Lagerdruck hervor gerufen wird. Letzterer geht durch den Schnittpunkt der Resultante der Winddrücke mit dem vertikalen Lagerdruck in A, Fig. 580, und 582. Ist die Resultante $\mathfrak{W}$ der Winddrücke nicht direkt gegeben, so bestimmt man die Lagerdrücke aus den gegebenen, auf die einzelnen Flächen wirkenden Winddruck-Grössen $\mathfrak{W}_1$, $\mathfrak{W}_2$, $\mathfrak{W}_3$ .... zwischen deren Richtungen man ein Seilpolyg. zeichnet, welches durch B geht. Durch den im Kraftpolygon zur Schlusslinie BD parallel gezogenen Strahl erhält man beide Lagerdrücke A und B ihrer Grösse und Richtung nach.

Fig. 580.

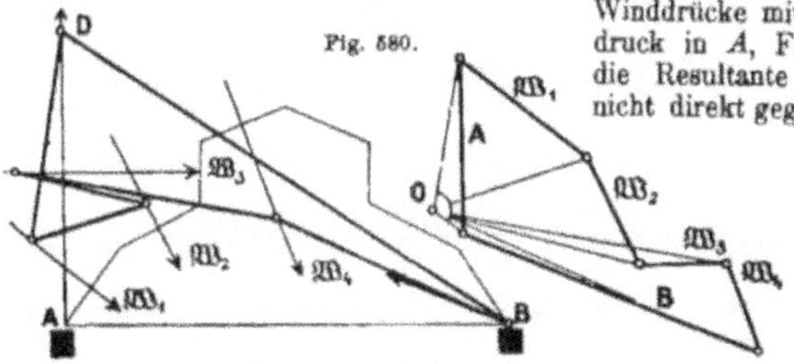

Man bestimmt zweckmässig für jeden der drei Fälle: 1. Belastung durch Eigengewicht; 2. durch Schneedruck und 3. durch Winddruck die Spannungen der einzelnen Konstruktionstheile besonders und stellt sie tabellarisch zusammen, um das Maxim. und Minim. für die eventl. Querschn.-Berechnung nach der neuern Methode zu erhalten. Für Schneedruck führt man nur einseitige Belastung ein, da durch Addition der hierbei ermittelten Spannungen zweier symmetrisch liegenden Theile die Spannung dieser Theile bei totaler Belastung sich ergiebt.

Fig. 581.

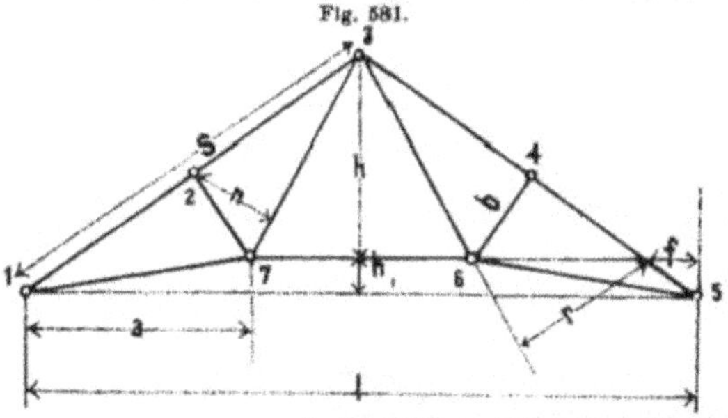

β. Einfaches Polonceau-Dach.

Die Vollbelastung ist für die Sparren und auch für das Gitterwerk die ungünstigste. Ist Q die Vollbelastung eines Binders, so erhält man mit Bezug auf Fig. 581 für die Spannungen der einzelnen Stäbe folgende Werthe:

Stab	Spannung	Stab	Spannung
1 — 2	$-\frac{3Qa}{8b} = S_1$	3 — 7	$+\frac{Q(l+2f)}{16r}$
2 — 3	$S_1 + \frac{Q(h+h_1)}{4s}$	6 — 7	$+\frac{Ql}{8h}$
1 — 7	$+\frac{3Ql}{32a}$	2 — 7	$-\frac{Ql}{8s}$

Beispiel nach der Polygonal-Methode. Fig. 582.

Spannweite 13,5 m; Binder-Entfernung 4,4 m; Trägerhöhe 3,38 m; Sparrenlänge 7,55 m.

1) Aeussere Kräfte.

α) Das Eigengewicht wird zu 65 kg pro qm Horizontal-Projektion angenommen, wovon 5 kg auf die untern Knotenpunkte entfallen. Die Sparren haben danach $13{,}5 \,.\, 4{,}4 \left(\frac{65-5}{1000}\right) = 3{,}564$ t aufzunehmen. Wird diese Last nach dem Gesetz der kontinuirlichen Träger (vergl. S. 644) auf die Knotenpunkte 2, 3 u. 4 vertheilt, so ergeben sich die der Fig. 582 eingeschriebenen Zahlen. Die Knotenpunkte 1, 5, 6, 7 u. 8 erhalten zus. $13{,}5 \,.\, 4{,}4 \,.\, 5 = 0{,}30$ t. Davon kommt auf 6, 7 und 8 je ca. $^1/_4$ mit 0,075 t. Die auf die Lagerpunkte 1 und 5 fallenden Lasten lässt man zweckmässig ausser Rechnung, so dass sich die Lagerdrücke in A u. B ergeben zu: $^1/_2\,(2 \,.\, 1{,}12 + 0{,}67 + 3 \,.\, 0{,}075) = 1{,}56$ t.

Fig. 582.

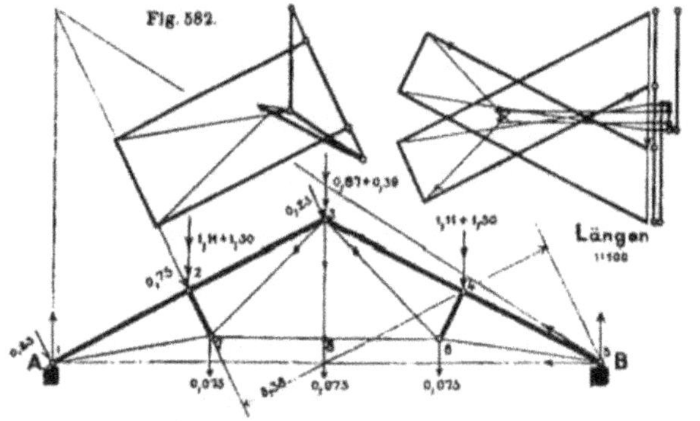

β) Die Schneelast (70 kg pro qm Horizontalfläche) ergiebt für den ganzen Binder 4,16 t und in der nämlichen Weise auf die Knotenpunkte 2, 3 und 4 vertheilt, die der Fig. 582 eingeschriebenen Zahlen.

γ) Der Winddruck 𝔚 berechnet sich aus $100 \sin^2 (27^0 + 10^0) = 36$ kg pro qm. Die Vertheilung auf 1, 2 u. 3 geschieht wie vor. Hiernach resultirt der vertikale Lagerdruck links:

$$V = \frac{1{,}20 \,.\, 8{,}38}{13{,}5} = 0{,}79 \text{ t};$$

ferner der vertikale Lagerdruck rechts: $V_1 = \frac{1{,}20 \,.\, 3{,}78}{13{,}5} = 0{,}38$ t

und endlich der Horizontalschub H = der horizontalen Seitenkraft des Winddrucks:

$$H = \frac{1{,}20 \,.\, 337}{7{,}55} = 0{,}54 \text{ t}.$$

2) Spannungen.

Die durch Rechnung und in Fig. 582 durch Konstruktion bestimmten Spannungen der Bindertheile sind nachfolgend tabellarisch zusammen gestellt:

Konstruktionstheil	Spannung durch			Spannungsgrenzen		Querschnittsfläche	
	Eigengewicht	Schnee	Wind	Max.	Min.	Zug	Druck
	Tonnen					qcm	
1 — 2	— 4,61	— 4,75	— 1,51	— 10,87	— 4,61	—	12,5
2 — 3	— 4,10	— 4,15	— 1,51	— 9,76	— 4,10	—	11,3
1 — 7	+ 4,17	+ 4,22	+ 1,27	+ 9,66	+ 4,17	10,3	—
6 — 7	+ 2,36	+ 2,27	+ 0,13	+ 4,76	+ 2,36	4,8	—
3 — 7	+ 1,94	+ 2,04	+ 1,13	+ 5,11	+ 1,94	5,5	—
2 — 7	— 0,95	— 1,10	— 0,74	— 2,79	— 0,95	—	3,8
3 — 6	+ 0,08	—	—	+ 0,08	+ 0,08	0,15	—

Druckspannungen sind in der Figur durch doppelte, Zugspannungen durch schwächere, äussere Kräfte durch stärkere Linien angedeutet.

3) Querschnitte. Dieselben sind berechnet nach S. 654 zu: $f = \frac{P_{max.}}{0{,}77} - \frac{P_{min.}}{1{,}70}$ für gezogene, $f = \frac{P_{max.}}{0{,}72} - \frac{P_{min.}}{1{,}80}$ für gedrückte Theile.

Die Sparren sind ausserdem auf Biegungsfestigkeit zu berechnen nach (17) S. 564 aus:

$$N = \frac{P}{F} + \frac{Mv}{J}.$$

Bei der Querschnitts-Berechnung nach der neuern Methode*) (S. 654) geht diese Gleichg. über in die folgende:

$$\frac{N}{k} = 1 = \left(\frac{P_{max.}}{0{,}72} - \frac{P_{min.}}{1{,}80}\right)\frac{1}{F} + \left(\frac{M_{max.}}{0{,}72} - \frac{M_{min.}}{1{,}80}\right)\frac{v}{J}.$$

k = zulässige Inanspruchnahme nach alter Berechnungs-Methode.

*) Diese Berechnung ist hier nur als Beispiel für die Anwendung der Formeln für f ausgeführt. Bei Dächern, wo die Veränderlichkeit der Belastung keine so grosse ist, wird die Querschn.-Berechnung nach alter Methode noch am Platze sein.

Die Klammergrössen stellen bezw. die nur für Druck erforderliche Fläche (F_0) und das nur für Biegung erforderliche Widerstandsmoment (W_0) dar.

$$1 = \frac{F_0}{F} + \frac{W_0}{W}$$

F_0 ist bereits in der Tabelle berechnet. W_0 ergiebt sich aus den bekannten Biegungsmomenten, herrührend aus Eigengewicht, Schnee- und Winddruck.

$$M_{max.} = \frac{1}{8}\left(\frac{3{,}56}{4}\,3{,}88 + \frac{4{,}16}{4}\,3{,}38 + \frac{1{,}20}{2}\,3{,}78\right) = 1{,}10^{t};\quad M_{min.} = \frac{1}{8}\left(\frac{3{,}56}{4}\,3{,}38\right) = 0{,}37^{t}.$$

Daraus, da F_0 nach der obigen tabellarischen Zusammenstellung $= 12{,}5$ ist: $1 = \frac{12{,}5}{F} + \frac{160}{W}$.

Diese Bedingung erfüllt ein I-Eisen des Normalprofils No. 19 mit $F = 30{,}70$ und $W = 187{,}3$.

γ. Zusammen gesetztes Polonceau-Dach.

Auch hier ist, wie bei dem einfachen Polonceau-Dache die Vollbelastung für die Sparren und das Gitterwerk die ungünstigste.

1. Da hier im Punkte 2, Fig. 583, fünf Stäbe zusammen treffen, so ist die direkte Ermittelung der Spannungen in dem Dreieck 2, 3, 4, 5, 6 nach der Polygonal-Methode nicht möglich. Diese Ermittelung wird erst möglich, wenn man vorher die Spannung S der horizontalen Zugstange bestimmt und diese Spannung als äussere Kraft, im Knotenp. 6 angreifend, in die Rechnung eingeführt hat.

Fig. 583.

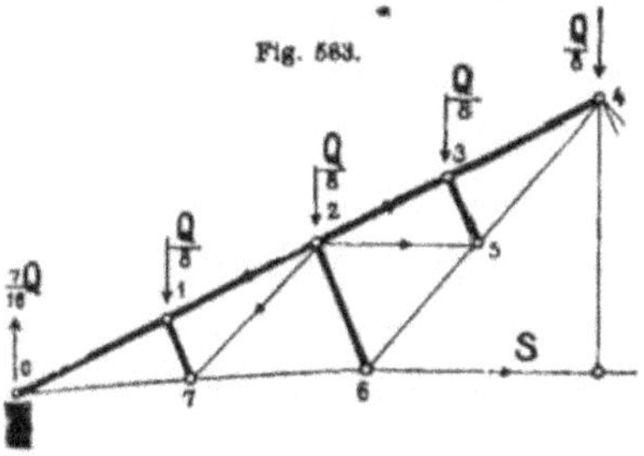

Die Bestimmung von S erfolgt am einfachsten durch Rechnung. Es ist $S = \frac{M}{h} = \frac{Ql}{8h}$, wenn M das Mom. sämmtl. links vom Knotenp. 4 wirkenden äussern Kräfte und h den senkr. Abstand der Zugstange 6 — 8 von 4, oder wenn Q die auf den Dachträger wirkende Gesammtlast bedeutet. Da diese Regel auch für das einfache Polonceau-Dach gilt, so kann man S, ganz wie dort geschehen ist, durch Konstruktion finden, wenn man nur vorher die in den Knotenp. 1, 3, 5 und 7 wirkenden Belastungen derart auf die Knotenp. 2 und 6 des einfachen Polonceau-Daches vertheilt hat, dass das Moment M dabei nicht geändert wird.

Fig. 584.

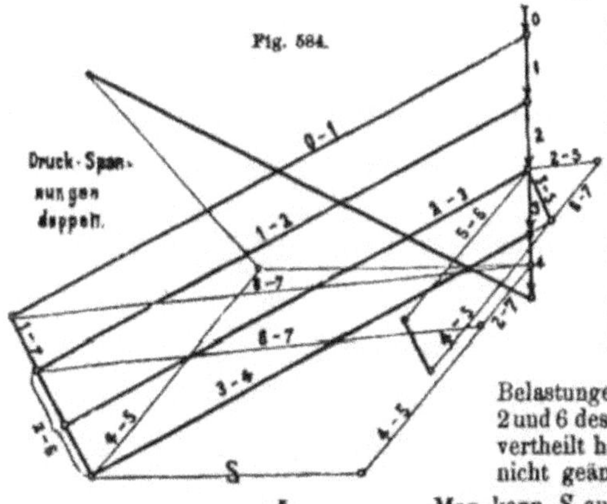

Man kann S auch in der Weise bestimmen, dass man die sekundären Hängewerke 0,1; 2,7 und 2,3; 4,5 für sich behandelt und die gefundenen Spannungs-Zahlen zu denen des einfachen Polonceau-Daches 0, 2, 4, 6, 0 addirt.

2. Eine direkte empfehlenswerthe Methode zur grafischen Bestimmung der Spannungen ist folgende:

Man bestimme für den Knotenp. 3 aus dem Kraftdreieck, Fig. 584, die Spannung 3 bis 5 und die Resultante der beiden Spannungen 2 — 3 und 3 — 4, welche in eine Gerade fallen. Darauf bestimme man für den

Fig. 585.

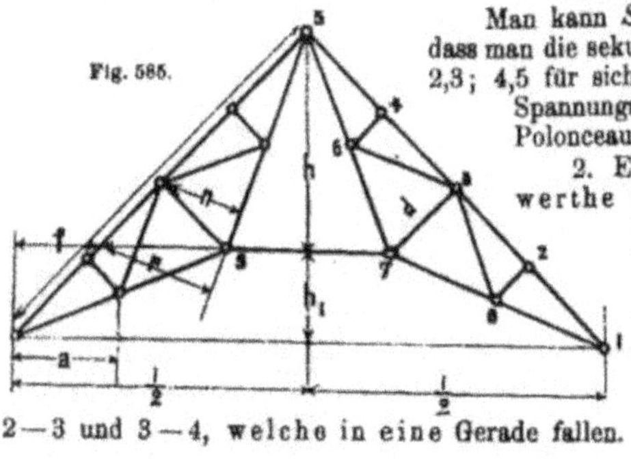

Knotenp. 5, mit Hilfe der gefundenen Spannung 3—5, die Spannung 2—5 und die Resultante der beiden Spannungen 4—5 und 5—6, welche wiederum in eine Gerade fallen. Fängt man dann (nach der Polygonal-Methode) in 0 an die Spannungen weiter zu ermitteln, so bleiben im Knotenp. 2 nur 2 unbekannte Spannungen übrig.

Fig. 584 ist ein nach der letzten Methode für den Binder Fig. 583 gezeichneter Kräfteplan.

Ist die Vollbelastung eines Binders $= Q$, so erhält man mit Bezug auf Fig. 585 allgemein folgende Werthe für die Spannungen der einzelnen Stäbe:

Stab	Spannung	Stab	Spannung
1—2	$-\frac{7Qa}{8d} = S_1$	1—8	$7P_1$
2—3	$S_1 + \frac{Q(h+h_1)}{8s} = S_2$	8—7	$6P_1$
3—4	$S_2 + \frac{Q(h+h_1)}{8s} = S_3$	7—6	$P_1 \frac{(2n+r)}{r}$
4—5	$S_3 + \frac{Q(h+h_1)}{8s}$	6—5	$Q \frac{(3l+2f)}{32r}$
3—6 und 3—8	$+\frac{Ql}{64n} = P_1$	7—9	$\frac{Ql}{8h}$
2—8 und 4—6	$-\frac{Ql}{16s} = P_2$	3—7	$2P_2$

δ. Englischer Dachstuhl, Fig. 586.

Bei gleichmässiger Vollbelastung nimmt die Spannung in den Gurten vom Auflager nach der Dachmitte hin in linearem Verhältniss ab, während die Spannung der Gitterstäbe vom Auflager nach der Mitte hin zunimmt. Das Maximum der Gurtspannungen tritt bei Vollbelastung ein. Bei einseitiger Schneebelastung ist die Spannung der Gitterstäbe in der belasteten Dachhälfte eben so gross, wie bei Vollbelastung, während in der unbelasteten Dachhälfte die Gitterstäbe keine Spannung haben.

Fig. 586.

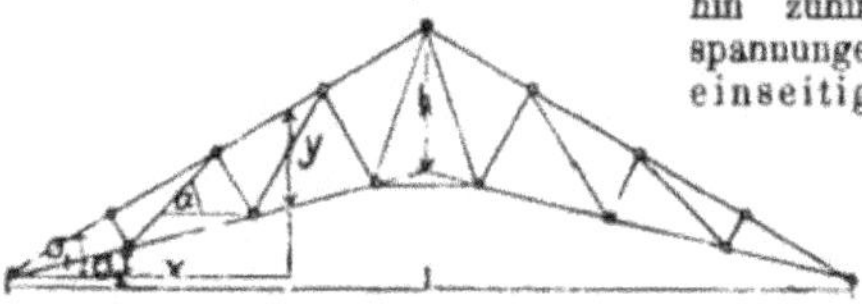

Man kann demnach die Berechnung sämmtlicher Theile für Vollbelastung ausführen. Für diese Belastung erhält man allgemein folgende Näherungswerthe:

Die Spannung im Obergurt: $S_1 = \frac{ql(l-x)}{4h\cos\sigma_1}$,

„ Untergurt: $S_2 = \frac{ql(l-x)}{4h\cos\sigma_2}$,

„ „ „ Gitterwerk: $P = \frac{qly}{4h\cos\alpha}$.

Darin bedeutet mit Bezug auf Fig. 586 q die Vollbelastung des Dachträgers pro horizontale Längeneinheit; h die senkr. Höhe des Dachstuhls in der Mitte; y die senkr. Höhe im Abstande x vom Lager; σ_1, σ_2 und α bezw. Neigungswinkel des Ober- und Untergurts und eines Gitterstabes gegen die Horizontale.

Fig. 587.

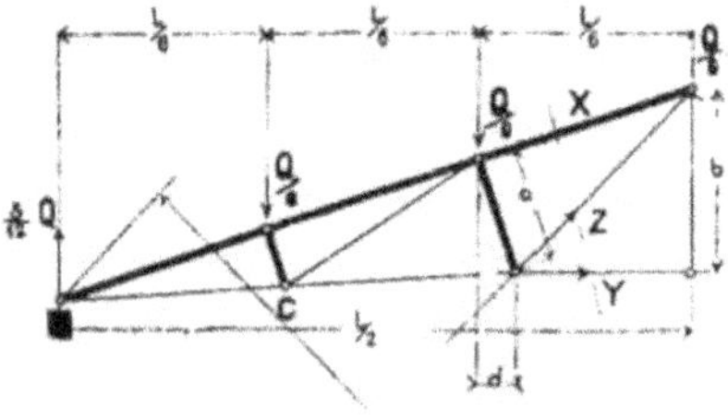

Die genaue Spannungs-Bestimmung erfolgt nach den bekannten Methoden.

Die Vertheilung der Gesammtlast Q eines Binderfeldes auf die Knotenp. und die Ermittelung der Lagerdrücke geschieht in gleicher Weise, wie vorhin ausgeführt ist.

Beispiel: Nach Ritter's Methode erhielte man für die 3 Spannungen X, Y, Z, Fig. 587

$$\frac{Q}{6}\left\{\frac{l}{6} + \frac{l}{3}\right\} - Zc = 0; \text{ daraus: } Z = \frac{Ql}{12c} \text{ (Zug).}$$

$$\frac{5}{12} Q \frac{l}{2} - \frac{Q}{6} \left\{ \frac{l}{6} + \frac{l}{3} \right\} - Yb = 0; \text{ daraus: } Y = \frac{Ql}{8b} \text{ (Zug).}$$

$$\frac{5}{12} Q \left\{ \frac{l}{3} + d \right\} - \frac{Q}{6} \left\{ \frac{l}{6} + 2d \right\} + Xa = 0; \text{ daraus: } X = -\frac{Q(gl + 3d)}{36a} \text{ (Druck).}$$

Die Hebelarme a, b, c und d sind aus der Figur durch Messung zu entnehmen oder auch durch Rechnung trigonometrisch zu bestimmen.

Für grössere Dächer wird man einen Theil der Last Q (das Eigengewicht) auch auf die unteren Knotenpunkte mit übertragen, wie dies in Fig. 586 beispielsw. geschehen ist.

ε. Kuppeldächer*) (nach Schwedler).

1. Das Gespärre eines gegliederten Kuppeldaches, Fig. 588, bildet der Form nach ein der durch Rotation einer ebenen Kurve (gemeine oder kubische Parabel) entstandenen Kuppelfläche eingeschriebenes Polyeder.

Fig. 588.

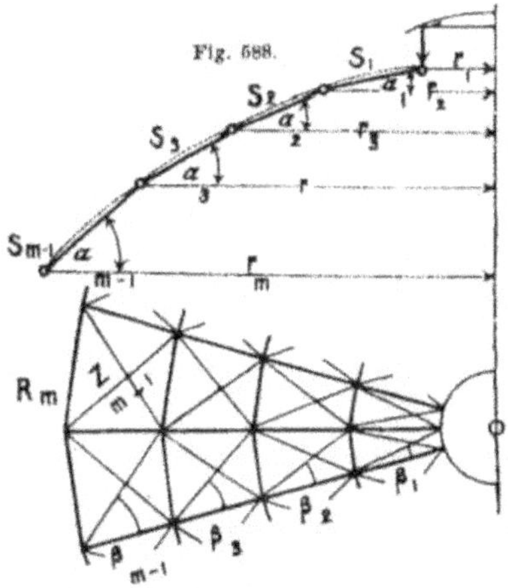

Es besteht aus polygonalen Ringen, welche nach Richtung der Parallelkreise und aus polygonalen radialen Sparren, welche nach Richtung der Meridiane angelegt sind. In die von den Sparren und Ringen gebildeten trapezförmigen Dachfelder werden Kreuz-Diagonalen eingelegt um Verschiebungen des Systems bei einseitigen Belastungen zu begegnen. Der obere Ring — Laternenring — hat Druck; der untere — Fussring oder Mauerring — Zug aufzunehmen. Die Krümmung des Kuppel-Querschnitts erfolgt gewöhnlich nach einer kubischen oder einer gemeinen Parabel. Der Material-Bedarf für ein und dieselbe Kuppel verhält sich je nach Anwendung der kubischen und gemeinen Parabel theoret. = 2 : 3.

2. Es bedeute, mit Bezug auf das in Fig. 588 skizzirte Kuppeldach:

n Anzahl der Sparren,
m „ „ Ringe,
$\alpha_1, \alpha_2 \ldots \alpha_{m-1}$ Dachwinkel der Sparren-Polygonseiten,
$\beta_1 \beta_2 \ldots \beta_{m-1}$ Winkel zwischen Diagonalen und Sparren,
$G_1, G_2 \ldots G_{m-1}$ Eigengew. der Kuppelzonen, welche als Last auf die Knotenp. kommen. Bei G_1 das Gew. der Laterne einbegriffen,
$Q_1, Q_2 \ldots Q_{m-1}$ Gew. der voll belasteten Kuppelzonen (einschl. Eigengew.),
$S_1, S_2 \ldots S_{m-1}$ Druckspannungen in den Sparrenpolygon-Seiten,
$R_1, R_2 \ldots R_m$ Spannungen der Ringe,
$Z_1, Z_2 \ldots Z_{m-1}$ Spannungen der Zug-Diagonalen.

Unter der Annahme, dass nur die vertikale Seitenkraft des Winddrucks in Rechnung gezogen wird, gelten für die gefährlichste Belastung folgende Regeln: Der grösste Sparrendruck tritt bei Vollbelastung der Kuppel ein.

Ein Ring erleidet den grössten Zug, wenn der innerhalb desselben befindliche Kuppeltheil voll belastet ist, der Ring selbst mit seiner Zone dagegen unbelastet bleibt; dagegen erleidet der Ring den grössten Druck, wenn die Belastungsweise umgekehrt der eben angegebenen ist. Die Diagonalen eines Feldes haben den grössten Zug, wenn die halbe Kuppel auf einer Seite des durch die Diagonalen-Mitte gehenden Durchmessers voll belastet, die andere leer ist.

*) Ausführliche Berechnung eines Lokomotivschuppen-Daches vergl. in einer Mittheilung des Verfassers: „Polygonal-Lokomotiv-Schuppen auf Bahnhof Hannover". Zeitschr. des Hann. Archit.- u. Ingen.-Verein 1870. — Grafische Ermittelung der Spannungen in einer Schwedler'schen Kuppel-Konstruktion von Foeppl, vergl. „Die Eisenbahn" 1882.

3. Danach erhält man folgende Spannungen in den Sparren:

$$S_1 = \frac{Q_1}{n \sin \alpha_1}; \quad S_2 = \frac{Q + Q_2}{n \sin \alpha_2}; \text{ u. s. f. bis } S_{m-1} = \frac{Q_1 + Q_2 + \ldots . Q_{m-1}}{n \sin \alpha_{m-1}}.$$

Soll der Sparrendruck ein gleicher bleiben, also $S_1 = S_2 = S_3 \ldots .$ und so weiter $= S$ sein, so sind die Winkel α_1, α_2, $\alpha_3 \ldots .$ entsprechend zu wählen.

Ferner die grössten Ringspannungen:

	Grösster Zug	Grösster Druck
R_1 (Laternenring)	0	$\frac{S_1 \cos \alpha_1}{2 \sin \frac{\pi}{n}}$
R_2	$\frac{Q_1 \operatorname{cotg} \alpha_1 - (Q_1 + G_2) \operatorname{cotg} \alpha_2}{2n \sin \frac{\pi}{n}}$	$\frac{G_1 \operatorname{cotg} \alpha_1 - (G_1 + Q_2) \operatorname{cotg} \alpha_2}{2n \sin \frac{\pi}{n}}$
R_3	$\frac{(Q_1 + Q_2) \operatorname{cotg} \alpha_2 - (Q_1 + Q_2 + G_3) \operatorname{cotg} \alpha_3}{2n \sin \frac{\pi}{n}}$	$\frac{(G_1 + G_2) \operatorname{cotg} \alpha_2 - (G_1 + G_2 + Q_3) \operatorname{cotg} \alpha_3}{2n \sin \frac{\pi}{n}}$
	und so fort.	
R_m (Fussring)	$\frac{S_{m-1} \cos \alpha_{m-1}}{2 \sin \frac{\pi}{n}}$	0

Wenn die mittlern Ringspannungen, d. h. $R_{max.} + R_{min.} = 0$ sein sollen, so muss das Verhältniss der Neigungswinkel α_1, α_2, $\alpha_3 \ldots .$ zu einander entsprechend gewählt werden.

Für die Diagonal-Spannungen ergiebt sich:

$$Z_1 \overset{=}{<} \frac{Q_1 - G_1}{n \sin \alpha_1 \cos \beta_1}; \quad Z_2 < \frac{Q_1 + Q_2 - (G_1 + G_2)}{n \sin \alpha_2 \cos \beta_2} \text{ u. s. f. bis:}$$

$$Z_{m-1} \overset{=}{<} \frac{(Q_1 + Q_2 + \ldots . Q_{m-1}) - (G_1 + G_2 + \ldots . G_{m-1})}{n \sin \alpha_{m-1} \cos \beta_{m-1}}.$$

ζ. Zeltdächer.

1. Dächer mit pyramidenförm. Oberfläche — Zeltdächer — werden entweder von einer Anzahl radial gestellter selbständiger Binder, oder ähnlich wie Kuppeln, durch ein System von Radial-Sparren und Horizontal-Ringen getragen. Im 1. Falle sind die Binder wie bei den Balkendächern zu berechnen; für Walm- und Gratsparren bei Holzdächern gelten dabei die weiterhin angegebenen Regeln. Die grössern, wie Kuppeln angeordneten Zeltdächer, werden auch analog wie jene berechnet.

Bei flachen Zeltdächern braucht man nur die vertikale Seitenkraft des Winddrucks in Rechnung zu ziehen; bei steilen Zeltdächern (namentlich bei Thurmdächern) ist der Einfluss des Windes dagegen genauer zu untersuchen.

2. Für die Bestimmung der gefährlichsten Belastung gelten folgende Regeln: Die Sparren erleiden Druck, welcher bei Vollbelastung am grössten ist. Alle Ringe erleiden Druck, mit Ausnahme des Fussringes, der nur auf Zug beansprucht wird. Der grösste Druck findet statt, wenn nur die betr. Ringzone voll belastet ist. Der grösste Zug im Fussring wird bei Vollbelastung des ganzen Daches erreicht. Die Diagonalen sind genau so, wie bei den Kuppeln zu berechnen.

Fig. 589.

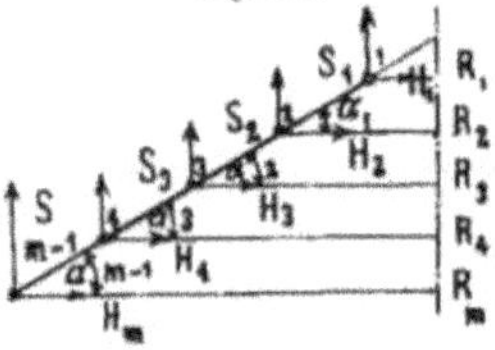

3. Demnach erhält man, unter Beibehaltung der bei den Kuppeln eingeführten Bezeichnungen und mit Bezug auf Fig. 589:

$$S_x = \frac{Q_1 + Q_2 + Q_3 \ldots . Q_x}{n \sin \alpha}; \quad R_x = -\frac{Q_x \operatorname{cotg} \alpha}{2n \sin \frac{\pi}{n}}.$$

Im Fussring: $$R_m = \frac{(Q_1 + Q_2 + \ldots . Q_{m-1}) \operatorname{cotg} \alpha}{2n \sin \frac{\pi}{n}},$$

$$Z_x = \frac{(Q_1 + Q_2 + \ldots . Q_x) - (G_1 + G_2 + \ldots . G_x)}{n \sin \alpha \cos \beta_x}.$$

4. Die Spannungen S, R und Z lassen sich in einfacher Weise nach der Polygonal-Methode auch grafisch bestimmen. Man trage in der Kraft-Vertikalen Fig. 590 die Belastungen der Knotenp. 1, 2, 3, 4, das ist $\frac{Q_1}{n}, \frac{Q_2}{n}, \frac{Q_3}{n}, \frac{Q_4}{n}$ auf. Ziehe eine Horizontale durch O und ferner durch die Theilp. der Kraft-Vertikalen Parallelen zur Richtung der Sparren. Dann ist: $S_1 = aa_1$; $S_2 = bb_1$; $S_3 = cc_1$ u. s. w.

Fig. 590.

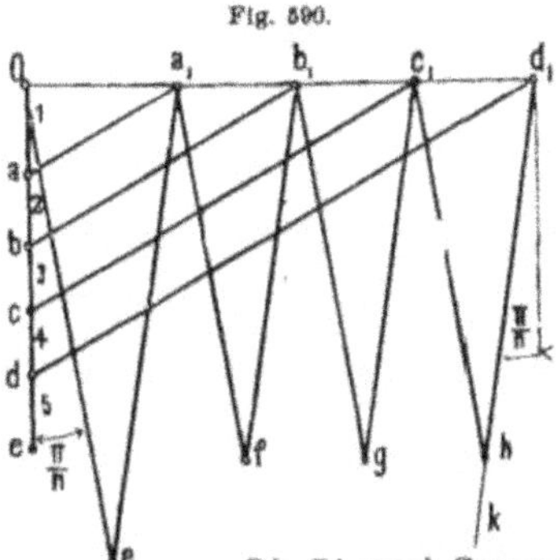

Die Strecken:
$H_1 = Oa_1$; $H_2 = a_1 b_1$; $H_3 = b_1 c_1$ .. $H_m = Od_1$ stellen die horizontalen Sparrenschübe in den Knotenp. 1, 2, 3 bis m dar. Zieht man in den Punkten O, a_1, b_1, c_1, d_1 Parallelen zu den Seilpolygon-Seiten, so erhält man:

$$\left.\begin{array}{l} R_1 = Oe = a_1 e \\ R_2 = a_1 f = b_1 f \\ R_3 = b_1 g = c_1 g \end{array}\right\} \begin{array}{l} \text{Druck u. s. w. } R_m = Oi \\ = d_1 k \text{ (Zug).} \end{array}$$

e
i

Die Diagonal-Spannungen kann man eben so bestimmen, wie die Sparrendrücke, wenn man in der Kraft-Vertikalen anstatt der Strecken $\frac{Q_1}{n}, \frac{Q_2}{n}, \frac{Q_3}{n}$ .... u. s. w. die Strecken $\frac{Q_1 - G_1}{n \cos \beta_1}, \frac{Q_2 - G_2}{n \cos \beta_2}, \frac{Q_3 - G_3}{n \cos \beta_3}$ u. s. w. aufträgt.

5. Die Bestimmung der Spannungen aus dem einseitigen Winddruck bei steilen Zeltdächern (Thurmdächern) kann nach der bei Gitterpfeilern (S. 658) angegebenen Methode erfolgen.*)

η. Ergebnisse für einige hölzerne Dachstühle.**)

Die Vollbelastung eines Binders, (einschl. des annähernd in vertikaler Richtung wirkend angenommenen Winddrucks) sei $2\,Q$, so dass jeder Sparren mit Q belastet ist. Spannw. l; Dachwinkel α; ganze Sparrenlänge $s = \frac{l}{2 \cos \alpha}$; k zulässige Inanspruchnahme.

Die Annahme eines vertikal gerichteten Winddrucks ist hier zulässig, weil die genauere Behandlung nur unwesentlich andere Ergebnisse liefert.

Fig. 591.

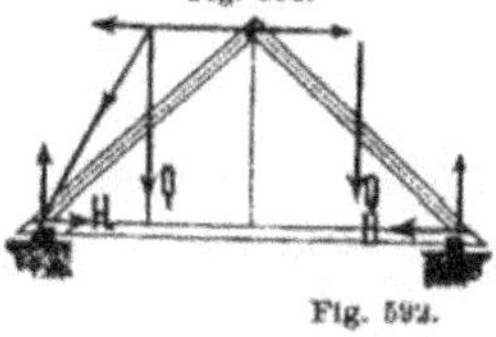

1. Einfaches Sparrendach. Fig. 591. Der Sparren erleidet einen Druck $S = \frac{Q}{2 \sin \alpha}$ und ein durch die gleichmässige Belastung $Q \cos \alpha$ erzeugtes grösstes Biegungsmom. $\frac{Q \cos \alpha\, s}{8} = \frac{Ql}{16}$. Sind b und h die Sparren-Dimensionen, so folgt:

$$bh^2 = \frac{3\,Q}{8\,k}\left(l + \frac{4\,h}{3 \sin \alpha}\right).$$

Fig. 592.

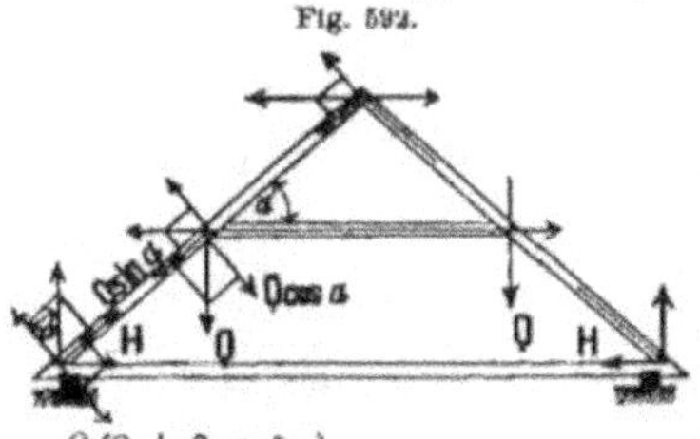

Der Sparrenschub oder der Horizontalschub H im Balken ist $= \frac{Q \operatorname{cotg} \alpha}{2}$.

2. Einfaches Kehlbalkendach, Fig. 592. Wenn angenommen wird, dass durch den Kehlbalken die Sparrenlänge s in 2 gleiche Hälften zerlegt wird, so erhält man den Sparrendruck nahezu $= \frac{Q\,(8 + 3 \cos^2 \alpha)}{16 \sin \alpha}$. Ausserdem wirkt in der Sparrenmitte ein Maximal-Moment $= \frac{Ql}{64}$, so dass man den Querschn. des Sparrens erhält: $bh^2 = \frac{3\,Ql}{32\,k}$.

---

*) Ueber die ausführliche Berechnung eines eisernen Thurmdaches vergl. eine Mittheilung von Reimann: Die Thurmpyramide d. St. Petrikirche in Hamburg; Zeitschr. f. Bauw. 1883.

**) Ausführliche Berechnungen finden sich bei Holzhey, Vorträge über Baumechanik, 1879, 2. Th. S. 629 ff.

Wegen des Zapfenloches in der Mitte oder wegen der Ueberblattung nimmt man aber die Dimensionen entsprechend grösser. Druck im Kehlbalken $= \frac{5 Q \operatorname{cotg} \alpha}{8}$.

Bei der Berechnung auf Knicken ist der Kehlbalken als an beiden Enden frei drehbar anzunehmen. Der Sparrenschub ist $= \frac{13 Q \operatorname{cotg} \alpha}{16}$.

3. Doppelt stehender Kehlbalken-Dachstuhl, Fig. 593. Der Sparren ist wie beim einfachen Kehlbalken-Dache zu berechnen.

Fig. 593.

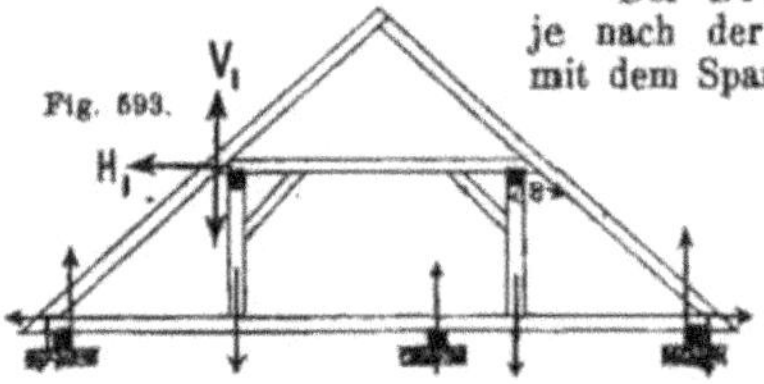

Der Druck im Kehlbalken ist verschieden, je nach der Art der Verbindung des Kehlbalkens mit dem Sparren, von welcher die Formänderung des Verbindungs-Punktes abhängig ist. Ist der Kehlbalken in den Sparren blos eingezapft, so dass eine mögliche geringe Verschiebung des belasteten Sparrens längs der Dachfläche angenommen werden kann, so wird: $H_1 = \frac{5 Q \sin 2\alpha}{6}$.

Ist dagegen der Kehlbalken mit dem Sparren durch schwalbenschwanzförmige Ueberblattung unter Zuhilfenahme eines Bolzens verbunden, so kann sich der Verbindungspunkt nur in der Vertikalen bewegen und es wird: $H_1 = 0$.

Wenn bei dem nur eingezapften Kehlbalken die Reibung zwischen seinem Hirnende und der Sparren-Unterfläche eine Verschiebung des Sparrens längs der Dachfläche verhindert, was so lange stattfindet, als der Dachwinkel $\alpha \overline{\overline{<}}$ als der Reibungswinkel φ ist, so ergäbe sich $H_1 = \frac{5 Q \sin 2\alpha}{16} (1 - \operatorname{cotg} \alpha \operatorname{cotg} \varphi)$.

Ausserdem erleidet der Kehlbalken den Pfettendruck V_1 in der Entfernung a vom Ende, also ein Moment $V_1 a$. V_1 ist, je nach der Art der Verbindung des Kehlbalkens mit dem Sparren:

$$V_1 = \frac{5 Q \cos^2 \alpha}{8} \text{ oder } = \frac{5 Q}{8} \text{ oder } = \frac{5 Q \cos^2 \alpha}{8} (1 + \operatorname{tang} \alpha \operatorname{tang} \varphi).$$

Wenn man die Maximalwerthe $H_1 = \frac{5 Q \sin 2\alpha}{16}$ und $V_1 = \frac{5 Q}{8}$ zu Grunde legt, so erhält man für die Kehlbalken-Dimensionen $b_1 h_1$:

$$b_1 h_1^2 \overline{\overline{>}} \frac{5 Q}{4 k} \left(3 a + \frac{h_1 \sin 2\alpha}{4}\right).$$

Eine Pfette, Fig. 594, wird von einer Stuhlsäule an ihren Enden gestützt und erleidet sowohl auf den Stuhlsäulen selbst, als auch zwischen denselben von jedem der n Leersparren einen Vertikaldruck $V_1 = \frac{5 Q}{8}$. Danach ist ihr Querschnitt bestimmt.

Fig. 594.

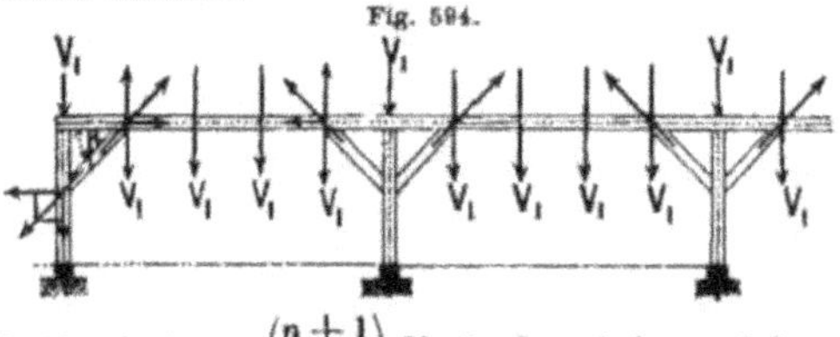

Ein die Pfette unterstützendes Kopfband erleidet annähernd einen Axialdruck $= \frac{n V_1}{2 \sin \beta}$, wenn β der Winkel des Kopfbandes mit der Pfette ist. — Der Druck in der ersten und letzten Stuhlsäule ist $= \left(\frac{n+1}{2}\right) V_1$, in den übrigen mittlern Stuhlsäulen doppelt so gross $= (n+1) V_1$.

Auf die erste und letzte Stuhlsäule wirkt im Angriffsp. des Kopfbandes und in der Axenrichtung des letztern noch die biegende Kraft $= \frac{n V_1 \operatorname{cotg} \beta}{2}$.

Auf den Binderbalken wirkt ausser dem Eigengew. und etwa noch von einer mittlern Stütze herrührenden Kräften der Gesammt-Sparrenschub

$= (n + 1)\,\frac{3\,Q \cot \alpha}{16}$, ferner durch die Stuhlsäulen je einen Vertikaldruck $= (n+1)\,V$.

Der von den in ihm verzapften Sparren herrührende Vertikaldruck $\frac{3\,Q}{8}$ kann durch die Unterstützung als aufgehoben angesehen werden.

4. **Doppelt stehender Pfetten-Dachstuhl.** Wenn die Sparren nicht wie in der ältern Anordnung, Fig. 593, auf den Kehlbalken ruhen, sondern, wie in Fig. 595 direkt durch Pfetten gestützt sind, wobei unter den Leersparren die Kehlbalken in Wegfall kommen, und im Binder Doppelzangen angeordnet werden, treten nahezu dieselben Kräfte in den einzelnen Konstruktions-Theilen auf, wie bei dem Kehlbalken-Dachstuhl, mit gut befestigten, verbolzten Kehlbalken.

Die untere Pfette bei A, Fig. 595, erleidet von jedem der n Leersparren einen vertikalen Druck $V = \frac{3\,Q}{8}$ und einen horizontalen Druck $H = \frac{3\,Q \cot \alpha}{16}$. Sie wird also beansprucht wie ein Balken, der an den Enden frei aufliegend, durch

Fig. 595.

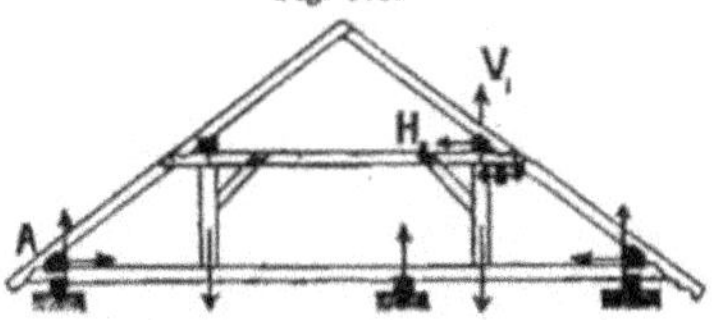

Fig. 596.

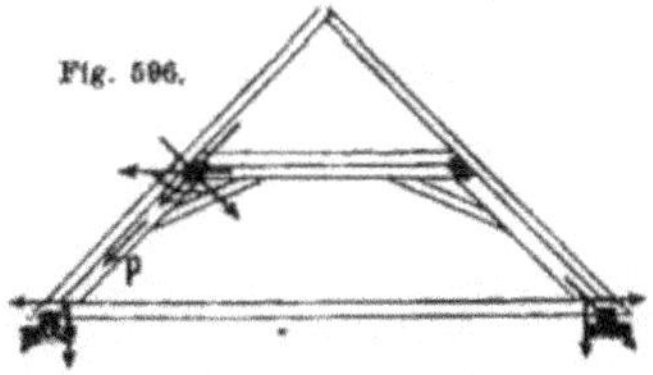

eine gleichförm. vertheilte Last $= (n + 1)\,V$ von oben und gleichzeitig durch eine andere gleichförm. vertheilte Last $= (n + 1)\,H$ seitlich gebogen wird.

5. **Liegender Kehlbalken-Dachstuhl**, Fig. 596. Der **Sparren** berechnet sich wie vor. Der **Kehlbalken** erleidet einen Druck:
$H_1 = \frac{5\,Q \sin 2\,\alpha}{16}\,(1 - \cot \alpha \tan \varphi)$. Die **Pfette** erhält in jedem der n Leergebinde einen vertik. Druck $V_1 = \frac{5\,Q \cos^2 \alpha}{8}\,(1 + \tan \alpha \tan \varphi)$. Die zur Unterstützung der Pfette angebrachten Kopfbänder erhalten den Axialdruck $= \frac{n\,V_1 \sin \alpha}{2 \sin \beta}$.

Die Stärke der in jedem Hauptgebinde angebrachten Kopfbänder, welche einer durch Winddruck angestrebten Verschiebung der Stuhlsäulen und des Spannriegels entgegen wirken, wird nach praktischen Rücksichten bestimmt.

Die **Stuhlsäule** hat einen Gesammtdruck $P = \frac{(n+1)\,V_1}{\sin \alpha}$ aufzunehmen. Die besondere Inanspruchnahme der ersten und letzten Stuhlsäule ist ähnlich wie beim stehenden Dachstuhl abzuleiten.

Der **Spannriegel** erleidet einen Druck $= (n + 1)\,V_1 \cot \alpha$.

Der **Sparrenschub** ist: $H = \frac{Q \cot \alpha}{16}\,[3 + 10 \sin^2 \alpha\,(1 - \cot \alpha \tan \varphi)]$.

Der **Balken** in einem mittleren Hauptgebinde erleidet eine Horizontalspannung $= (n + 1)\,(H + V_1 \cot \alpha)$. Event. muss der Balken als Deckenträger berechnet werden. —

Fig. 597.

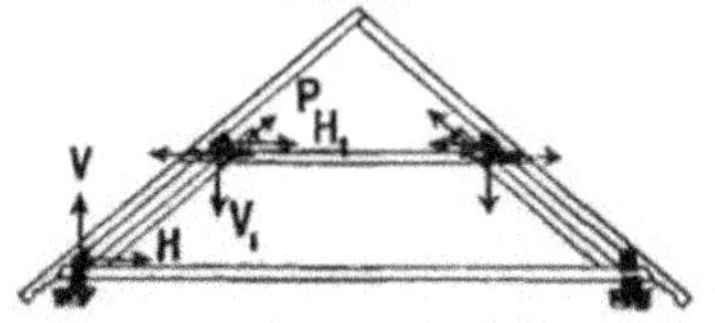

Bei der in Fig. 597 gezeichneten neuern Anordnung des liegenden Kehlbalken-Dachstuhls erleidet die obere und untere Pfette je n horizontale und n vertikale Drücke H_1 und V_1, bezw. H und V. Es ist:

$$V + V_1 = Q \text{ und: } H + H_1 = \frac{3\,Q}{16} \cot \alpha.$$

Bei Berechnung der Pfettenstärken ist zu beachten, dass beide Pfetten durch die aufgekämmten Sparren in Folge der Horizontaldrücke H bezw. H_1 nahezu gleich grosse horizontale Durchbiegungen erfahren. Diese Bedingung giebt die Gleichg.: $\frac{H_1}{J_1} = \frac{H}{J}$, wenn J_1 und J bezw. die Trägheitsmom. der beiden Pfetten bezeichnen.

Aus den Beziehungen der zum Sparren normalen Seitenkräfte von H und H_1, V und V_1 zu den Lagerdrücken des Sparrens, der als ein kontinuirl. Träger auf 3 gleich hoch liegenden Stützen A, B, C lagernd angesehen werden kann, ergeben sich weitere Bedingungen. Sparren und Balken sind wie vor zu berechnen. Strebendruck $= \frac{(n+1)\,V_1}{\sin \alpha}$. Druck in der Doppelzange $= (n+1)\frac{5\,Q \operatorname{cotg} \alpha}{8}$.

6. Pfettendach. Verlängert man in Fig. 597 die Streben bis zum First und bringt auch dort eine Pfette an, so erhält man das Pfettendach, nach Fig. 598.

Fig. 598.

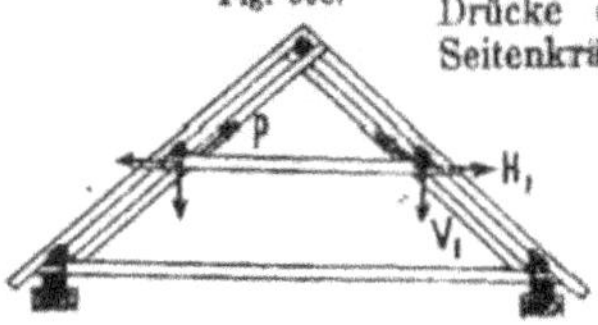

Wenn man annimmt, dass die Pfetten nur vertikale Drücke erleiden, so sind diese Drücke den vertikalen Seitenkräften der Lagerdrücke des Sparrens gleich, also bezw. $= \frac{3\,Q}{16}, \frac{5\,Q}{8}, \frac{3\,Q}{16}$ anzunehmen. Die Firstpfette erhält den doppelten Druck. Wahrscheinlicher wird sich aber die mittlere Pfette etwas mehr durchbiegen als die beiden andern und man kann daher die Lagerdrücke des Sparrens etwa eben so gross annehmen, als sie sich ergeben, wenn der Sparren auf der mittlern Pfette unterbrochen wäre. Demnach hätte man die First- und je eine Mittelpfette wie einen Balken mit n Einzellasten $\frac{Q}{2}$ und je eine untere Pfette wie einen halb so stark belasteten Balken zu berechnen. Strebendruck $= (n+1)\frac{Q}{2 \sin \alpha}$. Druck in der Doppelzange $= (n+1) \cdot \frac{Q \operatorname{cotg} \alpha}{2}$.

Fig. 599.

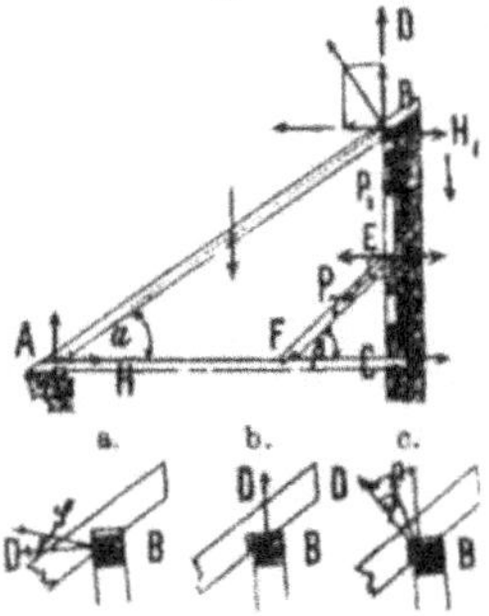

7. Pultdach, Fig. 599. Je nach der Lage der Stützfläche zwischen dem Sparren und der Wandsäule bei B hat der erstere entweder einen horizontalen, Fig. 599a, einen vertik. Fig. 599b oder einen senkrecht zur Sparrenaxe gerichteten Lagerdruck D Fig. 599c auszuhalten. Danach ergiebt sich bezw.:

$$D = \frac{Q \operatorname{cotg} \alpha}{2} \text{ oder: } D = \frac{Q}{2} \text{ oder: } D = \frac{Q \cos \alpha}{2}.$$

Nimmt man D senkr. zur Sparrenaxe an, so erhält man zur Bestimmung der Sparren-Dimensionen, wie beim einfachen Sparrendache, die Bedingung:

$$b h^2 = \frac{3\,Q}{8\,k}\left(l + \frac{4\,h}{3 \sin \alpha}\right).$$

Die gewöhnlich mit Kopfbändern versehene Pfette erleidet durch jeden Sparren einen Druck D, dessen vertikale, bezw. horizontale Seitenkraft $= \frac{Q \cos^2 \alpha}{2}$, bezw. $= \frac{Q \sin 2\alpha}{4}$ ist. Danach sind Pfette und Kopfband wie beim stehenden Dachstuhl zu berechnen.

Die Wandsäule erhält von der Pfette einen vertikalen Druck: $P_1 = (n+1)\frac{Q \cos^2 \alpha}{2}$ und einen horizontalen Druck: $H_1 = (n+1)\frac{Q \sin 2\alpha}{4}$. Ihre Drehung um C wird durch die Strebe FE verhindert, welche einen Axialdruck $P_2 = \frac{H_1\, a}{a_1 \cos\beta}$ aufzunehmen hat.

Auf den Balken wirken ausser der Vertikal-Belastung: in A eine Horizontalspannung $H = (n+1)\frac{Q \sin 2\alpha}{4}$, in B eine Horizontalspannung $= P_2 \cos\beta - H_1$ und in F der Strebendruck P_2.

8. Walmdach. Im Walm eines einfachen Sparrendaches, Fig. 600, verhalten sich die Belastungen eines belieb. Schiftsparrens und eines Hauptsparrens wie ihre Längen. Der Gratsparren empfängt danach zwischen seinen Lagerpunkten von den augeschifteten Sparren verschiedene Vertikaldrücke, die sich (mit Bezug auf das Beispiel, Fig. 600) = 1 : 2 : 3 verhalten. Am obern Ende C empfängt er in seiner Vertikalebene einen horizontalen Gegendruck H', der vom Hauptgebinde AB und dem andern Gratsparren herrührt, und am untern Ende E übt er auf den Gratbalken einen Horizontalschub H' und einen Vertikaldruck V' aus. Im vorliegenden Falle ergiebt sich:

Fig. 600.

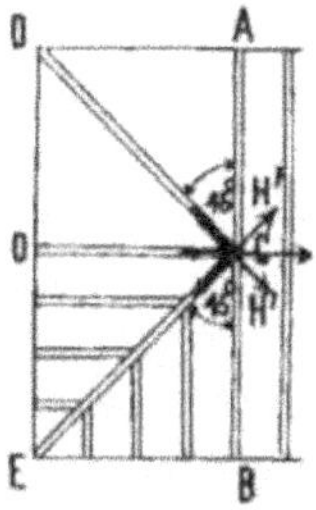

$$H' = \frac{7\,Q\sqrt{2}\,\mathrm{cotg}\,\alpha}{8}; \quad V' = \frac{3}{4}\,Q.$$

Das Biegungsmom. $\mathfrak{M}$ ist in der Mitte des Gratsparrens am grössten:

$$\mathfrak{M} = \frac{\sqrt{2}\,Ql}{8},$$ d. h. $2\sqrt{2}$ Mal grösser als das Maximalmom. eines mit Q belasteten Sparrens.

Der Axialdruck im Gratsparren ist: $= \frac{\sqrt{2}\,Q}{8 \sin\alpha}\left(7 + \frac{3 \sin^2\alpha}{2}\right)$.

Sind b und h die Dimensionen des mit Q belasteten Sparrens, b' und h' die Dimensionen des Gratsparrens, so ergiebt sich annähernd: $b'h'^2 = 2\sqrt{2}\,bh^2$.

Fig. 601.

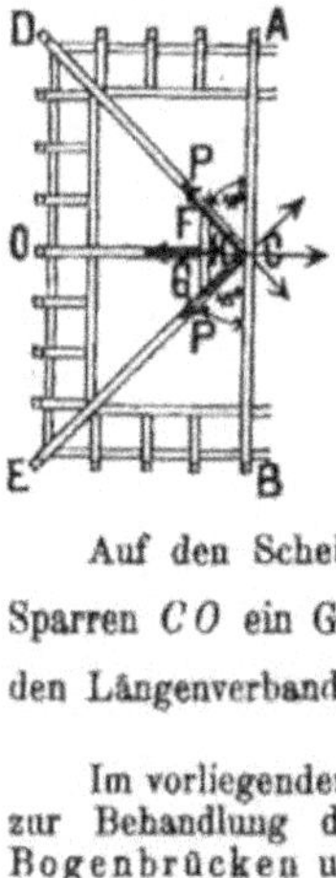

Ein Gratbalken CE, Fig 601, erleidet durch den mit ihm verzapften Gratsparren einen Horizontalschub H'; ausserdem wird auf ihn durch den Wechsel FG noch die entsprechende Seitenkraft des Sparrenschubes $H = \frac{Q\,\mathrm{cotg}\,\alpha}{2}$ im Balken OH übertragen, so dass sich die Gesammt-Axialspannung P im Gratbalken zu:

$$P = \frac{7\,Q\sqrt{2}\,\mathrm{cotg}\,\alpha}{8} + \frac{Q\,\mathrm{cotg}\,\alpha}{2\sqrt{2}} = \frac{9\,Q\sqrt{2}\,\mathrm{cotg}\,\alpha}{8}$$ ergiebt.

In der Mitte des Balkens AB (im Hauptgebinde) entsteht durch den Schub der Gratbalken ein Biegungsmom.:

$$\frac{P\sqrt{2}\,l}{4} = \frac{9\,Ql\,\mathrm{cotg}\,\alpha}{16}.$$

Auf den Scheitel C des Gebindes AB wird von beiden Gratsparren und dem Sparren CO ein Gesammt-Horizontalschub $= \frac{9\,Q\,\mathrm{cotg}\,\alpha}{4}$ ausgeübt, welcher durch den Längenverband oder den gegenüber liegenden Walm aufgehoben wird.

h. Balkenbrücken.

Im vorliegenden und folgenden Kapitel konnten nur die allgemeinen Methoden zur Behandlung der wichtigsten Brückenbau-Systeme: der Balkenbrücken, Bogenbrücken und Hängebrücken gegeben werden.

Eingehendere Angaben folgen an späterer Stelle.

α. Blechträger.

Ueber die genaue Bestimmung der Durchbiegung auf grafischem Wege vergl. Elastizitäts-Lehre S. 586. Ueber die Bestimmung der äussern Kräfte vergl. S. 630 ff. Das günstigste Verhältniss der Trägerhöhe h zur Spannweite l beträgt:

	bei 10 m Spannw.	bei 30 m Spannw.
für eingleis. Eisenbahnbrücken:	$\frac{h}{l} = 0{,}13$	$\frac{h}{l} = 0{,}10$
„ zweigleis. „	$\frac{h}{l} = 0{,}17$	$\frac{h}{l} = 0{,}13$

Die Stärke δ_1 der Blechwand (Stehblech) ist nicht unter 8 mm zu nehmen.
(δ_1 in cm rund $= 0{,}8 + 0{,}015\,l^{m}$).

Bei dieser Stärke ist vollkommene Sicherheit vorhanden, dass nicht die idealen Hauptspannungen (vergl. S. 567) eine zu grosse Beanspruchung erzeugen; Schenkelbreite der L Eisen in ^{cm}: $= b + 0{,}2\,l$ ^{m}.

Ist J_0 das nutzbare Trägheitsmom. der Blechwand und der 4 L Eisen, excl. Lamellen, f der nutzbare Lamellen-Querschn. eines Gurts, h_1 die Höhe der Blechwand, dann ist annähernd:

$$J = J_0 + \frac{f h_1^2}{2} \qquad (14)$$

oder wenn man das Mom. M und die zuläss. Inanspruchnahme k einführt:

$$f = \frac{M}{k h_1} - \frac{2 J_0}{h_1^2}. \qquad (15)$$

Bei Anwendung der neuern Berechnungs-Methode ist für $\frac{M}{k}$ der Werth $\frac{M_0}{k_0} + \frac{M_p}{k_1}$ einzuführen, worin für die Koeffiz. (nach S. 654): $k_0 = 1{,}40$ und $k_1 = 0{,}60$ gesetzt werden kann.

Aus Gl. (15) ist f annähernd zu ermitteln. Man kann entweder die Lamellendicke δ annehmen und die wirkliche Lamellen-Breite $b = \frac{f}{\delta} + 2\,d$ berechnen, oder umgekehrt. Am besten berechnet man zuerst für den Querschn., in welchem $M_{max.}$ auftritt, f und ermittelt, unter Annahme einer passenden Breite b, den Werth von δ. Fällt δ zu gross aus, so ist b, event. auch h, oder der Querschn. des L Eisens zu vergrössern. Lam.-Stärke 7 — 12^{mm}. Wegen Schwächung der Blechwand an den Stössen führt man bei Bestimmung von J_0 ihre Stärke δ nur mit etwa 87% ein. J_0 berechnet sich aus:

Fig. 602.

$$J_0 = \frac{1}{12}\left[\left(h_1^3 - h_2^3\right) b_1 + \left(h_2^3 - h_3^3\right) b_2 + h_3^3 \delta_1\right]$$

Hierin sind für b_1, b_2, δ_1 die nutzbaren Breiten der Rechtecke mit den Höhen bezw. h_1, h_2, h_3 nach Fig. 602 einzusetzen.

Ist i das Trägh.-Mom. eines L Eisens in Bezug auf seine Schweraxe, φ die Querschn.-Fläche desselben excl. Nietloch, e der Schwerp.-Abstand des L Eisens vom horizontalen Schenkel, so ist:

$$J_0 = \frac{1}{12}\,\delta_1 h_1^3 + 4\,i + \varphi\,(h_1 - 2\,e)^2.$$

Ueber die Berechnung der Nietentfernung vergleiche Elastizit.-Lehre, S. 566 und 620, über Trägheitsmom. einige Tabellen im „Anhang".

β. Parallel-Gitterträger.

Die Spannungen werden am besten nach der Schnittmethode bestimmt.

1. Gurtspannungen, Fig. 603. S_1, S_2 Spannung bezw. im Ober- und Untergurt.; M_1, M_2 Mom. in Bezug auf den dem fraglichen Gurtstücke gegenüber liegenden Knotenp. A bezw. D.

Dann ist:
$$S_1 = -\frac{M_1}{h}\,;\; S_2 = +\frac{M_2}{h}. \qquad (16)$$

Fig. 603.

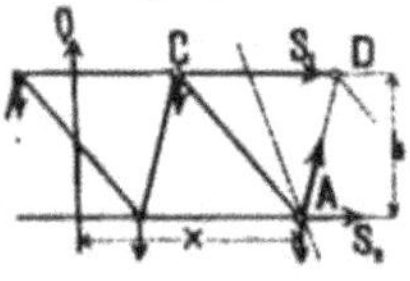

Fig. 604.

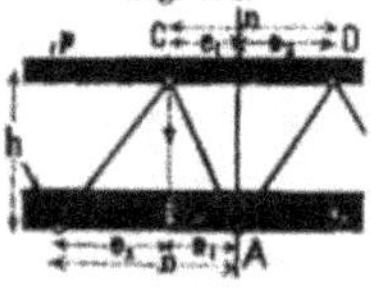

Fig. 605.

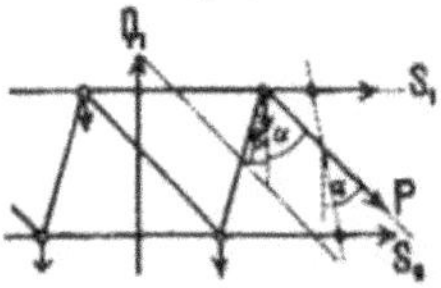

Die Lasten werden dabei in den Knotenp. angreifend gedacht; die Lage des Schnittes ist gleichgültig.

Trägt die obere Gurtung eine gleichförm. vertheilte Last q_1, die untere desgl. die Last q_2 pro Längeneinh., so ist mit Bezug auf Fig. 604:

$$S_1 = -\frac{M_1}{h} + \frac{q_1 e_1 e_2}{2\,h}\,;\; S_2 = +\frac{M_2}{h} - \frac{q_2 e_1 e_2}{2\,h}.$$

Dabei ist das Mom. für einen Vertikalschnitt durch den Knotenp. A bezw. C und zwar in Bezug auf A bezw. C genommen.

2. Gitterstab-Spannungen, Fig. 605. P_1, P_2 Spannung eines rechts bezw. links fallenden Stabes; α, β bezw. Neigungswinkel des betr. Stabes gegen die Vertikale; Q_1, Q_2 bezw. Transversalkraft für das Trägerfeld, in welchem der Schnitt geführt ist.

Die Lage des letztern ist beliebig, wenn die Lasten in den Knotenp. angreifen.

$$P_1 = + \frac{Q_1}{\cos \alpha}; \quad P_2 = - \frac{Q_2}{\cos \beta}. \qquad (17)$$

Bei Annahme gleichmässig vertheilter Last gelten die Gleich. ebenfalls, wenn der Schnitt in der Mitte des Stabes parallel zur andern Stabschaar geführt wird.

Für einfaches Gitterwerk erleiden die Gitterstäbe, mit Ausnahme weniger Felder in der Trägermitte, in denen Q sowohl positiv als negativ ist, nur einerlei Spannung: entweder Zug oder Druck.

3. Die grafische Bestimmung der Spannungen aus dem Eigengewicht erfolgt am besten nach der Polygonal-Methode.

Die Gurt- und Gitterstab-Spannungen ergeben sich aus den in bekannter Weise grafisch zu ermittelnden Maximalwerthen von M und Q.

γ. Parallel-Träger mit mehrtheiligem Gitterwerk.

Man zerlegt den Träger bei Berechnung der Spannungen für gleichförm. vertheilte Last am besten in einzelne eintheilige Elementar-Systeme. Für ein System von Einzellasten wendet man am besten die Methode der Spannungs-Entwickelung mit Hülfe der Influenzlinie an.

Fig. 606.

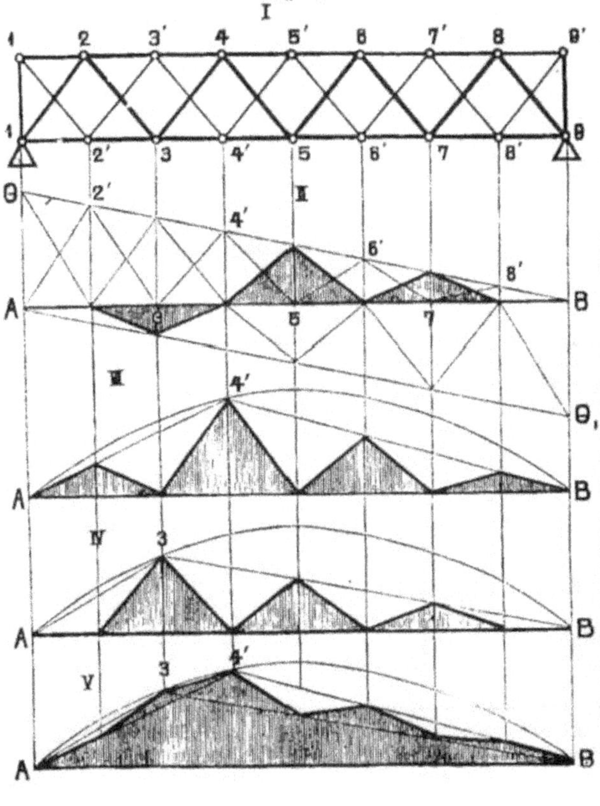

Beispiel. Behandlung eines 2theiligen Systems mit Hilfe der Influenzlinie; Fig. 606. Das System 1 ist durch starke, das System 2 durch schwächere Linien gekennzeichnet. In Fig. 606 II sind die Influenzlinien für die Transversalkraft Q dargestellt. Die stärker hervor tretende Linie ist speziell die Influenzlinie für die Transversalkraft des Stabes 4 — 5 im 1. System, welche wie folgt gefunden wurde: Wird die Einzellast G von rechts nach links über den Träger geführt und wirkt sie dabei in den Knotenp. der untern Gurtung, so wird eine Spannung im Stabe 4—5 nur dann erzeugt, wenn die Einzellast in dem zum System 1 gehörenden Knotenp. 3, 5 und 7 ruht. Liegt sie in einem Knotenp. d. Systems 2, so ist die Transversalkraft, welche dadurch auf das System 1 ausgeübt wird, = 0. Die Werthe von + Q und — Q werden durch die Geraden $BG_1 = G$ bezw.

$AG = G$ dargestellt und es ergiebt sich für die Lagen der Einzellast in den Knotenp. 7 und 5 (rechts vom Stabe) ein positiver Werth von Q, in den Knotenp. 1, 2', 4', 6', 8' und 9 Null und im Knotenp. 3 (links vom Stabe) ein negativer Werth von Q.

Die Influenzlinie für die Transversalkraft des Stabes 1' — 2'' im 2. System wäre demnach, wenn die Last im Untergurt wirkte, der Linienzug A, 2', 3, 4', 5, 6', 7, 8', B.

Ein Gurtstab liegt immer in beiden Systemen gleichzeitig; so kommen für den Gurtstab 3 — 4 zwei ihm gegenüber liegende Momentenpunkte, nämlich 3 im 1. und 4' im 2. System in Betracht. Für den Gurtstab 3 — 4 sind deshalb in Fig. 606 auch 2 Influenzlinien gezeichnet: III giebt das Mom. für den Stab 3' — 4 des 2. Systems, bezogen auf den Punkt 4'; IV giebt das Mom. für den Stab 3 — 4 des 1. Systems bezogen auf den Punkt 3. In V sind beide Influenzlinien durch einfache Addition ihrer Ordinaten zu einer einzigen vereinigt. Die punktirte Parabel stellt (nach S. 626) das Mom. im jedesmaligen veränderlichen Lastp. dar; die Linienzüge A 4' B und A 3 B stellen dagegen das Mom. im bestimmten Punkte 4, bezw. 3 dar.

In der beschriebenen Weise ist es möglich, für jeden Stab, sowohl im 1. als auch im 2. System, eine Influenzlinie zu zeichnen. Dabei ist zu beachten, dass die Influenzlinien der Gurtstäbe im Untergurt und Obergurt verschieden ausfallen.

Die Ermittelung der Maximal-Werthe von M und Q, bezw. der gefährlichsten Lastlage aus den einzelnen Influenzlinien, worauf es ja ankommt, hat unter Beachtung der S. 626 und S. 627 gegebenen Regeln zu erfolgen.

δ. Polygonal-Gitterträger, Fig. 607.

1. Gurtspannungen. σ_1, σ_2 Winkel, den Obergurt, bezw. Untergurt mit der Horizontalen einschliesst; h_1, h_2 Höhe der Konstruktion in den Knotenp, gemessen; sonstige Bezeichnungen wie vor.

Unter der Annahme, dass die äussern Kräfte nur in den Knotenp. wirken, ist

$$S_1 = -\frac{M_1}{h_1 \cos \sigma_1}\,;\; S_2 = \frac{M_2}{h_2 \cos \sigma_2}.$$

2. Gitterstab-Spannungen. Verlängert man im betr. Felde die durchschnittenen Gurtstäbe bis zum Schnittp. L, zieht $LF = b$ horizontal und bezeichnet den Abstand des Angriffsp. der Transversalkraft Q von L mit c, so ist für den rechts fallenden Stab: $P_1 = \frac{Q_1 c}{b \cos \alpha} = \frac{Y_1}{\cos \alpha}$, worin $Y_1 = \frac{Q_1 c}{b}$ wohl die Vertikalkraft genannt wird.

Ferner ist auch: $P_1 = \frac{Q_1 c}{z}$, wenn z Hebelarm von P in Bezug auf L ist.

Analog bestimmt sich auch P_2 für den links fallenden Stab.

Der Angriffsp. von Q_1 liegt im Schnittp. der entsprechenden Seiten des zwischen den Richtungen der äussern Kräfte gezeichn. Seilpolygons.

Fig. 607.

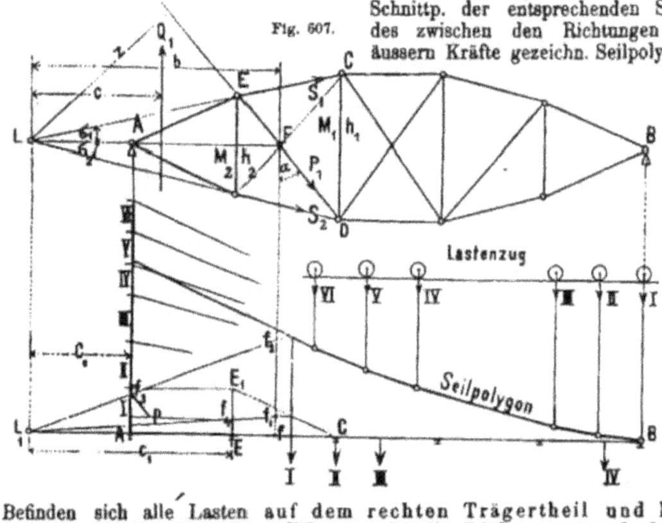

Befinden sich alle Lasten auf dem rechten Trägertheil und liegt dabei keine Last im Felde EC, so geht die Richtung von Q_1 durch das linke Auflager A. Dann ist: $AL = c = c_0$ und: Q_1 = dem Auflagerdruck in A.

Liegen auch in dem belieb. Felde EC Lasten, so bestimmt man am besten: 1. den von der Reaktion R dieser Lasten auf den Querträger E herrührenden Theil; 2. den durch die rechts von C liegenden Lasten hervor gerufenen Theil der Spannung P_1 und erhält dann durch Subtraktion beider Theile das gesuchte P_1. Z. B. ist für die in Fig. 607 gezeichnete Lastlage, bei der nur die Last I im Felde EC liegt, der Lagerdruck $D =$ der auf der Richtung von I zu messenden Ordin. des Seilpolygons für die Maximal-Transversalkräfte, welches (nach S. 635) ohne Rücksicht auf das Vorhandensein der Querträger zu zeichnen ist.

Es ist demnach: $P_1 = \frac{D c_0 - R c_1}{b \cos \alpha}$. Die Multiplikation von D mit $\frac{c_0}{b}$ und R mit $\frac{c_1}{b}$ ist in Fig. 607 grafisch durchgeführt. Auf der durch F gehenden Vertikalen trage man $ff_2 = D$ ab und ziehe die Gerade $f_2 L_1$ welche die Auflager-Vertikale in f_3 schneidet. Dann ist: $Af_3 = \frac{D c_0}{b}$. Mache ferner $EE_1 =$ der Last I, ziehe $E_1 C$, so schneidet letztere Linie auf der Kraft-Vertikalen I die Grösse R ab.

Macht man $ff_1 = R$, zieht ferner die Gerade $f_1 L_1$, welche die Vertikale durch E in f_4 schneidet, so ergiebt sich: $Ef_4 = \frac{R c_1}{b}$. Also: $P_1 = \frac{A f_3 - E f_4}{\cos \alpha} = f_3 p$, wenn $f_3 p$ parallel zum fragl. Stabe ED gezogen wird.

3. Doppel-Fachwerk mit schlaffen Diagonalen. Bei einer bestimmten Lastlage ist es oft nicht sofort ersichtlich, welche der beiden Diagonalen gezogen und welche spannungslos ist. Ein einfaches Kennzeichen hierfür ergiebt sich aus der Gleichg.:

$$P = \left(\frac{M_1}{h_1} - \frac{M_2}{h_2}\right) \frac{1}{\sin \alpha} \tag{18}$$

M_1 und M_2 bezw. Mom. für die durch die Knotenp. C und E gelegten Vertikalschnitte und in Bezug auf D und E.

Daher sind:

1. rechts fallende Diagonalen gezogen, wenn: $\frac{M_1}{h_1} \geq \frac{M_2}{h_2}$
2. links fallende Diagonalen gezogen, wenn: $\frac{M_2}{h_2} \geq \frac{M_1}{h_1}$

oder es sind diejenigen Diagonalen gezogen, welche nach dem grössern Werthe von $\frac{M}{h}$ hin fallen.

für 1. ist dann: $S_1 = -\frac{M_1}{h_1 \cos \sigma_1}$; $S_2 = \frac{M_2}{h_2 \cos \sigma_2}$,

für 2. $S_1 = -\frac{M_2}{h_2 \cos \sigma_1}$; $S_2 = \frac{M_1}{h_1 \cos \sigma_2}$.

Die Spannung im Obergurt ist daher stets für den grössern Werth von $\frac{M}{h}$, die im Untergurt für den kleinern von $\frac{M}{h}$ zu berechnen.

ε. Parabelträger.

Wenn bei voller Belastung das Gitterwerk ohne Beanspruchung sein soll, so muss die Gurtform eine Parabel sein.

Fig. 608.

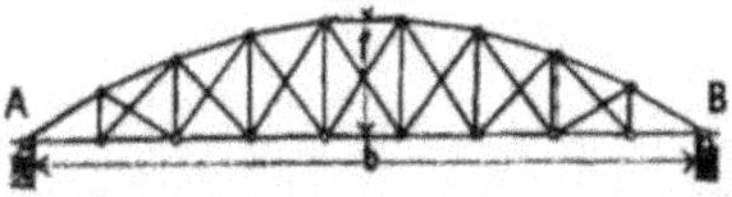

Fig. 609.

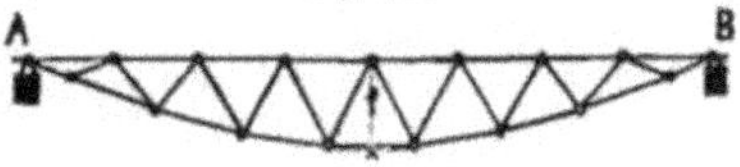

Ist h eine belieb. Höhe in der Entfernung x von A und f die Parabelhöhe in der Mitte, so erhält man als Gleich. für die Gurtform: $h = 4 f \frac{x}{l}\left(1 - \frac{x}{l}\right)$.

Die Höhe ist dem Momente proportional. Fig. 608—611 stellen die verschiedenen Formen der Parabel-Träger dar.

Fig. 608, Bogensehnen-Träger; Fig. 610, Fisch- od. Linsen-Träger;
Fig. 609, Fischbauch-Träger; Fig. 611, Sichel-Träger.

Die Gurtspannungen ergeben sich im allgem. nahezu konstant; im Untergurt des Bogensehnen-Trägers und im Obergurt des Fischbauch-Trägers sind sie wirklich konstant.

Fig. 610.

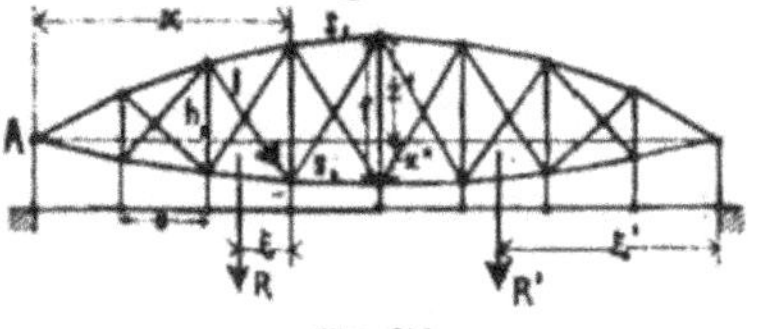

Fig. 611.

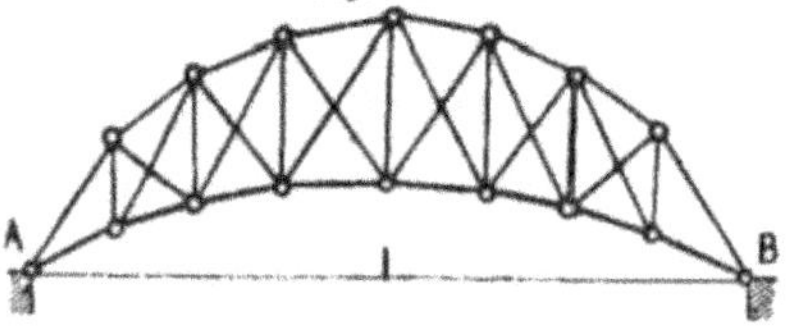

Die Gitterstab-Spannungen — und bei konstanter Felderweite auch die Spannungen der Gurtstäbe — sind ihrer Länge proportional.

Beim einfachen Gitterwerk kann jeder Gitterstab sowohl auf Druck als auch auf Zug beansprucht werden; u. z. ist der grösste Druck = dem grössten Zuge. Man ordnet aus letzterm Grunde meistens Doppel-Diagonalen zwischen Vertikalen — sogen. Doppel-Fachwerk — an, bei welchem die Diagonalen nur gezogen werden.

2. Bei dieser Anordnung, Fig. 608, ergiebt sich für die Gurtspannungen bei voller Belastung durch Einzellasten: $S_1 = -\frac{M_1}{h_1 \cos \sigma_1}$; $S_2 = +\frac{M_2}{h_2 \cos \sigma_2}$, wobei die vorstehend angegebenen Regeln über den grössten und kleinsten Werth von $\frac{M}{h}$ zu beachten sind. Da $\frac{M}{h} = \frac{q l^2}{8 f}$ ist, so ergeben sich für gleichmässige Vollbelastung die Gleich.:

$$S_1 = -\frac{q l^2}{8 f \cos \sigma_1} = -\frac{q l^2 s_1}{8 f e}; \quad S_2 = +\frac{q l^2}{8 f \cos \sigma_2} = +\frac{q l^2 s_2}{8 f e},$$

wenn s_1, s_2 die Längen eines Stabes im Obergurt bezw. Untergurt und e die Feldweiten vorstellen.

3. In den Diagonalen erzeugt die Vollbelastung q keine Spannung. Bei gleichmässiger Theil-Belastung ergiebt sich für eine rechts fallende Diagonale:

$$+P_{max} = \frac{p e l^2}{8 f (l + e) \sin \alpha} = \frac{p l^2 \lambda}{8 f (l + e)},$$

worin λ die Länge der Diagonale bezeichnet. Die grösste Spannung einer Diagonale ist also ihrer Länge proportional. Die Spannung einer links fallenden Diagonale ergiebt sich aus der Symmetrie.

Für ein System von Einzellasten führe man (mit Bezug auf Fig. 610) folgende Bezeichnungen ein:

R' Resultante aller Einzellasten,
ξ' Abstand der Result. von der rechten Stütze,
R Result. der im fragl. Felde liegenden Einzellasten,
ξ Abstand der Result. von der rechts liegenden Vertikale des fragl. Feldes,
x Abstand der links liegenden Vertikale im fragl. Felde von der linken Stütze,
h_1 Höhe der links liegenden Vertikale.

Dann erhält man allgemein für die Spannung einer rechts fallenden Diagonale:

$$P = \left\{ \left(\frac{R' \xi'}{l}\right) \left(\frac{x + e}{l - x}\right) - \frac{R \xi}{e} \right\} \frac{\lambda}{h_1}.$$

Diese Spannung wird ein Maximum, wenn man den Lastenzug so stellt, dass

$$\frac{R'}{R} = \frac{l (l - x)}{e (x + e)} \text{ wird.}$$

4. Die grösste Spannung V der Vertikalen ist nur für dasjenige durch Zerlegung entstehende System zu bestimmen, für welches sich die Spannung der Diagonalen positiv ergiebt, weil die Diagonalen des andern Systems, da sie nicht gedrückt werden können, die Spannung = 0 haben. Man erhält unter Beibehaltung der vorigen Bezeichnungen:

$$\text{Bahn unten: } V = -\left\{\frac{R'\xi'(x+e)}{l h_1'} - \frac{R'\xi' x}{l h} - \frac{R\xi}{h_1'}\right\}\frac{h_1'}{e};$$

$$\text{Bahn oben: } V = -\left\{\frac{R'\xi' x}{l h_1'} - \frac{R'\xi'(x-e)}{l h_1''} - \frac{R\xi}{h}\right\}\frac{h_1''}{e}.$$

Darin ist h die Höhe der fragl. Vertikale, h_1', h_1'', die bis zur Verlängerung des Gurtstabes BC bezw. DE in der links, bezw. rechts von der fragl. Vertikale liegenden Vertikale gemessene Höhe, Fig. 612. Allgemein wird:

Fig. 612.

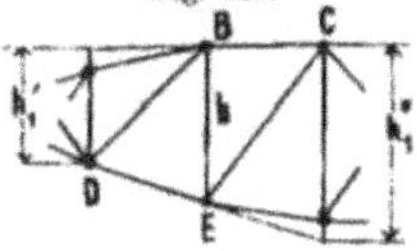

$$h_1' = \frac{4f}{l^2}(x+e)(l-x-e) + \frac{8e^2 z'}{l^2},$$

$$h_1'' = \frac{4f}{l^2}(x-e)(l-x+e) + \frac{8e^2 z''}{l^2}.$$

Das Maximum von V tritt ein, wenn man den Lastenzug so stellt, dass:

$$\text{Bahn unten: } \frac{R}{R_1} = \frac{eh - x(h_1' - h)}{lh}$$

$$\text{Bahn oben: } \frac{R}{R_1} = \frac{eh - x(h - h_1'')}{l h_1''} \text{ wird.}$$

Durch Einsetzen der entsprechenden Werthe von z' und z'', Fig. 610, können die speziellen Gleich. für Bogensehnen-, Fischbauch- und Sichelträger hiernach abgeleitet werden.

ζ. Pauli-Träger.

Während beim Parabel-Träger die Spannung der Gurte im allgem. nur nahezu konstant ist, wird sie beim Pauli-Träger genau konstant.

Seine Form ist die eines gegen die horizontale Axe symmetrischen Fischbauch-Trägers und annähernd, aber genau genug, durch die Gleich.:

$$h = 4f\frac{x}{l}\left(1-\frac{x}{l}\right)\left\{1+2\frac{f^2}{l^2}\left(1+2\frac{x}{l}\right)^2\right\}$$

bestimmt.

Die Ermittelung der Spannungen erfolgt nach den im Vorstehenden angegebenen allgemeinen Regeln.

η. Schwedler- oder Hyperbel-Träger.

1. Beim Schwedler-Träger wird im mittlern Theile die Form des Parallelträgers (mit Doppel-Diagonalen) beibehalten und die Gurtform des übrigen Theils bis zum Auflager derart gewählt, dass sie die eine Grenze der Spannung des Gitterwerks zu Null macht. Dies wird stattfinden, wenn die Vertikalkraft $V = \frac{Qc}{h}$ (vergl. S. 678) für jeden Gitterstab bei Belastung der einen Seite des Trägers $= 0$ wird. Im polygonalen Theile des Schwedler-Trägers erleiden die Gitterstäbe dann nur einerlei Spannung; Doppel-Diagonalen sind darin also nicht erforderlich.

Für die gewöhnlich zur Ausführung kommende Form mit geradem Untergurt, Fig. 613, erhält man für den Obergurt die Hyperbelform. Annähernd ist hierfür:

Fig. 613.

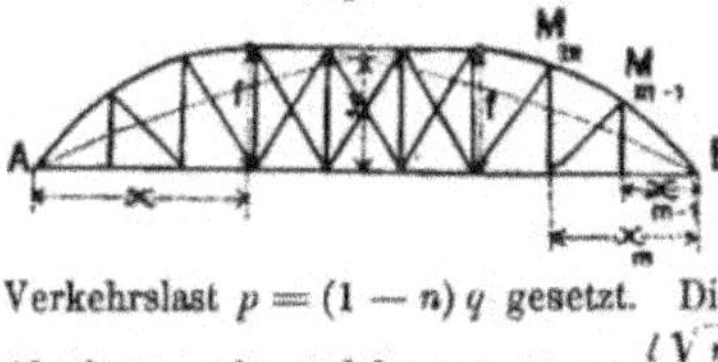

$\frac{y}{f} = \frac{1}{2} + \frac{\sqrt{n}}{1+n}$; darin bedeutet: f die gegebene grösste Höhe des Trägers, die mit der grössten Höhe der Hyperbel zusammen fällt und y die Höhe in der Mitte der Hyperbel. Ferner ist das Eigengewicht $g = nq$ und die Verkehrslast $p = (1-n)q$ gesetzt. Die grösste Höhe f der Hyperbel tritt für eine Abszisse x_1 ein, welche aus $x_1 = \frac{l\sqrt{n}}{1+\sqrt{n}}$ zu berechnen ist.

2. Die genauere Bestimmung der Gurtform für Einzellasten erfolgt wohl am einfachsten mit Rücksicht auf die Bedingung: $V = 0$, aus welcher sich $\frac{h_{m-1}}{h_m} = \frac{M_{m-1}}{M_m}$ ergiebt. h_{m-1}, h_m sind die Längen zweier belieb. auf einander

folgenden Vertikalen, M_{m-1}, M_m bezw. die Mom. in Beziehung auf diese Vertikalen. Von allen möglichen Werthen von $\frac{M_{m-1}}{M_m}$ ist dabei der grösste Werth zu Grunde zu legen.

Im allgem. kann $\frac{M_{m-1}}{M_m}$ für einfache Systeme nur ein Maximum werden, wenn eine Einzellast an einer der beiden Vertikalen liegt. Die gefährlichste Lastlage ist durch Probiren zu ermitteln. Dabei ist der Lastenzug nach rechts oder links zu schieben, je nachdem:

$$\frac{R}{R'} \gtrless \frac{h_{m-1}}{l}\left(\frac{l-x_{m-1}}{h_{m-1}} - \frac{l-x_m}{h_m}\right).$$

R wie R' haben die bekannte Bedeutung; s. Fig. 610.

Hiernach ist es möglich, die Höhe einer Vertikalen aus der der nächst vorher gehenden oder der der nächst folgenden zu berechnen. Am besten nimmt man dabei die Trägerhöhe in der Mitte an.

3. Genaue grafische Konstruktionen der Gurtform: s. Winkler. Theorie der gegliederten Balkenträger; II. Auflage, S. 185.

ϑ. Hänge- und Sprengwerks-Träger. Armirte Träger.

1. Je nachdem der Horizontalschub — den die Streckträger aufzunehmen haben — nach innen oder nach aussen wirkt, nennen wir den Träger einen Hängewerks- oder Sprengwerks-Träger. Diese Eintheilung deckt sich nicht immer mit der gebräuchlichen.

Sobald Gelenk-Knotenp. voraus gesetzt werden, erfolgt die Behandlung nach den für Polygonal-Träger gültigen allgemeinen Regeln.

Ist ein kontinuirl. Streckträger vorhanden, so sind in den Stützp. desselben die Stützendrücke nach den Gesetzen für kontinuirl. Träger zu berechnen. Nimmt man dabei auf die durch die Formänderung herbei geführte Senkung der Stützp. keine Rücksicht, so erhält man für gleichmässige Vollbelastung q pro Längeneinheit:

Fig. 614.

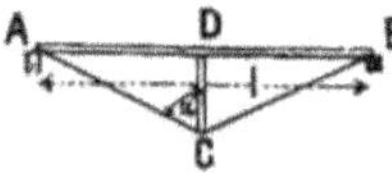

Fig. 615.

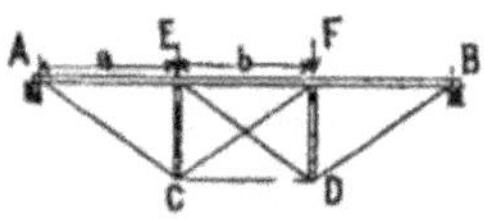

Fig. 616.

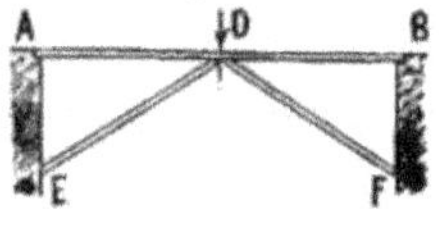

Fig. 617.

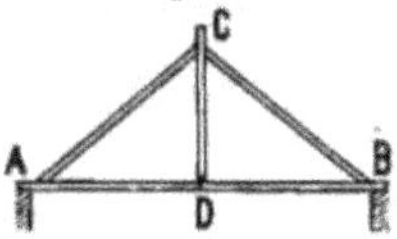

Fig. 618.

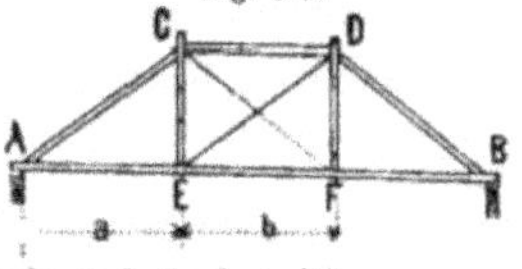

Für das Dreiecks-Hängewerk, Fig. 614: Belastung in $D = \frac{5}{8}\,ql$.

Für das Trapez-Hängewerk, Fig. 615: Belastung in E oder $F = \frac{q\,(a+b)\,(5a^2+5ab+b^2)}{4a\,(2a+3b)}$. Für $a = b = \frac{l}{3}$ giebt dies $\frac{11}{30}\,ql$.

Für die entsprechenden Sprengwerke, Fig. 616—618, ergeben sich dieselben Werthe.

Die Anordnung Fig. 616 unterscheidet sich nur dadurch von der in Fig. 617, dass die Hängesäule in Fortfall kommt.

Bei unsymmetr. oder veränderlicher Belastung ist beim Trapez-, Hänge- und Sprengwerke eine Versteifung des Systems durch Einführung eines kontinuirl. Streckträgers oder Einfügung einer Gegen-Diagonale im mittlern Felde nöthig. Mehrfache Hänge- und Sprengwerke mit veränderl. Belastung behandelt man zweckmässig mit Anwendung der Influenzlinien, deren Ordin. man rechnerisch oder grafisch bestimmen kann.

2. Bei einer genauen Berechnung ist auf die elast. Formänderung der einzelnen Konstruktions-Theile Rücksicht zu nehmen. Dabei ist der durch ein Hängewerk- oder Sprengwerk versteifte Balken und die Versteifungs-Konstruktion

(Armirung) je als ein System für sich zu behandeln. Die Durchbiegung der gemeinschaftlichen Lastpunkte ist die gleiche. Daraus ergiebt sich eine Bedingung für die Querschn.-Berechnung. Es muss aber dann noch eine 2. Bedingung gestellt werden, nämlich, dass bei der gleichen Durchbiegung in jedem Konstruktions-Theile zu gleicher Zeit die grösste zulässige Inanspruchnahme eintritt, was durch Wahl eines entsprechenden Verhältnisses der Querschn. zu einander erreicht werden kann.

Am besten zerlegt man bei der Berechnung die Gesammtlast Q, welche der armirte Balken tragen soll, in 2 Lasten P und P_1. P sei diejenige Last, welche der Balken allein, ohne Armirung tragen kann, $P_1 = Q - P$ also diejenige Last, welche die Armirung aufzunehmen hat.

Die Durchbiegung der Belastungspunkte der Armirung findet man durch Summirung der auf die Vertikale reduzirten Längenänderungen der einzelnen Stäbe desselben. (Vergl. „Elastizit.-Lehre" S. 588.)

Die Längenänderung $\triangle\lambda$ eines Stabes der Länge λ, in welchem die spezif. Spannung k herrscht, ist nach dem Elastizit.-Gesetz: $\triangle\lambda = \frac{k_1\lambda}{E_1} = \frac{N_1\lambda}{E_1F_1}$. (19)

k_1 zulässige Inanspruchnahme, E_1 Elastizit.-Koeffiz., N_1 Spann., F_1 Querschn. d. Stabes.

Beispiel (nach Steiner). Für einen armirten Balken, Fig. 614, erhält man in A eine horizontale Zugkraft: $k_1F_1 \sin a$ und einen vertikalen Lagerdruck: $\frac{Q}{2} - k_1F_1\cos a$; in D eine aufwärts gerichtete Kraft: $2k_1F_1\cos a$. Die Durchbiegung $\triangle h$ des Punktes D ist also gegeben durch:

$$\triangle h = \frac{5}{384}\frac{Ql^3}{EJ} - \frac{k_1F_1\cos a\, l^3}{24\,EJ}.$$

Die axiale Verkürzung $\triangle l$ ist an jedem Ende des Balkens: $\triangle l = \frac{k_1F_1\sin a\, l}{2\,EF}$.

Die Verrückung des Punktes C nach der Richtung AC ist demnach $= \triangle h\cos a - \triangle l\sin a$. Die Bedingung, dass die Verlängerung der Zugstange AC die Verrückung des Punktes C wieder aufhebt, giebt daher:

$$\triangle AC = \frac{k_1}{E_1}\frac{l}{2\sin a} = \left\{\frac{5}{384}\frac{Ql^3}{EJ} - \frac{k_1F_1\cos a\, l^3}{24\,EJ}\right\}\cos a - \frac{k_1F_1\sin^2 a\, l}{2\,EF}.$$

Für die Beanspruchung der äussersten Faser im gefährl. Querschnitte erhält man:

$$k = \left\{\frac{1}{8}Ql - \frac{k_1F_1\cos a\, l}{2}\right\}\frac{e}{J} + \frac{k_1F_1\sin a}{F}.$$

Desgl. für den nicht armirten Balken: $k = \frac{1}{8}Pl\frac{e}{J}$. Daraus folgt:

$$\frac{F}{F_1} = \frac{1}{\sin a}\,\frac{10\frac{k}{k_1}\frac{l}{e}\sin a\cos a - 48\frac{E}{E_1}}{10\frac{l}{e}\sin a\cos a + 48\sin^2 a - \frac{l^2}{\varrho^2}\cos^2 a} \tag{20}$$

und:

$$\frac{Q}{P} = 1 + \frac{k_1}{k}\frac{F_1}{F}\left\{\frac{le}{2\varrho^2}\cos a - \sin a\right\}; \tag{21}$$

worin ϱ den Trägheits-Radius bezeichnet. Aus Gleich. (21) ersieht man, dass eine Vermehrung der Tragkraft nur eintritt, wenn $\tan a > \frac{le}{2\varrho^2}$ und dass der Winkel a innerhalb gewisser Grenzen bleiben muss, wenn $\frac{F_1}{F}$ einen positiven Werth erhalten soll.

Ist der Balken ein gewalzter I-Träger von 1000 cm Länge, 50 cm Höhe, 16 cm Flanschstärke, 2,18 cm Stegdicke, 2,90 cm Flanschbreite, so berechnen sich: $F = 189{,}29$ qcm; $J = 67375$; $\varrho^2 = \frac{J}{F} = 356$ (cm). In diesem Falle ist: $k = k_1$; $E = E_1$. — Setzt man die Pfeilhöhe der Stütze $DC = \frac{1}{10}l$, so wird $\tan a = 0{,}2$ und $a = 11^0\,19'$. Daraus nach Gleich. (20):

$$\frac{F}{F_1} = 0{,}443;\quad F_1 = 83 \text{ qcm}.$$

Ordnet man zweckm. 2 Zugstangen AC und BC an jeder Seite des Trägers an, so erhält jede 41,5 qcm Querschn.-Fl. Ferner ist nach Gleich. (21): $Q = 3{,}6\,P$.

Es wird also durch die Armirung die Tragfähigkeit um mehr als das Dreifache erhöht. —

Für ein Sprengwerk nach Fig. 616 ergiebt sich allgemein durch Gleichsetzung der Durchbiegungen (Senkungen)

$$\frac{5}{384}\frac{Ql^3}{EJ} - \frac{2F_1k_1\sin a\, l^3}{48\,EJ} = \frac{k_1 l}{2\sin^2 a\, E}.$$

Die Spannung im gefährlichsten Querschn. wird im armirten Balken:

$$k = \left\{\frac{Ql}{8} - \frac{F_1k_1\sin a\, l}{2}\right\}\frac{e}{J} + \frac{F_1k_1\cos a}{F}$$

Desgl. im nicht armirten Balken: $k = \left(\frac{Pl}{8}\right)\frac{e}{J}$.

Aus den ersten beiden Gleich. muss man das J des Balkens finden; wenn Q gegeben ist, bestimmt man leicht den Querschn. F_1 der Streben.

ι. **Rechnungs-Ergebnisse für verstärkte Balken** (nach Winkler).

1. Die Gesammthöhe h eines verdübelten oder verzahnten Balkens ist:

bei Trägern mit 2 Balken: $h = \sqrt[3]{\dfrac{6M}{k\dfrac{b}{h}\left(1-\dfrac{d}{b}\right)\left[1-\left(\dfrac{h_1}{h}\right)^2\right]}}$ (22)

bei Trägern mit 3 Balken:

$$h = \sqrt[3]{\frac{6M}{k\dfrac{b}{h}\left(1-\dfrac{d}{b}\right)\left[1-\dfrac{2h_1}{3h}\left(1+\dfrac{2h_1}{h}+4\dfrac{h_1^2}{h^2}\right)\right]}} \qquad (23)$$

Darin bedeutet: M das Moment für den gefährlichsten Querschnitt: k zulässige Inanspruchnahme; b Breite der Balken; h_1 Höhe der Dübel oder Zähne; d den Durchm. der durchgezogenen Schrauben.

Ist die Höhe der einzelnen Balken $= h'$, und ein zwischen denselben vorhandener Spielraum $= h_2$ -

und setzt man allgemein . $b = 0{,}75\,h'$; $d = 0{,}1\,b$;
ferner für verdübelte Träger $h_1 = 0{,}30\,h'$; $h_2 = 0{,}1\,h'$;
für verzahnte Träger . . . $h_1 = h_2 = 0{,}2\,h'$

so ergiebt sich aus Gleich. (22) bezw. (23):

	2 Balken	3 Balken
für verdübelte Träger:	$h = 2{,}66\sqrt[3]{\dfrac{M}{k}}$;	$h = 3{,}11\sqrt[3]{\dfrac{M}{k}}$
„ verzahnte Träger:	$h = 2{,}52\sqrt[3]{\dfrac{M}{k}}$;	$h = 2{,}91\sqrt[3]{\dfrac{M}{k}}$

Die S. 655 angegebene zulässige Inanspruchnahme k wird mit Rücksicht auf die nicht vollständige Wirkung der Dübel und Zähne bei selbst guter Arbeit um etwa 10 % zu vermindern sein.

Ueber die Dimensionen der Dübel oder Zähne vergleiche Elastizit.-Lehre S. 618.

2. Die Anzahl der Träger bestimmt sich für interimistische Eisenbahn-Brücken ungefähr nach folgender Tabelle:

Balkenzahl pro Träger	Anzahl der Träger					
			2	3	4	6
2	l in m =	3,0 — 3,4	5,9 — 6,7	7,8 — 8,6	9,0 — 10,3	13,5 — 14,5
3	l in m =	5,0 — 5,7	10,2 — 11,5	12,6 — 13,8	14,1 — 15,9	16,7 — 19,4
4	l in m =	7,1 — 8,0	14,2 — 16,0	17,4 — 19,2	18,4 — 22,1	19,8 — 24,3

In der Regel wird diejenige Anordnung die billigste, welche die geringste Anzahl von Balken erfordert.

Beispiel. Für eine provisorische Eisenbahnbr. von 8 m Sp. soll die Stärke der verdübelten Träger bestimmt werden. Nach vorstehender Tab. sind am zweckmässigsten 2 Träger à 3 Balken zu wählen. Nimmt man das Eigengewicht der Brücke mit 1,2 t und die Verkehrslast nach S. 650 zu $4{,}2 + \dfrac{30}{8}$ = rot. 8 t p. m an, so ist: $M = \dfrac{1}{2}\,\dfrac{(8{,}0+1{,}2)\,8\,.\,8}{8} = 36{,}8^{mt} = 3680000^{cmkg}$; $k = 0{,}9\,.\,100 = 90^{kg}$ p. qcm. Daraus folgt: $h = 3{,}11\sqrt[3]{\dfrac{3680000}{90}} = 107^{cm}$.

i. Bogenbrücken.*)

Man unterscheidet vollwandige und Gitter-Bogenträger welche entweder

1. ohne Gelenke,
2. mit 2 Kämpfergelenken,
3. mit 2 Kämpfergelenken und 1 Scheitelgelenk (Dreigelenk-Bogenträger) oder:
4. mit Spannstangen (Zugankern) versehen sein können.

*) Nach Vorträgen Winkler's an der techn. Hochschule zu Berlin.

α. Grösse und Lage der Kämpferdrücke.

1. Bogen ohne Gelenke. Für jede belieb. Lage einer Einzellast G, Fig. 619, findet man Grösse, Richtung und Lage der Kämpferdrücke A und B mit Hülfe der Kämpferdruck-Linie JK und der Kämpferdruck-Umhüllungslinie $V_1 W'_1$ bezw. $V_2 W_2$. Die Kämpferdr.-Linie JK ist der geometr. Ort aller Schnittp. L der Einzellast mit den Richtungen der beiden Kämpferdrücke A und B, welche für alle Lagen der Einzellast die zugehörige Umhüllungslinie tangiren.

Fig. 619.

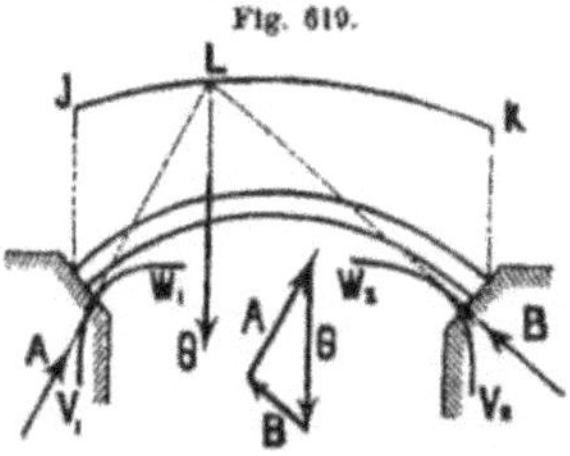

Die Wirkung einer gleichmässig vertheilten Last kann man sich durch eine in der Mitte der belasteten Strecke liegende Einzellast ersetzt denken, für die auch eine Kämpferdruck-Linie und eine Umhüllungslinie existirt. Zur bessern Unterscheidung soll die Kämpferdr.-Linie für eine über den Träger fortschreitende Einzellast die erste, für eine über die in der Länge veränderliche Strecke gleichmässig vertheilte Last die zweite Kämpferdr.-Linie genannt werden. Ebenso werden die 1. und 2. Umhüllgs.-Linie unterschieden.

Die Konstruktion der 2. Kämpferdr.- und Umhüllgs-Linie erfolgt am besten unter Anwendung der Influenzlinien aus der 1. Kämpferdr.- und Umhüllgs.-Linie, wie weiterhin angegeben wird.

2. Gelenk-Bogen-Träger. Bei Kämpfergelenken müssen für jede Lage der Einzellast die Kämpferdrücke durch jene gehen; die Umhüllgs.-Linien reduziren sich also auf Punkte, die Gelenkp. Fig. 620. Sind 3 Gelenke vorhanden, Fig. 621, so muss bei einer Belastung des rechten oder link. Bogentheils der linke bezw. rechte Kämpferdruck durch A und C, bezw B und C gehen, der Punkt L also in der Verlängerung der Geraden AC bezw. BC liegen. Die Kämpferdr.-Linie besteht also aus 2 Geraden JC und KC, welche die Verlängerungen der Geraden BC und AC bilden.

Fig. 620.

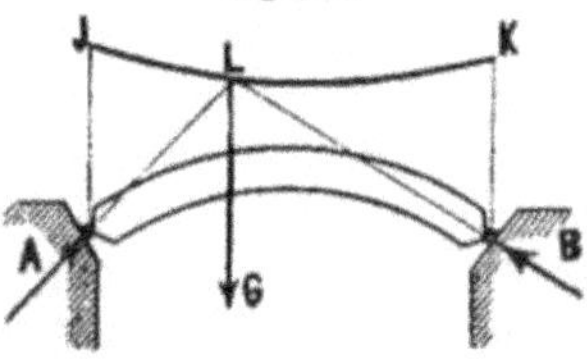

Fig. 621.

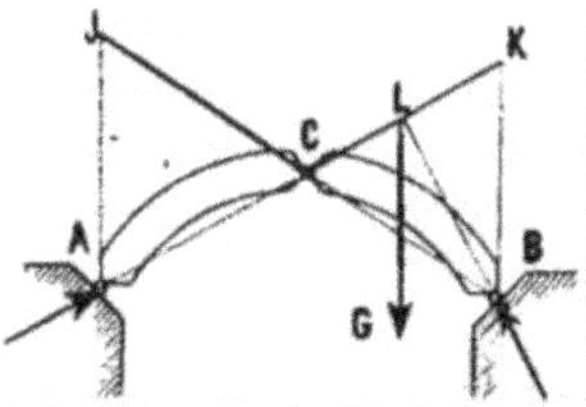

β. Gefährlichste Belastungsweise und Belastungs-Scheiden.

Es werde voraus gesetzt, dass der Bogenträger aus zwei Gurten mit zwischen liegendem eintheiligen Gitterwerk bestehe. Dieser Bogenträger, Fig. 622, ist durch den belieb. Schnitt im Felde DE, welcher 3 Stäbe trifft, in 2 Theile zerlegt. Der Schnittp. derjenigen beiden Stäbe, deren Spannung man (nach Ritter) nicht bestimmen will, werde konjugirter Punkt genannt. Es soll nun die gefährlichste Belastungsweise für jeden der 3 Stäbe ermittelt werden.

Fig. 622.

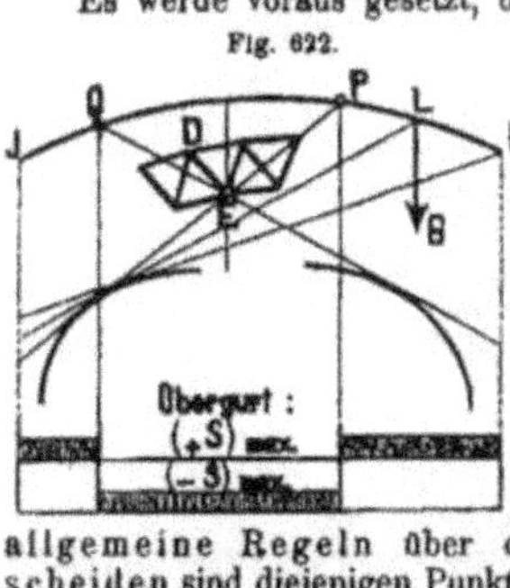

Am einfachsten gelangt man zum Ziele, wenn man für jeden Stab die Influenzlinie zeichnet, was bei gegebener Kämpferdr.- und Umhüllgs.-Linie geschehen kann. Es giebt jedoch auch allgemeine Regeln über die gefährlichste Belastungsweise. Belastungsscheiden sind diejenigen Punkte der Kämpferdruck-Linie, bei deren Ueberschreiten durch eine Einzellast sich das Vorzeichen der Spannung des betrachteten Stabes ändert; sie begrenzen daher die gefährlichste Belastung. Die Belastungsscheiden entsprechen den Punkten P und Q, in welchen die Kämpferdruck-Linie von den Geraden geschnitten wird, welche durch den konjug. Punkt (z. B. E) tangirend an die Umhüllungs-Linie (bezw. durch die Gelenke) gelegt werden. Denn sobald die Einzellast G in dem Punkte P oder Q liegt, ist das Mom. der äussern Kräfte in Bezug auf den konjug. Punkt $= 0$; liegt die Einzellast rechts oder links von P oder Q, so ist bezw. das Mom. positiv oder negativ.

Fig. 623.

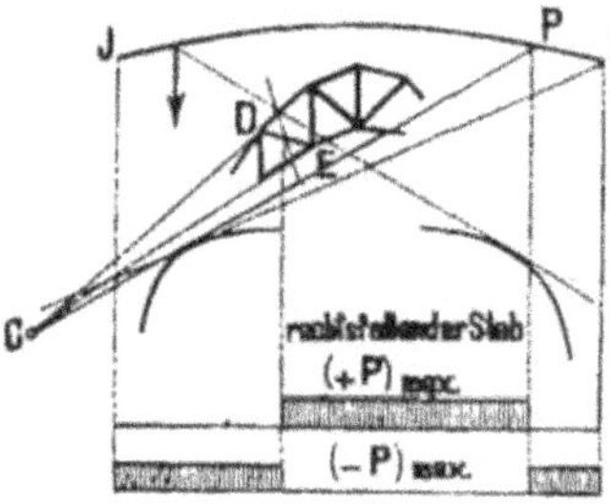

Fig. 624.

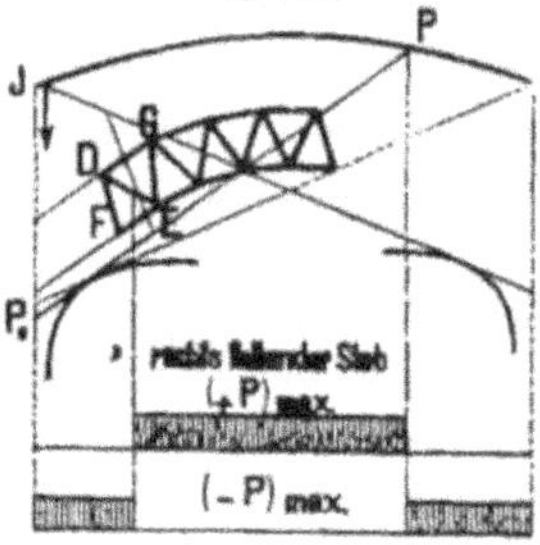

Fig. 625.

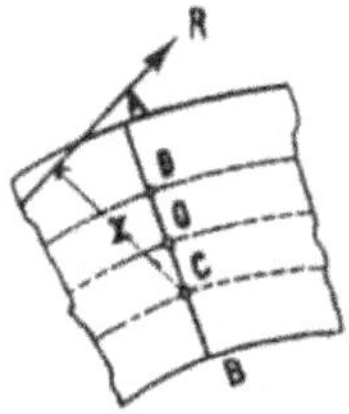

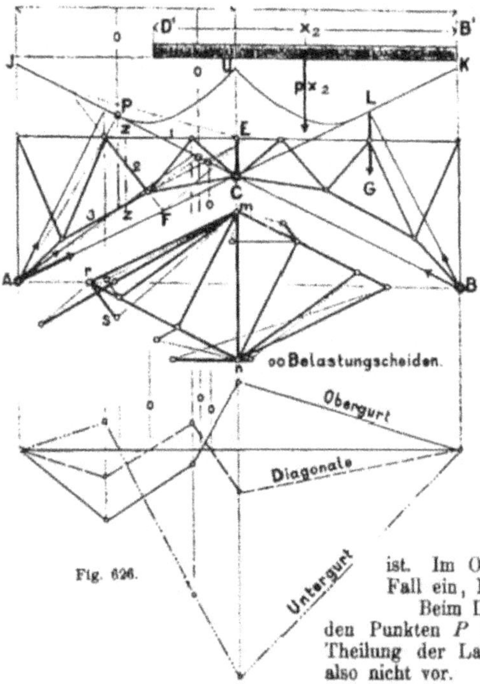

Fig. 626.

In vielen Fällen bildet auch der Schnitt eine Belastungsscheide, weil beim Ueberschreiten desselben durch die Einzellast entweder dieser oder der andere Kämpferdr. in der Rechnung mit erscheint.

Im Untergurt tritt der grösste Druck ein, wenn die beiden äussern Theile JQ und PK belastet sind, der grösste Zug, wenn der mittlere Theil PQ belastet ist. Im Obergurt tritt der umgekehrte Fall ein, Fig. 622.

Beim Dreigelenk-Träger existirt von den Punkten P und Q nur der eine; eine Theilung der Last in 2 Theile kommt dort also nicht vor.

Liegt der konjug. Punkt über der Kämpferdr.-Linie, oder unter den beiden durch die Endp. J und K an die Umhüllungs-Linie gelegten Tangenten, so kann nur Druck eintreten, welcher bei Vollbelastung am grössten wird.

Für einen Gitterstab existirt von den Punkten P und Q in der Regel nur einer, Fig. 623, es kann aber auch dieser fortfallen; d. Belastungsscheide liegt im fragl. Schnitte.

Sind die Gurte parallel (wie z. B. DG und FE in Fig. 624), so liegt der konjug. Punkt in der Entfernung $= \infty$; es wird daher die Tangente P_0P zur Bestimmung der Lastscheide parallel zum fragl. durchschnittenen Gurtstücke sein.

Die Belastungsscheide im Schnitt ist genau durch Zeichnung der Influenzlinie zu finden (vergl. die Belastungsscheiden 00 Fig. 626).

Die über Anwendung der Kämpferdr. und Umhüllungs-Linien zur Bestimmung der Lagerdr. gegebenen Regeln gelten auch für Bögen mit voller Wandung. Die Spannung N einer Randfaser im Punkte A, Fig. 625, ist dem Mom. $R z$ in Beziehung auf den zu A gehör. Kernp. C proportional. Daher gilt das über die gefährlichste Belastung im Vorstehenden Gesagte auch hier, wenn an Stelle des einem Stabe konjug. Punktes hinsichtlich der Faser A der zugehörige gegenüber liegende Kernp. C gesetzt wird. Da das Trägheitsmom. $J = Fr^2$ (F Fläche; r Trägheitsrad.), so ergiebt sich, wenn $OC = \delta$ gesetzt wird, weil $\delta = \frac{r^2}{e}$ ist (vergl. S. 572):

$$N = \frac{Me}{J} = \frac{M}{F\delta}.$$

Die spezif. Spannung N ist also dieselbe, wie diejenige eines Stabes, welcher C zum konjug. Punkt und von C den normalen Abstand d hat.

γ. Bestimmung der Spannungen mit Hülfe der 2. Kämpferdr.-Linie.

Man kann unter Zugrundelegung gleichmässig vertheilter Belastung (nachdem man zuerst die Belastungsscheiden fest gestellt hat) mit Hilfe der 2. Kämpferdruckl. und Umhüllungslinie (event. also bei Gelenk-Bogenträgern nur mit Hilfe der 2. Kämpferdruck-Linie) die Maximal- und -Minimal-Spannungen direkt, ohne Anwendung der Influenzlinie ermitteln.

1. Ist für den zur Bestimmung der Spannung eines Stabes erforderlichen Schnitt der linke Trägertheil nicht belastet, so wirkt auf denselben als äussere Kraft nur der Lagerdruck A der Richtung AN, Fig. 627; das Moment für den konjugirten Punkt ist daher bestimmt.

Fig. 627.

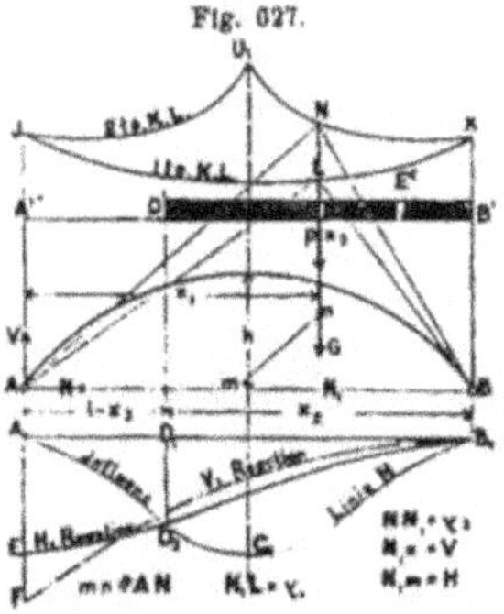

2. Ist auch der linke Trägertheil (z. B. bis D') belastet, so wirkt auf denselben als äussere Kraft die Resultante aus A und der Belastung des linken Trägertheils. — Man kann aber auch wie folgt verfahren: Bestimme zuerst die Spannung S_t für Vollbelastung, sodann die Spannung S_l in der Voraussetzung, dass nur der linke Theil $A'D'$ belastet ist. Die Bestimmung von S_l erfolgt mit Hilfe des Lagerdrucks B in gleicher Weise wie unter α. Die wirkl. Spannung S des Stabes ist dann: $S = S_t - S_l$.

3. Ist nur ein belieb. mittlerer Theil (z. B. $D'E'$) belastet, so ist die Spannung S eines Stabes = der Spannung für die Belastung der Strecke $B'D'$, vermindert um die Spannung für die Strecke $B'E'$.

Sind zwei belieb. Strecken $A'D'$ und $E'B'$ belastet, so bestimmt man nach Obigem die Spannung für die Belastung der Strecken $A'D'$ und $E'B'$ und addirt dieselben oder man beachtet, dass S = der Spannung für totale Last, vermindert um die Spannnung für die Belastung von $B'D'$, vermehrt um die Spannung für die Belastung von $B'E'$ ist.

δ. Dreigelenk-Bogenträger.

1. Beliebige unveränderliche Belastung. Bei Bogendächern z. B. bestimmt man die Spannungen aus dem Eigengewicht, den Schnee- oder Wind-Belastungen am einfachsten direkt ohne Zeichnung der Influenzlinien, mit Hilfe der Lagerdrücke (wie S. 625 ausgeführt worden ist) nach Ritter's Methode oder nach der Polygonal-Methode. Die Ermittelung der Vertikal-Kompon. der Lagerdrücke kann hier wie beim Balkenträger geschehen; die Horizontal-Kompon. finden sich aus der Mom.-Gleich. in Bezug auf das Scheitelgelenk.

Grafisch bestimmt man die äussern Kräfte und daraus die Spannungen am einfachsten, wenn man für die Belastung ein Resultanten-Polygon (S. 507) zeichnet, welches hier durch die 3 Gelenke gehen muss. Diese Konstrukt. gesch. mit Hilfe der Polaraxe nach S. 506. Die entsprechende Seite des Resultanten-

Polygons giebt für einen belieb. Schnitt die Resultante aller äussern Kräfte nach Lage und Richtung, der Pol liegt in der von den Lagerdrücken gebildeten Ecke; die Grösse findet sich aus dem zugehörigen Kraftpolygon.

2. Veränderliche Belastung. Die Spannungen ermittelt man am besten mit Hilfe der Influenzlinien. Man konstruirt, je nachdem man eine gleichm. verth. oder aus Einzellasten besteh. Belastung einführt, bezw. die 2. oder 1. Kämpferdr.-Linie. Dadurch sind die jedesmal. Lagerdrücke bestimmt und die Influenzl. kann für jeden Stab gezeichnet werden. Am besten führt man dabei immer den Lagerdruck desjen. Trägertheils ein, auf welchem die Einzellast nicht liegt.

Die 1. Kämpferdr.-Linie ist direkt durch die Geraden JC und CK gegeben. Mit deren Hilfe sind in Fig. 626 Influenzl. für den Schnitt zz und die Stäbe 1, 2, 3 gezeichnet. Daraus ergeben sich die Maxim.-Spannungen nach S. 627.

Zur Ermittelung der Ordin. der Influenzlinie ist die grafische Schnittmeth. in Anwendung gekommen. Die Richtung der Resultanten der gesuchten Spannung (z. B. 2) und der äussern Kraft (z. B. für die Lage der Einzellast in L: der Lagerdruck $A = mr$) muss durch den Schnittsp. der beiden andern Spannungen des Schnitts (durch E) verlaufen. Also: im Kraftgolygon $A = mr$ nach Grösse und Richtung aufgetragen und von den Endp. zwei Parallelen bezw. zum betr. Stabe und zur Verbindungslinie der Schnittsp. (EF) gezogen: dann ist rs die gesuchte Spannung 2. (Die Hilfslinien für die Bestimmung der Spannungen der übrigen Stäbe sind in der Figur zum Theil fortgelassen.)

3. Die 2. Kämpferdr.-Linie. Es sei: x_2 die Länge der veränderlichen Belastungs-Strecke $B'D'$ Fig. 628, y_2 die Ordin. der 2. Kämpferdr.-Linie in der Mitte der Strecke $B'D'$; l Spannw.; h Bogenhöhe.

Für jede Belastung, welche nicht über das Scheitelgelenk hinaus reicht, fällt die 2. Kämpferdr.-Linie mit der 1. zusammen; überschreitet der Punkt D' das Scheitelgelenk, so wird die Gleich. derselben:

$$y_2 = \frac{(4l - 2x_2)\, x_2^2 h}{l\,(4\,l\,x_2 - 2\,x_2^2 - l^2)}. \tag{24}$$

Für $x_2 = \frac{1}{2}\,l$ ist: $y_2 = \frac{3}{2}\,h$; für $x_2 = l$ ist: $y_2 = 2h$.

ε. Bogenträger mit 2 Gelenken.

1. Die vertikal. Lagerdrücke A und B werden wie beim Balkenträger bestimmt. Der Horizontalschub ergiebt sich unter Anwendung der S. 627 gezeigten allgem. Methode zur Berechnung stat. unbest. Stabsysteme.

Es bedeuten: λ Länge, f Querschn. eines einzeln. Stabes, E Elastizit.-Koeffiz., S_v, S_h, s die in diesem Stabe bezw.:

1) durch eine belieb. Vertikalbelastung,
2) durch d. nach innen gericht. Horizont.-Schub H allein,
3) durch eine in beiden Auflagern nach aussen wirkende Horizontalkraft $= 1$

erzeugte Spannung, wenn dabei der Träger als Balkenträger mit einem festen (drehbaren) und einem horizontal (ohne Reibung) verschiebbaren Ende betrachtet wird.

Dann ist für Bogenträger:

mit festen Widerlagern: $$H = \frac{\sum\left(\frac{s\,S_v\,\lambda}{f}\right)}{\sum\left(\frac{s^2\lambda}{f}\right)} \tag{25}$$ mit Spannstangen: $$H = \frac{\sum\left(\frac{s\,S_v\,\lambda}{f}\right)}{\sum\left(\frac{s^2\lambda}{f}\right) + \frac{E\,l}{E_0\,\varphi}} \tag{26}$$

(l = Länge, φ = Quersch. und E_0 Elastizitäts-Koeffiz. der Spannstange.)

Die in Gleich. (25) u. (26) vorgeschriebene Summirung bezieht sich auf sämmtliche vorhandenen Stäbe.

Die wirkliche Spannung S eines belieb. Stabes bestimmt sich aus:

$$S = S_v - s\,H. \tag{27}$$

Der durch Temperatur-Aenderung erzeugte Horizontalschub H_t ist:

für Bogen m. fest. Widerlagern: $$H_t = \frac{E\,\varepsilon\,t\,l}{\sum\left(\frac{s^2\lambda}{f}\right)} \tag{28}$$ für Bogen m. Spannstange: $$H_t = \frac{E\,(\varepsilon - \varepsilon_0)\,t\,l}{\sum\left(\frac{s^2\lambda}{f}\right) + \frac{E\,l}{E_0\,\varphi}} \tag{29}$$

t bezeichnet die Temp.-Differ. in °C. gegen eine mittlere Temp., bei der keine Spannungen, durch die Temperat. erzeugt, existiren; ε_1, ε_0 sind Ausdehn.-Koeffiz. für 1°; bei dems. Material ist $\varepsilon = \varepsilon_0$ und $H_t = 0$.

Es ist etwa zu setzen für Schmiedeisen:

$$E = 200000^{\,t} \text{ p. }^{qdm};\ \varepsilon = 0{,}0000118;\ t = 30°;\ E\varepsilon t = 70{,}8.$$

Endlich ist aus Gleich. (27): $S_t = \pm s H_t$.

S_v und s können in bekannter Weise durch Rechnung oder Konstruktion nach der Schnitt- oder Polygonal-Methode bestimmt werden.

2. 1. Kämpferdrucklinie. Ist G die Einzellast, l die Spannweite und sind x_1, y_1 die Koordin. im veränderlichen Angriffsp. von G, so ergiebt sich, Fig. 627:

$$y_1 = \frac{G x_1 (l - x_1)}{H l} \quad (30)$$

als Gleich. der 1. Kämpferdrucklinie. Wird der Werth von H eingesetzt, so findet sich:

$$y_1 = \frac{\Sigma\left(\frac{s^2 l}{f}\right) + \frac{E l}{E_0 \varphi}}{\frac{1}{x_1}\Sigma_{x_1}\left(\frac{s S_v \lambda}{f}\right) + \frac{1}{l - x_1}\Sigma_{l-x_1}\left(\frac{s S_v \lambda}{f}\right)} \quad (31)$$

Σ_{x_1} und Σ_{l-x_1} bedeutet die Summirung zwischen den Grenzen 0 und x_1 bezw. $(l - x_1)$.

S_v ist die durch G erzeugte Spannung (wenn der Bogenträger als Balkenträger betrachtet wird). Bei festen Widerlagern fällt das Glied, welches φ enthält, fort. Da die Kämpferdr.-Linie meist nur in Verbindung mit der Influenzlinie benutzt wird, genügt es, y_1 für die Knotenp. bezw. Querträger-Anschlussp. zu berechnen.

3. 2. Kämpferdr.-Linie, Fig. 627. Man zeichnet die Influenzlinie $A_1 C_1 B_1$ für den Horizontalschub H und bestimmt daraus (nach S. 627) mittels Flächen-Berechnung den Horizontalschub H' für die Belastung der Strecke $B'D' = x_2$;

$$\text{Also: } H' = \text{Fläche } B_1 D_1 D_2 C_1 B_1 \frac{p}{G}.$$

Desgleichen konstruirt man für jeden Werth von x_2 den linken Lagerdruck V' aus: $V' = \frac{p x_2^2}{2l}$. Nun ist:

$$\left(\frac{y_2}{l - \frac{x_2}{2}}\right) = \frac{V'}{H'} = \frac{N N_1}{A N_1};$$

Daraus ergiebt sich die Konstruktion: $N_1 m = V'$; $N_1 n = H'$ und $AN \parallel mn$.

4. Aus den allgem. Gleich. (25) bis (29) lassen sich solche für spezielle Formen des Bogens ableiten.

ζ. Parabel-Bogen mit 2 Kämpfer-Gelenken, mit konstanter Höhe h und konstantem Querschnitt, Fig. 628.

Die Parabeln haben geringe Scheitelhöhe, so dass man die Abszisse mit dem Bogen vertauschen kann. Die Kämpfer-Gelenke mögen eine Strecke $= c$ tiefer als die Bogenaxe liegen.

Fig. 628.

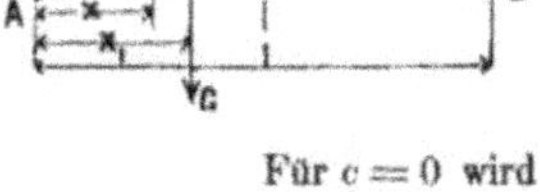

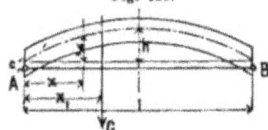

Dann ist mit Bezug auf Fig. 628.

1. Für eine Einzellast G:

$$H = \frac{5 G x_1 (l - x_1)\left[(l^2 + l x_1 - x_1^2) + \frac{3 l^2 c}{2h}\right]}{8 h l^3 \left[1 + \frac{5c}{2h} + \frac{15}{32}\frac{c^2 + b^2}{h^2}\right]} \quad (32)$$

$$\text{Für } c = 0 \text{ wird: } H = \frac{5 G x_1 (l - x_1)(l^2 + l x_1 - x_1^2)}{8 h l^3 \left(1 + \frac{15 b^2}{32 h^2}\right)} \quad (33)$$

Setzt man dann $x_1 = \alpha l$, so erhält man: $H = \beta \frac{G l}{h\left(1 + \frac{15 b^2}{32 h^2}\right)}$. Dies giebt für:

$\alpha = 0$	0,1	0,2	0,3	0,4	0,5	0,6	0,7	0,8	0,9	1,0
$\beta = 0$	0,0613	0,1160	0,1588	0,1860	0,1953	0,1860	0,1588	0,1160	0,0613	0

Die Gleichg. der 1. Kämpferdr.-Linie wird nach (31):

$$y_1 = 8\,l^2 h \left(1 + \frac{5c}{2h} + \frac{15\,(c^2 + b^2)}{32\,h^2}\right)$$

und wenn $c = 0$ ist: $y_1 = \dfrac{8\,l^2 h}{5\,(l^2 + l x_1 - x_1^2)} \left(1 + \dfrac{15\,b^2}{32\,h^2}\right)$. (34)

Setzt man in (34): $x = a_1\,l$, so wird: $y_1 = \beta_1\,h \left(1 + \dfrac{15\,b^2}{32\,h^2}\right)$; dies giebt für:

$a_1 = 0$	0,1	0,2	0,3	0,4	0,5	0,6	0,7	0,8	0,9	1,0
$\beta_1 = 1{,}600$	1,467	1,379	1,322	1,290	1,280	1,290	1,322	1,379	1,467	1,600

2. Für gleichmässige Belastung, wenn der Träger von $x = 0$ bis $x = x_2$ mit p pro Längeneinh. belastet ist, ergiebt sich:

$$H = \frac{A p x_2^2}{30} \left[15\,l\,(l^2 + B^2) - 10\,B^2 x_2 - 15\,l\,x_2^2 + 6\,x_2^3\right] \qquad (35)$$

darin ist: $A = 8\,h\,l^3 \left(1 + \dfrac{5c}{2h}\right) + \dfrac{15\,(c^2 + b^2)}{32\,h^2}$ und: $B = \sqrt{\dfrac{3\,c\,l^2}{2h}}$.

Für Vollbelastung ($x_2 = l$) folgt: $H = \dfrac{p\,l^2}{8h} \left(\dfrac{1 + \dfrac{5c}{4h}}{1 + \dfrac{5c}{2h} + 15\,\dfrac{(c^2 + b^2)}{32\,h^2}}\right)$.

Die Gleich. der 2. Kämpferdr.-Linie wird: $y_2 = \dfrac{x_2^2\,(2\,l - x_2)\,p}{4\,H\,l}$.

x_2 ist die Länge der Belastung vom Auflager ab gerechnet, y_2 die Ordin. der 2. Kämpferdr.-Linie in der Mitte der Belastungs-Länge gemessen.

Bei Einsetzung des Werthes von H aus (35), ferner für $c = 0$ und wenn b gegen h sehr klein ist, wird: $y_2 = \dfrac{4\,l^3\,(2\,l - x_2)}{5\,l^3 - 5\,l\,x_2^2 - 2\,x_2^3}\,h$.

3. Einfluss der Wärme. Nach (28) wird der durch die Aenderung der Temperatur um t^0 erzeugte Horizontalschub: $H_t = \dfrac{15\,E\,J\,\varepsilon\,t\,b^2}{16\,h^2 \left(1 + \dfrac{5c}{2h} + \dfrac{15\,(c^2 + b^2)}{32\,h^2}\right)}$.

η. **Kreisbogen mit 2 Kämpfergelenken u. konstantem Querschn.**, Fig. 629.

Halbmesser der Bogenaxe $= r$, halber Zentriwinkel des Bogens $= \alpha$. Die Kämpfergelenke liegen in der Bogenaxe.

1. Für eine Einzellast ergiebt sich, wenn der Zentriwinkel des Angriffsp. in der Bogenaxe mit β bezeichnet wird:

$$H = \frac{(1 - k)\left[\sin^2\alpha - \sin^2\beta + 2\cos\alpha\,(\cos\beta - \cos\alpha)\right] - 2\cos\alpha\,(\alpha\sin\alpha - \beta\sin\beta)}{2\,(1 - k)\,(\alpha - 3\sin\alpha\cos\alpha) + 4\,\alpha\cos^2\alpha}.$$

Fig. 629.

Darin ist: $k = \left(\dfrac{b^2}{4\,r^2}\right)$. (36)

Für den Halbkreis, wo $\alpha = \dfrac{\pi}{2}$, $\sin\alpha = 1$, $\cos\alpha = 0$ wird, giebt das: $H = \dfrac{\cos^2\beta}{\pi}\,G$. (37)

Für die 1. Kämpferdr.-Linie erhält man:

$$y_1 = \frac{\sin^2\alpha - \sin^2\beta}{2\sin\alpha}\,\frac{G\,r}{H} \qquad (38)$$

Dies giebt für den Halbkreis:

$$y_1 = \frac{\pi}{2}\,r = 1{,}571\,r, \qquad (39)$$

so dass hier die 1. Kämpferdr.-Linie in eine gerade Linie übergeht.

2. Für gleichmässige Belastung ergiebt sich:

$$H = p\,r\,\frac{(1 - k)\left(\frac{4}{3}\sin^3\alpha + 2\,\alpha\cos\alpha - 2\sin\alpha\cos^2\alpha\right) - \cos\alpha\,(\alpha + 2\,\alpha\sin^2\alpha - \sin\alpha\cos\alpha)}{2\,(1 - k)\,(\alpha - 3\sin\alpha\cos\alpha) + 4\,\alpha\cos^2\alpha}$$

Für den Halbkreis: $H = \frac{4pr}{3\pi} = 0{,}424\,pr.$

3. Einfluss der Wärme: $H_t = \frac{Ej\varepsilon t b^2 \sin\alpha}{r^2(1-k)(\alpha - 3\sin\alpha\cos\alpha) + 2\alpha\cos^2\alpha}$

ϑ. Symmetrischer Gitter-Bogenträger ohne Gelenk.

1. Die Elastizitäts-Gleich. Es bedeuten mit Bezug auf Fig. 630: H, V bezw. Horizontalkraft und Vertikalkraft, welche in dem Abstande e von einer belieb. horizont. Axe XX in den mit der Symmetrie-Axe zusammen falldn. Scheitelschnitt angreifend gedacht werden müssen, um die Wirkung der rechten Bogenhälfte auf die linke zu ersetzen; $M_0 = He$ das Mom. d. Horizontalkr. in Bezug auf die Axe XX; M das Moment der äussern Kräfte in Bezug auf den, dem belieb. Stabe DE konjug. Punkt F; λ, f bezw. Länge u. Querschnitt des Stabes; — $\mathfrak{M}$ das Mom. aller zwischen dem, durch den belieb. Stab DE gelegten Schnitt und dem Scheitelschnitt wirkenden Lasten in Beziehung auf den konjug. Punkt F; h den senkrecht gemessenen Abstand des belieb. Stabes DE von F; x, y die Koordin. des Punktes F; E den Elastizit.-Koeffizienten.

Fig. 630.

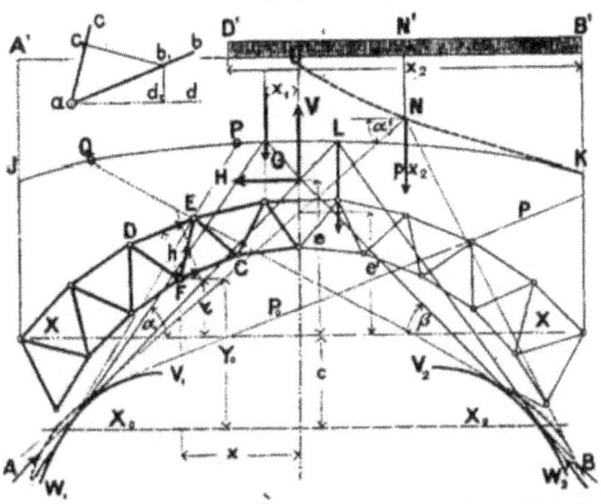

Führt man noch folgende Abkürzungen ein:

$$\sum\left(\frac{\mathfrak{M}\lambda}{fh^2}\right) = Z; \quad \sum\left(\frac{\mathfrak{M}x\lambda}{fh^2}\right) = Z_1; \quad \left(\sum\frac{\mathfrak{M}y\,l}{fh^2}\right) = Z_2;$$

$$\sum\left(\frac{\lambda}{fh^2}\right) = \alpha; \quad \sum\left(\frac{x^2\lambda}{fh^2}\right) = \beta; \quad \sum\left(\frac{y^2\lambda}{fh^2}\right) = \gamma; \quad \sum\left(\frac{y\lambda}{fh^2}\right) = \delta$$

so ergeben sich für vorliegenden speziellen Fall die 3 Elastizit.-Gleichg.:

$$M_0 = \frac{\gamma Z - \delta Z_2}{\alpha\gamma - \delta^2}; \quad H = \frac{\delta Z - \alpha Z_2}{\alpha\gamma - \delta^2}; \quad V = \frac{Z_1}{\beta}. \qquad (40)$$

Bei symmetrischer Belastung (durch Eigengewicht) wird $Z_1 = 0$, also $V = 0$.

Die Gleich., welche bei belieb. vertikaler oder schiefer Belastung anwendbar sind, können durch passende Wahl der Lage der Axe XX sehr vereinfacht werden. Berechnet man nämlich zuerst für eine vorläufige belieb. Axe X_0X_0 den Ausdruck $\delta_0 = \sum\left(\frac{y_0\lambda}{fh^2}\right)$ und nimmt dann die definitive Axe XX in einem Abstande: $c = \frac{\delta_0}{\alpha}$ von der Axe X_0X_0 an, so lauten die Gleich. (40) für diese Axe:

$$M_0 = \frac{Z}{\alpha}; \quad V = \frac{Z_1}{\beta}; \quad H = \frac{Z_2}{\gamma}. \qquad (41)$$

Wenn M_0, V und H bestimmt sind, folgt aus: $M = M_0 + Vx + Hy - \mathfrak{M}$ (42) die Spannung S des belieb. Stabes DE: $S = \frac{M}{h}$. (43)

2. Für die in Folge von Temperatur-Aenderungen erzeugten Spannungen hat man in (40) und (41) einzusetzen:

$$Z = E\varepsilon t \sum\left(\frac{\lambda}{h}\right);\quad V = 0 \text{ und } Z_1 = E\varepsilon t \sum\left(\frac{y\lambda}{h}\right); \tag{44}$$

worin ε und t die Werthe der Gleich. (28) und (29) sind. $E\varepsilon t = 70{,}8$ (für t und qm).

Im allgem. ist bezüglich der Gleich. (40), (41) und (44) zu bemerken, dass x und y positiv oder negativ einzuführen sind, je nach ihrer Lage im Quadranten. Der Werth $\frac{\lambda}{h}$ ist negativ oder positiv zu nehmen, je nachdem eine Verlängerung des durchschnittenen fragl. Stabes eine negat. oder posit. Drehung um den konjug. Punkt veranlasst.

3. Die 1. Kämpferdruck-Linie und Umhüllungslinie. Für eine vertik. Einzellast G, welche auf der linken Bogenhälfte im Abstande x_1 von der Symmetrie-Axe liegt, wird:

$$Z = G\left[\sum\left(\frac{x\lambda}{fh^2}\right) - x_1\sum\left(\frac{\lambda}{fh^2}\right)\right];\quad Z_1 = G\left[\sum\left(\frac{x^2\lambda}{fh^2}\right) - x_1\sum\left(\frac{\lambda x}{fh^2}\right)\right];$$

$$Z_1 = G\left[\sum\left(\frac{xy\lambda}{fh^2}\right) - x_1\sum\left(\frac{\lambda y}{fh^2}\right)\right]. \tag{45}$$

Die Summirung hat sich nur auf diejenigen Theile zu erstrecken, deren Schnitt links von der Last G liegt, da für Stäbe, deren Schnitt rechts liegt, $\mathfrak{M} = 0$ ist.

Wenn der konjug. Punkt in der Entfernung $= \infty$ liegt (bei parallelen Gurten), so werden auch x, y und $h = \infty$; die Glieder in (45), welche x, y gar nicht, oder nur in der 1. Potenz enthalten, verschwinden demnach. Für das Verhältniss $\frac{x}{h}$ und $\frac{y}{h}$ ergiebt sich in diesem Falle direkt aus Fig. 630: ab Richtung der parallelen Stäbe, ac Richtung des fragl. Stabes, $b_1c_1 \perp ac$ und $b_1d_1 \perp$ der Horizontalen ad; dann ist: $\frac{x}{h} = \frac{a\,d_1}{b_1\,c_1}$ und: $\frac{y}{h} = \frac{b_1\,d_1}{b_1\,c_1}$.

Aus (41) und (45) ist also für jede Lage der Einzellast auf der linken Bogenhälfte der zugehörige Werth von M_0, V und H zu berechnen. Ferner ergiebt sich für die Ordin. y_1 der 1. Kämpferdr.-Linie: $y_1 = \frac{M_0 + Vx}{H}$ und für die Winkel α, β, welche bezw. die Richtungen der zur Ordin. y_1 gehörigen Kämpferdrücke A und B mit der Horizontalen einschliessen:

$$\operatorname{tang}\alpha = \frac{G - V}{H};\quad \operatorname{tang}\beta = \frac{V}{H}.$$

Dadurch ist sowohl die 1. Kämpferdr.-Linie als auch die Umhüll.-Linie bestimmt.

Die Zeichnung der Influenzlinie hat dann für jeden Stab und für jede Lage der Einzellast in den Querträgerpunkten zu geschehen.

3. 2. Kämpferdruck-Linie und Umhüllungs-Linie. Man zeichnet, wie beim Träger mit 2 Kämpfergelenken, Influenzlinien, u. z. für V, H und $M_0 = He$, bestimmt daraus mittels Flächenberechnung V', H' und M'_0 für die Belastung der veränderl. Strecke. Dann ist: $e' = \frac{M'_0}{H'}$ und $\operatorname{tang}\alpha' = \frac{V'}{H'}$. Da der jedesmal. Angriffsp. von H' im Durchschnittsp. z der Symmetrie-Axe mit der Richtung des linken Lagerdrucks A liegt (wenn die Last rechts liegt), so ist durch Auftragung von e' der Punkt z und durch Antragen der Richtung des Lagerdrucks A unter dem Winkel α'_1 ein Punkt N der 2. Kämpferdr.-Linie und zugleich eine Tangente an die 2. Umhüll.-Linie gefunden.

Fig. 631.

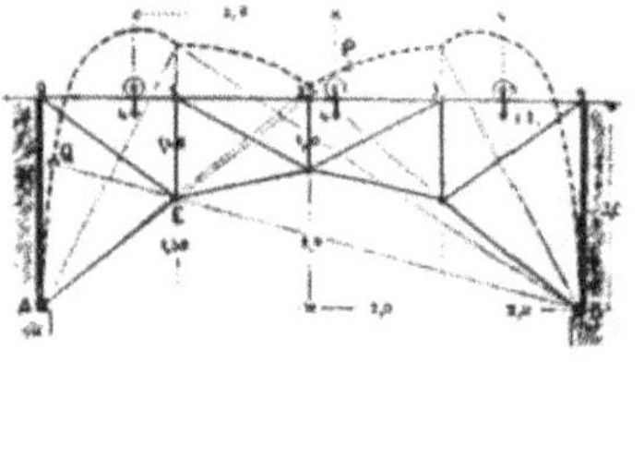

Beispiel.
Berechnung einer Strassenbrücke mit 2 Kämpfer-Gelenken.

Lasten-System wie in Fig. 631. Die Querschn. der einzelnen Stäbe und das Eigengew. sind vorher annähernd zu bestimmen.

Das Eigengew. ist für den Obergurt zu 0,4 t, für den Untergurt zu 0,1 t pro 1 m Länge der Horizontalprojektion angenommen; die Querschn. enthält die folgende Tabelle, in der auch sämmtl. für die Gleich. (25—29) erforderlichen Ausdrücke berechnet und übersichtlich zusammen gestellt sind.

Tabelle zur Berechnung eines Gitterträgers mit 2 Gelenken.

Theil	Nummer	Länge, dm γ	Querschn., qdm f	Spann. durch Horizontal-Zug = 1 s	$\frac{s\lambda}{f}$	$\frac{s^2\lambda}{f}$	Spannung S_0 durch die Einzellast $G = 1$ in den Punkten 0	1	2	$\frac{sS_0\lambda}{f}$ für Punkt 0	1	2	Eigengewicht S_e	$\frac{sS_e\lambda}{f}$
Obergurt	1	20,0	0,15	− 1,113	− 148,4	165,2	0	− 1,056	− 0,704	0	+ 156,7	+ 104,5	− 2,11	+ 313
	2	20,0	0,15	− 2,000	− 266,7	533,3	0	− 1,000	− 2,000	0	+ 266,7	+ 533,4	− 4,00	+ 1067
	3	20,0	0,15	− 2,000	− 266,7	533,3	0	− 1,000	− 2,000	0	+ 266,7	+ 533,4	− 4,00	+ 1067
	4	20,0	0,15	− 1,113	− 148,4	165,2	0	− 0,352	− 0,704	0	+ 52,2	+ 104,5	− 2,11	+ 313
Untergurt	1	25,5	0,25	+ 1,274	+ 130,0	165,6	0	0	0	0	0	0	0	0
	2	20,4	0,25	+ 2,155	+ 175,8	379,0	0	+ 1,078	+ 0,718	0	+ 189,5	+ 126,3	+ 2,16	+ 380
	3	20,4	0,25	+ 2,155	+ 175,8	379,0	0	+ 0,359	+ 0,718	0	+ 63,1	+ 126,3	+ 2,16	+ 380
	4	25,5	0,25	+ 1,274	+ 130,0	165,6	0	0	0	0	0	0	0	0
Vertikalen	0	30,0	0,20	− 0,790	− 118,5	93,6	− 1,00	− 0,750	− 0,500	+ 118,5	+ 88,9	+ 59,3	− 1,90	+ 225
	1	14,2	0,15	− 0,444	− 42,0	18,6	0	− 0,972	− 0,648	0	+ 40,8	+ 27,2	− 1,74	+ 73
	2	10,0	0,15	0	0	0	0	0	− 1,000	0	0	0	− 0,80	0
	3	14,2	0,15	− 0,444	− 42,0	18,6	0	− 0,324	− 0,648	0	+ 13,6	+ 27,2	− 1,74	+ 225
	4	30,0	0,20	− 0,790	− 118,5	93,6	0	− 0,250	− 0,500	0	+ 29,6	+ 59,3	− 1,90	+ 73
Diagonalen	1	24,5	0,20	+ 1,363	+ 167,0	227,6	0	+ 1,294	+ 0,863	0	+ 216,1	+ 144,0	+ 2,59	+ 432
	2	22,4	0,10	+ 0,993	+ 222,4	220,8	0	− 0,063	+ 1,450	0	− 14,0	+ 322,5	+ 2,11	+ 469
	3	22,4	0,10	+ 0,993	+ 222,4	220,8	0	+ 0,725	+ 1,450	0	+ 161,2	+ 322,5	+ 2,11	+ 462
	4	24,5	0,20	+ 1,363	+ 167,0	227,6	0	+ 0,431	+ 0,863	0	+ 72,0	+ 144,0	− 2,59	+ 432
				Summe		3607,4				+ 118,5	+ 1603,1	+ 2634,4		+ 5918
									$\frac{H}{G}$	0,033	0,444	0,730	$H_e =$	1,640

Zunächst ergiebt sich für H_e aus dem Eigengewicht nach Gleich. (25): $H_e = \frac{5918}{3607,4} = 1,64^t$.

Man kann nun direkt nach der Polygonal- oder nach Ritters Methode die Spannungen aus dem Eigengew. bestimmen (da die äussern Kräfte V und H gegeben sind) oder dieselben mit Hülfe der Tabelle und Gleich. (27) berechnen.

Zur Bestimmung der Maximal- und Minimal-Spannungen aus der Verkehrslast benutzt man am besten die 1. Kämpferdr.-Linie, mit deren Hülfe jede Influenzlinie gezeichnet werden kann.

Aus der Tab. folgt für die im Abst. x_1 von A wirkende Einzellast G (Gleich. 25)

$$\text{für } x_1 = 0:\ H = \frac{118,5}{3607,4} = 0,033\,G;\ \text{für } x_1 = 2:\ H = \frac{1603,1}{3607,4} = 0,444\,G;$$

$$\text{für } x_1 = 4:\ H = \frac{2634,4}{3607,4} = 0,730\,G.$$

Diese Werthe, in Gleich. (30)	für $x_1 = 0$	2	4	6	8 m
eingesetzt, geben:	„ $y_1 = 0$	3,378	2,740	3,378	0 m

für die Querträger-Anschlusspunkte.

Die Ordin. der Influenzl., d. h. die Grösse der durch die Einzellast G erzeugten Spannungen, berechn. man nach Gleich. (27) aus vorstehender Tab. Z. B. ist die Spannung der 2. Diagonale für eine im Knotenp. 1 liegende Einzellast: $S = -0,063\,G - 0,993 \cdot 0,444\,G = -0,50\,G$.

Das Max. und Min. der Spannung findet man aus der Influenzlinie nach dem bekannten, S. 627, angegebenen Verfahren. — Die durch Temperatur-Einflüsse erzeugten Spannungen folgen aus (28), z. B.: $H_t = \frac{70,8 \cdot 80}{3607,4} = \pm 1,57^t$, für $l = 80$ und $E\varepsilon t = 70,8$.

k. Hängebrücken.

Man unterscheidet im allgem. unversteifte und versteifte Hängebrücken. Zu letztern sind auch die kombinirten Balken und Hängebrücken zu rechnen.

Die Versteifung einzelner oder mehrerer Konstruktions-Theile tritt bei grösseren Spannw. ein, um den durch veränderliche, einseitige Belastungen erzeugten Formänderungen und Schwankungen des Systems zu begegnen.

Fig. 632.

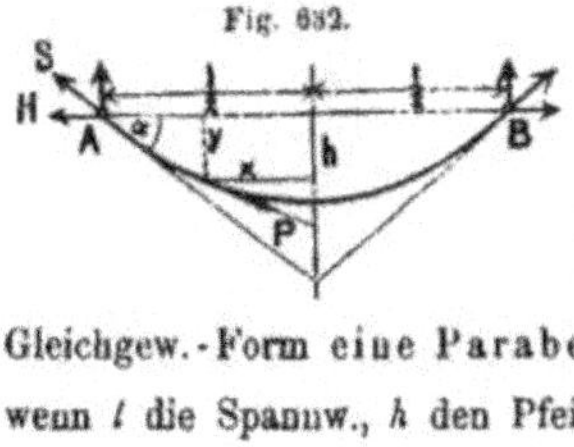

α. Parabolische Gleichgew.-Form der unversteiften Kette.

1. Nimmt man die in gleich hohen Punkten aufgehängte Kette annähernd als gewichtlos und eine gleichmässig über ihre Horizontal-Projektion vertheilte Belastung q pro Längeneinh. an, so erhält man (nach S. 607) für die Gleichgew.-Form eine Parabel der Gleich.: $x^2 = \frac{2\,Hy}{q}$ (46), worin: $H = \frac{q\,l^2}{8\,h}$, wenn l die Spannw., h den Pfeil der Kette bezeichnet, Fig. 632.

Die zur Abszisse x gehörige Bogenlänge s ist annähernd: $s = x\left(1 + \frac{2}{3}\frac{y^2}{x^2}\right)$.

Für vorläufige Projektirung kann man die Form einer Hängebrücke genau genug als eine Parabel annehmen.

2. Ist die Kette nicht gleichmässig, sondern nur in einzelnen Knotenp. belastet, so liegen die letztern in einer Parabel, welche ebenfalls durch Gleich. (46) bestimmt ist.

Fig. 633.

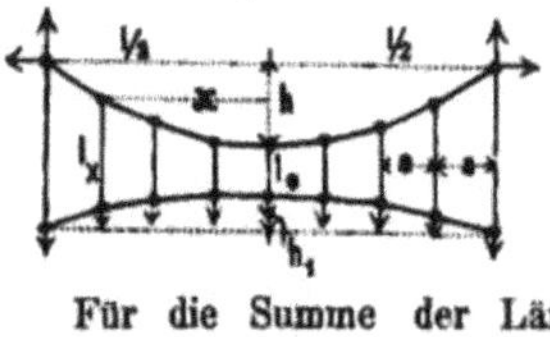

Die Länge der einzelnen Kettenglieder des Polygons und der Hängestangen findet man unter Annahme einer parabolischen Krümmung der Fahrbahn, Fig. 633, wie folgt: Länge λ_x einer belieb. Hängestange $= l_0 + \frac{4x^2}{l^2}(h + h_1)$.

Für die Summe der Längen aller Hängestangen findet man annähernd: $\Sigma(\lambda) = \frac{2l}{6a}(3\lambda_0 + h + h_1)$. Die Länge eines Kettengliedes ist $= a\sqrt{1 + \frac{16h^2}{l}(2x - a)^2}$ und darin bedeutet: a den konstanten Abstand der Hängestangen, l_0 die Länge der Hängestange im Scheitel, h_1 die Pfeilhöhe der Fahrbahn.

3. Symmetrische Theil-Belastungen bringen, unter sonst gleichen Umständen, eine Aenderung der Pfeilhöhe, bezw. Hebung oder Senkung des Scheitels hervor (vergl. auch das Beisp. S. 607). Unsymmetrische Belastungen bewirken ausserdem eine waagerechte Verschiebung des Scheitels, welche auch eine Formänderung der Brückenbahn zur Folge hat. Diese Formänderung zu verhindern, ist Aufgabe der Versteifung der Systeme.

β. Gemeine Kettenlinie.

1. Wenn eine Kette von konstantem Querschn. in gleich hoch liegenden Punkten befestigt ist und die volle Belastung pro Längeneinh. des Bogens $= q$ gesetzt wird, so ist die Gleichgew.-Form der hängenden Kette eine gemeine Kettenlinie der Gleich.:

$$x = \rho \log n\left(\frac{\rho + x + \sqrt{2\rho y - y^2}}{\rho}\right) \qquad (47)$$

Darin ist ρ der Krümmungshalbm. im Scheitel, also (nach S. 607): $\rho = \frac{H}{q}$. H ist die konstante Horizontal-Spannung der Kette.

2. Zur Bestimmung der Kettenform dient nachstehende

Koordin.-Tabelle der gemeinen Kettenlinie.

			$\frac{x}{y} =$	$\frac{s}{\varrho} =$	$\frac{s}{x} =$	$a =$	$\frac{y}{\varrho} =$	$\frac{x}{\varrho} =$	$\frac{x}{y} =$	$\frac{s}{\varrho} =$	$\frac{s}{x} =$
1°	0,0002	0,0175	114,6108	0,0175	1,0000	16°	0,0403	0,2829	7,0209	0,2828	1,0133
2 „	0,0006	0,0349	57,2929	0,0349	1,0001	17 „	0,0457	0,3012	6,5911	0,3057	1,0150
3 „	0,0014	0,0524	38,1695	0,0524	1,0603	18 „	0,0515	0,3195	6,2077	0,3249	1,0169
4 „	0,0024	0,0699	28,6130	0,0699	1,0007	19 „	0,0576	0,3379	5,8635	0,3443	1,0190
5 „	0,0038	0,0874	22,8729	0,0875	1,0012	20 „	0,0642	0,3564	5,5530	0,3640	1,0212
6 „	0,0055	0,1049	19,0458	0,1051	1,0018	21 „	0,0711	0,3750	5,2714	0,3839	1,0236
7 „	0,0075	0,1225	16,3107	0,1228	1,0025	22 „	0,0785	0,3938	5,0143	0,4040	1,0261
8 „	0,0098	0,1401	14,2527	0,1406	1,0033	23 „	0,0864	0,4127	4,7784	0,4245	1,0287
9 „	0,0125	0,1577	12,6529	0,1584	1,0042	24 „	0,0946	0,4317	4,5619	0,4452	1,0314
10 „	0,0154	0,1754	11,3706	0,1763	1,0052	25 „	0,1034	0,4509	4,3614	0,4663	1,0343
11 „	0,0187	0,1932	10,3207	0,1944	1,0063	26 „	0,1120	0,4702	4,1760	0,4877	1,0373
12 „	0,0223	0,2110	9,4438	0,2126	1,0075	27 „	0,1223	0,4897	4,0036	0,5095	1,0405
13 „	0,0263	0,2289	8,7006	0,2309	1,0088	28 „	0,1326	0,5094	3,8424	0,5317	1,0438
14 „	0,0306	0,2468	8,0623	0,2493	1,0102	29 „	0,1434	0,5293	3,6920	0,5543	1,0473
15 „	0,0353	0,2649	7,5079	0,2680	1,0117	30 „	0,1547	0,5493	3,5507	0,5773	1,0510

In der Tabelle bezeichnet a den veränderl. Winkel der Tangente im Punkte x, y, Fig. 632, der Kettenlinie mit der Horizontalen. Derselbe steigt selten über 20°; s ist die zur Abszisse x gehörige Bogenlänge.

γ. Kettenbrücken-Linie.

Wenn die Kette ausser dem veränderl. Eigengew. g pro Längeneinh. des Bogens noch eine gleichförm. über die Horizontal-Projektion vertheilte fremde Last p zu tragen hat und dabei angenommen wird, dass der Querschn. der Kette au jeder Stelle der daselbst wirkenden Axialkraft P proportional ist, so erhält man für die Gleichgew.-Form die Gleichg.: $y = \rho n^2 \log n \cos\left(\frac{x}{\rho n}\right)$. Darin bedeutet ρ den Krümmungs-Halbm. im Scheitel und es ist: $n = \sqrt{\frac{p + g_0}{g_0}}$, ferner g_0 das Gew. der Kette pro Längeneinh. im Scheitel, also: $\rho = \frac{H}{p + g_0}$.

δ. Spannungen der unversteiften Kette.

1. Tragketten. Die zulässige Inanspruchnahme k ist pro qcm Querschn. zu setzen:

für Ketten: 1600 kg — für Hängestangen b. Strassenbrücken 300 kg
„ Bandeisen: 2000 „ — „ Hängestangen bei Fussgänger-Brücken . . . . 400 „
„ Drahtseile: 2400 „

F Ketten-Querschn. L ganze Länge der Kette, γ Gew. der Kubikeinh. des Ketten-Materials, p durchschnittl. Gew. der Bahn (einschliesssl. Tragstangen) pro Längeneinh. der Bahn, α Winkel der Kette mit der Horizontalen im Aufhängepunkte.

Die grösste Axialspannung im Aufhängep. A ist: $S = \frac{pl + LF\gamma}{2 \sin \alpha} = kF$ und daraus: $F = \frac{pl}{2k \sin \alpha - L\gamma}$. Es darf also L höchstens $= \frac{2k \sin \alpha}{\gamma}$ werden.

Fig. 634.

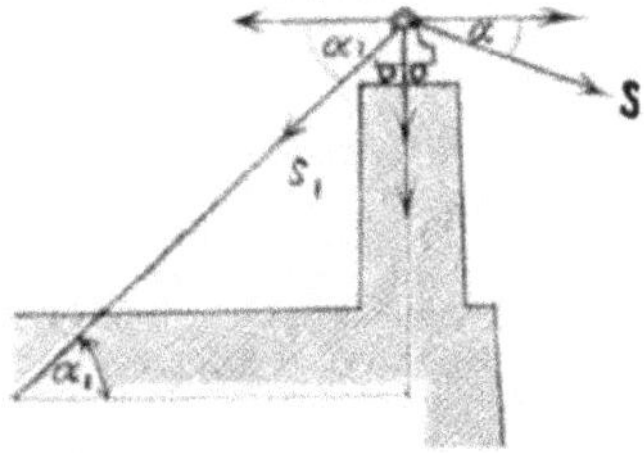

Die Berechnung des wirklichen Eisen-Querschn. eines Drahtseils vom Durchm. d aus n Drähten von der Stärke δ erfolgt nach der Gleichg.: $d = 1{,}098\ \delta \sqrt{\frac{4n - 1}{3}}$.

2. Die Spannketten liegen entweder auf verschiebbarem, oder auf unverschiebbarem Lager.

Im 1. Falle, Fig. 634, muss, wenn man die Reibung zwischen Rollen und Lager vernachlässigt, für den Gleichgew. Zustand die horizont. Seitenkraft des Zuges S jener von S_1 gleich sein, d. h.: $S_1 \cos \alpha_1 = S \cos \alpha$.

Der Pfeiler erleidet dann nur einen vertikalen Druck: $D = \frac{S \sin(\alpha + \alpha_1)}{\cos \alpha_1}$. Die Verschiebbarkeit soll aber begrenzt sein, so dass für aussergewöhnliche Fälle der Pfeiler auch einen Horizontalschub aufzunehmen hat.

Gewöhnlich ist: $\alpha_1 > \alpha$ also: $S_1 > S$.

Das Volumen der Spannkette wird am kleinsten für $\alpha_1 = 45°$.

Fig. 635.

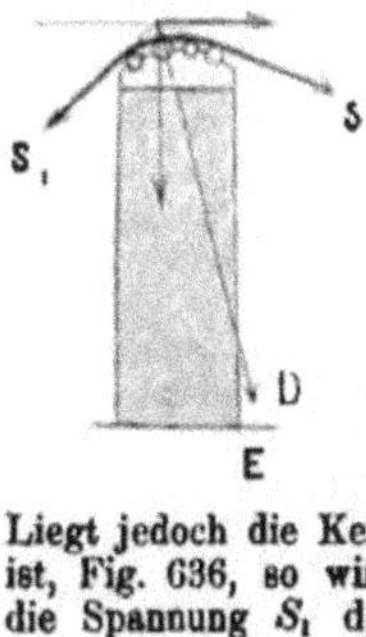

Fig. 636.

Vorstehende Ergebnisse gelten auch, wenn die Spann- und Tragketten an Pendeln befestigt sind, die sich um Zapfen drehen.

Bei unverschiebbarem Lager ruhen die kreisbogenförm. gekrümmten Kettenglieder auf Rollen oder auf einer festen, abgerundeten Platte.

Bei Anwendung von Rollen, Fig. 635, kann nahezu $S_1 = S$ gesetzt werden. Dann entsteht eine Mittelkraft D, welche den Pfeiler um die Kante E zu drehen strebt. $D = 2S \sin\left(\frac{\alpha + \alpha_1}{2}\right)$.

Liegt jedoch die Kette auf einer Platte, deren obere Fläche zylindrisch gestaltet ist, Fig. 636, so wird in Folge der grossen Reibung zwischen Ketten und Platte die Spannung S_1 der Spannkette kleiner als die Spannung S der Tragkette. Es wird: $S = S_1 e^{f(\alpha + \alpha_1)}$ worin f Reibungs-Koeffiz., zwischen Kette und Platte und $(\alpha + \alpha_1)$ der von den Ketten auf der Platte umspannte Bogen ist. (Vergl. S. 518.)

Würde umgekehrt die Spannkette eine Bewegung anstreben, so erhielte man: $S_1 = S e^{f(\alpha + \alpha_1)}$ und daher: $S_1 > S$.

Die an die Mittelpfeiler gehängten Spannketten, welche zugleich die Bahn tragen, sind ähnlich zu behandeln, wie die Tragketten der Mittelöffnung.

e. Kombinirte Balken- und Kettenbrücke*).

Es bedeute, Fig. 637:

y Ordin. der Kette im Abstande x vom Auflager A,
β den Winkel der Tangente an die Kette im Punkte x, y mit der Horizontalen,
p Verkehrslast } pro Längeneinh. der Spannw. l,
g Eigenlast } pro Längeneinh. der Spannw. l,
$\mathfrak{M}$ Mom. für den bei x belegenen Querschn. des Versteifungs-Balkens,
Q Transversalkraft eben daselbst.

Sonstige Bezeichnungen wie vor.

Fig. 637.

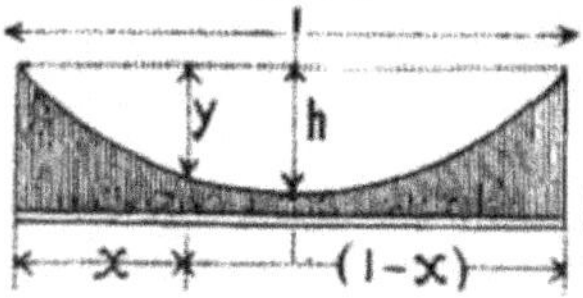

Dann folgt für $x < \frac{l}{3}$:

$$\mathfrak{M} = \pm \frac{p x (2l - 3x)^3}{54 (l - x)}$$

und für $x > \frac{l}{3}$:

$$\mathfrak{M} = \pm \frac{p}{54} \left[\frac{x (2l - 3x)^3}{(l - x)^2} + \frac{l - x (3x - l)^3}{x^2} \right].$$

Das grösste sämmtl. Mom. ist angenähert: $\mathfrak{M} = \frac{p l^2}{15}$ Für $l > \frac{4}{3} h \operatorname{cotg} \beta$ wird:

$$Q = \pm \frac{p \operatorname{tang} \beta}{8 h l} \left\{ 2 (l - x)^3 - 3 \xi (l - x)^2 + \xi^3 \right\} \text{ und darin ist: } \xi = l - \frac{4}{3} h \operatorname{cotg} \beta.$$

Für $l < \frac{4}{3} h \operatorname{cotg} \beta$ wird: $Q = \frac{p \operatorname{tang} \beta}{8 h l} (l - x)^2 \left\{ 2 (l - x) - 3 \xi \right\}$.

Bei einer Temperat., welche die Aufstellungs-Temperat. um $\pm t^0$ übersteigt, entsteht: $\mathfrak{M} = H_t y$ und $Q = - H_t \operatorname{tg} \beta$, worin:

$$H_t = \frac{\varepsilon E F t}{1 + \frac{8 h^2 E F}{15 E_1 J_1 \left(1 + \frac{h^2}{l^2}\right)}}.$$

Darin bedeutet: E den Elastizit.-Koeffiz. für das Material der Kette; E_1 den Elastizit.-Koeffiz. für das Material des Balkens; F den Querschn. der Kette; J das Trägheitsmom. des Balkenquerschn.; ε den Ausdehnungs-Koeffiz..

Man setze (bezogen auf kg und cm): $\varepsilon E = 24$ und $t = \pm 30^0$ bis 40^0 C.

Die Spannung in der Kette im Querschn. bei x, y ist:

$$P = \left(\frac{p + g}{8 h} l^2 + H_t \right) \sqrt{1 + \frac{h^2 (l - 2x)^2}{4 l^4}}.$$

Der von den Widerlagern aufzunehmende Horizontalzug beträgt: $H = \frac{p + g}{8 h} l^2 + H_t$.

l. Gewölbe und Lehrgerüste.

Die nachstehenden Untersuchungen beziehen sich hauptsächlich auf das symmetr. Tonnengewölbe. Am Schlusse sind einige Andeutungen über die Behandlung von Kreuz-, Kloster und Kuppel-Gewölben hinzu gefügt.

Fig. 638.

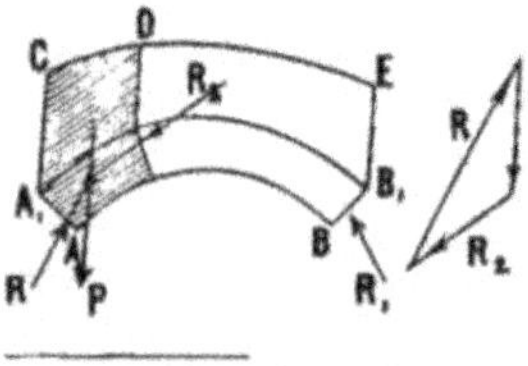

Auf das Tonnengewölbe, Fig. 638, wirke eine vertik. stetig vertheilte Belastung, welche durch Mauerwerk von gleicher Schwere ersetzt gedacht werde. Die „auf Mauerwerk reduzirte Belastung" werde durch die Kurve CDE (Belastungskurve) begrenzt. Dann nennt man die Fläche $AA_1\ CDE\ B_1 B$ die Belastungsfläche. Be-

*) Nach H. Müller-Breslau. Vergl. ferner: Statische Berechnung der Versteifungs-Fachwerke der Hängebrücken von Prof. W. Ritter in Zürich. Schweizer. Bauzeitg. 1883. S. 6 ff.

deutet F deren Inhalt, γ das Gew. der Kubikeinh., Mauerwerk, so ist die Gesammt-Belastung des Gewölbes für eine Gewölbetiefe = 1 (einschl. des Eigengew.) = γF. Dabei ist voraus gesetzt, dass sämmtliche Vertikal-Schnitte durch das Gewölbe und die Belastung in Fig. 638 kongruent sind.

Für die Feststellung von Grösse und Lage der Kämpferdrücke R und R_1, welche der Belastung γF das Gleichgew. halten, sind nur die 3 Gleichgew.-Bedingungen für die Ebene vorhanden. Die fehlenden 3 Bedingungen sind aus der Forderung abzuleiten, dass das Gewölbe auch nach erfolgter Formänderung durch die Kräfte R, R_1 und γF zwischen die Widerlager passe. Die hieraus folgenden Gleich. heissen Elastizit.-Gleich. des Gewölbes.

Ohne Anwendung der Elastizit.-Gleich. kann man die Stabilität eines Gewölbes nur untersuchen, wenn man einen der beiden Kämpferdrücke nach Lage und Richtung oder bei symmetr. Gewölben, Grösse und Angriffsp. des Horizontalschubs im Scheitel als gegeben annimmt.

Diese — ältere — Methode der Stabilitäts-Untersuchung ist im Folgenden näher erläutert, wobei stets ein symmetr. Tonnengewölbe voraus gesetzt wird.*)

α. Die Stützlinie.

Wenn man die auf eine Gewölbehälfte wirkenden äussern Kräfte: den Horizontalschub H, den Kämpferdruck R und die Vertikalkräfte P der Belastung zu einem Kraft-Dreieck zusammen setzt, den Pol in die Ecke O verlegt und zwischen den Kraftrichtungen im Gewölbe ein Seilpolygon konstruirt, so stellt das letztere gleichzeitig ein Resultanten-Polygon (vergl. S. 507) dar; d. h. die Richtung der Seilpolygon-Seiten fallen mit der Richtung der jedesmal. Resultante der äussern Kräfte, welche auf einen Bogentheil wirken, zusammen.

Verbindet man alle Punkte, in welchen die Seilpolygon-Seiten (Resultanten) die Querschn. (Fugenrichtungen) schneiden, unter einander durch eine Linie, so erhält man die Stützlinie. Die Schnittpunkte derselben mit den Querschn. sind die Stützpunkte.

Seilpolygon und Stützlinie sind daher nicht mit einander zu verwechseln. Die Seilkurve, welche vom Seilpolygon umhüllt wird, fällt annähernd mit der Stützlinie zusammen, um so genauer, je weniger dick das Gewölbe ist.

β. Die Lage der Stützlinie

im Gewölbe ist bestimmt, sobald drei Punkte derselben gegeben sind (vergl. S. 506); diese Lage ist genau nur mit Hülfe der Elastizit.-Gleichg. aufzufinden.

Bei der ältern Methode der Stabilit.-Untersuchung setzt man zunächst absolut festes Material und nicht durch Mörtel gefüllte Fugen voraus. In diesem Falle ist ein Gewölbe nur stabil, wenn die Stützlinie ganz innerhalb desselben liegt. Ausserdem muss der Winkel zwischen Druckrichtung und Fugen-Normalen überall kleiner als der Reibungswinkel sein.

Wegen der Zerstörbarkeit des Materials muss obige Bedingung aber eingeschränkt werden. Die Stützlinie darf an keiner Stelle in die Wölblinie fallen; weil dann daselbst theoretisch ein Druck = ∞ entstehen würde. Sie muss vielmehr — falls die Zerstörung des Gewölbes verhütet werden soll — um eine gewisse Strecke von der innern Wölblinie entfernt bleiben, so dass die in dem betr. Querschn. auftretenden Spannungen die Festigk. des Materials nicht überschreiten.

Es fragt sich nun, welche von den unendlich vielen Lagen der Stützlinie man zur Berechnung der Querschn.-Spannungen benutzen soll?

Die wirkliche Stützlinie ist nach der Elastizit.-Theorie diejenige, welche die Bogenaxe — Mittellinie des Gewölbes — ausgleicht. Diese Stützlinie kann aber durch Zufälligkeiten der Ausführung, Senkungen des Gewölbe-Scheitels u. s. w. eine ungünstigere Lage einnehmen. Gegen diese zufälligen Verschiebungen der Stützlinie sucht man sich durch entsprechende Festsetzung des Sicherheits-Koeffiz. für die Beanspruchung des Materials zu decken. Da man also auch bei Anwendung der Elastizit.-Theorie keine absolute Sicherheit dafür hat, dass die Stützlinie in Wirklichkeit nicht doch eine ungünstigere Lage einnimmt, als die berechnete, so erscheint auch die gewöhnliche Annahme wohl berechtigt, nach welcher diejenige Stützlinie der Spannungs-Berechnung zu

*) Vergl. über die verschiedenen Theorien: Winkler; Lage der Stützlinien im Gewölbe, Deutsche Bauzeitg. 1879, S. 117 und 127; 1880, S. 58. Desgl. Engesser; a. a. O. 1880, S. 210.

Grunde gelegt wird, welche bei einseitiger Vollbelastung des Gewölbes (wenn solche vorkommen kann) gerade noch innerhalb der Kernlinien bleibt. Im Scheitel geht diese Stützlinie durch den untern, im Kämpfer durch den obern Kernpunkt.

Vielfach wird aber auch diejenige Stützlinie zu Grunde gelegt, welche möglichst mit der Mittellinie zusammen fällt, d. h. also der wahrscheinlichsten Lage der Stützlinie am nächsten kommt. Diese Annahme ist wohl sachgemäss, wenn man sich dabei gegen die durch eine mögliche Veränderung der Lage der Stützlinie herbei geführten Spannungs-Aenderungen durch Wahl eines entsprechenden Sicherh.-Koeffiz. bei der zulässigen Inanspruchnahme schützt.

γ. Grenzlagen der Stützlinie.

Mit Hülfe der Grenzlagen der Stützlinie. Für den grössten und kleinsten Werth des Horizontalschubes (Maximal- bezw. Minimal-Stützlinie) kann man zwar die Gewölbstärke nicht bestimmen, aber wichtige Aufschlüsse über die Stabilität der Gewölbe-Konstruktionen im allgemeinen erhalten.

Die Minimal-Stützlinie oder Maximal-Stützlinie hat sowohl mit der äussern als auch mit der innern Wölblinie symmetr. Gewölbehälften einen Punkt gemeinsam.

Bei der Minimal-Stützlinie liegt der innere Berührungsp. tiefer als der äussere; bei der Maximal-Stützlinie ist das Umgekehrte der Fall, Fig. 639a.

Fig. 639a und b.

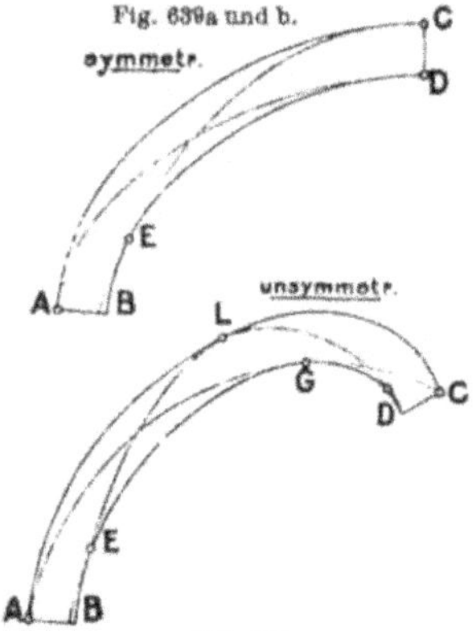

Fig. 640a und b.

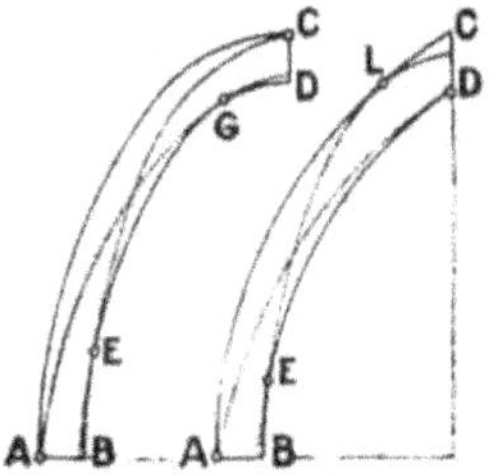

Die Minimal-Stützlinie geht bei flachen Bögen, Fig. 643, durch den untern Kämpferp. B und den obern Scheitelp. C. Bei weniger flachen oder überhöhten Bögen geht sie durch den obern Scheitelp. C und tangirt die innere Wölblinie in einem Punkte E (Bruchfuge), Fig. 640a; bei Spitzbögen tangirt sie die äussere Wölblinie in einem Punkte L, und geht entweder durch B oder tangirt die innere Wölblinie in einem Punkte E, Fig. 640b.

Die Maximal-Stützlinie geht bei flachen oder weniger flachen Bögen und auch bei Spitzbögen durch A und D, während sie bei überhöhten Bögen durch A geht und die innere Wölblinie in einem Punkte G berührt.

Fig. 641.

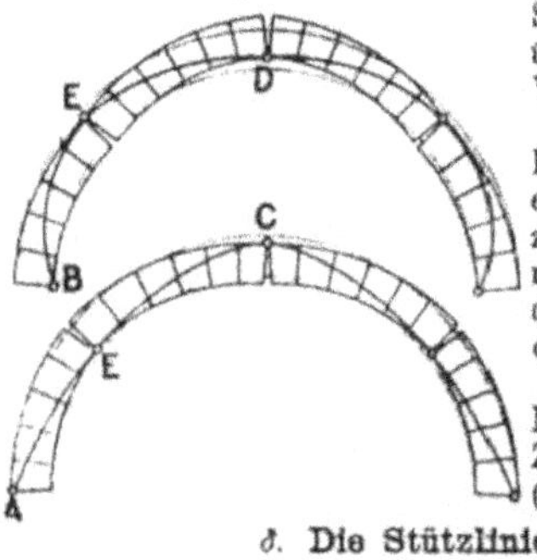

Bei unsymmetr. Gewölben (steigenden Bögen), Fig. 639b, hat die Minimal-Stützlinie einen Punkt mit der innern Wölblinie und zwei zu beiden Seiten dieses Punktes liegende Punkte mit der äussern Wölblinie gemeinsam; bei der Maximal-Stützlinie ist das Umgekehrte der Fall.

Die Konstruktion der Maximal- und Minimal-Stützlinie erfolgt durch Probiren unter Zuhilfenahme des Satzes von der Polaraxe (vergl. S. 506).

δ. Die Stützlinie für labiles Gleichgewicht

eines symmetr. oder unsymmetr. Gewölbes muss bezw. mindestens 5 oder 4 Punkte abwechselnd mit der äussern und innern Wölblinie gemein haben, sonst aber ganz innerhalb des Gewölbes liegen, Fig. 641.

Diese Stützlinie entspricht sowohl dem Minimum als auch dem Maximum des Horizontalschubes, ist also überhaupt die einzig mögliche Stützlinie.

Ist es daher möglich — absolut festes Material voraus gesetzt — in einem Gewölbe eine Minimal-Stützlinie zu zeichnen, welche nicht zugleich auch Maximal-Stützlinie ist, so ist das Gewölbe stabil, andernfalls labil

ε. Stabilitäts-Untersuchung eines Widerlagers oder Pfeilers.

Man hat nach dem Vorhergehendenn die Stützlinie für Gewölbe und Widerlager im Zusammenhange zu betrachten.

Kantet das Widerlager um den Punkt C nach aussen, oder um den Punkt C_1 nach innen, Fig. 642 a u. b, so wird in beiden Fällen die Stützlinie sowohl dem Maximum als auch dem Minim. des Horizontalschubes entsprechen. Im 1. Falle wirkt der aktive Gewölbeschub und die Stützlinie (das Gewölbe allein betrachtet) ist Minimal-Stützlinie; im 2. Falle stellt sich dem Drucke vom Widerlager her (z. B. dem Erddrucke) der passive Gewölbeschub entgegen und die Stützlinie im Gewölbe ist Maximal-Stützlinie.

Fig. 642.

Die Fuge BD, in welcher die innere Wölblinie von der Stützlinie getroffen wird, nennt man Bruchfuge. Sie fällt bei flachen Bögen mit der Kämpferfuge zusammen; bei Kreisbögen ist der zugehör. (halbe) Zentriwinkel etwa = 60°.

Bei der Stabilitäts-Untersuchung des in Fig. 643 gezeichneten Mittelpfeilers gegen Kanten nach rechts ist im linksseitigen Gewölbe der aktive, im rechtsseit. Gew. der passive Gewölbe-Schub einzuführen. Demnach ist links die Minimal-Stützlinie für totale Last, rechts die Maximal-Stützl. für Eigengew. zu zeichnen. Die Lage der Bruchfuge ist (falls sie nicht, wie hier, im Kämpfer liegt) vorher durch Probiren fest zu setzen und dann am besten die Annahme zu machen, dass sich die Uebermauerung über der Bruchfuge, wie in der Figur angedeutet, in vertikalen Flächen trennt.

Fig. 643.

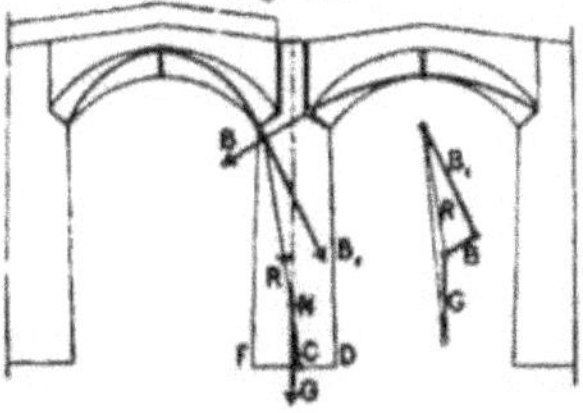

Die Konstruktion der Minimal- und Maximal-Stützlinie erfolgt unter Beachtung dessen was auf S. 698 angeführt ist durch einiges Probiren. Die Resultante R der Kämpferdrücke B u. B_1 schneidet die Richtg. des Pfeiler-Gew. G in N. R u. G setzen sich im Kraftpolygon zu einer neuen Resultante zusammen, welche die Pfeiler-Sohle FD im Stützp. C trifft. Die Lage von C entscheidet über die Stabilität.

ζ. Form und Stärke eines Gewölbes.

1. Man konstruirt das Gewölbe mit der kleinsten Materialmenge wenn man die Form desselben so wählt, dass die Mittellinie mit der Stützlinie zusammen fällt. Dann vertheilt sich der Druck gleichmässig über die Fuge, während er bei jeder Abweichung der Stützlinie von der Mittellinie sich ungleichm. vertheilt und demgemäss, um den zulässigen Maximaldruck pro Flächeneinh. nicht zu überschreiten, eine grössere Gewölbdicke erfordert wird.

Diese Bedingung ist nur bei Hochbau-Gewölben oder bei Aquadukten zu erfüllen, die keine veränderliche Last aufzunehmen haben.

Bei Brücken kann die Stützlinie nur bei einer ganz bestimmten Belastungsweise mit der Mittellinie zusammen fallen.

Hier erfordert diejenige Form des Gewölbes die geringste Materialmenge, bei welcher die für Eigengew. und volle Belastung durch die halbe Verkehrlast gezeichnete Stützlinie mit der Mittellinie zusammen fallen, was durch die Elastizit.-Theorie nachgewiesen wird.

Es ist zweckm. die Gewölbstärke nach dem Widerlager hin annähernd der Grösse des resultirenden Normaldrucks entsprechend zu verstärken.

2. Empirische Formeln. Man kann die Scheitelstärke in ^{m} vorläufig annehmen:

$$d = n + \frac{1}{21000}\,\frac{Q}{k}\,\frac{l}{h} \text{ für Gewölbe mit weniger als } ^1/_3 \text{ Pfeil,}$$

$$d = n + \frac{1}{7000}\,\frac{Q}{k} \quad " \quad " \quad " \text{ mehr } " \ ^1/_3 \ "$$

Q = Gew. der Gewölbe-Hälfte mit Uebermauerung und Belastung für die Gewölbetiefe = 1 m in kg; k zul. Inanspruchn. d. Materials in kg pro qcm; $\frac{l}{h}$ das Pfeilverhältniss; n eine Konstante u. z.:

$n = 0,2$ für stark belastete Gewölbe;
$n = 0,1$ „ mittelstark „ „ (die etwa den Fussboden eines Hauses zu tragen haben);
$n = 0,05$ „ wenig stark „ „

Für nach französischer Art in Bruchstein und Zementmörtel ausgeführte Brücken-Gewölbe kann bei einer Spannw. l in den Grenzen von 10—50 m die Scheitelstärke angenommen werden zu: $d = 0,40 + 0,035\ (l - 10)$ m.

Fontenay setzt für stark belastete Gewölbe mit einem grössten Krümmungs-Halbm. r von höchstens 12 m: $d = 0,7r + 0,32$ m.

Rankine, für Kreisbogen-Gewölbe: $d = 0,346\ \sqrt{r}$,
„ gedrückte Korbbögen: $d = 0,412\ \sqrt{r}$.

3. Beim Projektiren nimmt man am besten vorläufig eine Gewölbestärke nach den vorstehenden empir. Formeln an und reduzirt sodann die Belastungshöhen der Hinter- und Uebermauerung, desgl. die Ueberschüttung auf Höhen, welche dem spezif. Gew. des Wölbmaterials entsprechen. Zu diesen Höhen addirt man: 0,25 m—0,30 m bei Strassenbrücken, 0,80 m — 1,00 m bei Eisenbahnbrücken. Die so erhaltene Belastungsfl. theilt man in vertikale Streifen (Lamellen), bei flachen Bögen am besten in der Horizontal-Projektion gleich breit, bei weniger flachen in der Bogenlänge gleich, und bestimmt dann die auf die einzelnen Streifen wirkenden Vertik.- und Horizontalkr. (event. Erddrücke). Die äussern Kräfte werden zu einem Kraftpolygon zusammen gesetzt und wenn man für die Konstruktion des Seilpolygons z. B. von A aus,

Fig. 644.

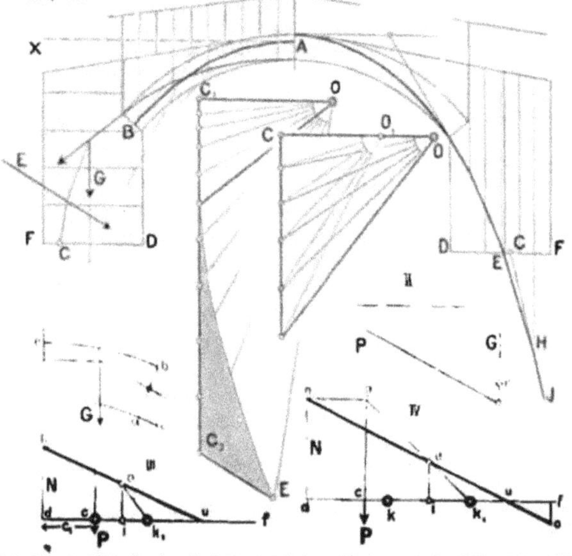

Fig. 644 den Horizontalschub O_1C beliebig nimmt, wird man mit Hilfe der horizontalen Polaraxe AX beim 2. Male das Seilpolygon (vergl. S. 506) direkt durch B legen können.

Fällt die so konstruirte Stützlinie ganz zwischen die Kernlinien, so wird die Stärke des Gewölbes vorläufig als ausreichend angenommen und der Maxim.-Fugendruck am Kämpfer oder in der Bruchfuge bestimmt. Event. wird man das Gewölbe verstärken oder umgekehrt u. s. w.

In Fig. 644 (linke Hälfte) ist die Stützlinie auf vorstehend beschriebene Weise unter Annahme einer Vollbelastung durch die Kernpunkte A und B gelegt.

η. Der Fugendruck.

1. Allgemein bestimmt sich der Fugendr. aus Gleich. 17 (S. 564). Für den speziellen Fall, dass die Stützlinie durch die Kernpunkte geht, erhält man die Druckspannung in der äussern, bezw. innern Wölblinie: $N = \frac{2P}{F}$; P: Normaldr. im Kernpunkt; F: Gewölbe-Querschn. Ist die Querschn.-Tiefe $= 1$ angenommen, so ist für F die Gewölbest. d einzusetzen. P entnimmt man aus dem Kraftpolygon, Fig. 644 II. Dabei trägt man am besten das Gew. des Dreiecks abc, Fig. 644 I., welches bei der Konstr. des Seilpolygons für das Bogenstück $abef$ zu viel gerechnet worden ist, im Kraftpolygon nach oben (negativ) auf, wodurch die wirkliche Richtung or der Resultanten zur Fugenrichtung ab erhalten wird; die Lage des Angriffsp. der Resultanten kann man — genau genug — unverändert beibehalten. Die Vertik.-Kompon. P der Resultante ist im Kraftpolygon durch die Länge ps bestimmt ($op \parallel ab$ und $ps \perp op$).

Fig. 645.

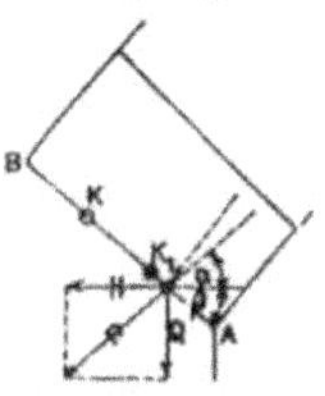

Beispiel. Die 120 cm starke Kämpferfuge eines Gewölbes, Fig. 645, welche mit der Horizontalen den Winkel $\beta = 38^0$ einschliesst, erleidet im Stützp. — 10 cm vom Kernp. K_1 entfernt — einen Druck R. Die gesammte Belastung Q der Gewölbehälfte (für 1 m Gewölbetiefe) beträgt 30 t; der Horizontalschub H ist zu 34 t ermittelt. Wie gross sind die Maximalspannungen in der Fuge?

Es ist: $R = \sqrt{Q^2 + H^2} = 45{,}3$ t. Der Winkel, den R mit der Fugenrichtung einschliesst, ist $\alpha + \beta$. $\tang \alpha = \frac{Q}{H} = 0{,}9$; $\alpha = 42^0$; $\alpha + \beta = 80^0$; $\sin(\alpha \pm \beta) = 0{,}988$; $R \sin(\alpha + \beta) = 44\,756$ kg = Vertik.-Druck in c.

Der Druck N_1 in A ist: $N_1 = \frac{44\,756\,(^{120}/_{2} + 10)}{^{100}/_{6}\,100 \cdot 120^2} = 9{,}3$ kg.

Der Zug N_2 in B ist: $N_2 = \frac{44\,756 \cdot 10}{^{100}/_{6}\,100 \cdot 120^2} = 2{,}8$ kg.

2. Die grafische Ermittelung der spezif. Spannungen in einer belieb. Fuge df, Fig. 644 IV., mit Hülfe der Grösse P geschieht allgemein wie folgt: Ist c der Stützp. und i die Mitte der Fuge, sind ferner k und k_1 die Kernpunkte, so mache man die Vertikale $ie =$ dem Normaldruck pro Flächeneinh. $= \frac{P}{F}$, ziehe die Grade $k_1 e$, welche die Vertikale durch c in g schneidet. Dann ist cg der Maximaldruck in d. Macht man $dh = cg$, zieht eine Gerade ho durch h u. e, so stellt dieselbe für alle Punkte der Fuge die Spannung dar. Z. B. geht die neutrale Axe durch u und die Zugspannung im Punkte f ist $= of$. — Fällt c mit k zusammen, so rückt u nach f; es existirt also nur Druckspannung, welche im Punkte d ein Max. $= \frac{2P}{F}$ ist. Sind die Fugen mörtellos, so kann Zug nicht auftreten; es liegt dann der Nullpunkt u um ein Stück $du = 3 \cdot dc$ von d entfernt (Fig. 644 III.) Letztere Konstruktion wird also stets anzuwenden sein bei Bestimmung des Drucks auf das Erdreich in der Fundamentsohle des Widerlagers.

Die Grösse von N soll praktisch bei Ziegelgewölben 8 bis 10 kg pro qcm nicht überschreiten; bei vorzüglichem Material, bezw. bei natürlichem Steinmaterial kann N entsprechend grösser angesetzt werden.

ϑ. Form und Stärke des Widerlagers.

1. Es sind nur Vertikalkräfte zu berücksichtigen. Man theilt das Widerlager am besten in Vertikal-Lamellen und konstruirt das entsprechende Seilpolygon dazu, indem man dabei den Gewölbeschub an der Bruchfuge als äussere Kraft einführt. Dann erhält man zunächst durch den Durchschnittsp. C, Fig. 644, (rechte Hälfte) desselben mit der Fundament-Sohle DF die Minimalstärke des Widerlagers für labiles Gleichgew., unter der Voraussetzung, dass die Begrenzung des Widerlagers mittels einer durch E gehenden Vertikalebene erfolgt. In der Figur ist das Kanten um den Punkt F untersucht, daher im Gewölbe die Minimal-Stützlinie für volle Last gezeichnet. Der Stützp. C der Stützlinie liegt im Durchschnittsp. der letzten Seilpolygon-Seite HJ mit DF. Praktisch

gelten für die Lage dieses Stützp. alle Regeln, welche weiterhin für Futtermauern angeführt sind. Möglichst soll C in die Mitte von DF fallen.

Legt man nicht Werth auf die Kenntniss des Punktes E, so braucht man bei gegebener oder angenommener Widerlagsstärke für die Konstr. des Punktes C nur das Gesammtgew. des Widerlagers (ohne Lamellen-Theilung) einzuführen; Fig. 644 linke Hälfte.

2. Es sind Vertikal- und Horizontalkräfte vorhanden. Wirkt z. B. auf die Hinterfläche Erddruck, so theilt man am besten das Widerlager in Horizontal-Lamellen, bestimmt die Erddruck-Grössen für die einzelnen Lamellen und setzt die äussern Kräfte zu einem Kraftpolygon zusammen. Das Resultanten-Polygon, in bekannter Weise zwischen den Kraftrichtungen konstruirt, liefert dann die Stützp. für jede belieb. Lage der Fuge.

In Fig. 644 (linke Hälfte) ist die Konstr. des Stützpunktes C für die Sohle DF erfolgt unter der Annahme, dass ein aktiver Erddruck E wirkt und das Widerlager um D zu kanten sucht. Im Gewölbe ist daher die Maximal-Stützlinie für Eigenlast gezeichnet. Die Konstr. des Stützp. kann mit Hülfe des Kraftpolygons $O_3 C_1 C_2 E$ in analoger Weise für jede belieb. Horizontalfuge erfolgen.

3. Die Form der Stützlinie im Widerlager bildet nur dann mit derjenigen im Gewölbe eine geschlossene Linie, wenn die Dicke des Gewölbes und die Richtung der Fugen ins Widerlager sich stetig ändern; andernfalls tritt vollständige Trennung beider Stützlinien ein.

ι. Stützlinie (Seilkurve) für beliebige Belastung.

In der Elastizit.-Lehre sind S. 607 unter Normal-Elastizität die Grundformeln zur Bestimmung der Seilkurven für belieb. Belastung gegeben. Aus denselben folgt mit Bezug auf Fig. 645:

Fig. 645.

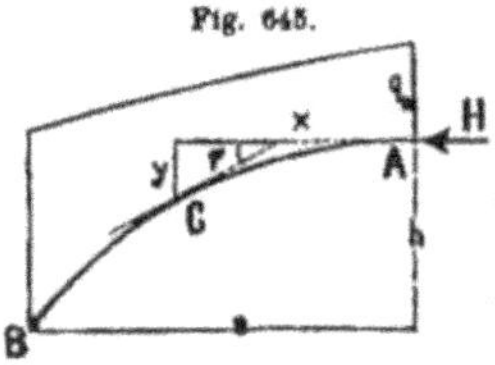

$$y = \int_0^x \operatorname{tang} \varphi \, dx = \int_0^x \frac{V}{H - W} \, dx,$$

wenn H den Horizontalschub im Scheitel, V und W den gesammten vertikalen und horizontalen Druck zwischen dem Scheitel A und dem belieb. Punkte C der Koordin. x, y bedeutet.

Für blossen Vertikaldruck wird: $y = \frac{1}{H} \int_0^x V \, dx.$

Die Integration ist durch Flächenberechnung zu vollziehen. H bestimmt sich aus der Bedingung, dass für $x = a$, y in h übergehen muss, wenn a und h die halbe Spannweite bezw. die Pfeilhöhe bezeichnet.

Nach Gleich. (80) S. 607 ist für Vertikal-Belastung: $H = q_0 \rho_0$, wenn q_0 und ρ_0 bezw. Belastung und Krümmungs-Halbm. im Scheitel sind.

Die Seilkurve wird (nach S. 608, wo auch die grafische Konstruktion angegeben ist) ein Kreisbogen, wenn die Belastungshöhe $q = \frac{q_0}{\cos^2 \varphi}$ wird.

Für eine horizotale Belastungs-Linie ergiebt sich:

$$x = \sqrt{H} \operatorname{logn} \frac{q + \sqrt{q^2 - q_0^2}}{q_0} \qquad (48)$$

als Gleich. der Seilkurve, wenn x vom Scheitel ab gerechnet wird und q die zur Abszisse x gehörige Belastungshöhe ist.

κ. Druck eines Wölbsteins auf das Lehrgerüst.

Es bedeuten mit Bezug auf Fig. 646: I, II, III ... die in den bezw. Schwerp. angreif. Gewichte der Wölbsteine; N_1, N_2, N_3, ... die von den Wölbsteinen auf das Gerüst ausgeübten Drücke oder die gleich grossen Lagerdrücke des letztern, deren Richtungen ⊥ zur innern Wölbfläche angenommen werden*); D_1, D_2, D_3, ... die Fugendrücke, deren Richtung, falls ein Gleiten der Steine

*) Der Druck, den ein Wölbstein auf das Lehrgerüst ausübt, kann event. je nach dem Aufsetzen des Steins, eine von der Normalen zur innern Wölbfläche abweichende Richtung haben. Diese Abweichung kann nie grösser werden als der Reibungs-Winkel für Gewölbe u. Lehrgerüst.

auf einander stattfindet, um den Reibungswinkel φ von der Normalen zur betr. Fugenrichtung abweicht; φ hat für Stein auf Stein den Mittelwerth $22\frac{1}{2}°$.

Auf die obere Fuge des 1. Gewölbsteins wirkt kein Druck; für den Gleichgew.-Zustand müssen sich also die Kräfte I, D_1 und N_1 nach Richtung und Grösse zu einem Dreieck zusammen setzen lassen. Auf jeden folgenden Gewölbstein — wenn derselbe auf einem unmittelbar unter ihm liegenden gleitet — wirken 4 Kräfte, welche zusammen ein Kraft-Viereck bilden müssen.

Im Kraft-Polygon Fig. 646 (links) sind das Kraft-Dreieck und sämmtliche Kraft-Vierecke zusammen getragen, was möglich ist, da alle Kräfte der Richtung, und stets zwei derselben der Grösse nach gegeben sind. Die Gewichte I, II; III ... sind auf der Vertik. gg an einander gereiht.

Fig. 646.

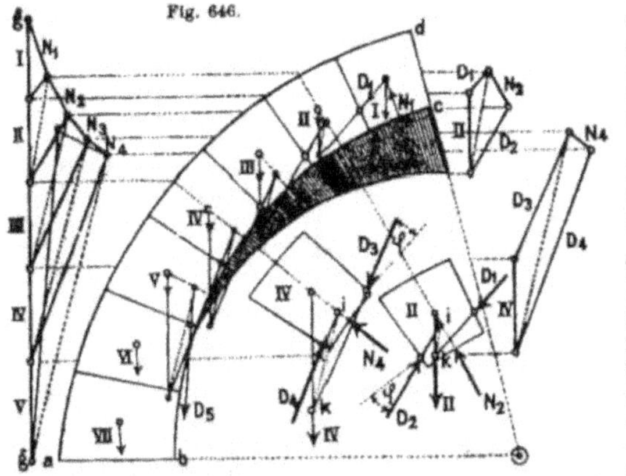

Bei der Bestimmung von N_1, N_2, N_3 ... ist zu beachten, dass von einer gewissen Fuge an das Gleiten der Schichten aufhört und ein Kanten eintritt, nämlich sobald der Stützp. — d. i. der Schnittp. d. Richtungen des Steingewichts und des obern Fugendrucks — ausserhalb der Fuge zu liegen kommt. Wenn dieser Fall eintritt, so zeichnet man das Kraft-Viereck nicht mehr wie für Stein II, bei dem die Richtung von D_2 bekannt war, sondern in der Weise, dass man — wie für Stein IV — einen Stützp., der ja in Wirklichkeit stets vorhanden ist, in der Nähe der innern Laibung, etwa 2 — 5 cm von letzterer entfernt, annimmt und mit Hilfe dieses Stützp. die Richtung von D_4 fest legt*). In den Fig. der Steine II und IV bezeichnet i den Schnittp. der Resultante aus dem Steingewicht und dem obern Fugendruck mit der Richtung des Drucks auf das Lehrgerüst. Durch den Punkt i muss also die Richtung des untern Fugendrucks verlaufen. Die Linie ik ist ∥ der Diagonale im Kraft-Viereck.

In derjenigen Fuge, von welcher ab sich der Druck auf das Lehrgerüst zuerst negativ ergiebt, ist dieser Druck = 0 anzunehmen, weil eine Zugspannung zwischen Lehrgerüst und Gewölbe nicht auftreten kann.

Die Stützlinie im Gewölbetheil $abcd$ ist mit Hülfe des Kraft-Polygons eingezeichnet. Sie geht durch die Stützp. der Fugen (in der Fig. durch kleine Kreise angedeutet). Dabei hat sich ergeben, dass beim 4. Stein die Richtung von D_4 nicht mehr um den Winkel φ von der Normalen zur Fugenrichtung abweicht und dass beim 5. Stein der Druck D_5 auf die untere Fuge negativ wurde. In dieser Fuge ist also der Druck auf das Lehrgerüst = 0 zu setzen.

λ. Grösster Druck auf das Lehrgerüst.

Aus Vorstehendem ergiebt sich:

1. Mit der Entfernung der Wölbschichten vom Kämpfer wächst d. Druck auf d. Lehrgerüst, während d. Fugen-Pressung abnimmt:

2. Jede neu versetzte Schicht bringt in der unmittelbar darunter liegenden eine Verringerung des Drucks auf d. Lehrgerüst hervor, so dass das Maximum dieses Drucks in einer Schicht für diese dann stattfindet, wenn sie die oberste der versetzten Schichten ist.

*) Ein in der Kante an der innern Laibungsfläche konzentrirter Druck findet in der Wirklichkeit nicht statt, da sich dieser Druck stets auf eine kleine Fläche (etwa 2 — 5 cm tief) vertheilen wird.

Bei Berechnung eines Lehrgerüstes wird man zweckmässig das Max. des Drucks zu Grunde legen, welches für jede Fugenrichtung aus dem betr. Kraftdreieck zu entnehmen ist.

3. **Die zentrale Druckhöhe** z, d. i. **die an irgend einer Stelle auf die Flächeneinh. der Schalung normal zur innern Laibungsfläche** — d. h. also **zentral** — wirkende Maximal-Pressung ergiebt sich zu:

$$z = \gamma d \cos \alpha \,(1 - \tan \varphi \tan \alpha) \text{ woraus:}$$
$$z = 0 \text{ für } \alpha = 90 - \varphi;\; k = \gamma d \text{ für } \alpha = 0.$$

Fig. 647.

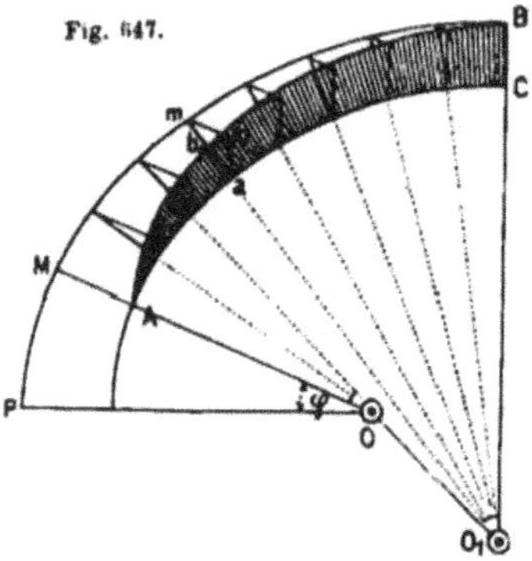

Darin ist: α der Winkel, den eine belieb. Fugenrichtung mit d. Vertikalen einschliesst, γ das Gewicht der Kubikeinh. Wölbmaterial; d die veränderliche Wölbstärke.

Die Konstruktion der zentralen Druckhöhe, Fig. 647, geschieht am einfachsten wie folgt: Man markire zuerst diejenige Fugenrichtung MO, welche mit der Horizontalen den Winkel φ einschliesst. In dieser Fuge ist die zentrale Druckhöhe = 0. Zerlege die Leibungslinie AC durch radiale Fugenlinien in belieb. Theile. Von dem in der äussern Laibungslinie liegenden Punkte M einer belieb. Fugenlinie am ziehe eine Parallele zur OM, welche die durch a gelegte Vertik. in b schneidet. Dann ist die Strecke ab der zentralen Druckhöhe proportional. Mache $ab = ab_1$. Falls die Längen AM, am, BC u. s. w. bezw. direkt = der Grösse der betr. Steingewichte gemacht worden sind, stellt die Strecke $ab = ab_1$ auch direkt die Grösse der zentralen Druckhöhe im Punkte a dar. — Der unterhalb der Linie MO, Fig. 647 liegende Theil des Gewölbes braucht nicht unterstützt zu werden.

Fig. 648.

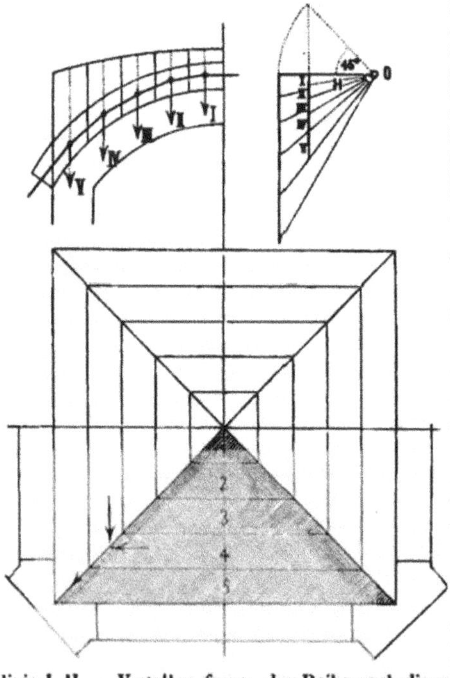

μ Kreuzgewölbe, Klostergewölbe, Kuppelgewölbe.

1. Kreuzgewölbe. Um die Stabilität, bezw. Stärke der Kappengewölbe zu untersuchen, braucht man nur die Stützlinie für einen Gewölbestreifen, welcher dem Stirnbogen zunächst liegt, zu zeichnen. Wenn man nämlich die Belastungsfläche für einen solchen Gewölbe-Streifen (z. B. 5 in Fig. 648) in ebenso viele Vertikal-Lamellen theilt, wie die (übrigens belieb. zu wählende) Anzahl der Gewölbe-Streifen einer Kappe beträgt, so erhält man in der Stützlinie I, II, III, V für denselben gleichzeitig die Stützlinien für alle übrigen Gewölbe-Streifen (1 — 5). Die Seiten der Stützlinie I, II ... V stellen ferner der Reihe nach die von den Gewölbe-Streifen 1, 2 ... 5 auf einen Grat **ausgeübten Kämpferdrücke** dar.

Die Kämpferdrücke der zusammen gehörigen Gewölbe-Streifen zweier benachbarten Kappen vereinigen sich zu einer Resultirenden, welche in die Ebene des Grats fällt und sich daselbst in eine vertikale und eine horizontale Seitenkraft zerlegt. Erstere ist = dem Gew. der beiden zusammen gehörigen Gewölbstreifen-Hälften und letztere wird durch die Hypothenuse eines rechtwinkligen und gleichschenkl. Dreiecks dargestellt, dessen Katheten = dem Horizontalschube H der Kappe sind, Fig. 648.

Da hiermit Grösse und Lage der den Grat beanspruchenden Kräfte gegeben ist, so wird es nach den allgemeinen Regeln möglich sein, auch für ihn die Stützlinie zu zeichnen und durch Weiterführung derselben in das Widerlager auch die Stabilität des letztern zu untersuchen.

Fig. 649.

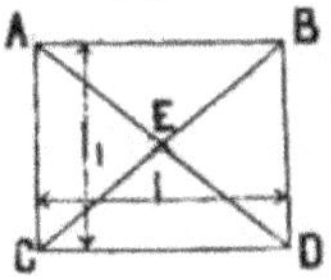

2. Kloster-Gewölbe, Fig. 649. Die Kappen ABC und DCE oder ACE und BDE eines Klostergewölbes, welches über das Rechteck $ABDC$ gespannt ist, befinden sich in demselben Belastungs-Zustande, als ob sie einem Tonnen-Gewölbe von gleicher Pfeilhöhe und der Spannw. $AB = l$ bezw. $BC = l_1$ angehörten.

Die erforderl. Dicke der Widerlager ergiebt sich ungefähr $\frac{3}{4}$ mal so gross, wie jene für ein Tonnengewölbe von gleicher Spannweite, Pfeilhöhe und Belastung.

Fig. 650.

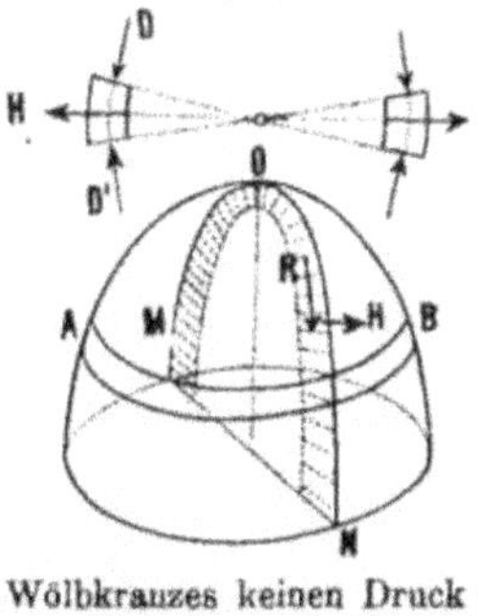

3. Kuppel-Gewölbe, Fig. 650. Man denke sich das Kuppelgewölbe durch Meridian-Ebenen, z. B. MON in Meridian-Schichten zertheilt und letztere in einzelne „Wölbsteine" zerlegt. Ein geschlossener horizontaler Kranz solcher Wölbsteine, z. B. AB, bildet einen „Wölbkranz".

Ein belieb. Wölbstein der Kuppel wird durch sein Eigengew. und durch diejenige Pressung beansprucht, welche von den über ihm liegenden Wölbsteinen seiner Meridian-Schicht herrührt. So lange die von dieser Belastung herrührende Mittelkraft R die untere Lagerfläche des Wölbsteins innerhalb des Kerns schneidet und dabei mit der Normalen zur Lagerfläche einen kleinern Winkel bildet, als den Reibungswinkel φ, übt der Wölbstein auf die benachbarten Steine des Wölbkranzes keinen Druck aus. Wird aber der Winkel, den R mit der Normalen zur Lagerfuge einschliesst $> \varphi$ oder rückt der Angriffsp. von R aus dem Kern der Lagerfläche heraus, dann wird der Wölbstein zu gleiten bezw. zu kanten anfangen und so lange auf die beiden Nachbar-Wölbsteine des Wölbkranzes einwirken, bis die von denselben geleisteten Gegendrücke D und D' den Gleichgew.-Zustand hergestellt haben.

Die Gegendrücke D und D' lassen sich durch eine resultirende Horizontalkraft H ersetzen, welche in der durch den Schwerp. des Wölbsteins gehenden Meridian-Ebene liegt.

Wenn man die bei Bestimmung des Druckes N auf das Lehrgerüst (S. 703) angewandte grafische Methode befolgt und dabei N mit H vertauscht, so wird es leicht sein, H zu bestimmen und die Stützlinie für eine Meridian-Schicht zu zeichnen, indem man bei dem obern Wölbstein der Meridian-Schicht anfängt und dessen Einwirkung auf den folgenden Wölbstein, und so fort untersucht. Schneidet die Mittelkraft R die Lagerfläche ausserhalb des Kerns, so ergiebt sich die Grösse von H aus den Bedingungen, dass: 1. die Mittelkraft aus R und H nicht ausserhalb des Kerns liegen und sie 2. keinen grössern Winkel als φ mit der Normalen zur Lagerfläche einschliessen darf.

Liegt der Angriffsp. von R schon innerhalb des Kerns, so ergiebt sich H allein aus der letzten Forderung.

Von einem gewissen Wölbsteine der Meridian-Schicht ab, wird sich event. $H = 0$ ergeben; d. h. von dort ab treten im Wölbkranz keine Ringspannungen mehr auf.

Bei offenen Kuppel-Gewölben, die durch Laternen überbaut sind, ist darauf zu achten, dass die Spannungen in den obern Wölbkränzen durch die Belastung der Laterne nicht zu gross werden. — Eine geschlossene Kuppel wird wie eine offene behandelt. — Die für eine ganze Kuppel erhaltenen Ergebnisse gelten auch für eine halbe Kuppel, wenn die Wölbsteine an der Stirnfläche gegen Verschiebung nach aussen geschützt sind.

Der Wölbkranz einer Kuppel ist für sich im Gleichgew., braucht daher bei der Ausführung nicht durch ein Lehrgerüst gehalten zu werden.

m. Stützmauern.

α. Beschaffenheit der Hinterfüllung.

Grösse und Lage der auf eine Stützmauer wirkenden Erddruck-Kräfte sind abhängig von der physikalischen Beschaffenheit der Hinterfüllung. Es kommen dabei drei Faktoren: das spezif. Gewicht der Erde, die Reibung der Erdtheilchen unter einander und die der Erdmasse inne wohnende Kohäsion in Betracht.

Das spezif. Gewicht γ einer Erdart schwankt im allgem. von 1,4 (trockne, lockere Dammerde) bis 2,0 (mit Wasser gesättigte Thonerde).

Die Reibung misst man gewöhnlich in der Weise, dass man die gelockerte Erdart unter einer möglichst steilen Böschung anschüttet. Der Winkel φ, den dann die sogen. „natürliche Böschung“ bildet, ist der Reibungswinkel ($\tan\varphi = f$; vergl. S. 516).

Bei trockenen Erdmassen schwankt φ zwischen 30° und 45°. Durch Zusatz von Wasser kann φ dedeutend abnehmen, unter Umständen auf Null sinken. (Schlamm.)

Tabelle 1. Werthe von γ (^{kg} u. ^{cbm}) und φ.

Erdarbeiten.	γ	φ
Thonerde, trockne	1550	45°
„ stark durchnässt	1950	17
Lehm, trockner . . .	1460	40
„ stark durchnässt . . .	1860	17
Gewöhnliche Dammerde, feucht .	1650	30
Sand oder Kies	1860	30
Steinschotter	1620	38
Wasser	1000	0

Die Kohäsion ist die Schub- oder Scherfestigkeit des Erdmaterials. Sie kann ohne ins Gewicht fallenden Fehler bei den Untersuchungen der Stabilität einer Stützmauer vernachlässigt werden; dies um so mehr, als dadurch noch ein Ueberschuss von Sicherheit erzielt wird. Die allgemeine Theorie für den Gleichgew.-Zustand eines unendlich kleinen Erdkörpers im unbegrenzten Erdreich ist zur Zeit noch nicht abgeschlossen; daher wird die Theorie des Erddrucks, wie es auch im Nachstehenden geschehen ist, in der Regel unter der Voraussetzung entwickelt, dass sich in der Hinterfüllung eine Erdmasse in Form eines dreiseitigen Prismas ABD, Fig. 651, löse und auf der ebenen Fläche AD, der sogen. „Gleitfläche“, unter Einwirkung seines Gewichts und der Reibung in der Gleitfläche herab gleite.

Fig. 651.

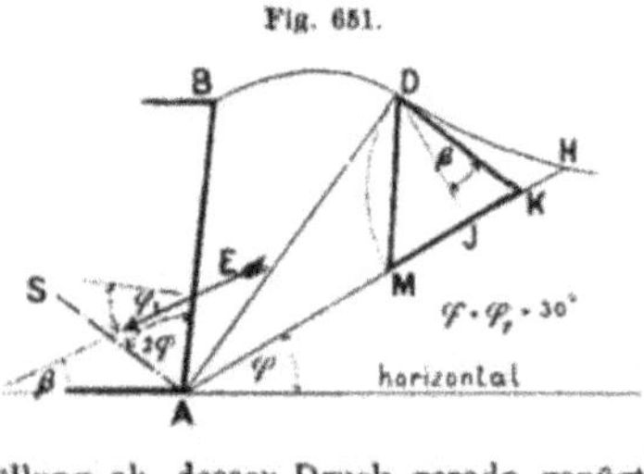

Die Gleitfläche AD trennt daher denjenigen Theil des Erdreichs der Hinterfüllung ab, dessen Druck gerade genügt, um dem Widerstand der Mauer oder der Wand das Gleichgew. zu halten. Das abgetrennte Prisma nennt man Prisma des grössten Drucks oder kurz Druckprisma.

β. Richtung und Grösse des Erddrucks im allgemeinen.

Wirkt der Erddruck gegen die Wand, so nennt man denselben für das labile Gleichgewicht der Wand gegen Kanten oder Gleiten den aktiven Erddruck. Wirkt dagegen von aussen ein Druck auf die Wand und bringt derselbe die Erdmasse in Bewegung, so nennt man für das labile Gleichgewicht die Grösse des in diesem Falle auf die Wand ausgeübten Erddrucks den passiven Erddruck.

In beiden Fällen wird ein Gleiten des Erdreichs längs der Wand eintreten und werden daher die Richtungen der elementaren Erddrücke gegen ein beliebig geformtes Stück der Wandfläche beim aktiven Erddruck um den Reibungswinkel φ_1 (für Erde und Wand) von der Normalen zur Wandfläche nach oben, dagegen beim passiven Erddruck um denselben Ausschlagwinkel nach unten abweichen.

Die Richtung des Erddrucks ist nach Vorstehendem in jedem Falle bestimmt. Die Grösse des Erddrucks ist abhängig von der Lage der Gleitfläche.

Für den allgemeinen Fall einer belieb. Form, sowohl der Wandfläche als auch der obern Begrenzungslinie der Hinterfüllung (Terrainfläche), voraus gesetzt, dass Wandfläche und Terrainfläche senkrecht zur Bildebene stehen, bestimmen sich Lage der Gleitfläche und Grösse des Erddrucks wie folgt:

Die Gleitfläche AD halbirt die Terrainfläche $ABDK$ zwischen Wand AB und natürl. Böschungslinie AH.

Der Erddruck E ist = der Fläche DKM (Druckfläche), multiplizirt mit dem Gewicht γ der Volumen-Einheit Erde.

Dabei ist $DJ \perp AH$ gemacht, $\angle JDK = \angle \beta$, welchen die Richtung von E mit der Horizontalen einschliesst. Ist die hintere Wandfläche vertikal, so ist $\beta = \varphi$. Ferner ist $MK = DK$ gemacht und die Tiefe der Wand senkrecht zur Bildfläche = 1 angenommen.

γ. Lage der Gleitfläche und Grösse des Erddrucks für eine ebene Wand-Fläche, Fig. 652.

1. Ebene Terrainfläche. Ist φ der Reibungswinkel zwischen Erde und Erde (oder Winkel der natürlichen Böschung), φ_1 desgl. derjenige zwischen Erde und Wand, so nennen wir eine belieb. Gerade, welche mit der Wand den Winkel $= \varphi + \varphi_1$ einschliesst, z. B. die AS, eine Stellungslinie (Orientirungslinie). Da φ im allgem. $= \varphi_1$ (ca. 30°) gesetzt werden kann, so wird der betr. Winkel $= 2\varphi$, wie dies in allen folgenden Figuren auch angenommen worden ist. Zieht man BF parallel zur Stellungslinie, so wird AK die mittlere Proportionale zwischen AF und AH.

Fig. 652.

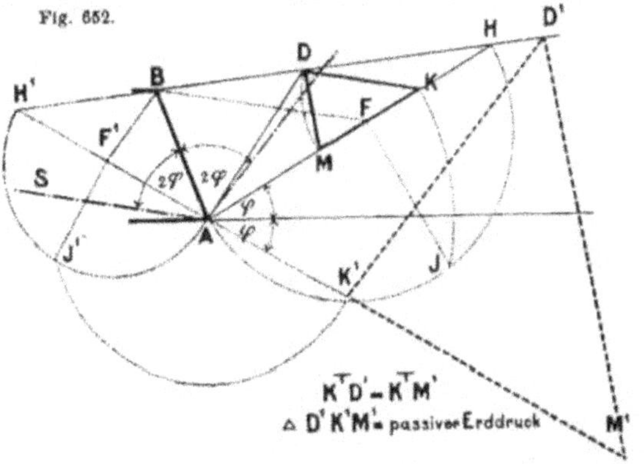

Hieraus folgt die Konstruktion, Fig. 652: Man schlage über AH als Durchmesser einen Halbkreis, ziehe $FJ \perp AH$, mache $AJ = AK$ und ferner KD parallel der Stellungslinie. Dann ist AD die Gleitfläche, KDM die Druckfläche. Diese Konstruktion der mittlern Proportionale kann man auch über BH oder AB als Durchm. ausführen; in Fig. 654 und 655 ist beispielsw. die Konstruktion mit AB als Durchm. angewendet.

In Fig. 652 ist sowohl die Grösse des aktiven, als auch die des passiven Erddrucks bestimmt; für letzteren sind φ und φ_1 im entgegen gesetzten Sinne aufzutragen. Dann schlägt man über AH' als Durchm. einen Kreis, zieht $F'J' \perp AH'$, macht $AJ' = AK'$ und $K'D' \parallel$ zur Stellungslinie. Ist dann $K'D' = K'M'$ gemacht, so stellt $\triangle K'D'M'$ die Grösse des passiven Erddrucks dar.

Ist die Terrainfläche oben parallel der natürlichen Böschung AH begrenzt, so fällt D in die Entfernung $= \infty$; d. h. die Gleitfläche fällt mit der natürl. Böschungslinie AH zusammen. Die Druckfläche kann daher an belieb. Stelle konstruirt werden.

Nimmt man auf die Reibung zwischen Erde und Wand nicht Rücksicht, sondern den Erddruck senkrecht zur Wand gerichtet an (was vielfach geschieht, und auch nicht ohne Berechtigung ist), so wird für horizont. Begrenzung der Hinterfüllung und für eine vertikale Wand die Gleitfläche den Winkel zwischen der Wand und der natürl. Böschung halbiren ($\angle \beta = 0$ und $DK \perp AH$).

Fig. 653

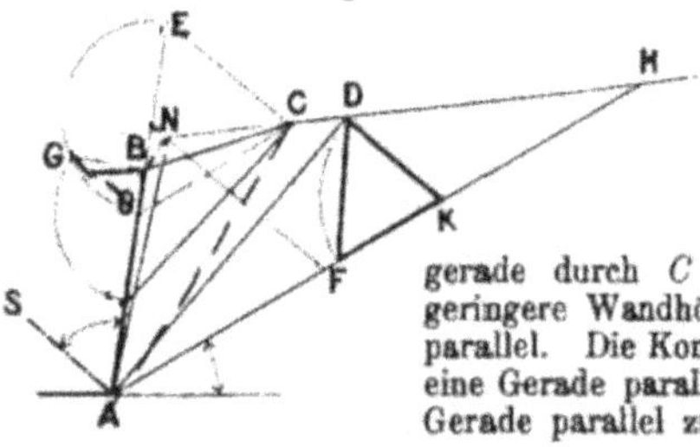

✱2. Gebrochene Terrainfläche. Hat die Begrenzungs-Linie, Fig. 653, nur einen Brechp. C, so kann der Endpunkt D der Gleitfläche entweder in BC oder in CH liegen. Im 1. Falle konstruirt man am besten diejenige Wandhöhe LB, für welche die Gleitfläche gerade durch C geht; alle andern Gleitflächen für geringere Wandhöhen als die LB laufen dann der LC parallel. Die Konstruktion ist folgende: Ziehe durch C eine Gerade parallel zur Stellungslinie und eine andere Gerade parallel zur natürlichen Böschungslinie, welche die AB oder ihre Verlängerung bezw. in E u. O schneiden; schlage über EO einen Halbkreis; errichte in B zur AB eine Senkrechte, welche den Halbkr. in G schneidet; mache $OG = OL$, so ist LC die verlangte Gleitfläche, aus welcher sich das Druckdreieck DFK in bekannter Weise ergiebt.

Fig. 654.

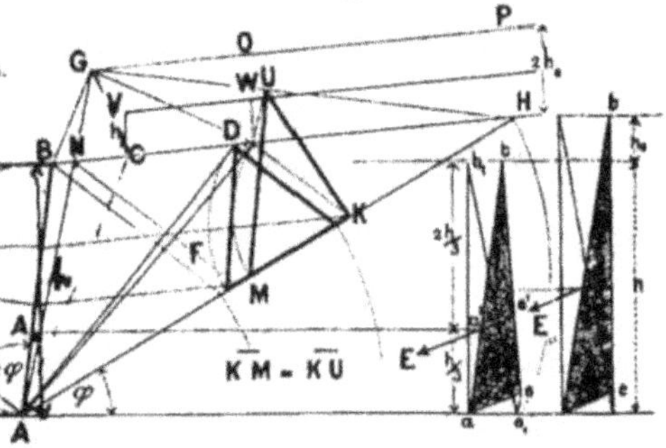

Fig. 655.

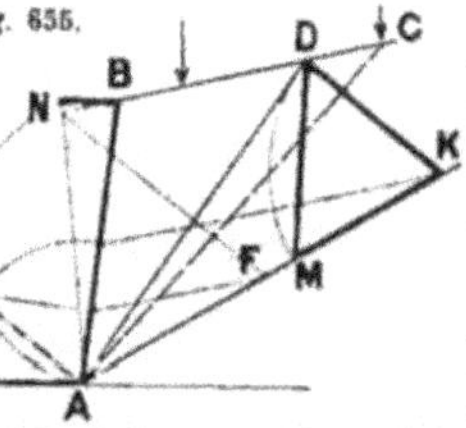

3. Ebene Terrainfläche mit gleichmässiger Ueberlast. Dieser Fall ist auf denjen. unter 2. dadurch zurück zu führen, dass man die Ueberlast durch ein entsprechendes Erdprisma der Höhe h_u ersetzt; man erhält dann eine gebrochene Begrenzungslinie, die wie vor angegeben, umzuwandeln ist.

Das einfachste Verwandlungs-Verfahren ist folgendes, Fig. 654: Lege zur Begrenzungslinie BH in der Höhe $= 2h_u$ über derselben eine Parallele OP; ziehe, wenn C Endp. der Ueberlast ist, von B aus eine Parallele zur AC, welche die OP in G schneidet. Dann ist für jede Lage der Gleitfläche AD: Fläche $ABCVWD = \triangle AGD$. Es kann daher der Punkt N (Durchschn. der BH und AG), wie früher Punkt B, zur Konstruktion der Gleitfläche benutzt werden: NF parallel zur Stellungslinie u. s. w.

Bezeichnen E_u und E bezw. die Grösse des resultirenden Erddrucks mit u. ohne Ueberlast, h_u u. h die entsprech. senkrecht. Erdhöhen, so ist: $E_u = E\frac{h + 2h_u}{h}$ (49)

Die spezif. Erddrücke $\triangle E_u$ und $\triangle E$ stehen jedoch in einem andern Verhältniss zu einander. Es ist nämlich: $\triangle E_u = \triangle E\frac{h + h_u}{h}$ (50)

Daraus ergiebt sich die Konstruktion der Druckfläche: Ziehe durch D eine Parallele zur AG, welche die GH in U schneidet; dann ist $\triangle UKM$ die Druckfläche mit Ueberlast. — In Fig. 654 ist ausserdem die Druckfläche ohne Ueberlast konstruirt.

4. Ebene Terrainfläche und eine Einzellast. Die vorangegebene Konstruktion gilt auch hier, da die Einzellast durch eine auf eine sehr kleine Fläche stetig vertheilte Last ersetzt werden kann. Die Lage der Einzellast zwischen B und D, Fig. 655, hat keinen Einfluss auf die Lage der Gleitfläche. Man macht

am einfachsten $\triangle ABN =$ der Einzellast und benutzt den in der Verlängerung von BH liegd. Punkt N wie unter 3. Liegt jedoch die Einzellast in C, u. z. so, dass Punkt D zwischen B u. C fällt, so ist immer AC als Gleitfläche anzunehmen und der Erddruck aus dem Gewicht des Prismas ANC durch Zerlegung nach den Richtungen des Erddrucks und der Reaktion der Gleitfläche AC zu bestimmen. Diese Richtungen weichen von der AB und AC um die $\angle \varphi_1$ bezw. φ ab.

δ. Lage der Gleitfläche und Grösse des Erddrucks für eine gebrochene Wandfläche, Fig. 656.

Man bestimmt zunächst für die obere Wandfläche $A_1 B$ in bekannter Weise die Gleitfläche $A_1 D_1$, die Druckfläche $D_1 K_1 M_1$ und aus letzterer den Erddruck. $D_1 K_1$ ist also parallel zur Stellungslinie in A_1.

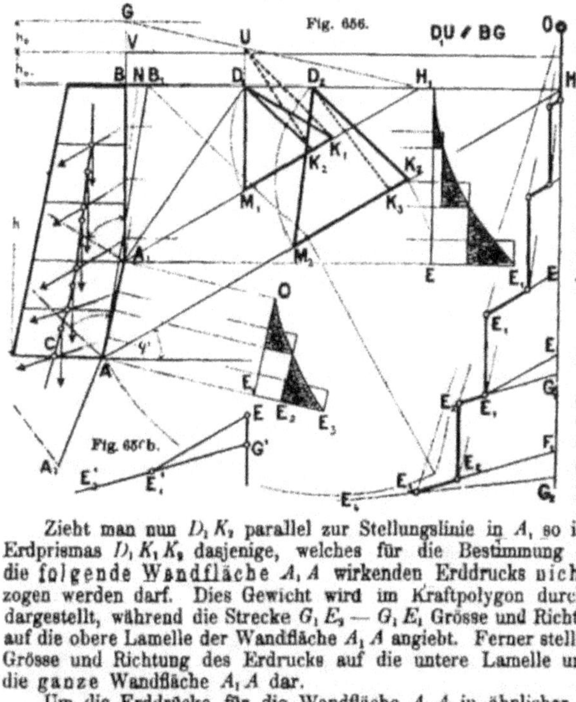

Fig. 656.

Fig. 656 b.

Um die Stützlinie genau zeichnen zu können, kann man, wie es in Fig. 656 geschehen ist, den Querschn. d. Mauer in mehrere horizontale Lamellen zerlegen. Man bestimmt dann den Erddruck in bekannter Weise für jede Lamelle und trägt die erhaltenen Erddruck-Grössen zu einem Kräftepolygon zusammen. Im Kräftepolygon der Fig. 656 stellt die Strecke $E E_1$ Grösse und Richtung des Erddrucks auf die ganze Wandfläche $A_1 B$ dar.

Zieht man nun $D_1 K_2$ parallel zur Stellungslinie in A_1 so ist das Gewicht des Erdprismas $D_1 K_1 K_2$ dasjenige, welches für die Bestimmung der Grösse des auf die folgende Wandfläche $A_1 A$ wirkenden Erddrucks nicht in Rechnung gezogen werden darf. Dies Gewicht wird im Kraftpolygon durch die Strecke $E G_1$ dargestellt, während die Strecke $G_1 E_2 - G_1 E_1$ Grösse und Richtung des Erddrucks auf die obere Lamelle der Wandfläche $A_1 A$ angiebt. Ferner stellt die Strecke $E_1 E_2$ Grösse und Richtung des Erdrucks auf die untere Lamelle und $F_1 E_2$ desgl. auf die ganze Wandfläche $A_1 A$ dar.

Um die Erddrücke für die Wandfläche $A_1 A$ in ähnlicher Weise zu erhalten, wie für die Wandfläche $A_1 B$, hat man (nach Vorigem) nur die Fläche $A A_1 B H$ in die um den Flächen-Inhalt von $\triangle D_1 K_1 K_2$ kleinere Fläche $A B_1 H$ zu verwandeln. Den erhaltenen Punkt B_1 kann man dann zur Konstr. der Gleitfläche und Druckfläche für die Wandfläche $A A_1$ in analoger Weise benutzen, wie es mit dem Punkte B für die Wandfläche $A_1 B$ geschah. Die dann erhaltene Druckfläche $D_2 K_3 M_2$ liefert die Grösse des Erddrucks $F_1 E_3$.

Ist noch eine fernere gebrochene Wandfläche, z. B. $A A_2$ vorhanden, so trägt man $F_1 E_3$ im Kraftpolygon in bekannter Richtung auf und verlängert die Richtung des seiner Grösse nach noch unbekannten Erddrucks $E_3 E_4$ (auf die Wandfläche $A A_2$), bis sie die Vertikale in G_2 schneidet. Dann stellt, nach Analogie des Vorhergehenden, das Stück $F_1 G_2$ das Erdgewicht dar, welches für die Bestimmung des Erddrucks $E_3 E_4$ nicht mitzurechnen ist und welches durch das Gewicht des Prismas $D_2 K_3 K_3$ ($D_2 K_3$ parallel zur Stellungslinie in A_2) vorgestellt wird u. s. w.

Die vorhin angedeutete Verwandlung der Fläche AA_1BH ist, um Fig. 656 nicht zu sehr zu überfüllen, in Fig. 656b angedeutet: $K_2L_1 \parallel D_1K_1$: $K_1L \parallel D_1B$. Mache $BL_2 = D_1L_1$; $LN \parallel A_1L_2$; dann ist $\triangle A_1BN$ an Inhalt $= \triangle D_1K_1K_2$ und ferner, Fig. 656: $A_1B_1 \parallel AN$; Fläche AA_1BH ist = Fläche AB_1H.

Fig. 656b

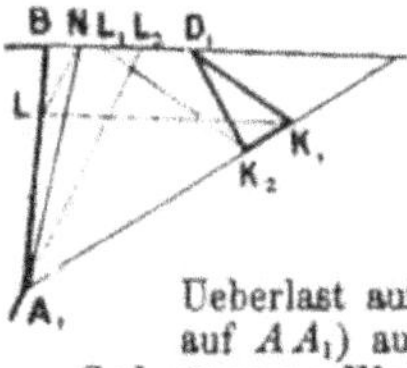

Ist noch eine Ueberlast vorhanden, so kommen hierbei die für eine solche im Vorhergehenden beschriebenen Hilfskonstruktionen mit zur Anwendung. An Stelle des Dreiecks DK_1K_2 tritt dann Dreieck UK_1K_2 dessen Inhalt = ist dem Gewichte EG', Fig. 656a, welches durch die Richtungen des Erddrucks EE'_1 (mit Ueberlast auf A_1B) und des noch unbekannten Erddrucks $E'_1E'_2$ (desgl. auf AA_1) auf der Vertikalen abgeschnitten wird.

Gekrümmte Wandflächen kann man durch polygonal gebrochene ersetzt denken und wie vor verfahren. Das Kraftpolygon geht dabei in eine Kraftkurve über.

ε. Angriffspunkt des Erddrucks.

Für die Ermittelung des Angriffsp. sind zwei verschiedene grafische Methoden in Gebrauch.

1. Durch Darstellung des Erddrucks pro Flächeneinheit (spezif. Erddruck). Verwandelt man die Druckfläche DKM, Fig. 654, multiplizirt mit γ, in ein $\triangle abe$, dessen Grundlinie ae parallel der Richtung des Erddrucks ist, oder in ein rechtwinkl. $\triangle ab_1e_1$ (also $ee_1 \parallel ab$), dessen Höhe = der Druckhöhe ist, so stellt der Inhalt eines belieb. ähnlichen Dreiecks $a'e'b$ den Erddruck auf die belieb. zugehör. Fläche A_1B dar. Die Richtung der Resultante aller spezif. Erddrücke geht durch den Schwerp. der zugeh. Druckfigur; der Angriffsp. liegt daher in einem Abstande = $^1/_3$ der Höhe derselben über der Basis.

Für Ueberlasten und für gebrochene Wandflächen wächst d. spezif. Erddruck nicht proportional d. Druckhöhe; die Seite be der Druckfigur kann also auch hier keine Gerade sein. Doch kann man, genau genug, auch in solchen Fällen die Druckfigur als ein Dreieck zeichnen, hat aber zu beachten, dass:

α. bei ebenen Wandflächen mit Ueberlast (nach Gleich. 50 S. 708) die Druckhöhe $h + h_1$ und:

β. bei gebrochenen Wandflächen ohne Ueberlast, Fig. 656, für AA_1, BA_1 bezw. die vertik. Druckhöhe unter B bezw. B_1 einzuführen ist.

Bei gebrochenen Wandflächen mit Ueberlast wird man, genau genug, die Druckhöhe = $h + h_1$ annehmen können. Genauer ist die Druckfig. in allen diesen Fällen darzustellen, indem man den Erddruck für genügend viele Zwischenpunkte der Wandflächen bestimmt.

2. Durch Darstellung der Momenten-Flächen. Trägt man allgem. für eine belieb. Wandfläche AA_1, Fig. 656, die auf einzelne Flächentheile derselben wirkenden Erddrücke als Abszissen und die zugehör. Hebelarme der Normal-Komponenten in Beziehung auf den Punkt A als rechtwinkl. Koordin. in einer besondern Figur zusammen, so stellt der Inhalt der Fläche OE_1E_3 multiplizirt mit $\cos\varphi$, das Mom. des auf die Fläche AA_1 wirkend. Erddrucks in Bez. auf den Punkt A dar. Verwandelt man Fläche OE_1E_3 in ein Rechteck, mit der bekannten Grösse des Erddrucks auf AA_1 als Basis, so stellt die Höhe desselben die Entfernung des Angriffp. von der Basis dar. In Fig. 656 sind die Angriffsp. für die sämmtlichen Erddrücke des Kraftpolygons bestimmt worden.

ζ. Konstruktion und Lage der Stützlinie.

Nachdem Grösse, Richtung und Angriffsp. der einzelnen Erddrücke bestimmt sind, ergiebt sich die Konstruktion der Stützlinie mit Hülfe des Resultanten-Polygons (vergl. S. 507). Der Pol O wird in eine Ecke des Kraftpolygons gelegt und in bekannter Weise zwischen den gegebenen Kraftrichtungen ein Seilpolygon konstruirt, wie das in Fig. 656 geschehen ist. Die Verbindung der Schnittp. des Seilpolygons mit den horizontalen Lamellen-Fugen geben die Stützpunkte und der durch alle Stützp. verlaufende Linienzug ist die Stützlinie (vergl. S. 515 u. 516 wie auch „Gewölbe" S. 700).

Die Lage des Stützp. C in der Basis der Futtermauer ist mit Rücksicht auf die Beschaffenheit des Untergrundes zu wählen. In der Voraussetzung, dass der zulässige Druck auf den Untergrund und in den Fugen des Mauerw. nicht überschritten wird, wird man bei zusammenpressbarem Boden (um Oszillation der Mauer zu vermeiden) die Stützlinie möglichst durch die Mitte der Basis verlaufen, bei festem Boden nicht aus den Kernlinien heraus treten lassen. Dabei wird man zur Material-Ersparung die Querschn.-Form der Mauer möglichst der Stützlinie anpassen.

Mauern mit vertikaler Stellung und von rechteck. Querschn. auf weichen Boden zu stellen, ist nie zu empfehlen, da der Stützpunkt hier stets ausserhalb der Mitte der Basis zu liegen kommt.

Ein Heraustreten der Stützlinie aus dem Kern ist bei sehr festem Untergrunde event. zulässig, wenn die im Mauerw. auftretenden Zug- und Druckspannungen die zulässigen Grenzen nicht überschreiten.

η. Pressung in den Fugen und auf den Untergrund.

Die Bestimmung der Druck- oder Zugspannungen in den Fugen des Mauerw. geschieht in derselben Weise, wie es bei den Gewölben, S. 701 angegeben ist.

Bei Bestimmung des Drucks auf den Untergrund hat man zu beachten, dass wenn der Normaldruck P in der Basis um die Strecke c_1 von der Kante d absteht, Fig. 644 III, eine Fläche $3c_1$, multipliz. mit der Tiefe ⊥ zur Bildebene gedrückt wird, und dass im übrigen Theile der Basis, weil Zugspannungen nicht auftreten können, die Spannung $= 0$ ist. Der Maxim.-Druck auf den Untergrund im Punkte d ist daher: $N = \frac{2P}{3c_1}$. Diese Gleichg. gilt natürlich nur für den Fall, wo die Resultante im Kernp. oder ausserhalb des Kerns liegt.

Für eine Fuge der Breite d ergiebt sich danach, wenn der Abstand des Stützpunktes von der Fugenmitte (Schwerpunkt) $= e$ gesetzt wird, wenn $e < \frac{d}{6}$ ist:

$$N = \frac{P}{d}\left(1 + \frac{6e}{d}\right); \text{ wenn } e > \frac{d}{6} \text{ ist: } N = \frac{2P}{3c_1}.$$

ϑ. Analyt. Ergebnisse über die Grösse des Erddrucks.*)

Bezeichnet E die Grösse des Erddrucks auf die Wand pro 1 m der Tiefe, normal zur Bildebene gemessen, in kg, so erhält man unter Beibehaltung der frühern Voraussetzungen und Bezeichnungen folgende Formeln:

1. Vertikale Wand ohne Ueberschüttung:

$$E = \frac{\gamma h^2}{2} \frac{\cos\varphi}{(1 + \sqrt{2}\sin\varphi)^2}. \text{ Für } \varphi = 38^0 \text{ ist: } E = 0{,}134\,\gamma h^2. \quad (51)$$

2. Eine um den Winkel α gegen den Horizont geneigte Wand ohne Ueberschüttung:

$$E = \frac{\gamma h^2}{2} \frac{\sin\varphi}{\sin\varepsilon} \left\{\sqrt{\operatorname{cotg}\varphi - \operatorname{cotg}\varepsilon} - \sqrt{\operatorname{cotg}\alpha - \operatorname{cotg}\varepsilon}\right\}^2. \text{ Darin ist } \varepsilon = \alpha + 2\varphi. \quad (52)$$

Für $\varphi = 33^0$ und veränderliche Werthe von cotg α ist die folgende Tabelle zu benutzen.

cotg α =	+ 0,3	+ 0,2	+ 0,1	0	− 0,1	− 0,2	− 0,3
$\frac{E}{\gamma h^2}$ =	0,079	0,098	0,110	0,134	0,153	0,186	0,217

3. Geneigte Wand und bedeutende Ueberschüttung:

$$E = \frac{\gamma h^2}{2} \frac{\sin^2(\alpha - \varphi)}{\sin^2\alpha \sin(\alpha + \varphi)}. \text{ Für } \alpha = 90^0 \text{ und } \varphi = 33^0 \text{ ist: } E = 0{,}419\,\gamma h^2. \quad (53)$$

4. Geneigte Wand mit Ueberschüttungshöhe h_1:

$$E = \gamma \frac{(h + h_1)^2}{2} \frac{\sin\varphi}{\sin\varepsilon} \left\{\sqrt{\operatorname{cotg}\varphi - \operatorname{cotg}\varepsilon} - \sqrt{m - \operatorname{cotg}\varepsilon}\right\}^2. \quad (54)$$

Darin ist: $m = \operatorname{cotg}\alpha + \left(\frac{h_1}{h + h_1}\right)^2 \left(\operatorname{cotg}\varphi - \operatorname{cotg}\alpha\right)$.

*) Nach Häseler.

Für $\varphi = 33^{\circ}$, $\alpha = 90^{\circ}$ und verschiedene Werthe von $\frac{h_1}{h}$ erhält man:

$\frac{h_1}{h} =$	0,1	0,2	0,3	0,4	0,5	0,6	0,7	0,8	0,9
$\frac{E}{\gamma h^2} =$	0,158	0,182	0,200	0,217	0,228	0,240	0,251	0,261	0,272
$\frac{h_1}{h} =$	1	2	3	4	5	6	10	∞	—
$\frac{E}{\gamma h^2} =$	0,282	0,330	0,353	0,366	0,376	0,384	0,394	0,419	—

Beispiel. 6. Eine vertik. stehende Mauer, Fig. 657, ist bis zur Krone horizontal mit Erde hinterfüllt. Wie gross ist: a) die grösste Spannung in der Mauer, b) der grösste Druck auf die Fundamentsohle ef?

Fig. 657.

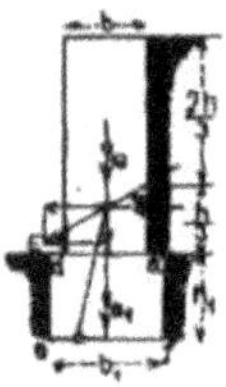

Der Erddruck E greift im untern Drittelpunkte der Wandhöhe h an und es werde angenommen, dass er mit der Horizontalen den Reibungswinkel φ_1 einschliesst. E zerlegt sich in die Komponenten $E \cos \varphi_1$ und $E \sin \varphi_1$. Nach Gleichg. (17) S. 564 ist für eine Mauertiefe = 100cm die grösste Spannung pro qcm in d, bezw. a:

$$N = -\left\{\frac{G + E \sin \varphi_1}{100\, b} \pm \frac{E \cos \varphi_1 \left(\frac{h}{3} - \frac{b}{2} \operatorname{tang} \varphi_1\right)}{100\, \frac{1}{6}\, b^2}\right\}.$$

Die Entf. c_1 des Stützpunktes in der Sohle ef ist: $c_1 = \frac{b_1}{2} - h_2 \operatorname{tang} \alpha$, wenn h_2 die Höhe des Angriffsp. des Erddrucks und der Schwerkraft und α den Winkel zwischen beiden genannten Kräften bezeichnet. Also:

$$c_1 = \frac{b_1}{2} - \frac{\left(h_1 + \frac{h}{3} + \frac{b}{2} \operatorname{tang} \varphi_1\right) E \cos \varphi_1}{(G + G_1 + E \sin \varphi_1)}.$$

Der grösste Druck auf die Fundamentsohle ef folgt, falls $c_1 < \frac{1}{3} ef$, nach Obigen aus: $N_1 = \frac{2}{3} \cdot \frac{(G + G_1 + E \sin \varphi_1)}{100\, c_1}$. Wenn $c_1 > \frac{1}{3} ef$, ist N_1 nach der obig. allgem. Gleichg. für N zu berechnen.

Beispiel. Für einen bestimmten Fall sei: $h = 2{,}5^{m}$; $b = 1{,}0^{m}$; $b_1 = 1{,}3^{m}$; $h_1 = 1{,}0^{m}$; für die Hinterfüllungs-Erde (Sand oder Kies) sei: $\gamma = 1800^{kg}$ pro cbm; $\varphi = \varphi_1 = 30^{0}$; $\sin \varphi = 0{,}5$; $\cos \varphi = 0{,}866$; $\operatorname{tang} \varphi_1 = 0{,}577$.

Dann folgt zunächst nach Gleichg. (51): $E = \gamma \frac{h^2}{2} \frac{\cos \varphi}{(1 + \sqrt{2} \sin \varphi)^2} = 0{,}15 \gamma h^2 =$ rd. 1700^{kg}.

1cbm Mauerwerk zu 2000^{kg} Gewicht angenommen giebt:

$G = 2{,}5 \,.\, 1 \,.\, 1 \,.\, 2000 = 5000^{kg}$ und $G_1 = 1{,}3 \,.\, 1 \,.\, 2000 = 2600^{kg}$. Daraus:
$N = (0{,}585 \pm 0{,}481) = 1{,}066^{kg}$ Druck in d und $0{,}104^{kg}$ Druck in a.

Ferner ergiebt sich: $c_1 = 65 - 26{,}9 = 38{,}1^{cm}$ und: $N_1 = 1{,}47^{kg}$ p. qcm.

Anhang. Verschiedene Tabellen zur Baumechanik.

Tabelle 1. **Aeussere Kräfte eines kontinuirl. Trägers auf 3 Stützen.** (Vergl. S. 645).

a. Transversalkräfte.

$\frac{x}{l}$	Transversalkraft			$\frac{x}{l}$	Transversalkraft		
	Einfl. von g	Einfluss von p			Einfl. von g	Einfluss von p	
	Q	$+ Q_{max.}$	$- Q_{max.}$		Q	$+ Q_{max.}$	$- Q_{max.}$
0	+ **0,375**	**0,4375**	0,0625	0,5	— 0,125	0,0898	0,2148
0,1	+ 0,275	0,3437	0,0687	0,6	— 0,225	0,0544	0,2794
0,2	+ 0,175	0,2624	0,0874	0,7	— 0,325	0,0287	0,3537
0,3	+ 0,075	0,1932	0,1182	0,8	— 0,425	0,0119	0,4369
0,375	0	**0,1491**	**0,1491**	0,9	— 0,525	0,0027	0,5277
0,4	— 0,025	0,1359	0,1609	1	**— 0,625**	0	**0,6250**
	gl	pl	pl		gl	pl	pl

Stützendruck.

$+ D_{0\,max.} = 0{,}3750\, gl + 0{,}4375\, pl$; $- D_{0\,max.} = 0{,}3750\, gl - 0{,}0625\, pl$;
$+ D_{1\,max.} = 1{,}25\, (g + p)\, l$. $- D_{1\,max.} = 1{,}25\, gl - 0$.

b. Momente.

$\frac{x}{l}$	Moment: Einfl. von g: M	Moment: Einfluss von g: $+M_{max.}$	Moment: Einfluss von g: $-M_{max.}$	$\frac{x}{l}$	Moment: Einfl. von g: M	Moment: Einfluss von g: $+M_{max.}$	Moment: Einfluss von g: $-M_{max.}$
		+	—			+	—
0	0	0	0	0,7	+ 0,0175	0,6125	0,04375
0,1	+ 0,0325	0,03875	0,00625	0,75	0	**0,04688**	**0,04688**
0,2	+ 0,0550	0,06750	0,01250	0,8	— 0,0200	0,03000	0,05000
0,3	+ 0,0675	0,08625	0,01875	0,85	— 0,0425	0,01523	0,05773
0,4	+ 0,0700	0,09500	0,02500	0,9	— 0,0675	0,00611	0,07361
0,5	+ 0,0625	0,09375	0,03125	0,95	— 0,0950	0,00138	0,09638
0,6	+ 0,0450	0,08250	0,03750	1	— **0,1250**	0	**0,12500**
	$g l^2$	$p l^2$	$p l^2$		$g l^2$	$p l^2$	$p l^2$

Eigengewicht: $+ M_{max.} = + 0{,}07031\, g l^2$ für: $x = 0{,}3750\, l$.
Zufällige Last: $+ M_{max.} = + 0{,}09566\, p l^2$ für: $x = 0{,}4374\, l$.
Mittlere Transversalkraft: $\mathfrak{Q} = 0{,}2656\; g l + 0{,}3287\; p l$.
Mittleres Moment: $\mathfrak{M} = 0{,}04948\, g l^2 + 0{,}07666\, p l^2$.

Tabelle 2. **Aeussere Kräfte eines kontinuirlichen Trägers auf 4 Stützen.**

Ist λ das arithmet. Mittel aus den 3 Felderweiten l, l_1 und l, so ist, wenn $l = n l_1$ gesetzt wird:

$$l_1 = \frac{3}{2+n}\lambda;\quad l = \frac{3n}{2+n}\lambda.$$

Die Einführung des arithmet. Mittels λ der Spannw. als Maass erscheint deshalb zweckmässig, weil in einem gegebenen Falle die Gesammtlänge 3λ, also auch das arithmet. Mittel λ der Spannw. gegeben ist, also für verschiedene Verhältnisse der Spannw konstant bleibt. Für Verhältnisse der Spannw., welche in den Tabellen nicht berücksichtigt sind, lassen sich die Grössen mit einer für die praktische Anwendung hinreichenden Genauigkeit durch Interpolation bestimmen.

a. Verhältniss der Spannweiten = 1 : 1 : 1.

$\frac{x}{l_1}$, $\frac{x}{l}$	Transversalkraft: Einfluss von g: Q	Transversalkraft: Einfluss von p: $+Q_{max.}$	Transversalkraft: Einfluss von p: $-Q_{max.}$	$\frac{x}{l_1}$, $\frac{x}{l}$	Transversalkraft: Einfluss von g: Q	Transversalkraft: Einfluss von p: $+Q_{max.}$	Transversalkraft: Einfluss von p: $-Q_{max.}$
1. Feld		+	—			+	—
0	+ 0,4	0,4500	0,0500	0,9	— 0,5	0,0193	0,5191
0,1	+ 0,3	0,3550	0,0563	1	— 0,6	0,0167	**0,6167**
0,2	+ 0,2	0,2752	0,0752	2. Feld			
0,3	+ 0,1	0,2065	0,1065	0	+ 0,5	**0,5833**	0,0833
0,4	0	**0,1496**	**0,1496**	0,1	+ 0,4	0,4870	0,0870
0,5	— 0,1	0,1042	0,2042	0,2	+ 0,3	0,3991	0,0991
0,6	— 0,2	0,0694	0,2694	0,3	+ 0,2	0,3210	0,1210
0,7	— 0,3	0,0443	0,3443	0,4	+ 0,1	0,2537	0,1537
0,8	— 0,4	0,0280	0,4280	0,5	0	**0,1979**	**0,1979**
	$g\lambda$	$p\lambda$	$p\lambda$		$g\lambda$	$p\lambda$	$p\lambda$

Stützendrücke: $+ D_{0\,max.} = 0{,}40\, g\lambda + 0{,}45\, p\lambda$; $- D_{0\,max.} = 0{,}40\, g\lambda - 0{,}05\, p\lambda$;
$+ D_{1\,max.} = 1{,}10\, g\lambda + 1{,}20\, p\lambda$. $- D_{1\,max.} = 1{,}10\, g\lambda - 0{,}10\, p\lambda$.
Mittlere Transversalkraft: $\mathfrak{Q} = 0{,}2567\, g\lambda + 0{,}3425\, p\lambda$.

1 : 1 : 1

$\frac{x}{l_1}$, $\frac{x}{l}$	Moment: Einfluss von g: M	Moment: Einfluss von p: $+M_{max.}$	Moment: Einfluss von p: $-M_{max.}$	$\frac{x}{l_1}$, $\frac{x}{l}$	Moment: Einfluss von g: M	Moment: Einfluss von p: $+M_{max.}$	Moment: Einfluss von p: $-M_{max.}$
1. Feld		+	—			+	—
0	0	0	0	0,95	— 0,07125	0,01706	0,08831
0,1	+ 0,035	0,040	0,005	1	— **0,10000**	0,01667	**0,11667**
0,2	+ 0,060	0,070	0,010	2. Feld			
0,3	+ 0,075	0,090	0,015	0	— 0,10000	0,01667	**0,11667**
0,4	+ 0,080	0,100	0,020	00,5	— 0,07625	0,01408	0,09033
0,5	+ 0,075	0,100	0,025	0,1	— 0,05500	0,00748	0,06248
0,6	+ 0,060	0,090	0,030	0,15	— 0,03625	0,02053	0,05678
0,7	+ 0,035	0,070	0,035	0,2	— 0,020	0,030	0,050
0,7895	+ 0,00414	0,04362	0,03948	0,2764	0	**0,050**	**0,050**
0,8	0	**0,04022**	**0,04022**	0,3	+ 0,005	0,055	0,050
0,85	— 0,02125	0,02773	0,04898	0,4	+ 0,020	0,070	0,050
0,9	— 0,04500	0,02042	0,06542	0,5	+ **0,025**	**0,075**	0,050
	$g\lambda^2$	$p\lambda^2$	$p\lambda^2$		$g\lambda^2$	$p\lambda^2$	$p\lambda^2$

Absolutes positives Maximum.

Eigengewicht:
1. Feld: $+ M_{max.} = + 0{,}080\, g\lambda^2$ für: $x = 0{,}4\, l_1$;
2. „ $+ M_{max.} = + 0{,}025\, g\lambda^2$ „ $x = 0{,}5\, l$.

Zufällige Last:
1. Feld: $+ M_{max.} = + 0{,}10125\, p\lambda^2$ für: $x = 0{,}45\, l_1$;
2. „ $+ M_{max.} = + 0{,}07500\, p\lambda^2$ „ $x = 0{,}50\, l$.

Mittleres Moment: $\mathfrak{M} = 0{,}04519\, g\lambda^2 + 0{,}07068\, p\lambda^2$.

b. Verhältniss der Spannweiten = 1 : 1, 1 : 1.

$$l_1 = \frac{30}{31}\lambda = 0{,}96774\,\lambda;\ l = \frac{33}{31}\lambda = 1{,}06451\,\lambda.$$

$\frac{x}{l_1}$ $\frac{x}{l}$	Transversalkraft: Einfluss von g Q	Einfluss von p $+Q_{max.}$	 $-Q_{max.}$	$\frac{x}{l_1}$ $\frac{x}{l}$	Transversalkraft: Einfluss von g Q	Einfluss von p $+Q_{max.}$	 $-Q_{max.}$
1. Feld		+	—			+	—
0	+ **0,3775**	**0,4382**	0,0607	0,9	— 0,4935	0,0188	0,5123
0,1	+ 0,2807	0,3475	0,0668	1	— **0,5903**	0,0162	**0,6065**
0,2	+ 0,1839	0,2689	0,0850	2. Feld			
0,3	+ 0,0871	0,2021	0,1150	0	+ **0,5323**	**0,6032**	0,0709
0,3900	0	**0,1519**	**0,1519**	0,1	+ 0,4258	0,5005	0,0747
0,4	— 0,0096	0,1468	0,1564	0,2	+ 0,3194	0,4068	0,0876
0,5	— 0,1004	0,1024	0,2088	0,3	+ 0,2129	0,3234	0,1105
0,6	— 0,2032	0,0683	0,2715	0,4	+ 0,1065	0,2517	0,1452
0,7	— 0,3000	0,0437	0,3437	0,5	0	**0,1922**	**0,1922**
0,8	— 0,3967	0,0275	0,4242				
	$g\lambda$	$p\lambda$	$p\lambda$		$g\lambda$	$p\lambda$	$p\lambda$

Stützendruck: $+D_{max.} = 0{,}3775\,g\lambda + 0{,}4382\,p\lambda$; $\quad -D_{max.} = 0{,}3775\,g\lambda - 0{,}0607\,p\lambda$;
$+D_{max.} = 1{,}1226\,g\lambda + 1{,}2097\,p\lambda$. $\quad -D_{max.} = 1{,}1226\,g\lambda - 0{,}0871\,p\lambda$.

Mittlere Transversalkraft: $\mathfrak{D} = 0{,}2580\,g\lambda + 0{,}3425\,p\lambda$.

1 : 1, 1 : 1.

$$l_1 = \frac{30}{31}\lambda = 0{,}96774\,\lambda;\ l = \frac{33}{31}\lambda = 1{,}06451\,\lambda.$$

$\frac{x}{l_1}$ $\frac{x}{l}$	Moment: Einfluss von g M	Einfluss von p $+M_{max.}$	 $-M_{max.}$	$\frac{x}{l_1}$ $\frac{x}{l}$	Moment: Einfluss von g M	Einfluss von p $+M_{max.}$	 $-M_{max.}$
1. Feld		+	—			+	—
0	0	0	0	0,95	— 0,07558	0,01613	0,09171
0,1	+ 0,03185	0,03773	0,00588	1	— **0,10297**	0,01568	**0,11865**
0,2	+ 0,05433	0,06609	0,01176	2. Feld			
0,3	+ 0,06744	0,08508	0,01764	0	— **0,10297**	0,01568	**0,11865**
0,4	+ 0,07119	0,09470	0,02351	0,05	— 0,07606	0,01370	0,08976
0,5	+ 0,06558	0,09497	0,02939	0,1	— 0,05198	0,01525	0,06723
0,6	+ 0,05060	0,08587	0,03527	0,15	— 0,03073	0,02159	0,05232
0,7	+ 0,02626	0,06740	0,04114	0,2	— 0,01231	0,03247	0,04478
0,7801	0	**0,04586**	**0,04586**	0,2075	— 0,00992	0,03427	0,04417
0,7964	— 0,00161	0,04075	0,04683	0,2368	0	**0,04417**	**0,04417**
0,8	— 0,00761	0,03945	0,04706	0,3	+ 0,01701	0,06118	0,04417
0,85	— 0,02782	0,02704	0,05486	0,4	+ 0,03301	0,07718	0,04417
0,9	— 0,05053	0,01960	0,07013	0,5	+ **0,03868**	**0,08285**	0,0447
	$g\lambda^2$	$p\lambda^2$	$p\lambda^2$		$g\lambda^2$	$p\lambda^2$	$p\lambda^2$

Eigengewicht: Absolutes positives Maximum. Zufällige Last:
I. Feld: $+M_{max.} = +0{,}07124\,g\lambda^2$ für $x = 0{,}3901\,l_1$; I. Feld: $+M_{max.} = +0{,}09602\,p\lambda^2$ für $x = 0{,}4528\,l_1$;
II. „ $+M_{max.} = +0{,}03868\,g\lambda^2$ für $x = 0{,}5\,l$. II. „ $+M_{max.} = +0{,}08285\,p\lambda^2$ für $x = 0{,}5\,l$.

Mittleres Moment: $\mathfrak{M} = 0{,}04344\,g\lambda^2 + 0{,}07011\,p\lambda^2$.

c. Verhältniss der Spannweiten = 1 : 1, 2 : 1.

$$l_1 = \frac{15}{16}\lambda = 0{,}9375\,\lambda;\ l = \frac{9}{8}\lambda = 1{,}1250\,\lambda.$$

$\frac{x}{l_1}$ $\frac{x}{l}$	Transversalkraft: Einfluss von g Q	Einfluss von p $+Q_{max.}$	 $-Q_{max.}$	$\frac{x}{l_1}$ $\frac{x}{l}$	Transversalkraft: Einfluss von g Q	Einfluss von p $+Q_{max.}$	 $-Q_{max.}$
1. Feld		+	—			+	—
0	+ **0,3546**	**0,4269**	0,0723	0,9	— 0,4892	0,0183	0,5075
0,1	+ 0,2608	0,3390	0,0782	1	— **0,5829**	0,0157	**0,5986**
0,2	+ 0,1671	0,2627	0,0956	2. Feld			
0,3	+ 0,0733	0,1977	0,1244	0	+ **0,5625**	**0,6235**	0,0610
0,3782	0	0,1547	**0,1547**	0,1	+ 0,4500	0,5150	0,0650
0,4	— 0,0204	**0,1547**	0,1642	0,2	+ 0,3375	0,4156	0,0781
0,5	— 0,1142	0,1438	0,2147	0,3	+ 0,2250	0,3274	0,1024
0,6	— 0,2079	0,1005	0,2750	0,4	+ 0,1125	0,2514	0,1389
0,7	— 0,3017	0,0671	0,3446	0,5	0	**0,1885**	**0,1885**
0,8	— 0,3954	0,0270	0,4224				
	g	$p\lambda$	$p\lambda$		g	$p\lambda$	$p\lambda$

Stützendruck: $+D_{max.} = 0{,}3546\,g\lambda + 0{,}4269\,p\lambda$; $\quad -D_{max.} = 0{,}3546\,g\lambda - 0{,}0723\,p\lambda$;
$+D_{1\,max.} = 1{,}1454\,g\lambda + 1{,}2221\,p\lambda$. $\quad -D_{1\,max.} = 1{,}1454\,g\lambda - 0{,}0767\,p\lambda$.

Mittlere Transversalkraft: $\mathfrak{D} = 0{,}2607\,g\lambda + 0{,}3450\,p\lambda$.

$1:1,\ 2:1.\quad l_1 = \frac{15}{16}\lambda = 0{,}9375\,\lambda;\ l = \frac{9}{8}\lambda = 1{,}1250\,\lambda.$

$\frac{x}{l_1}$, $\frac{x}{l}$	Moment			$\frac{x}{l_1}$, $\frac{x}{l}$	Moment		
	Einfluss von g	Einfluss von p			Einfluss von g	Einfluss von g	
	M	$+M_{max.}$	$-M_{max.}$		M	$+M_{max.}$	$-M_{max.}$
1. Feld		+	−			+	−
0	0	0	0	0,95	− 0,08082	0,01524	0,09606
0,1	+ 0,02885	0,03563	0,00678	1	**− 0,10704**	0,01472	**0,12716**
0,2	+ 0,04890	0,06246	0,01356	2. Feld			
0,3	+ 0,06017	0,08051	0,02034	0	**− 0,10704**	0,01472	**0,12716**
0,4	+ 0,06265	0,08975	0,02710	0,05	− 0,07698	0,01297	0,08995
0,5	+ 0,05634	0,09024	0,03390	0,1	− 0,05009	0,01527	0,06536
0,6	+ 0,04124	0,08193	0,04069	0,15	− 0,02637	0,02245	0,04882
0,7	+ 0,01736	0,06482	0,04746	0,2	− 0,00579	0,03460	0,04039
0,7564	0	**0,05127**	**0,05127**	0,2143	− 0,00050	0,03875	0,03923
0,8	− 0,01532	0,03892	0,05424	0,2157	0	**0,03928**	**0,03923**
0,8029	− 0,01639	0,03804	0,05443	0,3	+ 0,02585	0,06508	0,03923
0,85	− 0,03496	0,02520	0,06016	0,4	+ 0,04483	0,08406	0,03923
0,9	− 0,05679	0,01879	0,07558	0,5	**+ 0,05116**	0,09040	0,03923
	$g\lambda^2$	$p\lambda^2$	$p\lambda^2$		$g\lambda^2$	$p\lambda^2$	$p\lambda^2$

Eigengewicht: Absolutes positives Maximum. Zufällige Last:

1. Feld: $+M_{max.} = +0{,}06286\,g\lambda^2$ für: $x = 0{,}378\,l_1$; 1. Feld: $+M_{max.} = +0{,}09111\,p\lambda^2$ für: $x = 0{,}456\,l_1$;
2. „ $+M_{max.} = +0{,}05116\,g\lambda^2$ „ $x = 0{,}5\,l$. 2. „ $+M_{max.} = +0{,}09040\,p\lambda^2$ „ $x = 0{,}5\,l$.

Mittleres Moment: $\mathfrak{M} = 0{,}04242\,g\lambda^2 + 0{,}06997\,p\lambda^2$.

d. Verhältniss der Spannweiten = 1 : 1, 3 : 1.

$l_1 = \frac{10}{11}\lambda = 0{,}90909\,\lambda;\ l = \frac{13}{11}\lambda = 1{,}18182\,\lambda.$

$\frac{x}{l_1}$, $\frac{x}{l}$	Transversalkraft			$\frac{x}{l_1}$, $\frac{x}{l}$	Transversalkraft		
	Einfluss von g	Einfluss von p			Einfluss von g	Einfluss von p	
	Q	$+Q_{max.}$	$-Q_{max.}$		Q	$+Q_{max.}$	$-Q_{max.}$
1. Feld		+	−			+	−
0	**+ 0,3314**	**0,4160**	0,0846	0,9	− 0,4868	0,0178	0,5046
0,1	+ 0,2405	0,3307	0,0902	0	**− 0,5777**	0,0152	**0,5929**
0,2	+ 0,1496	0,2566	0,1070	2. Feld			
0,3	+ 0,0587	0,1934	0,1347	1	**+ 0,5909**	**0,6439**	0,0530
0,3646	0	**0,1583**	**0,1583**	0,1	+ 0,4727	0,5298	0,0571
0,4	− 0,0322	0,1409	0,1731	0,2	+ 0,3545	0,4252	0,0707
0,5	− 0,1232	0,0986	0,2218	0,3	+ 0,2364	0,3323	0,0959
0,6	− 0,2141	0,0659	0,2800	0,4	+ 0,1182	0,2523	0,1341
0,7	− 0,3050	0,0421	0,3471	0,5	0	**0,1862**	**0,1862**
0,8	− 0,3959	0,0264	0,4223				
	$g\lambda$	$p\lambda$	$p\lambda$		$g\lambda$	$p\lambda$	$p\lambda$

Stützendruck: $\begin{cases} +D_{0max.} = 0{,}3314\,g\lambda + 0{,}4160\,p\lambda; & -D_{0max.} = 0{,}3314\,g\lambda - 0{,}0846\,p\lambda; \\ +D_{1max.} = 1{,}1686\,g\lambda + 1{,}2368\,p\lambda. & -D_{1max.} = 1{,}1686\,g\lambda - 0{,}0682\,p\lambda. \end{cases}$

Mittlere Transversalkraft: $\mathfrak{Q} = 0{,}2642\,g\gamma + 0{,}3487\,p\lambda$.

$1:1,\ 3.1.\quad l_1 = \frac{10}{11}\lambda = 0{,}90909\,\lambda;\ l = \frac{13}{11}\lambda = 1{,}18182\,\lambda.$

$\frac{x}{l_1}$, $\frac{x}{l}$	Moment			$\frac{x}{l_1}$, $\frac{x}{l}$	Moment		
	Einfluss von g	Einfluss von p			Einfluss von g	Einfluss von p	
	M	$+M_{max.}$	$-M_{max.}$		M	$+M_{max.}$	$-M_{max.}$
1. Feld		+	−			+	−
0	0	0	0	0,95	− 0,08673	0,01435	0,10108
0,1	+ 0,02599	0,03369	0,00769	1	**− 0,11196**	0,01380	**0,12575**
0,2	+ 0,04373	0,05911	0,01539	2. Feld			
0,3	+ 0,05319	0,07627	0,02308	0	**− 0,11196**	0,01380	0,12575
0,4	+ 0,05439	0,08517	0,03077	0,05	− 0,07878	0,01246	0,09124
0,5	+ 0,04733	0,08580	0,03847	0,1	− 0,04910	0,01523	0,06433
0,6	+ 0,03200	0,07816	0,04616	0,15	− 0,02357	0,02253	0,04610
0,7	+ 0,00841	0,06226	0,05385	0,2	− 0,00022	0,03650	0,03672
0,7291	0	**0,05609**	**0,05609**	0,2005	0	**0,03644**	**0,03644**
0,8	− 0,02341	0,03810	0,06155	0,2203	+ 0,00802	0,04305	0,03503
0,8089	− 0,02688	0,03556	0,06225	0,3	+ 0,03469	0,06972	0,03503
0,85	− 0,04247	0,02557	0,06804	0,4	+ 0,05566	0,09069	0,03503
0,9	− 0,06356	0,01799	0,08156	0,5	**+ 0,06264**	**0,09767**	0,03503
	$g\lambda^2$	$p\lambda^2$	$p\lambda^2$		$g\lambda^2$	$p\lambda^2$	$p\lambda^2$

Eigengewicht: Absolutes positives Maximum. Zufällige Last:

1. Feld: $+M_{max.} = +0{,}05491\,g\lambda^2$ für: $x = 0{,}365\,l_1$ 1. Feld: $+M_{max.} = +0{,}08654\,p\lambda^2$ für: $x = 0{,}458\,l_1$.
2. „ $+M_{max.} = +0{,}06263\,g\lambda^2$ „ $x = 0{,}5\,l$. 2. „ $+M_{max.} = +0{,}09767\,p\lambda^2$ „ $x = 0{,}5\,l$.

Mittleres Moment: $\mathfrak{M} = 0{,}04243\,g\lambda^2 + 0{,}07075\,p\lambda^2$.

Tabelle 3. Zur Bestimmung der Dimensionen von Konsolen in Gusseisen. (Vergl. Fig. 566).

Wenn die Kraft Q in kg, die Stärke nb der Rippe in cm, der Hebelarm l in cm angegeben ist, so ergiebt die nachfolgende Tabelle die Höhe h des **T** Profils der Konsolen in cm.

No.	Länge l	Q=500		1000		1500			2000			2500			3000			3500			4000			4500			5000			10 000			15 000		
	cm	nb = 1,5	2,0	2	3	2	3	4	2	3	4	2	3	4	2	3	4	2	3	4	2	3	4	2	3	4	2	3	4	3	4	5	3	4	5
1	10	6	5	7	6	8	7	6	10	8	7	11	9	8	12	10	8	13	11	9	14	11	10	15	12	10	15	12	11	17	15	13	22	19	17
2	20	8	7	10	8	12	10	8	14	11	10	15	13	11	17	14	12	18	15	12	19	16	14	21	17	14	22	18	15	25	21	19	30	26	23
3	30	9	8	12	9	14	12	10	17	14	12	18	15	13	20	17	14	22	18	15	23	19	16	25	20	17	26	21	18	30	26	23	37	32	28
4	40	11	10	13	11	16	14	12	19	16	13	21	17	15	23	19	16	25	21	18	27	22	19	29	23	20	31	26	21	35	30	27	43	37	33
5	50	12	10	15	12	18	15	13	21	17	15	24	19	17	26	21	18	28	23	20	31	25	21	32	26	23	34	28	24	39	34	30	48	41	37
6	60	13	11	17	13	20	16	14	23	19	16	26	22	18	29	23	20	31	25	22	33	27	23	35	29	25	37	29	26	43	37	33	53	45	41
7	70	14	12	18	15	22	18	16	25	21	18	28	23	20	31	25	22	33	27	24	36	29	25	38	31	27	40	33	28	46	40	36	57	49	44
8	80	16	13	19	16	23	19	16	27	22	19	30	25	21	33	27	23	36	29	25	39	31	27	41	33	29	43	35	31	49	43	38	60	52	47
9	90	16	14	20	16	24	20	17	29	23	20	32	26	23	35	29	25	38	31	27	41	33	29	43	35	30	45	37	32	52	45	41	64	55	49
10	100	17	15	21	17	26	21	19	30	25	21	34	28	24	37	30	26	40	33	28	43	35	30	46	37	32	48	39	34	55	48	43	68	58	52

Tabelle 4. Zur Bestimmung von α in der Gleich.: $b = \alpha Q$, bezw. β in der Gleich.: $b_1 = \beta Q$. (Vergl. S. 659).

Pos.	Länge l	d = 20 cm		d = 30 cm		d = 40 cm		d = 50 cm		d = 60 cm		d = 70 cm		d = 80 cm		d = 90 cm	
	cm	s=10	s=14	s=10	s=14	s=10	s=14	s=10	s=14	s=10	s=14	s=10	s=14	s=10	s=14	s=10	s=14
1	10	0,035	0,025	0,020	0,014	0,014	0,009	0,010	0,007	0,008	0,006	0,007	0,005	0,006	0,0040	0,0050	0,0035
2	20	050	036	027	019	018	013	013	009	010	007	008	006	007	0050	0060	0045
3	30	065	047	033	024	021	015	015	011	012	009	009	007	008	0060	0065	0050
4	40	080	057	040	029	025	018	018	013	013	010	011	008	009	0065	0075	0055
5	50	095	068	047	034	029	021	020	014	015	011	012	009	010	0070	0080	0060
6	60	110	079	053	038	033	024	022	016	017	012	013	009	011	0080	0090	0065
7	70	125	089	060	043	036	026	025	018	018	013	014	010	012	0085	0095	0070
8	80	140	100	067	048	040	029	027	019	020	014	015	011	012	0090	0105	0075
9	90	155	111	073	052	044	032	030	021	022	016	017	012	013	0095	0110	0080
10	100	170	121	080	057	048	034	032	023	023	016	018	013	014	0100	0120	0085
11	110	185	132	087	062	051	036	035	025	025	018	019	014	015	0110	0125	0090
12	120	200	143	093	067	055	039	037	026	027	019	020	014	016	0115	0130	0095
13	130	215	154	100	072	059	042	039	028	028	020	022	016	017	0120	0140	0100
14	140	230	164	107	077	063	045	042	030	030	021	023	016	018	0130	0150	0105
15	150	245	175	113	081	066	047	044	031	032	023	024	017	019	0135	0155	0110

Um β zu erhalten, muss von vorsteh. Werthen für α (unabhängig von l) abgezogen werden $\frac{2}{sd}$, oder:

10	gleichgültig	0,010	0,007	0,007	0,005	0,005	0,0035	0,004	0,003	0,0035	0,0025	0,0029	0,002	0,0025	0,0018	0,0022	0,0016

Tabelle 5. Trägheitsmoment der Lamellen bei 10 mm Breite.

Lamellen-Höhe	Höhe h_1 des Trägers mm										
mm	400	500	600	700	800	900	1000	1100	1200	1300	1400
8	0,0666	0,1032	0,1478	0,2005	0,2611	0,3279	0,4064	0,4911	0,5837	0,6844	0,7930
9	0,0753	0,1166	0,1669	0,2262	0,2945	0,3718	0,4581	0,5535	0,6578	0,7711	0,8934
10	0,0841	0,1301	0,1861	0,2521	0,3281	0,4141	0,5101	0,6161	0,7321	0,8581	0,9941
11	0,0929	0,1436	0,2053	0,2781	0,3618	0,4565	0,5622	0,6789	0,8066	0,9453	1,095
12	0,1018	0,1573	0,2248	0,3042	0,3957	0,4991	0,6145	0,7420	0,8814	1,033	1,196
13	0,1109	0,1711	0,2443	0,3306	0,4297	0,5419	0,6670	0,8052	0,9564	1,121	1,298
14	0,1200	0,1850	0,2639	0,3569	0,4639	0,5848	0,7198	0,8686	1,032	1,209	1,400
15	0,1292	0,1990	0,2837	0,3835	0,4982	0,6280	0,7727	0,9325	1,107	1,297	1,502
16	0,1385	0,2131	0,3036	0,4102	0,5328	0,6713	0,8259	0,9964	1,183	1,386	1,604
17	0,1479	0,2273	0,3237	0,4371	0,5674	0,7148	0,8792	1,061	1,259	1,574	1,707
18	0,1573	0,2416	0,3438	0,4641	0,6032	0,7585	0,9328	1,125	1,335	1,564	1,810
19	0,1669	0,2560	0,3641	0,4917	0,6373	0,8024	0,9866	1,190	1,412	1,653	1,913
20	0,1765	0,2706	0,3845	0,5185	0,6725	0,8465	1,041	1,255	1,489	1,743	2,017
21	0,1863	0,2852	0,4051	0,5460	0,7080	0,8908	1,095	1,320	1,566	1,832	2,120
22	0,1961	0,2999	0,4257	0,5736	0,7434	0,9353	1,139	1,385	1,643	1,923	2,224
23	0,2060	0,3148	0,4466	0,6013	0,7791	0,9799	1,204	1,451	1,720	2,013	2,329
24	0,2160	0,3297	0,4675	0,6292	0,8150	1,025	1,259	1,516	1,798	2,104	2,434
25	0,2260	0,3448	0,4885	0,6573	0,8510	1,070	1,314	1,582	1,876	2,195	2,539

Tabelle 6. **Trägh.-Mom. d. Stehblechs u. d. 4 ∟ Eisen (Biquadrat ^{dm}).** (Vergl. S. 676.)

	Höhe h_1 des Trägers. mm.										
	400	500	600	700	800	900	1000	1100	1200	1300	1400
10 mm Stehbl.	0,5333	1,042	1,800	2,858	4,267	6,075	8,333	11,09	14,60	18,31	22,87
∟ Eisen											
6	0,9235	1,492	2,197	3,039	4,018	5,134	6,387	7,776	9,302	11,96	12,76
60 8	1,200	1,942	2,863	3,964	5,244	6,702	8,341	10,16	12,15	14,33	16,69
10	1,461	2,369	3,497	4,845	6,413	8,201	10,21	12,44	14,89	17,56	20,44
7	1,144	1,854	2,736	3,791	5,018	6,416	7,988	9,731	11,65	13,73	15,99
65 9	1,435	2,330	3,443	4,774	6,322	8,088	10,07	12,27	14,69	17,33	20,19
11	1,712	2,784	4,118	5,713	7,571	9,690	12,07	14,71	17,62	20,78	24,21
7	1,220	1,982	2,930	4,065	5,386	6,893	8,587	10,46	12,53	14,78	17,22
70 9	1,536	2,499	3,698	5,132	6,803	8,709	10,85	13,23	15,84	18,69	21,78
11	1,833	2,988	4,427	6,150	8,156	10,45	13,02	15,88	19,02	22,45	26,15
8	1,469	2,393	3,544	4,922	6,527	8,360	10,42	12,71	15,22	17,96	20,03
75 10	1,796	2,930	4,344	6,039	8,013	10,27	12,80	15,62	18,71	22,09	25,74
12	2,106	3,443	5,112	7,111	9,442	12,10	15,10	18,42	22,08	26,06	30,38
8	1,554	2,537	3,763	5,232	6,945	8,900	11,10	13,54	16,23	19,15	22,33
80 10	1,901	3,109	4,617	6,425	8,533	10,94	13,65	16,66	19,97	23,57	27,48
12	2,232	3,658	5,438	7,574	10,06	12,91	16,11	19,67	23,58	27,85	32,47
9	1,915	3,141	4,675	6,517	8,666	11,12	13,89	16,96	20,34	24,03	28,03
90 11	2,293	3,769	5,617	7,836	10,43	13,39	16,73	20,43	24,51	28,96	33,78
13	2,656	4,373	6,524	9,110	12,13	15,58	19,47	23,79	28,56	33,74	39,37
10	2,303	3,795	5,667	7,919	10,55	13,56	16,95	20,73	24,88	29,41	34,32
100 12	2,710	4,475	6,692	9,359	12,48	16,05	20,07	24,54	29,46	34,84	40,65
14	3,101	5,131	7,682	10,75	14,35	18,46	23,09	28,25	33,92	40,12	46,84
10	2,491	4,119	6,167	8,636	11,52	14,83	18,56	22,71	27,27	32,26	37,67
110 12	2,934	4,862	7,289	10,22	13,64	17,57	21,99	26,91	32,33	38,26	44,68
14	3,361	5,580	8,376	11,75	15,70	20,22	25,33	31,01	37,26	44,10	51,51
11	2,913	4,837	7,265	10,20	13,63	17,57	22,01	26,96	32,41	38,37	44,82
120 13	3,382	5,627	8,463	11,89	15,90	20,51	25,71	31,49	37,87	44,84	52,49
15	3,833	6,392	9,625	13,53	18,11	23,37	29,31	35,92	43,20	51,16	59,79
12	3,753	5,596	8,430	11,86	15,88	20,50	25,72	31,53	37,93	44,93	52,53
130 14	3,860	6,431	9,701	13,66	18,31	23,64	29,67	36,38	43,78	51,88	60,66
16	4,325	7,239	10,93	15,41	20,67	26,70	33,52	41,12	49,50	58,66	68,60
13	3,666	6,198	9,425	13,35	17,96	23,27	29,27	35,97	43,36	51,45	60,23
140 15	4,337	7,271	11,00	15,52	20,84	26,95	33,86	41,57	50,06	59,36	69,44
17	4,834	8,120	12,30	17,38	23,34	30,21	37,96	46,62	56,16	66,60	77,94
14	4,308	7,228	10,95	15,47	20,79	26,92	23,84	41,57	50,09	59,42	69,55
150 16	4,843	8,144	12,35	17,47	23,50	30,44	38,28	47,03	56,70	67,27	78,75
18	5,360	9,033	13,72	19,42	26,14	33,88	42,62	52,39	63,17	74,96	87,77

Tabelle 7. **Nietloch-Abzug für 1 Niet** von 10 mm Durchm.

∟ Eisen-Stärke mm	Höhe h_1 des Trägers mm.										
	400	500	600	700	800	900	1000	1100	1200	1300	1400
6	0,0233	0,0366	0,0529	0,0722	0,0946	0,1199	0,1482	0,1796	0,2138	0,2512	0,2915
7	0,0270	0,0425	0,0615	0,0840	0,1101	0,1396	0,1726	0,2091	0,2491	0,2926	0,3396
8	0,0307	0,0484	0,0701	0,0958	0,1255	0,1591	0,1968	0,2385	0,2841	0,3339	0,3876
9	0,0344	0,0542	0,0786	0,1074	0,1408	0,1786	0,2210	0,2618	0,3192	0,3783	0,4354
10	0,0380	0,0600	0,0870	0,1190	0,1560	0,1980	0,2450	0,2970	0,3540	0,4194	0,4830
11	0,0416	0,0691	0,0954	0,1306	0,1712	0,2173	0,2690	0,3261	0,3888	0,4569	0,5306
12	0,0452	0,0715	0,1037	0,1420	0,1863	0,2366	0,2929	0,3548	0,4234	0,4977	0,5780
13	0,0487	0,0771	0,1120	0,1534	0,2013	0,2557	0,3166	0,3840	0,4579	0,5383	0,6252
14	0,0522	0,0827	0,1202	0,1647	0,2163	0,2748	0,3403	0,4128	0,4923	0,5788	0,6724
15	0,0556	0,0882	0,1284	0,1760	0,2311	0,2937	0,3639	0,4415	0,5266	0,6192	0,7194
16	0,0590	0,0937	0,1365	0,1872	0,2459	0,3126	0,3873	0,4701	0,5608	0,6595	0,7662
17	0,0624	0,0992	0,1442	0,1983	0,2606	0,3314	0,4107	0,4952	0,5948	0,6996	0,8129
18	0,0657	0,1046	0,1525	0,2094	0,2752	0,3501	0,4340	0,5269	0,6288	0,7396	0,8593
19	0,0690	0,1100	0,1604	0,2203	0,2898	0,3687	0,4572	0,5551	0,6626	0,7795	0,9060

Tab. 6 enthält die Werthe J_0 (vergl. Gleichg. 14 S. 676) für ∟ Eisen nach den deutschen Normalprofilen. Die 1. Zeile giebt das Trägheitsmoment des Stehblechs für eine Breite von 10 mm.

Tab. 5 enthält J für eine Lamelle, die im Abstand $\frac{h_1}{2}$ von der neutralen Faser liegt für die Breite = 10 mm.

Tab. 7 giebt den für ein Nietloch von 10 mm Stärke in dem ∟ Eisen nöthig werdenden Abzug an.

VI.
Mechanik tropfbar flüssiger Körper.

Bearbeitet von **L. Pinzger**, Professor an der techn. Hochschule in Aachen.

Litteratur.

Duchemin. Experimental-Untersuchungen über die Gesetze des Widerstandes der Flüssigkeiten. Deutsch von Schnuse; 1844. — Weisbach. Experimental-Hydraulik; 1855. — Bühlmann. Hydromechanik; 3. Aufl., 1879. — Collignon. *Cours de mécanique. Deuxième partie; Hydraulique 1870.* — Debauve. *Manuel de l'ingénieur des ponts et chaussées. 15me Fascicule; Hydraulique 1873, 16me Fascic. Distributions d'eau 1875.* — Dupuit. *Traité etc. de la conduite et de la distribution des eaux 1854.* — Darcy. *Recherches experimentales relatives au mouvement de l'eau, dans les tuyeaux; Paris* 1857. — Heinemann. Hydrodynamik; 1872. — Grashof. Theoretische Maschinenlehre. Bd. I. Hydraulik; 1876. — Weisbach-Herrmann. Ingen.- u. Maschinen-Mechanik. Th. I. Theoretische Mechanik, Abschn. 6 u. 7: Statik u. Dynamik flüssiger Körper; 1875. — A. Ritter. Lehrbuch d. Ingen.-Mechanik, Abschn. 8: Hydraulik; 1876. — A. Ritter. Lehrbuch d. technischen Mechanik. 4. Aufl., Abschn. 7 u. 8: Statik u. Dynamik flüssiger Körper; 1877. — Meissner. Hydraulik. Bd. I.; 1878. — Iben. Druckhöhen-Verluste in geschlossenen Rohrleitungen; Hamburg 1880.

I. Statik.

a. Allgemeines.

Das charakteristische Merkmal tropfbar flüssiger Körper besteht darin, dass ihre Massenelemente in unbeschränktem Grade die Fähigkeit besitzen, ihre Form zu ändern und relative Bewegungen auszuführen; diese Bewegungen sind gleitende, wenn es sich um benachbarte Massenelemente handelt. Den tropfb. flüssigen Körpern wohnt sonach die Eigenschaft einer unbeschränkten Veränderlichkeit ihrer Gestalt und einer unbeschränkten Mischbarkeit ihrer Massenelemente inne*).

Die Veränderlichkeit des Volumens der Massenelemente eines tropfb. flüssigen Körpers und demnach auch des Volumens eines aus solchen bestehenden Körpers ist beschränkt, und zwar in so hohem Grade, dass für die Praxis die tropfb. flüssigen Körper als unzusammendrückbar angesehen werden dürfen.

Die mathemat. Untersuchung des Zustandes und der Zustands-Aenderung tropfb. flüssiger Körper setzt ferner die Eigenschaft voraus, dass bei relativ gleitenden Bewegungen benachbarter Massenelemente, abgesehen von etwaigen Reibungs-Widerständen, Widerstände der Bewegung nicht auftreten, so dass die Tangential-Spannungen in jedem Punkte der Berührungsfläche zweier Flüssigkeitselemente stets $= 0$ sind. Dem zufolge können in jedem Punkte der Berührungsfläche nur Normal-Spannungen auftreten, welche ausserdem nur Druck-Spannungen sein können.

Hieraus folgt, dass die spezif. Pressung (Druck auf die Flächeneinheit $= p$) in irgend einem Punkte eines tropfb. flüssigen Körpers nach jeder Richtung hin gleich gross ist.

Die spezif. Masse μ (Masse der Volumeneinheit) eines tropfb. flüssigen Körpers ist, in Folge der Annahme der Unzusammendrückbarkeit, unter Voraussetzung konstanter Temperatur, als konstante Grösse anzusehen. Danach ist auch, unter derselben Voraussetzung, sein spezif. Gewicht $\mu g = \gamma$ (Gew. der Volumeneinheit) eine konstante Grösse. Als Repräsentant der tropfb. flüssigen Körper dient in der Mechanik das Wasser.

---

*) Grashof; A. a. O. Bd. I., S. 8.

b. Allgemeine Gleichgewichts-Bedingung.

Die Koordin. irgend eines Punktes innerhalb eines im relativen Ruhezustande befindl. tropfb. flüssigen Körpers seien in Bezug auf ein rechtwinkl. Koordin.-System: x, y, z, Fig. 658; die spezif. Pressung in diesem Punkte sei p und die Seitenkräfte der beschleunigenden, auf die Masseneinh. bezogenen Massenkraft seien X, Y, Z. Dann ist die in der Richtg. dieser Massenkraft stattfindende Pressungs-Aenderung:

Fig. 658.

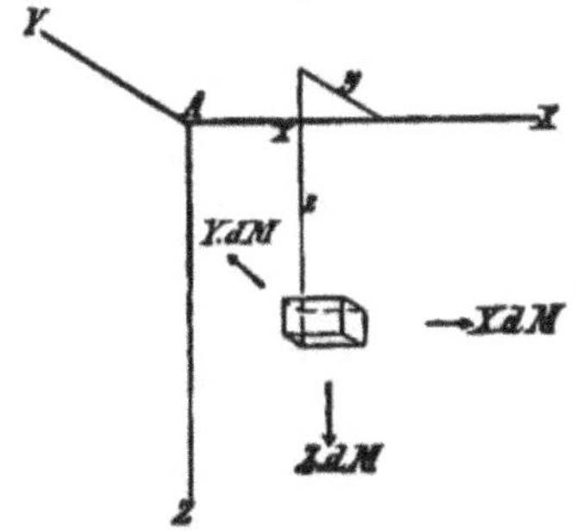

$$dp = \mu\,(X\,dx + Y\,dy + Z\,dz) \quad (1)$$

Da allgem. μ, X, Y und Z Funktionen von x, y, z sind, so folgt: $p = F(x, y, z) + p_0$ (2) unter p_0 die Pressung im Koordin.-Anfang verstanden.

Für $dp = 0$ wird: $f(x, y, z) = \text{Konst.}$ (3) D. h. in jeder durch Gleichg. (3) bestimmten Fläche ist die spezif. Pressung eine konstante Grösse; jede solche Fläche heisst Niveaufläche.

c. Einfluss der Schwerkraft.

Ist auf die Massentheilchen eines tropfb. flüssigen Körpers nur die Schwerkraft wirksam, so ist in Gleichg. (1), sofern die positive Richtg. der Z-Axe mit der Richtg. der Schwerkraft zusammen fallend angenommen wird: $X = 0$, $Y = 0$ und $Z = g$; daher: $dp = \mu g\,dz = \gamma\,dz$ (4) und: $p = \gamma z + p_0$. (5)

Beispiel. Liegt d. Koordin.-Anfang in der freien, von der atmosph. Luft berührten Oberfläche des tropfb. flüssigen Körpers, so ist unter p_0 die spezif. Pressung der atmosph. Luft $= 10333$ kg auf 1 qm (bei 760 mm Barometerstand) zu verstehen. Für Wasser ist ferner: $\gamma = 1000$ kg (Gew. von 1 cbm). Somit wird für $z = 4{,}5$ m der Werth $p = 4500 + 10333 = 14833$ kg/qm.

Setzt man in Gleichg. (4) $dp = 0$, so ergiebt die Integration: $z = \text{Konstr.}$ (6). D. h. die Niveauflächen sind in diesem Falle zur Z-Axe senkrechte, also horizontale Ebenen. Voraus gesetzt ist hier, dass die horizontale Ausdehnung des tropfb. flüssigen Körpers innerhalb derjenigen Grenzen bleibt, für welche man die Richtungen der Schwerkraft an den Grenzpunkten als parallel annehmen darf.

d. Fortpflanzung des Drucks.

Das Gesetz der Fortpflanzung des Drucks innerhalb eines tropfb. flüssigen Körpers ist allgem. durch die Different.-Gleichg. (1) vollkommen bestimmt. Handelt es sich um einen durch feste Wände ringsum eingeschlossenen tropfb. flüssigen Körper von geringer Ausdehnung der Fassung, so darf die Wirkung der Massenkräfte, also auch die der Schwerkraft, vernachlässigt werden, und man erhält aus Gleichg. (1) für $X = 0$, $Y = 0$ und $Z = 0$: $p = \text{Konst.}$ (7)

Fig. 659.

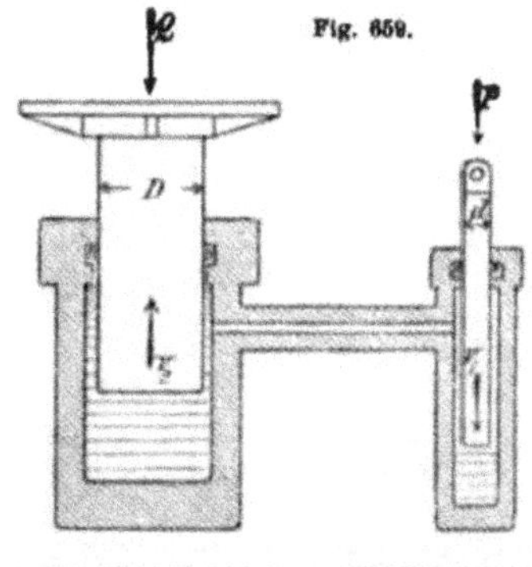

D. h. die spezif. Pressung innerhalb eines tropfb. flüssigen Körpers darf in diesem Falle als in jedem Punkte desselben gleich gross angenommen werden.

Beispiel. Wenn die Projektion der Endfläche des Pumpenkolbens, vom Durchm. d einer hydraul. Presse, Fig. 659, einen Druck P gegen die eingeschlossene Flüssigkeitsmenge (Wasser) ausübt, so ist die im Wasser hervor gebrachte spezif. Pressung $p = \dfrac{P}{\frac{d^2\pi}{4}}$ und demnach der Druck Q, mit welchem das Wasser gegen die Projektion der Endfläche des Presskolbens vom Durchm. D wirkt: $Q = p\,\dfrac{D^2\pi}{4}$ folglich: $\dfrac{Q}{P} = \left(\dfrac{D}{d}\right)^2 = \dfrac{v_1}{v_2}$, wenn v_1 die Geschw. des Pumpen $=$, v_2 die des Presskolbens bezeichnen, und Unzusammendrückbarkeit der eingeschlossenen Wassermenge voraus gesetzt wird. Für $d = 0{,}05$ m und $D = 0{,}45$ m wird:

$$\frac{Q}{P} = \left(\frac{45}{5}\right)^2 = 81, \text{ und } \frac{v_2}{v_1} = \frac{1}{81}.$$

e. Druck des Wassers auf Gefässwandungen.

Der Druck einer ruhenden, ganz oder zum Theil von festen Wänden eingeschlossenen Wassermenge auf die vom Wasser berührten Wandflächen ist = der Summe der Produkte aus den in den einzelnen Berührungspunkten stattfindenden spezif. Pressungen p in die zugehörigen Flächenelemente dF, oder: $D = \int p\,dF$.

Wird der Druck einer Wassermenge mit freier Oberfläche gegen die umschliessenden Gefässwände allein durch die Schwerkraft hervor gerufen, so ist für p der Werth aus Gleichg. (5) einzutragen, und wenn es sich nur um die Grösse des Ueberdrucks daselbst über den Atmosphären-Druck handelt, — was für die Lösung praktischer Aufgaben fast stets der Fall ist — erhält man, für $p_0 = 0$ diesen Ueberdruck: $D = \gamma \int z\,dF$. (7)

Der Druck (Ueberdruck) gegen die einzelnen Flächentheilchen ist also proportional den vertikalen Abständen derselben vom Wasserspiegel. Ist die gedrückte Wandfläche eine Ebene, so sind die Richtungen aller Normaldrücke gegen die einzelnen Flächentheilchen unter einander parallel; mithin ist der Gesammtdruck des Wassers gegen diese Ebene = dem Gewicht eines über derselben gedachten geraden Wasserprismas, dessen Seitenlängen = den Abständen der einzelnen Umfassungspunkte der Grundfläche vom Wasserspiegel sind. Fig. 660, 661, 662. Die obere Endfläche des Prismas ist eine Ebene, welche durch die Schnittlinie des Wasserspiegels mit der Wandfläche geht, und mit letzterer den Winkel φ einschliesst, der aus: $\operatorname{tang} \varphi = \sin \alpha$ (8) zu bestimmen ist, unter α den Winkel zwischen Wasserspiegel u. Wandfläche verstanden.

Fig. 660.

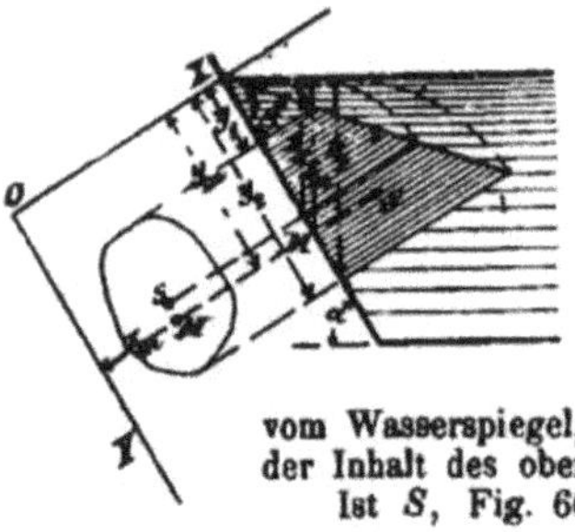

Beispiel. $\angle \alpha = 90^0$, d. h. d. Wand ist vertikal. Dann wird: $\operatorname{tang} \varphi = 1$, demnach $\varphi = 45^0$; Fig. 661.

Bezeichnet F die Grösse der gedrückten Fläche und z_s den Abstand ihres Schwerp. s vom Wasserspiegel, so ist ferner: $D = \gamma z_s F$, (9) der Inhalt des oben erwähnten Wasserprismas $= z_s F$ ist.

Ist S, Fig. 660 — 662, der Schwerp. des oben genannten Wasserprismas, so giebt der Fussp. M einer auf die Grundfläche F aus S gefällten Senkrechten den Angriffsp. der Druckkraft D an. M heisst der Mittelpunkt des Drucks. Der Abstand z_m desselben vom Wasserspiegel ist = dem Abstand des Druckmittelp. der Vertikal-Projektion der Fläche F vom Wasserspiegel, u. zw.: $z_m = \frac{\int z^2 dF}{z_s F}$. (10)

Fig. 661.

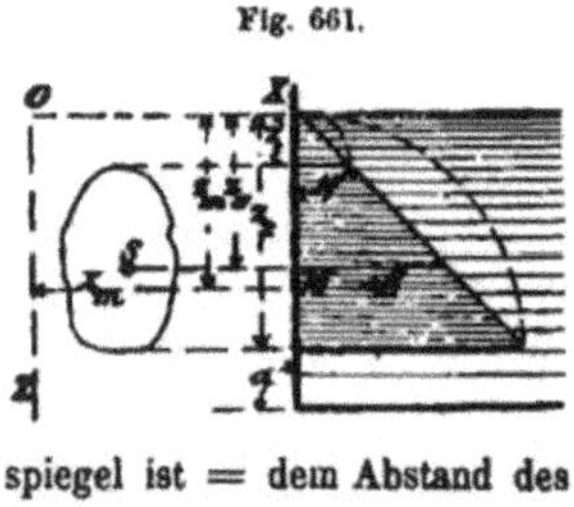

Fig. 662.

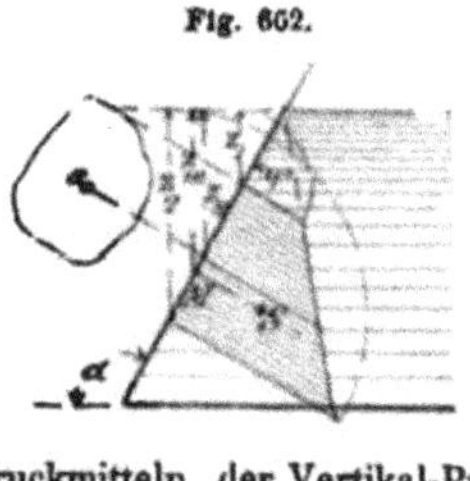

Der Abstand y_m von der Durchschnittslinie OX, Fig. 660, des Wasserspiegels mit der Wandfläche ist:

$$y_m = \frac{\int y^2 dF}{y_s F} = \frac{J_x}{y_s F} = \frac{F y_s^2 + J_s}{y_s F} = y_s + \frac{J_s}{y_s F}; \quad (11)$$

worin J_x das Trägheitsmom. der Fläche F bezogen auf die Axe OX, u. J_s dasjenige bezogen auf die zu OX parallele Schwerp.-Axe der Fläche F bedeuten. Steht die Wand vertikal, so ist y_m identisch mit z_m.

Der Abstand x_m des Druckmittelp. von einer in belieb. Entfernung von der Fläche F senkr. zu OX in der Wandfläche gezogenen Axe OY, Fig. 660, bezw. OZ, Fig. 661, ist: $x_m = \frac{\int x z\,dF}{z_s F}$. (12)

Legt man die Axe OY bezw. OZ durch den Schwerp. s der Fläche F, so liegt der Druckmittelp. M ebenfalls auf dieser Axe, wenn dieselbe in Bezug auf F eine Symmetrie-Axe ist.

F sei ein Rechteck, dessen Seiten, a u. b, senkr. bezw. parallel zur Axe OX stehen und dessen Schwerp.-Abstand vom Wasserspiegel $= z_s$ ist. Die Abstände der horizontalen Rechtecksseiten vom Wasserspiegel seien z_1 u. z_2, der Neigungswinkel der Rechtecksfläche gegen den Wasserspiegel $= \alpha$. Alsdann ist:

$$D = \gamma z_s a b = \gamma \frac{z_2 + z_1}{2} a b; \; z_m = \frac{2}{3} \frac{z_2^3 - z_1^3}{z_2^2 - z_1^2}, \text{ also unabhängig von } \alpha.$$

Liegt die obere Seite des Rechtecks im Wasserspiegel, so ist: $z_1 = 0$, folglich:

$$D = \gamma \frac{z_2}{2} a b \text{ und: } z_m = \frac{2}{3} z_2.$$

Steht die Fläche $F = ab$ senkr. zum Wasserspiegel ($\alpha = 90^0$), so ist: $a = z_2 - z_1$, folglich: $D = \gamma \frac{b}{2} (z_2^2 - z_1^2)$ und wenn $z_1 = 0$, $z_2 = a$: $D = \gamma \frac{b}{2} a^2$ u. $z_m = \frac{2}{3} a$.

Der Druckmittelp. M liegt stets auf der zu a parallelen Mittellinie des Rechtecks.

Für die vorstehend behandelte Rechtecks-Fläche als Druckfläche lässt sich die Lage des Druckmittelp. auch sehr leicht grafisch finden. Da sämmtliche zu F normal durch das Wasserprisma, Fig. 660—662, gelegten Vertikalschnitte kongruente Trapeze sind, so giebt der Schwerp. einer solchen Trapezfläche die Projektion der zu F parallelen horizontalen Schwerp.-Axe an. Bestimmt man also durch Konstruktion den Schwerp. S der Trapezfläche, so ist der Fussp. M der Senkrechten aus S auf F der Druckmittelp., voraus gesetzt, dass M auf der zu a parallelen Mittellinie des Rechtecks liegt, Fig. 663.

Aus Gleichg. (11) folgt unter Voraussetzung einer vertikalen Wand für die Rechtecksfläche ab: $z_m = z_s + \frac{a^2}{12 z_s} = z_s \left[1 + \frac{1}{12} \left(\frac{a}{z_s} \right)^2 \right]$.

Je kleiner also a im Vergleich zu z_s, um so mehr nähert sich z_m dem Werthe z_s. Z. B. wird für $z_s = 4$ m und $a = 0{,}6$ m: $z_m = 4{,}0075$ m.

Für eine Kreisfläche $F = d^2 \frac{\pi}{4}$ in vertikaler Wand, deren Mittelp. um die Länge z_s unter dem Wasserspiegel liegt, wird nach Gleichg. (11):

$$z_m = z_s \left[1 + \frac{1}{16} \left(\frac{d}{z_s} \right)^2 \right]. \text{ Für } z_s = \frac{d}{2} \text{ wird: } z_m = \frac{5}{8} d.$$

Fig. 663.

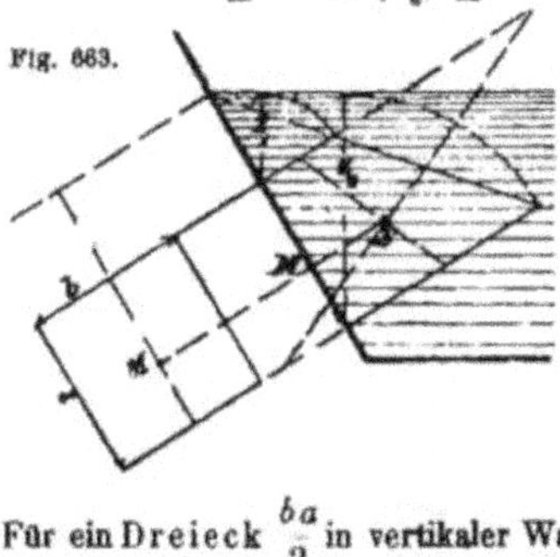

Fig. 664.

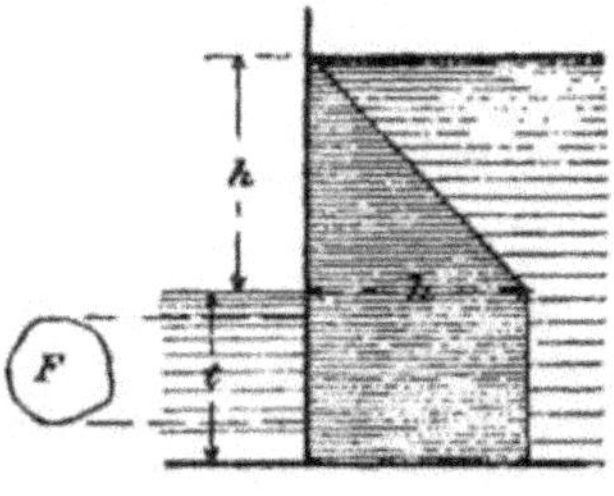

Für ein Dreieck $\frac{ba}{2}$ in vertikaler Wand, dessen Grundlinie b im Wasserspiegel liegt, ist $z_m = \frac{1}{2} a$, und für ein solches, dessen Spitze im Wasserspiegel liegt, während die Grundlinie parallel zu demselben läuft, ist $z_m = \frac{3}{4} a$. Der Druckmittelp. M liegt in der Mitte der durch den Fussp. von z_m zu b gezogenen Parallelen.

Befinden sich zu beiden Seiten einer vertik. Wand Wassermengen, deren Spiegellagen um die Höhe h von einander abweichen, Fig. 664, so beträgt der

Ueberdruck des Wassers gegen eine unterhalb des tiefern Wasserspiegels gelegene Fläche $(F) : D = \gamma F h$. (13)

Der Druckmittelp. fällt hierbei mit d. Schwerp. der gedrückten Fläche zusammen.

Beispiele 1. Der Wasserdruck gegen ein unter Wasser liegendes Riegelfeld eines ebenen Schleusenthores, Fig. 665, der Breite b und Höhe a ist bei einem Spiegel-Unterschied h: $D_1 = \gamma a b h$; der Druck D_1 ist gleichmässig über die ganze Breite des Riegelfeldes vertheilt; sein Angriffsp. liegt in dem Mittelp. des Rechtecks ab. Befindet sich das Riegelfeld oberhalb des Unterwasserspiegels im Abstande z vom Oberwasserspiegel, so ist — bis Oberkante des Feldes gültig — nach Gleichg. (9):

Fig. 665.

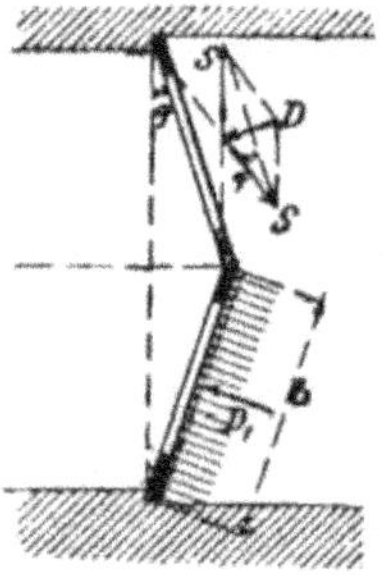

$$D_1 = \gamma \left(z + \frac{a}{2}\right) a b = \gamma \frac{b}{2} a^2 \left(1 + \frac{2z}{a}\right).$$

Die Beanspruchung, welche das Riegelfeld erleidet, ist eine zweifache, indem zu der Beanspruchung auf relat. Festigkeit eine solche auf Knickfestigkeit, hervor gerufen durch die Gegendrücke in der Schlagsäulen-Fuge und in den Wendenischen tritt; der Gegendruck des Drempels wird $= 0$ angenommen. Bezeichnet man den Druck pro Breiteneinheit des Thorflügels $(\gamma a h)$ mit p, die Schleusenweite mit w, so ist das Biegungsmoment in halber Länge des Riegelfeldes:

$$\mathfrak{M} = p \frac{l^2}{8} = p \left(\frac{w}{2 \cos \varphi}\right)^2 \frac{1}{8} = \frac{p w^2}{32 \cos^2 \varphi} = \frac{\gamma a h w^2}{32 \cos^2 \varphi},$$

aus welcher Gleichg. durch Gleichsetzung mit dem Ausdruck $S_1 W$ (S_1 Spannung pro Einheit, W Widerstandsmom.) des betr. Riegelfeldes die Biegungs-Spannung S_1 gefunden werden kann.

Sei der Druck in Wendenische und Schlagsäulen-Fuge $= P$ so besteht die Beziehung:

$$P \frac{w}{2} \operatorname{tang} \varphi = \frac{p w}{2 \cos \varphi} \frac{1}{2} \frac{w}{2 \cos \varphi} \text{ woraus: } P = \frac{p w}{4 \cos \varphi \sin \varphi} = \frac{\gamma a h w}{4 \cos \varphi \sin \varphi}.$$

Derjenige Querschn. F_1, zu welchem dieser Druck senkrecht wirkt, ist $= F \cos \varphi$, wenn F den normalen Querschn. des betr. Riegelfeldes bezeichnet; daher ist die durch den Axialdruck hervor gerufene Spannung pro Einheit des Querschn.: $S_2 = \frac{P \cos \varphi}{F} = \frac{\gamma a h w}{4 F \sin \varphi}$.

Fig. 666.

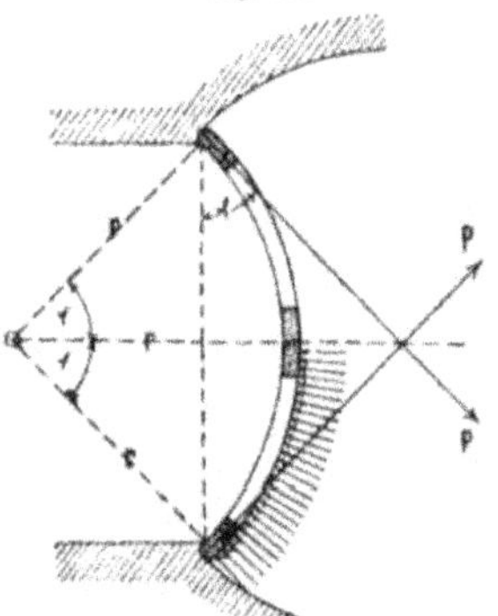

Beide Spannungen sind hiernach Funktionen von φ. Bildet man die Summe $S_1 + S_2$ und untersucht man die betr. Funktion auf ihr Minimum, so findet sich derjenige Werth von F, welcher den geringsten Material-Aufwand ergiebt. —

2. Der Wasserdruck gegen den Flügel eines gekrümmten Schleusenthores vom Halbmesser r, Fig. 666, bildet sich aus radial gerichteten Pressungen, die für jeden Horizontalschnitt unter sich gleich sind. Der Wasserdruck gegen die Vertikalprojektion der Thore ist aber genau derselbe wie bei einem ebenen Schleusenthor mit d. Flügelbreite b. Für den Halbmesser r, nach welchem die Thore gekrümmt sind, findet man durch Summirung der für eine elementare Bogenlänge $r d\varphi$ stattfindenden Einzeldrücke $= p \cos \varphi r d\varphi$ den in der Richtung der Schleusenaxe wirkenden Wasserdruck $= 2 p r \sin \varphi$. Die diesem Druck entgegen wirkenden Seitenkräfte der in den Wendenischen angreifenden (in dem betr. Feld konstanten) Drücke sind $2 P \sin \varphi$; daher besteht die Gleichgew.-Bedingung:

$$2 P \sin \varphi = 2 p r \sin \varphi, \text{ wonach: } P = p r.$$

Ist wieder F der Querschn. des betr. Riegelfeldes, S die zulässige Spannung pro Flächeneinheit des Materials, so gilt die Beziehung: $F S = p r$, oder: $F = \frac{p r}{S}$.

Darnach der ganze Materialbedarf für das betr. Riegelfeld:

Fig. 667.

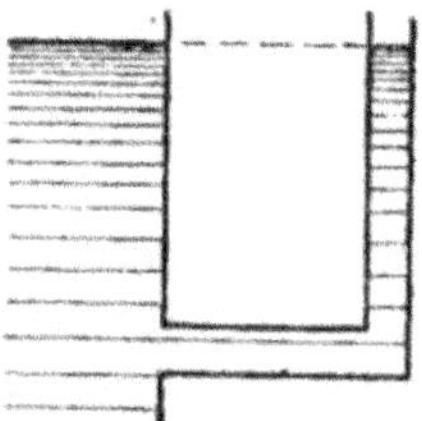

$$V = \frac{p r}{S} 2 r \varphi = \frac{2 p}{S} \varphi \left(\frac{w}{2 \sin \varphi}\right)^2 = \gamma \frac{a h w^2}{2 S} \frac{\varphi}{\sin^2 \varphi}.$$

Die Materialmenge ist also abhängig von dem veränderlichen Werthe $\frac{\varphi}{\sin^2 \varphi}$ dessen Minimum leicht bestimmbar ist.

3. Der Wasserdruck gegen einen $0{,}8^{m}$ hohen, 1^{m} breiten Schieber, dessen Mittelp. 5^{m} unter d. Wasserspiegel liegt, ist nach Gleichg. (9): $D = 1000 . 5 . 0{,}8 . 1 = 4000^{kg}$, wenn auf der andern Seite des Schiebers kein Wasser sich befindet. Liegt aber der Schieber auch unterhalb d. Unterwasser-Spiegels, welcher letztere vom Oberwasser-Spiegel um $h = 4^{m}$ absteht, so wird nach Gleichg. (3): $D = 1000 . 4 . 0{,}8 . 1 = 3200^{kg}$.

f. Kommunizirende Röhren.

Im Zustande des Gleichgew. liegen die Spiegel einer und derselben Flüssigkeit in kommunizirenden Gefässen (Röhren) in derselben Horizontalebene, Fig. 667.

Von den Spiegeln zweier Flüssigkeiten mit ungleichen spezif. Gewichten, die sich nicht mischen, liegt derjenige der leichtern Flüssigkeit höher, Fig. 668; und zwar verhalten sich die Höhen h_1, h_2 über der gemeinschaftlichen Berührungsfläche der beiden Flüssigkeiten umgekehrt wie die spezif. Gewichte γ_1, γ_2 derselben, also: $\frac{h_2}{h_1} = \frac{\gamma_1}{\gamma_2}$ (14); z. B. für Wasser und Baumöl ist: $\frac{h_2}{h_1} = \frac{1000}{917} = 1{,}0905$.

g. Flüssigkeits-Spiegel ruhenden und bewegten Wassers.

Der Flüssigkeits-Spiegel einer ruhenden sowohl als einer mit gleichförmiger Bewegung geradlinig fortschreitenden Wassermenge ist eine horizontale Ebene (S. 719). Ist aber die Bewegung der Wassermenge eine gleichförmig beschleunigte, so stehen die Flächen-Elemente des Wasser-Spiegels normal zur Richtg. der Resultirenden aus der Beschleunigung g der Schwerkraft und der negativ genommenen Beschleunigung g_1 der Bewegung d. Wassermenge. Ist die beschleunigte Bewegung der Wassermenge eine geradlinig fortschreitende, deren Richtg. mit derjenigen der Schwerkraft den Winkel φ einschliesst, Fig. 669, so wird die resultirende Beschleunigung: $k = \sqrt{g^2 + g_1^2 - 2\,g\,g_1 \cos\varphi}$. (15)

Fig. 668.

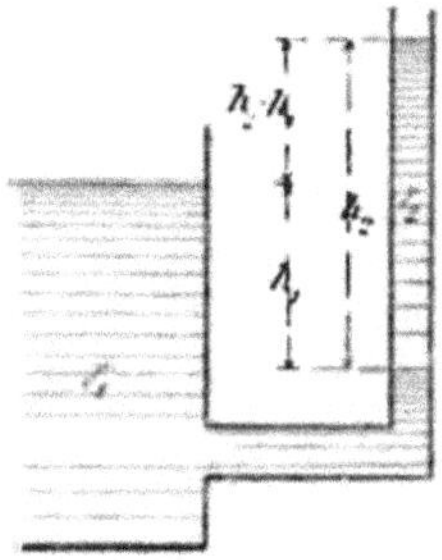

Fig. 669.

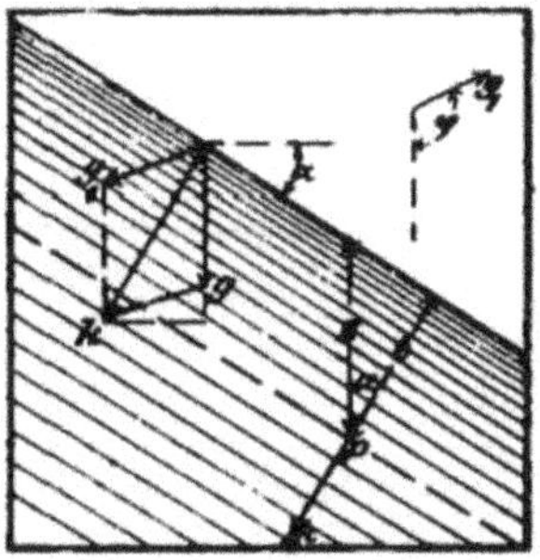

Der Winkel α, welchen der normal zu k stehende ebene Wasserspiegel mit der Horizontalen einschliesst, ist bestimmt durch:

$$\sin\alpha = \sin\varphi \frac{g_1}{k} \quad \text{oder:} \quad \operatorname{tang}\alpha = \frac{g_1 \sin\varphi}{g - g_1 \cos\varphi}. \qquad (16)$$

Ist $\varphi = 90°$, also die Richtg. der beschleunigten Bewegung horizontal, also: $\cos\varphi = 0$ und $\sin\varphi = 1$, so wird: $k = g_m = \sqrt{g^2 + g_1^2}$ (17) u. $\operatorname{tang}\alpha = \frac{g_1}{g}$. (18)

Für $\varphi = 180°$, also: $\cos\varphi = -1$ und $\sin\varphi = 0$ wird: $g_m = g + g_1$ (19) und $\alpha = 0$. Für $\varphi = 0$, also: $\cos\varphi = +1$ und $\sin\varphi = 0$ wird: $g_m = g - g_1$ (20) u. $\alpha = 0$.

In den beiden letzten Fällen ist also der Wasserspiegel horizontal.

Die Niveauflächen (S. 719) sind zum Wasserspiegel parallele Ebenen.

Die spezif. Pressung p in einer Niveaufläche, deren normale Entfernung vom Wasserspiegel $= t$, ist: $p = \mu k t + p_0$ (21), oder da: $k = \frac{g - g_1 \cos\varphi}{\cos\alpha}$ und: $t = z \cos\alpha$ (Fig. 669): $p = (\mu g - \mu g_1 \cos\varphi) z + p_0 = \gamma z \left(1 - \frac{g_1}{g} \cos\varphi\right) + p_0$ (22).

Für $\varphi = 90°$ wird: $p = \gamma z + p_0$;

$\varphi = 180°$ „ $p = \gamma z \left(1 + \frac{g_1}{g}\right) + p_0$;

„ $\varphi = 0°$ „ $p = \gamma z \left(1 - \frac{g_1}{g}\right) + p_0$;

Ist im letzten Falle $g_1 = g$, so wird $p = p_0$. D. h. wenn das die Wassermenge enthaltende Gefäss sich vertikal abwärts bewegt, und die Beschleunigung g hierbei $=$ der Fallbeschleunigung ist, so herrscht an jedem Punkte innerhalb der Wassermenge nur die Oberflächen-Pressung $= p_0$.

Rotirt eine Wassermenge nebst dem sie umschliessenden Gefäss mit gleichförmiger Geschw. um die vertikale Symmetrieaxe des Gefässes, so bildet der Flüssigkeits-Spiegel ein Rotations-Paraboloid, Fig. 670, und ebenso sind die

Niveauflächen unter sich und dem Flüssigkeits-Spiegel kongruente Rotations-Paraboloide, deren gemeinschaftliche Axe die Rotationsaxe ist.

Fig. 670.

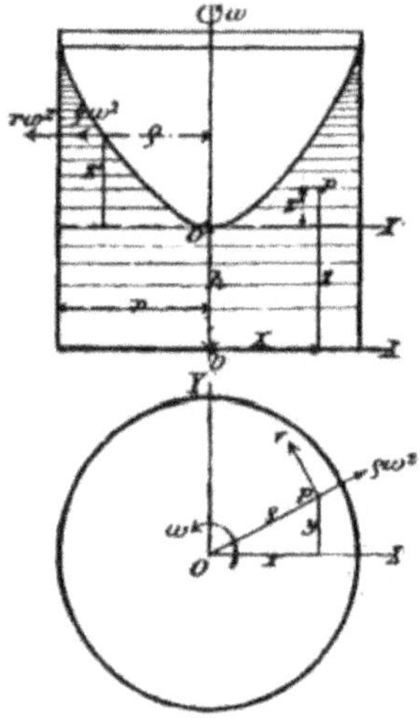

Mit Rücksicht auf Gleichg. (1) ist, wenn ω die Winkelgeschw. der Drehbeweg. für irgend einen Punkt x, y, z der Flüssigkeitsmenge bezeichnet:

$$X = x\omega^2;\ Y = y\omega^2;\ Z = -g,$$

also: $dp = \mu\,[\omega^2(x\,dx + y\,dy) - g\,dz]$, folglich:

$$p = \gamma\left[\frac{\omega^2}{2g}(x^2+y^2) - z\right] + C$$

$$= \gamma\left(\frac{(\rho\,\omega)^2}{2g} - z\right) + C = \gamma\left(\frac{v^2}{2g} - z\right) + C.$$

Für $\rho = 0$ u. $z = h$ wird: $p = p_0$, folglich:

$$C = \gamma h + p_0, \text{ mithin:}$$

$$p = \gamma\left(\frac{v^2}{2g} + h - z\right) + p_0. \qquad (23)$$

Setzt man $h = 0$, verschiebt also den Koordin.-Anfang in den tiefsten Punkt des Wasserspiegels, so wird: $p = \gamma\left(\frac{v^2}{2g} - z^1\right) + p_0$ (24), folglich: $p = p_0$, wenn $z^1 = \frac{v^2}{2g}$. D. h. die vertikale Erhebung z^1 irgend eines Punktes des Wasserspiegels über dem tiefsten Punkte desselben ist = der der Umfangs-Geschw. v dieses Punktes entsprechenden Geschw.-Höhe $\frac{v^2}{2g}$. Aus $z^1 = \frac{v^2}{2g} = \frac{\omega^2}{2g}\rho^2$ ist auch deutlich erkennbar, dass die Meridianlinie des Wasserspiegels eine Parabel mit dem Scheitel O' ist.

Für einen dicht an der Gefässwand in derselben Höhe z^1 liegenden Punkt der Flüssigkeit ist nach Gleichg. (24):

$$p = \gamma\left[\frac{(r\,\omega)^2}{2g} - z^1\right] + p_0, \text{ oder: } p = \gamma\frac{\omega^2}{2g}(r^2 - \rho^2) + p_0. \qquad (25)$$

Soll p nur den Ueberdruck über den atmosph. Druck bezeichnen, so ist $p_0 = 0$ zu setzen.

Bei den Zentrifugen, Fig. 671, welche zum Entwässern feuchter Körper (nasser Baumwolle, Wolle, Seide, Leinen), zum Trennen des Zuckers vom Syrup u. s. w. vielfach Verwendung finden, nimmt die freie Oberfläche der im Korbe befindlichen Masse die in der Figur angegebene Gestalt einer zwischen den Kreisen vom Halbmesser ρ_1 u. ρ_2 befindlichen Schicht eines Rotations-Paraboloids an. Die grösste spezif. Pressung tritt an der Kante E des Korbes vom Halbm. r auf, und zwar beträgt dort der Ueberdruck:

Fig. 671.

$p_{max.} = \gamma_1\frac{\omega^2}{2g}(r^2 - \rho_1^2)$, unter γ_1 das spezif. Gew. des feuchten Körpers verstanden.

Legt man in der Mitte der Korbhöhe a einen Horizontalschnitt und nennt den Halbmesser des Kreises, in welchem dieser das Rotations-Paraboloid schneidet, ρ_c, so ist das Volumen des über diesem Kreise stehenden Zylinders (mit der Höhe a) = dem Volumen der Paraboloid-Schicht, mithin das Volumen V der in den Korb eingetragenen feuchten Masse vom Gewicht G: $V = a\pi(r^2 - \rho_c^2)$.

Da ferner: $\rho_1^2 = \rho_c^2 - \frac{a}{2}\frac{2g}{\omega^2}$, so wird:

$$p_{max.} = \gamma_1\frac{\omega^2}{2g}(r^2 - \rho_c^2) + \gamma_1\frac{a}{2} = \frac{G}{a\pi}\frac{\omega^2}{2g} + \gamma_1\frac{a}{2}.$$

Bezeichnet n die minutliche Umdrehungszahl, so ist: $\omega = \frac{\pi}{30} n$, folglich für $g = 9{,}81$ m

$$p_{max.} = 0{,}000178\, n^2 \frac{G}{a} + \gamma_1 \frac{a}{2}. \qquad (26)$$

Die Pressung an der obern Kante des Korbes ist:

$$p = 0{,}000178\, n^2 \frac{G}{a} - \gamma_1 \frac{a}{2} \qquad (26\,a)$$

und diejenige in der Mitte der Korbhöhe: $p_m = 0{,}000178\, n^2 \frac{G}{a}$. (26 b)

Für ein bestimmtes Gewicht G der in den Korb der Zentrifuge eingetragenen feuchten Masse ist die spezif. Pressung unabhängig vom Halbmesser des Korbes; und der Mittelwerth p_m derselben umgekehrt proportional der Korbhöhe a und direkt proportional dem Quadrat der minutlichen Umdrehungszahl n des Korbes.

Die Gleichg. (26), (26 a) und (26 b) sind natürlich an die Bedingung geknüpft, dass die Umdrehungszahl n des Korbes so gross ist, um eine Erhebung der flüssigen Masse über die ganze Höhe a der Seitenwand hinaus und das Freiwerden des Bodens der Zentrifuge bewirken zu können.

Beispiel. $G = 80$ kg, $a = 0{,}5$ m, $\gamma_1 = 1200$ kg u. $n = 1200$. Dafür wird: $p_{max.} = 41011 + 300 = 41311$ kg pro qm, oder = 4,1311 Atmosph. Ueberdruck.

Fig. 672.

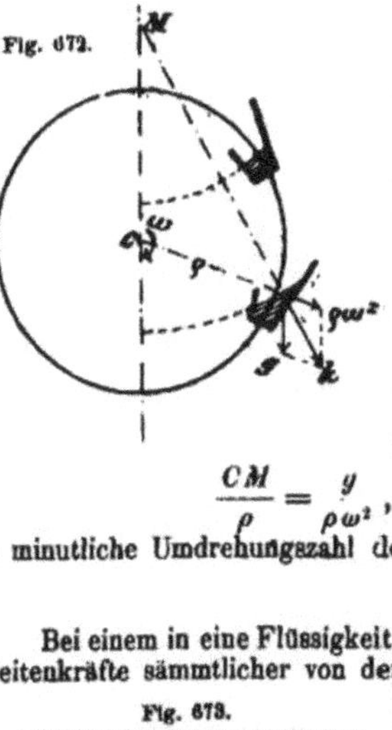

Durch die Wirkung der Zentrifugalkr. wird der Wasserspiegel in den Zellen oberschlächtiger Wasserräder derart beeinflusst, dass die Wasserspiegel in sämmtlichen Zellen Zylinderflächen bilden, Fig. 672, deren gemeinschaftliche Axe parallel zur Radaxe und normal über derselben in der Entfernung $\frac{g}{\omega^2}$ liegt. Denn auf ein in dem Flüssigkeitsspiegel irgend einer Zelle in dem beliebigen Abstande ρ von der Radaxe befindliches Wassertheilchen wirkt die Beschleunigung g der Schwerkraft und die Beschleunigung $\rho \omega^2$ der Zentrifugalkraft, deren Resultirende k die Normale zum Flüssigkeitsspiegel in dem fraglichen Punkte angiebt. Verlängert man k rückwärts bis M, so ist:

$$\frac{CM}{\rho} = \frac{g}{\rho \omega^2}, \text{ folglich: } CM = \frac{g}{\omega^2} = \frac{894{,}6}{n^2} \qquad (27)$$

n minutliche Umdrehungszahl des Rades.

h. Auftrieb.

Bei einem in eine Flüssigkeit eingetauchten Körper heben sich die horizontalen Seitenkräfte sämmtlicher von der Flüssigkeit gegen die Oberflächen-Elemente des Körpers ausgeübten Druckkräfte gegenseitig auf, während die algebr. Summe der vertikalen Seitenkräfte dieser Flächenpressungen eine vertikal aufwärts wirkende Kraft darstellt, Fig. 673, welche Auftrieb genannt wird. Es ist:

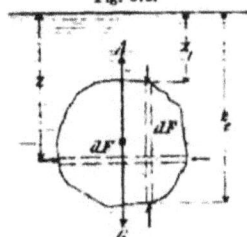

Fig. 673.

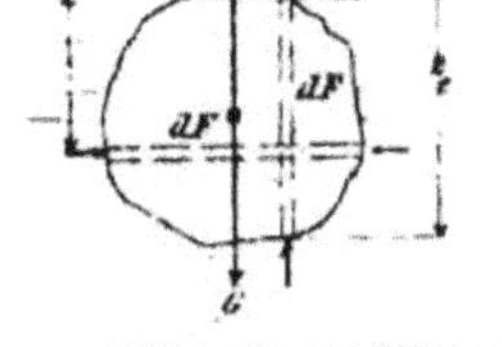

also: $A = \Sigma[\gamma(z_2 - z_1)\, dF] = \gamma V$, (28)

d. h. es ist der Auftrieb A = dem Gew. der von dem eingetauchten Körper verdrängten Wassermenge und der Angriffsp. desselben liegt im Schwerp. dieser Wassermenge.

Ist die Masse des eingetauchten Körpers homogen, so fällt der Schwerp. des Körpers mit dem Angriffsp. des Auftriebs zusammen. Ist dabei das Gew. des Körpers $G = A$, so befindet sich der Körper in jeder belieb. Tiefe unter dem Flüssigkeitsspiegel und in jeder belieb. Lage im Gleichgew.; er schwimmt im Wasser.

Ist $G > A$, so sinkt der Körper so weit, bis der Gew.-Ueberschuss $G - A$ durch den Gegendruck einer anderweiten Unterstützung aufgenommen wird.

Ist $G < A$, so steigt der Körper und tritt zum Theil aus dem Wasser heraus, bis sich zwischen G und A Gleichgew. eingestellt hat. Dies findet statt, sobald das Gew. des von dem eingetauchten Theil des Körpers verdrängten Wassers $= G$ geworden ist: der Körper schwimmt auf dem Wasser. Der Schwerp. S des Körpers liegt hierbei vertikal über dem Angriffsp. C des Auftriebs, Fig. 674. Die durch SC gelegte Linie heisst die Schwimmaxe des Körpers.

Fig. 674.

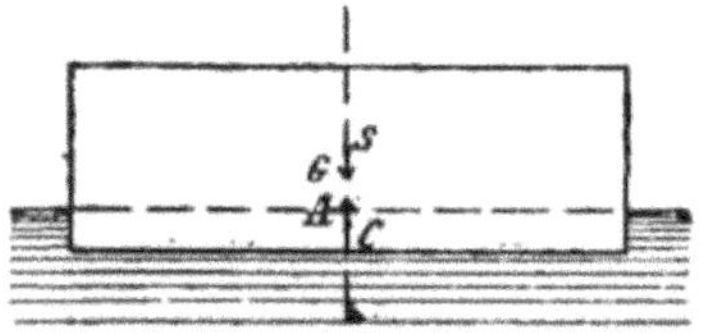

I. Gleichgewicht schwimmender Körper; Metacentrum.

Der Gleichgewichts-Zustand eines schwimmenden Körpers ist entweder ein indifferenter, ein labiler oder ein stabiler.

Wird dem Körper durch ein Moment $\mathfrak{M}$ eine Drehung ertheilt, welche seine ursprüngliche Gleichgew.-Lage verändert, Fig. 675, so verlegt sich der Schwerp. des Körpers nach S_1 und der Angriffsp. des Auftriebs nach C_1. Eine Vertikale aus C_1 schneidet die Schwimmaxe des Körpers in einem Punkte M, welcher die Bezeichnung Metacentrum führt. Liegt das Metacentrum über dem Schwerp. S bezw. S_1 des Körpers, so kehrt derselbe nach Wegfall der Wirkung des Moments Gx in die vorige Gleichgew.-Lage zurück: sein Gleichgew.-Zustand in dieser Lage ist ein stabiler.

Fig. 675.

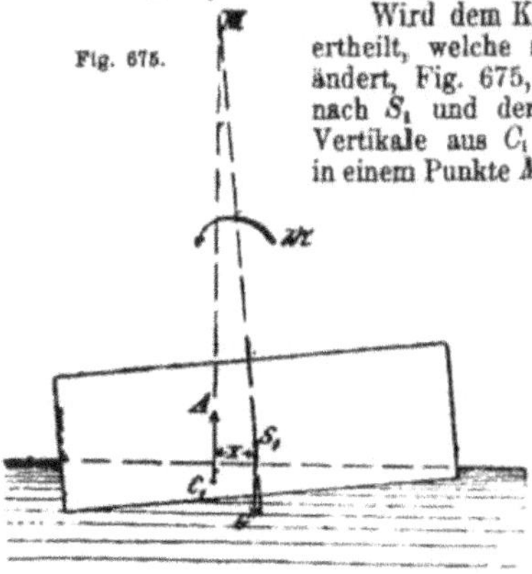

Fig. 676.

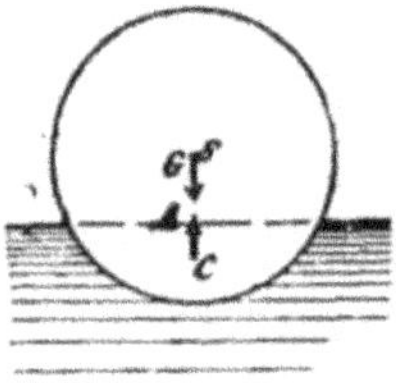

Liegt M unter S, so ist sein ursprünglicher Gleichgew.-Zustand ein labiler; er wird weiter umkippen, um in einen stabilen Gleichgew.-Zustand zu gelangen. Fällt endlich M mit S zusammen, so ist der Gleichgew.-Zustand des Körpers ein indifferenter. In letzterm befindet sich z. B. ein auf der Flüssigkeit schwimmender Zylinder oder eine Kugel, Fig. 676.

Fig. 677.

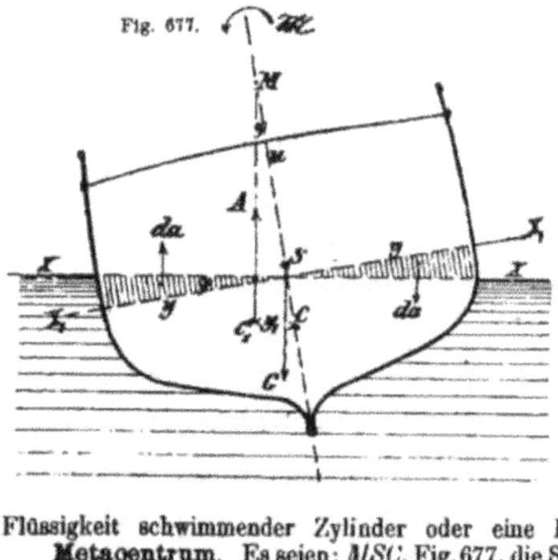

Fig. 678.

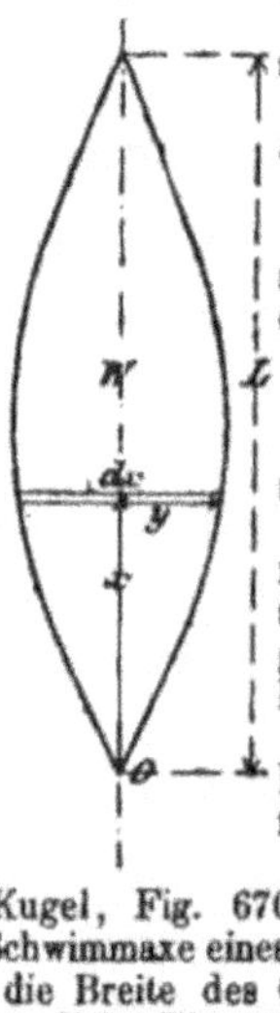

Metacentrum. Es seien: MSC, Fig. 677, die Schwimmaxe eines Schiffsquerschn., der im Abstande x vom Vordersteven liegt; $2y$ die Breite des Querschn. in der Wasserlinie; L die Länge des Schiffs in der Wasserlinie, Fig. 678, und X_1X_1 die

Lage der Schwimmfläche, wenn die Schwimmaxe vertikal steht; hierbei sei C der Angriffsp. des Auftriebs $A = \gamma V$, unter V das Deplacement des Schiffes verstanden. ($\gamma = 1000$ kg für Flusswasser und $= 1026$ kg für Seewasser) Wird nun der Schiffskörper durch ein Mom. $\mathfrak{M}$ um den Winkel φ gedreht, so dass die Schwimmfläche nach $X_1 X_1$ kommt, so verlegt sich der Angriffsp. des Auftriebs nach C_1. Für kleine Werthe von φ ist: $A y_1 = \int \frac{4}{3} y\, da$, worin: $da = \gamma \frac{y^2}{2} \varphi\, dx$. Ferner ist d. Abstand d. Metacentrums (M) vom Deplacem. Schwerp. (C): $\overline{MC} = \frac{y_1}{\varphi}$, folglich: (29)

$$\overline{MC} = \frac{\frac{2}{3} \int_0^L y^3\, dx}{V}$$

und: $\mathfrak{M} = \gamma V u \varphi$, worin: $u = \overline{MC} - \overline{CS}$ (30). Der Zähler im Ausdruck für $\overline{MC}$ ist das Trägheitsmom. des Areals der sogen. Konstruktions-Wasserlinie, bezogen auf die Mittellinie derselben. Die Stabilität ist also um so grösser, je grösser dieses Trägheitsmom. im Vergleich zum Deplacement, d. h. je schärfer das Schiff gebaut und je kleiner $\overline{CS}$ ist, d. h. je tiefer der Schwerp. des Schiffskörpers liegt.

k. Dichte; spezifisches Gewicht.

Das Verhältniss des Gew. eines (festen oder flüssigen) Körpers zu dem Gewicht eines gleich grossen Volumens Wasser nennt man die Dichtigkeit oder Dichte δ des Körpers bezogen auf Wasser $= 1$. Das spezif. Gew. γ des Körpers (Gew. von 1 cbm) ist: $\gamma = 1000\,\delta$.

Ermittelung der Dichtigkeit fester und flüssiger Körper mittels der Aräometer oder Senkwaagen. Man unterscheidet Gewicht-Aräometer, (Nicholson'sche Senkwagen) und Skalen-Aräometer; letztere dienen vorzugsweise zur Bestimmung der Dichte von Flüssigkeiten.

Alle Aräometer sind Schwimmkörper von grosser Stabilität, bei denen also der Schwerp. möglichst tief unter dem Angriffsp. des Auftriebs liegt.

Das Eintauchen des Gewicht-Aräometers, Fig. 679, bis zu einer bestimmten Marke 0 wird durch Auflegen eines bestimmten Gewichts Q_0 auf die obere flache Schale bewirkt. Bringt man nun den zu untersuchenden Körper G auf diese Schale, so wird nur noch ein Gewicht q ebendaselbst hinzu zu fügen sein, um das Aräometer wieder bis zur Marke 0 eintauchen zu lassen. Demnach ist: $G = Q_0 - q$.

Fig. 679.

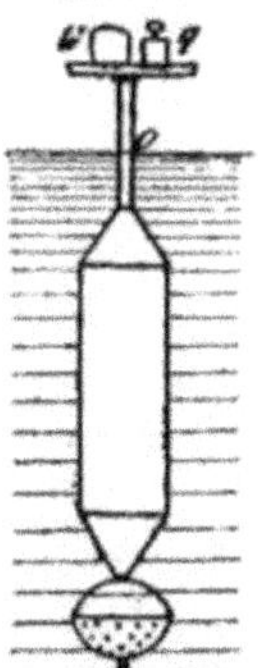

Fig. 680.

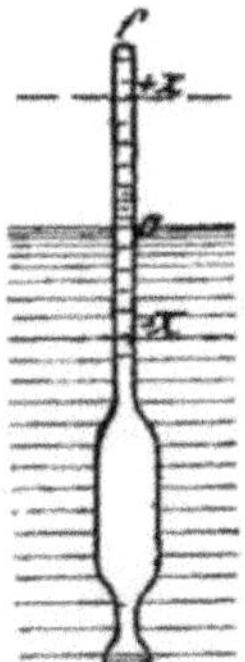

Zu demselben Zweck ist ein Gewicht Q auf die Schale zu setzen, wenn G in das untere Schälchen gelegt wird. Das Gewicht des durch G verdrängten Wassers ist demnach $= Q - q$, und dem zufolge: $\delta = \frac{Q_0 - q}{Q - q}$. (31)

Beispiel. Es sei $Q_0 = 100$ g; $q = 30$ g, also das Gewicht eines aufgelegten Stückes Kupfer: $G = 70$ g, ferner: $Q = 37{,}85$ g, so wird:

$$\delta = \frac{100 - 30}{37{,}85 - 30} = \frac{70}{7{,}85} = 8{,}917.$$

Bei d. Skalen-Aräometern, Fig. 680, liegt der Nullp., bis zu welchem dieselben eintauchen, etwa in der Mitte des obern dünnen Halses vom Querschn. f; das Gew. des hierbei verdrängten Wasservolumens V ist $=$ dem Gew. G_0 des Aräometers, also $G_0 = \gamma_0 V$. Sinkt nun das Aräometer in einer spezif. leichtern Flüssigkeit bis zum Theilstrich $+x$ der Skala ein, so ist wieder das Gewicht des verdrängten Flüssigkeits-Volumens $= G_0$, also: $G_0 = \gamma\,(V + xf)$, folglich ist:

$$\frac{\gamma}{\gamma_0} = \delta = \frac{1}{1 + \frac{f}{V}} = \frac{1}{1 + \mu x}. \qquad 32)$$

Sinkt andererseits das Aräometer in einer spezif. schwereren Flüssigkeit bis zum Theilstrich $-x$, so ergiebt sich analog die Dichtigkeit derselben:

$$\delta = \frac{1}{1 - \mu x} \qquad (32\,a).$$

Der Koeffiz. μ ist durch Versuche zu bestimmen und hiernach die Skala einzurichten.

Die Skalen-Aräometer werden in der Praxis besonders viel zur raschen Bestimmung und Kontrolirung des spezif. Gewichts bestimmter Flüssigkeiten (Zuckerlösungen, Rübensaft, Alkohol, Milch, Bier u. a. m.) gebraucht und sind alsdann deren Skalen dem speziellen Zwecke entsprechend eingetheilt.

Ausser den Aräometern dient zur Bestimmung der Dichte auch die sogen. hydrostatische Waage, eine empfindliche Waage, welche gewöhnlich mit gleich langen Hebelarmen ausgeführt wird. Hat der auf seine Dichte zu untersuchende Körper das Gewicht Q bei dem Volumen V und ergiebt sich, wenn derselbe, ohne die Waage ins Wasser eintauchend, abermals gewogen wird, sein Gewicht $= q$, so ist: $Q = \gamma V$; $Q - q = \gamma_0 V$ und mithin: $\gamma : \gamma_0 = Q : (Q - q) = \delta$.

Die Bestimmung der Dichte fein pulverisirter Körper bietet Schwierigkeiten, weil die Bestimmung des Körpervolumens — bezw. der von dem Körper verdrängten Feuchtigkeitsmenge — eine nicht leicht zu lösende Aufgabe ist.

Für letztern Zweck hat Schumann das sogen. „Volumenometer“ angegeben, welches aus einer Glasröhre mit genau zylindrischer Höhlung und einer am untern Ende angesetzten Hohlkugel besteht; die Röhre trägt eine Skala, welche oberhalb der Kugel mit 0 beginnt und von hieraus fortschreitend 0,01 ccm angiebt.

Wird der Behälter bis zum Nullpunkte der Skala mit Flüssigkeit gefüllt und sodann eine genau bestimmte Gewichtsmenge G des pulverförmigen Körpers eingeschüttet, so giebt die Skala direkt das Volumen V des Körpers an, und sein spezif. Gew. wird erhalten aus dem Ausdruck: $\gamma = G : V$.

Ueber die Konstruktion der Volumenometer von Regnault und von Kopp, mittels welcher das Volumen der Körper durch Verdichten und Verdünnen einer in Glasgefässen eingeschlossenen Luftmenge, in der sich der fragliche Körper befindet, ermittelt wird, vergl. Wüllner; Experimental-Physik, Bd. I.

Tabelle 1. **Dichte fester Körper (ohne Zwischenräume).** Bezogen auf Wasser bei 4° C. = 1.

Alabaster	2,70	Harz, Fichten-	1,07		Lava	2,76
Alaun	1,70—1,80	Holz	grün.	lufttrock.	Lehm	1,50—2,80
Alaunschiefer	2,30—2,60	Ahorn	0,90	0,70	Marmor	2,52—2,85
Aluminium	2,50—2,70	Birke	0,90	0,70	Mauerwerk	
Anthrazit	1,30—1,70	Buche, Roth-	0,97	0,75	von Bruchstein	2,40—2,46
Antimon	6,60—6,70	„ Weiss-	1,00	0,72	von Sandstein	2,05—2,12
Arsenik	5,60—5,90	Buchsbaum	1,00	0,97	von Ziegeln	1,47—1,70
Asbest	2,10—2,80	Ceder	—	0,57	Meersalz	2,21
Asphalt	2,00—2,20	Ebenholz	—	1,19—1,21	Menschliche Leib	1,10
Basalt	2,70—3,20	Eiche	1,03	0,62—0,85	Mergel	2,40—2,60
Bimstein	0,90—1,60	Erle	0,90	0,50—0,60	Messing	8,40—8,70
Blei	11,35—11,37	Esche	0,85	0,64	Nickel	8,28—9,26
Bleiglätte	8,00—9,50	Fichte	0,80—0,92	0,47	Pech	1,07—1,15
Bleiglanz	7,40—7,60	Kiefer	0,86—0,91	0,55—0,62	Platin	20,90—21,70
Braunkohle	1,20—1,50	Kork	—	0,24	Portlandzement	3,00—3,15
Bronze	8,30—8,60	Lärche	0,83	0,52—0,59	(—) Romanzement	unter 3,0
Diamant	3,50	Linde	0,82	0,56—0,59	Porphyr	2,40—2,80
Eis (bei 0°)	0,91—0,93	Mahagoni	—	0,56—1,06	Porzellan	2,40—2,50
Eisen, Schmiede-	7,60—7,79	Nussbaum	0,88	0,66	Porzellanerde	1,15—1,20
„ Guss-	7,00—7,50	Pappel	0,77	0,40—0,50	Quarz	2,50—2,80
„ -Draht	7,60—7,80	Pockholz (Guajak)	—	1,33	Sand	1,40—1,90
Elfenbein	1,80—1,92	Tanne	0,80—0,90	0,50—0,60	Sandstein	1,90—2,70
Erde	1,35—2,40	Ulme	0,93—0,99	0,66—0,74	Schiefer	2,60—2,70
Feldspath	2,60	Weide	0,76—0,99	0,42—0,58	Schnee	0,10
Feldstein im Mittel	2,50	Holzkohle			Schwefel	1,96—2,07
Fett im Mittel	0,93	von Nadelholz	0,28—0,40		Schwerspath	4,48—4,72
Feuerstein	2,60	von hartem Holz	0,47		Serpentin	2,55
Galmei	3,38	von Eichenholz	0,57		Silber, gegossen	10,10—10,47
Gips, gegossen	0,97	Kalk, gebrannt	2,30—3,18		„ gehämmert	10,51—10,62
Glas, Fenster- (i. M.)	2,60	„ ungebrannt	2,40—2,80		Stahl, Cement-	7,26—7,80
„ Flint-	3,20—3,80	Kalkmörtel	1,60—1,80		Stahl, Frisch-	7,50—7,80
„ Crown-	2,45—2,65	Kalkspath	2,70		„ Guss-	7,80—7,90
„ Kristall-	2,89	Kautschuk	0,93		Steinkohlen	1,20—1,50
„ Spiegel-	2,46	Kiesel	2,30—2,70		Talkerde	2,35
Glockenmetall	8,80	Knochen	1,60		Thon	1,80—2,63
Gneis	2,40—2,70	Koke	1,40		Wachs	0,96
Gold, gediegen	18,60—19,10	Kochsalz	2,10—2,20		Wismuth	9,80
„ gehämmert	19,30	Kreide	1,80—2,66		Ziegel	1,40—2,20
„ geschmolzen	19,25	Kupfer, gegossen	8,60—8,90		Zink, gegossen	6,86
Granit	2,50—3,00	„ gehämmert }	8,80—9,00		„ gewalzt	7,20
Graphit	1,80—2,30	„ gewalzt }			Zinn	7,18—7,30
Gutta percha	0,96—0,98	Kupfer-Draht	8,80—9,00		Zinnober	8,10

Tabelle 2. **Dichte von Flüssigkeiten**. Bezogen auf Wasser bei 4° C. = 1.

Aether	0,736	Leinöl bei 12° C.	0,940	Salzsäure bei 15° C.	1,192
Alkohol abs. bei 20° C.	0,792	Meerwasser	1,02 —1,04	Schwefelsäure engl.	1,843
„ bei grösster Dichte	0,927	Milch	1,02 —1,04	„ Nordhäuser	1,90
Bier	1,023—1,034	Olivenöl bei 15° C.	0,915—0,918	Terpentinöl	0,869
Glyzerin	1,26	Quecksilber b. 0° C.	13,59593	Weine, Rhein-	0,992—1,002
Kochsalzlauge, gesättigt bei 18° C.	1,208	Rüböl bei 15° C.	0,913	„ französ.	0,991—0,994
		Steinöl bei 24° C.	0,798		
		Salpetersäure bei 12° C.	1,522		

II. Dynamik.

a. Allgemeines.

Bei der Untersuchung des Bewegungs-Zustandes tropfb. flüssiger Körper sind folgende Voraussetzungen zu machen:

1. Der Wasser-Strom ist entweder allseitig oder zum Theil von festen Wänden umschlossen, deren Form für die Bewegungsbahn massgebend ist. Fehlt diese Umschliessung, wie z. B. bei frei fliessenden Wasserstrahlen, so lassen sich die Bewegungs-Gesetze für irgend einen Strahltheil, mit Ausnahme desjenigen an der Ausflussöffnung selbst, rechnungsmässig nur unter bestimmten beschränkenden Voraussetzungen verfolgen.

2. Die Aenderung der Querschn. des Wasser-Stroms ist stets eine allmälige, wobei dieselbe rasch oder langsam stattfinden kann. Wird diese Bedingung durch die Form der den Wasser-Strom einschliessenden Wandungen nicht erfüllt, sondern kommen in der Leitung plötzliche Querschn.-Aenderungen vor, so vollzieht sich die allmälige Querschn.-Aenderung des Wasser-Stroms dadurch von selbst, dass die in den vorhandenen Ecken befindlichen Wassermengen nur Wirbel-Bewegungen ausführen, wobei aber nicht ausgeschlossen ist, dass zwischen den in den Ecken wirbelnden Wasser-Elementen und den an der strömenden Bewegung Theil nehmenden ein stetiger Austausch stattfindet.

3. An allen Punkten jedes Querschn. des Wasser-Stroms findet gegenseitige Berührung der Wasser-Elemente statt, so dass also an keinem Punkte die Stetigkeit des Wasser-Stroms unterbrochen ist.

Bezeichnet u die in sämmtlichen Punkten eines Querschn. F gleich grosse normal zu F gerichtete Geschw. der Wassertheilchen — oder den mittleren Werth der Geschw. in den einzelnen Punkten — G das Gew. der in 1 Sek. durch F fliessenden Wassermenge, $v = \frac{1}{\gamma}$ deren spezif. Volumen (Volumen von 1 kg), so ist, unter Voraussetzung des Beharrungs-Zustandes, die Stetigkeits-Gleichg.:

$$F u = G v. \qquad (1)$$

b. Hydraulischer Druck.

Die spezif. Pressung p in irgend einem Punkte einer in Bewegung befindlichen Wassermenge heisst der hydraulische Druck in diesem Punkte. Wirkt auf die Massentheilchen der bewegten Wassermenge nur die Schwerkraft, so ist (abgesehen von dem Auftreten von Stosswirkungen in Folge plötzlicher Geschw.-Aenderungen) der hydraulische Druck stets kleiner, als der hydrostatische, der an demselben Punkte auftreten würde. Und zwar ist die Pressungs-Höhe $= \frac{p}{\gamma}$, die dem hydraul. Druck p entspricht, an einem Punkte in der Tiefe z unter dem Oberwasser-Spiegel, Fig. 681, woselbst die Wassertheilchen mit der Geschw. u den Querschn. F durchfliessen, während sie im Wasserspiegel die Geschw. u_0 besitzen:

Fig. 681.

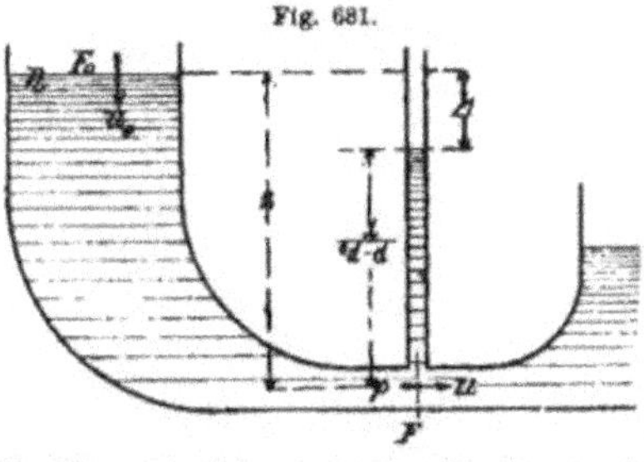

$$\frac{p}{\gamma} = z + \frac{p_0}{\gamma} + \frac{u_0^2}{2g} - \frac{u^2}{2g} - R \qquad (2)$$

unter B die Summe der Widerstandshöhen für die Bewegung der Wassertheilchen vom Wasserspiegel bis zum Querschn. F verstanden.

Wenn man die Gleichg. (2) wie folgt ordnet:

$$\frac{u^2}{2g} + \frac{p}{\gamma} = \frac{u_0^2}{2g} + \frac{p_0}{\gamma} + z - B$$

so drückt dieselbe den Satz aus:

Geschwindigkeitshöhe + Pressungshöhe an irgend einem Punkte eines stetigen Wasser-Stroms ist = Geschwindigk.-Höhe + Pressungshöhe an einem höher gelegenen Punkte + Druckhöhe — Widerstandshöhe.

Die Abhängigkeit zwischen u und u_0 ergiebt sich aus der Stetigkeits-Gleich.:

$$G v = F u = F_0 u_0, \text{ zu: } \frac{u}{u_0} = \frac{F_0}{F} \tag{3}$$

Bringt man bei F ein vertikales Rohr an, dessen Einmündung rechtwinklig zur Richtung von u steht, so wird in demselben das Wasser bis zur Höhe $\frac{p - p_0}{\gamma}$ steigen. Ein solches Rohr heisst Piëzometer. Kennt man also die Druckhöhe z und ermittelt durch Messung die Höhendifferenz Δ zwischen dem Wasserspiegel im Piëzometer und dem Oberwasserspiegel, so ist der hydraul. Druck oder die spezif. Pressung p an dem betr. Punkte des Querschn.: $p = \gamma(z - \Delta) + p_0$. (4) Unter Umständen kann die spezif. Pressung p kleiner sein als die atmosph. Pressung p_0 und es kann alsdann der mit der zugehörigen Geschw. u fliessende Wasser-Strom dazu benutzt werden, eine von einem tiefer liegenden Wasserspiegel herauf geleitete Wassermenge zu heben, wie auch anderweite mechanische Arbeit zu verrichten. Derartige Einrichtungen heissen Strahlapparate und in dem besondern Falle, dass sie zur Förderung von Wasser benutzt werden, Wasserstrahlpumpen. Die allgemeine Form des Apparats wird durch Fig. 682 dargestellt, eine besondere durch Fig. 683. Letztere Ausbildungsweise (von Nagel angegeben) ist für den Fall geeignet, dass das an einem Freigerinne etc., von welchem f das letzte Stück bildet, zur Verfügung stehende Wasser zum Schöpfen aus einer benachbart liegenden Baugrube benutzt werden soll*); in der Figur bezeichnet g das dahin führende Saugerohr, welches an der engsten Stelle bei K an das Freigerinne anschliesst. Die Fortsetzung f_1 desselben führt ins Unterwasser. f und f_1 müssen selbstverständlich allseitig geschlossene Rohrstücke sein. Das Rohr g erhält am untern Ende ein Fussventil, am obern eine Klappe, die beim Anlassen des Apparats dazu dient, f und f_1 vollständig mit Wasser zu füllen. Ist dies vorab geschehen, so wird aus G zunächst Luft und, wenn diese entfernt ist, Wasser angesaugt werden.

Fig. 682.

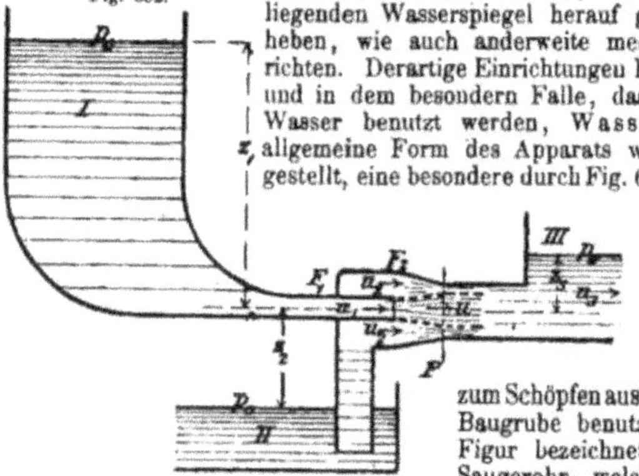

Fig. 683.

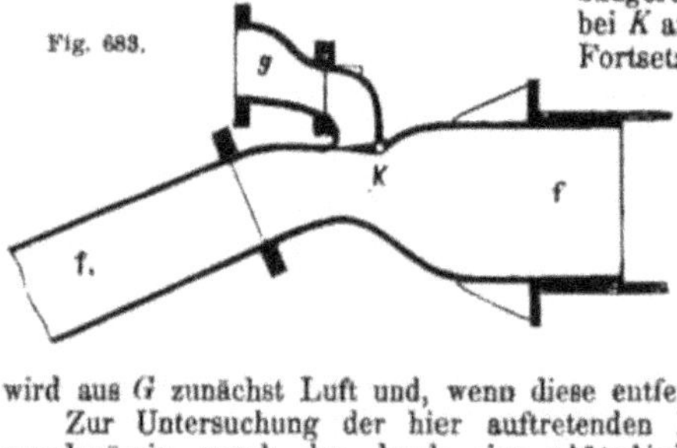

Zur Untersuchung der hier auftretenden Bewegungs-Erscheinungen ist es zweckmässig, vorab den durch eine plötzliche Querschn.-Vergrösserung

*) Zeitschr. d. Archit.- u. Ingen.-V. f. Hannover 1873.

in einer Rohrleitung hervor gerufenen Arbeitsverlust, sowie denjenigen Arbeitsverlust zu untersuchen, welcher bei der Vereinigung zweier Flüssigkeits-Ströme entsteht.*)

Der aus dem engern Rohr F_1, Fig. 684, mit der Geschw. u_1 u. d. spezif. Pressung p_1 austretende Strahl breitet sich im Rohr F allmälig aus und nimmt im Querschn. b die Geschw. u und die spezif. Pressung p an. Zwischen a und b finden in der ausserhalb des Strahls sich ansammelnden Wassermenge nur unregelmässige Wirbelbewegungen statt, so dass die im Strahlquerschn. bei a vorhandene Pressung p_1 als über den ganzen Rohrquerschn. F daselbst ausgedehnt angenommen werden muss. Bezeichnet nun t die Zeit, während welcher die Wassertheilchen des Strahls von a nach b gelangen, so ist nach einem allgem. Satze der Mechanik:

Fig. 684.

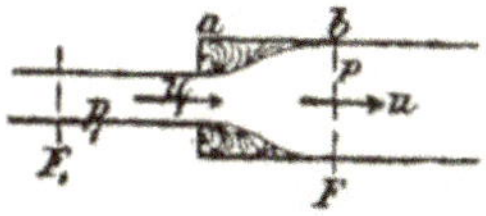

$$(p_1 - p)\, F t = m\,(u - u_1).$$

Bezeichnet nun G das konstante, in 1 Sek. durch jeden Querschn. fliessende Wassergewicht, so ist: $m = \frac{G t}{g} = \gamma \frac{F u t}{g}$, mithin: $\frac{p - p_1}{\gamma} = \frac{u\,(u_1 - u)}{g}$.

Nach Gleichg. (2) ist ferner (da $z = 0$): $\frac{p - p_1}{\gamma} = \frac{u_1^2 - u^2}{2g} + B$, folglich die dem Arbeitsverlust entsprechende Druckhöhe: $B = \frac{(u_1 - u)^2}{2g} = \zeta \frac{u^2}{2g}$ (5)

und der Widerstandskoeffiz.: $\zeta = \left(\frac{u_1}{u} - 1\right)^2 = \left(\frac{F}{F_1} - 1\right)^2$. (6)

Für die Vereinigung zweier Flüssigkeits-Ströme, Fig. 682, sei:

$$G_1 = \gamma F_1 u_1;\quad G_2 = \gamma F_2 u_2;\quad G = G_1 + G_2 = \gamma F u. \tag{7}$$

An der Mündung von F_1 ist die spezif. Pressung p_1 in beiden Flüssigkeits-Strömen gleich gross. Im Querschn. F, wo beide Ströme dieselbe Geschw. u erlangt haben, sei die Pressung $= p$; dann ergiebt sich mit Anwendung derselben Grundsätze wie oben: $\frac{p - p_1}{\gamma} = \frac{G_1}{G} \frac{u\,(u_1 - u)}{g} + \frac{G_2}{G} \frac{u\,(u_2 - u)}{g}$ (8)

und die hierbei verlorene, d. h. in Wärme umgesetzte Arbeit in mkg:

$$B = G_1 \frac{(u_1 - u)^2}{2g} + G_2 \frac{(u_2 - u)^2}{2g} \tag{9}$$

Ferner ergiebt sich für die Bewegung des Wassers von I nach F_1:

$$\frac{u_1^2}{2g} = \frac{1}{1 + \zeta_1}\left(z_1 + \frac{p_0 - p_1}{\gamma}\right). \tag{10}$$

Für die Bewegung des Wassers von II nach F_2 wird:

$$\frac{p_0 - p_1}{\gamma} = z_2 + (1 + \zeta_2)\frac{u_2^2}{2g}, \tag{11}$$

folglich:

$$\frac{u_1^2}{2g} = \frac{1}{1 + \zeta_1}\left[z_1 + z_2 + (1 + \zeta_2)\frac{u_2^2}{2g}\right] \tag{12}$$

Aus Gleichg. (8) folgt:

$$\frac{G_1}{G_2} = \frac{u\,(u - u_2) + \frac{g}{\gamma}(p - p_1)}{u\,(u_1 - u) - \frac{g}{\gamma}(p - p_1)} \tag{13}$$

und für die Beweg. des Wassers von F nach III: $\frac{p - p_0}{\gamma} = z_3 + \frac{u_3^2 - u^2}{2g} + \zeta_3 \frac{u^2}{2g}$. (14)

Für praktische Fälle kann gewöhnlich $u_3 = u$ und $z_3 = 0$ gesetzt werden, so dass $\frac{p - p_0}{\gamma} = \zeta_3 \frac{u^2}{2g}$, oder genügend genau: $p = p_0$ (15) gesetzt werden darf.

Als gegeben sind anzusehen: G_2, z_2 und z_1. Nimmt man nun u_2 an, so ergiebt sich aus Gleichg. (11): $\frac{p_0 - p_1}{\gamma}$ und aus (12) u_1.

*) Grashof. A. a. O. Bd. I, S. 418 – 425.

In Gleichg. (13) erscheint $\frac{G_1}{G_2}$ als Funktion von u und man erhält auf bekannte Weise denjenigen u-Werth, für welchen $\frac{G_1}{G_2}$ ein Minimum wird, aus:

$$\frac{u^2}{2g} = \frac{1}{2}\,\frac{p - p_1}{\gamma} \quad (16) \quad \text{und damit:} \quad \frac{G_1}{G_2} = \frac{2u - u_2}{u_1 - 2u}. \qquad (17)$$

Da $\frac{p - p_1}{\gamma} = \frac{p_0 - p_1}{\gamma}$ gesetzt werden darf, so wird:

$$\frac{u^2}{2g} = \frac{1}{2}\,z_2 + \frac{1}{2}(1 + \zeta_2)\frac{u_2^2}{2g}. \qquad (18)$$

Endlich ist: $F = \frac{\pi}{4}d^2 = \frac{G}{\gamma u}$; $F_1 = \frac{\pi}{4}d_1^2 = \frac{G_1}{\gamma u_1}$ und $F_2 = \frac{G_2}{\gamma u_2}$. (19)

Der Wirkungsgrad des Apparats ist: $\eta = \frac{G_2 z_2}{G_1 z_1}$. (20)

Beispiel. Es sei: $G_2 = 30\,l = 30$ kg pro Sek.; $z_2 = 3$ m; $z_1 = 12$ m; $u_2 = 1{,}4$ m, also: $\frac{u_2^2}{2g} = 0{,}1$.

Setzt man der Einfachheit wegen sämmtliche ζ-Werthe $= 0$, so wird: $\frac{p_0 - p_1}{\gamma} = 3{,}1$ m

$\frac{u_1^2}{2g} = 15{,}1$ m also: $u_1 = 17{,}2$ m; $\frac{u^2}{2g} = 1{,}55$, also: $u = 5{,}52$ m, folglich: $\frac{G_1}{G_2} = 1{,}565$.

Also: $G_1 = 46{,}95$ kg und: $G = 76{,}96$ kg.

$F = \frac{76{,}95}{5520} = 0{,}01394$ qm; $d = 0{,}133$ m; $F_1 = \frac{46{,}95}{17200} = 0{,}00273$ qm; $d_1 = 0{,}059$ m und: $F_2 = \frac{30}{1400} = 0{,}02143$ m.

Wird die Mündung des Rohrs d_1 zugeschärft, so ist:

$$D^2\frac{\pi}{4} = F_1 + F_2 = 0{,}02416 \text{ qm};\ D = 0{,}175 \text{ m};\ \eta = \frac{30\,.\,3}{46{,}95\,.\,12} = 0{,}16, \text{ also sehr gering.*)}$$

c. Ausfluss unter konstantem Druck.

α. Ausfluss durch eine Oeffnung im Gefässboden, Fig. 685.

Ist h die Druckhöhe, gemessen von F_0 bis F_1, u_0 die vertikale Geschw. an der Oberfläche F_0, A der Ausflussquerschn., $F = \alpha A$ der kleinste Querschn. des kontrahirten („eingeschnürten") Strahls, u die mittlere Geschw. der Wassertheilchen in diesem Querschn. oder die wirkliche Ausflussgeschw., so ist:

Fig. 685.

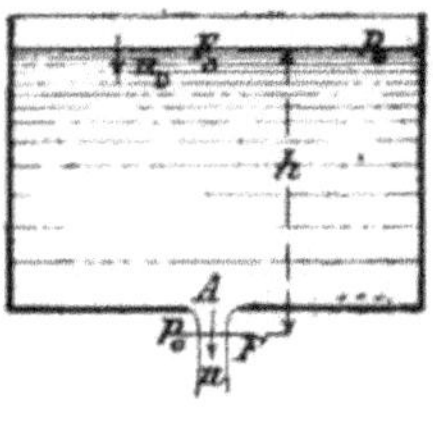

$$\frac{u^2}{2g} + \frac{p_0}{\gamma} = \frac{u_0^2}{2g} + \frac{p_0}{\gamma} + h - \zeta\frac{u^2}{2g}, \text{ folglich mit: } \frac{1}{1+\zeta} = \varphi^2,$$

$$u = \varphi\sqrt{2gh + u_0^2} \qquad (21)$$

und die sekundl. Ausflussmenge:

$$V = Fu = \alpha\varphi A\sqrt{2gh + u_0^2} = \mu A\sqrt{2gh + u_0^2} \qquad (22)$$

Setzt man: $V = F_0 u_0$, so wird:

$$V = \mu A\sqrt{\frac{2gh}{1 - \left(\frac{\mu A}{F_0}\right)^2}} \qquad (23)$$

woraus:

$$u = \frac{V}{\alpha A} = \varphi\sqrt{\frac{2gh}{1 - \left(\frac{\mu A}{F_0}\right)^2}}. \qquad (24)$$

In den meisten Fällen ist A gegen F_0 so klein, dass ohne merklichen Fehler $\left(\frac{\mu A}{F_0}\right)^2$ gegen 1 vernachlässigt werden, also: $u = \varphi\sqrt{2gh}$ (25) und: $V = \mu A\sqrt{2gh}$ (26) gesetzt werden kann.

*) Vergl. auch: A. Ritter. Lehrb. d. Ing.-Mechanik, S. 476—479; und R. Werner; Zeitschr. d. Ver. deutsch. Ing., 1866, S. 121—130.

β. **Ausfluss durch eine Oeffnung in vertikaler Seitenwand;** Fig. 686.

Die Geschw. in den einzelnen Horizontalschichten des ausfliessenden Wasserstrahls sind verschieden; mit Rücksicht auf die Kontraktion („Einschnürung") des Strahlquerschn. ist:

Fig. 686.

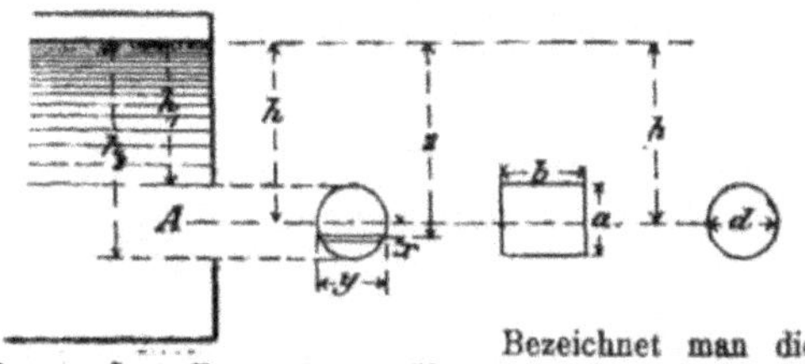

$$u = \varphi \sqrt{2gz} \text{ und: } V = \alpha \int_{h_1}^{h_2} y\,dz\,u$$

$$= \mu \sqrt{2g} \int_{h_1}^{h_2} y \sqrt{z}\,dz. \quad (27)$$

Bezeichnet man die Entfernung des Schwerp. der Ausflussöffnung A vom Oberwasser-Spiegel mit h, so ist $z = h + x$, folglich: $dz = dx$ und: $\sqrt{z} = \sqrt{h}\sqrt{1 + \frac{x}{h}}$ oder annäherungsweise genau:

$$\sqrt{z} = \sqrt{h}\left[1 + \frac{1}{2}\frac{x}{h} - \frac{1}{8}\frac{x^2}{h^2}\right].$$

Setzt man: $y\,dz = dA$, so wird: $V = \mu\sqrt{2gh}\left[A + \frac{1}{2}\int\frac{x\,dA}{h} - \frac{1}{8}\int\frac{x^2\,dA}{h^2}\right]$.

Nun ist: $\int x\,dA = 0$ und: $\int x^2\,dA$ das **Trägheitsmoment** von A, bezogen auf die horizontale Schwerp.-Axe $= A k^2$, folglich: $V = \mu A\sqrt{2gh}\left(1 - \frac{1}{8}\frac{k^2}{h^2}\right)$*) (28)

Die **mittlere** Ausflussgeschw. ist: $u_m = \frac{V}{\alpha A} = \varphi\sqrt{2gh}\left(1 - \frac{1}{8}\frac{k^2}{h^2}\right)$ (29)

Ist A ein **Rechteck** der Breite b und der Höhe a und liegt die Seite a vertikal, so wird wegen $A k^2 = \frac{1}{12} b a^3$, also $k^2 = \frac{1}{12} a^2$:

$$V = \mu a b\sqrt{2gh}\left(1 - \frac{1}{96}\frac{a^2}{h^2}\right) \text{ und: } u_m = \varphi\sqrt{2gh}\left(1 - \frac{1}{96}\frac{a^2}{h^2}\right).$$

Ist A ein **Kreis** vom Durchmesser d, mithin: $k^2 = \frac{1}{16} d^2$, so wird:

$$V = \mu\frac{\pi}{4} d^2\sqrt{2gh}\left(1 - \frac{1}{128}\frac{d^2}{h^2}\right) \text{ und: } u_m = \varphi\sqrt{2gh}\left(1 - \frac{1}{128}\frac{d^2}{h^2}\right).$$

In den meisten Fällen ist a bezw. d gegen h so klein, dass ohne merkbaren Fehler die Klammerwerthe = 1 gesetzt werden und für u bezw. V die Gleichg. (25) u. (26) benutzt werden dürfen.

Liegt dagegen die obere Seite des Rechtecks bh im Wasserspiegel, Fig. 687, so ergiebt Gleichg. (27): $V = \frac{2}{3}\mu b h\sqrt{2gh}$. — Ist der Wandeinschnitt ein **Trapez** der Höhe h und der Seiten b_1 und b_2, so wird: $V = \frac{2}{15}\mu(2b_1 + 3b_2)h\sqrt{2gh}$.

Fig. 687.

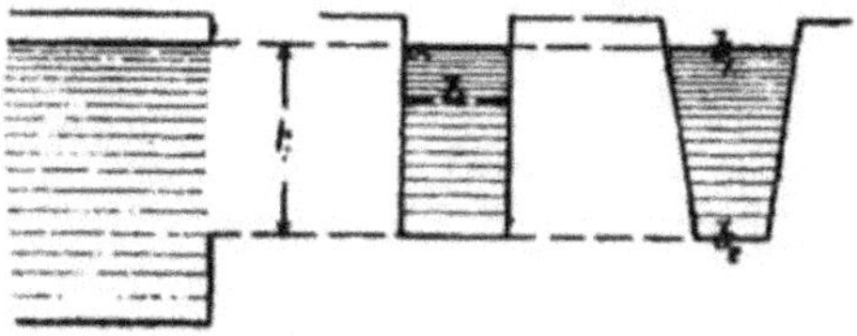

Fig. 688.

Liegt die Ausflussöffnung vollständig unter dem Unterwasserspiegel, Fig. 688, so

*) Grashof. A. a. O., Bd. I, S. 432.

ist die Geschw. in allen Horizontalschichten des ausfliessenden Strahls gleich gross und zwar: $u = \varphi \sqrt{2gh}$. (30) Demnach die Ausflussmenge: $V = \mu A \sqrt{2gh}$. (31)

γ. Erfahrungs-Koeffizienten.

Kreisförmige Mündungen in dünner Wand, Fig. 689. Für normale Einschnürung fand Weisbach im Mittel:

den Einschnürungs-Koeffiz. $\alpha = 0{,}64$,
den Geschwindigk.-Koeffiz. $\varphi = 0{,}97$ bis $0{,}98$,
den Ausfluss-Koeffiz. $\mu = 0{,}621$ bis $0{,}627$ *).

Fig. 689.

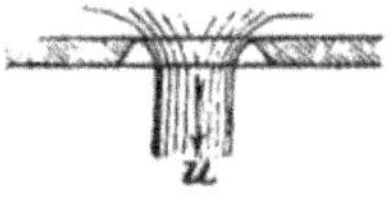

Fig. 690 a. und b.

Fig. 691.

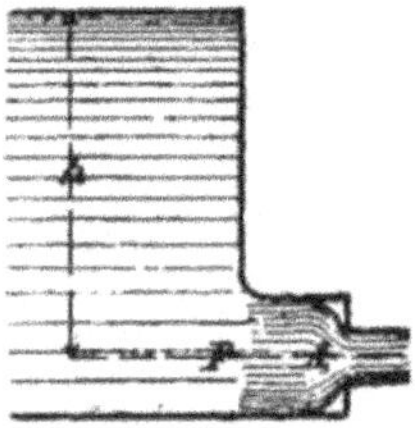

Geschwächte bezw. verstärkte Einschnürung tritt dann ein, wenn die Wandfläche rings um die kreisförmige Mündung die in Fig. 690a. und b. angegebene Gestalt hat.

Die von Weisbach ermittelten μ-Werthe sind in folgender Tabelle zusammen gestellt: **)

$\psi = 180^\circ$	$157\frac{1}{2}^\circ$	135°	$112\frac{1}{2}^\circ$	90°	$67\frac{1}{2}^\circ$	45°	$22\frac{1}{2}^\circ$	$11\frac{1}{4}^\circ$	$5\frac{1}{4}^\circ$	0°
$\mu = 0{,}541$	0,546	0,577	0,606	0,632	0,684	0,753	0,882	0,924	0,949	0,966

Unvollkommene Einschnürung tritt in dem in Fig. 691 dargestellten Falle ein; dabei ist unter μ_0 der Koeffiz. für normale Einschnürung verstanden,

$$\mu = \mu_0 \left[1 + 0{,}04564 \left(14{,}821^n - 1\right)\right] \text{ mit } n = \frac{A}{F}.$$

$n = 0{,}05$	0,10	0,15	0,20	0,25	0,30	0,35	0,40	0,45	0,50	0,55
$\frac{\mu}{\mu_0} = 1{,}007$	1,014	1,023	1,034	1,045	1,059	1,075	1,092	1,112	1,134	1,161

$n = 0{,}60$	0,65	0,70	0,75	0,80	0,85	0,90	0,95
$\frac{\mu}{\mu_0} = 1{,}189$	1,223	1,260	1,303	1,351	1,408	1,471	1,546

***)

δ. Ausfluss durch rechteckige Mündungen in dünner Wand.

Normale Einschnürung findet statt, wenn die seitlichen Begrenzungen der Mündung von den Seitenwänden des Ausfluss-Gefässes wenigstens um $2{,}7\,b$ entfernt sind und gleichzeitig die Unterkante der Mündung mindestens um $2{,}7\,a$ über dem Boden des Ausfluss-Gefässes liegt, Fig. 686.

Die von Lesbros aus zahlreichen, von Poncelet und Lesbros angestellten Versuchen, ermittelten Werthe von μ finden sich in folgender Tabelle angegeben; h_1, Fig. 686, ist in einiger Entfernung von der Ausflusswand zu messen, wo die Spiegelfläche noch nicht merklich gesenkt ist. Die μ-Werthe beziehen sich auf die einfache Formel (26).†)

*) Weisbach-Herrmann. A. a. O., Bd. I., S. 970—973. — Grashof. A. a. O., Bd. I., S. 446.
**) Weisbach-Herrmann. A. a. O., S. 985. —
***) Weisbach-Herrmann. A. a. O., S. 989. — Grashof. A. a. O., S. 448.
†) Weisbach-Herrmann. A. a. O., S. 979. — Grashof. A. a. O., S. 450.

h_1	Mündungsbreite $b = 0{,}20$ m						$b = 0{,}60$ m	
	Mündungshöhe a m							
m	0,20	0,10	0,05	0,03	0,02	0,01	0,20	0,02
0,010	—	—	0,607	0,630	0,660	0,701	—	0,644
0,015	—	0,593	0,612	0,632	0,669	0,697	—	0,644
0,020	0,572	0,596	0,615	0,634	0,659	0,694	—	0,643
0,030	0,578	0,600	0,620	0,638	0,659	0,688	0,593	0,642
0,040	0,582	0,603	0,623	0,640	0,658	0,683	0,595	0,642
0,050	0,585	0,605	0,625	0,640	0,658	0,679	0,597	0,641
0,060	0,587	0,607	0,627	0,640	0,657	0,676	0,599	0,641
0,070	0,588	0,609	0,628	0,639	0,656	0,673	0,600	0,640
0,080	0,589	0,610	0,629	0,638	0,656	0,670	0,601	0,640
0,090	0,591	0,610	0,629	0,637	0,655	0,668	0,601	0,639
0,100	0,592	0,611	0,630	0,637	0,654	0,666	0,602	0,639
0,120	0,593	0,612	0,630	0,636	0,653	0,663	0,603	0,638
0,140	0,595	0,613	0,630	0,635	0,651	0,660	0,603	0,637
0,160	0,596	0,614	0,631	0,634	0,650	0,658	0,604	0,637
0,180	0,597	0,615	0,630	0,634	0,649	0,657	0,605	0,636
0,200	0,598	0,615	0,630	0,633	0,648	0,655	0,605	0,635
0,250	0,599	0,616	0,630	0,632	0,646	0,653	0,606	0,634
0,300	0,600	0,616	0,629	0,632	0,644	0,650	0,607	0,633
0,400	0,602	0,617	0,628	0,631	0,642	0,647	0,607	0,631
0,500	0,603	0,617	0,628	0,630	0,640	0,644	0,607	0,630
0,600	0,604	0,617	0,627	0,630	0,638	0,642	0,607	0,629
0,700	0,604	0,616	0,627	0,629	0,637	0,640	0,607	0,628
0,800	0,605	0,616	0,627	0,629	0,636	0,637	0,606	0,628
0,900	0,605	0,615	0,626	0,628	0,634	0,635	0,606	0,627
1,000	0,606	0,615	0,626	0,628	0,633	0,632	0,605	0,626
1,100	0,604	0,614	0,625	0,627	0,631	0,629	0,604	0,626
1,200	0,604	0,614	0,624	0,626	0,628	0,626	0,604	0,625
1,300	0,603	0,613	0,622	0,624	0,625	0,622	0,603	0,624
1,400	0,603	0,612	0,621	0,622	0,622	0,618	0,603	0,624
1,500	0,602	0,611	0,620	0,620	0,619	0,615	0,602	0,623
1,600	0,602	0,611	0,618	0,618	0,617	0,613	0,602	0,623
1,700	0,602	0,610	0,617	0,616	0,615	0,612	0,602	0,622
1,800	0,601	0,609	0,615	0,615	0,614	0,612	0,602	0,621
1,900	0,601	0,608	0,614	0,613	0,612	0,611	0,602	0,621
2,000	0,601	0,607	0,613	0,612	0,612	0,611	0,602	0,620
3,000	0,601	0,603	0,606	0,608	0,610	0,609	0,601	0,615

Nach Beobachtungen von Lesbros wird μ vorwiegend durch die kleinere Dimension der Mündung, gleichviel ob dies die Höhe a oder die Breite b ist, bestimmt, derart, dass μ sich nicht wesentlich ändert, wenn bei gleichen Werthen von b das Verhältniss der grössern zur konstant bleibenden kleinern Dimension zwischen den Grenzen 1 bis 20 variirt. In praktischen Fällen ist meist $a < b$; mithin können die Tabellenwerthe mit einiger Sicherheit auch für andere Werthe von b benutzt werden.*)

Fig. 692.

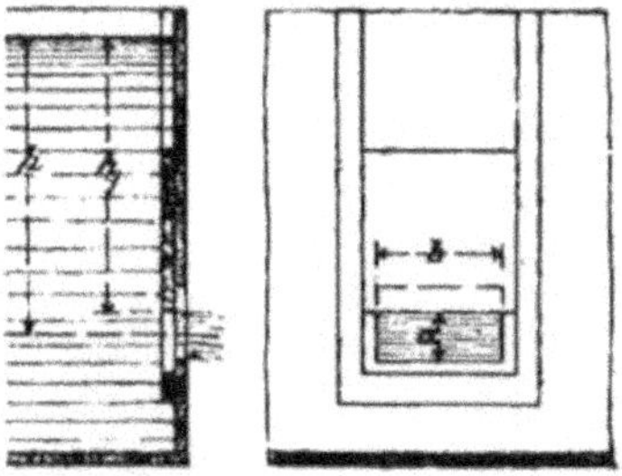

Bei dem Ausfluss des Wassers aus rechteckigen Schützen-Oeffnungen in einer vertikalen Wand, bei welchen die obere Begrenzung der Oeffnung durch die Unterkante eines verstellbaren Schiebers gebildet wird, welch letztere zwischen Leisten geführt wird, Fig. 692, findet, durch die fehlende Zuschärfung der Kanten veranlasst, nur unvollkommene Einschnürung statt, wodurch μ grösser wird. Versuche von Lesbros, bei welchen $b = 0{,}60$ m, die Dicke der Wand, der Schützentafel und der Leisten, sowie die Entfernung jeder Leistenkante von dem betr. Rande der Mündung $= 0{,}05$ m, ergaben für μ folgende Werthe.**)

*) Grashof. A. a. O., S. 451. — **) Grashof. A. a. O., S. 453.

$h = 0{,}60^{m}$

h_1	$a = 0{,}03$	0,05	0,20	0,40	h_1	$a = 0{,}03$	0,05	0,20	0,40
0,1	0,694	0,664	0,665	0,644	1,3	0,701	0,693	0,673	0,624
0,2	0,704	0,687	0,672	0,653	1,5	0,699	0,692	0,673	0,620
0,3	0,709	0,693	0,675	0,656	1,7	0,698	0,692	0,672	0,618
0,6	0,710	0,695	0,676	0,649	2,0	0,696	0,691	0,671	0,615
1,0	0,704	0,694	0,674	0,632	3,0	0,693	0,689	0,669	0,611

Wird die Unvollkommenheit der Einschnürung durch die in Fig. 691 angegebene Einrichtung veranlasst, so ist nach Versuchen von Weisbach:

$$\mu = \mu_0 [1 + 0{,}076 (9^n - 1)], \text{ mit: } n = \frac{A}{F}.$$

$n =$	0	0,05	0,10	0,15	0,20	0,25	0,30	0,35	0,40	0,45
$\frac{\mu}{\mu_0} =$	1,000	1,009	1,019	1,030	1,042	1,056	1,071	1,088	1,107	1,128
$n =$	0,50	0,55	0,60	0,65	0,70	0,75	0,80	0,85	0,90	0,95
$\frac{\mu}{\mu_0} =$	1,152	1,178	1,208	1,241	1,278	1,319	1,365	1,416	1,473	1,537

Unter μ_0 sind in dieser Tabelle die μ-Werthe der Tabelle S. 735 zu verstehen.

Fig. 693.

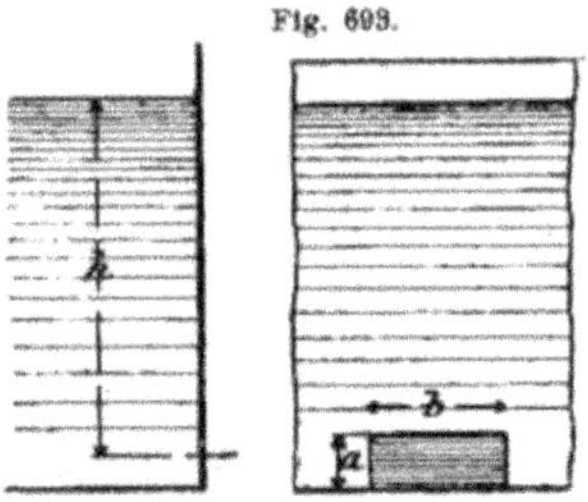

Fig. 694.

Bei theilweiser Einschnürung, d. h. in dem Falle, dass auf einer oder auf drei Seiten einer rechteckigen Oeffnung ab die Einschnürung aufgehoben ist, Fig. 693 u. 694, ist nach Versuchen von Bidone und von Weisbach:

$$\mu = \mu_0 (1 + 0{,}155\, p) \text{ wenn:}$$

$$p = \frac{b}{2(a + b)}, \text{ Fig. 693; oder:}$$

$$p = \frac{b + 2a}{2(a + b)}, \text{ Fig. 694.}$$

Fig. 695.

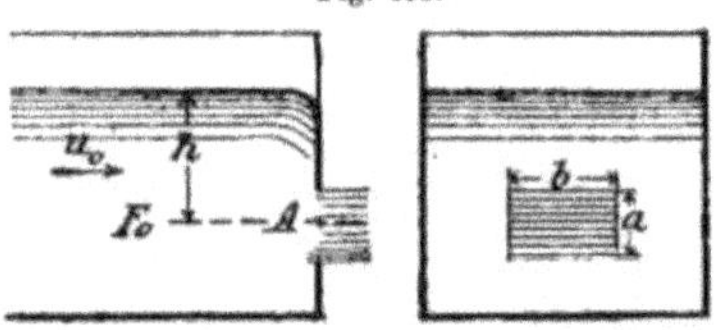

Für den Ausfluss durch eine Oeffnung A in einer ebenen vertikalen am Ende eines Gerinnes vom Querschnitt F_0 befindlichen Wand, Fig. 695, ist: $V = \mu' A \sqrt{2gh}$; wenn: $\mu' = \mu_0 (1 + 0{,}641\, n^2)$, mit: $n = \frac{A}{F_0}$ u. unter der Bedingung, dass $n < 0{,}5$.

Findet übrigens normale Einschnürung statt, so hat μ_0 einen der in der Tab. S. 735 angegebenen Werthe. Tritt dagegen noch theilweise Einschnürung ein, so ist eine weitere Korrektur des μ-Werthes erforderlich; und zwar ist dann: $\mu'' = \left(1 + \frac{1 - \mu'}{1 - \mu_0} 0{,}155\, p\right) \mu'$ zu setzen*).

Beispiel: Es sei der Querschn. des in einem Gerinne von $1{,}0^{m}$ Breite fliessenden Wasserstroms $F_0 = 1{,}0 \,.\, 0{,}7 = 0{,}70^{m}$, der Querschn. der Wandöffnung: $A = b\,a = 0{,}6 \,.\, 0{,}4 = 0{,}24^{qm}$, $h_1 = 0{,}2^{m}$, also $h = 0{,}4^{m}$, so ist zunächst (nach Tab. S. 735) $\mu_0 = 0{,}600$ (etwa); da nun: $n = \frac{A}{F} = \frac{12}{35}$ so wird: $\mu' = 0{,}6 \left(1 + 0{,}641 \frac{12^2}{35^2}\right) = 0{,}645$ und die in 1 Sek. durch A fliessende Wassermenge: $V = 0{,}645 \,.\, 0{,}24 \sqrt{2g \,.\, 0{,}4} = 0{,}435^{cbm}$. — Läge dieselbe Oeffnung A dicht am Boden des Gerinnes, und wäre dabei $h_1 = 0{,}3^{m}$, also $h = 0{,}5^{m}$, so wäre: $p = \frac{0{,}6}{2{,}0} = 0{,}3$. Da nun auch für $h_1 = 0{,}3^{m}$ $\mu_0 = 0{,}6$, also $\mu' = 0{,}645$, so wird: $\mu'' = \left(1 + \frac{0{,}355}{0{,}400} 0{,}155 \,.\, 0{,}3\right) 0{,}645 = 0{,}672$ und demnach: $V = 0{,}672 \,.\, 0{,}24 \sqrt{2g \,.\, 0{,}5} = 0{,}506^{cbm}$.

*) Grashof. A. a. O., S. 458.

ε. Ausfluss aus rechteckigen Mündungen mit Ansatz-Gerinnen

Die Breite des Ansatz-Gerinnes, Fig. 696a u. b, sei = der Breite b der Mündung $a\,b$, welche dicht am Boden des Gefässes liegt. Der Boden des Ansatz-Gerinnes sei entweder horizontal, Fig. 696a, oder mit 1:10 geneigt, Fig. 696b; die Einschnürung sei an der untern Kante ganz aufgehoben, an den Seitenkanten sehr unvollkommen und an der obern Kante normal; dann ist nach Versuchen v. Lesbros der Koeffiz. μ der Formel: $V = \mu a b \sqrt{2 g h}$ mit: $h = h_1 + \frac{a}{2}$ aus folgender Tabelle zu entnehmen.

Fig. 696a und b.

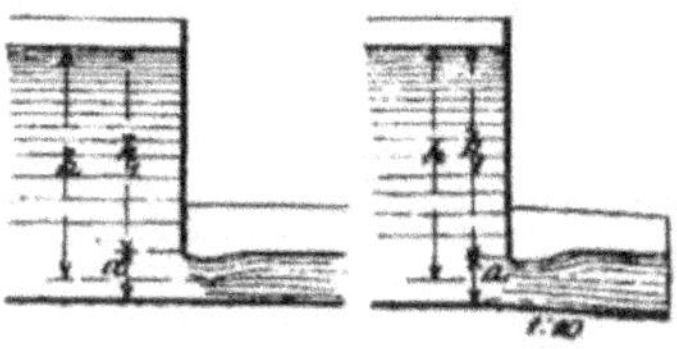

h_1	$a = 0{,}05$ m Boden horiz.	$a = 0{,}05$ m Boden 1:10 geneigt	$a = 0{,}20$ m Boden horiz.	$a = 0{,}20$ m Boden 1:10 geneigt	h_1	$a = 0{,}05$ m Boden horiz.	$a = 0{,}05$ m Boden 1:10 geneigt	$a = 0{,}20$ m Boden horiz.	$a = 0{,}20$ m Boden 1:10 geneigt
0,1	0,621	0,639	0,560	0,593	1,5	0,647	0,656	0,633	0,641
0,2	0,637	0,649	0,589	0,617	2,0	0,644	0,656	0,632	0,642
0,5	0,647	0,656	0,618	0,632	3,0	0,639	0,656	0,630	0,641
1,0	0,649	0,656	0,630	0,638					

Bei den Versuchen hatte das horizont. Gerinne 3 m, das geneigte 2,5 m Länge.

Für den Ausfluss durch eine Mündung $a\,b$ unter einer schräg stehenden Schützentafel (Spannschützen) mit anschliessendem Ansatz-Gerinne, wobei die Breite des Zuflussgerinnes $= b$, also die Einschnürung an 3 Seiten der Mündung völlig aufgehoben war, Fig. 697, fand Poncelet:

für $\delta = 63{,}5^0$, $\tan\delta = 0{,}5$, $\mu = 0{,}74$,
für $\delta = 45^0$, $\tan\delta = 1{,}0$, $\mu = 0{,}80$.

Fig. 698.

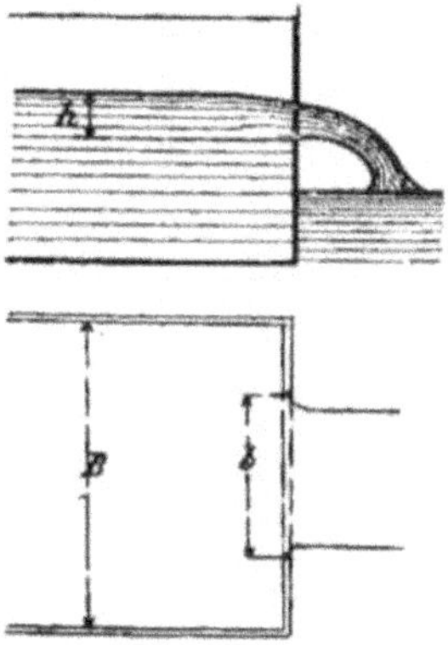

Fig. 697.

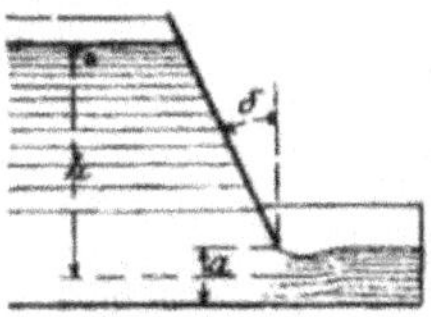

Ist auch an der obern Kante durch zweckmässige Abrundung derselben die Einschnürung aufgehoben, so wird $\mu = 0{,}93$.

ζ. Ueberfall mit rechteckiger Mündung.

Wenn in Folge Zuschärfung der Kanten an 3 Seiten vollkommene Einschnürung stattfindet, Fig. 698, so wird:

$$V = {}^2/_3\, \mu b h \sqrt{2 g h} = \mu' b h \sqrt{2 g h}$$

wobei nach Braschmann:*)

$$\mu' = 0{,}3838 + 0{,}0386 \frac{b}{B} + 0{,}00052 \frac{1}{h}$$

Die nachstehende Tabelle enthält eine Anzahl von Werthen für μ':

h m	$\frac{b}{B} = 0{,}1$ $\mu' =$	0,5 $\mu' =$	0,8 $\mu' =$	1,0 $\mu' =$	h m	$\frac{b}{B} = 0{,}1$ $\mu' =$	0,5 $\mu' =$	0,8 $\mu' =$	1,0 $\mu' =$
0,01	0,4397	0,4551	0,4667	0,4744	0,16	0,3909	0,4063	0,4179	0,4256
0,02	0,4137	0,4291	0,4407	0,4484	0,18	0,3905	0,4059	0,4175	0,4252
0,03	0,4050	0,4204	0,4320	0,4397	0,20	0,3902	0,4056	0,4172	0,4249
0,04	0,4007	0,4161	0,4277	0,4354	0,22	0,3900	0,4054	0,4170	0,4247
0,05	0,3981	0,4135	0,4251	0,4328	0,24	0,3898	0,4052	0,4168	0,4245
0,06	0,3963	0,4117	0,4233	0,4310	0,26	0,3897	0,4051	0,4167	0,4244
0,07	0,3951	0,4105	0,4221	0,4298	0,28	0,3895	0,4049	0,4165	0,4242
0,08	0,3942	0,4096	0,4212	0,4289	0,30	0,3894	0,4048	0,4164	0,4241
0,09	0,3934	0,4088	0,4204	0,4281	0,35	0,3892	0,4046	0,4162	0,4239
0,10	0,3929	0,4083	0,4199	0,4276	0,40	0,3890	0,4044	0,4160	0,4237
0,12	0,3920	0,4074	0,4190	0,4267	0,45	0,3888	0,4042	0,4158	0,4235
0,14	0,3914	0,4068	0,4184	0,4261	0,50	0,3887	0,4041	0,4157	0,4234

*) Zeitschr. d. Ver. deutsch. Ingen. 1868. S. 699.

Die μ'-Werthe für $b:B = 1$ entsprechen dem Falle, dass an den Seiten keine Einschnürung stattfindet; h ist in einer Entfernung vor der Ueberfallkante zu messen, wo der Wasserspiegel noch keine Senkung zeigt.

η. Kurze zylindrische Ansatzröhren, Fig. 699.

$V = \mu A \sqrt{2gh}$. Die Länge der Ansatzröhre ist etwa $= 3\,d$, der innere Rand scharfkantig, so dass normale Einschnürung des in die Röhre tretenden Strahls stattfindet. Nach Versuchen von Weisbach ist für $h = 0{,}23$ bis $0{,}6$ m und $d = 0{,}01$ bis $0{,}04$ m: $\mu = 0{,}854 - 1{,}1\,d$. Z. B. ist für $d = 0{,}03$:

$$\mu = 0{,}854 - 0{,}033 = 0{,}821.$$

Diesen Werthen entspricht ein Einschnür.-Koeffiz.: $\alpha = 0{,}672 - 1{,}2\,d$. Z. B. für: $d = 0{,}03$ ist $\alpha = 0{,}672 - 0{,}036 = 0{,}636$.

Fig. 699.

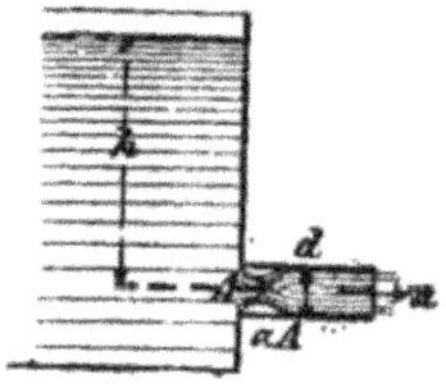

Fig. 700.

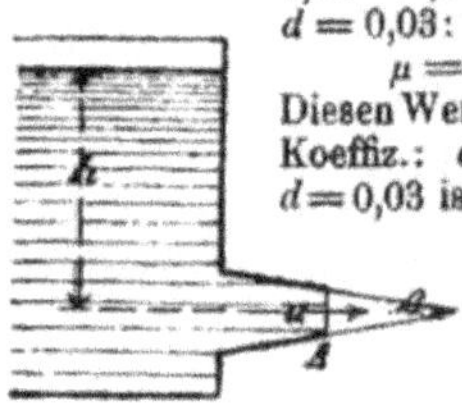

ϑ. Kurze konische Ansatzröhren, Fig. 700.

$V = \mu A \sqrt{2gh}$; $u = \varphi \sqrt{2gh}$; α Koeffiz. der äussern Einschnürung des Strahls; β Konvergenzwinkel an der Spitze des Kegels.

Aus Versuchen von d'Aubuisson und Castel mit Röhren von 0,04 m Länge und dem Mündungsdurchm. 0,0155 m ergaben sich folgende Werthe von μ, φ und α*):

β^0	μ	$\frac{\mu}{\mu_0}$	φ	$\frac{\varphi}{\varphi_0}$	α	β^0	μ	$\frac{\mu}{\mu_0}$	φ	$\frac{\varphi}{\varphi_0}$	α
0	0,829	1	0,829	1	1	13	0,946	1,140	0,961	1,159	0,983
1	0,852	1,028	0,852	1,028	1	14	0,943	1,138	0,966	1,164	0,977
2	0,873	1,053	0,873	1,053	1	16	0,938	1,131	0,909	1,169	0,968
3	0,892	1,076	0,892	1,076	1	18	0,931	1,123	0,970	1,170	0,960
4	0,909	1,097	0,909	1,097	1	20	0,922	1,112	0,971	1,171	0,950
5	0,920	1,110	0,920	1,110	1	25	0,908	1,095	0,974	1,175	0,932
6	0,925	1,116	0,925	1,116	1	30	0,896	1,081	0,975	1,176	0,919
8	0,931	1,123	0,933	1,125	0,998	35	0,883	1,065	0,977	1,179	0,904
10	0,937	1,130	0,949	1,145	0,987	40	0,871	1,051	0,980	1,182	0,889
12	0,942	1,136	0,955	1,152	0,986	45	0,867	1,034	0,983	1,186	0,872

Wäre für eine kurze zylindr. Ansatzröhre ($\beta = 0^0$): $\mu_0 = \varphi_0 = 0{,}810$, so würde für eine konische Ansatzröhre derselben Länge und desselben Mündungs-Durchm.-, wenn $\beta = 10^0$, $\mu = 1{,}130 \,.\, 0{,}810 = 0{,}915$ und $\varphi = 1{,}145 \,.\, 0{,}810 = 0{,}927$ zu nehmen sein.

d. Ausfluss unter veränderlichem Druck; Ausflusszeit.

α. Gefässe von konstantem Querschnitt.

Aus einem Gefäss vom konstanten Querschn. F soll das Wasser durch eine Mündung A, die unter dem konstanten Unterwasser-Spiegel liegt, abfliessen; die zur Senkung d. Wasser-Spiegels im Gefäss um die Grösse $h_1 - h_2$, Fig. 701, erforderliche Zeit (Sek.) ist:

$$t = \frac{2F}{\mu A \sqrt{2g}} \left(\sqrt{h_1} - \sqrt{h_2}\right). \quad (32)$$

Für $h_2 = 0$ wird die Zeit:

$$t_0 = \frac{2Fh_1}{\mu A \sqrt{2gh_1}}. \quad (33)$$

Fig. 701.

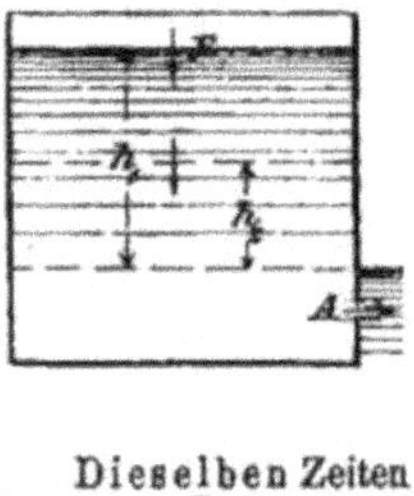

Fig. 702.

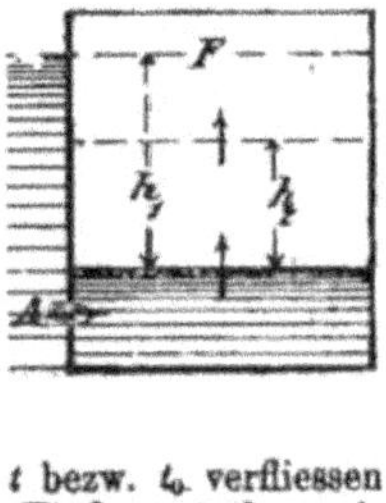

Dieselben Zeiten t bezw. t_0 verfliessen bei dem Füllen eines Gefässes vom Querschn. F durch eine Einflussmündung A von einem Raume her, in welchem der Wasserspiegel konstant ist, Fig. 702.

*) Grashof. A. a. O., S. 473.

Beispiel 1. Für das Entleeren einer Schleusenkammer von 11ᵐ Breite und 50ᵐ Länge durch 2 ganz im Unterwasser liegende Schützöffnungen von je 0,7ᵐ Höhe und 0,9ᵐ Breite ist: $F = 550^{qm}$, $A = 0{,}63^{qm}$. Die anfängliche Differenz zwischen Ober- und Unterwasser-Spiegel sei $h_1 = 4^m$; darnach ist (mit $\mu = 0{,}6$): $t_0 = \frac{2 \cdot 550 \cdot 4}{2 \cdot 0{,}6 \cdot 0{,}63 \sqrt{2g \cdot 4}} = 667$ Sek., rd. 11 Min.

Beispiel 2. Die Zeit für das Füllen derselben Schleusenkammer durch 2 ebenso grosse Schützöffnungen in den obern Thorflügeln wird dieselbe sein, sobald auch hier die Oeffnungen ganz im Unterwasser liegen. Wenn jedoch bei geändertem Wasserstand die Oeffnungen anfänglich ganz über dem Unterwasser liegen, so erhält man ein für praktische Zwecke hinreichend genaues Resultat, wenn man die zum Füllen der Schleusenkammer erforderliche Zeit t_0 in 2 Theile t_1 und t_2 getheilt denkt, von denen der 1. Theil t_1 die Dauer vom Beginn des Füllens bis zu dem Augenblicke umfasst, wo der Wasserspiegel die halbe Höhe der Schützöffnung erreicht hat, der 2. Theil t_2 die Dauer von hier ab bis zum Ende der Füllung. Man kann dann annehmen, dass während der Zeit t_1 freier Ausfluss des Wassers stattfindet und während der Zeit t_2 Ausfluss unter Wasser. Nennt man den ursprünglichen Abstand der Wasserspiegel h_1, die Entfernung vom Oberwasserspiegel bis Mitte Schützöffnung h, so ist:

$$t_1 = \frac{F(h_1 - h)}{\mu A \sqrt{2gh}} \text{ und: } t_2 = \frac{2Fh}{\mu A \sqrt{2gh}}; \text{ folglich: } t_0 = t_1 + t_2 = \frac{F(h_1 + h)}{\mu A \sqrt{2gh}}.$$

Für $h_1 = 4^m$ und $h = 3^m$ wird (mit $\mu = 0{,}6$): $t_0 = \frac{550 \cdot 7}{2 \cdot 0{,}6 \cdot 0{,}63 \sqrt{2g \cdot 3}} = 664$ Sek., rd. 11 Min.

β. Ausfluss aus Gefässen mit veränderlichem Querschnitt.

Nimmt die Grösse des Wasserspiegels bei der Senkung ab und besteht für die Grösse desselben das Verhältniss $\frac{f}{F} = \frac{z^n}{h^n}$, so ist die Zeit, während welcher der Wasserspiegel sich um die Höhe $h - z$ senkt:

Fig. 703a.

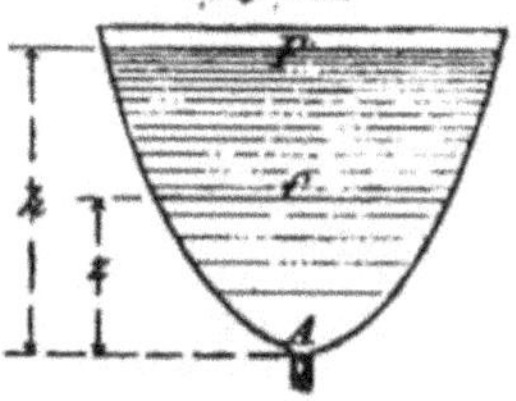

$$t = \frac{F\left(h^{n+\frac{1}{2}} - z^{n+\frac{1}{2}}\right)}{\mu\left(n + \frac{1}{2}\right) A h^n \sqrt{2g}} \qquad (34)$$

und die Zeitdauer der Entleerung des Gefässes:

$$t_0 = \frac{Fh}{\mu\left(n + \frac{1}{2}\right) A \sqrt{2gh}}. \qquad (35)$$

Da der Rauminhalt d. Gefässes: $C = \int_0^h f\,dz = \frac{Fh}{n+1}$,

$$\text{so wird: } t_0 = \left(\frac{2n+2}{2n+1}\right) \frac{C}{\mu A \sqrt{2gh}}. \qquad (36)^*)$$

Fig. 703b.

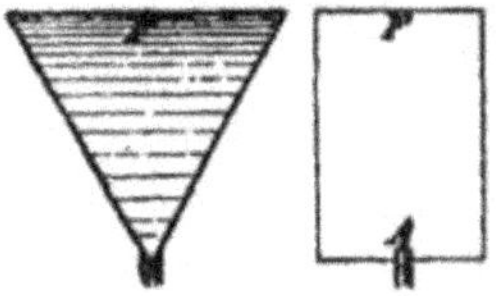

Beispiel 1. Das Gefäss hat die Form eines Rotations-Paraboloids, Fig. 703a, mit vertikaler Axe oder auch eines dreiseitigen Prismas in der Lage, wie Fig. 703b zeigt, so ist $n = 1$ zu setzen und darnach: $t_0 = \frac{4}{3} \frac{C}{\mu A \sqrt{2gh}}$.

Beispiel 2. Hat das Gefäss die Form eines verkehrt gestellten geraden Kegels oder einer eben so gestellten geraden Pyramide, so wird $n = 2$ und darnach: $t_0 = \frac{6}{5} \frac{C}{\mu A \sqrt{2gh}}$.

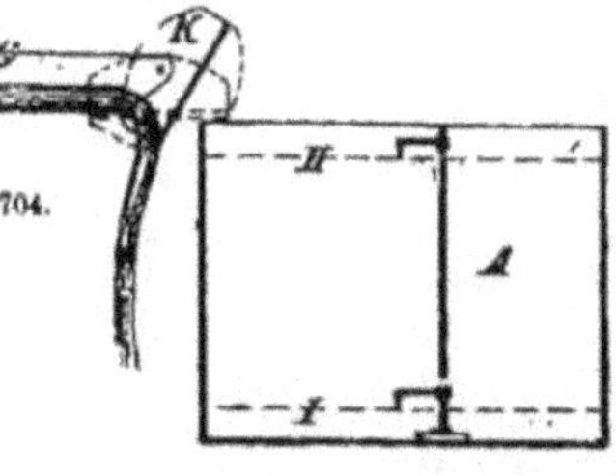

Fig. 704.

e. Bestimmung kleinerer Wassermengen.

α. Durch Aichung, mittels Ausflusses in kalibrirte Gefässe.

Es sei in Fig. 704, A das Aichgefäss, dessen zwischen den Spiegeln I und II befindlicher Rauminhalt C durch Abwägen ermittelt ist; am Ende eines Gerinnes G, durch welches das zu messende Wasserquantum abfliesst, befindet sich eine Drehklappe K, welche zunächst so steht, dass in das Aichgefäss kein Wasser gelangen kann; letzteres selbst ist bis zum Spiegel I mit Wasser gefüllt. In einem bestimmten Moment wird die Klappe K in die punktirte Lage gedreht und dadurch

*) Vergl. Ritter, Ingen.-Mechanik, S. 471—472.

das Wasser so lange in das Aichgefäss eingelassen bis der Spiegel II erreicht ist, in welchem Augenblick die Klappe K rasch wieder in die Anfangs-Lage zurück geführt wird. Die während des Einlaufs verflossene Zeit wird mittels einer Sekundenuhr beobachtet; ist dieselbe $= t$, so ergiebt sich die pro 1 Sek. durch das Gerinne fliessende Wassermenge zu: $V = \frac{C}{t}$. (37)

Man wird eine grössere Zahl von Beobachtungen ausführen und das arithmet. Mittel der einzelnen V-Werthe als den wahrscheinlichsten Werth von V ansehen müssen.

β. Mittels des sogen. Brunnenzolls.

Bei dieser sich durch grosse Einfachheit auszeichnenden Bestimmung wird ein Gefäss benutzt in dessen Seitenwänden in einer beliebigen — aber genau übereinstimmenden — Höhenlage über dem Boden eine grössere Zahl kreisförmiger Oeffnungen von 20 mm Durchmesser mit scharfkantiger Umgrenzung angebracht ist. Man lässt bei Offenerhaltung zunächst einer beliebigen Anzahl der kreisförmigen Oeffnungen — mittelst einer Zuflussrinne das Wasser in das Gefäss einströmen und den Spiegel in demselben bis auf 50 mm über die durch die Mitte der Wand-Oeffnungen gelegten Ebene sich heben. Es müssen alsdann so viele Oeffnungen verschlossen werden, dass jene Spiegelhöhe erhalten bleibt, d. h. dass Zufluss- und Ausflussmenge in Uebereinstimmung stehen.

Durch Beobachtung ist nun gefunden, dass durch 1 Oeffnung der angegebenen Grösse und Art bei der Druckhöhe von 50 mm während 24 Stunden die Wassermenge von 20 cbm zum Ausfluss gelangt. Wenn also n Löcher geöffnet waren beträgt die Ausflussmenge für 24 Stunden: $Q = n\,20$ (cbm) oder die sekundliche Abflussmenge: $V = \frac{n\,20}{86400}$. — Noch andere Bestimmungs-Methoden können, weil weniger einfach oder weniger sicher als die beschriebenen beiden, hier ausser Betracht bleiben.

f. Leitungswiderstand gerader zylindrischer Röhren.

Ist l die Länge und d der Durchmesser einer geraden oder nur schwach gekrümmten Rohrstrecke, u die Geschw. des durchfliessenden Wassers, p_0 die spezif. Pressung desselben am Anfang, p diejenige am Ende der Strecke l und y die vertikal gemessene Höhe von A über A_0, Fig. 705, so ist ohne Rücksicht auf Widerstände besonderer Art:

Fig. 705.

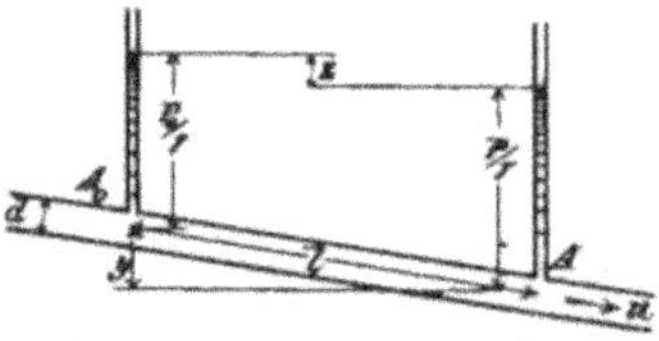

$$y + \frac{p_0 - p}{\gamma} = z = \lambda \frac{l}{d} \frac{u^2}{2g} \tag{39}$$

Der Leitungswiderstands-Koeffiz. λ ist abhängig von der Geschw. v, vom Rohrdurchmesser d und von der Beschaffenheit der innern Rohrfläche.

Weisbach setzt: $\lambda = 0{,}01439 + \frac{0{,}0094711}{\sqrt{u}}$, d. h. λ nur abhängig von u.*)

Zusammengehörige Werthe von λ und u (nach Weisbach).

u m	0,0	0,1	0,2	0,3	0,4	0,5	0,6	0,7	0,8	0,9
0	—	0,0443	0,0356	0,0317	0,0294	0,0278	0,0266	0,0257	0,0250	0,0244
1	0,0239	0,0234	0,0230	0,0227	0,0224	0,0221	0,0219	0,0217	0,0215	0,0213
2	0,0211	0,0209	0,0208	0,0206	0,0205	0,0204	0,0203	0,0202	0,0201	0,0200
3	0,0199	0,0198	0,0197	0,0196	0,0195	0,0195	0,0194	0,0193	0,0193	0,0192
4	0,0191	0,0191	0,0190	0,0190	0,0189	0,0189	0,0188	0,0188	0,0187	0,0187

Darcy folgerte dagegen aus seinen an der Wasserleitung Chaillot in Paris angestellten sehr ausführlichen Versuchen (Litteratur-Ang. S. 718)

$$\lambda = 0{,}01989 + \frac{0{,}0005078}{d} \tag{40}$$

worin d in Metern zu nehmen.

*) Vergl. Weisbach-Herrmann. A. a. O., S. 1015.

Zusammengehörige Werthe von λ und d (nach Darcy).

d	0,010	0,020	0,030	0,040	0,050	0,060	0,070	0,080	0,090	0,100
λ	0,07067	0,04528	0,03682	0,03258	0,03005	0,02835	0,02714	0,02624	0,02553	0,02497
d	0,110	0,120	0,130	0,140	0,150	0,160	0,170	0,180	0,190	0,200
λ	0,02451	0,02412	0,02380	0,02352	0,02327	0,02306	0,02288	0,02271	0,02256	0,02243
d	0,210	0,220	0,230	0,240	0,250	0,260	0,270	0,280	0,290	0,300
λ	0,02231	0,02220	0,02210	0,02201	0,02192	0,02184	0,02177	0,02170	0,02164	0,02158
d	0,310	0,320	0,330	0,340	0,350	0,360	0,370	0,380	0,390	0,400
λ	0,02153	0,02148	0,02143	0,02138	0,02134	0,02130	0,02126	0,02123	0,02119	0,02116
d	0,410	0,420	0,430	0,440	0,450	0,460	0,470	0,480	0,490	0,500
λ	0,02113	0,02110	0,02107	0,02104	0,02102	0,02099	0,02097	0,02095	0,02093	0,02091
d	0,510	0,520	0,530	0,540	0,550	0,560	0,570	0,580	0,590	0,600
λ	0,02089	0,02087	0,02085	0,02083	0,02081	0,02080	0,02078	0,02077	0,02075	0,02074
d	0,610	0,620	0,630	0,640	0,650	0,660	0,670	0,680	0,690	0,700
λ	0,02072	0,02071	0,02070	0,02068	0,02067	0,02066	0,02065	0,02064	0,02063	0,02062
d	0,710	0,720	0,730	0,740	0,750	0,760	0,770	0,780	0,790	0,800
λ	0,02061	0,02060	0,02059	0,02058	0,02057	0,02056	0,02055	0,02054	0,02053	0,02052
d	0,810	0,820	0,830	0,840	0,850	0,860	0,870	0,880	0,890	0,900
λ	0,02052	0,02051	0,02050	0,02049	0,02049	0,02048	0,02047	0,02047	0,02046	0,02045
d	0,910	0,920	0,930	0,940	0,950	0,960	0,970	0,980	0,990	1,000
λ	0,02045	0,02044	0,02044	0,02043	0,02042	0,02042	0,02041	0,02041	0,02040	0,02040

Hagen nimmt auf Grundlage der Darcy'schen Versuche, und mit Berücksichtigung eigner über den Einfluss der Temperatur des Wassers auf den Leitungswiderstand früher angestellter Versuche, λ als gleichzeitig von u und d abhängig an und stellt diese Abhängigkeit dar durch die Gleichg.*): $\lambda = \alpha + \frac{\beta}{ud}$, (41)

mit: $\alpha = 0{,}023577$ und $\beta = 0{,}00011519 - 0{,}000004191\,\tau + 0{,}00000009229\,\tau^2$, unter τ d. Temperat. d. Wassers (in Graden Cels.) verstanden.

In folgender Tabelle sind für $\tau = 10^0$ die zu verschiedenen Werthen von $\frac{1}{ud}$ gehörigen λ-Werthe zusammen gestellt.**)

$\frac{1}{ud}$	λ	$\frac{1}{ud}$	λ	$\frac{1}{ud}$	λ	$\frac{1}{ud}$	λ	$\frac{1}{ud}$	λ	$\frac{1}{ud}$	λ
1	0,02366	8	0,02424	15	0,02481	22	0,02539	29	0,02597	35	0,02646
2	0,02374	9	0,02432	16	0,02490	23	0,02547	30	0,02605	36	0,02655
3	0,02382	10	0,02440	17	0,02498	24	0,02556	31	0,02613	37	0,02663
4	0,02391	11	0,02448	18	0,02506	25	0,02564	32	0,02622	38	0,02671
5	0,02399	12	0,02457	19	0,02514	26	0,02572	33	0,02630	39	0,02679
6	0,02407	13	0,02465	20	0,02523	27	0,02580	34	0,02638	40	0,02688
7	0,02415	14	0,02473	21	0,02531	28	0,02589				

Grashof empfiehlt, bei der praktischen Anwendung obiger λ-Werthe dieselben mit Rücksicht auf die Abweichungen von der genauen zylindrischen Form um etwa 20%, mit Rücksicht auf die Verunreinigung und Verengung der Röhren durch Niederschläge aus dem Wasser um mindestens 50% zu vergrössern. —

Um fest zu stellen, welche der bisher in Anwendung befindlichen Formeln für λ am besten mit der Praxis überein stimmende Resultate gebe, und um wie viel wohl der Druckhöhen-Verlust bei gusseisernen Rohrleitungen sich in Folge der allmäligen Inkrustation der innern Wandflächen vermehre, wurden in neuster Zeit auf Anregung des Verbandes deutscher Archit.- und Ingen.-Vereine in Folge eines Antrags des Hamburger Archit.- und Ingen.-Vereins von mehreren Seiten Versuche in der oben erwähnten Richtung angestellt. Von diesen sind besonders die in Hamburg und in Stuttgart ausgeführten Versuche wegen der Reichhaltigkeit des gewonnenen Materials und der Sorgfalt der Durchführung hervor zu heben. Sämmtliche Versuchs-Resultate wurden im Auftrage des Archit.- und Ingen.-Vereins zu Hamburg von O. Jben in einer Denkschrift veröffentlicht. (Litter.-Ang. S. 718.)

Aus den Resultaten der verschiedenen Versuche (mit vorläufiger Ausnahme der Stuttgarter) zieht Jben folgende Schlüsse:

*) Hagen. Ueber die Bewegung des Wassers in zylindrischen, nahe horizontalen Leitungen. Aus den Abhandl. der königl. Akademie der Wissensch. zu Berlin 1869.

**) Vergl. Grashof. A. a. O. S. 487 — 488.

a. Für neue, bezw. reine Leitungen stimmt unter den bekannten theoret. Formeln zur Bestimmung des Rohrleitungs-Widerstandes diejenige von Darcy (Gleichg. 40) innerhalb der in der Praxis gewöhnlich vorkommenden Wassergeschwindigkeiten noch am besten mit den Erfahrungs-Resultaten überein und kann auch auf Leitungen der grössten Durchmesser Anwendung finden.

b. Dagegen wird es ein vergebliches Bemühen sein und stets bleiben, ein Gesetz für die fortschreitende Veränderung des Rohrleitungs-Widerstandes einer bestehenden Leitung finden zu wollen, weil die Ablagerungen aus einem mehr oder weniger unreinen Wasser je nach Umständen an einzelnen Stellen einer Leitung stärker, an andern wieder schwächer auftreten werden, weil ferner die Inkrustation bald in Rostbildung, bald in Schlammbildung und bald in Muschelbildung bestehen kann. Es ist deshalb unzweifelhaft, dass die Abnahme der Leitungsfähigkeit eines Rohrstranges bald rasch, bald langsam erfolgen wird.

Aus den Untersuchungen über den Leitungswiderstand alter Leitungen ergab sich im allgemeinen, dass für das Maass der Zunahme des Leitungswiderstandes besonders noch die Grösse des Rohrdurchmessers d von Bedeutung ist, da unter sonst gleichen Umständen bei weiten Leitungen die Widerstände langsamer wachsen, als bei engen*).

Die Stuttgarter Versuche bezogen sich zum grössten Theil auf neue, bezw. reine Rohrleitungen; es konnten aus denselben folgende Schlüsse gezogen werden**):

1. Der grössere Theil der wirklich konstatirten Druckverluste war grösser, als solche sich nach den bekannten Formeln von Prony, Weisbach und Darcy berechnen; insbesondere bei engern Leitungen ($d \leqq 0{,}101$ m). Indess liegen hierbei theilweise örtliche Verhältnisse zu Grunde.

2. Für die weitern ($d = 0{,}202$ m und $0{,}252$ m) unter günstigeren Verhältnissen angelegten Leitungen ergeben die Formeln von Weisbach und Prony bezüglich der Druckverluste höhere Resultate, als die gemessenen, zeigen also für solche Fälle genügende Sicherheit. Bei den engen Leitungen ($d \leqq 0{,}050$ m) ergiebt die Formel von Darcy grössere Sicherheit.

3. Der Werth von λ nach Darcy (Gleichg. 40) mit etwas erhöhten Werthen der Konstanten würde den gemachten Beobachtungen am besten entsprechen, wogegen sich eine Abhängigkeit zwischen λ und u für gleiche d-Werthe in nur geringem Grade bemerkbar machte.

In den vorstehend besprochenen Versuchen ist noch unaufgeklärt geblieben, in welcher Weise bei neuen, bezw. reinen Leitungsröhren mit ziemlich glatter Innenfläche der gleichzeitige Einfluss von u und d auf den Werth λ sich geltend macht, ob namentlich die von Hagen gewählte Formel für λ bei Fortfall aller besondern Widerstände, also bei einer durchaus geraden Rohrstrecke mit der Praxis überein stimmende Werthe liefert oder nicht.

g. Besondere Widerstände.

α. Plötzlicher Querschn.-Wechsel im allgemeinen.

Der Wasserstrom gehe aus einem Rohr vom Querschn. F_1 in ein kleineres vom Querschn. F_2 über; an der Uebergangstelle finde vollkommene Einschnürung statt, Fig. 706. Nach Gleichg. (1) und (2) ist:

Fig. 706.

$$\frac{p_1 - p_2}{\gamma} = \frac{u_2^2 - u_1^2}{2g} + B \text{ und: } F_1 u_1 = F_2 u_2 = \alpha F_2 u,$$

ferner die Widerstandshöhe B für den Eintritt des Wassers in das Rohr F_2 nach Gleichg. (5):

$$B = \frac{(u - u_2)^2}{2g} = \zeta \frac{u_2^2}{2g},$$

folglich:

$$\zeta = \left(\frac{1}{\alpha} - 1\right)^2. \qquad (42)$$

Mit $\alpha = 0{,}64$ wird: $\zeta = 0{,}316$ Wegen der Widerstände beim Eintritt des Wassers in die Mündung selbst, ist ζ grösser und zwar $\zeta = 0{,}505$ (43) zu setzen. Dieser Werth ist namentlich als Widerstandskoeffiz. für den Eintritt des Wassers in Röhrenleitungen aus grösseren Sammelbehältern zu benutzen.

---

*) Jben. A. a. O., S. 53. — **) Jben. A. a. O., S. 80–81.

Beim Uebergang des Wasserstroms aus einem engen Rohre F_1 in ein weites F_2, Fig. 707 wird wieder: $\frac{p_1 - p_2}{\gamma} = \frac{u_2^2 - u_1^2}{2g} + B$ und $F_1 u_1 = F_2 u_2$, ferner nach (5): $B = \frac{(u_1 - u_2)^2}{2g} = \zeta \frac{u_1^2}{2g}$, folglich: $\zeta = \left(1 - \frac{F_1}{F_2}\right)^2$, (44)

Es ist hier ζ auf die der Wassergeschw. im engern Rohre entsprechende Geschw.-Höhe bezogen.

Ist z. B. $\frac{F_1}{F_2} = \frac{1}{5}$, so wird $\zeta = 0{,}64$. Ist F_2 sehr gross gegen F_1, so ist $\zeta = 1$ zu setzen, beispielsw. beim Eintritt des Wassers in grössere Gefässe, welche in eine zusammen hängende Rohrleit. eingeschaltet sind. (Oefen einer Niederdruck-Wasserheizung etc.).

Fig. 707.

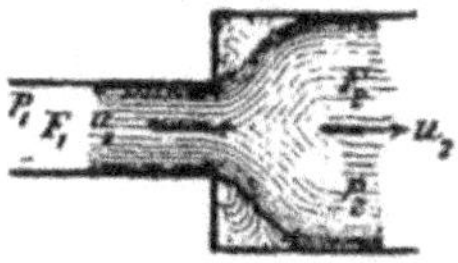

Fig. 708.

Für den Durchfluss des Wassers durch eine in ein zylindr. Rohr vom Querschn. F eingebaute Verengung A von kreisförm. Querschn., Fig. 708, ist die Widerstandshöhe: $B = \zeta \frac{u^2}{2g}$ mit $\zeta = \left(\frac{F}{\alpha A} - 1\right)^2$. (45)

Die nachstehend angegebenen Koeffiz. sind von Weisbach auf Grund zahlreicher Versuche ermittelt.

$\frac{A}{F} =$	1	0,9	0,8	0,7	0,6	0,5	0,4	0,3	0,2	0,1
$\alpha =$	1	0,892	0,813	0,755	0,712	0,681	0,659	0,643	0,632	0,624
$\zeta =$	0	0,06	0,29	0,80	1,80	3,75	7,80	17,5	47,8	226

β. Besondere Fälle.

1. Verengung des Rohrquerschnitts durch Schieber.

Bei einem zylindrischen Rohr, Fig. 709, wird:

bei der Stellhöhe	$^7/_8$	$^6/_8$	$^5/_8$	$^4/_8$	$^3/_8$	$^2/_8$	$^1/_8$
für $\frac{A}{F} =$	0,948	0,856	0,740	0,609	0,466	0,315	0,159
$\zeta =$	0,07	0,26	0,81	2,06	5,52	17,0	97,8

Bei einem Rohr von rechteck. Querschn., Fig. 710, ist:

für $\frac{A}{F} =$	0,9	0,8	0,7	0,6	0,5	0,4	0,3	0,2	0,1
$\zeta =$	0,09	0,39	0,95	2,08	4,02	8,12	17,8	44,5	193

Fig. 709.

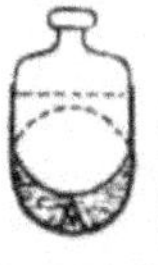

Fig. 710.

Fig. 711.

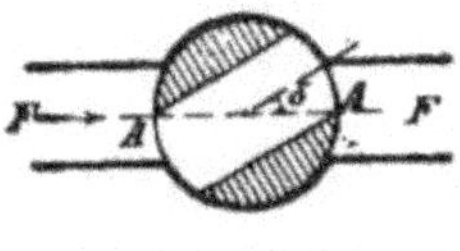

2. Verengung des Rohrquerschnitts durch Hähne, Fig. 711.

Für ein Rohr mit rechteck. Querschn. ist bei einem Stellwinkel δ:

	5°	10°	15°	20°	25°	30°	35°	40°	45°	50°	55°
$\frac{A}{F} =$	0,926	0,840	0,769	0,687	0,604	0,520	0,436	0,352	0,269	0,188	0,110
$\zeta =$	0,05	0,31	0,88	1,84	3,45	6,15	11,2	20,7	41,0	95,3	275

Bei $\delta = 67°$ war der Durchfluss des Wassers durch den Hahn ganz gehemmt. Für ein zylindr. Rohr mit zylindr. Hahnbohrung ist beim Stellwinkel δ:

$\delta =$	5°	10°	15°	20°	25°	30°	35°	40°	45°	50°	55°	60°	65°
$\frac{A}{F} =$	0,926	0,850	0,772	0,692	0,613	0,535	0,458	0,385	0,315	0,250	0,190	0,137	0,091
$\zeta =$	0,05	0,29	0,75	1,56	3,10	5,47	9,68	17,3	31,2	52,6	106	206	486
$\zeta_0 =$	0,02	0,15	0,39	0,85	1,62	2,89	5,06	8,72	15,4	27,9	53,9	113	278

Bei $\delta_1 = 82^0$ war der Hahn geschlossen; die hinzu gefügten ζ_0-Werthe entsprechen dem Falle einer durch Fig. 708 dargestellten Querschn.-Verengung des zylindr. Rohres für die gleichen Verhältnisse von $\frac{F}{A}$. Mit Hülfe derselben können die zu bestimmten δ-Werthen gehörigen ζ-Werthe schätzungsweise für solche Hähne berechnet werden, welche bei einem Stellwinkel δ_2 (verschieden von δ_1) eben geschlossen werden.

Beispiel. Für einen Hahn (II.), bei welchem $\delta_2 = 75^0$, soll der zu $\delta = 50^0$ gehörige ζ-Werth gefunden werden. Dem Stellwinkel 50^0 entspricht beim Hahn I. ein Stellwinkel $\delta = \frac{50}{75} 82 = 54^2/_3$, wofür nach obiger Tabelle: $\zeta_0 = 52$. Für $\delta = 50^0$ dagegen ist: $\zeta - \zeta_0 = 52,6 - 27,9 = 25$ (nahezu), folglich der gesuchte Werth: $\zeta = 52 + 25 = 77$*).

Fig. 712.

3. Verengung des Rohrquerschn. durch Drosselklappen, Fig. 712.

Die ζ-Werthe für Rohre von rechteck. (□) und kreisförm. (○) Querschn. enthält nachstehende Tabelle.

	Stellwinkel $\delta =$														
	5°	10°	15°	20°	25°	30°	35°	40°	45°	50°	55°	60°	65°	70°	90°
$\frac{A}{F} =$	0,913	0,826	0,741	0,658	0,577	0,500	0,426	0,357	0,293	0,234	0,181	0,134	0,094	0,060	0
ζ(□) =	0,28	0,45	0,77	1,34	2,16	3,54	5,72	9,27	15,07	24,9	42,7	77,4	158	368	∞
ζ(○) =	0,24	0,52	0,90	1,54	2,51	3,91	6,22	10,8	18,7	32,6	58,8	118	256	751	∞

Fig. 713.

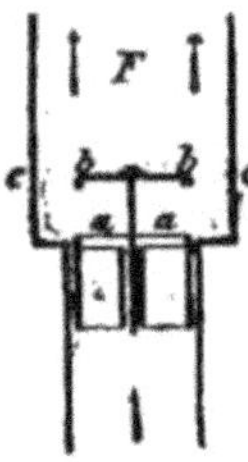

Fig. 714.

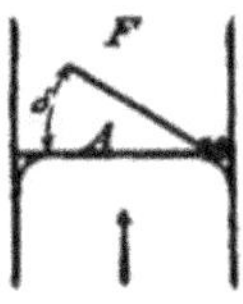

4. Verengung des Rohrquerschn. durch Teller- oder Kegel-Ventile, Fig. 713.

Voraus gesetzt wird, dass der ringförmige Querschn. A_1 (bei bc) mindestens = ist dem Durchfluss-Querschn. A (bei aa) des Ventilsitzes und der Ventilhub = dem Halbmesser der Oeffnung im Ventilsitz. Dann ist, unter F den Querschn. des Ventilgehäuses verstanden:

nach Weisbach: $$\zeta = \left(1,645 \frac{F}{A} - 1\right)^2$$

nach Grashof: $$\zeta = \left(1,537 \frac{F}{A} - 1\right)^2$$ **)

Die von Weisbach gefundenen ζ-Werthe bei Klappenventilen, Fig. 714, bei welchen $A = 0,535\, F$ war, enthält folgende Tabelle.

Oeffnungswinkel $\delta =$ 15°	20°	25°	30°	35°	40°	45°	50°	55°	60°	65°	70°
$\zeta =$ 90	62	42	30	20	14	9,5	6,6	4,6	3,2	2,3	1,7
$x =$ 5,61	4,75	4,00	3,47	2,93	2,54	2,18	1,91	1,68	1,49	1,35	1,23

Grashof setzt ausserdem: $\zeta = \left(x \frac{F}{A} - 1\right)^2$, wobei: $x = 0,535 (1 + \sqrt{\zeta})$;

diese x-Werthe können dazu dienen, auch für Klappenventile mit andern $\frac{F}{A}$-Werthen die zu δ gehörigen ζ-Werthe zu bestimmen***).

Beispiel. $A = 0,64\, F$; bei $\delta = 50^0$ würde sein: $\zeta = \left(\frac{1,91}{0,64} - 1\right)^2 = 4$

5. Knierohre und Rohr-Verkröpfungen.

Für den Durchgang des Wassers durch ein Knie, Fig. 715, von $0,03^m$ lichtem Durchmesser fand Weisbach: $$\zeta = 0,9457 \sin^2 \frac{\delta}{2} + 2,047 \sin^4 \frac{\delta}{2},$$

*) Grashof. A. a. O., S. 503—504. — **) Grashof. A. a. O., S. 506—507. — ***) Grashof A. a. O., S. 497—498.

also für:	$\delta = 20°$	40°	60°	80°	90°
	$\zeta = 0{,}046$	0,139	0,364	0,740	0,984

Bei Kropfröhren (Krümmern), Fig. 716 ist, wenn ρ der mittlere Halbm. der Krümmung, d der Rohrdurchmess. und $\beta = 90°$, nach Weisbach:

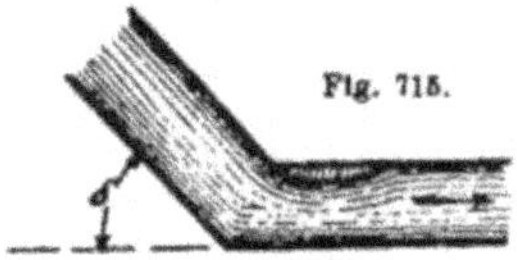

Fig. 715.

$$\zeta = 0{,}131 + 0{,}163 \left(\frac{d}{\rho}\right)^{3,5}$$

Grashof empfiehlt, den Gebrauch dieser Gleichg. auf solche Krümmer zu beschränken, bei welchen $\frac{\rho}{d} \leqq 2{,}5$, bei solchen dagegen, für die $\frac{\rho}{d} > 2{,}5$, zur Bestimmung von ζ die Gleichg. anzuwenden:

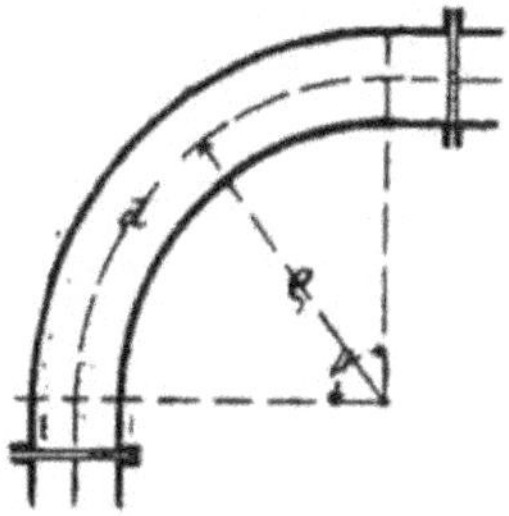

Fig. 716.

$$\zeta = 0{,}337 \frac{\beta}{\psi} \sin^2 \frac{\psi}{2}, \text{ mit } \cos \frac{\psi}{2} = \frac{\frac{\rho}{d}}{\frac{\rho}{d} + 0{,}5}.$$

Für $\beta = 90° = \frac{\pi}{2}$, ergiebt sich:

$$\zeta = \frac{0{,}52936}{\psi} \sin^2 \frac{\psi}{2}.\text{*)}$$

Hiernach ist folgende Tabelle berechnet:

$\frac{\rho}{d} = 1$	1,25	1,5	1,75	2	2,5	3	4	5	6	8	10
$\zeta = 0{,}294$	0,206	0,171	0,154	0,145	0,138	0,130	0,117	0,107	0,099	0,088	0,079

Nach Weisbach ändern sich die ζ-Werthe nicht wesentlich, wenn β bis 180° wächst, oder andererseits nur wenig kleiner als 90° ist. Für Werthe von $\beta < 45°$ soll die Hälfte obiger ζ-Werthe genommen werden. Die Grashof'sche Formel berücksichtigt den Einfluss der Grösse von β auf den Werth von ζ direkt.

h. Steighöhe springender Strahlen.

Ist u die Ausfluss-Geschw. eines vertikal steigenden Strahls aus einem der unten näher bezeichneten Mundstücke, also $H = \frac{u^2}{2g}$ die Geschw.-Höhe, so ist die Steighöhe s des Strahls stets kleiner als H; und zwar ist nach Versuchen von Weisbach:

für kreisförm. Mündungen in dünner Wand (normale Einschnürung) von 10 mm Durchm.: (I.) $\frac{H}{s} = 1 + 0{,}011578\, H + 0{,}00058185\, H^2$;

bei eben solchen von 14,1 mm Durchm.: (II.) $\frac{H}{s} = 1 + 0{,}007782\, H + 0{,}00060377\, H^2$.

Für ein kurzes konoidisches Mundstück von 10 mm Mündungsweite mit innen sehr gut abgerundeten Kanten:

$$\text{(III.)} \quad \frac{H}{s} = 1{,}0272 + 0{,}000476\, H + 0{,}00095614\, H^2.$$

Für ein konisches Mundstück von 145 mm Länge bei 10 mm Mündungsweite und 30 mm Weite der untern gut abgerundeten Einmündung:

$$\text{(IV.)} \quad \frac{H}{s} = 1{,}0453 + 0{,}000373\, H + 0{,}000859\, H^2,$$

und bei demselben auf 105 mm Länge verkürzten konischen Mundstück mit jetzt 14,1 mm Mündungsweite: (V.) $\frac{H}{s} = 1{,}0216 + 0{,}002393\, H + 0{,}00032676\, H^2$.

*) Grashof. A. a. O., S. 497—498.

Hiermit ergeben sich folgende Werthe:

Für H =		3	5	8	10	12	15	20 m
ad I.	s =	2,89	4,66	7,08	8,53	9,82	11,49	13,66
„ II.	s =	2,92	4,74	7,26	8,79	10,16	11,97	14,32
„ III.	s =	2,89	4,75	7,33	8,87	10,26	12,01	14,10
„ IV.	s =	2,85	4,68	7,26	8,81	10,24	12,06	14,32
„ V.	s =	2,91	4,80	7,54	9,28	10,93	13,26	16,67

Hiernach empfiehlt es sich, konische Mundstücke mit gut abgerundeter Einmündungskante anzuwenden, deren Länge = dem 6- oder 7-fachen Durchm. der Mündung ist.

Beispiel. Für einen Springbrunnen mit einem konischen Mundstück von $d_0 = 0{,}014$ m lichter Weite sei die Länge des Zuleitungsrohrs $l = 100$ m, dessen Durchm. $d = 0{,}080$ m und die Höhe des Wasserspiegels im Sammelbehälter über der Mündung des Strahlrohrs: $h = 20$ m. Die Leitung enthalte 2 Krümmer von $\varrho = 0{,}8$ m Halbm. mit $\beta = 90°$; der Widerstandskoeffiz. für den Eintritt des Wassers aus dem Sammelbehälter in die Rohrleitung sei: $\zeta = 0{,}5$, der Widerstandskoeffiz. für jeden Krümmer, da $\frac{\varrho}{d} = 10$, $\zeta_k = 0{,}08$. Bezeichnet man die Ausflussgeschw. aus dem Mundstück mit u_0 und die Geschw. des Wassers in der Rohrleitung mit u, so ist $u = u_0 \frac{d_0^2}{d^2}$, folglich wenn vorläufig $\lambda = 0{,}04$ angenommen wird:

$$\frac{u_0^2}{2g} = H = \frac{h}{1 + \frac{d_0^4}{d^4}\left(\zeta + 2\zeta_k + \lambda \frac{l}{d}\right)} = \frac{20}{1 + \left(\frac{14}{80}\right)^4\left(0{,}5 + 0{,}16 + 0{,}04\,\frac{100}{0{,}08}\right)} = \frac{20}{1{,}048} = 19{,}08\text{ m}.$$

Mithin ist die Geschwindigk.-Höhe $\frac{u^2}{2g}$ des Wassers in der Rohrleitung:

$$\frac{u^2}{2g} = 19{,}08\left(\frac{14}{80}\right)^4 = 0{,}584\text{ m} \text{ und folglich: } u = 3{,}39\text{ m sowie: } \frac{1}{u\,d} = \frac{1}{3{,}39 \cdot 0{,}08} = 3{,}68.$$

Hiermit ergiebt sich: $\lambda = 0{,}0239$, abger. 0,024. Vergrössert man jedoch diesen Werth aus den oben angegebenen Gründen um 66 %, so wird $\lambda = 0{,}0398$ rd. 0,04, wie oben angenommen. Endlich erhält man auf Grundlage der Weisbach'schen Versuche die muthmassliche Steighöhe des Strahls:

$$s = \frac{H}{1{,}0216 + 0{,}002393\,H + 0{,}00032676\,H^2} = \frac{19{,}08}{1{,}186214} = 16{,}08\text{ m}.$$

Fig. 717.

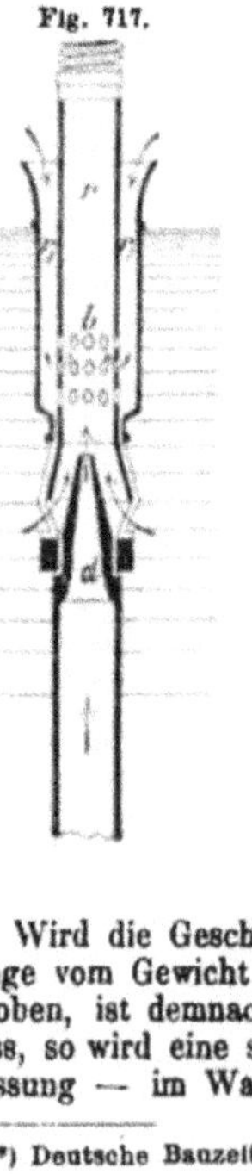

Um den Strahl eines Springbrunnens voluminös erscheinen zu lassen, ohne den Wasserverbrauch erheblich zu vermehren, konstruirt Böckmann*) das Strahlmundstück nach dem Prinzip der Wasserstrahlpumpe, Fig. 717, so dass der aus der konischen Düse d hervor tretende Strahl einen Theil des Bassin-Wassers ansaugen und mit in die Höhe nehmen muss. Ausserdem wird der in dem Rohr r aufsteigenden Wassersäule durch die Rohrhülse r_1 und die bei b in der Wandung von r befindlichen Löcher Luft zugeführt, um hierdurch den geworfenen Strahl spezifisch leichter zu machen. Es soll möglich sein, bei starker Luftzuführung eine nahezu ebenso grosse Wurfhöhe des kombinirten Strahls zu erzielen, als die direkte Ausströmung aus d ergeben würde, wobei der Verbrauch an Druckwasser nur um $^1/_{10}$ bis $^1/_5$ grösser ausfällt, als bei dem einfachen Strahl des Mundstücks d. Die Rohrhülse r_1 ist vertikal verschiebbar, um den Luftzutritt reguliren, bezw. auch ganz aufheben zu können.

Durch Aufsetzen verschiedener Mundstücke auf das obere Ende von r können dem austretenden Strahl verschiedene Formen — natürlich nur auf Kosten der Steighöhe — gegeben werden.

l. Stoss des Wassers in Röhrenleitungen.

Wird die Geschwindigkeit u der in einer Röhrenleitung befindlichen Wassermenge vom Gewicht G durch sehr raschen Abschluss der Ausflussöffnung aufgehoben, ist demnach die negative Beschleunigung des Wassergewichts G sehr gross, so wird eine sehr bedeutende Steigerung des hydraul. Drucks — der spezif. Pressung — im Wasser hervor gerufen, deren Maximalwerth eintritt, sobald die

*) Deutsche Bauzeitg. 1881, S. 573.

Wasser-Geschw. $= 0$ geworden ist. Da hierbei diese Pressung leicht eine Höhe erreicht, welche der Festigkeit der Rohrwandung gefährlich wird, so ist bei längern Rohrleitungen entweder die Möglichkeit eines raschen Abschlusses der Ausflussöffnungen ganz auszuschliessen, oder wenn dies unthunlich ist, in möglichster Nähe derjenigen Ausflussöffnung, deren rascher Schluss erfolgen kann, ein hinreichend grosser Windkessel einzuschalten, dessen für den hydrostat. Druck p_s bemessenes Luftvolumen V_s sich ergiebt zu:

$$V_s = \frac{G}{g} u_1^2 \frac{p_1 p_2}{p_s (p_2 - p_1)(p_2 - p_s)} \text{ *)} \qquad (46)$$

p_1 spezif. Pressung im Wasser bei Beginn der Stosswirkung, also während die Wasser-Geschw. eben noch den normalen Werth u_1 besitzt; p_2 Maximalwerth der spezif. Pressung, sobald $u = 0$ geworden ist; p_s spezif. Pressung im Wasser für den Ruhezustand der Wassermenge G; (sämmtliche p-Werthe sind absolut zu nehmen). Damit bei der rückläufigen Bewegung, welche das Wasser nach Erreichung der Maximal-Pressung p_2 annimmt, nicht Luft aus dem Windkessel in die Rohrleitung übertrete, und sich auf solche Weise der Luftinhalt des Windkessels vermindere, muss der Gesammtinhalt des Windkessels sein:

$$V_k \geqq V_s \left(2 - \frac{p_s}{p_2}\right). \qquad (47)$$

Beispiel. Die Länge einer Wasserleitung v. 0,5 m Durchm. sei 2550 m, ihr totales Gefälle 140 m; der atmosph. Druck $= 10$ m Wassersäule; die Wassergeschw. $u_1 = 0{,}35$ m. Dafür wird: $p = 150000$ kg pro 1 qm. Ist nun $p_1 = 148600$ kg und der höchstens zulässige Werth $p_2 = 160000$ kg, so wird, da $\frac{G}{g} = \frac{1000 \,.\, 2550 \,.\, 0{,}1963}{9{,}81} = 51000$ kg, der erforderliche Luftinhalt des Windkessels: $V_s = 51000 \,.\, 0{,}35^2 \frac{148600 \,.\, 160000}{150000 \,.\, 11400 \,.\, 10000} = 8{,}7$ cbm und $V_k > 8{,}7 \left(2 - \frac{150000}{160000}\right) > 9{,}24$ cbm.

Hydraulischer Widder (Stossheber).

Führt man bei einer Wasserleitung von mässigem Gefälle den plötzlichen Abschluss der Ausflussöffnung dadurch herbei, dass durch die allmälig wachsende Ausfluss-Geschw. ein Ventil s, Fig. 718 selbstthätig geschlossen wird, und trennt man den Windkessel von der Leitung durch ein oder mehrere Rückschlag-Ventile r, welche sich im Augenblick des Schlusses des Ausfluss-Ventils öffnen, so tritt eine bestimmte Wassermenge in den Windkessel W so lange ein, bis durch die in demselben allmälig anwachsende spezif. Presssung p die lebendige Kraft $= \frac{M u^2}{2}$ der im Rohre R_1 befindlichen Wassermenge vernichtet ist. Mit Beginn der rückläufigen Bewegung des Wassers in R_1 schliessen sich die Ventile r und das Sperrventil s öffnet sich, sobald durch diese rückläufige Bewegung die spezif. Pressung unterhalb des Ventils s unter diejenige Grenze gesunken ist, bei welcher der Wasserdruck dem Ventilgewicht das Gleichgewicht hält. Hierauf beginnt das Spiel des Apparats von neuem.

Fig. 718.

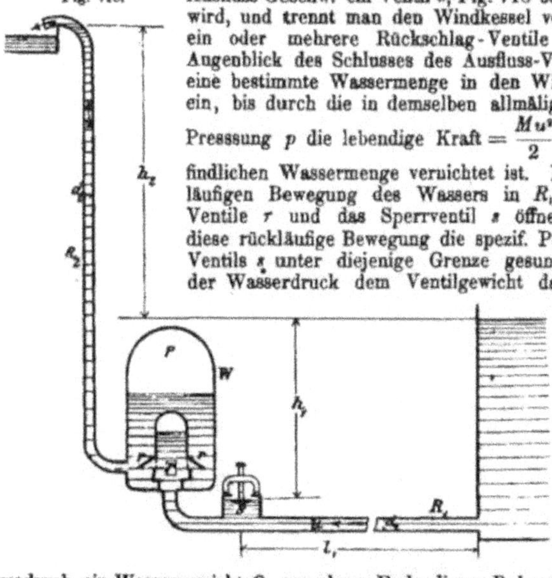

Während des Wassereintritts durch r in den Windkessel W, und noch einige Zeit nach Schluss der Ventile r, veranlasst die erhöhte Pressung p im Windkessel ein Aufsteigen d. Wassers im Steigerohr R_2, wodurch ein Wassergewicht Q, am obern Ende dieses Rohres zum Ausfluss kommt.

*) Vgl. Michaud. Ueber die Stösse des Wassers in den Rohrleitungen; übersetzt von E. Wolff, Zeitschr. f. Bauwesen. 1881, S. 422 ff.

Der maschinelle Wirkungsgrad dieses Apparates ist: $\eta = \frac{Q_2 h_2}{Q_1 h_1}$ (48) wenn unter Q_1 das während eines Spiels durch das Sperrventil s ausfliessende und somit verloren gehende Wassergewicht bezeichnet.

Nach sehr umfassenden Versuchen von Eytelwein über die Wirkung des Stosshebers ist: $\eta = 1{,}12 - 0{,}2 \sqrt{\frac{h_2}{h_1}}$. Hiernach ist folgende Tabelle berechnet:

$\frac{h_2}{h_1} =$	1	2	3	4	5	6	8	10	12	15	20
$\eta =$	0,920	0,837	0,774	0,720	0,673	0,630	0,555	0,488	0,427	0,345	0,226

Für die Konstruktion giebt Eytelwein folgende Regeln:

1. Der Durchmesser des Leitungsrohrs R_1 (mm) sei: $d_1 = 9{,}6 \sqrt{Q_1 + Q_2}$ unter Q_1 und Q_2 die oben bezeichneten Wassermengen, (Liter pro Min.) verstanden.

2. Die Länge l_1 des Rohres R_1 (m) sei: $l_1 = h_2 + 0{,}3 \frac{h_2}{h_1}$.

3. Der Durchmesser des Steigrohres sei: $d_2 = \frac{1}{2} d_1$.

4. Der freie Querschnitt des Sperrventils s (welches übrigens auch unter dem Unterwasserspiegel stehen kann), sei $= \frac{\pi}{4} d_1^2$; das Ventil selbst habe ein möglichst geringes Gewicht.

5. Die Ventile s und r sollen so nahe als möglich an einander stehen.

6. Der Inhalt des Windkessels W soll wenigstens = dem des Steigrohrs R_2 sein.*)

Beispiel. Es sei: $h_1 = 1{,}5^{\mathrm{m}}$; $h_2 = 9^{\mathrm{m}}$; $Q_2 = 40^{\mathrm{l}}$ pro 1 Min. Da $\frac{h_2}{h_1} = 6$ wird: $\eta = 0{,}63$ und demnach: $Q_1 = \frac{40 \cdot 6}{0{,}63} = 381^{\mathrm{l}}$; $Q_1 + Q_2 = 421^{\mathrm{l}}$; $d_1 = 9{,}6 \sqrt{421} = 197^{\mathrm{mm}}$, rund 200^{mm}; $d_2 = 100^{\mathrm{mm}}$; $l_1 = 9 + 0{,}3 \cdot 6 = 10{,}8^{\mathrm{m}}$ und der Inhalt des Windkessels $\geqq 0{,}071^{\mathrm{cbm}}$.

k. Stoss und Reaktionsdruck des Wassers gegen feste Körper.

α. Stoss eines isolirten Strahls.

Es bezeichnen: D den Stoss oder hydraul. Druck, bezw. den Reaktionsdruck des Wassers gegen eine Wandfläche; A den Querschn. des Wasserstrahls in qm; u die Geschw. desselben; c die Geschw., mit welcher sich die vom Wasserstrahl getroffene Fläche in der Richtung des Strahls bewegt; Q das pro Sek. zum Stoss gelangende Wasserquantum (in cbm) und zwar ist: $Q = A(u - c)$, wenn u und c gleich gerichtet, $Q = A(u + c)$, wenn u und c entgegen gesetzt gerichtet sind; $Q = Au$, wenn $c = 0$ ist, oder wenn sich stets neue Flächen dem Wasserstrahl darbieten, die sich mit der Geschw. c bewegen (z. B. bei Wasserrädern); $\gamma = 1000$ kg, das Gewicht von 1 cbm Wasser. Beim Stoss gegen einen Rotationskörper, Fig. 719, an welchem das Wasser allseitig um den Winkel α abgelenkt wird, ist:

$$D = \gamma Q \frac{u - c}{g} (1 - \cos \alpha) = \gamma A \frac{(u - c)^2}{g} (1 - \cos \alpha). \qquad (49)$$

Fig. 719.

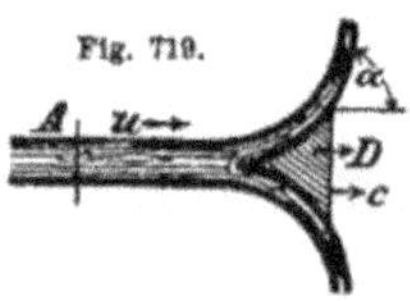

Ist $\alpha = 90^{\circ}$, also die vom Wasser getroffene Fläche eine zum Strahl senkrechte Ebene, so wird:

$$D = \gamma Q \frac{u - c}{g} = 2 \gamma A \frac{(u - c)^2}{2g} \qquad (50)$$

Für $c = 0$ wird: $D = 2 \gamma A \frac{u^2}{2g} = 2 \gamma A h$, unter h die Geschw.-Höhe $\frac{u^2}{2g}$ verstanden. Der Stossdruck D eines isolirten Strahls vom Querschnitt A, welcher eine ruhende zum Strahl senkr. ebene

*) Eytelwein. Bemerkungen über die Wirkung und vortheilhafte Anwendung des Stosshebers. Berlin 1805. — Weisbach-Herrmann. Ingenieur-Mechanik. Thl. III 2. Abthlg. S. 1008—1018. — Rühlmann. Allgemeine Maschinenlehre. Bd. 4. S. 583—584. — Wochenschr. des Ver. deutsch. Ingen. 1877. S. 108—109. — Zeitschr. des Ver. deutsch. Ingen. 1877. S. 429.

Wand mit der einer Druckhöhe h entsprechenden Geschw. u trifft, **ist also doppelt so gross, als der hydrostat. Druck** gegen einen Flächentheil A einer ebenen Wand, welche um die Höhe h unter dem Wasserspiegel liegt.

Fig. 720.

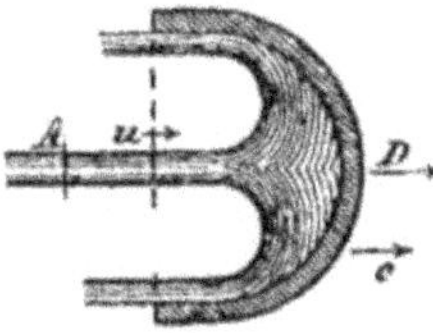

Ist $\alpha = 180°$, Fig. 720, so wird:

$$D = 2\gamma Q \frac{u-c}{g} = 4\gamma A \frac{(u-c)^2}{2g}. \qquad (51)$$

Die Arbeitsleistung des Stossdruckes: $L = Dc$ wird ein Maximum für $c = \frac{1}{3} u$, wenn das pro Sek. zum Stoss gelangende Wasserquantum $Q = A(u-c)$ gesetzt, also als Funktion von c betrachtet wird; es ist hiernach allgemein:

$$L = Dc = \gamma A \frac{(u-c)^2 c}{g}(1-\cos\alpha) \ (52) \ \text{und} \ L_{max.} = \frac{\gamma A}{g}\frac{4}{27}u^3(1-\cos\alpha) \ (52).$$

Wird dagegen Q unabhängig von c angenommen, also $Q = Au$ gesetzt, was statthaft ist, wenn stets neue Flächen, die sich mit der Geschw. c bewegen den Wasserstoss empfangen, so erscheint der Maximalwerth von L für $c = \frac{1}{2} u$, und es ist dann allgemein:

$$L = Dc = \gamma Q \frac{(u-c)c}{g}(1-\cos\alpha); \qquad (52\text{a})$$

$$\text{und:} \quad L_{max.} = \frac{1}{2}\gamma Q \frac{u^2}{2g}(1-\cos\alpha). \qquad (53\text{a})$$

Beispiel. Es sei: $A = 0{,}01^{qm}$; $u = 6^m$; $\alpha = 90°$, so ist nach (53):

$$L_{max.} = \frac{1000 \cdot 0{,}01}{9{,}81}\frac{4}{27}6^3 = 32{,}62^{mkg},$$

wobei das pro Sek. zum Stoss gelangende Wasserquantum $Q = 0{,}01 \cdot 4 = 0{,}04^{cbm}$ ist und die gestossene Ebene sich mit $c = 2^m$ Geschw. bewegt.

Darf dagegen Gleichg. (53a) angewendet werden, so wird mit: $Q = 0{,}01 \cdot 6 = 0{,}06^{cbm}$, $L_{max.} = 500 \cdot 0{,}06 \cdot 1{,}835 = 55{,}05^{mkg}$.

Fig. 721.

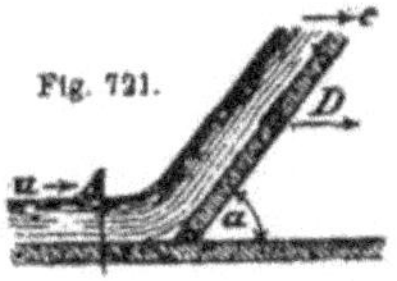

Trifft der Wasserstrahl vom Querschn. A eine ebene Fläche unter dem Winkel α, so ist der Stossdruck D gegen dieselbe:

1. wenn das Wasser nur nach **einer** Richtung ausweichen kann, Fig. 721: $D = \gamma Q \frac{u-c}{g}(1-\cos\alpha)$; (54)

2. wenn das Wasser nach **zwei** Seiten ausweichen kann, Fig. 722:

$$D = \gamma Q \frac{u-c}{g}\sin^2\alpha; \qquad (55)$$

Fig. 722.

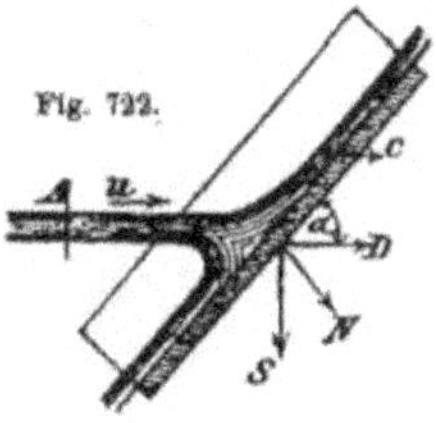

der Seitenstoss:

$$S = \gamma Q \frac{u-c}{2g}\sin 2\alpha; \qquad (56)$$

und der Normalstoss gegen die Ebene:

$$N = \gamma Q \frac{u-c}{g}\sin\alpha; \qquad (57)$$

3. wenn das Wasser nach **allen** Richtungen ausweichen kann, ist für eine Kreisfläche nach **Broch**:

$$D = \gamma Q \frac{u-c}{g}\left(\frac{\pi}{2}-\alpha\right)\tan\alpha. \qquad (58)$$

Fig. 723.

Der **Reaktionsdruck** eines mit der Geschw. $u = \sqrt{2gh}$ ausfliessenden Strahls vom Querschn. A gegen die der Oeffnung gegenüber liegende Wandfläche, Fig. 723, ist:

$$D = 2\gamma A h \qquad (59)$$

β. Stoss des unbegrnezten Wassers.

Bezeichnen F den Querschn. der vom Wasser getroffenen Fläche in ^{qm}; u die relative Geschw. des Wassers gegen den festen Körper; ϑ einen Erfahrungs-Koeffiz.; D und γ dasselbe wie unter α, S. 748 so ist:

$$D = \vartheta\gamma F \frac{u^2}{2g}. \qquad (60)$$

Befindet sich der Körper ganz unter Wasser und in Ruhe, während die Wassergeschw. $= u$ ist, so ist nach Dubuat und Duchemin für ein Prisma von der Länge l mit geraden quadrat. Endflächen: $F = a^2$, Fig. 724:

wenn $\frac{\lambda}{a} =$	0,03	1	2	3	6
$\vartheta =$	1,86	1,46	1,36	1,33	1,46

Wird das Prisma, Fig. 724, mit der Geschw. u in ruhendem Wasser fortbewegt so ist, nach Dubuat für:

$\frac{l}{a} =$	0,03	1	3
$\vartheta =$	1,43	1,17	1,10

Fig. 724, 725, 726.

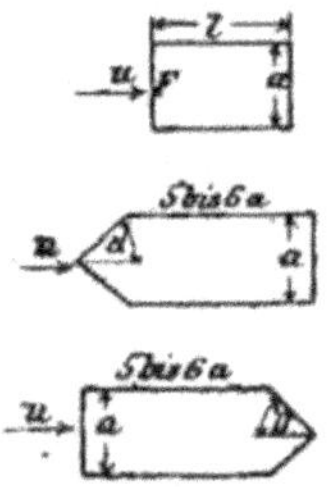

Mit Rücksicht auf die Unsicherheit dieser Werthe empfiehlt Grashof für $\frac{l}{a}$ oder allgemeiner $\frac{l}{\sqrt{F}} < 3$ den Werth $\vartheta = 1,3$ anzunehmen.

Für zum Theil eingetauchte, schwimmende Prismen, deren Länge $l = 5a$ bis $6a$ ist, wird bei zugeschärfter Vorderseite, Fig. 725, für:

$\alpha =$	90°	78°	66°	54°	42°	30°	18°	6°
$\vartheta =$	1,10	1,06	0,93	0,76	0,59	0,48	0,45	0,44

und bei zugeschärfter Hinterseite, Fig. 726, für:

$\beta =$	90°	69°	48°	24°	12°
$\vartheta =$	1,10	1,03	0,98	0,93	0,92

Vorstehende Tabellen können auch zur Schätzung des Wasserdrucks gegen Brückenpfeiler benutzt werden. Ist z. B. die Vertikalprojektion des vom Wasser bespülten Theils eines Brückenpfeilers (normal zur Stromrichtung gemessen) $= F$, die mittlere Stromgeschw. $= u$ und der Brückenpfeiler an der Vorder- und Hinterfläche zugeschärft (vergl. Fig. 725 und 726), wobei $\alpha = \beta = 45°$, so würde $\vartheta = 0,64 \frac{0,98}{1,10} = 0,57$ (etwa) gesetzt werden können.

I. Schiffswiderstände.*)

Bezeichnen: L_1 die Länge des Vorderschiffs, L_2 die des Hinterschiffs, $L = L_1 + \theta L_2$ die ganze Länge des Schiffs (gemessen in der Konstruktions-Wasserlinie); B die grösste Breite des Schiffs; T den Tiefgang desselben (bis Oberkante Kiel gemessen); D das Deplacement; $\alpha = \alpha_1 + \alpha_2 = \frac{W}{BL}$ den Völligkeitsgrad der Wasserlinie W (hierbei bezieht sich α_1 auf den zum Vorderschiff und α_2 auf den zum Hinterschiff gehörigen Theil desselben); $\beta = \frac{A}{BT}$ den Völligkeitsgrad des eingetauchten Areals A des Hauptspants; $\delta = \frac{D}{LBT}$ den Völligkeitsgrad des Deplacements D; u die Fahrgeschw. des Schiffes in ^{m} pro Sek., so ist:

1. für gewöhnliche Seeschiffe mit scharfen oder mittelvölligen Wasserlinien (α_1 und $\alpha_2 = 0,55$ bis $0,79$; $\beta = 0,50$ bis $0,95$) der Totalwiderstand in ^{kg}:

$$R = 20\,B\,T\left[\left(\frac{B}{2L_1}\right)^2 (C_1 - 1)\,G_1 + \left(\frac{B}{2L_2}\right)^2 (C_2 - 1)\,G_2\right] u^{2,5} + 0,127\,L\,T\left(2 + \alpha\frac{B}{T}\right) u^{1,83}$$

und es bedeutet hierin:

$$C_1 = \frac{n_1^3}{(3n_1 - 2)} - \frac{1,1}{1 + n_1^2\left(\frac{B}{2L_1}\right)^2}, \quad \text{mit: } n_1 = \frac{\alpha_1}{1 - \alpha_1};$$

$$C_2 = \frac{n_2^3}{(3n_2 - 2)} - \frac{1,1}{1 + n_2^2\left(\frac{B}{2L_2}\right)^2}, \quad \text{mit: } n_2 = \frac{\alpha_2}{1 - \alpha_2};$$

*) Vergl. W. Riehn. Die Berechnung des Schiffswiderstandes. Hannover 1882.

$$G_1 = a + \frac{k}{C_1 - 1};\quad G_2 = a + \frac{k}{C_2 - 1};$$

$$\text{mit } k = 1 - \frac{3}{m+1} + \frac{3}{2m+1} - \frac{1}{3m+1};$$

$$m = \frac{\beta_1}{1-\beta_1}, \text{ wenn } \beta_1 = \beta\left(1{,}1 - 0{,}125\,\beta\,\frac{B}{T}\right);$$

$$a = \frac{1}{3} - \frac{19}{3m+3} + \frac{3}{2m+1} - \frac{1}{3m+1} + \frac{6}{m+2} + \frac{2}{3m+2} - \frac{3}{m+3} + \frac{3}{2m+3};$$

(Tabellen der Werthe von n_1, n_2, $\frac{n^3}{3n-2}$, k u. a, sowie von $u^{2,5}$ u. $u^{1,83}$ finden sich in dem zit. Werke von Riehn, S. 10—12.

2. für gewöhnliche Seeschiffe mit sehr völliger oberer Wasserlinie im Hinterschiff ($\alpha_2 = 0{,}80$ bis $0{,}87$; $\alpha_1 < 0{,}80$; $\beta = 0{,}50$ bis $0{,}95$):

$$R = 20\,BT\left[\left(\frac{B}{2L_1}\right)^2 (C_1 - 1)\,G_1 + \left(\frac{B}{2L_2}\right)^2 (a_2 C_2 - 1)\,G_2\right] u^{2,5} + 0{,}127\,LT\left(2 + \frac{aB}{T}\right) u^{1,83}$$

C_1, C_2, G_1, a und k haben dieselbe Bedeutung wie oben; dagegen ist hier:

$$G_2 = a + \frac{k}{a_2 C_2 - 1} \text{ mit:}$$

a_2	wenn α_2
0,9	0,80 — 0,81
0,8	0,82 — 0,83
0,7	0,84 — 0,87

3. Für Flussdampfer mit plattem Boden, jedoch abgerundeter Kimm im Vorder- und Hinterschiff:

$$R = 20\,BT\left[i_1 C_1\left(\frac{B}{2L_1}\right)^2 + i_2 C_2\left(\frac{B}{2L_2}\right)^2\right] u^{2,5} + 0{,}153\,LT\left(2 + a\,\frac{B}{T}\right) u^{1,83},$$

mit C_1 und C_2 wie oben: $i_1 = \frac{1}{2} + \frac{1}{2C_1}$; $i_2 = \frac{1}{3} + \frac{2}{3C_2}$.

4. Für ganz flach gehende Fluss- und Kanaldampfer mit plattem Boden und nahezu scharfem Knick in der Kimm auf der ganzen Länge des Schiffes:

$$R = 20\,BT\left[C_1\left(\frac{B}{2L_1}\right)^2 + C_2\left(\frac{B}{2L_2}\right)^2\right] u^{2,5} + 0{,}17\,LT\left(2 + a\,\frac{B}{T}\right) u^{1,83}.$$

Beispiel. Für einen grossen Postdampfer sei: $L = 130$ m; $B = 13{,}72$ m; $\frac{B}{L} = \frac{1}{9{,}47}$; $a = 0{,}77$; $\alpha_1 = 0{,}74$; $\alpha_2 = 0{,}79$; $\beta = 0{,}86$; $L_1 = L_2 = \frac{L}{2}$ dann wird: $C_1 = 3{,}65$; $C_2 = 5{,}42$; $\beta_1 = 0{,}78$; $G_1 = 0{,}54$; $G_2 = 0{,}446$ und demnach für $u = 8{,}2$ m: $R = 15180 + 19440 = 34620$ kg.

m. Druck des Wellenschlags.

Die Stosskraft der Wellen gegen nahezu vertikale Wandflächen ist von Th. Stevenson in Edinburg auf dynamometrischem Wege durch einen Apparat gemessen worden, dessen 6″ engl. i. Durchm. haltende Stossplatte durch 4 starke Spiralfedern gestützt war. Die Verschiebung der Stossplatte wurde selbstthätig markirt und danach der grösste Werth des während eines Sturmes stattgehabten Wellendrucks nachträglich mittels direkter Belastung der Dynamometer-Platte ermittelt*). Es wurden Stossdrücke pro qm beobachtet:

im Atlantischen Ozean von 3000, 10 000, sogar bis 30 000 kg,
in der Nordsee bis zu 15 000 kg,
in der Ostsee bis zu 10 000 kg.

Fig. 727.

n. Bewegung des Wassers durch Sandfilter, Fig. 727.

Bezeichnet F die Grösse der Filteroberfläche in qm, $\triangle$ die Schichtdicke, H die wirksame Druckhöhe (in m) und wird $\frac{H}{\triangle} = a$ gesetzt, so ist nach Grashof**) die in 1 Minute das Filter passirende Wassermenge (in Liter): $V = F(xa - ya^2)$. (61)

*) Handbuch d. Ingen.-Wissensch. Bd. III, 3. Abth. S. 16 — 17.
**) Grashof. A. a. O., S. 540 — 546.

Aus den von Darcy in Dijon angestellten Versuchen*) leitet Grasshof als Mittelwerthe $x = 16{,}5$ und $y = 0{,}232$ ab, wobei jedoch bemerkt wird, dass diese Zahlen nur beschränkten Werth haben, da die mittlere Beschaffenheit des zu den Darcy'schen Versuchen verwendeten Sandes zu wenig bestimmt definirt war.

Weiss zieht aus seinen Untersuchungen**) den Schluss, dass:

$$V = kF\frac{H}{\triangle^{1,77}} \qquad (62)$$

gesetzt werden könne, worin auf Grundlage der Darcy'schen Versuche $k = 11{,}65$ anzunehmen wäre.

In neuester Zeit hat C. Kröber in Stuttgart in dieser Richtung Versuche angestellt***), wobei gut gewaschener Quarzsand von verschiedener Korngrösse zur Verwendung kam. Für Korngrössen $d = 0{,}54^{mm}$ bis $5{,}63^{mm}$, Schichtendicken $\triangle = 0{,}04^{m}$ bis $0{,}50^{m}$ und Druckhöhen $H = 0{,}05^{m}$ bis $1{,}20^{m}$ ergab sich:

$$V = 103680\,F\left(\frac{dH}{d + 900\triangle}\right)^{\frac{8+d}{8+2d}}. \qquad (63)$$

Kröber hebt ausdrücklich hervor, dass seine Formel nur für solche Filter anwendbar ist, bei welchen Sand von sehr gleichmässiger Korngrösse zur Verwendung kommt, das auf das Filter geleitete Wasser bereits nahezu rein ist und bei welchen die Werthe von H, $\triangle$ und d innerhalb der oben genannten Grenzen liegen.

Beispiel. Es sei $H = 1{,}0^{m}$, $\triangle = 0{,}80^{m}$, $d = 1^{mm}$, dann wird nach Gleichg. (61) $V = 20{,}26\,F$; nach Gleichg. (62) $V = 17{,}29\,F$ und nach Gleichg. (63) $V = 277{,}6\,F$.

Die erhebliche Differenz zwischen den aus Gleichg. (63) und den aus Gleichg. (61) und (62) erhaltenen Werthen erklärt sich aus der Beschaffenheit des Filtersandes und des Wassers, welches Kröber zu seinen Versuchen verwendete.

*) Darcy. *Les fontaines publiques de la ville de Dijon*; 1856.

**) Th. Weiss. Studien über die Filtration des Wassers im Grossen und Theorie derselben. Civilingenieur, Bd. 11, 1865; S. 17—36 u. S. 175—228.

***) C. Kröber. Versuche über die Bewegung des Wassers durch Sandschichten. Zeitschr. d. Ver. Deutsch. Ingen. 1884, S. 593—595 u. S. 617—619.

VII.
Hydrometrie.

Bearbeitet von **W. Frauenholz,** Professor an der technischen Hochschule zu München.

Litteratur.

v. Bauernfeind. Elemente der Vermessungskunde. — Belgrand. *La Seine.* — Darcy et Bazin. *Recherches hydrauliques.* — Grebenau. Theorie der Bewegung des Wassers in Flüssen und Kanälen. — Derselbe. Die internationale Rheinstrom-Messung bei Basel. — Haas. Ueber Höhenaufnahmen-Organisation, Betrieb und Kosten derselben. — Hagen. Untersuchungen über die gleichförmige Bewegung des Wassers. — Harder. Die Theorie der Bewegung des Wassers in Flüssen und Kanälen. — Harlacher. Die Messungen in der Elbe und Donau und die hydrometr. Apparate und Methoden des Verfassers. — Derselbe. Die hydrometr. Arbeiten in der Elbe bei Tetschen. — Kutter. Die neuen Formeln für die Bewegung des Wassers in Kanälen und regelmässigen Flussstrecken. — Rance. *The Water Supply of England and Wales.* — Rühlmann. Hydromechanik; 2. Aufl. — J. v. Wagner. Hydrologische Untersuchungen an der Weser, Elbe, dem Rhein und mehreren kleinen Flüssen. — Technische Vorschriften für den Wasserbau an den öffentlichen Flüssen in Bayern.

Von den benutzten Zeit- und periodischen Schriften sind besonders zu erwähnen: Deutsche Bauzeitung; *Engineering; Excerpt Minutes of Proceedings of the Institution of Civil-Engineers; Transactions of the American Society of Civil-Engineers;* Zeitschr. f. Baukunde; Zeitschr. f. Bauwesen; Zeitschr. d. Archit.- u. Ingen.-Ver. zu Hannover.

I. Nivellement.

a. Längen-Eintheilungen.

Bei unkorrigirten Flüssen wird die Längen-Eintheilung vom fest gesetzten Ausgangspunkte als Nullpunkt der Theilung, wo thunlich dem linkseitigen Ufer des Rinnsals entlang mit Abständen der Hauptprofile von 1000 m, der Zwischenprofile von 200 m, durch -Eichen, in den Boden genügend tief eingeschlagene Pfähle fest gelegt. Bei unvermeidlichen Uebergängen von einem Ufer zum andern oder bei Zurück-Verlegungen des Linienzuges beginnt die Weiterführung desselben an einem geeignet gewählten Punkte des rechtwinklig zum fraglichen Linienstücke gestellten End-Querprofils. An diese Haupt-Längeneintheilungen werden die für projektirte oder ausgeführte Korrektionen erforderlichen Längentheilungen angebunden. In angemessenen Abständen sind künstliche Fixpunkte — auf Mauerwerk oder Beton unter Frosttiefe fundirte Steine an hinreichend gesicherten Stellen — zu schaffen, wenn die vorhandenen natürlichen Fixpunkte nicht ausreichen.

Bei korrigirten Flüssen wird die kilometrische Eintheilung so durchgeführt, dass alle 1000 m derartige künstliche Fixpunkte — Kilometersteine — mit Angabe der Hauptprofil-Nummer und alle 200 m Unterabtheilungs-Steine, in der Regel 3 m vom Uferbord entfernt, gesetzt werden. Auf der obern Seite werden alle Steine ebenflächig bearbeitet, oder es werden besondere Höhenmarken an einer Seite der Steine angebracht.

b. Höhenmessungen.

Sämmtliche natürliche oder künstliche Fixpunkte und Eintheilungs-Zeichen werden unter sich und auf die nächst gelegenen Höhenpunkte der europäischen Gradmessung, bezw. eines andern Präzisions-Nivellements einnivellirt.

Die Aufnahme des Nivellements des Wasserspiegels wird durch eine dem Ufer entlang herzustellende, mit der Längen-Eintheilung korrespondirende Verpfählung vorbereitet; die horizontal abzugleichenden, 20 bis 30 cm über dem Wasserspiegel stehenden Köpfe der im Flussbett zu setzenden Pfähle werden auf die entsprechenden Abtheilungs-Steine einnivellirt.

Während eines niedrigen Beharrungs-Zustandes sind alsdann die Stichmaasse von den Pfahlköpfen bis zum Wasserspiegel in der Reihen- und Zeitfolge von oben nach unten an abzunehmen, dass die Ablesung für die gleiche Wasserwelle erfolgt. Die Wasserstände der benachbarten Pegel werden während der Messungszeit beobachtet und notirt.

An den für Wassermengen-Bestimmungen ausgewählten Flussstrecken wird dieses Verfahren zur Ermittelung des Spiegelgefälles in der Regel erweitert werden müssen.

Gesucht wird eigentlich das Gefälle im Stromstrich. Ist eine Abweichung desselben von dem Spiegel-Gefälle an einem Ufer zu vermuthen, so wird unter ähnlichen Vorbereitungen auch ein Nivellement des Spiegels am andern Ufer aufgenommen. Wurden hierbei die absoluten Spiegel-Gefälle zwischen den Anfangs- und Endprofilen mit a und bezw. a', die zutreffenden Längen mit l und l' ermittelt, so wird als relatives Stromstrich-Gefälle: $\varphi = \frac{a+a'}{l+l'}$ angesehen, oder wenn die Länge l_0 des Stromstrichs von $\frac{l+l'}{2}$ nennenswerth abweichen sollte, wird $\varphi = \frac{a+a'}{2l_0}$ gesetzt.

Die hie und da angewendeten Verfahren, das Nivellement des Stromstrichs direkt aufzunehmen, wie z. B. unter Benutzung von gekuppelten und verankerten Schiffen, von denen aus die Nivellirlatten bei lothrechter Haltung bis zum Wasserspiegel hinab gelassen werden, können selten Nachahmung finden.

Die Nivellements der Wasserspiegel bei mittlern und Hochwasserständen werden am besten unter Benutzung aufgestellter Interims-Pegel, welche den Längeneintheilungs-Zeichen korrespondirend gesetzt und deren Nullpunkte auf diese einnivellirt werden, aufgenommen. Zur Zeit der betr. Wasserstände sind die Ablesungen an den Pegeln zu machen und daraus die Kotirungen des Wasserspiegels abzuleiten.

c. Auftragen der Längenprofile.

Die Längen sind im Maassstabe der Flusskarten (etwa in 1 : 5000), die Höhen i. M. 1 : 100 event. 1 : 50 anzugeben.

Im Längenprofil sollten eingetragen werden:

1. die Wasserspiegel (Niedrig-, Mittel- und Hochwasser) zur Zeit der Aufnahme, unter Angabe der Zeit der Aufnahme und der hierbei herrschenden Pegelstände; der höchste Wasserstand nach einnivellirten Hochwasser-Marken; die Pegel-Eintheilung (am Anfange der Darstellung) und an dem Pegel die seitherigen niedrigsten und höchsten, wie der amtlich fest gesetzte Mittelwasserstand;
2. alle im Fluss-Rayon befindlichen Fixpunkte, daher ausser jenen der Längen-Eintheilung besonders auch die Fixpunkte der Pegel, die Koten der Schleusendrempel, Wehrkronen, Aichpfähle, Schwellen, Brückenfahrbahn-Unterkanten u. s. w., die beim Antragen gewählten Zuschlags-Stücke am Anfang und Ende des Plans;
3. die Stromrinne (der Thalweg) des Hauptflusses und der Seitenflüsse, die beiderseitigen Uferborde, Korrektionsbauten und Deiche;
4. die relativen Gefälle der Wasserspiegel zwischen den Brechungspunkten; bei Gefälle-Messungen auf beiden Seiten die verglichenen Gefälle; die Längen der Geraden und Kurven (unter Angabe der Grösse und Charakterisirung der Richtung und Lage der Halbmesser) bei bestehenden oder projektirten Korrektionen; die wichtigern Wassertiefen im Thalwege bei Niedrigwasser.

II. Querprofile; Tiefen-Messungen.

a. Aufnahme der Querprofile.

Diese wird an jene der Längenprofile angebunden. Die Messung erfolgt in Ebenen, welche senkrecht zur Längeneintheilung, bezw. zur Stromrichtung (bei Wassermessungen) gestellt werden. Aus den Querprofilen ist die Stromrinne für die Situation und das Längenprofil abzuleiten; es soll durch sie Gestalt, Grösse und Beschaffenheit des Flussbetts und bezw. des Ueberschwemmungs-Gebiets an der betr. Stelle deutlich dargestellt werden.

An unkorrigirten Flüssen mit veränderlichen Flussbetten begnügt man sich oft mit Tiefen-Messungen im Stromstrich oder im Thalwege; die in die Situation an den zugehörigen Stellen einzutragenden Wassertiefen werden entweder auf den während der Messung stattgehabten Pegelstand bezogen oder auch auf den niedrigsten oder auf jenen Beharrungszustand reduzirt, welcher bei Aufnahme des Längen-Nivellements geherrscht hat. Querprofil-Aufnahmen sind nothwendig, wenn es sich um die Frage der Umbildung des Flussbetts, um die Ermittelung der bei Bestimmung der Normalbreite zu Grunde zu legenden mittlern Tiefe, besonders aber um Mengen-Messungen handelt. Je nach dem Wechsel der Flusssohle und dem Zweck der Aufnahme sind die Abstände der Querprofile unter sich in jedem einzelnen Falle besonders zu bestimmen.

Aehnliches gilt auch bei korrigirten Flüssen. Als Norm ist anzusehen, dass nach erfolgter Ausbildung einer korrigirten Flussstrecke bei jedem Längen-Theilpunkte Querprofile aufgenommen werden. Die meisten Querprofile erstrecken sich nur auf mässige Breite über das eigentliche Rinnsal hinaus (Flussprofile); nur einzelne Profile müssen auf das ganze Inundations-Gebiet ausgedehnt werden (Inundations-Profile).

Die Zeit der Aufnahme und der während der letztern herrschende Pegelstand werden notirt; die anzutragenden Wasserstände sind auf die im Längen-Nivellement angegebenen zurück zu führen.

Mit dem Peilen sind Sondirungen über die Untergrund-Beschaffenheit (ob Erde, Sand, feiner oder grober Kies, gebundene Schichten) zu verbinden.

Ist der Wasserspiegel auf den nächst liegenden Längeneintheilungs-Punkt bei Beginn der Messung einnivellirt, so handelt es sich bei Aufnahme des eigentlichen Flussprofils lediglich um Längen- (Breiten-) und Tiefen-Messungen.

Die gewöhnlich vom Längeneintheilungs-Zeichen aus (oder einem Punkte der Basis) zu rechnenden Längen werden bei kleinern Flüssen auf Stegen mit Messlatten oder Messbändern und, wenn Stege nicht benutzbar sind, mittels entsprechend eingetheilter Profilleinen oder Drahtseile — event. durch einzelne kleine verankerte Nachen unterstützt — von Nachen aus, welche an jener Leine selbst geführt oder durch Anker (Pfähle) und Seile gehalten und an den Profilleinen vorüber geführt werden, gemessen. — Das bei Flüssen von grösserer Breite, an Küsten etc. anzuwendende Messungs-Verfahren wird im Abschn. über Messkunde behandelt.

Die Tiefen-Messungen werden gewöhnlich bis zu 6 m Wassertiefe mit Peilstangen, bei grösserer Tiefe mit dem Senkblei ausgeführt. Bei sehr kleinen Tiefen und Geschwindigkeiten kann man die Sohle auch direkt einnivelliren; in besondern Fällen können selbstregistrirende Peilapparate Verwendung finden; bei Tiefen-Messungen in der See benutzt man Patentlothe*).

Können bei den Flussquerprofil-Aufnahmen Stege nicht benutzt werden, so wird man die Tiefen-Messungen sofort, wenn die entsprechenden Längen-Messungen vom Nachen aus gemacht sind, nachfolgen lassen, um die wiederholte Einstellung des Nachens zu vermeiden.

Zur genauen Ermittelung des Querprofils sind die Peilungen im allgem. in Abständen von 2—3 m, unter Umständen auch in solchen bis zu 20 m, jedenfalls aber an allen Brechpunkten zu machen. Die an Profilleinen gemessenen Längen sind einer Korrektur dann zu unterziehen, wenn die freie Länge des Seils beträchtlich ist**). Eine genaue Messung des Abstandes der beiden Ufer im Querprofil (auf trigonometrischem Wege) bietet die beste und einfachste Handhabe für diese Korrektur.

Die Untersuchung des Fluss-Untergrundes geschieht nach Einsetzen und mässigem Eintreiben von hölzernen oder eisernen Futterröhren unter Anwendung von Bohr- und Räumwerkzeugen (Lettenbohrer, Meissel-, Kronenbohrer, Räumlöffel). Mit der Herausnahme des Materials Hand in Hand hat event. das weitere Eintreiben der Futteröhren zu erfolgen.

---

*) Zu erwähnen ist der Brooke'sche Apparat, das Bathometer von Siemens (Zeitschr. d. Arch.- u. Ingen.-Ver. zu Hannover 1877) und das auch zu Tiefen-Messungen verwendete Patentlog, dessen Zählapparat den durchs Wasser zurückgelegten Weg angiebt.

**) Zeitschr. f. Bauw. 1884, S. 39—60. Ueber Peilungen mittels Drahtseils im Rhein.

b. Auftragen der Querprofile.

Fluss-Querprofile werden gewöhnlich in verzerrtem Maasse aufgetragen; die Längen im 5 bis 10mal so grossen Maassst. als in der Flusskarte (also 1 : 1000 bis 1 : 500), die Höhen im Maassst. 1 : 100 und bezw. 1 : 50. In der grafischen Darstellung sind vorzugsweise anzugeben: die Schnitte der Querprofil-Ebenen mit dem Wasserspiegel, mit dem Flussbett und dem nächst angrenzenden Gelände, der Horizont des bezügl. Längeneintheilungs-Punkts und dessen Kote über dem Generalhorizont, die Koten des Wasserspiegels und die Wassertiefen.

Fig. 727, 728.

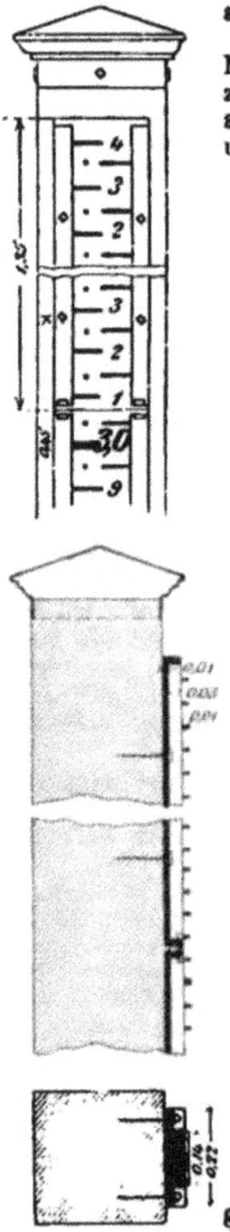

Bei Inundations-Profilen werden die Längen, wohl auch im Maasstabe der Situation, die Höhen wie bei Flussprofilen angetragen.

Mengenmessungs-Profile bringt man in grösserem Maassstabe: Längen 1 : 500 bis 1 : 100, Höhen 1 : 50 bis 1 : 10, zur Darstellung; bei solchen ist das Gefälle im Stromstrich auf kurze Strecke ober- und unterhalb des Profils zu erheben, um die mittlere Profil-Geschwindigkeit auch berechnen zu können.

Fig. 729.

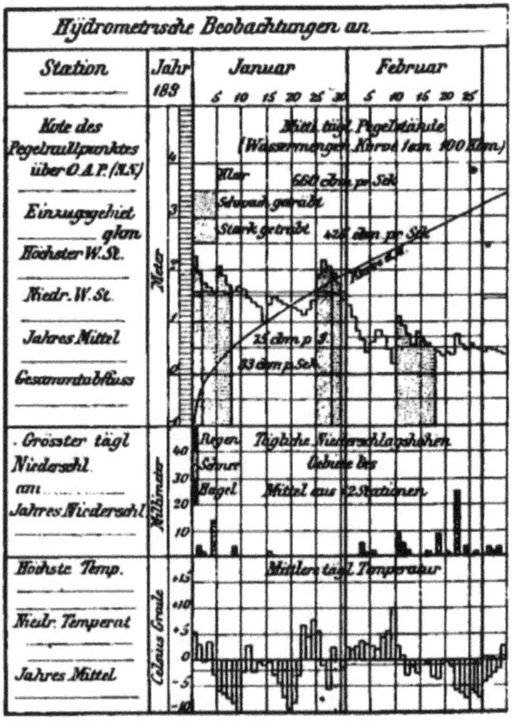

III. Pegel-Beobachtungen.

Regelmässige Wasserstands-Beobachtungen haben allgemeinen Werth; daher ist die zweckmässige Eintheilung, die richtige und gesicherte Aufstellung und Erhaltung der Pegel, die genaue Beobachtung derselben und die zweckentsprechende Verwerthung der Beobachtungs-Resultate von grosser Wichtigkeit.

a. Eintheilung und Aufstellung der Pegel.

Die Theilung der Pegel ist nach Centimetern (von 5 zu 5 oder von 2 zu 2 cm fortschreitend) mit deutlicher Markirung der Decimeter und Meter auf den (aus Holz, Gusseisen oder Porzellan gefertigten) Pegellatten durch Oelfarbe oder Emaillirung besser noch in Relief und Farbe oder Emaillirung, anzugeben, Fig. 727. Der amtlich fest gesetzte Mittelwasserstand. — abgeleitet aus dem Mittel aller während mehrerer Jahre gleichmässig an jedem Tage gemachten Beobachtungen unter allenfallsiger Berücksichtigung der sogen. Vegetationsgrenze — ist besonders zu markiren.

Bei neu zu setzenden Pegeln wird der Nullpunkt der Theilung — 0 P. — gewöhnlich in der Höhe des bekannnten niedrigsten Wasserstands angenommen, zuweilen auch noch etwas tiefer. Um möglichen Fluss-Veränderungen Rechnung zu tragen, hat jedoch die Theilung sowohl unter 0 herab — als über den seither bekannten höchsten Wasserstand hinaus zu reichen.

Fig. 730.

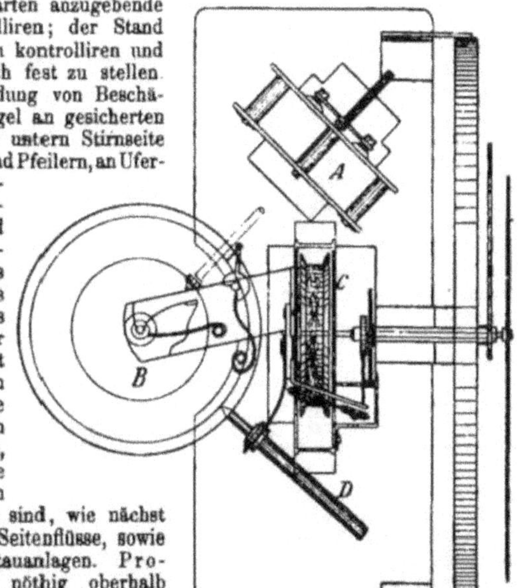

Die Nullpunkte aller Pegel sind auf benachbarte, in den Flusskarten anzugebende Fixpunkte genau einzunivelliren; der Stand der Pegel ist jedes Jahr zu kontrolliren und der jeweilige Befund amtlich fest zu stellen. Zur bestmöglichen Vermeidung von Beschädigungen sind die Hauptpegel an gesicherten Stellen anzubringen: an der untern Stirnseite von Brücken-Widerlagern und Pfeilern, an Ufermauern, an starken Eichen-Pfählen, welche in ungefährdeten Buchten genügend tief eingerammt werden, wobei in allen Fällen besonders zu beachten ist, dass das Ablesen der Pegelstände, das Reinigen und Abeisen der Pegel thunlichst erleichtert ist. An flachen Ufern werden sogen. korrespondirende Pegel benutzt. Pegel sollten überall da aufgestellt werden, wo wesentliche Unterschiede in den Fluss-Verhältnissen auftreten oder zu erwarten sind, wie nächst der Einmündung grösserer Seitenflüsse, sowie ober- und unterhalb von Stauanlagen. Provisorische Pegel sind nöthig oberhalb wichtiger Baustellen, für Hochwasser-Nivellements etc. Gewöhnlich wird man sich aber auf die Aufstellung von Pegeln in der Nähe grösserer Orte und an Flussübergängen beschränken müssen.

Bei vorkommenden Beschädigungen, z. B. durch Eisgang, sind sofort Nothpegel aufzustellen, deren Nullpunkte auf die Fixpunkte einnivellirt werden; die Interims-Ablesungen sind auf 0 des wieder zu errichtenden Hauptpegels zu reduziren. Die einmal vorhandenen oder gewählten Pegel-Nullpunkte sind für alle Zeiten beizubehalten. Werden in der Nähe der Pegel Bauten hergestellt, welche auf den Wasserstand unmittelbar einwirken, so sind hierüber amtliche Vormerkungen zu machen.

b. Zeit und Auftragen der Beobachtungen.

Bei gewöhnlichen Wasserständen haben die Pegel-Ablesungen täglich ein mal zur gleichen Zeit statt zu finden; bei rasch wechselnden Wasserständen, bei Hochwasser und Eisgang sind öftere Ablesungen nöthig.

Die Ablesungen werden tabellarisch und grafisch zusammen gestellt, am besten in Verbindung mit Regen- und Temperatur-Beobachtungen. Die mittlere tägliche Regenhöhe des Flussgebiet-Abschnitts oberhalb der Pegelstation wird aus allen einschlägigen Regen-Beobachtungen mit Rücksicht auf die Bezirke gleicher Regen-Intensität abgeleitet und aufgetragen.

In den einzelnen Pegel-Tabellen, in welchen für den gleichen Pegel zweckmässig je die Beobachtungen während eines Monats oder eines Jahres zusammen gefasst werden, sind in der Rubrik „Bemerkungen" alle besondern meteorologischen Erscheinungen und alle besondern Vorkommnisse auf dem Flusse wie Eisgang, Eisstoss u. s. w. zu erwähnen; das aus allen aufgeführten Wasserständen berechnete, arithmetische Monats- und Jahresmittel, die höchsten und niedrigsten Wasserstände während der Beobachtungs-Perioden sind anzugeben, desgl. die höchsten und niedrigsten von jeher beobachteten Wasserstände, der amtlich fest gesetzte mittlere Wasserstand, die höchsten und niedrigsten Temperaturen, die grössten Niederschläge.

Fig. 731.

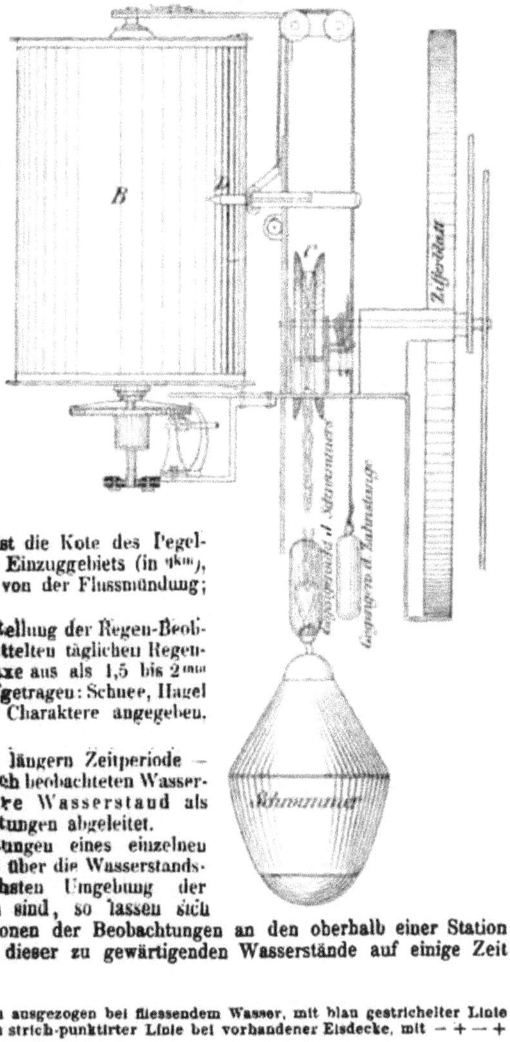

Bei der grafischen Zusammenstellung werden auf der durch Pegel-Null gelegten Abszissenaxe die Zeiten — 1 Tag = 1,5, oder = 2^{mm}, senkrecht hierauf die beobachteten Wasserstände als Ordin. i. M. von 1 : 100 bis 1 : 75 angetragen. Die Verbindungslinie der Ordin.-Endpunkte giebt die Pegelkurve.*) Zu bemerken ist die Kote des Pegel-Nullpunkts, die Grösse des Einzuggebiets (in ^{qkm}), die Entfernung des Pegels von der Flussmündung; s. hierzu Fig. 729.

Bei der grafischen Darstellung der Regen-Beobachtungen werden die ermittelten täglichen Regenhöhen von einer Abszissenaxe aus als 1,5 bis 2^{mm} breite, schwarze Streifen aufgetragen: Schnee, Hagel werden durch besondere Charaktere angegeben. Fig. 729.

Aus den während einer längern Zeitperiode — mindestens 10 Jahre — täglich beobachteten Wasserständen wird der mittlere Wasserstand als Mittel aus allen Beobachtungen abgeleitet.

Wie aus den Beobachtungen eines einzelnen Pegels wichtige Aufschlüsse über die Wasserstands-Verhältnisse in der nächsten Umgebung der Pegelstation zu entnehmen sind, so lassen sich durch geeignete Kombinationen der Beobachtungen an den oberhalb einer Station befindlichen Pegel die an dieser zu gewärtigenden Wasserstände auf einige Zeit vorher ermitteln.**)

*) Diese Kurve wird blau ausgezogen bei fliessendem Wasser, mit blau gestrichelter Linie bei Eisgang (Treibeis), mit blau strich-punktirter Linie bei vorhandener Eisdecke, mit — + — + Linie bei abgehendem Eis.

**) Vergl. hierzu eine Mittheilung von Sasse: Deutsche Bauzeitg. 1885, S. 78 ff.

c. Besondere Pegeleinrichtungen.

Ausser den seither genannten einfachern Pegeln werden verwendet:

α. Schwimmende Pegel,

welche auch zur automatischen Markirung der niedrigsten und höchsten Wasserstände eingerichtet werden („Limnigraphen").

β. Selbstregistrirende Pegel.

In den Details wechselnd haben alle Konstruktionen das Gemeinsame, dass der Wechsel in der Höhenlage des Wasserspiegels zum vollen Betrage oder verkleinert mittels eines Schwimmers auf einen Zeichenstift übertragen wird, der seine Bewegung auf einem Papier-Blatte verzeichnet, welches auf einem Zylinder gelegt ist. Dieser Zylinder wird durch ein Uhrwerk gedreht, gewöhnlich so, dass in 24 Stunden 1 volle Umdrehung stattfindet. Das Papier ist mit entsprechender horizontaler und vertikaler Linientheilung versehen und wird in der Regel so lang genommen, dass eine Auswechselung erst in Zwischenräumen von mehren Tagen erforderlich ist. Im Interesse der bequemen Uebersicht kann man für jeden einzelnen Tag einen Zeichenstift anderer Färbung benutzen.

Eine Konstruktion, welche mehrfach wiederholt ist, geben die Fig. 730 u. 731*). Fig. 730 zeigt den Grundriss des Apparats. *A* ist das zur Drehung des Zylinders *B* dienende Uhrwerk, *C* die Rolle, über welche die Kette des Schwimmers geht; *D* der Schreibe-Apparat, dessen Hebung und Senkung mittels einer Zahnstange bewirkt wird, die ihre Bewegung durch ein kleines Trieb erhält, welches auf dem vordern Ende der Achse *A* der Rolle *C* steckt. Sowohl das Gewicht des Schwimmers als das der Zahnstange sind ausbalanzirt.

Fig. 732.

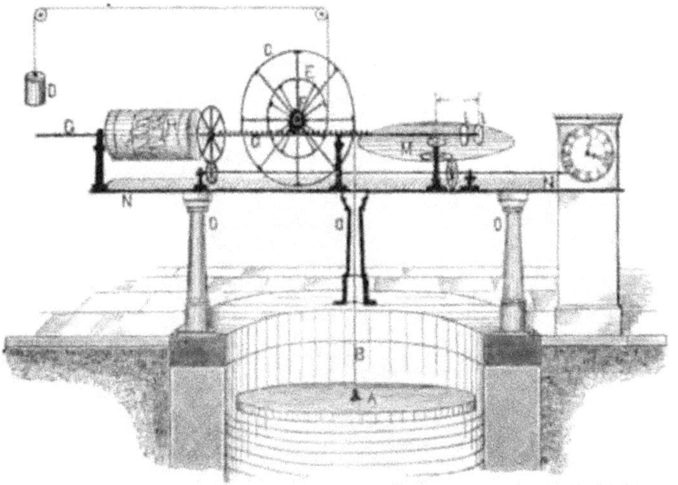

Einen Nebenzweck erfüllt der Apparat, indem auf einem Zifferblatt der jeweilige Stand des Wasserspiegels durch 2 Zeiger ablesbar gemacht ist. Dies Zeigerwerk wird durch einen Mechanismus aus Rollen und Hebeln in Bewegung gesetzt, welcher auf dem hintern Theil der Achse der Rolle *C* sich befindet, die für diesen Zweck hohl hergestellt ist. Für die Sicherheit der Angaben des Apparats ist es erforderlich, dass heftige Bewegung des Wassers von dem Schwimmer fern gehalten werde.

γ. Mareographen.

Die von der Europäischen Gradmessungs-Kommission an verschiedenen Küstenpunkten Europas aufgestellten „Mareographen" erfüllen neben dem Zweck einer

*) Selbstregistrirender Pegel an der Börsenbrücke zu Bremen; Zeitschr. f. Bauw. Jahrg. 1870.

genauen Verzeichnung der periodischen Hebungen und Senkungen des Meeresspiegels (Bestimmung der Fluthkurven) auch denjenigen der selbstthätigen Bestimmung der **mittlern Meereshöhe** an den Aufstellungspunkten.

Das von **Reitz** erfundene — von der Firma **Dennert & Pape** in Altona ausgeführte — System der Mareographen Fig. 732 enthält in **liegender** Anordnung den Zylinder mit Papierbelag, welcher durch Wirkung des in der Figur rechts stehenden Uhrwerks in je 24 Stunden 1 Umdrehung macht; der Papierbelag bedarf indess nur in Perioden von je 1 Monat der Auswechslung. Der Zeichenstift wird bei **fallendem** Wasser durch Sinken eines Schwimmers *A* bewegt, dessen Bewegung durch einen Kupferdraht auf die Scheibe *C* und von da mittels eines kleinen Zahnrädchens *F* auf eine Zahnstange *H* übertragen wird, an welcher der Zeichenstift direkt befestigt ist. Bei **steigendem** Wasser wird die Bewegung des Zeichenstifts durch Sinken eines Gewichts *D* hervor gerufen, welches auf Drehung der Scheibe *E* und dadurch ebenfalls auf die Bewegung der Zahnstange *G* wirkt.

Fig. 733.

Die **mittlere Meereshöhe** ergiebt sich aus der besondern Gestalt der **Fluthkurve**; in Fig. 733 sind 3 Fluthkurven für 3 verschied. Küstenpunkte Europas, welche gleichen Fluthwechsel *h* haben, dargestellt*). Die mittlere Höhe x der Fluthöhe ist durch die Bedingung bestimmt, dass:

$$\text{Fläche } (abc + gfi) = \text{Fläche } cdge.$$

Aus dieser Beziehung würde der Werth x (siehe Fig. 733) durch Rechung leicht ermittelt werden können; zur **selbstthätigen** Ermittelung dient in dem Reitz'schen Apparat die in Fig. 732 rechter Seits dargestellte Einrichtung, bestehend aus einer durch Uhrwerk in Umdrehung versetzten Glasscheibe und 2 auf dem Umfange getheilten Rollen, die auf dem Ende der Zahnstange lose stecken, so dass sie durch die Drehung der Glasscheibe in rollende (oder auch gleitende) Bewegung versetzt werden, bei gleichzeitiger Vor- und Rückwärts-Bewegung mit der Zahnstange. Die eine der Rollen ist ausschliesslich für den Zweck der Kontrolle vorhanden. Wegen der Besonderheiten dieses mechanischen Integrations-Apparats kann auf Deutsche Bauzeitg. Jahrg. 1877 S. 146 verwiesen werden. —

Fig. 734.

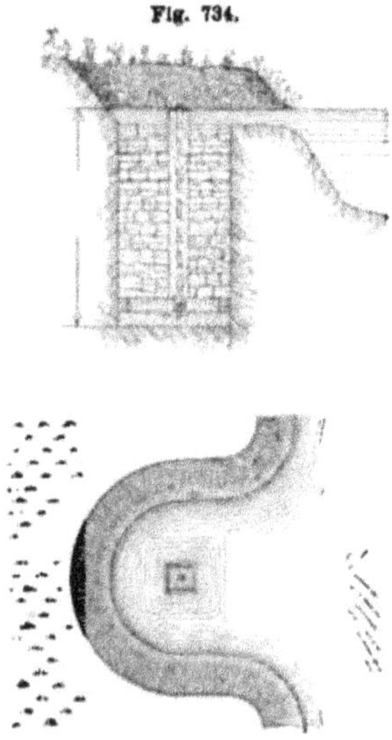

Eine spezielle Klasse von Wasserstands-Zeigern sind die **Aichpfähle**, Fig. 734, welche im Oberwasser der Triebwerks-Anlagen (Fabrikkanäle) zur Fixirung der zuständigen Wasserführung an geeigneten Stellen gesetzt werden; ihre Aufstellung ist meist durch besondere Vorschriften geregelt.

IV. Geschwindigkeits- und Mengen-Messungen.

Bei diesen Messungen handelt es sich gewöhnlich um die Bestimmung der **mittlern Profil-Geschwindigkeit** v und bezw. der in der Sekunde durch ein senkr. zur Stromrichtung gestelltes Querprofil F abfliessenden **Wassermenge** M. Die mittlere Profil-Geschw. pro Sek. ist: $v = \frac{M}{F}$.

*) Die Figur enthält in **punktirter** Angabe auch die ideellen Fluthkurven, für welche $x = 0{,}5\,h$ sein würde, während bei den stattfindenden Unregelmässigkeiten sich für die 3 dargestellten Fluthkurven x zu bezw. $0{,}527\,h$, $0{,}567\,h$ und $0{,}471\,h$ ergiebt.

Kleinere Wassermengen, etwa bis 1 cbm pr. Sek., werden direkt unter Benutzung von Aichgefässen oder unter Verwendung des Brunnenzolls oder kleiner (Poncelet-) Ueberfälle oder sonstwie gemessen und bezw. berechnet*). Grössere Mengen misst man indirekt durch Bestimmung des Abflussprofils und der Geschw.; letztere lässt sich unmittelbar oder mittelbar auffinden.

a. Unmittelbare Bestimmung der Geschwindigkeit.

Die Geschw. einzelner Stromfäden kann mit Apparaten und Instrumenten gemessen werden; die Lage der mit der mittlern Profil-Geschw. fliessenden Stromfäden ist aber zunächst nicht bekannt. Man verfährt desh. zur Bestimmung der mittlern Profil-Geschw. in der Weise, dass man das ganze senkr. zur Stromrichtung gestellte Querprofil durch Lothrechte in einfache Abschnitte — Dreiecke, Trapeze etc. — mit den durch Längen- und Tiefen-Messungen leicht zu findenden Flächen F_1, F_2, $F_3 \ldots F_\nu$ zerlegt und die diesen Abschnitten zukommenden mittlern Geschw. v_{m_1}, $v_{m_2} \ldots v_{m_\nu}$ aufsucht, hierdurch die Theil-Wassermengen $F_1 v_{m_1}$, $F_2 v_{m_2} \ldots F_\nu v_{m_\nu}$ und sodann die mittlere Profil-Geschw.:

Fig. 735.

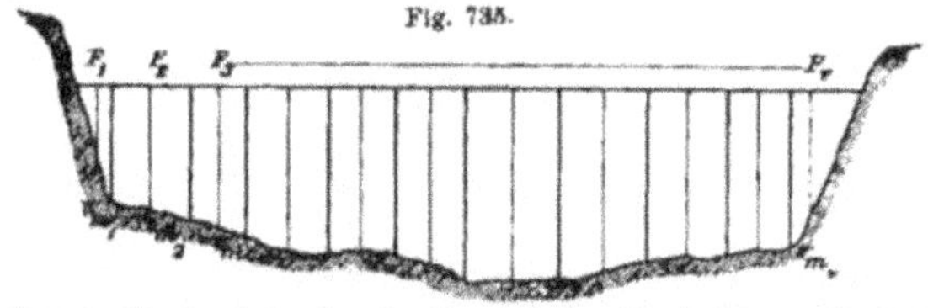

$$v = \frac{F_1 v_{m_1} + F_2 v_{m_2} + - - - + F_\nu v_{m_\nu}}{F_1 + F_2 + - - - + F_\nu}$$

erhält, Fig. 735.

Es handelt sich hierbei um geeignete Auswahl, zweckmässige Einrichtung und rechten Gebrauch der Geschw.-Messinstrumente, ferner um die verschiedenen Messungs-Methoden und schliesslich um die Verwerthung der Messungs-Ergebnisse.

α. Wahl, Einrichtung und Gebrauch der Apparate.

Gegenwärtig benutzt man fast ausschliesslich hydrometrische (Woltmann'sche) Flügel, Reichenbach'sche Strommesser, Darcy'sche Doppel-Röhren und Oberflächen-Schwimmer. Mit dem Woltmann'schen Flügel und mit Schwimmern werden die Wege einzelner Stromfäden in einer bestimmten Zeitlänge, bei den zwei andern Apparaten die Wirkungen des Wasserstosses in einem einzelnen Moment gemessen. Im ersten Falle sind zur Ermittelung der Geschw. Zeitbeobachtungen nöthig, im letztern nicht.

Der hydrometr. Flügel lässt sich vortheilhaft verwenden bei Geschw. bis ca. 3,5 m und bei Wassertiefen bis zu 6 m; nicht benutzbar ist derselbe zur Messung der Geschw. der nahe über der Sohle fliessenden Stromfäden und nur unsicher ergiebt sich mit ihm die Oberflächen-Geschw.**) Er ist übrigens das verlässlichste und wichtigste Instrument und soll deshalb hier in zwei verschiedenen Konstruktionen vorgeführt werden; zunächst in jener, in der er bis jetzt die weiteste Verbreitung gefunden hat und sodann in einer zweiten, für welche eine grössere Verbreitung noch zu erwarten ist.

1. Hydrometrischer Flügel.

Nach v. Bauernfeinds „Elementen der Vermessungskunde" sind die wesentlichen Bestandtheile des Woltmann'schen Flügels, Fig. 786:

1. eine hölzerne oder eiserne, jedenfalls hinreichend starke, gewöhnlich von 5 zu 5 cm eingetheilte Stange A zum Festhalten des Flügels und Einstellen desselben ins Wasser;

2. ein mit dem Lager C durch die Hülse h verbundenes Steuerruder B, welches die Achse x des durch die Hülse h um die Stange A drehbaren Messapparats

*) Worüber S. 739, 740 zu vergleichen.

**) Versuche, den hydrometr. Flügel zur Messung an allen Stellen umzugestalten, haben den erhofften Erfolg bisher nicht gehabt.

in die Stromrichtung einstellt; vor dem Abgleiten von der Stange schützt der mit der Schraube c in der gewünschten Höhe fest gestellte Klemmring b;

3. Lager C für die Flügelachse x und für den die Achsen der Zählrädchen tragenden Hebel i. Das Rädchen r' giebt die einzelnen Flügel-Umdrehungen an und befindet sich mit r auf derselben Achse; das Rädchen r greift in r'' ein. Hat r' und r'' 100, r 20 Zähne, so entsprechen einer ganzen Umdrehung von r'' 5 Umdrehungen von r' und 500 Umdrehungen der Flügel. Die Zeiger z', z'' auf dem Lager C dienen zum Sperren der Rädchen und beim Ablesen der auf letztern befindlichen Theilungen;

Fig. 736.

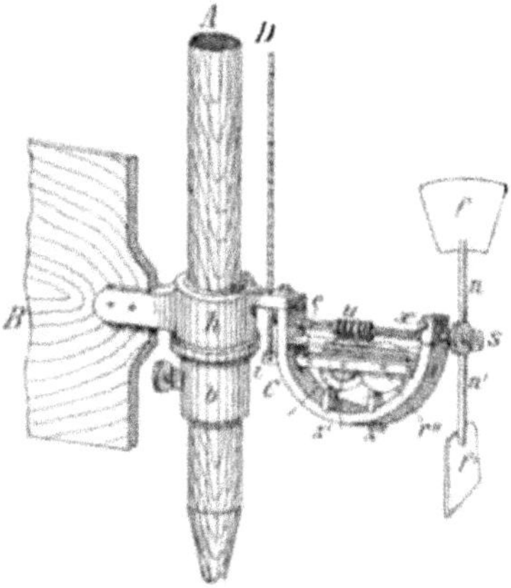

4. die beim Gebrauche des Flügels horizontal liegende Achse x mit der Schraube ohne Ende u, in welche während der Messung das Rädchen r' eingreift. Letzteres soll bei einer ganzen Umdrehung der Flügelachse um 1 Zahn weiter bewegt werden;

5. ein oder mehrere Paare von Flügeln f, f' mit den senkrecht zur Achse x stehenden Flügelruthen n, n', durch welche die Aufsteckung der Flügel auf die Achse vermittelt wird; ein Schräubchen s sichert die Flügelruthen vor dem Abgleiten;

6. eine Schnur D, um das Zählrädchen r' in die Schraube ohne Ende u einzurücken, oder dasselbe auszurücken.

Bei der in Fig. 736 angegebenen Stellung des Zählapparats ist derselbe in Ruhe. Vor dem Einstellen des Flügels ins Wasser sind die Nullpunkte der auf den Rädchen r' und r'' angebrachten Theilungen auf die Zeiger z' und z'' zu bringen oder die Theilstriche abzulesen. Kurz nach der Einstellung wird die Messung begonnen und zwar gleichzeitig mit dem Einrücken des Zählwerks durch Anziehen der vorher lose gehaltenen Schnur und der Ablesung des Zeitpunktes, in welchem die Einrückung erfolgte, auf einem Chronometer (Sekundenzähler). Die Zeitdauer der einzelnen Messung soll in der Regel nicht weniger als 1 Min., bei Präzisions-Messungen bis zu 5 Min. betragen. Nach Ablauf der gewählten Zeit wird die Schnur nachgelassen. Eine geeignet angebrachte Spiralfeder e drückt den Hebel i und somit das Zählwerk sofort in die in der Figur angegebene Stellung zurück. Nach Herausnahme der Stange mit dem Flügel wird wieder abgelesen. Die Zahl der Umdrehungen folgt aus der Differenz der Ablesungen am Ende und Anfang jeder Beobachtung. —

Die wesentlicheren Abänderungen und Verbesserungen, welche der Woltmann'sche Flügel besonders in neuester Zeit erfahren hat, bestehen in der Wahl schraubenförmiger Flügel, in der thunlichsten Verminderung der Achsen-Reibung, in der Anbringung des Zählwerks über Wasser und in der Verwendung sogen. stehender Stangen auch für jene Flügel, deren Zählwerk wie früher im Wasser sich befindet.

An den Zählwerken über Wasser wird gewöhnlich eine bestimmte Anzahl von Flügel-Umdrehungen — 50 bis 100 Umdr. — auf elektrischem Wege durch optische oder auch durch Glockensignale angezeigt und es ist die Zeit von einer Signalgebung zur andern zu beobachten. Bei Harlacher's elektr. Integrator,*) dessen spezielle Zuthaten in einem Tourenzähler, Chronographen und in einer Vorrichtung zur gleichmässigen Senkung und Hebung des Messapparats im Wasser bestehen, kann man jede einzelne Flügelumdrehung und die zugehörige Zeit fest stellen.

Statt elektr. Uebertragung hat Prof. v. Wagner durch seinen Hydrometer mit Schallleitung akustische Uebertragung in Vorschlag und zur Anwendung gebracht.**)

*) Harlacher. Die Messungen in der Elbe und Donau und die hydrometr. Apparate und Methoden des Verfassers, Leipzig 1881.

**) v. Wagner, Hydrol. Untersuchungen an der Weser, Elbe etc.; Braunschweig 1881. — Auch Deutsche Bauzeitung 1880, S. 229 u. 230.

Prof. Hele Shaw konstruirte einen selbstregistrirenden hydrom. Flügel, welcher auch bei kontinuirl. Messungen in Tideströmen, jedoch nicht ohne Anstände, verwendet wurde. Der Apparat steht mit einem Uhrwerk in Verbindung, durch welches eine mit Zinnfolie belegte Trommel in 1 Stunde ein mal mit gleichförmiger Geschw. gedreht wird. Je eine bestimmte Anzahl von Flügelumdrehungen wird selbstthätig durch eine Nadel auf der Trommel markirt und so nicht nur die Geschw. durch die Anzahl der Punkte in einer gegebenen Zeit registrirt, sondern auch der Zeitpunkt, zu welcher die Geschw. stattfand. Die Markirnadel wird der Länge der Trommel nach durch eine Schraube langsam fortbewegt, damit die ganze Fläche der Zinnfolie benutzt und die Registrirung während längerer Zeit (12 Stunden) vor sich gehen kann. Um die Zeit der Fluthwende zu markiren, ist eine zweite Nadel angebracht, die bei Umkehrung der Strömung in Funktion tritt.*)

Wenn auch an grösseren Messungs-Stationen und bei wissenschaftlichen Untersuchungen elektrische und akustische Flügel vorzugsweise zu verwenden sein werden, so dürften doch noch auf lange Zeit hinaus verbesserte hydrometr. Flügel mit dem Zählwerke unter Wasser eine grössere Verbreitung als jene finden.

Hier soll der neueste hydrometr. Flügel mit Zählrad nach Harlacher beschrieben werden; es lässt sich an ihm die Messung mit fester Stange, das Integrations-Verfahren und überhaupt derjenige Theil des ganzen (auch elektrischen) Messapparats und Messungsgeschäfts beschreiben, für welchen schriftliche Erläuterungen besonders wünschenswerth erscheinen.

Die zum festen Einbohren in den Boden unten mit einer Spitze versehene Stange *A*, Fig. 737, welche während der Messung in einer Vertikalen nicht heraus genommen wird, ist eine eiserne (32 mm starke, gewöhnlich 4 m lange) Röhre, mit einer der ganzen Länge nach ausgehobelten 5 mm breiten Nuth *a*, die bei lothrechter Stellung der Stange während der Messung stromabwärts gekehrt ist, Fig. 738. Die Stange hat hierbei an der Sohle und über Wasser, bei *m*, eine feste Unterstützung. An der Stange lässt sich der mit der Hülse *b*, Fig. 739, verbundene und mit einem als Gegengewicht dienenden Steuerruder *g* versehene Flügel *B* mittels des unten am Arm *h* befestigten und oben über eine Rolle *r* gegen eine Klemme *k* führenden, also von *h* bis *r*, Fig. 740, im Innern der Röhre befindlichen Draht- oder Hanfseils — Aufhängeseil — *s* auf- und abwärts bewegen. Der mit der Hülse *b* fest verbundene Arm *h* dient bei der Bewegung des Flügels gleichzeitig zur Führung. Das den Flügel bei *h* haltende, nach Decim., mit Markirung von 0,5 und 1,0 m eingetheilte, vor dem Wasserstoss geschützte und durch das angehängte Flügelgewicht genügend gespannte Aufhängeseil *s* dient gleichzeitig zur Tiefenmessung und zur Einstellung des Flügels in bestimmter Tiefe. Die Hülse *b* ist zur leichtern Bewegung mit 3 obern und 3 untern Laufrollen versehen, Fig. 738, 739, wovon je 2 federnde Lager haben; sie endet unten in einer kreisförmigen Scheibe *f*, über welcher die Flügelachse noch so hoch (0,15 bis 0,2 m) liegt, dass beim Aufstehen der Scheibe auf der Flusssohle die Flügel sich noch frei bewegen können. Durch das Gewicht der Scheibe wird zugleich das Senken des Flügels erleichtert.

Die Klemme *k* ist verstellbar. Beim Beginn der Einstellung des Flügels in bestimmte Tiefen senkt man die Flügelachse bis zum Wasserspiegel, verschiebt die Klemme an der Stange so weit, dass sie mit einem 0,5 oder 1 m Theilstrich des Seils zusammen fällt und befestigt nunmehr die Hülse der Klemme. Lässt man nach Oeffnen der Klemme das Seil um ν (dm) nach, so liegt die Flügelachse um eben so viel unter dem Wasserspiegel und wird in dieser Stellung nach Einklemmen des Seils erhalten.

Ruht bei der Tiefe y des Flügels unter dem Wasserspiegel die Scheibe *f* auf der Flusssohle, so befindet sich die Flügelachse um die Konstante $c = 0{,}15-0{,}20$ m über derselben; die Wassertiefe d ist $= y + c$, Fig. 737.

Soll die Messung an der Sohle beginnen, so bringt man beim Aufruhen der Scheibe auf derselben die Klemme *k* mit einem 0,5 oder 1,0 m Theilstrich zusammen, zieht das Seil um die Länge y' an; es liegt sodann die Flügelachse um $y' + c$ über der Sohle.

---

*) *Excerpt Minutes of Proceedings of the Institution of Civil Engeniers. Session 1881—82.*

Fig. 739.

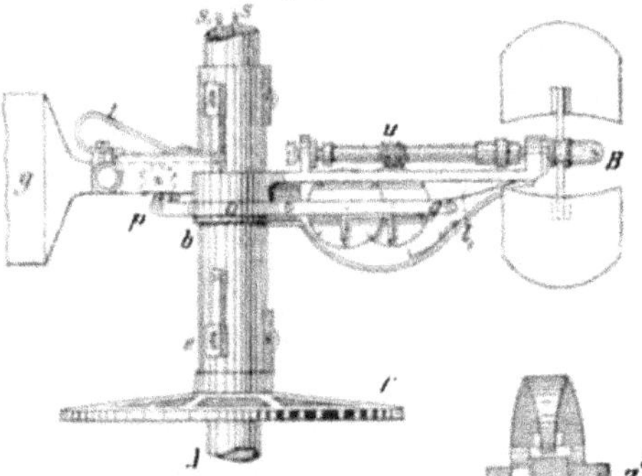

Fig. 737.

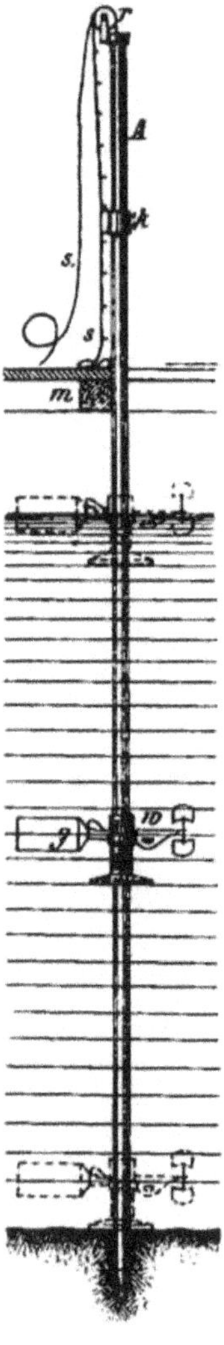

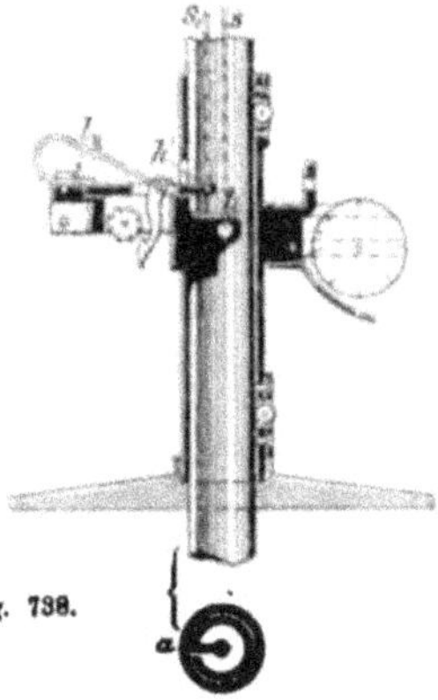

Fig. 738.

Fig. 745.

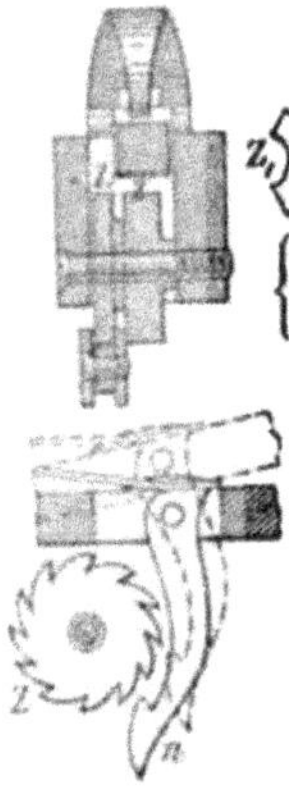

Fig. 743.

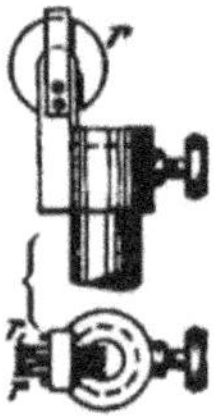

Fig. 740.

Fig. 741.

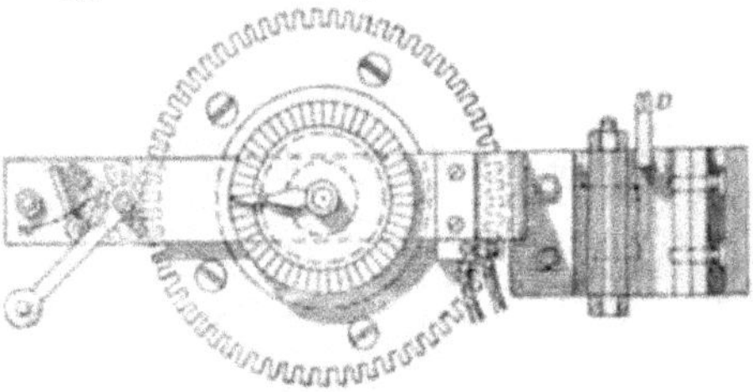

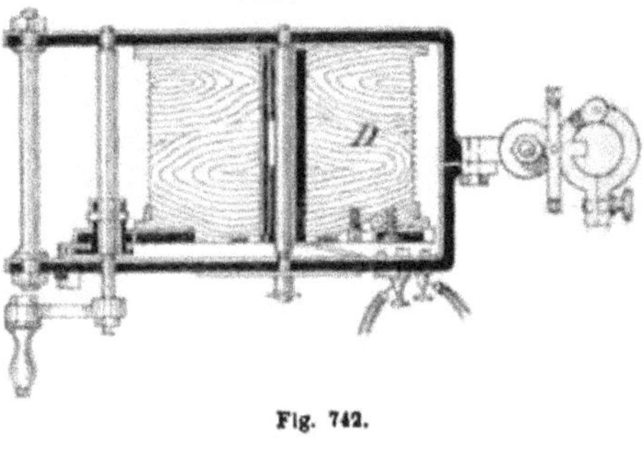

Fig. 742.

Bei der mechanischen Integration muss der Flügel mit gleichförmiger Geschw. auf- oder abwärts bewegt werden. In diesem Falle wird das Aufhängeseil *s* von der Rolle *r* weg zu einer an Stelle der Klemme tretenden, mit einer Kurbel drehbaren Trommel *D*, Fig. 741, 742 geführt, auf welche es bequem auf- oder abgewickelt werden kann. Die Ruhelage der Trommel, und also auch die des Flügels wird durch Sperrrad und Klinke fixirt, Fig. 741. Die Trommel hat schraubenförmige Rillen, deren in der Mittellinie des aufgewickelten Seils gemessener Umfang 0,5 m oder auch 1 m betragen soll. Sonach entspricht 1 Trommelumdrehung je nach der Einrichtung eine Hebung oder Senkung des Flügels von 0,5 oder 1,0 m. Wird die Trommel mit einem in 50, bezw. 100 Theile gleichförmig getheilten Zifferblatte und einem Zeiger versehen, so entspricht der Bewegung des Zeigers von einem Theilstrich zum andern eine Aenderung der Höhenlage des Flügels von 1 cm. Die Anzahl der Trommel-Umdrehungen wird notirt oder durch einen 2. Zeiger registrirt. Das Aufhängeseil *s* hat in diesem Falle keine Längentheilung.

Die Flügelachse ist bei Verwendung eines Apparats mit stehender Stange senkr. zur Querprofil-Ebene einzustellen; hierzu dient ein auf der die Klemme *k* tragenden Hülse oder auf der Trommel angebrachtes Visir *v*, Fig. 741, 742, dessen Visirlinie normal auf der durch die Mitte der Röhre und Nuth gehenden Richtung der Flügelachse steht. Die Stange wird so eingestellt, dass die Visirlinie des Diopters in die Lothebene der das Querprofil fixirenden Signale zu liegen kommt.

Während man bei andern hydrometr. Flügeln eine freie horizontale oder (wie Grebenau) eine freie horizontale und vertikale Bewegung verlangte, damit sich unter Mitwirkung des Steuerruders die Flügelachse in die Richtung der Stromfäden einstelle, ist an dem Harlacher'schen Flügel eine feste Führung und die Einstellung der Flügelachse senkr. auf das Querprofil vorgesehen. Die Gegensätze in der Behandlung der Instrumente heben sich am besten und von selbst dann auf, wenn möglichst regelmässige Messungs-Profile ausgewählt werden, welche senkrecht zur Strömung stehen.

Die Schaufeln des Flügelrades *B* sind nach Schraubenflächen von bestimmter Ganghöhe geformt. Das Ein- und Ausrücken des Räderzählwerks gegen die Schraube ohne Ende *u*, Fig. 739, erfolgt durch einen Ruck an der im Innern der Röhre *A* vorhandenen, bei *h'* an dem Hebel *h'i* befestigten und über die Rolle r_1 laufenden Ausrückschnur s_1; r_1 ist auf die Achse der Rolle *r* lose aufgesteckt; von r_1 ab hängt s_1 ausserhalb der Röhre gewöhnlich frei herab. Aus den Figuren ist zu entnehmen, wie durch Anziehen der Schnur der Hebel *h'* gehoben, beim Nachlassen derselben der Hebel durch eine Feder *l* wieder niedergedrückt wird, ferner wie beim Heben des Hebels eine Klinke *n*, Fig. 743, in das 12 Zähne besitzende Rädchen *z*, gegen welches sie durch *l* angedrückt wird, eingreift und dasselbe um 1 Zahn, bezw. um 30° dreht. Mit *z* ist ein 2. Rädchen z_1, Fig. 744, 745, von 6 Zähnen fest verbunden, welches also bei jedem Zuge an der Ausrückschnur ebenfalls um 30° gedreht wird, in Folge wovon abwechselnd ein Zahn und eine Zahnlücke unter der Achse liegen und mit der Rolle r_2 in Berührung stehen. Die in das gabelförmig konstruirte Ende des Hebels *poq*, Fig. 739, eingesetzte Rolle r_2 wird durch die Feder l_1 gegen Zahn oder Zahnlücke entsprechend angedrückt. Im ersten Falle ist das am Hebel *poq* befestigte Zählwerk ein-, im andern ausgerückt, da sich der Arm *oq* des um *o* drehbaren Hebels das eine mal hebt, das andere mal senkt. Der Arm *po* des Hebels ist um die zylindrische Hülse herum geführt. Axe und Zählwerk sind durch den mit einem kleinen Fenster versehenen Blechmantel *w*, Fig. 737, geschützt. —

Bei der gewöhnlichen Verwendung dieses Geschw.-Messapparats wird nach jedesmaliger Beobachtung in einer bestimmten Tiefe der Flügel mittels des Hängeseils über Wasser gebracht, abgelesen und bei unveränderter Stellung der Stange, so lange es sich um Messungen in der gleichen Vertikalen handelt, an dem Seile wieder in eine andere Tiefe hinab gelassen. —

Durch mechanische Integration lässt sich die mittlere Geschw. v_m in einer Vertikalebene mit dem — schon oben erwähnten — elektr. Integrator Harlacher's oder mit dem so eben beschriebenen Instrument bestimmen. Nicht geeignet hierzu ist der elektr., hydrometr. Flügel mit Läutewerk, der sogen. Glockenapparat. bei welchem es sich nur um Geschw.-Beobachtungen in einzelnen Punkten handeln kann. Beim Glockenapparat reicht deshalb eine einfache Klemme zum Festhalten des alsdann eingetheilten Hängeseils aus, wiewohl der bequemen Bewegung wegen eine Trommel angebracht werden kann; zum Integriren ist eine Trommel unentbehrlich.

Beim mechanischen Integriren mittels des vorstehend beschriebenen Instruments mit Zählrad stellt man zunächst nach Ablesung an dem Zählwerk und bei gehemmtem Gange desselben die Flügelachse im Wasserspiegel ein, setzt sodann unter Beobachtung der Zeit das Zählwerk durch einen Ruck an der Schnur in Gang und beginnt mit dem gleichmässigen Senken des Flügels durch Drehen an der Trommel. Mit dem Aufstossen der Scheibe auf die Sohle wird das Zählwerk ausgelöst und der Chronometer angehalten. Es ist nunmehr die Zeit τ der Senkung und nach Herausnahme des Flügels mittels des Aufhängeseils die Anzahl der Flügel-Umdrehungen ν während des Senkens fest zu stellen. Wie vom Wasserspiegel zur Sohle abwärts kann umgekehrt die Messung von der Sohle bis zum Wasserspiegel aufwärts durchgeführt werden.

Dividirt man die Tourenzahl ν durch die Beobachtungszeit τ, so erhält man die mittlere sekundl. Tourenzahl und daraus, bei bekannten Flügel-Koeffizienten, die mittlere Geschw. v'_m innerhalb der Tiefe $d - c$, Fig. 74·. Es ist nämlich:

Fig. 746.

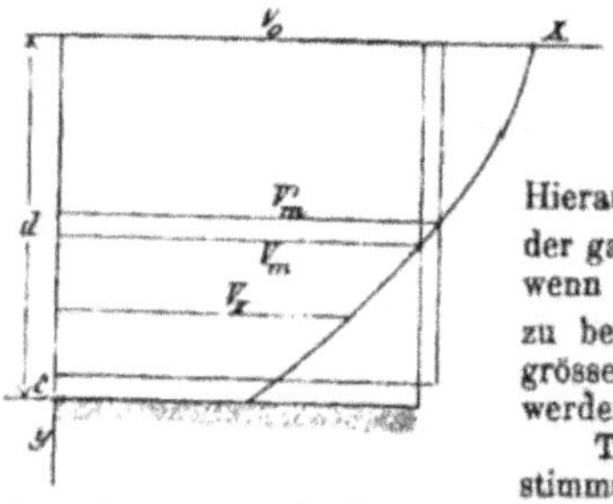

$$v'_m = \frac{\int_0^{d-c} v_x \, dy}{d - c}.$$

Hieraus wird die gesuchte mittlere Geschw. v_m in der ganzen Vertikalebene von der Tiefe d erhalten, wenn man $v_m = \zeta v'_m$ setzt, worin ζ ein empirisch zu bestimmender Koeffiz. ist, welcher jedoch bei grösseren Tiefen genau genug $= 1$ genommen werden darf.

Tarirung der Flügel. Die richtige Bestimmung der Geschw. aus den gemachten Beobachtungen und Messungen ist nur möglich, wenn man sich eine genaue Kenntniss der Flügelkoeffizienten verschafft hat.

Wurden in τ Sek. im ganzen μ Umdrehungen beobachtet und entspricht 1 Umdrehung die Weglänge k, so wird die sekundl. Geschw. eines einzelnen Wasserfadens: $v' = k \frac{\mu}{\tau} = k\alpha$ (1), wenn α die Anzahl Umdrehungen in 1 Sek. bezeichnet.

Trägt man verschiedene Werthe α als Abszissen (1 Umdrehung etwa durch eine Länge von 15 mm) und die zugehörigen Werthe v' als Ordin. (Maassst. etwa 1 : 20) auf, so sollte die Verbindungslinie der Ordin.-Endpunkte nach Gleichg. (1) eine durch den Koordin.-Ursprung gehende Gerade sein.

Mehrfach wird jedoch die nach Messungs-Resultaten angetragene Verbindungslinie der Gleichg. (1) nicht entsprechen. Abgesehen von andern Aufstellungen soll hier der jetzt gewöhnlich angenommenen Anschauung Raum gegeben werden, wonach jene Linie als eine nicht durch den Koordin.-Anfang gehende Gerade angesehen und also $v' = k'\alpha + k''$ (2) gesetzt wird, in welcher Gleichg. k'' diejenige geringe Geschw. angiebt, bei der die Bewegung des Flügels durch die Reibung gehemmt wird.*)

Die Tarirung der Flügel, d. h. die Bestimmung der Werthe k und bezw. k' und k'', geschieht am besten an hydrometr. Prüfungsstationen.

Man benutzt gewöhnlich einen kleinern See oder Teich, um den Flügel von einem geeignet eingerichteten Nachen oder auch von einem auf einem Gerüst

*) Die Gleichg. (1) u. (2) setzen voraus, dass die Flügelruthen verhältnissmässig lang, die Flügelflächen aber klein sind, wie dies bei den üblichen Konstruktionen auch der Fall ist. Für hydrometr. Flügel, bei denen diese Voraussetzungen nicht erfüllt sind, hat Zeuner die Gleichg. aufgestellt: $v' = k'\alpha + \sqrt{k''' + k''''\alpha^2}$, welche eine parabolische Linie repräsentirt.

befindlichen Wagen aus mit gleichförmiger Geschw. v' auf eine genau abgemessene und durch Absteckung gekennzeichnete Länge s durchs Wasser bei eingerücktem Zählwerke zu führen*).

Lässt man Gleichg. (1) gelten, so ist, weil die Weglänge $s = v'\tau = k\mu$ und sonach $k = \frac{s}{\mu}$, nur die Anzahl μ der Flügelumdrehungen bei Zurücklegung des Weges s fest zu stellen und nunmehr k, und zwar ohne Zeitbeobachtung, aber zweckmässig aus einer grössern Anzahl von Fahrten als Mittel aller Beobachtungen abzuleiten.

Die zur Befestigung und Führung der Flügel dienenden Nachen oder die gleichen Zwecken dienenden, auf Gleisen der Gerüstanlage laufenden Wagen werden mittels Seil und Trommel durch Personen oder Maschinen bewegt.**) Mit besonderer Sorgfalt ist jeder Aufstau des Wassers durch geeignet gewählte Rüstungen zu vermeiden. Auf den Fahrzeugen befinden sich die Beobachter, welche auch die Ein- und Auslösung des Flügels zu besorgen haben, falls solches nicht automatisch geschieht.

Handelt es sich um Bestimmung der Werthe k' und k'' der Gleichg. (2), so treten zu den vorgenannten Anlagen und Beobachtungen solche für eine genaue Bestimmung der zum Durchfahren des Wegs s erforderlichen Zeit τ hinzu (elektrische Zeitzählung mit Chronographen und Intermittern). Es wird eine grössere Anzahl — etwa 20 bis 30 Fahrten mit verschiedenen Geschw. von 0,2^{m} bis 3,5 oder 4^{m} gemacht und für jede Fahrt die Anzahl Flügel-Umdrehungen und die zum Durchfahren des Wegs — 30 bis 100^{m} — erforderliche Zeit beobachtet; hierauf wird nach den oben erwähnten Maassstäben das aus der Verbindung der Ordin.-Endpunkte entstehende Polygon und sodann jene Gerade eingetragen, für welche die Werthe k' und k'' nach der Methode der kleinsten Quadrate und bezw. der Ausgleichung vermittelnder Beobachtungen berechnet worden sind.

Hat man für ν Versuchs-Fahrten die jedesmaligen sekundl. Umdrehungszahlen α und die ihnen entsprechenden Werthe $v' = \frac{s}{\tau}$ ermittelt, so findet sich (vergl. S. 474) k' und k'' aus:

$$k' = \frac{\nu\Sigma(\alpha v') - \Sigma(\alpha)\Sigma(v')}{\nu\Sigma(\alpha^2) - (\Sigma(\alpha))^2} \text{ und } k'' = \frac{\Sigma(v')\Sigma(\alpha^2) - \Sigma(\alpha)\Sigma(\alpha v')}{\nu\Sigma(\alpha^2) - (\Sigma(\alpha))^2}.$$

Damit die Koeffiz. der hydrometr. Flügel nicht zu grossen Aenderungen ausgesetzt sind, sollen die feinern Bestandtheile der Flügel aus dauerhaftem, nicht oxydirendem Material von genügender Härte angefertigt werden. Die Möglichkeit einer Revision dieser Theile ist bei der Anfertigung vorzusehen. Schmiermittel für Achse und Räder dürfen nicht verwendet werden. —

Das Einbringen des hydrometr. Flügels ins Wasser, bezw. die Unterstützung der Flügelstange am obern Ende geschieht von Stegen oder von entsprechend eingerüsteten Doppelpontons aus***). Die an 2 bis 3 Oberankern und 1 bis 2 Unterankern fest zu legenden Pontons erhalten einen lichten Abstand von 1 bis 5^{m}, je nachdem der Flügel oberhalb oder in der Mitte derselben eingehalten werden soll. Unter allen Umständen soll sich der durch die Nachen bewirkte Aufstau des Wassers an der Messungsstelle nicht mehr bemerklich machen. Bei geringem Abstand der Kähne muss deshalb ein genügend weit vorspringendes Podium hergestellt werden, von dem aus der Flügel eingebracht wird.****)

2. Reichenbach'scher Strommesser und Darcy'sche Doppelröhre.

Der Reichenbach'sche Strommesser und die Darcy'sche Doppelröhre sind aus der Pitot'schen Röhre hervor gegangen. Da Einrichtung und Gebrauch der erstern in vielen Beziehungen überein stimmen, so soll hier nur die Darcy'sche Röhre beschrieben und an der geeigneten Stelle die abweichende Einrichtung des Reichenbach'schen Strommessers mitgetheilt werden.

Die gemeinschaftlichen Vorzüge dieser Apparate bestehen darin, dass mit ihnen die Geschw. nahe am Wasserspiegel und an der Sohle gemessen werden können. Der weitere Vorzug, dass man bei der Geschw.-Messung unabhängig von

---

*) Vergl. u. a. v. Wagner; Deutsch. Bauztg. 1879, S. 231.
**) Vergl. v. Wagner. A. a. O.
***) Vergl. hierzu insbes. v. Wagner. A. a. O.
****) Hinzuweisen ist bezüglich Einrichtung, Prüfung und Gebrauch hydrometr. Flügel auf: „*Transactions of the American of Civil Engineers*"; August 1883.

der Zeitmessung ist, wird durch den hieraus folgenden Missstand, dass die Geschw. eines Wasserfadens je nur für einen Moment angezeigt wird, mehr als aufgewogen.

Fig. 747, 748, 749.

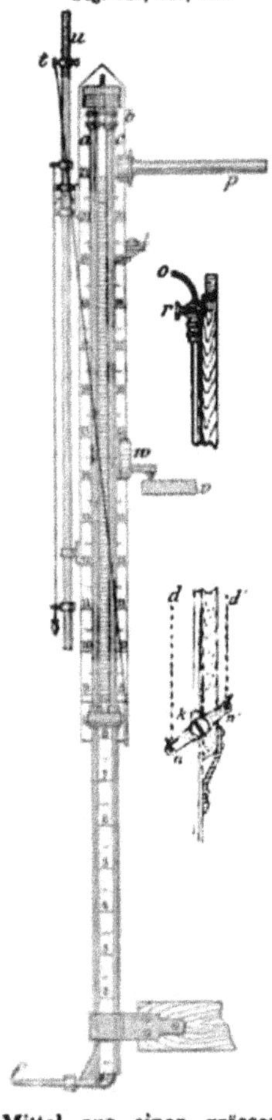

Fig. 750.

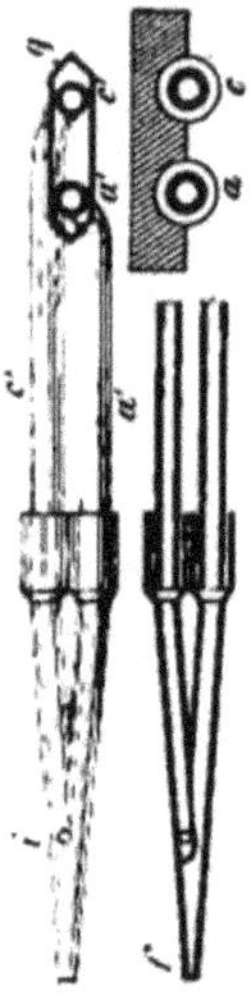

Nach Fig. 747 — 750 besteht die Darcy'sche Doppelröhre*) aus zwei, oben in einen metallenen Kanal b und unten in kupferne Röhren a', c' luftdicht gekitteten Glasröhren a und c, Fig. 750, welche in eine Tafel aus Eichenholz eingelassen sind. Die in einem schmalen Gehäuse g aus Kupferblech eingeschlossenen Röhren a', c' sind unten umgebogen. Durch die 1 — 3 ^{mm} weite Mündung f der Röhre $a'a$ gelangt in die letztere eine dem Wasserstoss auszusetzende Wassersäule und durch die nach oben gekehrte feinere Mündung i tritt das Wasser unter Einwirkung des hydrost. Drucks in die Röhre $c'c$ ein. Der Unterschied h' der Wassersäulen in beiden Röhren giebt ein Maass für die Grösse der Geschw. des der Mündung f zuströmenden Wassers.

Um die Ablesung des Unterschiedes bei unveränderter Stellung der Röhre in bequemer Höhe **über** dem Wasser vornehmen und den Messapparat richtig ins Wasser einstellen zu können, ist derselbe mit folgenden weitern Zuthaten ausgestattet: Durch ein Mundstück o, Fig. 748, kann die Luft nach Oeffnen des Hahnes r aus beiden kommunizirenden Röhren so weit ausgesaugt werden, als dies nach den jeweiligen Verhältnissen zur Hebung der Wassersäulen gewünscht wird, voraus gesetzt nämlich, dass auch der Hahn k, unterhalb der Verbindungsstelle der gläsernen und kupfernen Röhren, welcher durch den gleicharmigen Hebel nn', Fig. 749, mit der über eine verstellbare Rolle t laufenden Schnur dd' bedient werden kann, gleichfalls geöffnet ist.

Befinden sich die Wassersäulen in gewünschter Höhe, so wird Hahn r geschlossen; kurze Zeit darauf kann der Unterschied der Wassersäulen-Höhen nach Abschluss des Hahns k an dem angebrachten festen oder beweglichen Maassstab abgelesen und notirt werden. Bei unveränderter Stellung wird sodann k geöffnet und kurze Zeit darauf wieder geschlossen etc. Der Abschluss ist nöthig während der Ablesung, um ruhige Wassersäulen zu erhalten. Den Werth h' wird man immer als Mittel aus einer grössern Anzahl von Ablesungen — 30 bis 60 —, welche in 5 bis 10 Min. ermöglicht werden können, bestimmen, um die pulsirende Bewegung des Wassers trotz der Moment-Ablesungen zu berückichtigen.

Zum richtigen Einstellen und Halten des Instruments dienen das Steuerruder s am untern, die verstellbare Handhabe p und die eiserne Stange u am obern Ende — erstere mit der rechten, letztere mit der linken Hand zu fassen —, die verstellbare, mit einem auf dem Messungssteg oder einem Schiffspodium v aufzusetzenden Arm versehene Klemme w in einer der jedesmaligen Eintauchung des Instruments entsprechenden Höhenlage, ferner eine Dosenlibelle l oder ein an der Stange u aufzuhängender Senkel zur lothrechten Aufstellung des um den Stützpunkt bei v leicht drehbaren Apparats.

Beim **Reichenbach'schen Strommesser** sind die Glasröhren oben stets

*) Darcy u. Bazin. — A. a. O. v. Bauernfeind. — A. a. O. Dtsch. Bauztg. Jahrg. 1872 u. 1873.

offen; zur Ablesung des Wassersäulen-Unterschiedes muss der Apparat nach Abschluss des vorhandenen untern Absperrhahns aus dem Wasser gehoben werden.

Es ist leicht ersichtlich, dass die Darcy'sche Röhre manche Vorzüge vor dem Reichenbach'schen Strommesser voraus hat. —

Die Geschw. v' eines Wasserfadens bestimmt sich bei beiden Instrumenten aus der Relation: $v' = \mu \sqrt{2gh'} = k \sqrt{h'}$, worin g die Beschleunigung der Schwere, h' der abgelesene Wassersäulen-Unterschied, μ und bezw. $k = \mu \sqrt{2g}$ von der Einrichtung der Instrumente abhängige Koeffizienten sind.

Zur Tarirung seiner Instrumente benutzte Darcy die folgenden, von einander unabhängigen Methoden: 1. Es wurde die Oberflächen-Geschw. eines Wasserlaufs mit Oberflächen-Schwimmern gemessen, hierauf mit der Röhre der Werth h' ermittelt und also $k = \frac{v_0'}{\sqrt{h'}}$ erhalten; 2. der Apparat wurde mit einer bekannten Geschw. durch stehendes Wasser gezogen und h' beobachtet; 3. man maass in einem Wasserlauf von genau bestimmtem Querschn. und bekannter Wassermenge die Geschw.-Höhen an vielen Punkten des Querschn. mit der Röhre und konnte sodann k berechnen. Das Mittel aus einer grossen Anzahl der nach den einzelnen Beobachtungs-Methoden angestellten Untersuchungen ist als Konstante des Instruments anzusehen; ihr Werth weicht nur wenig von 1 ab. —

Zur Konservirung der Darcy'schen Röhre gehört die sorgfältige Reinhaltung namentlich der Glasröhren. Nach längerer Unterbrechung müssen die Röhren vor der Wiederbenutzung mit reinem, lauwarmen Wasser (mit etwas Seifenzusatz) ausgespült werden. Ein luftdichter Verschluss in den Metallkapseln ist nothwendig und event. durch Nachstopfen von Watte u. Talg oder Wachs wieder herzustellen.

Durch Verdichtung der Luft in den Röhren kann man bei mässiger Länge — ca. 2^{m} — des Instruments Messungen bei grossen Geschw. ermöglichen.

3. Oberflächen-Schwimmer.

Bei Geschw. über 3^{m} werden die Messungen mit dem hydrometr. Flügel und der Darcy'schen Doppel-Röhre sehr schwierig und zeitraubend. Man benutzt sodann gewöhnlich nur **Oberflächen-Schwimmer**. Tiefenschwimmer, Cabeo'sche Stäbe, Flaschenschwimmer, auch Doppelschwimmer kommen in neuerer Zeit nur selten zur Anwendung, da sich die mittlere Geschw. in einer Vertikalen bei ihrer Anwendung doch nicht mit ausreichender Genauigkeit ergiebt. Oberflächen-Schwimmer verwendet man übrigens auch bei kleinerer Geschw. zur Ergänzung der Messungen mit dem hydrometrischen Flügel in den einzelnen Vertikalen und zur Kontrole anderweitiger Messungen. Statt der Schwimm-Kugeln benutzt man aber jetzt einfache Schwimm-Klötze, nämlich Abschnitte von Rundholz, ungefähr 1^{dm} hoch und 3^{dm} im Durchmesser, auf welchen Stäbchen mit rothen oder schwarzen Papierfähnchen, welche sich vom Wasserspiegel gut abheben, befestigt werden. Man verwendet als Schwimmer auch Stangen-Abschnitte von 4 bis 10^{cm} Durchmesser und bis zu 50^{cm} Länge, welche am untern Ende mit angebundenen Steinen etc. so weit beschwert werden, dass sie sich im Wasser vertikal einstellen und ca. 3^{dm} tief eintauchen.

Fig. 751.

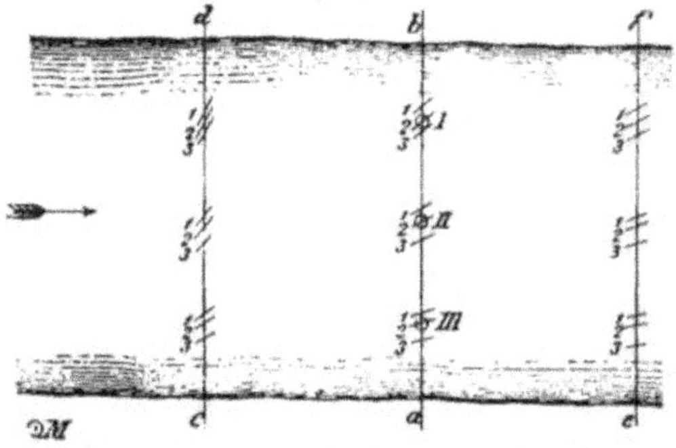

Derartige Schwimmer lassen sich in kurzer Zeit in grosser Anzahl anfertigen und brauchen wegen ihres geringen Werths und der Ersparniss an Zeit, nachdem sie die Beobachtungsstrecke durchlaufen, nicht aufgefangen zu werden.

An einer regelmässigen Flussstrecke, Fig. 751, wird das Messungsprofil ab senkrecht zur Stromrichtung durch Signalstäbe abgesteckt. Die Schwimmerwege sollen bei kleinen Flüssen mindestens 25 m, bei grössern wo möglich 100 m betragen. Man steckt deshalb in Abständen von ca. 12,5 m und bezw. 50 m ober- und unterhalb des Messungsprofils zwei weitere Querprofile *cd* und *ef*, am besten parallel zum Messungsprofil ab. Handelt es sich, wie an hydrometr. Stationen, um wiederholte, möglichst genaue und mit verschiedenen Apparaten durchzuführende Messungen, so wird eine Messtisch-Aufnahme i. M. 1 : 1000 bis 1 : 500 von der betr. Flussstrecke mit Angabe der Querprofil-Ebene gefertigt, um die Schwimmerwege auf dem Messtischblatte genau verzeichnen zu können. Für einen solchen Fall soll das weitere Verfahren hier beschrieben werden; die bei gewöhnlichen Messungen zulässigen Vereinfachungen lassen sich daraus leicht ableiten.

Es ist vortheilhaft, in der Breite des zu untersuchenden Wasserspiegels nicht zu viele Punkte, in welchen die Geschw. ermittelt werden soll, zu wählen, an jedem dieser Punkte aber mit einer grössern Anzahl (5 — 7) von Schwimmern zu operiren. Diese Punkte sind durch jene Vertikalen, in welchen die Geschw. mit dem hydrometr. Flügel zwischen Wasserspiegel und Sohle gemessen werden sollen, meistens schon im voraus bestimmt. Sämmtliche Schwimmer werden, wo nicht Stege zur Verfügung stehen, von Nachen aus, die ca. 20 bis 40 m oberhalb vom Querprofil *cd* verankert sind, unter allen Umständen aber ca. 10 m über dem genannten Profile eingesetzt. Damit nun die für die Punkte I, II... ausersehenen Gruppen von Schwimmern wenigstens annähernd an diesen (vorüber gehend durch Stangen bezeichneten) Punkten das Querprofil passiren, wird durch abgelassene Probeschwimmer deren Weg und hierdurch auch die in der Stellung des Nachens etc. vorzunehmende Aenderung ermittelt. Oft genügt es bei anfänglich guter Lage des Nachens, die Schwimmer rechts statt links von demselben oder umgekehrt einzusetzen. Die der Messung dienenden Schwimmer sind nach Gruppen und für jede Gruppe mit fortlaufenden Zahlen, nach welchen sie auch nach einander zur Verwendung kommen, numerirt.

Kann der Messtisch ober- oder unterhalb der drei Profile günstig aufgestellt werden, ist derselbe richtig orientirt, auch auf dem Messtischblattte der Aufstellungspunkt *M*, Fig. 751, angegeben, so wird der Beobachter *A* an der Kippregel von dem Einsetzen eines Schwimmers durch ein kurzes Signal verständigt; derselbe visirt, die Kippregel um *M* so weit als nöthig drehend, mit dem Fernrohre das Fähnchen des Schwimmers an und bemerkt, von einem weitern, in der Richtung *cd* stehenden Beobachter *B* durch ein Signal in Kenntniss gesetzt, durch einen Bleistrich den Durchgang des Schwimmers durch *cd*. Der Beobachter *B* liest im gleichen Moment am Chronometer ab, eilt nach *ab*, um dort wieder den Durchgang signalisiren und die Zeit ablesen zu können und verfährt ebenso bezüglich des Profils *ef*; der Beobachter *A* aber schneidet die Durchgangspunkte in den Profilen *ab* und *ef* gleichwie in *cd* ein.

Von der Geschw. des Wassers, von dem zulässigen Zeitaufwand und andern Nebenumständen hängt es ab, ob man besondere Beobachter in *ab* und *ef* anstellen, ob man überhaupt die genannten 3 Durchgangspunkte oder nur den mittlern oder auch je die obern und untern einschneiden wird, ob dann in letzterm Falle die Kippregel mit dem Messtische nicht besser in *ab* aufgestellt wird und Anderes.

Ist die Zeit τ, in welcher je der Schwimmerweg 1—1, 2—2 der Gruppe I. zurückgelegt wurde, beobachtet, sind, unter allenfallsiger Ausschaltung zu weit vom Messungspunkte abliegender Schwimmerwege, die Längen derselben — als Abstände der Querprofile von einander oder gemessen in der Richtung des thatsächlich durchlaufenen Wegs — fest gestellt, so lässt sich sehr einfach die wahre mittlere Schwimmergeschw. dieser Gruppe: $v_0 = \frac{s}{\tau}$, auffinden. Gleiches gilt für alle andern Gruppen.

Solche Schwimmer-Messungen dürfen nur bei Windstille vorgenommen werden. Ueber die Wahl und Anzahl der Messungspunkte I., II. wird bei den „Messungsmethoden" Einiges angeführt werden.

β. Messungsmethoden; Geschwindigkeits-Skala.

Wenn man in einer zum Querprofil senkrechten, zur Stromrichtung also parallelen Lothebene — d. h. in einer Vertikalebene — die Geschw. einer grösseren

Anzahl von Wasserfäden vom Wasserspiegel gegen die Sohle hin gemessen hat, wenn man sodann von dem in der lothrechten Schnittlinie der Querprofil- und Vertikalebene und am Wasserspiegel gelegenen Koordin.-Ursprung A die Tiefen der einzelnen Wasserfäden an der Lothrechten und die ihnen zugehörigen Geschw. in der Richtung der Wasserfäden — also in der Vertikalebene und zureichend genau als Horizontale anträgt, wenn man endlich die Endpunkte dieser Horizontalen durch einen möglichst stetigen Linienzug mit einander verbindet, so entsteht die Geschw.-Skala, Vertikalkurve oder auch Geschw.-Kurve genannt CD, Fig. 752. Ist dieselbe ermittelt, so ergiebt sich

Fig. 752.

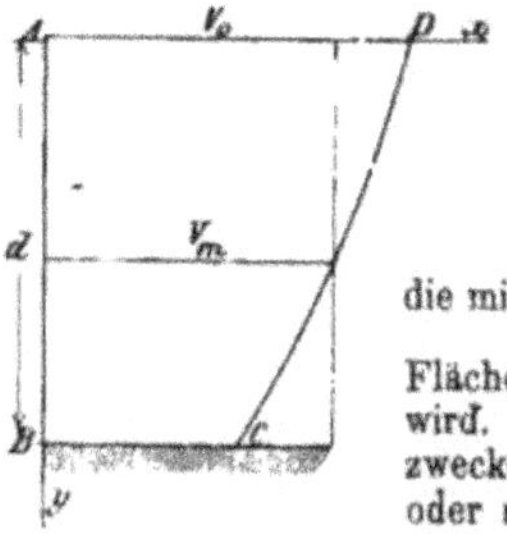

die mittlere Geschw. v_m in einer Vertikalebene: $v_m = \frac{F}{d}$, wenn Fläche $ABCD = F$ und die örtliche Flusstiefe $= d$ gesetzt wird. Die Geschw.-Messungen in einer Vertikalebene bezwecken entweder Untersuchungen über die Geschw.-Skala oder nur die Bestimmung von v_m, oder sie dienen gleichzeitig beiden Zwecken.

Wiewohl die seitherigen Untersuchungen über die Geschw.-Skalen zu einem allseitig gültigen Resultate nicht geführt haben, so sind die auf Messungen und Kombinationen gegründeten Hypothesen nichts desto weniger von hoher Bedeutung, und zwar schon deshalb, weil sie durch ihre Verschiedenheiten Aufschluss über die wahrscheinliche Genauigkeit der einschlägigen Messung bieten.

Die wichtigsten jener Hypothesen sollen kurz mitgetheilt werden:

Weisbach folgt ältern Aufstellungen, betrachtet die Geschw.-Skala als eine Gerade, deren Gleichg. mit Bezug auf Fig. 753: $v_x = \left(1 - 0{,}17\,\frac{y}{d}\right) v_0$ zu setzen ist. Es ist hiernach: $v_m = 0{,}915\ v_0$ und $v_d = 0{,}83\ v_0$, wenn v_0 die Oberflächen- und v_d die Sohlen-Geschw. bedeutet; v_m liegt in halber Flusstiefe.

Nach Bazin ist die Gleichg. der Geschw.-Skala, sofern die grösste Geschw. in der Vertikalebene nahe an der Oberfläche liegt: $v_x = v_0 - \frac{c}{d^2} \sqrt{r\varphi}\ y^2$, worin der konstante Koeffiz. $c = 20$ für Metermaass zu setzen ist, $r = \frac{F}{p}$ den mittlern Radius $\left(\text{mittlere hydraul. Tiefe oder} = \frac{\text{Fläche des Querprofils}}{\text{Benetzter Umfang}}\right)$, $\varphi = \frac{h}{l}$ das relative Gefälle ist.

Nach Humphreys-Abbot ist die Geschw.-Skala eine Parabel, deren Axe unter dem Wasserspiegel und parallel zu diesem liegt, und deren Parameter eine Funktion der mittlern Flussgeschw. wie der Wassertiefe d ist. Die Lage der Parabelaxe soll wesentlich von der Windrichtung abhängen, bei aufwärts wehendem Winde tiefer, bei abwärts wehendem höher, im allgem. aber in $^1/_3$ der Flusstiefe d liegen.

Fig. 753.

Fig. 754.

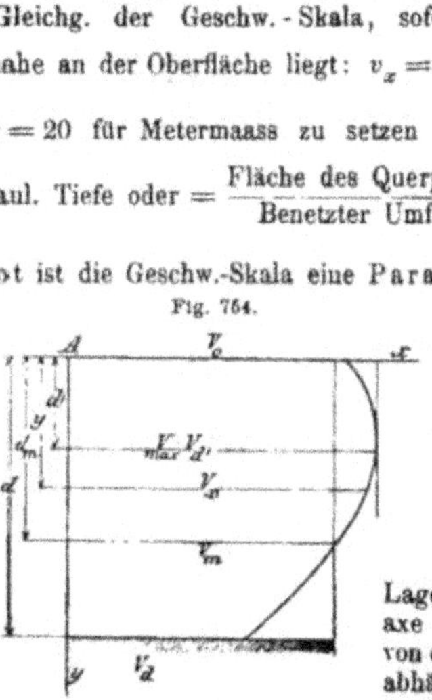

Mit Bezug auf die in Fig. 754 angegebenen Bezeichnungen lautet die Gleichg. der Geschw.-Parabel:

$v_x = v_{d'} - (b\,v)^{1/2} \left(\frac{y - d'}{d}\right)^2$, worin: $b = \frac{0{,}2844}{\sqrt{d} + 0{,}457}$ für Metermaass zu setzen.

Liegt, wie bei den meisten Flüssen und Strömen, die grösste Geschw. am, oder ganz nahe am Wasserspiegel, so ist: $v_{d'} = v_0$ und $d' = 0$ und es wird:

$$v_x = v_0 - (b\,v)^{\frac{1}{2}} \left(\frac{y}{d}\right)^2. \qquad (1)$$

Der Werth b bleibt unverändert. Bezeichnet d_m die Abszisse der v_m, so ist:

$$v_m = v_0 - (b\,v)^{\frac{1}{2}} \left(\frac{d_m}{d}\right)^2$$

Ferner ist nach Fig. 752: $v_0 - v_m = \frac{1}{3}(v_0 - v_d)$; nach Gleichg. (1):

$$v_0 - v_d = (b\,v)^{\frac{1}{2}} \text{ und schliesslich: } d_m = 0{,}5773\,d.$$

Hiernach wäre die Axe des hydrometrischen Flügels in der Tiefe $0{,}58\,d$, vom Wasserspiegel aus gemessen, einzustellen, um mit einer einzigen Messung v_m zu erhalten.

Nach Hagen ist die Geschw.-Skala eine Parabel mit lothrechter Axe, deren Scheitel an der Flusssohle im Abstande v_d von der Y-Axe liegt. Mit Bezug auf Fig. 755 ist die Gleichg. dieser Parabel:

Fig. 755.

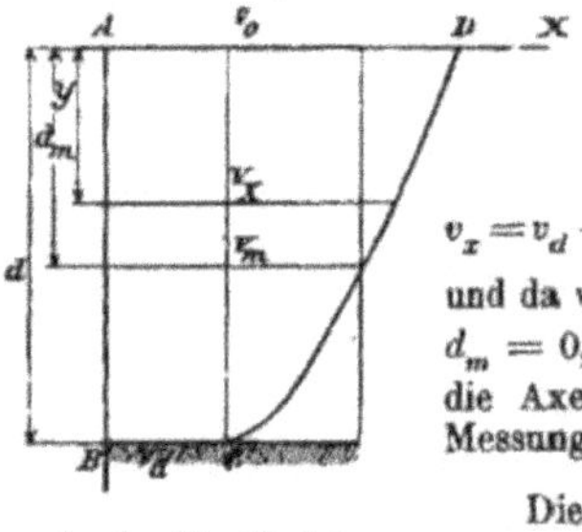

$$v_x = v_d + \sqrt{p\,(d - y)},$$

der Parameter: $p = \frac{(v_0 - v_d)^2}{d}$, also auch:

$$v_x = v_d + (v_0 - v_d)\sqrt{\frac{d - y}{d}}; \quad v_m = v_d + (v_0 - v_d)\sqrt{\frac{d - d_m}{d}}$$

und da wieder $v_m\,d =$ Fläche $ABCD$, so wird schliesslich: $d_m = 0{,}555\,d$ erhalten. In dieser Tiefe wäre hiernach die Axe des Flügels einzustellen, um durch eine einzige Messung v_m zu erhalten. —

Die verschiedenen Methoden, die mittlern Geschw. v_m in der Vertikalebene zu messen und bezw. zu bestimmen, lassen sich auf Grund aller vorstehenden Auseinandersetzungen dahin zusammen fassen:

1. Man misst mit dem hydrometr. Flügel oder dem Reichenbach'schen (Darcy'schen) Strommesser in $\frac{14}{25} = 0{,}56$ der Flusstiefe die Geschw. und betrachtet dieselbe als die mittlere v_m.

2. Man benutzt die mechanische Integration und erhält nach S. 766: $v_m = \zeta\,v_{m'}$.

3. Man bestimmt (mit dem hydrometrischen Flügel) durch genügend viele Messungen in der Vertikalebene die Geschw.-Skala. Hierbei ist jedoch zweckmässiger in wenigen Punkten einer Vertikalen — meist nur 3 bis 5 geeignet gewählten Punkten — möglichst lange (je 5 Min.) zu beobachten, anstatt in vielen Punkten mit kurzer Beobachtungs-Dauer. Der oberste und unterste Punkt ist $0{,}1$ bis $0{,}2$ m unter dem Wasserspiegel und bezw. über der Sohle zu nehmen.

Trägt man Wassertiefen und Geschw. in geeigneten Maassstäben (Tiefen etwa 1 : 50, Geschw. 1 : 25, nach Umständen auch in gleichen Maassstäben) auf, legt eine möglichst stetige Kurve durch die Endpunkte der Horizontalen, so wird $v_m = \frac{\text{Fläche } ABCD}{d}$ (s. Fig. 752) erhalten; Fläche $ABCD$ aber ermittelt man mit dem Polarplanimeter oder durch Zerlegen in einzelne Streifen und Berechnen derselben.

4. Sind, wie bei sehr hohen Wasserständen und grossen Geschw., nur Schwimmer-Messungen möglich gewesen, so kann annähernd: $v_m = 0{,}84\,v_0$, oder $= 0{,}85\,v_0$*)

*) v. Wagner. A. a. O. S. 36. — Harlacher, Hydrometr. Arb. in der Elbe bei Tetschen S. 22.

gesetzt werden, wenn v_0 die Oberflächen-Geschwindigkeit in der betr. Vertikalen bezeichnet. —

Isotachen. Der in 1 Sek. ein Querprofil passirende Wasserkörper ist begrenzt durch die ebene Profilfläche, durch den Wasserspiegel, die nahezu horizontale Zylinderfläche der Sohlen- und Uferabschnitte und durch eine krumme Fläche (nach Grebenau: Geschw.-Paraboloid), welche die Endpunkte aller aufgetragen gedachten Geschw. enthält. Schneidet man einen solchen Wasserkörper durch ein System von lothrechten und zur Querprofil-Ebene parallelen Ebenen, die in Abständen von 5 zu 5 ^{cm} oder auch von 1 ^{dm} zweckmässig genommen werden, so entstehen auf der Geschw.-Fläche — ähnlich den Horizontalkurven — die Kurven gleicher Geschw., die Isotachen. Eine einfache Ueberlegung zeigt, wie die Isotachen aus den Vertikalkurven konstruirt, wie die Kurven der Oberflächen-Geschw. und der mittlern Geschw. in den einzelnen Vertikalen etc. in dem Querprofil angetragen werden können. Durch beistehende Fig. 756, 757 ist die Art der Darstellung im wesentlichen grafisch erläutert. Der Maassstab der Breiten wird 1 : 250 bis 1 : 500, jener der Wassertiefen und Geschwindigkeiten wie oben angegeben, genommen (1 : 50 oder 1 : 25); in den beistehenden Figuren wurden bestimmte Maassstäbe nicht zu Grunde gelegt. Aus den nach Messungen aufgetragenen Darstellungen geht deutlich hervor, dass die Kurven v_0 und v_m ähnliche Linienzüge geben, wie die Sohle.

Fig. 756.

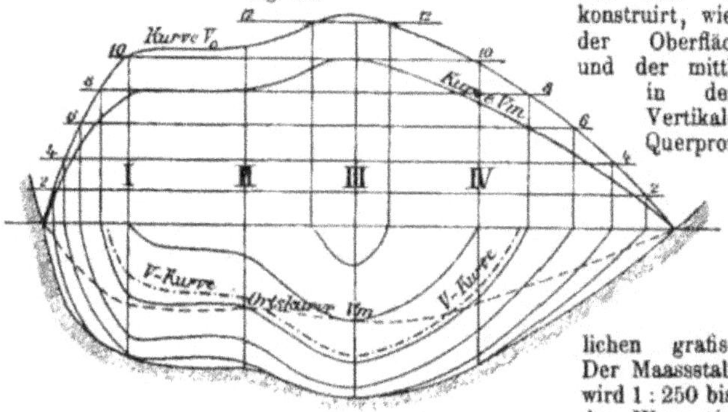

Fig. 757.

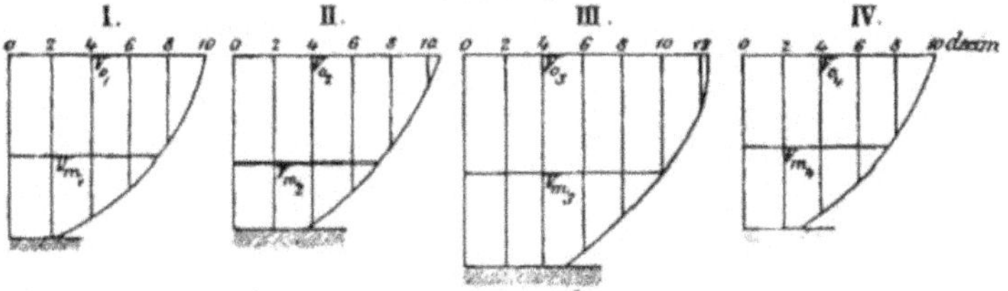

Sind durch viele und sorgfältige Peilungen die Sohlen der Messungsprofile genau aufgetragen, so kann man sich in den meisten Fällen begnügen, die mittlere Geschw. in einer geringern Anzahl von Vertikalen, welche den Querprofil-Formen entsprechend zu wählen sind, nach einer der oben angegebenen Methoden zu bestimmen. Die Abstände der Vertikalen braucht man nicht gleich gross zu nehmen; bei regelmässigen Profilformen genügen wenige Vertikalen. Zweckmässig werden ihre Abstände gegen die Ufer hin wegen der stärkern Krümmung der Kurven kleiner als in der Mitte genommen; dieselben wechseln zwischen 2 und 20 ^{m}.

Die eingemessenen und aufgetragenen Geschwindigkeiten dienen sodann zum Antragen der v_m- und bezw. v_0-Kurven; die Verbindungslinien sind möglichst stetig unter Rücksicht auf die Sohlenform zu ziehen.

γ. Mittlere Profil-Geschw. und Geschw. einzelner Stromfäden.

Insofern das allerdings keineswegs unveränderliche Verhältniss der mittlern Profil-Geschw. v zur direkt zu messenden Geschw. eines besondern Stromfadens — der grössten Oberflächen-Geschw. v_0 oder der Geschw. v_s im Schwerpunkt der

Querprofil-Fläche — zur approximativen Bestimmung der Durchflussmenge benutzt werden darf, hat man es mit einer sehr einfachen Art einer unmittelbaren Wassermessung zu thun, über welche einige Angaben beizufügen sind.

de Prony setzte: $\frac{v}{v_0'} = \frac{v_0' + 2{,}372}{v_0' + 3{,}153}$ (m). v_0' wird im Stromstrich, gewöhnlich mit Schwimmern, gemessen.

Bazin findet: $v = v_0' - 14\sqrt{r\varphi}$ und hieraus in Verbindung mit der Gleichg.:

$$v = \sqrt{\frac{r\varphi}{\alpha + \frac{\beta}{r}}} \text{ das Verhältniss: } \frac{v}{v_0'} = \frac{1}{1 + 14\sqrt{\alpha + \frac{\beta}{r}}} \text{ (m).}$$

Ueber die Werthe α und β folgen die speziellen Angaben weiterhin. $r = \frac{F}{p}$ ist der mittlere Radius, φ das relative Flussgefälle.

Nach v. Wagner ist: $v = 0{,}705\, v_0' + 0{,}01\, v_0'^2$ oder: $v = 0{,}738\, v_s + 0{,}05\, v_s^2$. Noch andere Aufstellungen können hier übergangen werden.

δ. Verwerthung der Messungs-Ergebnisse; Ermittelung der Wassermengen.

Die Bestimmung der sekundl. Abflussmengen durch Profil- und Geschw.-Messungen wird in verschiedener Weise durchgeführt.

1. Ist F das ganze, in die einzelnen Abschnitte $F_1, F_2, F_3 \quad F_\nu$ geeignet zerlegte Querprofil, sind $v_{m_1}, v_{m_2}, v_{m_3} \ldots v_{m_\nu}$ die nach einer der angegebenen Arten gefundenen mittlern Geschw. in den Vertikalebenen 1, 2, 3 .... ν, so erhält man die sekundl. Abflussmenge:

$$M = F_1 v_{m_1} + F_2 v_{m_2} + F_3 v_{m_3} + \ldots F_\nu v_{m_\nu} \text{ und: } v = \frac{M}{F}.$$

2. Bei einem 2. Verfahren benutzt man die zur Konstruktion der Isotachen dienende Theilung des sekundl. sich verschiebenden Wasserkörpers in Scheiben von gleicher Höhe (Dicke) h und in Kuppen sowie die Isotachen selbst, um nach Art der mittlern Profilrechnung die Kubikinhalte der Scheiben $J_1, J_2 \ldots$ und der allenfalls verbleibenden Kuppen K aufzufinden. Sind F und F_1', F_1' und F_2' etc. die lothrechten Begrenzungsflächen der auf einander folgenden Scheiben, so wird der Kubikinhalt des genannten Wasserkörpers d. i. die sekundl. Wassermenge:

$$M = h\left[F + F_1' + F_2' \ldots + F_\nu - \frac{F + F_\nu}{2}\right] + K;$$

$$M = h\left[\Sigma(F) - \frac{F + F_\nu}{2}\right] + K;$$

Kuppe K ist $= \frac{F_\nu h'}{3}$, wenn h' ihre Höhe. Da sich die Flächen F, F_1', F_2' durch Planimetriren einfach und rasch, nachdem ihre Perimeter theils durch die Isotachen und Bestandtheile des Messungs-Profils eingetragen sind, auffinden lassen, verdient dieses Verfahren alle Beachtung. Von einem Punkte des Messungs-Profils mit dem Fahrstift des Polarplanimeters ausgehend umfährt man nach vorheriger Ablesung an der Trommel oder Einstellung auf 0 den Perimeter der F, liest ab, umfährt sodann alle übrigen Perimeter der F_1', F_2' bis zum letzten der F_ν', liest vor dessen Umfahren wieder ab, umfährt hierauf den Umfang der F_ν' und bringt die Linie, welche der Fahrstift beim Uebergang vom Ausgangspunkte zum Endpunkte beschrieben, durch Zurückfahren auf ihr in Abzug. Man erhält so $F, \Sigma(F), F_\nu'$, und in der durch obige Gleichg. angedeuteten Ergänzung schliesslich die Wassermenge M.

3. Ein weiteres, durch Eleganz und Genauigkeit ausgezeichnetes Verfahren rührt von Prof. Harlacher her. Das Messungsprofil sei in entsprechenden Maassstäben — etwa die Breite 1 : 500, die Tiefe 1 : 50 — und über AB seien an den gewählten Vertikalen die zugehörigen mittlern Geschw. v_m im Maassst. etwa 1 : 25

aufgetragen und es seien die v_m-Kurven mit Rücksicht auf den Verlauf der Linie ACB möglichst stetig gezogen. Es ist: $dM = v_m\, y\, dx = \frac{b\, v_m\, y\, dx}{b}$.

Setzt man: $\frac{y\, v_m}{b} = c$, so dass $dM = b\, c\, dx$, so erhält man die ganze Wassermenge M pro Sek. aus der Gleichg.: $M = b \int c\, dx = b\, F_0$. Trägt man nach Fig. 758 beispielsw. in der Vertikalebene EH den örtlichen Werth $EF = v_m$ von E nach G, ferner von E aus gegen G die zu wählende — etwa zu 2 m anzunehmende und mit den Werthen v_m im gleichen Maassstabe anzugebende — Verwandlungs-Basis $b = EJ$ an, so ist, weil:

$$b : v_m = y : EK;\quad EK = y' = \frac{v_m\, y}{b} = c.$$

Fig. 758.

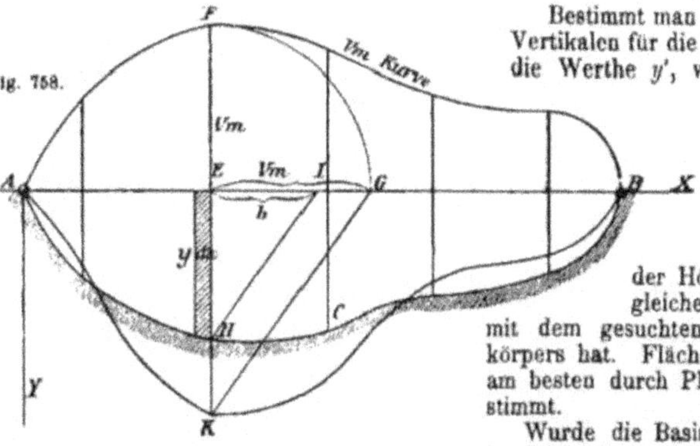

Bestimmt man in allen andern Vertikalen für die gleiche Basis b die Werthe y', verbindet deren Endpunkte durch eine stetige Linie, so ist $ABKA$ die Grundfläche eines Zylinders von der Höhe b, welcher gleichen Kubikinhalt mit dem gesuchten des Wasserkörpers hat. Fläche $ABKA$ wird am besten durch Planimetrien bestimmt.

Wurde die Basis $b = 2^m$ oder im Maassst. 1 : 25 = 80 mm, der Maassst. der Breiten 1 : 500, der der Tiefen 1 : 50, der Geschw. 1 : 25 gesetzt, so stellt 1 qcm der Fläche $ABKA$ ($= F_0$) 5 cbm sekundl. Durchflussmenge vor.

4. Handelt es sich nur um angenäherte Wassermengen-Bestimmung, so wird v aus v_0' abgeleitet und $M = Fv$ erhalten.

ε. Wassermengen-Kurve.

In neuerer Zeit drängt sich mehr und mehr die Frage auf, welche Wassermengen in den Flüssen bei verschiedenen Pegelständen abgeführt werden. So weit als zulässig wird man diese Frage auf Grund unmittelbarer Geschw.-Messungen zu beantworten suchen. Man wählt ein Messungs-Profil mit hohen Ufern, zwischen denen auch wo thunlich die Hochwasser-Mengen abgeführt werden, und bestimmt die Abflussmengen bei einer grössern Anzahl von Pegelständen, besonders für sehr kleine, sehr grosse und mittlere Wasserstände.

Trägt man die Wassertiefen als Abszissen an eine Lothrechte, die Wassermengen als Ordinaten an den betr. Horizontalen an, verbindet die Endpunkte der letztern durch eine stetige Linie, so erhält man die Kurve der Abflussmengen oder die Wassermengen-Kurve (Kurve der M, Fig. 729). Es ist einleuchtend, dass bei einer guten Bestimmung dieser Kurve die den verschiedensten Wasserständen zugehörigen Wassermengen sofort abgelesen und mit geringer Mühe eine Reihe wichtiger Fragen beantwortet werden können.*) In Fig. 729 ist die Beziehung zwischen Wassermenge und Pegelstand zur Anschauung gebracht. Ausführliche

*) Prof. Harlacher findet als Wassermengen-Kurve in der Elbe eine aus 2 Parabelstücken zusammen gesetzte Linie. Andere gehen von einer Wassermengen-Parabel aus; s. Sasse: „Die Parabeltheorie in ihrer Anwendung auf die Bewegung des Wassers in der Saale und Unstrut" in der Zeitschr. d. Arch.- u. Ingen.-Ver. zu Hannover 1870 S. 193 und „Ueber die Geschw.-Formeln in Bezug auf die Bewegung des Wassers in Flüssen"; Deutsch. Bauzeitg. 1871 S. 242 u. 249, ferner J. Schlichting: „Die Wassermassen-Kurve der Memel bei Tilsit"; Deutsch. Bauzeitg. 1875 S. 142.

Mittheilungen über das zur genauen Bestimmung der Kurve anzuwendende Verfahren, sowie über die Korrektionen bei Wassermessungen, sofern sich während der Messung die Wasserstände merklich ändern, finden sich in den Schriften: Harlacher. Die hydrometr. Arbeiten in der Elbe bei Tetschen und: Die Messungen in der Elbe und Donau etc., so wie in v. Wagner. Hydrologische Untersuchungen etc.

b. Mittelbare Bestimmung der Geschwindigkeit.

In vielen Fällen hat man zur mittelbaren Bestimmung der Profil-Geschw. v mittels „Formeln" zu greifen. In diesen werden die Ursachen der Bewegung des Wassers in Flüssen und Kanälen — nämlich die Wirkung der Schwerkraft auf die Wassertheilchen und die Neigung des Wasserspiegels — mit den Bewegungs-Widerständen in Beziehung gesetzt. Je nach der Grösse der Widerstände hat man es mit einer gleichförmigen oder ungleichförmigen (beschleunigten oder verzögerten) Bewegung zu thun.

In allen Geschw.-Formeln kommen Koeffizienten vor, deren Grössen gewöhnlich aus Geschw.-Messungen abzuleiten sind. Es werden demnach diese Koeffiz. vorzugsweise zutreffen für jene Fälle, welche mit denen ihres Ursprungs nahezu überein stimmen. Da die direkten Messungen nicht fehlerfrei sind und die auf die Bewegung des Wassers stattfindenden Einwirkungen ihrer Art und Grösse nach unter verschiedenen Verhältnissen sich sehr verschieden heraus stellen, so können die mit Geschw.-Formeln aufgefundenen Werthe für v keine sehr grosse Genauigkeit bieten.

α. Gleichförmige Bewegung.

1. Formel von Chezy-Eytelwein.

Ist in einer regelmässigen Fluss- oder Kanalstrecke h das auf die Länge l gemessene absolute, also $\frac{h}{l} = \varphi$ das relative Gefälle, ist F der Wasserquerschnitt, p der benetzte Umfang des Profils (Perimeter), also die mittlere hydraul. Tiefe (der mittlere Radius) $r = \frac{F}{p}$, ist ζ der sogen. Widerstandskoeffiz., g die Beschleunigung der Schwere, so lautet die älteste (monomische), die Chezy-Eytelwein'sche Formel:

$$h = \zeta \frac{lp}{F} \frac{v^2}{2g} \quad (1); \qquad v = \sqrt{\frac{F}{\zeta l p} 2gh} = \sqrt{\frac{2g}{\zeta} r\varphi} = k\sqrt{r\varphi}. \quad (2)$$

Hierin ist: $\sqrt{\frac{2g}{\zeta}} = k$ als Koeffiz. der Geschw.-Formel gesetzt und somit der Widerstandskoeffiz. $\zeta = \frac{2g}{k^2}$.

Eytelwein bestimmte den Koeffiz. k vorzugsweise aus Messungen an regelmässigen kleinen Kanälen. Nach ihm ist k für Metermaass = 50,9 und $\zeta = 0{,}007565$.

Bei zweckentsprechender Anwendung dieser Formel auf Flüsse hat man für eben herrschende Wasserstände die Werthe v, r, φ (Gefälle im Stromstrich) durch Messungen fest gestellt und aus mehreren Messungen: $k = \frac{v}{\sqrt{r\varphi}}$, als arithm. Mittel derselben, abgeleitet.

Es entspricht also dem Thatbestande keineswegs, dass man früher $k = 50{,}9$ und somit für alle Fälle konstant genommen habe, wie dies in neuern Schriften zu gunsten anderer Formeln vielfach behauptet wird. Allerdings trifft es zu, dass Werthe v, welche auf Grund des bei einem herrschenden Wasserstande ermittelten Werthes k, auch für andere Wasserstände berechnet wurden, gewöhnlich sehr ungenau ausfielen.

2. Formel von de Prony.

Wie die Eytelwein'sche Formel in Deutschland lange Zeit mit Vorliebe verwendet wurde, so geschah dies mit der Prony'schen Formel in Frankreich. Sie ist eine binomische und lautet:

$$h = (\alpha v + \beta v^2) \frac{lp}{F}, \quad (3)$$

worin für Metermaass: $\alpha = 0{,}00004445$ und $\beta = 0{,}00030931$ zu setzten ist und: danach ist:
$$v = \sqrt{0{,}005159 + 3233\, r\varphi} - 0{,}07185 \qquad (4)$$
wenn hier, wie später wieder, $\frac{F}{p} = r$ und $\frac{h}{l} = \varphi$ gesetzt wird.

Bringt man zum Vergleich die Prony'sche Formel auf die Form der monomischen: $v = k\sqrt{r\varphi}$, so ist: $k = \cfrac{1}{\sqrt{\cfrac{0{,}00004445}{v} + 0{,}00030937}}$.

Die k-Werthe wechseln demnach zwischen den Grenzen $k = 36{,}4$ bis $54{,}9$, sofern v zwischen $1{,}0^m$ und $2{,}0^m$ wechselt. Der Widerstandskoeffiz. $\zeta = \frac{2g}{k^2}$ ist leicht zu finden.

3. Formel von Humphreys-Abbot.

Die (unverkürzte) Formel der amerikanischen Ingenieure Humphreys und Abbot (für Metermaass) lautet: $v = \left[\sqrt{0{,}0025\, b' + \sqrt{68{,}72\, r_1}\sqrt{\varphi}} - 0{,}05\sqrt{b'}\right]^2$, (5)
worin: $b' = \frac{0{,}933}{\sqrt{d_m} + 0{,}457}$. d_m ist die mittlere Tiefe des Messungsprofils; $r_1 = \frac{F}{p + w}$ = dem sog. mittlern Hauptradius; w die Wasserspiegel-Breite; v, F, p, φ haben die frühere Bedeutung.

Grebenau hat an dieser Formel eine zulässige Abkürzung vorgenommen, indem er setzte:
$$v = \beta c \sqrt{\frac{F}{p + w}}\sqrt[4]{\frac{h}{l}} = \beta c \sqrt{r_1}\sqrt[4]{\varphi}. \qquad (6)$$
Ausser den schon erklärten Zeichen ist hierin c ein für ein bestimmtes Maasssystem unveränderlicher Werth und zwar für Metermaass: $c = 8{,}28972$; β hängt von der Grösse des Querprofils ab und es ist:

a. für	kleine Wassergräben unter	1 qm	Querschnittsfläche:	$\beta = 0{,}8543$,
b. „	Bäche von	1—5 qm	„	$\beta = 0{,}8796$,
c. „	grössere Bäche von	5—10 qm	„	$\beta = 0{,}889$,
d. „	kleine Flüsse von	20—400 qm	„	$\beta = 0{,}9223$,
e. „	grosse Flüsse über	400 qm	„	$\beta = 0{,}9459$.

Bringt man die Grebenau'sche Formel auf die Form: $v = k\sqrt{r\varphi}$, wobei mit Ausnahme rechteckiger Querprofile, annähernd $\sqrt{r_1} = \sqrt{\frac{r}{2}}$ gesetzt werden darf, so wird: $k = \frac{0{,}707\,\beta c}{\sqrt[4]{\varphi}} = \frac{5{,}86\,\beta}{\sqrt[4]{\varphi}}$; es hängt also nach Grebenau und bezw. Humphreys-Abbot der Koeffiz. k ab von der Grösse des Querprofils (veränderlich mit β) und dem Flussgefälle.

4. Formel von Darcy-Bazin.

Nach den Beobachtungen und Messungen der französischen Ingenieure Darcy und Bazin übt die Rauhheit des Rinnsals einen grossen Einfluss bei der Bewegung des Wassers aus. Um diesen Einfluss in den Formeln zum Ausdruck zu bringen, war eine Trennung nach Kategorien nöthig. Die Formel in allgemeinen Zeichen lautet:
$$v = \sqrt{\frac{1}{\alpha + \frac{\beta}{r}}\, r\varphi}. \qquad (7)$$
Hierin erscheint k unter der Form:
$$k = \sqrt{\frac{1}{\alpha + \frac{\beta}{r}}};\ \text{da: } k = \sqrt{\frac{2g}{\zeta}},\ \text{wird: } \zeta = \frac{2g\,(\alpha r + \beta)}{r}.$$

Darcy-Bazin stellen 4 Kategorien auf. Zur Katg. I. gehören Gerinne mit sehr glatten Wänden und Zementputz ohne Sandzusatz oder aus glatt gehobeltem und gut gefügtem Holze. Für solche ist:

$$v = \sqrt{\frac{r\varphi}{0{,}00015 + \frac{0{,}0000045}{r}}}, \quad \text{oder: } v = \sqrt{\left(6667 - \frac{200}{r + 0{,}03}\right) r\varphi}.$$

Zur Kateg. II. gehören Gerinne mit Fassungen aus Zementputz mit Sandzusatz und behauenen Steinen, Ziegeln oder gewöhnlichen Brettern; hierfür ist:

$$v = \sqrt{\frac{r\varphi}{0{,}00019 + \frac{0{,}0000133}{r}}} \quad \text{oder: } v = \sqrt{\left(5286 - \frac{370}{r + 0{,}07}\right) r\varphi}.$$

Zur Kateg. III. gehören Gerinne aus Bruchstein-Mauerwerk; hierfür ist:

$$v = \sqrt{\frac{r\varphi}{0{,}00024 + \frac{0{,}00006}{r}}} \quad \text{oder: } v = \sqrt{\left(4160 - \frac{1040}{r + 0{,}25}\right) r\varphi}.$$

Zur Kateg. IV. gehören Rinnsale mit Erdwänden, und es ist:

$$v = \sqrt{\frac{r\varphi}{0{,}00028 + \frac{0{,}00035}{r}}} \quad \text{oder: } v = \sqrt{\left(3568 - \frac{4460}{r + 1{,}25}\right) r\varphi}.$$

Diesen 4 Kategorien haben die schweizerischen Ingen. Kutter und Ganguillet auf Grund ihrer Messungen eine 5. für Geschiebe führende Flüsse angefügt.

Kateg. V. für Geschiebe führende Flüsse mit:

$$v = \sqrt{\frac{r\varphi}{0{,}0004 + \frac{0{,}0007}{r}}} \quad \text{oder: } v = \sqrt{\left(2500 - \frac{4375}{r + 1{,}75}\right) r\varphi}.$$

Eine Tabelle der Werthe k für die genannten 5 Kategorien, die unter Annahme verschiedener Werthe r aus der Gleichg.: $k = \sqrt{\frac{1}{\alpha + \frac{\beta}{r}}}$ berechnet ward, ist im „Anhang" S. 794 mitgetheilt. Wie bedeutend k mit r sowie α und β variiren, geht daraus hervor, dass für $r = 0{,}01$ und Kateg. V.: $k = 3{,}8$, dagegen für $r = 1{,}0$ und Kateg. I.: $k = 80{,}4$ wird. Alle Zahlen sind auf Metermaass bezogen.

5. Formeln von Gauckler.

Bei Gefällen $\varphi < 0{,}0007$, bei welchen eine gleitende Fortbewegung des Wassers stattfinden soll, wird:

$$v = (\beta \sqrt[3]{r} \sqrt[4]{\varphi})^4, \tag{8}$$

bei Gefällen $> 0{,}0007$, bei denen auch eine rollende Bewegung auftritt, wird:

$$v = (\alpha \sqrt[3]{r} \sqrt[4]{\varphi})^2. \tag{9}$$

In Formel (8) ist: $k = \beta^4 r^{5/6} \varphi^{1/2}$ und in Formel (9): $k = \alpha^2 \sqrt[6]{r}$.

α und β sind mit dem Rauhheitsgrade variirende Koeffiz. Gauckler stellt folgende Werthe für α und β (für Metermaass) auf:

1. Für Mauerwerk von behauenen Quadern und für Zementputz:	$\alpha = 8{,}5 - 10{,}0$;	$\beta = 8{,}5 - 9{,}0$.
2. Für gutes gewöhnliches Mauerwerk:	$\alpha = 7{,}6 - 8{,}5$;	$\beta = 8{,}0 - 8{,}5$.
3. Für gemauerte Seitenwände, die Sohle in Erde:	$\alpha = 6{,}8 - 7{,}6$;	$\beta = 7{,}7 - 8{,}0$.
4. Für Kanäle in Erde ohne Pflanzenwuchs:	$\alpha = 5{,}7 - 6{,}7$;	$\beta = 7{,}0 - 7{,}7$.
5. Für Kanäle in Erde mit Pflanzenwuchs:	$\alpha = 5{,}0 - 5{,}7$;	$\beta = 6{,}6 - 7{,}0$.
6. Für Flüsse:	$\alpha = 5{,}0 - 5{,}7$;	$\beta = 6{,}4 - 7{,}0$.

6. Formeln von Hagen.

Die neuesten Hagen'schen Formeln*) (1876) lauten:

Für kleine Wasserläufe: $v = 4{,}9\, r \sqrt[5]{\varphi}$ (in Metern). (10)

*) Eine ältere Hagen'sche Formel (1869), welche für kleinere Gefälle als $^1/_{[illegible]}$ bei Profilen in Erde gute Werthe liefert, lautet: $v = 2{,}425 \sqrt{r} \sqrt[6]{\varphi}$.

Für Flüsse und Ströme: $v = 3{,}34 \sqrt{r}\sqrt[4]{\varphi}$. (11)

In Formel (10) ist: $k = \frac{4{,}9\sqrt{r}}{\varphi^{3/10}}$ in Formel (11): $k = \frac{3{,}34}{\varphi^{0,3}}$.

7. Allgemeine Geschwindigkeits-Formel von Ganguillet und Kutter.

Aus Vorstehendem ergiebt sich, dass eine allgemeine Formel der Konstitution: $v = k\sqrt{r\varphi}$ aufgestellt werden kann, sofern k mit den seinen jeweiligen Werth bestimmenden Grössen in das richtige Verhältniss gesetzt wird.

Der Werth k hängt aber ab:

1. von dem mittlern Flussradius $r = \frac{F}{p}$; mit r wächst k;
2. von der Rauhheit des benetzten Umfangs; unter sonst gleichen Verhältnissen wird k bei grösserer Rauhheit kleiner;
3. von dem Gefälle; bei grossen Gewässern nimmt k mit Zunahme des Gefälles ab; bei kleinen Gewässern wächst k mit dem Gefälle;
4. von der Querprofil-Form und von der Menge und Beschaffenheit der Sinkstoffe.

Um allen diesen Einflüssen möglichst Rechnung zu tragen, setzen die schweizerischen Ingenieure Ganguillet und Kutter:

$$k = \left[\frac{23 + \frac{1}{\mu} + \frac{0{,}00155}{\varphi}}{1 + \left(23 + \frac{0{,}00155}{\varphi}\right)\frac{\mu}{\sqrt{r}}}\right] \text{ und } v = \left[\frac{23 + \frac{1}{\mu} + \frac{0{,}00155}{\varphi}}{1 + \left(23 + \frac{0{,}00155}{\varphi}\right)\frac{\mu}{\sqrt{r}}}\right]\sqrt{r\varphi} \quad (12)$$

Der Rauhheitsgrad wird durch μ repräsentirt; derselbe ist nach den folgenden 6 Kategorien unterschieden. Den Werthen μ sind die Reziproken $\frac{1}{\mu}$ angefügt.

	μ	$\frac{1}{\mu}$
1. Kanäle von sorgfältig gehobeltem Holz oder von glatter Zememtverkleidung . .	0,010	100,00
2. Kanäle aus Brettern	0,012	83,33
3. Kanäle aus behauenen Quadersteinen oder gut gefugten Backsteinen . .	0,013	76,91
4. Kanäle von Bruchsteinen . . .	0,017	58,82
5. Kanäle in Erde; Bäche und Flüsse	0,025	40,00
6. Gewässer mit gröbern Geschieben und mit Wasserpflanzen	0,030	33,33

8. Formel von Harder.

Dieselbe lautet: $v = k_1\sqrt{r\varphi} + k_2 r\sqrt{\varphi}$ (13)

und es ist in dem Theil: $v = k\sqrt{r\varphi}$ der Koeffizient $k = k_1 + k_2\sqrt{r}$.

k_1 ist vorzugsweise von der Rauhheit der benetzten Wände, k_2 fast nur von den Bewegungs-Widerständen im Wasser selbst abhängig.

Nach den 3 von Harder aufgestellten Kategorien ist:

1. für Kanäle mit sehr glatten Wänden (z. B. mit Zementputz):
$k_1 = 70{,}5$; $k_2 = 7{,}254$;
2. für Kanäle mit glatten Wänden (von Brettern, Quader- und Bruchsteinen):
$k_1 = 56$; $k_2 = 7{,}254$;
3. für Flüsse, sowie Kanäle in Erde und in rauhem Bruchstein-Mauerwerk:
$k_1 = 36{,}27$; $k_2 = 7{,}254$.

In wichtigen Fällen wird man die mittlere Geschw. v nach mehreren der neuern Zeit angehörenden Formeln (5 — 13) berechnen, das Mittel aus den erhaltenen Werthen bestimmen und sodann jenen Einzelwerth v, welcher dem Mittel am nächsten liegt, als den wahrscheinlichsten ansehen.

β. Wassermengen bei verschiedenen Wasserständen in Kanälen u. Flüssen.

Die Wassermenge bei einem bestimmten Wasserstande ist:

$$M = Fv = kF\sqrt{\frac{F}{p}\,\frac{h}{l}}.$$

Bei einem andern, diesem nahe liegenden Wasserstande und einer näherungsweisen Bestimmung der Abflussmengen nimmt man mehrfach an, dass die Werthe k und die Gefälle $\frac{h}{l}$ gleich bleiben. Unter dieser, allerdings willkürlichen Voraussetzung erhält man:

$$\frac{v}{v_1} = \sqrt{\frac{F}{F_1}\frac{p_1}{p}} \quad \text{und:} \quad \frac{M}{M_1} = \frac{F}{F_1}\sqrt{\frac{F}{F_1}\frac{p_1}{p}},$$

wenn v_1, F_1, p_1, M_1 die bezüglichen Grössen bei dem geänderten Wasserstande vorstellen.

Durch Umformungen und Vernachlässigung kleiner Werthe ergiebt sich:

$$\frac{v_1 - v}{v} = \frac{1}{2}\frac{t_1 - t}{t} \quad \text{und:} \quad \frac{M_1 - M}{M} = \frac{3}{2}\frac{t_1 - t}{t},$$

worin t_1 die neue Wassertiefe und $t_1 - t$ die Tiefen-Aenderung vorstellt. In Worten lauten diese Gleichg.: Die relative Geschw.-Aenderung = der halben relativen Tiefen-Aenderung und die relative Wassermengen-Aenderung = der $1\frac{1}{2}$fachen Tiefen-Aenderung. Diese Gleichg. sind mit einiger Berechtigung bei regelmässigen Gerinnen (Kanälen) und kleinen Tiefen-Aenderungen verwendbar.

Bei Flüssen ist die mittlere Tiefe $t = \frac{F}{w}$, worin w die Wasserspiegel-Breite, verhältnissmässig klein; der benetzte Umfang p ist annähernd = der mittlern Breite b und, da $F = bt$, wird $r = t$. Aendert sich b bezw. w von einem zum andern Wasserstande nicht merklich, so erhält man: $\frac{v}{v_1} = \left(\frac{t}{t_1}\right)^{1/2}$ und $\frac{M}{M_1} = \left(\frac{t}{t_1}\right)^3$.

Genauer wäre M_1 aus der Gleichg.: $M_1 = k_1 b \sqrt{t_1^3 \varphi_1}$ zu erhalten; φ_1, welches nicht nur bei verschiedenen Wasserständen, sondern auch bei dem gleichen Wasserstande für steigendes und fallendes Wasser verschieden ist, müsste durch sorgfältige und ausgedehnte Nivellements ermittelt werden.

Die hierzu erforderliche Arbeit ist aber kaum geringer, als die zur unmittelbaren Bestimmung d. Wassermengen-Kurven, zu welcher man, wie S. 775 mitgetheilt, in neuester Zeit seine Zuflucht nimmt.

Fig. 759.

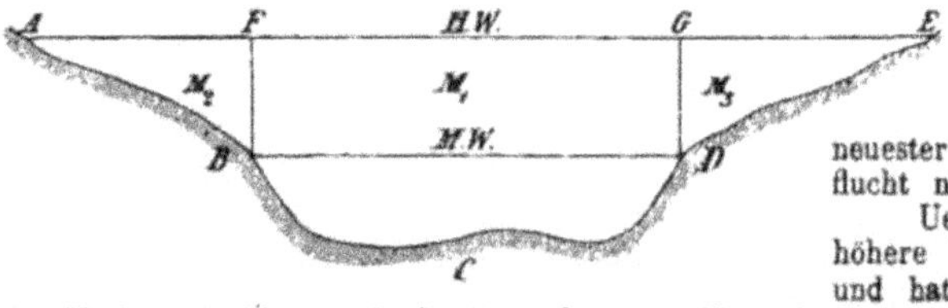

Ueberschreitet das höhere Wasser die Ufer und hat die Ermittelung der Hochwasser-Menge mittels Anwendung von Formeln statt zu finden, so ist das Profil, Fig. 759, in die Abschnitte ABF, $FBCDG$ und GDE zu zerlegen; der benetzte Umfang ist nach einander: Linie AB, BCD, DE zu berechnen. Sind die Wassermengen M_1, M_2, M_3 für die Abschnitte bestimmt, so ist die gesammte Wassermenge: $M_0 = M_1 + M_2 + M_3$ und die mittlere Profil-Geschwindigkeit: $v_0 = \frac{M_0}{F_0}$.

Beispiel. Welche Wassermenge liefert ein Kanal mit Erdfassungen von trapezförmigem Querschnitt, dessen Tiefe $1{,}5^m$, obere Breite 3^m, untere Breite $1{,}2^m$ und Gefälle $^1/_{1600}$ ist, Fig. 760

Fig. 760.

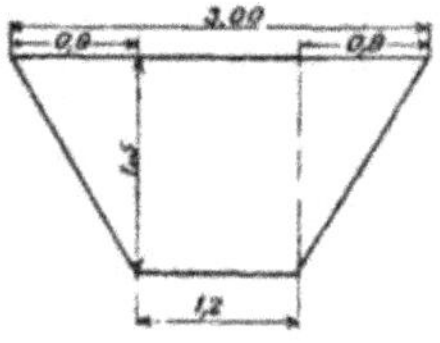

Es ist: $\frac{F}{p} = \frac{2{,}1 \,.\, 1{,}5}{1{,}2 + 2\sqrt{0{,}9^2 + 1{,}5^2}} = \frac{1}{1{,}5}$, und nun

nach Eytelwein: $v = 50{,}9\sqrt{\frac{1}{1{,}5}\,\frac{1}{1600}} = 1{,}04^m$

$M = 3{,}15 \,.\, 1{,}04 = 3{,}276^{cbm}$ pr. Sek.;

„ Prony: $v = 1{,}09^m$; $M = 3{,}43^{cbm}$ „ „

„ Humphreys-Abbot (unverkürzte Formel): $v = 0{,}763^m$; $M = 2{,}5^{cbm}$ „

„ Grebenau: $v = 0{,}74^m$; $M = 2{,}33^{cbm}$ „

„ Darcy-Bazin (Kateg. IV): $v = 0{,}72^m$; $M = 2{,}27^{cbm}$ „

„ Hagen (kleine Wasserläufe): $v = 0{,}75^m$; $M = 2{,}36^{cbm}$ „

nach Ganguillet u. Kutter (allgem. Formel): $v = 0{,}75^m$ und $M = 2{,}36^{cbm}$.

γ. Ungleichförmige Bewegung; Stau- und Wehranlagen.

Voraus gesetzt sei eine stetige Bewegung des Wassers, so dass $M = F_0 v_0 = F_1 v_1 = F_2 v_2$, also durch die aufeinander folgenden Querprofile dieselbe Wassermenge abfliesst; ferner ein allmäliger Uebergang der Profilform und -Grösse in den aufeinander folgenden Querschnitten. Es handelt sich entweder um Berechnung der sekundl. abfliessenden Wassermengen bei sonst gegebenen oder ermittelten Grössen, oder um Berechnung der Senkung und Hebung des Wasserspiegels bei bekannter Wassermenge.

Fig. 761.

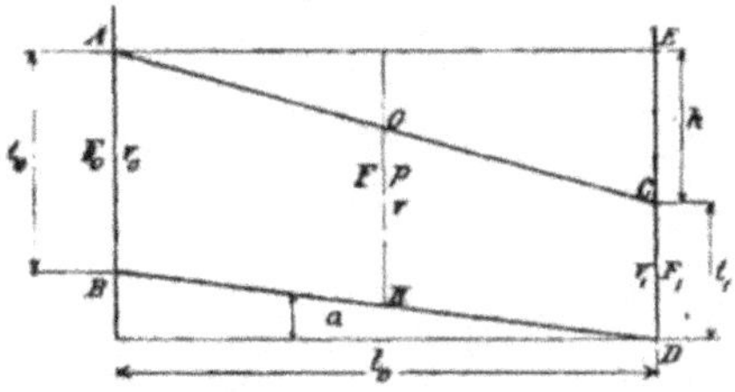

Auf nicht zu grosse Längen — etwa 100 m — darf der Widerstand näherungsweise als konstant betrachtet werden.

Für die beschleunigte Bewegung ergiebt sich unter Bezug auf Fig. 761, wenn F_0 der Querschn., t_0 die Tiefe, v_0 die Geschw. im Anfange, F_1, t_1, v_1 die bezügl. Grössen am Ende der betrachteten Flussstrecke der Länge l_0 und dem absol. Gefälle h sind und wenn (wegen des stets kleinen Werthes α): $\sin\alpha = \operatorname{tang}\alpha$ und somit: $t_0 - t_1 = h - l_0 \sin\alpha$ gesetzt wird:

$$M = \frac{\sqrt{2gh}}{\sqrt{\frac{1}{F_1^2} - \frac{1}{F_0^2} + \frac{\zeta l_0 p}{F_0 + F_1}\left(\frac{1}{F_0^2} + \frac{1}{F_1^2}\right)}} \qquad (1)$$

$$t_0 - t_1 - \frac{M^2}{2g}\left(\frac{1}{F_1^2} - \frac{1}{F_0^2}\right) = \left(\zeta \frac{p}{F_0 + F_1}\left(\frac{1}{F_0^2} + \frac{1}{F_1^2}\right)\frac{M^2}{2g} - \sin\alpha\right) l_0 \qquad (2)$$

$$l_0 = \frac{t_0 - t_1 - \frac{M^2}{2g}\left(\frac{1}{F_1^2} - \frac{1}{F_0^2}\right)}{\zeta \frac{p}{F_0 + F_1}\left(\frac{1}{F_0^2} + \frac{1}{F_1^2}\right)\frac{M^2}{2g} - \sin\alpha} \qquad (3)$$

worin p = dem benetzten Umfang in dem mittlern Profil GH, $\frac{F_0 + F_1}{2} = F$, $\frac{v^2}{2g} = \frac{v_0^2 - v_1^2}{4g}$, ζ = dem Widerstands-Koeffiz. in der betrachteten Abtheilung und auf die Länge derselben konstant, also auch: $\zeta = \frac{2g}{k^2}$ (s. S. 776 ff.), und g die Beschleunigung der Schwere ist.

Bei konstanter Breite b des Wasserlaufs lässt sich Gleichg. (3) unter Zulassung kleiner Vernachlässigungen in die folgende vereinfachen:

$$l_0 = \frac{(t_0 - t_1)\left(1 - \frac{2}{t_0}\frac{v_0^2}{2g}\right)}{\zeta \frac{p}{t_0 b}\frac{v_0^2}{2g} - \sin\alpha}. \qquad (4)$$

Fig. 762.

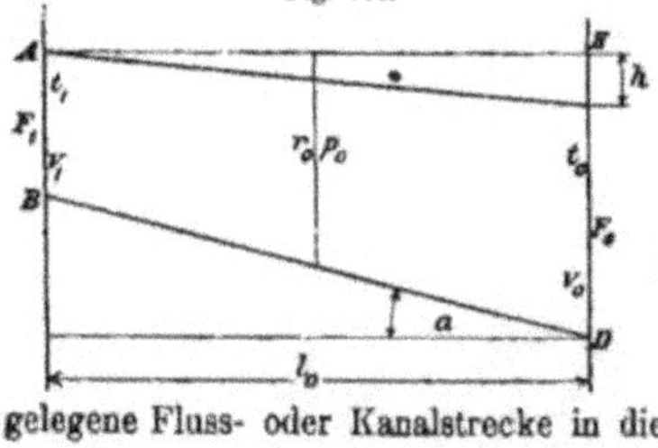

Es empfiehlt sich, k und bezw. ζ nach Darcy-Bazin (S. 777) einzusetzen.

Für den Abfluss des gestauten Wassers, also bei verzögerter Bewegung, erhält man unter Bezug auf Fig. 762:

$$M = \frac{\sqrt{2gh}}{\sqrt{\frac{1}{F_0^2} - \frac{1}{F_1^2} + \frac{\zeta l_0 p_0}{F_0 + F_1}\left(\frac{1}{F_0^2} + \frac{1}{F_1^2}\right)}} \qquad (5)$$

Theilt man die oberhalb einer Stauanlage gelegene Fluss- oder Kanalstrecke in die mässig langen Strecken $l_0, l_1, l_2 \ldots l_p$, ergänzt die Bezeichnungen in der durch Fig. 763 angegebenen Art, so lassen sich folgende Gleichg. aufstellen:

$$l_0 = \frac{t_0 - t_1 - \left(\frac{1}{F_1^2} - \frac{1}{F_0^2}\right)\frac{M^2}{2g}}{\sin\alpha - \zeta_0 \frac{p_0}{F_0 + F_1}\left(\frac{1}{F_0^2} + \frac{1}{F_1^2}\right)\frac{M^2}{2g}} \tag{6}$$

$$l_1 = \frac{t_1 - t_2 - \left(\frac{1}{F_2^2} - \frac{1}{F_1^2}\right)\frac{M^2}{2g}}{\sin\alpha - \zeta_1 \frac{p_1}{F_1 + F_2}\left(\frac{1}{F_1^2} + \frac{1}{F_2^2}\right)\frac{M^2}{2g}}, \text{ u. s. w.} \tag{6a}$$

Fig. 763.

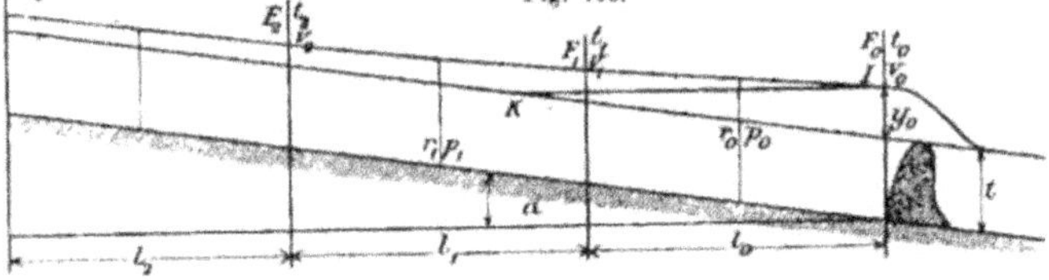

Bei gleicher Breite b des Wasserlaufs vor und nach dem Aufstau auf die ganze fragliche Strecke wird:

$$t_0 - t_1 = \frac{\sin\alpha - \zeta_0 \frac{p_0}{t_0 b}\frac{v_0^2}{2g}}{1 - \frac{2}{t_0}\frac{v_0^2}{2g}}\, l_0, \quad (7) \qquad t_1 - t_2 = \frac{\sin\alpha - \zeta_1 \frac{p_1}{t_1 b}\frac{v_1^2}{2g}}{1 - \frac{2}{t_1}\frac{v_1^2}{2g}}\, l_1 \quad (7a)$$

und allgemein:

$$t_\nu - t_{\nu+1} = \frac{\sin\alpha - \zeta_\nu \frac{p_\nu}{b\, t_\nu}\frac{v_\nu^2}{2g}}{1 - \frac{2}{t_\nu}\frac{v_\nu^2}{2g}}\, l_\nu. \tag{7b}$$

Mit diesen Gleichg. lassen sich, wenn die ursprüngliche Flusstiefe t, der grösste Aufstau unmittelbar vor der Stauanlage $= y_0$, somit: $t_0 = t + y_0$, bekannt ist, die den Längen l_0, l_1, l_2 u. s. w. entsprechenden Tiefen-Aenderungen und deshalb auch der Aufstau in verschiedenen Abständen berechnen, sofern die übrigen Grössen ermittelt worden sind. Man kann ferner mit den berechneten Werthen die Staukurven auftragen und auch den Abstand desjenigen Punktes von der Stauanlage auffinden, in welcher der Aufstau nahezu verschwindet, also die Stauweite bestimmen; die so erhaltene Stauweite wird die hydraulische genannt. Legt man im Punkte J, Fig. 763, eine Horizontale JK bis zum Schnitt mit dem ungestauten Wasserspiegel, so ist JK die hydrostatische Stauweite; wird diese mit x' und das ursprüngliche Flussgefälle mit φ bezeichnet, so ist: $x' = \frac{y_0}{\varphi}$.

Vielfach wurde die hydraul. Stauweite x_0 bei regelmässigen Gerinnen $= \frac{2 y_0}{\varphi}$ gesetzt, was jedoch nicht zutrifft.

Beispiel. In einen 24 m breiten und 1,2 m tiefen, Geschiebe führenden Flusse, welcher bei Niederwasser ein Gefälle $\varphi = 0{,}0015$ hat und hierbei 35 cbm Wasser pro Sek. mit gleichförmiger Geschw. abführt, soll ein Wehr eingebaut werden, um einen grössten Aufstau von 0,9 m bei Niederwasser zu erzielen. Gesucht die Stauverhältnisse?

Ohne Aufstau ist: $v = \frac{35}{24 \cdot 1{,}2} = 1{,}243$ m; desgl. ist (wegen Gleichförmigkeit der Bewegung) $\varphi = \sin\alpha = 0{,}0015$ und $t_0 = 1{,}2 + 0{,}9 = 2{,}1$ m. Sucht man die Entfernung, in welcher die Tiefe noch 2,0 m beträgt unter Benutzung von Gleichg. (6), so ist hierin zu setzen: $t_0 - t_1 = 0{,}1$ m; $F_0 = 24 \cdot 2{,}1 = 52{,}4$ qm; $F_1 = 24 \cdot 2 = 48$ qm; $p_0 = 28{,}1$ (angenähert); $r_0 = \frac{F_0 + F_1}{2 p_0} = 1{,}78$; daher nach

Kateg. 5 der Darcy-Bazin'schen Formel: $k_0 = 36{,}1$ und $\zeta_0 = \frac{19{,}62}{1232} = 0{,}016$;

$$l_0 = \frac{0{,}1 - (0{,}000434 - 0{,}000364)\,62{,}4}{0{,}0015 - 0{,}016 \,.\, 0{,}28\,(0{,}000434 + 0{,}000364)\,62{,}4} = 76^{\,m}.$$

Zur Berechnung der einer Wassertiefe von 1,8 m entsprechenden Entfernung, hat man $t_1 - t_2 = 2{,}0 - 1{,}8 = 0{,}2^{\,m}$; $F_2 = 43{,}29^{\,qm}$; $p_1 = 27{,}8$; $r_1 = 1{,}64$; k_1 findet man zu 34,2 u. $\zeta_1 = 0{,}017$ Es wird $l_1 = 161{,}4^{\,m}$ und sonach in der Entfernung von 238 m oberhalb des Wehrs die Wassertiefe 1,8 m und der Aufstau 0,6 m. In gleicher Weise ist die Berechnung weiter durchzuführen.

Sehr unsicher wird die Bestimmung der Stauverhältnisse in weniger regelmässigen Wasserläufen. Bestehen in solchen bereits Wehre, so wird man sich durch genaue und genügend ausgedehnte Nivellements über die vorhandenen Stauverhältnisse Aufschluss verschaffen; wo Wehre nicht vorhanden, wird man die bei Herstellung des ersten Wehres bestehende Unsicherheit durch Messungen vor und nach der Ausführung einzuschränken suchen.

Bei Fluss-Kanalisirungs-Projekten bringt man der Sicherheit wegen nur die hydrostatische Stauweite in Ansatz.

1. Abfluss bei vollkommenen Ueberfallwehren. Berechnung der Stauhöhe, Wehrhöhe etc.

Ueberfälle von solcher Kleinheit wie sie zum Messen geringer Wassermengen (z. B. für Wasserversorgungen) benutzt werden, bleiben hier ausser Betracht*). Es sind hiernach die Angaben über die sogen. Ausfluss-Koeffizienten zu beurtheilen.

Beim vollkommenen Ueberfalle liegt der ursprüngliche, also auch der Unterwasserspiegel (cD) unter der Wehrkrone E oder reicht höchstens bis zu dieser hinauf, Fig. 764.

Fig. 764.

Bezeichnet M die pro Sek. zu- und über das Wehr abfliessende Wassermenge, t die ursprüngliche (ausgeglichene) Wassertiefe $\left(\text{bei Flüssen } t = \frac{F}{b_0}\right)$; b_0 die Fluss- oder Kanalbreite; b die Wehrlänge; y_0 die Stauhöhe vor dem Wehre; h die Wasserstandshöhe BE — eigentlich Höhenunterschied des Oberwasserspiegels ca. 2—4 m ober der Wehrkrone und dieser letztern; w die Wehrhöhe über der Kanalsohle und bezw. über der ausgeglichenen Flusssohle; c die Geschw. des vor dem Wehre ankommenden Wassers in einer zur Wehrkrone senkrechten Richtung; g die Beschleunigung der Schwere; μ den Ausflusskoeffiz., so erhält man:

$$M = {}^2/_3\, \mu b \sqrt{2g} \left[\left(h + \frac{c^2}{2g}\right)^{3/2} - \left(\frac{c^2}{2g}\right)^{3/2} \right].$$

Setzt man $\frac{c^2}{2g} = k$ und beachtet, dass nach Fig. 764: $t + y_0 = w + h$ und dass: $c = \frac{M}{b_0\,(t + y_0)}$, so finden sich die zu berechnenden Grössen h, w, y_0 oder b, sofern alle andern bekannt sind, aus den Gleichg.:

$$h = \left[{}^3/_2 \frac{M}{\mu b \sqrt{2g}} + k^{3/2} \right]^{2/3} - k; \quad w = t + y_0 + k - \left[\frac{3}{2} \frac{M}{\mu b \sqrt{2g}} + k^{3/2} \right]^{2/3}$$

$$y_0 = w - t - k + \left[\frac{3}{2} \frac{M}{\mu b \sqrt{2g}} + k^{3/2} \right]^{2/3}; \quad b = \frac{3}{2} \frac{M}{\mu \sqrt{2g}\,[(h + k)^{3/2} - k^{3/2}]}.$$

Die Geschw. c des gestauten Wassers ist oft so gering, dass sie vernachlässigt werden darf, wodurch dann die Gleichg. sich vereinfachen. Wird die Stauhöhe y_0 gesucht und darf k nicht $= 0$ gesetzt werden, so berechnet man zunächst einen Werth y_0' ohne k und verbessert sodann durch eine zweite Berechnung dieses y_0' unter Berücksichtigung von: $k = \frac{1}{2g} \left(\frac{M}{b_0 (t + y_0')} \right)^2$

*) Vergl. darüber S. 737.

Bei schiefen Wehren, Fig. 765, ist: $b > b_0$, die Geschw. $c = v \cos \alpha$*).

Bezüglich des Ausflusskoeffiz. μ ist die zur Zeit noch bestehende Unsicherheit in den Angaben zu erwähnen. Nach Eytelwein hat man für vollkommene Ueberfälle mit Flügelwänden, bei guter Abrundung der Wehrkrone im allgem. $\mu = 0{,}855$, nach Weisbach $\mu = 0{,}8$ zu setzen. Bei Ueberfällen ohne Flügelwände räth Eytelwein $\mu = 0{,}632$ zu nehmen.

Fig. 765.

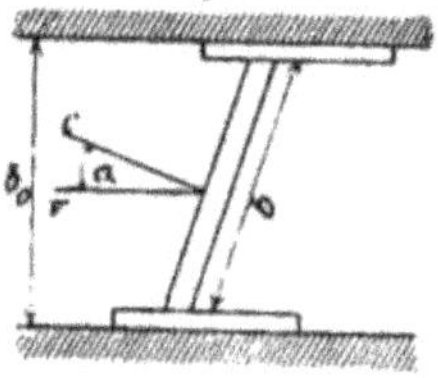

Fig. 766.

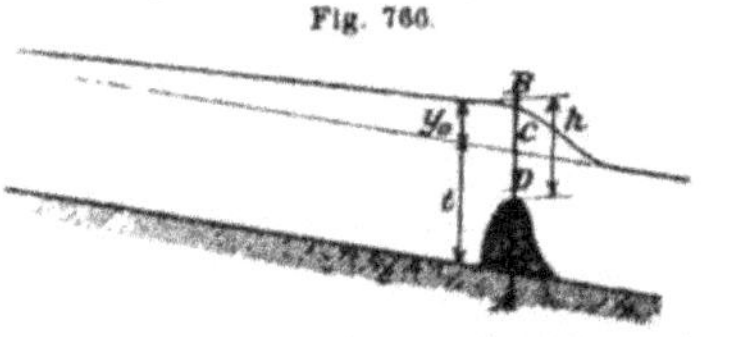

2. Abfluss bei unvollkommenen Ueberfallwehren (Grundwehren, Stauschwellen).

Die Wehrkrone liegt unter dem Unterwasserspiegel; der Abfluss erfolgt im obern Theile BC, wie beim freien Ueberfall, im untern Theile CD dagegen wie bei einer Mündung unter Wasser, Fig. 766. Es ist:

$$M = b\sqrt{2g}\left[{}^2\!/_3\,\mu\left((y_0 + k)^{3/2} - k^{3/2}\right) + \mu_1\,(h - y_0)\,(y_0 + k)^{1/2}\right].$$

Nach Weisbach ist: $\mu = \mu_1 = 0{,}8$. Redtenbacher setzt: $\mu = 0{,}855$ und: $\mu_1 = 0{,}62$.

Nimmt man $\mu = \mu_1$, so erhält man, da wieder: $t + y_0 = w + h$ und:

$$h = \frac{M}{\mu b\sqrt{2g}\,(y_0 + k)} + y_0 - {}^2\!/_3\,\frac{(y_0 + k)^{3/2} - k^{3/2}}{(y_0 + k)^{1/2}},$$

$$w = t + {}^2\!/_3\,\frac{(y_0 + k)^{3/2} - k^{3/2}}{(y_0 + k)^{1/2}} - \frac{M}{\mu b\sqrt{2g}\,(y_0 + k)};$$

ferner bei Vernachlässigung des Werthes k:

$$y_0^3 + 3\,(t - w)\,y_0^2 + {}^9\!/_4\,(t - w)^2\,y = \left({}^3\!/_2\,\frac{M}{\mu b\sqrt{2g}}\right)^2.$$

Fig. 767.

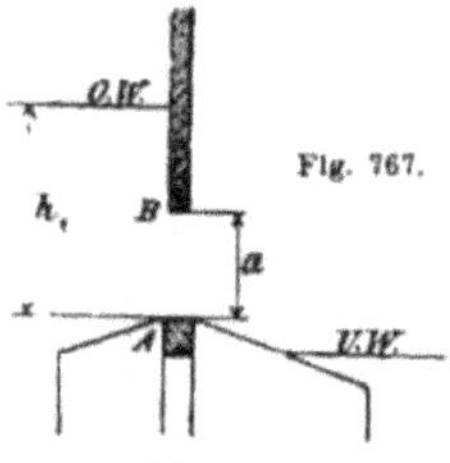

Fig. 768.

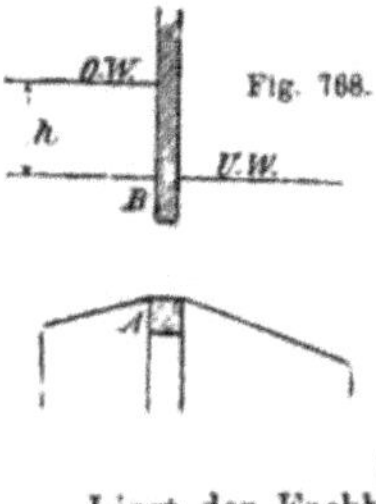

Für den Abfluss unter Wasser kann auch bei schiefen Wehren b höchstens $= b_0$ werden. —

Lesbros hat auf Grund von Versuchen für die Wassermenge M folgende einfache Formel aufgestellt**):

$$M = \mu b h\sqrt{2gh - (h - y_0)}.$$

Darin ist der Werth von μ abhängig von dem Verhältniss: $\frac{h - (h - y_0)}{h} = \frac{y_0}{h}$ und schwankt für Werthe dieses Verhältnisses, die zwischen 0,002 und 0,008 liegen, zwischen den Grenzen 0,295 und 0,605; für Werthe, die zwischen 0,609 und 1,00 liegen, dagegen — in abnehmender Weise — zwischen den Grenzen 0,600 und 0,390. Diese vereinfachte Formel findet weiterhin (S. 788) für einen speziellen Fall Anwendung. —

Vollkommene Ueberfälle gehen bei steigendem Wasser, sofern die Wehrkrone unter den Unterwasserspiegel zu liegen kommt, in unvollkommene über.

3. Abfluss unter Schleusenwehren.

Liegt der Fachbaum A über Unterwasser, Fig. 767, ist a die Höhe und b die Breite der Schützenöffnung, h_1 der Abstand des Oberwassers über dem Fachbaum, so ist bei Vernachlässigung der Geschw. des dem Wehre zuströmenden Wassers:

$$M = \mu' b a\sqrt{2g\left(h_1 - \frac{a}{2}\right)};$$

hierin ist: $\mu' = 0{,}65$, wenn der Fachbaum nicht über den Schleusenboden vortritt, andernfalls $\mu' = 0{,}62$. Liegt die Schützen-Unterkante B unter dem Unterwasserspiegel, Fig. 768, und ist h die Stauhöhe, so wird: $M = \mu' b a\sqrt{2gh}$ und: $\mu' = 0{,}65$.

*) Vergl. eine Betrachtung über schiefe Wehre auf S. 53 ff., Jahrg. 1875 d. Deutsch. Bauztg.

**) Rühlmann. A. a. O. S. 316.

Liegt endlich der Unterwasserspiegel zwischen AB, Fig. 769, ist $BC = a_1$, $AC = a_2$ und die Stauhöhe $= h$, so wird:

$$M = b\sqrt{2gh}\left[\mu' a_1 \sqrt{h - \frac{a_1}{2}} + \mu'' a_2 \sqrt{h}\right],$$

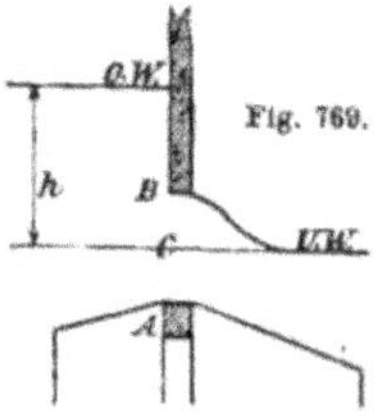

Fig. 769.

worin $\mu' = 0{,}65$ bis $0{,}7$ zu setzen ist und μ'' zwischen 0,62 und 0,7 je nach Umständen (vortretende Fachbäume, Griessäulen etc.) wechseln kann.

4. Abfluss bei Profil-Verengungen durch Buhnen-Einbauten und Brückenpfeiler.

Die Formeln für Grundwehre finden auch Anwendung bei Berechnung der Abfluss-Verhältnisse an Brücken, bei sog. lichten Wehren und Buhnen. Ist b die bei dem grössten zulässigen Aufstau und einer ermittelten sekundl. Wassermenge zu bestimmende Gesammt-Lichtweite zwischen den Brücken-Widerlagern, nach Abzug der Pfeiler-Dicken, und t die ursprüngliche (mittlere) Wasssertiefe, so wird:

$$b = \frac{M}{\mu\sqrt{2g}\left[{}^2/_3\left((y+k)^{3/2} - k^{3/2}\right) - t(y+k)^{1/2}\right]}.$$

Angaben über Werthe des Ausflusskoeffiz. μ finden sich auf S. 750.

Wird bei dem zulässigen Aufstau y und einer den Verhältnissen entsprechend gewählten Gesammt-Lichtweite b die Wassermenge nicht vollständig abgeführt, so lässt sich nach der obigen Gleichg. auch die Weite der Fluthöffnungen zur Ableitung der restirenden Wassermenge berechnen, sofern die Höhenlage des Vorlandes bekannt oder, wenn Terrain-Umgestaltungen vorgenommen werden, fest gestellt ist.

Fig. 770.

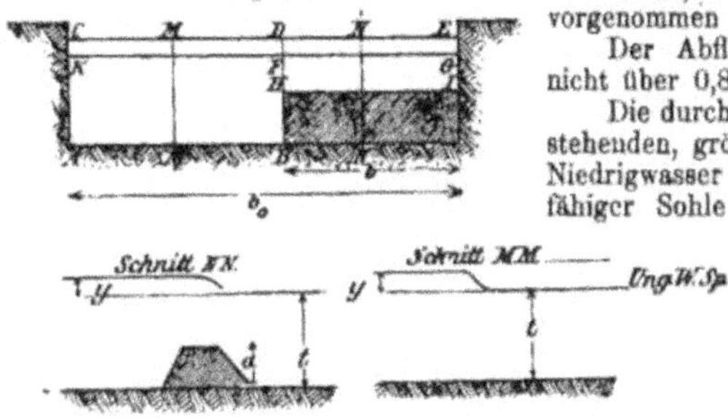

Der Abflusskoeffizient sollte hierbei nicht über 0,8 gewählt werden. —

Die durch Buhnen-Einbauten entstehenden, grössten Stauhöhen, welche bei Niedrigwasser und genügend widerstandsfähiger Sohle erreicht, aber bei Hochwasser nicht überschritten werden sollen, lassen sich nach Analogie des in Fig. 770 dargestellten und in den folgenden Gleichgn. voraus gesetzten Falles rechnerisch auffinden.

Die frei durch $CEKG$ abströmende Wassermenge: $M_1 = {}^2/_3\,\mu b_0\sqrt{2g}\left[(y+k)^{3/2} - k^{3/2}\right]$,
die durch $ABKF$ abfliessende Wassermenge: $M_2 = \mu\,(b_0 - b)\,t\,\sqrt{2g\,(y+k)}$,
die durch $FGHJ$ fliessende Wassermenge: $M_3 = \mu b\,(t-a)\,\sqrt{2g\,(y+k)}$; sonach:
die Gesammt-Wassermenge: $M = \mu\sqrt{2g}\left[{}^2/_3\,b_0\left((y+k)^{3/2} - k^{3/2}\right) + (b_0 - b)t\,(y+k)^{1/2} + b\,(t-a)\,(y+k)^{1/2}\right]$.

Nimmt man für y zunächst einen Näherungswerth an, sucht sodann k und berechnet bei sonst bekannten Grössen den numerischen Werth der rechten Seite der Gleichg., so ergiebt sich durch Vergleich desselben mit M, ob und in welchem Sinne Aenderungen des Werths y eintreten müssen. Bei Buhnen ist der Werth μ 0,8 bis 0,85 zu nehmen.

δ. Wassermengen-Bestimmung an Strömen im Fluthgebiet*).

Die Wassermengen, welche ein im Fluthgebiet gelegenes Querprofil ab- oder aufwärts durchströmen, ändern sich in jedem Augenblick; dieselben sind nächstdem für verschiedene Profile zu gleicher Zeit ungleich gross. Das oberhalb der Fluthgrenze vom Strom zugeführte Wasser, das Oberwasser, bildet nur einen Theil der gesammten, im Fluthgebiete sich bewegenden Wassermenge. Das Oberwasser

*) Vergl. Dalmann, Ueber Stromkorrektionen im Fluthgebiet; Hamburg 1856; ferner Franzius, Projekt zur Korrektion der Unterweser; Leipzig 1882.

wird durch die Fluthwelle auf eine bestimmte Ausdehnung nicht nur aufgestaut, sondern auch zurück gedrängt, stromaufwärts bewegt. Die bei der Fluth aufwärts strömende Wassermenge ist um so grösser und andrerseits die Ebbeströmung um so lebhafter, je weniger Bewegungs-Hindernisse zu überwinden sind. Die Bestimmung der Oberwasser-Mengen ist aus dem Vorangeschickten zu entnehmen. Besonders ist bezüglich des Oberwassers die Ermittelung der Wassermengen-Kurven (S. 756 und 775) zu empfehlen, da die Kenntniss der Oberwasser-Mengen in allen Fällen der Bestimmung der Fluthwasser-Mengen voraus gehen muss, weil die in einer bestimmten Zeit ein Querprofil im Fluthgebiet passirende Gesammt-Wassermenge sich aus dem in dieser Zeit erfolgenden Gesammt-Zufluss des Oberwassers und einer Wassermenge zusammen setzt, welche = ist der algebr. Summe der Produkte aus den oberhalb des Profils bis zur Fluthgrenze vorhandenen, je nach stattgehabter Hebung oder Senkung entsprechend ausgeschiedenen Wasseroberflächen mit ihren in jener Zeit vorgekommenen Hebungen und Senkungen, insofern alle Hebungen mit negativen, alle Senkungen mit positiven Vorzeichen angesetzt werden.

Es kommen nämlich in den einzelnen Abschnitten, in welche man sich den Tidestrom zerlegen kann, Hebungen dann vor, wenn in den untern Profilen weniger Wasser ab- als zuströmt und Senkungen dann, wenn in den untern Profilen die Abströmung grösser ist als die Zuströmung im obern. Das während einer bestimmten Zeit den Zuwachs — die Hebung — in einer Abtheilung angebende Theilprodukt aus der betr. Wasseroberfläche dieser Abtheilung in die eingetretene Erhöhung des Wasserspiegels ist sonach bei Ermittelung der Abflussmenge von der Zuflussmenge in diese Abtheilung während der gleichen Zeit abzuziehen; das einer Senkung entsprechende Theilprodukt ist als Abflussmenge hinzu zu fügen.

Die Hebungen und Senkungen werden in gleichen Zeitabschnitten — etwa von Stunde zu Stunde — an nicht zu weit von einander entfernten Pegeln (am besten mittels selbstregistrirender Pegel) bestimmt. Aus der ein Profil während dieser Zeit durchströmenden Gesammt-Wassermenge dividirt durch die Sekundenzahl des Zeitintervalls erhält man die mittlere sekundl. Wassermenge.

Um den Maximal-Abfluss für 1 Sek. zureichend genau zu erhalten, werden, bei sonst gleichem Vorgehen, kleinere Zeitintervalle — etwa 10 Minuten — für die vorzunehmenden Wasserstands-Beobachtungen gewählt*).

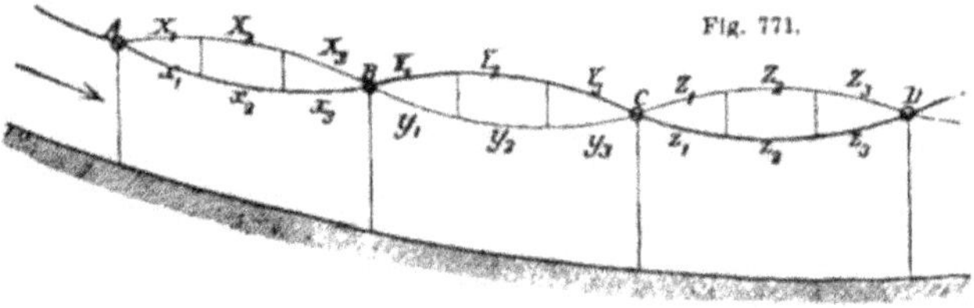

Fig. 771.

Wenn in Fig. 771 A die Fluthgrenze bezeichnet und die stärker ausgezogene Linie $ABCD$ die Wasserspiegel-Linie am Anfange, die schwächer ausgezogene dieselbe Linie für das Ende der Beobachtungs-Zeit — gewöhnlich 1 Stunde — angiebt, wenn ferner M_0 die in derselben zufliessende Oberwasser-Menge, M_1 die in Profil B, M_2 die in C und M_3 die in D durchströmenden Wassermengen sind, $x_1, x_2, x_3 \ldots, z_1, z_2, z_3 \ldots z_n$ die in AB und CD beobachteten Hebungen der zu ihnen gehörenden betr. Wasserspiegel-Abschnitte $X_1, X_2, X_3 \ldots Z_1, Z_2, Z_3 \ldots$ und $y_1, y_2, y_3 \ldots$ die beobachteten Senkungen der Abschnitte $Y_1, Y_2, Y_3 \ldots$ so erhält man:

$$M_1 = M_0 - X_1 x_1 - X_2 x_2 - X_3 x_3 = M_0 - \Sigma(Xx);$$

$$M_2 = M_0 - \Sigma(Xx) + \Sigma(Yy); \quad M_3 = M_0 - \Sigma(Xx) + \Sigma(Yy) - \Sigma(Zz).$$

Es wird die mittlere sekundl. Wassermenge M z. B. in D zu $\frac{M_3}{t}$ erhalten, wenn die Beobachtungs-Zeit $= t$ Sek. war.

*) Es ist hier von Bestrebungen, passende Instrumente zu kontinuirlichen Geschwindigkeits-Messungen zur Zeit der Ebbe, Fluth und der Kehr der Strömung zu konstruiren, Notiz zu nehmen. Vergl. dazu Engineering, 1883, II. S. 331. Anscheinend ist die Aufgabe jetzt gelöst in einem Instrument, bei welchem der Geschwindigkeits-Druck des Wassers mittels einer Feder gemessen wird.

Nach demselben Verfahren können die Wassermengen für irgend welche Profile ermittelt werden. Ergiebt die algebr. Summe der rechten Seite obiger Gleichg. einen negativen Werth für ein Profil, so hat während der Beobachtungs-Zeit die Einströmung von unten herauf den obern Zufluss übertroffen, also Fluthstrom geherrscht. Bei Ebbestrom fliesst durch das untere Profil einer betrachteten Abtheilung mehr ab, als durch das obere Profil zugeflossen ist. Bei einiger Längen-Ausdehnung des Fluthgebiets findet für die obern Profile eines Tidestroms Fluthströmung statt, während in den untern schon wieder Ebbeströmung eingetreten ist*).

Aufgabe. Bestimmung der Abflussmenge eines im Fluthgebiet liegenden Entwässerungs-Siels.**)

Der Entwässerungs-Graben einer eingedeichten Marsch mündet mittels eines mit Stemmthoren versehenen Siels in einen Tidestrom oder in eine Seebucht aus. Die Stemmthore öffnen sich selbstthätig, sobald der Binnenwasserstand höher ist, als derjenige im Tidestrom und von diesem Zeitpunkte ab findet Ausfluss des Wassers statt, der unterbrochen wird, wenn durch das Steigen der Fluth die Thore sich wieder schliessen. Es mag angenommen werden, dass beim Oeffnen und Schliessen der Thore sofort die ganze Siel-Oeffnung frei gemacht, bezw. geschlossen wird. Der Wasserstand im Entwässerungs-Graben ist veränderlich in Folge der beständigen Zuflüsse, welche derselbe empfängt; während des Schlusses der Schleuse steigt also das Binnenwasser. Es soll aber während jeder einzelnen Ausfluss-Periode zwischen 2 Tiden die ganze während eines Fluth-Intervalls dem Kanal zugeführte Wassermenge entfernt werden. Der Schleusen-Drempel liege um eine gegebene Grösse über dem tiefsten Ebbestand. Es ist die Aufgabe, die erforderliche Schleusenweite zu bestimmen (bezw. diejenige Wassermenge, welche während einer Tide zum Abfluss gelangt).

Die Berechnung der Ausflussmenge des Wassers setzt die Höhe des Binnen- sowohl als Aussenwassers als Funktionen der Zeit voraus. Das Gesetz der Veränderung des Aussenwasserstandes ist durch die dem betr. Küstenpunkt angehörende Fluthkurve gegeben, welche durch Beobachtung ermittelt ist, Fig. 772.***)

Fig. 772.

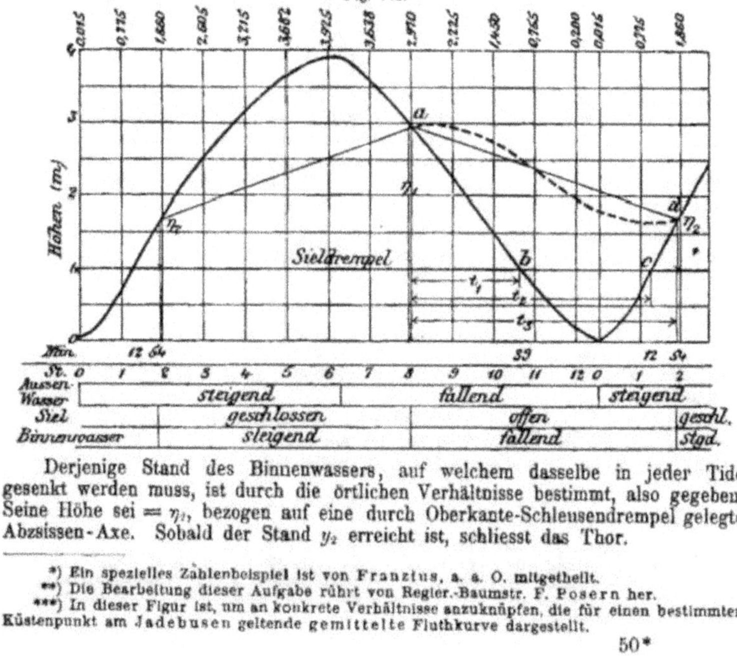

Derjenige Stand des Binnenwassers, auf welchem dasselbe in jeder Tide gesenkt werden muss, ist durch die örtlichen Verhältnisse bestimmt, also gegeben. Seine Höhe sei $= \eta_1$, bezogen auf eine durch Oberkante-Schleusendrempel gelegte Abzsissen-Axe. Sobald der Stand y_2 erreicht ist, schliesst das Thor.

*) Ein spezielles Zahlenbeispiel ist von Franzius, a. a. O. mitgetheilt.

**) Die Bearbeitung dieser Aufgabe rührt von Regier.-Baumstr. F. Posern her.

***) In dieser Figur ist, um an konkrete Verhältnisse anzuknüpfen, die für einen bestimmten Küstenpunkt am Jadebusen geltende gemittelte Fluthkurve dargestellt.

Durch den Endpunkt von η_2 lege man die (ebenfalls durch Beobachtung zu ermittelnde) Kurve, welche das Ansteigen des Binnenwassers während des Schlusses der Thore darstellt. Die Wassermenge $\mathfrak{M}$ pro Zeiteinheit, welche dem Entwässerungs-Graben zufliesst, kann indess als konstant betrachtet werden, und es wird demzufolge im vorliegenden Falle für jene Kurve eine gerade Linie substituirt, welche um den Winkel α gegen die Abzissenaxe geneigt ist. Ist die Oberfläche des Entwässerungs-Grabens (bezw. des sogen. Binnnentiefs) $= A$, so ist: darnach: $\operatorname{tang} \alpha = \frac{\mathfrak{M}}{A}$.

Der Schnitt dieser Binnenwasserstands-Linie mit dem folgenden abfallenden Ast der Fluthkurve liefert den Zeitpunkt $t = 0$ bezw diejenige Fluthhöhe η_1, bei deren Erreichung die Schleuse wieder öffnet. Diese Grösse sei $t = 0$.

Durch das so erhaltene Linien-Diagramm $abcd$ sind alle zur Lösung der Aufgabe erforderlichen Daten bestimmt, weil die Kurve der Binnenwasserstände während des Ausflusses jetzt bedingt ist. Die Gleichg. derselben würde durch Integration der Differentialgleichg.: $d\xi = \frac{1}{A}\left(\mu_b \sqrt{2g}\, \xi \sqrt{\xi - y} - a\right) dt$ zu ermitteln sein, worin ξ die Binnenwasserstände und $\eta = \varphi(t)$ die durch die Fluthkurve gegebenen Aussenwasserstände bezeichnen.

Man kann indessen von vorn herein auf die Integration dieser Gleichg. verzichten, da die Einführung jeder andern Kurvengleichg. als einer solchen vom 1. Grade die Schluss-Resultate für den praktischen Gebrauch viel zu verwickelt macht; daher wird man sich begnügen müssen, die Binnenwasserstände währeud des Ausflusses durch eine Gerade ad darzustellen. Man übersieht übrigens leicht, dass jene Kurve etwa eine Form, wie in Fig. 772 punktirt dargestellt, haben muss und dass also die dafür substituirte Gerade eine theilweise Ausgleichung der Ungenauigkeit der Rechnung liefern wird.

Auch für die Fluthkurve muss eine für die Rechnung bequeme Kurven-Gleichung eingeführt werden. Da nur die ziemlich schlank gestalteten mittlern Kurventheile ab und cd in Betracht kommen, so steht kaum ein Bedenken entgegen der Fluthkurve, in den bezügl. Theilen ebenfalls gerade Linien zu substituiren.

Die Rechnung hat nach Einführung der voran gestellten als nothwendig erwiesenen Vereinfachungen keine Schwierigkeiten.*) Dieselbe ist in drei Zeitabschnitten durchzuführen. Für Abschn. I. (vom Oeffnen der Schleuse bis Sinken der Fluth unter Schleusendrempel-Höhe) und Abschn. III. (vom Steigen der Fluth über Schleusendrempel-Höhe bis Schluss der Stemmthore) findet die Berechnung nach den Formeln statt, die für den Abfluss über einen unvollkommenen Ueberfall gelten; für den Abschn. II. (Fluth unter Schleusendrempel-Höhe) gelten die Formeln für den Abfluss über einen vollkommenen Ueberfall.

Bezeichnet η den Aussenwasserstand und ξ den Binnenwasserstand, so ist in den Zeitabschn. I. und III. die Ausflussmenge während der Zeit dt, unter Zugrundelegung der S. 784 mitgetheilten einfachen Formel von Lesbros:

$$dM = \mu_1 b \xi \sqrt{2g(\xi - \eta)}\, dt. \qquad (1)$$

Dagegen in dem Zeitabschn. II.: $dM = \frac{2}{3} \mu_2 b \sqrt{2g}\, \xi^{3/2}\, dt \qquad (2)$

t sei immer vom Zeitpunkt des Oeffnens der Stemmthore (Fig. 772) nach rechts hin gezählt.

Um die Endgleichungen übersichtlicher zu erhalten, bezeichne man die (ebenfalls gegebenen) Höhen des Binnenwasserstandes am Ende von Zeitabschnitt I. mit ξ_1 und am Anfang des Zeitabschn. III. mit ξ_2, wobei also:

$$\xi_1 = \eta_1 - (\eta_1 - \eta_2)\frac{t_1}{t_3}; \quad \xi_2 = \eta_1 - (\eta_1 - \eta_2)\frac{t_2}{t_3}.$$

*) Die Lösung des umgekehrten Problems, welche ebenfalls auf das Schlussresultat erheblich einwirkende Vereinfachungen zu Hülfe nimmt, s. in Rühlmann, a. a. O., S. 330 ff. — Praktische Formeln, deren Begründung und Anwendbarkeit aber nicht kontrollirbar erscheint, sind mitgetheilt in Deutsch. Bauzeitg. 1884, S. 54 ff.

Zeitabschnitt I.

$$\xi = \eta_1 - \frac{\eta_1 - \eta_2}{t_2} t; \quad \eta = \eta_1 - \frac{\eta_1}{t_1} t; \ \xi - \eta = \left[\eta_1 - (\eta_1 - \eta_2) \frac{t_1}{t_2} \right] t = \frac{\xi_1}{t_1} t.$$

Durch Einführung dieser Werthe in Gleichg. (1) erhält man:

$$M_1 = \mu_1 b \sqrt{2g} \sqrt{\frac{\xi_1}{t_1}} \int_0^{t_1} \left(\eta_1 t^{1/2} - \frac{\eta_1 - \eta_2}{t_2} t^{3/2} \right) dt$$

und die Integration liefert:

$$\int_0^{t} \left(\eta_1 t^{1/2} - \frac{\eta_1 - \eta_2}{t_2} t^{3/2} \right) dt = \frac{2}{3} \eta_1 t_1^{3/2} - \frac{2}{5} \frac{\eta_1 - \eta_2}{t_2} t_1^{5/2}$$

$$= \frac{2}{15} t_1^{3/2} \left[5\eta_1 - 3(\eta_1 - \eta_2) \frac{t_1}{t_2} \right] = \frac{2}{15} t_1^{3/2} (2\eta_1 + 3\xi_1)$$

wonach:

$$M_1 = \frac{2}{15} \mu b \sqrt{2g\xi_1}\, t_1 (2\eta_1 + 3\xi_1). \qquad \text{(I.)}$$

Zeitabschnitt II.

Durch Einsetzung des vorhin entwickelten Werthes von ξ in Gleichg. (2) erhält man:

$$M_2 = \frac{2}{3} \mu_2 b \sqrt{2g} \int_{t_1}^{t_2} \left(\eta_1 - \frac{\eta_1 - \eta_2}{t_2} t \right)^{3/2} dt$$

und die Integration liefert:

$$\int_{t_1}^{t_2} \left(\eta_1 - \frac{\eta_1 - \eta_2}{t_2} t \right)^{3/2} dt = - \frac{t_2}{\eta_1 - \eta_2} \frac{2}{5} \left[\left(\eta_1 - \frac{\eta_1 - \eta_2}{t_2} t \right)^{5/2} \right]_{t_1}^{t_2}$$

$$= \frac{2}{5} \frac{t_2}{\eta_1 - \eta_2} \left[\left\{ \eta_1 - \frac{\eta_1 - \eta_2}{t_2} t_1 \right\}^{5/2} - \left\{ \eta_1 - \frac{\eta_1 - \eta_2}{t_2} t_2 \right\}^{5/2} \right] = \frac{2}{5} \frac{t_2}{\eta_1 - \eta_2} (\xi_1^{5/2} - \xi_2^{5/2})$$

Darnach ist:

$$M_2 = \frac{4}{15} \mu_2 b \sqrt{2g} \frac{t_2}{\eta_1 - \eta_2} (\xi_1^{5/2} - \xi_2^{5/2}). \qquad \text{(II.)}$$

Zeitabschnitt III.

Der Werth M_3 der in diesem Intervall ausgeflossenen Wassermenge wird sofort erhalten, wenn man in Gleichg. (1) einführt:

An Stelle von t_1 den Werth $t_3 - t_2$
" " " η_1 " " η_2
" " " ξ_1 " " ξ_2
Man erhält dann:

$$M_3 = \frac{2}{15} \mu_1 b \sqrt{2g\xi_2}\, (t_3 - t_2)(2\eta_2 + 3\xi_2). \qquad \text{(III.)}$$

Sonach ist die ganze während einer Tide ausfliessende Wassermenge:

$$M = \frac{2}{15} b \sqrt{2g} \left\{ \mu_1 \left[t_1 (2\eta_1 + 3\xi_1) \sqrt{\xi_1} + (t_3 - t_2)(2\eta_2 + 3\xi_2) \sqrt{\xi_2} \right] \right.$$

$$\left. + 2\mu_2 \frac{t_2}{\eta_1 - \eta_2} (\xi_1^{5/2} - \xi_2^{5/2}) \right\}. \qquad \text{(IV.)}$$

In vorstehender Entwickelung sind die Koeffiz. μ_1 und μ_2 als konstant angenommen, obwohl dieselben eigentlich mit der Druckhöhe und der Grösse der Ausflussmenge variiren. Man hat daher für diese Koeffiz. gemittelte Werthe einzusetzen.

Benutzt man für μ_1 die Angaben von Lesbros*), so hat man:

für Zeitabschnitt I.

Am Anfang des Zeitabschnitts: $\eta = \eta_1; \ \xi = \eta_1; \ \frac{\xi - \eta}{\xi} = 0$

" Ende $\eta = 0; \ \xi = \xi_1; \ \frac{\xi - \eta}{\xi} = 1$

*) Rühlmann; a. a. O. S. 316 — vergl. auch S. 784 oben.

für Zeitabschnitt III.

Am Anfang des Zeitabschnitts: $\eta = 0$; $\xi = \xi_2$; $\frac{\xi - \eta}{\xi} = 1$

„ Ende „ $\eta = \eta_2$; $\xi = \eta_2$; $\frac{\xi - \eta}{\xi} = 0$.

Der Mittelwerth für $\frac{\xi - \eta}{\xi}$ ist also im 1. und 3. Zeitabschnitt jedesmal $= \frac{1}{2}$; dem entspricht in der Lesbros'schen Tabelle der Koeffiz. $\mu_1 = 0{,}474$.

Der Koeffiz. μ_2 für den Abschn. II. wird $= 0{,}60$ gesetzt werden können.

Wenn die Veränderung des Binnenwasserstandes so gering ist, dass die Höhe desselben als konstant $= \xi_1$ gesetzt werden kann, so ist:

$$\xi_1 = \xi_2 = \eta_1 = \eta_2$$

und durch Einsetzen in Gleichg. (I) und (III) erhielte man sofort die betr. Näherungswerthe M_1' und M_3'. Der Werth nach Gleichg. (II) wird für die eben gemachte Voraussetzung unbestimmt, man findet aber sofort aus Gleichg. (2):

$$M_2' = \frac{2}{3}\,\mu b \sqrt{2g}\,\xi_1^{3/2} \int_{t_1}^{t_2} dt = \frac{2}{3}\,\mu b \sqrt{2g}\,\xi_1^{3/2}\,(t_2 - t_1).$$

Benutzt man für μ_1 und μ_2 die Werthe 0,47 bezw. 0,60 so erhält man:

$$M = \frac{2}{3}\,b\sqrt{2g}\,\xi^{3/2}\left[\,0{,}47\,t_3 + 0{,}13\,(t_2 - t_1)\right]. \qquad \text{(V)}$$

Ist t_0 die Zeitdauer einer Tide, so ist die in dieser Zeit dem Entwässerungs-Graben zugeführte Wassermenge $= \mathfrak{M}\,t_0$. Man erhält also zur Bestimmung die Sielweite b die Beziehung: $M = \mathfrak{M}\,t_0$.

Fig. 773.

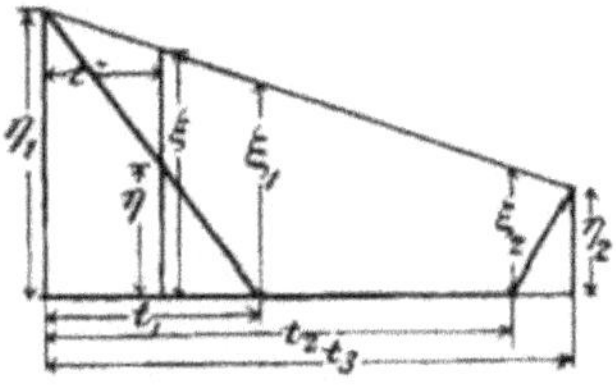

Zahlen-Beispiel. Die Fluthkurve sei durch die in Fig. 772 verzeichnete Kurve gegeben. Der Schleusen-Drempel liege 1,0 über tiefstem Ebbestand; das Binnenwasser soll während einer Ausfluss-Periode auf 1,75 m über den Ebbestand gesenkt werden. Die Oberfläche des Entwässerungs-Grabens (bezw. d. Binnentiefs) $= 30000^{qm}$; der stündliche Zufluss, den derselbe erhält, $= 6000^{cbm}$, daher das Steigen des Binnenwassers während des Schleusenschlusses $= 0{,}2^m$ pro Stunde. Hiernach ist das Liniendiagramm in Fig. 773 aufgetragen.

Wenn der Werth g auf die Sekunde als Zeiteinheit bezogen ist, müssen die Zeitlängen t ebenfalls in Sek. ausgedrückt werden. Man erhält dann aus der grafischen Konstruktion und durch weitere Rechnung:

$t_1 = 10$ St. 39 M. — 8 Std. $=$ 9540 Sek.
$t_2 = 13$ St. 42 M. — 8 Std. $=$ 20520 „
$t_3 = 14$ St. 24 M. — 8 Std. $=$ 23040 „

$\eta_1 = 2{,}97 - 1{,}00 = 1{,}97$
$\eta_2 = 1{,}75 - 1{,}00 = 0{,}75$
$\eta_1 - \eta_2 = 1{,}22$

$\frac{t_1}{t_3} = 0{,}414$; $(\eta_1 - \eta_2)\frac{t_1}{t_3} = 0{,}51$; $\xi_1 = 1{,}46$; $\sqrt{\xi_1} = 1{,}21$; $\xi_1^{5/2} = 2{,}58$;

$\frac{t_2}{t_3} = 0{,}891$; $(\eta_1 - \eta_2)\frac{t_2}{t_3} = 1{,}09$; $\xi_2 = 0{,}88$; $\sqrt{\xi_2} = 0{,}94$; $\xi_2^{5/2} = 0{,}73$;

$2\,\eta_1 = 3{,}94$; $3\,\xi_1 = 4{,}38$; $2\,\eta_1 + 3\,\xi_1 = 8{,}32$

$2\,\eta_2 = 1{,}50$; $3\,\xi_2 = 2{,}64$; $2\,\eta_2 + 3\,\xi_2 = 4{,}14$

$\frac{t_3}{\eta_1 - \eta_2} = 18885$

$$M = b\,\frac{2}{15}\,4{,}43\,\left\{0{,}47\,(96038 + 9802) + 2\,.\,0{,}6\,.\,18885\,.\,1{,}85\right\} = 54145\,b.$$

Die Dauer der Tide ist 12,5 Std. Daher der Zufluss während desselben $= 6000\,.\,12{,}5 = 75000^{cbm}$. Sonach: $75000 = 54145\,b$ und darnach: b rund $= 1{,}4^m$.

V. Günstigste Querprofile bei Kanälen; Sinkstoffe; Normalprofile bei Flüssen.

Bei Fabrik- und Bewässerungs-Kanälen und bei den Speisegräben der Schifffahrts-Kanäle hat man es mit künstlichen Wasserläufen von nahezu gleich bleibenden Wassermengen und Wasserständen zu thun. Das Wasser und die Wasserkräfte sollen bei billiger und betriebssicherer Anlage möglichst ausgenützt und die Unterhaltungskosten gering werden. Meist wird es sich um Kanäle mit symmetrisch-trapezförmigem Profil handeln, was hier voraus gesetzt wird.

Die mittlere Profilgeschw. v ist so klein zu nehmen, dass einem schädlichen Angriff der Sohle und der Ufer vorgebeugt wird; andererseits darf v nicht so gering sein, dass Ablagerungen veranlasst, Eisbildungen befördert, grosse und kostspielige

Profile nöthig werden. Die Geschw. v wird zwischen $0{,}5^{m}$ und $1{,}0^{m}$ gewählt und bei bekannter sekundl. Abflussmenge M nunmehr das Querprofil $F = \frac{M}{v}$, allerdings immer mit Rücksicht auf alle maassgebenden Verhältnisse, bestimmt werden.

Bezüglich der Spiegelbreite b, der Wassertiefe t und der Sohlenbreite b_1 ist häufig die Forderung zu beachten, dass bei bekanntem F, bei einem der Bodenbeschaffenheit entsprechenden Böschungswinkel α der mittlere Flussradius $r = \frac{F}{p}$ möglichst gross, also p ein Minimum werden soll.

Es ist: $b = \frac{F}{t} + t \operatorname{cotg} \alpha$. Für ein Minimum von p muss: $t = \sqrt{\frac{F \sin \alpha}{2 - \cos \alpha}}$, daher auch $\frac{b}{t} = \frac{2}{\sin \alpha}$ werden. Letztere Beziehung ist in Fig. 774 benutzt, um auf der angetragenen Böschung je den Endpunkt der Sohllinie zu fixiren.

Fig. 774.

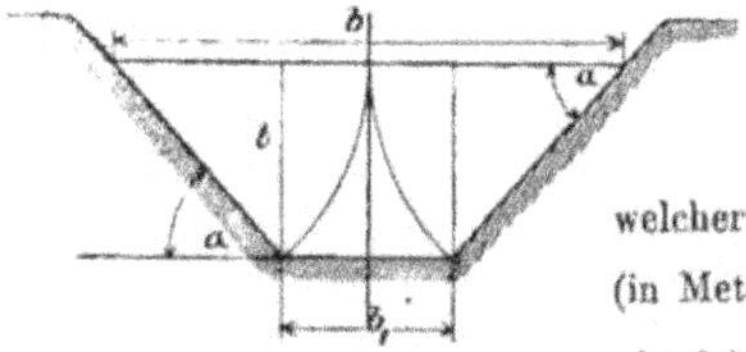

Bei solcher Bestimmungsweise kommt man aber auf beträchtliche Werthe t, die nicht immer zugelassen werden können. Es mag deshalb eine empirische Regel Redtenbachers angefügt werden, nach welcher bei Fabrikkanälen $\frac{b_1}{t} = 2{,}7 + 0{,}9\,F$ (in Metern) zu setzen und mit der aus Fig. 774 abzuleitenden Gleichg.: $t = \sqrt{\frac{F}{\frac{b_1}{t} + \operatorname{cotg} \alpha}}$ zu verbinden ist.

Fig. 775.

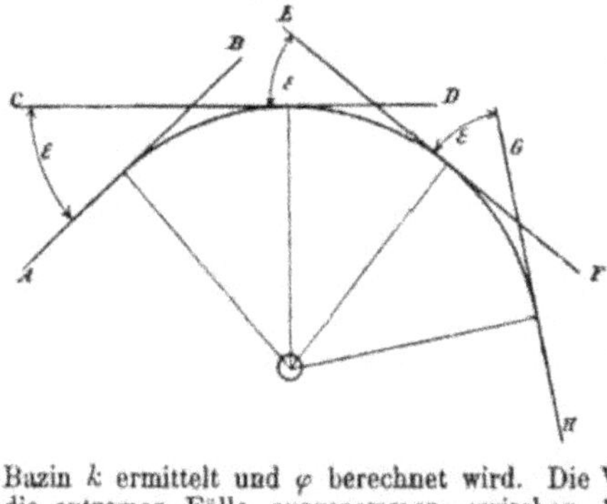

Nächsdem sei erwähnt, dass für solche Kanäle unter gewöhnlichen Verhältnissen t zwischen 1,0 bis $1{,}5^{m}$ gesetzt werden kann (Tiefe des Oberkanals etwa $1{,}5^{m}$, des Unterkanals $1{,}0^{m}$).

Nach Festsetzung des Profils berechnet man das nöthige Gefälle aus: $v = k \sqrt{r \varphi}$, worin also, wenn M bekannt, v angenommen, F und dann: $r = \frac{F}{p}$ und bezw. nach Darcy-Bazin k ermittelt und φ berechnet wird. Die Werthe φ bei solchen Kanälen liegen, die extremen Fälle ausgenommen, zwischen 1 : 1000 und 1 : 5000; vielfach wird das Gefälle 1 : 2500 möglich und zweckmässig sein.

Der Unterkanal erhält gewöhnlich ein stärkeres Gefälle als der Oberkanal, nämlich zwischen 1 : 1000 und 1 : 2000.

Zur Ueberwindung der Widerstände an gut abgerundeten Einmündungen von Kanälen ist eine Druckhöhe von etwa $1{,}5 \frac{v^2}{2g}$ dem absol. Gefälle hinzu zu fügen.

Die Krümmungshalbmesser der Kanalaxe sind möglichst gross zu nehmen; die zur Ueberwindung der Widerstände in krummen Kanalstrecken nöthigen Gefälle ergeben sich angenähert aus: $h_1 = \frac{v^2 \Sigma(\sin^2 \varepsilon)}{40}$, in Metern, wobei $\varepsilon = 40^{0}$ gesetzt, also $\sin^2 \varepsilon = 0{,}413$ genommen und $\Sigma(\sin^2 \varepsilon)$ nach einer durch Fig. 775 angegebenen Zerlegung der krummen Kanalaxe in einzelne Abschnitte ermittelt wird.*) Im vorliegenden Falle ist $\Sigma(\sin^2 \varepsilon) = 3 \sin^2 \varepsilon$. AB, CD .... tangiren die Axe AH.

*) Formel von Dubuat, Zahlenkoeffiz. nach Humphreys-Abbot.

Ueber die in einzelnen Fällen zulässigen Werthe v und Böschungswinkel α ist Folgendes zu bemerken:

Es fehlt nicht an Beobachtungs-Resultaten über die Grösse der Geschw. im Wasserspiegel und bezw. an der Sohle, bei welcher Sinkstoffe von bestimmter Grösse in Bewegung gesetzt werden. Bei den hier in Betracht gezogenen Kanälen bestehen Ufer und Sohle aus in einander gelagerten Materialien von verschiedener Grösse; es dürfen demnach meist grössere Werthe v zugelassen werden, als nach jenen Beobachtungs-Resultaten allein sich ergeben würden. Als grösste zulässige Sohlengeschw. sind verwendbar: in sandigem Boden je nach der Korngrösse und den Lagerungs-Verhältnissen: 0,3 bis 0,75 m,
in Lehmboden 0,2 bis 0,9 m,
in Kiesboden . . . . 0,75 bis 1,2 m.

Wegen der hierbei bestehenden Unsicherheit sind da, wo andere Anhaltspunkte fehlen, Versuche an Probegräben zu empfehlen.

Für Sinkstoffe aus gleich grossen Bestandtheilen gelten folgende Angaben.

Es bewegen sich:
- Sinkstoffe von der Grösse eines Aniskorns bei 0,108 m
- " " " " einer Erbse " 0,189 "
- " " " " einer Bohne " 0,325 "
- Abgerundete Steine von 0,027 m Durchm. " 0,650 "
- " " " Hühnereigrösse " 0,950 "
- Steine von 0,052 m Durchm. . . . . " 1,0 "*)

Zur Bestimmung des Winkels α dienen folgende Angaben:

für lockere Erde aus Sand	gewöhnliche Erde	dichte Erde, festen Boden	Mauerwerk
$\alpha = 22$ bis $26{,}5^\circ$	$33{,}5^\circ$	45°	90°
cotg $\alpha = 2^1/_2$ " 2	$1^1/_2$	1	0

Bei lothrechten Seitenwänden wird vortheilhaft die Breite des Kanals = der doppelten Wassertiefe genommen. —

Die Berechnung der Normalbreite bei Flüssen wird auf die Resultate verschiedener Vor-Erhebungen und auf die, allerdings nicht zutreffende, Voraussetzung gestützt, dass trapezförmige Profile entstehen werden. Es handelt sich um die Normalbreite bei Niedrig-, Mittel- und Hochwasser.

Für Niedrig- und Mittelwasser wird gewöhnlich ein einziges Rinnsal fest gesetzt, dem sich für Hochwasser einer- oder beiderseits Verbreiterungen anschliessen. Aus der im Nachfolgenden gezeigten Bestimmungsweise ergeben sich leicht alle jene Modifikationen, welche bei andern Voraussetzungen beachtet werden müssen.

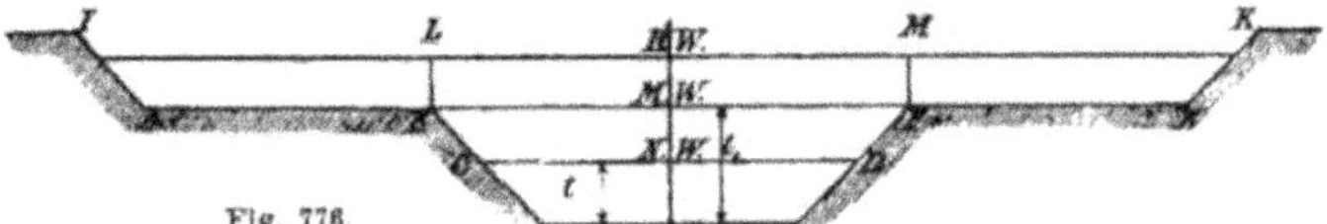

Fig. 776.

Fig. 777.

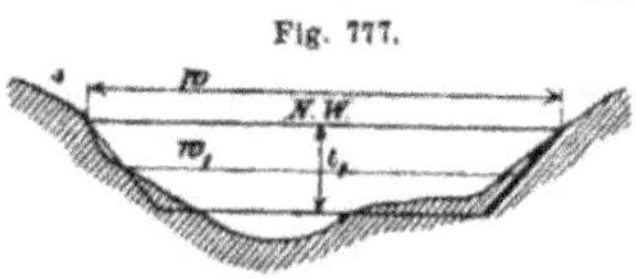

Es sei zunächst die Normalbreite $CD = b$ und das Normalprofil $ABCD = F$ für Niedrigwasser zu bestimmen, Fig. 776. Hierfür ist zu ermitteln die Wassermenge M bei Niedrigwasser, die mittlere Wassertiefe t, das der betr. Flussstrecke entsprechende relative Gefälle φ, das verwendbare Böschungsverhältniss ν. Es sind also die bestehenden Flussverhältnisse geeignet zu berücksichtigen und es kann deshalb eine bestimmte Normalbreite nur für jenen Theil eines Flusslaufs gelten, in welchem diese Verhältnisse durch Einmündung von Seitenflüssen etc. nicht wesentlich alterirt werden. Um die Tiefe t zu finden, misst man eine grössere Anzahl einheitlicher und möglichst regelmässiger Querprofile, in welchen der Wasserstand auf Niedrigwasser reduzirt wird, Fig. 777. Ist w die

*) Vergl. hierzu als ein spezielles Beispiel eine Mittheilung über die Bewegung der Geschiebe des Oberrheins; Deutsch. Bauzeitg. 1883, S. 331.

Wasserspiegel-Breite, F_1 der Wasser-Querschn. eines Profils, ist ν das zulässige Böschungs-Verhältniss des trapezförmigen Profils, welches mit dem aufgetragenen Profil gleichen Flächeninhalt F_1 und gleiche Wasserspiegel-Breite w hat, ferner $\delta_1 = \frac{w_1}{t_1}$ (Verhältniss der mittlern Profilbreite w_1 : Tiefe t_1 des substituirten Trapezes),

so wird:
$$\delta_1 = \frac{F_1}{\left(\frac{w - \sqrt{w^2 - 4\nu F}}{2\nu}\right)^2}.$$

Aus mehreren, ähnlich erhobenen Werthen δ ist ein Mittelwerth δ_m abzuleiten und der weitern Berechnung der Normalbreite b zu Grunde zu legen*).

Es ist:
$$v = k\sqrt{r\varphi};\quad M = Fk\sqrt{r\varphi};$$

die Normalbreite: $b = (\delta_m + \nu)\,t$, wenn: $\delta_m = \frac{b_1}{t}$, Fig. 778; ferner der benetzte

Umfang:
$$p = \frac{b\,(\delta_m - \nu + 2\sqrt{1+\nu^2})}{\delta_m + \nu};\qquad F = \frac{b^2\delta_m}{(\delta_m + \nu)^2};$$

$$r = \frac{F}{p} = \frac{b\,\delta_m}{(\delta_m + \nu)(\delta_m - \nu + 2\sqrt{1+\nu^2})};$$

$$M = \frac{b^2\delta_m}{(\delta_m + \nu)^2}\,k\sqrt{\frac{b\,\delta_m}{(\delta_m + \nu)(\delta_m - \nu + 2\sqrt{1+\nu^2})}\,\varphi},$$

Fig. 778.

aus welcher letztern Gleichg., wenn k aus Messungen $\left(k = \frac{v}{\sqrt{r\varphi}}\right)$ od. nach Darcy-Bazin, Ganguillet u. Kutter etc. ermittelt, die Normalbreite b zu berechnen sein wird.

Die **Normalbreite bei Mittelwasser** EF, Fig. 776, zu deren Bestimmung die Mittelwasser-Menge M' und das Gefälle φ' zu erheben ist, kann man durch vorläufige Wahl einer muthmasslichen Tiefe t' annähernd annehmen. Man berechnet die durch das gewählte Profil abströmende Wassermenge und verbessert t' so lange bis diese mit M' übereinstimmt.

Ist die Hochwasser-Menge M_0, das Hochwasser-Gefälle φ_0 und der Höhen-Unterschied zwischen Niedrig- und Hochwasser in einer ziemlich regelmässigen Flussstrecke fest gestellt, so berechnet man die durch $AELMFB$ abfliessende Wassermenge, Fig. 776; der Rest $M_0 - M_1$ ist durch die Seiten-Abtheilungen abzuführen, deren Breiten zu ermitteln sind.

Die Einschränkung auf die **Hochwasser-Normalbreite** JK geschieht durch Dämme, deren Kronen genügend hoch, im allgem. 0,6 bis 1,0 m, über dem bekannten Hochwasser angelegt werden müssen, um das Binnenland möglichst vor schädlichen Ueberschwemmungen zu sichern**).

*) Die für einen Fluss-Abschnitt aus mehreren einheitl. Profilen abzuleitende, zulässige Niedrigwasser-Tiefe t lässt sich auch in anderer Art fest stellen. Näheres hierzu an anderer Stelle im Abschn. „Wasserbau“.

**) Ueber Profil-Formen vergl. Spezielleres u. a. Rühlmann. A. a. O. S. 436; ferner Deutsche Bauzeitg. 1875, S. 455 ff. u. 1878 S. 519.

VI. Anhang.*)

a. Tabelle der Werthe $k = \sqrt{\frac{1}{\alpha + \frac{\beta}{r}}}$

in der Geschwindigkeits-Formel von Darcy-Bazin (zu S. 777, 778).

Kategorie:	I.	II.	III.	IV.	V.
r	k	k	k	k	k
0	0	0	0	0	0
0,01	40,8	25,7	12,6	5,3	3,8
0,03	57,7	39,7	21,1	9,2	6,5
0,05	64,6	46,8	26,4	11,7	8,3
0,07	68,3	51,3	30,2	13,8	9,8
0,10	71,6	55,6	34,5	16,3	11,6
0,15	74,5	59,9	39,5	19,6	14,0
0,2	76,1	62,4	43,0	22,2	16,0
0,3	77,9	65,3	47,7	26,3	19,1
0,4	78,8	66,9	50,6	29,4	21,6
0,5	79,3	67,9	52,7	31,9	23,6
0,6	79,7	68,7	54,2	34,0	25,3
0,7	80,0	69,2	55,4	35,8	26,7
0,8	80,2	69,6	56,3	37,3	28,0
0,9	80,3	69,9	57,1	38,7	29,1
1,0	80,4	70,1	57,7	39,8	30,1
2,0	—	—	—	46,9	36,6
3,0	—	—	—	50,2	39,7
4,0	—	—	—	52,2	41,7
5,0	—	—	—	53,5	43,0

b. Fluss- oder Stromkarten.

Diese zur Aufstellung einheitlicher Flussregulirungs-Projekte erforderlichen Karten sollen ein treues Bild eines Flusses oder einer Flussstrecke innerhalb des Ueberschwemmungs-Gebiets liefern.

Neuaufnahmen sind auf eine Triangulirung zu stützen; zur Detailirung dienen Messtisch- oder Theodolith-Aufnahmen.

Bei den aus Kataster-Blättern (Flurkarten) angefertigten Stromkarten handelt es sich nur um Ergänzungen, also um Detail-Messungen, durch welche die nach der Zeit der Flur-Aufnahmen eingetretenen Aenderungen fest zu stellen sind.

Als Maassstab der Darstellungen wird im allgem. 1 : 5000 gewählt; grössere Maassstäbe, 1 : 1000, verwendet man bei kleinern, kleinere Maassstäbe, 1 : 10000 bei grossen Flüssen.

Die Original-Flusskarten werden auf Leinwand aufgezogen; sie erstrecken sich, wenn thunlich, auf den ganzen Flusslauf, sind aber wegen bequemer Handhabung in Sektionen von ca. 3^m Kartenlänge zu zerlegen.

Oft wird die Kartirung nur auf die zu regulirenden Flussstrecken mit entsprechender Abgrenzung nach oben und unten ausgedehnt, manchmal auch das Inundations-Gebiet nicht der ganzen Breite nach kartirt. —

Die Aufnahmen sollen bei niedrigen Wasserständen gemacht und die Hauptwasserläufe von links nach rechts gerichtet aufgetragen werden.

Auf einer Flusskarte sind anzugeben:

1. Die Haupt- und Nebenrinnen und die Altwasser des Hauptflusses und der einmündenden Bäche und Flüsse; die Inundations-Grenzen; die Zeit der Aufnahme und die während derselben herrschenden Wasserstände, bezogen auf den benachbarten Hauptpegel; die Uferborde bezogen auf den mittlern Niedrigwasserstand während der Aufnahme;

2. die im Flussbett liegenden Sand- und Kiesbänke, Inseln und Felsen; die in und an dem Flusse liegenden Korrektions-Bauten, Grundschwellen, Wehre, Schleusen, Brücken, Stege, Fähren, Furthen, Landungsplätze, Hafenanlagen, Leinpfade, Pegel, Fixpunkte und Längeneintheilungs-Zeichen (s. Nivellement S. 753); die im Inundations-Gebiet vorhandenen Häuser, Kanäle, Triebwerke, Kulturen etc.;

*) Vergl. hierzu auch den Abschn. „Bauführung", S. 35 ff.

die Hochwasser-Dämme, die Lage der Steinbrüche und Steinablagerungs-Plätze, ferner Eigenthums-, Orts-, Bezirksgrenzen etc.;

3. die Normal- (Korrektions-) Linien und die Bauprojekte.*)

Wo thunlich sind die Rinnsale der Wasserläufe und die Inundations-Gebiete durch Horizontalkurven in Abständen von 1 m darzustellen.

Zweckmässig ist es, nach den Original-Flusskarten autographirte Pläne anzufertigen und auf solchen Belegen die sich von Jahr zu Jahr ergebenden Aenderungen, die jeweiligen Lagen des Stromstrichs und der Stromrinne mit den auf Niedrigwasser bezogenen Wassertiefen zu vermerken.

Besonders wichtige Flussstrecken, z. B. die für Mengen-Messungen ausgewählten, werden auf mässige Ausdehnung in grösserm Maassstabe, 1 : 1000 oder auch 1 : 500, aufgetragen. Auf solchen Plänen sind die Horizontalkurven der Flusssohlen in Abständen von 1 dm, die der Inundations-Gebiete in Abständen von 5 dm anzugeben, um eintretende Aenderungen genügend sicher konstatiren zu können.

c. Uebersichts- und Flussgebiets-Karten.**)

Zu hydrologischen Untersuchungen eignen sich Karten in kleinen Maassstäben. Zu unterscheiden sind: hydrographische Uebersichts-Karten und Flussgebiets-Karten.

Die hydrographischen Uebersichts-Karten (Maassstab 1 : 500 000 bis 1 : 2 000 000) sollen sämmtliche innerhalb eines ganzen Landes, einer Provinz oder auch nur eines Stromgebiets gelegenen Wasserläufe, die Flussgebiete und deren Grenzen (Wasserscheiden), die Landesgrenzen, die Gradeintheilung, die meteorologischen und Pegel-Stationen enthalten. Sie können aus den vorhandenen Kartenwerken, besonders aus den topographischen Karten, unter Benutzung von Pantographen angefertigt werden, und sollen ein naturgetreues Bild aller Wasserläufe innerhalb der gewählten Abgrenzung liefern und besonders auch zur Bestimmung der Flussgebiets-Grössen dienen. Auf der Karte selbst oder in zugehörigen Tabellen sind die Flächen-Inhalte der einzelnen Becken niederer und höherer Ordnung, aus welchen sich die einschlägigen Fluss- und Stromgebiete zusammen setzen, anzugeben.***)

Mit den hydrographischen Uebersichts-Karten in der Gesammt-Disposition übereinstimmend sind hydrologisch-geognostische Karten anzufertigen, in welchen die Durchlässigkeits-Verhältnisse des Bodens innerhalb der Flussgebiete dargestellt werden sollen. Auf solchen Karten werden in entsprechenden Abstufungen, die Terrains gleicher Durchlässigkeit mit gleicher Lavirung behandelt. Die Flächeninhalte der einzelnen Abtheilungen sind durch Planimetriren zu bestimmen.

Auf den Karten können ohne Schädigung der Deutlichkeit auch die Kurven gleicher mittlerer (jährlicher oder monatlicher) Regenintensität — die Isohyeten — von 10—10 mm oder 20—20 mm angegeben werden; event. ist eine dritte Karte im gleichen Maassstabe wie die Uebersichtskarte als Regenkarte auszuarbeiten. Die Bestimmung der jährlichen oder monatlichen Regenmengen geschieht durch Planimetriren der Flächen und Berechnung der Kubikinhalte der Scheiben und Kuppen.****) —

Auf den Flussgebiets-Karten sollen ausser sämmtlichen Wasserläufen mit ihren Gebiets-Grenzen besonders die Kulturen des Bodens und die Terrain-Neigungen dargestellt werden. Zur bequemen Handhabung sind solche Karten

---

*) Abweichend von den im Abschn. „Bauführung" gegebenen Signaturen gebraucht man zur Bezeichnung der Korrektions-Bauten mitunter in mässigen Abständen neben die flussseitigen Begrenzungslinien gesetzte Zeichen: bei Steinbauten ○○○○, Faschinen-Bauten ××××, bei gemischten Bauten ⊗⊗⊗⊗⊗. Bestehende Bauten werden in schwarzen Linien, unvollendete in punktirten Linien angegeben.

**) Die einzelnen Fluss-Gebiete sind mit verschiedenen Farben und innerhalb dieser Gebiete die Wasserscheiden der Zuflüsse möglichst deutlich durch roth ausgezogene oder punktirte Linien anzugeben. Bei den Pegel-Stationen soll die Höhenkote des Pegel-Nullpunktes, der Flächeninhalt des gesammten Zuflussgebiets bis zur Station in qkm und die sekundl. Abflussmenge bei kleinstem und grösstem Wasser erwähnt werden. Die Flächeninhalte sind durch Planimetriren zu bestimmen.

***) S. auch A. Frank. „Zur Frage der bessern Behandlung und Ausnutzung des Wassers etc." Zeitschr. f. Baukde. 1882.

****) S. „Ermittelung der Wassermengen" S. 774, 2. Verfahren.

in kleinerm Maassstabe als die Flusskarten, zur Erzielung genügender Genauigkeit in grösserm Maassstabe als die Uebersichts-Karten anzufertigen. Es empfiehlt sich ein solcher von 1 : 25000.

Zur Uebersicht über die Lage der einzelnen Blätter im Atlas dienen Kartennetze, die nach Schichten und Nummern getheilt sind; auf den Blättern wird die Grad-Eintheilung angegeben und die Grösse der einzelnen Blätter zweckmässig mit 6 auf 10 Min. fest gesetzt.

Es empfiehlt sich, die Karten mindestens dreifarbig zu behandeln, z. B. die Situation (Ortschaften, Wälder, Wiesen, Felder, Wege etc.) schwarz; die Gewässer, Wasserscheiden, Pegel-Stationen blau; die Höhenkurven, meteorologischen Stationen roth oder rothbraun. Die Höhenkurven werden in Abständen von 10 zu 10 ^{m}, bei flachem Terrain auch punktirte Zwischenkurven, angegeben. Die 100 ^{m} Linien sind kräftiger zu halten; bei grösseren Gewässern sind auch Tiefenlinien einzutragen. Zu bemerken sind alle natürlichen und künstlichen Anlagen zur Zurückhaltung des Wassers im und über dem Boden.

Wo Höhenkurven-Karten vorhanden, werden sie zur Anfertigung der Flussgebiets-Karten verwendet; die ganze Karte wird zur bequemen Benutzung in Sektionen von ca. 3 ^{m} Länge — entsprechend 75 ^{km} natürl. Länge — zerlegt.

Die Original-Aufnahmen sind am besten im Maassstabe 1 : 5000 aufzutragen und aus diesen die Flussgebiets-Karten durch Reduktion anzufertigen. Die nivellitischen Arbeiten schliessen sich an die Präzisions-Nivellements an. Ist für die einzelnen Blätter eine grössere Anzahl gut gewählter Punkte mit feinern Nivellir-Instrumenten genau eingemessen, so dienen zur Vervollständigung der Kurven-Aufnahmen Messungen mit kleineren Nivellir-Instrumenten oder auch, wenn zugleich die Situation der Punkte zu bestimmen ist, Messungen mit dem Distanzmesser (bezw. Universal-Instrument), also trigonometr. Messungen; seltener werden Aneroid-Aufnahmen die erforderliche Genauigkeit bieten.

Nach vorstehenden Angaben angefertigte Flussgebiets-Karten sind von ganz allgemeinem Werthe; sie sind vorzüglich verwendbar zu Uebersichts-Karten für Fluss-Regulirungen und bei Fluss-Bereisungen. In Verbindung mit den hydrographischen Uebersichtskarten, mit den hydrologisch-geognostischen und Regenkarten oder genügend vielen Regen-Beobachtungen und mit entsprechenden Wassermengen-Messungen bieten sie das Mittel, die Abflusskoeffiz. in den verschiedenen Fluss-Gebieten und somit auch die Einwirkung der Ausdehnung, der Neigung, der Durchlässigkeit und Kultur des Gebiets auf den Wasserabfluss näher fest zu stellen.

VIII.
Mechanik der Wärme.

Bearbeitet von **L. Pinzger**, Professor an der techn. Hochschule in Aachen.

Litteratur.

Péclet. *Traité de la chaleur. Tom. I. 3me Edit.; 1860.* — Grashof. Theoret. Maschinenlehre, Bd. I; Mechanische Wärmetheorie; 1875. — Zeuner. Grundzüge der mechanischen Wärmetheorie; 2. Aufl.; 1877. — Ferrini. Technologie der Wärme; Deutsch von Schröter; 1878. — H. Valérius. *Les applications de la chaleur; 3me Edit.; 1880.* — Paul. Lehrbuch der Heiz- und Lüftungstechnik 6. Abschn.; Erwärmung und Abkühlung; 1886. — Wüllner. Experimentalphysik; 4. Aufl.; Bd. III. Die Lehre von der Wärme; 1885. — Wolpert. Theorie und Praxis der Ventilation und Heizung. Bd. I., 3. und 7. Abschn.; 1879.

I. Grundbegriffe.

Unter Wärme versteht man die Ursache solcher Aenderungen des innern Zustandes eines Körpers, welche Aenderungen der Aggregat-Form, des spezif. Volumens (Vol. der Gew.-Einheit), oder des Spannungs-Zustandes sind. Insoweit der innere Zustand eines Körpers durch die Aggregat-Form, das spezif. Volumen und den Spannungs-Zustand charakterisirt, also durch die Wärme bedingt ist, heisst er Wärme-Zustand.

Ist der Spannungs-Zustand und das spezif. Volumen eines homogenen Körpers in allen Punkten gleich gross, so ist der Wärme-Zustand desselben ein gleichförmiger.*)

Geht man von dem Grundsatze aus, dass der innere Zustand eines Körpers durch die Art der Bewegung seiner Moleküle bedingt wird, so ist die Wärme als Ursache der Aenderung dieser Molekular-Bewegung, mithin die Molekülar-Bewegung selbst als das Wesen der Wärme zu definiren.

Zwei Wärmegrössen verhalten sich $= 1 : n$, wenn die Massen gleichartiger Körper von gleichförmigen und gleichen Wärme-Zuständen, in denen sie gleiche Aenderungen der Wärmezustände verursachen, sich $= 1 : n$ verhalten. Statt „Wärmegrösse" ist in Folge der frühern Auffassung vom Wesen der Wärme die Bezeichnung „Wärmemenge" gebräuchlich.

Zwei Körper von gleichförm. Wärme-Zuständen haben gleiche Temperatur, wenn lediglich in Folge ihrer gegenseitigen Berührung die Wärme-Zustände derselben sich nicht ändern; z. B. hat ein Körper die Temperatur des schmelzenden Eises oder des gefrierenden Wassers, wenn in Berührung mit einem Gemisch von Eis und Wasser sein Wärme-Zustand keine Aenderung erfährt.**)

Die Temperat. tropfbar flüssiger und gasförmiger Körper wird durch Thermometer gemessen, d. h. durch Instrumente, welche gestatten, die Aenderung des Volumens einer bestimmten Quecksilber- oder Weingeist-Menge, die in Folge der Aenderung der Temperat. derselben eintritt, mit Hilfe einer Skala zu erkennen.

Für wissenschaftliche Zwecke bedient man sich der Thermometer mit Celsius'scher Skala, bei welcher durch die Temperat. des schmelzenden Eises der Theilstrich 0 und durch die Temperat. des bei einem Barometerstand von 760^{mm} Quecksilber-Säule siedenden Wassers der Theilstrich 100 fest gelegt wird; der hundertste Theil des Unterschiedes der beiden genannten Temperaturen wird als 1 „Grad" (°) bezeichnet, so dass die Temperat. des schmelzenden Eises mit 0°, diejenige des siedenden Wassers mit 100° bezeichnet wird.

---

*) Grashof. A. a. O. Bd. I. S. 34.

**) Grashof. A. a. O. S. 34 und 35.

Ausserdem sind in Gebrauch Thermometer mit Skalen nach Réaumur und nach Fahrenheit. Der Nullpunkt der Skala nach Réaumur fällt mit dem Nullpunkt der Celsius'schen Skala zusammen, während die Theilungen in der Weise von einander verschieden sind, dass 80° Réaumur = 100° Celsius sind. Bei der Skala nach Fahrenheit ist der Nullpunkt der Celsius'schen Skala — der Gefrierpunkt — mit + 32° und der Siedepunkt des Wassers (+ 100° Cels.) mit + 212° bezeichnet. Zur Vergleichung dieser drei Skalen dienen die Formeln:

$$x^0\,C\ (\text{Cels.}) = {}^4/_5\, x^0\,R\ (\text{Réaum.}) = 32 + \frac{9}{5}\, x^0\,F\ (\text{Fahrenh.})$$

$$y^0\,R = \frac{5}{4}\, y^0\,C = 32 + \frac{9}{4}\, y^0 F;\quad z^0\,F = \frac{5}{9}\,(z - 32)^0\,C = \frac{4}{9}\,(z - 32)^0\,R.$$

Tabelle zur Vergleichung der Thermometer-Skalen.

Celsius	Réaumur	Fahrenh.	Celsius	Réaumur	Fahrenh.	Celsius	Réaumur	Fahrenh.	Celsius	Réaumur	Fahrenh.	Celsius	Réaumur	Fahrenh.	Celsius	Réaumur	Fahrenh.
— 20	— 16	— 4	— 9	— 7,2	15,8	1	0,8	33,8	11	8,8	51,8	21	16,8	69,8	31	24,8	87,8
— 19	— 15,2	— 2,2	— 8	— 6,4	17,6	2	1,6	35,6	12	9,6	53,6	22	17,6	71,0	32	25,6	89,6
— 18	— 14,4	— 0,4	— 7	— 5,6	19,4	3	2,4	37,4	13	10,4	55,4	23	18,4	73,4	33	26,4	91,4
— 17	— 13,6	+ 1,4	— 6	— 4,8	21,2	4	3,2	39,2	14	11,2	57,2	24	19,2	75,2	34	27,2	93,2
— 16	— 12,8	3,2	— 5	— 4,0	23	5	4	41	15	12	59	25	20	77	35	28	95
— 15	— 12	5	— 4	— 3,2	24,8	6	4,8	42,8	16	12,8	60,8	26	20,8	78,8	36	28,8	96,8
— 14	— 11,2	6,8	— 3	— 2,4	26,6	7	5,6	44,6	17	13,6	62,6	27	21,6	80,6	37	29,6	98,6
— 13	— 10,4	8,6	— 2	— 1,6	28,4	8	6,4	46,4	18	14,4	64,4	28	22,4	82,4	38	30,4	100,4
— 12	— 9,6	10,4	— 1	— 0,8	30,2	9	7,2	48,2	19	15,2	66,2	29	23,2	84,2	39	31,2	102,2
— 11	— 8,8	12,2	0	0	32	10	8	50	20	16	68	30	24	86	40	32	104
— 10	— 8	14															

II. Wärmeeinheit; spezifische Wärme.

Unter Wärmeeinheit (Kalorie) versteht man diejenige Wärmemenge, welche die Temperat. von 1 kg Wasser von 0° auf 1° erhöht.

Spezifische Wärme (c) einer Substanz nennt man diejenige Wärmemenge (Anzahl Wärmeeinh.), welche die Temperat. der Substanz von t^0 auf $(t + 1)^0$ erhöht. c ist bei festen und flüssigen Körpern mehr oder weniger von der Temperat. derselben abhängig; z. B. ist c, nach Regnault, für Wasser:

$$c = 1 + 0{,}000\,04\,t + 0{,}000\,000\,9\,t^2.$$

Bei Gasen ist dagegen c unabhängig von der Temperatur.

Es darf indess auch für feste und flüssige Körper sofern es sich nicht um einen sehr hohen Grad der Genauigkeit der durchzuführenden Rechnung handelt, angenommen werden, dass c konstant sei.

Tabelle der spezif. Wärme (bezw. Wärmekapazität) fester und tropfbar flüssiger Substanzen; nach Regnault*).

Substanz	Spezif. Wärme c	Wärmekapazität für 1 cbm $c\gamma$	Substanz	Spezif. Wärme c	Wärmekapazität für 1 cbm $c\gamma$
Antimon	0,05077	340	Schmiedeeisen	0,11379	882
Blei	0,03140	357	Schwefel	0,20259	—
Glas, gekühltes . . .	0,1937	494	Silber . .	0,05701	—
Glas, sprödes .	0,1923	490	Stahl, harter	0,11750	916
Gold .	0,03244	—	Stahl, weicher .	0,11650	
Graphit	0,1960	400	Ziegelstein	0,1890 — 0,2410	340 — 434
Gusseisen	0,12983	941	Zink	0,09555	688
Gips	0,19656	191	Zinn	0,05623	410
Holz, Birnbaum-	0,500	350			
Holz, Eichen-	0,570	439	Aether	0,5200	—
Holz, Fichten . . .	0,650	280	Alkohol, absoluter	0,7000	—
Kalk, kohlensaurer	0,20460	350	Olivenöl . . .	0,3096	—
Kupfer	0,09515	833	Terpentinöl	0,4720	—
Messing	0,09391	803	Quecksilber	0,0330	—
Platin	0,03243	—	Wasser	1,0000	1000
Quarz .	0,18940	502			

Erfährt also ein Körper vom Gewicht G (kg) eine positive oder negat. Temperat.-Aenderung $= \Delta t$, so nimmt derselbe auf, bezw. giebt er ab die Wärmemenge: $Q = c\,G\,\Delta t$. Das Produkt $c\,G$ heisst das auf Wasser reduzirte Gewicht, oder der Wasserwerth des betr. Körpers, da dasselbe ein Wassergewicht darstellt, welches durch die Wärmemenge Q die Temperat.-Aenderung Δt erfahren würde, sofern die spezif. Wärme des Wassers = 1 gesetzt wird.

Bezeichnet γ das Gewicht von 1 cbm eines festen Körpers, so giebt $c\gamma$ die Wärmemenge an, welche erforderlich ist, die Temperat. von 1 cbm des fraglichen Körpers um 1° zu verändern; der Werth $c\gamma$ wird Wärmekapazität pro cbm genannt. Um also eine Temperat.-Aenderung Δt eines festen Körpers vom Vol. V (cbm) hervor zu rufen, ist die Wärmemenge: $Q = (c\gamma)\ V\Delta t$ erforderlich.

III. Ausdehnung der Körper durch die Wärme.

a. Ausdehnung fester Körper.

Erfährt ein fester Körper vom Volumen V eine Temperat.-Erhöhung = t^0, so erfolgt eine Volumen-Vergrösserung desselben, welche für praktische Zwecke genau genug, proportional der Temperat.-Erhöhung gesetzt werden darf; sein Volumen wird demnach:

$$V_1 = V(1 + \beta t).$$

Bezieht man den Körper auf ein rechtwinkl. Koordin.-System, so gehen seine den Axen parallelen Dimensionen x, y, z über in: $x(1 + \alpha t)$; $y(1 + \alpha t)$ und $z(1 + \alpha t)$.

Folglich ist: $(1 + \beta t) = (1 + \alpha t)^3$, wofür, wegen der Kleinheit von α selbst für grössere Temperat.-Unterschiede, abgekürzt: $1 + \beta t = 1 + 3\alpha t$, also $\beta = 3\alpha$ gesetzt werden darf. Jede Querschn.-Fläche F des Körpers erfährt hierbei eine Vergrösserung auf $F_1 = F(1 + 2\alpha t)$.

Tabelle der Ausdehnungs-Koeffizienten für das Temperat.-Intervall von 0° bis 100° (oder für $t = 100°$).

Substanz	Volumen-Ausdehnung $100\beta = 300\alpha$	Flächen-Ausdehnung 200α	Längen-Ausdehnung 100α		Bestimmt von
Blei	0,008545	0,005697	0,002848	$\frac{1}{351}$	Lavoisier und Laplace
Glas, bleihaltiges .	0,002616	0,001744	0,000872	$\frac{1}{1147}$	
Glas, englisches	0,002436	0,001623	0,000812	$\frac{1}{1243}$	
Flintglas-Röhren, bleifreie	0,002691	0,001794	0,000897	$\frac{1}{1115}$	
Glas .	0,002584	0,001723	0,000861	$\frac{1}{1161}$	Dulong und Pétit
Gold, ausgeglüht .	0,004541	0,003027	0,001514	$\frac{1}{661}$	Lavoisier u. Laplace
Gusseisen .	0,003330	0,002220	0,001110	$\frac{1}{901}$	Roy
Kupfer .	0,005152	0,003436	0,001717	$\frac{1}{582}$	Lavoisier u. Laplace
Messing, gegossen	0,005625	0,003750	0,001875	$\frac{1}{533}$	Smeaton
Messingdraht	—	—	0,001933	$\frac{1}{517}$	
Platin	0,002652	0,001768	0,000884	$\frac{1}{1131}$	Dulong und Pétit
Silber	0,005726	0,003817	0,001909	$\frac{1}{524}$	Lavoisier und Laplace
Schmiedeisen	0,003661	0,002441	0,001220	$\frac{1}{819}$	
Schmiedeisen-Draht, weich	—	—	0,001235	$\frac{1}{812}$	
Stahl, gehärtet	0,003719	0,002479	0,001240	$\frac{1}{807}$	
Stahl, weich .	0,003237	0,002158	0,001079	$\frac{1}{927}$	
Zink .	0,008825	0,005883	0,002942	$\frac{1}{340}$	Smeaton
Zinn .	0,005813	0,003875	0,001938	$\frac{1}{516}$	Lavoisier u. Laplace

*) Die in der Tabelle angegebenen Zahlen sind nur Mittelwerthe. Es sind nur solche Stoffe berücksichtigt worden, für welche die Angaben von Bedeutung in der Praxis sein könnten.

Die **Ausdehnungs- oder Zusammenziehungs-Kraft** P einer prismatischen Stange vom Querschn. F, deren Material den Ausdehnungskoeffiz. α und den Elastizitätskoeffiz. E besitzt, ist bei t^0 Temperat.-Aenderung: $P = \alpha t E F$.

b. Ausdehnung flüssiger Körper.*)

Die Abhängigkeit der Volumen-Ausdehnung der **Flüssigkeiten** von der Temperat. t wird, wenn V_0 das Flüssigk.-Vol. bei 0^0, V_t dasjenige bei t^0 Temperat. bezeichnet, allgemein ausgedrückt durch: $V_t = V_0 (1 + at + bt^2 + ct^3 + dt^4)$.

Für eine Anzahl von Flüssigkeiten sind die Werthe der Koeffiz. a, b ... in folgender **Tabelle** zusammen gestellt:

Für	a	b	c	d	Bestimmt von
Aether bis 120°	0,001348906	0,000006554	− 0,000000034491	0,000000000338	Hirn
Alkohol bis 160°	0,000738923	0,000010552	0,000000092481	0,000000000404	Hirn
Olivenöl	0,000798	− 0,0000007726	0,000000008274	—	Kopp
Terpentinöl . . .	0,0009003	0,0000019595	0,000000004499	—	Kopp
Terpentinöl bis 160° . . .	0,0006866135	0,000005002	− 0,000000025536	0,000000000069	Hirn
Quecksilber bis 300° . . .	0,00017905	0,0000000252	—	—	Regnault

Bei **Quecksilber** kann für eine Temperatur t zwischen 0^0 und 100^0: $V_t = V_0 (1 + \alpha t)$ gesetzt werden, wobei, nach **Regnault**, der mittlere Ausdehn.-Koeffiz. $\alpha = 0{,}00018153 = \frac{1}{5509}$.

Für die Ausdehnung des **Wassers** zwischen den Temperat.-Grenzen 0^0 und 100^0 lassen sich allgemein gültige Werthe von a, b und c nicht aufstellen.

Die grösste Dichtigkeit besitzt Wasser bei $+ 4^0$; setzt man das Volumen der Gewichtseinh. bei dieser Temperat. $= 1$, so sind die Vol. derselben bei andern Temperat., nach **Jolly**, die in folgender **Tabelle** zusammen gestellten:

Temperat.	Volumen V_t	Dichtigkeit δ	Temperat.	Volumen V_t	Dichtigkeit δ	Temperat.	Volumen V_t	Dichtigkeit δ	Temperat.	Volumen V_t	Dichtigkeit δ
0	1,000126	0,999874	25	1,011877	0,988262	55	1,002856	0,997152	80	1,029003	0,971814
4	1,000000	1,000000	30	1,014320	0,985882	60	1,004234	0,995784	85	1,032346	0,968667
5	1,000006	0,999994	35	1,016964	0,983328	65	1,005823	0,994211	90	1,035829	0,965410
10	1,000257	0,999743	40	1,019752	0,980631	70	1,007627	0,992431	95	1,039483	0,962017
15	1,000847	0,999154	45	1,022384	0,978106	75	1,009641	0,990451	100	1,043116	0,958666
20	1,001732	0 998271	50	1,025770	0,974877						

Für die Vol. des Wassers zwischen den Temperat.-Grenzen 100^0 und 200^0 ergeben sich nach der von **Hirn** auf Grund seiner Versuche aufgestellten Formel: $V_t = 1 + at + bt^2 + ct^3 - dt^4$, in welcher: $a = 0{,}0001086788$, $b = 0{,}00000300073653$ $c = 0{,}0000000287304$ und $d = 0{,}0000000000066457$, die Werthe in folg. Tabelle:

Temperat. Grad	Volumen V_t	Dichtigkeit δ	Temperat. Grad	Volumen V_t	Dichtigkeit δ	Temperat. Grad	Volumen V_t	Dichtigkeit δ	Temperat. Grad	Volumen V_t	Dichtigkeit δ
100	1,04315	0,958635	130	1,06936	0,935139	160	1,10179	0,907614	190	1,14026	0,876993
110	1,05119	0,951303	140	1,07949	0,926363	170	1,11395	0,897706	200	1,15438	0,866266
120	1,05993	0,943458	150	1,09030	0,917179	180	1,12678	0,887485			

c. Volumen-Aenderung gasförmiger Körper.

Die **Volumen-Zunahme** der **Gase** bei Erwärmung derselben **unter konstanter Pressung** kann proportional der Temperat. t angenommen werden innerhalb derjenigen Temperat.-Grenzen, in welchen der vollkommen gasförmige Zustand erhalten bleibt. Bezeichnet also V_t das Volumen eines bestimmten Gasgewichts bei t^0, V_0 dasselbe bei 0^0, so ist: $\frac{V_t - V_0}{V_0} = \alpha t$ oder: $V_t = V_0 (1 + \alpha t)$.

Für **atmosph. Luft** ist, nach **Regnault**, $\alpha = 0{,}003665$, welcher Werth auch **annähernd** für andere Gase angenommen werden darf.

*) Wüllner. Experimentalphysik. 4. Aufl. Bd. 3, S. 64—80.

Sind die Vol. V_1 und V_2 eines bestimmten Luftgewichts und die Temperat. t_1 und t_2 zusammen gehörige Werthe, so ist unter Voraussetzung konstanter Pressung:

$$\frac{V_1}{V_2} = \frac{1+\alpha t_1}{1+\alpha t_2} = \frac{\frac{1}{\alpha}+t_1}{\frac{1}{\alpha}+t_2} = \frac{273+t_1}{273+t_2} = \frac{T_1}{T_2}.$$

Die Temperat. $T_1 = 273 + t_1$ und $T_2 = 273 + t_2$ heissen **absolute Temperaturen**; die Temperat. $= -273^0$ wird dem entsprechend als „absoluter Nullpunkt" bezeichnet.

IV. Aenderung der Aggregat-Form der Körper durch die Wärme.

Wird einem festen Körper stetig Wärme zugeführt, so steigt seine Temperat. bis zu einem gewissen Grade, bei dem die einzelnen Theile aus der festen in die tropfbar flüssige Aggregat-Form übergehen, ohne dass hierbei eine weitere Steigerung der Temperat. stattfindet, während doch zur Umwandlung sämmtlicher Theile der Gew.-Einheit des Körpers in die tropfbar flüssige Aggregat.-Form eine gewisse Wärmemenge verbraucht wird. Die genannte Temperat.-Grenze nennt man **Schmelz-Temperatur** oder **Schmelzpunkt**, die zum Schmelzen der Gewichtseinh. (1 kg) verbrauchte Wärmemenge die **Schmelzwärme** des betr. Körpers.

Tabelle der Schmelz-Temperat. und der Schmelzwärme verschieden. Substanzen

	Schmelz-temperat. nach Pouillet Grad	Schmelz-wärme nach Person W.-E.		Schmelz-temperat. nach Pouillet Grad	Schmelz-wärme nach Person W.-E.		Schmelz-temperat. nach Pouillet Grad	Schmelz-wärme nach Person W.-E.
Schmiedeeisen	1500 — 1600	—	Silber . .	1000	21,07	Stearin . . .	43 — 49	—
Stahl, strengflüssig . . .	1400	—	Bronze . . .	900	—	Paraffin . .	46	—
			Antimon . .	432	—	Phosphor .	44	5,034
Stahl, leichtflüssig . . .	1300	—	Zink . .	360	28,13	Talg . .	40	—
			Blei	330	5,369	Butter . . .	32	—
Gusseisen, graues . . .	1100 — 1200	—	Wismuth .	260	12,640	Olivenöl .	5	—
			Zinn	235	14,251	Rüböl .	1	—
Gusseisen, weisses . .	1050 — 1100	—	Schwefel .	115	9,308	Eis	0	79,25
			Gelb. Wachs	61	—	Terpentinöl	— 10	—
Gold . . .	1200	—	Wallrath . .	48	—	Quecksilber	— 39	2,83
Kupfer	1090	—						

Tabelle der Schmelz-Temperat. einiger leicht flüssiger Metall-Legirungen.

Grad	Gewichtstheile Zinn	Blei	Wismuth	Kadmium	Grad	Gewichtstheile Zinn	Blei	Wismuth	Kadmium
70	1	2	4	1	135	3	3	—	—
77	3	5	8	—	144	3	1	—	—
94	1	1	4	—	151	1	1	—	—
99	1	1	1	—	155	6	1	—	—
116	2	2	1	—	183	1	2	—	—
124	3	3	1	—	207	1	4	—	—

Tabelle der Verdampfungs-Temperat. und der Verdampfungs-Wärme verschiedener Substanzen bei einer Oberflächen-Pressung von 10333 kg pro qm (Atm.-Druck bei 760 mm Quecksilbersäule von 0°):

Substanz	Verdampfungs-Temperat. Grad	Spezif. Verdampfungs-Wärme (nach Regnault) W.-E.	Substanz	Verdampfungs-Temperat. Grad	Spezif. Verdampfungs-Wärme (nach Regnault) W.-E.
Schweflige Säure . . .	— 10	—	Wasser . . .	100	536,5 **)
Aethyläther	+ 34,956 *)	90,2 **)	Terpentinöl . .	157	76,8 (nach Despretz)
Schwefelkohlenstoff	46,254 *)	84,8 **)	Leinöl	316	
Alkohol	78,299 *)	214,4 **)	Schwefelsäure	325	—
Benzol (Benzin) .	80,4	—	Quecksilber	357,347 *)	—

*) Zeuner. Mech. Wärmetheorie. 2. Aufl. S. 254 u. 255.

**) Derselbe. Ebenda. S. 267. — Wüllner. Experimentalphysik; Bd. 3. S. 640 u. 641.

Tropfbar flüssige Substanzen gehen bei einer bestimmten Temperat. in die **gasförmige Aggregat-Form** (**Dampf-Form**) über, wobei zur Verdampfung der Gewichtseinh. (1 kg) die Zuführung einer gewissen Wärmemenge erforderlich ist, ohne dass hierdurch eine Erhöhung der Temperat. eintritt.

Jene Wärmemenge heisst **spezif. Verdampfungs-Wärme**, nach der ältern — als unklar aufzugebenden — Bezeichnungsweise: **latente** oder **gebundene Wärme**.

Die **Verdampfungs-Temperat.** (**Siede-Temperat.**, **Siedepunkt**) ist, ebenso wie die **Verdampfungs-Wärme**, ausser von der Substanz wesentlich abhängig von der spezif. **Pressung**, welche der Flüssigkeits-Spiegel erleidet.

V. Apparate zur Messung höherer Temperaturen tropfbar flüssiger und gasförmiger Körper; Pyrometer und Kalorimeter.

a. Pyrometer, deren Angaben auf der Ausdehnung von Metallen beruhen.

α. Quecksilber-Pyrometer.

Das bekannte Quecksilber-Thermom. mit Skala, deren Theilung bis 350° fortgesetzt ist, kann zur Messung von Temperat. bis 300° benutzt werden, wenn das Thermom.-Rohr mit **Stickstoff** gefüllt ist, der bei steigendem Quecksilber-Spiegel in Folge seiner Kompression das durch Bildung von Quecksilber-Dämpfen herbei geführte Zerreissen des Quecksilber-Fadens verhütet. Die Angaben eines solchen Thermom. sind sehr zuverlässig.

Fig. 779.

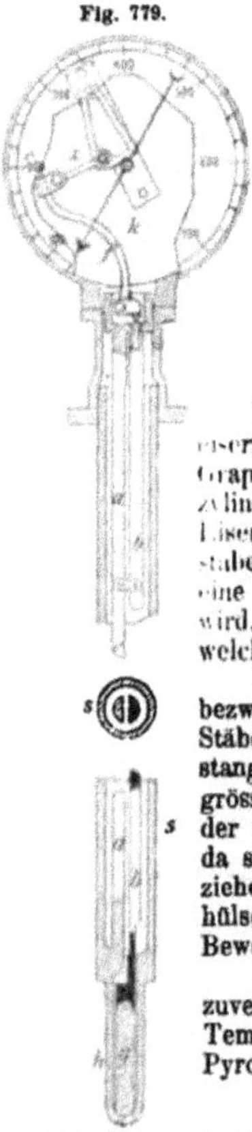

β. Metall-Pyrometer.

Hier wird die Differenz der Ausdehnungen **zweier verschiedenen** Metalle (z. B. Kupfer und Stahl) durch einen Fühlhebel auf einen Zeiger übertragen, dessen Spitze die fragliche Temperat. auf einer Skala anzeigt. Pyrom. dieser Gattung sind wenig zuverlässig, da sich nach jeder Erhitzung der Molekular-Zustand der Metalle etwas verändert.

γ. Graphit-Pyrometer von Steinle u. Hartung, Fig. 779.

Hier wird der Unterschied der Ausdehnung des schmiedeisernen Hohlzylinders *h* und des in demselben befindlichen Graphitstabes *g* als Maass für die Temperatur, welcher der Eisenzylinder *h* ausgesetzt wird, benutzt. Der Stab *a* ist mit dem Eisenzylinder *h* verbunden, während auf den Kopf des Graphitstabes der aus demselben Material wie *a* bestehende Stab *b* durch eine am obern Ende desselben befindliche Spiralfeder gedrückt wird. Beide Stäbe werden von der Schutzhülse *s* umschlossen, welche an ihrem obern Ende das Skalen-Gehäuse *k* trägt.

Die bei einer Temperat.-Aenderung erfolgende Ausdehnung, bezw. Verkürzung von *h* bewirkt eine Relativ-Bewegung der Stäbe *a* und *b*, welche durch den Fühlhebel *f* und die Zugstange *z* auf das Zahn-Segment und die Zeiger-Axe in vergrössertem Maasse übertragen wird. Eine theilweise Erwärmung der Stäbe *a* und *b* bleibt ohne Einfluss auf die Zeiger-Bewegung, da sich beide Stäbe stets gleichmässig ausdehnen oder zusammen ziehen. Ebenso beeinflusst eine Längen-Aenderung der Schutzhülse *s*, in Folge der Einschaltung einer Zugstange *z*, die Zeiger-Bewegung wenig oder gar nicht.

Die Angaben des Graphit-Pyrom. sind für praktische Zwecke zuverlässig genug, sofern die Skala desselben für höhere Temperat. nach den Angaben eines Luft-Pyrom. oder des elektr. Pyrom. von **Siemens** (siehe weiter unten) getheilt ist.

b. Spannungs-Pyrometer.

Die Temperat.-Angabe wird hierbei durch die der fragl. Temperat. entsprechende Spannung trockner Luft oder gesättigter Dämpfe verschiedener Flüssigkeiten vermittelt.

α. Das Luftpyrometer.

Es besteht aus einem mit absolut trockner Luft gefüllten Platingefäss P, Fig. 780; dasselbe ist durch ein enges Platinrohr r mit einem Quecksilber-Manometer M, bestehend aus einer festen Glasröhre G und einer verschiebbaren G_1 mit zwischengeschaltetem Gummischlauch, verbunden. Beim Gebrauch wird durch Verschieben der Röhre G_1 bewirkt, dass der Quecksilber-Spiegel in G stets auf dem Nullpunkt der Skala bleibt; der Höhenunterschied h der beiden Quecksilber-Spiegel + dem augenblickl. Barometerstande b giebt die Grösse der absol. Pressung (in mm Quecksilber-Säule) der in P eingeschlossenen Luft an.

Fig. 780.

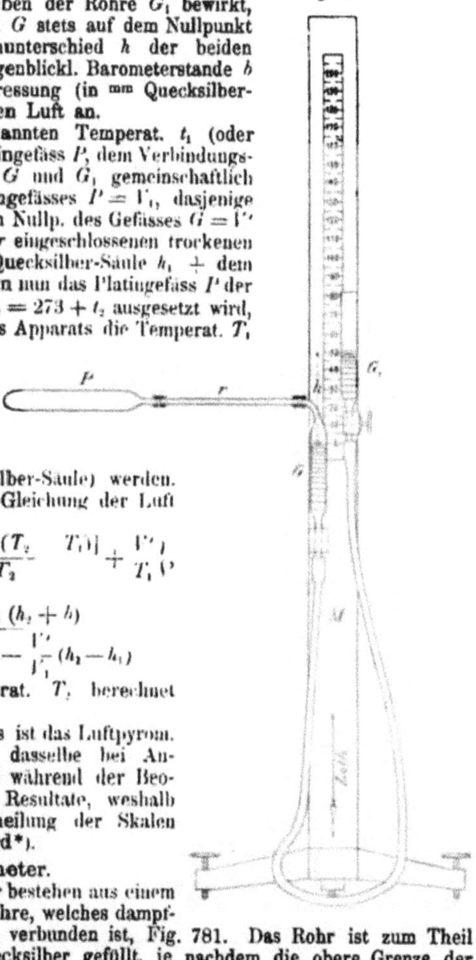

Ist z. B. bei einer bekannten Temperat. t_1 (oder $T_1 = 273 + t_1$), welche dem Platingefäss P, dem Verbindungsrohr r und den Glasgefässen G und G_1 gemeinschaftlich sein möge, das Vol. des Platingefässes $P = V_1$, dasjenige des Verbindungsrohrs r bis zum Nullp. des Gefässes $G = V'$ und die Pressung der in P und r eingeschlossenen trockenen Luft $= p_1$, entsprechend der Quecksilber-Säule h_1 + dem Barometerstand b, so wird, wenn nun das Platingefäss P der zu bestimmenden Temperat. $T_2 = 273 + t_2$ ausgesetzt wird, während die übrigen Theile des Apparats die Temperat. T_1 behalten, das Platingefäss in Folge der Ausdehnung das Vol.:

$$V_2 = V_1 \, [1 + \beta \, (T_2 - T_1)]$$

annehmen, mit $\beta = 0{,}00002652$, und die Pressung der eingeschlossenen Luft $= p_2$ (entsprechend $h_2 + b$ (mm Quecksilber-Säule) werden. Mit Anwendung der Zustands-Gleichung der Luft ergiebt sich nun:

$$\frac{p_1 \, (V_1 + V')}{T_1} = p_2 \left\{ \frac{V_1 \, [1 + \beta \, (T_2 - T_1)]}{T_2} + \frac{V'}{T_1} \right\}$$

folglich:

$$\frac{T_2}{1 + \beta \, (T_2 - T_1)} = \frac{T_1 \, (h_2 + b)}{(h_1 + b) - \frac{V'}{V_1} (h_2 - h_1)}$$

woraus die gesuchte Temperat. T_2 berechnet werden kann.

Für die Zwecke der Praxis ist das Luftpyrom. wenig geeignet; doch liefert dasselbe bei Anwendung der nöthigen Sorgfalt während der Beobachtungen sehr zuverlässige Resultate, weshalb es zur Kontrole bezw. Eintheilung der Skalen anderer Pyrometer benutzt wird*).

β. Thalpotasimeter.

Die sogen. Thalpotasimeter bestehen aus einem Messing- oder Schmiedeisen-Rohre, welches dampfdicht mit einem Federmanom. verbunden ist, Fig. 781. Das Rohr ist zum Theil mit Aether, Wasser oder Quecksilber gefüllt, je nachdem die obere Grenze der zu messenden Temperat. niedriger oder höher liegt. Wird nun das Rohr der betr. Temperat. ausgesetzt, so verdampft ein Theil der Füllung und die Spannung der entwickelten Dämpfe bewirkt eine Biegung der Manometer-Feder, welche die Bewegung des Zeigers hervor ruft. Da die Spannkraft gesättigter Dämpfe in genauer Beziehung zur Temperat. derselben steht, werden die Angaben der Thalpotasimeter einigermaassen zuverlässig sein, so lange das Manometer zuverlässig funktionirt.

*) Ausführlicheres über Luftpyrometer s. in Dr. Ferd. Fischer; Chemische Technologie der Brennstoffe S. 32—40.

Die bekannte Fabrik von Schaeffer und Budenberg in Buckau-Magdeburg fertigt Thalpotasimeter mit Aether-Füllung für Temperat.-Angaben von 40° bis 120°, mit Wasser-Füllung für Temperat. von 100° bis 360° und mit Quecksilber-Füllung für Temperat. von 360° bis 650° (höchstens 750°).

c. Elektrisches Widerstands-Pyrometer von C. W. Siemens.

Hierbei wird der mit der Temperat. wachsende Leitungs-Widerstand einer Platin-Spirale verglichen mit einem konstanten Widerstande einer Neusilber-Spirale

Fig. 781.

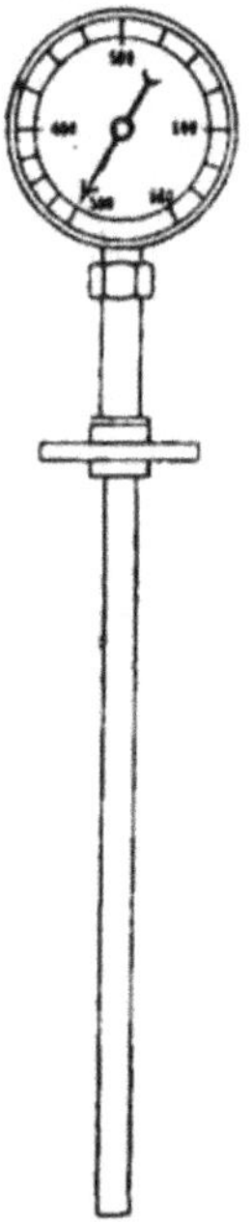

Fig. 782.

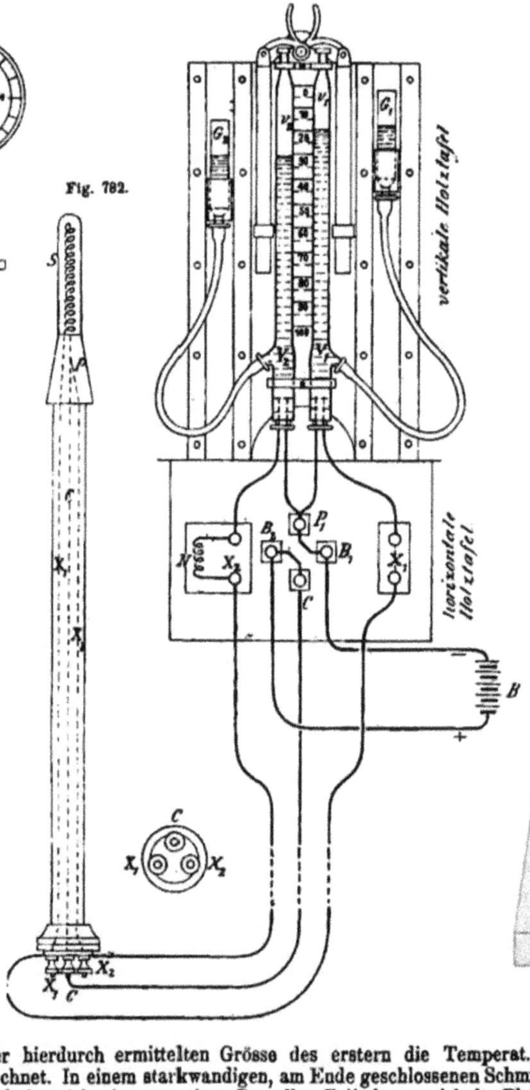

Fig. 783.

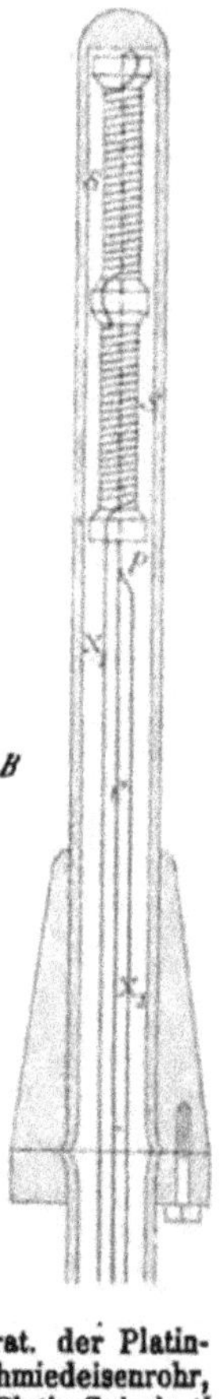

und aus der hierdurch ermittelten Grösse des erstern die Temperat. der Platin-Spirale berechnet. In einem starkwandigen, am Ende geschlossenen Schmiedeisenrohr, Fig. 783 befindet sich eine um einen Porzellan-Zylinder gewickelte Platin-Spirale S

aus 0,4 mm starkem Draht, welche bei 0° einen Widerstand von 10 Siemens-Einheiten besitzt; das eine Ende dieser Spirale ist mittels eines angeschmolzenen stärkern Platindrahts X_1 mit der Klemmschraube X_1, das andere Ende mit den beiden bei P zusammen geschmolzenen Platindrähten C und X_2 verbunden, welche in den Klemmschrauben C und X_2 endigen. Die 3 Platindrähte X_1, C und X_2 sind innerhalb des Schmiedeisen-Rohres durch übergeschobene Thon-Zylinder gut isolirt. Die Klemmschrauben X_1, C und X_2 werden mittels dreier in ein Kabel vereinigter isolirter Kupferdrähte mit den Klemmschrauben X_1, C und X_2 des Differenz-Voltameters, Fig. 782, und die Klemmschrauben B_1 und B_2 des letztern mit den Polen einer mässig starken galvan. Batterie B verbunden; bei X_2 ist eine Neusilber-Spirale N mit konstantem Widerstande von 17 Siemens-Einh. eingeschaltet und von X_1 bezw. X_2 aus ebenso wie von der Klemmschraube P_1 aus sind Platindrähte durch die Bodenverschlüsse der Glasröhren V_1 und V_2 geführt.

Die Füllung der Glasröhren V_1 und V_2 mit stark verdünnter Schwefelsäure (1 Vol. Säure + 9 Vol. Wasser) schliesst die Leitung zwischen X_1, bezw. X_2 und P_1, während der Strom zwischen den Klemmschrauben C, B_1, B_2 und P_1 durch einen Kommutator unterbrochen, geschlossen und gewechselt werden kann. Das obere Ende der Glasröhren V_1 und V_2 ist durch Gummipolster, welche durch Hebel-Belastung niedergedrückt werden, luftdicht geschlossen, damit das beim Strom-Durchgang in den Glasgefässen entwickelte Knallgas nicht entweichen kann.

Man setzt nun das Rohrende, welches die Platin-Spirale S enthält, der zu messenden Temperat. aus, stellt die Wasserspiegel in V_1 und V_2 durch Verschieben der mit diesen Röhren durch Gummischläuche kommunizirenden Glasgefässe G_1 und G_2 nach Lüften der Gummipolster auf 0 ein und schliesst nunmehr durch entsprechendes Drehen des Kommutators den Strom. Derselbe, von B_2 über C nach P geleitet, theilt sich dort in 2 Zweige; der eine derselben geht durch X_2 zurück, durchläuft die Neusilber-Spirale N und entwickelt in der Glasröhre V_2 eine gewisse Menge Knallgas v_2, um sich schliesslich in P_1 mit dem andern Stromzweige wieder zu vereinigen. Dieser 2. Zweig geht von P durch die Platin-Spirale S, wo er den veränderlichen Widerstand R zu überwinden hat, gelangt durch X_1 nach der Glasröhre V_1, woselbst sich das Knallgas-Volumen v_1 durch seine Wirkung entwickelt, und kehrt durch P_1 und B_1 zur Batterie B zurück.

Die in gleicher Zeit entwickelten Knallgas-Mengen v_2 und v_1 sind den Stromstärken direkt, also den in den Leitungen vorhandenen Widerständen umgekehrt proportional. Bezeichnet man daher den konstanten Widerstand jeder Leitung einschl. den des zugehörigen Voltameters mit W, so ist: $\frac{R + W}{17 + W} = \frac{v_2}{v_1}$, also:

$$R = (17 + W)\frac{v_2}{v_1} - W.$$

Der Widerstand W ist für einige Apparate $W = 1$, für andere $W = 3$; derselbe wird für jedes Instrument besonders angegeben.

Bezeichnet endlich t die augenblickl. Temperat. der Platinspirale S und $T = 273 + t$ die absolute Temperat. derselben, so ist:

$$R = 0{,}039369\sqrt{T} + 0{,}00216407\,Tt - 0{,}24127.$$

Eine jedem Instrument beigegebene Tabelle lässt die zu beobachteten Werthen v_1 und v_2 gehörige Temperat. t leicht auffinden.

Das elektr. Pyrom. liefert sehr zuverlässige Werthe und ist auch in der Handhabung höchst einfach; nur hat es den Mangel, eintretenden Temperat.-Schwankungen nicht rasch folgen zu können.

d. Kalorimeter.

Bei Ermittelung hoher Temperat. durch das Kalorimeter wird ein kleiner Platin- oder Eisenkörper so lange der betr. Temperatur ausgesetzt bis er dieselbe durchweg angenommen hat, hierauf rasch in ein kupfernes mit Wasser gefülltes Gefäss geworfen, woselbst er bald seine Wärme an das Wasser abgiebt. Die hierdurch hervor gerufene Temperat.-Erhöhung $= \Delta t$ wird mittels eines sehr empfindlichen Thermom. gemessen und aus derselben die vorherige Temperat. des Platin- oder

Eisenkörpers berechnet. In Fig. 784 bezeichnet K das Kupfergefäss, welches in einem Holzkasten H steht und durch eine Isolirschicht G aus Glaswolle gegen Abkühlung gut geschützt ist, T das Thermom., R einen Rührer. Die Platin- oder Eisenkörper, kleine mehrfach durchbohrte Zylinder, werden durch die Oeffnung D des Deckels eingeworfen und fallen stets auf die Platte des Rührers.

Fig. 784.

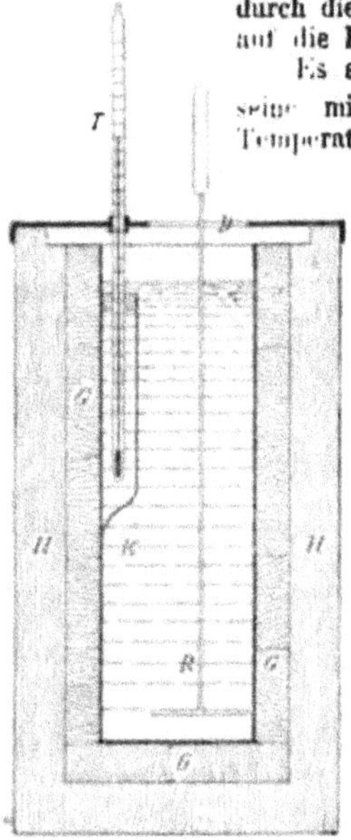

Es sei G das Gewicht des Platin- oder Eisenkörpers, c_m seine mittlere spezif. Wärme, t die zu berechnende hohe Temperat. desselben, W_1 das Gew. des Kühlwassers, W_k der Wasserwerth (S. 798) des Kupfergefässes nebst Rührer und Thermom., also $W = W_1 + W_k$ der Wasserwerth des ganzen Kalorimeters, t_a die Anfangs-Temperat. und t_e die End-Temperat. des Kühlwassers, so ist: $t = \frac{W}{c_m G}(t_e - t_a) + t_e$.

Wählt man zur Bestimmung von t einen Eisenkörper, so ist bei genauern Messungen zu berücksichtigen, dass die spezif. Wärme des Schmiedeisens mit der Temperat. zunimmt; und zwar ist die mittlere spezif. Wärme c_m desselben für die Temperat.-Grenzen t und t_e nach Weinhold:

$$c_m = 0{,}105907 + 0{,}00003269\,(t + t_e) + 0{,}00000001108\,[t^2 + t_e^2 + (t + t_e)^2].*)$$

C. H. Schneider in Leipzig hat Tabellen berechnet,**) welche die Ermittelung von t sehr erleichtern, da mit Hilfe des Werthes:

$$c_m(t - t_e) = \frac{W}{G}(t_e - t_a)$$

und t_e ein erster Näherungswerth von t abgelesen werden kann und eine weitere Interpolation der Tabellen den genauen Werth von t liefert.

VI. Wärmedurchgang.

a. Durch ebene feste Wände von überall gleicher Dicke.

Die Trennungswand der Räume A und B, Fig. 785, habe die Dicke Δ, im Raume A herrsche an allen Punkten die Temperat. t, im Raume B an allen Punkten die Temperat. t', so wird unter der Voraussetzung, dass $t > t'$ ist, Wärme von A nach B hin durch die feste Wand übergehen. Für den Beharrungszustand werden die Temperat. t und t', ebenso wie die Temperat. τ und τ' der Wandflächen a und b konstant sein und es wird in der Zeiteinh. durch die Wandfläche a vom Raume A her eine ebenso grosse Wärmemenge Q in die feste Wand eintreten, wie durch die Wandfläche b nach dem Raume B hin austritt, so dass durch jede parallel zu a und b innerhalb der festen Wand gelegte Schnittfläche y in der Zeiteinh. dieselbe oben erwähnte Wärmemenge Q in der Richtung von a nach b durchgeht. Aus Obigem folgt, dass allgemein: $t > \tau > \tau' > t'$ sein muss:

Fig. 785.

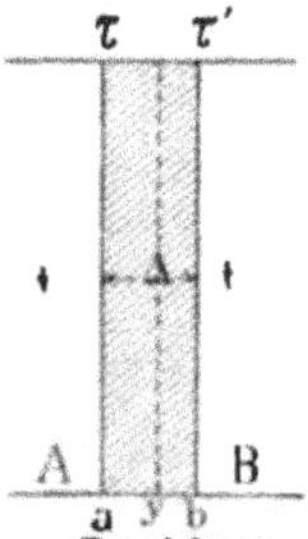

Hierbei ist die für die praktische Anwendung der nachstehenden theoret. Formeln durchaus zulässige Annahme gemacht, dass ein Wärmeübergang innerhalb der festen Wand in andrer Richtung, als von a nach b hin, nicht stattfindet.

Bezeichnet man die Grösse der einander gleichen ebenen Wandflächen mit F, so ist für den Eintritt der Wärmemenge Q vom Raum A in die Wandfläche a:

$$Q = \alpha F (t - \tau)$$

*) Zeitschr. d. Ver. deutscher Ingen. 1875, S. 16.

**) A. a. O. S. 74—86; im Auszuge in F. Fischer: Technologie der Brennstoffe, S. 60, 62 u. 63.

und für die Bewegung der Wärmemenge Q durch die feste Wand von der Fläche a bis zur Fläche b: $$Q = \frac{\lambda}{\Delta} F(\tau - \tau')$$
endlich für den Austritt der Wärmemenge Q aus der Wandfläche b in den Raum B: $$Q = \alpha' F(\tau' - t');$$
durch Vereinigung dieser 3 Gleichg. ergiebt sich:
$$Q = \frac{F(t-t')}{\frac{1}{\alpha}+\frac{1}{\alpha'}+\frac{\Delta}{\lambda}} = k F(t-t'); \quad (1) \text{ wenn: } \frac{1}{\alpha}+\frac{1}{\alpha'}+\frac{\Delta}{\lambda} = \frac{1}{k} \quad (2) \text{ gesetzt wird.}$$
k heisst der Wärmetransmissions-Koeffiz. der Wand; derselbe ist abhängig von dem Wärmeleitungs-Koeffiz. λ und den Wärmeübergangs-Koeffiz. α und α'.

Für die weiter unten angegebenen Zahlenwerthe von λ, α und α', bezw. k ist als Zeit-Einheit die Stunde angenommen, während Δ in ^{m} und F in ^{qm} in die Formeln einzusetzen sind.

Für die Temperat. τ und τ' der Wandflächen a und b ergiebt sich:
$$\tau = t - \frac{k}{\alpha}(t-t'); \quad (4) \quad \text{und: } \tau' = t' + \frac{k}{\alpha'}(t-t'). \quad (3)$$
Ist Δ mehr oder weniger gross und λ klein, die Wand also nicht gut leitend, so wird τ nur wenig verschieden von t und τ' nur wenig verschieden von t' sein. Wird die Wärme abgebende Fläche von stark bewegter Luft berührt, wie dies bei dem Winde ausgesetzten Mauerflächen der Fall ist, so muss für praktische Rechnungen der Sicherheit wegen angenommen werden, dass $\tau' = t'$ wird, was nach Gleichg. (4) dem Werth $\alpha' = \infty$ entspricht*).

Ist die Wanddicke Δ klein und λ sehr gross, wie dies bei gut leitenden Metallwänden der Fall ist, so ist sehr angenähert: $\frac{1}{k} = \frac{1}{\alpha} + \frac{1}{\alpha'}$, also: $k = \frac{\alpha\alpha'}{\alpha+\alpha'}$, wobei: $\tau = \tau' = \frac{\alpha t + \alpha' t'}{\alpha + \alpha'}$, wonach für $\alpha = \alpha'$ wird: $\tau = \tau' = \frac{1}{2}(t + t')$. Ist hierbei ausserdem α' sehr gross, welcher Fall eintritt, wenn die Wandfläche b von einer stark bewegten tropfbaren Flüssigkeit berührt wird, z. B. von dem Wasserinhalt eines Dampfkessels, so wird nahezu: $k = \alpha$ und: $\tau = \tau' = t' + \frac{\alpha}{\alpha_1} t$, d. h. nur wenig grösser als t'.

Ist andrerseits α sehr gross, wie bei Dampfheizungs-Röhren oder Dampföfen der Fall, wo durch die Kondensation der Dampftheilchen eine sehr bedeutende Wärmemenge in der Zeiteinh. an die Innenwand übertragen wird, so ist nahezu:
$$k = \alpha' \text{ und: } \tau' = \tau = t^{**}).$$
Ueber die Grösse der Koeffiz. λ, α und α' herrscht noch grosse Unsicherheit, besonders über diejenige von α und α'.

Péclet giebt für den Wärmeleitungs-Koeffiz. λ auf Grund seiner Versuche und derjenigen von Despretz folgende Werthe an***).

	λ		λ		λ
Kupfer	69	Glas	0,78–0,88	Quarzsand	0,27
Eisen	28	Gebrannter Thon	0,5–0,7	Kokspulver	0,16
Zink	28	Gipsmörtel (Stuck)	0,4–0,63	Ziegelpulver, fein	0,16
Zinn	23	Eichenholz, senkrecht		Ziegel, grob zerstossene	0,14
Blei	14	zu den Fasern	0,21	Kreidepulver	0,09
Gasretorten-Graphit	5	Tannenholz, parallel zu		Holzasche	0,06
Grauer Marmor, fein-		den Fasern	0,17	Wolle, Baumwolle	0,04
körnig	3,48	Tannenholz, senkrecht		Flaum (im Mittel)	
Weisser Marmor, grob-		zu den Fasern	0,10	Leinwand	0,04
körnig	2,78	Kork	0,14	Papier	0,04
Feinkörniger Kalkstein	1,7–2,1	Kautschuk und Gutta-		Stagnirende Luft	0,04
Grobkörniger Baustein	1,3	percha	0,17		

*) Paul. A. a. A. S. 186 und 187.
**) Grashof. A. a. O. Bd. I., S. 935–938.
***) Péclet. A. a. O. Bd. I., S. 391, 406–407.

Neuere Versuche von Wiedemann und Franz, von Forbes, von F. Neumann, von Angström, von H. Weber, von Kirchhoff und Hansemann und von Lorenz haben ergeben, dass die innere Wärmeleitungs-Fähigkeit der Metalle wesentlich grösser ist, als die Péclet'sche Zahlen angeben, dass ferner geringe physikal. Verschiedenheiten die Wärmeleitungsfähigk. eines und desselben Körpers wesentlich beeinflussen, und dass sich die Wärmeleitungsfähigk. mit der Temperat. ändert, und zwar bei einigen Metallen mit wachsender Temperat. zunimmt, bei andern abnimmt.*)

Relative Wärmeleitungs-Fähigkeit einiger Metalle (nach Wiedemann und Franz).

Silber . . .	1000	Messing .	231	Platin . .	84
Kupfer . .	736	Zinn	145	Neusilber	63
Gold	532	Eisen	119	Wismuth	18
Zink . . .	278	Blei	85		

Folgende Tabelle giebt die Werthe von λ, bezogen auf die oben genannten Zeit- und Maasseinh., nach den Untersuchungen von Lorenz für 0° und 100° (λ_0 und λ_{100}), von Kirchhof und Hansemann für 0° (λ_0) und von Weber ebenfalls für 0° (λ_0).**)

	Nach Lorenz λ_0	Nach Lorenz λ_{100}	Nach Kirchhoff u. Hansemann λ_0	Nach Weber λ_0		Nach Lorenz λ_0	Nach Lorenz λ_{100}	Nach Kirchhoff u. Hansemann λ_0	Nach Weber λ_0
Kupfer	259	260	148	295	Blei	30	27,5	32	26
Messing (roth)	89	102	—	—	Neusilber . . .	25	32	—	—
Messing (gelb)	73,5	91,5	—	54	Antimon. . .	16	14,3	—	—
Eisen . .	60	58,0	53	—	Wismuth . . .	6,4	6	—	4
Zinn . .	55	51	58	52	Zink .	—	—	92	110

Wie ersichtlich, zeigen die Zahlen der letzten Tabelle weder eine befriedigende Uebereinstimmung unter einander, noch die aus denselben gebildeten Verhältnisse eine solche mit den Zahlen der vorher gehenden Tabelle. —

Der Eintritt der Wärme in eine feste Wand, ebenso wie ihr Austritt aus derselben kann zum Theil durch Berührung, zum Theil durch Strahlung vermittelt werden. Die durch Berührung übertragene Wärmemenge ist abhängig von der Art der die Wand berührenden Flüssigkeit und von der Schnelligkeit, mit welcher die Flüssigkeits-Theilchen, nachdem sie Wärme an die Wand abgegeben oder von ihr aufgenommen haben, durch andere Theilchen zur Wiederholung desselben Vorganges an der Wandfläche ersetzt werden. Die durch Strahlung übertragene Wärmemenge dagegen ist, ausser von der Art der die Wand berührenden Flüssigkeit, wesentlich von der Oberflächen-Beschaffenheit der Wand abhängig.***)

Hiernach werden also die Werthe der Koeffiz. a und a' im allgem. von den oben erwähnten Umständen abhängig sein und es erhellt hieraus, das die hierunter angeführten Werthe von a und a' einen erheblichen Grad von Zuverlässigkeit nicht beanspruchen können.

Für den Eintritt der Wärme aus gesättigtem Wasserdampf in eine reine Metallwand kann $a = 5000$, für den Austritt der Wärme aus einer reinen Metallwand in siedendes Wasser kann ebenfalls $a' = 5000$ angenommen werden; für den Uebergang der Wärme aus heissem (nicht siedendem) Wasser in eine reine Metallwand oder umgekehrt: $a = a' = 400 + 10\,(t - \tau)$, unter $(t - \tau)$ die Differenz zwischen der Temperat. des Wassers und derjenigen der von demselben berührten Wandoberfläche verstanden****).

Nach Versuchen von Dulong und Petit ist die Wärmemenge Q_1, welche aus einer festen Wand von der Oberflächen-Temperat. τ' in Luft von der Temperat. t' pro 1 Stunde und pro 1 qm Oberfläche austritt, wenn gleichzeitig einer zweiten festen Wand von der Oberflächen-Temperat. τ'' Wärme zugestrahlt wird:

$$Q_1 = 0{,}55\, b\,(\tau' - t')^{1{,}233} + 125\, s\,\left(1{,}0077^{\,\tau'} - 1{,}0077^{\,\tau''}\right)$$

*) Wüllner. A. a. O. 4. Aufl., Bd. III, S. 286 – 309.
**) Wüllner. A. a. O. S. 309.
***) Grashof. A. a. O. Bd. I. S. 939.
****) Grashof. A. a. O. S. 940–942.

folglich: $$\alpha' = 0{,}55\, b\, (\tau' - t')^{0{,}233} + 125\, s\, \frac{1{,}0077^{\tau'} - 1{,}0077^{\tau''}}{\tau' - t'}.$$

Zur Erleichterung der Berechnung von α' dient folgende Tabelle*).

t	$1{,}0077^t$	$t^{0{,}233}$	t	$1{,}0077^t$	$t^{0{,}233}$	t	$1{,}0077^t$	$t^{0{,}233}$	t	$1{,}0077^t$	$t^{0{,}233}$
10	1,080	1,710	60	1,584	2,596	110	2,325	2,990	160	3,412	3,263
20	1,165	2,010	70	1,711	2,691	120	2,510	3,051	170	3,684	3,309
30	1,259	2,209	80	1,847	2,776	130	2,711	3,108	180	3,978	3,353
40	1,359	2,362	90	1,994	2,853	140	2,927	3,163	190	4,295	3,396
50	1,467	2,488	100	2,153	2,924	150	3,160	3,214	200	4,637	3,437

Der Koeffiz. b, welchem die durch Berührung übertragene Wärmemenge proportional ist, liegt nach Angaben von Valérius zwischen 3 und 6; und zwar kann im Mittel $b = 4$ für eingeschlossene Luft, $b = 5$ bis 6 für freie Luft gesetzt werden. Der von der Beschaffenheit der Oberfläche wesentlich abhängige Strahlungskoeffiz. s ist nach Péclet**):

	s		s		s
Kupfer .	0,16	Neues Gusseisen	3,17	Seidenzeug	3,71
Zinn	0,22	gerosteies Gusseisen	3,36	Oelanstrich	3,71
Zink	0,24	Kohlenstaub	3,42	Papier (Tapete)	3,77
Messing, polirt . .	0,26	Sägespähne	3,53	Russ . . .	4,01
Eisenblech, polirt	0,45	Holz, Gips, Bausteine	3,60	Wasser	5,31
gewöhnliches Eisenblech	2,77	Feiner Sand . . .	3,62	Oel	7,24
gerostetes Eisenblech	3,36	Baumwollenzeug . .	3,65		
Glas	2,91	Wollenzeug .	3,68		

Für Temperat.-Differenzen bis etwa 60° kann, nach Péclet, die von Dulong und Petit aufgestellte Gleichg. ersetzt werden durch: $Q_1 = \beta\,(\tau' - t') + \sigma\,(\tau' - \tau'')$, wenn: $\beta = b\,[1 + 0{,}0075\,(\tau' - t')]$ und $\sigma = s\,(0{,}9556 + 0{,}0037\,\tau'')\,[1 + 0{,}0056\,(\tau' - \tau'')]$, oder noch einfacher: $\sigma = s\,[1 + 0{,}0056\,(\tau' - \tau'')]$.

In den Fällen der praktischen Anwendung dieser Gleichg. ist meist entweder: $\tau'' = t'$ oder $\tau'' = \tau'$. Für $\tau'' = t'$ wird: $\alpha' = \beta + \sigma = b + s + \frac{75\,b + 56\,s}{10000}\,(\tau' - t')$.

Für $\tau'' = \tau'$ dagegen wird: $\alpha' = \beta = b\,[1 + 0{,}0075\,(\tau' - t')]$.***)

Für den Wärme-Eintritt aus Luft von der Temperat. t in eine feste Wand von der Oberflächen-Temperat. τ wird, in Ermangelung spezieller Erfahrungen, $\alpha = \alpha'$ gesetzt, wobei in den zur Bestimmung von α' dienenden Gleichgn. für den Fall der Uebertragung der Wärme durch Berührung statt der Differenz $(\tau' - t')$ die Differenz $(t - \tau)$, und für den Fall der Wärme-Einstrahlung statt der Werthe τ' und τ'' die Werthe τ_0 und τ einzutragen sind, unter τ_0 die höhere Temperat. einer zweiten, Wärmestrahlen aussendenden Fläche verstanden.

b. Wärmedurchgang durch eine aus n Schichten von ungleicher Beschaffenheit zusammen gesetzte ebene Wand.

Besteht die Trennungswand der Räume A und B, Fig. 786, in welchen die Temperat. t bezw. t' herrschen, aus mehreren, z. B. 5 Schichten von den Dicken Δ_1, Δ_2, Δ_3, Δ_4 und Δ_5, deren Wärmeleitungskoeffiz. λ_1, λ_2, λ_3, λ_4 und λ_5 sein mögen, während die Wärmeübergangskoeffiz. für die Endflächen a und b wiederum $= \alpha$ und α', dagegen für die zwischenliegenden Berührungsflächen der einzelnen Schichten $= \alpha_1$, α_2, α_3 und α_4 gesetzt werden sollen, so ist die pro 1 Stunde von A nach B übertragene Wärmemenge:

Fig. 786.

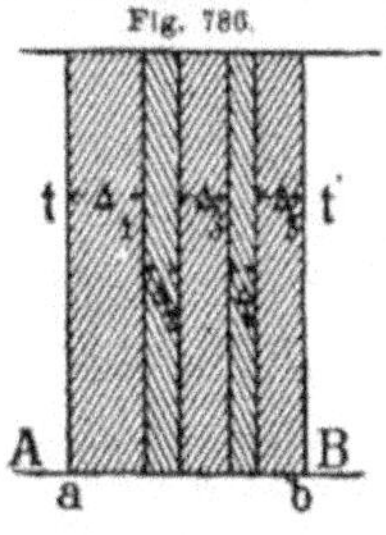

$$Q = k\,F\,(t - t'), \qquad (5)$$

wobei: $$\frac{1}{k} = \frac{1}{\alpha} + \frac{1}{\alpha'} + \left(\frac{\Delta_1}{\lambda_1} + \frac{\Delta_2}{\lambda_2} + \frac{\Delta_3}{\lambda_3} + \frac{\Delta_4}{\lambda_4} + \frac{\Delta_5}{\lambda_5}\right) + \left(\frac{1}{\alpha_1} + \frac{1}{\alpha_2} + \frac{1}{\alpha_3} + \frac{1}{\alpha_4}\right). \qquad (6)$$

Ist n die Anzahl der einzelnen Schichten und der Wärme-

*) Grashof. A. a. O. S. 943.
**) Péclet. A. a. O. Bd. I., S. 373 und 374.
***) Grashof. A. a. O. S. 943 und 944.

übergangskoeffiz. zwischen je 2 Schichten allgmein $= \alpha_x$, so wird:

$$\frac{1}{k} = \frac{1}{\alpha} + \frac{1}{\alpha'} + \sum_1^n \left(\frac{\Delta}{\lambda}\right) + \sum_1^{n-1} \left(\frac{1}{\alpha_x}\right). \qquad (6\text{a})$$

Es ist hierbei der Fall mit einbegriffen, dass eine oder mehrere der n Schichten durch eine von festen Wänden eingeschlossene Luftschicht gebildet wird.

α. Wärmedurchgang durch Mauern.

Für Backstein-Mauerwerk ist: $\lambda = 0{,}7$.

Bei Zwischen- (Scheide-) Mauern wird: $\alpha = \alpha' = 4 + 3{,}8 + 0{,}2 = 8$.

Bei Aussenmauern: $\alpha = 8$ und: $\alpha' = 6 + 3{,}6 + 0{,}4 = 10$, und wenn letztere von starkem Wind bestrichen werden, $\alpha' = \infty$.

Für Bruchstein-Mauerwerk ist: $\lambda = 1{,}3$, 1,7 bis 2,1 je nach der Dichtheit der angewendeten Steingattung.

Tabelle I. Wärmetransmissions-Koeffizienten k_m (für Mauern).

Mauerstärke Δ	Backst.-Mauerw. ($\lambda = 0{,}7$)			Bruchstein-Mauerwerk (Aussenmauern)					
				$\lambda = 1{,}3$; $\alpha = 8$		$\lambda = 1{,}7$; $\alpha = 8$		$\lambda = 2{,}1$; $\alpha = 8$	
	Zwischenmauern. $\alpha = \alpha' = 8$	Aussenm. $\alpha = 8$; $\alpha' = 10$	Aussenm. bei starkem Wind $\alpha = 8$; $\alpha' = \infty$	bei Windstille $\alpha' = 10$	bei starkem Wind $\alpha' = \infty$	bei Windstille $\alpha' = 10$	bei starkem Wind $\alpha' = \infty$	bei Windstille $\alpha' = 10$	bei starkem Wind $\alpha' = \infty$
m	a	b	c	d	e	f	g	h	k
0,10	2,54	2,72	3,73	—	—	—	—	—	—
0,15	2,16	2,28	2,95	—	—	—	—	—	—
0,20	1,87	1,96	2,43	—	—	—	—	—	—
0,25	1,65	1,72	2,08	—	—	—	—	—	—
0,30	1,47	1,53	1,81	2,19	2,81	2,49	3,32	2,72	3,78
0,35	1,33	1,38	1,60	—	—	—	—	—	—
0,40	1,22	1,26	1,44	1,88	2,31	2,17	2,78	2,46	3,16
0,45	1,12	1,15	1,30	—	—	—	—	—	—
0,50	1,04	1,06	1,19	1,64	1,96	1,93	2,39	2,16	2,75
0,55	0,97	0,99	1,10	—	—	—	—	—	—
0,60	0,91	0,93	1,02	1,46	1,70	1,73	2,09	1,96	2,43
0,65	0,85	0,87	0,95	—	—	—	—	—	—
0,70	0,80	0,82	0,89	1,31	1,61	1,57	1,86	1,79	2,18
0,75	0,76	0,77	0,84	—	—	—	—	—	—
0,80	0,72	0,73	0,79	1,19	1,35	1,44	1,68	1,65	1,98
0,85	0,68	0,69	0,75	—	—	—	—	—	—
0,90	0,65	0,66	0,71	1,09	1,22	1,33	1,53	1,53	1,81
0,95	0,62	0,63	0,68	—	—	—	—	—	—
1,00	0,60	0,61	0,65	1,01	1,12	1,23	1,40	1,43	1,66

Der Grad der Zuverlässigkeit obiger k_m-Werthe ist bedingt durch die Zuverlässigkeit der gewählten Werthe für α, α' und λ. In Bezug hierauf ist zu erwähnen, dass z. B. Grashof $\alpha = \alpha' = 10$, für Backstein-Mauerw. $\lambda = 0{,}6$, für Bruchstein-Mauerw. $\lambda = 0{,}8$, 1,2 und 1,6 setzt und die hiermit erhaltenen Werthe der Sicherh. halber noch um 10% vergrössert, wodurch sich folgende k_m-Werthe ergeben*):

Tabelle II.

Mauerstärke Δ	Backsteinmauer	Bruchsteinmauer			Mauerstärke Δ	Backsteinmauer	Bruchsteinmauer		
m	$\lambda = 0{,}6$	$\lambda = 0{,}8$	$\lambda = 1{,}2$	$\lambda = 1{,}6$	m	$\lambda = 0{,}6$	$\lambda = 0{,}8$	$\lambda = 1{,}2$	$\lambda = 1{,}6$
0,3	1,57	1,91	2,44	2,84	0,7	0,80	1,02	1,40	1,73
0,4	1,27	1,57	2,06	2,44	0,8	0,72	0,91	1,27	1,57
0,5	1,07	1,33	1,78	2,15	0,9	0,65	0,82	1,16	1,26
0,6	0,91	1,15	1,57	1,91					

H. Fischer**) setzt: $\alpha = 8{,}3$, $\alpha' = 10{,}25$, für Backst.-Mauern $\lambda = 0{,}7$ und für Bruchst.-Mauern $\lambda = 1{,}6$. Hiermit berechnen sich nachstehende Werthe von k_m.

Tabelle III.

Mauerstärke Δ	Aussenmauern		Zwischenmauern		Mauerstärke Δ	Aussenmauern		Zwischenmauern		Mauerstärke Δ	Aussenmauern		Zwischenmauern	
m	Backsteinmauer	Bruchsteinmauer	Backsteinmauer	Bruchsteinmauer	m	Backsteinmauer	Bruchsteinmauer	Backsteinmauer	Bruchsteinmauer	m	Backsteinmauer	Bruchsteinmauer	Backsteinmauer	Bruchsteinmauer
0,14	2,31	—	2,20	—	0,53	1,03	—	—	—	0,80	—	1,39	—	—
0,27	1,66	—	1,62	2,14	0,60	—	1,68	—	—	0,90	—	1,28	—	—
0,30	—	2,45	—	—	0,66	0,86	—	—	—	0,92	0,66	—	—	—
0,40	1,27	2,12	1,23	1,74	0,70	—	1,52	—	—	1,00	—	1,18	—	—
0,50	—	1,87	—	—	0,79	0,74	—	—	—	1,05	0,59	—	—	—

*) Redtenbacher-Grashof. Resultate für den Maschinenbau. 6. Aufl., S. 210.

**) Handb. d. Archit. Theil III, Bd. 4, S. 51 u. 65.

Paul nimmt für Backst.-Mauerwerk $\lambda = 0{,}63$ und setzt: $\alpha = 2{,}13 + 3{,}6 = 5{,}73$, bezw.: $\alpha = 2{,}13 + 3{,}77 = 5{,}9$, je nachdem die innere Wandfläche ohne oder mit Tapeten-Bekleidung versehen ist, und: $\alpha' = 3{,}78 + 3{,}71 = 7{,}49$ bezw.: $\alpha' = 3{,}78 + 3{,}6 = 7{,}38$, je nachdem die äussere Wandfläche einen Oelfarben-Anstrich trägt oder nicht.*)

Mittels dieser Werthe sind sehr ausführliche Tabellen berechnet und zwar ohne und mit Rücksicht auf die Luftdurchlässigkeit der Mauern.**)

Beispiel. Die Wärmemenge Q_1, welche pro 1 Stunde und pro 1 qm ($F = 1$) durch eine $1\frac{1}{2}$ Stein starke Gebäudemauer mit beiderseitigem Mörtelverputz, wofür $\Delta = 0{,}42$, bei einer Innentemperat. $t = +20^0$ und einer Aussentemperat. $t' = -15^0$ bei mässiger Luftbewegung geht, ist: $Q_1 = k \,.\, 1 \,.\, 36$. Nach Tab. I, Kol. b. ergiebt sich durch Interpolation $k = 1{,}22$, folglich wird: $Q_1 = 1{,}22 \,.\, 35 = 43$ W. E.

β. Wärmedurchgang durch Hohl-Mauern und Mauern mit Isolirschicht.

Besteht die Mauer aus zwei parallelen Schichten von den Dicken Δ_1 und Δ_3, welche durch eine Luftschicht von der Dicke Δ_2 getrennt sind, so ist ihr Wärmetransmissionskoeffiz. k'_m aus Gleichg. (6) zu berechnen, wobei zu beachten, dass $\lambda_1 = \lambda_3 = 0{,}7$, da diese Schichten aus demselben Material (Backst.-Mauer) bestehen, und dass der Sicherheit halber, wegen der Bewegung der Lufttheilchen in der vertikalen Luftschicht, $\lambda_2 = \infty$ zu setzen, d. h. der Widerstand, welchen die Luftschicht der Wärmeleitung entgegen setzt, zu vernachlässigen ist. Ferner wird, wie oben, für Aussenmauern: $\alpha = 8$, $\alpha' = 10$, dagegen $\alpha_1 = \alpha_2 = 8$ zu setzen sein, folglich: $\frac{1}{k'_m} = \frac{3}{8} + \frac{1}{10} + \frac{\Delta_1 + \Delta_3}{0{,}7} = 0{,}475 + \frac{\Delta_1 + \Delta_3}{0{,}7}$, bezw. bei starkem gegen die Aussenwand wehendem Winde mit $\alpha' = \infty$, $\frac{1}{k'_m} = 0{,}375 + \frac{\Delta_1 + \Delta_3}{0{,}7}$.

Besteht z. B. jede Schicht aus 1 Ziegelstein mit äusserm Mörtelverputz, ist also $\Delta_1 = \Delta_3 = 0{,}27$ m und beträgt die Dicke der Luftschicht $\Delta_2 = 0{,}14$ m, so wird: $k'_m = 0{,}8$ bezw. $k'_m = 0{,}87$.

Bei einer massiven Mauer von der Stärke $\Delta_1 + \Delta_2 + \Delta_3 = 0{,}68$ m würde laut Tab. I.: $k_m = 0{,}84$ bezw. $k_m = 0{,}91$ sein.

Wäre dagegen der Zwischenraum mit Kokepulver, für welches $\lambda_2 = 0{,}16$, ausgefüllt, so würde mit denselben Werthen für α:
$\frac{1}{k''_m} = 0{,}475 + \frac{\Delta_1 + \Delta_3}{0{,}7} + \frac{\Delta_2}{0{,}16}$, also: $k''_m = 0{,}47$, bezw. $\frac{1}{k''_m} = 0{,}375 + \frac{\Delta_1 + \Delta_3}{0{,}7} + \frac{\Delta_2}{0{,}16}$, also: $k''_m = 0{,}50$ ausfallen, sofern Δ_1, Δ_2 und Δ_3 die oben genannten Werthe besitzen.

γ. Wärmedurchgang durch Holzwände.

Für Eichenholz ist $\lambda = 0{,}21$, für Tannenholz $\lambda = 0{,}1$. Bei Oelfarben-Anstrich auf beiden Wandflächen: $\alpha = \alpha' = 4 + 3{,}7 + 0{,}3 = 8$, wenn zu beiden Seiten der Wand sich geschlossene Räume befinden; dagegen: $\alpha = 8$, $\alpha' = 6 + 3{,}7 + 0{,}6 = 10{,}3$, wenn die eine Seite von freier Luft berührt wird und $\alpha' = \infty$, wenn die Luft stark bewegt ist; hiermit ergeben sich folgende Werthe für k_h:

Stärke der Holzwand (Thür) qm	Eichenholz; $\lambda = 0{,}21$			Tannenholz; $\lambda = 0{,}10$		
	$\alpha = \alpha' = 8$	$\alpha = 8$; $\alpha' = 10{,}3$	$\alpha = 8$; $\alpha' = \infty$	$\alpha = \alpha' = 8$	$\alpha = 8$; $\alpha' = 10{,}3$	$\alpha = 8$; $\alpha' = \infty$
0,020	2,90	3,15	4,56	2,22	2,37	3,08
0,030	2,55	2,74	3,73	1,82	1,92	2,35
0,040	2,27	2,43	3,17	1,54	1,61	1,90
0,050	2,05	2,17	2,75	1,33	1,39	1,60
0,060	1,87	1,97	2,43	1,18	1,22	1,38

Bei doppelten Holzwänden (Doppelthüren) mit zwischen liegender Luftschicht ist k'_h in ganz ähnlicher Weise zu berechnen, wie k'_m bei hohlen Mauern.

Ist z. B. die mittlere Dicke jeder Thür $\Delta_1 = \Delta_3 = 0{,}030$ und grenzt die äussere Thürfläche an freie Luft, so wird bei Thüren aus Tannenholz:

$$\frac{1}{k'_h} = \frac{3}{8} = \frac{1}{10{,}3} + \frac{\Delta_1 + \Delta_3}{0{,}10} = 0{,}472 + \frac{0{,}06}{0{,}10} = 1{,}072, \text{ mithin } k'_h = 0{,}93$$

und wenn die äussere Thürfläche starker Windströmung ausgesetzt ist:

$$\frac{1}{k'_h} = 0{,}375 + \frac{0{,}06}{0{,}10} = 0{,}975, \text{ folglich: } k'_h = 1{,}03.$$

---

*) Paul. A. a. O. S. 181 und 182.
**) Derselbe. A. a. O. S. 730—733.

δ. Wärmedurchgang durch Zwischendecken.

1. In der Richtung von unten nach oben.

a. Es befinde sich unterhalb der Balken der durch Pliesterlatten gehaltene Stuck, oberhalb der Fussbodenbelag aus Tannenholz; der Zwischenraum zwischen den Balken sei frei, Fig. 787. Wegen des raschen Ersatzes der an der Decke abgekühlten Lufttheilchen durch wärmere und der starken Bewegung der zwischen Stuck und oberm Fussbodenbelag befindlichen Luftschicht, wird sowohl die Wärmeaufnahme, als auch die Wärmeabgabe der 4 in Betracht kommenden Flächen ziemlich bedeutend sein, weshalb: $\alpha = \alpha_1 = \alpha_2 = \alpha' = 10$ gesetzt werden soll. Für den Wärmeleitungskoeffiz. der Stuckdecke soll, mit Rücksicht auf die Pliesterlatten, $\lambda_1 = 0{,}5$ gesetzt werden, während für Tannenholz $\lambda_3 = 0{,}1$ ist. Hiernach ergiebt sich für die Flächen zwischen den Balken, wenn $\Delta_1 = 0{,}040$, $\Delta_3 = 0{,}030$

$$\frac{1}{k} = \frac{4}{10} + \frac{0{,}04}{0{,}50} + \frac{0{,}03}{0{,}10} = 0{,}78, \text{ mithin: } k = 1{,}28$$

und für die durch die Balken gedeckten Flächen, wenn die Balkenhöhe $\Delta_2 = 0{,}200$ und die α-Werthe wie oben $= 10$ angenommen werden:

$$\frac{1}{k} = \frac{4}{10} + \frac{0{,}04}{0{,}50} + \frac{0{,}23}{0{,}10} = 2{,}78, \text{ folglich: } k = 0{,}36;$$

Fig. 787.

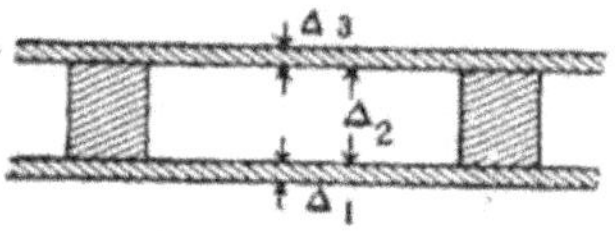

Fig. 788.

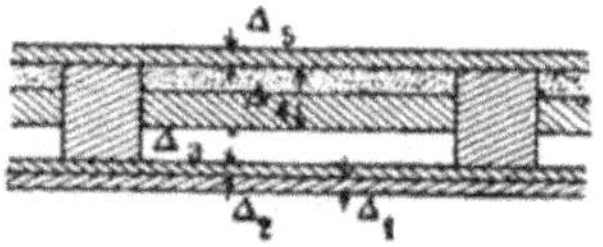

Da nun durchschnittlich die erst genannte Fläche 80%, die letzt genannte 20% der ganzen Deckenfläche umfasst, so ergiebt sich für derartig konstruirte Decken ein mittlerer Wärmetransmissionskoeffiz.:

$$k_d = 0{,}8 \,.\, 1{,}28 + 0{,}2 \,.\, 0{,}36 = 1{,}09 \text{ oder abgerdt.: } 1{,}10.$$

b. Bei der Deckenkonstruktion, Fig. 788, sei Δ_1 die Dicke des Gipsputzes, Δ_2 diejenige der unter die Balken genagelten Bretterschalung, Δ_3 die Luftschicht, Δ_4 Gesammtdicke der Wellerung nebst aufgetragener Fülllage, Δ_5 Dicke des Fussbodenbelags. Aus den oben angegebenen Gründen wird auch hier: $\alpha = \alpha_1 = \alpha_2 = \alpha_3 = \alpha_4 = \alpha' = 10$ zu setzen sein, ferner:

$$\lambda_1 = 0{,}6;\ \lambda_2 = 0{,}1;\ \lambda_3 = \infty;\ \lambda_4 = 0{,}2\ \lambda_5 = 0{,}1.$$

Wird nun $\Delta_1 = 0{,}020$, $\Delta_2 = 0{,}020$, $\Delta_3 = 0{,}050$; $\Delta_4 = 0{,}150$ und $\Delta_5 = 0{,}030$ gesetzt, so ergiebt sich für die Flächen zwischen den Balken

$$\frac{1}{k} = \frac{6}{10} + \frac{0{,}02}{0{,}60} + \frac{0{,}02}{0{,}10} + \frac{0{,}15}{0{,}20} + \frac{0{,}03}{0{,}10} = 1{,}883, \text{ folglich: } k = 0{,}53$$

und für die durch die Balken gedeckten Flächen, bei welchen:

$$\alpha = \alpha_1 = \alpha_2 = \alpha_3 = \alpha' = 10 \text{ und:}$$

$(\Delta_3 + \Delta_4)$ durch die Balkenhöhe $= 0{,}200$ ersetzt wird,

$$\frac{1}{k} = \frac{5}{10} + \frac{0{,}02}{0{,}60} + \frac{0{,}02}{0{,}10} + \frac{0{,}20}{0{,}10} + \frac{0{,}03}{0{,}10} = 3{,}033, \text{ folglich: } k = 0{,}33;$$

mithin analog, wie oben, der mittlere Wärmetransmissionskoeffiz.:

$$k_d = 0{,}8 \,.\, 0{,}53 + 0{,}2 \,.\, 0{,}33 = 0{,}49 \text{ oder abgerdt.: } 0{,}50.$$

2. In der Richtung von oben nach unten.

Während die λ-Werthe der festen Theile dieselbe Grösse wie vorher behalten, dürfen die α-Werthe **kleiner** angenommen werden; und zwar wird es angemessen sein: $\alpha = \alpha_1 = \alpha_2 \ldots\ldots = \alpha' = 8$ zu setzen.

a. Bei der Deckenkonstruktion, Fig. 787, kann nicht voraus gesetzt werden, dass die eingeschlossene Luftschicht in vollkommenem Ruhezustande sich befindet, weshalb der Sicherheit wegen $\lambda_2 = 0{,}40$ angenommen werden möge; hiermit wird für die Balkenfelder-Flächen:

$$\frac{1}{k} = \frac{4}{8} + \frac{0{,}03}{0{,}10} + \frac{0{,}20}{0{,}40} + \frac{0{,}04}{0{,}50} = 1{,}38, \text{ mithin: } k = 0{,}72$$

und für die durch die Balken gedeckten Flächen:

$$\frac{1}{k} = \frac{4}{8} + \frac{0,03}{0,10} + \frac{0,20}{0,10} + \frac{0,04}{0,50} = 2,88, \text{ mithin: } k = 0,35,$$

folglich wird, analog wie oben, der mittlere Wärmetransmississionskoeffiz.

$$k = 0,8 \,.\, 0,72 + 0,2 \,.\, 0,35 = 0,65.$$

b. Die Konstruktion, Fig. 788, bietet eher die Gewähr dafür, dass die eingeschlossene Luftschicht sich in völligem Ruhezustande befindet, weshalb hier $\lambda_3 = 0,04$ gesetzt werden darf. Dadurch erhält man für die Balkenfelder-Flächen:

$$\frac{1}{k} = \frac{6}{8} + \frac{0,03}{0,10} + \frac{0,15}{0,20} + \frac{0,05}{0,04} + \frac{0,02}{0,10} + \frac{0,02}{0,60} = 2,608, \text{ mithin: } k = 0,38$$

und für die von den Balken gedeckten Flächen:

$$\frac{1}{k} = \frac{5}{8} + \frac{0,03}{0,10} + \frac{0,20}{0,10} + \frac{0,02}{0,10} + \frac{0,02}{0,60} = 3,158, \text{ mithin: } k = 0,32,$$

folglich als mittleren Transmissionskoeffiz.: $k = 0,8 \,.\, 0,38 + 0,2 \,.\, 0,32 = 0,37$.

Besteht die horizontale Trennungswand der Räume aus dem Fussbodenbelag Δ_1, einer Fülllage Δ_2 und Backstein-Untermauerung Δ_3, etwa ein flaches Kellergewölbe, Fig. 789, so wird: $\alpha = \alpha_1 = \alpha_2 = \alpha' = 8$, ferner: $\lambda_1 = 0,10$, $\lambda_2 = 0,20$, $\lambda_3 = 0,07$ anzunehmen sein, folglich wird, wenn $\Delta_1 = 0,030$, $\Delta_2 = 0,100$, und $\Delta_3 = 0,125$,

Fig. 789.

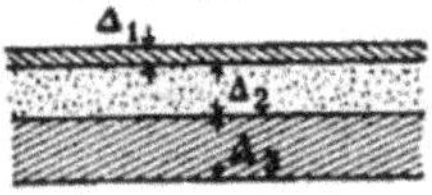

$$\frac{1}{k_f} = \frac{4}{8} + \frac{0,03}{0,10} + \frac{0,10}{0,20} + \frac{0,125}{0,70} = 1,48, \text{ mithin:}$$

$$k_f = 0,68 \text{ oder abger. } 0,70.$$

Fig. 790.

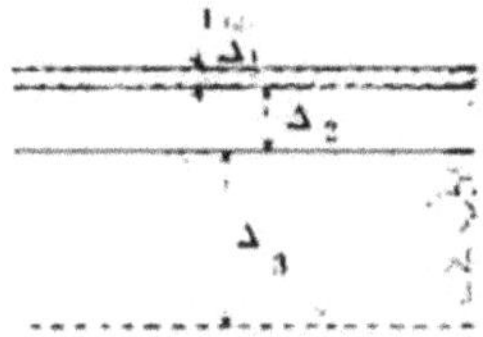

Der Wärmetransmissionskoeffiz. für einen nicht unterkellerten Fussboden, Fig. 790, kann in folgender Weise berechnet werden.*)

Es sei Δ_1 die Dicke des Holzbelags, Δ_2 diejenige der Fülllage und Δ_3 die Dicke einer Sand- oder Erdschicht, an deren unterer Begrenzung eine konstante Temperat. besteht, so wird:

$$\frac{1}{k} = \frac{1}{\alpha} + \frac{1}{\alpha'} + \frac{\Delta_1}{\lambda_1} + \frac{\Delta_2}{\lambda_2} + \frac{\Delta_3}{\lambda_3}$$

gesetzt werden dürfen, sofern ein Temperat.-Unterschied zwischen der Grundfläche der Fülllage und der Oberfläche der Sand- oder Erdschicht nicht angenommen wird. Setzt man nun:

$$\alpha = \alpha_1 = 8; \; \lambda_1 = 0,1; \; \lambda_2 = 0,2; \; \lambda_3 = 4,$$

ferner: $\Delta_1 = 0,030$; $\Delta_2 = 0,150$ und $\Delta_3 = 0,600$,

so wird: $\frac{1}{k_f'} = \frac{2}{8} + \frac{0,03}{0,10} + \frac{0,15}{0,20} + \frac{0,60}{4} = 1,45$, also: $k_f' = 0,69$ abger. $= 0,70$.

Beispiel. Die Decke bezw. der Fussboden eines Wohnzimmers habe einen Flächeninhalt $F = 35$ qm, so wird die stündlich durch die Zwischendecke gehende Wärmemenge sein:

$$Q = k\,F\,(t - t') = k\,35\,(t - t')$$

Die mittlere Zimmertemperat. sei $+20°$, die Lufttemperat. des oberhalb, bezw. unterhalb angrenzenden Raumes: $t' = +5°$. Für den Wärmedurchgang durch die Zimmerdecke ist für t die Lufttemperat. in unmittelbarer Nähe derselben, also $t = 25°$, einzuführen.

Bei einer Konstruktion nach Fig. 787 wird: $Q = 1,1 \,.\, 35\,(25 - 5) = 770$ W.-E., bei der Konstruktion nach Fig. 788 dagegen: $Q = 0,5 \,.\, 35\,(25 - 5) = 350$ W.-E.

Für den Wärmedurchgang durch den Zimmer-Fussboden wird man der Sicherheit wegen $t = 20°$ setzen; dafür wird bei der Konstruktion nach Fig. 787: $Q = 0,65 \,.\, 35\,(20 - 5) = 341$ W.-E., bei der Konstruktion nach Fig. 788 dagegen: $Q = 0,37 \,.\, 35\,(20 - 5) = 194$ W.-E. und bei der Konstruktion nach Fig. 789: $Q = 0,7 \,.\, 35\,(20 - 5) = 368$ W.-E.

c. Wärmedurchgang durch Glastafeln.

Hierbei ist für Fensterglas: $\Delta = 0,0015$ bis $0,003$ (m) und $\lambda = 0,88$, $\alpha = 4 + 2,91 + 1,02$, abger. $= 8$ und bei mässiger Luftbewegung: $\alpha_1 = 6 + 2,91 + 1,1$, abger. $= 10$. Es wird hiermit im Mittel:

für einfache Fenster $\frac{1}{k} = \frac{1}{8} + \frac{1}{10} + 0,0025 = 0,2275$, also: $k_g = 4,4$.

Bei stark bewegter äusserer Luft wird man vielleicht $\alpha' = 50$ bis 100 setzen können und erhält damit:

*) Paul. A. a. O. S. 216—217.

$\frac{1}{k} = 0{,}1475$ bis $0{,}1375$, also: $k = 6{,}8$ bis $7{,}3$ oder im Mittel: $k'_g = 7{,}0$, welch letzterer Werth auch für nahezu oder ganz horizontal liegende einfache Fenster (Oberlichter) der Sicherheit wegen stets anzunehmen ist.

Bei Doppelfenstern ist einerseits der Unterschied zwischen der mittlern Temperat. jeder Glasscheibe und den Temperat. der angrenzenden Luftschichten geringer, als vorher, demnach:

$\alpha = 4 + 2{,}91 + 0{,}51$ abger.: $= 7{,}5$ und: $\alpha' = 6 + 2{,}91 + 0{,}55$ abger.: $= 9{,}5$, andrerseits aber die von der innern der äussern Glasscheibe zugestrahlte Wärmemenge grösser, als die durch Berührung der eingeschlossenen Luftschicht mit den beiderseitigen Glasflächen überführte Wärmemenge*). Und zwar kann mit Rücksicht auf die Bedeutung der Werthe α_1 und α_2 in Gleichg. (6) gesetzt werden:

$$\alpha_1 = \alpha_2 = 4 + 5{,}82 + 0{,}63 \text{ abger.: } = 10{,}5.$$

Hiermit wird: $\frac{1}{k} = \frac{1}{7{,}5} + \frac{1}{9{,}5} + \frac{2}{10{,}5} + 0{,}005 = 0{,}434$, also: $k_{g_1} = 2{,}3$ und bei stark bewegter äusserer Luft, mit $\alpha_1 = \alpha_2 = 12$ (wegen der grösseren Temperat.-Differenzen) und $\alpha' = 100$, $k'_{g_1} = 3{,}2$, welcher Werth auch für doppelte Oberlicht-Fenster in Ansatz gebracht werden kann.

Beispiel. Bei einer Zimmertemperat. von $t = +20^0$ und einer äussern Lufttemperat. von $t' = -15^0$ transmittirt bei einfachen Fenstern durch 1 qm Glasfläche die Wärmemenge $Q = 4{,}4 \,.\, 35 = 154$ W.-E. bei mässig bewegter und $Q = 7 \,.\, 35 = 245$ W.-E., bei stark bewegter Luft, und bei Doppelfenstern eine solche von: $Q = 2{,}3 \,.\, 35 = 80{,}5$ W.-E. bei mässig bewegter und $Q = 3{,}2 \,.\, 35 = 112$ W.-E. bei stark bewegter Luft. Bei Oberlicht-Fenstern wird man je nach der Höhe des Raumes, für t einen um 5 bis 10^0 höhern Werth als die mittlere Temperat. des Raumes einzuführen haben.

d. Wärmedurchgang durch zylindrische Gefässwände.

Innerhalb des Rohres, Fig. 791 herrsche die konstante Temperat. t, ausserhalb desselben die konstante Temperat. t' (wobei $t > t'$), so wird durch ein Stück der Rohrwandung von der Länge l und der konstanten Dicke $\Delta = \frac{1}{2}(D - d)$ in 1 Stunde die Wärmemenge Q durchgehen, für welche folgende Gleichg. bestehen, sofern wie oben die Oberflächen-Temperat. wieder mit τ und τ' bezeichnet werden: $Q = \alpha \pi d l (t - \tau)$; $Q = \alpha' \pi D l (\tau' - t')$ und für eine unendlich dünne, innerhalb der Rohrwandung befindliche Schicht, deren Begrenzungsflächen den Wandoberflächen parallel liegen: $Q = \frac{\lambda}{dx} 2 \pi x l (-d\tau_x)$, unter $d\tau_x$ die Aenderung der Temperat. für die Dicke dx verstanden.

Fig. 791.

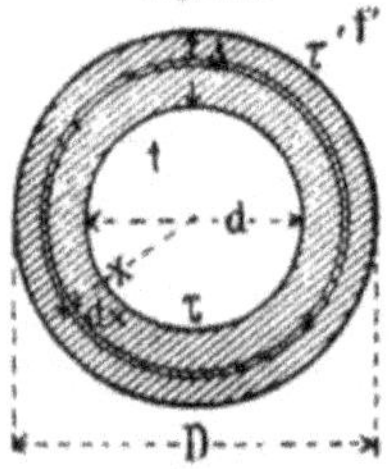

Durch Integration der letzten Gleichg. und Verbindung des Resultats mit den obigen beiden Gleichg. ergiebt sich:

$$Q = \frac{\pi d l (t - t')}{\frac{1}{\alpha} + \frac{1}{\alpha'} \frac{d}{D} + \frac{d}{2\lambda} ln \left(\frac{D}{d}\right)} = k F (t - t'), \qquad (7)$$

wenn unter $F = \pi d l$ die Grösse der innern, Wärme aufnehmenden Fläche verstanden und:

$$\frac{1}{k} = \frac{1}{\alpha} + \frac{1}{\alpha'} \frac{d}{D} + \frac{d}{2\lambda} ln \left(\frac{D}{d}\right) \qquad (8)$$

gesetzt wird, oder: $Q = \frac{\pi D l (t - t')}{\frac{1}{\alpha} \frac{D}{d} + \frac{1}{\alpha'} + \frac{D}{2\lambda} ln \left(\frac{D}{d}\right)} = k' F' (t - t'), \qquad (7a)$

wenn $F' = \pi D l$ die Grösse der äussern, Wärme abgebenden Fläche bezeichnet und:

$$\frac{1}{k'} = \frac{1}{\alpha} \frac{D}{d} + \frac{1}{\alpha'} + \frac{D}{2\lambda} ln \left(\frac{D}{d}\right) \quad (8a) \text{ ist.}$$

*) Paul. A. a. O., S. 179–180.

Ist $\frac{\Delta}{d} \leqq 0{,}1$, so kann mit genügender Annäherung:

$$ln\left(\frac{D}{d}\right) = ln\left(\frac{d+2\Delta}{d}\right) = 2\,\frac{\Delta}{d} - 2\left(\frac{\Delta}{d}\right)^2 + \frac{8}{3}\left(\frac{\Delta}{d}\right)^3 = 2\,\frac{\Delta}{d}\left\{1 - \frac{d}{\Delta} + \frac{4}{3}\left(\frac{\Delta}{d}\right)^2\right\}$$

gesetzt werden, womit der Werth $\frac{1}{k}$ (Gleichg. 8) die Form annimmt:

$$\frac{1}{k} = \frac{1}{\alpha} + \frac{1}{\alpha'}\,\frac{d}{D} + \frac{\Delta}{\lambda}\left\{1 - \frac{\Delta}{d} + \frac{4}{3}\left(\frac{\Delta}{d}\right)^2\right\}. \qquad (9)$$

Wenn $\frac{\Delta}{d} \leqq 0{,}05$, so genügt es mit Rücksicht auf die unsichere Kenntniss der genauen Werthe von α, α' und λ zu setzen: $\frac{1}{k} = \frac{1}{\alpha} + \frac{1}{\alpha'} + \frac{\Delta}{\lambda}$. (9a)

Fig. 792.

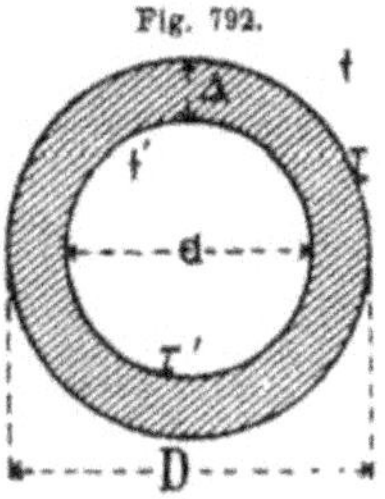

Wenn ausserhalb des Rohrs die höhere Temperat. t und innerhalb desselben die niedrigere Temperat. t' herrscht, Fig. 792, so geht in 1 Stunde eine Wärmemenge Q durch ein Stück der Rohrwandung von der Länge l und der Dicke $\Delta = {}^1/_2\,(D - d)$:

$$Q = \frac{\pi D l\,(t - t')}{\frac{1}{\alpha} + \frac{1}{\alpha'}\,\frac{D}{d} + \frac{D}{2\lambda}\,ln\left(\frac{D}{d}\right)} = k F\,(t - t'). \qquad (10)$$

mit $F = \pi D l$ und:

$$\frac{1}{k} = \frac{1}{\alpha} + \frac{1}{\alpha'}\,\frac{D}{d} + \frac{D}{2\lambda}\,ln\left(\frac{D}{d}\right) \qquad (11) \text{ oder:}$$

$$Q = \frac{\pi d l\,(t - t')}{\frac{1}{\alpha}\,\frac{d}{D} + \frac{1}{\alpha'} + \frac{d}{2\lambda}\,ln\left(\frac{D}{d}\right)} = k'F'\,(t - t') \qquad (10a)$$

$$\text{mit } F' = \pi d l \text{ und: } \frac{1}{k'} = \frac{1}{\alpha}\,\frac{d}{D} + \frac{1}{\alpha'} + \frac{d}{2\lambda}\,ln\left(\frac{D}{d}\right). \qquad (11a)$$

Für $\frac{\Delta}{d} \leqq 0{,}1$ kann auch hier:

$$\frac{1}{k'} = \frac{1}{\alpha}\,\frac{d}{D} + \frac{1}{\alpha'} + \frac{\Delta}{\lambda}\left\{1 - \frac{\Delta}{d} + \frac{4}{3}\left(\frac{\Delta}{d}\right)^2\right\} \qquad (12)$$

$$\text{und für } \frac{\Delta}{d} \leqq 0{,}05: \quad \frac{1}{k'} = \frac{1}{\alpha} + \frac{1}{\alpha'} + \frac{\Delta}{\lambda} \qquad (12a)$$

gesetzt werden, wobei es für $\Delta \leqq 0{,}025\,d$ gleichzeitig zulässig ist, k' mit k und F' mit F zu vertauschen.

Besteht die zylindr. Wandung des Rohres aus mehreren konzentrischen Schichten, deren Wärmeleitungsfähigkeit verschieden ist, z. B. aus 2 Schichten von der Dicke $\Delta = \frac{1}{2}\,(D - d)$ und $\Delta_1 = \frac{1}{2}\,(D_1 - D)$, Fig. 793, mit den Wärmeleitungs-Koeffiz. λ und λ_1, dem Wärmeübergangs-Koeffiz. α_1 in der Berührungsfläche der beiden Schichten und dem Wärmeeintritts- bezw. Wärmeaustritts-Koeffiz. α und α', so ist für den Wärmedurchgang von innen nach aussen:

Fig. 793.

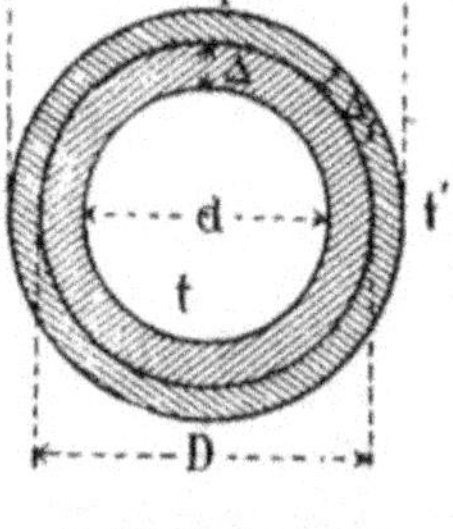

$$Q = k F\,(t - t') \quad (13), \quad \text{wobei: } F = \pi d l \text{ und:}$$

$$\frac{1}{k} = \frac{1}{\alpha} + \frac{1}{\alpha_1}\,\frac{d}{D} + \frac{1}{\alpha'}\,\frac{d}{D_1} + \frac{d}{2\lambda}\,ln\left(\frac{D}{d}\right) + \frac{d}{2\lambda_1}\,ln\left(\frac{D_1}{D}\right) \quad (14)$$

oder wenn auf die äussere Oberfläche $F' = \pi D l$ der innern Schicht Bezug genommen wird, welche gewöhnlich die eigentliche Wandung des Rohrs bildet:

$$Q = k'F'\,(t - t') \quad (13a), \text{ wobei:}$$

$$\frac{1}{k'} = \frac{1}{\alpha}\,\frac{D}{d} + \frac{1}{\alpha_1} + \frac{1}{\alpha'}\,\frac{D}{D_1} + \frac{D}{2\lambda}\,ln\left(\frac{D}{d}\right) + \frac{D}{2\lambda_1}\,ln\left(\frac{D_1}{D}\right) \quad (14a)$$

Beispiele.

1. Ein horizontal liegendes gusseisernes Dampfheizrohr habe einen lichten Durchm. $d = 0{,}150^m$, eine Wandstärke $\Delta = 0{,}010^m$, und werde mit Dampf von $t = 120^0$ (etwa 1 Atm. Ueber-

druck) gespeisst; die Temperat. der an die äussere Wandfläche des Rohres tretenden Lufttheilchen sei $t' = +18^0$ (Werkstättenraum).

Nach Früherm ist: $a = 5000$ und $\lambda = 60$; α' berechnet sich mit Hülfe der Formel von Dulong und Petit, in welcher $b = 6$ (wegen der lebhaften Bewegung der Lufttheilchen), $s = 3{,}36$, $\tau' = 118^0$ und $\tau'' = t' = 18^0$ gesetzt werden darf, zu:

$$\alpha' = 0{,}55 \,.\, 6 \,.\, 100^{0,233} + 125 \,.\, 3{,}36 \frac{1{,}0077^{118} - 1{,}0077^{18}}{100} = 15{,}2.$$

Gewöhnlich wird die äussere Rohroberfläche als Heizfläche in Rechnung gestellt, so dass als Wärmetransmissions-Koeffiz. der aus Gleichg. (8a) zu berechnende Werth k' in die Rechnung einzuführen ist; dies giebt:

$$\frac{1}{k'} = \frac{1}{5000}\,\frac{170}{150} + \frac{1}{15{,}2} + \frac{0{,}170}{120}\, ln\left(\frac{17}{15}\right) = 0{,}0662 \text{ oder: } k' = 15{,}1 \text{ abgerdt.} = 15.$$

Die pro 1 qm Heizfläche in 1 Stunde überführte Wärmemenge ist demnach: $Q_1 = 15\,(120 - 18) = 1530$ W.-E., entsprechend einer kondensirten Dampfmenge von: $\frac{1530}{522} = 2{,}93^{kg}$.

Könnte ein sehr rascher Ersatz der erwärmten Lufttheilchen durch kältere nicht angenommen werden, so würde b vielleicht nur $= 5$ zu setzen sein, womit sich unter obigen Verhältnissen k' auf etwa 13,5 ermässigte.*)

2. Ein Dampfleitungsrohr von $d = 0{,}150^m$ lichtem Durchm. und $\Delta = 0{,}010^m$ Wandstärke enthalte Dampf von $t = 158^0$ (entsprechend 5 Atm Ueberdruck); dasselbe sei zum Schutz gegen Abkühlung mit einer 15^{mm} dicken Filzhülle umkleidet ($\Delta_1 = 0{,}015$), die Lufttemperat. des Raumes (Maschinenstube) sei $t' = 25^0$.

Hiernach ist: $D = 0{,}170$ und $D_1 = 0{,}200$; setzt man nun: $a = 5000$, $\lambda = 60$, $\lambda_1 = 0{,}05$, $a_1 = 10$ nd $\alpha' = 8$, mit Rücksicht auf die Wärmeübertragung durch Leitung und Strahlung, für welche $= 4$ und $s = 3{,}7$ angenommen werden kann, so wird:

$$\frac{1}{k'} = \frac{1}{5000}\,\frac{17}{15} + \frac{1}{10} + \frac{1}{8}\,\frac{17}{20} + \frac{0{,}17}{120}\, ln\left(\frac{17}{15}\right) + \frac{0{,}17}{0{,}10}\, ln\left(\frac{20}{17}\right) = 0{,}483, \text{ folglich: } k' = 2{,}07,$$

abgerdt. $= 2{,}1$; es wird also pro 1 Stunde und pro qm Oberfläche der eigentlichen Rohrwandung eine Wärmemenge von: $Q_1 = 2{,}1\,(158 - 25) = 279$ abgerdt. $= 280$ W. E. transmittirt werden, welche einer kondensirten Dampfmenge von $\frac{280}{495} = 0{,}565^{kg}$ entsprechen.

Wäre das Rohr nicht umhüllt, so würde mit $b = 6$ der Transmissions-Koeffiz. k' in runder ahl $= 17$, also 8 mal so gross als bei vorhandener Umhüllung ausfallen.**)

e. Wärmedurchgang durch die Wände eines Kanals von quadratischem Querschnitt.

Sind, Fig. 794, die Seitenlängen der beiden konzentrischen Quadrate d bezw. D und herrscht innen die höhere Temperat. t, aussen die Temperat. t', wie z. B. bei einem frei stehenden Dampfkessel-Schornstein, so ist die in 1 Stunde von innen nach aussen durch die Kanalwände gehende Wärmemenge, sofern die Temperat. t auf die Länge l des Kanals als konstant angenommen wird:

Fig. 794.

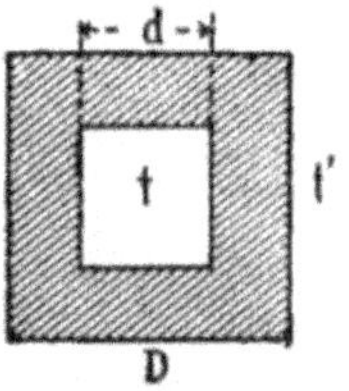

$$Q = \frac{4\,d\,l\,(t - t')}{\frac{1}{\alpha} + \frac{1}{\alpha'}\frac{d}{D} + \frac{d}{2\lambda}\, ln\left(\frac{D}{d}\right)} = k\,F\,(t - t'), \qquad (15)$$

wenn $F = 4\,d\,l$ die Wärme aufnehmende Fläche bezeichnet und:

$$\frac{1}{k} = \frac{1}{\alpha} + \frac{1}{\alpha'}\frac{d}{D} + \frac{d}{2\lambda}\, ln\left(\frac{D}{d}\right). \qquad (16)$$

Nach Grashof***) kann $\alpha = 7$, $\alpha' = 9$ und $\lambda = 0{,}8$ angenommen werden.

Ist z. B. die mittlere lichte Weite eines solchen Schornsteins $d = 1{,}300^m$, die mittlere Wandstärke $= 0{,}500^m$, also der mittlere Werth $D = 2{,}300^m$, so wird:

$$\frac{1}{k} = \frac{1}{7} + \frac{1}{9}\,\frac{13}{23} + \frac{1{,}3}{1{,}6}\, ln\left(\frac{23}{13}\right) = 0{,}669, \text{ folglich: } k = 1{,}5.$$

Bei runden Formstein-Kaminen ist die Wandstärke im Verhältniss zu d etwas kleiner, so dass es zweckmässig erscheint, hier $\alpha' = 10$ anzunehmen.

Ist für einen runden Formstein-Kamin z. B. $d = 1{,}300^m$ und $D = 2{,}000^m$, so wird:

$$\frac{1}{k} = \frac{1}{7} + \frac{1}{10}\,\frac{13}{20} + \frac{1{,}3}{1{,}6}\, ln\left(\frac{20}{13}\right) = 0{,}568, \text{ demnach: } k = 1{,}8.$$

Für die weitere Berechnung von Q würde (ohne Rücksicht auf die Veränderlichkeit von t) Gleichg. (7) anzuwenden sein.

VII. Strom-Heizflächen.

Befindet sich, entgegen gesetzt den bisherigen Annahmen, eine der Flüssigkeiten, welche den Raum A oder B anfüllt, in strömender Bewegung längs der dem fraglichen Raume zugekehrten Oberfläche der Trennungswand, so ist die

---

*) Ueber verschiedene für k gefundene Werthe, s. Paul. A. a. O. S. 613 — 614, auch H. Fischer, Polyt. Journal. 1878, Bd. 288. S. 1 — 9.

**) Ueber Vers.-Resultate mit Umhüllungen zum Schutz gegen die Abkühlung von Dampfleitungen vergl. Wochenschr. d. Ver. deutsch. Ingen. 1880. S. 59.

***) Grashof. A. a. O. Bd. I. S. 964 bis 965.

Temperat. sämmtlicher diese Wand berührenden Flüssigkeits-Theilchen nicht mehr gleich gross, sondern dieselbe nimmt in der Richtung der Bewegung des Flüssigkeitsstroms stetig ab oder zu, je nach dem die Wärme **abgebende** oder die Wärme **aufnehmende** Flüssigkeit die in strömender Bewegung befindliche ist. Die eine der beiden Wandflächen, und zwar je nach Umständen entweder die Wärme aufnehmende oder die Wärme abgebende, führt den Namen **Heizfläche** und ist im vorliegenden Falle eine sogen. **einfache Strom-Heizfläche** oder **Einstrom-Heizfläche**.

Befinden sich **beide** die Räume A und B erfüllenden Flüssigkeiten in strömender Bewegung längs der Oberflächen der Trennungswand, so heisst die Heizfläche eine **Doppelstrom-Heizfläche**, und zwar eine **Parallelstrom-Heizfläche**, wenn die Bewegungsrichtung beider Flüssigkeitsströme dieselbe ist, und eine **Gegenstrom-Heizfläche**, wenn die Bewegung der einen Flüssigkeit derjenigen der andern entgegen gesetzt gerichtet ist.

a. Einstrom-Heizflächen.

a. Die Heizfläche $F_0 = Pl$, Fig. 795, werde gebildet durch eine dünne zylindr. Metallwand vom Umfang P und der Länge l, welche von aussen durch eine Flüssigkeit von konstanter Temperat. t (z. B. Dampf) umspült wird. Durch jeden Querschn. des zylindr. Rohres ströme in 1 Stunde ein Flüssigkeits-Gewicht G_0 (kg), dessen spezif. Wärme $= c$ ist (z. B. Wasser). Die Anfangstemperat. desselben sei t_1', die Endtemperat. t_2'; der Wärmetransmissions-Koeffiz. sei für sämmtliche Heizflächen-Elemente = einem mittlern Werthe k.

Fig. 795.

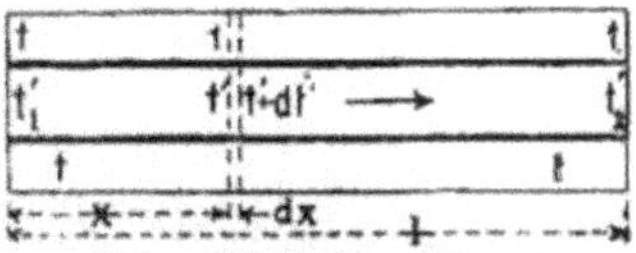

Hier ist $t_1' < t_2'$ und $t \geqq t_2'$ und die gesammte in 1 Stunde dem Flüssigkeitsstrome zugeführte Wärmemenge ist: $Q_0 = c\,G_0\,(t_2' - t_1')$.

Die demselben in 1 Stunde durch das Heizflächen-Element $= P\,dx = dF$ zugeführte Wärmemenge ist einerseits:

$$dQ = c\,G_0\,dt' \text{ und andererseits: } dQ = k\,dF\,(t - t').$$

Aus diesen 3 Gleichg. ergiebt sich: $G_0 = \dfrac{Q_0}{c\,(t_2' - t_1')}$ (17)

$$\text{und: } Q_0 = k\,F_0\,\frac{(t - t_1') - (t - t_2')}{ln\,(t - t_1') - ln\,(t - t_2')}.\text{*)} \quad (18)$$

Beispiel. Der aus einer Kondensations-Dampfmaschine abströmende Dampf von 0,2 Atm. Spannung (wofür $t = 60^0$) soll durch einen Oberflächen-Kondensator zu Wasser von 60^0 verdichtet werden; das Kühlwasser habe die Anfangs-Temperat. $t_1' = 15^0$.

Um 1 kg Dampf von 60^0 zu kondensiren, müssen demselben $r = 564{,}66$ W. E. entzogen werden; setzt man also $Q_0 = x\,r = x\,.\,564{,}66$ unter x das stündlich kondensirte Dampfgewicht verstanden, so bezeichnet $\dfrac{x}{F_0}$ das durchschnittlich pro 1 qm Kühlfläche und pro 1 Stunde kondens. Dampfgewicht und $\dfrac{G_0}{x}$ das zur Kondensation von 1 kg Dampf erforderliche Wassergewicht. Setzt man nun $\alpha = 5000$, $\alpha' = 700$, $\lambda = 60$ und $\Delta = 0{,}0015$, so wird: $k = 600$ und hiermit ergeben sich, da $c = 1$, für verschiedene Werthe von t_2' die nebenstehenden Werthe von $\dfrac{x}{F_0}$ und $\dfrac{G_0}{x}$:

$t_2' = 25^0$	30^0	35^0	40^0	
$\dfrac{x}{F_0} = 42$	39	36	32,5	kg Dampf pr. 1 qm Kühlfläche
$\dfrac{G_0}{x} = 56{,}5$	37,6	28,2	22,6	kg Wasser pr. 1 kg Dampf.

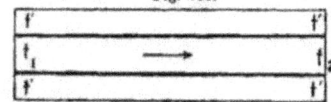

b. Die in gleicher Weise, wie vorher gebildete Heizfläche $F_k = Pl$ werde von aussen durch eine Flüssigkeit von konstanter Temperat. t' (z. B. den Wasserinhalt eines Dampfkessels) umgeben, Fig. 796, während durch jeden Querschn. des Rohres in 1 Stunde ein Flüssigkeits-Gewicht G (kg) von der spezif. Wärme c strömt, dessen Anfangstemperat. t_1 und dessen Endtemperat. t_2 ist (wie z. B. bei den Heizgasen einer Feuerung). Hier ist: $t_1 > t_2$ und $t_2 > t'$.

Fig. 796.

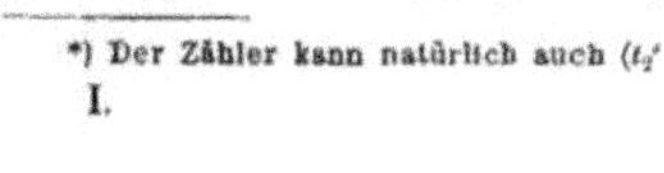

*) Der Zähler kann natürlich auch $(t_2' - t_1')$ geschrieben werden.

In analoger Weise wie vor erhält man für die pro 1 Stunde durch die Heizfläche überführte Wärmemenge: $Q_k = cG(t_1 - t_2)$, und für die durch ein Heizflächen-Element transmittirte Wärmemenge:

$$dQ = cG(-dt) \text{ und: } dQ = kdF(t - t').$$

Nimmt man auch hier für sämmtliche Heizflächen-Elemente k gleich gross an, so ergiebt sich:

$$Q_k = kF_k \frac{(t_1 - t') - (t_2 - t')}{ln(t_1 - t') - ln(t_2 - t')}. \qquad (19)$$

Es unterliegt indess keinem Zweifel, dass k eine Funktion der Temperat.-Differenz $(t - t')$ ist, etwa von der Form $k = \mu(t - t')^x$.

Rankine*) und Werner**) setzen für die Wärme-Uebertragung aus den Heizgasen in das Wasser eines Dampfkessels $x = 1$ und im Mittel: $\mu = 0{,}06$, also $k = \mu(t - t') = 0{,}06(t - t')$.

Hierdurch wird: $dQ = \mu dF(t - t')^2$ und: $Q_k = \mu F_k (t_1 - t')(t_2 - t')$. (20)

Ob indess diese Annahme Resultate liefert, welche eine bessere Uebereinstimmung mit den thatsächlich bei der genannten Wärme-Uebertragung stattfindenden Vorgängen zeigen, als die durch die ältere Theorie mit $k = 23$ (nach Redtenbacher) erhaltenen, muss heute noch als durchaus offene Frage behandelt werden.

b. Doppelstrom-Heizflächen.

α. Parallelstrom-Heizfläche.

Beide Flüssigkeiten strömen längs der Trennungswand in derselben Richtung, Fig. 797. Die Anfangs- und Endtemperat. der Wärme abgebenden Flüssigkeit seien t_1 und t_2, die Anfangs- und Endtemperat. der Wärme aufnehmenden Flüssigkeit t_1' und t_2'; es ist also: $t_1 > t_2$; $t_1' < t_2'$ und $t_2 > t_2'$. In 1 Stunde ströme durch jeden Querschn. des Rohres A ein Flüssigkeits-Gewicht G (kg) von der spezif. Wärme c und durch jeden Querschn. des Rohres B ein Flüssigkeits-Gewicht G' von der spezif. Wärme c'; hiermit ergeben sich folgende Gleichgn.:

Fig. 797.

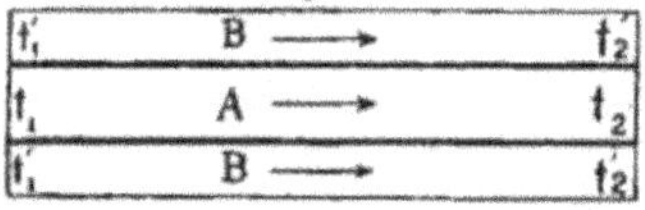

Die gesammte, durch die Heizfläche F_p in 1 Stunde transmittirte Wärmemenge ist:

$$Q_p = cG(t_1 - t_2) = c'G'(t_2' - t_1'),$$

Ferner ist: $dQ = cG(-dt) = c'G'dt'$; $dQ = kdF(t - t')$.

Durch Vereinigung dieser Gleichg. erhält man für $k =$ Konst.:

$$Q_p = kF_p \frac{(t_1 - t_1') - (t_2 - t_2')}{ln(t_1 - t_1') - ln(t_2 - t_2')}, \qquad (21)$$

dagegen für: $k = \mu(t - t')$: $Q_p = \mu F_p (t_1 - t_1')(t_2 - t_2')$. (22)

β. Gegenstrom-Heizfläche.

Die Flüssigkeitsströme A und B haben entgegen gesetzte Bewegungs-Richtung, Fig. 798, also ist: $t_1 > t_2$; $t_1' < t_2'$ und $t_2 > t_1'$.

Fig. 798.

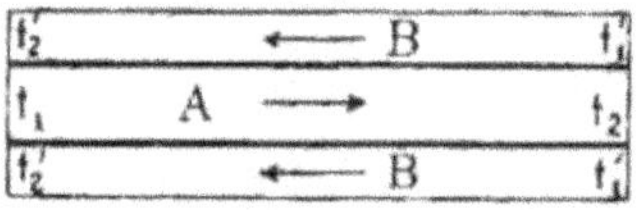

Mit denselben Bezeichnungen wie oben ergiebt sich für $k =$ Konst.:

$$Q_g = kF_g \frac{(t_1 - t_2') - (t_2 - t_1')}{ln(t_1 - t_2') - ln(t_2 - t_1')}, \qquad (23)$$

dagegen für $k = \mu(t - t')$:

$$Q_g = \mu F_g (t_1 - t_2')(t_2 - t_1'). \qquad (24)$$

Ein Vergleich der Gleichgn. (21) und (23) bezw. (22) und (24) ergiebt, dass die Gegenstrom-Heizfläche erheblich wirksamer ist, als die Parallelstrom-Heizfläche.

Ist z. B. bei einer Perkins'schen Hochdruck-Heizung die Anfangstemperat. der Heizgase $t_1 = 1200^0$, ihre Endtemperat. $t_2 = 300^0$, die Anfangstemperat. des in die Heizspirale eintretenden Wasserstroms $t_1' = 60^0$, seine Endtemperat. $t_2' = 180^0$, so würde für eine Parallelstrom-Heizfläche: $Q_p = kF_p\ 453$, bezw. $Q_p = \mu F_p\ 136800$ und für eine Gegenstrom-Heizfläche: $Q_g = kF_g\ 539$, bezw. $Q_g = \mu F_g\ 244800$ sein; soll nun $Q_p = Q_g$ ausfallen, so muss sich entweder:

---

*) Ferrini. A. a. O., S. 73.

**) Werner. Eine neue Dampfkessel-Theorie. Separatabdruck aus der Zeitschr. d. Ver. deutsch. Ingen. 1877. S. 145.

$\frac{F_p}{F_g} = \frac{539}{453} = \frac{1,19}{1}$ oder: $\frac{F_p}{F_g} = \frac{244800}{136800} = \frac{1,79}{1}$ verhalten, je nachdem man das eine oder das andere Gesetz als giltig für die Wärmetransmission ansieht.

Sowohl für die Einstrom-Heizfl. F_k (Kesselheizfl.), als auch für die Parallelstrom- und die Gegenstrom-Heizfl. besteht zudem die Gleichg.: $Q = Gc(t_1 - t_2)$. (25)

Bildet die Heizfl. nur einen Theil der die Heizkanäle umschliessenden Wandungen, wie bei stationären Dampfkesseln häufig vorkommt, so ist: $Q = \frac{Gc(t_1 - t_2)}{1 + w}$ (25a) zu setzen, worin w stets eine im Vergleich zu 1 kleine Zahl bedeutet*).

VIII. Direkte und indirekte Heizfläche.

Wird ein Theil der bisher betrachteten Heizfläche F durch die Flamme einer Feuerung oder die Oberfläche einer glühenden Brennmaterial-Schicht bestrahlt, so findet ausser der im Vorhergehenden erläuterten Wärmeüberführung durch die gesammte Heizfläche eine weitere Wärmetransmission durch den bestrahlten Theil der Heizfläche statt, welch letzterer die Bezeichnung direkte Heizfläche führt. Der übrige nicht bestrahlte Theil der Heizfläche heisst dann indirekte Heizfläche.

Bezeichnet K die Anzahl Wärme-Einh., welche durch die vollkommene Verbrennung von 1 kg des angewendeten Brennstoffs entwickelt werden können, d. h. also den theoret. Heizeffekt des Brennstoffs, und werden hiervon $\eta_1 K$ wirklich entwickelt (unter η_1 den Wirkungsgrad der Feuerung verstanden), so können pro 1 kg Brennstoff $s\eta_1 K$ Wärmeeinh. der sogen. direkten Heizfläche zugestrahlt werden. Wenn also der stündliche Brennstoff-Verbrauch B (kg) beträgt, so werden in derselben Zeit durch die direkte Heizfläche: $Q_s = s\eta_1 KB$ Wärme-Einh. (26) lediglich in Folge der Wärme-Einstrahlung in die zu erwärmende Flüssigkeit überführt.

Es ist demzufolge die in 1 Stunde im vorliegenden Falle durch die gesammte Heizfläche transmittirte Wärmemenge: $W = Q_s + Q$ (27) unter Q einen der Werthe Q_k, Q_p oder Q_g (Gleichg. 19—24) verstanden.

Ueber die Grösse des Strahlungs-Koeffiz. s herrscht noch grosse Unsicherheit. Grashof empfiehlt, denselben bei Steinkohlen-Feuerung zu 0,20 bis 0,25 anzunehmen, wenn die direkte Heizfläche nur einen Theil der den Feuerraum umschliessenden Wandflächen bildet (also bei sogen. Unterfeuerung) und zu 0,30 bis 0,35, wenn die den Feuerraum umschliessenden Wandflächen zum grössten Theil der direkten Heizfläche angehören (also bei der sogen. Innenfeuerung)**).

Die Anfangstemperat. t_1 der Heizgase ergiebt sich zu: $t_1 = \frac{(1-s)\eta_1 KB}{Gc} + t_0$ (28) unter G das stündlich entwickelte Gewicht der Verbrennungs-Produkte, c deren spezif. Wärme und t_0 die Temperat. der dem Roste zuströmenden Luft verstanden.

Als Wirkungsgrad η_2 der gesammten Heizfläche erhält man: $\eta_2 = \frac{W}{\eta_1 KB}$ (29) und als Wirkungsgrad der ganzen Heizanlage: $\eta = \frac{W}{KB} = \eta_1\eta_2$. (30)

Der Werth von η_2 lässt sich mit Hülfe der Gleichg. (27), (26), (25a) und (28) auf die Form bringen: $\eta_2 = \frac{1-s}{1+w}\,\frac{t_1 - t_2}{t_1 - t_0} + s$ (31) oder: $\eta_2 = 1 - (1-s)\frac{t_2}{t_1}$, (31a) wenn der Werth $(1+w)\left(1 - \frac{t_0}{t_1}\right) = 1$ gesetzt wird, was ohne erheblichen Fehler statthaft ist. Da ferner nach Gleichg. (27), (26) und (29): $\frac{Q}{W} = 1 - \frac{s}{\eta_2}$, so wird schliesslich:

$$\frac{Q}{W} = \frac{t_1 - t_2}{\frac{t_1}{1-s} - t_2}.\ ^{***)} \qquad (32)$$

Beispiel. In einer mit einem Gegenstrom-Vorwärmer versehenen Dampfkessel-Anlage sollen stündlich durch Verbrennung von B (kg) Kohlen x (kg) Dampf von 6 Atm. Ueberdruck, also einer Temperat. von 164°, erzeugt werden. — Das Speisewasser, welches mit $t'_1 = 60°$ in den Vorwärmer eintritt, soll denselben mit $t'_2 = 164°$ verlassen, so dass es in dem eigentlichen Dampfkessel nur noch in Dampf von derselben Temperat. umzuwandeln ist.

*) Grashof. A. a. O. S. 947. — **) Grashof. A. a. O. S. 921. — ***) Grashof. A. a. O. S. 952.

Die Endtemperat., mit welcher die Heizgase die Heizfläche des Vorwärmers verlassen, sei $t_2 = 200^0$; ihre Anfangstemperat. berechnet sich aus Gleichg. (28), wenn $s = 0{,}20$, $\eta_1 = 0{,}90$, $K = 7480$, $G = G_1 B = 22{,}3 \,.\, B$; $c = 0{,}245$ und $t_0 = 20^0$ angenommen werden, zu $t_1 = 1006^0$. Die stündlich der direkten Heizfläche des Kessels zugestrahlte Wärmemenge beträgt nach Gleichg. (26) $Q_s = 0{,}2 \,.\, 0{,}9 \,.\, 7480\, B = 1346\, B$ W.-Einh. Da die dem Vorwärmer in 1 Stunde zuzuführende Wärmemenge $Q_g = x\,(q_2 - q_1)$, dagegen die dem Dampfkessel stündlich zuzuführende Wärmemenge $W = x\, r_2$ beträgt, unter q_1 und q_2 die den Temperat. t'_1 und t'_2 entsprechenden Flüssigkeits-Wärmen und unter r_2 die der Temperat. t'_2 entsprechende Verdampfungs-Wärme verstanden, so ist: $\frac{W}{Q_g} = \frac{r_2}{q_2 - q_1} = \frac{490{,}6}{115{,}8} = 4{,}237$.

Nennt man die Temperat., mit welcher die Heizgase von der Heizfläche des Kessels zu derjenigen des Vorwärmers überströmen, t_v, so ist nach Gleichg. (26a) und (27) mit $w = 0$:

$$W = 1346\; B + 22{,}3\; B\, 0{,}245\, (1006 - t_v) \text{ und: } Q_g = 22{,}3\; B\, 0{,}245\, (t_v - 200),$$

$$\text{oder: } \frac{W}{Q_g} = \frac{6842{,}3 - 5{,}4635\, t_v}{5{,}4635\, t_v - 1092{,}7} = 4{,}237, \text{ folglich: } t_v = 401^0.$$

Nach Gleichg. (32) wird nun: $\frac{Q_k}{W} = (1006 - 401) : \left(\frac{1006}{0{,}8} - 401\right) = 0{,}71$.

Die Heizfläche F_k des Kessels berechnet sich entweder aus Gleichg. (19) oder (20), indem dort $Q_k = 0{,}71\; W = 0{,}71 \,.\, 490{,}6\; x = 348{,}3\, x$ gesetzt wird, mit $k = 23$ (Gleichg. 19) zu: $F_k = 0{,}03173\, x$, oder: $\frac{x}{F_k} = 31{,}5$ und mit $\mu = 0{,}06$ (Gleichg. 20) zu: $F_k = 0{,}02909\, x$ oder: $\frac{x}{F_k} = 34{,}37$. Die Heizfläche F_g des Vorwärmers erhält man mit Anwendung der Gleichg. (23) oder (24), in welcher $Q_g = 115{,}8\, x$ zu setzen ist, einerseits mit: $k = 23$ (Gleichg. 23) zu: $F_g = 0{,}02647\, x$ oder: $\frac{x}{F_g} = 37{,}8$, andrerseits mit: $\mu = 0{,}06$ (Gleichg. 24) zu: $F_g = 0{,}05429\, x$ oder: $\frac{x}{F_g} = 18{,}42$.

D. h. auf 1 qm Heizfläche des eigentlichen Kessels können einschl. der Wirkung der in die sogen. direkte Heizfläche eingestrahlten Wärmemenge in 1 Stunde durchschn. 31,5 bezw. 34,37 kg Wasser von 164° in Dampf verwandelt werden, und auf 1 qm Heizfläche des Vorwärmers können in 1 Stunde durchschn. 37,8 bezw. 18,42 kg Speisewasser von 50° auf 164° erwärmt werden. Ferner wird: $F_k + F_g = F = 0{,}05820\, x$, oder: $\frac{x}{F} = 17{,}20$, bezw.: $F_k + F_g = F = 0{,}08338\, x$, oder: $\frac{x}{F} = 12{,}0$. D. h. auf 1 qm der gesammten Heizfläche können in 1 Stunde durchschnittlich 17,2 bezw. 12,0 kg Wasser von 50° in Dampf von 164° verwandelt werden, je nachdem die Annahme: $k =$ Konst. $= 23$ oder: $k = 0{,}06\,(t - t')$ gemacht wird. Ob letztere Annahme Resultate liefert, die mit den wirklichen Vorgängen nahe überein stimmen, lässt sich mit Sicherheit noch nicht entscheiden.

Der Wirkungsgrad der gesammten Heizfläche ist nach Gleichg. (31a): $\eta_2 = 1 - 0{,}80\, \frac{200}{1006} = 0{,}841$ und demnach der Wirkungsgrad der ganzen Heizanlage: $\eta = 0{,}90 \,.\, 0{,}841 = 0{,}757$.

D. h. die durch Verbrennung von 1 kg Steinkohle nutzbar gemachte Wärmemenge beträgt: $0{,}757 \,.\, 7480 = 5662$ W. E., wodurch: $\frac{5662}{606{,}4} = 9{,}337$ kg Wasser von 50° in Dampf von 6 Atm. Ueberdruck (164°) verwandelt werden können.

IX. Beziehung zwischen Wärme und mechanischer Arbeit.

Durch Aufwendung von Arbeit kann Wärme gewonnen, also der Wärmezustand eines Körpers verändert werden und umgekehrt durch Aufwendung von Wärme Arbeit verrichtet oder entsprechende lebendige Kraft gewonnen, also der äussere Zustand eines Körpers verändert werden. Es besteht demzufolge eine Aequivalenz zwischen Wärme und mechanischer Arbeit. Man nennt die Wärmemenge A, welche der Arbeit = 1 mkg entspricht, den Wärmewerth der Arbeitseinheit oder das kalorische Arbeits-Aequivalent und die Arbeit $\frac{1}{A} = W$, welche der Wärmemenge = 1 W.-E. entspricht, den Arbeitswerth der Wärme-Einheit oder das mechanische Wärme-Aequivalent.

Im Mittel kann auf Grundlage vieler experimentellen Bestimmungen, besonders derjenigen von Joule:*) $\frac{1}{A} = W = 424$ mkg und: $A = \frac{1}{424}$ W.-E. gesetzt werden.

*) Wüllner. A. a. O., Bd. III, S. 318 — 330.

IX.
Mechanik
der gas- und dampfförmigen Körper.

Bearbeitet von **L. Pinzger**, Professor an der technischen Hochschule in Aachen.

Litteratur.

Grashof. Theoret. Maschinenlehre. Bd. I. 1875. — Weissbach-Herrmann. Ingen.- u. Maschinen-Mechanik. Theil I. Theoret. Mechanik. 4. u. 6. Kap. 1875. — Zeuner. Grundzüge der mechan. Wärmetheorie. 2. Aufl. 1877. — Perrini. Technologie der Wärme; deutsch von Schröter. 4. Kap. Prinzipien der mechan. Wärmetheorie. 1878. — Rühlmann. Hydromechanik. 2. Aufl. 1879. — Wüllner. Experimentalphysik. 4. Aufl. Bd. III. Kap. 3. Mechan. Theorie der Wärme. 1885.

I. Statik.

a. Allgemeines.

Unter einem permanenten Gase versteht man einen luftförmigen Körper, welcher uns nur als solcher bekannt ist, indem er bisher durch die uns zu Gebote stehenden Mittel der Druck-Erhöhung und der Wärme-Entziehung nicht in die flüssige oder feste Aggregatform hat gebracht werden können.

Dagegen versteht man unter Dampf einen luftförmigen Körper, welcher durch Wärme-Entziehung oder Druck-Erhöhung flüssig gemacht, sowie umgekehrt aus einer Flüssigkeit durch Wärme-Mittheilung oder Druck-Erniedrigung gebildet werden kann.*)

Gesättigter und überhitzter Dampf. Erfahrungsmässig kann ein bestimmter Raum von einer gewissen Dampfart bei einer bestimmten Temperatur nur eine bestimmte Menge enthalten, wobei jedoch gleichzeitig luftförmige Körper von anderer Art in dem Raume sich mit befinden können, ohne die Kapazität desselben für jene Dampfart durch ihre Gegenwart zu beeinflussen. Ist in solcher Weise ein Raum mit einem Dampfe gesättigt, so heisst letzterer selbst gesättigter Dampf. Sein Zustand ist ein Grenzzustand in Bezug auf den Uebergang in die flüssige Aggregatform. Ein Dampf ist stets gesättigt, wenn er mit Flüssigkeit von derselben Art gemischt, oder überhaupt nur in Berührung ist.

Wird gesättigtem, übrigens aber von gleichartiger Flüssigkeit getrenntem, Dampfe Wärme zugeführt und hierdurch entweder dessen Temperatur erhöht oder dessen ursprüngliches Volumen vergrössert, oder werden beide Wirkungen gleichzeitig herbei geführt; so geht der Dampf aus dem gesättigten in den überhitzten Zustand über. Er nähert sich dabei um so mehr dem Zustande eines permanenten Gases, je weiter er sich von dem oben erwähnten Grenzzustande der Sättigung entfernt.*)

Spezifisches Gewicht, spezif. Volumen, spezifische Pressung der Gase und Dämpfe. Unter dem spezifischem Gewicht (γ) eines Gases oder

*) Grashof. A. a. O. S. 100 u. S. 139–140.

Dampfes versteht man das **Gewicht** von 1 cbm, unter seinem **spezif. Volumen** (v) das Volumen von 1 kg, und unter seiner **spezif. Pressung** (p) den Druck, welchen dasselbe auf 1 qm Fläche ausübt.

Fig. 799.

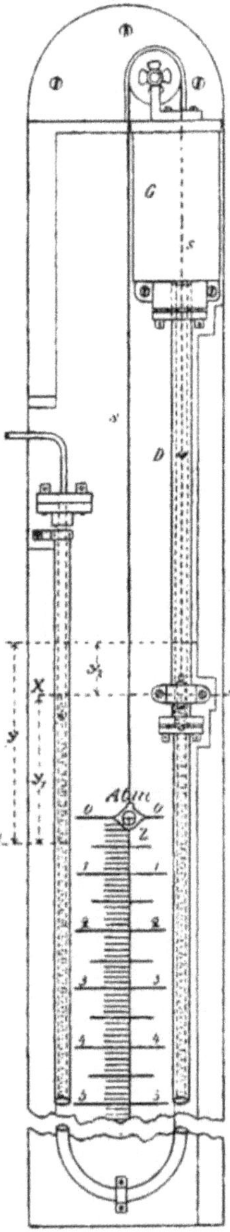

b. Apparate zur Messung der spezif. Pressung (Spannung) von Gasen und Dämpfen.

Zur Messung der spezif. Pressung der atmosph. Luft dient das bekannte **Barometer**. Als Normalwerth der atmosph. Pressung wird derjenige Druck angesehen, den eine Quecksilbersäule bei 0 Grad Temperatur von 0,760 m Höhe auf 1 qm ausübt; derselbe beträgt $p_0 = 10333$ kg.

In der Technik dagegen wird unter der **Pressung von 1 Atmosphäre** ein Druck $p_0 = 10000$ kg auf 1 qm, oder 1 kg auf 1 qcm verstanden, entsprechend einem Barometerstande von 735,51 mm Quecksilbersäule.

Um die spezif. Pressung von Gasen und Dämpfen zu messen, welche diejenige der atmosph. Luft mehr oder weniger übersteigt, bedient man sich der **Manometer**. Alle Manometer geben nur den **Ueberschuss** der Gas- oder Dampf-Pressung über die spezif. Pressung der atmosph. Luft, den sogen. **Ueberdruck**, an. Um daher die **absolute** spezif. **Pressung** eines Gases oder Dampfes zu erhalten, ist zu der Angabe des Manometers die zur selben Zeit mittels eines Barometers beobachtete Pressung der atmosph. Luft zu addiren.

Als **zuverlässiges** Instrument ist nur das **Quecksilber-Manometer** anzusehen. Fig. 799 zeigt ein solches mit verkürzter Skala. Das engere Rohr d (links in der Figur) steht mit dem Dampfkessel bezw. dem das gespannte Gas enthaltenden Gefäss in Verbindung. Ist in diesem der **Ueberdruck** $= 0$, also $p = p_0$, so stehen in beiden Schenkeln des Manometers die Quecksilberspiegel gleich hoch, etwa in der Horizontalen XX. Der Quecksilberspiegel in dem weitern Rohre D trägt einen eisernen Schwimmer, welcher durch eine seidene Schnur s mit einem Zeiger z verbunden ist. Für die eben erwähnte Lage der beiden Quecksilberspiegel in XX, ist der Zeiger auf den Nullpunkt der Skala einzustellen. G ist ein Gefäss zum Auffangen der etwa aus dem Rohre D durch irgend einen Stoss heraus geworfenen Quecksilbermenge.

Nimmt die spezif. Pressung p innerhalb des Gefässes (Dampfkessels) zu, so wird dadurch der Quecksilberspiegel in d um y_1 herab gedrückt und in D um y_2 gehoben; der Abstand $y = y_1 + y_2$ der beiden Quecksilber-Spiegel ist proportional dem **Ueberdruck** $p - p_0$. Ferner ist $\frac{y_1}{y_2} = \left(\frac{D}{d}\right)^2$ u. folglich wird: $y_2 = \frac{y}{\left(\frac{D}{d}\right)^2 + 1}$.

Beispiel. Für $\frac{D}{d} = 3$ wird $y_2 = 0{,}1\,y$. Da nun die Verschiebung des Zeigers z gleich dem Werthe y_2 ist, so beträgt die Entfernung der Theilstriche der Skala für 1 Atmosph. **Ueberdruck** nur $0{,}1 \cdot 735{,}51 = 73{,}551$ mm.

Federmanometer müssen in allen solchen Fällen angewendet werden, wo sich die Anbringung von Quecksilber-Manometern verbietet, z. B. an Lokomotiv-, Lokomobil- und Schiffskesseln; auch bei stationären Kesseln finden dieselben häufig Verwendung, obwohl sie weniger zuverlässig sind, als Quecksilber-Manometer.

Fig. 800 und 801 zeigen ein Plattenfeder-Manometer. Die am Umfang festgeklemmte, ringförmig gewellte Stahlplatte P wird durch den im Kessel vor-

Fig. 800.

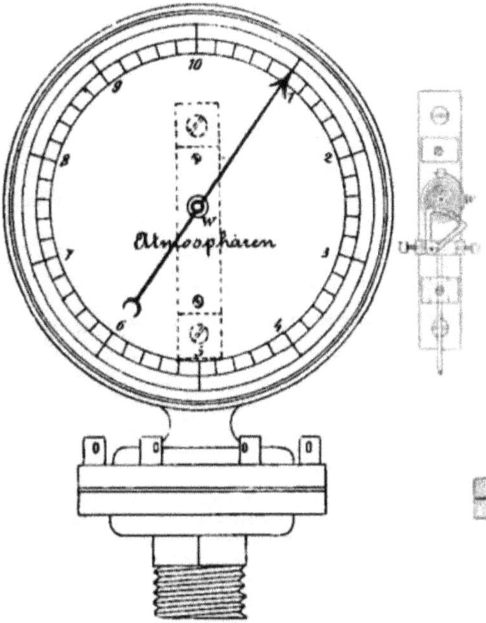

Fig. 801.

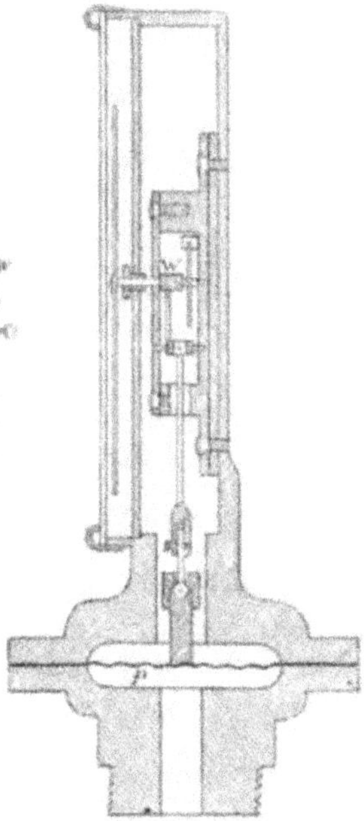

Fig. 802.

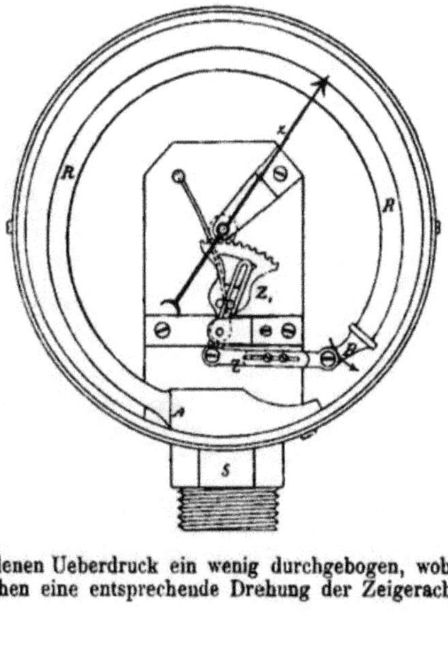

Fig. 803.

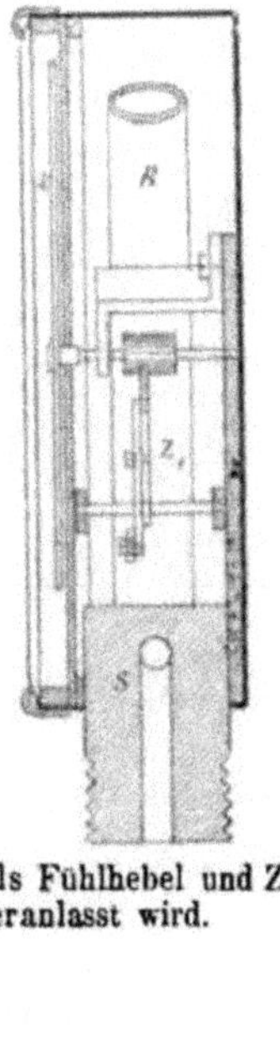

handenen Ueberdruck ein wenig durchgebogen, wobei mittels Fühlhebel und Zahnrädchen eine entsprechende Drehung der Zeigerachse w veranlasst wird.

In Fig. 802 u. 803 ist ein Röhrenfeder-Manometer (Bourdon-Manometer) dargestellt. Die Röhrenfeder R von elliptischem Querschnitt ist bei A an den Rohrstutzen S festgelöthet und an dem geschlossenen Ende B durch die Zugstange Z mit dem Zahnsegment Z_1 verbunden. Bei wachsender Pressung des in der Röhrenfeder befindlichen Kondensations-Wassers wird der Krümmungs-Halbmesser der Feder grösser, und in Folge dessen bewegt sich der Endpunkt B in der Richtung des Pfeiles, wobei er eine entsprechende Drehung des Zeigers Z veranlasst. Die Skalen der Federmanometer müssen nach den Angaben eines richtig konstruirten Quecksilber-Manometers getheilt werden.

Die Verbindung der Manometer mit einem Dampfkessel ist stets so einzurichten, dass nicht der heisse Dampf selbst, sondern abgekühltes Kondensations-Wasser den Quecksilberspiegel bezw. die Platten- oder Röhrenfeder berührt; dies aus dem Grunde, um, namentlich bei Federmanometern, die Elastizität der Federn thunlichst lange Zeit unverändert zu erhalten.

c. Zustands-Gleichung der Gase. Gesetz von Mariotte und von Gay-Lussac.

Bezeichnet p die spezif. Pressung, $v = \frac{1}{\gamma}$ das spezif. Volumen, $T = 273 + t$ die absolute Temperat. (t in Graden Cels. verstanden) eines permanenten Gases und R eine von der Gasart abhängige Konstante, so ist die Zustands-Gleichung desselben:

$$pv = RT. \tag{1}$$

Für reine und trockene atmosph. Luft ist: $R = 29{,}27$; für ein anderes Gas oder Gasgemenge von der Dichtigkeit δ in Bezug auf atmosph. Luft von gleicher Pressung und gleicher Temperat. ist: $R = \frac{29{,}27}{\delta}$.

Nimmt man an, es bleibe bei einer Zustands-Aenderung eines permanenten Gases seine Temperat. t — also auch T — konstant, so erhält man aus Gleichg. (1) das Gesetz von Mariotte:

$$pv = \text{Konst. oder: } \frac{p}{\gamma} = \text{Konst.}, \tag{2}$$

welches auch geschrieben werden kann:

$$\frac{p_1}{p_2} = \frac{v_2}{v_1} = \frac{\gamma_1}{\gamma_2} \tag{2a}$$

und in Worten lautet:

Die absoluten Pressungen eines und desselben Gases verhalten sich bei konstanter Temperatur umgekehrt, wie die zugehörigen spezif. Volumina und direkt, wie die zugehörigen spezif. Gewichte.

Bleibt dagegen bei zunehmender Temperat. t — bezw. T — die spezif. Pressung p eines bestimmten Gasgewichts unverändert, so wird aus Gleichg. (1) das Gesetz von Gay-Lussac: $v = \text{Konst.}\, T$ (3) oder:

$$\frac{v_1}{v_2} = \frac{\gamma_2}{\gamma_1} = \frac{T_1}{T_2} \tag{3a}$$

in Worten:

Die spezif. Volumina eines und desselben Gases verhalten sich bei konstanter Pressung direkt wie die zugehörigen absoluten Temperaturen, demnach die spezif. Gewichte umgekehrt wie die absoluten Temperaturen*).

d. Spezifische Wärme für konstantes Volumen und für konstante Pressung.

Die spezif. Wärme der Gase kann als unabhängig von der Temperatur derselben angesehen werden; sie ist also diejenige Wärmemenge, welche der Gewichtsmenge von 1 kg des fraglichen Gases zugeführt werden muss, um seine Temperat. von t^0 auf $(t+1)^0$ zu erhöhen.

Man unterscheidet spezif. Wärme für konstante Pressung c_p und spezif. Wärme für konstantes Volumen c_v, je nachdem bei der Wärmezuführung unter gleich bleibender äusserer und innerer Pressung das Volumen des Gases sich vergrössern kann, oder bei gleich bleibendem Volumen seine Pressung zunehmen muss.

Das Verhältniss $\frac{c_p}{c_v} = n$ ist für die permanenten Gase sehr nahe gleich gross und zwar sehr nahe = dem Werthe $n = 1{,}41$ für atmosph. Luft.

---

*) Vgl. S. 800 u. 801. c. Volumen-Aenderung gasförmiger Körper.

In folgender Tabelle sind die Werthe von c_p, c_v und n, sowie der Dichtigkeit δ (bezogen auf Luft = 1) einiger für die Praxis wichtigen Gase und Gasgemenge zusammen gestellt:

Substanz	Dichtigkeit bezogen auf Luft = 1	Spezif. Wärme für konst. Pressung c_p	Spezif. Wärme für konst. Volumen c_v	$n = \frac{c_p}{c_v}$	Spezif. Wärme für konst. Pressung bezogen auf die spezif. Wärme der Luft = 1
Atmosphärische Luft	1,0000	0,2375	0,1684	1,410	1
Sauerstoff . . .	1,1056	0,2175	0,1550	1,403	0,9158
Stickstoff . .	0,9714	0,2438	0,1727	1,412	1,0265
Wasserstoff .	0,0693	3,4090	2,4110	1,413	14,3537
Kohlenoxyd	0,9673	0,2450	0,1736	1,411	1,0316
Kohlensäure bei 0° . . .	1,5291	0,1870	im Mittel	im Mittel	0,7874
„ „ 100° . . .	—	0,2145	0,1714	1,265	0,9032
„ „ 200° . . .	—	0,2396	—	—	1,0088
Sumpfgas	0,5527	0,5929	0,4679	1,267	2,4964
Oelbildendes Gas	0,9672	0,4040	0,3326	1,215	1,7011
Wasserdampf (mässig überhitzt)	0,6219	0,4805	0,3694	1,301	2,0282

Die Dichtigkeit reiner und trockener atmosph. Luft von 0° Temperat. und einer spezif. Pressung, entsprechend einem Barometerstande von 760 mm Quecksilbersäule, bezogen auf die Dichtigkeit des Wassers = 1 ist = 0,0012932 = $\frac{1}{773}$, und demnach hat 1 cbm derartiger Luft das Gewicht = 1,2932 kg.

e. Gesättigter Wasserdampf; Beziehung zwischen Pressung und Temperat. desselben.

Bezeichnet p die Pressung in mm Quecksilbersäule und t die Temperat. des Dampfes in Grad. Cels., so lässt sich die Beziehung zwischen t und p auf Grundlage der Versuche Regnault's durch folgende Formeln ausdrücken:

$$\left.\begin{array}{c}\text{Für } t = 0^\circ \text{ bis } 100^\circ \\ \log p = 4{,}7393707 - \text{num.}\log(0{,}6117408 - 0{,}003274463\,t) + \text{num.}\log(-1{,}8680093 + 0{,}006864937\,t); \\ \text{Für } t = 100^\circ \text{ bis } 200^\circ \\ \log p = 6{,}2640348 - \text{num.}\log(0{,}6593123 - 0{,}001656138\,t) - \text{num.}\log(0{,}0207601 - 0{,}005950708\,t).\end{array}\right\} \quad (4)$$

f. Innere und äussere spezif. Verdampfungswärme; Gesammtwärme; spezif. Volumen und spezif. Gewicht gesättigten trockenen Wasserdampfes.

Unter der spezif. Verdampfungswärme r einer Flüssigkeit für eine gewisse Temperat. t versteht man diejenige Wärmemenge, welche der Menge = 1 kg derselben zugeführt werden muss, um die Flüssigkeit in gesättigtem Dampf von derselben Temperat. t umzuwandeln, wenn dabei der spezif. äussere Druck konstant und zwar = derjenigen Pressung p ist, welche der Temperat. t des Dampfes entspricht*).

Addirt man zu r die Flüssigkeitswärme q, d. h. die Wärmemenge, welche erforderlich ist um 1 kg der Flüssigkeit von 0° auf t° zu erwärmen, so erhält man die Gesammtwärme: $Q = q + r$. (5)

Für Wasserdampf ist nach Regnault:
$Q = 606{,}5 + 0{,}305\,t$ (6) und da für Wasser: $q = t + 0{,}00002\,t^2 + 0{,}0000003\,t^3$, (7)
so wird: $r = 606{,}5 - 0{,}695\,t - 0{,}00002\,t^2 - 0{,}0000003\,t^3$, (8)
wofür nach dem Vorschlage von Clausius für Temperat. in der Nähe von 100° der einfachere Ausdruck $r = 607 - 0{,}708\,t$ (8a) gesetzt werden kann.

Die spezif. Verdampfungswärme r zerfällt in die äussere und die innere spezif. Verdampfungswärme. Erstere ist = dem Wärmewerth der Expansions-Arbeit bei der Verdampfung, letztere = dem Zuwachs an Körperwärme.

Bezeichnet man das spezif. Volumen das Wassers mit $w = 0{,}001$ cbm, das spezif. Volumen des Dampfes mit $v = w + \Delta$, die konstante äussere Pressung (kg pro 1 qm) mit p und den Wärmewerth der Arbeitseinheit mit A (S. 820), so ist die äussere spezif. Verdampfungswärme = $Ap\Delta$, demnach, unter ρ die innere spezif. Verdampfungswärme verstanden: $\rho = r - Ap\Delta$. (9)

Nach Zeuner kann für Wasserdampf annäherungsweise $\rho = 575{,}4 - 0{,}791\,t$ (10) und: $Ap\Delta = 31{,}1 + 1{,}096\,t - q$ (11) gesetzt werden**).

---

*) Vgl. S. 801 und 802. — **) Zeuner. A. a. O. S. 282—283. Grashof. A. a. O. S. 150.

Der Werth $\varDelta$ ergiebt sich hierauf aus Gleichg. (11) zu: $\varDelta = \frac{424}{p}(Ap\varDelta)$ (12), folglich das spezif. Volumen des Dampfes: $v = 0{,}001 + \varDelta$ (13) und sein spezif. Gewicht: $\gamma = \frac{1}{v} = \frac{1}{0{,}001 + \varDelta}$. (14)

Hiernach ist folgende Tabelle berechnet*).

Temperatur t	Dampfspannung in mm Quecksilbersäule	Dampfspannung in kg auf 1 qm p	Dampfspannung in Atm. (neu) oder kg pro 1 qcm	Flüssigkeits-Wärme q	Gesammt-Wärme Q	Spezif. Verdampf.-Wärme $r = Q - q = \rho + Ap\varDelta$	Innere spezif. Verdampf.-Wärme ρ	Aeussere spezif. Verdampf.-Wärme $Ap\varDelta$	Spezif. Volumen v cbm	Spezif. Gewicht γ kg
0	4,600	62,54	0,006	0,000	606,500	606,500	575,429	31,071	210,652	0,00475
1	4,940	67,16	0,007	1,000	606,805	605,805	574,653	31,152	196,672	0,00508
2	5,302	72,09	0,007	2,000	607,110	605.110	573,877	31,233	183,699	0,00544
3	5,687	77,32	0,008	3,000	607,415	604,415	573,101	31,314	171,718	0,00582
4	6,097	82,89	0,008	4,000	607,720	603,720	572,325	31,395	160,593	0,00623
5	6,534	88,84	0,009	5,000	608,025	603,025	571,549	31,476	150,224	0,00666
6	6,998	95,14	0,010	6,001	608,330	602,329	570,772	31,557	140,637	0,00711
7	7,492	101,9	0,010	7,001	608,635	601,634	569,993	31,641	131,657	0,00760
8	8,017	109,0	0,011	8,001	608,940	600,939	569,214	31,725	123,408	0,00810
9	8,574	116,6	0,012	9,002	609,245	600,243	568,435	31,808	115,666	0,00865
10	9,165	124,6	0,012	10,002	609,550	599,548	567,656	31,892	108,526	0,00921
11	9,792	133,1	0,013	11,003	609,855	598,852	566,876	31,976	101,863	0,00982
12	10,457	142,2	0,014	12,003	610,160	598,157	566,096	32,061	95,5978	0,01046
13	11,162	151,8	0,015	13,004	610,465	597,461	565,315	32,146	89,7896	0,01114
14	11,908	161,9	0,016	14,005	610,770	596,765	564,534	32,231	84,4108	0,01185
15	12,699	172,7	0,017	15,005	611,075	596,070	563,752	32,318	79,3457	0,01260
16	13,536	184,0	0,018	16,006	611,380	595,374	562,969	32,405	74,6734	0,01339
17	14,421	196,1	0,020	17,007	611,685	594,678	562,186	32,492	70,2540	0,01423
18	15,357	208,8	0,021	18,008	611,990	593,982	561,403	32,579	66,1576	0,01512
19	16,346	222,2	0,022	19,009	612,295	593,286	560,619	32,667	62,3359	0,01604
20	17,391	236,5	0,024	20,010	612,600	592,590	559,835	32,755	58,7245	0,01703
21	18,495	251,5	0,025	21,012	612,905	591,893	559,050	32,843	55,3705	0,01806
22	19,659	267,3	0,027	22,013	613,210	591,197	558,265	32,932	52,2388	0,01914
23	20,888	284,0	0,028	23,014	613,515	590,501	557,479	33,022	49,3015	0,02028
24	22,184	301,6	0,030	24,016	613,820	589,804	556,693	33,111	46,5496	0,02148
25	23,550	320,2	0,032	25,017	614,125	589,108	555,907	33,201	43,9648	0,02275
26	24,988	339,7	0,034	26,019	614,430	588,411	555,120	33,291	41,5536	0,02407
27	26,505	360,4	0,036	27,020	614,735	587,715	554,332	33,383	39,2751	0,02546
28	28,101	382,1	0,038	28,022	615,040	587,018	553,544	33,474	37,1457	0,02692
29	29,782	404,9	0,040	29,024	615,345	586,321	552,756	33,565	35,1493	0,02845
30	31,548	428,9	0,043	30,026	615,650	585,624	551,968	33,656	33,2725	0,03005
31	33,406	454,2	0,045	31,028	615,955	584,927	551,179	33,748	31,5051	0,03174
32	35,359	480,7	0,048	32,030	616,260	584,230	550,390	33,840	29,8495	0,03350
33	37,411	508,6	0,051	33,033	616,565	583,532	549,600	33,932	28,2888	0,03535
34	39,565	537,9	0,054	34,035	616,870	582,835	548,810	34,025	26,8212	0,03728
35	41,827	568,7	0,057	35,037	617,175	582,138	548,019	34,119	25,4388	0,03931
36	44,201	601,0	0,060	36,040	617,480	581,440	547,228	34,212	24,1373	0,04143
37	46,691	634,8	0,063	37,043	617,785	580,742	546,437	34,305	22,9142	0,04364
38	49,302	670,3	0,067	38,045	618,090	580,045	545,645	34,400	21,7608	0,04595
39	52,039	707,5	0,071	39,048	618,395	579,347	544,853	34,494	20,6730	0,04837
40	54,906	746,5	0,075	40,051	618,700	578,649	544,061	34,588	19,6464	0,05090
41	57,910	787,3	0,079	41,054	619,005	577,951	543,268	34,683	18,6795	0,05353
42	61,055	830,1	0,083	42,058	619,310	577,252	542,475	34,777	17,7645	0,05629
43	64,346	874,8	0,087	43,061	619,615	576,554	541,681	34,873	16,9033	0,05916
44	67,790	921,7	0,092	44,064	619,920	575,858	540,887	34,969	16,0874	0,06216
45	71,391	970,6	0,097	45,068	620,225	575,157	540,093	35,064	15,3185	0,06528
46	75,158	1021,8	0,102	46,072	620,530	574,458	539,299	35,159	14.5904	0,06854
47	79,093	1075,3	0,108	47,075	620.835	573,760	538,504	35,256	13.9027	0,07193
48	83,204	1131,2	0,113	48,079	621.140	573,061	537,709	35,352	13,2517	0,07546
49	87.499	1189,6	0,119	49,083	621,445	572,362	536,914	35,448	12,6355	0,07914
50	91,982	1250,6	0,125	50,087	621,750	571,663	536,119	35,544	12,0517	0,08298
51	96,661	1314,2	0,131	51,092	622,055	570,963	535,323	35,640	11,4995	0,08696
52	101,54	1380,5	0,138	52,096	622,360	570,264	534,527	35,737	10,9771	0,09110
53	106,64	1449,9	0,145	53,101	622,665	569,564	533,731	35,833	10,4798	0,09542
54	111,95	1522,1	0,152	54,106	622,970	568,864	532,935	35,929	10,0095	0,09991

*) Die zu den Temperat. 0 bis 100° gehörigen Zahlenwerthe sind mit Benutzung der Original-Tabellen von Regnault nach den von Zeuner aufgestellten Theorien berechnet; die übrigen zu 1 bis 15 Atm. gehörigen Zahlen sind der Tabelle von Fliegner (Civilingenieur 1874) entnommen, bis auf die Werthe r und γ, welche mit $A = \frac{1}{424}$ neu berechnet wurden.

Temperatur t	Dampfspannung in mm Quecksilbersäule	Dampfspannung in kg auf 1 qm p	Dampfspannung in Atm. (neu) oder kg pro 1 qcm	Flüssigkeits-Wärme q	Gesammt-Wärme Q	Spezif. Verdampf.-Wärme $r = Q - q = \varrho + A p \Delta$	Innere spezif. Verdampf.-Wärme ϱ	Aeussere spezif. Verdampf.-Wärme $A p \Delta$	Spezif. Volumen v cbm	Spezif. Gewicht γ kg
55	117,48	1597,3	0,160	55,110	623,275	568,165	532,138	36,027	9,5643	0,10456
56	123,24	1675,6	0,168	56,115	623,580	567,465	531,341	36,124	9,1420	0,10939
57	129,25	1757,3	0,176	57,120	623,885	566,765	530,544	36,221	8,7404	0,11441
58	135,51	1842,4	0,184	58,126	624,190	566,064	529,747	36,317	8,3588	0,11963
59	142,02	1930,9	0,193	59,131	624,495	565,364	528,949	36,415	7,9973	0,12504
60	148,79	2023,0	0,202	60,137	624,800	564,663	528,151	36,512	7,6535	0,13066
61	155,84	2118,8	0,212	61,142	625,105	563,963	527,353	36,610	7,3271	0,13648
62	163,17	2218,5	0,222	62,148	625,410	563,262	526,555	36,707	7,0164	0,14252
63	170,79	2322,1	0,232	63,154	625,715	562,561	525,757	36,804	6,7212	0,14878
64	178,71	2429,7	0,243	64,161	626,020	561,859	524,959	36,900	6,4403	0,15527
65	186,95	2541,8	0,254	65,167	626,325	561,158	524,161	36,997	6,1725	0,16201
66	195,50	2658,0	0,266	66,173	626,630	560,457	523,363	37,094	5,9182	0,16897
67	204,38	2778,8	0,278	67,180	626,935	559,755	522,565	37,190	5,6756	0,17619
68	213,60	2904,1	0,290	68,187	627,240	559,053	521,767	37,286	5,4448	0,18366
69	223,17	3034,2	0,303	69,194	627,545	558,351	520,969	37,382	5,2248	0,19139
70	233,09	3169,1	0,317	70,201	627,850	557,649	520,171	37,478	5,0153	0,19939
71	243,39	3309,1	0,331	71,208	628,155	556,947	519,373	37,574	4,8154	0,20767
72	254,07	3454,3	0,345	72,216	628,460	556,244	518,575	37,669	4,6247	0,21623
73	265,15	3605,0	0,361	73,223	628,765	555,542	517,777	37,765	4,4427	0,22509
74	276,62	3760,9	0,376	74,231	629,070	554,839	516,979	37,860	4,2693	0,23423
75	288,52	3922,7	0,392	75,239	629,375	554,136	516,181	37,955	4,1035	0,24369
76	300,84	4090,2	0,409	76,247	629,680	553,433	515,383	38,050	3,9454	0,25346
77	313,60	4263,7	0,426	77,255	629,985	552,730	514,585	38,145	3,7943	0,26355
78	326,81	4443,3	0,444	78,264	630,290	552,026	513,787	38,239	3,6499	0,27398
79	340,49	4629,3	0,463	79,273	630,595	551,322	512,990	38,332	3,5118	0,28475
80	354,64	4821,7	0,482	80,282	630,900	550,618	512,193	38,425	3,3799	0,29587
81	369,29	5020,9	0,502	81,291	631,205	549,914	511,396	38,518	3,2537	0,30734
82	384,44	5226,8	0,523	82,300	631,510	549,210	510,599	38,611	3,1331	0,31917
83	400,10	5439,8	0,544	83,309	631,815	548,506	509,803	38,703	3,0177	0,33138
84	416,30	5660,0	0,566	84,319	632,120	547,801	509,007	38,794	2,9071	0,34399
85	433,04	5887,6	0,589	85,329	632,425	547,096	508,211	38,885	2,8013	0,35698
86	450,34	6122,8	0,612	86,339	632,730	546,391	507,416	38,975	2,7000	0,37037
87	468,22	6365,9	0,637	87,349	633,035	545,686	506,621	39,065	2,6029	0,38419
88	486,60	6617,0	0,662	88,359	633,340	544,981	505,826	39,155	2,5099	0,39842
89	505,76	6876,3	0,688	89,370	633,645	544,275	505,031	39,244	2,4208	0,41309
90	525,45	7144,0	0,714	90,381	633,950	543,569	504,237	39,332	2,3354	0,42819
91	545,78	7420,4	0,742	91,392	634,255	542,863	503,444	39,419	2,2534	0,44377
92	566,76	7705,7	0,771	92,403	634,560	542,157	502,651	39,506	2,1748	0,45981
93	588,41	8000,0	0,800	93,414	634,865	541,451	501,859	39,592	2,0994	0,47633
94	610,74	8303,6	0,830	94,426	635,170	540,744	501,067	39,677	2,0270	0,49334
95	633,78	8616,9	0,862	95,438	635,475	540,037	500,275	39,762	1,9575	0,51086
96	657,54	8939,9	0,894	96,450	635,780	539,330	499,482	39,848	1,8909	0,52885
97	682,03	9272,9	0,927	97,462	636,085	538,623	498,688	39,935	1,8270	0,54735
98	707,26	9615,9	0,962	98,474	636,390	537,916	497,892	40,024	1,7658	0,56632
99,088	735,51	10000,0	1,000	99,576	636,722	537,146	497,048	40,098	1,7012	0,58782
100	760,00	10333,0	1,033	100,500	637,000	536,500	496,295	40,205	1,6508	0,60577
105,410	919,39	12500	1,25	105,984	638,650	532,666	492,001	40,665	1,3804	0,72443
110,763	1103,27	15000	1,50	111,416	640,283	528,867	487,756	41,111	1,1631	0,85977
115,425	1287,14	17500	1,75	116,153	641,706	525,552	484,060	41,492	1,0063	0,99374
119,570	1471,02	20000	2,00	120,369	642,969	522,600	480,776	41,824	0,8877	1,12651
123,310	1654,90	22500	2,25	124,177	644,110	519,933	477,814	42,119	0,7947	1,25834
126,726	1838,78	25000	2,50	127,658	645,151	517,493	475,109	42,384	0,7198	1,38927
129,874	2022,65	27500	2,75	130,869	646,112	515,233	472,618	42,625	0,6582	1,51930
132,796	2206,53	30000	3,00	133,853	647,003	513,150	470,304	42,846	0,6066	1,64853
135,531	2390,41	32500	3,25	136,645	647,837	511,192	468,142	43,050	0,5626	1,77746
138,099	2574,29	35000	3,50	139,271	648,620	509,349	466,111	43,238	0,5248	1,90549
140,523	2758,16	37500	3,75	141,750	649,360	507,610	464,195	43,415	0,4919	2,03293
142,820	2942,04	40000	4,00	144,102	650,060	505,958	462,377	43,581	0,4630	2,15983
145,004	3125,92	42500	4,25	146,339	650,726	504,387	460,651	43,736	0,4373	2,28676
147,088	3309,80	45000	4,50	148,475	651,362	502,887	459,004	43,883	0,4145	2,41254
149,080	3493,67	47500	4,75	150,518	651,969	501,451	457,429	44,022	0,3940	2,53807
150,991	3677,55	50000	5,00	152,480	652,552	500,072	455,917	44,155	0,3754	2,66382
152,827	3861,43	52500	5,25	154,365	653,112	498,747	454,467	44,280	0,3586	2,78862
154,594	4045,31	55000	5,50	156,180	653,651	497,471	453,071	44,400	0,3433	2,91290
156,298	4229,18	57500	5,75	157,932	654,171	496,239	451,724	44,515	0,3292	3,03767
157,944	4413,06	60000	6,00	159,625	654,673	495,048	450,423	44,625	0,3164	3,16056
159,536	4596,94	62500	6,25	161,263	655,158	493,895	449,164	44,731	0,3045	3,28407
161,079	4780,82	65000	6,50	162,852	655,629	492,777	447,945	44,832	0,2934	3,40832
162,575	4964,69	67500	6,75	164,393	656,085	491,692	446,762	44,930	0,2832	3,53107
164,026	5148,57	70000	7,00	165,890	656,529	490,639	445,615	45,024	0,2737	3,65364
165,441	5332,45	72500	7,25	167,347	656,960	489,613	444,498	45,115	0,2648	3,77644
166,815	5516,33	75000	7,50	168,764	657,379	488,615	443,413	45,202	0,2565	3,89864

Temperatur t	Dampfspannung in mm Quecksilbersäule	Dampfspannung in kg auf 1 qm p	Dampfspannung in Atm. (neu) oder kg pro 1 qcm	Flüssigkeits-Wärme q	Gesammt-Wärme Q	Spezif. Verdampf.-Wärme $r = Q - q = \varrho + Ap\varDelta$	Innere spezif. Verdampf.-Wärme ϱ	Aeussere spezif. Verdampf.-Wärme $Ap\varDelta$	Spezif. Volumen v cbm	Spezif. Gewicht γ kg
168,154	5700,20	77500	7,75	170,146	657.787	487,641	442,364	45,287	0,2488	4,01929
169.459	5884,08	80000	8,00	171,493	658,185	486,692	441,323	45,369	0,2415	4,14079
170,732	6067,96	82500	8,25	172,808	658,573	485,765	440,310	45,449	0,2346	4,26257
171,976	6251,84	85000	8,50	174,093	658,953	484,860	439,334	45,526	0,2281	4,38404
173,191	6435,71	87500	8,75	175,349	659,323	483,974	438,373	45,601	0,2220	4,50450
174,379	6619,59	90000	9,00	176,578	659,686	483,108	437,434	45,674	0,2162	4,62535
175,541	6803,47	92500	9,25	177,780	660,040	482,260	436,515	45,745	0.2107	4,74608
176,679	6987,35	95000	9,50	178,958	660,387	481,429	435,616	45,813	0,2055	4,86618
177,793	7171,22	97500	9.75	180,111	660,727	480.616	434,735	45,881	0,2005	4,98753
178,886	7355,10	100000	10,00	181,243	661,060	479,817	433,871	45,946	0,1958	5,10725
179,957	7538,98	102500	10,25	182,353	661,387	479,034	433,024	46,010	0,1913	5,22739
181,008	7722,86	105000	10,50	183,442	661.707	478,265	432,193	46,072	0,1870	5,34759
182,040	7906,73	107500	10,75	184,513	662,022	477,509	431,376	46,133	0,1830	5,46448
183,053	8090,61	110000	11,00	185,563	662,331	476,768	430,576	46,192	0,1791	5,58347
184,049	8274,49	112500	11,25	186,597	662,635	476,038	429,788	46,250	0,1753	5,70451
185,027	8458,37	115000	11,50	187,612	662,933	475,321	429,015	46,306	0,1717	5,82411
185,989	8642,24	117500	11,75	188,611	663,227	474,616	428,255	46,361	0,1683	5,94177
186,935	8826,12	120000	12,00	189,594	663,515	473,921	427,506	46,415	0.1650	6,06061
187,866	9010,00	122500	12,25	190,561	663,799	473,238	426,770	46,468	0,1618	6,18047
188,782	9193,88	125000	12,50	191,513	664,079	472,566	426,046	46,520	0,1588	6,29723
189,685	9377,75	127500	12,75	192,452	664,354	471,902	425,331	46,571	0,1559	6,41437
190,573	9561,63	130000	13,00	193,376	664,625	471,249	424,629	46,620	0,1531	6,53168
191,449	9745,51	132500	13,25	194,287	664,892	470,605	423,936	46,669	0,1503	6,65336
192,311	9929,39	135000	13,50	195,184	665,155	469,971	423,254	46,717	0,1477	6,77048
193,162	10113,26	137500	13,75	196,070	665,414	469,344	422,580	46,764	0.1452	6,88705
194,001	10297,14	140000	14,00	196,944	665,670	468,726	421,916	46,810	0,1428	7,00280
194,828	10481,02	142500	14,25	197,806	665,922	468,116	421,261	46,855	0,1404	7,12251
195,644	10664,90	145000	14,50	198,656	666,171	467,515	420,615	46,900	0,1381	7,24113
196,449	10848,77	147500	14,75	199,495	666,417	466,922	419,979	46,943	0,1359	7,35835
197,244	11032,65	150000	15,00	200,324	666,659	466,335	419,349	46,986	0,1338	7,47384

g. Umkehrbare und nicht umkehrbare Zustands-Aenderungen; inneres Arbeitsvermögen; Expansions-Arbeit.

Die Zustands-Aenderung eines gasförmigen oder dampfförmigen Körpers heisst **umkehrbar**, wenn dieselbe mit nur **umkehrbaren Verwandlungen** verbunden ist und mit verschwindend kleiner Geschwindigkeit stattfindet, so dass wegen des letztern Umstandes die augenblickliche Pressung und Temperat. in allen Punkten des Körpers gleich gross und zwar gleich der Pressung und der Temperat. an den Oberflächenpunkten angenommen werden darf.

Unter einer **umkehrbaren Verwandlung** versteht man die gegenseitige Umsetzung von Deformations-Arbeit und Wärme in einander.

Die Umsetzung der Arbeit sekundärer Bewegungs-Widerstände in Wärme dagegen ist eine **nicht umkehrbare Verwandlung**, und ebenso ist ein unmittelbarer Uebergang der Wärme aus einem Körper oder Körpertheil von höherer Temperatur in einen Körper oder Körpertheil von niederer Temperatur durch Leitung oder Strahlung eine **nicht umkehrbare Verwandlung**.

Das dem Wärmezustande eines Körpers entsprechende und ihm in Folge davon inne wohnende Arbeitsvermögen heisst sein **inneres Arbeitsvermögen** und wird, bezogen auf 1 kg des Körpers, sein **spezif. inneres Arbeitsvermögen** (U) genannt.

Der Wärmewerth des spezif. innern Arbeitsvermögens AU heisst die **Körperwärme**. Sowohl U, wie AU kann nicht absolut, sondern nur als Differenz in der Form $U - U_1$, bezw. $A(U - U_1)$, entsprechend dem augenblicklichen und einem angenommenen anfänglichen Wärmezustande des Körpers, bestimmt werden.

Aendert bei der Zustands-Aenderung eines Körpers derselbe sein Volumen, so findet hierbei eine **Deformations-Arbeit**, oder **Expansions-Arbeit** (im weitern Sinne) statt; den Absolutwerth einer negativen Expansions-Arbeit nennt man **Kompressions-Arbeit**. Ist hierbei die augenblickliche Pressung in allen Punkten des Körpers gleich gross, also = der spezif. äussern Pressung p, so ist die einer unendlich kleinen Volumen-Aenderung des Körpers entsprechende Expansions-Arbeit, bezogen auf das spezif. Volumen v desselben: $dE = p\,dv$. (15)

Durch die einem Gase zugeführte (oder entzogene) Wärmemenge Q wird im allgemeinen das spezif. innere Arbeitsvermögen U und das spezif. Volumen v desselben geändert. Demnach ist, unter $W = \frac{1}{A} = 424^{\text{mkg}}$ der Arbeitswerth der Wärmeeinh. verstanden, (S. 820):

$$W d Q = d U + p d v \ (16), \quad \text{folglich:} \quad W Q = U_2 - U_1 + \int p\, d v. \qquad (17)$$

Die Aenderung des innern Arbeitsvermögens ist: $d U = W c_v d T$ (18), folglich: $U_2 - U_1 = W c_v (T_2 - T_1)$ (19), d. h. proportional der Temperat.-Aenderung.

Mit Rücksicht auf die Zustands-Gleichg. (1) und den Umstand, dass sich aus der ersten Haupt-Gleichg. der mechanischen Wärmetheorie ergiebt:

$$c_p - c_v = c_v (n - 1) = A R, \qquad (20)$$

kann Gleichg. (19) auch geschrieben werden:

$$U_2 - U_1 = \frac{c_v}{A R} (p_2 v_2 - p_1 v_1) = \frac{p_2 v_2 - p_1 v_1}{n - 1}. \qquad (21)$$

α. Bei der Zustands-Aenderung bleibe die spezif. Pressung p konstant.

Aus der Zustands-Gleichg. (1) folgt: $v =$ Konst. T oder $\frac{v_2}{v_1} = \frac{T_2}{T_1}$. Die Expansions-Arbeit ist: $E = p\,(v_2 - v_1)$ und die hierbei pro 1^{kg} dem Gase zuzuführende Wärmemenge:

$$Q = \frac{n}{n - 1} A E = \frac{n}{n - 1} A p\,(v_2 - v_1).$$

Beispiel. 1^{kg} atmosph. Luft habe die Anfangs-Temp. $t_1 = 0^0$, also $T_1 = 273^0$ und die spezif. Pressung $p = 10000^{\text{kg}}$, folglich das spezif. Volumen $v_1 = 0{,}8^{\text{cbm}}$. Durch Wärmezuführung soll das letztere auf den Betrag $v_2 = 3\,v_1 = 2{,}4^{\text{cbm}}$ bei gleich bleibender Pressung p gebracht werden. Die Temperatur wird alsdann: $T_2 = 3\,T_1 = 3 \,.\, 273 = 819^0$ oder $t_2 = 546^0$; die Expansions-Arbeit beträgt: $E = 10000 \,.\, 1{,}6 = 16000^{\text{mkg}}$ und die hierbei zugeführte Wärmemenge:

$$Q = \frac{1{,}41}{0{,}41} \frac{16000}{424} = 129{,}775 \text{ W.-E., wovon } \frac{16000}{424} = 37{,}736 \text{ W.-E.}$$

in Expansions-Arbeit umgewandelt und 92,039 W.-E. zur Vermehrung des innern Arbeitsvermögens verwendet werden,

β. Bei der Zustands-Aenderung bleibe das spezif. Volumen v konstant.

Hierbei ist: $p =$ Konst. T, oder: $\frac{p_2}{p_1} = \frac{T_2}{T_1}$, die Expansions-Arbeit $E = 0$ und die pro 1^{kg} dem Gase zuzuführende Wärmemenge $Q = c_v\,(T_2 - T_1)$. Die gesammte Wärme wird also zur Vermehrung des innern Arbeits-Vermögens verwendet.

γ. Bei der Zustands-Aenderung bleibe die Temperatur (T oder t) konstant.

Aus der Zustands-Gleichg. folgt das Gesetz von Mariotte: $pv =$ Konst. oder: $\frac{p_2}{p_1} = \frac{v_1}{v_2}$. Die Expansions-Arbeit ist: $E = \int_{v_1}^{v_2} p\, d v = p_1 v_1 \ln\left(\frac{v_2}{v_1}\right) = p_1 v_1 \ln\left(\frac{p_1}{p_2}\right)$.

Wird das Gas komprimirt, so ist die Kompressions-Arbeit:

$$E' = p_1 v_1 \ln\left(\frac{v_1}{v_2}\right) = p_1 v_1 \ln\left(\frac{p_2}{p_1}\right).$$

Die hierbei dem Gas pro 1^{kg} zuzuführende bezw. zu entziehende Wärmemenge ist:

$$Q = A E \text{ bezw. } = A E'.$$

Beispiel. 1^{kg} Luft von der Temperat. $t = 20^0$ ($T = 293^0$) und der spezif. Pressung $p_1 = 10\,000^{\text{kg}}$ (1 Atm.) soll auf 4 Atm. ($p_2 = 40\,000^{\text{kg}}$) komprimirt werden. Da $v_1 = 0{,}8576^{\text{cbm}}$ wird $v_2 = \frac{0{,}8576}{4} = 0{,}2144^{\text{cbm}}$ und die Kompressions-Arbeit $E' = 8576 \ln 4 = 11888{,}86^{\text{mkg}}$.

Die dem Gas hierbei zu entziehende Wärmemenge ist: $Q = \frac{11\,888{,}86}{424} = 28{,}04$ W.-E.

δ. Bei der Zustands-Aenderung soll dem Gas weder Wärme zugeführt noch entzogen werden.

Setzt man in Gleichg. (16) $d Q = 0$, so entsteht: $d U + p\, d v = 0$; hieraus folgt durch Integration nach Berücksichtigung der Gleichgn. (18) (20) und (1) das Gesetz von Poisson: $p v^n =$ Konst. oder:

$$\frac{p_2}{p_1} = \left(\frac{v_1}{v_2}\right)^n \quad \text{ferner ist:} \quad \frac{T_2}{T_1} = \left(\frac{v_1}{v_2}\right)^{n-1} = \left(\frac{p_2}{p_1}\right)^{\frac{n-1}{n}}$$

und die Expansions- bezw. Kompressions-Arbeit:

$$E = \frac{p_1 v_1}{n-1}\left[1 - \left(\frac{v_1}{v_2}\right)^{n-1}\right] = \frac{p_1 v_1}{n-1}\left[1 - \left(\frac{p_2}{p_1}\right)^{\frac{n-1}{n}}\right].$$

Dieselbe wird lediglich zur Aenderung des innern Arbeitsvermögens U verwendet; und zwar findet bei Expansion eine Verminderung, bei Kompression eine Vermehrung desselben statt. Allgemein ist: $U_2 - U_1 + \int p\,dv = 0$.

Beispiel. Wie im vorigen Falle soll wieder 1 kg Luft von 20° ($T_1 = 293°$) und der spezif. Pressung $p_1 = 10000$ kg (1 Atm.) auf 4 Atm. ($p_2 = 40000$ kg) komprimirt werden. Da $v_1 = 0{,}8576$ cbm, wird: $v_2 = \frac{0{,}8576}{\sqrt[1{,}41]{4}} = 0{,}32086$ cbm und die absolute Temperat. T_2, welche das Volumen v_2 angenommen hat: $T_2 = 293 \,.\, 4^{\frac{0{,}41}{1{,}41}} = 438{,}46°$ oder: $t_2 = 165{,}46°$ und die Kompressions-Arbeit:

$$E' = \frac{8576}{0{,}41}\left(4^{\frac{0{,}41}{1{,}41}} - 1\right) = 10384{,}61 \text{ mkg}.$$

Soll andererseits 1 kg Luft von 20° und 1 Atm. ($p_1 = 10000$ kg) so weit komprimirt werden, bis das Volumen $v_2 = \frac{v_1}{4}$ geworden ist, so wird:

$$T_2 = 293 \,.\, 4^{0{,}41} = 517{,}26°, \text{ oder: } t_2 = 244{,}26°;\; p_2 = 10000 \,.\, 4^{1{,}41} = 70616{,}2 \text{ kg} = 7{,}06102 \text{ Atm.}$$

und die hierzu erforderliche Kompressions-Arbeit:

$$E' = \frac{8576}{0{,}41}\left(4^{0{,}41} - 1\right) = 16010{,}05 \text{ mkg}.$$

Würde nach erfolgter Kompression durch Entziehung von Wärme (äussere Abkühlung) die Temperat. T_2 des Luftvolumens v_2 auf die ursprüngliche Temperat. T_1, also ihr inneres Arbeitsvermögen U_2 wieder auf den ursprünglichen Betrag U_1 zurück geführt, so müsste die spezif. Pressung p_2 auf den Werth $p_2' = p_2 \frac{T_1}{T_2}$ sinken, für das letzte Beispiel also auf den Werth $p_2' = 70616{,}2 \frac{293}{517{,}26} = 40000$ kg (4 Atm.) (Vergl. das Beispiel unter γ).

Die hierbei entzogene Wärmemenge beträgt $Q = A\,E' = \frac{16010{,}05}{424} = 37{,}76$ W.-E., also ebenso wie die aufgewendete Kompressions-Arbeit 1,347 mal so viel, als in dem Falle, in welchem während der Kompression eine kontinuirl. Wärmeentziehung derart stattfindet, dass eine Temperat.-Erhöhung der Luft in keinem Augenblicke eintritt. Man ersieht hieraus, dass es zur Vermeidung von Arbeits-Verlusten erforderlich ist, Luftkompressoren derart zu konstruiren, dass während der Kompression der Luft eine möglichst rasche Wärmeableitung stattfindet.

Findet die Expansion der Luft ohne Zuführung von Wärme statt, so tritt eine sehr bedeutende Abkühlung ein, wie folgendes Beispiel zeigt:

Soll 1 kg Luft von 20° auf den 4 fachen Betrag seines ursprünglichen Volumens expandiren, ($v_2 = 4\,v_1$), dann wird: $T_2 = 293 \,.\, 0{,}25^{0{,}41} = 165{,}87°$ oder: $t_2 = -107{,}03°$ und: $p_2 = p_1\, 0{,}25^{1{,}41} = 0{,}14161\, p_1$ oder: $\frac{p_1}{p_2} = 7{,}06162$. Soll also die Endspannung p_2 nur wenig mehr als 1 Atm. betragen, so müsste die Anfangsspannung p_1 etwa $= 7{,}1$ Atm. sein; die von der Luft geleistete Expansions-Arbeit ist alsdann, mit $v_1 = \frac{29{,}27 \,.\, 293}{71000} = 0{,}12079$ cbm: $E = \frac{8576}{0{,}41}\left(1 - 0{,}25^{0{,}41}\right) = 9068{,}77$ mkg.

Die hier erscheinenden niedrigen Temperaturen würden den Betrieb von Arbeits-Maschinen mittels komprimirter Luft unmöglich machen, wenn nicht durch Wärmezuführung während der Expansion so bedeutenden Temperatur-Erniedrigungen vorgebeugt würde. Bei Anwendung hoher Expansions-Grade leitet man zuweilen die komprimirte Luft, bevor sie in den Arbeits-Zylinder eintritt, durch ein Wasserbad, dessen Temperatur so hoch ist, dass die zugehörige Dampfspannung der anfänglichen Luftpressung entspricht, also bei $p_1 = 7{,}1$ Atm. durch ein Wasserbad von etwa 165° Cels.; hierdurch wird die Luft einerseits erwärmt, andrerseits zum Theil mit Dampf gesättigt, welcher alsdann bei der Expansion sich zum Theil kondensirt und hierbei noch Wärme an die Luft abgiebt*).

---

*) Ein betr. Beispiel bietet der Strassenbahnwagen von Mékarski mit Maschine, welche durch komprimirte Luft getrieben wird. *Bulletin de la soc. d'encouragement.* 1878. S. 585—591.

Bezieht man die Gleichgn.: $pv =$ Konst. und $pv^n =$ Konst. (siehe erläuterte Fälle) Fig. 804, auf ein rechtwinkliges Koordin.-System, so wird eine Zustands-Aenderung nach dem Gesetz $pv =$ Konst. durch die Kurve I, eine solche nach dem Gesetz $pv^n =$ Konst. durch die Kurve II dargestellt; erstere heisst die isothermische, letztere die adiabatische Kurve. Beide Kurven verlaufen asymptotisch zu den Koordin.-Axen, die isothermische Kurve I ist eine gleichseitige Hyperbel.

Die von der Abszisse $v_2 - v_1$, den Ordin. p_1 und p_2 und dem zugehörigen Stück der fraglichen Kurve begrenzte Fläche stellt die mechanische Arbeit dar, welche das Gas bei seiner Expansion von v_1 auf v_2 leistet, oder welche bei der Kompression des Gases von v_2 auf das kleinere Volumen v_1 auf dasselbe übertragen wird.

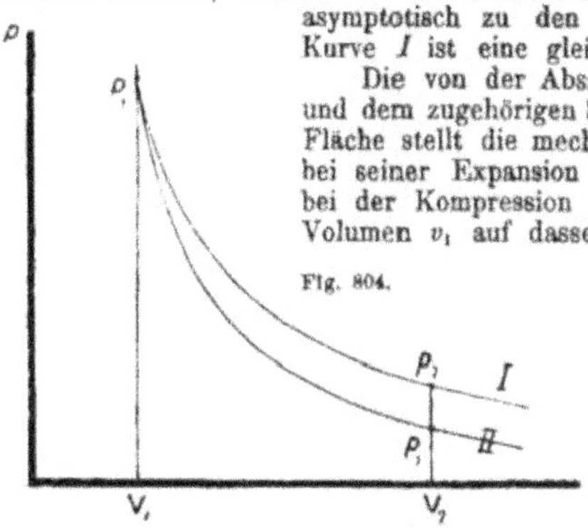

Fig. 804.

h. Zustands-Aenderungen des Wasserdampfes.

Bei den Zustands-Aenderungen des Wasserdampfes ist stets ein Gemisch von Dampf und Wasser derselben Temperat. in Betracht zu ziehen, wenn in jedem Augenblicke der Dampf im Zustande der Sättigung bleiben soll.

Ausser den auf S. 825, 826 eingeführten Bezeichnungen bedeute y^k die Dampfmenge, welche in 1 kg des Gemisches von Dampf und Wasser enthalten ist, also $(1-y)^k$ die Wassermenge, w das spezif. Volumen des Wassers (= 0,001 cbm), $w + \Delta$ dasjenige des Dampfes, v das spezif. Volumen des Gemisches und U das spezif. innere Arbeitsvermögen des letzteren, von dem Zustande an gerechnet, in welchem das ganze Gemisch flüssig ($y = 0$) und dessen Temperat. $t = 0$ ist.

Zunächst ist: $$v = w + y\Delta. \qquad (22)$$

Die Werthe Δ ergeben sich aus der Tabelle durch Verminderung der dortigen v-Werthe um den Betrag 0,001; z. B. wird für Dampf von 6 Atm., welcher 10% Wasser enthält ($y = 0{,}9$), $v = 0{,}001 + 0{,}9 \cdot 0{,}3154 = 0{,}2849$ cbm. Solcher Wassergehalt kann entweder als feiner Nebel in der Dampfmasse schweben (feuchter Dampf), oder als Thau sich auf den innern Wandflächen des den Dampf enthaltenen Gefässes niederschlagen, endlich kann Gleichg. (22) auch auf den Fall bezogen werden, dass ein Gefäss, z. B. ein Dampfkessel, zum Theil mit Wasser und zum Theil mit Dampf, welcher für sich allein gesättigt und trocken, oder mehr oder weniger feucht sein kann, angefüllt ist.

Das spezif. innere Arbeits-Vermögen U gesätttigten, aber trockenen Dampfes ist offenbar proportional dem Werthe $(q + \rho)$, der sogen. Dampfwärme, da von dem Ueberschuss der spezif. Gesammtwärme Q des Dampfes von t^0 über die Wärme von 1 kg Wasser von 0° der Betrag $Ap\Delta$ in mechanische Arbeit umgewandelt worden ist; demnach beträgt der Wärmewerth des spezif. innern Arbeits-Vermögens des feuchten Dampfes: $AU = q + y\rho$. (23)

Die Wärmemenge dQ, welche 1 kg eines Gemisches von Dampf und Wasser behufs einer unendlich kleinen umkehrbaren Zustands-Aenderung mitgetheilt werden muss, ergiebt sich aus der allgemeinen Gleichg.:

$$W dQ = dU + p\,dv \text{ zu: } dQ = d(AU) + Ap\,dv = dq + d(y\rho) + Ap\,dv \qquad (24)$$

woraus nach einigen Umformungen entsteht:

$$dQ = dq + d(yr) - \frac{yr}{T}dt = dq + T d\left(\frac{yr}{T}\right). \qquad (25)$$

Setzt man: $dq = c\,dt$ (unter c die spezif. Wärme des Wassers verstanden), so wird nach einigen Umformungen:

$$dQ = (1-y)\,c\,dt + r\,dy + yh\,dt \; (26) \text{ mit: } h = c + \frac{dr}{dt} - \frac{r}{T};\text{*)} \qquad (27)$$

hierin giebt an: $(1-y)\,c\,dt$ die zur Temperatur-Erhöhung dt der Flüssigkeitsmenge $(1-y)$ erforderliche Wärmemenge, $r\,dy$ die zur Verdampfung der Flüssigkeitsmenge dy nöthige Wärmemenge und $yh\,dt$ die zur Temperatur-Erhöhung dt und entsprechenden Volumenänderung der Dampfmenge y verwendete Wärmemenge.

---

*) Grashof. A. a. O. S. 158.

Es bedeutet demnach h diejenige spezif. Wärme des Dampfes, welche einer solchen Volumen- und Pressungs-Aenderung bei der Wärme-Mittheilung entspricht, dass dabei der Dampf gerade gesättigt bleibt.*)

Aus Gleichg. (24) folgt die Grösse der Expansions-Arbeit:

$$dE = p\,dv = W\,dQ - dU \text{ oder:} \tag{28}$$

ihr Wärmewerth:

$$A\,dE = T\,d\left(\frac{yr}{T}\right) - d\,(y\rho). \tag{29}$$

Für die Praxis sind folgende Zustands-Aenderungen von Wichtigkeit:

α. Zustands-Aenderung bei konstantem Volumen.

Aus Gleichg. (22) folgt, mit $v =$ Konst., $y\Delta =$ Konst., oder: $y_2\Delta_2 = y_1\Delta_1$. (30)

Die je 1 kg des Gemisches zuzuführende Wärmemenge ist nach (24):

$$Q = q_2 - q_1 + y_2\rho_2 - y_1\rho_1 = q_2 - q_1 + y_1\Delta_1\left(\frac{\rho_2}{\Delta_2} - \frac{\rho_1}{\Delta_1}\right). \tag{31}$$

Beipiel. Der Inhalt V eines Dampfkessels enthalte aV cbm Dampf und $(1-a)V$ cbm Wasser, das Gesammtgewicht von Dampf und Wasser sei $= M^k$, dann ist:

$y_1 = \frac{aV\gamma_1}{M}$ und genügend genau: $M = 1000\,(1-a)V$, folglich: $y_1 = 0{,}001\,\frac{a}{1-a}\,\gamma_1$ und:

$$Q = q_2 - q_1 + 0{,}001\,\frac{a}{1-a}\,\gamma_1\Delta_1\left(\frac{\rho_2}{\Delta_2} - \frac{\rho_1}{\Delta_1}\right).$$

Soll die Dampfspannung von 1 Atm. auf 6 Atm. gesteigert werden und beträgt $a = \frac{1}{3}$, so wird:

$$Q = 159{,}635 - 99{,}576 + 0{,}0005 \,.\, 0{,}58782 \,.\, 1{,}7002\left(\frac{450{,}423}{0{,}3154} - \frac{497{,}048}{1{,}7002}\right) = 60{,}617 \text{ W.-E.}$$

Ist nun der Wasserinhalt des Kessels $(1-a)\,V = 5$ cbm, also: $M = 5000$ kg, die Heizfläche desselben $= 17{,}5$ qm und dringt durch 1 qm Heizfläche eine Wärmemenge von durchschnittlich 200 W.-E. pro 1 Min., so beträgt die zu erwähnter Spannungserhöhung erforderliche Zeit:

$$\vartheta = \frac{60{,}617 \,.\, 5000}{17{,}5 \,.\, 200} = 86{,}6 \text{ Min.}$$

also rund $1\frac{1}{2}$ Stunde.

β. Zustands-Aenderung bei konstantem Gewichts-Verhältniss von Dampf und Flüssigkeit ($y =$ Konst.).

Setzt man nach Zeuner das spezif. Gew. gesättigten trockenen Dampfes $\gamma = \alpha p^{\mu}$ (32),**) worin p in Atmosphären, $\alpha = 0{,}5877$ und $\mu = 0{,}939$ einzuführen ist, so wird: $\Delta = \frac{1}{\gamma} - w = \frac{1}{\alpha p^{\mu}} - w$ und nach Gleichg. (22):

$$v = (1-y)\,w + \frac{y}{\alpha p^{\mu}}. \tag{33}$$

Die grafische Darstellung dieser Gleichg. giebt die Kurve konstanter Dampfmenge, Fig. 804, *I*, welche zur v-Axe und zu einer im Abstande $(1-y)\,w'$ zur p-Axe gezogenen Parallele asymptotisch verläuft. Für trockenen Dampf ($y = 1$) geht obige Gleichg. in $pv^m = a$ (34) über, mit $m = \frac{1}{\mu} = 1{,}064963$ und $a = \left(\frac{1}{\alpha}\right)^{\frac{1}{\mu}} = 1{,}76133$.

Die Wärmemenge, welche 1 kg des Gemisches behufs einer unendlich kleinen Zustands-Aenderung mitgetheilt werden muss ist nach Gleichg. (26), da $dy = 0$, $dQ = [(1-y)\,c + yh]\,dt$ (35); für $y = 1$ wird: $dQ = h\,dt$ (36).

So lange $[(1-y)\,c + yh] < 0$, bleibt d. h. so lange $y > \frac{c}{c-h}$, entspricht einem negativen Werth von dt ein positiver Werth von dQ und umgekehrt. Nun ist aber nach Gleichg. (27) $h = \frac{d\,(q+r)}{dt} - \frac{r}{T} = 0{,}305 - \frac{r}{T}$, d. h. stets negativ (innerhalb der Grenzen der auf S. 826—828 angegebenen Tabelle); zunächst folgt hieraus, dass für $y = 1$, bei abnehmender Temperat., also abnehmender

---

*) Grashof. A. a. O. S. 159.

**) Zeuner. A. a. O. S. 294. Die Werthe α und μ wurden für die neue Atmosphäre berechnet.

Pressung des Dampfes dQ positiv und bei zunehmender Temperat., also zunehmender Pressung dQ negativ ausfällt. Diese Beziehung bleibt bestehen, so lange $y > 0{,}5$, wenn $p \leq 2$ Atm. und $y > 0{,}6$, wenn $p < 15$ Atm.

Da nun der im Zylinder einer Dampfmaschine wirkende Dampf niemals einen so bedeutenden Wassergehalt besitzt, dass y den Werth 0,6 erreicht, so folgt hieraus, dass dem hinter dem Kolben expandirenden Dampfe Wärme zugeführt, dem vor dem Kolben komprimirten Dampfe Wärme entzogen werden muss, wenn in beiden Fällen die Dampfmenge konstant bleiben soll. Findet eine derartige Wärme-Zuführung bezw. Entziehung nicht statt, so tritt bei der Expansion eine theilweise Kondensation und bei der Kompression eine theilweise Verdampfung des beigemengten Wassers ein*).

Das innere Arbeitsvermögen U nimmt für $y =$ Konst. bei der Expansion stets ab, bei der Kompression stets zu, denn nach Gleichg. (23) ist:

$$A \frac{dU}{dt} = \frac{dq}{dt} + y \frac{d\rho}{dt} = c - 0{,}791\, y, \text{ also positiv.}$$

γ. Zustands-Aenderung ohne Mittheilung oder Entziehung von Wärme.

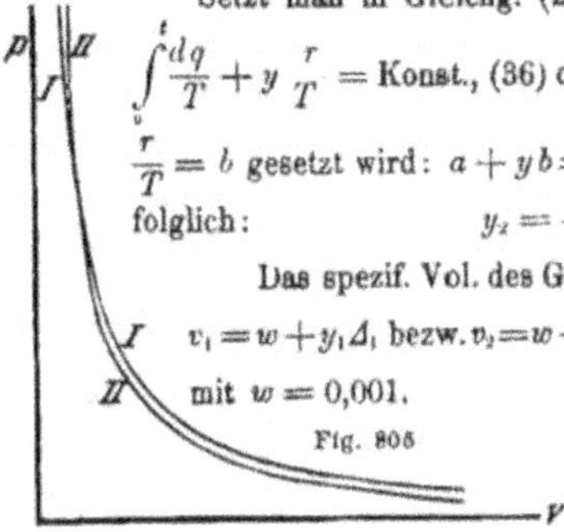

Fig. 805

Setzt man in Gleichg. (25): $dQ = 0$, so ergiebt sich:

$$\int_0^t \frac{dq}{T} + y \frac{r}{T} = \text{Konst.}, \quad (36)$$ oder wenn abkürzungsweise: $\int_0^t \frac{dq}{T} = a$ und $\frac{r}{T} = b$ gesetzt wird: $a + yb = $ Konst., oder: $a_2 + y_2 b_2 = a_1 + y_1 b_1$, (37)

folglich:
$$y_2 = \frac{a_1 + y_1 b_1 - a_2}{b_2} \quad (38)$$

Das spezif. Vol. des Gemisches von Dampf u. Wasser ist nach (22):

$$v_1 = w + y_1 \Delta_1 \text{ bezw. } v_2 = w + y_2 \Delta_2, \text{ folgl.: } v_2 = w + \frac{a_1 + y_1 b_1 - a_2}{b_2} \Delta_2 \quad (39)$$

mit $w = 0{,}001$.

Da a, b und Δ Funktionen von p sind, so ist durch Gleichg. (39) v als Funktion von p dargestellt. Die Kurve II, Fig. 805, welche der Gleichg. $v = f(p)$ entspricht

Tabelle der Werthe $a = \int_0^t \frac{dq}{T}$, $b = \frac{r}{T}$ und Δ (nach Fliegner)**).

p Atm. kg pro qcm		b	Δ	p Atm. kg pro qcm		b	Δ	p Atm. kg pro qcm		b	Δ
0,1	0,16463	1,8041	14,8904	4,25	0,42958	1,2007	0,4363	9,75	0,50735	1,0662	0,1995
0,2	0,19836	1,6975	7,7354	4,5	0,43467	1,1971	0,4135	10,0	0,50986	1,0618	0,1948
0,3	0,22518	1,6344	5,2798	4,75	0,43953	1,1880	0,3930	10,25	0,51231	1,0576	0,1903
0,4	0,24482	1,5893	4,0279	5,0	0,44416	1,1794	0,3744	10,5	0,51472	1,0534	0,1860
0,5	0,26042	1,5541	3,2056	5,25	0,44860	1,1712	0,3576	10,75	0,51707	1,0494	0,1820
0,6	0,27341	1,5252	2,7510	5,5	0,45285	1,1634	0,3423	11,0	0,51938	1,0454	0,1781
0,7	0,28458	1,5007	2,3796	5,75	0,45694	1,1559	0,3282	11,25	0,52164	1,0415	0,1743
0,8	0,29439	1,4793	2,0984	6,0	0,46088	1,1488	0,3164	11,5	0,52386	1,0378	0,1707
0,9	0,30316	1,4605	1,8779	6,25	0,46467	1,1419	0,3035	11,75	0,52604	1,0340	0,1673
1,0	0,31108	1,4436	1,7002	6,5	0,46834	1,1352	0,2924	12,0	0,52818	1,0304	0,1640
1,25	0,32810	1,4076	1,3794	6,75	0,47188	1,1288	0,2822	12,25	0,53028	1,0268	0,1608
1,5	0,34241	1,3781	1,1621	7,0	0,47531	1,1227	0,2727	12,5	0,53234	1,0234	0,1578
1,75	0,35468	1,3530	1,0063	7,25	0,47864	1,1167	0,2638	12,75	0,53437	1,0199	0,1549
2,0	0,36548	1,3312	0,8867	7,5	0,48187	1,1110	0,2555	13,0	0,53637	1,0166	0,1521
2,25	0,37513	1,3110	0,7937	7,75	0,48501	1,1054	0,2478	13,25	0,53833	1,0133	0,1493
2,5	0,38388	1,2946	0,7188	8,0	0,48806	1,1000	0,2405	13,5	0,54026	1,0100	0,1467
2,75	0,39188	1,2789	0,6572	8,25	0,49102	1,0947	0,2336	13,75	0,54216	1,0068	0,1442
3,0	0,39926	1,2645	0,6056	8,5	0,49392	1,0896	0,2271	14,0	0,54404	1,0037	0,1418
3,25	0,40612	1,2513	0,5616	8,75	0,49673	1,0847	0,2210	14,25	0,54588	1,0006	0,1394
3,5	0,41252	1,2390	0,5238	9,0	0,49948	1,0799	0,2152	14,5	0,54770	0,9976	0,1371
3,75	0,41854	1,2275	0,4909	9,25	0,50217	1,0752	0,2097	14,75	0,54949	0,9946	0,1349
4,0	0,42421	1,2168	0,4620	9,5	0,50479	1,0706	0,2045	15,0	0,55125	0,9917	0,1328

*) Grashof. A. a. O. S. 164—165. — Zeuner. A. a. O. S. 313.

**) Zivilingenieur. 1874. S. 447—454. (Die Δ-Werthe sind für $\frac{1}{A} = 424$ mkg neu berechnet.)

und mit Hülfe von Gleichg. (39) und der folgdn. Tabelle konstruirbar ist, heisst die **adiabatische Kurve.** Von demselben Anfangspunkte v_1, p_1 aus gezeichnet, nähert sich die adiabat. Kurve *II* rascher der v-Axe, als die Kurve *I* konstanter Dampfmenge.

Die Expansions-Arbeit, welche 1 kg des Gemisches bei dem Uebergange aus dem Zustande 1 in den Zustand 2 leistet, ist hier = der dabei stattfindenden Aenderung des inneren Arbeitsvermögens, also:

$$E = U_1 - U_2, \text{ folglich wegen: } A\,U = q + y\rho \text{ (Gleichg. 23):}$$
$$E = 424\,(q_1 - q_2 + y_1\rho_1 - y_2\rho_2). \qquad (40)$$

Beispiel: Der in den Zylinder einer Kondensations-Dampfmaschine eintretende Dampf von 6 Atm. ($p_1 = 60\,000$ kg) führe 5% Wasser mit sich ($y_1 = 0{,}95$) und expandire, ohne dass ihm Wärme zugeführt oder entzogen werde, bis auf eine Spannung von 0,7 Atm. $p_2 = 7000$ kg). Nach der Tabelle S. 827, ergiebt sich: $q_1 = 159{,}625$; $\rho_1 = 450{,}423$; $q_2 = 89{,}844$ und $\rho_2 = 504{,}659$. Aus Gleichg. (38) erhält man mit Hülfe der Tabellenwerthe S. 833:

$$y_2 = \frac{0{,}46088 + 0{,}95\,.\,1{,}1488 - 0{,}28458}{1{,}5007} = 0{,}8447$$

und aus Gleichg. (40) die hierbei von 1 kg Dampf geleistete Expansionsarbeit:

$$E = 424\,(159{,}625 - 89{,}844 + 0{,}95\,.\,450{,}423 - 0{,}8447\,.\,504{,}659) = 30272{,}75 \text{ mkg}.$$

Das anfängliche spezif. Volumen ist: $v_1 = 0{,}001 + 0{,}95\,.\,0{,}3154 = 0{,}30063$ cbm, dasjenige nach erfolgter Expansion: $v_2 = 0{,}001 + 0{,}8447\,.\,2{,}3796 = 2{,}01105$, folglich der Expansionsgrad $\frac{v_2}{v_1} = 6{,}6895$.

Bei Berechnung des Effekts von Dampfmaschinen ist es üblich, den Expansionsgrad $\frac{v_2}{v_1}$ als gegeben anzusehen und hiernach die Expansionsarbeit E des Dampfes zu berechnen, wenn ausserdem p_1 und y_1 bekannt sind. Hierzu muss die Beziehung zwischen p und v durch eine einfache Gleichg. dargestellt werden, für welche nach **Rankine's** Vorschlag die Form: $p v^m =$ Konst. (41) gewählt worden ist.

Nach **Zeuner***) kann $m = 1{,}035 + 0{,}1\,y_1$ (42) gesetzt werden. Die Expansions-Arbeit wird alsdann:

$$E = \frac{p_1 v_1}{m-1}\left[1 - \left(\frac{v_1}{v_2}\right)^{m-1}\right], \qquad (43)$$

die spezif. Pressung $p_2 = p_1\left(\frac{v_1}{v_2}\right)^m$ (44) und: $y_2 = \frac{v_2 - w}{\Delta_2}$ (45), worin Δ_2 den zu p_2 gehörigen Werth bezeichnet.

Beispiel. Es sei, wie oben, $p_1 = 60000$ kg; $y_1 = 0{,}95$, also: $v_1 = 0{,}30063$ und $\frac{v_2}{v_1} = 6{,}6895$; so wird: $m = 1{,}035 + 0{,}095 = 1{,}130$, folglich:

$$E = \frac{60000\,.\,0{,}30063}{0{,}130}\left(1 - \frac{1}{6{,}6895^{0{,}13}}\right) = 30374{,}82 \text{ mkg}.$$

$$p_2 = \frac{60000}{6{,}6895^{1{,}13}} = 7005{,}78 \text{ und: } y_2 = \frac{2{,}01106 - 0{,}001}{2{,}3778} = 0{,}8453.$$

Wie ersichtlich, liefern die Gleichgn. (41), (42) und (43) Resultate, welche mit den genauen Werthen der Gleichgn. (38) bis (40) eine für die Praxis hinreichend grosse Uebereinstimmung zeigen.

I. Ueberhitzter Wasserdampf.

Zustands-Gleichung. Die Beziehung zwischen spezif. Pressung p, spezif. Volumen v und absoluter Temperat. T **überhitzten Wasserdampfes** (vergl. die Definition S. 821) kann nach **Zeuner** durch die Gleichg.:

$p v + S p^{\frac{n-1}{n}} = R T$ (46) dargestellt werden, mit $R = 50{,}933$, $S = 192{,}5$ und $n = \frac{4}{3}$.**) Die Gleichg. (46) kann auch geschrieben werden:

$$p v = R\,(T - P) \text{ mit } P = \frac{S}{R}\sqrt[4]{p} = 3{,}779475\,\sqrt[4]{p}. \qquad (46\text{a.})^{***})$$

---

*) **Zeuner.** A. a. O. S. 342. — **Grashof.** A. a. O. S. 175.

) **Zeuner. A. a. O. S. 558—561. — **Grashof.** A. a. O. S. 200—201. — ***) Ders. A. a. O. S. 205.

Beispiel. Es sei: $p = 40000$ (4 Atm.) und $t = 200^0$, also $T = 273 + 200 = 473^0$, so wird: $P = 53{,}45$, folglich: $v = \frac{60{,}933\,(473 - 53{,}45)}{40000} = 0{,}5342^{cbm}$. Für gesättigten Dampf von 4 Atm. ist $t = 142{,}820^0$ und $v = 0{,}4630^{cbm}$.

Die Wärmemenge Q, welche zur Erzeugung von 1^{kg} überhitztem Dampf von der Temperat. t und der spezif. Pressung p aus Wasser der Temp. t_1 bei konstant bleibender Pressung p aufgewendet werden muss, ist:

$$Q = A\,C + c_p\,(T - P) - q_1. \qquad (47)^{*)}$$

Hierin bedeutet $c_p = 0{,}4805$ die spezif. Wärme des überhitzten Dampfes für konstante Pressung und q_1 die der Temperat. t_1 entsprechende Flüssigkeitswärme.

Für $p \geqq 5000^{kg}$ (0,5 Atm.) ist: $A\,C = 476$; für $p < 5000^{kg}$ ($t \leqq 80^0$), $A\,C = 478$ und für $p < 1000^k$ (0,1 Atm.), $t \leqq 45^0$, $A\,C = 480$ anzunehmen.

Derselbe Werth ergiebt sich durch die Gleichg.:

$$Q = Q_g + c_p\,(t - t_g) - q_1, \qquad (48)$$

unter Q_g die Gesammtwärme und t_g die Temperat. gesättigten Dampfes von der spezif. Pressung p verstanden.

Um 1^{kg} überhitzten Dampf von 4 Atm. und 200^0 aus Wasser von 20^0 zu erzeugen, ist nach (47) eine Wärmemenge $Q = 476 + 0{,}4805\,(473 - 53{,}45) - 20{,}01 = 657{,}584$ W.-E. erforderlich. Nach Gleichg. (48) wird:

$$Q = 650{,}060 + 0{,}4805\,(200 - 142{,}820) - 20{,}01 = 657{,}525 \text{ W.-E.}$$

Erfolgt eine Zustands-Aenderung überhitzten Wasserdampfes bei konstanter Pressung p so ist:

$$\frac{v_2}{v_1} = \frac{T_2 - P}{T_1 - P}. \qquad (49)$$

k. Mischung von atmosphär. Luft und Wasserdampf. Gesetz von Dalton.

Der in der atmosphär. Luft stets in grösserer oder geringerer Menge vorhandene Wasserdampf befindet sich gewöhnlich in überhitztem Zustande und hat die Temperat. der Luft. Nur bei rasch eintretenden Temperat.-Erniedrigungen geht derselbe in den gesättigten Zustand über, wobei er als tropfbar flüssiges Wasser zum Theil niederschlägt.

Die, durch das Barom. angegebene, spezif. Pressung der Luft p ist die Summe der Pressungen, welche einerseits die absol. trockne Luft, andererseits der Wasserdampf annehmen würden, wenn sich jeder der beiden Stoffe allein in demselben Raume befände, der von der Mischung angefüllt wird. (Dalton's Gesetz.) Es ist also:

$$p = p_l + p_d. \qquad (50)$$

Die Temperat. t_s, bei welcher der Wasserdampf der Luft in den gesättigten Zustand übergeht, nennt man den Thaupunkt.

Bezeichnet γ_s das spezif. Gew. des bei $t_s{}^0$ gesättigten, γ_d das spezif. Gew. des bei t^0 überhitzten Dampfes, wobei $t > t_s$, so wird mit Rücksicht auf Gleichg. (49)

$$\frac{\gamma_d}{\gamma_s} = \frac{T_s - P}{T - P} \quad (51), \text{ worin: } T_s = 273 + t_s,\ T = 273 + t \text{ und: } P = 3{,}779475\,\sqrt[4]{p_s}.$$

Die spezif. Pressung p_s des gesättigten Dampfes ist gleichbedeutend mit dem Werth p_d in Gleichg. (50). Mit Hilfe dieser Gleichg. ergiebt sich der Werth p_l und hiermit das spezif. Gew. γ_l der trocknen Luft der Temperat. t, die mit dem überhitzten Dampfe gemischt ist zu:

$$\gamma_l = \frac{p_l}{29{,}27\,T}. \qquad (52)$$

Nennt man γ das spezif. Gew. des bei der Lufttemp. t^0 gesättigten Dampfes, so heisst: $\frac{\gamma_d}{\gamma} = s$ (53) der Sättigungsgrad der atmosphär. Luft. (Vergl. übrigens noch S. 1123 ff.).

---

*) Grashof. A. a. O. S. 214.

II. Dynamik.

a. Gleichung des gesammten Arbeitsvermögens; Wärme-Gleichg.; Gleichg. der lebend. Kraft gas- oder dampfförm. Körper.

Ein in Bewegung befindlicher gas- oder dampfförm. Körper habe die seinem augenblickl. Bewegungs-Zustande entsprechende lebend. Kraft L, welche auch sein äusseres Arbeitsvermögen genannt wird, das seinem augenblickl. Wärme-Zustande entsprechende innere Arbeitsvermögen U (vergl. S. 828), also das gesammte Arbeitsvermögen $L + U$. Dann ist nach dem Prinzip der Aequivalenz von Arbeit, lebend. Kraft und Wärme für irgend eine ∞ kleine Zustands-Aenderung des Körpers der Zuwachs an gesammtem Arbeitsvermögen desselben = der Arbeits-Summe der auf ihn wirkenden äussern Kräfte + dem Arbeitswerth der ihm von aussen mitgetheilten Wärme*).

Bezeichnet man also mit dM die Arbeits-Summe aller auf den Körper einwirkenden Massenkräfte und mit dP diejenige der äussern Druckkräfte, bezogen auf 1 kg des Körpers, so ist die Gleichg. des gesammten Arbeitsvermögens:

$$d(L+U) = dM + dP + W dQ. \tag{1}$$

Die dem Körper im ganzen zugeführte, nämlich von aussen mitgetheilt, und die durch äussere Reibungen und innere Widerstände erzeugte Wärmemenge wird theils zur Vermehrung des innern Arbeitsvermögens, theils zur Verrichtung von Expans.-Arbeit verwendet. Nennt man also: dB die Arbeits-Summe sämmtlicher äussern und innern Widerstände und $dE = p\,dv$ die Expans.-Arbeit, so wird die Wärme-Gleichg.:

$$W dQ + dB = dU + dE; \tag{2}$$

und hiernach die Aenderung des äussern Arbeitsvermögens, oder die Gleichg. der lebend. Kraft:

$$dL = dM + dP + dE - dB. \tag{3}$$

b. Bewegung der Gase in Gefässen und Röhren.

Bei der perman. Bewegung eines gasförm. Körpers in Gefässen und Röhren sei: F der Querschn. an irgend einer Stelle vom Gefäss oder Rohr, u die Geschw., mit der sämmtliche Gastheilchen diesen Querschn. durchfliessen, G das unveränderl. Gew. der in 1 Sek. durch jeden Querschn. strömenden Gasmenge, so ist, wenn die Richtung von u mit der Richtg. der Schwerkraft den Winkel ψ einschliesst, wofür $dM = \cos\psi\, ds$, und sich übrigens das Gefäss im Ruhezustande befindet, die Kontinuitäts-Gleichg.:

$$Fu = Gv, \tag{4}$$

ferner, bezogen auf 1 kg des Körpers, da nach Gleichg. (18) und (20), S. 829: $dU = \frac{R\,dT}{n-1}$, die Gleichg. des gesammten Arbeitsvermögens:

$$\frac{u\,du}{g} + \frac{R\,dT}{n-1} = \cos\psi\, ds - d(pv) + W dQ, \tag{5}$$

die Wärmegleichg.:

$$W dQ + dB = \frac{R\,dT}{n-1} + p\,dv, \tag{6}$$

und die Gleichg. der lebend. Kraft oder des äussern Arbeitsvermögens:

$$\frac{u\,du}{g} = \cos\psi\, ds - v\,dp - dB. \tag{7}$$

α. Bewegung der Gase in Röhren ohne Rücksicht auf Wärmeleitung durch die Rohrwandung.**)

Die Wärmeleitung durch die Rohrwand kann unberücksichtigt bleiben, sobald der Temperat.-Unterschied in und ausserhalb der Röhre nur gering ist, wie z. B. bei Leuchtgas- oder auch Windleitungen. Es werde in der Folge auch überall voraus gesetzt, dass der Röhrenquerschn. $\frac{d^2\pi}{4}$, der Winkel ψ und der Koeffiz. λ der Reibung des Gases an der Rohrwand für die betrachtete Rohrstrecke konstant seien.

*) Grashof. A. a. O. S. 60.

**) Grashof. A. a. O. S. 593 — 597.

Setzt man abkürzungsweise: $\frac{u^2}{2g} = H$, also: $\frac{u\,du}{g} = dH$ und demzufolge: $dB = \lambda \frac{ds}{d} \frac{u^2}{2g} = \frac{\lambda}{d} H\,ds$, so ergiebt, mit Rücksicht auf die Zustands-Gleichg. und die Kontinuit.-Gleichg., die Integrat. der Gleichg. (5), da $dQ = 0$:

$$R(T_2 - T_1) = -\frac{n-1}{n}(H_2 - H_1 - s\cos\psi). \qquad (8)$$

Hier und in den folgenden Gleichgn. beziehen sich der Index 1 auf den Anfangsquerschn. ($s = 0$), der Index 2 auf den Endquerschn. der Rohrstrecke s.

Als Gleichg. der lebend. Kraft erhält man aus (7) die lineare Different.-Gleichg. 1. Ordnung:

$$\left[RT_1 + \frac{n-1}{n}(H_1 + s\cos\psi)\right]\frac{dH}{2H} - \frac{n+1}{2n}dH = \left(\lambda\frac{H}{d} - \frac{\cos\psi}{n}\right)ds. \qquad (9)$$

Ist hieraus H_2, also u_2 bestimmt, so ergiebt sich aus Gleichg. (8) T_2 und aus der vereinigten Zustands- u. Kontinuitäts-Gleichg.: $\frac{RT_2}{p_2} = \frac{Fu_2}{G}$, (10)

oder aus der hieraus folgenden Gleichg.: $\frac{p_2}{p_1} = \frac{T_2}{T_1}\frac{u_1}{u_2} = \frac{T_2}{T_1}\sqrt{\frac{H_1}{H_2}}$ (11) der Werth p_2.

Liegt die Röhre horizontal ($\cos\psi = 0$), oder wird der Einfluss der Schwerkraft als unerheblich vernachlässigt, so erhält man aus Gleichg. (9):

$$\left(\frac{RT_1}{H_1} + \frac{n-1}{n}\right)\left(1 - \frac{H_1}{H_2}\right) - \frac{n+1}{n}\ln\frac{H_2}{H_1} = 2\lambda\frac{s}{d}. \qquad (12)$$

Die durch äussere Reibungen und innere Widerstände hervor gerufene Temperat.-Differenz $T_2 - T_1$ (Gleichg. 8) ist selbst bei sehr langen Röhren und grossen Geschw. so unbedeutend, dass man dieselbe ebenfalls vernachlässigen darf, und man erhält mit: $T = T_1 = T_2 =$ Konst. aus Gleichg. (7):

$$\frac{2s\cos\psi}{RT_1} = \left(1 - \frac{2d\cos\psi}{\lambda RT_1}\right)\ln\frac{H_2 - \frac{d\cos\psi}{\lambda}}{H_1 - \frac{d\cos\psi}{\lambda}} - \ln\frac{H_2}{H_1}. \qquad (13)$$

Bei den in der Praxis vorkommenden Fällen sind die Werthe $= \frac{2d\cos\psi}{\lambda RT_1}$ und $\frac{2s\cos\psi}{RT_1}$ stets sehr klein, so dass ausreichend genau Gleichg. (13) ersetzt werden kann durch:

$$\frac{H_1}{H_2} = 1 - \frac{2}{RT_1}\left(\lambda\frac{s}{d}H_1 - s\cos\psi\right). \qquad (14)$$

Sind die Geschwindigk.- und Pressungs-Aenderungen in der Röhre sehr klein, so kann endlich das Verhältn. der Pressungs-Aenderung zur Anfangs-Pressung $\frac{p_1 - p_2}{p_1} = \frac{1}{RT_1}\left(\lambda\frac{s}{d}H_1 - s\cos\psi\right)$ (15) gesetzt werden.

Der Koeffiz. des Leitungswiderstandes ist nach Grashof bis auf weiteres:

$$\lambda = 0{,}01355 + \frac{0{,}001235 + 0{,}01d}{d\sqrt{u}} \quad (16) \text{ anzunehmen.}$$

Schliesst sich an die Rohrstrecke s eine weitere Rohrstrecke so an, dass beim Uebergang der Luft aus der 1. in die 2. Strecke besondere Widerstände in Krümmungen, Kniestücken oder plötzlichen Querschnitts-Aenderungen auftreten und beziehen sich die Werthe p_2, v_2, T_2, u_2 bezw. H_2 auf den Zustand des Gases am Ende der 1. und p_3, v_3, T_3, u_3 bezw. H_3 auf denjenigen am Anfang der 2. Strecke, so ergiebt sich mit Rücksicht darauf, dass fast ausnahmslos $T_2 = T_3$ und der Pressungs-Unterschied $p_2 - p_3$ sehr klein ausfällt:

$$\frac{p_3}{p_2} = \frac{\frac{p_2 v_2}{H_2} - 3(1+\zeta)\left(\frac{F_2}{F_3}\right)^2 + 1}{\frac{p_2 v_2}{H_2} - 2(1+\zeta)\left(\frac{F_2}{F_3}\right)^2} \quad (17) \text{ und: } \frac{u_3}{u_2} = \frac{F_2 p_2}{F_3 p_3} \quad (18)^{*)}.$$

*) Grashof. A. a. O. S. 617.

Der Werth ζ ist auf Grundlage der Weisbach'schen Versuche für ein rechtwinkliges Kniestück zu $\zeta = 0{,}908$ bis $1{,}028$, im Mittel $\zeta = 1$ für eine rechtwinklige Röhrenkrümmung (Kropfröhre), deren mittlerer Halbm. etwa = dem Rohrdurchm. ist, zu 0,188 bis 0,296, oder abgerundet zu: 0,2 bis 0,3 anzunehmen, je nachdem die Geschw. u_2 kleiner oder grösser ist. Geht der Gasstrom durch eine in ein Rohr eingebaute Verengung vom Querschn. A, während der Rohrquerschn. hinter der Verengung die Grösse F hat, so kann unter der Voraussetzung, dass: $\frac{F}{A} \leqq 6$, also $\frac{A}{F} \geqq 0{,}167$ ist, $\zeta = \left(\frac{F}{\alpha A} - 1\right)^2$ (19) gesetzt werden, (Gleichg. 45, S. 743). Demzufolge sind die Zahlenwerthe von ζ aus den S. 743 und 744 aufgeführten Tabellen zu entnehmen.

β. Bewegung der Gase in einem Rohr, mit Berücksichtigung der Wärmeleitung durch die Wand desselben.*)

Das spezif. Volumen v, demnach auch die Geschw. u des Gasstroms ist hier in so überwiegend hohem Grade von der Temperat.-Aenderung abhängig, dass der Einfluss der Pressungs-Aenderung auf v, bezw. u, vernachlässigt werden darf. Aus Gleichg. (10) folgt alsdann:

$T = $ Konst. u, oder: $\frac{T}{u} = \frac{T_1}{u_1} = \frac{T_2}{u_2}$ und: $\frac{du}{u} = \frac{dT}{T}$ und hiermit aus Gleichg. (7):

$$-\frac{dp}{p} = \frac{2}{RT_1^2}\frac{u_1^2}{2g}dT - \frac{\cos\psi}{R}\frac{ds}{T} + \frac{\lambda}{d}\frac{u_1^2}{2g}\frac{1}{RT_1^2}Tds.$$

Für die Einstrom-Heizfläche (S. 817—818) wird:

$\frac{ds}{T} = -\frac{c_p G}{kP}\frac{dT}{T(T-T')}$ und: $Tds = -\frac{c_p G}{kP}\frac{TdT}{T-T'}$, wobei hier k auf 1 Sek. zu beziehen ist.

Wird abkürzungsweise $\frac{c_p G}{kP} = a$ gesetzt, so ergiebt sich schliesslich da $a\ln\frac{T_1 - T'}{T_2 - T'} = s$ ist:

$$\ln\frac{p_1}{p_2} = \frac{H_1}{RT_1}\left[\frac{T'}{T_1}\lambda\frac{s}{d} + \frac{T_1 - T_2}{T_1}\left(\lambda\frac{a}{d} - 2\right)\right] + \frac{\cos\psi}{RT'}\left(a\ln\frac{T_1}{T_2} - s\right) \quad (20)$$

Ist die Höhendifferenz zwischen Anfang und Ende des Rohrs gering, so ist $\cos\psi = 0$ zu setzen, wonach das letzte Glied in Gleichg. (20) verschwindet.

Bewegt sich aber der Gasstrom durch ein vertik. Rohr, z. B. durch einen Fabrikschornstein, so wird $\cos\psi = -1$.

Bei Berechnung der Schornstein-Höhe h (gleichbedeutend mit dem Werthe s in Gleichg. (20)) empfiehlt es sich jedoch, zur Herbeiführung einer möglichst einfachen Gleichg. für h, eine mittlere Temp. T_m der Rauchgase, sowie in dem Gliede dB der Gleichg. (7) eine mittlere Geschw. u_m und einem mittlern Schornstein-Durchm. d_m einzuführen. Bezeichnet ferner p_0 die spezif. Pressung und γ_0 das spezif. Gewicht der äussern Luft im Niveau des Rostes, p_2 diejenige im Niveau der Schornstein-Mündung und T_0 die absol. Lufttemp., so ist:

$$RT_m\ln\frac{p_1}{p_2} = h + \frac{u_2^2 - u_1^2}{2g} + \lambda\frac{h}{d_m}\frac{u_m^2}{2g}. \quad (21) \quad \text{und:}$$

$$RT_0\ln\frac{p_0}{p_2} = h \quad (22), \quad \text{folglich:}$$

$$h = \frac{T_m}{T_m - T_0}\frac{p_0 - p_1}{\gamma_0} + \frac{T_0}{T_m - T_0}\frac{u_2^2}{2g}\left[1 - \left(\frac{u_1}{u_2}\right)^2 + \lambda\frac{h}{d_m}\left(\frac{u_m}{u_2}\right)^2\right]. \quad (23)$$

c. Ausfluss der Gase aus Gefässen.**)

Es befinde sich das Gas im Innern des Gefässes bereits in strömender Bewegung, wie z. B. in einer Gebläse-Leitung vor dem Ausfluss aus den Düsen, und

*) Grashof. A. a. O. S. 625 — 630.
**) Grashof. A. a. O. S. 548 — 566.

es seien daselbst im Querschn. F_0 des Gasstroms die unveränderl. Mittelwerthe der Pressung, des spezif. Volumens, der absol. Temperat., der Geschw. und der Geschwindigk.-Höhe: p_0, v_0, T_0, u_0 und H_0; der Querschn. der Ausflussöffnung sei A, der des ausfliessenden Gasstroms αA an derjenigen Stelle, wo die spezif. Pressung an jedem Punkte des Querschn. gleich gross voraus gesetzt werden darf; daselbst seien die oben erwähnten Werthe: p, v, T, u und H. Der Schwerp. von F_0 liege um die Höhe h über dem Schwerp. des Ausflussquerschn. αA, und das Gefäss befinde sich im Ruhezustande, so folgt aus Gleichg. (1) mit $dQ = 0$, da in der Ausfluss-Mündung dem Gasstrom weder Wärme zugeführt noch entzogen wird:

$$H - H_0 + \frac{n}{n-1} R(T - T_0) = h, \text{ oder } T = T_0 - \frac{n-1}{n} \frac{H - H_0 - h}{R}. \quad (24)$$

Ferner ergiebt sich aus Gleichg. (7) mit Rücksicht auf das Gesetz von Poisson (S. 829), wenn φ den Geschw.-Koeffiz. bezeichnet:

$$\frac{1}{\varphi^2} H = H_0 + h + \frac{n}{n-1} p_0 v_0 \left[1 - \left(\frac{p}{p_0}\right)^{\frac{n-1}{n}}\right].^{*)} \quad (25)$$

Das in 1 Sek. ausfliessende Gasgewicht ist: $G = \gamma \alpha A u = \alpha A u \frac{p}{RT}$. (26)

Ist A im Vergleich zu F_0 sehr klein, so kann u_0 bezw. $H_0 = 0$ gesetzt werden. Ist ausserdem $h = 0$, oder sehr klein und daher zu vernachlässigen, so gehen die Gleichgn. (24), (25) und (26) über in:

$$\frac{T}{T_0} = 1 - \frac{n-1}{n} \frac{H}{p_0 v_0} = 1 - \varphi^2 \left[1 - \left(\frac{p}{p_0}\right)^{\frac{n-1}{n}}\right] \quad (27)$$

$$u = \sqrt{2gH} = \varphi \sqrt{2g \frac{n}{n-1} p_0 v_0 \left[1 - \left(\frac{p}{p_0}\right)^{\frac{n-1}{n}}\right]} \quad (28) \text{ und:}$$

$$\frac{G}{A} = \alpha \varphi \frac{p}{p_0} \frac{\sqrt{2g \frac{n}{n-1} \frac{p_0}{v_0} \left[1 - \left(\frac{p}{p_0}\right)^{\frac{n-1}{n}}\right]}}{1 - \varphi^2 \left[1 - \left(\frac{p}{p_0}\right)^{\frac{n-1}{n}}\right]} \quad (29) \text{ oder wenn}$$

zunächst $\alpha = 1$ und $\varphi = 1$ gesetzt und unter μ ein Ausflusskoeffiz. verstanden wird, wobei $\mu < \alpha\varphi$ ist:

$$\frac{G}{A} = \mu \sqrt{2g \frac{n}{n-1} \frac{p_0}{v_0} \left[\left(\frac{p}{p_0}\right)^{\frac{2}{n}} - \left(\frac{p}{p_0}\right)^{\frac{n+1}{n}}\right]}. \quad (30)$$

Ist $p_0 - p$ klein, so dass $\left(\frac{p_0 - p}{p_0} = \delta\right) \leq 0{,}2$, also: $\left(\frac{p}{p_0} = 1 - \delta\right) \geq 0{,}8$ so geht, bei Vernachlässigung der Glieder mit δ^3, δ^4 u. s. w., Gleichg. (30) über in:

$$\frac{G}{A} = \mu p_0 \sqrt{\frac{2g}{RT_0} \delta \left(1 - \frac{3}{2n} \delta\right)}. \quad (31)$$

Für atmosphär. Luft ($R = 29{,}3$, $n = 1{,}41$, $g = 9{,}81$) ist:

$$\frac{G}{A} = 0{,}818 \mu p_0 \sqrt{\frac{\delta}{T_0} (1 - 1{,}06\, \delta)}. \quad (32)$$

Für $p = 0$ ergiebt sich aus Gleichg. (27) und (28):

$$T_{min.} = (1 - \varphi^2) T_0; \ (33) \text{ und } u_{max.} = \varphi \sqrt{2g \frac{n}{n-1} p_0 v_0} = \varphi \sqrt{2g \frac{n}{n-1} RT_0}. \ (34)$$

Bliebe α bei abnehmendem Werth von p unveränderlich, so würde nach Gleichg. (29) für $p = 0$ der Werth $G = 0$.

---

*) Grashof. A. a. O. S. 550 u. 562—563.

Aus Gleichg. (30) folgt:

$$G_{max.} = \mu A \sqrt{2g \frac{n}{n+1} \left(\frac{2}{n+1}\right)^{\frac{2}{n-1}} \frac{p_0}{v_0}} \quad (35), \text{ für } \frac{p}{p_0} = \left(\frac{2}{n+1}\right)^{\frac{n}{n-1}};$$

für **atmosphärische Luft** ($R = 29{,}3$, $n = 1{,}41$) wird: $p = 0{,}5266\, p_0$ und: $G_{max.} = 0{,}3972\, \mu A \frac{p_0}{\sqrt{T_0}}$. Direkte Versuche über den Ausfluss der Luft bei starkem Ueberdruck haben ergeben, dass G nahezu konstant bleibt, sobald $p < 0{,}5266\, p_0$ wird. Hieraus ist zu folgern, dass α in diesem Falle stetig zunimmt*).

Anstatt die Bewegungswiderst. durch Einführung eines Geschwindigk.-Koeffi. φ (Gl. 25) zu berücksichtigen, empfiehlt **Zeuner**, für die Zustands-Aenderung der Gase beim Ausfluss derselben das Gesetz: $pv^m = \text{Konst.}$ (36) als gültig anzusehen, wobei der **Ausflussexponent** $m = \frac{n(1+\zeta)}{1+n\zeta}$ (37) anzunehmen ist**), unter ζ einen **Widerstandskoeffiz.** verstanden. Alsdann wird:

$$H = H_0 + h + \frac{n}{n-1} p_0 v_0 \left[1 - \left(\frac{p}{p_0}\right)^{\frac{m-1}{m}}\right] (38); \quad \frac{v}{v_0} = \left(\frac{p_0}{p}\right)^{\frac{1}{m}} \text{ und } \frac{T}{T_0} = \left(\frac{p}{p_0}\right)^{\frac{m-1}{m}} \quad (39)$$

Für $h = 0$ und $H_0 = 0$ wird:

$$u = \sqrt{2g \frac{n}{n-1} p_0 v_0 \left[1 - \left(\frac{p}{p_0}\right)^{\frac{m-1}{m}}\right]} \quad (40)$$

und:

$$\frac{G}{A} = \alpha \sqrt{2g \frac{n}{n-1} \frac{p_0}{v_0} \left[\left(\frac{p}{p_0}\right)^{\frac{2}{m}} - \left(\frac{p}{p_0}\right)^{\frac{m+1}{m}}\right]} \quad (41)$$

Für kleine Werthe von $\delta = \frac{p_0 - p}{p_0}$ wird:

$$\frac{G}{A} = \frac{\alpha}{\sqrt{1+\zeta}} p_0 \sqrt{\frac{2g}{R T_0} \delta \left(1 - \frac{3}{2m} \delta\right)}. \quad (42)$$

Wird $p = 0$, so geht T und u über in:

$$T_{min.} = 0 \text{ und } u_{max.} = \sqrt{2g \frac{n}{n-1} R T_0} \quad (43). \quad \text{Für } \frac{p}{p_0} = \left(\frac{2}{m+1}\right)^{\frac{m}{m-1}}$$

erscheint:

$$G_{max.} = \alpha A \sqrt{2g \frac{n}{n-1} \frac{m-1}{m+1} \left(\frac{2}{m+1}\right)^{\frac{2}{m-1}} \frac{p_0}{v_0}}. \quad (44)$$

Dieser Werth gilt auch für den Fall, dass $\frac{p}{p_0} < \left(\frac{2}{m+1}\right)^{\frac{m}{m-1}}$.

d. Erfahrungs-Koeffizienten.

Aus den Resultaten der umfangreichen Versuche von **Weisbach** sind von **Grashof** die Werthe μ, α, φ, ζ und m neu berechnet worden***); und zwar können bei einem Verhältniss von $\frac{p_0}{p} = 1$ bis $\frac{p_0}{p} = 2$ hiernach folgende Mittelwerthe angenommen werden:

a. Für eine kreisförm. Mündung von 14 mm Durchm. in dünner ebener Wand: $\mu = 0{,}64$; $\alpha = 0{,}65$; $\varphi = 0{,}981$; $\zeta = 0{,}04$; $m = 1{,}388$.

b. Für eine kurze zylindr. Ansatzröhre von 14 mm Durchm. ohne innere Abrundung:

$\frac{p_0}{p} = 1{,}08$	1,41	1,70	$\varphi = 0{,}821$	0,838	0,806
$\mu = 0{,}815$	0,813	0,831	$\zeta = 0{,}490$	0,444	0,362
$\alpha = 1$	1	1	$m = 1{,}243$	1,252	1,271

c. Für ein kurzes konoidisches Mundstück von 10 mm Mündungsdurchm. (im Mittel): $\mu = 0{,}970$; $\alpha = 1$; $\varphi = 0{,}974$; $\zeta = 0{,}084$; $m = 1{,}392$.

---

*) Grashof. A. a. O. S. 554—556.
**) Grashof. A. a. O., S. 559—565.
***) Grashof. A. a. O. S. 580—592.

e. Bewegung des Dampfes in Röhren.*)

α. Bewegung ohne Rücksicht auf die Wärmeleitung der Rohrwandung.

Für gesättigten, wie für überhitzten Dampf erhält man aus Gleichg. (7) S. 836 mit Rücksicht auf die Gleichg. von Rankine (S. 834, Gleichg. [41]) für einen konstanten Rohrquerschn. F:

$$\lambda \frac{s}{d} - \frac{s \cos\psi}{H'} = \frac{m}{m+1} \frac{p_1 v_1}{H_1} \left[1 - \left(\frac{H_1}{H_2}\right)^{\frac{m+1}{2}}\right] - ln \frac{H_2}{H_1}, \qquad (45)$$

wobei H' einen konstanten Mittelwerth zwischen H_1 und H_2 bezeichnet.

Das letzte Glied ist im Vergleich zum vorher gehenden stets so klein, dass es vernachlässigt werden kann, wonach sich ergiebt:

$$\left(\frac{H_1}{H_2}\right)^{\frac{m+1}{2}} = 1 - \frac{m+1}{m} \frac{H_1}{p_1 v_1} \left(\lambda \frac{s}{d} - \frac{s \cos\psi}{H'}\right). \qquad (46)$$

Mit $H' = H_1$ ergiebt sich ein erster Näherungswerth von H_2, worauf $H' = \frac{1}{2}(H_1 + H_2)$ eingesetzt und damit H_2 genauer bestimmt wird.

Da nun:

$$\frac{v_2}{v_1} = \frac{u_2}{u_2} = \sqrt{\frac{H_2}{H_1}} \quad (47) \text{ ist, so folgt aus Gleichg. (41), S. 834, } \quad \frac{p_2}{p_1} = \left(\frac{H_1}{H_2}\right)^{\frac{m}{2}} \qquad (48)$$

Sind die Geschwindigk.- und Pressungs-Aenderungen sehr klein, so wird:

$$\frac{H_2}{H_1} = 1 + \frac{2}{m p_1 v_1} \left(\lambda \frac{s}{d} H_1 - s \cos\psi\right) \quad (49), \quad \frac{v_2}{v_1} = 1 + \frac{1}{m p_1 v_1} \left(\lambda \frac{s}{d} H_1 - s \cos\psi\right) \qquad (50)$$

und:

$$\frac{p_2}{p_1} = 1 - \frac{1}{p_1 v_1} \left(\lambda \frac{s}{d} H_1 - s \cos\psi\right); \qquad (51)$$

λ ist nach Gleichg. (16) zu berechnen. Für gesättigten Dampf ist $m = 1{,}035 + 0{,}1\, y_1$ (Gleichg. 42_1), für überhitzten Dampf $m = n = {}^4/_3$ (Gleichg. 46, S. 834).

Bei gesättigtem Dampf kann die zu p_2 gehörige Temperat. aus der Tab. (S. 826—828) unmittelbar entnommen und kann y_2 aus Gleichg. (38) oder (45) S. 834 berechnet werden. Bei überhitztem Dampf ergiebt sich T_2 aus Gleichg. (46a) S. 834. Fällt T_2 kleiner aus, als diejenige absol. Temperat., welche gesättigtem Dampfe von der spezif. Pressung p_2 entspricht, so ist hieraus ersichtlich, dass der ursprünglich überhitzte Dampf während seiner Bewegung durch das Rohr in den gesättigten Zustand übergegangen ist.

Der Einfluss besonderer Widerstände kann mit Hülfe der Gleichg. (17) und (18) berechnet werden, wobei für ζ dieselben Werthe, wie dort angegeben, einzusetzen sind.

β. Bewegung mit Rücksicht auf die Wärmeleitung der Rohrwandung.

Bei überhitztem Dampfe ergiebt sich mit Rücksicht auf die geringe Veränderlichkeit von P, Gleichg. (46a) S. 834, im Vergleich zu derjen. von T' in analoger Weise, wie bei der Bewegung der Gase Gleichg. (20):

$$ln \frac{p_1}{p_2} = \frac{H_1}{R(T_1 - P)} \left[\frac{T' - P}{T_1 - P} \lambda \frac{s}{d} + \frac{T_1 - T_2}{T_1 - P} \left(\lambda \frac{a}{d} - 2\right)\right] + \frac{\cos\psi}{R(T' - P)} \left(a\, ln \frac{T_1 - P}{T_2 - P} - s\right) \qquad (52)$$

wobei: $T_2 = T' + (T_1 - T') e^{-\frac{s}{a}}$ (53). Hierin haben s, d und a dieselbe Bedeutung, wie S. 838. Aus Gleichg. (52) erhält man p, wenn zunächst $P = P_1$ gesetzt und alsdann zur Korrektur des hiermit berechneten p_2-Werthes $P = {}^1/_2(P_1 + P_2)$ eingetragen wird. Aus p_2 und T_2 ergiebt sich endlich mit Hilfe der Gleichgn. (10) oder (11) der Werth u_2.

Fällt p_2 grösser aus, als die zu der absolut. Temperat. T_2 gehörige Pressung gesättigten Wasserdampfes, so ist hieraus erkennbar, dass der Dampf schon vorher in den gesättigten Zustand übergegangen ist. Von diesem Augenblicke an sind die Gleichgn. (52) und (53) nicht mehr anwendbar.

---

*) Grashof. A. a. O. S. 656 — 667.

Bei **gesättigtem feuchtem** Wasserdampfe wird durch Mittheilung oder Entziehung von Wärme vorzugsweise y, (Gleichg. 22) S. 831, geändert, während T und p verhältnissmässig wenig veränderlich sind. Demnach darf

$Gr(y_1 - y_2) = kP's(T - T')$ gesetzt werden, woraus mit $b = \frac{Gr}{kP'(T - T')}$

$$y_2 = y_1 - \frac{s}{b} \quad (54) \text{ folgt.}$$

Aus Gleichg. (7) S. 836 ergiebt sich, wenn für Δ ein konstanter Mittelwerth Δ_m eingeführt wird:

$$\Delta_m (p_1 - p_2) = \frac{H_1}{y_1^2}\left[\lambda \frac{s}{d}\left(y_1 - \frac{s}{2b}\right) - 2\frac{s}{b}\right] + b \cos\psi \, ln \left(1 - \frac{s}{by_1}\right). \quad (55)$$

Mit $\Delta_m = \Delta_1$ erhält man einen ersten Näherungswerth und hierauf mit $\Delta_m = \frac{1}{2}(\Delta_1 + \Delta_2)$ einen genauern Werth von p_2. Endlich wird:

$$u_2 = \frac{G}{F}(w + y_2 \Delta_2). \quad (56)$$

Das sich bildende Kondensationswasser kann nur so lange in fein vertheiltem Zustande schwebend vom Dampfe fortgeführt werden, bis der Werth $(1 - y_2)$ ein gewisses Maximum erreicht. Es nimmt alsdann das Gew. G des unabhängig von dem **Kondensationswasser** weiter strömenden Dampfes stetig ab, während y_2 konstant bleibt.

Bei diesem Vorgange mögen für den Anfangszustand die oben mit dem Index 2 bezeichneten Werthe gelten und soll das pro 1 Sek. durch den Anfangsquerschn. strömende Dampfgewicht mit G_2 bezeichnet werden. Unter der zulässigen Annahme konstanter Mittelwerthe von T und der spezif. Verdampfungswärme r (vergl. S. 825) wird die Gewichtsabnahme für die Rohrlänge s

$$G_2 - G_3 = \frac{kP'}{r}(T - T')s \quad (57) \quad \text{und:} \quad \frac{G_3}{G_2} = z' = 1 - \frac{s}{b}. \quad (58)$$

Da die Geschw. u jetzt ebenfalls vorzugsweise von G abhängt, so erhält man aus Gleichg. (7):

$$(w + y_2 \Delta_m)(p_2 - p_3) = H_2 \frac{s}{b}\left[\lambda \frac{b}{d}\left(1 - \frac{s}{b} + \frac{1}{3}\frac{s^2}{b^2}\right) - 2 + \frac{s}{b}\right] - s \cos\psi. \quad (59)$$

Endlich ist:

$$u_3 = \frac{G_3}{F}(w + y_2 \Delta_3). \quad (60)$$

f. Ausfluss des Dampfes aus Gefässen.*)

Es bezeichne: p_0 die Pressung, v_0 das spezif. Volumen im Innern des Gefässes, p die Pressung im äussern Raume, ζ den Widerstands-Koeffiz., m den Ausflussexpon., (vergl. S. 840), A die Ausflussöffnung, α den Kontraktions-Koeffiz., n den Expon. der Gleichg. von **Rankine** (S. 834 Gleichg. 41) und zwar:

$n = 1035 + 0{,}1\, y_0$ für gesättigten Dampf, und $n = \frac{4}{3}$, wenn der Dampf überhitzt ist und beim Ausfluss überhitzt bleibt.

Für den Fall, dass $p_0 \leqq p\left(\frac{m+1}{2}\right)^{\frac{m}{m-1}}$ wird die Ausflussgeschw.:

$$u = \sqrt{2g \frac{n}{n-1} p_0 v_0 \left[1 - \left(\frac{p}{p_0}\right)^{\frac{m-1}{m}}\right]} \quad (61)$$

und das in 1 Sek. ausfliessende Dampfgewicht:

$$G = \alpha A \sqrt{2g \frac{n}{n-1} \frac{p_0}{v_0}\left[\left(\frac{p}{p_0}\right)^{\frac{2}{m}} - \left(\frac{p}{p_0}\right)^{\frac{m+1}{m}}\right]}. \quad (62)$$

*) Vergl. **Grashof**. A. a. O. S. 634 – 656.

Ist dagegen $p_0 > p\left(\frac{m+1}{2}\right)^{\frac{m}{m-1}}$, so wird:

$$u = \sqrt{2g\frac{n}{n-1}\frac{m-1}{m+1}p_0 v_0} = \sqrt{\frac{2g}{1+\zeta}\frac{m}{m+1}p_0 v_0} \qquad (63)$$

und:
$$G = \alpha A\sqrt{\frac{g\,m}{1+\zeta}\left(\frac{2}{m+1}\right)^{\frac{m+1}{m-1}}\frac{p_0}{v_0}}. \qquad (64)$$

Für gesättigten aber trocknen Dampf ($y_0 = 1$) und:

$\zeta = 0$	0,05	0,10	0,25	0,50
wird: $m = 1{,}135$	1,1278	1,1212	1,1052	1,0861
und: $\left(\frac{m+1}{2}\right)^{\frac{m}{m-1}} = 1{,}7319$	1,7274	1,7232	1,7138	1,7021

Setzt man $\frac{1}{v_0} = 0{,}5877\,p_0^{0{,}939}$ (vergl. S. 832, Gleichg. 32), wobei p_0 in Atmosph. zu nehmen ist, so wird: $G = \alpha A C p_0^{0{,}9695}$ (65) mit $C = 240{,}111\sqrt{\frac{m}{1+\zeta}\left(\frac{2}{m+1}\right)^{\frac{m+1}{m-1}}}$;

für $\zeta = 0$	0,05	0,10	0,25	0,50
wird $C = 152{,}61$	148,59	144,86	135,18	122,52

Bei der Ausströmung des Dampfes aus dem Sicherheitsventil eines Dampfkessels, Fig. 806, ist die Zylinderfläche $d\pi h$ als der kleinste Querschn. ($= \alpha A$) des Dampfstromes anzunehmen. Bezeichnet F den Querschn. des Ventilrohres in qm, so ist: $\alpha A = 4\frac{h}{d}F$. Da bei den in der Praxis vorkommenden Dampfspannungen stets: $p_0 > 1{,}7319\,p$ ist, so wird das pro 1 Sek. ausströmende Dampfgewicht nach Gleichg. (65), wenn $\zeta = 0$ gesetzt und dafür ein Erfahrungskoeff. μ eingeführt wird:

Fig. 806.

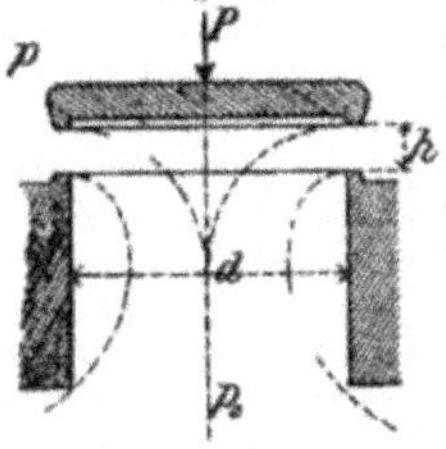

$$G = \mu\,610{,}44\,\frac{h}{d}F p_0^{0{,}9695} \qquad (66)$$

Nach Kolster*) kann im Mittel $\mu = 0{,}975$ gesetzt werden; die Werthe von $p_0^{0{,}9695}$ enthält folgende Tabelle:

Atm. p_0	$p_0^{0,9695}$	Diff. für 0,1 Atm.	Atm. p_0	$p_0^{0,9695}$	Diff. für 0,1 Atm.	Atm. p_0	$p_0^{0,9695}$	Diff. für 0,1 Atm.	Atm. p_0	$p_0^{0,9695}$	Diff. für 0,1 Atm.
2,0	1,9582	0,0946			0,0925			0,0913			0,0904
2,5	2,4311	0,0940	5,0	4,7605	0,0922	7,5	7,0530	0,0911	10,0	9,3218	0,0903
3,0	2,9011	0,0935	5,5	5,2213	0,0919	8,0	7,5084	0,0909.	10,5	9,7733	0,0902
3,5	3,3688	0,0931	6,0	5,6809	0,0917	8,5	7,9629	0,0907	11,0	10,2242	0,0901
4,0	3,8344	0,0928	6,5	6,1393	0,0915	9,0	8,4166	0,0906	11,5	10,6745	0,0899
4,5	4,2982		7,0	6,5966		9,5	8,8696		12,0	11,1241	

Die Dampfspannung p_1, bei welcher das Ventil abzublasen beginnt, ist kleiner, als diejenige, bei welcher der Ventilteller sich um h von seinem Sitze gehoben hat. Setzt man $p_1 = a p_0$, so ist nach Kolster: $\frac{h}{d} = 0{,}3\,(1 - \sqrt{a})$ anzunehmen. Hiermit erhält man aus Gleichg. (66) den Ventilrohrquerschn. F (in qcm) $F = \frac{56\,G}{(1-\sqrt{a})\,p_0^{0{,}9695}}$ (67). Praktisch zweckmässige Werthe sind:

$$a = 0{,}8,\quad p_0 = 1{,}25\,p_1 \text{ und } F = \frac{531\,G}{p_0^{0{,}9695}}. \qquad (68)$$

G ist die ganze pro 1 Sek. im Kessel entwickelte Dampfmenge, p_1 die für den normalen Betrieb des Kessels fest gesetzte Dampfspannung. G ist abhängig von

*) Ztschr. d. Ver. Deutsch. Ing. 1867. S. 443.

der Heizfläche F_k des Dampfkessels und der Beanspruchung desselben. Setzt man $G = x F_k$, unter x die pro 1 Sek. und 1 qm Heizfläche entwickelte Dampfmenge verstanden, so kann für stationäre Kessel $x = 0{,}005$ bis $0{,}009$ und für Lokomotiv-Kessel $x = 0{,}015$ gesetzt werden. Bei stark forcirter Heizung kann x bis 0,025 steigen.

Die Belastung P des Ventils (inkl. Eigengewicht des Ventiltellers) ist mit Rücksicht darauf, dass das Ventil dicht bleibt, bis die Dampfspannung im Kessel den Werth p_1 erreicht hat: $P = F(p_1 - p) + f(p_2 - p) = (F + \varphi f)(p_1 - p)$ (69) unter f die Grösse der Ventilsitzfläche und p_2 die spezif. Pressung in derselben verstanden; $\varphi = \frac{p_2 - p}{p_1 - p}$ ist erfahrungsm. etwa $= 0{,}6$ und f möglichst klein anzunehmen; die Werthe F und f sind in qcm, die p-Werthe in Atm. einzuführen.

g. Druck unbegrenzter Luft auf feste Körper bei ihrer relativen Bewegung*).

Es sei u die relat. Geschw. der Luft in Bezug auf den Körper, F der Querschn. des letztern, normal zur Richtung von u, γ das spezif. Gew. der Luft, so ist der Druck D, den der in Ruhe befindliche Körper empfängt: $D = \vartheta \gamma F \frac{u^2}{2g}$ (70). Für ϑ können dieselben Werthe angenommen werden wie bei Wasser (vergl. S. 750), so lange $u < 10$ m bleibt und F verhältnissmässig klein ist.

Für eine von dem Luftstrom normal getroffene ebene Platte von sehr geringer Dicke und der Fläche F ist nach Grashof: $\vartheta = 2{,}34\, F^{0,1}$ zu setzen.

Für $F =$	0,1	0,25	0,5	1	2	4
wird: $\vartheta =$	1,86	2,04	2,18	2,34	2,51	2,69

Fig. 807.

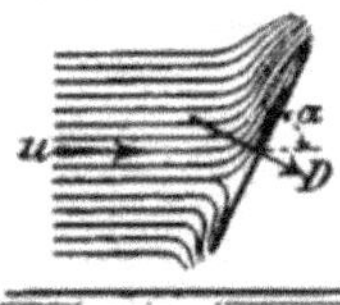

Schliesst die Bewegungsrichtung des Luftstroms mit der Ebene F den Winkel α ein, Fig. 807, so ist der Normaldruck D gegen die Platte nach Hutton: $D = \vartheta \gamma F \frac{u^2}{2g} (\sin \alpha)^{1,84 \cos \alpha}$ nach Rayleigh**), dagegen ist: $D = \vartheta \gamma F \frac{u^2}{2g} \frac{(4 + \pi) \sin \alpha}{4 + \pi \sin \alpha}$.

Für $\alpha =$	80°	75°	70°	65°	60°	55°	50°	45°	40°	35°	30°	25°	20°	15°	10°
wird $(\sin \alpha)^{1,84 \cos \alpha} =$	0,995	0,984	0,962	0,926	0,876	0,810	0,730	0,637	0,536	0,433	0,331	0,238	0,156	0,091	0,042
und: $\frac{(4 + \pi) \sin \alpha}{4 + \pi \sin \alpha} =$	0,991	0,981	0,965	0,945	0,920	0,890	0,854	0,812	0,763	0,706	0,641	0,566	0,481	0,384	0,273

Annähernd genau darf nach v. Lössl: $D \vartheta \gamma F \frac{u^2}{2g} \sin \alpha$ angenommen werden.***)

Bei Berechnung des Winddrucks D_0 gegen eine Kreiszylinder-Fläche, z. B. die Fläche eines runden Formstein-Kamins, erhält man mit Anwendung der Formel von v. Lössl, wenn unter D_n die Grösse des normalen Winddrucks gegen eine Ebene $F =$ der Vertikalprojekt. der von der Windströmung getroffenen Halbzylinderfläche verstanden wird: $D_0 = \frac{\pi}{4} D_n$. Auf der Hinterseite tritt eine Luftverdünnung ein. Ueber die Grösse des Winddrucks vergleiche die Angaben S. 1147.

Bewegt sich ein ebener plattenförmiger Körper in ruhender Luft mit der normal zu der Oberfläche gerichteten Geschw. v, so bezeichnet D in Gleichg. (70) den Bewegungs-Widerstand. Nach Versuchen von Didion mit Platten von $F = 1$ qm ist bei geradlinig fortschreitender Bewegung: $\vartheta = 1{,}318 + \frac{0{,}565}{u^2}$, und wenn die Bewegung mit der Beschleunigung φ stattfindet: $\vartheta = 1{,}318 + \frac{0{,}565 + 2{,}574\, \varphi}{u^2}$.

Bei Versuchen mit einem Fallschirm von $F = 1{,}2$ qm und einer Tiefe der hohlen Fläche $= 1/3$ des Durchm. fand Didion: $\vartheta = 2{,}559 + \frac{1{,}099 + 2{,}229\, \varphi}{u^2}$.

Bei der Bewegung von Kugeln mit grossen Geschwindigkeiten ist nach Didion der Widerstandskoeffiz.: $\vartheta = 0{,}43\,(1 + 0{,}0023\, u)$ zu setzen.

*) Grashof. A. a. O. S. 897—900. — **) Civilingenieur 1885. S. 78 — 103. — Zentralbl. d. Bauverwaltg. 1885. S. 203 — 204. — ***) Zeitschr. d. österr. Ingen. u. Architekt. Ver. 1881, S. 131—140.

www.ingramcontent.com/pod-product-compliance
Lightning Source LLC
Chambersburg PA
CBHW020911210326
41598CB00018B/1830
* 9 7 8 3 9 5 5 6 2 3 1 7 3 *